国家社科基金
GUOJIA SHEKE JIJIN HOUQI ZIZHU XIANGMU
后期资助项目

道德价值论

Theory of Moral Value

杨豹　著

WUHAN UNIVERSITY PRESS
武汉大学出版社

图书在版编目(CIP)数据

道德价值论/杨豹著.—武汉：武汉大学出版社,2024.1(2024.12 重印)

国家社科基金后期资助项目

ISBN 978-7-307-23862-6

Ⅰ.道…　Ⅱ.杨…　Ⅲ.道德—价值(哲学)—研究　Ⅳ.B82

中国国家版本馆 CIP 数据核字(2023)第 126240 号

责任编辑:杨　欢　　　责任校对:李孟潇　　　版式设计:韩闻锦

出版发行:**武汉大学出版社**　　(430072　武昌　珞珈山)

(电子邮箱:cbs22@whu.edu.cn　网址:www.wdp.com.cn)

印刷:武汉邮科印务有限公司

开本:720×1000　　1/16　　印张:54　　字数:967 千字　　插页:1

版次:2024 年 1 月第 1 版　　2024 年 12 月第 2 次印刷

ISBN 978-7-307-23862-6　　　定价:198.00 元

我建一座纪念碑，比青铜耐久，比帝王的金字塔更崇高巍峨。贪婪的雨、粗野的北风都不能把它摧毁，时间的飞流、无穷的岁月的纪念对它也无可奈何。

　　——2000多年前，古罗马诗人贺拉斯在《歌集》里写下的一段话

　　假如我今天死掉，恐怕就不能像维特根斯坦一样说道：我度过了美好的一生；也不能像司汤达一样说：活过，爱过，写过。我很怕落到什么都说不出的结果，所以正在努力工作。

　　——20世纪末，中国作家王小波在杂文《我的精神家园》中的结束语

国家社科基金后期资助项目(19FKSB002)

国家社科基金后期资助项目
出版说明

后期资助项目是国家社科基金设立的一类重要项目，旨在鼓励广大社科研究者潜心治学，支持基础研究多出优秀成果。它是经过严格评审，从接近完成的科研成果中遴选立项的。为扩大后期资助项目的影响，更好地推动学术发展，促进成果转化，全国哲学社会科学工作办公室按照"统一设计、统一标识、统一版式、形成系列"的总体要求，组织出版国家社科基金后期资助项目成果。

全国哲学社会科学工作办公室

目　　录

第一编　道德价值本质论

第二编　道德价值目标论

第三编　道德价值实现论

导　论

"问题就是公开的、无畏的、左右一切个人的时代声音。问题是时代的口号，是它表现自己精神的最实际的呼声。"①敏锐而准确地把握和回应时代的问题，"解决了它就把人类社会向前推进一步"。当今，一个重要的问题就是道德价值问题。它已经成为我们这个时代的一个时代特征。从个体生活、社会发展到人类未来命运，都受到道德价值观的影响。人类历史发展中的道德价值观，在不同时代有着不同的内涵和表现形式。千百年来，尽管人们可能曾经没有明确地提出这样的概念，但从来都没有停止探索的脚步。质言之，我们时代的道德价值就是现代性在曲折生成过程中不断形成和凸显的道德价值，现代性构成了道德价值的时代境遇。我们需要直面现代性背景中道德价值面临的各种问题，如道德价值的本质是什么，其基础何在，道德价值在我们这个时代表现为什么，我们如何实现道德价值，如何评价道德价值。

一、问题缘起

现代性这一概念一直是思想界、学术界高度关注的关键词。人们对它是仁者见仁、智者见智，很难给出一个确定无疑的"现代性"概念。它所指或能指的，并不仅仅是一种时间性向度，而是一种更为重要而复杂的、充满了内在矛盾的文明发展过程。不同学科、不同思想派别的不同思想家，对现代性有着不同的理解。尽管不能具体地、全景式地讨论有关现代性概念的诸多观点，但我们能够探明现代性问题的实质——现代性的道德文化危机，其中所隐藏的则是其价值的危机。

① ［德］马克思，恩格斯. 马克思恩格斯全集(第 40 卷)［M］. 北京：人民出版社，1982：289-290.

　　从词源学上考证，"现代"（modern）一词，其拉丁文形式（modernus）早在公元 5 世纪，即古罗马帝国时期就已经出现。就此意义而言，"现代"一词本身没有确定的历史定位。目前，学术界所要探讨的现代性，是特指自启蒙运动以来所形成的现代社会整体结构的性质、特征。"现代性"是以其"现代性问题"而吸引学术界的全面关注。现代性所带来的现代性问题，正如安东尼·吉登斯（Anthony Giddens）所指出："在现代性背景下，个人的无意义感，即那种觉得生活没有提供任何有价值的东西的感受，成为根本性的心理问题。"①也就是说，问题的关键在于如何解决价值何在、人生意义何在的问题。

　　现代性问题，从深层次的角度看，就是道德文化的危机，尤其表现为道德价值的危机。其根本原因在于：启蒙运动消解了中世纪的超越性道德源泉，而随之而来的道德文化未能提供相应的普遍性价值源泉，甚至阻碍了价值源泉的形成。

　　启蒙运动之前，人类生活秩序和价值都是由整体性的超越秩序来保证和提供的。在卡尔·雅斯贝斯（Karl Jaspers）看来，这种整体性超越秩序形成于人类历史的"轴心期"，也就是人类学家所讲的原始文化阶段进入高级文化阶段的时期。雅斯贝斯认为，在这一时期，一些思想家和哲学家把原始神话"精神化"，建构起人类理解自我和理解世界的基本框架，这种理解自我和世界的基本框架一直延续到近代之前。而蕴含其中的"精神化"的过程，雅斯贝斯称之为"超越的突破"。"超越的突破"的含义在于：在这些文明地区，人类"全部开始意识到整体的存在、自身和自身的限度。人类体验到世界的恐怖和自身的软弱。他探寻根本性问题。面对空无，他力求解放和拯救。通过在意识上认识自己的限度，他为自己树立了最高目标。他在自我的深奥和超然存在的光辉中感受绝对"②。显然，这的确是一种精神上的"超越的突破"——人已经意识到自我的有限性，向往和感受绝对。这种超越性的价值源头的特征就是"整体性"。在这一时期，"上帝"就是某种意义上的超越性整体。它既是外在现实社会秩序的存在根据，又是内在心灵秩序和道德生活的价值源泉。

　　在西方传统文化中，超越性的"整体性"价值源泉和现实生活两者之间存在某种程度上的二元对立，以确保其超越性价值的神圣性和对现实社

---

①　［英］安东尼·吉登斯. 现代性与自我认同［M］. 赵旭东，方文，译. 北京：生活·读书·新知三联书店，1991：9.

②　［德］卡尔·雅斯贝斯. 历史的起源与目标［M］. 魏楚雄，俞新天，译. 北京：华夏出版社，1989：8-9.

会秩序的统治作用。传统基督教认为，整个世界被分化为天国与人世、彼岸世界和此岸世界。前者是真善美的理想王国，后者则是充斥着情欲的感性世界。在基督教看来，世界的二元化之间存在着不可调和的尖锐冲突。人们应当放弃尘世间的情欲生活，追求来世的神性生活。这就需要人们"对于任何肉欲行为都要盖上谴责的烙印"①。于是，人的整个生命在基督教世界中就演变成了在上帝与魔鬼、神性与人欲、天国与地狱之间艰苦抉择的战场，人在无形之中被尘世间的情欲和崇高的神性所分裂。"一个沉溺在强烈的爱欲当中，以固执的官能紧贴凡尘；一个则强要脱离尘世，飞向崇高的先人的灵境。"②

基督教中不可调和的二元对立和分裂，构成了文艺复兴和启蒙运动的深刻文化根源。恰如黑格尔所说，文艺复兴和启蒙运动以来，超越价值和超越世界渐渐逝去，上帝难以经受人类理性的思考，人们发现，"'圣饼'不过是面粉所做，'圣骸'只是死人的骨头"③。彼岸世界和超越世界之间发生了根本性的位移，"早期的道德观点认为，与某个源头——比如说，上帝或善的理念——保持接触对于完整存在是至关重要的"④，而在启蒙运动之后，"一切固定的僵化的关系以及与之相适应的素被尊崇的观念和见解都被消除了，一切新形成的关系等不到固定下来就陈旧了。一切等级的和固定的东西都烟消云散了，一切神圣的东西都被亵渎了"⑤。于是，"宗教性道德"向"现代社会性道德"过渡。

正因为如此，启蒙运动成为现代性的开端。超越世界的价值源头开始锁定在人类自身。"人类在道德方面是'独立的'，也就是说，'道德准则是人类自己制定的'，承认了这一点，伦理学就彻底摆脱了宗教的阴影。现在，要为道德的建立找到一个出发点，这完全由人类自己来决定。"⑥

然而，超越性的价值源头经过启蒙运动的消解之后，"随着过去两三个世纪的理性主义转向，实践智慧和价值理性已被边缘化了"⑦，工具理

---

① ［德］亨利希·海涅. 论德国宗教和哲学的历史［M］. 海安，译. 北京：商务印书馆，1974：30.

② ［德］歌德. 浮士德［M］. 董问樵，译. 上海：复旦大学出版社，1983：58.

③ ［德］黑格尔. 历史哲学［M］. 王造时，译. 上海：上海世纪出版集团，1999：452.

④ ［加］查尔斯·泰勒. 现代性的隐忧［M］. 程炼，译. 北京：中央编译出版社，2001：30.

⑤ ［德］马克思，恩格斯. 马克思恩格斯选集（第1卷）［M］. 北京：人民出版社，1995：275.

⑥ ［德］马丁·摩根史特恩，罗伯特·齐摩尔. 哲学史思路：穿越两千年的欧洲思想史［M］. 唐陈，译. 北京：中国人民大学出版社，2006：298.

⑦ Bent Flyvbjerb. Aristotle, Foucault and Progressive Phronesis: Outline of an Applied Ethics for Sustainable Development［M］. in Applied Ethics: A Reader, Earl R. Winkler and Jerrold R. Coombs ed., Blackwell, 1993：12.

性成为价值理性的主人。马克斯·韦伯(Max Weber)认为，西方社会的现代化，主要表现为由价值理性向工具理性的异变。工具理性的膨胀促进经济高速发展、物质财富的与日俱增，但也带来了道德的滑坡、价值的衰微。马克斯·舍勒(Max Scheler)感叹，在现代性社会中，世界已不再是人类精神的"家园"，"而是冷静计算的对象和工作进取的对象，世界不再是爱和思的对象，而是计算和工作的对象"①。韦伯则更尖锐地指出："我们这个时代，因为它所独有的理性化和理智化，最主要的是因为世界已经被祛魅，它的使命便是，那些终极的、最高贵的价值，已从公共生活中销声匿迹。"②正如黑格尔曾指出的："当目的、手段和与之相伴随的后果被一起合理性地加以考虑和估量时，行动就是工具合理性的。这包括合理性地考虑针对目的而选择的手段、目的与伴随结果的关系，最后是合理性地考虑各种不同可能目的的相对重要性。"③显然，这种工具理性所关心的主要是行动的效果，实现目的的手段的有效性，重视人的行为"是什么"的事实判断，而不是"应该是什么"的价值判断。就此而言，工具理性在现代社会的不断膨胀也就意味着价值理性的不断萎缩。

同时，随着超越性价值源头的消解、市场经济的迅速发展，促使一些人赞同"感觉至上"，赞同感觉在人生道德价值中的重要作用。当然，从一定历史发展阶段来看，在反对中世纪的禁欲主义方面，肯定感性和感觉欲望在道德上的地位，无疑具有进步的作用。毕竟，对于人类的生存而言，感性和感觉欲望的满足还是具有一定的重要意义。然而，如果我们完全把人生的意义归之于感觉的苦乐，实际上也就消解了人生的意义和价值。所以，奥伊肯说："倘若人不能依靠一种比人更高的力量努力去追求某个崇高的目标，并在向目标前进时做到比在感觉经验条件下更充分地实现他自己的话，生活必将丧失一切意义和价值。"④因此，我们应该看到，就某种意义而言，道德是社会对个体的规范和要求，当个人利益或幸福与社会群体利益发生冲突时，感性个体在某种程度上自觉牺牲自己的利益，才能真正地彰显道德的崇高价值和意义。如果完全把人生置于感觉基础之上，生活就"只是对外部刺激的反应"，"仅仅是对不断变化的环

---

① [德]马克斯·舍勒. 死与永生[M]//刘小枫. 现代性社会理论绪论——现代性与现代中国. 北京：生活·读书·新知三联书店，1998：20.

② [德]马克斯·韦伯. 学术与政治[M]. 冯克利，译. 北京：商务印书馆，2018：38.

③ [德]黑格尔. 历史哲学[M]. 王造时，译. 上海：上海世纪出版集团，1999：93.

④ [德]鲁道夫·奥伊肯. 生活的意义与价值[M]. 万以，译. 上海：上海译文出版社，1997：41.

境的适应"①，道德的崇高价值和意义也就消失了。所以，"感觉至上"只会造成"不仅宗教在劫难逃，一切道德和正义也同样要毁灭"。②

而伴随着感性与感觉欲望在人们心目中地位的提升，物质主义价值观甚嚣尘上。人们越来越重视物质发展，并把物质进步作为发展的重要目标。由此，在物质进步的祭坛上牺牲了道德等众多精神价值的追求。追求物质享乐成为现代社会中无数人活在世界之中的唯一目标和全部内容。人与人之间把物质上的享受相互攀比。"我们生活在物的时代，我们根据它们的节奏和不断替代的现实而生活着。在以往所有的文明中，能够在一代人之后存下来的是物，如经久不衰的工具或建筑物；而今天，看到了物的产生、完善与消亡的是我们人类自己。"③我们由此进入消费时代。我们并不在意消费品本身的使用价值，而是更在意其中的符号价值，彰显自己的社会地位和身份。一切都融入消费之中，成为消费的一部分。即便你在休息，也难以逃脱消费，一种市场中的消费。人们在消费中体验了自身的存在价值，而不是精神上存在的意义。道德价值，在这个消费社会中，构成了"意义的消失"或"价值的瓦解"。

在有着五千年悠久文化的中国，从 20 世纪 80 年代开始，一直追求着建设一个现代性的国家与民族的宏伟目标。现代性同样施展了它的魔力，在东方古国上演了一场传统中国文化"千年未遇"的巨变大戏：超越性的整体精神偶像"天"或"天理"已然崩塌，世俗化和物质化笼罩一切。无论是有生命的，还是无生命的，仿佛一切都犹如中了点金术一般熠熠生辉，直奔金钱财富而去。

随着市场经济的兴起，传统的中国文化在经历了"文革"的打击之后，又开始经历市场文化的洗礼。它经过了市场化的包装，适应了世俗化的解释，让人回忆其往昔的华丽。但是，它已经失去了原有的道德价值的本真含义。在市场文化中，人人都似乎总能找到属于自己的一份精神快餐，从而分散了传统中的一体化的整体性精神追求。在这个现代性的时代之中，主流意识形态依然高高在上，但已经日渐宽松。"宽松的意识形态环境，在一定程度上适应了市场经济的发展，适应了多样化文化生态的形成。但

① [德]鲁道夫·奥伊肯. 生活的意义与价值[M]. 万以，译. 上海：上海译文出版社，1997：21.
② [德]鲁道夫·奥伊肯. 生活的意义与价值[M]. 万以，译. 上海：上海译文出版社，1997：21.
③ [法]波德里亚. 消费社会[M]. 刘成富，全志刚，译. 南京：南京大学出版社，2000：2.

另一方面，它对'市场文化'和世俗文化的不合理要求，又常常采取了退让的姿态。对那些以暴利为目的的文化制品，只有运动式的阶段性打击，但它的屡禁不止，也多少表达了态度的暧昧。"①在这种市场化的浪潮中，"它使经典不再具有经典的意义，在世俗化的过程中，所有的权威都将失去光彩，偶像已不只是到了黄昏时分，而是被暗夜全面覆盖。"②传统文化中的经典、偶像是传统文化的精神代表，但在市场文化中变得世俗化，丧失了原有的精神价值。

现代性之下的西方发达资本主义国家的精神历程已经证明，世俗的生活绝非神话，它能够满足人的感官享受，满足人的物质生活，但无法满足人由于各种问题所留下的精神疾患。在市场经济的大潮中，当代中国人的焦虑、压抑、烦闷、孤独，并非世俗的物质享乐所能替代或治疗。追求人生的价值意义，并不是一个人无所事事，或无聊之作。在当代中国，各种精神疾患不断上升，已经富裕的人们，缺乏幸福感，并不是因为缺衣少食，而是精神生活中缺乏应有的支撑力量。消费文化因此在中国社会的每一个角落大行其道。这种以新奇和多变为特征的文化是"一种与传统的伦理道德和正统的文化背道而驰的反叛文化"③。传统的道德文化以及正统的道德文化，日益演变为一种纯粹的消费品，失去了应有的尊严和神圣。

毋庸置疑，中国巨大的经济发展越来越接近启蒙者心目中的现代化。但是，在社会现实生活中展现了另一方面的残酷性。中国文化中的传统道德与伦理曾经在社会中发挥重要作用。正如李泽厚所说："无论是下层还是上层，在中国小生产传统社会里，道德主义或伦理主义在意识上、理论上、哲学上有其强固的力量和影响。因此，它对马克思主义的关系、影响、功过是非以及前景如何、如何评价等，便是一个亟待研究的复杂而重要的课题，特别在今天，尤其如此。"④然而，在市场经济所笼罩的社会生活中，一些人唯利是图，物欲横流。人的各种欲望日益表面化和"合法化"。传统的终极关怀、道德追求被物质享乐、短期利益所取代。人们在缺乏普遍道德价值指向的物质生活中，陷入精神危机，成为迷途的旅行者。一些人文学者们一方面自我标榜为精神生活的引路者，运用知识之镜

---

① 孟繁华. 众神狂欢：世纪之交的中国文化现象[M]. 北京：中国人民大学出版社，2012：11.

② 孟繁华. 众神狂欢：世纪之交的中国文化现象[M]. 北京：中国人民大学出版社，2012：13.

③ 郑大华. 文化与社会的进程——影响人类社会的 81 次文化活动[M]. 北京：中国青年出版社，1994：255.

④ 李泽厚. 中国现代思想史论[M]. 北京：生活·读书·新知三联书店，2015：190.

自我梳妆打扮，另一方面又偷偷地跪拜在物质神殿的庙宇里自我陶醉，构成当代价值讨论中独特的反讽画卷。

　　面临现代性光顾的中国，如何构建和实现中国价值，尤其是其中的道德价值，成为当代中国的一个重要目标。毕竟，"从已构建的体系来看，存在着一个共同的问题，这就是他们都从一般价值问题的角度构建价值体系，所关注的无非是价值的性质和界定、它的主体和对象、它的类型、它的形成和创造、对它的认识和选择等这些一般性价值问题，而不怎么考虑不同领域的价值问题。这种价值体系的问题在于它用对一般价值问题的研究取代了对不同领域的价值问题的研究，研究到一般价值问题就止步了。实际上，对一般价值问题的研究只是价值哲学的总论部分，不是其主体部分，更不是其全部。除了这个总论之外，还有更丰富的分论。构建价值哲学体系，丢掉这些部分，实际上就等于放弃了自己的主阵地。这种状况是必须改变的，否则，价值哲学研究的道路就会越走越窄、越走越死"①。

　　无论是东方还是西方，在经济全球化的时代，如何在追求物质价值的同时，实现精神价值，尤其是道德价值，是一个人类不得不面临的时代问题。关于这一点，俄国作家陀思妥耶夫斯基曾在自己的小说中有过颇为深刻的解释："因为人类存在的秘密并不在于仅仅单纯地活着，而在于为什么活着。当对自己为什么活着缺乏坚定的信念时，人是不愿意活着的，宁可自杀，也不愿留在世上，尽管他的周围全是面包。"②

　　从人类历史的演变与发展来看，在超越性的"整体性"价值源头消解后，道德文化进入了一个"众说纷纭"的时代。因为，每个人都成为独立、自由、平等的利益个体，社会权利和社会义务的平等和公正成为人们关心的正当要求，人们的行为成为关注的对象，而内心生活则是每个人自己的事情。"现代世界的整个思想方法是越来越强调反对社会有权决定个人适合做什么和不适合做什么，以及允许他们做什么和不允许他们做什么。"③正是在这种社会背景下，"旧道德哲学家所说的那种终极目的和最高的善根本不存在"。"在整体已然'平面化'和'同质化'的现代社会里，追求'卓越''崇高'和'圆满'的美德人生已经被普遍视为一种过度理想主义的'道德乌托邦'式的价值吁求，严重脱离现代社会和现代人的生活方式和

---

①　江畅. 西方德性思想史(现代卷上册)[M]. 北京：人民出版社，2016：54.
②　[俄]陀思妥耶夫斯基. 卡拉马佐夫兄弟(上卷)[M]. 耿济之，译. 北京：人民文学出版社，1981：380-381.
③　[英]密尔. 代议制政府[M]. 王瑄，译. 北京：商务印书馆，1982：141.

生活经验。"①麦金太尔把这一时代称为"残简断片"的"情感主义"时代。我们虽然还在使用传统文化中的某些道德词汇，但意义完全不同，因为超越性的"整体性"价值源头消失了，人们的价值评价都只具有态度和偏好上的意义，并无统一的标准。于是，人们各说各的话，各认各的理。借用李泽厚的话，"因之，新旧道德观念的冲突斗争，社会行为中的无序混乱，内心世界的矛盾重重，思想理论的含糊杂乱，形成了今日所谓'道德危机''信仰危机'的症候群"②。

由此可见，现代性问题的所带来的主要是道德文化的危机。当宗教的或传统的超越性整体价值之源日渐逝去，人们无法找到相应的替代性的价值源泉，越来越陷入心灵无序的状态中。"今天价值遭遇四面楚歌：价值发现自己失去了神秘化，变得相对化、受到轻视，最重要的是被指责为偶然的、易变的，甚至无关紧要的。无关紧要的说法似乎剥夺了价值的全部基础，然而，自相矛盾的是价值的概念正在日益成为我们谈话的中心。而且在表面上，其意义与日俱增。"③现代性所带来的当代的道德文化危机，就突出地表现为我们已经进入了一个众神论战的时代。在这种现代性的时代背景下，作为道德文化的核心——道德价值，构成了一个时代值得探讨的重要课题。

二、研究意义

道德价值问题虽然是一个困难的问题，但它是价值哲学和伦理学所不能回避的。其实，在人类思想史的各个历史发展时期，无论在古代和近代，还是当代世界里，无论是直接还是间接地论证价值准则或者批判或合乎逻辑地运用道德价值，都曾是哲学家们的重要活动。毕竟，道德价值与人的生活的价值之间有着密切的联系。正如鲁道夫·奥伊肯所言："人的生活可有意义与价值？在提出这一问题时，我们不存在任何幻想。我们知道我们今天不能摆出拥有某一真理的样子，而只能去逐步展现真理。我们面对的问题是个仍未解决的难题，但是我们不能放弃努力不去解决。"④任

---

① 万俊人. 美德伦理的现代意义——以麦金太尔的美德理论为中心[J]. 社会科学战线，2008(05).

② 李泽厚. 伦理学纲要[M]. 北京：人民日报出版社，2010：33.

③ [法]热罗姆·班德. 价值的未来[M]. 周云帆，译. 北京：社会科学文献出版社，2006：50.

④ [德]鲁道夫·奥伊肯. 生活的意义与价值[M]. 万以，译. 上海：上海译文出版社，2007：1.

何值得被称为合乎人类道德生活的制度，必然关注其中所蕴含的道德价值。如果在一个社会中，人们完全无视或忽视道德价值，这个社会的各种制度就会缺乏真正的精神价值的指引。既然价值哲学、伦理学、各种社会制度都必须，而且都特别关注道德价值，那么，道德价值的研究必然具有独特的吸引力。

人类社会的历史和现实都表明：作为道德现象，包括道德活动现象、道德规范现象、道德意识现象等，都是人类社会中调整人与人之间的特殊的善恶判断的价值体现。所有这些与道德有关的一切事实，都必须回答这样的问题：道德为何存在？以何种方式存在？发挥了何种社会作用？最终目标是什么？作为哲学家和伦理学家还需要探讨如何看待过去的道德规范和道德秩序？如何认识现存的道德规范和道德秩序？评价的依据是什么？我们应该如何调整道德要求使之更符合社会现实生活？所有这些都涉及道德价值，需要我们从价值哲学的角度探讨道德现象。当前，道德价值论研究还十分薄弱，但道德价值的确是一个千百年来许多哲学家、伦理学家孜孜以求、不断探索的千古课题。在不同的历史时期，道德价值研究展现了不同的研究范式。思想家们曾经留下的论述至今还具有思维的穿透力。W. K. 富兰克纳曾在《哲学百科全书》中指出："从柏拉图时代起，哲学家们就一直在善、目的、正当、义务、美德、道德判断、美、真理和合法性的标题下，探讨各种各样的问题。"①在富兰克纳看来，从柏拉图开始，道德价值的追求一直是人们探讨各种现实问题的基础。深入理解道德价值，有助于我们把握各种道德现象的深层次原因，深化各种道德理论。

研究道德价值的意义可以从理论与实践两个方面来理解，一是研究道德价值的理论意义，二是研究道德价值的实践意义。

(一)研究道德价值的理论意义

道德价值与道德现象相伴而生。从它产生开始，伦理学家、思想家以及历代的统治者都给予了高度重视。他们从理论与实践方面都进行了积极的探索，尤其在道德价值理论的研究方面赋予其丰富的内容，尽管可能并没有专门提出道德价值这个概念，但蕴含着丰富的道德价值理论的思想。从价值论的发展来看，道德价值理论的研究，经过了由自发到自觉、由简单到复杂的发展过程。从人类的道德实践来看，人类永不停息的道德价值

---

① [美]R. B. 培里，等. 价值和评价[M]. 北京：中国人民大学出版社，1989：1-2.

探索，是人类道德发展的内在动力，贯穿在道德发展的每一个环节之中。正是在道德现象的背后，人们认识了道德价值。就此而言，道德价值是人们认识道德现象的成果。在道德价值研究中，道德价值的理论研究具有重要意义。

第一，道德价值的理论研究构成了理论伦理学的重要内容。

"在人类历史上，出现过各种各样的伦理学学说，也就是说，对于道德问题的研究可谓众说纷纭。但是，在这其中也不是没有规律可循的，而且我们根据不同的标准，可以对各种伦理学学说加以不同的分类。……从理论与实践的角度分，可以把伦理学分成理论伦理学与实践伦理学，或者说把伦理学分为理论的部分与实践的部分。理论伦理学又称为道德哲学或道德学，还可称为哲学伦理学。实践伦理学又叫经验伦理学。"①从目前理论伦理学的研究来看，忽视道德价值研究一直是我国伦理学的严重缺陷。伦理学是关于道德的学科，或者说是以道德作为自己研究对象的学科。它需要探讨道德从何而来？又是如何发展？在不同领域中有何表现？人们选择某种道德的内在依据何在？道德品质如何形成？如何评价道德现象？等等。所有这些问题都涉及道德价值。令人遗憾的是，我国的伦理学很少从道德价值的角度予以解答。我们认为，道德价值是理论伦理学中的重要组成部分，缺乏道德价值的伦理学是不完整的伦理学，缺乏良好的道德价值论述的伦理学是不完善的伦理学。如果我们把伦理理论分为德性论、功利论与义务论，从深层次来看，德性论探讨的是关于德性的价值，功利论探讨的是功利的价值，义务论探讨的是义务的价值。也就是说，我们可以从道德价值的角度把三种伦理学理论在一个新的、更深的层次上统一加以论述，深化理论伦理学的研究。道德价值理论处于伦理学理论中更为深层的位置。

从人类文明的历史发展来看，伦理学的理论研究与人类自身的精神文明的发展有着密切联系。伦理学本身就展现了人类在善恶之间的道德价值判断。伦理学发展与社会的进步都离不开道德价值理论的研究。毕竟，"道德本质上是一种价值"②。如果说伦理学主要探讨我们应该做什么的问题，那么道德价值的理论研究则是告诉我们一切应该做什么都是奠基于价值问题之上。我们只有回答了哪些是正面价值，哪些是负面价值，我们才能回答我们应该做什么的问题。从这个意义上说，道德本质上也就是一种

---

① 张传友. 伦理学引论[M]. 北京：人民出版社，2006：38.
② 罗国杰. 伦理学[M]. 北京：人民出版社，1999：327.

价值，两者之间关系密切。从伦理学与价值论的发展来看，中国现代伦理学与对价值问题的认识和研究密切相关。在中华人民共和国成立初期，由于众所周知的原因，从经济建设、政治建设到文化建设都"唯苏是瞻"，受苏联影响，伦理学作为资产阶级伪科学被取缔。尽管道德建设仍然是文化建设中的重要内容，但缺乏伦理学理论支持的道德实践难以避免地沦为意识形态的宣传与说教。1966 年至 1976 年的"文化大革命"，是我国道德建设中的一个曲折发展的时期。这十年名曰"文化大革命"，实为"文化大浩劫"。一些人天天口头上叫喊着学习马克思列宁主义、毛泽东思想和公而忘私、无私奉献等口号，背地里却奉行"小节无害论""不说假话办不成大事"。在一系列运动中，夫妻反目、父子成仇，不仅传统文化遭到了毁灭性的打击，而且人的生命价值、人格和尊严都遭到了蔑视，阶级觉悟和政治表现取代了道德品质和人伦亲情，人似乎成了无感情、无人伦的政治牺牲品。在这一时期，伦理学不仅被禁锢，而且道德建设遭到严重挫折，更何谈道德价值的理论研究。准确地说，正是由于对当时道德价值的负面认识从而消除了伦理学的存在。从 1978 年开始，随着纠正"文革"时期"左"的错误思想和解放思想的成功，改革开放成为时代的发展趋势，伦理学学科建设得到恢复与发展。价值问题的探讨成为学界中的研究热点。随着研究的深入，中西文化的不断交流与融合，尤其是围绕核心价值观所展开的相关研究的不断深化，如何系统地探讨道德现象中所蕴含的价值问题是伦理学发展的重要方向。我们认为，全面研究道德价值理论是深化理论伦理学研究的重要举措。

人是理性的存在物。理性体现了人的心智探讨真理的能力。道德价值的理论研究有助于发展中国伦理学的理性品质。曾几何时，我国的伦理学长期以来追随苏联的国家道德理论。正如康德所言："道德学曾经是从人类本性中最高尚的属性开始的，这种属性的发展和培养的前景是指向无限的利益的，它终止于——狂热或迷信。"[①]在过度的充满激情的政治风云变幻中，伦理学直接服务于政治革命斗争的现实需要。针对各种道德现象的深层次的理性思考非常缺乏。我国伦理学曾与苏联伦理学一样，面临着同样的革命性实践的需要，伦理学突出了实践性特征，而缺乏针对道德现象的超越实证的理性探索。这种片面突出伦理学政治实践性特征、忽视理性的伦理学体系一直构成了主流伦理学的表征。目前，我们探讨伦理学中的道德价值问题，有助于避免过度陷于实践的片面性，从理性角度完善和发

① ［德］康德. 实践理性批判［M］. 邓晓芒，译. 北京：人民出版社，2004：221.

展理论伦理学。

道德价值的理论研究在促进理论伦理学的发展方面具有重要意义。从我国当代伦理学的发展来看，伦理学中的规范与要求来自不同时期国家领导人物的讲话，其理论特色常常展现为执政党的政策宣讲和道德诫命。这种伦理学急于解释社会现实，把马克思主义哲学过于刻板地移植到伦理学中，简单议论较多，理性阐述较少，满足于社会道德规范的制定与解释，无形之中，缺乏一种理论品格。而由此所形成的各种教科书变成了一种"千本一面"的模式。从这个角度来看，把伦理学过度刻板化、简单化，使其沦为一种饶舌的说教。探讨道德价值的理论，有助于从价值论的角度探讨一条新的伦理学发展路径，能够为伦理学的理性化发展提供一个新突破口。

当然，我国还是有少数学者在自己的学术研究中，从价值论的角度探讨道德价值。但是，这种研究很少出现在伦理学的教学与研究中。即使某些学校安排了相关的道德价值的课程内容，也由于其所讲的主旨与时间的限制而删减。从西方的道德价值的研究来看，出现了价值伦理学或道德价值学。德国的舍勒、哈特曼（Eduart Hartmann）是其中的代表人物。舍勒在最广泛的现象学经验之可能性基础上构建了一种非形式的价值伦理学，认为"'善'和'恶'是人格价值"①，形成了一种人格主义价值伦理学。哈特曼在其《伦理学》的第二部分专门论述了道德价值学。他详细地探讨了道德价值的三个不同层次的类型，并总结了道德价值之间的六大规律。道德价值被划分为限制内容的道德价值、基本的道德价值、特殊的道德价值，这三种道德价值内部又细分为不同的道德价值，从而构成了一个道德价值体系。他认为道德价值之间存在六大规律：层次性规律、基础性规律、对立性规律、补充性规律、价值高度性规律与价值力量性规律。哈特曼的道德价值学建立在其《伦理学》第一部分道德现象学的基础上，并上升为第三部分的道德形而上学。他把道德现象学、道德价值学、道德形而上学称为伦理学。他曾这样说："道德并不仅仅是其他各种价值中的一种。它是某种彻底不同的东西：它是现实的人类生活、人的价值实现。"②在他看来，伦理学是专门研究人的价值生活和实现人的价值的学科，具有特殊的人学意义。

---

① ［德］马克斯·舍勒. 伦理学中的形式主义与质料的价值伦理学［M］. 倪梁康，译. 北京：商务印书馆，2018：63.

② Nicolai Hartman. Ethics（3）［M］. N. J：Humanities，1975：19.

第二，道德价值的理论研究凸显了人在伦理学研究中的主体地位。

"一切价值都是人的价值"①，人是一切价值的主体。毕竟，无论在人类社会的哪个阶段，人都是社会生活的主体，是社会精神财富和物质财富的创造者。道德是人在社会实践中创造出来、为人而存在的。但是，曾几何时，伦理学长期片面地理解和运用了马克思主义道德阶级性学说，把那些离阶级性较远的课题，当作"否定"阶级性的错误理论。我们曾经过度强调道德本质的阶级性，强调经济因素在道德发展中的客观作用。人类自己所提出的道德似乎成为单向度的被动性的产物。其结果是，道德价值的研究者们就此变得讳莫如深，从而导致伦理学研究中长期忽视了系统而深入地研究人的道德主体性。

其实，每个人的一生之中都存在着主动性与被动性，人是主动与被动的产物。人作为道德行为主体，"具有其他一切物质和生物体所不具备的自主性、主动性和创造性，即所谓主体性"②。所谓主体性就是"主体在改造课题的实践过程中的创造性"③。在罗国杰所编写的《伦理学》中曾经引用了马克思批判旧唯物主义的缺点的一段话，旧唯物主义的缺点就是"对事物、现实、感性，只是从客体的或者直观的形式去理解，而不是把它们当作人的感性活动，当作实践去理解"④。该书明确地指出："理解人的活动，不仅要从客观、客体方面去理解，看到行为由外而内的内化过程，坚持唯物主义决定论和社会性原则，还要从主观方面、主体方面去理解，看到由内而外的外化过程，坚持主体性原则，从主观的方面，用主体的眼光去看待事物和人的活动。"⑤因此，从人的主体性角度看待道德现象体现了准确理解马克思的本意，真正克服了旧唯物主义的缺陷。人与道德之间并不是简单的决定与被决定的关系，人具有积极地创设道德的主观能动性。在道德的形成与发展过程中，人们具有的一定精神性的动力发挥着能动作用。不是道德决定人，而是人需要具有一定意义的道德。这正是道德价值的理论研究所需要阐述的。

道德价值并不直接与事物或对象发生关系，而是与人的人格、行为和人们的相关关系相联系。因此，道德价值的研究是从人的角度出发来展开

① 李德顺. 价值论：一种主体性研究（第3版）[M]. 北京：中国人民大学出版社，2013：99.
② 罗国杰. 伦理学[M]. 北京：人民出版社，1999：375.
③ 罗国杰. 伦理学[M]. 北京：人民出版社，1999：375.
④ [德]马克思，恩格斯. 马克思恩格斯选集（第1卷）[M]. 北京：商务印书馆，1995：16.
⑤ 罗国杰. 伦理学[M]. 北京：人民出版社，1999：376.

研究。它所研究的是道德与人之间的需要与满足的相互关系，探讨的是道德可能如何对人有用、有利、有益，能够满足人的某种需要，帮助人实现某种理想目标，以及如何避免道德对人无用、无利、无益。从这个角度看，道德价值研究的中心是人。道德对于人的意义，只有以人为中心的道德价值研究才可能予以说明。质言之，伦理学，从一定意义上说，也就是"人学"。所以，曾经出现的忽视"人"的道德的研究，无疑是伦理学理论研究上的重大缺失。研究道德价值展现了当前我们重视人的主体性在伦理学研究中的重要性。

第三，道德价值的理论研究丰富了伦理学研究方法。

从各个学科的发展来看，如果一门学科要发展就需要有相应的学科方法，否则就会受到很大的局限而陷于困顿之中。在伦理学发展的历史过程中，从中国古代的儒家文化中的心学、理学的研究，到西方的理性主义、经验主义等，各门各派都有其独特的方法。从某种意义上说，研究某种伦理学其实就是要研究某种独特的研究方法。如果没有一定的伦理研究方法的创新性运用，伦理学理论很难有自身的发展。

在伦理学的众多研究方法中，道德价值分析是伦理学研究者们曾经广泛运用但又长期没有加以重视的一种研究方法。从哲学上看，如果说哲学是研究真、善、美、圣的学问，那么，形而上学研究真，伦理学研究善，美学研究美，宗教学研究圣。当然，我们也可以说伦理学是研究道德的学问。但这种研究道德的学问就是研究关于善恶问题的学问。符合善的就是道德的，否则就是不道德的，即属于恶，是要加以谴责的。在这里，伦理学是一门关于善恶价值的学问。它需要告诉我们，在我们的社会生活中，哪些属于善的，即具有道德价值的；哪些属于恶的，即缺乏道德价值的。由此，我们也可以发现，这种善恶的特性意味着道德价值的研究方法和其他学科的价值分析方法有着很大的区别。与其他哲学学科相比，它不同于形而上学中的真假，不同于美学中的美丑，也不同于宗教学中的圣俗。它是关注与善恶之间的判断。与具体性人文社会学科相比，伦理学的价值分析方法具有哲学的抽象性。它不会停留于现实社会生活的具体现象，而是要从现象走向本质，从实然走向应然，展现一种不断从道德事实过渡到道德判断的抽象提升。

显而易见，我们所说的道德价值分析，即马克思主义基本原理指导下的道德价值分析，是马克思主义基本原理在道德价值理论中的具体运用。《共产党宣言》中指出，人类社会的最终发展就是要构建一种自由人联合体，即共产主义社会。在这种社会中，每个人都能够获得人的彻底解放。

如果我们只是从表面上看，马克思所提出的共产主义只是一种理论体系，但如果我们细致分析就会发现，这种思想体系也是一种人类正在不断追求理想的现实活动，而且它表明了人类自己的一种宏观的价值追求。马克思指出，人类社会是一个不断从低级向高级的发展过程。它呈现了人的自由度的不断扩张。资本主义之所以会被淘汰，被一种更为高级的社会主义取代，就是因为人类自身向往更为广阔的自由空间。马克思承认，"资产阶级在它的不到一百年的阶级统治中所创造的生产力，比过去一切世代创造的全部生产力还要多，还要大"①。这说明了资本主义比之前的社会有了很大的进步。然而，在资本主义社会中，"物的世界的增值同人的世界的贬值成正比"②。无产者被资本家所剥削、压迫而异化，资本家也因此而沦为资本的符号，形成了自身的异化。他们都在资本的运动过程中，沦为资本的异化对象。因此，在马克思、恩格斯看来，资本主义社会是一个极不道德的社会，人难以成为一个真正的人，需要加以扬弃。他们提出了符合道德要求的理想社会，即共产主义社会。在他们看来，未来的理想社会是"私有财产即人的自我异化的积极的扬弃，因而是通过人并且为了人而对人的本质的真正的占有；因此，它是人向自身、向社会的即合乎人性的人的复归"③。在未来的理想社会中，"每个人的自由发展是一切人的自由发展的条件"④。在马克思、恩格斯所构建的理想社会中，人类所追求的最终目标是人的自由而全面的发展。在他们的理论中，资本主义要被取代的重要原因之一，其实就是要以一种先进的道德价值观念取代落后的道德价值观念。马克思、恩格斯所构建的理想社会之所以是先进的，就在于它具有先进的道德价值理念，更为符合人的发展与社会的进步的道德要求。马克思、恩格斯虽然没有直接写出关于道德价值的研究专著，但在他们的思想中有着丰富的相关内容。他们常常通过经济学的外在形式、通过使用道德价值分析方法来论证资本主义的必然灭亡和未来理想社会的必然实现，也给我们留下了许多值得进一步研究的精辟论述。

因此，从伦理学的方法论意义上看，道德价值的理论研究丰富了伦理学研究方法，有利于我们不断深入理解和把握道德价值认知、价值选择、价值评价等方面的相关内容，从而不断拓展道德价值分析的研究方法。

---

① [德]马克思，恩格斯. 共产党宣言[M]. 北京：人民出版社，2009：32.
② [德]马克思. 1844 年经济学哲学手稿[M]. 北京：人民出版社，2004：51.
③ [德]马克思. 1844 年经济学哲学手稿[M]. 北京：人民出版社，2004：81.
④ [德]马克思，恩格斯. 共产党宣言[M]. 北京：人民出版社，2009：50.

（二）研究道德价值的实践意义

研究道德价值的实践意义不容忽视。毕竟，要发挥出道德价值的理论意义需要有具体实践对象才行，否则就只能成为空头理论。也就是说，道德的理论意义需要一定的社会实践才能体现出来。道德价值的实践意义的研究是道德价值的理论研究的重要落脚点。毕竟，"一切兴趣最后都是实践的，而且甚至思辨理性的兴趣也只是有条件的，唯有在实践的运用中才是完整的"①。所以，在道德价值研究中，道德价值的实践研究相比理论研究更为重要。

第一，道德价值是形成道德规范、原则的先导。

不同的社会总是有不同的道德规范、原则，而这些道德规范、原则总是某种道德价值观念的展现。比如在中国古代，忠孝观体现了小农经济条件下整体主义价值观。如果中国社会从传统社会要进入现代社会，价值观就需要从传统价值观进入现代价值观。

道德价值观是制定道德规范、原则的前提条件。人们所遵循的道德规范、原则都是在一定道德价值观的指导下形成的。任何国家、民族都有其占据统治地位的道德价值观。因为国家和民族的形成与发展需要一定的共同价值观来凝聚力量，消除重大矛盾，减少内耗，从而维护自身的稳定、繁荣与发展。道德是国家、民族稳定、繁荣与发展的重要手段之一。一种占据统治地位的道德价值观在凝聚道德共识方面是不可忽视的。这种道德价值观展现了一个国家、民族崇尚什么样的道德价值，有着什么样的价值目标，人应该如何设计和塑造自己。正确的道德价值观能够产生正确的道德规范、原则，错误的道德价值观形成错误的道德规范、原则。比如，"文革"十年，我们所崇尚的是阶级斗争的道德价值观，把道德作为阶级斗争的工具。所制定的道德要求，绝大部分是为阶级斗争服务的。父子相残，夫妻反目，一切为了所谓革命斗争的需要，正常的人伦亲情湮没在毫不留情的阶级斗争中。残酷斗争、坚决批判取代了"温良恭俭让"，"假大空"取代了真善美。集体主义原则被歪曲为出于阶级斗争需要而能够随时随地否定个人正当利益的道德原则。人与人之间平等的道德规范被制定为彻底的平均主义。而这一切都是在追求无产阶级的阶级斗争的美丽口号下实施的。改革开放以来，我们确立了以经济建设为中心的道德价值观。在《公民道德建设纲要》中，我们突出了道德建设与经济建设相适应的要求，

---

① ［德］康德. 实践理性批判［M］. 邓晓芒，译. 北京：人民出版社，2004：167.

注重效率与公平相协调。集体主义原则重视保障个人正当利益。人与人之间的平等则突出了机会平等。围绕以经济建设为中心的道德价值观，出现了经济伦理、企业伦理、环境伦理等应用伦理学研究，并产生各种不同的道德规范要求。因此，我们可以发现，道德价值观在国家与发展的道德活动中发挥着重要的影响作用。可以说，在一个社会中，有什么样的道德价值观，就有什么样的道德规范与原则。

自古以来，人类社会中形成了各种各样的道德规范系统。在这些道德规范系统中，存在各种各样的具体道德规范。毋庸讳言，道德规范与道德规范之间不可能是一种平行并列的关系，而是彼此之间存在着一定的层次性。按照罗国杰所构建的伦理学体系来看，伦理学体系包括三个方面的内容：一是关于道德的基本理论，二是关于道德规范体系，三是关于道德品质的形成和培养。在道德规范体系中，它包括基本原则和各种规范。基本原则是道德规范的总的指导原则，各种规范则是在基本原则的指导下所形成的行为准则。原则和规范之间，实质上是一致的。如果从道德价值的角度来看待道德规范体系，道德价值决定了道德原则与道德规范，在整个体系的构成中居于更为基础的地位，是道德规范体系的灵魂所在。从这个意义上看，道德价值规定了整个道德规范体系的价值取向。因此，考量道德价值本身追求什么，是一件非常重要的工作。当然，这属于道德价值的理论研究。从道德价值的实践研究来看，我们需要审视道德规范、原则具有正价值或负价值。如果我们所构建的道德规范体系属于负价值，将会直接危害社会的稳定与发展。显然，这里还涉及道德价值的认识、评价与选择的问题。如果我们能够在社会实践的基础上正确地认识道德价值以及不同道德价值之间的关系，进行正确的评价与选择，我们就能够正确地确立一种优良的道德规范体系。因此，缺失了道德价值的实践研究，我们很难想象如何确立符合时代发展的道德规范体系。

第二，道德价值是道德规范发挥积极作用的保障。

道德价值是道德规范系统的内在依据，从而构成道德规范发挥积极作用的思想保障。人们遵守道德规范离不开道德价值指导。一方面，道德规范本身所具有的优良道德价值是道德得以良好遵守的价值前提。一个社会如果处于不正确的道德价值的指导，就很难出现优良道德规范，即使出现所谓的优良道德规范，也难以发挥积极的社会作用，甚至出现道德规范的异化。比如，《后汉书·陈蕃传》记载，陈蕃任乐安太守，"民有赵宣葬亲而不闭埏隧，因居其中，行服二十余年，乡邑称孝"。然而，陈蕃调查发现，赵宣在为其父守丧期间竟然有了五个儿子。所谓守丧尽孝，不过是为了博得高官厚禄而已。历史经验告诉我们，道德规范失去了真正的内在道德价值，必然滋生各种各样的道德虚伪现象。

同时，人类丰富的道德实践也已经证明，同一道德规范在不同道德价值观指导下，具有不同的意义，导致不同的后果。《庄子·外篇·胠箧》中有盗亦有道的故事："跖之徒问于跖曰：'盗亦有道乎？'跖曰：'何适而无有道邪？夫妄意室中之藏，圣也；入先，勇也；出后，义也；知可否，智也；分均，仁也。五者不备而能成大盗者，天下未之有也。'"盗跖把抢劫前，推测估计他的财富储蓄称为"圣"；把在行动的时候身先士卒称为"勇"；把得手时，先掩护同伴撤走，自己最后退却，称为"义"；把能判断可不可以实施抢劫称为"智"；把抢来的东西平均分配称为"仁"。显然，盗跖的"圣""勇""义""智""仁"与孔子讲的完全不同。孔子的道德规范是建立在"博施于民而能济众"的道德价值追求上的。为了实现这一道德价值目标，他提出一是为学，二是为仕。孔子所指的"学"主要是礼乐，即西周以来的礼乐制度及其理论，也就是君子所具备的道德规范，具体来看，就是学习《诗》、《书》、礼、乐等，如果成为不了一个圣人，但要努力成为一个君子。他曾说过："不学《诗》，无以言"，"不学礼，无以立"。（《论语·季氏》）"小子何莫学夫《诗》？《诗》，可以兴，可以观，可以群，可以怨。"（《论语·阳货》）。他很重视音乐的作用，常常在音乐中和弟子们畅谈君子之道。孔子自己也曾说过："十室之邑，必有忠信如丘者焉，不如丘之好学也。"（《论语·公冶长》）要成为一个君子，他认为要经过"兴于《诗》，立于礼，成于乐"（《论语·泰伯》）的过程。孔子所指的"仕"则是实施德政，渴望济世救民。他提出"为政以德，譬如北辰，居其所而众星共之"，因为"道之以政，齐之以刑，民免而无耻；道之以德，齐之以礼，有耻且格"（《论语·为政》）。在孔子看来，"善人为邦百年，亦可以胜残去杀矣"（《论语·子路》）。而就盗跖而言，他的"圣""勇""义""智""仁"则是建立在侵犯他人的掠夺价值观上。

另一方面，道德规范系统通过人们自身道德价值的认可才能发挥作用。否则，道德规范与原则只能是外在化的形式。人们自身道德价值的认可直接影响道德规范发挥积极或消极的作用。如果一个人能够正确地认识优良的道德价值，具有良好的道德价值观，他就能够认真贯彻道德规范的要求。孔子很早就认识到这一点。儒学又被称为仁学。儒家把仁作为追求的重要目标。孔子言："仁乎远哉？我欲仁，斯仁至矣。"（《论语·述而》）孔子认为，做到"仁"很难吗？并不难，只要你认可了"仁"的价值内涵，你就可以做到"仁"。

　　道德规范能否持久地发挥作用，与其中所蕴含的道德价值有着密切的关系。如果一种道德规范只是依靠国家的意识形态宣传，而不是依靠其存在的道德价值的必要性，它就无法长期地存在。一种道德规范需要其内在道德价值的合理性，才能得到人们的内心认同。在现实生活中，同一种道德规范，有些人会遵守，有些人会违反，其中的一个重要原因就在于对于同一种道德规范有些人认同，有些人不认同。也就是说，他们具有不同的道德价值观。正因为如此，古往今来，如何加强道德价值观教育成为社会凝聚共识的重要内容。道德教育并不只是告诉人们社会的道德规范是什么，更重要的是告诉人们道德规范中所包含的道德价值观念是什么。只有当越来越多的人越过道德规范的外在文字，理解其中道德价值的内涵，全体公民才能真正地遵守道德规范。因此，培养人们遵守道德规范，重要的在于培养人们认可道德规范中所包含的道德价值的意识。当道德规范的宣传渗透到人们的道德价值的意识层次，他们认识到道德保护的利益与自己的利益根本一致，就会自觉地遵守道德规范。

　　第三，道德价值是道德进步的内在依据。

　　道德是人类社会发展过程中的产物，同任何事物一样都具有两重性，从而展现了内在的不可避免的悖论：为了适应社会需要而产生的道德，内在存在着积极的因素与消极的因素。一般而言，在道德产生之初，积极的因素发挥作用，促进社会的发展，为社会所依靠，但伴随其发展不可避免地会出现消极因素并占据统治地位，阻碍社会的发展，为社会所摒弃。

　　道德发展的悖论展现了道德的自我否定的发展。这种发展必然导致积极性道德转向消极性道德，一种旧的道德日渐消亡，另一种新的道德逐渐兴盛，最终取而代之，并占据主导地位。恩格斯指出："在发展的进程中，以前的一切现实的东西都会变成不现实的，都会失去自己的必然性、自己存在的权利、自己的合理性；一种新的、富有生命力的现实的东西就会起来代替正在衰亡的现实的东西。"①恩格斯认为，从黑格尔辩证法的真实的革命性意义上来看，凡是存在的就是合理的这样的命题，会转换为凡是现存的都是应该消亡的。人类历史上曾经存在各种不同的道德类型，在其形成之初，其内部都包含积极因素和消极因素。无法适应社会发展的潜在的消极因素不断积累，导致其道德规范阻碍社会发展，走向自身的反

---

① ［德］马克思，恩格斯. 马克思恩格斯全集(第 21 卷)［M］. 北京：人民出版社，1965：307.

面，即由合理到不合理。取而代之的是能够适应社会发展，具有合理性的新道德。如果积极性的道德直接沦落至不合理的道德规范时，属于自行消亡，必然为新的适应社会发展的道德规范，或达成社会共识的共同准则所取代。

从道德的发展来看，新旧道德类型之间存在着更替。在人类道德不断进步的过程中，我们能够发现这并非简单的表面现象。道德规范系统总是一定道德的内在精神——道德价值的体现。这种道德价值是精神文化的核心。当然，这种道德价值并非一种，而是一组，构成了精神文化的内核。从道德规范系统来看，如果无法适应生产力的发展，推动社会进步与文明发展，如果无法捍卫人的自由与基本权利，维护社会秩序、社会公正、社会和谐等，我们无法想象背离这些精神价值的道德规范系统能够存在。在现代社会中，社会进步与发展离不开美好的道德愿景，离不开道德发展中所蕴含的人权价值、秩序价值、幸福价值、公正价值、和谐价值、自由价值、人的全面发展价值等。这些道德价值构成了人们不断提升精神境界的内在动力。正是这些重要的道德价值推动了道德规范系统的自我发展，展现了道德的不断进步。

从当代中国的发展来看，中国的崛起是一个毋庸置疑的事实。问题在于中国的崛起，是一种文明的崛起，还仅仅是一种经济上的、物质生活上的崛起？经济上的、物质生活上的崛起只是以 GDP 为核心的统计数据的增长，而文明的崛起则是一种全方位的崛起，除了经济上的、物质生活上的变化，更重要的是中国人精神上、制度层面上的自我解放与发展，是人的生存方式和意义系统的发展。道德价值，作为精神上的核心内容之一，是当代中国文明崛起的重要内容。从这个角度来看，中国的崛起是文明的崛起，是精神价值的崛起，必然需要道德价值上的创新与发展。

尤其在当今实现中国梦的新时代之中，中国梦也是实现人权、秩序、公正、幸福、和谐等道德价值之梦。正如习近平总书记于 2013 年 12 月 30 日在中共中央政治局第十二次集体学习时所作出的重要讲话："中国梦是价值追求的梦。中国梦的宣传和阐释，要与当代中国价值观念紧密结合起来。中国梦意味着中国人民和中华民族的价值体认和价值追求，意味着全面建成小康社会、实现中华民族伟大复兴，意味着每一个人都能在为中国梦的奋斗中实现自己的梦想，意味着中华民族团结奋斗的最大公约数，意味着中华民族为人类和平与发展作出更大贡献的真诚意愿。"因此，道德价值研究在当代中国不仅具有重要的理论意义，而且还具有重要的现实意义。

三、研究述评

从国外的道德价值研究来看，西方对道德价值的研究从道德产生的时候就出现了。它蕴含在不同历史时期的伦理思想研究中。尽管在相当长的历史时期，人们并没有专门提出道德价值的概念或者写出以此来命名的专门论著，但是，我们能够通过古希腊古罗马时期的伦理学、中世纪伦理学、近代伦理学发现其中所蕴含的道德价值的相关思想。但是，这些研究还不能称为专门的道德价值论研究。

自进入 19 世纪后期以来，道德价值的研究出现了专门化的趋势，迎来了其发展的重要时期，出现了专门探讨道德价值的主观道德价值论、客观道德价值论。主观道德价值论的代表人物有奥地利的迈农（Alexius Meinong），美国的詹姆士（William James）、杜威（John Dewey）、培里（Ralph Barton Perry）和英国的奥格登（C. K. Ogden）、理查兹（I. A. Richards）、罗素（Bertrand Arthur William Russell），德国的石里克（Friedrich Albert Moritz Schlick）、卡尔纳普（Rudolf Carnap）、伽达默尔（Hans Georg Gadamer）。客观道德价值论的代表人物有英国的摩尔（George Edward Moore）、莱尔德（（Johnson Laird）、普理查德（H. A. Prichard），德国的舍勒、哈特曼，美国的布莱特曼（Edgar Sheffield Brightman）、麦克林（George F. Mclean）。无论是主观道德价值论还是客观道德价值论，都是把道德价值作为研究的中心，因而现代西方伦理学研究者把他们的研究理论直接统称为道德价值论。

主观道德价值论认为道德价值源于人的情感、欲望、意志、需要等主观因素。持这种观点的思想家从人的情感、欲望、意志、需要等主观因素角度来理解道德价值，认为道德价值是人所赋予的，是人的主观因素的表现。奥地利的迈农试图从心理学角度来阐述价值问题，他认为道德价值源于人的情感。这种观点属于典型的主观道德价值论。美国的实用主义者詹姆士系统地探讨了价值问题。他坚持价值真理论，认为真理从属于价值，又把价值归结为个体所认可的主观效用。他在《道德哲学家与道德生活》一文中指出："在一个没有任何感知性生命存在的世界里，这类词（指义务、善、意志——引文作者）似乎毫无用处或者丝毫不相关。想象一下，在一个绝对的物理世界里，只包括物理事实和化学事实，而且是在没有上帝、甚至是没有一个对此感兴趣的旁观者的情况下而永恒存在着的：在此情况下，谈论该世界的某一状态比其另一种状态更好又有什么意义呢？或者，假如存在两个这样的可能世界，说其中一个世界是好的，而另一个是坏的，又有什么韵味或理由呢？"①詹姆士认为道德价值就是道德的主观有用性。每个人的利益需要不同，其道德价值也就因人而异。他坚决反对存在所谓抽象的绝对的客观道德价值。这种至高无上的客观道德价值被他称为"彻头彻尾的迷信"。道德价值不可能离开人的主观感觉和欲望。代表道德价值的善恶等词汇"绝不意味着任何独立于个人支持之外的绝对本性。它们是感觉与欲望的对象，离开了实际生命心灵的存在，它们在存在中就没有任何立足之点和寄托之所"②。所以，他坚持认为："只要人觉得什么事情是好的，他就会使它成为好的。它对于他而言是好的；而对于他是好的，也就是绝对的好，因为他是该宇宙中唯一的价值创造者，而在他的意见之外，任何事物根本就没有什么道德价值可言。"③

客观道德价值论认为，道德价值源于道德本身所具有的属性、意义等。英国的摩尔提出了直觉主义道德价值论。他认为，伦理学首要的任务就是研究什么是善的问题。在他看来，善是不可定义的。它本身是客观的、自明的，我们只能通过直觉来认识它。摩尔还研究了价值分类，把价值分为目的价值和手段价值。那些伦理学上具有内在价值的事物，即"善事物本身"，属于目的价值或目的善——显然，道德价值属于这种目的价值。而那些伦理学上具有外在价值的事物，即本身不具有善性质而和善事物具有某种联系的事物，或可以作为实现善事物的手段，属于外在价值或手段善。他认为，把善与善的东西相混淆是一种"自然主义谬误"。其实，他已经把事实与价值做了区别，把价值，包括道德价值作为客观的存在。价值伦理学的代表人物舍勒、哈特曼等人，进一步把道德价值作为客观的存在。舍勒认为，价值是客观存在的，其存在与否，和评价主体无关，也和思想领域无关。它具有先验的特性。舍勒反对主观道德价值论，反对把道德价值主观化，把道德价值理解为人人不同的相对主义价值观。他认为"所谓伦理相对主义的各种哲学思潮，比如现代实证主义者孔德、穆勒、斯宾塞等人的观点，在对各种伦理实际状况的认识上，才是极端错误

---

① ［美］詹姆士. 道德哲学家与道德生活［C］//20 世纪西方伦理学经典（Ⅱ）——伦理学主题：价值与人生. 北京：中国人民大学出版社，2004：496.

② ［美］詹姆士. 道德哲学家与道德生活［C］//20 世纪西方伦理学经典（Ⅱ）——伦理学主题：价值与人生. 北京：中国人民大学出版社，2004：501.

③ ［美］詹姆士. 道德哲学家与道德生活［C］//20 世纪西方伦理学经典（Ⅱ）——伦理学主题：价值与人生. 北京：中国人民大学出版社，2004：497.

的"①。在他看来，道德价值的客观存在的认识远比主观论、相对主义要深刻得多。他说："正是伦理上的绝对主义，即认为存在着鲜明的永恒法则、在价值内部存在着一种与之相应的永恒级别的学说，伦理与那种不失效的伦理学的关系有点类似于托勒密宇宙说和哥白尼宇宙说等对于天文学所寻求的理想宇宙说的关系。"②

其实，在当今西方学术界中，道德价值是西方伦理学界普遍关注的课题。因为，伦理学与道德价值之间存在着密切的联系。罗尔斯在《正义论》中把"正当"与"善"作为道德价值理论的两个基本概念。他认为，任何一种道德学说的结构都是围绕这两个概念而展开，并形成不同的道德理论。③"正当"体现了道德价值的性质。"善"体现了道德价值的内容。从这个角度来看，任何伦理学理论都是道德价值的理论，都是探讨道德价值的本质、种类以及实现与评价的问题。关于伦理学与道德价值的密切关系，日本学者小仓志祥有一段话说得很好："我们在现实生活中，往往试图更好地实现理想目标。希求并进行着具有某种意义的有益之事。我们人存在的本性在于下述这一点上，即：作为'世界——内——存在'的我们，每逢自己遇到种种事物和情况，都要看它们所具有的某种意义，而且可以说，只有在这种情况下，人们所希求的'幸福'，以及个人所看出的'意义'，才是广义的价值。所以，价值问题成了作为人的每个人所不可避免的问题。对于人学，特别是对于把人应具有的样态作为课题的伦理学来说，我们应该实现的伦理价值(善)和我们实际上所追求的益处(幸福)等问题，自不消说。而价值的各种形态及其高低，以及我们对价值的态度等问题，也理应成为最基本的问题范畴。"④他认为，人，作为一种观念的动物，活在世界上，"价值问题成了作为人的每个人所不可避免的问题"，以此来说明伦理学与道德价值的关系。其实，从西方伦理学的产生与发展来看，无论把过一种好的生活作为伦理学的核心，还是把制定一套正当的道德规范作为伦理学的核心，都表明了一种生活中对生存意义的探索，也就是追求一种道德价值取向。它揭示了伦理学与道德价值之间的密切关系。尤其自休谟区分了事实与价值之后，价值论成为继本体论、认识论、实践论之后的独立发展的理论，道德价值理论成为西方伦理学家研究的重

① [德]舍勒.价值的颠覆[M].北京：生活·读书·新知三联书店，1997：51.
② [德]舍勒.价值的颠覆[M].北京：生活·读书·新知三联书店，1997：52.
③ [美]罗尔斯.正义论[M].何怀宏，何包钢，廖申白，译.北京：中国社会科学出版社，2001：449.
④ [日]小仓志祥.伦理学概论[M].吴潜涛，译.北京：中国社会科学出版社，1992：68.

要对象。因而，我们在当代西方伦理学著作中发现道德价值是学者们普遍关注的重要课题。

与西方道德价值论研究相比，中国道德价值论研究起步很晚，尽管中国在道德价值的一些问题上有其丰富而优秀的思想。但是，中国道德价值论的研究进展很快。以中国大陆的研究来看，它是随着中国大陆在哲学上的价值论的研究进入一定程度的基础之上，逐步启动而发展起来的。

当前，论述道德价值的专著主要有：商戈令撰写的专著《道德价值论》(21万字，1988年)，内容包括九章。第一章"绪论"，第二章"哲学中的价值观念"，第三章"价值与道德价值"，第四章"道德评价意识的发生及其构成"，第五章"冲突与选择"，第六章"人格建构与价值设定"，第七章"道德评价之标准"，第八章"道德价值与文化传统"，第九章"困惑与确信"。竹立家撰写的《道德价值论》(14万字，1998年)，内含绪论和六章及一个附录。内容包括"绪论""价值形成""价值与事实""价值与真理""价值中的理性与情感""个人价值与社会价值""道德价值评价""附录 文化价值与道德价值——关于道德文学的几个理论问题"。李德顺、孙伟平撰写的《道德价值论》(18万字，2005年)，内容为导言和八章，分别是"导言 人类正处在道德转折点上""道德及其起源和发展""人是社会道德的主体""道德价值及其实现""道德规范何以可能""道德意识与价值选择""道德修养与人之提升""道德的人与道德的社会"和"道德建设与社会之提升"。《道德价值论》每隔10多年出现一部，展现了中国学界在20世纪80年代、90年代和21世纪初期对道德价值的研究成果，展现了中国学界对不同时代道德价值的不断思考与探索。

另外，罗国杰主编的《伦理学》第十章"人生观与人生价值"中专门探讨了马克思主义的道德价值的特征。江畅主编的《比照与融通：当代中西价值哲学比较研究》试图把伦理学与价值论统一起来，专门探讨了一些价值概念，如人权、自由、平等、责任、义务、和谐等，并探讨了一些社会现实事件中的价值问题，如基因工程、互联网、环境污染等。这些观点在我们专门探讨道德价值的过程中具有一定的借鉴意义。另外，宣兆凯总执笔的《中国社会价值观现状及演变趋势》设专章论述了道德价值的调查情况。冯秀军著的《社会变革期中国大学生道德价值观调查》专门论述了关于大学生道德价值观的调查状况。李建华著的《趋善避恶论：道德价值的逆向研究》专门论述了恶的价值问题，也阐述了对道德价值的许多有益见解。

从20世纪80年代末到90年代末，许多学者主要集中在《哲学研究》

《哲学动态》《道德与文明》等期刊上发表了他们对于道德价值的学术见解。1991 年 6 月，在华东师范大学还专门举办了改革开放后社会的道德价值导向研讨会。

我们从中国期刊网可以查询到，自进入 21 世纪以来，关于道德价值的论文每一年都会有一定数量出现。探讨道德价值的范围不断扩大，并不仅仅局限于道德价值本身，还扩展到许多其他领域的关于道德价值的研究，如法律的道德价值、生物工程引发的道德价值问题、行政人员的道德价值、市场经济的道德价值、可持续发展的道德价值、政治文明的道德价值、社会公共政策的道德价值、宗教的道德价值、教育改革的道德价值、文学的道德价值、网络舆论的道德价值，等等。目前，随着时代的发展与学术研究的深入，新的道德价值或道德价值的专著亦在酝酿之中。尤其自学术界展开对社会主义核心价值观的研究以来，对道德价值的研究呈现出进一步升华发展的态势。中国道德价值论的研究已经起步，而且正在以前所未有的速度向前发展。只是由于受中国社会的发展水平、伦理学自身的发展状况所限，还远未提升到应有的境界。

如前所述，在西方伦理学界，伦理学与价值论之间存在密切联系。舍勒、哈特曼等人甚至直接从价值论的角度来阐述伦理学，形成了价值论伦理学。然而在中国，在相当长的时期内，伦理学与价值论之间并不如同西方学界那样联系紧密。许多研究价值论的学者很少聚焦研究伦理学，而研究伦理学的学者又很少如同西方学者那样重视研究价值论，借助价值论来探讨伦理学问题。当然，这并不否定极少数学者试图将两者结合起来研究。从目前的结果来看，研究价值论的学者与研究伦理学的学者基本上形成了不同的研究群体。其实，把价值论与伦理学分割开来研究，既不利于价值论研究，也不利于伦理学研究。研究价值论而忽视伦理学，在理论价值论的发展中，缺乏实践价值论的支撑。伦理学是具有实践性特征的学科，属于实践价值论的范畴。在研究价值论的同时，加强伦理学研究，有助于深化价值论的研究，符合价值论的发展规律。毕竟，伦理学是一种特殊的价值论。以价值论来指导伦理学的发展能够深化伦理学的基本理论，拓展伦理学的研究范围。它能从价值的角度告诉我们"应该"做什么和为什么"应该"如此。与之相反，研究伦理学而忽视价值论研究，缺乏价值论的理论指导，不利于伦理学理论的发展，容易导致伦理学研究角度的局限性。因此，把两者隔离的状态不利于它们各自的发展。

当然，在相当长的时期，中国的伦理学与价值论曾经倾向于各自发展，有其历史原因和学术原因。从历史原因来看，当代中国价值论的研究兴起于 20 世纪 80 年代初。它是在哲学认识论的基础上发展起来的。因此，最先探讨价值论的学者大多数是研究哲学原理的学者。随着价值论研究的逐渐深入，突破了原来的哲学认识论的窠臼，出现了专门从价值角度探讨哲学问题的新科目，即价值论或价值哲学研究。但从事这门学科研究的学者主要还是研究哲学原理的学者。

从学术原因来看，自 20 世纪 80 年代以来，在我国的价值论研究中，许多学者把价值理解为满足需要，认为满足需要就是有价值，没有满足需要就没有价值。这种价值需要论的观点不可能得到伦理学界的学者的赞同。因为，在伦理学中，满足人的需要有正确与错误之分，坚持道义、克制人的贪欲一直是伦理学中道德修养的重要组成部分。比如，孔子提出："富与贵，是人之所欲也；不以其道得之，不处也。贫与贱，是人之所恶也；不以其道得之，不去也。"(《论语·里仁》)孟子说过："一箪食，一豆羹，得之则生，弗得则死。呼尔而与之，行道之人弗受；蹴尔而与之，乞人不屑也。"(《孟子·告子上》)关于这种价值需要论的错误，正如王玉樑所说："自 20 世纪 80 年代以来，在我国价值哲学学术领域占主导地位的是满足需要论，即以满足需要界定价值。早在 1986 年，就有学者指出，以满足需要界定价值，是把使用价值等同于哲学价值，这种观点不是马克思的观点。从 20 世纪 80 年代末 90 年代初开始，不断有学者进一步指出需要并非天然合理。满足合理的需要是有价值的，满足不合理的需要则是负价值。有的学者还进一步指出，如果把这种观点的逻辑贯彻到底，就会作出满足吸毒贩毒、嫖娼卖淫的需要也是有正价值的荒谬结论，在实践上产生危害。"[①]因此，我们也就不难理解，当许多价值论研究者从需要的角度理解价值，这种观点无法得到伦理学家们的认可。这也就导致了许多伦理学的研究者不愿参与价值论的研究。从这个角度来看，他们的不参与反映了对这种价值论研究的拒斥和否定。

从伦理学和价值论各自的发展来看，相互交叉研究，有助于伦理学和价值论的发展。因为，伦理学中的很多基本概念，如善恶、正当、善、功利、责任等，都是价值概念。研究伦理学的学者研究价值论有助于促进伦理学的发展与繁荣。以前面的价值需要论来看，伦理学界可以探讨其他的关于价值的理解，尤其是道德价值的理解，提出新的观点。从价值论来看，探讨伦理学问题，能够把价值论的一般原理具体化，落实于社会现实

---

① 王玉樑. 从理论价值哲学到实践价值哲学 [C]//陈新汉，刘冰，邱仁富，等. 社会转型期的中国价值论研究. 上海：上海大学出版社，2014：6.

生活之中，能够有效地避免脱离实践而构建空头理论。因此，加强伦理学与价值论的双向研究有助于两个学科的健康发展。从这个意义上看，注重道德价值的研究是把两者结合的一个研究要点和有益尝试。我们或许能够从中构建符合中国特色的价值论伦理学体系。

四、研究思路

围绕道德价值这一主题，本书将立足现代性的时代境遇，追溯道德价值研究的演变历史，透过当今世界中道德价值的理论与实践热点，进行学术梳理与理论考量，从而揭示和阐释道德价值的本质、种类、发展以及其实现。本书的具体研究路径是，阐释道德价值的本质，揭示现代社会中所需要的道德价值，探讨道德价值的实现。因此，它主要回答三个问题：什么是道德价值？道德价值如何存在？如何实现道德价值？以此为线索，依次分别探讨道德价值的本质、目标与实现。由此，形成了道德价值的三个基本领域：道德价值本质论、道德价值目标论、道德价值实现论。

第一，道德价值本质论。

道德价值的研究，离不开学术界对道德价值和相关概念、道德价值和其他概念之间关系的分析与确定。在这些概念中，道德价值无疑是最为重要的概念。那么，什么是道德价值，或者说，道德价值的本质何在？这是本研究中的首要问题。

如何认识道德价值的本质是我们研究道德价值的逻辑起点。本部分的研究思路是从道德和价值的内涵、理解价值观与价值论的内涵的基础上，探讨道德价值的内涵与主要特征，以及道德价值观和道德价值论的含义，进而认识道德价值的分类、基础，道德价值与事实以及真理之间的关系，从而全面而深刻地认识道德价值的本质。

本研究认为，道德价值是人类社会的历史实践基础上产生的人与道德之间关系的精神价值，是道德对于主体的意义，是人对于道德的超越性指向。它具有属人性与实践性、主观性与客观性、现实性与理想性、绝对性与相对性、潜在性与实现性、多样性和层次性、独立性与广泛性。把握这些特点，有助于我们深入认识和实现道德价值。

道德价值观是指道德价值观念。道德价值论是指道德价值理论，它是对道德价值的理性认识，是理论化、系统化的道德价值观。道德价值论的主要研究内容有道德价值的本质、道德价值的基础、道德价值的目标、道德价值的实现、道德价值的评价以及道德价值同其他价值的关系、社会现实中的道德价值难题，等等。它不同于道德价值观。在这里，对道德价值的一般性的感性认识属于道德价值观的研究。那些关于理性认识的道德价值的研究，属于道德价值论的研究。从这个角度来看，道德价值观的研究是道德价值论的基础，也是道德价值论得以不断发展的动力。

道德价值的内涵是丰富的，其表现形式的类别呈现丰富多彩的特性。根据道德价值的含义，它包括道德工具性价值与目的性指向价值。首先，从道德价值客体对于道德价值主体的意义来看，道德在人的生存与发展中的价值，可以表现为道德的规范价值、道德的教育价值、道德的认识价值、道德的调节价值、道德的整合价值，等等。其次，从道德价值主体对于道德价值客体的超越性指向来看，人对于道德的超越性价值主要包括道德的人权价值、道德的秩序价值、道德的公正价值、道德的自由价值、道德的平等价值、道德的全面发展的价值，等等。在探讨道德价值的分类中，的确还有其他各种各样的分类，比较多的有道德的个体价值、群体价值与人类价值，道德的目的价值与手段价值，道德的规范价值与社会价值，道德的内在价值与外在价值，道德的正价值与负价值，等等。尽管道德价值的分类标准各有不同，但其实都是围绕人本身的认识而形成的，由此，我们从道德价值分类的研究中得出一个重要推论：人是道德价值的源泉。它也构成了探讨道德价值基础的前提。

道德价值的基础是指道德价值形成的基本根据。追溯道德价值形成的基础，是为了探讨道德价值成为其自身的原理和原因。道德价值，相对于人而言，存在着多种多样的形式，也就是说存在着多种多样的原因，从中寻找其基本形成依据，意味着从人的基本生存与发展中阐述其基础性来源。这个基础性来源就是道德价值的基础。人有理性与非理性，因此，道德价值的基础中存在人的理性基础与非理性基础。同时，人的理性与非理性总是统一于一定的实践活动中，因而道德价值还有其实践基础。我们可以从人的理性、非理性以及实践活动方面来探讨道德价值的存在基础。

如果从更深层次来看道德价值的基础，任何道德价值都是从一定的事实基础上被主体所发现和提出的。这就涉及道德价值与事实的关系问题。

休谟等人把事实与价值完全分开，划分在不同的领域之中，认为两者之间存在着难以逾越的鸿沟，从而形成"休谟问题"。在这种观点中，事实是客观的。它与存在、实在等概念一样具有客观性。价值判断是主观的。从客观的事实或"是"无法推导出主观的价值判断或"应该"。在 20 世纪，摩尔进一步强化了这种事实与价值的二分法，从而揭开了学界各种试图消解这种二分法的序幕。思想家们花费了极大的精力试图从事实判断中推出价值判断。其中，西方思想家主要有自然主义者、实用主义者、科学主义者、人本主义者、后现代的思想家等，中国思想家主要有价值论研究者、伦理学研究者、马克思主义者等。他们从不同角度提出了自己的答案。

本研究认为，从单纯的事实判断中无法推出道德价值，但是在社会生活实践之中，事实判断与道德价值判断之间不仅有区别，而且还有联系。从事实判断到规范判断、评价判断、命令判断，是一个从"是"到"可能性应当""最佳性应当""必须性应当"的逻辑发展过程。尽管从理论上说，单纯的客观事实，无法推出任何道德价值判断，但是，借助规范判断、评价判断，最终能够从事实判断推出道德价值判断。当然，事实判断与规范判断、评价判断、命令判断所构成的道德价值判断之间并不总是一个单向的事实—价值的过程。因为，当我们根据事实判断推导出了一个价值判断后，这种价值判断也会在社会实践中，不断改造自然与社会，从而形成新的事实与道德价值。因此，事实判断与规范判断、评价判断、命令判断所构成的道德价值判断之间，是一个无限发展的、相互影响的逻辑演变过程。

本研究提出了两个从事实推演道德价值的公式：

道德价值判断公式 1：

前提 1：单纯事实如何，即 SF；

前提 2：可能性应当如何，即 R1，R2，R3，…；

前提 3：结合具体情景，依据道德规范所蕴含的道德价值作出，最佳性应当如何，即 J；

结论：必须应当如何（或不应当如何），即 E。

因此，道德价值判断公式 1 可以简化为：SF→R1，R2，R3，…→J→E

公式 2：

前提 1：混合事实如何，即 MF；

前提 2：可能性应当如何，即 R1，R2，R3，…；

前提 3：结合具体情景，依据道德规范所蕴含的道德价值作出，最佳性应当如何，即 J；

结论：必须应当如何（或不应当如何），即 E。

因此，道德价值判断公式 2 可以简化为：MF→R1，R2，R3，…→J→E

我们能够从事实推出道德价值。每个人在社会生活实践中，经历了不同的生活方式，在不同事实中得出其不同道德价值判断。那么，面对同一事实时，可能不同主体推出了不同的道德价值。这是否意味着道德价值缺乏客观性、道德价值之中没有真理性？这就涉及道德价值与真理的关系问题。

本研究认为，道德价值与真理之间既有区别也有联系。道德价值有无真理的问题，准确地说，是道德价值认识有无真理的问题。道德价值的认识具有真理性。尽管人们对道德价值的认识看起来有所不同，但是，对道德价值的认识存在真与假之分。道德价值是人们在道德实践活动中针对客观事实进行认知的产物。它是能够被认知的，并且存在正确或错误的可能性，并不是无法认识，也不存在既不正确也不错误的命题。

道德价值真理具有维护社会稳定和个人发展的存在意义。如果对道德价值的认识没有真理性，这就意味着真理问题不能适用于道德价值领域，真理观无法贯彻到道德价值之中，马克思主义的一元真理观也就缺乏彻底性，无法体现在道德价值论中。道德价值论也就成为一门缺乏稳定基础的理论。由于它没有真理性，自然也就无法指导人们的道德实践生活，从而失去了实践性。因此，道德价值真理的存在不仅具有重要的理论意义，而且还具有重要的实践意义。

从认识论的角度上看，真理的问题是人的思想的客观性的问题。它包括人的思想能否表述客观规律，如何表述客观规律，以及如何检验客观规律的问题。我们在探讨了道德价值真理是什么之后，有必要探讨如何检验道德价值真理的问题，即判断哪些道德价值认识是正确的，哪些是错误的。本研究认为，道德价值认识与事实认识之间存在不同，但也存在一些共通之处。它们都是一种认识，存在真与假的问题。我们认为，实践是判断道德价值认识或者道德价值真理的标准。道德价值真理的实践检验过程是：其一，道德价值认识转化为事实认识，为实践检验提供了前提。其二，通过现实或历史的实践进行检验，根据事实认识得出道德价值认识是否正确。也就是说，道德价值真理的实践检验经历了从道德价值认识到事实认识，又从事实认识到道德价值认识的过程。其中，进行实践检验的道德价值真理标准，就是看道德价值认识是否符合社会历史发展规律，是否促进了社会历史进步，是否符合社会整体利益。只要道德价值认识符合社会历史发展规律，或促进了社会历史进步，或符合社会整体利益，它就属于真理而不是谬误。由此，我们也推出了一个附论，即经过检验的道德价值认识，并不构成客观的、绝对的、永恒的真理，而是随社会历史的发展，需要进一步检验。

第二，道德价值目标论。

道德价值的研究，需要进一步探讨在我们所处的时代中道德价值如何存在，或者说如何渗透在社会生活中并成为我们追求的目标。道德价值渗透于人权、秩序、幸福、公正、和谐、自由、人的发展之中，从而构成了保障人权、维护秩序、增进幸福、捍卫公正、促进和谐、追求自由、实现人的全面发展的道德价值目标。

道德价值目标论是道德价值论中的重要组成部分。它是指道德价值如何渗透在社会生活中成为我们追求的目标，是道德价值的目标化。一个道德价值目标就是追求一种道德价值，以这种道德价值为目标，道德价值就蕴含于这个目标之中。从这个意义上看，道德价值目标论就是论述各种具体的道德价值。如果说道德价值本质论是关于道德价值的总论，那么道德价值目标论则是关于道德价值的分论，分别以保障人权、维护秩序、增进幸福、捍卫公正、促进和谐、追求自由、实现人的全面发展的目标来展现其中所蕴含的道德方面的人权价值、秩序价值、幸福价值、公正价值、和谐价值、自由价值与人的全面发展价值。道德价值的目标涉及人类社会生活的各个方面，内容众多，我们需要根据现代社会的特征针对其主要的关键性价值目标来阐述。只有认识和理解了关键性的重要道德价值目标，才能更好、更全面地理解其他道德价值目标的内涵。

本研究认为，各种道德价值目标都是为了促进人与社会的生存与发展。我们将分别从维护人与社会的生存、发展的两个角度进行相应的归纳和阐述。从维护和促进人的生存与发展的角度来看，最基本的道德价值目标是保障人权，较高层次的目标是追求人的幸福。从维护和促进社会的存在与发展的角度来看，最基本的道德价值目标是维护秩序，较高层次的目标是追求社会的公正。从人与社会及更为广阔的自然界的各种关系来看，追求的道德价值目标是促进和谐。人与社会、自然之间应该形成一种和谐的关系。因此，在这里，道德价值目标主要是保障人权、维护秩序、增进幸福、捍卫公正、促进和谐、追求自由。其中，所包含的道德价值分别是道德视野中的人权价值、秩序价值、幸福价值、公正价值、和谐价值、自由价值。就此而言，道德价值目标论就是探讨我们时代中应该成为我们追求目标的道德价值。从最高的价值目标来看，最终是要实现人的解放与全面发展。

保障人权是实现人的生存与发展中的最基本的道德价值目标。保障人权就是保障人权价值。人权价值是道德基本价值之一。人是道德价值的基本且终极的主体。人类在实践活动中创造了道德，把道德作为人之为人的属性之一，就在于道德应该而且能够捍卫人作为人所应具有的基本权利。从这个意义上看，道德的价值就在于能够有力地维护人类社会的这种最低程度的人权底线。由此，人权就是要寻求为人的生命及其价值、尊严等做辩护，是人的发展中最低程度的普遍道德权利。因此，人权是道德基本价值之一。

人权包括政治、经济、文化等多方面的人权。道德人权是被道德特定化了的人作为人所应该具有的权利。生存权是道德人权中的根本内容。这种从道德角度出发所探讨的人权价值在人的生存与发展中具有不可或缺的重要意义。道德能够确认和保障生存权，从而巩固其他方面的人权。在现实社会中，社会改革与道德人权之间有着紧密联系。社会改革，常常是一种社会权利的改革，而人权是人的一种基本社会权利。社会改革需要保障道德人权，不讲道德人权的社会改革是难以取得成功的。同样，道德人权的发展与维护，需要社会不断改革与发展。就此而言，社会改革与道德人权之间关系密切，两者之间相互影响。社会改革需要保障道德人权，保障道德人权也需要社会改革。我们需要认真探讨两者之间的关系，才能在更大的范围内更好地理解道德领域的人权价值。

维护秩序是实现社会的存在与发展中的最基本道德价值目标。维护秩序就是维护秩序价值。秩序价值是道德基本价值之一。秩序是一切社会得以合理存在和不断向前良性发展的基本前提。秩序是人类社会的第一需要。道德是人自身为了调节各种社会关系而构建社会良好秩序的产物。从这个意义上看，道德的价值就在于要维护人类社会的这种最低程度的秩序底线。秩序是道德本身所具有的基本价值，在人的发展过程中构成其他道德价值的存在基础。因此，秩序是道德基本价值之一。

秩序包括政治、经济、法律等多种秩序。道德秩序是被道德特定化了的社会秩序价值。这种从道德角度出发所构建的秩序在人类社会的存在与发展中具有根本性的重要意义。道德能够确认和保障一定的社会秩序，从而也就能够保障其他的政治、经济、法律等方面的秩序的存在与发展。在当前，中国社会正在实现转型，秩序问题显得比任何时期都更为重要。在现实社会中，社会改革与道德秩序之间有着紧密联系。毕竟，社会改革总是要在一定的社会秩序中，包括道德秩序中进行。没有相应的道德秩序的帮助，社会改革难以成功。另外，社会改革有助于维护道德秩序。因此，在社会改革中，社会改革与道德秩序之间相辅相成、相互影响。社会改革需要道德秩序，道德秩序的维护也需要社会改革。或者说，道德秩序的稳定有助于社会改革，社会改革促进道德秩序的自我维护与自我更新。

增进幸福是在保障人权基础上较高层次的道德价值目标。幸福是人类自古以来一直追求和向往的美好愿望。人类从其能够独立生活和思考之时，也就开始了实现幸福的征途。幸福是一个充满了价值韵味的词汇。从中西伦理学史的研究来看，人们从德性、功利、快乐、权利、能力以及各种指标等多个方面对幸福进行了理解。道德在幸福的结构中是一个重要目标，甚至直接等同于幸福。因此，在现代社会中，幸福是人类在保证其基本权利基础之上所要追求的价值对象，是人类自我发展、自我完善的重要道德价值目标。

作为道德价值的幸福，是人类众多幸福——如政治上的幸福、经济上的幸福、教育上的幸福等——中的一种。它是从道德价值角度所探讨的幸福。它展现了人对自己道德价值状态的理性满足。它包括了人们社会生活中丰富的客观内容和主观内容，具有超越性、双向性、丰富性、脆弱性。人权是其必要客观基础。人自身的精神追求构成幸福的主观基础。从根本上看，道德与人的幸福是一致的，它能够促进人的幸福。它在人获得幸福的目标、必要条件、方法途径等方面具有重要的价值意义。具体而言，道德能够引导人的幸福方向，奠定人的幸福基础，保障幸福的实现。同时，我们应该看到道德在引导、保障人的幸福等过程中，存在幸福价值的滥用。

捍卫公正是在维护社会秩序基础上较高层次的道德价值目标。公正是人类社会自古以来最为基本的伦理观念。自有人类社会以来，它就被不断作为研究和探讨的重要价值目标。公正在人类社会的健康发展中，在如何维护社会秩序、促进社会进步中具有重要的引导意义。因此，当我们把秩序作为社会发展中的道德基本价值加以阐述后，非常有必要探讨道德的公正价值。公正是稳定社会秩序、推动社会进步的重要道德价值目标。从历史上看，它经过了从个体公正向社会公正的转化过程。在现代社会中，它包括分配公正、持有公正、能力公正等。

道德上的公正是众多公正——如政治公正、经济公正、教育公正、法律公正、司法公正等——中的一种。它是人类社会道德生活实践中的合理平衡，是一种考虑了付出之后的应得，一种考虑了效率之后的平等，一种考虑了应尽义务之后的权利，也是一种考虑了自由之后的社会责任。具体而言，它主要表现在付出与应得、平等与效率、权利与义务、自由与责任之间的平衡。正是这些关系之间的平衡在维护社会秩序方面发挥了重要作用。公正是建立在正当合理性基础上的价值理念。它常常诉诸道德中的

"应当"。道德对于公正具有丰富的价值意义。它主要包括道德维护社会的公正秩序，谴责不公正以保障公正的存在，丰富对公正的认识以促进公正的发展。同时，我们也应该看到，道德具有一定的主观性，因而存在公正价值的滥用。

促进和谐是在促进人的发展与社会的发展关系中的道德价值目标。和谐是人类在社会生活中自古以来就追求的价值理念。它是人参与社会实践活动的过程中追求人的发展与社会的发展时所达到的各得其所、协调发展的价值理想。人是生活在由人、社会（自然）、关系三者构成的系统之中。人的发展和社会的发展都与两者之间的关系有关，它们要么和谐要么冲突。自古以来，追求和谐的关系，确保人与社会的发展，就是一个永恒的价值目标。道德，作为人的自我创造，就是要追求形成这样一种人的发展与社会的发展相得益彰的社会生态背景。因此，和谐是人们所追求的道德价值目标。

道德和谐不同于政治和谐、法律和谐、文化和谐等和谐概念。它是众多和谐中的一种。它是以社会发展和人的发展的两者关系如何协调为目标，从道德意义上追求人与社会各自发展的和谐一致。它要求个人私人生活中的自我发展不能损害社会公共生活中的整体发展，也不能以社会公共生活中的整体发展压制个人私人生活中自我的正当发展。从人与人的关系来看，它表现为人与人之间的精神和谐。从人与自然的关系来看，它表现为人与自然之间的生态和谐。道德，无论是精神内涵还是外在规范，都对和谐具有重要的价值意义。它能够引导人们处理好人的发展与社会发展之间的关系以及人与人、人与自然之间的关系，形成自然、人、社会之间相互协调的发展状态。

追求自由是重要的道德价值目标。自由是人类社会中人们所追求的重要价值理念之一。自由贯穿于人的一切道德活动之中。从人与社会的发展来看，自由也贯穿于一切人与社会的发展之中。作为人的道德活动的理念，它是人类不断追求和渴望实现的价值指向，是人的标志和人的尊严的展现。没有自由，人就无法成为人本身，人的尊严也就无法存在。作为人的道德活动的手段，自由是人类自身为了发展所必然需要拥有的前提条件。没有自由，人只能是自然的存在，永远无法摆脱自然的奴役和束缚，无法具备道德上的创造和物质上的实践以追求自己的价值目标。因此，自由一直是贯穿在人类的精神活动和物质活动之中，构成了人类道德价值目标中的重要组成部分。

道德自由是指主体在一定历史条件下克服外在障碍，根据其善的意愿所进行的心理活动、行为选择以及所达到的状态。它表现为一种意志自由，一种行为权利，也表现为一种理想境界。自由，作为人的一种主体性的积极生活状态和各种行为可能，在人类社会的发展中展现了前所未有的吸引力。道德，作为人类社会中重要的规范与要求之一，在人类实现自由的道路中具有非常重要的价值意义。道德对于自由具有丰富的价值意义。它主要包括道德应该以自由作为自己的发展目标，道德能够确定人的自由范围，道德能够对自由进行调控，道德能够对自由进行限制。同时，我们也应该看到，道德若没有对自由进行合理而适度的确定、调控和限制，就可能导致自由的滥用。

实现人的全面发展是道德价值的终极目标。人的全面发展是人类永久的主题。社会是由人构成的，人与人之间的复杂关系构成了社会。社会的发展最终要以人的全面发展为最终归宿。同时，人的全面发展也是以每个人的全面发展为终极目标。也就是说，人的全面发展是社会发展和人的发展两个方向的目标的统一。道德，作为人类所构思的一种规范要求，归根结底为了人自身服务，以人的全面发展为终极目标。从人的全面发展的概念来看，人的全面发展的提出有其丰富的历史底蕴。在历史的追溯中，我们能够发现道德发展与人的发展之间的密切关系，即道德的发展是人的发展的呈现，道德的发展服务于人的全面发展。同时，我们还能发现人的全面发展必然是道德的终极目标。除了人的全面发展外，其他的概念都无法承担这一重任。确定人的全面发展的终极目标，能够避免人的片面发展，在人的发展和社会发展中具有重要的价值意义。

由于所要追求的道德价值目标众多，它们彼此之间形成了一个道德价值目标系统。我们可以把这种系统称为道德价值目标体系。在道德价值目标体系中，道德价值目标彼此之间大体上存在哪些关系，多种道德价值目标能否共存，能否构成一个等级森严的体系，等等，此类的问题是我们需要加以厘清的。为了更好地理解道德价值目标之间的关系，我们还需要追溯以往的道德价值目标体系，从而探讨一种更合理的道德价值目标体系的构建。

第三，道德价值实现论。

对道德价值的研究，必然要落实到社会现实与人们的生活之中，把它变为一种现实，而不是作为一座悬置的空中楼阁。既然对道德价值的研究需要落实到人们的社会现实生活之中，这也提出了本部分的一个核心问题：道德价值如何实现？

道德价值的实现是指道德价值在人类社会实践活动中的实现，是道德价值的选择与评价的结果，是道德价值主体的客体化与道德价值客体的主体化的双向运动的结果。实现道德价值有其内在驱动力和外在驱动力。内在驱动力是道德价值实现的内因。它主要来自三个方面：一是人们在社会关系中的理性选择能力，二是人们扬善惩恶的道德需求，三是人们追求的道德理想所具有的激励动能。外在驱动力是道德价值实现的外因。它主要来自社会或他人的推动作用。如果我们直接应用马克思的经济基础与上层建筑之间的关系来论述，似乎显得过于简单与随意，因此，我们可以从道德价值论的角度结合马克思的观点来加以阐述。道德价值实现的外在驱动力主要包括三个方面：一是外在的道德评价的驱动，二是道德典范的引导，三是道德惩罚的推动。另外，从道德价值的实现来看，它还是一个过程，是一个从潜能到实现的过程。从时间上看，道德价值实现的过程是一个连续不断的过程。只要人类社会还存在，这个过程就不会停止。从各种不同的道德价值本身来看，道德价值实现的过程是各种道德价值彼此相互作用、相互影响的过程。没有一种道德价值能够完全孤立地存在。道德价值实现的过程大致可以分为三个阶段：自在阶段、自为阶段、实践阶段。

在道德价值在实现过程中总会遇到一些障碍。如果从深层次来理解，道德价值的实现障碍包括两层含义：一是道德价值实现过程中的必然产物，二是其大小与道德价值实现程度正相关。具体而言，道德价值的实现障碍包括客观障碍与主观障碍。客观障碍是指道德价值的实现总是在一定的社会环境中发生，不可避免地会遇到一些客观存在的障碍。这些障碍包括社会客观要求的缺乏、社会制度上的障碍、社会现实中的障碍等。客观障碍表明道德价值的实现不是主观的随意而为，而是有一定的客观基础。主观障碍是指道德价值的实现总是需要主体在一定的社会环境中克服自身所存在的那些障碍。这些障碍包括主体认识道德价值的不足、主体实践能力的缺乏、主体人生观的偏差等。从人类历史发展来看，我们已经处于一个价值多元的时代。价值多元构成了我们这个时代的重要特征。从道德价值的发展来看，道德价值的发展历程是一种不断绵延而流动的精神现象。这种精神现象是人所特有的主体性的扩展。人的"尽善尽美"的冲动，在精神世界中的不断探索，构成了道德价值研究不断发展的内在动力，促成了道德价值变得丰富多彩，而这种丰富多彩中所蕴含的道德价值是多元的，且随着人们的交往的日益增长，其中的多样性以及矛盾与对峙，难以避免地从一个方面构成了道德价值实现的重要障碍。因此，如何认识时代之中所孕育的道德价值多元化，也成为一个重要的内容。

道德价值的实现总是有其实现的条件，它包括外在条件与内在条件。

从外在条件来看，道德价值的实现总是要在一定社会条件中才能实现。也就是说，道德价值的实现需要在道德领域所涉及的社会条件中才能完成。质言之，道德价值实现的外在条件是指道德价值主体在一切道德实践活动中实现其道德价值所需要的各种社会条件的总和。道德价值实现的外在条件不仅是道德价值实现的现实根据和基础，而且还影响道德价值主体的内在心理状态、价值活动效率以及创造活力。从道德价值论来看，道德价值实现并不是主体自身随心所欲的构想，而是需要一定的具体的条件。具体来说，道德价值实现的外在条件可以分为社会制度、道德舆论和道德教育三个方面的条件。从内在条件来看，道德价值实现离不开主体自身的一定条件。在道德生活实践中，实现道德价值的内在条件与人们自身的道德意识、道德修养和道德选择有着密切的关系。无论是外在条件还是内在条件发挥其积极的道德作用，都需要主体的内心认同。在这里，主体不仅包括个体，而且更主要是包括社会大众。没有主体，尤其是没有社会大众的内心认同，道德价值无法实现。因此，能否实现社会大众的普遍性道德价值认同是道德价值实现的关键条件。因此，我们需要细致地分析道德价值认同，把它作为道德价值实现的关键条件研究。

在道德价值的实现过程中，道德价值与道德价值之间有可能出现不一致，或矛盾。这就涉及道德价值冲突的问题。道德价值冲突是道德价值研究中最为重要的论题之一。同时，它也是人类道德生活实践中最为常见的问题之一。道德价值冲突的解决是道德价值研究中的重要内容。我们探讨道德价值问题，很大程度上就是为了解决道德价值冲突。如何解决道德价值冲突，或者说，如何高效、有益地解决道德价值冲突是道德价值实现论研究中极为重要的问题。从这个角度来看，我们探讨道德价值实现的障碍、道德价值实现的条件，正是为了更好地解决道德价值冲突。道德价值冲突解决得好，就可以以最小的道德成本获得最佳的道德效益；道德价值冲突解决得不好，就可能出现不必要的成本浪费，得不偿失，甚至有失无得。因此，我们需要仔细研究道德价值冲突及其解决办法，这就涉及认识和了解道德价值冲突的表现、原因和解决方式。

道德价值的实现是否名副其实，涉及道德价值实现中的评价问题。前面，我们探讨了道德价值实现的含义、动力、方式、过程、不利因素和有利因素，以及道德价值之间冲突的问题，最终需要评价道德价值的实现，即如何看待道德价值的实现。这涉及道德价值认知、评价标准，以及道德价值实现与促进社会历史发展和人的发展等方面的内容。

总之，本研究主要回答三个问题：什么是道德价值？道德价值如何存在？如何实现道德价值？以此为线索，分别探讨道德价值的本质、目标与实现。由此，形成了道德价值的三个基本领域：道德价值本质论、道德价值目标论、道德价值实现论。通过这三个方面的研究，本书将拓展当代中国道德价值研究的研究范围，即突破一般只是从价值论本身，大而化之地谈论道德价值，或仅仅从某个具体方面来论述道德价值的局限，而是从世界各国步入现代国家行列的进程中的现代性问题入手，以及中国社会在21世纪初的巨大变化的背景中，立足马克思的实践唯物主义，系统地解析道德价值论中的一些理论难点，阐述符合时代精神的道德价值的发现与实现。这有利于更好地理解道德价值在当今中国社会中亟待研究的必要性、急迫性与重要性，为当今中国社会主义核心价值理论建设与价值论研究做出贡献。

五、研究方法

任何一项学术研究都有它的研究方法。方法是一种研究工具，一种达到目的的手段。并不是一切方法都适用于一切研究。有些能够提高研究效率，事半功倍，有些则不然。没有必要的道德价值的研究方法，就没有相应的道德价值论。道德价值实践活动是人们在其生存与发展过程中必然存在的活动。道德价值论的专业性研究尽管历史不长，但其所涉及的许多思想渊源却是历史悠久，内容丰富。我们应该根据时代精神与问题意识，采取合适的道德价值的研究方法，从丰富的道德价值思想中，提炼出有理论价值和历史影响的观点，进而把握道德价值的内在本质、具体内容和总体特征，促进当代道德价值的实现。

第一，实践唯物主义的方法。

任何一种研究都是基于一定的哲学方法，或经验论，或理性论，或实证，等等。我们的道德价值论的研究方法基于实践唯物主义的方法。本研究是从实践的基础上探讨道德价值的内涵、产生和发展，从实践的角度来解析道德价值与事实、真理之间的关系，也是从实践的角度来探讨道德价值的目标，从实践的角度来促进道德价值的实现。实践的方法是本研究的一以贯之的基本方法。

不可否认，道德价值论的研究是一种理论研究，但这并不意味着它是脱离社会生活的。恰恰相反，道德价值论的研究是深深地扎根于社会生活之中的。没有社会生活，也就没有道德价值论。全部社会生活本质上是实践的。实践是人所特有的有目的的、有意识的、能动的、创造性的活动。人正是通过实践，把自然界变为属于人的世界，才有了人的现实意义的价值所在。世界在人的实践之中分成了自在的世界与自为的世界，人自身也由此具有了自然的存在和超越性的存在的双重属性。人类所提出的道德价值是其实践的产物，既展现了人的自然存在的属性，也表明了人的超越性存在的属性。道德价值来源于实践，并在实践中发展。正如马克思、恩格斯所言："意识在任何时候都只是被意识到了的存在，而人们的存在就是他们的现实生活过程。""发展着自己的物质生产和物质交往的人们，在改变自己的这个现实的同时也改变着自己的思维和思维的产物。不是意识决定生活，而是生活决定意识。"①道德价值从实践中来，也在实践中拥有了自己的发展样式和解说图景。因此，坚持从社会实践的角度出发是我们研究道德价值所要坚持的基本方法。只有从社会实践出发，才具有研究道德价值论的坚实基础和前提。

道德价值所具有的实践品质，决定了我们应在道德价值研究中从实践的角度来解析道德价值的相关理论与现实问题，把实践作为一种重要的研究方法。比如，在道德价值论中所涉及的道德价值与事实、真理的关系等理论问题，不能仅仅局限于理论思辨的范围，而要诉诸主体的社会现实来思考。休谟问题中所提出的从事实推不出价值，如果仅仅局限于逻辑推理与语言分析是难以解释在人们的生活中，无数次从事实推出了价值。道德价值中所具有的实践品格促使我们从社会实践的角度发现破解休谟问题的关键。同样，道德价值认识的真理性问题，如果囿于理论思辨，将难以避免地陷入相对主义的泥潭。人的道德价值认识的真理性问题，如果离开了实践，离开了社会实践的检验，只能成为一种众说纷纭的华丽的理论饶舌而已。事实上，人类正是通过社会实践而确立了道德的人权、秩序、公正、自由等价值所在。从当前道德价值理论与实践的发展来看，许多道德价值理论上的"无解"，正是由于有意或无意地缺乏实践的基础与前提。它们拒绝了道德价值中所蕴含的实践品质而聚讼不已。

道德价值终究是人的生活实践中的符合人的道德本性和逻辑的思考。从实践的角度来研究道德价值，有助于我们发现和实现符合人的现实发展的道德价值，避免道德价值的异化。实践唯物主义中的实践总是具体的、历史的。道德价值总是一定历史条件下的产物。人为地拔高或倡导某种道德价值，就容易造成道德价值的异化。道德价值的异化是指道德价值的实

---

①　[德]马克思，恩格斯. 德意志意识形态[M]. 北京：人民出版社，2008：16-17.

现出现了自我否定，即在人类实现道德价值活动时反作用于人，成为一种独立的并对人限制、制约的力量。道德价值的异化概念深刻地揭示了道德价值的实现所应该带来的与道德价值所实际带来的正好相反的负面效应。人类所提出的道德价值是人自身在道德实践活动中向往崇高的道德目标的追求。道德价值的实现也就是主体自身在道德实践活动中的自我发展。如果缺乏道德价值的实践性考量，过分完美地勾画道德价值的理想蓝图，在道德价值论研究中容易误入歧途，不仅不利于道德价值的实现，反而会陷入道德价值的异化。

总之，道德价值论研究不是一种脱离了社会实践的或人们的生活实践的神秘活动，或经院式教条式的理论分析，而是一种与人们的生活实践密切相关的研究。道德价值论，有其抽象性，有其自身的逻辑力量，但它根植于实践，根植于人们的生活实践，而不是凌驾于现实社会生活之上。道德价值论研究必须置于社会实践的基础上，贴近社会生活，从实践中来，到实践中去，发现和实现最现实可行的最合理的而不是最理想最完美的道德价值。因此，坚持实践唯物主义的方法，是道德价值论研究的首要方法，也是最基本的方法。

第二，社会学与历史学的方法。

作为具有实践品格的道德价值，由于其实践总是具体的历史的，是在一定社会条件与历史条件下的实践，因此，道德价值总是离不开一定的社会条件与历史条件的限制。所以，道德价值也必然是一个社会历史范畴。它总是在一定社会和历史之中，没有超越人类社会与历史的永恒不变的道德价值。道德价值都源于一定的社会条件与历史条件，都需要在社会发展与历史发展中进行思考和解析，也都需要在一定的社会与历史中得以实现。从方法论的角度来看，道德价值论研究离不开社会学与历史学的方法。

运用社会学与历史学的方法意味着在道德价值论的研究中，需要在一定的时代背景中，充分地考察其时代性质、内涵与特征。本研究主要是探讨当代社会的道德价值论，因而是从现代性的境遇来引出道德价值论的研究。尽管在传统中国文化中并没有系统的道德价值论，但仍然具有丰富的道德价值思想观念。我们当代的道德价值论研究是建立在传统的道德价值思想观念的基础之上。中国传统的道德价值思想观念，突出个人的道德义务，并将它作为道德价值的核心，因而构成了以传统整体主义为核心的道德价值观。这是建立在家国同构的农业文明的经济基础之上的。重视个人的道德义务，有助于家族统治与等级制度的稳定与发展。这些与农业文明的发展密切相关，由此绵延了数千年之久。然而，随着中国进入现代社会，现代社会是一个建立在大工业经济基础上，倡导个体自由、平等等权利的民主社会，道德的权利逐渐构成了道德价值的核心，因而人权是非常重要的道德价值。符合农业时代的家族本位的道德义务逐渐失去了原有的重要性。由此，当代中国的发展背景构成了以当代中国整体主义为核心的道德价值体系。如果缺乏社会历史意识，我们难以阐述当代的道德价值论。

运用社会学与历史学的方法也意味着在道德价值研究中，从一种历史生成的角度来理解和把握道德价值。道德价值，作为一种思想意识，总是在一定社会条件与历史条件下形成的。"历史从哪里开始，思想进程也应当从哪里开始。"①我们需要把道德价值的形成与实现理解为一个社会发展过程和历史发展过程。尽管一些研究者试图寻找普遍的永恒的道德价值，希望能够毕其功于一役，一次性解决道德价值的研究，但是，这不过是研究者自己的一厢情愿。道德价值的形成与发展，如同有机体的形成与发展一样，总是展现其社会性与历史性。那些在历史上曾经发挥了重大作用的道德价值观念总是符合一定历史条件与社会条件的。比如，孔子所提出的仁，其中所孕育的道德价值，非常符合农业文明中以家庭、家族为背景的小农社会发展样式。当我们进行道德价值的认识与判断时，如果没有历史生成的社会意识与历史意识，对道德价值的认识与判断只会陷入纯粹的道德价值的思辨之中而难以自拔。而对各种道德价值的冲突与矛盾的研究也只能陷入永远有待解决的状态。只有借助历史生成的方法，从一定的社会学、历史学角度，才能确立其在一定社会条件与历史条件下的具体解答，走出道德价值的困惑与矛盾，从而把历史与现实、无限与有限有机地统一起来。

运用社会学与历史学的方法还意味着在道德价值研究中，广泛地吸收一切时代道德价值的优秀研究成果。毕竟，"每一时代的理论思维，从而我们时代的思维，都是一种历史的产物，在不同的时代具有非常不同的形式，并因而具有非常不同的内容。因此，关于思维的科学，和其他任何科学一样，是一门历史的科学，关于人的思维的历史发展的科学"②。我们要构建符合我们时代的道德价值论，不可能不去吸收人类历史上的优秀研究成果，不仅包括中国古代的优秀成果，而且包括国外的优秀成果。只要是历史上符合社会发展规律和历史发展规律的道德价值观念，都属于优秀

---

① [德]马克思，恩格斯. 马克思恩格斯全集(第13卷)[M]. 北京：人民出版社，1962：532.

② [德]马克思，恩格斯. 马克思恩格斯选集(第4卷)[M]. 北京：人民出版社，1995：284.

的研究成果，需要加以学习与借鉴。我们需要分析它符合社会发展规律和历史发展规律的内在依据，结合当代社会发展和历史发展的特性，吸收其合理部分，才能促进当代中国道德价值的研究。

另外，运用社会学与历史学的方法，尤其要运用马克思创立的、并由他本人成功地运用于社会历史规律研究的历史辩证法。马克思不仅是伟大的哲学家，而且也是伟大的社会学家和历史学家。他所创立的历史辩证法仍然是当今能够破解历史之谜的锋利解剖刀，能够让我们拨开道德价值的历史发展的层层迷雾，高屋建瓴地开展道德价值论的研究，从社会发展和历史发展的角度，坚持历史与逻辑一致的观点，采取辩证的思维方式，科学地分析处在一定社会条件和历史条件下的道德价值。它有利于我们解析道德价值观念的变迁与发展，把握其现实状况，具体地历史地而非抽象地孤立地分析研究其中的规律，从人类社会和历史发展的高度认清道德价值未来的发展方向。因此，在运用社会学与历史学的方法时，坚持历史辩证法是我们进行道德价值论研究时必须加以重视的研究方法。

第三，主体与主体间性的方法。

道德价值总是人的道德价值，或主体的道德价值。主体就是能够把整个世界以及自身包括在内作为其对象进行解释和改造的存在者，具有自觉自由的实践能力。而客体就是其解释和改造的对象。从根本上说，人就是世间唯一的主体。如果没有人或主体的存在，道德价值无从谈起。人或主体是理解和解析道德价值的关键。人具有自觉的实践能力，正是人借助其能力赋予对象一定的道德价值意义，把自然的世界变为了自为的世界。从这个角度来看，道德价值不仅是一个社会历史范畴，而且还是一个主体范畴。休谟认为："关于人的科学是其他科学的唯一牢固的基础。"①道德价值论的研究同样建立在人的研究基础之上。人除了个体，还有群体，也就是说，人不仅存在一个主体的问题，而且还存在一个主体间性的问题，因此，道德价值论的研究需要借助主体与主体间性的方法。

运用主体与主体间性的方法意味着道德价值论的研究，要从人的道德需要的角度理解和解析道德价值。道德价值是人所创造的，也是为人服务的。只有人才存在道德价值问题。在这里，人是具有主体意识的人，是具有自由的、自觉的反思能力的现实的人。唯有这样的人才能，也才会思考道德价值的问题。从人的生存与发展来看，人有许多不同性质的需要，大致可以分为精神需要和物质需要两种。人的道德需要是一种人的精神需

① ［英］休谟. 人性论（上册）［M］. 关文运，译. 北京：商务印书馆，2005：8.

要。这种道德需要并非天然合理，是必然要加以考虑的。因为，某种道德需要有可能是一种虚假的精神需要，并不利于人与社会的存在和发展。仅仅从精神需要的发展来看，这种精神上的道德需要是否正当、是否合理，就要看这种道德需要是否促进了人的主体性精神层次的提升。那些能够促进人的主体性精神层次提升的道德需要是正当的、合理的，因而具有了道德上的正价值，否则就可能会出现道德上的负价值。所谓某事件中具有道德价值就表示它能够满足人的道德上正当而合理的需要，成为他们所努力追求的对象。因此，人的正当而合理的道德需要，展现了人的本质的自我提升，或者说本身就是人的主体性的集中体现。它表明人要超越自然界的各种其他生物，成为自由、自觉的存在。从道德价值论来看，人类文明史就是人的道德需要不断发展与提升的历史，也是人的主体性不断发展与提升的历史。

运用主体与主体间性的方法也意味着道德价值总是体现了主体性或主体间性的复杂性，需要多维度地理解和剖析。主体总是存在于一定的社会条件和历史条件之下，其自身存在着不同的生存能力、生活趣味、认识结构、利益需要等，因而从主体及主体间性所提出的道德价值的思想观念并非简单的，而是复杂的、多变的。它展现了不同主体在其道德价值实践活动中的自我认识与反映。在某人认为具有道德价值时，或许被他者认为没有道德价值。显而易见，人们能够发现道德价值并不是绝对的、永恒的、固定的，而是随着主体或主体间性的变化而不同。正如黑格尔所说："一物之所以成为恶，只是由于我们的（主观的）看法有以使然。但如果我们认恶为规定的肯定的东西，那就错了。"①我们认识和解析道德价值的形成与发展，要充分地认识这种主体性或主体间性中的复杂性。这种复杂性恰恰证明了人的主体性自由是道德价值的核心。本研究认为，道德价值的理论核心是人的自由本质。一种正当的合理的道德价值，必然能促进人的自由，从而促进人的全面发展。未来的理想社会是符合人性自由而全面发展的共产主义社会。"只有到共产主义社会，社会成为自由人的联合体，人才能最终超越动物、奴隶和奴隶主、农奴和贵族、雇佣工人和资本家，成为真正的人，也才能超越他们的道德观念，在道德上具有无愧于人的称号的人的道德。"②道德价值的最终目标是人的自由而全面发展。人的主体性构成了道德价值的前提。由此，本研究在探讨道德价值的过程中，常常需

---

① ［德］黑格尔. 小逻辑［M］. 贺麟，译. 北京：商务印书馆，1980：106.
② 安启念. 马克思恩格斯伦理思想研究［M］. 武汉：武汉大学出版社，2010：46.

要分析主体是谁，究竟是谁的道德价值，探索主体的理性认识结构及情感、直觉、意志等非理性认识结构。从这个角度来看，多维度视角转换是由主体性或主体间性的复杂性所决定的。

道德价值论不是自我封闭的自足的知识体系，而是具有彻底的开放性。从主体性或主体间性方法的视角来看，每一个主体都有权从自己独特的位置获取独到的体验和感悟，并阐述其独立的见解和答案。从道德价值论来看，在人类以往的相当长的历史时期中，伦理学家、哲学家和其他专业的学者们尽管没有专门运用道德价值这个词汇，但都从不同学术背景、不同思维方式、不同思考角度提出了自己的善与恶的价值观念。因此，人类文明史就是从人的主体性或主体间性所提出的丰富多彩的道德价值发展史。其中，它不可避免地包括具有一定程度共识的优秀道德价值文化成果，只要其中存在值得借鉴的内容，我们就需要多维度地以兼容并蓄的态度和方法对待它们。

当然，运用主体与主体间性的方法并不意味着道德价值是纯粹主观性的自我表述。道德价值中所蕴含的主体性并不等同于主观性，或某种主观意识。主观道德价值论者缺乏唯物史观的理论基础，把人视为主观意识的存在者，没有把主客体与主客观相区别，无法摆脱相对主义的困境。我们所讲的道德价值论是在坚持马克思主义历史辩证法基础上的道德价值论，与主观道德价值论不同，也与偏执于客观道德的价值论不同。它一方面坚持道德价值变迁中所蕴含的客观规律性，另一方面也强调主体的能动性。在道德价值这种特殊的主体与客体的关系中，不是人趋于物，而是物趋于人。作为主体的人，才是道德价值的核心。脱离主体，尤其是主体间性来探讨道德价值是十分荒谬的。

第四，逻辑与语言分析的方法。

语言是人类进行自我理解和相互理解的工具。它构成了人类社会存在与发展的"意义世界"。德国哲学家恩斯特·卡西尔（Ernst Cassirer）认为，语言的"具有决定意义的特征并不是它的物理特性而是它的逻辑特性。从物理上讲，语词可以被说成是软弱无力的；但是从逻辑上讲，它被提到了更高的甚至最高的地位；逻各斯成为宇宙的原则，并且也成了人类知识的首要原则"，"在这个人类世界中，言语的能力占据了中心的地位。因此，要理解宇宙的'意义'，我们就必须理解言语的意义"①。语言，作为人类的独特发明，构成了历史与现实之间的桥梁。任何语言都是一种历史文化

① ［德］恩斯特·卡西尔. 人论［M］. 甘阳，译. 上海：上海译文出版社，2004：143.

传统的积淀。它把一个民族、一个国家的历史文化通过符号传递和继承下来。人们理解一种语言，也就是理解一种文化传统，理解一种历史与现实。道德价值既然作为一种社会历史范畴，具有社会性与历史性的传承，我们要研究它就需要研究其语言和内在的逻辑，才能理解道德价值的思想观念。从这个意义上看，道德价值的语言构成了道德价值本身的历史与个体主体性的理解的历史。没有一定的语言和逻辑的表达，道德价值无法存在，也无法继承和发展。主体正是在道德价值的语言中接受、继承与发展道德价值的思想观念。因此，我们需要借助逻辑与语言分析的方法研究道德价值。它是道德价值研究中的不可忽视的重要方法。

在道德价值论研究中，存在许多概念，如道德、价值、事实、真理等，这些都是一些富有争议的概念。我们需要准确地理解和认识这些概念，借助逻辑与语言分析的方法十分必要。从哲学史的发展来看，20世纪初，西方哲学出现了"语言学转向"。罗素、维特根斯坦等分析哲学家从现代逻辑中反思传统哲学，把现代逻辑引入了方法论，试图把传统哲学改造为科学的哲学。他们运用了逻辑与语言分析的方法，以语言作为突破口，认为哲学问题就是语言问题。尽管这种方法在追求哲学科学化的道路中矫枉过正，分析道德语言时存在一定的偏激，但在分析和认识概念、判断以及逻辑推理中还是具有明显优势。因此，抛开分析语言学家们思想中的偏见，运用逻辑与语言分析的方法研究道德价值中的一些概念，仍然是不错的选择。在我们研究道德价值论时，运用逻辑与语言分析的方法就意味着我们需要借助语义分析、语形分析、语用分析，把握和理解众多与道德价值相关的概念，解析和阐释道德价值判断与事实判断，以及道德价值判断与事实判断之间的关系，还有道德价值真理与事实真理之间的关系等。在这些方面，它无疑具有十分必要的重要作用。它能够帮助我们从道德价值的语言中澄清各种概念的内涵与外延，准确地把握其真实的含义，避免概念与判断的误用。它也能帮助我们厘清道德价值判断的推理过程，及其与事实判断之间的关系，有助于我们认识道德价值真理如何得出，与道德价值判断之间存在何种关系。

运用逻辑与语言分析的方法，还蕴含了人类自身在道德价值研究中的反思特性。反思即所谓思想的思想。思想家们的反思是借助了语言的外壳而呈现出作为人类思维所特有的根本特性。一般而言，这种思维特性借助了语言文本而在现代社会达到前所未有的程度。在现代科技的发展中，语言文本的普及与发展，带来了人类自身反思的洪流。因此，法国社会学家杜尔凯姆（Émile Durkheim）指出："随着环境的日益复杂和变化，已有的传统和信仰开始动摇，变成一种极其模糊而软弱无力的东西，而反省的能力却发展起来，但这种反省能力对于社会和个人使自己适应日益变化和复杂的环境是必不可少的。"①如果我们仔细分析就不难发现，在这种反思的语言中既有其逻辑性，也有其人文性，从而展现为现代社会中的两大社会思潮，即科学主义思潮与人文主义思潮。它们都是人类社会实践中语言的注重逻辑性或注重人文性的集中外化。唯有实践唯物主义才真正克服了两者的偏颇，实现了语言的两种特性的统一，从而达到了哲学从"语言转向"到"实践转向"的跨越。从道德价值的理论研究角度来看，道德价值论就常常专注于人类道德生活实践中的语言文本的研究。所以，我们需要运用逻辑与语言分析的方法揭示人类在现代社会面对现代性问题中的道德价值时所作出的反思。事实上，道德价值的语言文本中不仅包括了个体的道德价值观念，而且还更多地带有社会的道德价值观念的体制化的特性。按照吉登斯的分析，在现代社会，反思"被引入系统的再生产的每一基础之内，致使思想和行动总是处在连续不断地相互反映的过程之中"②。从根本上看，现代性问题所带来的道德价值的危机是一种道德价值系统性结构的危机。运用逻辑与语言分析的方法，有助于我们在道德价值论的研究中通过对语言文本与社会现实的研究，把握其内在的形成规律，探讨现代人如何走出道德价值的困惑。

总之，就道德价值论的研究方法来说，由于道德价值从实践中来，也在实践中发展，我们需要把实践唯物主义作为基础方法，一以贯之。又由于各种道德价值观念在其实践中形成了自己的历史，我们需要运用社会学与历史学的方法来研究它，尤其是运用马克思所开创的历史辩证法加以研究。同时，各种道德价值观念是人们作为主体不断进行道德价值实践活动的结果。因此，我们需要用主体与主体间性的方法来研究。另外，道德价值作为一种思想观念，总是要借助语言与逻辑来展现自己的存在。语言与逻辑是人们交往实践所必须有的中介，也是道德价值得以存在的寓所。由此，我们还需要借助逻辑与语言分析的方法加以研究。当然，本研究还需要运用分析、综合、归纳、演绎、比较等方法，只是这些方法并不在道德价值论研究中具有非常明显的特色，而是在其他任何研究中都需要用到的方法，因此，本研究中并没有做专门的论述。

---

① ［法］杜尔凯姆. 社会学方法的准则［M］. 狄玉明，译. 北京：商务印书馆，1999：112.

② ［英］吉登斯. 现代性的后果［M］. 田禾，译. 南京：译林出版社，2000：33.

第一编　道德价值本质论

　　德国古典哲学大师康德在《实践理性批判》的结论中，把探索道德价值的本质与探索宇宙的本质相提并论，认为越探索这个问题就越觉得博大精深、越深邃莫测。他说："有两种东西，我们越时常、越反复加以思考，它们就给人心灌注了时时在翻新、有加无已的赞叹和敬畏：头上的星空和内心的道德法则。"如何认识道德价值的本质是我们研究道德价值的逻辑起点。我们需要在道德和价值的内涵、理解价值观与价值论的内涵的基础上，探讨道德价值的内涵与主要特征，以及道德价值观与道德价值论的含义，进而认识道德价值的主体以及分类，全面而深刻地认识道德价值的本质。

第一章　道德和价值的内涵

　　道德价值由道德和价值两个概念所构成。我们需要理解道德与价值的内涵才能奠定理解道德价值本质的基础。道德与价值是我们日常生活中广泛运用的两个词汇，也是学术界需要认真加以分析的概念。我们很多人很少考虑道德与价值到底反映的是什么？道德与价值是从何而来？其实，道德价值中的许多问题与我们如何理解这两个词有着密切的关系，我们首先需要加以辨析，才能正确地理解道德价值，避免一些歧义。

一、道德的内涵

　　道德是伦理学的研究对象。从伦理思想史的发展与演变来看，伦理学作为一门学科，最初由亚里士多德在公元前 3 世纪所创立，道德是其研究的对象。尽管中国古代没有伦理学这个词，但一直拥有丰富的伦理思想，以至于人们把中国文化视为一种道德文化。在当代中国，主流观点依然认为伦理学研究道德。但中外思想家在理解和认识道德的内涵方面存在很大的差异。我们需要准确地认识道德的内涵，才能更好地认识道德价值的概念。

　　从表面看，道德是一个人人都能理解的非常简单的概念。在我们日常生活中，涉及的道德方面的事情很多，我们常常进行道德判断。比如，我们会认为"某人是好人"，"某事是好事"。因此，一些人会认为，道德判断是最简单的判断，道德思维是最简单的直觉思维。但是，并非如此。黑格尔早就指出，道德价值属于价值判断，是所有判断中最高级的判断，能够运用道德判断等价值判断表明人类的思想能力已经发展到了一定的高度。也就是说，看似很明白的东西，其实并不是最简单的、真正被我们认识的。正如黑格尔所说："一般来说，熟知的东西之所以不是真正知道了的东西，正因为它是熟知的。有一种最习以为常的自欺欺人的事情，就是在认识的时候先假定某种东西已经熟知了，因而就这样不去管它了。这样的知识，不知道它是怎么来的，因而无论怎么说来说去，都不能离开原地而前进一步。"①道德也是这样的概念，虽然为人们所耳熟能详，但人们并不一定真正认识和理解它。所以，要探索道德价值是什么，"道德"这个看起来人们最熟悉不过的概念，不能让它很容易地溜过去。我们要准确理解道德，才能准确理解道德价值。否则，这种熟知所造成的自我幻觉就会导致理论思维上的非批判性的自我麻痹状态。

当我们认真研究"道德"这个概念时，才会发现原来这不是一个十分简单的概念。具体说到什么是"道德"，不是人人都能够说得清楚的。我们先来看"道德"这个词汇在中西方文化中的含义。

在西方，英语中的"道德"，即 morality 一词源于"风俗"，即 mores 这个词，而 mores 又是 mos，即拉丁文"风俗、性格"这个词的复数。古罗马哲学家西塞罗从 mores 这个词中创造了它的形容词 moralis，以此表示国家社会生活中的道德风俗以及生活在这个国家的人的道德品性。其实，英语中的"道德"，即 morality 沿袭了此意。因此，我们可以发现道德一词源于风俗习惯，后来具有了社会道德风俗与个人道德品性的含义。

在中国古代，"道德"最初源于两个分开的单字"道"与"德"。

道，最初的含义是有别于小路、专供车马通行之路的"大道"。甲骨文的"道"字"从行从止"，以十字大路与一只脚表示行走之路。金文的"道"字，演变为"从行从首"。在这里，"道"是指那种直通大路，在很远之处可以看清楚人的面目的宽广大道。《诗经·商颂·玄鸟》记载："邦畿千里，维民所止，肇域彼四海。四海来假，来假祁祁。"它反映了商周时期的交通大发展，已经形成千里之外的诸侯朝拜商周统治者的文化传统。西周时，朝廷特别重视修整道路，有被称为"野庐氏"的官员，专门负责保证道路畅通，常常安排人白天轮流值班和夜间巡逻，还要及时组织人检修车辆、平整道路。西周王朝在国都镐京和东都洛邑之间，专门建设了一条宽广平坦的道路，即"周道"，也被称为"王道"。《诗经·小雅·大东》上有"周道如砥，其直如矢"的描述，即周道平坦似磨石，笔直如箭杆。道，刚开始就是指这种大道。

后来，作为"道路"的"道"逐渐出现了许多新的引申义。从哲学角度来看，"道"常常是指宇宙万物的本原与本体，以及万事万物变化所遵从

---

① ［德］黑格尔. 精神现象学（上卷）［M］. 贺麟，王玖兴，译. 北京：商务印书馆，2010：22-23.

的规律、原则、规范、道理等意思。老子在《道德经》中指出，"有物混成，先天地生，寂兮寥兮，独立而不改，周行而不殆，可以为天下母。吾不知其名，字之曰道"（第 25 章），"'道'生一，一生二，二生三，三生万物"（第 42 章），"天之道，其犹张弓欤？高者抑之，下者举之；有余者损之，不足者补之。天之道，损有余而补不足。人之道则不然，损不足以奉有余"（第 77 章）。在这里，老子讲的"道"是指宇宙的本原与本体以及运动的根本规律。孔子在《论语》中也论"道"，"志于道，据于德，依于仁，游于艺"（《论语·述而》），"君子学道则爱人，小人学道则易使也"（《论语·阳货》），这里的"道"，是指做人、治国的根本原则、规范与道理。

"德"，是指遵循"道"，即实行某种原则后，心中有所体验有所得。"德"，古字作"悳"，从字形上分析，即心思正直。我们再分析"德"的字形，左边"彳"，意为小心地走、慢慢地走；右半部再拆开，自上而下是十目一心，即十个人看出去得到一致的认识。所谓"德"就是众人都认为是对的原则，可行，而且要小心翼翼地付诸实践。

从训诂学来看，中国的训诂学家认为汉字"义以音生，字从音造"，"德"的读音体现了它的原来意义。东汉的刘熙在《释名》中解释"德"："德者，得也，得事宜也。""德"同"得"，即合适地处理人与人、人与社会、人与自然之间的关系。许慎在《说文解字·心部》中说"德，外得于人，内得于己"，故通"得"。"外得于人"，别人从自己这得到的实际利益是看得见的；"内得于己"是指精神上的、人格上的发展与完善。南宋理学家朱熹在《四书章句集注·论语集注》中说："德者，得也，得其道于心，而不失之谓也。"道家对"德"又有不同解释，庄子说："物得以生谓之德。"他认为天地万物全体之自然，即为"道"，而各种事物所得之自然，即为"德"，用在人伦上，则为人的本性、品德。因此，我们可以发现"德"是指主体获得的对"道"的体悟与首肯，从而能够使行为合宜。这种对"道"的体悟和肯定再进一步内化，就成了个人的内在品质和德行了。

最早把"道"与"德"连用，出现在春秋战国时期的《管子》《荀子》等书。管子说："君之在国都也，若心之在身体也。道德定于上，则百姓化于下矣。"（《管子·君臣下》）管子认为，只要统治者确定和奉行道德，老百姓就会接受教化和遵照执行。有学者认为，这是要求人们按照天道的规律去行事，简而言之，所谓"道德"的人就是根据规律行事的人。荀子在《劝学》中指出道德是积累的产物。所谓"积善成德，而神明自得，圣心备焉"，"故学至乎礼而止矣，夫是之谓道德之极"（《荀子·劝学》）。在这里，荀子把"道"与"德"连用，认为生活于社会中的人，如果一切都能按照"礼"去做，那就达到了道德的最高境界。如果说，"道德"在《管子》一书中的出现只有 1 次，可能算是一种偶然出现的状况，那么，《荀子》一书中有 12 次之多，则反映出人们已经能够开始普遍接受"道德"这个新概念了。

由此可知，在中国传统文化中，"道"是外在的规律、规范和要求，"德"是经内在的认同而形成的品质，是内在的规范和要求。从字面上看，道德是指人的行为合于外在的规律、规范和要求，并为人自身所认可，是人自己为自己所立的规范要求。

不可否认，在中外伦理思想史上，思想家们针对道德的内涵提出了各种不同的观点，彰显了丰富多彩的特性，的确是仁者见仁、智者见智，如道德是善，是仁义礼智信，是温良恭俭让，是爱，是诚实，是勇敢，是公正、幸福，等等。《辞海》中这样解释道德："在一定社会用来调整人们之间以及个人与社会之间关系的行为规范的总和。"①《现代汉语词典》把道德解释为："人们共同生活及其行为的规范和准则。"②

正如梁漱溟所说："道德一词在较开化的人类社会任何时代任何地方可以断言都是少不了的。但它在各时代各地不免各有其含义，所指不会相同，却大致义又相类近耳。"③我们根据前面对道德的语义上的分析，得出结论为道德涉及两个方面：其一，外在的人的行为的社会规范。《辞海》和《现代汉语词典》正是这样来解释道德的含义。但这仅仅是道德的一个方面的含义。我们可以用"正当"（right）这个概念来概括这个方面的道德。其二，内在的个体认同。它是个体主动地践行外在的社会规范所形成的品质和规范。如果说，前面的规范是行为的规范，那么，这里是品质的规范。这种品质常常体现为一种理想的超越性。我们可以用"善"（good）这个概念来概括这一方面的道德。

从外在的人的行为的社会规范和内在的个体认同来认识道德，也就是从社会和个人的角度来认识道德。道德是人的存在方式。人的存在方式，既是作为个体的存在，也是作为社会的存在；既是作为单个人的应然存在方式，也是作为社会的应然存在方式。我们能够从抽象的意义上认识它。道德就是人们在社会实践过程中主体内心所认同并践行的规范总和。它是人的存在方式，也是人的应然存在方式，更是人的一种智慧存在方式。一

---

①　辞海编撰组. 辞海[M]. 上海：上海辞书出版社，1980：1061.

②　中国社会科学院语言研究所词典编辑室. 现代汉语词典[M]. 北京：商务印书馆，2002：399.

③　梁漱溟. 人心与人生[M]. 上海：上海人民出版社，2018：245.

方面，一定的道德在社会实践的需要中产生，成为一种相对独立的为社会中大多数人所接受的善恶标准；另一方面又通过教育、教化、熏陶、养成的方式，影响人们的心理和意识，内化为人们的善恶观念，形成人们自觉、自律、自强、自省的内心道德信念。在社会实践中，它的原则和规范在社会生活中流行和确定起来，形成了与法律不同的作用机制，使人们自愿或不自愿地共同遵守。

道德所涉及的内容众多，人们常常从道德现象来理解道德。它包括各种道德规范、道德意识以及道德行为、道德活动等。正如彼彻姆在《哲学的伦理学》中曾指出："道德不是一件事而是许多事情的组合。"①尽管我们能够从社会与个人的角度来分析，但我们应该认识到道德常常是两者的融合，而不是两者的分离，我们不能把社会道德与个体道德完全分开。正是因为两者的融合，它所包含的内容众多，常常以道德现象呈现。

为了更好地理解道德这个概念，我们有必要把道德与伦理这两个概念做进一步的分析。在日常生活中，人们总觉得道德与伦理可以彼此通用。事实上，一些研究者在其著作中也把道德与伦理加以混用。其实，从学理上来看，道德与伦理还是有一定的区别。

从历史上看，黑格尔在他的《法哲学原理》中就曾把道德与伦理加以区别。黑格尔认为，自由的理念的发展就是法的发展。自由是意志的根本规定。自由意志的发展要经过抽象法、道德和伦理三个阶段。自由意志在抽象法阶段是直接的、客观的，"财产"是自由的外在表现，人在所有权中获得存在和自由。自由意志在道德阶段是间接的、主观的。"道德"是"自由在内心中的实现"，表现为良心。自由意志只有进入伦理阶段才彻底实现自我，实现了主观与客观、内在与外在的统一。"伦理"是内在自由与外在自由的统一，表现为一定的社会组织和关系。黑格尔认为，道德是个人主观内心的自由，是人对自己的内在规范，而伦理则是外在自由与内在自由的统一，是内在道德表现在社会生活之中，表现在与其他人的交往之中。"道德同更早的环节即形式法都是抽象的东西，只有伦理才是它们的真理。"②在这个阶段，"自由不仅作为主观意志而且也作为现实性和必然性而实存"③。因此，他提出伦理高于道德。伦理是抽象法与道德法的综合与统一。

---

① ［美］彼彻姆. 哲学的伦理学［M］. 雷克勤，郭夏娟，李兰芬，等，译. 北京：中国社会科学出版社，1992：25.
② ［德］黑格尔. 法哲学原理［M］. 范扬，张企泰，译. 北京：商务印书馆，2010：43.
③ ［德］黑格尔. 法哲学原理［M］. 范扬，张企泰，译. 北京：商务印书馆，2010：41.

国内学者赵汀阳则提出了与黑格尔不同的观点。他认为,"道德为本,伦理为末"①。在他看来,生活的目的是为了生活本身,追求生活的意义就是要追问哪一种可能生活值得追求。"伦理"表明的是社会规范的性质,而"道德"表明的是生活本意的性质。道德是一个以存在论为基础的目的论概念。道是存在的有效方式。在人生问题上,道即人道。德是存在方式的目的性。伦理则是生活中的实践策略。两者层次不同,道德高于伦理。

在这里,我们要理解道德与伦理的区别及其内在联系,首先要明确伦理的含义,才能与前面论述的道德进行比较。在中国古代,"伦""理"原本是两个词。"伦"的繁体是"倫",源于"侖",本义有辈、类之意。许慎在《说文解字·人部》中解释:"伦,辈也。从人,仑声。一曰道也。"这里,"伦"意味着辈、同辈之中的不同等级之意,后引申为秩序。《孟子·滕文公上》曰:"教以人伦,父子有亲,君臣有义,夫妇有别,长幼有序,朋友有信。"其中,"伦"指人际关系的秩序,即君臣、父子、夫妻、兄弟、朋友关系中的秩序。在这里,当涉及人类社会关系时,"伦"就有伦常、纲纪之意。如果没有维护好这种社会关系,就是所谓"乱伦"。"理"是形声字,从王(玉),里声,原指"治玉",即把玉从石中加工出来,由于玉石坚硬并有一定的纹路,因此顺着纹路加工就容易把玉从石中雕琢出来。因此,"理"引申为纹理。《战国策·秦策三》记载:郑国人称"玉之未理者为璞,剖而治之,乃得其鳃理"。第一个"理"是动词,指"雕琢",第二个"理"就是"纹理""纹路"。显然,"伦理"的"理"是后一种意思,是人们从复杂的各种社会关系中领悟出来的,从而引申为"条理"、道理等。它体现了人类自身的一种反思的精神。"伦""理"合用最初见于《礼记·乐记》:"凡音者,生人心者也;乐者,通伦理者也。"郑玄注释:"伦,类也;理,分也。"即"事物之伦类各有其理"②。因此,"伦""理"合在一起,是指调节人与人之间的各种关系,运用相关规则,使之有序且顺畅。

在西方,"伦理"(ethos)一词最早出现在荷马史诗中的《伊利亚特》中,最初之意是指一群人共同居住的地方。后来,它被引申为共同居住的人们所形成的风俗、习惯。英语中的"伦理"(ethics, ethical)就是源于古希腊的"ethos",即风俗、习惯。关于这一点,海德格尔曾指出:在赫拉克利特那里,"伦理"最初是指寓所。寓所是人们日常生活中的必需品。从中我们可以发现,伦理与人们的日常生活密切相关,表明了人是一种群居的社会性

---

① 赵汀阳. 论可能生活[M]. 北京:中国人民大学出版社,2005:18.
② 陈澔. 礼记集说[M]//四书五经. 北京:北京古籍出版社,1995:867.

动物。伦理意味着人们在社会中为了处理人与人之间的关系所形成的风俗、习惯。由此可见，西方的"伦理"与中国的"伦理"都是从社会角度所提出的针对人与人之间关系应该如何处理的风俗、习惯等规范性要求。

道德与伦理是伦理学中，也就是我们研究道德价值论中的重要概念。黑格尔指出："一门学问的历史必然与我们赋予它的概念密切地联系着。根据这些概念就可以决定那些对它是最重要最适合目的的材料，并且根据事件对于这概念的关系就可以选择必须记住的事实，以及把握这些事实的方式和处理这些事实的观点。"①认识概念需要我们把握其"源"与"流"。通过前面对语义学的分析，我们可以发现道德与伦理存在着三个方面的区别。

其一，伦理主要是处理人与人之间的关系，道德则涉及人与人、人与自然、人与社会等关系。宋希仁曾在《伦理与人生》一书中从伦理的起源的角度提出，"伦理"一词是指人与人之间应有的关系和道理。有了这个人与人之间的关系就要有要求，有了要求也就有了应该如何的价值取向。宋希仁认为，伦理是人和人之间应有的关系、要求及其理由。从道德的起源来看，道德是由道而成德，由德而显道，即"道能自守之谓德"。它体现了人类从本体论到伦理学的思考进路，展现了人类所要梳理的多种社会关系。从这个角度来看，道德是道与德的统一。

其二，伦理指向一种社会人伦秩序，道德则指向一种社会规范与个体品质的统一。伦理中包含着人际关系以及蕴含其中的关系之理。它展现了一种社会人伦秩序，如家庭中的夫妻关系、父母子女关系、兄弟姐妹关系等要遵循的秩序。它偏向于社会规范。道德中的道意味着各种社会规范，如古代的忠、孝、义、慈、友、恭、亲、别、悌、信，都是中国传统社会中应当遵循的各种社会关系之道。德，即指个人接受它们也就形成了相应的个体品质。道德是这两个方面的综合。

其三，伦理是主要针对社会成员的整体外在性约束，道德则注重个体的内在性认同。伦理所涉及的是整个社会中的人与人之间的关系，展现了社会中人们的整体意识与约束认同，具有鲜明的普遍性特征。从这个意义上说，伦理规范需要社会中的每个人都要遵守，彼此之间能够形成一定的相互制约、相互监督的关系。因此，义务是伦理中非常重要的概念。道德是个体体悟道而心中有所德，并行之于外。它更多地展现了个体成员的内

---

① ［德］黑格尔. 哲学史讲演录（第 1 卷）［M］. 贺麟，王太庆，译. 北京：商务印书馆，1997：4.

在品质。因此，良心是道德中非常重要的概念。所以，我们常常会使用"道德修养""道德品质"，而不会说"伦理修养""伦理品质"。

尽管道德与伦理有这样一些区别，但两者还是有一些共通之处。无论是道德还是伦理都是人类社会中为维护社会与人的存在与发展所提出的重要概念。我们在日常生活中说做人做事要讲究道理，"道理"一词很好地揭示了道德与伦理的相通之处。我们前面从语义学分析了道德。"德"是指主体获得对"道"的体悟与首肯，从而能够行为合宜。这种对"道"的体悟和肯定再进一步内化，就成了个人的内在品质和德行了。"德"与"得"相通，其相通的原因在于得了道。"道"又从何处而来？如果我们将其和伦理的语义分析相结合，不难发现，这个"道"其实就是来自伦理中的"理"，即人们从复杂的人与社会、人与人、人与自然之间各种关系中领悟出来保证人与社会发展的"条理"、道理等。在人与社会、人与人、人与自然的各种关系中，人与社会的关系可以视为三种关系的关键因素。人与自然、人与人的关系是人与社会关系的外化与内化，或者说是向社会外的自然与社会内的人的进一步拓展。伦理中的"理"体现了人类自身的一种反思的精神。人们领悟了人与自然、人与人、人与社会之中的"理"，也就理解了"道"，并内化于心，也就成为"德"。因此，道德与伦理既相互区别，也相互联系、不可分离。

二、价值的内涵

价值是人们日常生活中存在的一种普遍现象。我们常常会说：某物有价值，某物没有价值；或者认为：某人实现了人生价值，某人做了一件没有价值的事情，等等。就此而言，价值问题与人们的日常生活息息相关，在人们的日常生活中发挥着重要作用。正如苏联学者图加林诺夫所言："对我们周围现实事物的评价，在我们任何个人和整个社会的生活中都是每日每时亿万次地重复着的事实。对自然和社会事物的价值关系，即对我们所需要的东西、我们所珍惜的东西的选择，是一种最基本的行为，没有这一行为，作为有各种不同需要、兴趣和目的的存在物的人既不能活动，也不能生存，离开了看待事物的价值方法，社会也不能存在。"①

---

① [苏]图加林诺夫. 马克思主义中的价值论[M]. 齐友，等，译. 北京：中国人民大学出版社，1989：1.

尽管大家非常熟悉这个词，但价值究竟是什么，并非人们所能轻易解释的。一般而言，价值，是英语中的 value、法语中的 valeue、德语中的 wert、俄语中的 ценность。根据马克思按照《试论哲学词源学》一书的考证，"价值"一词最初源于古代梵文和拉丁文中的"掩盖、保护、加固"等含义，由此而派生出"尊敬、敬仰、喜爱"，从而形成了价值所具有的"起掩护和保护作用的，可珍贵的，可尊重的，可重视的"的基本含义。

在西方，"价值"一词被引入哲学社会学科之前，最初始于近代政治经济学家的作品，被作为一个经济学的概念使用，表明"效用""效益"等。《简明不列颠百科全书》曾这样解释："价值一词最初的意义是某物的价值，主要指经济上的交换价值，18 世纪政治经济学家亚当·斯密（Adam Smith）的著作中即有如此提法。19 世纪时，在若干思想家和各种学派的影响下，价值的意义被延伸至哲学方面更为广泛的领域。"①

自 19 世纪开始，在价值的意义不断扩展的过程中，德国的洛采（Rudolf Hermann lotze）、文德尔班（Wihelm Windelband）、舍勒、哈特曼的研究，奥地利的迈农、艾伦菲尔斯（Christian Von Ehrenfels）的探索，美国的培里、杜威、泰勒（C. Taylor）等人的发展、创新，发挥了重大作用。在西方学术界，洛采被称为"价值哲学的创始人"。他把价值学或有关价值的学说独立出来，变成了一门日趋完善的理论。他认为，人类观察和思考的领域可以分为事实的领域、普遍规律的领域和价值的领域，三者之间存在着手段和目的的关系。事实的领域是达到普遍规律的领域的手段，价值的领域是最高的目的领域。在各种价值中，善是最高的价值。由此，一般价值理论的观念在欧洲大陆和拉丁美洲普及开来。"价值""价值标准""价值评价""价值意识"等问题的广泛探讨扩展到了哲学、伦理学、美学、法学、社会学等学科领域，甚至日常生活领域之中，成为各门社会科学、人文科学中普遍运用的概念。

正如价值哲学的研究者富兰克纳所说："价值"的用法即便在哲学家那里，也是多种多样的。它们大致可以被归纳为如下几类：①"价值"（单数形式）有时被用作抽象名词：a. 在狭义上只包括可以用"善""可取"和"值得"等术语来恰当地表示的东西；b. 在广义上则包括各种正当、义务、美德、美、真和神圣。②"价值"作为一个更具体的名词（譬如，当我们谈及一种价值或多种价值时）：往往是用来指：a. 被评价、判断为有价值的东西，或被认为是好的、可取的东西；b. 有价值或是好的东西，"各种价

---

① 简明不列颠百科全书（第 4 卷）[M]. 北京：中国大百科全书出版社，1986：306.

值"就意味着"有价值的各种东西""好的各种东西"或"各种善"。③"价值"一词还在"评价"（to value）、"作出评价"（valuating）和"被评价"（valued）等词组中被用作动词。①

在富兰克纳看来，价值这样的词有多种多样的用法，"即使我们小心翼翼地使用它们也是如此；遗憾的是，在哲学和其他学科中人们往往并不小心翼翼地使用它们。在使用这些术语时，人们应当选择一个清晰而又系统的方案，并力图前后一致"②。

价值作为哲学和其他学科中的研究对象，有没有一个清晰的一般含义？毋庸置疑，作为一个概念，它一定有一个确切的含义。尽管我们在不同的社会历史背景、不同的哲学流派、不同的人文学科中，如何诠释价值有着不同的表述方法，但是，在这些不同的表述方法背后，必然存在一个共同的一般本质。

李德顺在《价值论：一种主体性的研究》中指出，从概念的历史起源和现实含义出发，可以发现各种各样的价值现象的共同特征，各种形式价值表达的共同含义都是指一定的对象（事物、行为、过程、结果等）对于人来说所具有的现实的或可能的意义。他认为，价值主要是事物对于人（更确切地说，是客体对于主体）的意义。在这一结论上，各种价值学说大体相同。但是，如何进一步理解"意义"的存在和实质，却在不同的哲学体系中有不同的基本回答。③大体说来，主要有这样几种不同的基本回答。

其一，价值实体说。这种观点以客观事物本身来理解"意义"的存在和实质。实体说把价值直接归结为实体，把价值作为一种独立存在的外在事物。苏联学者图加林诺夫曾说："价值的最正确最清楚的规定是：它是人们所珍视的东西。"④图加林诺夫把价值直接作为了一种独立存在于现实世界中的某个东西。从这种观点出发，价值等同于某个外在的价值之物。当然，实体说中的世界也可能是一个现实世界之外的独立世界，如柏拉图的"理念世界"、文德尔班的"第三世界"（他把"主体世界"作为第一世界、"客体世界"作为第二世界）、哈特曼的先验价值王国等。在这些思想家看

---

①　[美]R. B. 培里，等. 价值和评价[M]. 北京：中国人民大学出版社，1989：3-6.

②　[美]R. B. 培里，等. 价值和评价[M]. 北京：中国人民大学出版社，1989：7.

③　李德顺. 价值论：一种主体性的研究(第3版)[M]. 北京：中国人民大学出版社，2013：27.

④　[苏]图加林诺夫. 马克思主义中的价值论[M]. 齐友，等，译. 北京：中国人民大学出版社，1989：7.

来，价值等同于某个非现实世界中的东西，也就是说，价值只有存在于这个更为本真的世界的价值物中才是真实的。比如，一朵鲜花的美的价值就在于理念世界中的美的概念。无论是苏联的唯物主义者，还是客观唯心主义者，以客观事物本身来理解"意义"的存在和实质，其实也就是把价值的内在含义抽象成为独立实体，最终沦落为绝对主义价值观或神秘主义价值观。

其二，价值属性说。这种观点以客观事物本身的属性来理解"意义"的存在和实质。属性说把价值归结为客体相对于主体而言的某种固有的属性或功能。这种理解显然比实体说有所深入，认为价值不能等同于价值之物，而是价值之性，即客体对象本身所具有的某种属性。客体的价值是客体本身所决定的。只要客体存在，其价值就是确定的，并不会因为主体的变化而变化。比如，一朵鲜花的美的价值就在鲜花的本身属性之中，一支钢笔的价值就在钢笔的本身属性之中，并不取决于外在的主体。正是因为这种观点把价值与客体之间做了一种绝对化的理解，以致一些学者认为，所谓属性说可以归为实体说之中，是实体说的一种发展而已。

其三，价值人本说。这种观点以人的精神现象，如情感、兴趣、态度、需要或观念的感受状态来理解"意义"的存在和实质。价值是人的本质的对象化。奥地利哲学家迈农曾写过一本《价值论的心理学——伦理学探讨》，提出："凡是一个东西使我们喜欢，而且只要到使我们喜欢的程度，它便是有价值的。"[①]迈农从人的情感来界定价值，认为有了让人喜欢的情感，就出现了价值；如果没有了情感，也就没有价值。

英国学者奥格登(C. K. Ogden)和理查德(I. A. Richards)在其所著的《意义的意义》一书中持有相同观点："我们认为，'善'这种独特的伦理用法是纯粹属于情感的。当这个词被这样使用时，它不代表任何东西，而且没有标示功能。这样，当我们在语句'这是善的'中使用它时，我们所指的仅仅是这，而所增添的'是善的'并未对我们的所指造成什么差别。另外，当我们说'这是红的'时，给'这'所添加的'红的'就标示着我们的所指有了扩展，即扩展到某个别的红色事物。但是，'是善的'不具有可比较的标示功能，它只是用作一种情感记号，表达我们对于这的态度，也许还在他人身上唤起同样的态度，或者激励他们采取某种活动。"[②]他们认

---

① ［阿根廷］方迪启. 价值是什么——价值哲学导论[M]. 台北：台北联经出版事业公司，1986：31.

② 江畅. 现代西方价值理论研究[M]. 西安：陕西师范大学出版社，1992：167-169.

为，价值是一种人的情感符号，存在于人的主观精神意识中，具有促进人行动的动力。价值人本说以人的精神现象，如情感、兴趣、态度、需要或观念的感受状态来理解"意义"的存在和实质，过于夸大了人的主观意识，容易陷入价值相对主义。

其四，价值效用说。这种观点以客体相对于主体所具有的效用来理解"意义"的存在和实质。效用说认为价值存在于客体相对于主体所具有的效用中。当然，这种效用可能是积极意义的，也可能是消极意义的。比如，某种事物有价值，就在于它对主体而言具有某种效用。美国著名学者杜威在《经验与自然》一书中指出："价值是从自然主义观点解释为事情在它们所完成的结果方面所具有的内在性质。"①他认为结果的内在性质是指结果是善还是恶，有用还是无用。价值是客体对主体的生存和发展的效用。在他看来，价值要从结果或效用来理解，比人的主观精神意识，如情感、兴趣或客体的属性，更为合理。效用说的缺陷在于过分突出了客体对主体的结果或效用，缺乏主体对客体的意义，容易导致人的过度功利化，忽视那些超越性精神目标的追求，陷入价值平庸化。

其五，价值关系说。这种观点从主体与客体之间的关系来理解价值。它跳出了前面四种局限于主体或客体的单向角度来理解价值的片面性，认为单独从主体或客体来理解价值，实际上把主体与客体之间的关系隔离开来。日本学者牧口常三郎在其所著的《价值哲学》一书中指出，价值不是客体自身，而是主体与客体之间的关系，主体和客体中有一方发生变化，价值也就发生变化。"价值不是被评价的客体的概念，而是一个客体与人之间关系的概念——它是这种关系客体的一个象征。换句话说，价值是客体与人之间的一种关系。"②阿根廷学者方迪启在《价值是什么——价值哲学导论》中形象地提出，价值是一种关系概念，如同婚姻一样。这种解释改变了过去的单向思维，成为双向思维，价值是主客体相互作用的产物。价值是个关系范畴。我们既需要重视主体和主体的作用，也需要重视客体和客体的作用。但是，他们没有从人的特殊存在方式的角度做出更为全面彻底的解释。

既然价值关系说比其他各种价值说更为合理，那么，如何从人的特殊存在方式的角度来更为全面彻底地基于关系说来理解价值？

---

① ［美］杜威. 经验与自然·修订版序言[M]. 北京：商务印书馆，1960：8.
② ［日］牧口常三郎. 价值哲学[M]. 马俊峰，江畅，译[M]. 北京：中国人民大学出版社，1989：59.

我们首先应该明确主体与客体。所谓主体是对象性活动中的人，而不是物。"凡是谈论价值，从根本上说都应当是相对人而言的，价值为人而产生，为人而存在，人是一切价值的主体。"①如果我们深入分析这里的"人"是什么样的人？可以划分为两个不同的层次：群体与个人。群体包括作为整体的人类群体，作为一定历史条件下的人类群体，作为一定历史条件下不同地区的人类群体。

所谓客体是主体活动的对象。它是人的主观世界之外的客观实在。从表面上看，它是物。如果我们细致分析这个客体，可以发现它包括物质形态的客体、精神形态的客体。物质形态的客体是作为物质形态的物，即自然物，如山川河流、风花雪月等。精神形态的客体则是作为精神形态的物，即社会物，涉及法律、道德、宗教、艺术等各种理论与学说。如果我们进一步分析，可以发现客体不仅仅包括物，而且还包括人。虽然人常常是作为主体，但在许多情况下，人又成为人的客体。当人们探讨各种价值问题时，具有不同价值观的人也就成为彼此探讨时的客体。毕竟，人类各种活动中的对象是人，从社会学、心理学、社会经济行为、道德行为等活动中，都可以认识到这一点。因此，从这个角度看，人绝不仅仅是主体，也常常是客体。人与人之间常常互为主客体的关系。人是主体与客体的具体统一。

所谓人的特殊存在方式是指人的实践性特征。马克思认为，全部社会生活在本质上是实践的。实践是人的特有的对象性存在方式，也是人类社会存在和发展的基础，以及价值产生的前提。在社会生活中，价值主体的认知、价值客体的属性以及两者的相互关系的构建，都离不开实践活动。价值的主体与客体都是实践活动中的重要因素。价值离不开主体，也离不开客体，但是，价值并不能简单地等同于客体，也不能简单地等同于主体。它是人的实践活动中的产物，是人的特殊存在方式的体现。从价值本身而言，人类的实践活动就是价值认识不断被提升与价值被不断实现的过程。我们可以设想，如果没有实践活动，价值便无从谈起。

实践是我们认识价值的前提。从更深层次的角度看，价值是主体与客体在实践的历史进程中的相互作用的范畴。无论是实践的主体，还是实践的客体，都是一定历史时代的产物。主体与客体之间的关系也是在历史发展变化中不断发展变化。毕竟，人们的认识水平与实践能力总是一定历史条件下的产物，直接影响价值主体与客体。正是在社会实践的历史发展

① 王宏维. 社会价值：统摄与驱动[M]. 北京：人民出版社，1995：37.

中，价值的内涵不断地得到丰富与深化。牧口常三郎曾举过这样的例子：在明治时代，有一盏纸糊的灯罩的油灯曾是很大的幸事，但在电灯已经普及的现代，油灯已变成了无人留意的无价值的存在。而且，有时人们甚至把它当作讨厌的东西，虽说在停电时它的价值还能恢复。在这里，油灯对于人的价值而言是一个历史的产物，随着时间的变化而变化。因此，价值的本质是历史的。价值主体与客体之间的关系总是处于历史发展中。另外，历史是社会的历史，也是个人的历史。价值主体是人，不论是群体的，还是个体的，从其现实性来看，都是社会关系的产物。价值客体是物，也有可能是人，总是存在于一定社会之中，才能成为价值主体的对象，成为价值客体。比如，黄金在原始社会中并不是人所向往的产物，而在私有制社会中则意味着财富。因此，价值本身也是社会性的。从这个意义上看，价值的本质还是社会的。

那么，价值究竟是什么？我们认为，价值是人类社会的历史实践基础上产生的主体与客体之间关系的产物，是主体与客体的统一。它既包括客体对于主体的意义，也包括主体对于客体的超越性指向。

一方面，价值包括客体对于主体的意义。客体针对主体存在着各种各样的效用，表现为能提供给主体多种多样需要的满足。就主体而言，只有那些有助于主体生存与发展的积极性的意义，才能被称为是有价值的。如果只能发挥消极性的意义，则被称为是负价值的。

另一方面，价值还包括主体对于客体的超越性指向。因为，价值总是一定的主体的价值，总是包含和体现了主体的某种理想与追求。如果说价值包括客体对于主体生存和发展所起的效用体现了一种实然指向，那么，价值还包括主体对于客体的超越性指向，即体现了一种应然指向，展现了价值孕育着主体的渴望与追求的指导意义。超越性是指高于实然的价值追求，展现了人的精神导向与信仰。从这个角度来看，价值是维持人类自身生存与发展的双向目标。

我们把价值的内容分成了两部分，也就表明价值具有两个层次，一个是现实层次，另一个是超越层次，价值也就可以分为现实价值和超越价值。前者有物质生活中的价值，如享受的价值、消费的价值等。后者有精神生活中的价值，如思想、观念、宗教、道德、法律、文学、艺术的价值等。道德价值是精神生活中的重要价值之一。显然，价值与道德虽然有着密切的联系，但两者之间不能完全等同。道德价值是价值领域中的一个重要组成部分，但不能完全等同于价值本身。价值世界中的内容众多，不是道德价值所能完全囊括的。

三、价值观与价值论的含义

从表面来看，价值观与价值论之间只有一字之差，但属于两个不同的概念。"观"强调的是观念，"论"则突出的是理论性、系统性。价值观，是主体对客体有无价值、价值大小的认识、态度、看法和见解的总称，是对价值及其相关内容所持的观点和立场。它是价值观念的简称。① 正如马克思所说："观念的东西不外是移入人的头脑并在人的头脑中改造过的物质的东西而已。"② 由此看来，价值观是在价值的基础上形成的价值观念，它离不开价值。没有价值，也就没有价值观。它常常与世界观、人生观等联用。价值论是指价值理论，是理论化、系统化的价值观。它是伦理学、美学、法学、经济学、政治学、社会学等价值学科所要解决的一系列共同价值问题的总称。各门具体价值学科越是向前发展，越显示出各自的专门性研究趋势，而价值论则是针对各门具体价值学科的进一步的抽象性研究而呈现出一般性研究趋势。价值论常常和本体论、认识论等联用。

价值论（axiology），又被称为价值哲学、价值学。它发端于 18 世纪，兴盛于 19 世纪末 20 世纪初。自 18 世纪以来，休谟与康德提出了把事实判断与价值判断、实然世界与应然世界的划分，从而确立了哲学上的价值概念，并赋予了世界观的意义。"价值论"这个词的出现，最早源于 1902 年法国哲学家拉皮埃（Paul Lapie）在《意志的逻辑》中所创。1903 年，德国哲学家哈特曼在其所著的《伦理学》中明确地提出了"价值学"的概念，并探讨了道德价值学。1906 年，美国哲学家厄尔本（Wibur M. Urban）在其所著的《评价：其本性与法则》一书中正式提出把"价值论"引入哲学，作为

---

① 在这里，我们把价值观作为价值观念的简称。但也有学者认为，价值观比价值观念更为根本，是价值观念的核心和基础，是各种价值观念的抽象和概括。而价值观念则是价值观在有关问题上的体现和具体化。（袁贵仁. 价值观的理论与实践——价值观若干问题的思考[M]. 北京：北京师范大学出版集团，2013：131.）我们认为，如果把价值观作为价值观念的核心和基础，可以使用核心价值观，而不是直接扩大价值观的理解范围。这更加符合汉语的理解习惯。另外，这也符合心理学上的价值观。在心理学中，价值观是人们用来区分好坏标准并指导行为的心理倾向系统。它是情感、意志和认识的统一体。它不仅有感性认识的内容，如兴趣，愿望等初级形式，也包括理性认识的内容，如信念、理想等高级形式。（黄希庭. 心理学导论[M]. 北京：人民教育出版社，2013：180-181.）

② [德]马克思，恩格斯. 马克思恩格斯选集（第 2 卷）[M]. 北京：人民出版社，1995：112.

一门与认识论不同的哲学学说。在价值论的研究中，德国哲学家洛采、文德尔班、李凯尔特、舍勒、哈特曼，奥地利的布伦坦诺（Franz Brentano）、迈农、艾伦菲尔斯，英国的摩尔、莱尔德、艾耶尔（Alfred Juler Ayer）、黑尔（Richard Mervyn Hare），美国哲学家杜威、培里、刘易斯（Clarence Irving Lewis）、佩佩尔（Stephen Coburn Pepper），以及其他一些人格主义者和新托马斯主义者，都做出了很大贡献，取得了一系列的重要成果。学者们认为，哲学要研究普遍的价值。价值论的核心概念是价值。尽管他们所持的观点和研究侧重点各不相同，但从他们的研究来看，价值论是以普遍的价值为对象，是价值思想的理论化和系统化。价值论的主要研究内容有价值的本质、价值的性质、价值的类别、价值的标准、价值的实现、价值的评价，以及价值同事物或存在和实在的关系、现实的价值难题，等等。

价值论是哲学在当代发展的一个新阶段。人类在社会发展中，不断在实践活动中满足自身的物质与精神的需要，很早就开始把对各种事物的是非、善恶、美丑等观念逐渐在思想意识中沉积下来，从而形成了各种价值思想。但是，把各种价值思想理论化、系列化，形成价值论或价值哲学则是哲学在当代的发展产物。莱尔德在《价值概念》一书中把它称为"特别时髦的"理论。

"哲学是时代精神的精华，它是随着人类社会历史的发展而发展的。哲学的发展是一个不断深化、不断丰富的过程，具有自身内在的规律性。不同历史时期的哲学有不同的特点，哲学发展呈现阶段性。哲学发展已经历了古代的本体论阶段，近代的认识论阶段，现代的实践论阶段，当代哲学处于以价值论为重要内容的新阶段。"①

在古代，认知水平有限，科技水平很低，早期的哲学家面对纷繁复杂的大千世界，没有自觉意识到"思维与存在的关系问题"，而是常常脱离思维与存在的关系，追问世界的本原或始基究竟是什么，直接把某种经验或超验的"存在"作为世界的本原或始基。然后，他们从这种经验或超验的"存在"出发解释万事万物和构建知识体系。因此，他们所探讨的主要是世界的本原与始基，即本体论问题。

在近代，随着本体论的不断深化，哲学家们就会产生如何认识这个世界的问题。尤其是随着科技的高速发展，科学知识的普及，人们的认知能力有了很大提高。自然科学的许多方法逐渐进入哲学领域。哲学家们开始探讨能否认识世界，如何认识世界，认识有无规律，我们的认识是否可靠

---

① 王玉樑. 21世纪价值哲学，从自发到自觉［M］. 北京：人民出版社，2006：1.

等问题，即哲学实现了认识论的转向。借用恩格斯的话说，在近代哲学中，"思维与存在的关系问题"，"获得了它的完全的意义"。①认识论的转向是哲学家们自觉地把"思维与存在的关系问题"作为最重要、最基础的问题来研究。

近代哲学始终在认识论的意义上回答思维与存在的关系问题。它离开了人的实践活动，试图回答思维与存在的关系问题。正如马克思所指出：哲学家们只是用不同的方式解释世界，而问题在于改造世界。在马克思看来，思维与存在的关系问题是人类实践活动的反映，只有在实践活动中才能正确地回答两者的关系。除了马克思主义重视实践，西方的实用主义、逻辑实证主义也都重视实践。于是，自19世纪40年代以来，哲学出现了实践的转向，进入了实践论阶段。与此同时，西方哲学突出了语言分析在哲学中的作用，以语言作为研究思维与存在关系的出发点，构成了语言转向。但是，重视语言分析只是"哲学的研究的必要补充"，"不具有作为世界观理论体系的一般哲学的意义"，"这个转向并不构成与本体论、认识论不同的哲学发展的第三阶段"②。

无论是古代的本体论、近代的认识论还是现代的实践论，都把思维与存在关系中的存在作为整个客观存在，即广义的事实来理解，没有意识到事实有广义与狭义之分。狭义的事实是指不因人而异的客观存在。广义的事实中包含着狭义的事实与价值(价值事实)。价值事实是指因人而异的客观存在。以往的研究只是在广义的事实中研究存在，并没有把它分为事实存在与价值存在来研究。"在哲学上区分事实与价值，是价值哲学或哲学价值论的起点，是哲学发展深化的表现，开辟了哲学发展的新视野。"③自价值论形成以来，原来的思维与存在的关系问题，被深化为事实与价值的关系问题。同时，我们要注意价值论产生的时代背景。19世纪后期以来，随着科技日新月异的发展，人类由蒸汽时代进入电力时代。人类的自由度获得前所未有的发展，创造的价值也是前所未有。人的本质力量进一步增强。人自身的价值问题凸显出来。人类需要重新认识传统文化中的善、正当、美德、幸福等价值问题。社会环境的变化是价值论产生的重要前提。从理论上看，哲学研究从没有区分事实与价值的关系问题，到认真审视事实与价值的关系问题，并把价值论作为哲学中的重要内容，标志着

---

① [德]马克思，恩格斯. 马克思恩格斯选集(第4卷)[M]. 北京：人民出版社，1995：220.

② 王玉樑. 21世纪价值哲学：从自发到自觉[M]. 北京：人民出版社，2006：14.

③ 王玉樑. 21世纪价值哲学：从自发到自觉[M]. 北京：人民出版社，2006：7.

哲学进入了一个新的发展阶段。它展现了在社会不断开放和变化的发展过程中，哲学研究的出发点是从事实际活动的人，不断让我们追问应该如何改造世界，展现了人的内在价值尺度，彰显了人的自由与自我选择，更加关注人的具体的个性化的生活实践。从这个意义上看，"价值论转向并不仅仅意味着价值论的出现，它更是一种哲学研究视角、思维方式等的革命"①。借文德尔班在其恢宏巨制《哲学史教程》结尾部分的话说："哲学只有作为普遍有效的价值的科学才能继续存在。哲学不能跻身于特殊科学的活动中（心理学现在还属于特殊科学的范围）。哲学既没有雄心根据自己的观点对特殊科学进行再认识，也没有编纂的兴趣去修补从特殊学科的'普遍成果'中得出的最一般的结构。哲学有自己的领域，有自己永恒的、本身有效的那些价值问题，那些价值是一切文化职能和一切特殊生活价值的组织原则。"②他甚至庄重宣告，洛采所开创的价值论是哲学发展中最具活力的方向和目标。"沿着通向这一目标的道路，目前内部的往往有意见分歧的运动，其目的似乎是要夺回德国哲学伟大时期的重大成果。由于洛采果断地提高价值观的地位，甚至将它置于逻辑学和形而上学（以及伦理学）之顶端，激起了许多对于'价值论'（哲学中一门新的基础科学）的种种倡议。"③从价值论的发展来看，德国先验主义价值论、奥地利心灵主义价值论、英国语言分析价值论、美国经验主义价值论等不同的学术流派纷至沓来、精彩纷呈，彰显了价值论研究是哲学研究中的重要领域，是哲学发展的一个重要方向。

随着西学东渐，中国的价值论研究始于20世纪30年代。1934年，我国著名伦理学家张东荪出版了《价值哲学》一书。该书只有60页，由上海世界书局出版，揭开了中国人研究价值论的序幕。他还在其所著的《道德哲学》等书中，专门介绍了西方的价值论以及自己的研究心得。但是，在传统文化占据主流的民国时期，缺乏价值论研讨的学术背景，应者寥寥。这些研究并没有引起学界的重视。1949年后，受国际政治形势和意识形态斗争的影响，哲学界不仅不研究价值论，而且还把价值论作为资产阶级的伪科学痛加批判。当时出版的苏联学者图加林诺夫的《论生活和文化的价值》就是作为批判材料使用。直到20世纪70年代末80年代初，随着"实践是检验真理的唯一标准"的大讨论和十一届三中全会确立了解放

---

①　孙伟平. 价值论转向——现代哲学的困境与出路[M]. 合肥：安徽人民出版社，2008：99.

②　[德]文德尔班. 哲学史教程（下册）[M]. 罗达仁，译. 北京：商务印书馆，1997：927.

③　[德]文德尔班. 哲学史教程（下册）[M]. 罗达仁，译. 北京：商务印书馆，1997：927.

思想、实事求是的思想路线，学术界面对了如何从认识论角度研究价值的问题。正是由于这种与认识论相关的价值研究，相当多的学者把研究哲学价值问题的理论称为价值论，而没有使用价值哲学。从此之后，随着改革开放政策的确立，中西文化的广泛交流，价值多元与冲突超过了以往的任何时代，为价值论的研究奠定了现实基础。研究价值论的专著和论文可谓数不胜数，比较有影响的价值论专著有李连科著的《世界的意义——价值论》，李德顺著的《价值论——一种主体性的研究》，王玉樑著的《价值哲学》，袁贵仁著的《价值学引论》，江畅著的《现代西方价值哲学》，等等。尽管许多论著中的观点并不统一，但价值论的研究无疑成为当今哲学界的显学。正如孙正聿所说："价值论问题是现代哲学越来越关注的重大问题，它包括一系列与人们的生活密切相关的理论问题。"①

在价值论的形成与发展中，我们还是能够发现其中的一些规律。袁贵仁曾这样总结："回顾价值学形成、发展的历史，我们不难看出：价值理论研究的价值就在于价值观念。无论是国内还是国外，都是由于社会的开放、交流和历史步伐的加快，各种文化思潮、价值观念相互冲撞，发生冲突和危机，人们才开始进行价值理论研究，兴起价值学和发展价值学。"②应该说，这个概括是符合价值论的形成与发展规律的。

从国际上对价值论或价值哲学的研究来看，随着价值问题研究的深入，价值问题不仅局限于哲学，而且还广泛地渗透到其他与价值相关的人文学科领域中。人文学科中的许多问题都与价值问题有着或多或少的联系。毕竟，善恶、美丑、好坏、吉凶、祸福等价值问题涉及众多不同的人文学科。正如从事价值哲学研究的牧口常三郎所说："价值最初是在经济现象中被认识的，所以，价值概念最初为经济学家所系统阐述。然后，它逐渐扩展到其他密切相关的知识学科，如美学、伦理学、哲学，等等，成为人们所接受的那样。"③培里和泰勒曾经就价值问题的研究列出以下八大价值领域：道德、艺术、科学、宗教、经济、政治、法律和习俗或礼仪。④从目前的研究来看，出现了与这些价值领域相应的各种价值论，如经济价值论、宗教价值论、艺术价值论、历史价值论、道德价值论、美学

---

① 孙正聿. 哲学通论(修订版)[M]. 上海：复旦大学出版社，2005：175.
② 袁贵仁. 价值观的理论与实践——价值观若干问题的思考[M]. 北京：北京师范大学出版集团，2013：143.
③ [日]牧口常三郎. 价值哲学[M]. 马俊峰，江畅，译. [M]. 北京：中国人民大学出版社，1989：79-80.
④ [美]R. B. 培里，等. 价值和评价[M]. 北京：中国人民大学出版社，1989：3.

价值论……我们要深化价值论的研究，十分有必要加强相关领域的具体价值论研究。在这些研究中，道德价值显得十分重要。道德是伦理学所研究的对象。伦理学与价值论之间关系密切。"伦理学研究必须以价值哲学为指导；同时，价值哲学理论必须运用于伦理学，与伦理学的实际相结合，才能充分发挥价值哲学理论的作用，才能在实际运用中发展价值哲学理论，才能在实际运用中检验价值哲学理论。伦理学研究正是价值哲学理论运用的主要领域，离开伦理学研究去研究价值哲学，是很有害的。"①道德是人的精神生存方式，是一个人的目标体系的现实化，展现了人的价值属性。我们研究任何道德现象都不能把道德排除在价值论的研究视阈之外。我们需要从人的道德理想、价值导向来理解价值。从这个角度来看，我们要加强和深化道德价值的研究。为了适应当代中国的道德建设的需要，我国的道德价值论研究也和其他人文学科的价值论研究一样，成为价值论扩展研究中的重要领域。

---

① 王玉樑. 21 世纪价值哲学，从自发到自觉[M]. 北京：人民出版社，2006：19.

第二章 道德价值的内涵及主要特征

理解了什么是道德，什么是价值，我们就可以进一步探讨和认知道德价值的内涵和主要特性。毋庸置疑，道德价值是一般价值在道德关系中的反映。道德价值内在地包含一般价值的基本属性。当然，作为这种具体的道德领域中的一种价值关系，道德价值具有更为丰富的内涵和更多的规定性，同时还具有一般价值领域所不具有的独特性质。

一、道德价值的内涵

道德价值是价值论研究中的重要内容。国内外的学者都提出了各自的观点，尽管无法达成一种统一的观点，但丰富了我们对道德价值的认识。

(一)道德价值的不同含义

美国著名学者蒂洛断言："只要我们还活着，就要同道德这样的价值问题打交道。"[1]的确，道德价值与我们每个人和社会的发展密切联系，不可分离。国内外学界有许多关于道德价值的著述。我们从中可以发现，关于道德价值的本质之见解众说纷纭。

道德价值，在国外并不是一个完全统一性的概念，而是有着不同的认识。牧口常三郎指出，"善的价值即道德价值"，是"关于集体生存的社会价值"。[2]他把道德价值理解为善的价值，而且是关于集体生存的社会价值，这在一定程度上解释了道德价值的内涵。它表明：道德不仅是社会中"社会关系的调节器"，同时，还是人与社会发展的"度量衡"，彰显了善

---

[1] [美]J. P. 蒂洛. 哲学理论与实践[M]. 古平，肖峰，等，译. 北京：中国人民大学出版社，1989：1.

[2] [日]牧口常三郎. 价值哲学[M]. 马俊峰，江畅，译. 北京：中国人民大学出版社，1989：74-75.

是社会的价值。它也表明了道德的目的价值，有助于认识到评价公共善和公共恶的主体是社会本身，而不是社会成员的某个个体。但是，他把道德价值仅仅理解为社会价值，是"公共的善"，而不是一个个体的善。这种突出社会价值的做法，显然无视了个体价值中也存在道德价值的观点。因此，这种观点多少有些偏颇，并没有完整地概括出道德价值的内涵。美国麦克米兰公司出版的《哲学百科全书》(第2版)在"道德价值与人的价值"条目中提出："根据占统治地位的道德价值的观点，道德价值是理性行为者追求的目标。这种观点可以追溯到柏拉图，道德价值是普遍性的值得追求的，人只要有理性就会追求。"①这种观点把道德价值建立在人的理性基础上，揭示了人作为理性存在者要追求道德价值。但它没有指出道德价值与人的感性经验的关系。英国《剑桥哲学辞典》在解释"价值论"(value theory)时指出："价值论是研究价值的本质及与价值相关事物的哲学分支。从广义上看，价值论包括各种价值，如美与丑的审美价值，正当、错误与义务的道德价值，合理与不合理的方法论价值。"②该辞典并没有给道德价值下一个定义。在这里，道德价值是以正当、错误与义务的基础概念来表示——这种从正当等基础概念出发理解道德价值与从善恶来理解道德价值显然不同。

从国内的研究来看，道德价值一词在当今中国的价值论或价值哲学、伦理学、人生哲学等领域的著作中常常出现。有些研究者已经出版了专门的著作予以论述，有的研究者在其与之相关的著作中作专门章节进行论述，但我们发现他们对道德价值这一概念所做出的基本含义的理解明显存在分歧。概括起来，道德价值主要有以下几种含义。

其一，道德价值属性说。它认为道德价值就是道德对人的意义、作用或效用。这种观点在国内有许多支持者。我们可以追溯其理论渊源到苏联伦理学家季塔连科所主编的《马克思主义伦理学》一书中的论述："道德价值与道德意义相似，是一种特殊的、体现于客观之中的具有主观主义的意向。"③我国一些研究者认为他的论述中具有明显的主观主义色彩，需要加以扬弃。在他们看来，道德价值就是"人们的道德实践活动和道德意识现

①　Donald M. Borchert. Encyclopedia of Philosophy, 2nd[M]. Volume 3, Macmillan Reference USA, 2006: 442.

②　Robert Audi. The Cambridge Dictionary of Philosophy, 2nd[M]. Cambridge University Press, 1999: 949.

③　[苏] A. H. 季塔连科. 马克思主义伦理学[M]. 黄其才，等，译. 北京：中国人民大学出版社，1984: 108.

象所具有的一种属性。这种属性体现着这些实践活动和道德意识现象对一定的社会、阶级和个人所具有的意义"①。"道德价值，是人们行为的社会价值，指这些行为对于人与人之间社会关系和伦理秩序的意义"②。道德价值是"行为之事实如何对于社会创造道德的目的的效用性"③。道德属性说，鲜明地区别了事实与价值的不同，突出了道德价值中价值的特性，把道德价值作为意义世界中的构成成分。从这个意义上看，它把道德实践活动或行为作为道德价值的重要前提，坚持了实践唯物主义的观点，揭示了道德价值在人们的道德实践活动和意识现象中所具有的本质特性。但是，我们不难发现道德属性说中的"属性"，含义不明确，容易形成歧义。毕竟，属性本身有"意义""作用""效用""功能"等近义词的含义。这种解说没有很好地指出属性与"意义""作用""效用""功能"等近义词的区别。试想，如果道德价值是指道德作用、道德功能，那么，道德价值本身就很难有存在的价值。因为，我们完全可以用道德作用、道德功能等已经普遍使用的确定概念取代道德价值，不必另外提出一个新的"道德价值"的概念。而道德效用，不过是道德作用或道德功能的另一种表述。借用"道德价值"来指道德效用，同样也没有必要。因此，把道德价值归结为"意义""作用""效用""功能"显然是不妥当的。这些词汇属于不同层次上的概念与范畴。道德作用或道德功能是指道德作为一种特殊的社会意识形态，具有推动人类的和谐和进步的重大意义。道德价值则是道德事实对人的社会性本质之提升和完善。这种简单并列或混同，不利于准确地理解与认识道德价值。因此，这种解说需要进一步完善和发展。

其二，道德价值评价说。这种观点认为道德价值就是指道德评价。有的研究者认为，道德价值是"人们关于自身道德观念、道德行为对于社会和人的意义的衡量"④。这种观点认识到道德评价与道德之间存在着密切的联系。价值本身曾经就意味着某物的价值，而评价就是对某物的价值的估价。正如美国学者富兰克纳所发现，"'价值'和'评价'及其同源词、复合词以一种被混淆和令人混淆然而广为流行的方式，应用于我们的当代文化中——不仅应用于经济学和哲学中，也应用于其他社会科学和人文科学

---

① 魏英敏. 新伦理学教程[M]. 北京：北京大学出版社，1993：469.

② 李德顺. 价值论：一种主体性的研究(第3版)[M]. 北京：中国人民大学出版社，2013：91-92.

③ 王海明. 伦理学方法[M]. 北京：商务印书馆，2004：71.

④ 李耀宗，等. 伦理学知识手册[M]. 哈尔滨：黑龙江人民出版社，1984：290.

中"①。以道德评价来解释道德价值，的确容易形成一定的混淆，毕竟两者不能等同。如果我们在"道德价值"与"道德评价"之间画上等号，"道德价值"又常常被认为就是"善"，于是，又有研究者认为："道德价值就是善。"②把道德价值归结为道德评价，突出了道德主体在道德价值中的重要性，有利于我们认识道德评价在道德价值中的作用。但是，我们也容易发现，这种观点有浓厚的主观价值论的倾向，很难与西方主观价值论相区别。正如德国哲学家舍勒在评价西方现代道德理论的一个共同前提时所指出："价值，尤其是道德价值，都只是人的意识中的主观现象，离开人的意识，价值就不存在，就没有任何意义可言。价值不过是我们欲望和感觉的影像而已。"③这种对道德价值的认识导致道德价值认识极端混乱，沦落为道德价值的相对主义。因为，它认为道德价值是主观的评价，每个人都有自己所认为正确的道德价值，从而消解了道德价值蕴含的客体性因素。

其三，道德价值需要说。国内有学者认为："道德价值是指自由的行为主体在利他的动机支配下从事的行为能在一定程度上满足他人和社会的需要。"④这种观点认为道德价值就是满足人和社会的需要。它在西方可以追溯到斯多葛学派，他们就是以是否合乎需要来解释道德价值，合乎需要的就具有道德价值。从这个角度来看，道德价值需要说继承了伦理学中发挥人的主体性的优点，道德是人为自己立法，是人的自我需要。它有力地挑战了客体价值论，即把道德价值理解为客体的属性，也跳出了从上帝、神、佛陀、真主等神圣客体来理解道德价值的桎梏。它表明道德价值与人的需要有着密切的联系，把道德价值奠定在人的需要的基础上。当然，这种道德价值需要说还需要进一步解释什么才是真正的需要，毕竟需要是一个容易泛化的概念。人的需要实在太多，从精神到物质，从短期到长远，等等，不一而足。因此，直接从需要上解释道德价值还有待深化。

其四，道德价值关系说。这种观点论者运用道德与主体或人的本质或人格之间的关系来诠释道德价值。国内学者曾提出，道德价值"就是指在社会生活中，道德是否满足主体(人或社会共同体)的需要、是否同主体相一致、为主体服务的一种关系状态"⑤。也有国内学者指出："道德价值

---

① [美]R. B. 培里，等. 价值和评价[M]. 北京：中国人民大学出版社，1989：1.
② 李权时，章海山. 经济人与道德人——市场经济与道德建设[M]. 北京：人民出版社，1995：66.
③ [德]马克斯·舍勒. 价值的颠覆[M]. 罗悌伦，等，译. 北京：生活·读书·新知三联书店，1997：128.
④ 刘云林. 论道德自由对道德价值之意义[J]. 江海学刊，1997(01).
⑤ 李德顺，孙伟平. 道德价值论[M]. 昆明：云南人民出版社，2005：57.

是道德关系的表现和确证，它通过对特定道德关系和道德现象的肯定和否定，通过对善和至善的规定，来体现人类价值追求的'应当'以及主体性要求。"①还有学者认为："道德价值作为道德关系的表现与确证，是人类本质或人类价值在特定的历史状态中，对特定的道德关系和道德现象的肯定和否定。"②道德价值关系说，从道德与人的关系来探讨道德价值，具有积极意义。它把道德价值作为道德与人之间的关系范畴，防止把道德价值仅仅从道德或人的单一方向理解，而是从关系的角度把道德价值主体与道德价值客体联系了起来，突破了之前的单向思维，从而显得更为全面。但是，这种观点因为全面而显得过于宽泛，需要点出道德价值的丰富内涵。它把道德与人的关系中的道德作为一种道德现象，还作为道德主体的意识与行为，需要做出细致的分析与论证。而且，把道德作为一种道德现象或道德主体的意识与行为，有可能导致把自身孤立化为不依赖于人的某种客观存在的倾向，觉得自身似乎与他人或社会无关。

其五，道德价值综合说。这种观点从外延与内涵两个方面综合了前面的各种观点。从外延上看，道德价值"有这样三个层次的内容：一是指道德生活领域具有正直意义的行为或事物。也就是说，道德价值，即为道德领域有价值的行为或事物"。二是"道德价值就是指这个领域一切可以进行评价的行为或事物的价值"。三是"前两类价值现象及是否有价值的根据"，即"包括道德领域在内的更广大的社会实践，实践给人类生活带来的善，才是道德价值的终极性标准"。从内涵上看，"道德价值是人格主体的价值，或者说是人格主体的权利应得到的尊重。易言之，是主体与主体间通过相互承认和相互尊重体现出来的价值。价值是主体间通过主体的道德态度与道德行为体现出来的。一定的社会道德规范不过是对这种价值的集中反映而已。因此，道德价值的概念同样是个关系概念"③。我们不难发现，道德价值综合说从外延上把属性说、评价说整合，从内涵上把需要说与关系说整合，而且还提出了道德主体与道德主体的关系问题。道德价值综合说把各种道德价值的观点比较系统地进行了整合，但最终倒向道德价值关系说，把道德价值作为一个关系概念。

（二）道德价值的含义

一般而言，道德价值又被称为伦理价值。正如我们前面所分析，道德

---

①　葛晨虹. 价值与道德价值[J]. 北京行政学院学报，2001(03).

②　商戈令. 道德价值伦[M]. 杭州：浙江人民出版社，1988：66.

③　龚群. 关于道德价值的概念及其层次[J]. 哲学动态，1998(01).

与伦理在日常生活中常常被混用，但从学理上看，两者之间还是存在着区别：其一，伦理主要是处理人与人之间的关系，道德则涉及人与人、人与自然、人与社会等关系；其二，伦理指向一种社会人伦秩序，道德则指向一种社会规范与个体品质的统一；其三，伦理主要针对社会成员的整体外在性约束，道德则注重个体的内在性认同。因此，道德的外延明显要大于伦理的外延。道德更倾向于更为广阔的整体的描述，伦理则倾向于社会规范、制度的规定。我们现在所有论述的并非仅仅局限于社会规范、制度方面的价值问题，而是更为广阔的整体的价值问题。因此，我们在本书中所使用的中心词是"道德价值"，而不是"伦理价值"。当然，可能有些时候出于论述的准确，也可能出现伦理价值，但本书主要是阐述道德价值。

道德就是人们在社会实践过程中主体内心所认同并践行的规范总和。它是人的存在方式，也是人的应然存在方式，更是人的一种智慧存在方式。价值是人类社会的历史实践基础上产生的主体与客体之间关系的产物，是主体与客体的统一。它既包括客体对于主体的意义，也包括主体对于客体的超越性指向。那么道德价值究竟是什么？

我们可以采取层层分解排除的方法，首先考虑道德价值不是什么。道德价值不是物质价值，而是一种精神价值。这种精神价值与物质价值明显不同，物质价值总是以物质样态直接满足人的某种需要，形成对于人的意义。精神价值是与人的精神密切相关，总是以一种观念形态来展现人的精神追求，如理想、信念等。当然，这种精神价值来自现实，是理想与现实的统一。精神价值有很多，如政治价值、法律价值、文化价值等。政治价值是政治领域中的精神价值，法律价值是法律领域中的精神价值，文化价值是文化领域中的精神价值。道德价值与之不同在于它是道德领域中的精神价值。价值是一种关系范畴，道德价值体现的是人与道德之间的关系，是人与道德之间在长期社会实践基础上所形成的精神价值。不可否认，道德价值有其社会的实用性，否则就无法存在。因此，有学者称之为道德价值功利性。我们认为，道德价值更为重要的在于它的非功利性，即超越性。因此，道德价值表明了道德对于人的意义，表明了人在道德领域中追求高尚的超越性价值。

因此，道德价值是人类社会的历史实践基础上产生的人与道德之间关系的精神价值，既是道德对于人的意义，也是人对于道德的超越性指向。

在此，我们首先有必要从主客体的关系来理解道德价值中的"人""道德"与"精神价值"三个关键词。

人是道德价值主体，即对象性道德活动中的人。这种对象性道德活动中的人是个人与群体的统一。也就是说，人可以划分为两个不同的层次：群体与个人。群体包括作为整体的人类群体，作为一定历史条件下的人类群体，作为一定历史条件下不同地区的人类群体。个人是指具有一定社会属性的个体。人是道德价值的主体，道德价值是人的道德价值。道德价值是人所创造的，是道德对于人的价值。我们可以这样说：任何主体非人的道德价值，都属于异化的道德价值；任何主体非人的道德价值论，都属于异化的道德价值理论。

道德是道德价值的客体，是人的活动的对象。作为道德价值客体的道德属于伦理学中的一个范畴，也属于社会上层建筑或社会意识形态的一个重要内容。它表现为一种特定的社会现象。这种社会现象的特定性在于它是以善与恶的矛盾与对立所构成，并不是如同法律那样依靠行政强制力来维持的。作为道德价值客体的道德包括三个方面：一是以观念形态存在的道德，如某种道德观念、道德思想等；二是指制度层面的道德，包括作为制度的道德、作为道德的制度；三是指以社会状态存在的道德，包括道德行为和其他道德现象。

道德价值是一个关系范畴中的精神价值。它是人类社会的历史实践基础上产生的道德价值主体与道德价值客体之间关系的精神价值。道德与人之间的客体与主体的关系是其客观基础。人是道德价值的确定者，同时受到自身所创造的道德价值的制约，并在一定的社会生活实践关系中认识和实现道德价值。现代的一些思想家在道德价值问题上从情感、直觉、欲望和需要方面来理解道德价值，从而否定了道德价值的确定性，其问题在于只考虑了道德价值的主体，忽视了道德价值的客体基础。道德价值是主体与客体之间的统一。主体的活动沟通了主体与客体之间的关系，但主体的活动，究其本质，是一个社会的物质实践过程，是一个物质东西向观念东西的转化过程。我们难以否认，主体活动首先是外部的、实践的，然后才是内部的思维意识活动。主体由于他人和社会需要而得到肯定，实现了主体的价值，才构成了道德价值。道德价值是主体与客体之间关系的精神产物。

但是，如果我们认为道德价值就是客体与主体，或者是道德与人之间的关系，把道德价值直接理解为关系，是不是准确的？这值得我们思考。我们可以把道德价值理解为主体与客体关系的显现，是关系的产物。毋庸讳言，这是正确的。但如果直接把道德价值等同于主客体之间的关系，显然还是有误。毕竟，主体与客体的关系只是道德价值存在的基础，而并非道德价值本身。道德价值是指道德对于人的价值，其中还蕴含了人对道德的超越性价值指向。正如袁贵仁先生所言："价值是价值关系的部分因素，价值关系是价值的载体。或者说，价值是价值关系的内容，某物对某人具有价值，因此某物同某人之间存在价值关系。价值关系是价值的表现形式。"①因此，这一点应该十分明确。

道德价值是主体与客体关系中形成的精神价值，还有必要进一步阐释。具体来说，道德价值包括三层含义：其一，道德价值是道德对于人的意义；其二，道德价值是人对于道德的超越性指向；其三，道德价值是两者的统一，展现了实然与应然的统一。

其一，道德价值是道德对于人的意义。

首先，这种意义表现为道德对他人需要的满足。需要是一个以对象为内容的概念，总是指向某一个具体的对象。比如，我需要一杯水，我需要他人的关心，水、关心都是具体的对象。其不同之处在于，水是人的物质需要，关心是人的道德需要。尽管需要并不等于价值，但任何价值都体现为一种主体需要的满足。正如马克思在谈论人的感觉的发展时所说："只有音乐才激起人的音乐感；对于没有音乐感的耳朵来说，最美的音乐毫无意义，不是对象，因为我的对象只能是我的一种本质力量的确证……因此，社会的人的感受不同于非社会的人的感受。只是由于人的本质客观地展开的丰富性，主体的、人的感受性的丰富性，如有音乐感的耳朵、能感受形式美的眼睛，总之，那些能够成为人的享受的感觉，即确证自己是人的本质力量的感觉，才一部分发展起来，一部分产生出来……五官感觉的形成是迄今为止全部世界历史的产物。"②马克思的这段话同样适用于道德价值，即道德价值离不开人。如果没有人的主体需要的满足，道德价值也就不存在。从这个角度来看，道德价值渗透在人们的日常生活之中，是人的需要的满足。满足人的需要的效用是道德价值的一个基本内容。道德的价值就在于能够满足人的需要。当一个人做出某种符合道德要求的行为，它会给他人带来一定的满足。也就是说，道德能够给他人带来一定的意义。满足人的需要的意义越大，其价值越大。

其次，这种意义还表现为道德对行为者本身具有意义。在人们的现实生活中，人们常常会赞扬那些做出符合道德要求的行为的人。就行为者本人而言，他做出某种道德行为，不仅能够给他人带来满足的意义，而且能

---

① 袁贵仁. 价值观的理论与实践——价值观若干问题的思考[M]. 北京：北京师范大学出版集团，2013：21.

② [德]马克思. 1844年经济学哲学手稿[M]. 北京：人民出版社，2004：87.

够给自己带来荣誉，甚至社会地位的提升。就道德的形成而言，道德中的德，在甲骨文中通"得"，也就是说，道德的形成与道德给行为者的一定的获得的含义有着密切的联系。

再次，道德对于主体的意义还表现为道德对于人们生活中的社会制度的意义。前面两点属于直接意义，这一点属于间接意义，它是通过道德改变社会制度来发挥对于人的意义。这种意义包括两个方面：一是把社会制度道德化。它是把道德作为一个尺度和标准，对一定制度做道德评判，使得制度合乎道德要求。制度是由一定的程序与规则组成的系统，实际上它就是针对人的制度。社会制度在维系公共生活，调节人与人间的关系、个人与社会的关系中发挥着重要作用。好的制度有助于建立合理的社会合作系统，有助于缓和社会矛盾，维护社会稳定。符合道德要求是好的制度的重要标准之一。二是把道德化的制度转换为道德的现实，即社会现实生活的道德化。如果说道德仅仅潜在地存在于一定的制度上，那还没有真正地表现出其道德价值，因而这种道德化不是完善的。只有当潜在的制度化的道德需要成为道德的现实，道德化才是完善的。无论是制度上的道德化，还是社会现实生活的道德化，都表明道德在社会制度中有其存在价值。

其二，道德价值是人对于道德的超越性指向。

如果说道德价值是道德对于人的意义表明了人在道德价值中的被动性，那么道德价值是人对于道德的超越性指向则展现了人在道德价值中的主动性。前者是道德向人提出要求，后者是人对此进行主动回应与开拓，是道德价值作为精神价值的更深层次的反映。

在这里，指向是指目标、方向；超越则表明高于现实，蕴含着永不停歇地向彼岸推进的含义。道德价值体现了人的实践是有目标、有方向的。人来自自然，又依赖自然，需要不断地与自然之间进行物质、能量和信息的交换。就如马克思所言："自然界，就它自身不是人的身体而言，是人的无机的身体。人靠自然界生活。这就是说，自然界是人为了不致死亡而必须与之处于持续不断的交互作用过程的、人的身体。"[①]但自然并不是自动地满足人的需要，而是常常表现为与人的对峙。为了自身的生存和发展，人需要认识和改造这个自然。人的认识和改造活动就是人不断追求价值的活动。道德价值就是人的实践活动目的之一。目标和方向的形成反映了主体对客体的不满足，要按照人的利益和需要改造客体。而且，人所追求的道德价值是高于现实的价值的。它表明人所追求的道德价值总是高于

---

① ［德］马克思. 1844 年经济学哲学手稿［M］. 北京：人民出版社，2004：56.

一般人的道德能力，也总是高于人们的现实道德状况，展现了道德的理想状态。我们可以设想，如果道德价值与它意味着的现实道德状况完全一致，人们都具有了实现道德价值的能力或基本都能实现，道德价值也就失去了它存在的意义。因此，道德的"超越指向"是道德价值必不可少的。同时，这种"超越指向"是一个永不停歇地推向道德理想彼岸的特性。也就是说，实现道德价值是一个无限接近的过程。道德价值是人类永恒追求的目标。这种内在的绝对超越指向奠定了道德价值的神圣与崇高的基础。

道德价值的绝对超越指向体现了人与道德之间的应然状况，展现了人自身的道德理想与发展目标。它超越了人的简单的物质财富的满足，导向一种精神需要的寄托和展望。从这个意义上说，道德价值本身就是一种人关于道德的绝对超越指向。任何社会的道德要求都有其背后的道德价值作为支撑。正是这种看不见、摸不着的道德价值所蕴含的绝对超越指向在人们做出或不做出某种道德行为中发挥着引导作用。三国时，魏国的嵇康被司马昭所杀。嵇康死前，把儿子嵇绍托付给了好友山涛。后来，嵇绍出仕晋朝。司马光在《资治通鉴》中记载："涛荐嵇绍于帝，请以为秘书郎，帝发诏征之。绍以父康得罪，屏居私门，欲辞不就。涛谓之曰：'为君思之久矣，天地四时，犹有消息，况于人乎！'绍乃应命，帝以为秘书丞。"八王之乱时，嵇绍为保护晋惠帝而被杀。《资治通鉴》曾有这样的记载："帝伤颊，中三矢，百官侍御皆散。嵇绍朝服，下马登辇，以身卫帝，兵人引绍于辕中斫之。帝曰："忠臣也，勿杀！"对曰："奉太弟令，惟不犯陛下一人耳！"遂杀绍，血溅帝衣……入鄴。大赦，改元曰建武。左右欲浣帝衣。帝曰："嵇侍中血，勿浣也！"（《资治通鉴第八十五卷·晋纪七·孝惠皇帝中之下·永兴元年》）我们可以看到，嵇绍在众人逃避时，非常英勇地为保护晋惠帝而献出了自己的生命。尽管古人云："杀父之仇，不共戴天"，但也歌颂耻食周粟、宁可饿死首阳山下的伯夷、叔齐。司马光在评论嵇绍的行为时，以舜诛鲧而禹事舜的故事，肯定了嵇绍的行为，认为忠公的道德价值要高于私孝的道德价值，赞扬了他"不敢废至公"的精神境界。嵇绍的行为，其实是其信奉的道德价值发挥了作用。道德价值在指导人们的道德行为和思想中具有基础性的重要意义，表现了人的精神信仰与追求。

道德价值能够指导人们的道德行为，就在于人的内心确信了这种绝对超越指向，把这种绝对超越指向作为自己的精神坐标。从心理学来分析，这是一种精神信仰的动力作用。人们在分析一种信仰时常常会思考"信仰为何成为不断奋斗或张扬生命的动力"。这涉及心理动机问题，也就是个体发动、指引和维持某种活动或事业的心理原因。当客体作用于主体而形成了一定的道德需求，只是出现了道德价值产生的一个前提。满足一定的需要的确是道德价值的重要内容，但并不是它的全部内容。道德价值还有一定精神信仰的意义。人们常常会因为道德价值的精神信仰意义而不断努力，外化为各种道德行为。这种精神信仰的追求就是道德价值的追求。追求精神信仰的道德价值，相比仅仅满足某种需要的道德价值，更为根本、更为崇高、更为神圣。正如康德所说："德性之所以具有这么多的价值，仍然只是由于它付出了这么多，而不是由于它带来了什么。"①正因为如此，康德把道德理解为一种为了人类理性与尊严的崇高性而付出的牺牲，而不是一种物质利益的满足。尽管我们未必赞同康德所执着追求完全排斥利益的道德纯粹性，但他肯定道德价值的精神信仰本身确实有一定的积极性与启发性。

从道德价值所展现的绝对超越指向来看，道德价值具有无限拓展的永恒指导意义。这种指导意义是无限趋向彼岸的意义，是人类不断追求道德实践的内在动力。借用康德的话说，这是一个"无限的进程"，"只有在同一个有理性的存在者的某种无限持续下去的生存和人格（我们将它称为灵魂不朽）的前提下才有可能"②。道德价值构成了人们不断进行道德实践的动力之源。尽管人类不可能彻底实现道德价值，但这是一个永恒的追求过程。人类不可能、也不会停止追求的步伐。正是在不断实现一些道德价值的过程中，彰显了道德价值的光芒与魅力。

道德价值是人关于道德的绝对超越指向。这种绝对超越指向是人作为道德主体的独特性体现。无论是从宗教的角度、科学的角度还是哲学的角度，道德价值所具有的永恒的超越性指向，都彰显了人的地位的特殊性。上帝、真主、佛陀，从神的角度指出了人是神的产物。自古希腊以来的西方哲学长期以来认为人是理性的动物，而自先秦以来的中国哲学从善恶的角度把握人的独特性。即使是科学主义从生物学的角度，从已知的地球生物分类（门、纲、目、科、属、种）系列中理解人，人也是已经在地球上生存了几十万年的不同于其他生命体的类别，处于生物进化的最高端，创建了庞大的精神文明，如哲学、文学、艺术、宗教等。道德价值的永恒的超越性指向是人类所创建的精神文明的重要组成部分之一，也构成了人的独特性之一。

---

① ［德］康德. 实践理性批判［M］. 邓晓芒，译. 北京：人民出版社，2004：213.
② ［德］康德. 实践理性批判［M］. 邓晓芒，译. 北京：人民出版社，2004：169.

　　在人类历史上，我们能够看到道德价值的追求展现了人之为人的独特性。无数仁人志士为了实现道德价值而奉献自己的一切，甚至包括生命。孔子说："志士仁人，无求生以害仁，有杀身以成仁。"（《论语·卫灵公》）谭嗣同面临生死诀别，不愿意苟且偷生，选择慷慨就义。他认为，"各国变法，无不从流血而成，今中国未闻有因变法而流血者，此国之不昌者也。有之，请自嗣同始！"（梁启超：《戊戌政变记·谭嗣同传》）谭嗣同从容赴难，用康德的话说，人是自然的存在者，也是理性的存在者，人会超越个体生命的保全、物质利益的满足。借基督教的观念来看，人既有人性，也有神性，人不会仅仅为了个人的物质欲望的满足而放弃永恒的高尚品质的追求。仁人志士舍生取义，正是体现了他们理解了道德价值的超越性指向，表现了人之为人的独特性。

　　仁人志士从内心深处认可了道德价值的绝对超越指向，因而表现出为道德而献身的精神境界。这种为道德而献身的精神境界，从表面看只是一种道德行为；从深层次来看，这是道德价值的实现。在现代社会中，这是为了实现道德的人权价值、道德的幸福价值、道德的秩序价值、道德的公正价值、道德的和谐价值等，直至人的全面自由发展的价值。

　　如果从道德价值的角度考察伦理学，道德价值中的绝对超越指向属于道德价值的形而上学，探讨的是道德价值深层次、具有总括性的东西，属于道德价值本原和基础的理论。毕竟，道德价值中的绝对超越指向涉及主体与客体关系中属于彼岸世界的东西。从表面看，它似乎与现实无关。其实不然，它本身孕育着人在社会实践活动中的特定的道德价值。在脱离了社会历史实践的康德那里，道德价值源于先验地存在于理性存在者——人的善良意志。"人唯一能够给予他自己的那种价值……也就是善良意志，才是人存有的唯一能借以具有某种绝对价值。"①道德价值中的绝对超越指向可以称为道德中的上帝，它捍卫了人的尊严。这是人类文明进程中非常重要的组成部分。康德认为人是目的，人在目的王国中有三种价值：第一，市场价值，也就是实用价值，是和人们的普遍爱好以及需要相关的价值；第二，欣赏价值，是不以需要为前提，而与某种情趣相适应，满足人们趣味的无目的的活动的价值；第三，内在价值，构成事物作为自在目的而存在的价值。第三种价值不同于前面两种价值，市场价值和欣赏价值是有等价物的价值。内在价值是没有等价物的价值，不可用金钱购买。人的

---

① ［德］康德. 判断力批判［M］. 邓晓芒，译. 北京：人民出版社，2005：299.

内在价值就是人的尊严。它"超越一切价值之上，没有等价物可代替"①。这种内在价值就是人的道德价值。康德突出了道德价值的绝对超越指向。的确，在康德那里，其道德价值的绝对超越指向严重脱离社会历史实践活动。正如马克思、恩格斯所说："康德只谈'善良意志'，哪怕这个善良意志毫无效果他也心安理得，他把这个善良意志的实现以及它与个人的需要和需要之间的协调都推到彼岸世界。康德的这个善良意志完全符合德国市民的软弱、受压迫和贫乏的情况。"②如果我们从社会历史实践的基础来重新发展康德的道德价值的绝对超越指向，我们就能发挥其积极意义。在康德之后，文德尔班、李凯尔特等新康德主义者，沿着康德的道路继续前进。他们在价值与事实的关系上，认为价值是第一性的、首要的，事实与客观规律是第二性、从属于价值的。维特根斯坦、卡尔纳普等元伦理学家，采取语言分析的方法，强调道德语言主要表现个人的情感、愿望、心理、精神和信念。他们同样把事实与价值彻底割裂开来，认为道德上的"应该"就是要追求超越时空的、永恒的绝对价值。尽管这种思想完全否定了客观世界及其规律的第一性、否定了唯物主义决定论，但重视绝对超越指向还是具有一定的合理性，需要加以肯定。

其三，道德价值是两者的统一，展现了实然与应然的统一。

道德价值既包括道德对于人的意义，也包括人对于道德的超越性指向。道德价值是两者的统一。道德对于人而言总是包括某种外在的意义和作用，同时人在道德方面又有其崇高的内在追求。美国哲学家奎因曾说："许多善行在价值等级中的地位是很低的，人们鼓励这些行为最初只不过是因为它们是导向更高目的的环节，即借助于教导者达到快乐的后果或避免不快乐的后果。在这一点来说，善行就是技术（Good behavior is technology）。但只有当我们把手段和目的联系起来以后，我们才能逐渐赋予这种行为以较高的内在价值等级。我们由于有这样的行为而感到满足，我们还会鼓励别人也有这样的行为。这样，我们的道德训练就成功了。"③如果只有道德对于人而言的某种外在的意义和作用，道德也就失去了其应有的崇高性。比如，如果只讲人权在现实生活中对于个人所能带来的某种好处，而不追求人权中所蕴含的尊重他人为人的精神内涵，人们很难真正地理解人权的道德价值。同样，如果只是追求道德的超越性价值指向，畅

---

① ［德］康德. 道德形而上学原理［M］. 苗力田，译. 上海：上海世纪出版集团，2005：55.
② ［德］马克思，恩格斯. 马克思恩格斯全集（第3卷）［M］. 北京：人民出版社，1972：211-212.
③ ［美］W. V. 奎因. 论道德价值的本质［J］. 姚新中，夏伟东，译. 哲学译丛，1988（06）.

谈道德的崇高性，忽视道德对于人的生存与发展的现实意义，道德将成为空中楼阁，有脱离人们现实生活的危险。在中国传统社会中，曾经大力推行道德的高尚性教育，而无视道德的现实意义，导致培养了一些道德伪善者。因此，片面地只重视道德价值中的某一个方面，都是一种谬误。道德价值是道德价值客体对于道德价值主体的生存和发展的意义，与道德价值主体对于道德价值客体的超越性指向的统一。

正确地认识道德对于人的意义、人对于道德的超越性指向，不仅可以发现两者之间的相互融合一致的关系，而且还可以发现道德价值的结构。道德，作为社会生活中的道德现象，无论是道德意识现象、道德规范现象，还是道德活动现象，都有其内在的目的价值和外在的工具价值，是两者的统一。道德的内在超越性价值包含在人的无限精神追求中，道德的外在价值体现在人的现实生活的意义的满足中。道德的内在超越性价值和外在工具性价值是密切联系的，有时甚至难以分解。具有道德价值的现象，不可能同时缺乏人的超越性价值追求和道德的工具性价值满足，而一般是两者的合体。由此，我们可以发现，这两个方面展现了道德价值是实然与应然的统一。

（三）道德价值与道德本质、道德理想、道德功能、道德作用、道德意识的区别

为了更好地理解道德价值，我们可以把道德价值与道德本质、道德理想、道德功能、道德作用、道德意识相比较。道德价值与道德本质、道德理想、道德功能、道德作用、道德意识都是伦理学中的基本概念，在伦理学中发挥着重要作用，但是，它们之间还是存在着明显的区别，具有各自的独特性。

1. 道德价值与道德本质的区别

道德本质与道德现象相对应。道德现象是道德的外在表现和外部联系，而道德本质则是道德的内在属性和内部各要素的相互关系的必然性和规律性的综合。具体而言，道德本质是指道德本身所固有的深刻而稳定的根本性质，是道德内在基本要素的相互联系以及彼此所包括的一系列必然性、规律性的总和。

道德价值和道德本质是不同的。道德本质所探讨的是道德内在的质的规定性究竟是什么。道德价值所探讨的是道德对于人的意义究竟是什么，人所向往的超越性价值目标是什么。当然，两者之间也有联系。一定的道

德本质必然体现一定的道德价值，一定的道德价值必然融入一定的道德本质。

如果把道德价值与道德本质画上等号，或者把道德价值等同于道德本质属性，都是忽视了道德价值与道德本质的区别，只过分重视两者之间的内在联系。道德价值和道德本质所关注的是不同角度的问题。道德价值是价值系统中的一个分支，道德本质则是与道德现象相对应的一个概念。道德价值探讨的是为什么要有道德，其意义何在，属于为什么的问题。道德本质探讨的是道德的内在根本属性，属于是什么的问题。

2. 道德价值与道德理想的区别

任何社会都有一定的道德理想。人类社会正是在不断追求一定的道德理想的过程中实现进步与发展。从目前的研究来看，道德理想有广义与狭义之分。广义的道德理想是指一定的社会道德所追求的完善的社会道德制度、关系和完美的社会道德风尚。狭义的道德理想则是个体所向往的完美人格。

张岱年在探讨伦理学所要研究的基本问题时，曾这样说："自古以来所讨论的问题虽然很多，实则可析别为两大类问题：其一为道德现象的问题，其二为道德理想和道德价值问题。""道德现象的问题是把道德看做社会历史现象，从而考察演变的规律。道德理想和道德价值的问题，是规定行为的方针、生活的目标，设定人生的理想、当然的准则。"①在这里，张岱年把道德理想和道德价值的共性谈得很清楚，都是针对道德现象所设定的目标。

不过，道德价值与道德理想还是有着明显的区别。道德理想所要实现的完善的社会道德制度和社会道德风尚以及理想人格等，其中渗透着自由、和谐、公正、人权、秩序等道德价值。"大同"是中国传统儒家所追求的理想社会。《礼运》记载了"大道之行"的"大同之世"："天下为公，选贤与能，讲信修睦。故人不独亲其亲，不独子其子，使老有所终，壮有所用，幼有所长，矜、寡、孤、独、废疾者皆有所养，男有分，女有归。货恶其弃于地也，不必藏于己；力恶其不出于身也，不必为己。是故谋闭而不兴，盗窃乱贼而不作，故外户而不闭，是谓大同。"在"大同之世"，没有等级贵贱、公私财产之分，一切平等。在这里，"大同"也就是"大和"，郑玄注释："同犹和也、平也。"就此而言，儒家所向往的"大同社

---

① 张岱年. 中国伦理思想研究［M］. 上海：上海人民出版社，1989：18.

会"就是一个实现了幸福、公正与和谐等道德价值的至善社会。儒家所追求的"先天下之忧而忧，后天下之乐而乐"的理想人格，其中蕴含着先公后私的传统道德价值。因此，道德价值是道德理想中更为根本的价值意识，道德理想体现了道德价值。而且，道德理想总是依附于一定的道德教育、道德修养而成为研究的对象；而道德价值作为价值系统的一个分支，本身就可以作为一个相对独立的研究对象。

3. 道德价值与道德功能的区别

道德功能是指道德作为社会大系统中的一个子系统，对整个社会现实生活所具有的功能。道德有认识功能、规范功能、调节功能、教育功能、激励功能、描述功能、判断功能等，在社会现实中具有一定的功效。道德价值是人对于道德的超越性指向，同样具有针对社会现实的各种功能和功效。同时，道德功能具有应然性，引导人们应该如何行动。道德价值是道德对于人的意义，同样具有应然性，能够引导人们的行为。因此，道德功能与道德价值一样都具有改造社会的功效，都是应然性与实然性的统一。但是，它们两者之间还是存在一定的区别。

其一，两者出发点不同。尽管道德价值和道德功能都具有应然性，但是两者出发点不同。道德价值是道德主体与道德客体之间的关系范畴，人在道德方面所能展现的各种价值具有重要地位，因而其应然的出发点是人的主体性，是从人的主体意义来展开。而道德功能主要从道德在整个社会中的地位来描述其独特的社会功能。因此，我们会发现在论述道德功能时，人们常常使用道德的社会功能来代替道德功能。

其二，两者目标不同。道德价值不仅探讨人的需要的满足，而且还探讨人的绝对超越性指向。道德功能只是探讨道德在社会生活中的功能，是某种道德价值在社会中的不断外化。从这个角度来看，道德功能服务于道德价值，道德价值引导道德功能的发挥。道德功能是道德价值实现的手段，道德价值是道德功能的目的。

其三，两者思维方式不同。道德价值是道德主体与客体的关系范畴，不仅要考虑道德对于人的意义，而且要考虑人的精神需要和物质需要，属于双向度思维。道德功能只考虑道德在社会中所应发挥的功能，属于单向度思维。

4. 道德价值与道德作用的区别

所谓道德作用是指道德功能的发挥所产生的社会影响及实际效果。我们可以从历史的横向关系与纵向关系来考察道德作用。从历史的横向关系上讲，道德作用体现在现实的社会中。历史上存在极端对立的两种观点，"道德万能论"和"道德无用论"。"道德万能论"认为道德决定社会进步与倒退、兴起与灭亡，即道德决定一切。比如，孔子认为："为政以德，譬如北辰，居其所而众星共之。"（《论语·为政》）在孔子看来，只要道德水平提高了，一切社会问题都迎刃而解。"道德无用论"则彻底否定道德作用。比如，韩非子提出"不务德而务法"（《韩非子·显学》），认为"治民无常，惟法为治"（《韩非子·心度》）。他坚决反对用道德来治国，力主用严刑峻法约束人们的行为。历史经验已经证明"道德万能论"和"道德无用论"都是错误的。道德作用既非万能，也非无用。它在现实社会中有作用，但在一定的范围内发挥其作用。从历史的纵向关系来看，道德作用主要表现在促进人类社会的发展和阻碍人类社会的发展。优良的道德促进人类社会的进步，落后的道德阻碍人类社会的发展。在当今世界的风云变幻中，道德仍然是个人自我发展的内在动力，也是凝聚社会的精神力量。它深深地影响着个人的精神风貌和社会风气。

显然，道德价值与道德作用之间有着十分密切的关系。道德价值引导道德作用，道德作用实现道德价值。没有道德价值的引导，道德作用陷入茫然，无法发挥出来；没有道德作用的发挥，道德价值无法实现。当然，道德价值与道德作用存在着显著的区别。

其一，两者出现的逻辑顺序不同。从两者的出现顺序来看，道德价值在前，道德作用在后。先有了道德价值的引导，才有了道德作用的发挥。道德作用的发挥体现了渗透其中的道德价值。因为，道德作用是出现了道德规范之后才出现。而道德规范则是在其形成过程中就有了一定的道德价值体现，如道德的人权、公正、秩序、自由价值等。一定的道德价值引导了一定的道德规范，从而发挥一定的道德作用。

其二，两者主客观性分量不同。道德价值是道德关于人的意义，也是人的绝对超越指向。道德价值中具有鲜明的主体性精神。它是道德"为人的存在"，对人的意义。正如李德顺所言："在理论上，价值问题是主体性问题的一个最典型的形式，而主体性问题则是价值论研究中的一个关键性问题。一般来说，如果以补充主体性入手，如果不以对主体性的深入把握为基础，价值论的研究不可能在现有的水平上取得突破。"①道德价值的

① 李德顺. 价值论：一种主体性的研究·第1版前言（第3版）[M]. 北京：中国人民大学出版社，2013：1.

性质、程度、范围、来源、确定、认识、评价等都和道德主体有着密切的关系，而不是仅仅由道德本身所决定。如果缺乏了道德主体，我们很难想象道德价值还能存在。正是主体性的目标与渴望，充分体现了道德价值的应然性属性，表现了人应该如何。而道德作用则凸显为客观性因素，反映了道德功能发挥的实际效果或结果。它是一种社会生活中的实然状况。

其三，两者在评价方面不同。道德价值强调意义评价，甚至从某种意义上看，道德价值表现为某种道德评价。重视道德评价是道德价值的必然要求。否则，它就失去了存在意义。从这个角度来看，道德作用本身也成为未来道德价值的评价内容之一。但道德作用本身所涉及的只是道德在社会生活中的某种结果。无论这种结果是动态结果还是静态结果，都是一种客观的实然的影响，并不涉及意义评价的问题。

5. 道德价值与道德意识的区别

道德意识是人们在长期道德实践中所形成的各种道德思想、道德观点、道德认识、道德评价、道德心理的总和。据其产生的原因，道德意识可以分为内在道德意识与外在道德意识，所谓内在道德意识是源于内心的或先天的、本能的、自然的道德意识，所谓外在道德意识是源于社会或上帝、真主等超越性神所形成的道德意识。因此，外在道德意识又可分为社会道德意识和超社会性道德意识。它们都是外在的、并非自然而形成的道德意识。社会道德意识是经过外在教育而形成。超社会性道德意识是经过接受了某种宗教信仰而形成。

我们可以发现，道德意识是一个涉及无比庞大内容的概念。它既涉及道德认识上的内容，也涉及道德情感方面的内容；既涉及哲学知识论、形而上学、价值论，也涉及道德心理学、心身问题等不同哲学主题。道德意识与道德价值之间是一个包含与被包含的关系。道德价值属于道德价值观念和思想之中，道德意识包括了道德价值，道德价值属于道德意识的范畴。因此，在道德意识的研究中，人们主要考察采取一种限制性的探讨，如个体道德意识的起源、发生机制、情感及社会道德意识的形成、培养等。道德价值属于道德意识，因为其研究范围而形成了研究的独立性。从某种意义上看，它属于道德意识的价值观方面的限制性研究。

我们比较了道德价值与道德本质、道德理想、道德功能、道德作用、道德意识的异同，主要在于容易对它们产生一定的误解，需要加以澄清。其实，道德价值与道德体系、道德原则、道德规范、道德选择、道德事实、道德关系、道德起源、道德教育、道德修养等概念之间也存在着联系与区别，但考虑到对这些概念还是比较容易辨析，因而没有进一步加以论述。通过后面的相关阐释，容易加以理解。

二、道德价值的主要特征

美国哲学家奎因指出："道德价值和其他价值很难区分。"①我们认为要在正确理解道德价值的概念基础上，把握其主要特征，就比较容易把道德价值与宗教价值、美学价值等其他价值区分开来。

(一)属人性与实践性

道德价值是人的道德价值，没有人就没有道德价值。道德价值具有鲜明的属人性特征。毕竟，道德价值是道德对于人的价值，是为人而存在的。人，作为一种特殊的存在，其特殊性在于人的自我反思能力。正是在这种自我反思中，人能超越其自然本能，以其自身意志与意识把自身与其他动物区分开来。正如马克思在谈论人的存在时所说："动物和自己的生命活动是直接同一的。动物不把自己同自己的生命活动区别开来。它就是自己的生命活动。人则使自己的生命活动本身变成自己意志和自己意识的对象。他具有有意识的生命活动。"②

同时，人类也能够在反思中运用自我认识能力，构建精神文明。道德是人在社会实践活动中所构建，以此来调节人的各种关系的重要方式。荀子指出，"水火有气而无生，草木有生而无知，禽兽有知而无义，人有气、有生、有知，亦且有义，故最为天下贵也。"(《荀子·王制》)荀子把人具有某种道德作为人之为天下最尊贵的标准。"人之所以异于禽兽者几希，庶民去之，君子存之。舜明于庶物，察于人伦，由仁义行，非行仁义也。"(《孟子·离娄下》)孟子认为，人与禽兽的区别只有很少一点，常人丢弃了它，君子保存了它。这种保持下来的就是道德。舜明了事物的道理，了解了人伦，由此以仁义为目标，而不是把仁义作为工具。在儒家看来，一个人如果被认为"与禽兽无异"或"沦为畜类"，他也就在世上算不上人。道德是人之为人的特性之一。显然，蕴含在道德要求中的道德价值直接与人的需要、要求和能力有关，不论把道德价值作为手段还是作为目

---

① [美]W. V. 奎因. 论道德价值的本质[J]. 姚新中，夏伟东，译. 哲学译丛，1988(06).
② [德]马克思. 1844年经济学哲学手稿[M]. 北京：人民出版社，2004：57.

的，它都是无法离开人的。道德价值本身就是一种属人的范畴。人是道德价值得以实现与体现的实践者。因此，蕴含在道德中的道德价值的主体是人。无论这个人在哪个社会、哪个时代、哪个地方、哪个层次，道德对于他都存在价值。道德价值的首要属性是属人性。

从道德价值的属人性出发，它还具有实践性。道德价值是人类在社会实践中提出的，也是在社会实践中得以实现的。从这个意义上看，道德价值是一个实践范畴，从而具有实践的特性。正如马克思所说，全部社会生活在本质上是实践的。实践是人类社会产生和发展的前提，也是道德价值产生和发展的前提。道德价值的客体、道德价值的主体，道德价值主体与客体关系的确立，以及道德价值的认识、评价，道德价值的内容、大小等，都不可能离开社会实践活动。如果离开了社会实践活动，道德价值就成了无源之水、无本之木，道德价值也就无法把握。道德价值是在人类社会的历史发展中形成的。也就是说，实践性还展现了一种历史连续性。道德价值的历史性内含于道德价值的实践性中。因为，在人类社会的历史发展中，随着认识水平和实践能力的提高、社会环境的变化，道德价值的主体、客体都在社会历史实践中不断向前发展，决定了主体与客体之间的关系不断发展，也决定了道德价值在人类历史中不断向前发展。在人类社会实践过程中，不断有各种新的道德价值被提出了，也不断有过时的道德价值被淘汰，不断有某些道德价值的重要性被凸显出来，有些曾经重要的道德价值却变得不那么重要。因此，道德价值并不是一个固定不变的概念，而是在历史发展中不断变化的。当然，这种历史变化具有其自身的规律性，能够为人类所把握。

如果说人都是社会历史实践中的人，那么道德价值的属人性成为社会实践性的一个组成部分。但是，如果我们从社会实践的角度来看，道德价值的实践性又是道德价值的属人性的重要前提。因此，道德价值的属人性固然可以作为首要基本属性，而道德价值的实践性的确是道德价值形成的不可缺少的属性。

（二）主观性与客观性

道德价值是人在道德认识活动和道德实践活动中所存在的体现主客体之间满足道德需要的关系范畴，是主客体之间一定关系的反映。道德本身或者道德所具有的属性并不能单独形成道德价值。道德与人的需要、利益、追求、向往、憧憬等联系紧密。脱离人的道德只能陷入神秘化的玄虚之中。我们认为，道德价值既与道德相关，也与人自身相关。我们不能仅仅从道德，或只是从人本身出发理解道德价值。我们需要从人与道德之间的关系来把握道德价值。它体现了道德主体与道德客体之间的统一。道德价值的主体与主观性、道德价值的客体与客观性之间存在一定的联系①，道德价值具有主观性与客观性。

1. 道德价值具有主观性

主观性是指人的精神特性。道德价值是一种思想观念意识，反映了人的需要，也体现了人的一种针对外在世界以及自身的评价。也就是说，道德价值，作为一种思想观念意识，既与主体需要相联系，也与主体评价相联系。

其一，道德价值本身属于思想观念意识的范畴而具有主观性。

道德价值本身就是一种道德意识，而道德意识属于思想意识范畴。道德价值总是存在于一定道德体系、道德原则和道德规范以及道德概念中，道德体系的构建、发展、变化，道德原则和道德规范的形成、演变、发展，都是人们在一定历史条件下的思想观念的反映，展现了人类自身的道德认识水平。在不同历史条件下，人们对道德价值的认识各有不同。即使生活在同一社会历史条件下，由于人们各自所处的社会地位、经济状况、受教育程度等不同，其对道德价值的认识和理解也不同。因此，作为思想意识层次的道德价值必然具有一定的主观性。

其二，道德价值所反映的人的需要具有主观性。

一般而言，需要是人们提到的最基本、最平常的价值标准。人们常常根据需要是否得到满足以及得到多大程度的满足来判断是否有价值和有多大的价值。从人的道德需要来看，道德能够让人获得满足就意味着具有道德价值；当人需要某种道德越强烈，或者说道德越能满足人的需要，道德价值就越大，否则，道德价值就越小。人的道德需要是人在一定物质生活实践条件下思考出来的，它是人的主观性的表现。试想，如果没有人的道德需要的主观性，将很难想象道德价值能够存在。

同时，人的道德需要有主观的道德需要和客观的道德需要。所谓人的客观的道德需要是指人的生存与发展中的道德需要。这种道德需要是客观

---

① 值得注意的是，主体并不等于主观性，客体并不等于客观性。主体与客体是现实的存在者，是以人在对象性活动中的现实地位为标志。主观性与客观性以人的意识、思维本性为标志。作为在社会实践中的人，是精神与肉体、存在与意识的统一体。从这个主体来看，他既具有主观性，也具有客观性。同样，从客体来看，如果这个客体是人本身，就既具有主观性，也具有客观性。

的、必需的。没有它，社会就难以存在与发展。所谓人的主观的道德需要是指人的主观上所渴望的道德需要。这种道德需要是出于人的主观上的自我要求，未必需要所有人都拥有。一般而言，人的客观的道德需要是人的主观的道德需要的前提。没有客观的道德需要，就不可能有主观的道德需要。主观的道德需要是客观的道德需要的反映。而且，人的主观的道德需要往往具有绝对超越指向，远远超越了人的客观的道德需要，是人的内在价值尺度在社会实践中的外在延伸。它展现了人的超越性精神需要，使人类在社会实践中超越动物。马克思说："诚然，动物也生产。它为自己营造巢穴或住所，如蜜蜂、海狸、蚂蚁等。但是，动物只生产它自己或它的幼仔所直接需要的东西，动物的生产是片面的，而人的生产是全面的；动物只是在直接的肉体需要的支配下生产，而人甚至不受肉体需要的影响也进行生产，并且只有不受这种需要的影响才进行真正的生产；动物只生产自身，而人再生产整个自然界；动物的产品直接属于它的肉体，而人则自由地面对自己的产品；动物只是按照它所属的那个种的尺度和需要来构造，而人懂得按照任何一个种的尺度来进行生产，并且懂得处处都把内在的尺度运用于对象，因此，人也按照美的规律来构造。"①在马克思看来，动物的存在是自然的存在，展现了其自然本能。由于没有自觉意识，动物并没有分化出内在尺度与外在尺度。人类自觉地意识到自己应该做什么，以及如何做，把内在尺度与外在尺度结合了起来。一只蜘蛛可以结网捕捉昆虫，但这是在本能情况下做出的反应，它并没有明确的目的，也谈不上反思其捕捉昆虫的价值目的和意义。人类正是在道德价值中提出了自己的愿望，自觉地以内在尺度展现了自己的价值目的。人类就是以内在尺度发现道德价值，只有符合道德需要的内在尺度才是有道德价值的，否则就没有道德价值。这也体现了道德价值在反映人的需要中具有鲜明的主观性。

其三，道德价值的认识与评价具有主观性。

主观性因素在道德价值的认识与评价中是必不可少的。如果没有了主观性因素，道德价值的认识与评价就不可能存在。在道德价值的认识过程中，道德所涉及的人权价值、秩序价值、幸福价值、公正价值、和谐价值、人的自由全面发展的价值，都是非常重要的道德价值。如何来理解这些道德价值，哪些价值处于较高层次，这些都需要主观性的认识。而且，这种主观性的道德价值在认识过程中，还具有能动性。它能够促进道德价值思维的创新与发展。

---

① ［德］马克思. 1844 年经济学哲学手稿［M］. 北京：人民出版社，2004：57-58.

从人的道德价值的评价来看，人通过自己的道德认知，评价外在世界以及自身的善恶。这种道德价值的评价本身更好地说明了道德价值的主观性。一方面，道德价值评价本身就是一种渗透了道德价值认识的活动。在道德价值评价过程中，道德价值认识就是通过价值感觉、知觉以及理性加工这些感觉、知觉所提供的材料而形成。道德价值认识具有主观性，必然导致道德价值的评价具有主观性。另一方面，道德价值评价本身常常带有一定的情感色彩。无论这种情感是仁爱、友爱、同情、关怀还是羞耻，都是主观性很强的个人情感。从这个角度来看，道德价值评价也是具有主观性。另外，我们通过道德价值评价的日常经验也可以发现，道德价值评价具有很浓厚的主观性。在日常生活中，对同一道德现象，不同的人会有不同的道德价值评价。从更为广泛的社会历史发展来看，对同一道德现象，不同社会、不同国家、不同民族、不同地区的人常常会有不一样的道德价值评价。它表明了道德价值评价具有一定的主观性。

2. 道德价值具有客观性

道德价值所具有主观性，并不是意味着主观任意性。道德价值主体可以根据自己的意志进行主观的道德价值认识与评价，但这种道德价值的认识与评价并不是随意的，而是有一定的客观基础。道德价值具有客观性，这种客观性主要表现在三个方面。

其一，道德价值的存在环境具有客观性。

道德价值总是存在于一定的社会历史实践之中。人们的道德价值认识与道德价值判断都不能脱离一定社会历史条件下的实际情况，不能仅仅依靠个人的主观臆测来决定。从人们生存与发展的社会环境来看，人们都是生活在一定的具体的社会环境之中，无法穿越这种社会环境。"人们创造自己的历史，但是他们并不是随心所欲地创造的，并不是在他们选定的条件下创造的，而是在直接碰到的、既定的、从过去承继下来的条件下创造。"①这些条件决定了人们对道德价值的认识、判断、评价等都是在一定历史条件下做出的。也就是说，道德价值总是一定历史条件下的产物，具有一定的客观性。此外，每个人在做出道德价值的认识、判断、评价时，总是根据自身的受教育背景、知识能力水平、努力的程度等提出自己的道德价值观点。这些自身的受教育背景、知识能力水平、努力的程度等都要依靠一定的社会实践背景，个体才能具有。尽管每个人的发展状况有所不

---

① ［德］马克思. 路易·波拿巴雾月十八日［M］. 北京：人民出版社，2001：8-9.

同，但他们总是在一定的社会实践背景中形成认识、判断、评价，而这些社会实践背景是客观的。因此，道德价值必然有其客观性的特点。

其二，道德价值所外化的道德现象具有客观性。

一方面，道德价值所外化的道德现象具有起源上的客观性。道德现象是人类物质生产活动和人自身生产活动的必然产物。马克思在《1857—1858 年经济学手稿》中指出，人类把握世界的方式有四种：科学理论的方式、艺术的方式、宗教的方式、实践精神的方式。道德就属于一种人类把握世界的实践精神的方式。这种实践精神的方式体现在人类的两种生产活动之中，即人类物质生产活动和人自身的生产活动之中。道德现象就是在这两种生产活动中表现出来的，并且不断丰富与发展。在人类社会早期，人类在物质生产实践活动和自身的生产活动中，意识到需要处理人与人之间的生产、分配、交换等行为的各种关系，运用了共同遵守的规则来加以概括。这种规则最初可能是某种习俗、习惯等，慢慢就成为道德。比如，在人类物质生产实践活动的早期，生存环境的恶劣，迫使人类为了维护正常的社会秩序，互相帮助、彼此合作，从而出现了原始的相互关爱的道德现象。再如，在人自身的生产活动的初期，曾经如同《管子·君臣下》所说："古者未有君臣上下之别，未有夫妇妃匹之合，兽处群居。"但人类在人自身的生产活动中逐渐意识到近亲结婚的危害，从而克制了《列子》中所说的"男女杂游，不媒不聘"的滥交与野合，出现了氏族内部禁止结婚的道德现象。纵观整个社会的发展，人类物质生产活动展现了人类所构建的社会公德和职业道德的现象。人自身的生产活动展现了家庭的道德现象。

另一方面，道德价值所外化的道德现象的内容具有客观性。道德现象是人们所感知到的道德价值的外在形态。道德价值有道德的秩序价值、自由价值、公正价值、人权价值、和谐价值等多种多样的表现样式。我们不难发现，在现实社会生活中展现道德价值的道德现象更是具有各式各样、纷繁复杂的特性。一般而言，道德现象有广义与狭义之分。广义的道德现象包括道德活动现象、道德意识现象、道德规范现象。道德活动现象是指人类社会生活中的群体道德活动现象和个体道德活动现象。道德意识现象是道德活动中形成的社会道德心理和个体心理，以及各种道德思想、观点和理论体系。道德规范现象是指一定社会历史条件下指导人们道德行为的准则。狭义的道德现象是指道德活动现象。显然，道德活动现象是客观存在的。道德规范现象中的道德规范，与道德意识一样，似乎完全是主观的。其实不然，道德规范和道德意识，尽管具有很大的主观性，但它们一旦确立，其道德思想、观念、体系、原则和规范就实现了主体的客观化，转变为客观存在。从伦理思想史来看，那些值得研究的道德思想、观念、体系、原则和规范等道德现象都具有一定程度的客观性。

其三，人的道德价值需要具有客观性。

马克思认为，人的需要就是他们的本性。道德价值的需要也是人的本性之一。质言之，人的道德价值需要是人的一种本性上的精神需要。人没有这种道德价值的追求也就不能从事人的生活。这种人的道德价值需要是在一定物质生活条件下的需要。或者说，它必然具有客观性的特征。因为，这种人的精神需要建立在一种物质需要的基础上，与它所依赖的物质生活条件不可分离。关于这一点，恩格斯曾明确谈到了人的精神需要的客观性基础。他说："正像达尔文发现有机界的发展规律一样，马克思发现了人类历史的发展规律，即历来为繁茂芜杂的意识形态所掩盖着的一个简单事实：人们首先必须吃、喝、住、穿，然后才能从事政治、科学、艺术、宗教等；所以，直接的物质的生活资料的生产，在一个民族或一个时代的一定经济发展阶段，便构成基础，人们的国家制度、道德观点、艺术以至宗教观念，就是从这个基础上发展起来的，因此，也必须由这个基础来解释，而不是像过去那样做得相反。"①其实，早在两人合作的《德意志意识形态》一书中，他们就指出："思想、观念、意识的生产最初是直接与人们的物质活动，与人们的物质交往，与现实生活的语言交织在一起。人们的想象、思维、精神交往在这里还是人们物质行动的直接产物。表现在某一民族的政治、法律、宗教、思想、形而上学等的语言中的精神生产也是这样……意识在任何时候都只能是被意识到了的存在，而人们的存在就是他们的现实生活过程。"②由此来看，人的道德价值需要也是以人类社会的"物质活动"为基础。正是这种"物质活动"决定了人的道德价值需要具有客观性。

（三）现实性与理想性

任何价值都具有现实性与理想性，展现了价值来源现实又高于现实的特性。道德价值，作为人的需要的满足，必然源于现实，具有基本的现实性。一方面，如果人的道德价值活动不能从现实出发，就无法产生有用性，不能满足人的需要，它就失去了存在的意义。道德价值不能排除其现

---

① ［德］马克思，恩格斯. 马克思恩格斯选集（第 3 卷）［M］. 北京：人民出版社，2012：776.

② ［德］马克思，恩格斯. 德意志意识形态［M］. 北京：人民出版社，2008：16.

实性，它总是具有某种社会的现实作用。一般而言，这种道德价值的现实作用是高于一些事物价值的作用。比如，人饿了就要吃饭，食物就具有了一定的价值。这时，食物的价值与道德价值没有什么关系。但是，如果有好几个人都面临着饥饿，都需要食物，而食物又是有限的。几个人之间如何分配食物，采取尊老爱幼、女士优先、平等或其他方法来分配，这时就存在道德价值的认识与评价。道德价值就在其中发挥作用。"直接的有用性一旦用道德的尺度去评价，它就会上升为道德的有用性或道德的价值，它不再是对有用性的直接的占有，而是由人类本质（类价值）的射镜，去选择和探视有用性的疆域。"①因此，这种道德价值的现实有用性是高于一些事物的直接的有用性。

另一方面，从人类社会的发展来看，道德价值的现实性在道德作用的发挥中起着不可或缺的奠基作用。道德价值就因道德能满足人需要的现实性而获得客观的社会意义。当然，这种道德价值的现实性并非仅仅由道德本身的自在性质所决定。道德价值的现实性，在价值活动中，总是体现在人的主体的需要方面。换言之，人的主体需要直接制约着道德价值的现实性质。只有有了人的主体性质和实践活动，道德价值的现实性才能得到确认。因此，道德价值的现实性受制于人的主体目的和创造性，是主体追求其目标和发挥其创造性的前提。

道德价值不仅具有现实性，而且还具有超越性。如果说道德价值的现实性是一种重在社会实践的现实性，那么道德价值的超越性是一种高于现实的理想性。道德价值具有理想性，是它作为价值的应然性的表现。任何价值都指向应该如何，都意味着要超越现实，从而发挥价值引领的作用。道德价值从道德的价值角度表明了这种超越性，展现了道德上的理想性指向。马克思就曾为人类构建了最为理想的道德价值王国，在这个王国中，每个人的自由发展是一切人的自由发展的条件。他表明了"随着资产阶级的发展，随着贸易自由的实现和世界市场的建立，随着工业生产以及与之相适应的生活条件的趋于一致，各国人民之间的民族隔离和对立日益消失。无产阶级的统治将使它们更快地消失。联合的行动，至少是各文明国家的联合的行动，是无产阶级获得解放的首要条件之一"②。

从人类社会生活实践来看，道德只有现实性，没有理想性，道德价值就会失去价值的引导作用。一切都似乎是合理的，人的生活也就失去了进

---

① 商戈令. 价值与道德价值[J]. 探索与争鸣, 1986(05).
② ［德］马克思. 共产党宣言[M]. 北京：人民出版社, 2009：46-47.

取的目标。人们会停留于平庸的生活之中。如果道德只有理想性或过于高远，脱离了现实性或高悬于社会现实生活之上，以致成为一种华而不实的空洞说教，道德价值就无法或很难实现。人们或者由于感到无法实现而陷入悲观之中，或者由于主观玄想而沉迷于空想之中。从这个角度来看，道德价值既需要现实性，也需要合宜的理想性，把现实与理想相结合。道德价值的理想性能够激励人们不断努力，为人们的道德行为发挥引导作用，帮助人们辨别善恶，在现实社会中追求崇高品质。道德价值的现实性属于现实的生活，是人们实现道德价值的必然性存在。道德价值的现实性与理想性是相互联系、缺一不可的特性。

（四）绝对性与相对性

道德价值是人与道德之间的关系范畴。人作为价值主体，是个体的、多变的。由此，我们可以发现，道德价值的相对性是不可避免的。同时，人所追求的道德价值还有其绝对性的一面。否则，人们就失去了进一步探讨道德价值的基础和前提。

1. 道德价值具有相对性

美国哲学家宾克莱指出，我们所生活的时代是相对主义的时代。道德价值在不同社会、不同民族和不同历史中具有很大的差异性。"所有道德价值和道德规范都是相对的，绝对的标准是无法达到的。"①我们认为，道德价值具有相对性，但是，这并不意味着道德价值相对主义。道德价值相对主义是一种彻底否定道德价值具有绝对性的极端观点。从理论上看，它难以逃脱自身的困境。道德价值相对主义是以认识上的主观主义和怀疑论为依据的，否定了道德价值的客观基础，夸大了道德价值的相对性。在这里，道德价值的相对性是指道德价值并不是固定不变的，其具有时效性、多维性的特征。

其一，道德价值在时效上的相对性。

所谓道德价值在时效上的相对性是指道德价值具有时间上的多变性。"在不同历史时期，由于主体的认识能力和实践能力的不同，以及认识活动和实践活动的环境和条件的差异，都会使主体对客体有无价值和价值大

---

① ［美］L. J. 宾克莱. 理想的冲突：西方社会中变化着的价值观念［M］. 马元德，等，译. 北京：商务印书馆，1984：9.

小产生不同的评价。"①毕竟，道德价值随着人类社会的历史的变化而变化。同样的道德要求在不同时代显示了不同的道德价值。比如，中国古代的"孝"，许慎在《说文解字》中解释为："善事父母者，从老省，从子，子承老也。"《孝经》中这样来阐述其重要性："孝，天之经也，地之义也，民之行也。"(《孝经·三才》)"天地之性，人为贵，人之行，莫大于孝。"(《孝经·圣治》)甚至，它曾经上升到法律的高度，"不孝"成为"十恶不赦之罪"。"孝"的道德价值的重要性是与中国古代农业社会中的社会背景密切相关的。一家一户的小农家庭构成了中国古代的社会基础。要维护社会稳定，就需要稳定这种由血缘关系构成的小农家庭，达到维护社会"亲亲尊尊"的等级秩序的目的。因此，儒家在这种时代背景下，突出"孝"的道德要求，无疑具有十分重要的价值，符合当时社会的发展需要。但进入近代社会后，原有的小农经济社会日益瓦解，人们对此有了不同的道德认识。陈独秀在《孔子之道与现代生活》一文中指出，现代社会是个性精神独立的社会，遵循孔子时代的孝道，子女就会沦为父母的附属品，而无独立自主之人格。②陈独秀认为"孝"以及与之相关的"忠"等旧道德已经与社会的发展相悖，严重阻碍中国社会进步，损害个人独立自尊之人格，窒碍个人意志之自由，还剥夺个人法律上平等之权利，养成依赖性，戕贼个人之生产力。因此，"孝"，在"五四"时期，受到严厉批判。人们认识到其中所包含的不合时宜之处。在当代，"孝"，尽管没有了传统社会中的那种统治地位，但在家庭伦理中仍然获得了人们的重视。"孝"的道德价值地位的变化反映了道德价值具有时间上的多变性。从历史上来看，许多例子都可以证明，道德价值确实有一定的时效性。古代非常重要的道德价值，在今天可能失去了曾有的至高无上的地位。当然，可能古代不太重视的道德要求，随着时代的发展，今天会具有非常重要的道德价值。

　　道德价值的时效性表明，人类的道德生活是一个生机勃勃、不断向前发展的过程。人类需要不断追求道德价值，实现道德价值，完善自身的精神世界。道德价值的时效性展现了人类不断满足自己的道德需要，不断追求精神的超越。道德价值就是在这种不断的满足和不断的超越中才存在与发展的。

　　其二，道德价值在主体上的相对性。

　　道德价值是人的道德价值。人与人之间总是存在着差异。人作为物质

---

① 罗国杰. 马克思主义价值观[M]. 北京：人民出版社，2013：13.
② 陈独秀. 陈独秀著作选(第1卷)[M]. 上海：上海人民出版社，1993：233.

的存在，就具有物质需要上的差异；人作为精神的存在，就具有精神需要上的差异。这些差异构成了道德价值主体上的多维性。

一方面，不同的人具有不同的对道德价值的认识和评价。如果我们把人分为个体与群体，群体再分为作为整体的人类群体、作为一定历史条件下的人类群体、作为一定历史条件下不同地区的人类群体，毋庸置疑，个体的人是千差万别、形形色色的，而群体本身也是具有国家、民族、社会等各个层次上的各种形态。不同的个体由于其所属国家、民族、社会地位、文化背景及独特经历等各方面的不同，他们所认识与评价的道德价值必然存在差异。例如，道德领域中的"自由"的价值和"秩序"的价值，都是人们所追求的道德价值。但是，当两者发生冲突时，不同的人会有不同的价值抉择。有些人会选择"自由"而放弃"秩序"，有些人会选择"秩序"而放弃"自由"。在这里，人们由于其各自的认识不同而做出不同的选择，体现了价值由于个体的不同而发生的选择的差异性。这种差异性是一种道德价值在主体上的相对性。

另一方面，同一主体在不同时期和不同条件下也会具有不同的对道德价值的认识与评价。同一主体，无论是作为个体还是群体，在不同时期和不同条件下，其物质需要和精神需要会出现相应的差异，很难保证始终如一地追求某种特殊的物质需要和精神需要。因此，即使同一主体也会出现不同的对道德价值的认识与评价，展现了道德价值的相对性。

2. 道德价值具有绝对性

尽管道德价值确实有相对性，这种相对性是通过时效性和主体性等形式表现出来，但任何试图把道德价值彻底相对化的做法，如同把道德价值彻底主观化的做法一样，都是错误的。我们要肯定道德价值的相对性，但不会否定道德价值的绝对性。道德价值的绝对性是指道德价值具有普遍性、一致性和稳定性的特征。正如戚万学所说："尽管人类文化学、社会学、民俗学研究的大量事实足以证明人类的道德价值会因种族、文化、宗教信仰、国家的不同而有很大的差异，而且理解一定文化的规范也应该从其存在的特定背景中去理解，但这并不必然意味着不存在人类共有的普遍的道德价值。"①

其一，道德价值具有目标上的普遍性。

所谓道德价值具有目标上的普遍性是指人们所追求的各种道德价值有

① 戚万学. 现代西方道德教育理论研究(上卷)[M]. 北京：人民教育出版社，2020：66.

其内在的向善共性。尽管道德价值有很多，如道德的人权价值、秩序价值、自由价值、幸福价值、公正价值等，但所有对这些道德价值的认识与理解都具有其目标上的某种程度的向善共性。无论人们的道德价值有多少，不同的人可能有不同的目标，但是，这些道德价值都是人的道德价值，都是为了人向善发展方向，这是统一的。人的能力有大小、地位有高低、知识有多少之分，但只要能够关心和帮助他人、维护人类社会的生存与发展，都是值得肯定的。无论是在国内还是在国外，无论是在当代还是在古代，这是同一的。因此，一种道德要求如果满足社会或人的需要，具有促进人的自我完善的价值，那么这种道德价值就具有了向善共性，即普遍性。比如，道德的公正、自由、秩序的价值在不同社会中均被视为人类社会生存与发展的重要价值，为人们所共同追求，具有跨越不同社会的向善共性，即普遍性。这种普遍性其实就是表明了道德价值具有绝对性的一面。

其二，道德价值具有理解上的一致性。

所谓道德价值具有理解上的一致性是指人们在认识与理解道德价值方面存在一定程度的共识性。它是指道德价值在一定时期内为大多数人所达成的道德共识，是人类社会作为一个共同体所具有的某种确定性。不同民族、不同国家、不同文化、不同阶层的人们由于其不同生活方式、不同自然环境、不同社会环境，而形成了不同的道德价值的文化传统，但只要人们之间不是相互隔绝和相互仇恨，就会相互理解，就不能不达成某种道德共识。按照德国社会学家滕尼斯（Ferdinand Tonnies）的观点，社会共同体经过了血缘共同体、地缘共同体，最后进入精神共同体。人们在道德价值上所达成的一致性是人们彼此之间相互理解而进入精神共同体的重要基础。人类社会能够生存与发展，离不开彼此之间所达成的道德共识，以此来形成一个组织合理的社会共同体。人类社会共同体的形成就在于各种各样的人，能够从各自不同的对道德价值的理解中，探讨到其价值共性或一致性。最初，借助普遍性和稳定性的道德价值，不同的人联系在一起，形成了各种各样的较小规模的共同体。这些较小的共同体又借助道德共识的一致性，构成更大的社会共同体。当然，人类寻求道德共识的范围越小，所形成的共识越多；人类寻求道德共识的范围越大，所形成的共识就越少。社会共同体所达成的道德共识是道德价值具有绝对性的一种表现。人类的历史发展已经证明，在一个社会内部总是有一些共同的道德价值，围绕共同的价值建立起社会的规范、制度，凝结成社会共同的思想和观念，从而维护社会的稳定和发展。从道德价值的绝对性来说，维护社会中的这些一致性道德价值是非常必要的。人类社会正是运用这些具有绝对性的共同道德价值，才能构建和谐稳定的社会生活。因此，在现代社会中，如何培养公民对共同道德价值的理解是使社会成员社会化、构建稳定和谐社会的重要途径。在这个社会共同体中，正如滕尼斯所指出："只要本质意志参与在一个共同体里所信仰和赞许的是善事，因此本质意志就是善的，以及由于其存在也会显得是善的。因此，谁若做有害的事，他将自食其果。这是道德的原始的理念，也是道德的培养的理念。"①尽管在一些社会中存在着各种不同的声音，但在家庭教育、学校教育和社会教育中融入共同价值，引导人们尊重共同的道德价值需要，一直是社会共同体教育中的重要课题。

从语言学上来看，虽然世界各地的人们有不同的语言形式，并以此来表示道德，解释其背后的道德价值，但是，这种外部形式的不同，并没有阻碍人们之间的道德交流。从整个人类社会的发展进程来看，人与人之间一直进行着这种道德方面的交流。这是因为人类道德是处理善恶问题的，人类自身具有许多相同的利益和所要处理的道德问题，所以探讨道德问题的伦理学家们必然会有一套相同的或相近的概念、范畴或术语。否则，他们之间无法进行道德文化方面的交流。从这个方面来看道德价值具有理解上的一致性，这也表明了道德价值的绝对性特征。

其三，道德价值具有一定的稳定性。

道德价值在目标上的普遍性与理解上所存在的一致性，决定了道德价值具有一定的稳定性。道德价值常常有它所适用的时间和空间范围，如一定的社会形态或社会历史阶段。因此，在这一范围内，它具有一定的稳定性。这种稳定性也是一种绝对性。当然，如果一种道德价值在不同的时代都具有同样的地位，那么，这个道德价值就具有一定的稳定性。从伦理思想史的发展来看，许多古老的道德价值跨越不同的时代，一直是人们不断追求和实现的对象，如公正、自由、秩序等就是如此。这些价值就具有一定的稳定性。我们由此也可以发现，道德价值绝对性中的稳定性与道德价值相对性中的主观性有着密切的联系。人们会探讨道德价值中的公平、自由、秩序等，这些本身是值得探讨的稳定性的研究对象，但是不同的研究者在其不同历史背景下各有其思想的特殊性，从而使我们能更为深刻地把握这些道德价值的内涵。

---

① ［德］费迪南·滕尼斯. 共同体与社会：纯粹社会学的基本概念［M］. 林荣远，译. 北京：商务印书馆，1999：229-230.

如果我们从康德的义务论的角度来看道德价值的普遍性、一致性、稳定性，这是比较好理解的。按照康德的观点，人是理性的存在者。理性是人的本质属性。人的道德价值源于善良意志。只有出于善良意志的行为才有崇高的道德价值；凡出于爱好、欲望、利益考虑的，即使取得了好的效果，也毫无道德价值可言。康德从善良意志所引出的道德准则是绝对命令。所谓绝对命令是"你的行动，应该把行为准则通过你的意志变为普遍的自然规律"①。绝对命令是作为理性存在者所必须遵循的要求。每个人，作为一个理性存在者都要服从绝对命令。这是一个人的义务，我们要为义务而尽义务。它反映了人的理性本质，是人自身的道德价值的体现。因此，我们不难发现，在康德看来，道德价值是普遍的、一致的、稳定的、绝对的。只要是人，是理性存在着，就必然要遵循绝对命令。这是和自然规律一样，人，作为理性存在者，都要服从的自由规律。

其实，无论是道德价值的相对性还是道德价值的绝对性，都是道德价值中的相互联系的属性。道德价值的相对性与道德价值的绝对性并不矛盾和冲突，不能将二者对立起来。它们之间是辩证统一的。从一定意义上说，道德价值的绝对性是其相对性的必然结果，而其相对性是其绝对性的重要依据。

（五）潜在性与实现性

道德价值具有潜在性。前面我们探讨了道德价值的主观性。道德价值是一种思想观念意识，反映了人的需要，也体现了人的一种针对外在世界以及自身的评价。也就是说，道德价值，作为一种思想观念意识，既与主体需要相联系，也与主体评价相联系。它深藏在人的头脑之中，存在于人的道德意识之中。这种主观性也就决定了道德价值具有潜在性的特点。

在道德领域中，道德原则、道德规范等都体现了一定的道德价值，或者说，道德价值潜在地存在于道德原则、道德规范之中。道德价值是人们对道德愿望和要求的反映，是道德对于人的意义，它伴随着道德的产生与发展。道德发挥作用总是要通过一定的道德原则、道德规范表现出来。道德价值就是通过这些外在化的道德原则、道德规范体现了它的存在。虽然道德原则、道德规范并没有直接标出它们的道德价值取向，但我们仍然能够从中找到它们所要表明的道德价值。比如，当代中国所提出的集体主义道德原则、家庭美德、社会公德、职业道德就体现了社会主义的道德

---

① ［德］康德. 道德形而上学原理［M］. 苗力田，译. 上海：上海世纪集团，2005：40.

价值。

　　道德价值不仅具有潜在性，而且还具有实现性。道德价值的实现是一个潜在性不断显现的过程。我们不难发现，道德价值存在于人的道德意识之中，也存在于道德原则、道德规范之中。它要能够充分地表现出来，才能得以彻底实现。它的实现是一种不断外化的过程。当然，有些道德价值的实现过程比较漫长，需要许多代人的艰苦努力；有些则始终处于潜在阶段而没有实现。马克思所构建的"自由人联合体"就是一个人的全面发展的道德价值得以彻底实现的理想社会。但是，这个社会还远没有到来。毕竟，一种道德价值的实现需要各种客观的物质条件，也需要一定的精神条件。它是多种因素共同产生的结果。

　　因此，我们在道德建设中要充分认识到道德价值的潜在性，认识到道德价值的实现并不是一个轻而易举的过程。在提出道德原则和道德规范时，我们要尽可能把符合时代发展的道德价值赋予其中，使之具体化、清晰化，能够充分发挥道德价值的保障作用和引导作用，增强社会群体和个体把外在道德要求变成自觉性的主动力量。道德价值的实现是人们不断践行道德原则和道德规范的过程。这个过程是人们潜移默化地内化和外化的过程。认识道德价值的潜在性有助于我们认识道德教育的长期性与非强制性。唯有采取多种润物细无声的方式，加强道德教育，坚持不懈，不断努力，道德价值才能在社会中顺利实现。

　　潜在性与实现性是密切联系的。没有潜在性，就谈不上道德价值的实现性。道德价值的实现性是以潜在性为前提的。同时，没有实现性，道德价值只能处于潜在状态中。道德价值的潜在性以实现性为目的。从一定意义上说，道德价值的实现性是其潜在性的必然结果，而其潜在性是其实现性的重要依据。

（六）多样性与层次性

　　道德价值具有多样性。道德涉及的范围广，针对不同的道德主体具有不同的价值。正如培里所说："价值的多样性表现在种类上。"①在这里，这种道德价值的多样性不仅表现在不同的道德主体所形成的不同的道德价值中，而且表现在针对不同的道德主体所涉及的价值内容不同而形成的各种不同的道德价值中。

---

① ［美］培里. 需要一个一般价值理论［C］//冯平. 现代西方价值哲学经典：经验主义路向（下册）. 北京：北京师范大学出版集团，2009：404.

　　一方面，不同的道德主体本身的多样性形成了各种不同的道德价值。从道德主体来看，道德价值是多样性的。人是多样化、多层次的概念。我们可以把人分为个体、群体和人类三个层次。道德价值可以由此分为道德的个体价值、道德的群体价值、道德的人类价值。如果我们细致地分析个体，个体是形形色色、各种各样的，并不是单一的同一的个体。群体也是如此。我们可以根据群体之间在目的、性质、规模、心理向往程度等方面的千差万别，进行更为具体的分类，道德对于这些不同的个体和群体就又会形成各种不同主体的道德价值。

　　另一方面，道德主体由于所追求的价值内容不同而形成了各种不同的道德价值。从道德对于人的意义来看，道德在人的生存与发展中所形成的价值，可以表现为道德的规范价值、道德的教育价值、道德的认识价值、道德的整合价值，等等。从人对于道德的超越性指向来看，人对于道德的超越性价值主要包括道德的人权价值、道德的秩序价值、道德的公正价值、道德的幸福价值、道德的自由价值、道德的全面发展的价值，等等。另外，如果根据所满足的道德需要在主体的生存与发展中的地位和性质，道德价值可以划分为道德的目的价值和道德的手段价值；根据道德满足主体的内在需要和外在需要，道德价值可以分为道德的内在价值和道德的外在价值；等等。

　　道德价值具有层次性。因为，道德价值所包括的内容众多，如秩序、自由、和谐、公正、人权、人的全面发展等。如果我们从价值的大小上分析，明显有些价值的层次较高，有些价值的层次较低。比如，道德中所蕴含的秩序价值，与人的全面发展的价值相比，明显要低一些，人的全面发展的道德价值是一种更为长远的道德价值。如果从应然性来看，它更应该排在道德所蕴含的秩序价值之上。如果为了维护道德的秩序的价值而伤害了人的全面发展的价值，显然得不偿失。当然，我们说道德价值具有层次性，是就整个道德价值的系统层面而言的。这并不意味着我们可以采取数学的方法十分精确地把各个道德价值加以量化排序，也并不意味着道德价值没有层次性。事实上，在现实社会中，人们为某一社会的具体方案而选择时，采取某种方案而不采取某种方案，社会的道德价值的大小常常是其中加以考量的重要标准之一。从这个角度而言，这也说明道德价值具有层次性。

　　道德价值的多样性与层次性表明，道德价值并不是杂乱无章的，而是有其内在的系统性。这也是道德价值研究的重要内容。尽管我们不可能探索出如同数学那样精密的逻辑系统，但至少能够从人文学科方面找到大致的思想体系。

(七)独立性与广泛性

道德价值具有独立性。我们可以从价值的分类来理解道德价值的独立性。价值是主客体之间的关系范畴，是客体为人的存在，对人的意义。这种客体为人的存在，对人的意义，就是客体满足人的主体需要。由于人有物质需要和精神需要，所以，满足人的物质需要的客体，具有"物质价值"；满足人的精神需要的客体，具有"精神价值"；人也有对人的需要，人也会成为一种价值客体，于是出现了"人的价值"。我们还可以把这三类进一步划分。其中，物质价值分为自然价值、经济价值；精神价值分为知识价值、道德价值、审美价值、宗教价值；人的价值分为人的社会价值与自我价值。或者，我们把价值直接按真善美来划分，分为真的价值、美的价值与善的价值。其中，善的价值就是道德价值。我们能够发现，不论如何划分价值，道德价值都是其中一个独立的价值。

当然，我们所说的独立性并不是说道德价值与其他价值之间完全没有关系。其实，我们通过前面所讲的道德价值的主观性和相对性就可以发现，道德价值与其他价值之间还是存在着许多联系。道德价值反映的是一种道德上的精神需要。这种道德与其他社会意识形态之间是不可能完全彼此隔离开来的。它和法律、宗教、艺术等意识形态都是看不见、听不到、摸不着，但的确客观存在的东西。因此，道德价值与其他价值，如经济价值、审美价值、宗教价值等常常融合在一起，彼此之间相互影响。尽管它们都是脱离了现实生活的社会意识现象，但我们还是可以通过其外化的方式认识它们，运用理论理性把握它们，在社会实践中实现其价值。当然，这些价值彼此之间由于各自关注的角度不同也存在一定的差别。否则，道德价值就会被经济价值、审美价值、宗教价值等完全取代，不能独立存在了。因此，这恰恰说明道德价值具有其一定的独立性。

道德价值不仅具有独立性，而且还具有广泛性。我们所讲的道德价值的独立性是具有一定条件下的独立性，并不是指道德价值与其他价值彻底毫无关系，而是指它们之间还是有着千丝万缕的联系。其实，这种联系也表明了道德价值的广泛性。道德价值渗透到人类社会生活的各个领域。从整个人类社会的历史来看，道德价值蕴含于道德原则、道德规范等道德要求之中，而道德原则、道德规范等道德要求贯穿于人类社会的整个发展之中，因此，道德价值具有广泛性。这种广泛性表明了它延伸于人类的整个发展历程之中。从横向来看，自进入有文字的历史以来，在不同的历史时期，总是存在不同的领域，如经济领域、政治领域、文化领域、宗教领域、军事领域、艺术领域等。无论是哪一个领域，道德价值由于与其他相关领域的价值之间存在着各种联系，因而渗透于其他领域之中。比如政治领域，公正是政治价值，但从道德价值来看，公正也是一种道德价值。正因为如此，罗尔斯所写的《正义论》，既被视为一部政治学经典作品，也被视为一部伦理学经典作品。另外，从道德作为社会的一种基本条件手段来看，道德价值渗透于人类现实生活的方方面面，从家庭生活、职业生活到社会生活，只要是与人的道德相关的地方，都会存在道德价值的认识与评价的问题，因此，道德价值的广泛性是毋庸置疑的。

或许有人认为，认可道德价值的独立性与广泛性，有陷入儒家的"道德本位主义"和"泛道德主义"的危险。所谓"道德本位主义"有两层含义：第一层含义是指从历史观上看，道德是经济、政治，以至整个历史发展的基础，经济、政治，以至整个历史的发展都是围绕道德而展开，追求道德的完善是人类社会的终极目标。第二层含义是指从本体论上看，道德是宇宙、社会中存在、发展的独立的本体，没有道德的产生与发展，就没有宇宙、社会的存在与发展。在这里，我们提出了道德价值的独立性，并没有把道德价值置于其他价值之上，也没有把道德价值作为一切价值的源头和思想本体，只是把它作为一个独立的门类来研究，因此，不会也不可能陷入儒家的"道德本位主义"。关于"泛道德主义"，它是把道德意识无限扩张，把社会中所有的研究领域以及社会问题都和道德挂钩，似乎道德成为一个风神的口袋，什么都能装进去。在中国传统文化中，道德几乎无所不包、无孔不入。在"泛道德主义"思想中，解决好道德的问题是解决人类其他一切问题的基础，道德问题解决好了，其他问题迎刃而解。历史上，朱熹在谈到南宋抗金的策略时，认为"振三纲，明五常，正朝廷，励风俗"，"是乃中国治夷之道"。（《朱子文集》卷三十）这实是一种迂腐之见。在这里，道德价值的广泛性是指道德价值与其他价值之间存在一定联系，我们在研究道德价值时，不能孤立地研究。同时，我们并没有把一切社会问题都归结于道德问题的意思。社会中的自私、贪婪、物欲、邪恶等，并不能简单归结为人的道德价值的迷失。它们各有其深层次的原因，尤其有社会经济状况和个体生活境遇的原因。

总之，道德价值的特征是道德价值在人的一定道德意识、道德规范和道德活动中所展现的特征。它具有属人性与实践性、主观性与客观性、现实性与理想性、绝对性与相对性、潜在性与实现性、多样性与层次性、独立性与广泛性。把握这些特点，有助于我们深入认识和理解道德价值。

三、道德价值观与道德价值论的含义

人类在其历史发展过程中，不断通过实践活动满足自身的物质需要和精神需要。在满足自身的精神需要中，人类需要认识和评价是非、善恶、美丑等价值问题。价值观是是非、善恶、美丑等价值意识的中心。由前可知，价值观，是主体对客体有无价值、价值大小的认识、态度、看法和见解的总称，是对价值及其相关内容所持的观点和立场。它是价值观念的简称。它包括感性的价值认识，也包括理性的价值认识。其中，理性的价值认识即价值理论，或者称之为价值论。价值论是指价值理论，是理论化、系统化的价值观。在当代哲学体系中，它常常和本体论、认识论等联用。价值论的主要研究内容有价值的本质、价值的性质、价值的类别、价值的标准、价值的实现、价值的评价，以及价值同事物或存在和实在的关系、现实的价值难题，等等。在前面，我们分析了道德价值的内涵和主要特征，现在就需要进一步理解道德价值观与道德价值论的含义。

(一) 道德价值观的含义

从道德的产生和发展来看，道德总是和一定的价值观相联系。从一定的意义上看，道德就是一定价值观的外化和结果。这种与道德密切相关的价值观的核心是道德价值观。道德价值观是人的道德价值观念。道德价值观有广义和狭义之分。广义的道德价值观是指一切与道德价值相关的思想、认识、看法。这种广义的道德价值观并不专门针对某一个具体的道德要求。狭义的道德价值观是指道德主体对道德客体有无价值、道德价值大小的认识、态度、看法和见解的总称，是对道德价值及其相关内容所持的观点和立场。

从国内外的一些研究者所做的阐释来看，他们常常从自己所研究对象的某一方面来理解道德价值观。比如，马尔库塞在探讨包括道德价值观在内的价值观时，曾指出："价值观念是一定社会群体中的人们所共同具有的对于区分好与坏、正确与错误、符合或违背人们愿望的观念，是人们基于生存、享受和发展需要对于什么是好的或者是不好的之根本看法。"[①]他把包括道德价值观在内的价值观理解为社会群体的价值认识，而不是个体

---

① ［美］马尔库塞. 单向度的人［M］. 刘继，译. 上海：上海译文出版社，2006：6.

的价值认识，是基于人们生存、享受和发展的需要的根本性看法，而不是个体的一般看法。

在李伯黍、燕国材主编的《教育心理学》一书中，从心理学的角度来把握道德价值观："一个人选择某一道德规范，经过这一系列过程之后，这一道德规范就内化为他的道德价值观念；如果还没有完全经过这七个子过程（①选择：a. 自由地选择，b. 从可选择的范围内选择，c. 对每一可选择的后果加以充分考虑之后选择；②赞赏：d. 喜欢这个选择并感到满意，e. 愿意公开这个选择；③行动：f. 按这一选择行事，g. 作为一种生活方式加以重复。——作者注），而只经过其中的一部分过程，那么它还不是道德价值观念，而只是一种'道德价值取向'。"①在这里，道德价值观是道德规范的心理内化而成的一种心理品质。它与道德价值取向的不同在于它完整地经过了七个阶段。

黄希庭、张进辅、李红等所著的《当代青年价值观与教育》一书中从教育学的角度指出："道德价值观是主体根据自己的道德需要对各种社会现象是否具有道德价值作出判断时所持有的内在尺度，是个体坚信不疑的各种道德规范所构成的道德信念的总和。"②他们把道德价值观理解为影响个体的道德目标，支配个体的道德判断与评价。他们突出了道德价值中的道德信念的作用，以道德信念的总和来概括道德价值的所属种类。

从这些国内外学者的论述中我们发现，把与道德价值相关的内容都纳入道德价值观中，有把道德价值观泛化的危险。但把道德价值观仅仅视为个体或社会对道德价值的认识或评价则显得过于狭隘。因此，我们认为，道德价值观是指道德主体对道德客体有无价值、道德价值大小的认识、态度、看法和见解的总称，是对道德价值及其相关内容所持的观点和立场。这样，既可以把前面关于道德价值观的论述包括在内，也可以避免道德价值观的泛化。

道德价值观是人们关于道德价值的性质、构成、标准以及认识和评价的思想观点，体现了人们的道德认识和判断。它常常影响人们对道德规范的认识与理解以及对相关领域的研究产生深远影响，如经济、法律、政治、文化中的道德问题。在存在道德价值争议的情况下，它能以这种或那种方式有力地影响人们的判断。其实，国家安全、公民的自由、经济发展、法律构建等许多方面都与对道德价值的理解有关。有些时候，人们的

---

① 李伯黍、燕国材. 教育心理学（第3版）[M]. 上海：华东师范大学出版社，2012：50.
② 黄希庭、张进辅、李红，等. 当代青年价值观与教育[M]. 成都：四川教育出版社，1994：147.

日常生活，包括一些习俗，也和人们的道德价值观密切联系。当两种或多种道德价值观发生冲突时，道德价值观的理解与评价就显得十分必要。在不同社会、不同国家、不同时期，不同的道德价值具有不同的表现，但其中还是存在一些共同性特征。如何理解道德价值观是研究道德以及价值观、价值论的前提之一。

一般而言，道德价值观是人们对于道德价值的思想意识。它也和其他价值观一样，包含着人们对特定价值的感性认识和理性认识两大部分。在这里，道德价值观涉及范围广泛，既包括对于道德价值的情感、直觉等方面的感性认识，也包括针对道德价值的概念、判断、推理等形式的理性认识。也就是说，道德价值观存在两个不同层次的状态。较低层次是道德价值的感性认识层次，较高层次是道德价值的理性认识层次。人们在生活中对道德价值的理解、认识、阐述，被归入道德价值观较高层次的范畴。

在现实生活中，道德价值观是道德价值主体的一种潜在思想因素。它不同于法律条文，属于非物质形态的内容，也不同于道德规范，属于内在性的道德目标。尽管它存在于人们的内心世界，但还是要通过各种道德规范体系表现出来。就道德价值主体而言，无论是个体的道德行为，还是群体的道德行为，都是个体或群体的道德价值观的表现。道德价值观是个体或群体做出或不做出某种道德行为的价值依据之一。从个体的道德价值观来看，它直接影响了个人的道德价值判断和道德价值评价，从而在其内心形成一个起引导和约束作用的道德规范体系。从社会群体的道德价值观来看，它渗透在社会道德规范体系之中，直接影响社会群体的道德行为，发挥了道德价值观的引导和约束作用。人们的道德行为就是在一定道德价值观的指导下做出的，在一定条件下，展现了人们自身的道德需要。

道德价值观是主体自身的道德价值观。它体现了主体的道德价值判断和道德价值目标。人们所做出的道德行为与他们的道德价值判断有着密切的联系。比如，一个人具有关心社会和他人的社会整体主义价值观，当某地发生天灾人祸后，他会主动捐赠，这种捐赠行为就和他的道德价值判断有着密切的联系。他认可了捐赠的道德价值的存在意义，才会出现具体的捐赠行为。另外，道德价值观中体现了主体的道德价值目标。道德价值观，作为人们的道德意识和观念，无时无刻不是在向人们提示在什么情况下，做什么行为具有一定的道德价值，做什么行为没有道德价值，也向人们传达了在什么情况下，应该做什么，不应该做什么。比如，中国古代维护宗法等级，推行教化，因而重视"孝""悌"的道德价值。《二十四孝》中记载的"第一孝"："虞舜，瞽叟之子。性至孝。父顽，母嚚，弟象傲。舜耕于历山，有象为之耕，鸟为之耘。其孝感如此。帝尧闻之，事以九男，妻以二女，遂以天下让焉。"舜的父亲瞽叟、继母、异母弟象，经常想害死舜。"瞽叟尚复欲杀之，使舜上涂廪，瞽叟从下纵火焚廪。舜乃以两笠自捍而下，去，得不死。后瞽叟又使舜穿井，舜穿井为匿空旁出。舜既入深，瞽叟与象共下土实井，舜从匿空出，去。"（《史记·五帝本纪》）尽管舜的父亲瞽叟、继母、异母弟象试图加害舜，但他并没有因此而怨恨父母和弟弟，仍对父亲恭顺，对弟弟关爱。尧经过多年观察和考验，选舜做他的继承人。舜登天子位后，仍看望父亲，十分恭敬，还把象封为诸侯。舜修身与治国的道德行为出于他所追求的"孝""悌"的传统价值观。

道德价值观是人类实践活动中社会意识形态的一个构成要素，它随着社会实践活动的变化而变化。社会实践活动是不断发展变化的，也导致了道德价值观在社会历史的实践活动中不断发展变化。自人类社会形成以来，道德价值观成为人类价值观中一个重要组成部分，必然受到政治价值观、法律价值观、艺术价值观、宗教价值观等价值观的影响。道德价值观同其他价值观一样，都经历了一个漫长的嬗变过程。同时，从世界各国的历史发展来看，不同地区、不同民族、不同国家之间，由于受其经济发展状况、传统习俗等影响，形成了不同的道德价值观，比如在中国社会中，就存在着中华民族传统价值观与西方道德价值观的区别。西方道德价值观主要崇尚个体善的追求，如自由、平等、博爱。中华民族传统价值观主要推崇整体善的追求，如民族大义。从个人角度来看，道德价值观是人本身的道德价值观。不同的人会有不同的道德价值观。毕竟，每个人的生活环境、教育程度、知识能力各有不同，其道德价值观必然会出现差异性。即使是同一个人，由于其生活阅历和境遇的不同，其道德价值观也会存在一定的前后差异性。

道德价值观之间的差异常常导致道德价值观冲突的出现。道德价值观的冲突实际上也就是道德价值认识的冲突。在现代社会中，道德的自由价值、公正价值、秩序价值、人权价值等，各有不同的诠释和理解，形成了一定的差异性。一方面，社会所提倡的道德价值之间存在着差异；另一方面，个人所接受的道德价值之间也存在着差异。这些差异就会导致道德价值的冲突。比如，社会所倡导的秩序价值、自由价值、人权价值等，彼此之间存在着差异。面对这些道德价值，每个人的选择会不同。有人会首选公正价值，也有人会首选秩序价值，也会有人接受自由价值。这些不同的选择之间的价值冲突，其实也是不同主体之间道德价值观的冲突。从这个意义上说，道德价值观的冲突是道德价值主体认识冲突的外化。

人们通过认识道德价值的冲突，能够更好地理解和认识道德价值观本身的含义，有助于凝聚道德共识，促进社会稳定和发展。正如美国当代学者托尼·朱特(Tony Judt)所说："当我们迈入 21 世纪这个充满不确定性的世纪时，各国的就业、安全以及民生和文化核心都将面临前所未有的、无章可循的、仅凭地方力量无法控制的压力，假如一个国家的政府能提供一些安全保障，能创造一种凝聚力，并能激发起一种共同追求来维护公民的政治自由，这个国家就必然在应对这些压力时享有优势。"①

正是由于对道德价值观的不同理解，我们可以从不同角度来认识不同的道德价值观。

首先，从道德价值观的主体状况来看，道德价值观可以分为个体道德价值观、群体道德价值观、社会道德价值观。个体道德价值观是个体对道德价值的认识、情感、看法与观点等。个体道德价值观受每个人自身的物质生活水平和精神生活状况的影响而呈现出差异性。群体道德价值观是社会中一些群体对道德价值的认识、情感、看法与观点等。群体包括各种社会团体、协会、组织等。群体道德价值观反映了群体内各个个体之间所综合而形成的对道德价值的认识、情感和理解。群体道德价值观能够制约和影响群体内的个体价值观，但并不等同于个体价值观。因为，在群体内个体道德价值观可能与群体道德价值观相同，也可能背离。社会道德价值观是在一个社会中所形成的对道德价值的认识、情感、看法与观点等。它是整个社会的一种总的价值倾向的体现。社会道德价值观制约和影响着群体道德价值观、个体道德价值观。群体道德价值观、个体道德价值观也会在一定程度上逐渐瓦解或巩固社会道德价值观。个体道德价值观、群体道德价值观、社会道德价值观三者之间在一定范围内形成了一定的道德价值体系。

其次，从道德价值观的认识层次来看，道德价值观可以分为道德价值意识和道德价值理论。道德价值意识是指人们对道德价值的感性认识，如针对道德价值的情感(喜、怒、哀、乐等)、直觉、欲望等。这些都是人们在受到外界刺激时所出现的心理上的自然反应。它属于道德价值的低层次认识，是一种非系统性、非自觉的认识。道德价值理论是人们对道德价值的理性认识，如人们对道德价值现象的理性思考所形成的思想、观点、看法等。这些都是人们运用其大脑对道德价值现象进行细致分析、判断、综合的产物。它以道德价值知识、道德价值目标和道德价值智慧的形式而呈现。道德价值知识是关于道德价值的知识。道德价值目标是道德价值在现

---

① ［美］托尼·朱特. 重估价值：反思被遗忘的 20 世纪[M]. 林骧华，译. 北京：商务印书馆，2014：270.

实道德价值状况基础上所提出的一种价值追求目标。道德价值智慧是人们在现实社会中实现道德价值的能力。从道德价值意识和道德价值理论的关系来看，道德价值意识是道德价值理论的基础，道德价值理论是道德价值意识的提升。它们都是现实社会生活中的产物，体现了道德价值观的不同认识层次。

再次，从道德价值观的价值存在状况来看，道德价值观可以分为现实道德价值观和理想道德价值观。现实道德价值观是人们对现有的道德价值所呈现的思想、观点、情感等价值认识。理想道德价值观是人们对于将来的道德价值所形成的思想、观点、情感等价值认识。理想道德价值观是人们基于现实道德价值所构思的超越性道德价值指向，具有引导未来道德价值发展方向的意义。就此而言，理想道德价值观是陶铸现实道德价值观的理想模型，是建立现实道德价值观的理想设计。现实道德价值观是理性道德价值观的材料，是理性道德价值观自我实现的工具。质言之，现实道德价值观是理想道德价值观的出发点。如果没有现实道德价值观，理想道德价值观就会失去立足点，沦为空中楼阁。同样，如果没有理想道德价值观的引导，现实道德价值观难以有所发展。因此，人们在探讨某种道德价值观时常常兼顾两种道德价值观。人们正是从现实道德价值观的问题中追求理想道德价值观，或者说在理想道德价值观中发现现实道德价值观中的缺陷，从而促进道德价值观的发展。

(二)道德价值论的含义

道德价值论是指道德价值理论。它是道德价值的理性认识，是理论化、系统化的道德价值观。道德价值论的主要研究内容有道德价值的本质、道德价值的基础、道德价值的目标、道德价值的实现、道德价值的评价，以及道德价值同其他价值的关系、社会现实中的道德价值难题，等等。显然，道德价值论不同于道德价值观。道德价值观是一种道德价值的观念。在这里，对道德价值的一般性的感性认识和理性认识都属于道德价值观的研究范围。道德价值观涉及的范围很广。那些系统化、理论化的道德价值认识的研究，以一种学说或系统理论所呈现的道德价值观的研究才能称为道德价值论的研究。从这个角度来看，道德价值观是道德价值论的更为基础性的概念，道德价值论则是道德价值观中感性认识进一步理论化发展的结果。

从历史发展来看，道德价值论的形成与发展是中外许多研究者不断研究和发展的产物，是道德价值观的相关理论不断走向理论化和系统论的产物。也就是说，道德价值论展现了研究者们在道德价值方面的系统性的深层次的理性探索。这种系统性的深层次的理性探索才能被称为道德价值论。否则，那种感性的对道德价值的认识与理解，虽也属于道德价值的研究范围，但只能被称为道德价值观，而不能被称为道德价值论。

在道德价值论的研究中，由于道德价值理论涉及道德价值的总体知识、道德价值的具体目标、道德价值的实现智慧，因此它包括三个方面的内容：

其一，道德价值本身的研究。它以道德价值作为一种存在性的研究对象，包括如何理解道德价值，道德价值有哪些特征，如何分类，其产生的基础何在，能否从事实推出，不同的道德价值能否达成一种真理性认识，等等。

其二，道德价值目标的研究。它是把人们社会生活中重要的道德价值作为研究的目标。道德价值论需要研究那些人们生活中重要的道德价值或者说关键性的道德价值。毕竟道德价值渗透于人们的社会生活之中，存在于社会制度、组织规范等社会性要求之中，是社会制度、组织规范等社会性要求得以形成的价值理念之一。道德价值，尽管在古代并没有这样的专门词汇，但有着丰富的相关思想。在当今世界中，某些思想仍然发挥着目标指引作用。我们需要从逻辑上进行分析，研究那些重要的道德价值，或者称之为重要的道德价值目标，因为这些道德价值成为人们在一定程度上所普遍追求的目标。当我们说"保障人权"的道德价值目标、"维护秩序"的道德价值目标时，其实也就是在保障道德领域中的人权价值、维护道德领域中的秩序价值。人权价值、秩序价值等道德价值在人们的道德生活实践中具有广泛的影响力，由此，这样的道德价值，或者说所构成的值得人们追求的道德价值目标是道德价值论的重要研究对象。没有这样一些对道德价值的系统研究和理论认识，我们很难想象道德价值论如何存在。毕竟，道德价值的概念、道德价值的形成、道德价值的分类、道德价值的推导、道德价值的评价等，其中的每一部分或多或少地与各种具体的重要的道德价值有关。道德价值论中的每个组成部分阐述了各种道德价值体系中的某一个研究方面。因此，那些重要的道德价值的研究贯彻于整个道德价值论的研究之中，它们是道德价值论中的不可忽视的重要内容。在道德价值论中，道德价值，尤其是那些在当代社会中已经获得一定程度共识的道德价值，以一定的目标形式表现出来，成为人与社会发展中追求的目的，构成道德价值论中所追求的重要内容。

其三，道德价值实现的研究。道德价值不可能总是局限于理论层次的探讨，最终要走向实践。由此，就需要探讨道德价值实现的含义、动力、方式、过程；在道德价值实现中，哪些构成道德价值实现的障碍；道德价值的实现需要哪些条件；如何处理道德价值之间出现的冲突；如何评价道德价值的实现；等等。

第三章　道德价值的分类

人类社会生活中道德价值的内容是一个十分丰富、多种多样的领域。道德价值的表现形式多种多样，我们可以根据不同的标准来划分不同的种类。一方面，人是道德价值的主体，其状态是丰富多样的。比如，既有层次上不同的个体、群体和人类整体的划分，也有同一层次中个体以及群体的差异性的体现。另一方面，道德作为道德价值的客体，其样态也是多种多样的。比如，既有不同层次上个体道德、社会道德的区别，也有同一层次上个体道德与社会道德内部的不同。因此，道德价值的分类是一个非常丰富的多样化的形态。

一、划分道德价值的方法

道德价值的分类，有些时候也被称为道德价值的内容或结构。因此，理解道德价值的分类，也就是在探讨道德价值的内容是什么，或道德价值的结构是什么。

不同的学者从各自的研究角度有着不同的划分方法。有些划分的确复杂和系统。比如，哈特曼的价值论伦理学，把道德价值划分为三大类别：一是限定内容的价值，二是基本的道德价值，三是特殊的道德价值。第一大类道德价值，即限定内容的价值分为两个系列：其一是主体价值，指基础的价值，包括生命、意识、能动性、折磨；其二是作为价值的善物，包括幸福、作为基本价值的存在、作为价值的境况、作为价值的权力。第二大类道德价值，即基本的道德价值，包括善、高尚、包容、纯洁。第三大类道德价值，即特殊的道德价值，包括三组：其一，公正、智慧、勇敢、自我控制；其二，兄弟般的爱、诚实与正直、信赖与忠诚、信任与信仰、谦逊、谦卑和疏远；其三，遥远的爱、发散性美德、人格。哈特曼的划分十分复杂，相比较而言，有些学者划分的方法较为简单。比如，有中国学者在其《道德价值的结构系统》一文中指出，道德价值是一个纵横交错的完整的网络系统。从横向网络来看，道德价值分为三个部分：人与自然的关系及其性质的价值，人与社会的关系及其性质的价值，自我与他人的关系及其性质的价值。从纵向网络来看，道德价值分为由低到高的四个层次：生命价值，效用价值，精神价值，人的价值。"生命—效用—精神—本质，这四个方面组成了道德价值的四个层次，也描绘了道德历史进步的轮廓。由此我们看到，道德价值的深层结构，实际上是一个历史的结构系统，它是在历史的发展中形成的。"①

本书认为道德价值是在人类社会的历史实践基础上产生的人与道德之间关系的精神价值，既是道德对于人的意义，也是人对于道德的超越性指向。因此，我们由此定义来划分道德价值的结构或类别。

首先，从道德对于人的意义来看，道德对于人的价值是道德对于人的功能和作用的价值。它是一种外在的工具性的价值。

它可以分为道德的规范价值、教育价值、认识价值、调节价值、整合价值，等等。道德的规范价值是指道德能够规范人的行为，告诉人们哪些是符合道德要求的行为，哪些是不符合道德要求的行为的价值。道德的教育价值是指道德在人们的生活实践中引导人的发展，培育人的良好道德意识、道德品质，形成良好的道德行为，提升道德境界的价值。道德的认识价值是指道德帮助人们认识自己对他人、家庭、社会以及国家和民族所应该承担的责任，引导人们正确地认识善恶所具有的价值。道德的调节价值是指道德成为调节人与人、人与自然、人与社会之间的调节器，帮助人们正确地处理道德生活中的各种道德关系的价值。道德的整合价值是指道德能够借助习惯、风俗、内心信念等，形成一种强大的精神力量来整合社会的各种力量，促进社会的进步的价值。

道德对于人的价值是道德存在的一种客观价值，尽管人们有些时候没有意识到它的存在，道德也会发挥其规范、教育、认识、调节、整合的价值。因此，人们在理解道德的外在价值方面基本没有什么很大的分歧。

其次，从人对于道德的超越性指向来看，人对于道德的超越性价值是人主动地追求道德的目标价值。它是一种内在的目标价值。

在这里，指向就是目标、方向；超越则表明高于现实，蕴含着永不停歇地向彼岸推进的含义。人所追求的道德价值是高于现实的价值。道德价值体现了人的实践是有目标、有方向的。道德价值之所以重要就在于人借

① 商戈令. 道德价值的结构系统[J]. 哲学研究，1986(05).

助道德来实现其目标。从严格意义上看，道德价值就在于人所主动追求的道德的目标价值。道德价值就是人类永恒追求的目标。它超越了那种局限于道德的功能和作用的价值，展现了人的精神意义和道德的最重要的内涵。

在现代社会中，作为超越性价值目标的道德价值有很多。在人和社会的生存与发展过程中，人权、秩序、幸福、公正、和谐、自由、人的全面发展都是道德价值所追求的目标。人权，现代社会的道德要求尊重人的人格尊严、保障每个人的生存权；秩序，现代社会的道德要求维护有序的社会秩序，避免社会混乱；幸福，现代社会的道德要求把追求一种好生活作为自己的目标；公正，现代社会的道德要求维护社会的公平正义，保证每个人都有同样的发展机会；和谐，现代社会的道德要求促进人与人、人与社会、人与自然之间的和谐相处；自由，现代社会的道德要求维护每个人都能够进行自我选择和发展的可能性，保护每个人避免受到外在的非法侵害；等等。由此，作为超越性价值目标的道德价值就有人权价值、秩序价值、幸福价值、公正价值、和谐价值、自由价值，等等。关于道德价值目标的表述，人们习惯于"动词+某种道德价值"的道德价值目标的表述。从"动词+某种道德价值"的道德价值目标的表述来看，它们分别构成了"保障人权"的道德价值目标、"维护秩序"的道德价值目标、"增加幸福"的道德价值目标、"捍卫公正"的道德价值目标、"促进和谐"的道德价值目标、"追求自由"的道德价值目标，等等。

人对于道德的超越性价值追求，反映了人对理想性道德生活的渴望和向往。由于人们对于所认识的道德目标价值，哪些重要，哪些不重要，各有其不同理解，因此，道德的目标价值存在很大的分歧。所以，它构成了道德价值论中的研究重点。

一般而言，道德的内在价值要高于道德的外在价值。因为，它所展现的是较高层次的道德价值，如人权、秩序、幸福、公正、和谐、自由、全面发展等。相比前面的外在价值，要在等级上高一些。但是，我们应该看到，较低层次的价值具有维护超越性价值的基础作用。或者说，如果没有规范、认识、教育、整合等价值的实现，人权、秩序、幸福、公正、和谐、自由、全面发展等价值都无法实现。从这个意义上看，内在价值离不开外在价值。这两个层次上的道德价值是相互依赖的，而不是相互无关的。它们具有一定的层次性，但并不是一种简单的能够相互分离的层次性。

当然，我们这里的划分并不是一种绝对的彼此二分。无论是道德的外在价值，还是道德的内在价值，它们两者之间还是存在许多交叉的内容。比如，人权，我们可以说是一种人自身所提出的追求的目标，也就具有了超越性价值的要素，但是，它也是一种道德的外在价值，能够整合社会的各种力量，展现了一种道德的外在价值的特性。再如，公正，在很多时候是一种道德的内在价值，但有时也是一种道德的外在价值。我们讲道德价值，也就有助于实现公正的某种外在效用。因此，这里的划分，只是大致把道德价值划分为两个层次，并不具有绝对二分的意义。

我们在这里选取了两个层次的道德价值，每个层次的道德价值都各自构成了一个价值系列。而这两个系列的道德价值又构成了一个道德价值系统。"价值体系，最简单地说，就是作为追求什么价值和怎样追求价值根据的内在价值原则系统。"①从道德价值论的角度来看待伦理学，它就是要探讨为何追求那些道德价值，把它们作为追求目标，以及如何实现这些道德价值。

总的来说，道德价值的内容，从不同角度考察，不同学者能够作出不同的归纳和阐述。在这里，从严格意义上所归纳和阐述的道德价值主要是道德领域中的人权价值、秩序价值、幸福价值、公正价值、和谐价值、自由价值、全面发展价值等。关于这些价值，本书在第二编"道德价值目标论"中将从目标角度，把它们作为一个个具体的目标进行具体的论述。另外，除了本书中所阐述的道德价值分类外，还存在其他一些道德价值分类。因此，本章接下来将阐述一些其他的道德价值分类，并作必要的概括和诠释。

二、其他的道德价值分类

道德价值的内涵是丰富的，其表现形式的类别呈现丰富多彩的特性。在探讨道德价值的分类中，的确还有各种各样的分类，采用比较多的有道德的个体价值、群体价值与人类价值，道德的目的价值与手段价值，道德的规范价值与社会价值，道德的潜在价值与表面价值，道德的内在价值与外在价值，道德的正价值和负价值，等等。这些道德价值在许多论述与之有关的哲学、伦理学等著作或论文中常常被见到，有必要加以概括与整理。

---

① 江畅. 理论伦理学［M］. 武汉：湖北人民出版社，2000：239.

（一）道德的个体价值、群体价值与人类价值

人可以分为个体、群体和人类三个层次。个体是具有普遍自然属性和社会属性，并采取独特方式行动的单个的人。群体是一个由个体所构成的、具有一定的目的和诉求的、有组织的团体或单位。人类则是由不同群体所构成的人的总称。

从道德价值的主体角度来看，道德价值可以分为道德的个体价值、群体价值和人类价值。

道德的个体价值是指道德对于个体的单个自然人的意义。它是指道德在何种程度上对于个体的意义。个体，作为单个的自然人，既包括他者，也包括单个的自我。之所以要说单个的自我，这是因为自我有很多种类的自我。比如，个体、群体和人类都有所谓自我价值。也就是说，自我有小的自我(个体)、中的自我(群体)和大的自我(人类)之分，自我并不是个体的同义词。因此，道德的个体价值不能等同于道德的自我价值。

道德的群体价值是指道德对于由个体的自然人构成的群体的意义。群体是一个由个体所构成的具有一定的目的和诉求的有组织的团体或单位。从系统论来看，群体是在一定社会关系基础上形成的社会单位、团体等社会系统。群体之所以能够成为群体在于其成员之间有着共同的行为规范和情感上的相互依赖性以及某种共同的兴趣目标。这种群体包括企业单位、事业单位、社会团体、中产阶层、富裕阶层、农民工、知识分子等。群体可以分为正式群体和非正式群体。比如，一些企业单位、事业单位等由正式文件所明文规定成立，有正式规定的权利和义务、明确的职责和任务，属于正式群体。那些没有正式文件明文规定其成立，而是人们自愿根据某种爱好而成立的群体，属于非正式群体。这种非正式群体具有不定型、善变的特性，如乐善好施的捐助者自愿成立的慈善协会、热衷自愿服务邻里的志愿者组成的志愿者协会，等等。道德的群体价值就是道德对于这些群体的意义。由于有两种不同的群体，道德的群体价值可以分为道德的正式群体价值与道德的非正式群体价值。一般而言，将道德的群体价值与道德的个体价值相比，道德的群体价值要大于道德的个体价值。

道德的人类价值是指道德对于整个人类所具有的意义。人类是由不同群体所构成的人的总称。道德的人类价值是道德在人类的发展过程中，在保障社会存续、促进社会发展方面所具有的价值。就此而言，道德是人类历史不断向前发展的产物，是人类文明进步的标尺。人是万物之灵，其灵性在于创造了其他物种难以创造的精神财富和物质财富。道德作为人创造

的精神财富之一，展现了人类自身不断追寻现实世界中的完善和和谐关系的梦想。毋庸置疑，道德被人类所创造，又服务于人类，在人类生活中具有重要意义。

如果我们仔细分析个体、群体与人类三个层次的人的概念，我们不难发现，个体形成了群体，群体构成了人类。如果从一个社会的角度来理解，人类是社会的整体，群体是社会的部分，都是与个体相对。因此，我们可以把道德的人类价值和道德的群体价值归为道德的社会价值。如此一来，道德的个体价值、道德的群体价值、道德的人类价值的三者关系就变成了道德的个体价值与道德的社会价值的关系。

那么，道德的个体价值与道德的社会价值之间存在着什么关系？我们可以以此来理解道德的个体价值、道德的群体价值、道德的人类价值之间的关系。

道德的个体价值与道德的社会价值之间相互联系。

其一，道德的个体价值取决于道德的社会价值。由于个体依赖于社会，总是社会生存和发展中的个体，因此道德对于个体的意义依赖于道德对于群体和人类的意义。或者说，从层次上看，道德的社会价值要高于道德的个体价值。在道德的社会价值中，道德的人类价值要高于道德的群体价值。关于这一点，孔子认识得很清楚。《论语》记载：子贡问曰："何如斯可谓之士矣？"子曰："行己有耻，使于四方，不辱君命，可谓士矣。"曰："敢问其次。"曰："宗族称孝焉，乡党称弟焉。"曰："敢问其次。"曰："言必信，行必果，硁硁然小人哉！抑亦可以为次矣。"（《论语·子路》）孔子认为，作为一位"士"，仅仅做到"信"是不够的。这是属于次之又次的道德价值层次。换而言之，个人要讲诚信，但诚信的道德价值要低于"宗族"的"孝"、"乡党"的"弟"的道德价值，"宗族"的"孝"、"乡党"的"弟"的道德价值又低于"不辱君命"的"忠"的道德价值——"信"是个体价值，"孝""弟""忠"是社会价值。

其二，道德的社会价值离不开道德的个体价值。道德对于社会的意义需要以道德对于个体的意义为基础。社会是一个由不同的个体所构成的整体。社会与个体之间是相互依存，又相互对立的关系。个体的存在与发展离不开社会的存在与发展。这也就决定了道德的社会价值要高于道德的个体价值。但是，我们还应该看到，个体是社会的最基础单位。如果没有个体，社会无法形成。肯定道德的个体价值取决于道德的社会价值，并不是要否定个体的主观创造性。正是由于个体的主观创造性才促进了社会的发展。从道德价值的发展而言，没有道德的个体价值的发展，也就不可能出现道德的社会价值的进化。因此，道德的社会价值离不开道德的个体价值。

通过分析道德的个体价值与社会价值的关系，我们可以推演道德的个体价值、道德的群体价值与道德的人类价值的关系。道德的个体价值是最基本的价值，道德的群体价值和道德的人类价值都是道德的个体价值的社会性集合。道德的人类价值是以个体价值为基础的具有最普遍性的人的类的价值。道德的人类价值高于道德的群体价值，道德的群体价值高于道德的个体价值。三个层次的价值相互影响，可能并存，可能残缺，也可能产生冲突。但是，它们都是我们现实社会中客观存在的道德价值类别。

(二)道德的目的价值与手段价值

如果我们根据所满足的道德需要在主体生存和发展中的地位和性质，道德价值可以划分为道德的目的价值和手段价值，后者或被称为工具价值。道德的目的是指道德主体在道德观念上满足自身的道德需要。道德的手段是实现道德目的所依靠的条件和过程，尤其是指实现道德目的的方法和途径。道德的目的价值和道德的手段价值是两种经常为人们所使用的道德价值。在众多类型的道德价值中，各个道德价值之间并不是同样重要的，总是有些道德价值居于较高层次，有些道德价值处于较低层次。我们常常发现，有些道德价值总是以其他一些道德价值为实现的条件或手段，而有些道德价值则成为其他一些道德价值的目的。那些成为手段的道德价值就是道德的手段价值，而成为目的的道德价值就是道德的目的价值。

当然，把道德价值划分为道德的目的价值和道德的手段价值，具有一定的相对性。因为，一方面，道德价值之间并不是孤立不动的，而是在历史中不断发展变化的。可能有些时候，某个道德价值是道德的目的价值，但当条件变化时，这个道德价值又成为道德的手段价值。另一方面，从道德价值的局部和整体之间的关系来看，有的道德价值，在局部来看，是目的价值，但是"这个目标进而又在更高的目标中具有自身的理由，对于后者来说，它又是工具性的了"①。因此，这种道德价值的划分具有一定的相对性，但这并不影响我们进一步研究它们之间的关系。

那么，道德的目的价值与道德的手段价值之间存在什么样的关系？在人类道德生活领域，道德价值有目的价值和手段价值。它们是相互联系、

---

① ［美］瓦托夫斯基. 科学思想的概念基础——科学哲学导论［M］. 范岱年，等，译. 北京：求实出版社，1982：583.

相互作用的。道德的目的是道德主体内在规定性的具体指向，展现了道德自身运行规律的方向。从这个意义上看，人作为道德主体，在其道德实践活动中，他的智力和体力、激情和意志、能动性和创造性，都是围绕道德目的而展开。在道德认识活动中，人根据其道德目的，把道德客体分解为实现其目的的单位与成分。因此，在道德的目的价值中，其目的本身包含了一定的客观性与必然性。而道德的手段价值则具有一定的主观性和灵活性。两者之间是一种决定与被决定、选择与被选择的关系。

其一，道德的目的价值决定了道德的手段价值。

道德的目的价值决定了道德的手段价值。道德的手段价值有没有，有多大，取决于道德的目的价值。毕竟，道德的目的价值选择了道德的手段价值。比如，孔子所说的"仁"是孔子的道德的目的价值。要实现"仁"的目的价值，孔子认为，还需要"礼""智""勇""恭""宽""信""敏""惠""温""良""恭""俭""让"等手段的价值来实现。在孔子看来，"礼""智""勇""恭""宽""信""敏""惠""温""良""恭""俭""让"等手段的价值是服务于"仁"的，如果没有"仁"的目的价值，这些后来的手段价值就可能会误入歧途。所以，他说："人而不仁，如礼何?"(《论语·八佾》)，"仁者必有勇，勇者不必有仁"(《论语·宪问》)，"唯仁者能好人，能恶人"(《论语·里仁》)，等等。他甚至认为，"当仁不让于师"(《论语·卫灵公》)，"志士仁人，无求生以害仁，有杀身以成仁"(《论语·卫灵公》)。他认识到，道德的目的价值要高于道德的手段价值。道德的目的价值的正当性决定了需要选择的手段价值的正当性。如果一种道德的目的价值本身就缺乏正当性，其手段价值也就失去正当性。

其二，道德的手段价值服务于道德的目的价值。

道德的目的价值决定了道德的手段价值，在道德的手段价值中，我们应该能够看到道德的目的价值。比如，孔子所提出的"礼""智""勇""恭""宽""信""敏""惠""温""良""恭""俭""让"等手段的价值，都是围绕实现"仁"这一道德的目的价值来服务。在《论语》中，孔子认为，"礼""智""勇""恭""宽""信""敏""惠""温""良""恭""俭""让"等手段的价值，都是体现了"爱人"这一"仁"的特性。孔子在探讨"惠"时指出"养民也惠"，要"富之""教之"(《论语·子路》)，"使民以时"(《论语·学而》)，"因民之所利而利之"(《论语·尧曰》)。他坚决反对暴政，"子为政，焉用杀"(《论语·颜渊》)。这里所渗透的就是一种"爱人"的价值观。

总之，道德的目的价值与手段价值是相互联系的统一体。道德的目的价值离不开道德的手段价值。没有一定的道德的手段价值，道德的目的价值不可能实现。为了实现一定的道德的目的价值，必然需要有一定的道德的手段价值。

当然，手段价值有些时候与目的价值之间并不是一种简单的线性关系。道德主体在实现道德的目的价值的过程中，总是要选择一定的手段。但很有可能所选取的是不正当的手段。出现这种手段与目的不一致的情况，在于目的没有全面地被认识，常常由于目的的某一个方面被理解。当道德主体自身所理解的目的，与社会所实际需要实现的目的之间出现了偏离，从目的出发所选择的手段，就可能与目的相冲突。

分析道德的手段价值与目的价值的关系，在价值认识、价值选择，以及价值冲突中，具有极为重要的实用意义。如果我们有效地区分道德的目的价值与道德的手段价值，就能更好地把握道德价值的方向，避免道德价值选择上的失误，正确处理道德价值之间的某些冲突。贯彻目的价值决定手段价值，手段价值服从目的价值，有助于促使道德价值的全面实现，避免在道德价值实现过程中的片面性。

（三）道德的规范价值与社会价值

道德的规范价值是指道德作为一种社会规范，满足人的需要所具有的意义。在任何一个社会中，总是有一系列的规范，如法律规范、道德规范等，维护社会的存在与健康发展。道德规范是社会规范中的一个重要组成部分。道德规范是人们在社会生活中处理人与人之间、人与社会之间、人与自然之间关系的一种理性思考和概括。它不同于法律规范。法律规范是通过人自身的认识和意识的自觉认同后而愿意主动去实施和遵守，以及以此来评价、选择和调节自己与他人的行为。道德的规范价值体现在具有理性的个体以一种规范的样式满足人自身的合理需要。

道德的社会价值是指道德作为一种促进社会发展的要素，满足人的社会生产和社会需要所具有的意义。如果我们把社会理解为不同类型的社会，如经济社会、政治社会、法治社会、文化社会、科技社会等，道德的社会价值可以划分为道德的经济价值、道德的政治价值、道德的法治价值、道德的文化价值、道德的科技价值等。从这个角度来看，道德的经济价值、道德的政治价值、道德的法治价值、道德的文化价值、道德的科技价值等都属于道德的社会价值。

道德的规范价值与道德的社会价值关系密切。道德的规范价值总是一定社会中的规范价值，道德的社会价值总是通过相应的规范体现出来。如果从最宽泛的意义上看，道德的社会价值包括了我们所讲的各种道德价值，因为这些价值都是要满足人的社会生产和社会需要而出现的。因此，从这个角度看，道德的规范价值也属于道德的社会价值。如果从我们前面所分析的道德的目的价值和手段价值来看，道德的社会价值属于道德的目的价值，道德的规范价值属于道德的手段价值。

（四）道德的潜在价值与道德的表面价值

道德的潜在价值是道德的深层次的价值。这种道德价值是深藏在道德规范与要求之下的价值，是没有或难以为人们所发现和开发利用的价值，是具有潜在可能性的价值。这种价值具有未然性和潜在性。道德的表面价值是明确地表现出来的道德对于人的意义。这种意义具有已然性和外在性，较为直观地体现为社会实在。

道德的表面价值与道德的潜在价值明显不同。首先，道德的表面价值具有已然性，已经成为一种客观存在。我们直接通过道德规范与要求，就可以发现其价值。道德的潜在价值则是呈现出一种潜在的可能性，仍处于未然状态，并不具有已然性。其次，道德的表面价值是显露于外的，而道德的潜在价值，是道德的深层的价值，需要经过人们不断地挖掘。道德的表面价值与道德的潜在价值之间需要一定的中介发挥作用，才能使两者沟通。实践是沟通两者的关键环节。从潜在价值成为表面价值，必然要通过实践才能把道德的潜在价值挖掘出来，并通过道德规范、原则以及相应的道德习俗来表现于外。

我们还应该发现，道德的潜在价值具有丰富的资源，内容极为庞大。人们所能利用和挖掘的潜在价值只是整个潜在价值的一部分。人类正是通过实践不断认识和扩展道德价值，把道德的潜在价值不断地转换为道德的表面价值。

（五）道德的内在价值与外在价值

根据道德满足主体的内在需要和外在需要，我们可以把道德价值分为道德的内在价值与道德的外在价值。所谓道德的内在价值是指道德满足人的内在需要的价值，是道德所内在的还没有在主体中表现出来的，没有对他人或社会产生影响的价值；所谓道德的外在价值是道德满足人的外在需要的价值，是道德对他人或社会产生了一定实际效用的价值。从表面来看，道德的内在价值与道德的潜在价值很相像，其实不然。道德的潜在价值是深藏在道德规范与要求之下的价值，是没有或难以为人们所发现和开发利用的价值，是具有潜在可能性的价值。这种潜在价值进一步发展就会成为内在价值，其中需要通过实践，即社会教育、家庭教育和学校教育等方式，才能实现。在道德价值的实现中，道德的潜在价值经过道德的内在价值，转变为道德的表面价值。而道德的外在价值与道德的表面价值不同，道德的外在价值是满足人的外在需要的价值，道德的表面价值可能是满足人的内在需要的价值的外化，也可能是满足人的外在需要的价值的外化。当然，这里存在一个理论上的难题，人的内在需要和外在需要并不容易划分，因此，如果我们以目的与手段来理解人的内在需要和外在需要，以道德的目的价值和道德的手段价值取代道德的内在价值和道德的外在价值更为准确。

那么，道德的内在价值与道德的外在价值之间存在什么关系？我们认为，道德的内在价值和道德的外在价值是辩证统一的关系。

其一，道德的内在价值是道德的外在价值的基础。

道德的内在价值是道德满足人自身的内在需要的价值，是人自身的一种超越性精神的目的价值。道德的外在价值，相对于道德的内在价值而言，是道德满足人自身的外在需要的价值，是人自身的一种效用性的手段价值。道德的内在价值，在层次上要高于道德的外在价值。毕竟，人是一切社会关系的总和。人总是社会关系的主体，无论这种主体是以生产者、消费者还是其他面貌出现。人总是要受到环境的制约，又改变着环境。因此，道德在何种程度上满足人的需要，要根据道德在何种程度上促进人的发展来判断。人能够超越自然界的其他生物而成为自然的主人，就在于人的超越性价值追求。从道德价值来看，这种价值追求首先表现为一种道德的内在价值。然后，才表现为一种道德的外在价值。因此，道德的内在价值是道德的外在价值的基础。

其二，道德的外在价值通过道德的内在价值来实现。

道德活动是人类社会中的一种创造性实践活动。道德的这种创造性实践活动的主体和对象都是人自身，这种活动实际上就是道德的内在价值的形成与发展。作为道德价值主体的人，在道德实践活动中，提高了人自身的素质，也就推动了社会生产力的发展，推动了历史的进步，从而满足了人自身的外在需要，实现了道德的外在价值。因此，道德的外在价值是通过道德的内在价值的外化而实现的。

当然，社会生活实践是十分复杂的，道德的内在价值与道德的外在价值之间的关系也是错综复杂的。两者之间并不是完全一致。有些时候，道德的内在价值并没有转化为道德的外在价值。比如，孔子所说的"仁"，并不总是会转化为"礼"。

认识道德的内在价值与外在价值的辩证统一关系，在道德的价值判断中能够发挥重要作用。因为，在进行道德价值评价时，如果仅仅考虑道德的外在价值，注重道德行为的结果，容易忽略道德行为的动机。而动机是道德价值评价中必须要考虑的一个重要因素。这就涉及道德的内在价值。因此，我们在进行道德价值评价时，既要注意道德的内在价值，也要注意道德的外在价值。也就是说，只有认识两者的统一，才不会陷入唯效果论或唯动机论的泥坑，做出中肯的道德价值评价。

（六）道德的正价值与负价值

道德价值有可能具有积极的正面价值，也可能具有负面价值。因此，从道德价值的性质上来看，道德价值可以分为道德的正价值、负价值。[①]

道德的正价值是道德对于人的有益的价值。道德的负价值是道德对于人的有害的价值。一般而言，道德价值都是指道德的正价值也是道德的正常价值。至于道德的负价值，则是道德的非正常价值、异化的价值。在人类社会的历史实践中，出现的道德的负价值表明：这种道德对于人的生存与发展不仅不会发挥积极作用，反而产生了消极影响；不仅不能满足人们的正当需要，反而迎合了人们的非正当要求。比如，程朱理学，在其后期，成为别有用心者的"取富贵之资"。李贽在《初潭集》卷二十中收录了讽刺"道学"的一些故事，并加以调侃："故世之好名者必讲道学，以道学之能起名也。无用者必讲道学，以道学之足以济用也。欺天罔人者必讲道学，以道学之足以售其欺罔之谋也。"在李贽看来，宣扬程朱理学的道学家们"阳为道学，阴为富贵，被服儒雅，行若狗彘"（《续焚书·三教归儒说》卷二）。更重要的是，这种道德不仅欺世盗名，而且已沦为人的生存与发展的精神枷锁。戴震认为，"后儒以理杀人"，严酷胜于严刑峻法。他曾这样说过："尊者以理责卑，长者以理责幼，贵者以理责贱，虽失，谓之顺；卑者、幼者、贱者以理争之，虽得，谓之逆。于是下之人不能以

---

① 　或许有研究者认为还存在道德的零价值，即道德的正价值与负价值正好相互抵消。从理论上说，存在这种可能。但这种状况，我们可以视为道德的正负价值之中的一种特殊情况，即道德的中性价值。如果有学者认为，道德的零价值是道德对于人毫无意义，这种说法存在值得商榷之处。它意味着没有道德价值，即一种非道德价值，无所谓善与恶的状况，与道德价值无关。事实上，在人类社会生活中，仍然存在很多不涉及道德价值的领域。这种针对道德的零价值的理解显然与我们前面的理解不同。前者意味着道德的正面价值与负面价值处于一种平衡状态，并非对于人毫无意义，而是暗示如何促进正面价值、抑制负面价值，是与道德价值密切相关的。在这里，我们非常有必要明确道德的中性价值与没有道德价值不同。

天下之同情、天下所同欲达之于上；上以理责其下，而在下之罪，人人不胜指数。人死于法，犹有怜之者；死于理，其谁怜之?"(《孟子字义疏证》上)由此可见，这种程朱理学已经严重摧残了人们正常的物质生活和精神生活，其中所具有的道德价值就是一种道德的负价值。

道德价值有正价值、负价值之分，源于价值哲学中价值有正价值、负价值之分。日本学者牧口常三郎曾指出："价值意味着客体(物质的或精神的)作为一定的手段引起主体达到目的的全部力量……如果对生活的肯定的方面被认作是有价值的，其否定方面被称为负价值……可以保险地说，如果价值归于零后，再沿着同一方向进展，就会达到负价值状态。"①显然，牧口常三郎认为，价值有正价值、负价值之分。一般而言，价值中的正价值、负价值分别对应着有意义、负意义。价值的两种存在方式，也决定了道德价值具有两种存在状态。舍勒曾从肯定与否定的角度谈论道德价值的分类。他说："一个肯定的价值的实存在本身就是一个肯定的价值。一个肯定的价值的非实存在本身就是一个否定的价值。一个否定的价值的实存在本身就是一个否定的价值。一个否定的价值的非实存在本身就是一个肯定的价值。"②他表明价值的正负性质是先验的，要靠直觉把握。因此，他说："他人的正价值在他的体验中根本就未被'当作'正性的、当作'高的'价值，他人的正性价值对他的体验根本就'不存在'。"③在我国，大多数学者认为，道德价值有正价值、负价值这样的存在方式。"道德价值不仅仅是指对社会和个人有积极作用的整个道德本身，而且包括一切具有善恶性质的现象，这就不仅仅只是善了。我们说某现象具有道德价值，如果以它积极地符合特定的道德要求而言，那就表现为善价值；如果以违反道德要求的情形出现，这表现为善的反面即负价值——恶。因此，研究道德价值，应包括善和恶两种属性，正如审美价值包括美和丑、科学认识价值包括真理和错误一样。"④当然，也有少数学者认为，道德价值只有正价值，没有负价值。在这些学者看来，李贽批判"假道学"，而不是否定"真道学"，道德没有负面价值，总是人们追求的目标。道德价值只可能具有正面价值。究竟有没有道德的负价值，的确是一个存在明显分歧的问

①　[日]牧口常三郎. 价值哲学[M]. 马俊峰，江畅，译. 北京：中国人民大学出版社，1989：67.
②　[德]马克斯·舍勒. 价值的颠覆[M]. 罗悌伦，等，译. 北京：生活·读书·新知三联书店，1997：29.
③　[德]马克斯·舍勒. 价值的颠覆[M]. 罗悌伦，等，译. 北京：生活·读书·新知三联书店，1997：26.
④　李建华. 趋善避恶论：道德价值的逆向研究[M]. 北京：北京大学出版社，2013：16.

题。有学者认为，广义地说，价值有善恶之分，但一般而言，价值指的是正价值。"价值必定是善的，必然有利于主体的生存发展完善。从根本上说，价值在于促进社会主体发展完善，使人类社会更加美好。"①这种观点认为，价值广义上有正负价值之分，但人们一般是把价值理解为正价值。价值在这里被直接划定在善的范围内。其实，价值不可能会被直接圈定在善的范围内。关于道德价值有没有负价值的问题，首先，涉及道德有无善恶之分，有没有恶德。如果有，那就意味着道德具有负面价值。其次，还涉及人们探讨道德价值在何种具体层次来说的问题。从应然的角度来看，如果道德价值展现了一种要追求的美好价值目标，只能是正价值；从实然的角度来看，道德价值反映了一种道德价值的现状的评价，既有正价值，也有负价值。从一种道德的理想和追求来看，渴望实现一种正当的美丽的蓝图，这种道德中的道德价值具有正价值。当然，在现实的道德价值状况中，完全会出现道德价值的负价值。比如，前面我们所论述的程朱理学发展到后期，的确成为人们生存和发展的精神阻力。因此，否定道德价值在现实社会中的负价值，不可能改变客观现实，反而有美化负面道德价值的嫌疑，导致人们把道德视为一种虚伪的表现。承认在现实社会中，道德价值有可能出现负价值，有可能出现道德价值的异化，这样才能防止道德价值在现实社会中的沦丧，力争实现道德的正价值。

我们不难发现，道德的正价值、负价值都和评价有关，而道德价值的评价又和评价主体的关系密切，评价主体不同，其道德价值的性质常常就有了差异。但是，从人类社会的发展来看，在人类不断通过道德价值确定自我的人之为人的特性的过程中，道德的正价值占据主流。尽管其中有过曲折，但人们实现善和正当的价值目标并没有消失。毕竟，人类的社会实践中的理性和经验构成了道德正价值占据主流的重要基础。人类道德在整体上来说，总是不断进步的。

值得深思的是，道德的负价值是不是只是一种负价值？它有无可能构成创造道德的正价值的条件？比如，明清时期，"道学"盛行，道德之名与道德之实相脱节，直接导致了明末清初道德启蒙思想的兴起。李贽反对"饿死事小，失节事大"，主张婚姻自主，认为卓文君改嫁、私奔，"正获身，非失身"（《司马相如传论·藏书》卷三十七）。黄宗羲反对君为臣纲，提出"古者以天下为主，君为客，凡君之所毕世而经营者，为天下也"（《明夷待访录·原君》），"天下之治乱，不在一姓之兴亡，而在万民之忧

---

① 王玉樑. 21 世纪价值哲学：从自发到自觉·序[M]. 北京：人民出版社，2006：1.

乐"(《明夷待访录·原臣》)。道德的负价值如同身体得了伤寒病,伤寒病是一个负价值,但是,患病者由此获得免疫能力,变得更加健康了。道德的负价值会产生不利于社会和人类自身发展的负面效应,但从另一方面来看,它为道德的正价值的产生创造了条件。同样,道德的正价值是不是永远只是一种正价值?它有无可能构成导致道德的负价值的前提?如果没有"仁""义""礼""耻"等道德的正价值,我们很难想象会出现"假仁假义"等与之相对立的道德的负价值。从这个意义上看,道德的正价值与负价值之间存在着相互转换的可能。

(七)道德的实存价值与设想价值

道德的实存价值是道德在人类现实生活中所表现出来的价值。它是在人类现实生活中客观存在的价值。道德的设想价值是道德在人类社会的存在和发展中构想未来将具有的实现某种理想的价值。它还没有在现实中表现出来,是呈现道德的现实价值发展方向的某种可能性。从这种可能性出发,道德设想价值又可分为可靠的设想价值、较为可靠的设想价值与不可靠的设想价值。可靠的设想价值是指人们在现实生活中能够通过努力可以实现的设想价值。它属于没有发生但为人们理性所判断和认可的价值,具有很大的实现可能性。不可靠的设想价值是指建立于人的主观臆想上并不可靠的价值,实现可能性较小。较为可靠的设想价值是指在理性基础上有可能实现也有可能无法实现的价值。它介于前面两种设想价值之间。

(八)道德的导向价值与评价价值

道德的导向价值是道德在引导人们行为上的价值,表明了人们在道德上应该做什么,不应该做什么的价值。比如,道德的导向价值向人们昭示了道德上的人权价值、自由价值、公正价值等在促进社会发展中的意义。人们能够根据这种外化的道德昭示而做出某种相关的道德行为。道德的导向价值是道德的普遍价值之一。道德的评价价值是指道德在现实生活中能使人们获得相应的评价标准的价值。它是针对人们的行为给予合乎道德或违反道德、合理或不合理、正当或不正当的道德评价的价值。道德的评价价值展现了道德价值在社会生活中所具有的善恶评价的价值。

除了前面所阐述的八个方面的道德价值外,还有道德的激励价值、谴责价值、奉献价值、人格价值、智慧价值,等等。

道德的激励价值是指道德在人们的生活中积极鼓励人们参与一定道德实践活动的价值。它是道德的正价值在社会生活中的积极体现,从而有利于人们自觉地按照道德价值目标行动。它是人类社会中非常重要的道德价值。

道德的谴责价值是指道德在人们的生活中批评不道德行为、观念所形成的矫正价值。它是人们在道德生活实践中揭露不道德行为、观念等所形成的价值，有助于人们在道德生活实践中注意道德的负价值的危害。

道德的奉献价值是指道德在人类社会的存在和发展中所创造的价值。它包括道德的物质奉献价值和道德的精神奉献价值。这种奉献价值表现在促进社会、他人以及自身的生存和发展所形成的物质条件和精神条件。这种奉献价值不仅完善了社会，而且还完善人自身，促进人的全面发展。

道德的人格价值是指道德在促进人格完善方面所具有的价值。人格是指人自身的内在规定性，是其个体尊严和品质的总和。它包括与人的尊严和品质有关的理想、信念、责任等。每一个人都有自己的人格，并同他人的人格相区别，因而形成了正常与异化、高尚与低下的不同。不同学科认知的正常与异化、高尚与低下各有不同，如心理学和伦理学。心理学认为正常的人格，伦理学可能认为低下；心理学认为异化的人格，伦理学可能认为高尚。其原因在于心理学从事的是人的身体的正常与异化的研究，而伦理学所从事的是人的道德上的善恶的研究。它们所使用的标准不同。人格在伦理学中属于一种道德人格，一种为人处世是否善恶的品质。从道德价值论来看，道德能够促进人格的正常发展和自我完善，从而展现了道德的人格价值。

道德的智慧价值是指道德在增进人类智慧方面所具有的价值。从道德的产生来看，它是调整人与社会、人与人、人与自然之间的关系的一种智慧方式。因此，道德能够促进人类智慧的发展，具有智慧价值。

三、道德价值分类的推论

在这里，我们采取了各种方法来对道德价值进行分类，尽管有不同的分类，但归根结底，都是围绕人自身来进行相应的划分。由此，我们可以发现人在道德价值中的重要性与不可或缺性。因此，我们可以从道德价值分类的研究中得出一个重要推论：人是道德价值的源泉。这既是我们前面研究的必然结果，也是我们后面进一步研究道德价值的基础的前提。

人是道德价值的源泉，意味着道德价值与人之间不可分离，道德价值是人的道德价值。

人，是以整个世界为对象的存在。他与物的存在的不同之处在于，不仅是一种自然的存在，而且是一种价值的存在。人，不仅是活着，而且还要追求活着的意义。没有了人，任何价值都不可能存在。道德价值概莫能外，它与其他价值一样，都在特定的价值关系中存在。没有了人，道德价值关系无法存在，道德价值也就无法存在。人是道德价值关系存在的前提。或者说，有了人，才可能出现道德价值。我们认为，人是道德价值的源泉。这表明，道德价值不会源于任何非人的产物。

（一）历史与当代的相关观点

从历史上看，尽管近代以前没有道德价值的正式说法，但我们能够发现，按照其思路，神曾经是道德价值的源泉。比如，在基督教中，上帝在7天内创造了世界。万事万物都是源于上帝。在《圣经》中，上帝说，有光，于是，光出现了。接着，天、地、动物、植物、人等就这样被上帝创造出来。在这种上帝创世论中，道德价值的主体——人便来自上帝的规定。至于基督徒所遵循的道德要求《摩西十诫》，是摩西带领以色列人出走埃及时，由上帝赐予人的规定性。从中，我们不难发现，道德价值是神的产物。神为道德价值增添了超越世俗的神圣性。在中国传统文化中，天或天理是道德价值的源泉。"仁义制度之数，尽取之天。"（《春秋繁露·基义》）"合天地万物而言，只是一个理；及在人，则又各自有一个理。"（《朱子语类》卷一）当然，也会有思想家主张人是道德价值的源泉的相关思想。比如，古希腊时期的智者学派的普罗泰戈拉认为，人是万物的尺度。他把一切的认知尺度归结于人的规定。按照这种思路，道德价值只能是人的规定。

从现代社会来看，价值哲学探讨一般性价值，大多数学者认为人是价值主体，有人才会有价值。但还是有一些学者提出了价值非人论。其研究思路主要是两种：一种是认为价值自身就能够独立存在，并不依靠人。比如，非人类中心主义环境伦理学家罗尔斯顿（Holmes Rolston）在《环境伦理学》中明确指出："在我们发现价值之前，价值就存在于大自然之中很久了，它们的存在先于我们对它们的认识。"①他认为，价值先于人而存在，大自然本身就是价值的源泉。"生态系统是能够创造出众多价值的，人只是其中的一种。"②道德价值的主体就是大自然。罗尔斯顿认为，他的这种

---

① ［美］罗尔斯顿. 环境伦理学［M］. 杨通进，译. 北京：中国社会科学出版社，2000：294.

② ［美］罗尔斯顿. 环境伦理学［M］. 杨通进，译. 北京：中国社会科学出版社，2000：306.

观点颠覆了大多数学者把人作为价值之源的观点。其错误在于把价值理解为一种客观事物本身的属性，如客观事物的重量、形状、颜色等。他无法解释如果没有人的参与，那种自然之美等价值如何存在。毕竟，价值是人所赋予客观事物的存在意义。价值是一个主客体之间的关系范畴。罗尔斯顿无法理解："假如大自然在过去和现在都没有赋予我们任何价值，那么，我们怎么能作为一种有价值的存在物而存在呢？"①在他看来，正是由于大自然赋予我们某种价值，我们才能成为一种有价值的存在。但是，我们同样可以发现，即使大自然没有赋予我们某种价值，我们还是可以创造各种大自然所无法创造的有价值的东西，如人的语言、文字等。因此，即使人是大自然的产物，但人还是能够创造各种大自然所无法创造的价值。

这是从一般的意义上探讨价值的主体。如果从道德价值的角度来看，这种价值的先验性存在，如同历史上曾经出现过的神创价值论，把神作为道德价值的源泉。在现代社会中，它无法推导进入具有浓厚人学色彩的道德价值的领域，反而会形成一种反证，论证了这种观点的荒谬性。

价值非人论的另一种研究思路是扩大了主体的范围，认为价值主体并不限于人。比如，当代美国哲学家努斯鲍姆（Martha C. Nussbaum），运用其能力途径分析正义问题，认为非人类的动物也是一种主体。"它把动物视为对象和主体，而不是仅仅为同情的对象"，"尊重每一种动物"。②在她看来，罗尔斯顿的正义思想有其局限性。他的社会契约论存在缺陷，只考虑人自身，而且是具有理性思维的人自身，而把精神上有障碍的人、动物等都排除在思考的范围之外。她要拓展正义的边界，把动物专门作为一种与人并列的主体。然而，她自己也发现，这种把动物作为主体的思想存在一些难题，"所有关于动物生活的文字描述都是出于人之手，很有可能我们关于动物的同情性想象也受到我们人类自身生活意义的影响"③。实际上，动物不可能也成为罗尔斯顿提出的订立正义原则的一方。最终，她也要转而依靠人类自身来帮助动物实现正义。

从道德价值论来看，这种把动物或某种物（如机器人）作为道德价值的主体的思想随意扩大了主体的范围。从表面来看，它提升了动物或某物

①　[美]罗尔斯顿. 环境伦理学[M]. 杨通进，译. 北京：中国社会科学出版社，2000：282.

②　Martha C. Nussbaum. Frontiers of Justice：Disability，Nationality，Species Membership，Massachusetts[M]. Cambridge：Harvard University Press，2000：351.

③　Martha C. Nussbaum. Frontiers of Justice：Disability，Nationality，Species Membership，Massachusetts[M]. Cambridge：Harvard University Press，2000：353.

的价值地位。实际上，它是对价值主体的滥用。当你把价值主体拓展到人之外的动物或某物时，其实就把人降低到了物的水平。毫不夸张地说，这是道德价值的贬值。这是人在自觉或不自觉地失去人应有的尊严和自重。当然，人类的道德要求，需要保护动物的生存或某种物质。如果说，这其中有某种道德价值，也是人所赋予的，是人自身道德意识发展的表现。它所展现的并不是动物自身的生存需求和价值欲求，而是人把自己的道德价值推演到了人之外的动物或某物上。人保护某些动物，实际上是为了满足人自身的某种价值需要，认为这种动物满足人的某些利益，是一种必要的存在，如宠物狗能满足人的娱乐需要、帮助人更好地生活。否则，人类将会消除那些有害的动物，如蚊子之类。人也会限制某些矿物的开采，实际上是因为人考虑到环境问题，或是出于未来长远发展的考虑，决定必须采取保护性开采措施。因此，人能够提出各种道德规范来保护动物或物，并不是把它们作为同自己一样的主体，而是为了人自身的生存和发展需要。其中，所蕴含的道德价值终究还是为了人自身的存在。人才是道德价值的主体。没有人，就没有所谓道德价值。

（二）人与道德价值的关系

要准确把握和理解人是道德价值的源泉，不仅需要考察历史和当代学界的一些相关观点，还需要进一步认识人与道德价值之间的不可分割的密切关系。

要进一步认识人与道德价值之间的不可分割的密切关系，我们必然要问，人是什么？这是一个人类自身反复追问了几千年的问题。或许，这个问题永远没有一个最终答案。我们只能不断在不同时代给予一种不断更新的回应。尽管如此，我们所能肯定的是，人从物中而来，又超越了物。这种肯定意味着人是生活在一个双重世界之中，人是一种双重的存在。

人，首先是一种生物，生活在大自然之中。人类学的研究表明，人是生物进化的产物。人起源于猿。由于气候变化，森林消失，草原出现，猿不得不来到地面，逐渐学会直立行走，学会了使用和制造各种工具，从而人猿揖别。从人的生活空间来看，人所生活的自然界，在人出现之前就已经存在了。大自然是人的自在的世界，是一种不以人的意志为转移的客观存在。人在大自然中建筑房屋，兴建水利，创建了宗教、哲学、文学、艺术等，从而形成了丰富的体力劳动成果和智力劳动成果。由此，人在其自在的世界中又构建了一个自为的世界。于是，人生活在双重世界之中——

自在的世界与自为的世界之中。人既是一种自在的存在，又是一种自为的存在。在众多的人类自为的成果中，道德是人的智力的创造物。人为何构建道德？是出于自身的需要吗？如果是出于自身的需要，属于哪种需要？人生活在双重世界之中，道德体现了人对自在的世界和自为的世界所赋予的何种意义？当人不断地进行这种追问，就是一种价值的探索。从道德价值论来看，这些都是属于道德价值论的研究对象。

人生活在自在与自为的双重世界中。如果我们把人视为一种生命体，那么道德就是一种超越生命的价值产物。道德属于人的精神世界的产物。从历史上来看，人们能够通过道德以及道德价值的研究，把握人的精神发展状态。道德中所蕴含的善恶的判断，表明了人的价值追求，因此，道德价值本身是人类精神进步的标尺，展现了人在精神上的自我超越。从这个角度来看，人既生活在物质世界中，也生活在精神世界中。人既呼吸着自然的空气，也呼吸着精神的空气。人既是一种生命的存在，也是一种超越生命的存在。

人的精神世界很早就出现了。作为精神世界中的道德，是伴随着人的产生而逐渐出现，道德价值的意识也是伴随着人的产生而逐渐出现。毕竟，在远古时代，没有相关的文字作为依据。我们只能通过一些考古学、生物学、人类学等学科的研究来进行推测，把握人类道德价值意识的发生。按照考古学家的分析，最早的道德要求是一些习惯禁忌，如禁止近亲结婚。原始部落中的人或许意识到近亲繁殖所带来的严重后果，导致整个部落的退化。这体现了他们的一种生存的需要。从人的起源来看，道德价值的出现要比人的产生晚一些。因为，道德价值的出现需要人的社会关系的形成以及人的自我意识的形成与发展。道德是人为了协调人与人之间的各种社会关系，如利益关系等而创建的。如果原始部落的社会关系没有一定的发展，就谈不上道德的问题，道德价值也就无法存在。同时，还需要人具有一定的自我意识，能够意识到这种社会关系的存在，然后才可能想出相应的措施，从而形成道德要求。因此，社会关系和人的自我意识都要在人有了一定的发展之后才会出现。尽管我们无法准确地提出道德、道德价值在人类出现之后的具体产生的时间，但可以推测其产生的大致过程，也能肯定道德、道德价值必然伴随人类的发展而发展。只要人类生活中存在各种矛盾与冲突，道德、道德价值的问题就不会消失。因此，从这个意义上看，道德和道德价值的问题是伴随人类社会始终的问题。它具有永恒的探讨意义。

从道德与道德价值出现的深层次原因来看，个体价值意识先于道德与道德价值出现。道德与道德价值总是以一种风俗习惯和行为表现自身的存在，是一定社会中个体善恶的价值意识出现后才逐渐演变而成。人类为了自身的生存与发展，不断探索满足自身需要的方法与手段。这是一个漫长的历史过程。在这个发展过程中，人自身的善恶的价值意识逐渐从自发走向自觉。因为，人猿揖别时，人的语言等还有待发展，思维还有待进化。个体的人可能有了善恶的价值意识，但无法传递给他人，有待于形成一定社会规模的风俗习惯与思维习惯、行为，即道德与道德价值的早期样式。因此，先有个体的价值意识，才可能汇成一种群体的社会要求与价值取向。"道德的起源，不仅经历了一个从萌芽到形成的漫长历史过程，而且也经历了一个最初由少数人明确意识到逐渐发展为大多数人的意识，变为普遍的、共同的社会要求的历史过程。"①这段话固然是针对道德而言，其实也适用于道德价值。道德与道德价值的出现是人的价值意识发展到一定水平时的产物，是人的不断反思的结果。一般而言，人为了自身的生存与发展，需要借助两种力量，一种是物质力量，另一种是精神力量。在人类社会的早期，他们可能更为依靠物质力量，然而，伴随着人的语言以及思维能力的发展，他们也需要依靠精神力量。随着人的精神世界日渐丰富，个体的价值意识逐渐汇聚成为一种社会群体的价值意识和价值规范，从而形成了一定社会的道德与道德价值。

人是道德价值的源泉，包含了两种含义：一是从道德价值形成的角度来看，道德价值是人所创造的产物；二是从道德价值发展的角度来看，道德价值是人的自由抉择的产物。在西方哲学中，萨特（Jean-Paul Sartre）从一般价值论的角度来论述人是价值的源泉。他认为，价值就是人的自我创造。只有人才能给予他在世界上的各种关于世界的经验的意义和重要性。同时，他认为，"人是自由的，人就是自由"②。人是一种自由的主体性存在。他希望把人类世界建立为一个与物质世界所不同的价值世界，并把这作为存在主义哲学的最高使命。在他看来，人的价值就在于他能够自由选择。"我们有进行选择的自由，但是我们并不选择是自由的：我们命定是自由。"③萨特认为，我们是被抛到自由之中的。"自由是选择的自由，而

① 唐凯麟. 伦理学[M]. 北京：高等教育出版社，2001：43.
② ［法］萨特. 存在主义是一种人道主义[M]. 周煦良，汤永宽，译. 上海：上海译文出版社，1988：12.
③ ［法］萨特. 存在与虚无[M]. 陈宣良，等，译. 北京：生活·读书·新知三联书店，1997：604.

不是不选择的自由。不选择，实际上就是选择了不选择。"①选择是价值的来源，价值就是你选择的意义。人正是在自由选择中成为不同于其他物的存在，具有其独特的超越性品格。宾克莱曾这样诠释萨特的观点：当他体会到他自己都感到十分忧闷，他毕竟是他自己的制造者时，分析到底，连不践踏草地之类的决定都是他自己做出的，都反映着他对价值的选择。他意识到他自己毕竟是自由的，因而确信他是人独自在维持价值的存在，人永远有可能对自己过去所采纳的价值提出怀疑，选择新的价值来代替旧的价值。②尽管萨特坚持了一种极端的价值相对主义立场，一切价值都是相对于自己而言的，显然存在严重缺陷，但他的价值思想还是有其合理的成分。他肯定了人是价值的源泉，论述了人在自由选择中促进了价值的更新换代，歌颂了人的价值世界的高贵性。从道德价值论来看，人是道德价值的源泉。一方面，道德价值是人创造的。另一方面，在一定的社会道德价值环境中，道德价值是人的选择的产物。人总是选择了不同的道德价值。正是在这种选择中，人淘汰了旧价值，提出了新价值，从而推动道德价值的发展。

由于人处在双重世界中，人与道德价值之间的关系，可以分为自在世界中的人与道德价值之间的关系、自为世界中的人与道德价值之间的关系。

自在世界中的人与道德价值之间的关系展现了人永远生活在一定的自然界之中，永远无法完全摆脱自然界的束缚。尽管自然界先于人而存在，并非人的创造物，但人生活于其中，借助道德价值意识，无时无刻不改造着自然界，把它变为一个有助于自己的生存与发展的空间。

一方面，道德价值意识受制于自然界。人的能力总是有限的。从人的角度来看，自然界构成了人的最大的异己力量。人生活在一定的自然界之中，其道德价值的追求总是不可避免地或多或少受到自然界的影响。因为，道德价值意识是人的精神境界的展现。这种价值意识总是人在一定时空条件下的自我的价值选择的产物。一定的自然时空，构成了人的价值意识的外在环境的限制范围。人追求一定条件下的道德价值，不可能脱离一定的自然时空的束缚。

另一方面，道德价值意识在改造和利用自然界中发挥着重要作用。在

---

① [法]萨特. 存在与虚无[M]. 陈宣良，等，译. 北京：生活·读书·新知三联书店，1997：599.
② [美]L. J. 宾克莱. 理想的冲突：西方社会中变化着的价值观念[M]. 马元德，等，译. 北京：商务印书馆，1984：235.

人类从必然王国走向自由王国的过程中，人的价值意识随着人不断征服和拓展其生活的自然空间而拓展。不可否认，人在征服和拓展自然空间的过程中，总是需要借助人的自由意志。这种人的自由意志服务于人的价值取向。道德价值取向是其中的一种重要的价值取向。它是人的自觉自主的选择，展现了人的主观能动性，也意味着人自愿承担一定的道德责任。从形式上看，人作用于自然界的行为既可能以个体的形式做出，也可能以群体的形式做出。一般而言，人改造和利用大自然的行为总是以单个个体或多个个体的形式来表现，展现人的个体或群体的意识。其中，道德价值意识是人在征服和改造自然界中的重要意识。

当然，人在运用道德价值意识来改造和利用大自然的过程中，也会根据大自然的实际情况做出相应的调整。质言之，自在世界中的人与道德价值之间的关系意味着自然界构成了人的道德价值意识的外在环境，而人也借助了道德价值意识来改造和利用自然界。从而，自在世界中的人与道德价值之间构成了密切的关系。

自为世界中的人与道德价值之间的关系展现了人永远是道德价值的主体，是道德价值的创造者。道德价值是人在其自为世界中的自为物。

自为的世界是人自为的结果。人的存在就是不断把自在的世界向自为的世界转化的存在。按照摩尔根在《古代社会》中的分析，人在越是低级的社会中，越是服从于自然环境的影响力。随着进入高级的社会，人逐渐成为自然的主人。尽管如此，人在自然界中总是存在自己所无法预料和难以解决的问题。相对于自在的世界，自为的世界是人自身按照自己的需要所构建的二次生成的世界。人赋予了二次生成的世界各种意义。比如，人要吃各种食物，创造了美食文化，赋予了食物一种美味的价值；人要繁衍后代，创造了爱情、婚姻、家庭的浪漫，赋予了生殖一种美丽的意义。道德价值也是人在二次生成的世界中的产物。人构思了人要成为人必须做具有道德价值的事情，赋予了人作为生物的高贵性。道德价值只有在人类社会中才存在。动物、植物等服从自然规律，唯有人能够根据自由意志，做出具有道德价值的事情。

道德价值是人在其自为世界中的自为物。人为了自身的生存与发展，构建了各种社会制度，建设了各种房屋等实体，这些自为物之中都潜在地展现了人的价值取向，被赋予了某种价值。可以毫不夸张地说，人所创造的自为物，都是人所需要的，都具有其存在的价值或意义。在宗教、法律、文学、艺术等研究中，人们能够找到其存在的宗教价值、法律价值、文学价值、艺术价值等。道德价值是与之并列的一种价值。这些价值共同构成了人的价值总和。就道德价值而言，它常常被外化为道德规范，主要是为了解决人与人之间的利益冲突，它渗透于人与人之间的关系之中。如果没有人与人之间的利益冲突、矛盾等，也就不需要道德规范，道德也就失去了存在价值。我们不难发现，道德价值孕育在人与人之间的各种关系之中，是人为了解决自身的各种问题而加以探讨的对象。它代表了人自身的作为人的生存意义的追问。

人是一种世界性存在。一方面，人与整个世界密不可分，我们不可能找到一个脱离了世界的个体。人总是在世界之中，因此，人是属于世界的。人的任何活动都是在世界中的活动。道德价值是一定时空条件下人的活动的产物。另一方面，人不断地探索整个世界，把自然的世界转变为自为的世界。从这个角度来看，世界是属于人的。人构建了一个道德的价值王国。在这个王国中，道德价值是人从人的道德意义上评价整个世界的最终依据，是人不断探索自我生命意义的产物。

（三）作为道德价值源泉的人

人是道德价值的源泉。我们或许还需要进一步追问，究竟什么样的人才是道德价值的源泉？这个人是普通的人，还是杰出的人？杰出的人与普通的人在道德价值的形成过程中各自发挥了怎样的作用？这就需要进一步考察。

作为道德价值源泉的人，是具有道德价值意识的人。这种道德价值意识是人的自由意志的体现，是人应有的类本质的展现。无论这个人是普通人，还是杰出的人，只要具有道德价值意识，就能够成为创造和实现道德价值的源泉。"人是类存在物。"[1]人通过实践创造对象世界，改造无机界，人证明自己是有意识的类存在物，就是说是这样一种存在物，把类看作自己的本质，或者说把自身看作类存在物。人具有其类本质，与动物的种本质不同。动物的种本质是动物根据其种而相互区分。动物的种与种中的个体生命是直接同一的。我们只需要分析某种动物中的少数动物，就可以掌握和理解整个同种动物的个体生存与繁衍的状态。对于认识动物的种，我们只需借助形式逻辑就可以分析。人却与之不同。因为，人从动物中分化出来，人具有其类本质。类不同于种，它既具有群体性，也具有个体性。人的类本质与个体生命之间并不是直接同一的。个体的人之间具有丰富的差异性。我们不可能仅仅研究几个人，就认为理解和把握了所有的人。正

---

① ［德］马克思. 1844 年经济学哲学手稿［M］. 北京：人民出版社，2004：56.

如马克思所说："动物和自己的生命活动是直接同一的。动物不把自己同自己的生命活动区别开来。它就是它自己的生命活动。人则使自己的生命活动本身变成自己意志的和自己意识的对象。他具有有意识的生命活动。"①道德价值意识是人的有意识的生命活动的体现。它是人的自由意志不断选择的结果，充分展现了人的精神世界的丰富性。我们不可能仅仅借助形式逻辑就能分析清楚人的道德价值意识，厘清人的内在精神世界。

人与人之间差别很大。生活在不同时代的人，道德价值意识不可同日而语。原始人与现代人，都是人，但无法等量齐观其道德价值意识。因此，道德价值意识，在不同时代具有不同的表现。比如，在马克思所说的三种共同体中，其表现不同。在古代共同体中，它主要表现为道德整体主义价值观。在货币共同体中，它主要表现为道德个体主义价值观。在未来的自由人联合体中，它主要表现为自由人道德价值观。

具有道德价值意识的人，是具有伦理或道德规范意识的人，不会是道德冷漠的人。在现代社会中，许多现代人变得在道德上冷若冰霜。按照哈特曼的分析，这些现代人，生活焦躁不安，行色匆匆，活在当下，毫无反思。任何东西都不能进入他们最内在的精神世界。伦理规范是他们极力挣脱的心理枷锁。他们有的是竞争对立、唯我独尊、贪图享乐。甚至，他们会把自己的道德堕落当做美德，把躲避崇高、冷眼旁观、无动于衷视为成熟稳重。他们会铁石心肠地、轻飘飘地略过一切事情，追求一种舒适圆滑的生活方式。他们自以为是，摆出一副高高在上的架势，借以掩饰他们内在的空虚和无聊。正如哈特曼所说："在一切方面讲伦理的人都与冷漠无情、无动于衷、行色匆匆的人完全相反。他是价值的看者，他是哲人这个词原初意义上的哲人：'尝试者。'他是这样一个人：有能力拥有全面的生活价值，拥有能力。"②具有道德价值意识的人，能够反思生活中的价值追求，尊重生活中的道德或伦理要求，具有一定的规则意识，并努力践行。

或许有人会问，人有普通人和杰出者之分。他们同样作为有道德价值意识的人，在发现、概括和推广道德价值方面是否发挥着等量齐观的作用？尽管普通人和杰出者都是道德价值的源泉，但能不能发现新的道德价值，能不能有更好的概括、提炼，能不能加以推广和让人们接受？相较普通人，杰出人物发挥了独特的重要作用。礼是春秋时期人们所遵循的社会

---

① ［德］马克思. 1844 年经济学哲学手稿［M］. 北京：人民出版社，2004：57.
② ［德］哈特曼.《伦理学》导论［M］//冯平. 现代西方价值哲学经典：先验主义路向（下册）. 北京：北京师范大学出版集团，2009：667.

道德规范。荀子在谈到礼的价值起源时，把这归结为先王的作用。"礼起于何也？曰：'人生而有欲，欲而不得，则不能无求。求而无度量分界，则不能不争；争则乱，乱则穷。先王恶其乱也，故制礼义以分之，以养人之欲，给人之求。使欲必不穷于物，物必不屈于欲。两者相持而长，是礼之所起也。"（《荀子·礼论》）按照荀子的观点，先王即圣人，发现和概括了礼的价值，并让人们广泛地接受礼。礼可以解决人的物质欲求与有限之物产之间的冲突。从经济伦理的角度来看，先王通过礼而"分"，即分配的调整来缓和冲突，"以养人之欲，给人之求，使欲必不穷于物，物必不屈于欲。两者相持而长"。尽管荀子概括礼的价值起源未必全面，但充分肯定了杰出者在道德价值的发现、提炼、概括和推广中的重要作用还是十分正确的。

首先，在道德价值的历史发展中，尤其在一些社会重大转型时期，杰出人物的发现、提炼和概括就显得非常重要。恩格斯在谈到杰出人物在追求真理中的关键性作用时，曾指出："真正的理性和正义还没有统治世界，这只是因为它们没有被人们正确地认识。所缺少的只是个别的天才人物，现在这种人物已经出现而且已经认识了真理，至于天才人物是在现在出现，真理正是在现在被认识到，这并不是从历史发展的联系中必然产生的、不可避免的事情，而纯粹是一种侥幸的偶然现象。这种天才人物在500年前也同样可能诞生，这样他就能使人类免去500年的迷误、斗争和痛苦。"①从这个角度来看，伦理思想史中的杰出人物之所以为杰出人物，就在于他们能够在具体的道德现象中发现其普遍性的价值，能够进行提炼和概括，并把它作为自己一生的目的和事业，从而加速了人类历史发展进程，推动了人们对道德价值的认识与发展。从深层次来讲，道德上的杰出人物之所以杰出就在于他们是自己时代的道德化身，是时代精神在道德价值上的历史呈现。缺乏一个时代道德价值的杰出人物，意味着缺乏道德价值的历史代言人，道德价值的历史发展进程必然会严重迟缓。

其次，杰出人物不仅能够发现、提炼和概括道德价值，而且重要的是能够以此影响其他人。我们不能轻易地下结论，认为人类社会是由杰出人物所"统治"，然而至少可以说人类社会应该由各种杰出人物所"治理"或"影响"。杰出人物在人类社会的各个发展阶段都具有举足轻重的指引与导向作用。毕竟，杰出人物并非普通人，他们在道德价值方面的发现、概

---

① ［德］马克思，恩格斯. 马克思恩格斯文集（第3卷）［M］. 北京：人民出版社，2009：526.

括和总结中具有广泛的影响力，并能够有效地促进人们接受这些道德价值观念。比如，孔子所开创的儒家学派有弟子三千，贤者七十二人。这对于其道德价值思想的传播无疑意义深远。究其深层次原因，它符合社会历史发展的客观需要。孔子在春秋时期所概括的"仁"的价值，是针对之前所提出的"仁"的各种论述的总结，展现了春秋时期人的价值意识的觉醒。孔子的"仁"从"爱亲"推至"爱人"，由近到远、由亲到疏，既涉及了继承个体处理其家族血缘关系的价值，也涉及了社会剧变中个体要维护整个氏族，甚至整个华夏民族的价值。它符合华夏文明统一文化的历史要求，因而为人们所广泛接受。正如哈特曼所说："在伦理学革命中，个人实际扮演的角色十分不同。普通人在整个进程中只是一个逐渐消失的因素。但是，价值意识的整体在人们的习惯中重新巩固，也在他们首先找到的形式和表达中重新沉淀下来。接下来，人们以此为开端，作用于更广阔的领域。这一现象在发生剧变的历史时刻得到清晰的展现。在这里，伟大的伦理领袖的地位被凸显出来：精神上的英雄、先知、宗教创始人——理念倡导者。他们推动着整个历史的进程，也发动了大众的革命。很自然地，我们会认为，这些领袖就是新的价值形式的'发明者'，价值本身的诞生在理念倡导者的头脑里。"①

我们肯定杰出人物在道德价值的发现、提炼、概括和推广中的重要作用，并不是鄙视普通人在道德价值方面的贡献。事实上，普通人是社会存在与发展中的主要力量。如果没有他们的认识、相信与贯彻，道德价值不能外化为现实，发挥其应有的历史作用。我们可以这样来理解：杰出人物是一定时代中普通人的杰出代表，他们来源于道德生活的历史实践，也服务于道德生活的历史实践。杰出人物的重要作用在于道德价值的发现、提炼、概括和推广；普遍人的重要作用在于认识、相信与贯彻。没有普通人在道德价值方面的参与，杰出人物在道德价值方面的天才构想只不过是历史上的孤独呐喊而已。

值得注意的是，人是道德价值的源泉，并不是否定道德价值是一个关系范畴。道德价值是道德主体与道德客体的关系范畴，是主体对客体的反映，是人对道德在社会生活中的意义的探索。我们肯定人是道德价值的源泉，是为了表明人作为道德主体的积极意义。没有人的存在，道德价值无从谈起。从一般意义的价值论来看，它在理论上不同于客观价值论和主观

---

①　[德]哈特曼. 发现价值的途径[M]//冯平. 现代西方价值哲学经典：先验主义路向（下册）. 北京：北京师范大学出版集团，2009：688.

价值论，而是属于价值关系论。在 19 世纪之前，价值论从属于伦理学。价值与道德价值是同一的。尽管没有价值、道德价值的说法，但存在相关的观点，即客观价值论。当时的人们认为存在一个普遍的永恒的终极价值，把它作为价值判断的标准。自近代以来，随着价值概念的拓展，人们认识到主体，即人在价值中的重要性。但是，李凯尔特、狄尔泰、胡塞尔等人，把人的主观性抬到虚无缥缈的无以复加的高度，把客观现实彻底主观化，完全忽视了客体本身在价值中的意义。显然，这也是错误的。在这里，人是道德价值的源泉，是指人在社会现实中提炼和形成了道德价值。它与主观价值论是完全不同的。人是道德价值的源泉，是秉持了一种价值关系论基础的观点，既不同于客观价值论，也不同于主观价值论。它表明人在一定的时代的社会现实中提炼和形成了道德价值。

在这里，道德价值是人的创造物。人有其人的本性，即人性。作为人类实践活动中所提出的道德价值，与人性之间必然存在着或多或少密切的联系。正如休谟所发现："一切科学对于人性总是或多或少地有些联系，任何学科不论似乎与人性离得多远，它们总是会通过这样或那样的途径回到人性。"①我们在探讨道德价值的分类后，提出了一个重要推论：人是道德价值的源泉。从更深层次来看，道德价值不可避免地与人性之间存在着联系。人是道德价值的源泉，从这个角度来看，更为准确地说，人性是道德价值的基础。人性是一个自古以来争论不休的问题。一般而言，人性分为理性与非理性两个部分。因此，要探讨道德价值的基础，我们需要从人性角度，研究道德价值的理性基础与非理性基础。而人性是在一定社会实践基础上的产物，由此，我们还要从实践基础上进一步加以研究。

---

① ［英］休谟. 人性论(上册)［M］. 关文运，译. 北京：商务印书馆，2005：6.

第四章　道德价值的基础

道德价值的基础是指道德价值形成的基本根据。追溯道德价值形成的基础，只是为了探讨道德价值成为其自身的原理和原因。道德价值，相对于人而言，存在着多种多样的形式，也就是说存在着多种多样的形成原因，从中寻找其基本形成依据，意味着从人的基本生存与发展中阐述其基础性来源。这个基础性来源就是道德价值的基础。人有理性和非理性的，因此，道德价值的基础有人的理性基础和非理性基础。同时，人的理性和非理性总是统一于一定的实践活动之中，因而道德价值还有其实践基础。我们可以从人的理性、非理性以及实践活动这几个方面来探讨道德价值的存在基础。

一、道德价值的理性基础

理性是人类一直引以为傲的象征。我们常常把理性作为人与动物相互区别的属性。理性这个词在汉语中最早出于东汉的徐干所著的《中论·治学》中："学也者，所以疏神达思，怡情理性，圣人之上务也。"在这里，"理性"是调理性情之意，显然与当代的理性之意完全不同。《后汉书·党锢传序》曰："圣人导人理性，裁抑宕佚，慎其所与，节其所偏。"在这里，"理性"是指本性之意，有些接近当代的理性之义。其实，理性这个概念来源于古希腊文明。理性在西方文化中，最早起源于希腊语词语"逻各斯"（希腊语：λóγos，logos）。我们在柏拉图、亚里士多德等人的著作中都会看到这个词汇。柏拉图在《理想国》第 4 卷中指出，理性是灵魂的一部分，即爱智慧的部分。理性能够做计划和推论，能够思考一些问题，能够帮助我们热爱和寻找真理。亚里士多德在《尼各马可伦理学》第 6 卷中进一步提出，理性有两种，理论理性和实践理性。理论理性关注不变的必然的东西，实践理性关注变动的东西。柏拉图和亚里士多德所说的理性，与休谟的理性不同。他们的理性自身具有动力作用和指引作用。休谟的理性只是欲望的奴隶，在欲望的指挥下发挥算计的作用。因此，理性本身作为一个概念存在多种含义，甚至存在严重的歧义。

（一）从哲学的理性到道德价值理性

在当今人们的日常生活中，理性的含义众多，如人们的概念、判断、推理等方面的思维能力；针对紧急情况或状态时的冷静态度；遇到外在诱惑，保持内心的平静；科学的知识、方法或规律；针对人、事或物的全面而客观的分析、了解和总结；与人的感性认识相对的认识状态；根据事物发展的规律或相关社会规范来处理问题，做事不冲动，不凭感觉办事；等等。

从哲学角度来看，作为西方哲学中的一个重要概念，理性是人的精神世界中所构思的一种精神现象。从历史发展来看，它在不同的哲学领域有不同的内涵，主要涉及本体论、认识论、伦理学、价值论、方法论等多个方面。它主要有五种含义。

第一种是本体论维度的理性，即本体理性。它是自柏拉图以来所开启的传统，在黑格尔哲学中达到巅峰。这种理性预设了一种神圣性的终极存在，并且是作为人的出现之前的先验存在。它是一种纯理性的精神存在，一种永恒的自在的存在。这种本体理性认为理性是宇宙之根源和世界之灵魂，是一种内在于现实中的本质性结构或世界的客观的秩序原则。

第二种是认识论维度的理性，即认识理性。它是随着笛卡尔的理论而产生，17—18 世纪间主要在欧洲大陆得以传播的一种哲学传统。它是相对于经验论而言的认识方法。它是指理性能够直接通往真理，可以作为不证自明的第一原理来获取各种知识。人天生具有一种从现象中抽象、概括出规律，从而获取知识的认识能力。

第三种是伦理学维度的理性，即伦理理性。这种理性是指人的内在根据性，它意味着两层含义：其一，理性而非感性，是人所特有的本质属性。它是自亚里士多德以来所形成的一种哲学传统。把人与世界万物相比，理性是人所特有的，也是人与其他生命体根本区别的地方。其二，理性而非信仰，是人之为人的内在规定性。它是西方自启蒙运动以来所逐渐形成的一种哲学传统。人有了理性，才可能有自知之明。人借助理性认识自己，而不是借助信仰。人创造了上帝，而不是上帝创造了人。人是自己的主人。这种理性在反对中世纪神学所形成的蒙昧和启发人的思想独立的过程中，发挥了重要作用。由于把理性理解为人的内在根据性，因而人运用理性形成了道德，构建了伦理学。

第四种是价值论维度的理性，即价值理性。它强调理性的价值目标和价值评判标准。它超越了功利性的目标，追求符合人类社会生存和发展的非功利性目的。它把理性作为一种价值评价的标准。它展现了人追求理想目标的抽象性与无限性。其中，它也常常带有某种空想的特性。价值理性试图从普遍的外在原因来探讨价值的根源，并设立价值目标和评价标准，因此，与本体理性有了相通之处。

第五种是方法论维度的理性，即方法理性或工具理性。它是随着西方近代科学技术的飞速发展和认识自然的迫切需要而出现的。它从方法的角度界定理性，认为理性只是实现目的的工具或手段，在达到某种具体的功效之前，本身并没有追求价值目标的意义。方法理性重视其工具功能及其实践而与认识理性不可分离，但它忽视了价值目标的追求而与价值理性不同。因此，方法理性常常与价值理性相对立。

这五种理性表明了人借助理性从不同角度来解释和改变世界。本体论维度的理性，致力于探讨世界的终极本性问题；认识论维度的理性，致力于探讨如何认识世界的问题；伦理学维度的理性，致力于探讨人的本质的问题；价值论维度的理性，致力于探讨超越性的价值目标的问题；方法论维度的理性，致力于探讨如何发挥其工具或手段的作用的问题。

从道德价值论来看，理性首先是一种伦理理性。它充分肯定了道德价值意识作为人之为人的独特性。其次，理性是一种价值理性。道德价值的概念中包括了道德价值主体对于道德价值客体的超越性指向。这就需要价值理性的指引。另外，理性也是一种工具理性。道德价值的概念还包括道德价值客体对于道德价值主体的意义。这就涉及工具理性的作用。在本书第三编中，专门阐述了道德价值的实现——既需要价值理性，也需要借助工具理性才能实现。从这个意义上说，道德价值是道德的内在价值与外在价值，或者说目标价值与手段价值的统一。因此，本书的理性是在三种层次上的运用，即伦理学维度的理性、价值论维度的理性和方法论维度的理性。

为了更好地理解这种作为道德价值基础的理性，我们可以把这种理性称为道德价值理性。它包括三种含义：第一，道德价值理性，是人之为人的内在规定性。它是人所特有的本质属性之一，是人的一种本质力量，是人的一种能力。第二，道德价值理性，是人能够运用理智反思道德价值的能力。它是人在其现实生活中，运用概念、判断、推理、证明等逻辑形式探索道德的内在价值与外在价值的思维能力。第三，道德价值理性，是人能够运用理智实现道德价值的能力。它是人在其社会生活中，运用其逻辑思维实现道德价值的实践能力。尽管三种含义存在着层次上的差别，但它们存在着一以贯之的内涵：道德价值理性是一种超越了感性而把握道德价值的抽象普遍性的能力。它是人内在的思维能力与实践能力的统一，是一种既与非理性相对应，又与逻辑、规律相联系的能力。因此，本书后面所谈论的理性主要就是指这种道德价值理性。

(二)道德价值是人的理性的构成物

人是理性的存在。人正是运用理性来提炼和构思道德价值，并把它运用于社会生活现实之中的。道德价值也就展现了人的理性的状况。具体而言，道德价值是人的理性的构成物，其根据主要在于道德价值是人的理性发展的产物，道德价值反映了人的理性的状况，道德价值离不开人的理性的手段。

其一，道德价值是人的理性发展的产物。

从西方传统哲学来看，理性一直被认为是人在尘世间所特有的品性。古希腊、古罗马的思想家们曾相信神的存在。他们把理性视为人所分享的神的属性，因而人高于其他生物而能成为万物的主宰。西塞罗指出："没有什么比理性更美好，它既存在于人，也存在于神，因此人和神的第一种具体物便是理性。"在他看来，"人具有理性，能思维，而其他一切生物则缺乏这种能力"。①奥勒留直接把理性作为人的本质。他说："我之所以为我，不过是一堆肉、一口气和一股控制一切的理性。丢开你的书本！不要再被书本所困惑，那是不可以的。要像一个垂死的人一般，轻视那肉体——那不过是一汪子血、几根骨头、神经和血管组成的网架。再看看那一口气，究竟是什么东西——空气而已，还不是固定的一口气，每分钟都要呼出去，再吸进来，剩下来的是理性。"②

人，在他们看来，是具有预见性、灵敏性、综合力、机智力的动物，是富有记忆力、充分的理性和深谋远虑的动物。神把理性思维赋予了人，成就了人的高贵的地位。因此，人是如此众多的各种各样的活的生命当中唯一获得理性的一种生命，而其余的所有生命样式都在人的高贵的理性面前而黯然失色。直到近代德国启蒙思想家康德，都秉承这种理性的高贵

---

① [古罗马]西塞罗. 西塞罗文集(政治学卷)[M]. 王焕生，译. 北京：中央编译出版社，2010：160.
② [古罗马]马克·奥勒留. 沉思录[M]. 梁实秋，译. 南京：译林出版社，2012：16.

性。他指出："人们发现，在他们自身之内确实存在着一种把他们和其他物件区别开，以致把他们和被对象所作用的自我区别开的能力，这就是理性。"①近代的笛卡尔更是直接指出，理性是人的天赋，人与禽兽的区别在于人具有理性的禀赋。

从人类学的研究来看，人的理性源于人的劳动活动，并随着社会经济状况的发展而发展。在人猿揖别的过程中，人的理性逐渐萌芽并不断发展。人类学的研究表明："从原始语言时期到语言分化时期的最主要特点，就是具体词汇的丰富和一般词类的贫乏。例如，在南非的朱鲁人那里，对于红的、白的、黑的等各种颜色的母牛都有特殊的名称，却没有一般种类的母牛的名称……在人称代词方面，他们可以个别地表示'我和你''我和他'等，却不能一般地表示'我们'。此外，像'树''鱼''鸟''水''冷''雪'等，许多原始民族有数十种甚至上百种专门的词来表示具体的区别，但却没有一般的词来表示这些食物。"②人刚开始还无法达到较高词汇的抽象水平，但他们已经开始从具体事物中逐渐发现其中的普遍共同性，于是有了较为普遍的概念。即使这个东西并不存在于眼前，也可以通过一个词来表示，从而使人与人之间能够在更大的空间内沟通。人的理性就是这样一步步发展起来。理性的发展，导致人能够预先设计和安排，共同协作来进行推断和预测，更容易捕猎。比如，人能够做好陷阱，引诱动物进入。动物无法如同人这样思考、交流和行动。这些表明人的理性已经使他们超越了动物，具有它们所不具备的能力。

人的理性是按照人的生存环境而出现和发展的。最初，这种生存环境是人所能适应的最为艰苦的环境。"安逸对于文明来说是有害的。"③人类学的研究表明，如果原始部落的生活环境过于安逸，人就失去了挑战的动力，理性难以发展，要么文明始终处于低端状态，要么遇到以后的艰苦环境时无法适应而消亡。反之，环境过于险恶，超过了人所能适应的程度，人即使借助理性，也无法解决其困难，最终也就消失在历史的长河中。唯有在一种人所能适应的最为艰苦的环境中，人借助了理性，既能维持其生存，也能谋求其发展，文明才能延续。理性是人在艰苦环境中所磨炼出的一种思维能力和实践能力。道德价值就孕育在人的这种理性之中。

---

① [德]康德. 道德形而上学原理[M]. 苗力田，译. 上海：上海世纪出版集团，2005：76.
② 张浩. 思维发生学——从动物思维到人的思维[M]. 北京：中国社会科学出版社，1994：160.
③ [英]阿诺德·汤因比. 历史研究(上卷)[M]. 郭小凌，等，译. 上海：上海世纪出版集团，2014：93.

在人类的童年时代，为了人自身的生存，人不得不思考个体如何生存？个体能否脱离群体而存在？大家如何相互帮助，共同面对恶劣的自然环境？人在其最初的生存环境中，群体的生活经验会告诉他们个体无法离开群体，群体生活更容易保障个体的生存。在群体生活中，如何相互帮忙，其实涉及处理个体之间的相互关系的问题。如果在围猎的过程中，大家彼此之间相互帮助，更容易捕猎成功。人不得不思考，千辛万苦获得的猎物，如何分配？如何才能保证整个群体不至于出现饥荒？人会意识到平均分配食物，才能保证种族的繁衍。人也会思考男人与女人之间的关系。如何保证下一代能够更好地生活下去？人不得不思考自身繁衍的禁忌问题。显然，外在的艰苦环境，迫使人不得不反复思考自我的生存和发展问题，其实也就是道德价值问题。人想要在大自然中获取其生存之道，对如此之类问题的思考和采取的对策，其实就是人借助理性在思考和处理道德价值问题。翻阅远古留下的史诗和神话故事，如荷马的《奥德赛》《伊利亚特》，赫希阿德的《神谱》，尽管它们借助了神话的样式，我们不难发现其中展现了远古时代所概括的道德价值，比如为了家乡、部落和群体而勇敢牺牲的精神，面对恶劣自然环境的坚忍不拔的品质，同伴之间相互协作的品性，等等。它们展现了人的理性的思维能力和实践能力。正如汤因比所说："英雄故事和史诗的兴起是为了满足一种新的精神需求。"[①]这种精神需求就是人的道德价值的觉醒。人们从中提炼了各种道德要求，如勇敢、团结、公正和智慧等。其中，有些本身就是道德价值，有些则是道德价值的外化，即道德规范，有些既是道德价值，也是道德规范。

道德价值的出现，表明了人为了自身的生存和发展而借助理性自己为自己立法。人在生存危机中不得不思考如何处理各种最初的社会关系，具有某种规范意识。从某种意义上说，理性就是一种自我存在的规范，或者说，从理性出发，必然要提出相应的规范，一定的规范体现一定条件下自身的存在。正如斯宾诺莎所说："道德的原始基础乃在于遵循理性的指导以保持自己的存在。因此，一个不知道自己的人，即是不知道一切道德的基础，亦即是不知道任何道德。"[②]由此可见，道德价值意味着人的自我认识的发展，是人在一定历史经验基础上的理性提炼和概括。

同时，道德价值的出现，展现了人的精神世界的曙光。人的形成是人

①　[英]阿诺德·汤因比. 历史研究(上卷)[M]. 郭小凌，等，译. 上海：上海世纪出版集团，2014：108.

②　[荷兰]斯宾诺莎. 伦理学[M]. 贺麟，译. 北京：商务印书馆，1991：212.

从生物上的人转化为精神上的人。这种精神上的人，最大的特征就是具有了理性。道德价值的理性提炼和概括，是人的文明历史发展的一个重要标志。道德价值是最古老的精神世界的产物。随着道德价值的出现，道德禁忌、道德规范出现，人的精神世界变得日益丰富，人逐渐构成了为自己所特有的一个本体世界。没有人的理性，没有人的智慧，人将沉睡在自己的生物层面，沦落于万物之中，始终只能是人形动物。

正是由于人在劳动中有了理性，才可能有自知之明。人在理性的基础上构建了道德价值，道德价值是人的理性的产物。没有理性，人类就不可能自主地创设或者运用道德来约束自我、规范自我、劝止恶行，也无法认识到道德在社会生活中的内在价值和外在价值。

其二，道德价值反映了人的理性的状况。

一方面，道德价值是人的理性所构思出来的产物。从另一方面来看，道德价值反映了人的理性的状况，或者说人的理性状况总是体现了一定的道德价值。我们可以从道德价值的产生、发展以及某个特定时代的道德价值的状况等方面来把握。

从道德价值产生的历史过程来看，道德价值的形成经历了从简单到复杂、从自发到自觉的过程。人的理性诞生于人的自我意识，也经历了从初级到高级、由具象到抽象的过程。人类学的研究已经表明，道德价值的这种形成过程与人的理性的出现与发展是相一致的。因此，道德价值的产生的历史过程体现了人的理性的产生和发展的状况。

从道德价值发展的历史过程来看，道德价值的每一个历史发展阶段都反映了这个特定历史阶段的理性状态。这种时代的理性其实也是一种时代精神在道德价值领域的体现。按照马克思的五种社会形态的划分，不同社会形态有着不同的道德类型。原始社会有原始社会的道德，奴隶社会有奴隶社会的道德，封建社会有封建社会的道德，资本主义社会有资本主义社会的道德，社会主义社会和共产主义社会也有其自身的道德。而这些社会道德背后都有其主导的道德价值的支撑。原始社会的理性不可能构思出超越其社会阶段的奴隶社会的道德价值。封建社会的道德价值也不可能由奴隶社会的理性所构思。在资本主义社会中，资本主义的理性无法提出社会主义的道德价值。每一个时代的道德价值总是以它所处的时代的理性为依据。每一个时代的道德价值都是每一个时代的理性的反映。

从某个特定时代的道德价值的状况来看，任何时代的某个特定的道德价值都在一定程度上反映了当时人们的理性状况。同时，它也反映了一个超越以往时代的更高远的理性状况。比如，公正，作为一种道德价值，在不同时代反映了人们不同的理性状况。在古希腊时期，柏拉图认为，公正有两种，即个人的公正和社会的公正。他这样谈论个人的公正："我们每一个人也一样，倘若他的灵魂的各个部分各自做本分的事，他凭着这一点便成为一个合乎公正的人，做他本分的事的人。"①关于社会的公正，他认为："每个人必须在国家里面执行一种最适合于他的天性的职务。"②"一个国家，倘若其中三个阶层身份的人都各自专心尽其本分职责，那么它便是合乎公正的。"③这种公正和古希腊时期把理性视为神的属性有很大的关系，社会的等级是按照神的属性，或理性的等级状态来决定。公正就是要维护这种由理性所决定的国家的等级制度。在中世纪，托马斯·阿奎那认为，公正分为自然的公正和实在的公正。自然的公正是当然的道理。比如，一个人拿出一定的东西出来，就可以得到同样多的东西作为交换，这就是自然的公正。实在的公正是通过协约和共同的利益而形成的适当比例。他认为，实在的公正从属于自然的公正，因为人们约定时应该不能违反自然的、正当的道理。"产生于正当与本分的行为中的善性的德性就叫做公正。"④那么，究竟什么是自然的、正当的道理？这就是从上帝出发所规定的理性。中世纪的理性是为上帝服务的婢女。中世纪的公正，体现了那个时代的理性状况。托马斯·阿奎那的公正是在古希腊时期的公正概念基础上的进一步发展。尽管他保存了公正的道德价值，把它作为一个重要的德性，但它始终只是一个尘世间的德性，只能帮助人们实现尘世间的幸福。人还有一个来世的幸福，这就需要信、望、爱——神学三德，才能进入来世的幸福。他在公正的价值之上，构建了一个超越的价值世界，拓展了道德价值的存在空间。

另外，道德的理性状况甚至还体现在针对特定人群的道德价值评判上。最为典型的这种道德价值是针对女性群体的两性平等观念，总是展现了一定社会道德的理性发展状况。曾经在远古时代的氏族社会中，妇女是主人，而且是受人尊敬的母亲。男人要尊敬妇女。当时的人们认识到妇女在延续后代和维护部落稳定中的重要作用。道德上尊重妇女的价值观，是一种普遍性的理性认识，反映了妇女在部落中具有很高的社会地位。自古希腊开始，女性的价值受到了贬低。柏拉图尽管在《理想国》中提出男女都应该从事同样的工作和手艺，甚至妇女可以和男人一样成为战士。但

①　周辅成. 西方伦理学名著选辑(上卷)[M]. 北京：商务印书馆，1996：165.
②　周辅成. 西方伦理学名著选辑(上卷)[M]. 北京：商务印书馆，1996：160.
③　周辅成. 西方伦理学名著选辑(上卷)[M]. 北京：商务印书馆，1996：163.
④　周辅成. 西方伦理学名著选辑(上卷)[M]. 北京：商务印书馆，1996：397.

是，他认为男女价值在本质上不同，男人优于女人。亚里士多德与之类似，认为妇女是不成熟的人，把她们划入儿童、未成年人的一类。这体现了这一时期人们的理性的状况。在这些思想家看来，男人具有理性，而女人缺乏理性。这种观念一直持续了几千年，其针对女性的理性观念展现了在这一阶段中的一个社会客观事实。男人成为社会生产资料的主要占有者，在社会经济生活中成为主要角色。男人通常掌握了国家的政治权力和国家的各级社会组织。他们按照所谓的历史传统，把男人比女人更有理性的观念不断复制与传承。自进入现代社会以来，女性逐渐占据了一定的社会经济和政治地位，科学研究证明了男性比女性更有理性的观念是荒谬的。"男人和女人智力上的天然差别既不是质量上的，也不是悬殊的，更不是绝对的。两性都可以不断地发展自己的逻辑思维(分析、综合等)能力、想象力、直观能力和开拓者的胆略。差异只在于两性智力活动的个别要素的数量方面。"①男女平等的价值观念，成为现代社会的主流。它展现了人们在现代社会中的理性认识。

其三，道德价值离不开人的理性的手段。

道德价值中的理性不仅能够为人们指出所要实现的目标，而且还能够作为实现目标的手段。道德价值的确立、传播、评价以及实现都离不开理性的手段。

道德价值的确立离不开理性的手段。任何一种道德价值的确立都需要借助理性的手段才能完成。在社会现实生活中，人们认识到某种道德的价值，以及如何提炼出其内在的规定性，具体涉及哪些方面的内容，都离不开理性。正是人们运用了理性的手段，针对社会现实生活中的道德现象与客观事实，才能分析出道德价值，从思想上加以概括与总结。在这个过程中，总是需要分析客观事实，要借助语言文字，相应的道德领域的相关概念、方法、判断、推理和证明等，才能确立道德价值。这些都是理性的思维能力的展现。没有理性的思维能力，道德价值就无法得以确立。理性是道德价值确立的前提和必要手段。

道德价值的传播离不开理性的手段。"所谓传播，即是指社会信息的传递或社会信息系统的运行。"②道德价值的传播是指把道德价值作为社会信息在社会中传递。传播是一种信息共享的过程，是人与人之间、人与社

---

① ［苏］瓦西列夫. 情爱论［M］. 赵永穆，范国恩，陈行慧，译. 北京：生活·读书·新知三联书店，1985：85.

② 郭庆光. 传播学教程［M］. 北京：中国人民大学出版社，1999：5.

会之间，借助有意义的符号进行的传递。道德价值能否成为一种价值信息进行共享，能不能在人与人之间、人与社会之间传递，人的理性在其中发挥重要的作用。尽管传播的工具，如报纸、杂志、广播、影视等多种多样，但传播总是要借助人所能领会的有意义的符号，如文字、图像等，才能为人所共享。个体依靠自己的知识背景、社会阅历等所形成的理性思维能力来认识符号中的意义。人的理性程度越高，意义理解越深刻，越能实现共享。反之，这种共享难以实现。因此，人没有理性，也就没有符号意义的共享。道德价值的信息符号无法实现共享，也就无法传播。

道德价值的评价离不开理性的手段。道德价值的评价是针对道德的相关价值的估价。这种评价与被评价的对象密切相关。如果被评价的对象中出现肯定性特征，人们就会给予肯定性评价，反之，就会给予否定性评价。之所以能够给予肯定或否定的道德价值判断，就在于人们从被评价的对象中发现了善恶的属性。从这个意义上说，评价总是以一种理性的认知为手段。人们正是依靠理性的手段，收集和分析道德所涉及的内容在现实生活中哪些是人所需要的、有益的或有价值的，哪些是人所无法接受的、有害的或负价值的，从而进行比较和选择，做出相应的评价，指导人们的道德行为。当我们运用道德价值的内容，做出一种肯定性评价，反映了我们正在进行一种正面的积极意义上的理性认知，反之，则反映了我们正在进行一种负面的消极意义上的理性认知。

道德价值的实现离不开理性的手段。道德价值的实现总是要通过道德价值在人们思想意识中的内化，或借助社会制度、规范、行为等表现于外。这些都需要运用理性的手段才能完成。当我们要把道德价值内化在人们的思想意识之中，首先就需要道德价值获得人们的理性上的认可。没有针对道德价值的真正了解和认识，没有相应的道德价值的理性认同，不可能把道德价值内化于心。同样，当我们要把道德价值外化于社会制度、规范、行为之中时，也首先要让社会制度、规范的制定者或某种行为的表现者，能够从理性上认识道德价值，否则，如何才能把它通过制度、规范或行为表现出来？因此，道德价值的实现必然离不开理性的手段。

(三)道德价值随着理性的发展而发展

人的理性是在劳动中出现的。在社会生产力的发展过程中，人的理性是生产力发展的先导，也是生产力发展的结果。随着社会生产力的发展，人的社会活动空间不断扩张，社会活动内容不断丰富，人的理性的发展空间进一步扩展。同时，理性的进步，也意味着人的精神世界和精神生活日益丰富。道德价值也随着理性的发展而不断前进。人的理性的发展是无限的，道德价值的发展也是无限的。

其一，道德价值的内容随着理性的发展而丰富。

从道德价值内容的发展来看，它随着理性的发展而不断丰富。人的理性是人们在社会现实生活中的思维能力和实践能力。这种思维能力和实践能力直接体现在道德价值的内容之中。道德价值的内容是人的思维能力和实践能力在道德价值领域中的研究和把握的对象。在不同时代的历史阶段之中，道德价值的内容总是有其特定历史时代的痕迹，总是反映了这个时代人们的理性认识与实践。随着人们的理性认识和实践的不断增强，道德价值的内容也就不断地丰富，并且随着人们理性的发展而不断更新，以不断适应社会发展的需要。人借助理性认识社会，把这种认识结果反映到道德价值的内容之中，并努力实现这种道德价值，从而把人们过去的相关认识又提高到一个新的水平。比如，人权的价值内涵就是一个不断丰富的概念。在古希腊时期，人的基本权利限于自由民、贵族阶层，而奴隶则被剥夺了相应的权利，因为当时的人们认为奴隶没有灵魂，因而没有理性，只是会说话的牲口，不属于人。直到 17、18 世纪，随着人的基本权利的意识的觉醒，人权概念才正式提出，并作为每个人生来就具有的平等的权利。但这只是一种哲学上的纯粹理念设计。人权概念，在 1776 年美国的《独立宣言》和 1789 年法国的《人权和公民权宣言》中，才从概念变为一种现实中的公民权利——任何人生来就具有了人的基本权利而不能受到侵犯。由此，人权的内容得到了进一步的丰富和发展。其他道德价值的发展也是如此，道德价值的内容也就是如此而不断丰富。

其二，道德价值的功能随着理性的发展而完善。

道德价值的功能是指道德价值在社会中所具有的功效。从不同角度来看，道德价值具有多种功能。从发挥功效的领域来看，道德价值具有政治功能、经济功能、文化功能。道德价值渗透到了社会的政治、经济、文化等方面发挥其功效。从具体的功效形式来看，道德价值具有调节功能、规范功能、认识功能、预测功能、沟通功能、教育功能、评价命令功能、指引功能、确认功能、激励功能等。道德价值能够在社会的现实利益关系中，发挥其调节、规范、认识、预测、沟通、教育、评价命令、指引、确认、激励等功效。

从道德价值的功能的发展来看，道德价值的功能的发挥日益完善。从发挥的功效的领域来看，道德价值的功效随着理性的发展而不断扩展其领域，从原来偏重政治功能，转向兼顾经济功能、文化功能。从具体的功效形式来看，道德价值的功效随着理性的发展而不断丰富其具体的功效形式，从原来偏重调节功能、规范功能、认识功能，转向兼顾预测功能、沟通功能、教育功能、评价命令功能、指引功能、确认功能、激励功能等。道德价值的这些功能的发展都是随着理性的发展而走向完善。

其三，道德价值的手段随着理性的发展而提升。

道德价值的手段是指道德价值得以明确表述和实现的技术。无论是道德价值得以明确表述还是道德价值的实现，其技术都随着理性的发展而提升。

从道德价值的明确表述的状况来看，人们运用理性来思考和表述道德价值的技术日益提升。道德价值的各种概念更加明确，文字表述更为准确。甚至出现了一些语言分析学家，他们专门针对道德价值的各种概念和道德价值判断的语言进行分析。在概念分析方面，摩尔分析了"善"，莱尔德分析了"价值"，罗斯分析了"正当"。在道德价值判断分析方面，艾耶尔分析了道德判断的可证实性，斯蒂文森分析了道德判断的描述意义和情感意义，黑尔分析了道德判断的普遍规定性，石里克分析了道德判断的根据。这些都是人们运用理性来思考和表述道德价值。道德价值的明确表述在这种理性的不断发展中得到了清晰的展现。

从道德价值的实现的技术来看，人们运用理性来实现道德价值的水平不断提高。道德价值的实现的方式越来越丰富多彩，也越来越灵活多样，不仅渗透到社会各种制度和规定之中，而且还展现在人们的日常生活之中。人们越来越能够运用其理性的认识来调整道德价值的实现方式和手段。显然，这种道德价值的实现技术的提高是随着人的理性的水平的发展而发展的。

其四，道德价值的目标随着理性的发展而全面。

道德价值的目标是指道德价值在社会与人的发展中所要追求的目的指向。从道德价值的目标来看，道德价值总是要追求人的发展，这种人的发展包括整个人类与个体的人的发展。道德价值的目标随着理性的发展而全面。

从整体的人类的发展来看，它包括人类的物质文明与精神文明的发展。无论是人的物质文明还是人的精神文明，都是人的理性发展的产物。道德价值内在于人本身，在人的理性发展中，能够促进人的物质文明和精神文明的发展。而一旦促进了物质文明与精神文明的发展，也会提高人的理性认知水平，从而对人的物质文明与精神文明的发展发挥更大的促进作用。显然，伴随着人的理性的发展，道德价值在人类的物质文明和精神文明发展中发挥着重要作用，也保障了个体道德价值目标的实现。

从个体的人的发展来看，它包括了个体的物质生活和精神生活的发展。正如斯宾诺莎所言："绝对遵循德性而行……不是别的，即是在寻求自己的利益的基础上，以理性为指导，而行动、生活、保持自我的存在。"①个体在寻求自己的利益（物质或精神方面，抑或二者）的过程中，展现了人的自由意志。道德价值，作为人的自由选择的产物，伴随着个体的理性的发展，不断促进个体的物质生活和精神生活的发展。当然，道德价值在个体的物质生活和精神生活中实现，也会促进作为整体的人类的道德价值目标的实现。

（四）道德价值的理性化发展是一个漫长的过程

道德价值的产生与发展内在地蕴含着理性的发展。道德价值与理性的发展密不可分。理性向前发展，道德价值也必然向前发展。从道德价值的历史演变来看，道德价值的理性化发展是一个极为漫长的过程。它主要表现为道德价值形式的理性化和道德价值内容的理性化，都是一个漫长的过程。

其一，道德价值形式的理性化发展是一个漫长的过程。

首先，道德价值形式的理想化发展是道德价值理性化发展的一个重要方面。所谓道德价值形式是指道德价值外化为道德规范的形式。道德价值总是以一定道德规范来体现自己在社会现实中的存在。道德价值形式的理性化发展是指道德规范的制定、分类和结构的理性化发展。这是一个漫长的过程。

任何社会总是有一定的社会道德规范。从历史上看，道德规范的制定是社会发展过程中道德价值的外化，是人的理性对道德价值在现实生活中的落实与提炼。有些时候，道德规范是某个群体的内部人员认同的道德价值借助理性外化而成。比如，在原始部落中，道德规范是由部落里的氏族成员在其生活中，借助有限的理性所认识到的人的生存所必须遵循的价值要求。有些时候，道德规范是由个体道德先觉者提出而得到社会大多数成员认可，并广为传播的价值要求。比如，《了凡四训》是由明末袁黄根据其理性认知的三教合流的"诸善奉行"道德价值思想所著的家训，它所提倡的"有求必应""改过""谦德"等道德规范，远远超过了自身家庭的道德要求，在社会中得到了很多人的认可。有些时候，道德规范是由统治者或

---

① ［荷兰］斯宾诺莎. 伦理学［M］. 贺麟，译. 北京：商务印书馆，1991：187.

社会管理者根据其统治的道德价值指向，专门制定的要求大家遵守的具体规范。比如，当代中国的社会公德、职业道德、家庭美德都是由国家提出和大力提倡的。前面两种道德规范可以视为民间道德规范，后面一种可以视为官方道德规范。它们都是其内在道德价值的外化。相比较而言，民间道德规范比官方道德规范更容易发挥其作用。因为，民间的道德规范主要从民众日常生活的道德价值角度来展开，而官方的道德规范主要从社会治理的道德价值角度来展开，有可能所提出的道德规范并不为民众关注。在一个正常的社会中，两种道德规范从不同方面构成了道德价值外化的两个不同层次，都是人与社会发展所不可缺少的重要内容，都是人的理性的漫长发展的产物。

其次，道德规范的分类也是人的理性化发展的产物。随着人类的理性的发展，道德规范的分类日益细致。比如，把道德规范分为社会道德规范、个体道德规范，或社会公德、职业道德、家庭美德，或原始社会道德、奴隶社会道德、封建社会道德、社会主义社会道德、共产主义社会道德，等等。在每一种道德之中，又可以分为许多更为具体的道德。比如，职业道德可以分为商业职业道德、教师职业道德、军人职业道德等，几乎每一种职业就存在一种职业道德规范。道德规范的分类，是道德价值在人的理性的发展中更为细致的外化，并为人们理解、认知、叙述、研究和发展道德价值提供了重要条件。显然，这种越来越细致的道德规范分类是一个漫长的发展过程。

另外，道德价值的形式的理性化发展还表现为道德规范结构的理性化发展。道德规范的结构是指道德规范的体系化。一般而言，道德规范的体系是道德价值体系的外化。它表明了我们道德生活中重要的道德价值是什么，如何实现它。道德价值为人们的道德生活提供了基本原则和具体标准的理论依据。人类的历史表明，人类社会的道德规范经历了从零散到系统、从无序到有序、从模糊到清晰的理性发展过程。人的理性越向前发展，人越能够理解和把握其道德生活的道德价值是什么，越能够明白围绕这一道德价值目标的基本原则是什么，具体实施的规范是什么，从而把道德价值更为清晰地在道德规范中体现出来。从这个意义上看，道德规范的体系化展现了道德价值体系的外化，是人的理性的发展。这也是一个漫长的过程。

其二，道德价值内容的理性化发展是一个漫长的过程。

道德价值内容的理性化发展是道德价值理性化发展的另一个重要方面。所谓道德价值内容是指道德价值的内在规定性指向。它总是在理性化的发展中展现为一种内在发展的规律性和外在发展的促进性。就此而言，道德价值内容的理性化发展是一个漫长的过程。

一方面，道德价值内容的理性化发展是道德价值的内在规定性在道德文化领域中的理性化发展。在人类社会发展的任何阶段，它总是一种善的追寻，由此形成了自身的内在发展的规律性。关于这种道德自身的内在发展规律性，有各种不同的认识。康德认为，人应当服从理性的绝对命令，因为人有道德的目的。他能够自己约束自己，自己为自己立法。道德的规律性在于它由人的意志自律，服从理性的规定性。恩格斯认为，康德视道德与利益无关的看法是错误的。道德随着经济利益的中轴线而运动。从人类历史来看，道德是不断向前发展的。当代的一些人权伦理思想家认为，道德价值内容的核心在于人权。道德的规律性就是人权意识发展的规律性。尽管思想家们针对道德的内在规律性各有其观点，但都承认存在道德的内在发展的规律。

人所生活的世界无非是自然、社会和意识三大领域。道德价值的内容属于意识领域。其变化符合人的道德价值意识的内在逻辑发展规律。这种道德价值意识就是人的理性，即道德价值理性。人的道德价值内容的内在发展规律就是建立于利益基础上的人的理性成分的不断增加。在古代社会中，人的理性极为不足，人根据其习俗来约定道德要求，调节人与人之间的各种利益关系。因此，习惯在道德价值的实现中扮演了重要角色。于是，德性构成了这一时期伦理学的关键词汇。近代以来，人们逐渐认识到如何培育德性，必然要强调人的行为本身。于是，行为规范成为这一时期伦理学的关键词。自现代社会以来，人们逐渐发现规范其实就是语言，是通过语言而获得其存在的。于是，伦理概念分析和判断成为这一时期伦理学的关键词。因此，道德价值内容的理性化发展就是建立在利益基础上的道德价值理性成分的不断丰富与发展。它是一个漫长的历史过程。

另一方面，道德价值内容的理性化发展是道德价值的内在规定性在其他文化领域中的促进性发展。这种促进性可以称为道德价值的外在发展的促进性。所谓道德价值的外在发展的促进性主要是指道德价值在其他文化，即道德文化之外的文化发展中的促进性。它也是人的理性超越了道德文化的边界而进入其他文化领域中的发展。这种发展丰富了道德价值的内容，也反过来促进了理性自身的发展。从人类历史发展来看，随着人们文化生活的空间的增加，道德价值越来越渗透到社会生活的各个方面，构成了影响人们文化生活的重要因素之一。从而，它也成为一个国家或民族的理性发展状态的标尺之一。显然，这种标尺是一个漫长历史发展过程所形成的结果。

值得注意的是，道德价值的理性基础并不是要否定道德价值的经济基础。道德价值总是一定时代经济基础的反映。经济基础在道德价值中具有根本的决定意义。在这里，道德价值以理性为基础，是在道德价值和理性都以经济基础为前提下论述的。从哲学上看，道德价值以经济为基础，属于物质决定意识的范畴；道德价值以理性为基础，属于意识决定意识的范畴。正如恩格斯在致瓦·博尔吉乌斯的一封信中谈到经济条件决定历史发展时所指出："政治、法律、哲学、宗教、文学、艺术等的发展是以经济发展为基础的。但是，它们又都互相影响并对经济基础产生影响。并不是只有经济状况才是原因，才是积极的，而其余一切都不过是消极的结果。这是在归根结底不断为自己开辟道路的经济必然性的基础上的互相作用。"①在恩格斯看来，经济决定政治、法律、哲学、宗教、文学、艺术等的发展，是从归根结底的意义上来说的。这些因素之间也是相互作用的，经济决定这些要素，中间存在着多个环节。政治、法律、哲学、宗教、文学、艺术等都展现了人的理性的发展。以理性直接取代经济作为道德价值的基础显然是错误的，但直接以经济取代道德价值本身或其他要素显然也是错误的。我们论述道德价值的理性基础时以其经济基础为前提。把理性概括为道德价值理性就是为了更好地从道德领域中的理性意识的角度来阐释道德价值的基础。当然，我们还需要从非理性的角度，尤其是实践的角度来阐释道德价值的基础。

二、道德价值的非理性基础

人是精神性的存在。在人的精神属性中，既包括理性因素，也包括非理性因素。它们共同构成了人的精神世界。道德价值，作为人的精神世界中的重要内容之一，必然既需要理性因素的支撑，也需要非理性因素的支撑。中国人很少使用非理性这个词。非理性来自西方话语体系，在西方文化中，它以一种否定性的"非"来描述与理性不同的意识。在这里，"非"并不是"不"，而是不同。非理性意味着是与理性不同的意识。它与理性之间存在着差别，但并不是完全对立。因此，非理性并不是反理性、无理

---

① ［德］马克思，恩格斯. 马克思恩格斯全集(第39卷)(上册)［M］. 北京：人民出版社，1974：199.

性。非理性是人的一种内在活动意识，隐藏在人的心灵深处，处于云山雾罩之中，难以得见真容。人们不可能如同观测客观事物一样，运用某种仪器进行直接测量，把它数据化。而且，非理性在人的生活中常常转瞬即逝，难以捉摸。尽管如此，人们通过观察，仍可以发现人的生活中所普遍存在的大量的非理性意识活动。这些非理性意识活动存在于人的社会生活之中，涉及人的思维、认识和活动的各个方面。在分析了道德价值的理性基础之后，就非常有必要分析和探讨道德价值的非理性基础。非理性到底指的是什么？它在道德价值的确立和实现中发挥了什么作用？要全面把握道德价值的基础，这些就需要做出明确的回答。

（一）非理性的含义与特征

非理性是一个描述性很强的词汇，它在人们的社会现实生活中具有多种含义。有些时候，人们把缺乏认真思考的自发行为称为非理性；有些时候，把面对紧急情况时的头脑发热，或遇到利益时的利令智昏，称为非理性；有些时候，把生活中的胡思乱想和转瞬即逝的情绪，称为非理性，也有些时候，把做事全凭个人好恶，缺乏系统和章法，称为非理性。

一般而言，非理性常常是指人未经大脑的某种主体行为，或虽经过大脑但没有为主体自身所意识到的精神现象和主体行为。从哲学上来看，非理性是一种针对意识的各种非理性因素的综合反映，它包括潜意识、情感、直觉、意志等。自古以来，思想家们所谈论的非理性各有其不同。我们需要从本体论、认识论、伦理学、价值论、方法论等不同层次来理解。在这里，有五种不同层次的非理性。

第一，本体论维度的非理性，即本体论的非理性。它是源自叔本华、尼采所开启的西方哲学传统。它把非理性理解为世界的本源，彻底颠覆了柏拉图所开创的理性主义传统。叔本华提出了两个最为基本的命题：世界是我的表象，世界是我的意志。他认为，我的意志才是世界的实际存在的本源。生命意志取代了理性成为绝对的本体，人是生命意志客体化的最高表现。尼采把叔本华的生命意志改造为强力意志，认为整体世界就是由强力意志所支配，一切存在都是强力意志的追求与运动。本体论的非理性，是把非理性作为世界的绝对本体。

第二，认识论维度的非理性，即认识论的非理性。它把直觉、情感等作为人认识世界而获得某种知识的重要手段。这种认识论的非理性具有悠久的历史。在古希腊、古罗马时期和中世纪，人们的认知能力有限，宗教神秘主义盛行。人的这种非理性因素的认知表现为神或上帝成为人们认识的源泉。柏拉图认为，高明的诗人不是凭世俗的技术来写诗，"优美的诗歌本质上不是人的而是神的，不是人的制作而是神的昭语；诗人只是神的代言人，由神凭附着"①。他把直觉的认知能力归为神的力量。中世纪时，宗教哲学把人的非理性因素视为上帝的神灵所派生的。托马斯·阿奎那认为，直觉是人认识上帝的最好途径。人唯有借助直觉，才能获得"关于上帝的最高级的知识"②。在近代哲学中，唯理论与经验论相互较量，洛克指出："直觉是一种心灵活动，通过它可以接受一些清晰的观念到我的理智中来。"③自现代以来，唯意志论、生命哲学、现象学、存在主义等都贬低或否定理性，把非理性因素中的意志、直觉等作为人认识外在世界获得知识的重要途径。柏格森明确指出，直觉高于理性。萨特则强调，我们要在情感基础上把主体和客体统一起来。他们都突出了非理性在人的认识中的独特地位。

第三，伦理学维度的非理性，即伦理学的非理性。这种非理性源于直觉主义伦理学和情感主义伦理学。它们认为，伦理学中的善、道德义务或责任等概念唯有通过直觉或情感才能把握。在直觉主义伦理学中，摩尔认为，善是整个伦理学的最基本的问题。它不可能通过所谓理性来定义。普理查德认为，义务是伦理学的基本概念。它是客观的、绝对自明的，因而也是无须借助理性来推理的。"在普理查德看来，以前的各种伦理学之所以长期陷入贫困和矛盾之中，根本原因在于它们未能洞察到责任的直接的自明性和绝对的伦理学本性，它们企图用一些其他的伦理属性来规定责任。"④直觉在伦理学中替代了理性的地位。从情感主义伦理学的角度来看，卡尔纳普提出，伦理学虽然重要，但并不属于科学的学科，如同文学艺术一样具有非理性的特性，不过是人们在道德生活中的一种情感的表达。因此，我们可以借助情感来把握伦理学。在这里，情感取代了伦理学中的理性的地位。

第四，价值论维度的非理性，即价值论的非理性。通过第三点的分析，我们也能够发现价值论维度的非理性。伦理学中善的问题，其实属于道德价值论的范围。这种非理性强调非理性中的欲望、情感、意志和直觉

---

① [古希腊]柏拉图. 柏拉图文艺对话集[M]. 朱光潜，译. 北京：人民文学出版社，1963：9.

② [美]梯利. 西方哲学史（上册）[M]. 葛力，译. 北京：商务印书馆，1982：100.

③ [苏]康斯坦丁诺夫. 苏联哲学百科全书（第10卷）[M]. 上海：上海译文出版社，1984：43.

④ 万俊人. 现代西方伦理学史（上卷）[M]. 北京：北京大学出版社，1997：314.

等能够发现价值目标和价值评价标准。价值论的非理性与伦理学的非理性的不同之处在于，它不仅能够发现道德价值的目标和价值评价标准，而且还能发现政治价值、经济价值、美学价值等价值的目标和价值评价标准。它从非理性的角度，展现了人追求理想目标的抽象性与无限性。

第五，方法论维度的非理性，即方法论的非理性。这种非理性强调了非理性是能够帮助人实现其目标的工具或手段。价值论的非理性强调的是非理性能够帮助人实现其价值目标和提出价值评价标准。方法论的非理性则更为重视非理性的工具性。因此，在日常生活之中，人们常常运用这种方法论的非理性来活动。

五种不同层次的非理性，表明了人借助非理性从不同角度来解释和改变世界。本体维度的非理性，试图由此探讨世界的终极本源的问题；认识论维度的非理性，试图借助直觉、情感等探讨如何认识世界的问题；伦理学维度的非理性，试图从直觉、情感等探讨人们生活中所关心的伦理问题；价值论维度的非理性，试图从直觉、情感等探讨超越价值目标和价值评价标准的问题；方法论维度的非理性，则试图致力于探讨如何发挥直觉、情感等的工具或手段的作用的问题。

从道德价值论来看，非理性是人类实践中的一种不可缺少的意识。道德价值问题也是伦理学中的问题。因此，非理性首先是一种伦理学的非理性。但是，在这里所谈论的伦理学的非理性并不是要排斥理性。直觉主义伦理学和情感主义伦理学排斥了理性在伦理学中的重要地位，显然不符合人们的实际生活的状况。因此，我们需要坚持一种在理性基础上的伦理学的非理性。也就是说，我们要坚持非理性在道德价值中的地位，但并不否定理性在道德价值中的基础性作用。同时，这种伦理学的非理性意味着它是人所独有的一种意识。非理性不能简单地概括为本能，它是一种源于本能的意识。尽管它源自本能，但并不停留于本能，而是在社会实践中有意识的参与。它表现为动机、意图、情趣等，质言之，它是一种前意识、不自觉的意识。而本能则是人的一种生理机能，人和动物都有本能。意识是一种心理活动，是自己能够意识到自己的本能的心理活动。动物为了自我生存，也会有心理活动，但它的心理活动是无意识的，完全处于一种单纯的生理上的本能活动。就此而言，动物如果有意识，也只能是一种生存意识，自己并不能意识到其本能的意识，"饥则求食，饱则弃余"。动物的这种意识，如果还算是一种意识，显然不能同人的非理性相比，不能称之为非理性的意识。正如马克思、恩格斯所说："人和绵羊不同的地方只是在于：他的意识代替了他的本能，或者说他的本能是被意识到了的本能。"①从这个意义上说，伦理学的非理性是人所特有的非理性。其次，非理性是一种价值论的非理性。道德价值的概念中包括道德价值主体对于道德价值客体的超越性指向。这就不仅需要价值理性的指引，同样离不开非理性的引导。另外，非理性也是一种方法论的非理性。道德价值的概念中还包括道德价值客体对于道德价值主体的意义。这不仅涉及工具的理性的作用，而且也包括工具的非理性的作用。在本书第三编中，专门阐述了道德价值的实现，这不仅需要借助工具的理性，而且还需要借助工具的非理性才能实现。根据前面的分析，本书的非理性是在以上三种层次上的运用，即伦理学维度的非理性、价值论维度的非理性和方法论维度的非理性。

与分析道德价值的理性基础一样，我们可以把这种非理性称为道德价值非理性。它包括这样三种含义：第一，道德价值非理性是人所特有的意识之一，是人的一种本质力量，是人的一种能力。第二，道德价值非理性，是人运用直觉、情感、意志等非理性方式探索道德的内在价值与外在价值的能力。第三，道德价值非理性是人能够运用非理性的思维实现道德价值的能力。它是人在社会现实生活中运用其直觉、情感等实现道德价值的实践能力。贯彻于这三层含义之中的主旨是：道德价值非理性是一种能够从整体上运用非逻辑形式来把握道德价值的能力，是人的非逻辑思维能力与实践能力的统一。在本书中，也将道德价值非理性简称为非理性。

非理性与理性一样，是人所特有的思维能力和实践能力。它不同于人的动物性本能，属于注入了人的社会性的实践特性的意识活动，是能够意识到本能的意识。作为人的特有的意识，非理性与理性相比，具有一些鲜明的特征。

一是混沌性。从精神现象来看，非理性是指人的精神世界中一种混沌无序的精神现象。它与理性一样都是人的精神世界中的一种确实存在的精神现象。理性表现为一种清晰有序的精神现象。关于这一点，柏拉图曾经以线段的明暗程度来表示理性与非理性之间的明暗比较。人的心智从暗到明分为想象（猜测）、信念（相信）、思想（了解）与理解（理性）。线段喻很好地展现了人的理性与非理性都是人的精神现象，而且表明了两种精神现象之间的区别。非理性思维和行为，并非洪水猛兽，而是人从整体上把握外在世界时的一种客观存在的精神现象。

二是非逻辑性。我们可以根据思维方式和思维能力来发现非理性中的

① ［德］马克思，恩格斯. 马克思恩格斯选集（第 1 卷）［M］. 北京：人民出版社，1995：82.

非逻辑性。从思维方式来看，非理性是一种非逻辑的思维方式。人的思维方式有逻辑的思维方式和非逻辑的思维方式。理性是一种逻辑化的思维方式，即一种借助概念、判断、推理、证明的思维方式。它有着严格的推理过程和论证，常常有着丰富的材料。理性在这种逻辑思维方式中展现了层层推进的渐进性特征。然而，非理性则是一种非逻辑的思维方式，即从整体上直接把握道德生活的对象。它没有那种清晰的逻辑思维过程，直接得到最后的结果。因此，非理性具有非常规的品格。人们在运用非理性时，打破了常规性的思维方式和逻辑性的束缚，展现了人的思维的跨越性。在中国传统文化中，孟子所说的"不虑而知"指的就是这种非理性的思维方式。

从思维能力来看，非理性是人所具有的非逻辑化、非条理化的精神能力。非理性中主要包括直觉、情感、欲望、动机、潜意识、想象、意志、信仰等。从思维能力上看，它主要包括直觉能力、情感能力、感觉能力、表象能力、想象力、意志力等。它具有非逻辑化、非条理化的特性。现代西方非理性主义伦理思潮就是从这个意义上来运用非理性。比如，弗洛伊德（Sigmund Freud）突破传统理性的成见，从潜意识、性、爱等非理性力量角度来论述道德生活的各种现象。

三是突发性和灵活性。从人的实践活动来看，非理性在人的实践活动中具有突发性和灵活性的特征。非理性的这种突发性和灵活性是人的非逻辑性在人的生活中的必然反映。理性是人在反思时的一种较长时间思考的实践能力，人的行为常常受到这种理性的支配。但在人的实际生活中，如果完全每个问题都采取理性的思考方式，其结果是十分可怕的，也是不可能的。事实上，大多数人在解决道德生活的问题时，都采取了这种非理性。在西方，里德的常识伦理学，就是运用道德情感、良心、直觉等不证自明且人人都懂的所谓常识来进行善恶的价值判断。这种常识其实就是一种非理性，人在瞬间做出道德价值判断。

四是冲动性。从人的实践动力来看，非理性具有冲动的特性。理性所关注的世界常常是客体世界，而非理性所关注的常常是主体世界。如果人的道德精神仅仅局限于客体世界中，必然按照客体世界的规律而行动，人的精神世界就会变成缺乏激情的、冰冷的、僵死的世界，在这个世界中，没有梦想、情感、信仰等精神动力，人沦为理性世界中的孤寂的被动者，失去了主观动力。非理性是人所必不可少的精神构成要素。正是人有了情感、信仰等非理性，人才具有了强烈的道德动力，才要实现道德价值。当然，如果人只依靠非理性，彻底摆脱理性的指引，人将无所顾忌，有可能陷入道德上的疯狂与偏执中。这同样是危险的。

非理性与理性相比，具有混沌性、非逻辑性、突发性、灵活性和冲动性的特征。尽管非理性与理性之间有着明显的区别，但我们应该看到两者之间存在着密切的联系。道德价值中的非理性与理性都是从伦理学的角度表明了人既是理性的存在者，也是非理性的存在者。理性与非理性是人所特有的属性，它们之间并不是能够截然分开的。理性与非理性相互渗透，理性中渗透着非理性，非理性中渗透着理性。尽管我们可以从理论上分别加以论述，但在人们的日常道德生活实践中，两者难以分开。非理性离开了理性，它就是浮游的，会从冲动变为盲动；理性离开了非理性，它就是冰冷的，会从抽象变为教条。一个人的正常的精神世界，是丰富多彩的，是理性与非理性的合体。

分析了道德价值的理性与非理性的区别与联系，有助于我们探讨非理性的内在结构。非理性是源于人的本能但又超越了本能的意识。我们可以根据它与理性的远近程度来理解非理性的结构。它大体上可以划分为两个层次，即较低层次和较高层次。所谓较低层次是离理性较远的非理性。一方面，它包含了人和动物都具有的部分，即人的动物性生理方面的因素，如人的生理本能和生理需求、情绪、感受性情感等。另一方面，它是一种能够自我意识到其本能的意识，因而又与动物有所不同。较高层次是离理性较近的非理性。它是人在社会实践和社会认识中逐渐形成的受理性所影响或直接影响理性的非理性因素，如社会性欲望、情感、兴趣、意志、信念、直觉、顿悟、想象、信仰、灵感等。当然，这种划分也是大体上如此，因为人的非理性很难做出一种非此即彼的截然区分。鉴于非理性有多种多样的样式，人们常常通过欲望、情感、意志和直觉来理解非理性。在这里，我们所探讨的道德价值的非理性基础，就是要探讨人的非理性因素在道德价值形成中的基础性依据。道德价值的非理性基础，主要体现在：道德价值是非理性的促成物，道德价值随着非理性的发展而发展，道德价值的非理性化是一个历史过程。

（二）道德价值是非理性的促成物

人不仅是理性的存在者，而且还是非理性的存在者。人固然运用理性来提炼和构思道德价值，但同样离不开非理性的运用。正如尼采所说："非逻辑对人类来说是必要的，许多善的事物均出自非逻辑。"①理性和非

---

① ［德］尼采. 人性的，太人性的［M］//冯平. 现代西方价值哲学经典：先验主义路向（上册）. 北京：北京师范大学出版集团，2009：134.

理性都是人所具有的精神力量和能力。理性是人所具有的能够运用概念、判断、推理等逻辑思维解决其实际生活中各种问题的能力。它是一种超越了感性而把握道德价值的抽象普遍性的能力。它是人内在的思维能力与实践能力的统一。非理性是人所具有的能够推动和帮助人认识和行动的非逻辑化、非条理化的精神力量和能力。它是一种能够从整体上运用非逻辑形式来把握道德价值的能力，是人的非逻辑思维能力与实践能力的统一。人在其生活中离不开这两种精神力量和能力。人的非理性包括社会性欲望、情感、兴趣、意志、信念、直觉、顿悟、想象、信仰、灵感等。如果缺乏了欲望、情感、意志、直觉等非理性因素，道德价值难以形成。具体而言，道德价值是人的非理性的促成物，其根据主要在于道德价值的形成、认识与实现不能没有欲望、情感、意志、直觉等非理性因素的参与。

其一，道德价值的形成是非理性因素积极参与的结果。

人类学的研究表明，早在原始社会中，人的出现意味着人的原始精神的出现。原始精神就是人的童年时代的精神力量和能力。它是人的原始思维和人类初期的本能、欲望、情感、想象、直觉等最低级的生理和心理状况的总和。在这种原始精神中，就包括了人的理性因素和非理性因素。只不过，这种理性和非理性还是有待成长的精神力量和能力，远不能与以后的理性和非理性同日而语。尽管如此，非理性的欲望、情感等在道德价值的形成中具有基础性的作用。

列维-斯特劳斯(Claude Lévi-Strauss)曾经专门研究原始部落中原始的道德价值的形成。他认为，原始人的道德价值的形成最初源于团结协作。他在《忧郁的热带》中指出，在原始人群中，生存的原始欲求导致男女之间结为夫妇，家庭成员之间彼此相互支持，心理上相互慰藉，从而形成更为稳定的关系。他曾这样描述："在黑暗的草原里面，营火熊熊闪光，靠近营火的温暖，这是越来越凉的夜里唯一的取暖方法；在棕榈叶与枝所形成的不牢靠的遮蔽物后面，这些遮蔽物都是在风雨可能吹打的那一面临时赶工搭建起来的；在装满整个社区在这个世界上的所有一切少许的财富的篮子旁边；躺在四处延伸的空无一物的地面上，在饱受其他同样充满敌意、无法预料的族群的威胁之下，丈夫们和妻子们，紧紧地拥抱在一起，四肢交错，他们知道是身处于彼此的互相支持和抚慰之中，知道对方是自己面对每日生活的困难唯一的帮手，知道对方是那种不时降临南比克瓦拉人灵魂的忧郁之感的唯一慰藉。访问者第一次和印第安人一起宿营，看到如此完全一无所有的人类，心中充满焦虑与怜悯；似乎是某种永无止息的灾难把这些人碾压在一块充满恶意的大地地面上，令他们身无一物，完全赤裸地在闪烁不定的火光旁边颤抖。他在矮树丛中摸索前行，小心地不去碰到那些在他的视线中成为火光中一些温暖的反影的手臂、手掌和胸膛。但这幅凄惨的景象却到处充满呢喃细语和轻声欢笑。成双成对的人们互相拥抱，好像是要找回一种已经失去的结合一体，他走过其身边也并没中止他们相互爱抚的动作。他可以感觉得出来，他们每个人都具有一种庞大的善意，一种非常深沉的无忧无虑的态度，一种天真的、感人的动物性的满足，而且，把所有这些情感结合起来的，还有一种可称为是最为事实的、人类爱情的最感动人的表现。"①在这里，原始的男人与女人之间的团结协作，不仅是一种理性的思考，而且也是人的本能、欲望和情感的相互慰藉。他们知道唯有相互帮助与团结，才能防止外敌的伤害。同时，这种相互的协作，也是人的爱欲的快感和情感的安慰所带来的。原始人在团结协作中具有一种巨大的善意，一种非常深沉的无忧无虑的态度，一种天真的、感人的动物性的满足。这些都是非理性的因素。

从对远古社会的发掘和考证中，人们已经发现非理性的因素在原始的道德价值的形成中发挥了比理性因素更为基础性的作用。在世界各地的原始部落中，都有原始的公正，即彻底的平均主义。普列汉列夫在《论艺术》中指出，原始人得到了一块布毯都要撕开成若干条然后平均分配。他们在道德价值上的理解并不是借助理性思考，而是通过感性的实践，在榜样示范中一代又一代传承下来。即使原始人存在所谓理性的思考，这种思考也是从人的本能和基本欲望的基础上展开的。它间接而曲折地反映了原始人的肉体生命的需要。也就是说，理性是在人的生存和情感需要的基础上发展而来。因此，理性是以人的生命和基本情感为前提。没有非理性，也就没有理性。从这个意义上看，理性是在非理性的基础上发展起来的。

其二，道德价值的认识需要发挥非理性因素的作用。

道德价值的认识是一个包括多种因素相互作用的动态过程。非理性因素在道德价值的认识中展现了自己的独特作用。它能在道德价值的认识对象的选择、调控等方面发挥其作用。

非理性因素在道德价值的认识对象的选择中具有鲜明的指向性。道德价值的认识是道德价值的主客体之间的相互作用，不仅涉及道德价值的客体，而且还涉及道德价值的主体。道德价值的认识对象是道德价值的主体选择的结果。道德价值的主体的选择总是带有其目的性。这种目的性的选

① [法]列维-斯特劳斯. 忧郁的热带[M]. 王志明，译. 北京：生活·读书·新知三联书店，2005：375.

择直接与主体自身的欲望或需要和目标有关。任何道德活动只有符合人的欲望或需要，才能成为人的认识的对象，才被赋予某种价值。由于人在道德价值的认识对象的选择中受制于人的欲望或需要以及各种观念的影响，它就不仅只是与人的理性因素有关，也必然与人的情感与意志等非理性因素有关。情感是人因为感觉而出现的心情，它常常以某种热忱或消沉、赞扬或厌恶来表达对道德价值的认识对象的态度。而意志是人决定做什么和如何做的精神决断力，它展现了人在确定认识目标后的一种坚持和毅力，它直接影响道德价值的认识结果。另外，人的兴趣、爱好等非理性因素在道德价值的认识对象的选择中也发挥了自己的指向性作用。因此，我们可以发现，在社会现实生活中，非理性因素在人的道德价值的认识对象的选择中具有鲜明的指向性。

非理性因素在道德价值的认识活动中具有重要的调控作用。道德价值的认识活动是一个由现象到本质、由简单到复杂的曲折过程。在这个过程中，非理性因素发挥着重要作用。一方面，它能够针对理性认识进行调控。人的理性认识在道德价值认识活动中居于决定性地位。但是，人的理性认识常常是抽象的、简单化的、教条化的，忽视了道德生活中的丰富性、流动性和复杂性。这就需要人的非理性因素，如情感、直觉、顿悟等进行相应的调节，这样才既能发挥理性的正面作用，也能克服其缺陷。另一方面，它能够调节道德价值主体自身的非理性状态。当主体在道德价值的认识活动中出现消极的情感，就可以通过自我的意志调控，以一种积极的情感来代替消极的情感，能够增强道德价值认识活动的内在动力。这种非理性的调控直接与人的意志力的强弱有着密切的关系。

另外，非理性因素有助于直接认识道德价值体系的第一原理。任何理论体系都有其作为理论出发点，这种出发点就是所谓的第一原理或逻辑起点。各种不同的道德价值体系就是建立在它们各自的第一原理或逻辑起点之上的。这些第一原理或逻辑起点都在社会生活实践中得到了证明，或者被称为不证自明的。这种第一原理，离不开人的非理性因素中的直觉来认识和把握。"真正独立的，或者说，最终基础性的意识行为是直觉行为，所有其他的意识行为最后都是奠基在直觉行为之中，而直觉行为却不需要依赖任何其他的意识行为。"①正是因为直觉具有这种特点，所以能够直接认识第一原理。如果我们仔细分析直觉的认识方式会发现，它是主体借助了一定的直觉能力，通过主体的经验和事实，以形象为媒介，在瞬间直接

① 倪梁康. 现象学及其效应：胡塞尔与当代德国哲学[M]. 北京：商务印书馆，2014：52.

洞穿认识对象。从社会实践的角度来看，这种瞬间的能力是主体在长期的理性思维实践中的结果。因此，从这个意义上看，直觉在把握第一原理中，其实还是隐含了理性的存在。

当然，非理性因素是主观性色彩非常浓厚的精神力量和能力，因此，在道德价值的认识过程中，非理性因素既能产生积极作用，也能够带来负面影响。当它脱离了人的理性因素的指导，它就会失去其主观的积极性，而流于其主观的随意性和偏狭性，容易带来消极影响。

其三，道德价值的评价离不开非理性因素的积极介入。

人是有理、有义、有情、有欲的存在者，人是所有动物中最为复杂的。每个人各自具有其独特的个体差异性，每个人在道德价值的评价中立场可能有着很大的不同，但都带有一定的情感等非理性因素。一般而言，道德价值的评价显然需要借助理性的力量，即人们日常道德生活中所说的说理。"说理的优势在什么地方呢？我们会想，比起小说、电影、宣传、利诱，说理是最理性的，因为说理依赖于事实与逻辑的力量。"①但是，在具体的日常道德生活中，人们进行道德价值的评价可能更需要的是情感等非理性因素的积极介入。"大多数人读小说、看电影，不读伦理文章。一部《汤姆叔叔的小屋》，一部《猜猜谁来吃晚餐》，改变了很多人的种族歧视态度，被一大篇道理说得改变了态度的人恐怕不多。有社会学家研究人们归信于某种宗教的过程，得出的结论是：归信的首要因素是感情纽带。"②人们在日常生活中进行道德价值的评价与情感等非理性因素之间有着密切的联系。大多数人往往正是由于情感等非理性因素的积极介入而进行道德价值的评价，而不是依靠理性的推理论证。正如西方情感主义者所发现的，道德价值的评价展现了人的一种情感态度，而并不是一种精确的道德知识。所以，休谟把理性视为情感的奴隶。休谟宣称："在任何情况下，人类行动的最终目的都决不能通过理性来说明，而完全诉诸人类的情感和感情，毫不依赖于智性能力。"③尽管情感主义者把道德价值的评价完全视为一种情感态度的表达有所偏颇，但他们发现评价中存在情感等非理性因素，而且充分肯定情感等非理性因素的积极作用，却是十分正确的。人，作为理性与非理性的双重存在者，在道德价值的评价中必然既需要理性因素的积极介入，也需要非理性因素的积极参与。人的道德价值评价中

---

① 陈嘉映. 价值的理由[M]. 北京：中信出版社，2012：61.
② 陈嘉映. 价值的理由[M]. 北京：中信出版社，2012：60-61.
③ [英]休谟. 道德原则研究[M]. 曾晓平，译. 北京：商务印书馆，2017：145.

不可避免地带有人的情感、直觉等非理性因素，否则，他怎么可以称为现实的人？可以说，这是人的本性特征在道德价值评价中的必然反映。

(三)道德价值随着非理性的发展而发展

人是理性的存在者，也是非理性的存在者。人的理性与非理性在社会生活中不断发展和变化，因此，道德价值不仅随着人的理性的发展而发展，而且也随着人的非理性的发展而发展。非理性在道德价值的发展中起着动力的作用。从某种意义上看，它比理性更为重要。

非理性中的欲望、动机、情感、直觉等具有促进道德价值向前发展的动力作用。道德价值能够随着这些非理性的出现与发展而发展。人的任何实践活动既需要理性知识，也需要非理性中各种因素的作用。道德价值在理性中提出和确认，也需要非理性的促进才能得以发展。恩格斯认为："世界体系的每一个思想映象，总是在客观上受到历史状况的限制，在主观上受到该思想映象的人的肉体状况和精神状况的限制。"①在恩格斯看来，尽管每种思想都会受到时代和人自身的各种限制，但每个人具有一定限制中的主观能动性。因此，他说："就单个人来说，他的行动的一切动力，都一定要通过他的头脑，一定要转变为他的意志的动机，才能使他行动起来。"②就道德价值而言，道德价值的确认与发展也需要转变为人的愿望的动机，才能使人行动起来，促进道德价值的发展。没有欲望和动机等非理性因素的激化和渲染，道德价值的认识与发展就会难以顺利进行。欲望和动机看起来好像是想做什么就做什么，没有理性的认识在其中，其实不然，欲望和动机总是朝着某种好的或自认为好的方面而展开的。因此，这既意味着其中存在一定的善恶价值的指向，也表明了其中蕴含着某种理性的认知在发挥着看似不着痕迹的作用。

除了欲望、动机，情感也能促进道德价值的发展。心理学的研究表明，人的情感总是有正面与负面的，如爱与恨、快乐与痛苦、得意与懊丧、自豪与自卑、倾慕与嫉妒，等等。前者属于积极的正面的好的情感，后者属于消极的负面的坏的情感。从中不难发现，情感具有其善恶的价值倾向，直接与人的道德价值有关。当人们遇到不公正的事情时，就会出现愤怒的情感。人们的愤怒往往有助于社会公正的道德价值的发展。同时，有些情感本身就具有道德价值。比如，同情具有帮助和关心他人的道德价

---

① ［德］马克思，恩格斯. 马克思恩格斯选集(第3卷)［M］. 北京：人民出版社，1995：376.
② ［德］马克思，恩格斯. 马克思恩格斯选集(第4卷)［M］. 北京：人民出版社，1995：251.

值。因此，黑格尔指出："我们对历史最初的一瞥，便使我们深信人类的行动都发生于他们的需要、他们的热情、他们的个性和才能。当然，这类的需要、热情和兴趣，便是一切行动的唯一的源泉。"而且，他还明确指出："没有情欲，世界上任何伟大的事业也不能成功。"①从表面来看，情感似乎与人的理性毫无关系，如果我们细致分析，就会发现情感的背后隐藏着人的理性认识。关于这一点，当代美国哲学家努斯鲍姆曾在《欲望的治疗》一书中指出，一个人因母亲去世而感到悲痛，正是他对爱的情感中的认识深刻所致。没有对爱的认识，不会有悲痛的情感。心理学的研究也已经证明，人的认识越深刻，情感就会越丰富。成语中的"触景生情"就是这个意思。

人的直觉也能促进道德价值的发展。在中国传统文化中，王阳明提出了良知的概念。他把良知作为心之本体、是非的标准。"良知原是完完全全，是的还他是，非的还他非，是非只依着他，更无不是处。"（《传习录下·第四卷十八》）这个良知是先天的、不学而成的、自知的、自明的。也就是说，良知是一种道德直觉，能够直接明知善恶。人们在日常生活中常常借助这种直觉来进行价值判断，推动了道德价值的认识与发展。这种直觉与情感一样，隐藏在其背后的还是一种理性认识。它不过是理性认识中长期发展而形成了一种当下的瞬间反应。因此，美国著名认知心理学家赫伯特·西蒙（Herbert Alexander Simon）曾指出："直觉实际上是一种再认，一个人只有对非常熟悉的东西才会有直觉。"②

因此，我们可以发现，非理性中的欲望、动机、情感、直觉等能够促进道德价值的发展，其背后的原因在于隐含了理性的认识活动。在一定的理性认识之后，非理性中的各个要素能够以一种非逻辑的快速方式做出自己的道德价值判断。正是因为这种隐藏在非理性背后的理性，是不断发展的，因而这种非理性也是不断发展的。道德价值就是随着理性以及非理性的发展而发展。

（四）道德价值的非理性化是一个历史过程

既然道德价值不仅随着理性的发展而发展，而且随着非理性的发展而发展，道德价值也就不仅是一个理性化的历史过程，而且是一个非理性化的历史过程。

---

① ［德］黑格尔. 历史哲学［M］. 王造时，译. 上海：上海世纪出版集团，2001：58-59.
② ［美］赫伯特·西蒙. 人类的认知［M］. 荆其诚，等，译. 北京：科学出版社，1986：109.

非理性因素，作为与人的意识中的理性相联系的精神力量和能力，与理性因素一样有其漫长的历史发展过程。非理性因素在西方可以一直追溯到古希腊时期，柏拉图认为人的灵魂由理智、情感与欲望三部分构成，情感与欲望属于非理性因素。亚里士多德则非常明确地把人的灵魂分为理性部分和非理性部分。一直到希腊化时期，哲学家们眼中的情感等非理性因素也是研究的重要对象，但常常处于要被根除的对象之中，因为在当时的大多数哲学家看来，它们会引诱人们脱离理性的指引而成为实现某种善的道德价值的障碍。在近代的思想家中，黑格尔也曾论述过情感、意志等非理性因素，把这些非理性意识作为其绝对理念发展过程中的一个环节。所有这些论述还没有形成一种系统的非理性理论。19世纪，随着叔本华唯意志论的出现，非理性思想逐渐理论化，形成了非理性主义思潮。他们从非理性的角度论述世界的起源，从非理性的角度探索人的认识，并从非理性的角度阐释道德价值。他们批判理性主义的局限性和虚伪性，反对抽象的、狭隘的、简单化的和教条式的逻辑形式，彰显了人的情感、直觉等在道德价值中的重要作用。尽管他们的观点矫枉过正，但无疑有助于人们正确认识非理性因素在人们道德生活中的作用。努斯鲍姆自20世纪80年代开始，一直致力于非理性中的情感问题的研究。她分析了同情、爱、愤怒、宽恕、羞耻、厌恶、恐惧、贪婪等，认为有些情感具有道德正价值，有些需要具体分析，有些则具有道德负价值。她认为，情感与理性不可分，需要借助理性来理解和分析情感，从中发现哪些情感能够促进道德价值的实现，哪些则相反。她的研究，显示了当代哲学在非理性因素研究中的杰出成果，表明了人的非理性因素，从形式上看是非理性的，其实质是包括理性，是理性的非理性存在。如果说理性是指人们借助概念、判断、推理等逻辑形式追寻精神世界的内在决定性、内在规律性的抽象思维能力和实践能力，那么，与理性相对应的非理性则是指人们借助直觉、情感、意志、欲望等非逻辑形式把握人的精神世界的思维能力和实践能力。人具有理性与非理性的双重特性。因此，道德价值是人的价值，必然包括了人的情感、直觉等非理性因素。同时，道德价值的历史研究表明，道德价值的历史发展过程，不仅是理性化的过程，而且是非理性化的过程。

三、道德价值的实践基础

实践在人类道德生活中具有重要地位，实践是人的特殊本性。人的意识有理性部分与非理性部分，理性与非理性都是实践中的产物。道德价值的理性与非理性统一于人的实践。如果对道德价值的基础进行一种不断深化层次的分析，就会发现实践是道德价值的最终基础。

（一）实践是人的特殊本性

人，最初从大自然中进化而来。从这个意义上来说，大自然是人的最初来源地。人的出现，必然要依靠一定的自然条件，自然构成了人存在的基础。但是，人是自然界中的精华。人具有其他动物所没有的本性，这种本性就是实践。实践是人能动地改造物质世界的对象性活动。人通过实践创造了自己的存在方式，包括社会存在方式与意识存在方式。

从这个本性来看，人首先是生命的存在。人类中的每一个人都表现为一种生命的存在。没有了生命，人也不能存在。生命是人的自然进化的部分，属于人的自然属性。但是，人能够通过自己的活动积极地改造外在的自然条件，维持自己的生存与发展，从而形成了不同于动物的独特的存在方式。恩格斯认为，这就是实践。他说："动物仅仅利用外部自然界，简单地通过自身的存在在自然界中引起变化；而人则通过他所做出的改变来使自然界为自己的目的服务，来支配自然界。这便是人同其他动物的最终的本质的差别。"①人在实践中构建了社会，增强了自己的意识，展现了自己是一种超越生命的存在。

人的独特的实践存在方式，表明了人既是一种生命的存在，也是一种超越生命的存在。人是双重的存在。正是由于人的实践，人才能把两种存在完整地结合在一起。如果从群体和个体角度来看，人的存在方式既是群体的存在方式，也是个体的存在方式。如果仅仅从个体或群体的角度来看，人的存在方式既是自然的存在方式，也是社会的存在方式、意识的存在方式。

与人的多种存在方式不同，动物只是一种生命的存在。尽管它也具有某种群体的存在方式和个体的存在方式，但它的群体的存在方式与个体的存在方式是同一的。个体获得了生命，也表明了它具有其群体中的每个成员的内在规定性。它只是消极地适应自然的条件来维持自身的生存与繁衍，缺乏超越性的存在特性。人并不是如此。人的出生，表明了一种生命的存在，但这时的人只是生命的存在，还并不能真正被称为人的存在。他

---

① ［德］马克思，恩格斯. 马克思恩格斯选集（第4卷）［M］. 北京：人民出版社，1995：383.

还要经过社会实践，才能变成真正的现实中的人。

人的实践是一种创造性活动，这种创造性活动是依靠人的生命活动来完成的。没有生命，人就失去了存在的自然前提。因此，人的生命是可贵的。但是，人的生命的价值并不仅仅在此，而是更为重要地存在于人的超越性生命活动之中。裴多菲的诗歌："生命诚可贵，爱情价更高。若为自由故，二者皆可抛。"它很好地诠释了人的更高层次的精神价值。因此，人的实践决定了人的生命活动必然要发挥其创造性价值，追求更高的价值目标。人的历史就是人的双重存在的不断发展的历史。

实践是人能动地改造物质世界的对象性活动。人是一种实践的存在，人具有实践的本性。人越是通过实践展现自己的超越生命的存在方式，越能展现人超越动物的优越性。

(二) 人的理性与非理性都是在实践中发展而来

实践是人的特殊本性，人的理性与非理性都是从实践中发展而来。因此，人的理性与非理性统一于人的实践活动之中。

理性，并不是脱离了人的历史实践的理性。马克思曾在《哲学的贫困》中批判了那种脱离了人的实践关系、不依赖人，而能够独立存在的理性。他反问道："纯粹的、永恒的、无人身的理性怎样产生这些思想呢？它是怎样造成这些思想的呢？假如在黑格尔主义方面我们具有蒲鲁东先生的那种大无畏精神，我们就会说，理性在自身中把自己和自身区分开来。这是什么意思呢？因为无人身的理性在自身之外既没有可以设定自己的地盘，又没有可以与之相对立的客体，也没有可以与之相结合的主体，所以它只得把自己颠来倒去：设定自己，把自己与自己相对立，自相结合——设定、对立、结合。用希腊语来说，这就是：正题、反题、合题。对于不懂黑格尔语言的读者，我们将告诉他们一个神圣的公式：肯定、否定、否定的否定。这就是措辞的含义。固然这不是希伯来语（请蒲鲁东先生不要见怪），然而却是脱离了个体的纯理性的语言。这里看到的不是一个用普通方式说话和思考的普通个体，而是没有个体的纯粹普通方式。"[1]在这里，理性总是一定时代中社会实践条件下的理性，是以人自身的存在为依据，在历史中不断变动着的理性。因此，理性绝不是"纯粹的、永恒的、无人身的理性"。

---

① [德]马克思，恩格斯. 马克思恩格斯选集（第 1 卷）[M]. 北京：人民出版社，1995：138.

同样，非理性，也是不能脱离于历史实践的神来之笔，而是人的理性在实践中反复出现不断作用于人脑的结果。直觉、情感、意志等非理性要素都是在人的一定生理—心理基础上并于社会生活实践之中所逐渐形成。它们都经过了生物性的本能到人的理性化状态，再到非理性化状态的发展过程。以情感为例，心理学家已经证明，先有建立在生理—心理基础上的自然情感，然后在社会实践中形成了理性引导下的情感，最后发展成为不需要理性引导就直接呈现的非理性情感。因此，没有人的社会实践，也就没有人的非理性要素。这也表明非理性要素是人所特有的非理性要素，它们都是人在实践中的产物。

由此，从理性与非理性的形成而言，实践是道德价值的最终基础。理性与非理性统一于人的社会实践活动之中。

(三)实践为道德价值的形成提供了前提

道德价值是主体和客体关系的一种反映。人是一种以实践为特征的存在，实践之中内在地包含了主体与客体之间的关系。实践为道德价值的形成提供了前提，这种前提主要包括要素前提和需要前提。

首先，实践为道德价值的形成准备了要素前提。所谓要素前提，是指道德价值所涉及的主体、客体以及两者之间所展现的关系等要素，都是由实践所提供的。

从人类思想史的发展来看，要从实践的角度来理解人经历了一个思想的发展过程。18 世纪的法国哲学家爱尔维修等把人片面地理解为自然的存在。德国古典哲学家康德从理性的角度把人理解为自主体，黑格尔则把人理解为"自我意识"的存在。他们赋予人以能动性，但把人变成了超越时空的无血无肉的存在。费尔巴哈把理性的、有意识的人从天上拉回人间，从抽象的感性的存在理解人。他们都没有从人的现实活动中来理解人。马克思的实践观第一次把人理解为现实的、具体的、能动的存在。正是在实践活动中，人从猿中脱颖而出，构成了道德价值主体出现的前提；正是在实践活动中，人们彼此之间形成了人与人之间的社会关系，从而形成了道德价值关系的前提。正是在实践活动中，人有了自我意识，从而构成了人能够区别自我与他人的反思的前提。因此，人的理性思维与非理性思维有了发展的基础。所以，如果没有实践活动，道德价值主体、主客体之间的道德价值关系等道德价值的构成要素，都是不可能出现的。道德价值的形成也就无从谈起。

其次，实践为道德价值的形成准备了需要前提。所谓需要前提，是指实践提供了道德价值形成的需要。

"人类所做和所想的一切都关系到要满足迫切的需要。"①作为人的特殊本性，实践是一种满足人的需要的活动。需要是人在其生存与发展中对客观条件的依赖和需求，它表现了人在生存与发展中的缺乏状态。人有生命需要和超越生命的需要。生命需要是人存在的最初的自然需要，如吃喝、性欲等。这种需要的基本特征在于需要的无意识性和非历史性。它展现了人作为生命体的一种生理需要，任何生命体都离不开这种生理需要。超越生命的需要是一种精神需要。它是人类进入文明时代后所出现的需要，具有历史与文化的痕迹。而一旦这种精神需要出现后，原有的最初的生命需要也会提升到一个新的层次，原有的那种仅仅满足于生理需要的生命需要也会融入精神的要素。比如，吃喝等满足生命的需要，就会转变为饮食文化，生殖繁衍变成了浪漫的爱情婚姻。

人的精神需要有道德需要、宗教需要、审美需要、信仰需要等许多种。一般而言，人的基本的精神需要可以概括为真、善、美的需要。著名美学家高尔泰曾指出："对真、善、美的需要也就成为最基本的需要"，"满足这种需要的活动，也就是追求真、善、美的活动"。②在人所追求的真、善、美的实践活动中，善所体现的是人的道德价值。它渗透到人的社会生活的各个实践活动之中。道德价值所渗透的实践活动主要包括以自然界为对象的实践活动、以社会为对象的实践活动和以意识为对象的实践活动。

从以自然界为对象的实践活动来看，实践为道德价值的形成准备了需要前提。或许，有人认为在这种以自然界为对象的实践活动中，人只需符合自然规律，按照自然规律来认识自然，自然规律是客观的、自在的，没有人的参与的，因而与道德价值没有什么关系。其实不然。这种观点考察了人在以自然界为对象的实践活动中，人要服从自然规律，但这种观点忽略了人在参与这些实践活动中服从自然规律所进行的实践方式的善恶选择。人以自然界为对象的实践活动是人在自然界中要满足自己物质生活资料的需要。实践活动中所提供的满足这种需要的方式，就存在道德上的正当与不正当、善与恶的问题。在我们获取自己所需要的物质生活资料的过程中，可以采取正常的劳动、交换、分配的方式，也可以采取非正常的坑

---

① ［美］阿尔伯特·爱因斯坦. 爱因斯坦文集（第 1 卷）［M］. 许良英，范岱年，译. 北京：商务印书馆，1979：279.
② 高尔泰. 美是自由的象征［M］. 北京：人民文学出版社，1986：24-23.

蒙拐骗、暴力攫取的方式。从这个角度来看，就存在善恶的价值问题。当然，道德只是调整和协调人们获取自然界物质资料的规范之一，或许还需要法律等参与其中。但是，道德在这种实践活动中的价值是不可缺少的。另外，人在自然界中获得自己生存所需的物质资料，要维护自己的生命安全等基本的人权，这种道德领域的人权价值也就是道德价值中的基本价值之一。以自然界为对象的实践活动也为人的这种道德价值的形成准备了需要的前提。

从以社会为对象的实践活动来看，实践使人生活在一定的社会关系之中，满足人的生存与发展的需要，从而构成了道德产生的前提条件，并决定着道德价值设定。人在实践活动中结成了人与人以及人与社会之间的社会关系。如果人与人之间都是孤立的，彼此之间没有任何联系，那么，人与人之间就不会存在侵害等问题，道德也就无法存在，道德价值也就无从谈起。正是由于在实践活动中，人以一种社会群体的方式而形成了社会，人与人、人与社会之间存在各种利益关系，需要道德来加以调整。可以说，以社会为对象的实践活动，直接构成了道德价值的前提。道德领域的秩序价值、公正价值、自由价值等，都是以人的这种社会实践活动为根本依据的。在这些道德价值中，秩序可以说是一种基础的价值。它反映了社会实践活动中维护社会稳定性和连续性的特点。因此，以社会为对象的实践活动，构成了道德价值出现的一个基本需要前提。

从以意识为对象的实践活动来看，实践使人形成了意识以及自我意识并不断发展，满足人的生存与发展的需要，因而形成了道德产生的前提条件，也决定着道德价值设定。心理学的研究表明，人的意识以及自我意识来源于人的实践活动。正如恩格斯在《自然辩证法》中所说："人的思维的最本质的和最切近的基础，正是人所引起的自然界的变化，而不仅仅是自然界本身；人在怎样的程度上学会改变自然界，人的智力就在怎样的程度上发展起来。"[1]人的意识，尤其是人的自我意识，是道德价值产生的重要前提。人的意识在人的实践中能够使人有目的地、能动地改造外部世界、构建人为世界。道德价值就是人为世界中人的意识的重要构成部分。正是在实践活动中，人的意识出于人的生存与发展的需要，把那些有利于人的生存与发展的事物赋予了善的道德价值。道德价值是在一定实践活动中，随着生产力的发展而出现的产物。在道德价值出现的过程中，人的自我意识发挥了重要作用。它使人认识了自我与他人、社会以及自然的关系，认

---

① [德]马克思，恩格斯. 马克思恩格斯选集(第4卷)[M]. 北京：人民出版社，1995：329.

识了自我与他人、社会以及自然之间的利益关系，也明白了自己需要什么，什么对自己有好处，什么对自己没有好处。人的自我意识开辟了人的自我控制、自我教育和自我完善的可能性。自我控制、自我教育和自我完善也就意味着人的意识开始提出一些相应的要求，这就是所谓的规范——以便保护人自身的生存与发展的需要。由此，又出现了道德规范。当人来设计道德要求或规范时，其实就会考虑这些要求所带来的善与恶的价值问题，这就是道德价值。道德价值反映了人的自我意识的觉醒，是人在社会实践中认识到了自我约束、自我发展、关注人的生存与发展的结果。它是人类思想进步的阶梯。而且，从历史来看，以意识为对象的实践活动，是一个不断发展的过程，道德价值也是随着实践活动的发展而发展。

道德价值是一个关系范畴。实践活动中的三种样式：以自然界为对象的实践活动、以社会为对象的实践活动、以意识为对象的实践活动，分别涉及人与自然、社会、意识之间的关系，提出了道德在满足人的生存与发展需要中的价值。道德价值就在于能够调整人们生活之中的各种关系。实践不仅产生了道德价值的各个要素出现的前提，而且构成了道德价值必然存在的需要前提。没有实践就没有道德价值产生的可能。

（四）实践为道德价值的发展指明了目标

实践是一种能动地改造世界的活动。人的实践就是要把自在的世界改变成为自为的世界，把外在之物变成为我之物。人类演变和发展的历史表明，人在实践中不仅遵守自然规律，而且还赋予了实践某种真、善、美的目标价值。准确地说，人在实践活动之中依据外在的自然规律，只是为了达到自己的某种真、善、美的目的。他并不是只为了遵守自然规律，而是要追逐那些满足自己愿望的真、善、美的目标。比如，人不吃不喝必死无疑，这是符合自然规律的。但是，任何人选择吃喝都不是仅仅为了遵守这个自然规律。因为人不是为遵守自然规律而遵守自然规律，而是通过遵守自然规律满足自己真、善、美的目的。人正是在这种实践活动中不断地把自己的目标加以明确。

从道德价值论的角度来看，实践活动中具有善的目标。正如亚里士多德在《尼各马科伦理学》开篇所说："一切技艺、一切规划以及一切实践与选择，都以某种善为目标。"①一般而言，人们通过实践把外在之物变为为

① ［古希腊］亚里士多德. 尼各马科伦理学［M］. 苗力田，译. 北京：中国人民大学出版社，2003：1.

我之物，以符合自己的需要，把这称为善。恰如孟子所说："可欲之谓善。"(《孟子·尽心下》)他认为，符合为人所需要的，就是善的。反之，人们把那些阻碍实现自己需要的称之为恶。应该说，这是一种人类最为朴素的对道德价值的理解。人的实践是不断发展的，也就推动了道德价值不断发展。人对善恶的道德价值的认知，也就在实践中发展。因此，实践总是为道德价值的发展指明了一定的向善目标。

实践活动有三种样式，以自然界为对象的实践活动，以社会为对象的实践活动，以意识为对象的实践活动。在以自然界为对象的实践活动中，实践推动人追求善。这种善要求自然界能够更好地为人类服务。人类需要探讨如何开发自然而不会破坏自然，即以一种道德的方式获得人自身的发展。在以社会为对象的实践活动中，实践推动人追求善。这种善要求社会能够更好地为人类服务。人类需要探讨如何构建社会制度与规范，以一种道德的方式保障人自身的发展。在以意识为对象的实践活动中，实践也推动人追求善。这种善要求人的意识更好地为人类服务。人类需要探讨如何追求高尚的思想意识，以一种道德的方式追求人类未来的全面发展。无论何种实践活动，从道德价值论来看，都是要追求善，满足人类的自我发展与自我完善的需要。在这里，人在实践活动中，不断追求善，不断为自己设定善的目标，实现善的目标。善的目标来源于实践活动，人类也在实践活动之中实现善。

（五）实践为道德价值的判断提供了最终依据

实践赋予了人一套认知图示和道德价值系统。人在实践中不仅获得了一套认知图示，而且还形成了一套道德价值系统。前者帮助人认识外在客观世界，形成正确与错误的认识，后者帮助人形成道德生活中的善恶判断。在道德生活实践中，人不仅要认知外在的道德现象，而且还会透过道德现象来把握其价值本质。在道德生活中，道德现象与道德价值本质是浑然一体的。为了把握道德现象的价值本质，就需要在实践的基础上，在道德价值观念中分解、加工道德现象，运用一系列的方法来进行创造性的思维活动。在这些思维活动中，人在道德价值评价中的能动性、选择性和创造性得到了展现。人对道德价值的评价不会再以庞杂的感性的形象出现，而是常常以一种抽象的概念、判断、推理和证明，或直观的直觉、鲜明的情感来表达人对道德价值的评价。

道德价值的认识与评价都是来源于实践。我们正是在实践中认识道德价值，在实践中评价道德价值。实践构成了道德价值的认识与评价的最终依据。这种根据直接与人在实践中的利益和体现这种利益的社会规范有关。

马克思认为，思想一旦离开利益就会使自己出丑。人总是从一定的利益出发而形成思想。就道德价值而言，我们要认识和评价道德行为或道德活动中的道德价值，能够从中进行基础性判断的依据在于实践中的利益，看人的利益是否得到满足，是否更有益于人与社会的存在与发展。我们不能脱离人的利益是否得到满足，是否更有益于人与社会的存在与发展进行判断。对道德价值的认识与评价要充分考虑利益问题：道德是否能够给人类带来尽可能多的利益。如果道德能够给人类带来尽可能多的利益，其价值也就越大，反之则小。"利益是人们通过社会关系表现出来的不同需要。"①按照马克思的观点，人类的任何需要都是从实践中产生的，也只能在实践中才能得到证明。人类正是在实践中才能确定自己的需要所在、自己的利益所在。如果没有实践，就无法确定利益，也就无法针对道德所带来的价值进行认识与评价。

对道德价值的认识与评价除了涉及利益要求外，还涉及体现利益的社会规范要求。规范一词来自拉丁语 norma，意思是规则、标准或尺度。人类社会中的规范总是蕴含着一定的价值，是价值的外化。从深层次来看，价值总是要满足和符合人们的利益。一般而言，社会规范是人们根据一定的利益，通过价值，再通过一种评价表现出来，以协调人与人、人与社会、人与自然之间的关系的社会性要求。苏联思想家 A. M. 奥马罗夫在论述社会规范时指出："社会规范反映着各种社会、阶级、集体和团体的利

---

① 冯契. 哲学大辞典(分类修订本)(上)[M]. 上海：上海辞书出版社，2007：797. 其实，该辞典所提出的利益诠释还值得进一步探究。毕竟，利益是一个容易引起歧义的概念。利益有满足人的需要的物质利益、精神利益等。按照马克思的观点，利益是指物质利益或物质经济利益。马克思指出："物质生活的生产方式制约着整个社会生活、政治生活和精神生活的过程。"(《马克思恩格斯文集》第 3 卷，人民出版社 2009 年，第 320 页) 在这里，马克思所说的物质生活是指维持人的生存与发展的衣食住行等物质生活资料，也就是人们所说的物质利益。物质生活的生产方式是以物质生活为目的的生产方式，从而表明物质利益具有经济性质。物质利益是指物质经济利益，它制约了整个社会生活、政治生活和精神生活。作为道德价值评价的精神生活，最终要受到物质经济利益的制约。马克思还指出："利益不是仅仅作为一种'普遍的东西'存在于观念之中，而首先是作为彼此有了分工的个人之间的相互依存关系存在于现实之中。"(《马克思恩格斯文集》第 1 卷，人民出版社 2009 年，第 536 页) 也就是说，利益是人的利益。它总是存在于人们的实践活动所形成的一定的社会关系中，从而构成了利益关系或经济关系。因此，我们在进行道德价值的认识与评价中，需要考察道德现象中的物质利益。从马克思的利益观来看，所谓道德价值的认识与评价就是在道德实践活动中，考虑道德现象是否满足了大多数人的物质利益，在多大程度上满足了人的物质利益，以此来认识与评价道德价值。

益，而它们主要的、直接的任务是在社会利益居支配地位的情况下来协调各种利益。所以，统一的规范按其实质是统一的利益的另一种反映。如果没有这种统一，要使人民按照所希望的方向确定价值目标，以及使调节人们行为的机制有效地发挥功能都是不可能的。"①显然，社会规范作为利益的统一反映，总是在一定的社会实践活动中形成，不能脱离社会实践，否则就无法达成一致而形成社会成员认可的规范。就道德价值而言，在一个社会中，人们正是在社会实践中通过规范明确了利益的分配与调整的道德合理性、正当性。因此，社会规范构成了人们道德生活中对道德价值认识与评价的重要依据。凡是符合这种社会规范的行为，就是具有道德价值的行为；凡是违反这种社会规范的行为，就是不具有道德价值的行为，或者称为具有负面道德价值的行为。

无论是道德价值认识与评价中的利益要求还是社会规范要求，都是从人们的社会实践中而来。它们决定了对道德价值的认识与评价要随着实践的发展而发展。正如努斯鲍姆所说："人类在价值问题上达成的深层次协议（实践）就是道德规范的终极权威。如果'协议'垮台了，那么我们就没有任何更高的法庭可以上诉了。甚至连神也只有在这样一个人类世界中才存在。"②从道德价值的产生来看，人们提出道德价值，是因为人们在道德生活实践中需要以此来维护社会的稳定与发展，维护人的生存与发展。由此，我们不难发现，道德价值也会随着人类的实践的发展而不断改变。比如，《水浒传》中的潘金莲，在传统社会中一直被认为是荡妇的形象。但是，随着人们告别传统社会，她的形象逐渐成为反抗不合理的封建买卖婚姻制度、追求妇女解放的新女性，具有了追求个人正当权利的道德价值。在一些电影电视中，她摆脱了传统的负面角色，成为一个正面角色。而武松却从替兄复仇杀嫂的英雄变成了维护邪恶制度的刽子手。他那曾经被认为正义的行为，变成了野蛮的行为，失去了传统社会中原来的正面道德价值。牧口常三郎在探讨道德价值时提出："善的意义是根据社会背景确定的，善只能被社会规定。德和美是从属个人的价值，善则是社会的价值。"③社会背景取决于社会实践的发展。社会实践如果改变了社会的环

①　[苏] A. M. 奥马罗夫. 社会管理[M]. 王思凯，等，译. 杭州：浙江人民出版社，1986：291.

②　[美]玛莎·努斯鲍姆. 善的脆弱性[M]. 徐向东，陆禾，译. 南京：译林出版社，2007：560.

③　[美]R. B. 培里，等. 价值和评价[M]. 刘继，译. 北京：中国人民大学出版社，1989：90.

境，也就改变了人们的道德视野，从而改变了人们对道德价值的认识与评价。

总之，实践是人的特殊本性，人的理性与非理性都是在实践中发展而来，实践为道德价值的形成提供了前提，实践为道德价值的发展指明了目标，实践为道德价值的判断提供了最终依据。概括起来，实践是道德价值的最终基础。人的实践生生不息、永无止境，因此，道德价值意味着总是在途中，处于生生不息之途。从一定意义上看，道德价值论可以诠释为一个动词，是人类道德价值之思的理论化与系统化的不断涌现与发展。

第五章　道德价值与事实

前面我们探讨了道德价值建立在人性和实践的基础之上。值得思考的一个问题是，我们知道了人性是什么，能否由此得到相应的人应该做什么的道德价值判断？这就涉及道德价值与事实之间的关系问题。价值与事实、应然与实然的关系问题，是近代以来人文社会科学研究中的一个重要问题，也是伦理学理论中的一个基本问题。因此，在价值前面加上道德，表明了此处的价值与事实的关系仅仅局限于伦理学范围探讨的道德价值与事实之间的关系。价值与事实的关系问题深刻地影响了自近代以来各种不同哲学伦理学流派的论证逻辑。当然，从道德价值论来看，这一问题也是道德价值本质论中的一个基本问题。尽管从历史上看价值与事实、应然与实然的关系众说纷纭，但它们构成了道德价值理论与实践中主观与客观之间能否沟通、如何沟通的前提要件。或许，这反映了人类追求知识的道路是一条不断探讨和深化事实与价值、应然与实然之间关系的道路。

一、休谟问题与摩尔的发展

事实与价值的关系问题是和我们每一个人都有着密切联系的问题，是人们无法避免而需要作出选择的问题。一般而言，它起源于休谟的发现，被称为"休谟问题"。由此，把事实与价值二分的方法在哲学中一直居于主流地位。这种观点把事实与价值完全分开，划分在不同的领域之中，认为两者之间存在着难以逾越的鸿沟。在这种观点中，事实是客观的，它与存在、实在等概念一样具有客观性。价值判断是主观的。从客观的事实或"是"无法推导出主观的价值判断或"应该"（或"应当"）。在 20 世纪，摩尔进一步强化了这种事实与价值的二分法，从而也揭开了学界各种试图消解这种二分法的序幕。

(一)休谟问题的提出

德国哲学家赖欣巴赫(Hans Reichenbach)曾指出:"哲学的进步不应当从问题的解决中去寻找,而应当在哲学家所提的问题中去寻找。"①事实与价值的区别,首先为休谟所发现。休谟是一个善于敏锐地发现问题的人。他所发现的因果必然性问题和归纳的有效性问题以及事实与价值区分的问题,被人们统称为"休谟问题"。在此处,我们所提出的休谟问题是指事实与价值相区别的问题。

他在《人性论》一书中写道:"在我所遇到的每一个道德学体系中,我一向注意到,作者在一个时期中是照平常的推理方式进行的,确定了上帝的存在,或是对人事作了一番议论;可是突然之间,我却大吃一惊地发现,我所遇到的不再是命题中通常的'是'与'不是'等联系词,而是没有一个命题不是由一个'应该'或一个'不应该'联系起来的。这个变化虽是无声无息的,却是有极其重大的关系的。因为这个'应该'或'不应该'既然表示一种新的关系或肯定,所以就必须加以论述和说明;同时对于这种似乎完全不可思议的事情,即这个新关系如何能由完全不同的另外一些关系推出来,也应当举出理由加以说明。不过作者们通常既然不是这样谨慎从事,所以我倒想向读者们建议要留心提防;而且我相信,这样一点点的注意就会推翻一切通俗的道德学体系,并使我们看到,恶和德的区别不是单单建立在对象的关系上,也不是被理性所察知的。"②

在这里,休谟认为在过去的道德学体系之中,人们总是从以"是"与"不是"的事实判断直接过渡到以"应该"或"不应该"的价值判断中。尽管这种变化是人们难以察觉的,但这是一种逻辑上的跳跃,需要作出必要的说明。休谟在这里的确有了一个伟大的发现,即事实与价值之间的区别。奥地利科学哲学家卡尔·波普尔把这个问题称为伦理学上的二元论。美国哲学家马克斯·布莱克把这个问题称为"休谟铡刀"③,把事实判断与价值判断的关系一刀铡断。显然,休谟认识到了价值判断和事实判断是两个不同类型的判断。后人把这个休谟问题概括为:从"是"能否推出"应该",或从事实判断能否推出价值判断,从实然推出应然。由于我们所探讨的主要是道德价值,因此,这个休谟问题可以概括为是否可以从事实判断推出

① [德]H. 赖欣巴赫. 科学哲学的兴起[M]. 伯尼,译. 北京:商务印书馆,1983:76.

② [英]休谟. 人性论(下册)[M]. 关文运,译. 北京:商务印书馆,2005:509-510.

③ Max Black. Margins of Precision:Essays in Logic and Language[M]. Ithaca:Cornell University Press,1970:24.

道德价值判断。

休谟的这个发现与他一贯的伦理思想相切合。休谟认为，道德上的善恶来自人的情感。它是人所感知的而不是理性判断出来的。理性只是情感的奴隶，它在引起或制止人的行为方面没有主动力。道德上的善恶只是情感的对象，而不是理性的对象。也就是说，道德活动的动力是人的情感，而不是理性。休谟认为，过去的思想家总是认为理性指导和推动人的道德活动，没有认识到情感才是可以推动人的道德实践活动的力量源泉。因此，过去的哲学家们总是在大谈特谈人的理性认知的各种以"是"为连接词的事实后，就跳跃到了"应该"如何的价值命题。在休谟看来，以"是"为连接词的事实判断与以"应该"为连接词的价值判断是两种不同的判断。分辨事实的真假对错是理性的对象，发现道德价值的善与恶则是情感的对象。前者属于实然律，后者属于应然律，两者之间明显不同。如果要想直接从事实判断推出道德价值判断，需要作出必要的说明。

一般而言，事实判断是以"是"为连接词，价值判断则是以"应该"为连接词。休谟为我们解释了形成事实判断与价值判断的深层次原因，这就是理性与情感。事实判断主要是依靠理性来判断，价值判断主要是依靠情感来判断。尽管在哲学的童年，人类就探讨了理性与情感的关系，认为它们是人类道德生活中不可缺少的两个组成部分，但是，在相当长时期内，人们一直认为理性是道德生活中的最为核心的要素，而情感处于边缘化地带，充其量只是敲敲边鼓而已。有些时候，一些思想家甚至认为理性是人行善的依据，情感则是引人作恶的根源。比如古希腊时期的苏格拉底、柏拉图提出人的灵魂的划分和中国唐代李翱提出的"性善情恶"论。有些时候，一些思想家又过于强调情感在道德生活中的重要作用。比如，近代以来的休谟以及现代的情感主义学派等，把情感置于道德生活中至高无上的地位；中国魏晋时期的"竹林七贤"，纵情山水而抗拒礼法制度。这些思想过于强调了情感的作用，而无视理性应有的积极作用。因此，在人类相当长的时期内，学界常常要么过度偏向理性，要么过度偏向情感。或许，我们需要保持一种思维的张力，既要看到理性所带来的规范性的积极的指导作用，也要看到其有可能带来的教条性刻板而冰冷的消极作用；既要看到情感所能带来的积极的促进作用，也要看到其有可能带来的不受约束的盲动。因此，客观地辩证分析理性与情感在道德生活中的作用是十分重要的。

事实判断经常是以"是"为连接词。我们日常生活中的语言总是丰富多彩的，有些时候未必使用"是"这个连接词。尽管如此，我们还是能够知道某个判断是事实判断。因为，它通常是一些客观事实的认知性描述。比如，太阳从东方升起，地球围绕太阳旋转，今天很热，等等。在这里，语句中虽然没有"是"，但和"太阳是从东方升起的"，"地球是围绕太阳旋转的"，"今天是很热的"一样，都属于事实性描述。因此，我们不能简单地把凡是使用了"是"作为连接词的语句作为事实判断，或者认为都是关于事实的认识性描述。有些时候，有些句子尽管包含了"是"，却有可能是价值判断。比如，"成为一个公正的人是老王应追求的目标"，在这里，尽管语句中有"是"字，但却是我们后面所探讨的一种价值性诉求。它表明说话者希望老王成为一个公正的人的态度，这个句子显然不同于"老王是个男士"的事实性描述。因此，只有当从认识角度给予某种事物或人的是否存在时，即给予一种事实性的描述时，这个判断就是事实判断。事实判断具有描述性的特征。关于这种事实性的描述的回答，只有"是"或"不是"的真实或虚妄的回答，而不是涉及"善"与"恶"的回答。正如彼彻姆所说："事实陈述有可能是真的，也可能是假的。反之，价值被当作是评价性陈述或关于什么是（例如）善、正确或美德的判断。"①这样，我们就不会仅仅纠结于看语句是否含有"是"来判断是否为事实判断。

价值判断经常是以"应该"为连接词。有些时候未必使用"应该"这个连接词。尽管如此，我们还是能够知道某个判断是价值判断。比如，"图书馆内请不要大声喧哗"，"同学之间请注意互相帮助"，这些语句虽然没有"应该"，但我们通过其中的关键字"请"就发现其中所蕴含了"应该"的意思。因此，我们可以把这两句中的"请"直接替换为"应该"。这些没有包含"应该"的语句属于价值判断。另外，在人们的日常生活中，有些含有"应该"作为连接词的语句并不都是价值判断。比如，"乌云来了，应该会下雨"，"冬天来了，天气应该变冷"，这些语句中尽管有"应该"这个词，但并不是我们所说的道德价值上的"应该"，因此，并不属于价值判断。也就是说，"应该"有两种含义，一种是道德价值意义上的，一种是非道德价值意义上的。这就需要我们加以分析。一般而言，作为道德价值意义上的"应该"包含有规范性、评价性与普遍性的特征。这就需要认识道德价值判断的特点。

道德价值判断是具有规范性、评价性、命令性与一定程度普遍性的判断。

---

① ［美］彼彻姆. 哲学的伦理学［M］. 雷克勤，等，译. 北京：中国社会科学出版社，1992：515.

首先，道德价值判断具有规范性。道德价值判断本身就是一种规范性判断。它是一种人们在道德生活实践中进行的自我或帮助他人按照规范行动的判断。因此，"应该"构成了它的谓词。比如，"上课应该尊重老师"，"晚辈应该尊敬长辈"，"长辈应该关爱晚辈"，等等，它们都呈现了一种行为的规范性特征。这一点明显不同于事实判断。事实判断是一种客观实在性的描述，并不试图要求你如何去做，因而其谓词表现为"是"。另外，道德价值判断的这种规范性是通过忠告、劝谏、告诫来表现的，与法律价值判断中的外在强制性不同，而是一种诉诸内心良知的非强制性要求。

其次，道德价值判断具有评价性。事实判断常常可以采取"是否"来回答。道德价值判断并不需要从"是否"来回答，而是要通过"善恶"的评价来回答。比如，"图书馆内请不要大声喧哗"，"同学之间请注意互相帮助"，图书馆内保持安静是一种善，大声喧哗则是一种恶；同学之间互相帮助是一种善，反之则是一种恶。所以，我们把这些判断划入价值判断。再如，"乌云来了，应该会下雨"，"冬天来了，天气应该变冷"，这些判断并不是善恶的判断，因而尽管有了"应该"这个词，我们并不会把它们归入价值判断。有些时候，这种评价还涉及道德价值的量的评价。同样是帮助穷人，送给他一餐饭，教会他一种生存技能，都是一种善，但后者比前者的价值量要大。因此，评价性，既有善恶性质的评价性，还有价值量的大小的评价性。

再次，道德价值判断具有命令性。命令性源于判断的规范性、善恶的评价性。由于有了判断的规范性和善恶的评价性，知道了要遵守的规范是什么，何为善，何为恶，因而也就有了命令性。这正是"应该"的最终本意之所在。比如，"老王应该成为一个诚实的人"，就是要求老王努力做事、讲究诚实，而不是欺骗。这种判断无形之中下达了一种命令，要求行为者按照"应该"的规范去做。康德把这种命令称为绝对命令，凡是理性的存在者都应当加以遵守。尽管他抛弃情感，专门从理性角度来探讨道德价值判断，但他强调道德价值判断的命令规范性，把这作为一种义务，认为人应该遵守义务，从价值判断的特性上看也就具有一定程度的合理性。

另外，道德价值判断具有一定程度的普遍性。这个特性也源于道德价值判断的规范性和评价性。道德价值判断要求人们遵守规范，本身也就意味着这种判断具有一定适用范围的普遍性。试想，如果道德价值判断只是针对某些特殊的人或物，只能在个体的人或事中发挥作用，它也就失去了应有的规范意义。从这个角度来看，那些非道德意义上的"应该"常常是一些针对具体情况而言的判断。比如，一个人正在吃饭，另一个人对他说

"我们应该走了",这个判断既不涉及善恶评价性,也没有相应的命令规范性,只是一种特殊状态下的提醒,因而不属于价值判断。

通过前面分析事实判断与价值判断的特性,由此,我们不难发现,休谟问题实际上提出了一个道德价值的存在根据的问题,即我们应当或不应当做什么,其原因何在,我们能不能通过事实来推出一个价值回答。

(二)摩尔的发展

事实与价值的二分,开始于18世纪的休谟。将其明确发展的则是20世纪初元伦理学的开创者摩尔。之后的直觉主义、情感主义和规定主义则进一步拓展了事实与价值二分的研究。

1903年,摩尔的《伦理学原理》出版,标志着元伦理学的兴起。摩尔在该书中重提休谟问题。他通过批判自然主义谬误,区分了事实与价值。摩尔认为,伦理学最重要的首要问题是探讨什么是善。在他看来,善就是善,是不能被定义的。善是一种最单纯的、不可分割的词。它表明的是一种性质,一种价值意义。善只能通过直觉来把握。因此,他所开创的元伦理学又被称为直觉主义伦理学。他认为,过去的伦理学常常试图给善下定义,从而犯了自然主义谬误。

所谓自然主义谬误是指在本质上混淆了善的性质与善的事物,并试图以自然性事实或超感觉、超自然的永恒实在来规定善的各种伦理学论点。简而言之,试图给"善"下定义的那些伦理学体系,混淆了"善的性质是什么"与"什么是善的事物"这两个不同的问题,以善的事物替代了善的性质。在他看来,"善"不能以任何其他概念来下定义,也不能以任何善的事物来下定义。正如彼彻姆所评述直觉主义者所说:"直觉主义者同意自然主义者,认为价值词是从属于道德判断中的主词的。然而他们又认为价值属性在种类上不同于事实的属性。因而他们相信,诸如'善''正确''勇敢'等词语不是能够通过感觉经验或者通过社会科学的经验主义方法认识的东西。"①摩尔就是这样的直觉主义者,认为价值属性在种类上不同于事实的属性,善是不能通过感觉经验或者通过社会科学的经验主义方法来认识的。

摩尔认为,以定义价值的词组来替换价值,就改变了句子的意义。他设计了一种"开放问题"的检测方法捍卫其观点。如果有人试图借助某个

---

① [美]彼彻姆. 哲学的伦理学[M]. 雷克勤, 等, 译. 北京:中国社会科学出版社, 1992:
519.

概念来对善下定义，我们可以提出这样的问题："它是善吗？"比如，有人认为"善是可欲望的"，我们绝对不可能问："可欲望的事物是善吗？"由于善等同于可欲望的，因此，"善是可欲望的"就成为"可欲望的事物是可欲望的吗"。有人认为"善是快乐"，我们不可能问："快乐的事物是善吗？"因为善等同于快乐，因此，这个问题就变成了"快乐的事物是快乐的吗"。摩尔认为，这样的问题可以不断问下去。不管我们选择什么样的自然性质，我们都不可能认为快乐的事物就是善，或者认为这样性质的东西就是善。它表明：我们要想在快乐的事物与善之间画等号是可疑的。摩尔认为，如果能够就无论什么样的自然特性提出这个开放问题，这个自然主义必定是假的。因为，自然主义就是要在经验事实与价值的善之间画等号。我们由此也可以明白自然主义谬误的实质。

摩尔认为，自然主义谬误在历史上主要有两种表现方式：一种是世俗的方式，一种是超世俗的方式。

首先，自然主义谬误是把善与自然物或某些具有善性质的东西相混淆，把善等同于自然物或某些具有善性质的东西。涉及这种自然主义谬误的伦理学主要有三种形态：其一，进化论伦理学，它试图以所谓的"自然进化"来定义善；其二，功利主义伦理学，它试图以所谓的"幸福"或"功利"来定义善；其三，快乐主义伦理学，它试图以所谓感官上的"快乐"来定义善。摩尔认为，这些伦理学都犯了自然主义谬误。

其次，自然主义谬误是把善与某种超自然、超感觉的实在相混淆，把善等同于这种超自然、超感觉的实在。比如斯多葛学派、斯宾诺莎、康德等，以超自然、超感觉的形而上学术语"永恒的实在"来定义善。斯多葛学派所提出的"自然"，斯宾诺莎所提出的"完善"，康德所提出的"善良意志"，属于形而上学术语中的"永恒的实在"。以此来定义善，同样属于自然主义谬误。

由此，摩尔通过自然主义谬误，告诉我们经验性的事物与道德价值之间不能画等号，我们不能以经验性的事物来定义道德价值。经验性的事物属于事实范畴，道德价值属于价值范畴。前者具有描述性，后者具有评价性、规范性、命令性和普遍性。因此，两者不能相互替换。如果说休谟发现了事实与价值之间的区别，那么，摩尔则是通过反自然主义，揭示所谓自然主义谬误，把休谟所提出的事实与价值的二分合法化，深化了事实与价值的讨论。

摩尔，作为元伦理学中直觉主义的鼻祖，直接把事实与价值绝对二分。其他直觉主义者也都持相同立场。他们坚持直觉主义思维方式，认为道德价值是不证自明的，不可定义，也无须借助经验性事实进行推理。普理查德曾经举例说：人的道德行为中的义务或责任的价值具有客观性与自明性，如同数学上的 $7 \times 4 = 28$ 一样清晰明白，无需借助任何认识和推导。我们可以怀疑 $7 \times 4 = 28$ 的正确性，但除了再进行一次运算外，别无选择。"我为什么做出这种道德行为"的义务或责任的价值，即便质疑，我们也只能再一次借助直觉来把握，而不能提供任何别的理由来加以推导和证明。直觉主义的这种把道德价值视为不可定义的、不证自明的概念，就是表明：我们无法借助非道德的事实推出道德价值，从实然推出应然，或从"是"推出"应当"。

元伦理学中的情感主义和规定主义也都步以摩尔为代表的直觉主义的后尘，认为事实与价值绝对二分，不能从事实判断推出价值判断。

元伦理学中的情感主义是建立在逻辑实证主义基础上的理论。逻辑实证主义是情感主义的方法论。按照逻辑实证主义的观点，任何命题能够成立都要经过逻辑证实或经验证实，否则无法成为科学的命题，只能成为伪命题。情感主义者借助逻辑实证来分析价值语言，认为伦理学中的价值判断没有严格的逻辑必然性，也没有经验上的可证实性。它仅仅只是表达了一种主观上的情感而已，没有陈述其他什么内容。价值判断只是一个人心理上的情感反应。卡尔纳普曾举例说"不要杀人"，这句话还原为一个价值判断就是"杀人是罪恶的"。这句道德用语既不具有逻辑上的必然性，也没有经验上的可证实性。人们也无法通过这句道德用语推演出任何未来的经验判断。它只是表达了某种愿望。在卡尔纳普看来，许多语言只是具有一种表达的作用，而没有表述的作用。具有表达功能的语言只能表达情感，没有断定的意义，其中自然没有知识。比如，价值语言就是如此。相反，具有表述功能的语言则是能够描述事实的，表达具有真假的命题，其中含有知识。因此，情感主义者认为，价值语言无所谓真与假的问题，其表示的命题属于无意义的伪命题，其中没有知识。既然价值判断成为伪命题，没有知识，价值标准也就失去了应有的依据。价值判断无所谓真假，而事实判断是有真假之分的。因此，价值判断与事实判断是两种截然不同的判断。由此，我们当然不能从事实判断推出价值判断。

元伦理学中的规定主义（或规约主义）则与情感主义的研究思路不同。它认为，价值判断并不是一种主观上随意的个人情感表达，而是具有规定性和命令性的双重特性。价值判断具有的规定性，能够规范和约束人的道德行为；它还有命令性，能够指导人的道德行为。事实判断只是具有描述性而没有规定性和命令性，两者之间有着巨大的差别。正如彼彻姆评价著名的规定主义者黑尔所说：他"沿袭了休谟及其他非认识主义者区分事实和价值的观点。价值判断被看作具有规约的或行为指导的功能。而这一功能则是纯事实判断所缺乏的，一般地说，评价性语言被说成是对具体行为方针有褒奖或谴责的功能。因此，规范伦理学的基础以及全部价值判断都是在规定和约束。相反，事实论述不是行为指导，而只能作为对人类或自然现象的描述以及对它们的原因的解释。所以，根据规约主义，这两个领域中的陈述表现出不可逾越的逻辑上的区别"①。由此，价值判断与事实判断之间难以在逻辑上沟通。在规定主义者看来，我们不能从事实判断推出价值判断。

综上所述，自休谟提出事实与价值之间相区别的问题以来，经过摩尔的发展，从直觉主义、情感主义到规定主义，都认为从事实判断无法推出价值判断，从实然中无法推出应然，从"是"中无法推出"应当"。这也就是人们所常说的"休谟法则"。

(三)事实与价值割裂的影响

休谟和摩尔等人所提出的事实与价值的二分，是人类社会历史发展中的理论与现实相互交融和影响的一个结果。自近代以来，随着科学革命的迅速发展，科学技术和知识日新月异，自然科学在社会生活中的地位日益重要。在 20 世纪初，它已经超越人文学科，成为人类知识中的执牛耳者。在这种历史发展中，人们越来越重视事实的研究，一切从事实出发成为一种科学精神。自然的事物日益脱离了与价值之间的关系，成为独立存在的客观存在。伴随科技的进步，市场经济逐渐成为各国重要的资源配置方式，各国都以物质发展作为首要的目标。在物质进步的祭坛上，牺牲了众多的道德价值和精神价值。人的价值与生存的意义日益萎缩在个人的精神世界的孤岛中，成为主观的存在。在这种自然科学、自然知识逐渐占据学界主流，市场经济日益席卷全球的浪潮中，事实日益显耀，价值逐渐隐去。反映在学术界的发展中，哲学、艺术、宗教等学科都要接受逻辑实证的检验。元伦理学正是在这种背景中应运而生，大行其道，直接从理论上分离了事实与价值。

同时，正是由于科学革命的发展，传统社会的世界观彻底被摧毁，加速了事实与价值相脱离的主观化进程。在古代和中世纪，世界是一个超越

---

① ［美］彼彻姆. 哲学的伦理学［M］. 雷克勤，等，译. 北京：中国社会科学出版社，1992：539.

的、目的论的世界。在西方传统社会中，无论是善，还是应当，其背后都有绝对的、超越的"自然"或"上帝"作为其价值源头。在古代中国，三纲五常的道德价值追求，源于其背后的"天"或"天道"，即人道源于天道。在传统社会中，无论是西方还是东方，善、应当、价值、规范都是统一在"自然""上帝"或"天"的意志之下。世界中的一切，包括人，都生活在这一个目的论世界之中，有其特定的确定意义。然而，随着科学革命的发展，传统的目的论宇宙观被证伪。自近代以来所出现的机械论的宇宙观，无法推导出普遍的价值意义。自然世界被视为外在于己的客观对象。机械论的宇宙观只能证明事实是怎样的，无法告诉我们应该如何生活，应该做什么。因此，尼采宣称上帝死了。谁谋杀了上帝？你和我，我们大家一起谋杀了上帝。在现代社会中，价值失去了原来的神圣的依据，丧失了客观性。什么是善，什么是恶，也就没有了终极标准。既然价值成为主观的产物，变成了与事实之间彼此相互隔离的存在对象，价值也就无法从事实中得到求证。因此，提出事实与价值的区别，还有其从传统到现代的世界观发生变化的历史背景。

事实与价值的断裂在道德价值研究中所带来的影响是极为深远的。如果说休谟只是提出了事实与价值之间的区别，那么以摩尔为代表的元伦理学则直接指出了事实与价值之间存在着无法弥合的鸿沟。休谟所开启的铡刀，切断了事实与价值的联系。事实是事实，价值是价值，两者老死不相往来。正如杜威指出："事实与价值的二元论"，即事实和价值的断裂，在各种二元论中，是"现在压迫人类最大的二元论"。①

从理论上看，由于我们从逻辑上不能从事实判断推出价值判断，所以一切与价值相关的学科瞬间失去了存在的合法性。18 世纪时，休谟曾经预言事实与价值的区分，将要"推翻一切通俗的道德学体系"。在摩尔以及其他元伦理学的理论推演中，把它合理化、合法化。各种通俗的道德学体系都是以人们的道德生活的事实为前提，从中引出各种道德价值的判断。一旦从逻辑上证明道德价值判断无法从事实判断中推出，则道德体系中的道德合理性、道德判断标准、道德价值意义、道德价值立场等都失去了存在的应当依据。那些思想家为人们曾经遵守的道德规范所精心构建的道德学体系也就成为无本之木、无源之水。

不仅如此，它还直接影响了人们在现实世界中的精神生活。正如当代美国学者普特南（Hilay Putnam）在《事实与价值二分法的崩溃》一书的导论

---

① ［美］杜威. 哲学的改造［M］. 许崇清，译. 北京：商务印书馆，1989：93.

中所言："在我们的时代，事实判断与价值判断之间的差别是什么的问题并不是一个象牙塔里的问题。可以说是一个生死攸关的问题。"①事实与价值的断裂还意味着人们在生活中曾经坚持的所谓价值追求立刻成为纯粹的个体梦呓。人们不得不生活在一种价值困惑与矛盾之中。

价值是人类社会的历史实践基础上产生的主体与客体之间的关系范畴，是主体与客体的统一。它既有主观性，也有客观性。由于事实判断无法推出价值判断，两者之间相互悬置，价值判断就成为一种纯粹主观的意见和想法。价值的客观性消失了。由此，一个人选择什么价值，不选择什么价值，认定什么是善，什么是恶，完全成为个人的偏好。毕竟，价值追求是人的精神追求的核心部分。每个人都有其个体的价值指向，而这种价值指向由于失去了客观性，而成为每一个人的自认为向善的追求。一切价值问题都变成了开放性问题，陷入众说纷纭之中。

在这种情况下，道德价值相对主义盛行。道德价值相对主义盛行的危害，正如宾克莱所评述：在相对主义时代，道德价值"都是随意定的，并不以理性为根据。根据这个观点，个人的任何行为都没有理性的理由可说，救一个人的性命如杀人罪一样是非理性的。曾有一个作家把这种见解归结如下：全看你在什么地点，全看你在什么时间，全看你感觉到什么，全看你感觉如何。全看你得到什么培养，全看是什么东西受到赞赏，今日为是，明日为非，法国之乐，英国之悲。一切看观点如何，不管来自澳大利亚还是廷巴克图，在罗马你就得遵从罗马人的习俗。假如正巧情调相合，那么你就算有了道德。哪里有许多思潮互相对抗，一切就得看情况，一切就得看情况"②。不可否认，任何人只要生活在社会之中，总是要追求某种生活的生存意义。任何社会总是试图教导人们追求某种人生的向善意义。然而，自然科学又告知我们，宇宙是冷漠而没有道德情感的，并不存在超越的终极性的合理依据。于是，生活在现代社会中的人不得不面对一个难堪的悖论："我们被要求坚持我们的价值，同时又承认它们没有终极的合理依据——在一个无意义的宇宙里追求有意义的生命。"③

事实与价值的割裂所带来的不仅是道德价值理论上的知识合法性问

---

① ［美］希拉里·普特南. 事实与价值二分法的崩溃［M］. 应奇，译. 北京：东方出版社，2006：2.

② ［美］L. J. 宾克莱. 理想的冲突：西方社会中变化着的价值观念［M］. 马元德，等，译. 北京：商务印书馆，1984：9-10.

③ ［英］迈克尔·莱斯诺夫. 二十世纪的政治学家［M］. 冯克利，译. 北京：商务印书馆，2001：32.

题，也带来了人们在日常道德生活中的价值客观性缺失与心灵的终极归宿危机，因此，如何化解事实与价值的二分成为现代道德价值论中必须面对的问题。

二、历史上关于休谟问题的解答及剖析

由于事实与价值的割裂所造成的严重影响，不仅涉及理论界中那些与价值有关的人文学科的存在合法性问题，而且直接波及人们的日常生活，因此，在休谟、摩尔以及直觉主义、情感主义和规定主义之后，把事实与价值试图联系起来的努力，一直没有停止。那些试图把事实与价值联系在一起的思想家规模庞大。他们必须回答如何从事实判断过渡到价值判断，或从实然到应然，从"是"到"应当"。我们有必要做一番剖析，才可能找到解决休谟问题的可能性。

(一)休谟问题的各种解答

休谟问题给包括休谟在内的哲学家留下了值得深思的问题。思想家们花费了极大的精力试图从事实判断中推出价值判断。其中，西方研究者主要有自然主义者、实用主义者、科学主义者、人本主义者、后现代的思想家等，中国则主要有价值论研究者、伦理学研究者、马克思主义者等。他们从不同角度给出了自己的答案。从道德价值论的角度，我们把休谟问题的国内外各种解答概括为八种具有代表性的解决方案。

其一，价值事实法。

自摩尔之后，具有自然主义复兴倾向的思想家有詹姆士、培里和杜威等人。他们坚持认为能够从事实推出价值。詹姆士把价值等归结为效用，从事实的效用就能推出其价值。他甚至由此指出，真理从属于价值，有用即真理。培里认为，价值等同于人有任何兴趣的任何对象。他提出："当一件事物(或任何事物)是某种兴趣(任何兴趣)的对象时，这件事物在原初的和一般的意义上便具有价值，或是有价值的。或者说，是兴趣对象的任何东西事实上都是有价值的。"①在培里看来，任何对象，只要有人对它产生兴趣，它就有了价值。而在其概念中的关键词"兴趣"是一种期望、

①　[美]R. B. 培里. 兴趣价值说[M]//冯平. 现代西方价值哲学经典：经验主义路向(下册). 北京：北京师范大学出版集团，2009：518.

希望、满足或欲求的类名词。

杜威较为系统地探讨了价值与事实的关系问题。他在《人的问题》《评价理论》等许多著作中激烈地批判元伦理学中的情感主义把价值与事实二分，把价值判断仅仅视为情感的表达的观点。他认为价值即事实，价值判断就是事实判断。"价值判断就是关于经验对象的条件与结果的判断，就是对于我们的愿望、情感和享受的形成应该起着调节作用的判断。"①因此，我们理所当然能够从事实判断推出价值判断。杜威还批判培里只看到了兴趣，而忽视了价值的规范性特征，没有注意到兴趣中值得欲求的和被欲求的、值得享受和被享受，以及值得满足的或满足了之间的区别。同时，出于其实用主义的理论背景，他认为，并不是任何让我们感兴趣、期望、希望或欲求的东西就是善，是否值得感兴趣、期望、希望或欲求，需要一个判断行为发生时的复杂的道德情景作为其价值背景。因为，"道德的善和目的只在有什么事要做的时候才存在"，"道德的情景是在公然的行动以前需要判断和选择的一个情景"。② 这种价值背景涉及社会因素，也涉及个人因素，如社会的政治、经济、文化状况等，以及个体的身体状况、教育状况等。在杜威看来，"所谓'善'并不在于已被定为不易的目的的'健康'，而在于健康所需的进步——连续的进程"③。换而言之，道德价值的判断总是在一定的价值背景中所产生的特殊的、具体的、个人的判断。

其二，制度惯例事实法。

美国著名哲学家塞尔（John R. Searle）认为，可以通过社会制度或惯例的意义来破解休谟问题，从事实判断中推出价值判断。他认为，事实中存在制度性事实或惯例性事实。依靠这种制度或惯例的事实，就可以从"是"推出"应当"。他在 1964 年的美国《哲学评论》第 73 卷第 1 期上发表了一篇著名的论文《怎样从"是"推出"应当"》（*How to Derive "Ought" from "Is"*？）。他举例说：在棒球比赛中，当一个守方的队员没有跑到垒，失去了阵地，裁判会大喊："出局。"塞尔认为，这就从事实判断推出了价值判断。在这里，队员没有及时跑到垒，是一个事实判断。裁判按照制度或惯

① ［美］杜威. 善的构成［M］//冯平. 现代西方价值哲学经典：经验主义路向（上册）. 北京：北京师范大学出版集团，2009：73.
② ［美］杜威. 道德观念中的改造［M］//冯平. 现代西方价值哲学经典：经验主义路向（上册）. 北京：北京师范大学出版集团，2009：28, 27.
③ ［美］杜威. 道德观念中的改造［M］//冯平. 现代西方价值哲学经典：经验主义路向（上册）. 北京：北京师范大学出版集团，2009：28, 33.

例事实认为，他应该出局，是一个价值判断。由此，他认为，从一个事实判断"队员没有及时跑到垒"就推出了价值判断"他应该出局"。

他的论文中还有一个被人们广泛引用的例子是关于承担诺言的。具体论证过程如下：

①琼斯说了这样的话："史密斯，我特此承诺给你5美元。"

②琼斯承诺给史密斯5美元。

③琼斯自己承担了付给史密斯5美元的义务。

④琼斯承担了给史密斯5美元的义务。

⑤琼斯应该付给史密斯5美元。

塞尔非常细致地分析了以上每一个判断以及其与后面判断之间的关系。他认为前面的判断与后面的判断不是一种偶然性的关系。①与②之间能够彼此相互替换，③与④之间能够互换，这两组内部具有相同含义。在塞尔看来，琼斯对史密斯说要承诺给他5美元，这是一个事实判断。按照社会制度或惯例的事实，琼斯的承诺就意味着他要承担付给史密斯5美元的义务或责任。因此，他应该付给史密斯5美元。由此，从一个事实判断推出了一个价值判断。

针对塞尔的整个具体论证过程，芬兰哲学家 G. H. 沃赖特（G. H. von Wright）把这个推论过程简要地概括为：

①前提1：A 许诺做 P。

②前提2：由于许诺做 P，A 置自己于做 P 的义务之下。

③结论：A 应该做 P。①

制度惯例事实法试图通过社会制度或惯例的意义来破解休谟问题，与之相似的是麦金太尔的功能事实的方法。他认为，能够借助一个功能性的事实推出相应的道德价值。比如，"他是个大副"，"大副"是具有一定的作用的功能性的概念，任何"大副"都是需要尽到一个"大副"应该尽到的责任或义务。这就可以推出"他应该做大副该做的事情"。再如，"他养的奶牛在农业展览会上夺得头奖"，由此可以推出"他是一个好农夫"。在这里，"农夫"是一个功能性的概念。把奶牛养好，是一个农夫的责任或义务。所以，麦金太尔指出，通过一种功能性概念就可以有效地从事实判断推出价值判断。②

---

① 王海明. 伦理学方法［M］. 北京：商务印书馆，2004：320.

② Alastair C. MacIntyre. After Virtue［M］. Indiana：University of Notre Dame Press，2007：57-58.

　　另一种与之相似的方法是行为主义心理学家斯金纳（Burrhus Frederic Skinner）所提出的感觉事实法。他认为，事实与价值并不彼此悬置，我们可以借助一种日常生活中的感觉事实推出价值。"好的东西是正强化物。唯美的食物在我们吃起来时会强化我们的吃食行为。摸起来光滑的物品在我们抚摸时会强化我们的抚摸行为。看起来漂亮的东西会强化我们看的习惯……（我们称之为坏的东西同样也不具有共通属性，不过是些负强化物，一旦我们逃离或避免它们时，我们的行为就会受到强化）"①在斯金纳看来，行为或事物的好坏（或善恶）价值来源于我们的感觉事实———一种能否强化个人行为的感觉事实。善的价值行为就是我们从感觉事实推出相应获得褒奖行为的正强化物。恶的价值行为则是负强化物。我们可以从感觉事实推出各种相应的价值来。

　　其三，人的本性发现法。

　　人本主义心理学家马斯洛（Abraham Harold Maslow）认为，事实与价值具有共同的人性基础。一个人的心理事实既具有描述意义，也蕴含了价值意味。"从根本上说，一个人要弄清楚他应该做什么，最好的办法是先找出他是谁，他是什么样的人，因为达到伦理的和价值的决定，达到聪明的选择，达到应该的途径是经过'是'，经过事实、真理、现实而发现的，是经过特定的人的本性而发展的。他越了解他的本性，他的深蕴愿望、他的气质、他的体质、他寻求和渴望什么，以及什么能真正使他满足，他的价值选择也就变得越不费力、越自动、越成为一种副现象。"②在他看来，一个人越清楚其本性的事实，他就越应该知道做什么，从而能够从事实判断推出价值判断。他认为，发现一个人的真实本性，不仅是一种事实探索，而且是一种价值探索。这种价值探索是在对一个人的知识、事实和信息的探索的范围内展开的。按照这种思路，我们正是在发现人的本性的基础上，才发现一个认识的事实世界与一个希冀的价值世界，并把两者统一起来，从而完成从事实判断到价值判断的推演。

　　当代英国德性伦理学家菲利帕·福特（Philippa Foot）也认为，我们能够借助所发现的人的本性的事实把事实与价值沟通，从事实判断推出价值判断。在她看来，道德价值中的"善（或好）"以及"恶"（或坏）能够在人的本性事实描述中明确地被我们所发现或推断。当我们说某人是个好人时，源于这个人具有了某些或全部的美德。美德是指使一个人成为好人的那些

---

①　[美]斯金纳. 超越自由与尊严[M]. 林方，译. 贵阳：贵州人民出版社，1987：103.

②　[美]马斯洛. 人性能达到的境界[M]. 林方，译. 昆明：云南人民出版社，1987：112.

品质，如勇敢、节制、智慧、正义、仁慈等。福特认为，把这些品质视为人的美德，就是因为这些品质是我们采取有效行动来追求我们所需要东西的必要条件。相反，则是所谓恶德。她指出："美德，在一般的意义上，是有益于人的。没有美德，人们会过得不好。如果缺乏勇敢、没有某种程度的节制或智慧，没有人能够过得好。而一个缺乏正义与仁慈的共同体，则是人们生存的可怜之地。"①在她看来，勇敢、节制、智慧、正义、仁慈等美德有助于拥有者和他人过上好生活；相反，傲慢、自大、物欲、贪婪等恶德则导致拥有者和他人的生活不幸。美德或恶德构成了人类的好生活或不幸的组成部分。人们正是从美德或恶德对个人生活的必要条件意义上，即事实前提中，理所当然地推出某些品质是美德或恶德，从而指导我们在生活中如何行动。福特认为，我们借助人的本性事实的描述，得出了具有勇敢、节制、智慧、正义、仁慈等美德的人是好人，而具有傲慢、自大、物欲、贪婪等恶德的人是坏人的结论。因此，我们从人的本性事实推出了道德价值中的善与恶。

其四，事实价值缠绕法。

普特南提出了事实与价值相互缠绕的观点。他认为，事实与价值之间并不存在不可逾越的鸿沟。他在《事实与价值二分法的崩溃》中导论的首句就开宗明义："'价值判断是主观的'，这个观念是一种逐渐被许多人像常识一样加以接受的哲学教条。在慎思明辨的思想家手中，这种观念能够而且已经以不同的方式得到了发展。有一种我将要考察的观点认为，'事实陈述'是能够'客观为真的'，而且同样能够被'客观地保证'，而根据这些思想家的观点，价值判断不可能成为客观真理和得到客观保证。在事实和价值二分法的最极端的倡导者看来，价值判断完全在理性的领域之外。本书试图表明，这些观点一开始就依赖于站不住脚的论证和言过其实的二分法。"②在普特南看来，休谟以及后来的逻辑实证主义者所理解的"事实"是一个过于狭隘的经验术语。事实与价值是相互缠绕的。他提出了"混杂的"伦理概念。他举例道："当有人问我：'我孩子的老师是个什么样的人？'我回答说：'他非常冷酷。'"他认为，"我"既是对"他"作为一个老师提出了批评，也是对"他"作为一个人提出了批评。没有必要再说"他"不是一个好老师，或"他"不是一个好人。他认为，"冷酷"这个词完

① Philippa Foot. Virtues and Vices and Others Essays in Moral Philosophy [M]. Oxford：Basil Blackwell, 1981：2-3.

② [美]希拉里·普特南. 事实与价值二分法的崩溃 [M]. 应奇，译. 北京：东方出版社，2006：1.

全无视事实与价值的二分，既是一个事实的描述性用语，也是一个价值判断性的表述。既然事实与价值是相互缠绕的，当然可以从事实判断推出价值判断。

其五，事实价值过渡法。

当代德国后现代哲学家哈贝马斯认为，尽管事实与价值绝对二分，但我们可以在事实与价值之间架起一座桥梁，从而实现从事实判断到价值判断的过渡。他所找到的桥梁是规范。他借助普遍性的语用学，指出规范是独立于事实领域和价值领域的第三方领域，能够有效沟通事实与价值，从而构成了从事实领域到价值领域的桥梁。因此，他把休谟问题中的事实、价值的二分结构，变成了事实、规范、价值的三分结构。既然规范能够有效地把事实与价值沟通，当然我们就可以完成从事实到价值的过渡，从事实判断推导出价值判断。

其六，人的意愿搭桥法。

当代英美哲学领域中著名的分析哲学家马克斯·布莱克（Max Black）提出了一种解决事实与价值之间关系的方法。他认为，可以通过人所从事的活动或实践的意愿，作为一座桥梁，从事实推出价值。他首先针对那些认为在"应当"与"是"之间存在逻辑断裂，不存在桥梁的人提出了一个反例：

①费希尔想要将死伯温克。

②对于费希尔来说，将死伯温克的唯一棋步是走王后。

③因此，费希尔应当走王后。

由此，他提出了一个可普遍化的推理：

①你要达到 E。

②达到 E 的唯一方法是做 M。

③因此，你应当做 M。

通过这些分析，布莱克得出了结论："事实如何的前提与应当如何的结论之间有断裂，连接这一断裂的桥梁只能是当事人从事相关活动或实践的意愿。"①

当人的意愿表现为人的利益、需要、欲望、目的时，这就构成了一种新的解决休谟问题的方法。一种是王玉樑的方法，可以称之为人的利益搭桥法；另一种是袁贵仁、王海明的方法，可以称之为主体的需要、欲望、目的的搭桥法。

---

① 王海明. 伦理学方法［M］. 北京：商务印书馆，2004：312.

王玉樑认为，从自然事实推出价值比较复杂，但以人的利益为桥梁，就可以把事实与价值联系起来，从事实判断推出价值判断。他曾举例说：

①氟利昂是破坏臭氧层的物质；

②破坏臭氧层对人类有害；

③我们应当禁止使用氟利昂。①

袁贵仁明确指出："从'是'到'应当'的推导不仅在实践上而且在理论上都是可能的，关键在于要在'是'与'应当'之间考虑到人的需要、目的，以及由此产生的客体与主体的价值这样的内容。"②也就是说，我们借助人的需要、目的，就可以从"是"推出"应当"。

王海明认为，我们可以采取主体的需要、欲望、目的等来搭桥，从事实推出价值。他提出，价值产生于事实，是从事实中推出来的。但是，仅仅从事实中绝对不能推出价值。只有当事实与主体的需要、欲望、目的发生关系时，从事实才能推导出价值："应当"等于事实对主体的需要、欲望、目的的符合，"不应当"等于事实对主体的需要、欲望、目的的不符合，无所谓"应当"或"不应当"等于事实对主体的需要、欲望、目的的无关。他提出了一个普遍性的价值推导公式：

①客体：事实如何；

②主体：需要、欲望、目的如何；

③主客关系：事实符合（或不符合）主体的需要、欲望、目的；

④结论：应当、善、正价值（或不应当、恶、负价值）。

其中，他认为，客体的事实如何的判断，属于客体描述；主体的需要、欲望、目的如何的判断，属于主体描述；事实符合（或不符合）主体的需要、欲望、目的的判断，属于主客体关系描述。在他看来，这些描述都不是评价性认识，也不是价值判断。他专门指出："虽然从事实判断不能直接产生和推导出评价，但是，从描述却可以直接产生和推导出评价：一个评价是由三个描述——客体描述和主体描述以及主客观关系描述——产生和推导出来的。这就是评价的产生和推导的过程。"③也就是说，借助三个描述性判断，即非价值判断，能够得出一个价值判断。

他把这个普遍性的价值推导公式应用于道德价值领域，他认为，道德价值的"应当"是通过道德目的，或道德终极标准，从伦理行为事实如何

①　王玉樑. 价值哲学新探[M]. 西安：陕西人民出版社，1993：94.

②　袁贵仁. 价值观的理论与实践——价值观若干问题的思考[M]. 北京：北京师范大学出版集团，2013：86.

③　王海明. 伦理学方法[M]. 北京：商务印书馆，2004：325.

中产生和推导出来的。他又专门引出了一个道德价值判断的推导公式：

①客体：行为事实如何；

②主体：道德目的如何；

③主客关系：行为事实符合（或不符合）道德目的；

④结论：行为应当如何（或不应当如何）。①

其七，价值逻辑创新法。

孙伟平认为，可以借助逻辑创新的方法在事实判断与价值判断之间搭起桥梁，以解决休谟问题。在他看来，"依赖于传统逻辑，特别是演绎推理或必然性推理所不能理解和解决的休谟问题，依据某种新型的逻辑则有可能"②。他所说的提炼价值生活实现的逻辑，是一种价值逻辑，具有"实践性""主体性""辩证性"和"生成性"，从而与传统逻辑的"无主体""必然性""静态化""程式化"相区别。在价值逻辑的论述中，他认为，"价值逻辑立足于具体的主体自身，从相应的主客体关系，特别是从主体角度思考问题。主体及其丰富复杂动态的规定性，包括主体的目的、利益、需要、情绪、情感、态度、意志、能力等，作为逻辑思维的必要环节与要素，在思维过程中具有关键性、制约性、决定性的作用。"就此，他也把这种价值逻辑称为"主体性的实践逻辑"。③只要我们借助这种价值逻辑或主体性的实践逻辑，借助"主体的目的、利益、需要、情绪、情感、态度、意志、能力等"就可以把事实与价值沟通起来，从事实判断推出价值判断。

其八，可然中介评价法。

韩东屏认为，能够从事实判断推出价值判断，但必须借助可然为中介，否则不可能成功。所谓可然是指"可以这样做，也可以那样做的境况"。④以可然为中介，就是针对事实提出一些可以这样做，也可以那样做的情况，之后进行评价分析，再推出价值结论。只有对可然中包含的各种可以的行为加以评价和相互比较权衡之后，所得价值结论才有充足理由，而缺少这个比较评价过程的所谓价值推导将是不可靠的。他举例说：

①张三发现地上的黑东西是一个新手机；

②张三可以把它据为己有，也可以不去管它，也可以把它捡起来交给警察，还可以把它收好在原地等待失主；

---

① 王海明. 伦理学方法[M]. 北京：商务印书馆，2004：314-318.

② 孙伟平. 事实与价值：休谟问题及其解决尝试[M]. 北京：中国社会科学出版社，2000：218.

③ 孙伟平. 价值哲学方法论[M]. 北京：中国社会科学出版社，2008：275-285.

④ 韩东屏. 实然·可然·应然——关于休谟问题的一种新思考[J]. 江汉论坛，2003(11).

③引入道德作这里的评价标准(道德是满足人需求的产物);

④运用道德标准对以上四种做法进行比较评价可知,其中第四种做法不仅符合道德,而且体现的美德最多,即既能体现"拾金不昧",又能体现"急人所急";

⑤所以,张三应当选取第四种做法,即把手机收好在原地等待失主。

由此,他还提炼了一个从事实推出道德价值的公式:

①存在 A 事实;

②针对 A 事实形成可然 K,即一组包含 N 种可以且能做到的做法;

③确定用以评价 N 种做法好坏优劣的评价标准 T;

④运用 T 对 N 种做法进行逐一评价和比较,从中找到最合乎 T 的做法 P;

⑤得出结论:应当做 P。①

(二)对各种解答的剖析

中外的思想家们从不同角度试图解决休谟问题,从事实判断中推出价值判断。他们提出了各种各样的解答方式。这里,非常有必要针对其各种解答方式进行必要的剖析。这有助于我们从中发现休谟问题的关键点与解决之道。

其一,对"价值事实法"的剖析。

"价值事实法"认为,价值即事实,能够从事实中推出价值。杜威认为,善是特殊的,是在一定的道德情景下的产物。道德价值判断是特定价值背景下所形成的特殊的、具体的个人的判断。从这个角度来看,杜威的自然主义属于一种个体意义上的自然主义。它并不是一种普遍意义上的自然主义。仅仅从个体意义上说,人都会根据自己的具体情况认定值得期望、欲求、享受或值得满足的目的。它回应了摩尔所提出的开放问题。但从各个不同的人来看,其实并没有回答,因为各个不同的人在不同的道德背景之下,其回答可能还是各有不同,没有最终的答案,从而具有了摩尔所说的未决性的特征。这表明只要用某种经验性的事实的东西来代替善,都无法逃脱摩尔的批评。它仍然属于自然主义谬误。而且,尽管杜威激烈地批判元伦理学中的情感主义,但其实用主义背景的相关论述反而证明了元伦理学中情感主义的观点,价值判断不过是一种人的主观偏好的表达。由于不同的人具有不同的价值判断,因此我们从一个事实判断中,完全可

---

① 韩东屏. 人本价值哲学[M]. 武汉:华中科技大学出版社,2013:188-194.

以得出既可能善，也可能恶的彼此相互对立的价值判断，失去了客观性。

其二，对"制度惯例事实法"的剖析。

"制度惯例事实法"试图通过所谓的制度或惯例的事实解决休谟问题，从事实推出价值。塞尔所提出的这两个例子都存在一定的问题。在第一个例子中，他借助了队员在棒球比赛中的出错而出局来解释从事实推出价值。参赛的队员没有跑到垒就应该出局，其应该的含义本身其实没有涉及道德价值的判断，尽管可以加上"应当"这样的词汇，因此，这并不是一个恰当的例子。即便如此，他按照所谓的制度或惯例的事实，认为队员没有跑到垒就应该出局，其中本身就暗含一个价值判断，即"运动员犯错就应该出局"，他正是依靠这个隐含的价值判断，结合前面的事实判断，才推出一个新的价值判断，即参赛的队员没有跑到垒就应该出局。这个例子不仅没有解决休谟问题，反而肯定了休谟法则，从一个单纯的事实判断无法推出价值判断。

在第二个例子中，他认为，①与②之间能够彼此相互替换。③与④之间能够互换，这两组内部具有相同含义。在塞尔看来，通过"琼斯对史密斯说要承诺给他 5 美元"的事实，借助社会制度或惯例，承诺了就有还钱的义务或责任，于是，得出了"琼斯应该付给史密斯 5 美元"的结论。推论的问题在于，①与②都属于事实判断，能够彼此相互替换；③与④都属于价值判断，能够互换；然而，在这两组之间属于不同的判断的转换，已经从事实判断转换为规范判断或价值判断。因此，这两组之间是不能互换的。他借助了社会制度或惯例事实，承诺还钱也就具有了某种还钱的义务或责任。这本身就是一个价值判断。这个例子同前面的例子一样，不仅没有解决休谟问题，反而肯定了休谟法则，从一个单纯的事实判断无法推出价值判断。

塞尔的"制度惯例事实法"并没有解决休谟问题。除非他所提出的制度或惯例都是所谓单纯的事实，借助这种单纯的事实推出了价值，这个方法才算是真正解决了休谟问题。他提出的制度或惯例的事实中，已经暗藏了一个价值判断，因而从中得出了一个新的价值判断。社会制度或惯例的事实，本身就是在一个社会的文化之中所形成的，难以摆脱其中所具有的价值韵味。社会制度或惯例的事实，看起来是一种事实，其实很大程度上包含了一种价值的表述。它告诉了我们什么是善，什么是恶；一个人应该做什么，不应该做什么；做了什么值得社会肯定，做了什么会遭到社会谴责。比如，"我是一个教师或公务员"，这看起来是一个事实判断。但从社会制度或惯例来看，它其实告诉了我们，作为一个教师或公务员，必须要承担一些什么样的社会责任和义务。这样，一个职业的事实判断也就包含了一个职业的价值判断了。

值得进一步研究的是，塞尔在其晚期著作《社会实在的构建》(*The Construction of Social Reality*)中举例说："托姆是美国公民，克林顿是总统。"托姆"有投票选举的权利；他也和其他人一样，（政府）有责任给他一个社会保障号"，"克林顿既有立法否决权，也有向国会发表演说的责任"。在塞尔看来，"一般而言，某种职责地位表明（或否定）权力，最明显的假设是这些职责功能有两类范畴。一类是在当事人被赐予某种新的权力，特许证、权威、资格、权利、许可或某些他或她可做某些事的能力的那些地方；另一类是在要求当事人，要求他有义务、有职责做的地方。在这里，既有惩罚也有命令，而在这里，如果不受如此约束他不会如此行动"，"所有与义务相关的职责功能都是习惯性力量的问题。而这可使我们将习惯性力量与粗陋的物质力量区别开来"。①显然，塞尔看到了社会制度或惯例中所蕴含的价值意义。他指出了制度或惯例中所蕴含的价值上的精神力量，就是要人们根据其应有的权利或责任来行动。应该说，塞尔的研究具有重要的意义。他借助了社会制度或惯例的事实，推出了一个新的价值判断。由于社会制度或惯例中具有一定程度的价值的普遍性，从而也就给新的价值判断赋予了普遍性。因此，他有效地克服了前面杜威等人的价值判断中客观性匮乏的窘境。另外，从逻辑上看，他在事实前提与价值结论之间建立了有效的因果必然联系。按照休谟的观点，两个经验事实之间没有因果必然性的联系，通过经验归纳无法得到普遍性的结论。在道德领域中，经验事实与价值判断之间也没有因果必然性的联系，也无法得到普遍性的结论。但是，塞尔的研究表明，借助社会制度或惯例的事实，我们完全能够从单纯的事实判断推出一个具有一定普遍性的价值判断，尽管仅仅从一个单纯的事实判断无法推出价值判断。这无疑是一个了不起的进步。

其三，对"人的本性发现法"的剖析。

马斯洛，作为人本主义心理学家，认为人不同于其他动物，是一种超越动物的存在，具有其特殊本性。他要从人的本性之中探讨道德价值之源头。他认为，"对人格内部结构的研究是理解人能传递给世界什么和世界能传递他什么的必要基础"②。从人性的角度来探讨道德价值的源头，无

---

① 龚群. 论事实与价值的联系[J]. 复旦学报(社会科学版)，2015(06).
② [美]马斯洛. 人性能达到的境界[M]. 林方，译. 昆明：云南人民出版社，1987：155.

疑是我们所认为的重要道路之一。他所面临的问题是，是否能够从人性的事实判断推理出价值判断。马斯洛认为，一个人越清楚其本性的事实，他就越应该知道做什么，能够从事实判断推出价值判断。而了解一个人的本性，就是要理解人的需要、动机。人的需要包括基本需要和超越需要。在他所论述的超越需要之中，本身就包括了道德价值的需要。比如，自我实现的需要，展现了人的崇高的理性价值追求，比行为主义心理学家斯金纳的行为控制思想合理得多，体现了人类渴望追求道德价值的合目的性特征。因此，他能够从人的本性事实之中推理出道德价值，在于他所认定的人的本性事实已经包括了价值在其中。

福特，作为描述主义的代表人物，借助所发现的人性事实，从事实判断推出了价值判断。这个观点与她一贯反对元伦理学中的情感主义、规定主义把事实与价值绝对二分有密切联系。她认为，事实与价值是密切联系在一起的。比如，一般用来描述的词语，"危险的"这个词，不仅有着警告的含义，而且这种警告还意味着某种恶的价值意义。正如彼彻姆所说："描述主义认为，对概念的思考(对概念本性的研究)表明价值与事实在逻辑上是相联系的。"①她把具有美德的人称为好人，把具有恶德的人的称为恶人。她的所谓人性事实是与我们个人的利益密切相关的，并且从有利于我们每个人的利益的那些品质中得出了价值判断。问题在于，这些有利于我们的个人利益，都是我们个人生活的必要条件。人们在什么是个人好生活的问题上存在歧义。福特的好生活条件会得到德性论者的支持，他们把德性或美德作为好生活的必要条件之一。但是，如果有人把好生活与个人的权力、地位相联系，他的所谓德性与个人的好生活之间必然出现分裂。因此，她所描述的这种人性事实本身存在着过于主观性的解释，其价值结论也就失去了应有的规范性以及一定范围的普遍性。另外，她的描述性并不是现代科学所指的描述性，现代科学所指的描述性是一种针对客观事实的描述。她所发现的关于人的本性的描述中已经有了价值韵味。

人的本性发现法试图从人性事实的角度来推理道德价值。在中国传统文化中，性善论、性恶论正是借助人性事实的描述来论证道德价值的存在。性善论直接从人性中具有善端的事实描述要求人们为善去恶；性恶论则通过人性中具有恶的自然属性的描述，得出需要借助道德"化性起伪"的结论。两种人性描述的前提有所不同，但都是得出相应的价值判断。其

---

① ［美］彼彻姆. 哲学的伦理学［M］. 雷克勤，等，译. 北京：中国社会科学出版社，1992：548.

实，它们的这种对人性的描述，不仅仅是一种对客观事实的描述，而且具有了价值判断的意义。它们能够促使人们很容易地直接从人性事实进行相应的价值判断。

总的来说，马斯洛和福特解决休谟问题的方案，和前面塞尔的方法如出一辙。一个从人的本性之中，一个从社会制度或惯例之中，试图推理出价值判断。由于他们所提出的人的本性与社会制度或惯例，本身都包括了一定的价值指向，因而不能证明从单纯的事实判断之中推理出价值判断。

其四，对"事实与价值缠绕法"的剖析。

普特南所提出的事实与价值缠绕法，可以称为对前面价值事实法的进一步发展。事实上，普特南在 2002 年出版的《事实与价值二分法的崩溃》中，明确指出："我将在本书中辩护的'事实'和'价值'之间的关系的有关观点，实际上是约翰·杜威在他的整个漫长和典型的一生中所捍卫的一种观点。"①他与杜威的不同之处在于：杜威还站在自然主义的立场论述，而他已经运用了元伦理学的语言分析，论证事实与价值二分法是一种错误的方法。

首先，他认为休谟以及后来的逻辑实证主义者所理解的"事实"是一个过于狭隘的经验术语。这的确是一个了不起的发现。在休谟那里，"事实"是指客观事物的摹写和图像。事实概念仅仅是针对能够对之形成一种可感印象的东西的概念。因此，那些不能形成一种可感印象的东西都被驱逐出了客观性事实的领域。然而，随之而来的自然科学的发展挑战了这种事实概念。生物学中原来因"不可观察"而被逻辑实证主义者拒于事实大门之外的细菌的发现，物理学中电子、质子、中子以及后来的正电子、重电子等粒子的发现，以及"弯曲时空"的相对论的提出，量子力学的成功，都向事实就是可感印象的观念提出了挑战。逻辑实证主义者修改了事实概念，事实是由拥有事实内容的科学陈述构成的一个整体系统。然而，卡尔纳普依然坚持逻辑实证的可证实性原则，尽管他放宽了事实中对观察术语的严格要求，但仍然要求借助所谓的科学语言来表达事实，事实部分的谓词必须是观察术语，或者可以还原为观察术语。按照这种事实概念，无论是细菌还是电子、质子、中子或引力场等，难以成为科学事实了。因此，借助考察事实概念的发展，普特南彻底摧毁了休谟以及卡尔纳普等人坚持事实与价值二分的传统认识论基础。然而，他并没有解决后来逻辑实证主

---

① ［美］希拉里·普特南. 事实与价值二分法的崩溃［M］. 应奇，译. 北京：东方出版社，2006：10.

义者所提出的新的事实概念——毕竟，这个新的事实概念还是建立在客观事实的基础之上——从而留下了一个新的论证的空白。不过，由此，我们可以发现事实与价值的关系是一个历史发展的产物，也是一种在历史发展中需要反复加以认识的关系。

其次，他提出了"混杂的"伦理概念。准确地说，这个观点在他之前也有人提过，但都没有他这么大的影响力。他举了"冷酷"的例子，以此来说明事实与价值相互缠绕，存在"混杂的"伦理概念。按照黑尔在《道德思维》(*Moral Thinking*)一书中的论述，"冷酷"的概念能够分成描述的事实部分与表达态度的价值部分。因为，黑尔认为，"混杂的"伦理概念可分解成"纯粹描述的"成分和"态度的"成分。前者表达事实内容，即事实部分；后者表达一种态度(感情或愿欲)，即价值部分。在黑尔看来，事实判断与价值判断存在逻辑上不可逾越的鸿沟。冷酷的描述成分是"导致严重的伤害"，而评价成分是指这是"错误的行为"。普特南认为，这种划分是错误的，混杂的伦理概念不可分。他分析，"冷酷"的外延(姑且撇开评价)肯定不可能只是"导致严重的伤害"，"导致严重的伤害"本身也不可能摆脱评价的效力。"伤害"并不只意味着"痛苦"，"严重"也不只意味着"许多"。①因此，他清楚地表明，混杂的伦理概念是一个整体性存在。从这个意义上看，混杂的伦理概念具有奎因的语义整体论的意味，不可分解为描述的部分和评价的部分。在论述事实与价值的关系时，他后来甚至提出，一个最简单的事实陈述也是渗透着文化价值的，因为"事实陈述本身，以及我们赖以决定什么是、什么不是一个事实的科学探究惯例，就已经预设了种种价值"②。

普特南认为，事实与价值缠绕，混杂的伦理概念不可分离，或者说他排斥了单纯事实陈述的可能性。然而，在现实生活中，的确存在许多单纯的客观事实，并不和任何价值有关。比如，今天下雪了，地球围绕太阳转，两点之间线段最短，三角形三个内角和是180度，平行四边形对边相等，等等，这些客观事实都和价值没有什么关系。因此，他在论述事实与价值缠绕时，专门论述两者的联系，已有将价值泛化的特性，无视事实与价值两者之间的区别，无疑是一个重大缺陷。

其五，对"事实价值过渡法"的剖析。

---

① [美]希拉里·普特南. 事实与价值二分法的崩溃[M]. 应奇，译. 北京：东方出版社，2006：47.

② [美]希拉里·普特南. 理性、真理与历史[M]. 童世骏，李光程，译. 上海：上海译文出版社，1997：139.

哈贝马斯认为普特南的事实与价值缠绕的观点，并未有助于解决休谟问题。因为，事实与价值的区别已经成为一个学术上公认的问题，有其明确的含义。与其直接否定事实与价值二分，不如直接找到事实与价值如何沟通的桥梁。

他认为，我们可以通过普遍性的语用学来找到沟通的桥梁。语用学是针对言语在特定情境中之应用进行重建的学科。它不同于语义学，后者是针对句子意义、句法规则之理论建构的学科。哈贝马斯认为，社会交往以语言为中介，研究语言交际的理论是"交往行动理论"。按照这种理论，语言是用来交往的，语言的交往需要达到理解的目的，不然就无法实现交往。"言语"是交往中语言的具体实现。尽管它是属于个人的，如果要想成为一种有待于理解的现象，应有一定的规范。因此，在他看来，"不仅语言，而且言语——即在话语中使用的语句——也可以进行规范性的分析"①。我们不难发现，他所创立的普遍性语用学的目标是试图解决理解和沟通何以成为可能的问题，构建具有"普遍有效性"的行为规范。从这个意义上看，哈贝马斯研究言语交际的语用学事实上也是研究语用的"规范"，因此，他也就把他研究的语用学又称为"规范语用学"。

哈贝马斯的普遍性语用学设置了三个世界或领域的框架分析言语的运用。每个言语交往者，都存在于三个世界或领域之中：外在的客观世界（objective world）、交往者之间的社会世界（social world）、自我的主观世界（subjective world）。与之相应的是交往者的三种交流方式和基本态度：对于外在的客观世界，交流方式是表达性的，要采取客观性的态度；对于交往者之间的社会世界，交流方式是相互作用的，要采取一致性的态度；对于自我的主观世界，交流方式是表达性的，要采取表达自我的意向性态度。由此，言语有其明确的三种有效性：面对外在的客观世界，言语的主题是陈述命题的内容，言语的功能是真实，其有效性表现为真实性（true）；面对交往者之间的社会世界，言语的主题是调整交往者之间的人际关系，言语的功能是建立合法的人际关系，其有效性表现为正确性（rightness）；面对自我的主观世界，言语的主题是表明心理意向，言语的功能是展现自我的特定主体性，其有效性表现为真诚性（truthfulness）。三种有效性要求，即真实性、正确性和真诚性，都是同样重要的。②由此，

---

① ［德］哈贝马斯. 交往与社会进化［M］. 张博树，译. 重庆：重庆出版社，1989：6.
② Habermas. Moral Consciousness and Communicative Action［M］. translated by Christian Lenhardt and Shierry. Cambridge：The MIT Press，1995：136-137.

我们通过他所说的三个世界或领域、三种有效性，不难从中发现整个世界或领域已经被划分为事实、规范和价值三个部分。

在哈贝马斯看来，价值是个人的爱好与品味，不可能从事实中来推出。但是，借助规范能够从事实推出价值，形成一种价值共识。究其原因，正是由于规范的介入，任何一个交往的语句一定会在所表述的事物的外在客观世界、言说者的意向的主观世界、交往者之间认同的规范之间达成一致。一方面，规范能够沟通事实。外在的客观世界，即事实的世界，与交往者之间的社会世界，即规范的世界之间，都是能够借助言语来进行沟通的。按照哈贝马斯的观点，"客观世界尽管不以我们的意志为转移，但同样是经过了言语来过滤的世界"①。它们之间能够具有形成一种言说者和听者之间的言语的相通性。另一方面，规范能够沟通价值。它们都是从社会化实践过程中沉淀下来的。显然，哈贝马斯认识到了规范与价值的区别。规范具有普遍性，而价值具有多元性。规范是人们在交往中借助交往理性而形成的，它是针对所有人的普遍性要求。价值判断之间要形成一种共识，必然要借助人与人之间的交往理性。"任何根据道德进行判断和行动的人，都必然期待在无限的交往共同体中得到认可。"②因此，规范的这种普遍性，借助一定的事实判断能够给予价值判断一种客观性。他曾明确指出："价值具有某种客观性，但是这种客观性并不能现实地被理解为这种含义，即如同事实陈述一样具有经验内容。相反，价值的客观性依赖于可评价标准的主体间的认知。我们可以通过与之相应的生活形式所提出的理由来实现这种认知。"③也就是说，规范的普遍性能够借助事实的判断，推出具有一定客观性的价值判断。

哈贝马斯借助规范，从普遍性语用学的角度，试图沟通事实与价值之间的鸿沟。他所提出的规范，是人们的交往理性下的产物。不可否认，他发现了元伦理学中局限于单一人称话语的缺陷，从人与人之间的交往活动的主体间性入手，的确是一个了不起的进步。然而，仔细考察其规范的概念，其规范的有效性是每一个人都要有机会发表其意见，形成一种交互主体性的论证过程。这种普遍性意志的最终实现，不可能不带有一定的客观事实，以及其自身的价值指向。因此，这种规范实质上已经包括了一定程

---

① 胡军良. 哈贝马斯对话伦理学研究[M]. 北京：中国社会科学出版社，2010：187.
② [德]哈贝马斯. 后形而上学思想[M]. 曹卫东，付德根，译. 南京：译林出版社，2001：213.
③ Habermas. Truth and Justification[M]. translated by Barbara Fultner. Cambridge：The MIT Press，2003：229.

度的事实和价值观念在其中。由此，哈贝马斯的规范可以称为规范价值或规范事实。

　　另外，哈贝马斯的三分法是建立在后形而上学的语境下进行探讨的。这种语境的特点是强调实践理性相对于理论理性的优先性。由此，规范是一个主要在实践领域中发挥作用的概念。这导致其三分法难以逃脱理论的空洞性。因为，规范的普遍性不得不取决于具体的规范性原则，即所谓的建立规范的规范——元规范。因此，其抽象程度过高，过于空洞，缺乏具体内容。所以他不得不求助于具有一定普遍性的法律来保障规范。然而，他也不得不承认："法律常常为不合法的权力提供合法性的外衣。"①他最终无法为其规范的普遍性找到有效的依据。同时，规范在现实社会中具有片面性和相对性。正如佩里·安德森（（Perry Anderson）所评价："在可观察的行为中，对规范的记载是如何具有'片面性'并且是如何'被歪曲'的？理性的'微粒和碎片'的总计在现实中所占的比例是多少？这些问题理论都不能回避，而该理论是蓄意避开这些问题。"②

　　其六，对"人的意愿搭桥法"的剖析。

　　布莱克认为，我们可以借助人的意愿在事实与价值之间架起一座桥梁。他举出一个例子：从"费希尔想要将死伯温克"这个事实判断，能够推出"费希尔应当走王后"，借助了"对于费希尔来说，将死伯温克唯一的棋步是走王后"这个意愿。问题在于，前面的"费希尔想要将死伯温克"并不是一个事实判断，它相当于"费希尔应当将死伯温克"；中间所谓过渡的"对于费希尔来说，将死伯温克唯一的棋步是走王后"，也不是一个事实判断，而是告诉我们"对于费希尔来说，将死伯温克唯一的棋步应当是走王后"，由此，他从两个价值判断推出了另一个价值判断。我们不难发现，在他所归纳的推理公式中，"你要达到 E"与"达到 E 的唯一方法是做 M"，并非两个事实判断，其中已经包含了"应当"的含义，从而得出了"你应当做 M"这个结论。

　　国内学者所提出的人的利益搭桥法，主体的需要、欲望、目的的搭桥法，比布莱克的方法有了很大的进步。他们所提出的事实判断的确是事实判断，并试图由此推出价值判断。但是，其中存在各种缺陷。

　　在王玉樑所提出的例子中，"氟利昂是破坏臭氧层的物质"是一个事

①　[英]佩里·安德森. 尤根·哈贝马斯：规范事实. 袁银传，李孟一，译[M]//武汉大学马克思主义哲学研究所. 马克思主义哲学研究. 武汉：湖北人民出版社，2009：341.
②　[英]佩里·安德森. 尤根·哈贝马斯：规范事实. 袁银传，李孟一，译[M]//武汉大学马克思主义哲学研究所. 马克思主义哲学研究. 武汉：湖北人民出版社，2009：345.

实判断，借助人的利益"破坏臭氧层对人类有害"，推出了"我们应当禁止使用氟利昂"这个价值判断。问题出在"破坏臭氧层对人类有害"并不是一个单纯的事实判断，而是已经根据是否有利于人的利益，做出了价值判断"我们应当禁止使用氟利昂"。也就是说，在前面的"破坏臭氧层对人类有害"的事实判断中，已经隐含了"我们应当禁止使用氟利昂"的价值判断的韵味。因此，这里出现了同一反复的问题。

袁贵仁认为，只要把事实判断与人的利益、目的相联系，就可以推出价值判断。但有些时候，我们发现，一些事实判断无法和人的利益、目的相联系。比如，"太阳从东方升起"，这是一个事实判断。但是，太阳从东方升起，与符合人类的利益或不符合人类的利益之间并没有必然的联系。因此，在这种情况下，我们还是无法从事实判断推出一个价值判断。

王海明认为，我们可以根据"主体的需要、欲望、目的如何"和"事实符合（或不符合）主体的需要、欲望、目的"，从"事实如何"中得出"应当、善、正价值（或不应当、恶、负价值）"。他还专门推出了一个道德价值的公式，借助"道德目的如何"和"行为事实符合（或不符合）道德目的"，由此从"行为事实如何"推出了"行为应当符合（或不符合）道德目的"。问题就出在他所借助的人的道德目的上。任何道德目的都是具有价值观色彩的判断。这个判断显然是一个价值判断，而不是一个事实判断。他所希望的寄托于三个非价值的描述判断，推出一个价值判断的过程是难以成立的。

由此，我们可以发现，关于人的意愿搭桥法，无论是布莱克，还是后面的国内学者，都试图借助所谓的桥梁从事实判断推出价值判断。他们所谓的桥梁，即人的利益、需要、欲望、目的等。然而，他们所搭建的这座桥梁，仍然存在各种问题，要么同一反复，要么缺乏普遍性，要么不可避免地包含着隐含的价值判断。我们无法借助这些桥梁由一个事实判断推出一个价值判断。

其七，对"价值逻辑创新法"的剖析。

孙伟平的价值逻辑搭桥的方法，与前面一些国内学者的方法类似，只不过这次试图从逻辑上找到一种把事实与价值联系起来的方法。他最终把这种沟通的桥梁归结为"主体的目的、利益、需要、情绪、情感、态度、意志、能力等"。而这种方法与人的意愿搭桥的方法类似。他需要为人的利益等进行一个评价性的分析，才能得出一个价值判断。

其八，对"可然中介评价法"的剖析。

韩东屏认为，我们可以借助人的各种可然，从事实判断，推出价值判断。在他所举出的例子中，从"张三发现地上的黑东西是一个新手机"这个事实判断，推出了"张三应当选取第四种做法，即把手机收好在原地等待失主"，是通过各种可然来分析的，即"张三可以把它据为己有，也可以不去管它，也可以把它捡起来交给警察，还可以把它收好在原地等待失主"，这些可然的确是事实判断。问题在于他"引入道德作这里的评价标准（道德是满足人需求的产物）；运用道德标准对以上四种做法进行比较评价可知，其中第四种做法不仅符合道德，而且体现的美德最多，即既能体现'拾金不昧'，又能体现'急人所急'"。这里，他显然借助了道德价值判断进行了一系列的认知分析，最后才能得出其结论。因此，在他提炼的从事实推出道德价值的公式中，从"存在 A 事实"，推出"得出结论：应当做 P"，其中借助了"针对 A 事实形成可然 K，即一组包含 N 种可以且能做到的做法；确定用以评价 N 种做法好坏优劣的评价标准 T；运用 T 对 N 种做法进行逐一评价和比较，从中找到最合乎 T 的做法 P"。问题在于，在这个可然分析中，大量借助了道德价值判断才能分析得出最后的结论。他把结论的得出，归结为"是可然而不是实然直接蕴含了应然"。他认为，这个可然"肯定不属于实然，可然与实然也有本质的区别"，"实然就是对已经存在或发生的情况、过程的陈述。而可然却是尚未发生，也尚未真实存在的情况或过程，因而可然作为一种陈述或判断，并不是对事实的判断，而是对若干可以也可能发生的情况的判断。由此可知，在事实性判断和价值性判断之外，至少还存在一类判断，即可能性判断"。这种划分法并不能保证这个可能性判断超越了事实判断与价值判断之外，形成了第三种判断。"张三发现地上的黑东西是一个新手机"是一个事实判断，后面的各种可然，都表明了主体内在的需要或目的，不过是改装了的价值判断。各种可然与后面的最终结论的区别在于前者是主体根据事实判断所设想的各种价值判断，后者不过是经过评价分析之后所推断出来的价值判断。其最终结论的得出仍然需要借助经过改装的价值判断以及直接的评价标准，即一种明显的价值判断来参与其中，否则无法推出一个新的价值判断。

三、从事实到道德价值的可能与推导

从历史上关于休谟问题的解答来看，我们可以把这些方法大致分为两种：消解论与沟通论。消解论认为，事实与价值的二分并不合理，事实与价值之间存在着密切的联系，能够从事实判断推出价值判断。沟通论认为，事实与价值的二分是存在的，我们借助第三方把两者联系起来，从而从事实判断推出价值判断。因此，要破解休谟问题，需要正确理解事实与价值之间的区别与联系。元伦理学中的直觉主义、情感主义、规定主义只看到了事实与价值的区别，自然主义、描述主义等只谈事实与价值的联系。比较可取的方法是承认事实与价值的区别，努力发现两者的联系，从而找到从事实判断到道德价值的推演依据。

(一)对事实与价值的认知

历史上思想家们在探讨休谟问题时，提出了各种关于事实的理解，比如杜威的价值事实、塞尔的制度或惯例事实、斯金纳的感觉事实、马斯洛的人的本性事实，以及休谟所提出的可以观察的事实，等等。这些事实是不是事实？如何认识事实？他们为何认为能从事实推出价值？

"事实"这个概念是我们耳熟能详的，但其含义绝不是不解自明的。人们通常自以为，我们已经对"事实"这个概念的含义最熟悉不过了。有些时候，它是指具体发生的实际情况，比如《韩非子·存韩》曰："听奸臣之浮说，不权事实。"有些时候，它是指做具体的事情，比如《宋书·沈林子传》曰："国渊以事实见赏，魏尚以盈级受罚。"有些时候，它是指某种事迹，比如唐代韩愈所写的《欧阳生哀辞》曰："事实既修兮，名誉又光……命虽云短兮，其存者长。"有些时候，它是指故事、典故，比如清代薛雪所写的《一瓢诗话》曰："谭用之最多杜撰句法，硬用事实。偶有不杜撰不硬用处，便佳。"有些时候，它是指事物发展的最后结果，比如人们说，孩子不学习，将来一事无成就是一种事实。可以说，这个概念是我们日常生活中使用频率很高的词汇。所以，长期以来，人们都在非常随意的意义上使用它。正如德国哲学家雅思贝尔斯所说："真正的哲学思维应该从想当然的东西开始。"这种想当然的东西就是我们耳熟能详的东西。在探讨事实与价值的关系中，我们首先要从这个非常熟悉的"事实"概念开始。

从哲学本体论的意义上说，事实是一种不以人的主观意志为转移的特殊的客观存在。它不同于其他的客观存在，比如物。世界由各种各样的物组成。但是，事实不同于物。人们在社会生活中所谈论的物，有其具体指向。它有狭义和广义之分。从狭义上看，物主要是各种无生命之物，如人们常说的物体、财物等。从广义上说，物还包括动物、植物、有机物、物种等。从这种更为广泛的意义上看，人也属于物。事实，包括事和实两个方面。事是指事情，比如蜜蜂采蜜，蜜蜂是物，采蜜则是事情。从这个角度来看，事实是一个事情，而不是一个静止的孤立的物的存在。实是指真实，它是实际发生的。也就是说，事实是指实际发生的真实的事情。事实与事情之间的区别很清晰。事情可以发生，也可以没有发生，因此，人们会说："事情发生了，事情在变化，事情过去了。"但是，我们不会说："事实发生了，事实在变化，事实过去了。"因为，事实只是那些已经实际发生的真实的事情。或者说，它具有不以人的主观意志为转移的客观实在性。它是客观存在的，或者借用人们常说的，事实是摆在那里的。从这个角度来看，事实具有唯一性。我们可以把这种事实称为单纯事实或基础事实。

从哲学认识论的意义上说，事实是人的实践对象的特殊的客观存在。事实具有客观实在性，它没有附加任何主观成分在其中。但是，事实服务于人的实践目标，它能够成为指导人的实践活动的某种依据。人们在实践活动中，常常会根据事实得出某个结论。所以，我们常常说，要能够得出某个结论，就需要提供事实或给出事实。从这个角度来看，事实与人的主体实践性有关，是人在实践活动中试图做出某个论证的重要依据。这种依据是客观依据，即所谓的客观事实。我们在探讨事实的过程中，并不是把所有的事实都考虑进去，而是对那些与我们的实践目标有关的事实加以考虑，从而提供给我们做还是不做某件事情的证据。

然而，任何作为证据的客观事实总是需要个体来理解，借助言语来表达，运用语言来描述。由于每个人理解的能力和表达的水平不同，于是事实难以完全被解读，这就会导致形成不同的事实，甚至大相径庭的事实。比如，在法庭上，面对同一事实，被告、原告、律师、法官在认识事实上存在着很大的差别，其原因在于理解事实需要具备理解的要件——前见。所谓前见是指理解者自身的社会地位、受教育的背景、掌握的知识、生活风俗、习惯、爱好、兴趣、文化类型等。理解者在理解事实之前所经历的各种经验、所获得的各种知识观念、所信奉的宗教信仰等会影响每个人的判断。人们针对同一事实，因为各种认识和理解的重点和区域不同，就会形成不同的事实表述与描述。在这个过程中，"事实作为某种客体，一旦作用于事实主体，就可以产生价值；而价值一旦产生，作为某种客体对主体的效用、意义和影响而存在着，也就成为事实。"①我们可以把这种事实

---

①　袁贵仁. 价值观的理论与实践——价值观若干问题的思考[M]. 北京：北京师范大学出版集团，2013：18.

称为价值事实或混合事实。也有学者把它称为主体性事实。

因此，事实是一种不以人的主观意志为转移的特殊的客观存在，是人的实践对象的特殊的客观存在。我们可以把事实分为单纯事实与混合事实。

单纯事实是指那些客观的科学事实或实际发生的客观真实的事情，比如太阳从东方升起，西方落下；摩擦可以生热；美国位于北美洲；20世纪曾经爆发了第二次世界大战；中国和日本曾经签订《马关条约》；等等。这些都属于纯粹的事实，没有加入任何的情感或观念。从历史上探讨休谟问题的那些学派和思想家的观点来看，元伦理学中的直觉主义、情感主义、规定主义等大多把这种单纯事实作为事实。如果有几个单纯事实构成一个新的单纯事实的集合体，还可以称之为单纯事实，比如乌云密布，电闪雷鸣，倾盆大雨。在这些单纯事实中，并没有融入个人的情感或观念。

混合事实是指在单纯事实中融入了主体个人立场、观念、情趣、爱好等所形成的事实。比如，20世纪曾经爆发了抵抗和消灭法西斯主义的第二次世界大战。在这个事实中，言说者已经把法西斯主义视为非正义的一方，融入了自己关于正义的价值观念。这种事实还是一种事实，但融入了一定价值观念，可以称之为价值事实。正如罗素所说："当我们断言这个或那个具有'价值'时，我们是在表达我们自己的感情，而不是在表达一个即使我们个人的感情各不相同，但都仍然是可靠的事实。"①我们所说的道德价值常常也潜藏在这些混合价值之中。从历史上探讨休谟问题的学派和思想家来看，自然主义、实用主义、描述主义等所提出的事实，以及塞尔的制度或惯例事实、斯金纳的感觉事实、马斯洛的人的本性事实等，都属于这种混合事实，正是因为其中已经融合了一定的道德价值，因而能够从中推出价值。

由此，我们可以理解在休谟问题中，为何有些学派、思想家认为，从事实推不出价值。因为，他们所理解的事实是一种单纯事实。这种单纯事实是客观存在的，没有融入个人的情感、爱好、兴趣等要素。在日常生活中，有必然符合自然科学的各种事实，比如太阳围绕地球旋转，任何抛向空中的物体都要受到万有引力的吸引，鸟会在天上飞，等等。但这些自然的事实，不会引导我们凭空得出一个价值判断。"我不应该说谎"，不会由这些自然事实判断引出。无论你说谎或不说谎，太阳围绕地球旋转等客观事实都会存在。它们两者之间无法构成一定的必然联系。因此，我们可

① ［英］罗素．宗教与科学［M］．徐芙蓉，林国夫，译．北京：商务印书馆，1982：123．

以认为，从单纯事实无论如何无法推出价值来。

但为何有些学派、思想家认为从事实推出了价值？其原因在于，他们所谓的事实并不是单纯事实，而是混合事实。或许，这些思想家认为，这些都是单纯事实，其实不然，因为我们可以采取语言分析方法，挖掘到其中的价值含义。比如，塞尔所提出的制度或惯例事实，其中就已经包含了一些价值观念。在我们所生活的社会之中，任何制度或惯例都是以一定的价值观念为基础来构建的。美国社会的政治制度、经济制度、文化制度等，都体现了美国的自由、民主、博爱的核心价值理念。如果你以这样的制度或惯例为事实，当然可以从中推出一个新的价值判断来。再如，哈贝马斯从普遍性语用学的角度所提出的规范，是人们的交往理性下的产物。这种被佩里·安德森称为规范的事实中本身就已经包括了一定程度的事实和价值观念。因此，他能够推出价值来。

在人们的日常生活中，人们似乎不会感到事实与价值的疏离，我们无数次从事实推出了价值。哲学家们在理论上为此纷纷扰扰、争论不休，但其在日常生活中不成为一个问题。究其原因，我们是在人的实践生活之中，从混合事实来推出了价值。

在人类的社会生活之中，事实与价值的确难以分离。按照马克思的说法，人类社会生活的本质是实践的。实践是人的有目的的能动的活动。这种活动是主体与客体之间相互作用产生的。价值是人类社会的历史实践基础上产生的主体与客体之间的关系范畴，是主体与客体的统一。主体的实践活动，总是在一定的环境之中，必然包括一定的价值指向。实践是人的主观实践与客观事实的统一。因此，在马克思那里，事实与价值必然在实践中是统一的。没有主观的价值追求，或者没有客观事实，人的实践就无法存在。具体而言，它们在实践活动中相互渗透、相互作用。

一方面，事实中总是渗透了价值。

人的实践活动总是有一定的实践目的，而这种实践目的总是在一定的价值观念的影响下而形成。人们在现实生活中选取什么样的生活方式，做出什么样的行为，运用什么样的手段，其所做出的各种事情都与其价值观念之间有着密切的联系。甚至可以毫不夸张地说，人们的现实生活中的各种表现，无时无刻不是体现了人们自身的价值观念。我们很难想象，能够把一个人的行为方式与他的价值观念做出截然的区分，这就如同人的情感与理性总是紧密地联系在一起。尽管我们可以从理论上进行思想的实验，但在现实社会生活中，它们是不可分割的。我们正是依靠价值观念来指导、选择和做出相应的行为，从而有了相应的事实。

尽管我们前面探讨了单纯事实，这种事实，从理论思维上看，的确存在。但是，一旦与我们的实践活动相联系，这种事实本身常常会成为一种混合事实。因为，在人类的实践活动中，我们必然要根据实践的目的，选择相应的活动来处理。韩东屏所提出的可然，清晰地展现了单纯事实所演变的各种可行的混合事实。他所提出的可然，其实就是人们在一定的评价标准的指导下所提炼出来的各种可能性，并且这种可能性看起来，既不是事实判断，因为尚未发生；也不是价值判断，因为它指向事实。其实，它们不过是混合事实，是价值判断标准下选择的产物。价值观念决定了事实的呈现必然沿着一种"先入为主"的思路展开。它为某些事实的截取提供了途径，但同时也关闭了选取其他一些事实的可能性。毕竟，世界上的客观事实无穷无尽，我们不可能一网打尽。但是，当我们有了一定的价值指向，我们所涉及的事实必然只有与之相关的有限数量。从这个角度来看，在具体实践活动之中，很难存在所谓纯粹的"客观事实"。

另一方面，价值中总是包含了事实。价值总是以一定的事实为其存在前提。人正是在一定的事实的环绕之中，确立了相应的价值观念。

价值是人类社会的历史实践基础上产生的主体与客体之间的关系范畴，是主体与客体的统一。任何人来到这个世界中，总是生活在一定的社会关系之中。个体不可能脱离一定的社会关系而存在。人的存在就是表明他是一个社会的历史、制度以及传统文化条件下的存在。也就是说，任何人来到这个世界中，就是诞生在一个充斥着价值观念的体系之中。他正是在这种充满了价值观念的社会关系中，通过周边所发生的各种事实，逐渐构成了自己的价值观念。从这个角度来看，价值总是以一定的事实为其存在前提。没有一定的事实，也就没有了价值。人正是在一定的事实的环绕之中，确立了相应的价值观念。任何价值如果离开了事实，都会沦为无源之水、无本之木。

我们可以在思维上设想仅仅只有价值，而没有事实。比如，"这是公正的"，这句话看起来只是一个价值判断，与事实无关。但是，一个人在社会中说出这句话，总是在一定社会条件下针对某个事情，才会有这个判断。比如，遇到了不公正待遇，提出了自己的观点，认为要按照自己的想法做事，这是公正的。我们无法设想一个人无缘无故地说出这句话。即便有所谓的暗含深意，看起来好像只是随口而出，也一定是针对某个特定的对象而言。主体的价值判断总是针对一定的社会关系之中的事实而产生的，否则，它就无法存在。质言之，价值总是要在一定的社会事实中才能表现出来。

或许有人认为，科学家专门做科学实验，与价值无关。也有人提出了价值中立的观点，认为科学研究或社会科学研究都要摆脱价值的影响。其实不然，科学家做科学实验，看起来好像只是研究事实的问题，但是，如果我们要问他，为什么要做科学实验？他就会告诉你他这样做是为了科学技术的发展，为了满足人类的需要，或仅仅为了满足自己的研究兴趣，等等。这就是他做科学实验的目的，可能是他一生的目的，也可能是他一个阶段的目的。由此追溯，你会发现，科学家做科学实验有其一定的价值观念的支撑。在科技发展史上，甚至一些科学家选择某个科学课题，都受到其价值观念的影响。比如牛顿研究地球的第一推动力，如果没有一种宗教文化背景的引导，他不会想到这个课题。在科学研究中，无论是自然科学还是社会科学，研究者不可能没有一定的价值观念的支撑，也不可能完全摆脱价值观念的影响。在自然科学和社会科学研究中，他们只是在摆脱自己所接受的价值观念的影响的多少方面有所区别而已。

尽管我们在这里主要谈的是事实与价值，其实也适用于事实与道德价值的关系。道德价值是价值领域中的重要组成部分。在道德生活领域中，道德价值与事实之间也存在密切联系。在道德生活实践中，道德价值总是渗透在事实之中，事实总是包含了道德价值，并不存在所谓的纯粹的"客观事实"与"中立的道德价值"。

从马克思的实践的观点来分析事实与价值的关系，我们可以发现事实与道德价值之间是紧密联系在一起的。离开了其中任何一个方面，人的实践将无法存在。但是，这是否意味着休谟以及元伦理学家们所发现的事实与价值的区别毫无意义。并非如此。其一，我们之所以能够更为清晰地认识事实与道德价值之间的联系，就在于事实与道德价值之间的区别。如果没有休谟以及后来元伦理学家们的关于事实与价值之间区别的论述，我们就很难清晰地理解它们两者之间的联系。价值，不仅有其主观性，而且也以一定的事实为前提；事实不仅有其客观性，而且也以一定的价值为依据。休谟、摩尔等人把事实与价值绝对二分的做法并不正确。其二，从语言逻辑分析基础上把事实与道德价值之间区分，有助于我们从理论分析方面认识在生活之中如何从事实推出道德价值。正如彼彻姆所言："元伦理学无可辩驳地把一种值得赞赏的清晰性和严密性的尺度带入了道德哲学，并且元伦理学还以它非常的普遍性将伦理学、认知论、美学以及一般价值理论紧密地联系在一起。"①语言逻辑的分析，有助于我们清晰地运用语言

---

① ［美］彼彻姆. 哲学的伦理学［M］. 雷克勤，等，译. 北京：中国社会科学出版社，1992：554.

文字从理论上，分析从事实到道德价值之间如何推导，发现其中所蕴含的规律。唯如此，我们才能更好地为人们在日常生活中的这种从事实到道德价值的运用找到合理依据。

(二) 从事实判断到规范判断、评价判断与命令判断

从事实到道德价值之间的推导，从实践上来看，是比较容易理解的。困难在于，我们如何能够从理论上说明其存在的逻辑依据。换而言之，我们如何能够从理论上说明，从事实判断推出了道德价值判断。

我们可以根据事实判断与道德价值判断的特性进行一番语言分析。事实判断是针对客观事实进行描述的判断。它针对的是客观事实，其谓词常常是"是"，其主词是客体，而不是主体。它表明了客体是什么，它所遵循的是自然规律。因此，当这种包含了"是"的判断，表述的是客体的某种属性、功能或规律，即展现了一种事实的描述性特征时，这个判断是客体的事实判断。但是，当这个包含了"是"的判断表述的是客体对于主体的某种意义，显然没有一种事实的描述性时，尽管其中有"是"这个谓词，这个判断却是主体的价值判断。一些思想家认为，能从事实判断中推出价值判断，就是借用了这种包含"是"的判断。比如，麦金太尔所说的"他是一个大副"，看起来是一个事实判断，其实并不是客观事实的描述，而是一种社会事实的叙述，因而是一个价值判断。也就是说，包含了"是"的判断，既可能是事实判断，也可能是价值判断。

道德价值判断是针对主体的道德活动进行的规范、评价与命令的判断。由于它针对的是主体的道德活动，这种判断的主词是主体，而不是客体，它表明了主体应当如何，因此，这种判断的谓词常常是"应当"。人们正是按照这种"应当"而采取行动。也就是说，道德价值判断与事实判断不同，它本身是指主体在道德领域中应当如何，是对主体与其对象之间的道德价值关系的一种判断。这种"应当"中具有规范性、评价性与命令性的特征。如果当一个判断中具有"应当"的词汇，而没有相应的规范性、评价性、命令性，那这个判断不能称为价值判断。道德价值的规范性、评价性、命令性在其判断中各有作用。因此，我们可以把道德价值判断做一个更为细致的划分，把它分为规范判断、评价判断与命令判断。

第一，规范判断是指按照社会的道德目的与要求，要求主体应当如何。"道德价值判断与其他一般命令陈述不同的地方，就是它包含了'正当'（right）、道德上的'善'（good）、'应'（ought）和'有责任'（obligate）等

的断言。它是在社会道德规范下，以社会主体的目标为标准作出的。"①社会的道德目的和要求指明了主体在社会道德生活实践中，应当遵循哪些道德规范，才是符合社会的要求。这种规范判断是一种可能性应当。所谓可能性应当，是从一定的道德规范出发，有多种可能性地符合道德规范的要求。比如，你借了别人的钱，需要归还。从社会道德要求来说，你借了别人的钱，你就应当归还。你可以采取多种还钱的方式。你可能直接以现金或转账的方式还钱，也可能在资金匮乏的情况下与对方协商以某种物质抵偿，或以某种股票归还，等等。也就是说，这些还钱的方式都是一种可能性应当。借钱是一种事实，应当还钱是一种规范，但具体而言，存在多种可能性应当。

以往的思想家在沟通事实判断与价值判断时，没有注意到这种规范判断的存在，因而总是试图从事实判断推出唯一的价值判断。但是，他们无法有效地在事实与价值之间发现它们的联系点。为何人们的道德规范与这种事实能够联系在一起？与其说一种事实让行为者想到了相应的道德规范，还不如说正是这种所接受的习以为常的道德规范使行为者快速地发现了这种事实。人们的生活实践，能够把事实与规范有效地沟通起来。只要人还在实践，这种联系就无法脱离。正如马斯洛所说："我们在日常生活中时时刻刻都在这样做。切开一只火鸡能够弄得更容易，只要我们知道关节在哪里，怎样掌握刀和叉，即对有关事实有充分了解。假如事实已被充分了解，它们就会引导我们、告诉我们该做什么。"②在实践之中，事实与规范之间变成了人们之间的一种直觉性联系。但是，从理论上的细分，有助于我们发现所谓的许多事实并不是完全独立于人的规范要求的事实，所谓的规范总是在一定的事实之中。

第二，评价判断是在各种规范判断的基础上进行的一种分析和判断。这种判断在主体从事实判断转入价值判断的过程中发挥重要的中介作用。因为，任何规范判断所提供的各种可能性应当，唯有通过评价判断，才能从中选出最为合情、合理的应当，即最佳应当。因此，评价判断是一种最佳性应当的判断。它是通过一定的道理来实现其评价。"我们只是需要区分有道理的评价和出于纯粹偏好的评价、情绪化的评价、意气用事的评价，不把后面这些冒充为或合理化为有道理的评价。"③在这里，所谓道理

---

①　张华夏. 现代科学与伦理世界[M]. 北京：中国人民大学出版社，2010：70.

②　[美]马斯洛. 人性能达到的境界[M]. 林方，译. 昆明：云南人民出版社，1987：126.

③　陈嘉映. 何为良好生活：行之于途而应于心[M]. 上海：上海文艺出版社，2015：84.

就是其中所蕴含的道德价值之理。唯有借助道德价值之理，主体才能摆脱主观的随意性评价。以前面借钱需要归还为例，在各种可能性应当之中，你可以采取多种还钱的方式：你可能直接以现金或转账的方式还钱，也可能在资金匮乏的情况下与对方协商以某种物质抵偿，或以某种股票归还，等等。我们会根据实际情况，借助功利论、道义论或德性论等道德理论中所蕴含的道德价值，如道德的人权价值、秩序价值、公正价值、自由价值等进行评价，从中选出最佳的可能性应当。

第三，命令判断是主体根据评价判断做出的自我命令，需要自己采取相应行动的判断。这种判断是在评价判断所提供的最佳判断的基础上，要求主体按照这个最佳判断采取行动。它是一种必须性应当，它要求主体必须如此。以借钱要还为例，命令判断以一种强有力的语气形式表明，主体应当按照符合自己最佳的应当方式来归还，从而完成从事实判断到价值判断的推导过程。

从规范判断、评价判断和命令判断三者之间的关系来看，尽管它们都属于道德价值判断，但是它们之间是一种层层递进的关系。其一，从普遍到具体。如果说规范判断是一种普遍指导性的判断，为主体提供了各种可能性的应当，评价判断在规范判断的基础中，选出了最佳性的应当，那么命令判断则是直接采取了一种诉诸行动的判断。从规范判断、评价判断到命令判断，一步步展现了从普遍到具体的转变。其二，从理论到实践。规范判断是一种理论上或道理上的各种可能性应当的呈现，评价判断则把这种可能性应当进一步拉向现实，命令判断最终落实到实践之中。其三，从弱指示到强指示。规范判断为主体提供了各种可能性应当，或者说，提供了各种从事实判断转向价值判断的暗示，属于一种弱指示。评价判断从中找到最为适合的应当，强化了其中的一种暗示。命令判断则是直接贯彻这种最佳性的应当，从而形成了一种必须性应当，因而具有最强的指示。

当然，规范判断、评价判断、命令判断之间的区分只是相对的。人们在现实生活之中，对这些判断很难加以区别。更多的时候，这些判断可能直接以一种规范判断、评价判断或命令判断的形式表现出来。这也就表明，为何一些思想家仅仅只是从其中一方面来填平事实与价值之间的鸿沟。比如，哈贝马斯专门从规范的角度来沟通事实与价值。目前，我们对价值判断进行细致的划分与分析，有助于我们更好地认识和理解从事实判断到道德价值判断之间的推导。

总之，从事实判断到规范判断、评价判断、命令判断，是一个从"是"到"可能性应当""最佳性应当""必须性应当"的逻辑发展过程。尽管从理论上说，从单纯的客观事实无法推出任何道德价值判断，但是，借助规范判断、评价判断、命令判断，最终能够从事实判断推出道德价值判断。当然，事实判断与规范判断、评价判断、命令判断所构成的道德价值判断之间并不总是一个单向的事实—价值的过程。因为，当我们从事实判断推出了一个价值判断后，这种价值判断也会在社会实践中，不断改造自然与社会，从而形成新的事实与道德价值。因此，事实判断与规范判断、评价判断、命令判断所构成的道德价值判断之间，是一个无限发展的相互影响的逻辑演变过程。

（三）从事实判断到道德价值判断的推导公式

在从事实判断到道德价值判断的推导过程中，我们借助了规范判断、评价判断和命令判断来完成这个过程。我们不难发现，从一个事实判断到一个道德价值判断，我们需要借助相应的社会道德规范和相关道德理论的评价来完成这个过程。在这个社会道德规范和道德理论评价中，道德价值本身无疑浸透其中。也就是说，要想从事实判断推出道德价值判断，必然要借助一个道德价值才能完成这个逻辑推理。这个起中介作用的道德价值显然是一种普遍性的道德价值，而最后得出的道德价值判断总是一个特殊的判断。我们面对事实，即具体情景下的事实，借助了相应的普遍性的道德价值，才能得出一个具体情景下的道德价值判断。因此，这里可以借助自然科学的公式做一个更为清晰的推导。关于伦理学方面的逻辑推理公式，爱因斯坦曾经有过一番论述，很有启发性。

爱因斯坦指出："关于事实和关系的科学陈述，固然不能产生伦理的准则，但是逻辑思维和经验知识却能够使伦理准则合乎理性，并且连贯一致。如果我们能对某些基本的伦理命题取得一致，那么，只要最初的前提叙述足够严谨，别的伦理命题就都能由它们推导出来。这样的伦理前提在伦理学中的作用，正像公理在数学中的作用一样。

"这就是为什么我们根本不会觉得提出'为什么我们不该撒谎?'这类问题是无意义的。我们之所以觉得这类问题有意义，是因为在所有对这类问题的讨论中，某些伦理前提被默认为是理所当然的。于是，只要我们成功地把这条伦理准则追溯到这些基本前提，我们就感到满意。在关于说谎的这个例子中，这种追溯的过程也许是这样的：说谎破坏了对别人的信任。而没有这种信任，社会合作就不可能，或者至少很困难。但是要使人类生活成为可能，并且过得过去，这样的合作就是不可缺少的。这意味着，从'你不可说谎'这条准则可追溯到这样的要求：'人类的生活应当受到保护'和'苦难和悲伤应当尽可能减少'。

"从纯逻辑来看，一切公理都是任意的，伦理公理也如此。但是从心理学和遗传学的观点来看，它们绝不是任意的。它们从我们天生的避免苦痛和灭亡的倾向，也从个人所积累起来的对于他人行为的感情反应推导出来。"①

爱因斯坦的观点表明，从逻辑上分析，伦理学的公式能够与自然科学的公式一样发挥作用。只要我们"足够严谨"，伦理命题能够如同数学命题一样推演。同时，我们在进行道德价值判断的过程中，比如针对"我们为什么不该撒谎?"我们总是不断地追溯其伦理规范的前提，其实也就是道德价值，才能得出相应的依据。他的这一观点与我们前面的从事实判断到规范判断、评价判断和命令判断的推导相一致。我们在不断追溯，从规范到道德理论及其价值的评价，最后做出了命令判断来完成。现在，我们需要从逻辑上更为清晰而明确地把它概括为从事实判断到道德价值判断的推导公式。

前面我们已经明确指出，从理论上，我们可以把事实分为单纯事实与混合事实。尽管无法从单纯事实直接推出任何道德价值判断，但是，我们借助一些相关的包含了道德价值的规范判断和评价判断，可以推出一个新的道德价值判断。也就是说，要想从单纯的客观事实推出道德价值判断，必然要借助另外一个道德价值判断，或者说，要诉诸一个更高层次或更普遍的道德价值判断，才能推出。因此，我们可以把这个针对单纯事实的道德价值判断推导公式称为道德价值判断公式1。

道德价值判断公式1：

前提1：单纯事实如何，即 SF；

前提2：可能性应当如何，即 R1，R2，R3，…；

前提3：结合具体情景，依据道德规范所蕴含的道德价值做出，最佳性应当如何，即 J；

结论：必须应当如何(或不应当如何)，即 E。

因此，道德价值判断公式1可以简化为：$SF \rightarrow R1, R2, R3, \cdots \rightarrow J \rightarrow E$

例如：老王出差在外，在一个行人较少的地方，发现了一位在路边晕倒的老人。我们可以进行道德价值判断推理如下：

————————

① [美]阿尔伯特·爱因斯坦. 科学定律和伦理定律[M]//爱因斯坦文集(第3卷). 许良英，赵中立，赵宣编，译. 北京：商务印书馆，1979：280-281.

前提 1：老王发现了一位在路边晕倒的老人。

前提 2：应当打电话，联系医院救护车；应当上去救助；应当请其他路人一起来帮忙；应当查看老人的具体病情，进行一些基本救护操作。

前提 3：老王正好有很重要的会议要参加，当时也没有其他路人，而帮助和关心他人具有相应的道德价值，最佳性应当是打电话，联系医院救护车来救助老人。

结论：必须应当打电话，联系医院救护车。

再如：某国拥有一个风景优美的大峡谷，自然资源丰富，覆盖了大片的原始森林，水流穿过峡谷，落差大，流速快，发电动能大。当地老百姓由于远离城市，十分贫困。我们可以这样进行道德价值判断推理：

前提 1：某国存在一个风景优美的大峡谷。

前提 2：从功利主义者的规范要求来看，修建发电站可以保障国家电力的充足供应，符合国家经济亟待发展的要求，因此，应当修建；按照环境保护主义者的规范要求，修建发电站，要破坏原始森林，破坏自然风光，因此，应当不修建；按照德性论者的规范要求，人生最重要的是培育个人美德，修不修水电站，与自己无关，应当保持超脱的状态。

前提 3：该国能源匮乏，当地老百姓非常贫困，保护人的生存与发展的权利具有重要的人权价值。同时，修建水电站有助于发展国家经济，维护社会稳定，具有秩序价值。其缺点在于破坏了人与自然之间的和谐价值。相比较而言，修建发电站，其道德价值更有助于维护基本的人权价值和秩序价值，以及满足人的自由发展价值。因此，应当修建水电站是最佳性应当。

结论：必须应当修建水电站。

通过这个公式，我们可以发现，道德价值评价判断十分重要。在规范判断中，人们借助不同的规范，容易得出各种不同的可能性应当。如果仅仅借助规范本身，无论是功利主义、道义论还是德性论等道德理论中的道德规范，有可能做出相反的应当，让主体难以确定究竟应当如何。这就需要上溯至规范背后所隐藏的道德价值来进行决断。不同的道德规范背后具有不同的道德价值，有助于我们分析和评价各种道德规范在具体情景中的利弊，有助于选出最佳性应当。它表明了一种不断需要从规范向价值的追溯的过程，而这也反映了规范、原则都是一定道德价值的外化与扩展。

或许，所上溯的道德价值之间可能存在某种不一致，但在这里，我们仅追溯到道德价值中的基本道德价值，即人权价值与秩序价值，因为我们在这里的主要论题是探讨从事实判断推出道德价值判断。从道德价值理论上说，处理道德价值的冲突并不是一件容易的事情，需要专门加以详细论述。因此，在这里，鉴于我们的主要任务，我们只是追溯到了基本道德价值为止。

运用公式1，我们能够在现实生活中，从单纯事实判断推出道德价值判断。但是，正如我们在前面论述事实时所指出的，更多的时候，我们需要直接从所谓的混合事实进行推导。比如，前面爱因斯坦提出的关于不该撒谎的问题，以及与之相关的一些判断，如"我们应不应当开发核动力？""我们应不应当克隆人？""妇女有无堕胎的权利？""人类应当保护那些凶猛动物吗？""动物有自己的道德权利吗？"，等等。这些问题和判断，都是属于混合事实的判断，其中已经包含了一定的价值成分。这时候，我们可以运用道德价值判断公式2。

道德价值判断公式2：

前提1：混合事实如何，即 MF；

前提2：可能性应当如何，即 R1，R2，R3，…；

前提3：结合具体情景，依据道德规范所蕴含的道德价值做出，最佳性应当如何，即 J；

结论：必须应当如何（或不应当如何），即 E。

因此，道德价值判断公式2可以简化为：MF→R1，R2，R3，…→J→E

例如：某国研发了一种基因杂交的蜜蜂。其蜂蜜的经济价值很高，能为当地带来可观的经济收入。但是，这种蜜蜂十分凶悍，估计每年至少会蜇死当地数十人。那么，应不应当开发这种杀人蜂。我们可以做这样的逻辑推理：

前提1：某地要开发的杀人蜂具有很高的经济价值，但危害一些人的生存。

前提2：按功利主义者的观点，虽然杀人蜂每年会蜇死当地几十个人，但是，通过开发杀人蜂并养殖可以每年为该地区带来上千万元的收入，除去伤害他人所支付的保险金，能够为国家带来更大的收益，因此，应当开发；按照道义论者的观点，每个人的生命都是不容忽视的，通过牺牲少数人的生命来获取利益是不正当的，因此，应当不开发杀人蜂；德性论者认为，出于人的仁慈的美德，应当开发杀人蜂，但出于人的幸福的美德，应当不开发杀人蜂。

前提3：功利主义者从功利的价值来决定，道义论者从人的基本权利的角度来决定，德性论者从人的美德角度来决定。从道德价值来看，人的基本权利，如生命权等，即人权更为重要，属于基本的道德价值，比功利的价值更为重要，因此，在没有能够很好地保护当地人的生命安全的前提下，最佳性应当是应当不开发杀人蜂。

结论：必须应当不开发杀人蜂。

我们可以发现在公式2中，与公式1一样，前提1的混合事实是比较容易概括的。关于前提2的规范判断推理，只要比较熟悉各种道德理论的规范，也是较为容易推理而出的。比较困难的是前提3，即道德价值评价判断，在道德价值的规范判断之后，进行相应的道德价值评价。正如哈特曼所说："并不是每个人都能意识到所有的道德价值，就像并不是每个人都能洞悉所有的数学命题一样。"①由于人们所认识和理解的道德价值各有不同，其评价标准也就有一定的区别，而每一个评价的问题总是处在具体的实践背景之中，各有其特殊性，因此，在评价中如何确定最佳性应当也就成为一个非常值得研究的问题。

① ［德］哈特曼. 发现价值的途径［M］//冯平. 现代西方价值哲学经典：先验主义路向（下册）. 北京：北京师范大学出版集团，2009：696.

第六章　道德价值与真理

在人们的生活实践中，事实常常与道德价值相伴而行。尽管由单纯事实推不出道德价值，但借助人们的生活实践，我们能够从事实推出道德价值。每个人在社会生活实践中，经历了不同的生活方式，在不同事实中得出其不同的道德价值判断。或许，有人发现不同主体面对同一事实可能推出了不同的道德价值。这一点显然与自然科学中的观点不同。在自然科学中，人们总是能够发现自然的规律性，找到每个人都必然认可的真理。而道德价值似乎缺乏这种特性。它是一种因主体不同而有所不同的主客体之间关系的范畴。这是否意味着道德价值缺乏客观性？道德价值之中没有真理性？我们无法为道德价值认识的正确与错误找到一种真理性检验方法。诸如此类的问题，就涉及道德价值与真理的关系、道德价值真理的问题。因此，在探讨了道德价值与事实的问题之后，我们非常有必要探讨道德价值与真理的关系、道德价值真理等问题。

一、真理与道德价值的区别

真、善、美是人类一直努力追求的目标。一般而言，科学认识活动追求真，道德价值活动追求善，艺术活动追求美。从哲学产生和发展的角度来看，真与善之间的关系一直是人们探讨的比较复杂的关系。自古希腊以来，苏格拉底与普罗泰戈拉以及后来者为此聚讼不已，他们或者各执一端，或者把两者等同。从近代开始，出现了科学主义和人本主义两大思潮。它们也为此相互争论。科学主义把道德价值置于科学之外，严格划分两者界限；人本主义则把道德价值作为自己研究的重要内容。而在当代社会学研究中，马克斯·韦伯认为，科学真理与道德价值之间各有其领域，在社会科学的领域中，研究者要坚持价值中立的原则。而盛行一时的实用主义者则坚持真理与道德价值之间关系密切，不可分离，达到了一种同一的关系。因此，我们可以发现，自古以来，在道德价值与真理之间的研究中，常常出现两种对立的观点：坚持真理与道德价值的绝对二分，或者坚持两者的同一。这些研究者都没有很好地解决两者之间的正确关系。究其原因，他们没有发现真理与道德价值都是人类实践活动中的产物，都源于实践活动主体与客体之间的矛盾，只是仅仅从科学活动或道德价值活动中片面地理解了真理与道德价值的关系问题，没有既看到两者的区别，又看到两者之间的联系，从而得出了错误的结论。

人类一直追求真理。正如法国哲学家科耶夫所说："所有的哲学都在探索真理，并且常常以为找到了真理或至少一部分真理。"①在两千多年中，思想家们不断探索真理的本质。在古希腊时期，德谟克利特认为，真理与现象同一，与显现在感觉中的东西一样，具有符合事实的含义。柏拉图认为，现象世界是虚假的，本体世界才是真实的。真理存在于本体世界之中，是人的理性展现。亚里士多德认为，任何事物的真理都是与该事物相符合的。在他看来，"真假的问题依事物对象的是否联合或分离而定"②。中世纪时，上帝是最高权威。上帝是真、善、美的统一体，真理是上帝的属性之一。在近代哲学中，法国学者伽桑狄提出，真理只是判断和所判断的事物二者之间的一致性。休谟认为，真理是观念与主体感觉相符合。而在德国古典哲学中，康德提出，真理是思维同其先验形式的一致。黑格尔则认为真理只存在于概念之中，我们只能借助思维和概念去把握真理。真理与哲学融为一体，是绝对精神的自我展开和自我回归。因此，黑格尔指出："说真理只作为体系才是现实的，或者说实体在本质上即是主体，这乃是绝对即精神这句话所要表达的观念。"③我们不难发现，黑格尔把真理理解为实体，即主体的哲学思辨，因为在其《精神现象学》中，能够自身运动，并且还能以否定的方式实现自己的现实存在者必然是主体。因此，他就把这种采取否定性重建自身的同一性称为绝对真理。在现代哲学中，马赫主义认为，真理是感觉最简单、最经济的复合。实用主义则认为，真理是观念和行为与个人获得成功的意图相符合。而存在主义则认为，真理不过是每个具体个人的一种心理状态的形式。

从哲学史的发展来看，不同思想家对真理有不同的解释。但是，它有两个基本的意义。其一，唯物主义的意义。唯物主义者从世界的物质性作

---

① ［法］科耶夫. 黑格尔导读［M］. 姜志辉，译. 南京：译林出版社，2005：397.
② ［古希腊］亚里士多德. 形而上学［M］. 吴寿彭，译. 北京：商务印书馆，1981：186.
③ ［德］黑格尔. 精神现象学（上卷）［M］. 贺麟，王玖兴，译. 上海：上海人民出版社，2013：17.

为本源来理解真理，真理是人的意识与客观事物相符合的反映。其二，唯心主义的意义。唯心主义者从意识、思维作为本源来理解真理，真理是精神自身的属性。马克思把实践引入唯物主义，从而形成了实践唯物主义，即唯物主义的现代形态。马克思的真理观，从认识论的角度来看，是在实践的基础上坚持意识的能动反映论，从而既坚持了唯物主义，又超越了那种机械的传统唯物主义。因此，真理是主体在实践基础上对客体的本质和规律的一种正确认识。

那么，真理与道德价值之间存在哪些区别？

其一，从出发点来看，真理从客观性出发，道德价值从主观性出发。

真理是人类对于作为客体的世界的一种普遍的意识，是主体对客体的内容的概括和抽象。如果主体对客体进行能动地反映，与客观实际状况相符合，或者说能够正确地反映客观事实，准确地把握客体的本质和规律，这种正确反映就是真理。反之，如果与客观实际状况不相符合，或者说没有正确地反映客观事实，错误地理解客体的本质和规律，这种错误反映就是谬误。在主体的实践活动中，真理从客观性出发，强调客观决定主观，主观要符合客观。道德价值是人类在其历史道德实践活动中的一种偏重主观性的价值考虑。它体现了事情或行为等是否满足人在道德上的精神需要。如果事情或行为等满足了主体在道德上的精神需要，就具有了道德价值。反之，如果事情或行为等没有满足主体在道德上的精神需要，就没有道德价值，或者具有道德上的负价值。因此，我们可以发现，真理的出发点是客体的客观性，道德价值的出发点是主体的主观性。两者考虑问题的出发点明显不同。正如李德顺所说："从一开始就有两个不同的出发点：前者从客体本身出发，后者从主体尺度出发。"①

我们认为真理与道德价值的出发点不同，并不是要表达真理具有客观性，而价值因为其出发点的主观性就缺乏客观性。道德价值也具有客观性，关于这一点，在前面探讨道德价值的内涵与主要特征时有过论述。道德价值主体可以根据自己的意志进行主观的道德价值认识与评价，但这种道德价值的认识与评价并不是随意的，而是有一定的客观基础。道德价值具有客观性。这种客观性主要表现在三个方面：第一，道德价值的存在环境具有客观性；第二，道德价值所外化的道德现象具有客观性；第三，人的道德需要也具有客观性。道德价值的客观性与真理的客观性不同，真理

---

① 李德顺. 价值论：一种主体性的研究（第3版）[M]. 北京：中国人民大学出版社，2013：217.

的客观性是真理的客观存在性。它表明真理的内容不会因为主体的变化不同而发生改变。比如，人们所学习的各种数学公式，不管时间、空间和学习者有怎样的变化，都无法改变其客观性的正确认识。否则，它就不是真理，而成为谬误了。道德价值的客观性并不是这种客观存在性，它是一种有条件的客观性。道德价值与主体有着密切的联系，在西方社会思潮中，坚持保守主义道德价值观的人与坚持自由主义道德价值观的人，在道德价值的出发点上存在根本的对立。但是，无论他们如何对立，我们会发现，道德价值总是符合主体的内在的道德上的需要。这一点是客观的、毋庸置疑的。因此，从这个角度来看，真理的客观性是无条件的，道德价值的客观性是有条件的。

其二，从实现手段上看，真理是被发现的，道德价值不仅能被发现，而且还能被创造。

追求真理和实现道德价值人们在其实践活动中的两种重要活动目标。实现两者的手段有所区别。真理是主体在主客体关系中所发现的对客体性内容的一种正确认识。这种正确认识是主体在实践活动中发现的，而不是创造的。因为真理本身就是存在于客体对象之中的规律与本质，并不需要第三方的创造，就已经存在于那里。因此，"追求真理本身可以成为人们的一个目标，而对于追求真理以外的目的，真理只是决定这一目的能否达到的前提和基础，它对目的本身没有从属关系。就是说，真理对于人们的有目的的活动保持着独立的地位。"①人们在追求真理时，这个目的是通过不断地实践、发现客体的固有本质来实现的。如果主体的认识与客体的固有本质不相符合，这就不是真理，还需要进一步提升针对客体的认识。只有主体真正认识了客体之中所蕴含的道理，这个正确的认识才能称为真理。这一点与道德价值的实现不同。道德价值是人们在道德实践活动中所认识或创造的精神价值。关于这一点，牧口常三郎曾指出："真理不能创造。我们认识事物只能如实地确切地去认识。另一方面，价值则能被创造，或有一些能被发现的价值。所有我们用作日常生活原料的自然资源最初只是在它们原来的形式上被利用，但在许多世纪以后，这些资源通过人们的努力和进一步的改造而增加了对人的效用，达到了目前这种完善的状态，因此，可以有把握地说，这种进步的过程可被叫做增加活力、创造价

---

① 李德顺. 价值论：一种主体性的研究（第3版）[M]. 北京：中国人民大学出版社，2013：214-215.

值。"①尽管他所谈的价值并不是专门针对道德价值，但就道德价值而言同样适用，人类在其社会发展的早期，许多道德价值，如人权的道德价值等，还没有很好地被创造出来，只有在进入近代之后，才在人们的道德实践中被创造，成为一个普遍性的道德价值。应该说，道德价值是人们在其历史发展过程中，因其符合人的道德精神的需要而逐渐被发现或创造出来。有些是从一开始就出现，有些则是在人类发展到一定阶段才出现。

在这里，我们使用了"发现"与"创造"，对此有必要进一步作出说明。发现意味着一种没有被发掘的客体特性的认知性呈现。某种规律或客体的特性存在于那里，我们发现了这种规律或客体的价值，意味着我们从过去没有认识，转而从中发掘了它们这种规律或客体特性的存在。比如，地球围绕太阳旋转，在哥白尼之前，我们没有发现，但地球还是围绕太阳旋转。我们只能说是发现了这个规律，但是，我们不能用创造。创造意味着一种特别性的改变，本来没有的东西，现在出现了。从这个意义上说，创造不适用于真理，适合于道德价值。因为，道德价值是满足主体的精神需要的精神价值。在人类的历史实践中，人类必然需要借助各种道德价值以满足自己的生存和发展的需要。在这里，创造就是必然的。当然，这并不意味着道德价值是凭空产生的，而是表明它是在一定的社会客观历史条件下的特别性改变。比如，我们前面所说的道德上的人权价值，就是在历史发展中逐渐被明确并为人们所广泛接受。

其三，从思想方式来看，存在认知和评价两种方式，真理主要是以真假来认知，道德价值主要是以善恶来评价。

从人的思想方式来看，存在两种方式，即认知和评价。"在我们反省我们的精神生活时，我们能发现两种本质不同的思想方式，即认知和评价。它们一般是混合的，通常也为人们所忽视，但是由于这种混合以及人们的忽视被证明是我们认知的巨大障碍，所以必须将它们作严格的区分。"②认知是主体注意客体，获得客体的相关印象的活动。认知所展现的是主体对客体的本质以及性质的理解和把握。评价是主体在一定程度上意识到客体的影响时，主体根据其需要而采取相应的行动。评价所展现的是主体与客体之间相互关系的一种衡量。从各自的目的来看，真理与认知密切相关，道德价值与评价密切相关。认知的目的在于正确地认识客体的本

---

①　[日]牧口常三郎. 价值哲学[M]. 马俊峰，江畅，译. 北京：中国人民大学出版社，1989：8.

②　[日]牧口常三郎. 价值哲学[M]. 马俊峰，江畅，译. 北京：中国人民大学出版社，1989：21-22.

质及其特性。真理就是在人类的认知基础上所形成的，它是人类认知中的一种正确的认知，符合客体对象的实际状况。我们通过真假来理解是否为真理。主体的认知符合客体的实际情况，是真理；否则，就是谬误。评价的目的在于发现客体是有利于还是不利于满足主体的需要。道德价值就是人类在其评价中所形成的。它是人类发现了某件事情或行为之中具有满足人的道德需要的特性。主体把满足人的道德需要的，称为善；反之，称为恶。因此，在人类的实践活动中，真理以真假来认知，道德价值以善恶来评价。

真理与道德价值之间的差别，展现了人类在其社会实践活动中本身的认知活动和评价活动的不同特点。就人类的实践活动而言，真与善之间的各自追求中不可能完全保持一致，彼此之间总是会存在各种区别。人类既要无条件地承认这种区别，也要根据自己的需要，在真理的基础上使自己的道德价值需要得到满足。一方面，真与善之间的确会出现各种不一致；另一方面，它们都产生于人类的实践活动之中，并且在人类文明的不断发展中，真与善之间还有着密切的联系。因此，我们要充分认识到，真理与道德价值之间不仅有区别，而且还有联系。唯有如此，才能全面认识真理与道德价值之间的关系。

二、真理与道德价值的联系

从哲学思想史的研究中不难发现，把真理与道德价值两者绝对分裂，具有悠久的历史。最为有名的是休谟提出的事实与价值的绝对二分。正是从这种区分引出了真理领域与道德价值领域的分野。在休谟之后，康德发展了他的这一观点。他提出："自然哲学针对的是一切存有之物，道德哲学则只针对那应当存有之物。"①我们认为，那种把真理与道德价值绝对二分的观念忽视了真理与道德价值在人的实践活动之中的联系。

从人的实践活动来看，真理与道德价值都是主观与客观之间关系的活动。它们之间存在着共同的实践基础。真理是实践基础上认识主体与认识客体的一致，是人们在实践认识活动领域中对于客观事物及其规律的正确认识和正确反映；而道德价值则是在实践评价活动中外部客观世界对于满足人的道德需要的意义关系的范畴，是外在具有特定属性的客体对于主体

---

① ［德］康德. 纯粹理性批判［M］. 邓晓芒，译. 北京：人民出版社，2004：635.

的道德需要的意义。真理与道德价值，是在人类社会和自然之间进行物质、能量和信息交换的实践活动中，在多样性与统一性的物质世界中，在一定的时空背景下运动、变化和发展的过程中，展示出真与善之间相互联系与相互区别的统一性过程的生动图景。质言之，道德价值与真理之间存在相互依靠、相互渗透、相互引导的关系。

其一，真理与道德价值相互依靠。

真理与道德价值是人类实践活动中相互依靠的重要内容。实践是人所特有的为了满足其自身需要和实现自己的目标或理想而能动地改造客观世界的物质活动。在这个活动中，人既要满足自己的需要，还要不断地理解和把握客体的本质与规律。否则，实践无法进行。也就是说，主体的需要和客体的本质、规律，构成了人的实践活动中的两个重要方面。这也是人类不同于其他动物的地方。动物的活动是片面的，只是按照其自然本能的单一尺度来生活。人的实践是全面的、多样的。按照马克思的观点，人能够了解自身，使自己成为衡量一切生活关系的尺度，按照自己的本质去估价这些关系，真正依照别人的方式，根据自己本性的需要，来安排世界。"在实践活动中，人把'物'的内容映射到自身中，同时又把自身的需要以目的的形式贯注到'物'的内容中去，使观念的东西转化为物质的东西，使'物'变成从属于人的需要的存在，从而在人与物之间建立起一种新的更高级的统一关系，即'为我而存在'的关系。"①也就是说，人既有主体的尺度，即主体的需要和目的，也有客体的尺度，即客体的本质、规律。由此，我们可以发现，人有两个重要尺度，物的尺度与人的尺度，或者说外在尺度与内在尺度。

显然，这两个尺度正好形成了真理与道德价值在人类实践活动中的重要尺度。它体现了人在实践活动中的两个重要方面——主体的需要和客体的本质、规律。一方面，人在实践活动中，按照客体的本质和规律进行活动。它突出的是实践活动的客观规律性，即合规律性。这就是真理的特性，也就是求真。所谓求真，就是要发现客体的本质和规律。另一方面，人也会按照人的道德需要和精神境界来活动。它突出的是实践活动中主体的精神追求目标，即合目的性。这就是道德价值的特性，也就是求善。所谓求善，就是要符合人在道德方面的精神性需要。

真理与道德价值相互依靠，体现在求真与求善的相互依靠上。一方

---

① 萧前，杨耕，等. 唯物主义的现代形态 [M]. 北京：中国人民大学出版社，2012：143-144.

面，求真要依靠求善。真理总是具体的真理，具体的真理总是要为人们解决"有何价值"的问题，这里就包括了"有何道德价值"的问题，以便能够运用真理，促进人的发展与社会的进步。同时，真理总是需要一定的道德价值的推动。为了维护道德的人权价值、秩序价值、公正价值、幸福价值等，道德价值成为人们探索真理的动力。没有这些道德价值，我们很难想象人类如何有探讨真理的强大力量。另一方面，求善要依靠求真。道德价值总是需要从一定的真实性情况展开。有了"世界是什么样的"的本真的认知，才会有正确的道德价值。否则，我们难以想象如何能够得到正确的道德价值。因此，求真与求善始终是在人类的社会历史实践活动中相互依靠的两种基本样式。

因此，真理与道德价值是人类实践活动中相互依靠的重要内容。真理与道德价值成为人在实践中的物的尺度和人的尺度，都是人在实践活动中所需要的。真理与道德价值相互依靠，体现在求真与求善的相互依靠。求真离不开求善，求善离不开求真。我们既需要真理，也需要道德价值。

其二，真理与道德价值相互渗透。

真理与道德价值相互渗透充分体现在真理中渗透着道德价值因素，道德价值中渗透着真理因素。

首先，真理中渗透着道德价值因素。

在人的实践活动中，作为主体对客体对象的正确反映，真理具有满足主体的道德精神追求的属性。真理对客体对象的本质和规律的正确反映越深刻、越全面，它就越能满足主体的道德精神需要，也就越具有道德价值。

一方面，真理能够帮助人们正确地发现和创造道德价值。真理中所蕴含的对客观世界的正确反映，能够帮助人们正确地认识过去，理解现在，预测未来。人们认识真理越深刻、越全面，越能发现潜在的道德价值，丰富曾经发现的道德价值的世界。同时，真理还能帮助人们创造道德价值。在实践中，真理能够帮助人们发现道德价值。人们也能够根据正确反映自己的道德需要的真理，形成道德价值目标，从而创造一些本来并不存在的道德价值。正是在真理的发展之中，人们发现和创造了人的基本权利的道德价值，丰富与发展了公正、自由等的道德价值。

另一方面，真理还能够帮助人们实现道德价值。真理，作为人对客观世界的正确反映，不仅有助于人们发现道德价值，而且还有助于在实践活动中实现道德价值。真理中所具有的正确认识，最终要落实到人的实践活动之中。在道德实践活动中，真理能够让实践者确定自己的行动步骤和程序，更为深刻地理解所要追求的道德价值目标，有助于道德价值的实现。同时，真理还能够扩大道德价值的实践范围。比如克隆技术的发展，导致道德价值的研究范围扩展到了一个新的实践领域之中。而真理所带来的正确认识，则帮助主体在更大范围内实现道德价值。在道德价值的实现过程中，追求真理是追求道德价值的必要条件，但并不是充分必要条件。人类要获得道德实践活动的成功，要实现道德价值，必须按照客观世界本来的规律来改造客观世界，即按照人所要改造的对象的本身尺度来改造对象。唯有如此，人类的道德价值的实践活动才能成功，即人的道德价值的精神需要才能得到满足。

真理中渗透着道德价值因素。真理作为人类认识的实践活动，其科学研究所追求的目标，就是要人类获得自由、幸福和解放。从这个意义上看，真理包含了道德价值。这种道德价值告诉我们，什么是真、什么是假，何为可能、何为必然，只有这样，人们在实践活动中才能发现、创造和实现道德价值。正是因为如此，人们才说知识就是力量，科学技术是第一生产力，科学是人类进步的阶梯。但是，对真理中包含的道德价值因素不能过分简单化加以理解。我们说真理中包含道德价值因素，只是表明只要是真理，总归是具有帮助人们发现、创造和实现道德价值的意义。这种意义或直接、间接，或早或晚，会被运用于人的实践活动之中。

其次，道德价值中渗透着真理因素。

作为关系范畴的道德价值，反映的是主客体在道德生活实践中所形成的认识论关系，而不是本体论关系。在这种认识论关系中，客体以其属性或属性的集合得到主体的主观评价。在道德价值关系中存在三个环节：客体属性、主体的需要和主体的评价。它们之间可以有经验的组合，即客体满足了人的道德需要，主体给予效用上的评价，表现为手段价值；也可以有能动性的组合，即主体在掌握了外在规律的前提下，提出其超越性的目的，主体给予目标上的指向，表现为目的价值。我们可以从手段与目的两个层次针对道德价值的真理性问题做进一步的分析，探讨道德价值有无符合客观规律的可能。

从手段价值来看，道德价值总是要满足主体的道德需要。这种道德上的手段价值和外在世界的规律之间并不是单向运动的。道德价值中的手段价值要符合外在世界的规律性，比如，道德文化的传承与发展要符合或满足人自身的需要，其传承与发展越符合人们在实践活动中的客观规律，越能够满足人的道德上的需要。我们可以设想，某种落后的道德价值，比如"三从四德"之类的腐朽道德规范中所蕴含的等级价值，已经不符合当今世界中人与人之间交往的原则，要想在社会中得到传播和承认，还是要符合人的道德实践中的外在规律。再如，我们认为守诺能够满足人们的道德需要，而撒谎或许能够具有一定的手段价值，但它并不符合外在世界的规律。就此而言，并非所有手段价值都是符合外在世界的客观规律的，但构成我们所说的道德价值的手段价值还是要符合外在世界的客观规律。毕竟，无论如何，手段价值与真理之间存在着符合的可能性。这种可能性源于人的部分道德需要是通过与外界物质、信息和能量的实践活动来满足的，而在这种实践活动中要达到其目的，非得服从外在规律不可。正如王玉樑所言："认识真理是实践成功的保证，是创造价值的前提。实践一旦背离真理，就要受到客观必然性的惩罚，就会破坏价值，就会走向主体愿望的反面。"①因此，从手段价值来看，道德价值中还是包含着真理的因素。

从目的价值来看，道德价值常常展现为一种超越性的价值目标指向。它是主体对于渴望实现的道德目标的肯定判断。在人们的实践活动中，主体常常针对客体提出一种期望，希望客体应该如何，在这种要求之中展现主体的自由意志，并以此为行为目的。这就是康德所说的人为自己立法，即人把自己的尺度运用于对象。在这种道德价值的目的价值中，同样包含了真理的因素。不可否认，有些时候，人所设立的目的与客观规律之间相去甚远，无法以客观规律为基础，只是主体自身的无端空想。但是，也会存在一些符合客观规律的道德设想。这些道德价值的目标是以外在世界的客观规律为基础，符合客观规律的要求，是对道德发展趋势的有根据的构想。在这种情况下，道德价值的目标也就成为人类能够实现的道德理想，而不是无端的空想。它是以主体的意志作为其道德行为的保证。因此，目的价值与客观规律之间也不是单向的，既有符合的可能，也有不符合的可能。只有符合客观规律的目的价值才能成为我们实现道德价值的可能。人们在道德实践活动中的行为与现象，越是自觉地尊重和服从规律，越是具有实现道德价值的可能。康德认为："适合于道德概念之运用的唯有判断的理性主义，这种理性主义从感性自然中只采取纯粹理性独自也能够思维的东西，即合法则性，并且只把那种能够通过感官世界中的行动反过来按照一般自然法则的形式规则现实地得到表现的东西带到超感性的自然中去。"②在他看来，自然界有自然的因果律，人有其自由的道德律。"道德

---

① 王玉樑. 价值哲学[M]. 西安：陕西人民出版社，1989：244.

② [德]康德. 实践理性批判[M]. 邓晓芒，译. 北京：人民出版社，2004：97.

律本身是作为自由这种纯粹理性原因性的演绎原则而提出来的。"①道德价值就是从符合这种道德律的动机中而来。所以，他说："既不是恐惧，也不是爱好，完全是对规律的尊重，才是动机给予行为以道德价值。"②马克思主义从实践的角度超越了康德建立在理性基础上的道德价值观念。恩格斯曾指出："意志自由只是借助对事物的认识作出决定的那种能力。"③人的意志自由离不开针对客观世界的真理的把握。从这个角度来看，所谓意志自由也并不是完全自由的，而是建立在符合外界客观规律的实践活动基础之上。"人对一定问题的判断越是自由，这个判断的内容所具有的必然性就越大；而犹豫不决是以不知为基础的，它看来好像是在许多不同的和相互矛盾的可能的决定中任意进行选择，但恰好由此证明它的不自由，证明它被正好应该由它支配的对象所支配。因此，自由就在于根据对自然界的必然性的认识来支配我们自己和外部自然，所以它必然是历史发展的产物。"④在恩格斯看来，意志自由并不是要摆脱外在的客观规律，而是要服从客观规律。马克思、恩格斯创立了历史唯物主义。在他们看来，人类历史的发展具有其社会演变的客观规律，人越清楚地认识这种客观规律，越能理解道德价值的目标。道德价值的目标，要符合客观规律的真理性认识。否则，它就沦为空想。由此可见，道德价值的目标之中包含了真理的因素。

按照历史唯物主义的观念，人始终是社会关系的总和。道德对于人的生存与发展所起的现实意义，以及人对于道德的超越性价值指向，都受到一定社会历史条件下社会关系的制约和影响。道德价值中所包含的真理因素表明人们在道德价值的发现、创造和实现中，要自觉地考虑历史发展的规律性，并以此作为研究的历史前提。

其三，真理与道德价值在实践活动中能够相互引导。

真理与道德价值之间，在实践之中能够相互引导。这种相互引导是以人的主体需要为中介，以其行为目的为动力。它表现为真理对道德价值的引导和道德价值对真理的引导，同时展现了两者之间相互引导是一种递进关系。

---

① [德]康德. 实践理性批判[M]. 邓晓芒，译. 北京：人民出版社，2004：63.
② [德]康德. 道德形而上学原理[M]. 苗力田，译. 上海：上海世纪出版集团，2005：61.
③ [德]马克思，恩格斯. 马克思恩格斯选集(第 3 卷)[M]. 北京：人民出版社，1995：455.
④ [德]马克思，恩格斯. 马克思恩格斯选集(第 3 卷)[M]. 北京：人民出版社，1995：456.

真理能够引导道德价值。人们在实践活动中追求真理的目的，就是为了借助真理认识世界和改造世界，以真理的认识去指导自己的活动，满足自己的需要。正是真理对"是什么"的科学回答，为人们的道德价值的发现和实现活动指明前进方向。从这个意义上看，真理的目的在于实现道德价值的目标。自然科学的任务就是为满足人类的各种需要和利益服务，其中满足人的道德上的精神需要就是重要内容之一。在这里，回顾一下马克思在这一方面的观点总是有益的。马克思指出："蜜蜂建筑蜂房的本领使人间的许多建筑师感到惭愧。但是，最蹩脚的建筑师从一开始就比最灵巧的蜜蜂高明的地方，是他在用蜂蜡建筑蜂房以前，已经在自己的头脑中把它建成了。劳动过程结束时得到的结果，在这个过程开始时就已经在劳动者的表象中存在着，即已经观念地存在着。他不仅使自然物发生形式变化，同时他还在自然物中实现自己的目的，这个目的是他所知道的，是作为规律决定着他的活动的方式和方法的，他必须使他的意志服从这个目的。"①马克思的这段话形象地指出了真理对价值的引导。主体通过真理性的认知，建筑符合自己需要的房屋，首先在观念中建构了它，然后在现实中实现了它，从而完成了真理到价值的转化。尽管马克思这里所讲的是从真理到一般价值，但从真理走向道德价值的道路来看也是如此。主体通过真理性的认知，发现或创造符合自己需要的道德价值，并实现这种道德价值，从而完成真理对道德价值的引导。

与此同时，道德价值能够引导真理。道德价值能够引导和规范主体追求真理。人们在实践活动中追求真理的活动都是受到主体的道德精神需要的影响。正是道德价值对"善应当是什么"的回答，为人们的追求真理活动提供了精神上的道德保证。人的道德精神上的需要不断从低级向高级发展，一旦获得满足后，又会产生新的道德精神上的需要和目标。而要实现这种道德价值目标，主体就需要认识客体，发现真理，获取真理性认知，从而获得实现道德价值的基础。从人类的历史实践活动来看，没有真理性认知，道德价值难以存在。从这个意义上看，真理是一种潜在的道德价值，隐藏在各种自然科学知识之中，当它被主体运用于实践活动之中，不仅满足了主体的物质生活需要，而且还满足了主体在道德精神生活中的需要，就化为现实的道德价值。"在现实生活中从价值走向真理的过程，也

---

① [德]马克思，恩格斯. 马克思恩格斯选集(第 2 卷)[M]. 北京：人民出版社，1995：178.

是解决实践过程中多种矛盾的复杂运动过程。"①一个真理性认知在满足人的道德精神需要之前，只是一种潜在的道德价值。道德价值对真理的引导，就是这种潜在价值成为现实价值的过程。它展现了道德价值作为实践活动中人们追求真理的目的和动力。正是道德价值的引导，激发了人们追求真理的精神力量。

道德价值与真理之间的相互引导在实践活动中还是一种递进关系。正是在主体的实践活动中，主体的真理性认知，不断满足其道德精神上的需要，从而构成了推动道德价值发展的基础和手段。道德价值的发现与实现，不断激励真理的认识性提升，从而构成了保证真理发现的动力和目标。从真理到道德价值，再从道德价值到真理，构成了两者之间的一种相互引导的递进关系。追求真理与实现道德价值在主体的实践活动中相互促进，不断发展。

从人类历史发展来看，道德价值与真理之间的相互引导既是具体的、历史的，也是没有止境的，永远没有终点。真理引导道德价值，道德价值引导真理，是主体实践活动中的必然趋势。这种趋势并不意味着有朝一日真理消失在道德价值之中，或道德价值消融在真理之中，它们之间的相互引导是主体的实践活动从一个高度发展到另一个高度的展现，并不是道德价值或真理的消亡。道德价值与真理都不以消融对方为自己的目标，它们之间只是相互引导而不是相互替代。

总之，道德价值与真理之间相互依靠、相互渗透、相互引导。在人类实践活动之中，道德价值与真理谁也离不开谁。真理之中渗透着道德价值因素，道德价值之中渗透着真理因素，它们在实践活动之中能够相互引导。真理总是有道德价值的性质，正确的道德价值评价总是具有真理性。由此，道德价值与真理之间形成了非常密切的关系。

三、道德价值认识的真理性

一般而言，人们都会认为人类认识客观事物，能够发现真理。那么，在道德价值论中，人们在道德实践活动中，其道德价值的认识是否具有真理性？这就构成了一个长期争论不休的问题。在这里，我们将从三个方面来加以阐述：道德价值有无真理的问题；如果存在道德价值真理，它与事

---

① 萧前，杨耕，等. 唯物主义的现代形态[M]. 北京：中国人民大学出版社，2012：527.

实真理之间存在何种关系；道德价值真理的提法究竟有何意义。

（一）道德价值有无真理的问题

道德价值有无真理的问题，准确地说，是道德价值认识有无真理的问题。从学界探讨这个问题的研究来看，最早探讨这个问题的是休谟。他认为道德价值的认识与真理之间没有什么关系，也就是说，道德价值的认识没有什么真理与非真理之分。自摩尔进一步阐发休谟的观点以来，元伦理学中的直觉主义者、情感主义者和逻辑实证主义者都认为，道德价值中所涉及的善的认识与人的直觉、情感等有关。而这些都属于人的主观性因素，因此道德价值是主观的，道德价值本身缺乏客观性，因而没有真理性可言。艾耶尔曾指出："只表达道德判断的句子是没有说出任何的东西的。它们纯粹是情感的表达，并且因此就不归入真假的范畴之内，表达道德判断的句子是不可证实的，其理由与一声痛苦的叫喊或一个命令之不可证实相同——因为这些句子不表达真正的命题。"[①]按照这种研究思路，道德价值的认识不是一种认识，无所谓真与假的问题，只是人的主观直觉、情感的臆断而已。道德价值的认识并没有真理性。换而言之，真理问题并不适用于道德价值领域。在道德价值领域，并不存在一元化的真理观。道德价值只是一个纯粹的主观世界，众说纷纭，无法得到一种正确的认识。

我们认为，道德价值的认识具有真理性。尽管人们对道德价值的认识看起来有所不同，但是，道德价值的认识存在真与假之分。道德价值是人们在道德实践活动中针对客观事实进行认知的产物。它是能够被认知的，并且存在正确或错误的可能性，并不是无法被认知，也不存在既不正确也不错误的命题。因此，道德价值真理的问题就是探讨道德价值认识的真理性问题，就是探讨人能否真实地反映道德价值关系，正确地进行道德价值评价，道德价值是否正确与错误的认识问题，或道德价值理论、道德价值判断是否正确或错误的问题。

道德价值的认识的这种真理性，最根本的理论依据在于其内在的客观性。道德价值是一个主客体之间的关系范畴。在道德价值的实践活动中，道德价值主体与客体之间的关系是客观的。它是在人的意识之外而客观存在的，是一种客观存在。它不以人的意志为转移，也不以人的主观愿望而转移。虽然在我们的日常生活中，不同的事情、行为或现象在不同的人那

---

① ［英］艾耶尔. 对伦理学和神学的批判［M］//冯平. 现代西方价值哲学经典：语言分析路向（上册）. 北京：北京师范大学出版集团，2009：496.

里有不同的道德价值，道德价值随着道德价值关系的主体的变化而有所不同，具有鲜明的相对性，但是，我们同样可以发现，在一定历史条件下，一定事情、行为或现象在具体的人、组织或社会中具有特定的意义。这一点是确定的、客观的。从这个角度来看，道德价值关系是一种客观存在。在这里，如果我们细致分析，可以发现道德价值主体与道德价值认识主体还是有所区别。尽管两者都是主体，但并不完全一致。道德价值主体是道德价值关系中的主体，是以满足主体的道德精神需要而出现的；道德价值认识主体是道德价值认识关系中的主体，是以认识者的面貌而出现的。因此，两者之间还是有所不同。道德价值关系不会因为不同的认识关系而发生变化。它是在认识主体之外存在的，不以人的主观意志为转移，不依赖人是否认识到、认识到何种结论而转移。道德价值主体的认识关系是建立在道德价值关系的这种客观性特点之上的，从而构成了道德价值认识具有一定的客观性，是人在道德领域的特殊价值认识。同时，道德价值关系的客观性也是人们在社会实践中无数次所感受到的。这种道德价值关系来源于实践活动，实践是道德价值之根源。正是在人的道德实践活动中，出现了主体、客体和主客体之间的道德价值关系。正是在人的道德实践活动中，主客体之间出现了道德领域的认识关系、实践关系和价值关系。因此，实践的客观性决定了在其基础上所产生而发展的道德价值、道德价值关系、道德价值认识关系的客观性。也就是说，道德价值的认识有其内在的客观性，并不是主观任意想象的。这种内在的客观性源于道德价值的实践本性，决定了道德价值认识必然具有真理性的理论前提。否则，缺少这种内在客观性，道德价值认识就成为个体的主观臆断而不可能具有真理性。

道德价值的认识中具有真理性，还在于道德价值是建立在理性认识的基础之上，其理论基础是现代实践唯物主义的认识论。主体从社会道德实践中通过理性认识来发现和创造道德价值，满足自己的精神需要。西方一些实证主义思想家否认道德价值的认识论特性，把道德价值视为一种个人的爱好、趣味、情感等非理性因素，认为道德价值并不能认识和反映社会现实，因而否定了道德价值的真理性。其原因在于没有看到道德价值还具有理性的特性，这种理性是人在其社会实践中产生和发展的道德价值理性。现代实践唯物主义的认识论指出，认识的本质是主体对客体的能动的反映。因此，认识就有一个与客观对象是否相符合的问题，即正确与错误的问题，即真理的问题。在道德价值的研究中，道德价值认识也存在同样的情况。道德价值认识是道德价值作为客观对象在人脑中的反映。它存在与反映对象的道德价值关系是否符合的问题，即正确与错误的问题，即真理问题。只要存在主体对道德价值关系中主体与客体之间价值关系的正确反映，也就在逻辑上肯定了道德价值具有真理性。从这个角度来看，道德价值真理是与主客体之间道德价值关系相符合的道德价值认识。由于这种与主客体之间道德价值关系相符合的认识是一种正确认识，因此，道德价值真理是一种正确的道德价值认识。

从认识与道德价值判断的语言表达来看，道德价值的真理性体现在道德价值判断语言潜在地能够具有一定的普遍必然性。在不同时代、不同民族，尽管表述道德价值中的一些规范性语言有所不同，但我们可以发现没有哪个民族会把恶称为善，把善称为恶。比如，"欺骗"这个词汇，是指一个人的言行违反了事实。我们在语言的表达上至少有三种选择：贬义是"欺瞒、哄骗"，中性是"不符合事实"，褒义是"反应灵活，懂得变通"。一般情况下，任何人听到欺骗这个词汇，都会本能地产生一种厌恶和反感。从中，我们不难发现人们在生活之中所发明和运用的语言本身就包含了一定的道德价值的善恶判断。或许有人认为，把"欺骗"理解为"不符合事实"或"反应灵活，懂得变通"，似乎就是对"欺骗"持有肯定判断。其实不然，一些人之所以不希望用"欺骗"而改用"不符合事实"或"反应灵活，懂得变通"就是试图要回避其中所带来的价值上的否定。也就是说，他们内心是具有否定情感的。所以，在古往今来的许多历史故事中，一些邪恶的君主在搜刮臣民的财物时，总是会找到一些娓娓动听的语言，以回避其恶性。这本身就表明人们在道德价值的认识中，其语言之中就潜在地具有一定的普遍必然性。一般而言，人们在进行道德实践活动时并不会产生歧义。

另外，从道德价值的认识与评价来看，道德价值的真理性体现在道德价值的认识与评判的基本规定性中。道德价值的认识与道德价值的评价有所不同，道德价值的认识是针对道德价值的一种客观性的认识，而道德价值的评价则是针对道德价值的事实进行某种评判。尽管人们针对同一事件的道德价值的认识不同，评价也不一致，但如果我们挖掘其认识与判断的基本规定性，则其中并不是完全没有共通之处。比如，爱斯基摩人有杀婴的习惯，一些非洲原始部落有杀死老人的习惯。在一些文明人看来，他们显然缺乏对生命的尊重，这属于一种恶行。然而，科学家们在细致研究之后发现，爱斯基摩人杀婴是为了保障家庭生存的需要。他们收养他人的孩子也是非常普遍的，杀婴只是一种为维持生存而不得不采取的手段。一些非洲原始部落杀死老人，也同样是为了部落生存的需要。而且，老人年老时，生活在各种疾病和痛苦之中，在缺乏医疗条件的非洲丛林里，结束老人的生命也有安乐死的意思。因此，爱斯基摩人和非洲部落对道德价值的认识与评价并不是与我们完全不同，都是尊重生命、渴望善的现象。如果在他们的生存之中没有将这种严酷的选择强加给他们，他们一定不会选择杀婴或杀死老人。因此，我们能够发现，在不同的道德文化背景中，在某些行为方面或许有差异和冲突，这些差异和冲突常常是建立在共同的道德价值的认识与评价的基本规定性基础之上。过分估计文化差异中的道德差异是错误的。从一个文化到另一个文化，道德价值的认识与评价的基本规定性并非没有其共通之处。

（二）道德价值真理与事实真理

我们认为道德价值中存在真理，那么，道德价值认识中的真理，作为一种正确的道德价值认识，与前面所提到的真理之间有何关系？

前面所提到的真理，是针对客观世界中事物自身的本质、属性和规律的一种正确认识。从广义上看，事实是现实存在的一切现象、知识。对事物自身的本质、属性、规律的认识，都属于事实领域。显然，这种真理是一种事实。因此，我们可以把这种针对客观世界中事物自身的本质、属性和规律的正确认识，称为事实真理。道德价值认识中的真理是针对道德价值的一种正确认识，可以称为道德价值真理。显然，针对道德价值的认识是一种现存的道德现象和知识，也属于事实领域，道德价值真理也是一种事实。因此，道德价值真理也属于事实真理。从这个意义上看，它们之间是相互包含的关系。但是，如果从狭义上看，事实是一种客观事物自身的存在和变化状态。按照这种狭义上的解释，事实与价值相互并列，如休谟问题中的事实与价值，它们之间互不从属、各自独立。因此，从严格意义上说，真理作为与认识对象相符合的正确认识，按照其直接认识对象的不同，或事实或道德价值，可以区分为事实真理与道德价值真理。它们之间相互区别，不能相互替代。同时，两者之间相互联系、相互影响。

对于事实真理与道德价值真理之间的区别，最为基本的差异在于它们的直接认识对象不同。事实真理的直接认识对象是与主体无关的客观事物，道德价值真理的直接认识对象是一种与主体密切相关的价值关系。

事实真理的直接认识对象只是客观事物自身的存在和变化状态。作为客观事物的本质、属性与规律的正确认识，事实真理与主体无关。它不会因为主体爱好的不同而不同。任何人都不可能以其个人的好恶来夸大事实真理或抹杀事实真理。正如恩格斯在《致尼古拉·弗兰策维奇·丹尼尔逊》中所说："对于这些事实本身，您是同意我的看法的；至于我们是否喜欢这些事实，那就是另一回事了；但不管我们喜欢与否，这些事实照样继续存在下去。而我们越是能够摆脱个人的好恶，就越能更好地判断这些事实本身及其后果。"①由此，可以明确的是，在事实真理的内容中，并不包括主体自身的因素。道德价值真理与之正好相反。它与主体之间有着密切的联系。因为，价值真理是一种主体针对道德价值的认识，是某一事件、现象中所展现的满足主体的道德方面的精神需要。在道德价值真理之中，其内容不可避免地包含了主体的因素。人权、公正、关爱等具有道德价值之所以被视为道德价值真理，在于它们满足人的道德方面的精神需要，符合人类自身的利益和社会发展的利益。

或许有人认为，道德价值中主体的精神需要各有不同，会导致道德价值真理的多元论。其实不然。承前所述，道德价值的真理性认识来源于其道德价值关系的客观性。在一定的历史条件下，人们认识同一个道德实践活动中的价值关系，不管其主体如何变化，只要是一种正确的反映，所得出的真理性认识只能是一个。在一定社会的道德实践活动中，道德价值认识可能因为其主体的不同而有所不同，但是，针对同一种道德价值关系的真理性认识却不会因为主体的不同而不同。那种认为把道德价值对象规定为不同的道德价值关系，就难逃道德价值多元论的陷阱，其理论依据是每个主体都会根据其自身的道德精神的需要而把符合其自身这种需要的认识作为真理。其实，只要针对同一道德价值关系的认识是一种正确的认识，不管其主体有多少种不同，就会存在真理。比如，18 世纪法国爆发声势浩大的革命运动，是世界史上划时代的大事。就法国革命者而言，采取激烈的革命措施是正当的，他们的行为具有道德价值。按照潘恩的评述："真理已使革命确立，而时间则将使革命永垂青史。"②但是，就法国的封建专制主义者以及英国的一些保守主义者而言，他们认为革命者的行为无异于血腥手段、胡作非为，属于邪恶行为，是一场前所未有的强暴和恶意的疯狂。按照柏克的说法：法国革命"冲击了一切有德的和严肃的心灵的道德情操"③。在这里，你可以说："法国革命对于广大法国革命者来说名垂青史，具有道德价值；法国革命对于封建专制主义者来说残忍而疯狂，

①　[德]马克思，恩格斯. 马克思恩格斯全集(第 38 卷)[M]. 北京：人民出版社，1972：363.

②　[美]潘恩. 潘恩选集[M]. 吴运楠，武友任，译. 北京：商务印书馆，2019：188.

③　[英]柏克. 法国革命论[M]. 何兆武，许振洲，彭刚，译. 北京：商务印书馆，2018：163.

缺乏道德价值。"但是，你不会说："法国革命对于法国革命者来说，不符合他们精神上所需要的道德价值要求，邪恶得很"，或"法国革命对于封建专制主义者来说，符合他们精神上所需要的道德价值要求，名垂青史"。这里的两个道德价值判断，显然是错误的。在这里，真理性的认识，只能有一个。道德价值真理具有一元性，它展现了认识与认识对象之间的完整一致性。

的确，不同的道德活动主体在其实践活动中有不同的道德价值认识，之所以有人认为主体的多元性导致道德价值多元论，在于从逻辑上混淆了道德价值主体与道德价值主体的认识。道德价值主体在不同的道德价值关系中总是有所变化，而道德价值主体的认识有可能变化也有可能不变。正确的道德价值认识并不会随着主体的不同而不同。尽管认识主体有着自己的主体性、主观性，但这并不会导致道德价值真理的客观性的缺失。道德价值关系是在道德实践活动中主体与客体之间所形成的价值关系。它揭示了主客体之间的关系，价值就存在于这种主客观关系之中。如果没有主体的存在，道德价值无从谈起。道德、道德价值、道德价值认识，都是必然具有一定的主体。作为一种正确的道德价值认识，道德价值真理也必然具有一定的主体。从认识论来说，认识总是带有一定的主体性。任何认识总是包括形式的主观性与内容的客观性。道德价值真理也是如此，其形式是主观的，而其内容是客观的。如果道德价值认识的主体要把自己的主观性不合理地强行渗入客观的内容之中，就会干扰内容的客观性，导致道德价值的认识出现谬误。

道德价值真理与事实真理之间不仅相对独立，不能相互替代，而且，两者之间相互联系、相互影响。

一方面，道德价值真理以事实真理为基础。道德价值真理，作为一种正确的道德价值认识，之所以能够形成正确的认识，首先需要道德价值认识主体能够正确地认识道德价值关系之中的主客体之间的真实状况。如果道德价值认识主体没有正确地认识道德价值关系之中的主体的精神需要是什么，或客体对象所能提供的是什么，他就无法正确地认识和理解其中是否具有道德价值，有多大的道德价值存在。因此，从这个角度来看，主体只有正确地认识和理解了道德价值关系中的主客体中的真实情况，才能发现、创造和实现道德价值真理。道德价值真理就是在主体所认识的事实真理的基础上发展起来的。道德的人权价值、秩序价值、公正价值等，都是在主体认识社会的发展现实基础上所提出的道德价值概念。没有事实真理作为前提，也就没有道德价值真理。

另一方面，道德价值真理也影响事实真理。事实真理，作为一种正确的针对客观事物的反映，其产生与发展离不开主体求善的动力。道德上的自我完善，为人类更好的发展谋求利益，等等，这些精神上的道德价值追求，不断地促进人们追求客观事物的本质与规律的正确认识。因为，唯有正确地认识了外在的客观事物，才能开发和利用外在的客观世界，才能更好地实现道德上的自我完善，展现自我的道德价值。人类在探索事实真理的过程中，要想完全摆脱道德价值真理去进行探索外在客观世界的事情，一次也没有出现过，并且也不可能有。道德价值真理给事实真理的产生和发展提供了内源性力量，从而使事实真理或早或晚能够在偶然性中被人们所必然地发现。从这个角度来说，科学家们发现各种客观规律，也就是人类道德价值的自我完善与确认的过程。正是由于道德价值真理的追求，人类才会不断给自己提出各种认识和改造客观世界的任务，才可能找到事实真理。另外，事实真理能够有其价值，就在于能够为人类服务，必然通过道德价值真理才能实现其价值，发挥其针对道德实践活动的指导意义。

从人类历史的发展来看，道德价值真理与事实真理都是人类所追求的目标。它们展现了人类社会生活中的两种认识：对客观事物的正确认识与对道德价值的正确认识。道德价值真理与事实真理之间，既相互区别，也相互联系。道德价值真理与事实真理各有其目的。道德价值真理以事实真理为基础，道德价值真理也影响事实真理的产生和发展。没有道德价值真理，事实真理为盲；没有事实真理，道德价值真理为空。两者都为人类历史的发展发挥着重要的基础性作用。

（三）道德价值真理存在的意义

恩格斯指出："善恶观念从一个民族到另一个民族、从一个时代到另一个时代变更得这样厉害，以致它们常常是互相直接矛盾的。但是，如果有人反驳说，无论如何善不是恶，恶不是善；如果把善恶混淆起来，那么一切道德都将完结，而每个人都将可以为所欲为了。"①在这里，恩格斯认为，道德价值真理具有维护社会稳定和个人发展的存在意义。如果道德价值的认识没有真理性，这就意味着真理问题不能适用于道德价值领域，真理观无法贯彻到道德价值之中，马克思主义的一元真理观缺乏彻底性，无法体现在道德价值论中。道德价值论也无法成为一门具有稳定基础的理

---

① ［德］马克思，恩格斯. 马克思恩格斯选集（第 2 卷）［M］. 北京：商务印书馆，1995：433-434.

论。它没有真理性，也就无法指导人们的道德实践生活，从而失去了实践性。因此，道德价值真理的存在不仅具有重要的理论意义，而且还具有重要的实践意义。

其一，道德价值真理的存在丰富了认识论的内涵。

作为道德价值的一种正确认识，道德价值真理的提出，意味着在认识论中，既有事实真理，也有道德价值真理，意味着外在客观事实认识与道德价值认识两者的统一，即真与善的统一。人类实践的认识活动，既是一种求真的认识活动，也是一种求善的认识活动。两种活动之间相互作用、相互影响、相互促进，构成了人类实践的认识活动的主动性、创造性的源泉，推动人类实践中的认识活动能够不断发展。

从认识论的角度上看，真理的问题是人的思想的客观性的问题。道德价值真理的提出，使我们认识到，不仅有一个事实真理的认识问题，而且还有一个道德价值真理的认识问题。我们需要从更为广泛的角度来认识真理。马克思、恩格斯曾指出："意识在任何时候都只能是被意识到了的存在，而人们的存在就是他们的现实生活过程。""我们的出发点是从事实际活动的人，而且从他们的现实生活过程中我们还可以描绘出这一生活过程在意识形态上的反射和反响的发展。"①道德价值真理源于人们的实践生活。道德价值真理的提出，无形之中，丰富了我们从人的实际生活过程来理解真理的维度。

道德价值真理是针对道德价值的一种正确认识，事实真理是针对客观事物的一种正确认识。它们分别是针对价值与事实的反映。因此，道德价值真理的提出，表明道德价值真理与事实真理的关系是价值与事实的关系在认识论中的呈现。在事实与价值的关系中，事实是价值的基础，价值高于事实。毕竟，人类的认识的目的在于改造世界。因此，道德价值真理比事实真理更重要。自然界只是作为主体的"无机身体"，只是主体实践的舞台背景，自然界的各种客观事物的本质和规律等只是主体存在和活动的前提和基础，它们只是为了主体的物质和精神的需要而设置。没有了人的物质和精神上的需要，这些揭示客观事物的事实真理也就失去了存在意义。道德价值真理的提出，指明了主体自身的精神上的需要，而不是仅仅满足于物质生活的需要，或仅仅满足于客观事物本质与规律的正确认识。作为实践活动的主体，人不仅有其外在尺度，即物的尺度，还有其内在尺度，即人的尺度，需要获得道德价值真理。人在其实践活动中，不可能仅

---

① ［德］马克思，恩格斯. 德意志意识形态［M］. 北京：人民出版社，2008：16-17.

仅满足于追求事实真理，因为这只是满足了人的生活实践的一个方面，而且还需要追求道德价值真理，获得其生活实践的全面性。如果说追求事实真理，是人试图解决生活实践中"是什么"的问题，那么，追求道德价值真理，则是解决在其精神追求中"应该如何"的问题。从这个意义上看，道德价值真理的提出丰富了认识论的内涵。人在实践活动中的认识，不仅追求事实真理，而且还要追求道德价值真理。这是人在实践活动中的认识本性之一。只有提出道德价值真理，把道德价值真理与事实真理统一起来，才能构成人的实践性认识活动的基本风貌，有效地指导人们的实践活动。

其二，道德价值真理的存在维护了真理观的理论彻底性。

在自然历史发展过程中，人类承认了真理的存在，以追求真理为己任。如果在社会历史发展过程中，缺乏真理的存在，则真理观只能止步于自然历史过程。马克思主义真理观是一元论的真理观，道德价值真理的提出能够保持其理论上的彻底性。马克思认为，社会的历史发展如同自然历史发展一样，也是有其客观规律的，即存在不以人的意志为转移的客观必然性。社会是人参与其实践活动所形成的社会。人在社会之中相互影响，各有其主体的作用。但是，这改变不了社会历史的发展规律。人在自然历史的发展过程中，其认识若反映了自然规律，从而形成一种正确的认识，这就是真理。那么，在社会历史的发展过程中，其道德价值认识若反映了社会历史中的道德的发展规律，也形成了一种正确的认识，这就是道德价值真理。正如恩格斯在《反杜林论》中谈到真理时所说："仅仅在欧洲最先进的国家中，过去、现在和将来就提供了三大类同时和并列起作用的道德论。哪一种合乎真理呢？……代表着现状的变革、代表着未来的那种道德，即无产阶级道德，肯定拥有最多的能够长久保持的因素。"①在这里，恩格斯充分肯定了真理也存在于道德领域之中。从社会历史的发展来看，道德价值真理反映和体现了人类社会历史中的社会发展规律，或道德的发展规律。

否定道德价值真理的观念就会陷入道德理论上的片面性和碎片化，其后果不言而喻。首先，会陷入道德主观主义和蒙昧主义的泥坑之中。列宁就曾经指出："把决定论局限于'研究'的领域，而在道德、社会活动的领域中，在除开'研究'以外的其他一切领域中，问题现由'主观的'判定来

① ［德］马克思，恩格斯. 马克思恩格斯选集（第 2 卷）［M］. 北京：商务印书馆，1995：434.

解决，这难道不是蒙昧主义吗？"①其次，道德价值真理的缺失，还直接导致道德相对主义的盛行，它撇开了人类历史的生存和发展的客观规律性，等同于摆脱了一切客观道德价值标准，导致主体在道德生活实践中陷入一种选择的无限可能性与具体的实际选择无可能的困境之中。道德价值上选择的无限可能性无法水到渠成地导致任何可能的具体的道德选择。每个主体都只能保持其道德上的某个片段而相互之间聚讼不已。

马克思主义是指导人类社会历史实践的科学理论。如果它不能够从自然领域贯彻到社会领域，其真理就无法成为社会科学中的真理，无法在社会领域发挥其指导作用。道德价值真理的提出，保障了在社会的道德领域之中真理观的存在性，维护了真理观的理论彻底性。根据唯物史观，按照人类历史的发展规律，坚持道德价值真理，有助于解决在社会领域中道德的相关理论问题。

其三，道德价值真理的存在在人们的道德生活实践中具有直接的现实意义。

每个人在其道德生活实践中都不可避免地要进行道德价值认识，从而进行道德价值的选择、判断，以便自己根据其判断而采取相应的行动。毕竟，人们在日常生活之中，除了进行日常生活的事实判断，还会进行其他相关的价值判断，比如审美方面的判断，即美丑的判断，道德方面的判断，即善恶的判断。在这些价值判断中，道德价值判断是非常重要的判断。因为，审美方面的判断并不构成我们日常生活中必然面对的判断。我们每天都要面对生活中的一些问题进行善与恶的道德认识、选择和判断。道德价值的认识、选择和判断贯穿我们每一个人生活的方方面面。从这个意义上看，道德价值的认识与判断是我们生活实践中的重要内容之一。

人们有了道德价值认识，就有关于这种认识的正确与错误的问题。道德价值真理是我们进行道德价值认识过程中不可缺少的概念。如果没有道德价值真理的概念，我们就无法判断哪些道德价值认识属于正确的，哪些道德价值认识属于错误的，以致人们在道德生活实践中就会迷失前进的方向，甚至黑白颠倒、善恶不分。20 世纪 60 年代美国盛行一时的自由主义道德教育所提供的经验与教训不可不察。自由主义道德价值赋予个体以崇高的自由主体性，但在道德教育实践中带来严重危害。崇高的自由主体性，在道德价值判断中并不告诉受教育者正确与错误，而是对道德自由采取了绝对的赞赏。其结果是受教育者的道德自主性得到了空前提高，但道

---

① [苏]列宁. 列宁全集(第 18 卷)[M]. 北京：人民出版社，1988：197.

德责任逐渐沉沦，陷入一种道德上无所适从或自以为是的尴尬境地。正如美国学者约翰·凯克斯所说："如果自主继续被当作自由主义的核心，那么问题就是自由主义如何才能避免邪恶的盛行。为更大程度的自主而努力不可能是答案，因为它既会给自主的邪恶更大的空间，也会给非自主的邪恶更大的空间。前者是因为更大的自主会赋予自主的缺德更自由的支配权，后者是因为它要求为非自主的缺德否定邪恶的自反性，而这将会使它的行为者超出道德责任的范围，并从而取消对他们的行为的最为重要的限制。"①正是这种自由主义道德教育的严重缺陷，出现了西方社会的"道德无序""道德危机"和"灾难性后果"。20 世纪 70 年代，自由主义道德教育衰落，高举传统美德大旗的保守主义道德教育由此大行其道。道德教育的实践告诉我们，道德教育中需要一定的道德约束、道德共识和道德权威，否则，道德教育将难以为继。道德价值真理的存在与提出，能够在人们的道德生活实践中发挥积极的作用，引导人们发现道德价值，创造道德价值，实现道德价值，追求一种合乎人性、获得自由而全面发展的好生活。

四、道德价值认识的真理性检验

从认识论的角度上看，真理的问题是人的思想的客观性的问题。它包括人的思想能否表述客观规律，如何表述客观规律，以及如何检验客观规律的问题。我们在探讨了道德价值真理是什么之后，有必要探讨如何检验道德价值真理的问题，即判断哪些道德价值认识是正确的，哪些是错误的。在这里，我们需要从三个方面来加以论述：道德价值认识与事实认识之间有何异同？如何判断道德价值认识是正确的，或者说道德价值真理的标准是什么？经过检验的道德价值认识能否形成客观的、绝对的、永恒的真理？

（一）道德价值认识与事实认识的异同

道德价值认识是一种特殊的价值认识，它是事件或行为对于人而言的道德意义。首先，它是一种价值认识，与我们一般所说的事实认识有所不同。事实认识揭示客观世界的内在本质、规律，展现了人们基于客观事实的认识。事实真理正确地揭示了客观世界的本质、规律，展现了人们基于

---

①　[美]约翰·凯克斯. 反对自由主义[M]. 应奇，译. 南京：江苏人民出版社，2005：97.

客观事实的正确认识。比如，化学研究表明，二氧化碳是由两个氧原子和一个碳原子构成；空气由氧气等多种气体构成；水有液态、气态和固态，能够在一定的温度下发生转化；等等。这些都是客观真理，没有主体的情感色彩，无论人需要还是不需要，都自然存在，属于一种客观事实。道德价值认识，作为价值认识，表明了主体与客体之间的价值关系，具有很强的主体性。它表明了其认识对象与人之间的认识关系。在价值认识的内容之中，总是包含了主体的需要和相关利益。

其次，道德价值认识属于道德价值领域的价值认识。它与美学价值认识、艺术价值认识、政治价值认识、法律价值认识等明显不同。它所涉及的认识关系是善与恶的关系，而美学价值认识则主要是探讨美与丑的关系。艺术价值认识主要探讨的是艺术价值领域中的价值认识。政治价值认识是从政治的价值观念出发，探讨政治价值领域中的价值认识。法律价值认识则是探讨法律的价值关系，研究公正与否的价值关系。也就是说，道德价值认识不仅具有一般价值认识的特征，而且还具有道德价值领域中的一些特殊性。比如，道德价值认识总是要探讨潜在的道德价值的认识。

尽管道德价值认识与事实认识、其他价值认识之间存在一定的区别，但是，道德价值认识与事实认识、其他价值认识之间还存在一些基本的相似之处。

首先，道德价值认识是一种认识。它和事实认识、其他价值认识一样都是来源于社会实践之中，都是在实践中对其认识对象的积极的能动的反映。这种来源于实践的反映，都是经历了由肤浅到深入、从简单到复杂、从狭小到广阔的发展过程。它们都是需要运用概念、判断、推理和证明等形式来表现。它们都是人类的双向认识的不断发展，在实践中不断向外认识，也不断提升自我认识。同时，它们都是一种比较性认识。作为主体对客体的反映，认识之中没有孤立的认识，而是在主体与客体的相互作用、相互比较与相互影响中获得认识性发展。

其次，道德价值认识与其他认识一样，都存在一个认识的真与假的问题。由于认识是针对其对象的反映，这种反映就有一个是否正确地反映了其认识对象的问题。认识的正确与否取决于认识本身与其认识对象是否相符合，即认识本身是否符合认识对象，与之相一致。如果认识本身符合认识对象，与之相一致，我们就会认为这是一种正确的认识，反之，就是一种错误的认识。因此，作为一种正确的认识——真理，还是作为一种错误的认识——谬误，是看这种认识与其对象是否相符合、相一致。那种正确地反映了客观事物的本质、规律以及内部联系的认识，是事实真理；而正确地反映了道德生活之中的各种现象或事件的价值属性与其发展规律的认识，是道德价值真理。

道德价值认识可以有许多不同的分类。我们可以把道德价值分为工具性道德价值与目标性道德价值。工具性道德价值是指道德价值客体对于道德价值主体的效用、功能的价值。目标性道德价值是指道德价值主体对于道德价值客体所提出的内在超越性价值。由此，道德价值认识可以分为工具性道德价值认识与目标性道德价值认识。

工具性道德价值认识是指道德价值客体对于道德价值主体的生存和发展所具有的一种工具价值的认识。这种道德价值认识在人类的道德生活实践之中，属于常见的一种认识。当我们在日常生活之中看到某种道德现象或行为，就会发现其中所具有的道德价值，形成一种道德价值认识。我们会针对所认识的道德价值，进行相应的道德价值判断。一般而言，这种日常生活中的道德价值认识，尽管存在一些差异，但一般而言，比较容易形成一种道德价值共识。那么，在社会历史领域之中，那些曾经发生的历史事件，或有影响力的历史人物，在我们的道德价值领域中也都存在着相应的认识。我们在社会历史领域进行工具性道德价值认识的过程中，有时容易出现比较大的分歧。比如，曾国藩，晚清第一名臣，在中国近代史上占据重要地位。对于他的道德价值认识就在史学中分歧较大。一些学者认为，他捍卫中国传统道德文化的正统性，积极维护了道统的尊严；办理洋务运动，推动了中国近代工业的发展，从历史上看，具有一定的道德价值。也有一些学者认为，他镇压太平天国运动，双手沾满了人民群众的鲜血，让本该灭亡的清王朝苟延残喘，推迟了社会发展的历史进程，他的成功只具有道德上的负面价值。由于道德价值客体对于主体的效用性，随着主体的不同而不同，这就需要坚持相应的标准来进行评价，才能获得正确的效用性道德价值认识。

与工具性道德价值认识相比，目标性道德价值认识是道德价值主体对于道德价值客体所提出的一种超越性价值认识。这种价值认识表明它是一种较高层次的道德价值认识。它常常表现为一种超前的、预先性的道德价值认识，即呈现为主体根据一定的道德价值事实，在道德生活实践中提出了针对道德价值客体的超前的反映。这种在社会生活中需要做出的决策是经常性发生的。因为，任何决策都与一切的文化背景有关，而道德价值是文化背景中的重要内容。尤其在道德生活实践中，人们为了更好地采取道德行动，总是需要根据已有的道德事实，通过判断、比较、分析、推理哪些行为、事件或现象之中具有相应的道德价值，或没有道德价值，或有多大程度的道德价值，从而形成相应的道德价值判断。一些企业或公司在其决策中，也会充分进行这种超越性道德价值认识的判断。比如，理查德·T.德·乔治(Richard T. De George)在《国际商务中的诚信竞争》中论述跨国公司选择投资的东道国时指出："跨国公司可能有几种选择。假定它们的所在地是个有利可图的地方。如果遵守法律——尽管因非法的行贿，执行这些法律也带有选择性——使它们在某个特定地区或国家的运作产生不了收益，它们可考虑撤离。向公众陈述其撤离的理由对该国也许有点用处。如果公司很大，可以提供许多就业岗位和不可小视的财政税收，那么它举足轻重的地位就足以造成其不同的结局。公司的规模和它对某个社会和地区的重要意义也许是使它能够在行为上既讲道德又讲盈利的因素。如果在运营中讲道德和讲盈利都已无法办到，这时诚信行为的意愿就体现为下决心关门走人。"①在这里，跨国公司对于投资地点的超越性道德价值的考虑，其实也就是在进行一种道德价值认识，因为任何企业行为不仅是赚钱，而且还要符合一定的道德价值要求，否则，就会遭到社会舆论的谴责，轻则失去市场和商誉，重则失去生存机会。

　　然而，主体在做出其道德价值认识的判断时，很可能出现"谁的道德价值"问题。一个人或一家企业，在本国或本地，比较容易做出回答。但是，一旦他们进入异国他乡，这个问题就会变得很难回答。这也就涉及超越性道德价值认识正确或错误的标准何在？或者说，这种超越性道德价值认识，如何才被认为是一种正确的道德价值认识？毕竟，当今之世，在主体面前，有美国的道德价值认识、中国的道德价值认识，或某个入乡随俗的特有的道德价值认识，等等，我们该如何取舍？比如，一家国际企业到保留奴隶制度的东道主国进行国际投资，购买奴隶进行生产并不违反当地的道德规范，不会减少其商品中的道德价值。这家企业在其生产环节中也要采取奴隶制度进行相关的生产吗？企业的决策者必须要做出相应的超越性道德价值认识的判断。这与前面所讲的工具性道德价值认识所需要做出的判断一样，都需要我们有一个相应的真理性检验标准，才能做出正确的回答。

(二)道德价值真理的标准

　　道德价值认识是否具有真理性，是否达到了道德价值真理，需要有一

---

① ［美］理查德·T.德·乔治. 国际商务中的诚信竞争［M］. 翁绍军，马迅，译. 上海：上海社会科学院出版社，2001：228-229.

个标准来加以衡量。关于认识的正确与错误的检验标准，思想家们曾经有过不同的回答。一些思想家认为，正确的认识来源于人的精神世界，不应在人的物质活动中探讨真理的标准。比如，黑格尔把真理的标准归结为精神活动性和精神自我意识。在他来看，精神本性具有活动性，能够在自己活动的结果中达到精神自我意识，能够检验认识是否为真理性认识。还有一些思想家认为，正确的认识总是存在于人的生活经验之中，我们应该从人的经验中探讨真理的标准。比如，霍尔巴赫认为，人的认识来源于感觉经验。作为一种正确的认识，就是接受感觉经验的认识。是不是一种正确的认识，就要看它是不是与客观对象相符合。他把真理的标准归结为感觉经验。

作为道德价值认识，其基础既有理性基础，也有非理性基础，但归根到底都是奠定在社会实践的基础上。没有社会实践活动，人的理性、非理性的认识都会成为无源之水、无本之木。1845 年，马克思在《关于费尔巴哈的提纲》中指出："人的思维是否具有客观的真理性，这不是一个理论问题，而是一个实践的问题。人应该在实践中证明自己思维的真理性，即自己思维的现实性和力量，自己思维的此岸性。关于离开实践的思维的现实性与非现实性的争论，是一个纯粹经院哲学的问题。"①在这里，马克思认为，真理的标准问题不能囿于抽象思辨的理论，或在认识领域加以解决，而必须诉诸人的实践活动来加以解决。从马克思所创立的实践唯物主义来看，真理不仅是一个认识论范畴，而且是一个存在论、实践论范畴。真理的检验需要在实践中，即在人的现实生活、实践活动中加以检验才能实现。因此，我们需要把实践作为道德价值认识是否正确的标准。

人类不断提升着的自我及其实践，才是道德价值真理存在的证明。人类的道德价值真理是人类在其道德生活实践反复检验与确证的结果，它常常表现为一种道德价值共识。正如汉斯·昆（Hans Kong）所言："今天，我们在这一点上已经普遍地取得了一致性的意见：在关系到某些价值、规范以及行为时，如果没有一种最起码的基本意见一致，那么，不论是在一种小一些的还是大一些的团体中，符合人类尊严的共同生活则是不可能的。"②一般而言，就作为一种正确的道德价值认识而言，道德价值真理是经过了人们实践所检验的正确的道德价值认识。主体在社会现实生活之

---

① ［德］马克思，恩格斯. 马克思恩格斯选集（第 1 卷）［M］. 北京：人民出版社，1995：58-59.
② ［德］汉斯·昆. 世界伦理构想［M］. 周艺，译. 北京：生活·读书·新知三联书店，2002：36.

中，通过实践以验证道德价值认识是否正确。这种针对现实生活中的道德价值的把握，从而形成了如同古希腊时期巴门尼德所说的"存在者存在，非存在者不存在"的"真理之路"。一种道德价值认识是不是真理，并不取决于主体的个人爱好、需要、兴趣，或个体的意志，而是取决于社会实践。社会实践才是检验道德价值认识是否正确的唯一标准。

社会实践是检验道德价值认识是否正确的唯一标准，这是由道德价值认识与实践的本性所决定的。道德价值认识，是一种道德活动中主体与客体之间的认识关系的反映。我们要检查这种认识反映是否正确，不能仅仅局限于主观精神世界，也不能仅仅局限于客观的生活经验，而需要从主观与客观两个方面来进行判断。否则，我们无法判断这种道德生活之中的价值认识是否正确。唯一的检验标准的只能是实践。因为只有社会实践是主体在道德生活之中能够沟通主观与客观的桥梁。首先，实践具有直接现实性的特征。一方面，实践本身就是直接的现实。另一方面，它能够把不具有直接现实性的认识变为直接的现实，因而成为检验认识是否正确的依据。其次，实践还因此具有反思性的特征。它能够判断之前的认识是否正确，如果不正确，能够进行相应的调整。因此，马克思指出："人体解剖对于猴体解剖是一把钥匙。反过来说，低等动物身上表露的高等动物的征兆，只有从高等动物本身已被认识之后才能理解。"①人的思维认识的发展并不是从猴体到人体，而是从人体到猴体，也就是说人的思维的认识是反过来的。正因为如此，实践具有反思的特性，才能针对人的道德价值认识进行调整和判断。人类发展到现在，也只有实践具有这种反思的特性，因此，从反思的特性来看，实践作为检验道德价值认识的标准，不仅是可行的，而且还具有唯一性。

我们把道德价值认识划分为工具性道德价值认识与目的性道德价值认识，我们现在需要探讨实践活动如何检验两种道德价值认识是否为真理，或者说是否具有真理性。

实践活动对工具性道德价值认识的检验，是通过实践来评价道德价值的效用是否得以实现。在人们的日常生活之中，一些事情或现象的道德价值能够产生直接的效用，从而促使我们形成一种正确的道德价值认识。在这种实践之中，较少存在分歧。因为，我们能够较为清晰地分析这些事情或现象所带来的影响以及究竟是否具有道德价值。但是，当我们面对一些社会历史领域中曾经出现的历史人物、历史事件时，不同的人常常会有不

---

① ［德］马克思，恩格斯. 马克思恩格斯选集(第2卷)［M］. 北京：商务印书馆，1995：23.

同的道德价值认识，差异性很大。而且，这些历史人物、历史事件都具有不可重复的特性。我们不可能让这些历史人物、历史事件重新在社会现实之中演绎一遍或实践一遍，从而考察其效用性。因此，在运用实践考察时，我们需要从实践的历史总体性上进行评价。

马克思主义认为，实践构成了人类历史发展的一种总体性网络。"根据历史总体性原则，在整个历史进程中，没有一个重大历史事件的起源不能用经济关系来说明；同时，没有一个重大历史事件不为一定的政治因素和意识形态所引导、所伴同、所追随。历史的渐变在任何时候都不是在一种经济平面上进行的。经济变革需要通过政治变革来实现，而观念的变革又是政治变革的先导，如此等等。经济、政治、观念的交互作用形成了一种立体网络，历史演变正是通过这种网络结构而进行。"①也就是说，在看起来纷繁复杂的历史总体性网络之中，有着人类历史发展的客观规律。这种人类历史发展的客观规律是以经济关系为基础不断向前发展的。在实践构成的历史总体之网中，经济基础决定了道德、法律、宗教等意识形态。同时，"每一既定社会的经济关系首先表现为利益"。因此，我们在评价历史人物、历史事件中的道德价值认识是否正确时，要根据历史事实，以是否符合社会发展规律，是否促进社会发展或人的发展，是否符合社会利益来加以评价。比如，曾国藩，与太平天国鏖战，鼓吹理学正统，兴办洋务运动。从清王朝的角度来看，平定洪杨之乱，保卫清王朝有功，为"中兴名臣"；从太平天国的角度来看，他属于阴险狡诈、杀人不眨眼的"清妖"。不可否认，主体不同，得出的道德价值认识大相径庭。因此，确立正确的道德价值认识的标准非常必要。我们只有从社会历史的发展中才能得出正确的道德价值认识。从社会历史发展来看，农耕文明正在向工业文明发展，清王朝已经沦为社会进步的障碍，严重阻碍了中国社会的发展与进步。曾国藩镇压太平天国运动，看起来稳定了社会秩序，其实并不利于社会的长远进步与发展。他提出了一整套的道学理论，在个体道德修养方面有其独特的贡献，但在更大程度上并不利于人的自由精神的现代文明的发展。当然，他广泛吸收人才，发展近代工业，促进了当时经济的发展，无形之中为清王朝后期的社会变革埋下了伏笔。因此，从社会实践的历史总体性上看，曾国藩属于过时的道德价值的代表人物。

除工具性道德价值认识的真理性检验之外，还有目标性道德价值认识的真理性检验。这种道德价值认识是道德价值主体对于道德价值客体所提

---

① 萧前，杨耕，等. 唯物主义的现代形态[M]. 北京：中国人民大学出版社，2012：237.

出的一种超越性价值认识。这种超越性价值认识常常表明它不是针对一种现实的道德价值认识，而是一种超前的、预先性的道德价值认识。一般而言，如果与之相关的道德价值实践活动成功了，实现了预期的道德价值的目标，满足了人的道德精神上的需要，就证明了道德价值认识的正确。因此，当一家跨国公司选择在哪一个国家进行投资时，会提出一系列的决策，其中包括道德价值的认识，这种道德价值的认识是否正确，最终要依靠实践的成功或失败来检验。这种成功或失败同样需要借助社会历史发展的规律来进行判断。比如，一家国际企业到保留奴隶制度的东道主国进行国际投资，购买奴隶进行生产并不违反当地的道德规范，但是这种行为仍然属于社会发展中的文明国家在道德上所不允许的行为。"经营是一种社会行为，如同所有的社会行为一样，只有当一定的道德条件得到满足后才可能真正运作起来。"①经营企业是人们在一定社会中相互合作、交换产品和服务并获得共同利益的活动。经营本身并不是目的，它只是人们获得幸福的一个手段而已。符合社会前进的方向，促进社会向好的方向发展，是企业的社会责任。如果一个企业只是考虑利润而忽视了其最终目标，人们也难以获得真正良好的服务。因此，企业所提出的各种决策，其中所蕴含的道德价值认识，必然要接受社会历史发展规律的检验，才能从实践上证明是否为一种正确的道德价值认识。

　　经过前面的分析，我们不难发现，实践检验道德价值认识要经过这样一个逻辑推演：无论是工具性道德价值认识还是目的性道德价值认识，如果道德价值认识在社会现实或历史现实之中产生一定的影响，也就是一定会出现一定的现实或历史的客观事实，那这些客观事实要么符合社会历史的发展，或满足社会整体利益，要么相反，或者兼而有之。道德价值认识就是从这些事实认识之中推演出来的。

　　由此，道德价值真理的实践检验过程是：第一，道德价值认识转化为事实认识，为实践检验提供了前提；第二，通过现实或历史的实践进行检验，根据事实认识得出道德价值认识是否正确。也就是说，道德价值真理的实践检验经历了从道德价值认识到事实认识，又从事实认识到道德价值认识的过程。其中，进行实践检验的道德价值真理标准，就是看道德价值认识是否符合社会历史发展规律，或促进了社会历史进步，或符合社会整体利益。只要道德价值认识符合社会历史发展规律，或促进了社会历史进

---

① ［美］理查德·T.德·乔治. 经济伦理学［M］. 第五版. 李布，译. 北京：北京大学出版社，2002：3.

步，或符合社会整体利益，它就是真理而不是谬误。

（三）道德价值真理检验的历史性

一种道德价值认识或道德价值认识体系，经过社会现实的实践或历史的总体实践的检验，是一种正确的道德价值认识或道德价值体系，即真理。这是否意味着经过检验的道德价值认识或道德价值认识体系能形成客观的、绝对的、永恒的真理？

从价值论的研究来看，曾经有一些思想家认为，存在客观的、绝对的、永恒不变的绝对价值真理，比如中国古代理学家所提出的"天理"。"千万世之前，有圣人出焉，同此心同此理也；千万世之后，有圣人出焉，同此心同此理也；东南西北海有圣人焉出，同此心同此理也。"（《陆九渊集·杂说》）天理就是一个永恒的客观的价值真理。在现代西方价值论中，洛采、文德尔班、李尔凯特等人，认为存在一个超验的或先验的绝对价值真理。文德尔班认为，哲学就是关于普遍价值的学说。"价值立足于自身之上，它们是有效的，不要通过任何方式加以认可。"①在他看来，我们没有理由不相信存在那种绝对的价值真理，它是建立在我们所具有的理性特权基础之上的。我们认为，这些关于绝对价值真理的思想是错误的。任何真理都来自实践，并不存在这种超越的客观的永恒真理。从人类思想史的发展来看，曾经被认为是客观永恒的真理不断在社会实践之中被后来的真理所颠覆和替代。

不仅不存在永恒不变的价值真理，而且即便经过了实践检验的正确的道德价值认识，还需要进一步经过实践的检验。任何一种正确的道德价值认识或道德价值认识体系，并不是永恒不变的。当我们认为，一种道德价值认识或道德价值认识体系是正确的，是真理，是指这种道德价值认识或道德价值认识体系符合人类社会历史的发展规律，能够促进人类历史的进步与发展。它们具有了维护社会整体利益的特性，因而具有真理的因素。反之，一种道德价值认识或道德价值认识体系是错误的，是谬误，是指这种道德价值认识或道德价值认识体系违反了人类社会历史的发展规律，阻碍了人类历史的进步与发展。它们不具备维护社会整体利益的特性，因而不具备真理的因素。在不同时代，人们所处的历史发展阶段不同，所提出的道德价值认识或道德价值认识体系所要符合的内容也会有所不同。因

① ［德］文德尔班. 历史学和世界观［M］//冯平. 现代西方价值哲学经典：先验主义路向（下册）. 北京：北京师范大学出版社集团，2009：534.

此，曾经在某个历史阶段正确的道德价值认识，在一个新的历史阶段就会成为谬误。比如，孔子在春秋时期所提出的"仁爱"的道德价值认识体系，符合当时从奴隶社会向封建社会发展的历史趋势，无疑是一种正确的道德价值认识体系。然而，历史进入 20 世纪 30 年代，还有一些人鼓吹照搬孔子的思想，甚至试图把它推广为国教，这时，这种没有经过创造性转换的"仁爱"道德价值认识体系就不符合现代文明社会的发展趋势，成为一种谬误。

道德价值认识是否为真理，归根结底取决于是否符合社会的历史发展规律，而不是取决于某种理性因素或非理性因素。一种道德价值认识的产生，与个体的情感、直觉、意志等非理性因素和理性因素等有一定的联系。列宁指出："没有'人的感情'，就从来没有也不可能有人对于真理的追求。"①情感等非理性因素能够激励人们追求道德价值真理。同样，理性因素能够引导人们追求道德价值真理。但是，作为道德价值认识的正确与否的检验标准，只能是是否符合社会历史发展规律，而不是个体或某个群体的爱好、情趣、需要等。唯有符合社会历史发展规律，才意味着维护社会整体利益或人类整体利益。违反社会历史发展规律，也就违反了社会整体利益或人类整体利益，因而失去了道德价值认识存在的正确性。因此，我们在指出实践作为道德价值认识的标准时，专门指出实践的总体性，也就是要从社会整体的角度，确立社会整体的利益，即符合社会历史发展规律的角度，以此作为评价道德价值认识是否为真理的标准。

人类用实践检验道德价值认识是否为真理的过程，表明了人的道德价值认识是不断发展的。认识不断发展，不断被实践在历史发展过程中证明是否符合历史发展规律，是否符合社会整体利益或人类整体利益。几千年来，人类不断地追求道德精神的提升，哲学家们提出了丰富多彩的道德价值理念。每一种道德价值理念都建立在过去的道德价值理念的基础之上，展现了道德价值认识呈现出螺旋上升的趋势。每一个道德价值认识的出现，都或明或暗地始于社会现实中的道德问题，接着在社会实践中不断被证实或证伪，从而形成一个又一个人类道德价值认识的高峰。因此，道德价值认识永远始于道德生活中的问题，又终于问题，并在问题的证实或证伪之中形成新的道德价值认识，然后经过实践的检验，在此基础上筛选出新的正确的道德价值认识。从人类道德价值认识的发展来看，道德价值认识的发展过程为：道德生活中的问题—各种道德价值认识—实践检验各种

---

① ［苏］列宁. 列宁全集(第 25 卷)［M］. 北京：人民出版社，1988：117.

道德价值认识—筛选出正确的道德价值认识，即真理—随着时代的发展，出现新的问题……人类道德价值的认识是一个永无止境的过程。实践检验道德价值真理就是在问题和解决问题的无限反复的过程中前进。道德价值真理也是一个永无止境的发展过程。在人类道德价值认识不断发展的过程中，始终充满了人类道德思维的开放性、自我批判性。因此，从这个角度讲，我们坚持一种道德价值真理检验的不断发展论。从历史意义上看，检验道德价值认识或道德价值认识体系的真理性或谬误性，不是一次性或一劳永逸的，而是一个不断发展的历史过程。它随着人类历史规律的发展而发展。唯有符合人类历史发展规律，或促进人类历史发展，或符合人类社会整体利益的道德价值认识才是真理。因此，道德价值真理总是一定历史发展阶段中的真理。人类社会发展到哪种状态，必然有与之相适应的道德价值真理存在。处于人类社会的某一种发展水平中，我们就要探索体现这个时代精神的道德价值真理。唯有发现和推进符合时代精神的道德价值真理，才能更好地提升人类的道德风尚，推进人类社会历史的发展。

因此，就认识的检验而言，经过检验属于正确的道德价值认识，都需要之后实践的进一步检验。因为，在社会道德生活领域中，人们的道德价值认识存在的社会历史背景在不断发生变化。这就需要在实践中进一步检验道德价值认识，看它是否符合社会历史的发展规律，或促进社会历史的发展。

第二编　道德价值目标论

　　道德价值目标论是道德价值论中的重要组成部分。它是指人从所处时代构想和追求的道德意义上的价值目标，是道德价值的目标化。一个道德价值目标就是追求一种道德价值，以这种道德价值为目标，道德价值就蕴含于这个目标之中。从这个意义上看，道德价值目标论就是论述各种具体的道德价值。道德价值目标涉及人类社会生活的各个方面，内容众多，我们需要注重其主要的关键性价值目标来阐述。只有认识和理解了关键性的道德价值目标，才能更好、更全面地理解其他价值目标的内涵。本研究认为，道德价值目标的确立是为了促进人与社会的生存与发展。因此，在这里，我们将分别从维护人与社会的生存、发展的两个角度进行相应的归纳和阐述。从维护和促进人的生存与发展来看，最基本的道德价值目标是保障人权，较高层次的目标是追求幸福。从维护和促进社会的存在与发展来看，最基本的道德价值目标是维护秩序，较高层次的目标是捍卫公正。从人与社会及其更为广阔的自然界的各种关系来看，其道德价值目标是促进和谐。从最高的价值目标来看，最终是要实现人的自由，实现人的解放与全面发展。因此，道德价值目标主要是保障人权、维护秩序、增加幸福、捍卫公正、促进和谐、追求自由、实现人的全面发展。道德价值目标中所蕴含的是道德的人权价值、秩序价值、幸福价值、公正价值、和谐价值、自由价值、人的全面发展价值。

第一章　"保障人权"的道德价值目标

　　保障人权是实现人的生存与发展中的最基本道德价值目标。保障人权就是保障人权价值。道德是人之为人的属性之一，也是人为了展现自身为人而各自都具有其基本权利的产物。因此，人权是道德基本价值。道德的人权价值是被道德特定化了的人作为人所应该具有的权利价值，是由道德所确定和保护的生存权、经济权、政治权、文化权，以及发展权等的价值。道德的人权价值的实现是道德价值实现中的重要任务。这种从道德角度出发所实现的人权价值在人类社会的发展中具有不可或缺的重要意义。在现实社会中，探讨社会改革中的人权状况不仅具有理论意义，而且具有现实意义。

一、人权的人类价值意义

　　人权是人作为人所应有的基本权利。它表明社会中的每个人作为社会成员都要得到一定行为的价值确认。它突出了人应该受到合乎人权的对待。从这个角度来看，人权是社会中比较普遍的基本权利，符合历史的基本发展方向，展现了其中所蕴含的普遍性与道义性。这种普遍性与道义性，具有鲜明的价值倾向性，在不同历史条件下也有其不同的表现。马克思认为，"人世的智慧即哲学"，"哲学是阐明人权的，哲学要求国家是合乎人性的国家"。① 他从哲学上所表达的正是这个意思，人权具有价值意义，在不同时代展现了人在社会中的地位。我们要探讨道德的人权价值，首先需要探讨人权的人类价值意义。尽管人们在人权的概念上存在一定的分歧，但有一点是有共识的，任何社会都需要有最低程度的人权底线。从

---

① ［德］马克思，恩格斯. 马克思恩格斯全集（第 1 卷）［M］. 北京：人民出版社，1995：225.

这个意义上看，道德价值就在于能够有力地维护人类社会的这种最低程度的人权底线。

（一）人权的基本含义

一般而言，人们在谈到人权时，认为它是人作为人所应有的基本权利。但是，具体要进一步指出人权的基本含义，确实存在诸多争议和各种各样的解释。

其一，天赋人权论。人权这个概念，是随着近代资本主义的发展逐步演化而来的。最早提出"人权"这一概念的是著名诗人但丁。最早加以理论论证，提出"天赋人权论"的思想家是 17 世纪荷兰政治家格劳秀斯。他在《战争与和平的权利》一书中提出了人权是人生来所具有的基本权利。他把人权与人的自然权利混为一谈，突出了人权的自然性。其实，如果从自然权利的角度来理解人权，这种思想可以一直追溯到古希腊古罗马时期。斯多葛学派认为，每个人都是上帝的子女，大家彼此之间都是兄弟。人有其共同人性。每个人都要遵循神所赋予人的理性的自然法则。古罗马的西赛罗进一步指出，自然法先于国家法律。它来自上帝的旨意和人类的本性，即理性。随着近代资本主义的发展，天赋人权论得到了进一步发展。1774 年，英国《权利宣言》认可了"自古不变的自然法则"。1776 年，美国《独立宣言》提出"我们认为这些真理是不言而喻的：人生而平等，他们都从造物主那里被赋予了某些不可转让的权利，其中包括生命权、自由权和追求幸福的权利"。1789 年，法国《人权和公民权宣言》提出："所有政治结合的目的都在于保存人的自然的和不可动摇的人权。这些权利就是：自由、财产、安全和反抗压迫。""为了保障这些权利，所以才在人们中间成立政府。而政府的正当权利，则系得自被统治者的同意，如有任何一种形式的政府变成损害这些目的的，那么人民就有权来改变或废除它。"正如马克思所说："18 世纪流行过的一种虚构，认为自然状态是人类本性的真实状态。"①天赋人权论就是建立在这种自然人的思想基础上。它认为，人权是人类的天赋特权。人生来就具有生命权、人格权、尊严权、平等权、自由权等。这些都是天赋的、自然产生的，也是为人所固有的。

其二，法赋人权论。与天赋人权论相对立，法赋人权论认为，人权不是天赋的、自然产生的，而是法律赋予的。他们认为，把人权视为天赋的

---

① ［德］马克思，恩格斯. 马克思恩格斯全集（第 1 卷）［M］. 北京：人民出版社，1995：229.

观点，属于主观臆测。所谓自然状态不过是一种自欺欺人的虚构而已，建立在自然状态基础上的自然法是可疑的。边沁指出："权利是法律的产物，没有法律也就没有权利——不存在与法律相抗衡的权利——也不存在先于法律的权利。"①人所具有的基本权利源于法律的赋予，没有法律，所谓人权并不存在。把人权作为自然的权利，是早期反对专制制度的兽性的必然，因为封建专制制度违反了人性的要求，要建立合理的国家，就需要符合人性，反对兽性。法律人权论，从法律的角度来谈论人的基本权利，的确具有积极意义。因为，人权是一种依照人的本性和其人格、尊严在一定社会中所享有的权利。它不仅仅具有一种自然属性，而且还具有一种社会属性。准确地说，人权是人在特定社会条件下作为社会成员的权利。它是借助法律形式表现的个人与国家的关系。因此，法律人权论突破了天赋人权论的局限性。但是，法律人权论只认可法律下的人的基本权利，反对道德上的人的基本权利，极大地缩小了人权的外延。在社会现实生活中，法律所认可的人的基本权利只是人权的一种表现形式，可能在绝大多数时候，人们所捍卫的人权是一种道德上认可的人的基本权利。而且，法律上所认可的人的基本权利，从根本上说，如人的生存、尊严、人格、正义、自由等，都具有浓厚的价值韵味和明确的道德色彩，因此，法律人权论只认可法律中的人权，而把道德排除在人权之外的做法无疑是错误的。

其三，社会人权论。社会人权论认为，人权不是天赋的，而是社会所赋予的。人是社会性的群居动物，总是生活在一定社会之中，人不能脱离社会而存在。正如英国学者米尔恩(A. J. M. Milne)所说：人权概念是"以社会和文化的多样性为前提，并设立的所有社会和文化都要遵循的低限道德标准"②。他们认为，人与人之间存在着不可分离的关系，尤其是社会利益关系。人权就是一定社会历史条件下的人的基本权利。与此同时，社会人权论反对天赋人权论中人权源于人的本性、人的人格与尊严的观点。在社会人权论看来，没有所谓生来的平等与自由。社会人权论认识到人的社会关系是人权的基本前提，无疑是十分正确的。但是，它只认可在一定历史条件下的人权，彻底否定了人权所具有的某些普遍性特征。比如，人作为人所具有的生存权、人格、尊严等，属于人生来就应当具有的权利，这些权利显然不同于选举权、经济权等，后者要在一定的历史条件下才能

---

① H. L. A. Hart. Essay on Bentham：Jurisprudence and Political Philosophy［M］. Oxford：Oxford Universtiy Press，1982：11.

② ［英］A. J. M. 米尔恩. 人的权利与人的多样性——人权哲学·导论［M］. 夏勇，张志铭，译. 北京：中国大百科全书出版社，1996：7.

出现。

　　无论是天赋人权论、法律人权论还是社会人权论，都既存在合理之处，也存在一定的缺陷。人权的基本含义与人性有着密切的关系。人性既有社会属性，也有自然属性。社会属性是人的本质属性。要全面解释人权，就需要引入人的自然属性和社会属性。天赋人权论肯定了人的自然属性，但漠视了人的社会属性。法律人权论与社会人权论肯定了人的社会属性，但没有考虑人作为人所应具有的基本权利。

　　人的自然属性决定了人权中的生存权、尊严、安全等作为人所具有的基本权利。有些人刚出生就终生残疾而失去了行动能力，但仍具有人所应有的生存权、尊严等人权。婴儿虽然不可能像成年人那样尽到社会义务，但还是具有人的基本权利，我们不可能剥夺他们作为人所具有的基本权利。当今世界许多国家与世界组织都充分重视这种人权。1948年的《世界人权宣言》第一条就指出："人人生而自由，在尊严和权利上一律平等。他们富有理性和良心，并应以兄弟关系的精神相对待。"1968年的《公民权利和政治权利国际公约》和《经济、社会及文化权利国际公约》也明确指出，人的"权利是源于人身的固有尊严"。1993年的人权会议所通过的《维也纳宣言和行动纲领》重申："人权和基本自由是全人类与生俱来的权利"，"一切人权都源于人与生俱来的尊严和价值"。这些国际组织所充分肯定的人权就是人的自然属性所决定的人权。

　　按照马克思的观点，人的本质属性在于社会属性。人的社会属性决定了人的经济、文化等在社会中发展的基本权利。这些基本权利是在一定社会中所形成的基本权利，具有历史性的特点。一方面，人总是生活在一定的社会关系中，没有社会关系，也就没有了人权。另一方面，人权总是一定历史条件下的人权，受到一定社会历史条件下的政治、经济、文化、法律等方面的影响，并随着人类社会的发展而发展。

　　在这里，我们认为，人权所倡导的基本权利不同于其他权利。其他权利总是与义务相联系，有相应的权利，也有相应的义务。只有尽了某种义务，才有资格具有某种权利。两者之间存在平衡的关系。但是，人权中所包含的权利，并不是与义务之间存在着这种对等的关系。或者说，一个人作为人所具有某种权利，并不因为他没有尽到某种义务，就丧失了这种作为人所具有的权利。他人即使发现某人没有尽到某种义务，也应该给予某人作为人的基本权利。从这个意义上说，这种人的基本权利是一种特殊的主体性能力。借助康德的观念，它是要求他人来尽义务，是每个人都可以针对所有人提出的一种正当要求，是人的自由精神的体现。因此，我们可以把人权中的权利理解为主体性权利。

因此，我们可以这样来概括人权的基本含义：人权是人的主体性权利，是人的自然属性和社会属性的统一，是人在其生存和发展中依其自然性和社会性所必不可少的权利。

（二）人权是人的生存和发展所需的必要条件

人权是人在其生存和发展中必不可少的基本权利。正如米尔恩所说："人权这一观念若要既易于理解又经得起推敲，它就只能是一种最低限度标准的观念。"①

其一，人权是满足人的生存需要的必要条件。

人的生存需要是人的一切需要中最为基本的需要。人要保持自己的存在，就需要维持自我的生存需要。人不仅需要基本的物质需要，如衣食住行等，而且还需要一定的精神需要，如尊严、生命安全、基本自由等。马克思、恩格斯指出："人们为了能够'创造历史'，必须能够生活，但是为了生活，首先就需要吃喝住穿以及其他一切东西。"②也就是说，人首先需要吃、喝、住、穿，然后才能从事政治、科学、艺术、宗教等其他活动。如果人没有解决衣食住行等生存需要的问题，其他问题也就成为空话。一个人自身的生存需要无法得到满足，也就无法参与道德、政治、科学、艺术、宗教等其他活动中。

人权就是要保障在一定历史条件下人的生存需要的正当权利。它关注人的基本生存权利，这个权利来源于人本身，是人的基本条件。"人权是一种特殊的权利，一个人之所以拥有这种权利，仅仅因为他是人。"③人总是具体的人，而不是抽象的人，也不是纯粹自然的人。人权也总是具体的人的基本权利。保障人权，意味着人们更为关注具体的人的生存权利。不能保障具体的个人的人权，社会与国家的权利也就失去了存在的意义。社会与国家的出现，本身就是为了保护个人的基本权利，以及其他更为重要的权利。如果没有保护个体的人权，社会与国家的本身职能就意味着自我异化。

保障人权也就是保障人的生存需要。从人类社会的发展来看，在人类社会早期，物质资料匮乏，为了维护部落成员的生存需要，许多部落都进

① ［英］A. J. M. 米尔恩. 人的权利与人的多样性——人权哲学·中文版序［M］. 夏勇，张志铭，译. 北京：中国大百科全书出版社，1996：I.
② ［德］马克思，恩格斯. 马克思恩格斯选集（第1卷）［M］. 北京：商务印书馆，1995：79.
③ ［美］杰克·唐纳利. 普遍人权的理论与实践［M］. 王浦劬，等，译. 北京：中国社会科学出版社，2001：7.

行"损有余而补不足"的社会财富的平均分配。进入阶级社会后，有产者掌握了社会财富，其他大多数社会成员处于生活无着落的状态，过着缺少自尊的生活。"私有制的确立，使关心集体能否生存下去的意识仅存在于失去了生存条件的那部分人中，有产阶级则不关心他们的死活。"①当然，出于维护其自身统治利益的需要，统治者也会设法维护被统治者的生存需要。比如，在中国古代，许多统治者在出现天灾人祸时实施社会救济政策，保障人的生存需要。在现代社会中，人权，作为一项特殊的主体性权利，不仅被国际法所承认，而且也为世界各国宪法、法律和司法实践所认可。人们越来越明确地认识到，人的生存需要是人权中的重要组成部分。保障人权本身就是保障人的生存需要。

其二，人权是满足人的发展需要的必要条件。

人不仅需要生存，而且还需要发展。人权不仅是满足人的生存需要的必要条件，而且还是满足人的发展需要的必要条件。发展权是指人所具有发展的权利，是一种人权。1986 年，国际人权文书《发展权利宣言》规定，"发展权"有广义和狭义之分。广义的发展权是指"人人都有参与发展和享有发展成果"的权利。任何国家的任何人都具有这种广义的发展权。狭义的发展权是指"发展机会均等是国家和组成国家的个人的一项特有权利"。狭义的发展权突出了发展机会均等，具有十分重要的理论意义与现实意义。从理论上看，发展机会均等是每一个人都具有的基本权利，而且还是一种非常重要的基本权利。从现实来看，在当今世界中，由于国际经济政治秩序不合理，生活在发达国家与发展中国家的人在发展机会上存在严重不平等的状态。生活在发达国家的人，由于其所处的生活环境的优越，能够选择发展的机会远远要多于生活在发展中国家的人。因此，无论从理论还是实践来看，突出发展机会均等作为发展权的重要内涵，具有重大的意义。

要满足人的发展需要，必然要保障人的发展权。人具有其理性的自我选择与发展的能力。每个人都是在一定历史条件下的人，除了要满足自身的生理发展，更为重要的是满足自身的社会方面的发展。要保障人的发展的需要，就必须满足人在政治、文化等方面的各种基本需要，认可人在政治、文化等方面的基本权利。毕竟，人的发展与动物的发展不同，动物的发展只是生理上的吃喝而已，人的发展则是经济、政治、文化、生态等全方位的发展。因此，要满足人的发展需要，不能不保障人的发展权。以

---

① 徐显明. 生存权[J]. 中国社会科学, 1992(05).

20世纪中期以来中国社会的人权发展状况来看，中国政府根据《世界人权宣言》的精神，把国家保护人权写入宪法。为了实现人的发展，认识到人权的普遍性与特殊性，结合中国社会人权的实际情况，坚持优先考虑人的生存基础上的发展，注重公民权利和政治权利与经济社会文化权利协调发展，取得了举世瞩目的成就。中国政府已批准了25个国际人权公约，并认真履行自己的义务。中国人的基本权利得到了前所未有的尊重和保障，人的各方面发展需要得到了极大满足。

其三，人权是人之为人的共同价值追求。

如果人完全没有共性，人就不可能成为一个单独的类，也不可能与其他动物相区别。任何事物总有其一定的共性。人权之所以成为一定单独的研究领域，就在于存在着某些共性的东西。人权是指所有人因为其人类的本性而具有的权利。因此，任何人要探讨人权，必然要探讨人权中的普遍性。人权是人之为人的共同价值追求。

《世界人权宣言》《经济、社会及文化权利国际公约》《公民权利和政治权利国际公约》等各种国际文件，都一致同意：人权享有者，即人权主体，是"人人"。也就是说，只要你是人，你就应该享有人权。人权是一种人人都普遍分享的权利。《世界人权宣言》第二条指出："人人有资格享有本宣言所载的一切权利和自由，不分种族、肤色、性别、语言、宗教、政治或其他见解、国籍或社会出身、财产、出生或其他身份等任何区别。"人权的普遍性是针对所有人而提出的。

人权之所以具有其共性，就在于人在其存在和发展的过程中，必然要面对许多共同的生活境遇。人其实是具有必死性、脆弱性的有限存在者。在这个世界中，任何人都不可能逃脱死亡。同时，人可能会经历饥饿、歧视、残疾、疾病、奴役等困境。尽管你没有任何过错，但也很容易成为受苦的不幸者。就此而言，人的脆弱性是人在其生存与发展中具有的普遍经验，任何人都不可能完全脱离这种人自身的脆弱性。社会学家特纳（Bryan Turner）在其被称为人权社会学的开山之作的《人权理论大纲》一文中指出，人权是全球化社会过程的一个重要特征，是一种全球化的意识形态（global ideology）。"人的脆弱性"和"人身体的脆弱性"的共同体验，可以成为人权普遍性的理论基础。他认为："人的脆弱性是人的存在的普遍经验。"[1] 人权就是一种同情的权利。人们在他人的痛苦中看到自己可能会面临的困境，需要保障每一个人都具有基本的人权。因此，保障人权一直是人权研

① B. S. Turner. Outline of a Theory of Human Rights[J]. *Sociology*, 1993, 27(03): 505.

究者共同的价值目标。从这个角度来看，捍卫人权是全人类共同的价值追求和共同的伟大事业。

(三) 人权在人的生存与发展中的历史限度

马克思认为，人权无非是权利的一般表现形式。作为人之为人的权利，人权是人应当享有的各种基本权利。从人的自然属性来看，人有共同的本性。因为，人本身在其生存与发展中存在着共同的利益，面临着共同的危险，拥有完善人自身的共同理想和价值追求。就此而言，人们有其存在的共识。人权具有普遍性的特征。然而，人的本质属性是人的社会属性。人毕竟是一种社会存在物，是一切社会关系的总和。人是具体的，而不是抽象的。社会关系总是在历史中不断发展，人作为社会存在物也是在历史中不断发展，因此，人权也是在历史中不断发展。人权的特殊性是其普遍性在历史发展中的具体展现。在不同的历史时期，人权有其特殊性。在同一历史时期的不同地区，人权也有其特殊性。这是人权在人的生存与发展中的历史限度。

人权在人的生存与发展中的历史限度，源于人权所处的物质性环境。人类历史从整体上看总是在不断进步的。这种进步并不是源于黑格尔所构想的"绝对理念"的精神自我运动，而是源于人的物质实践性以及必然性。人在其出现初期，作为无毛无爪的生灵，要想生存下去，必然要从事生产活动。严峻的物质环境迫使人为了生存而与大自然展开斗争。在人类历史发展的阶级社会中，统治者与被统治者之间的长期斗争，导致被统治者所处的被压迫的物质性生存环境，直接构成了历史不断进步的动力。而每一次历史的进步，也使人权的范围得到进一步扩展、认可和保障。人权中的"人"从局部的人逐渐向全体的人发展。在古希腊时期，人仅限于奴隶主和自由民，奴隶和妇女被排除在外。在中国春秋时期，人是指有一定身份和社会地位的君子，普通老百姓属于"民"。究其原因，人权所认定的"人"，与人在一定物质环境中的经济地位有关。没有一定的物质财富和社会地位，或者说，在其生存与发展中无法拥有一定的物质财富与社会地位的可能，就难以得到社会所认可的人的地位。即使在现代社会中，人权似乎已经关照了所有的人，但是否都能够切实获得人权，仍然是一个艰难的过程。从人权发展的历史来看，人的生存与发展的历史也就是人权发展的历史，是人权中人的经济地位不断演化的历史，也是人权不断从抽象到具体的历史。

尽管人权具有普遍性，但人权总是在一定历史条件下的人的基本权利。以 20 世纪以来世界各国的人权保障来看，西方发达国家注重政治权利、经济与文化发展的权利。就发达国家而言，它们已经拥有了生存权，它们所需要的是高于生存权的人权。而在这一历史时期，发展中国家则注重生存权。就发展中国家而言，在经济有待发展、人民生活落后的历史条件下，生存权是至关重要的。没有了生存权，其他政治权利等都失去了现实意义。在面包和选票之间，发展中国家认为，面包无疑更为重要。由此可见，尽管都讲人权，但在一定历史条件下，人权具有一定的国界。这反映了人权的普遍性与特殊性的统一。因此，人权有其普遍标准，但这一标准在不同的历史时期，体现出其各自的符合历史发展的限度。

总的来说，从整个人类文明的发展来看，只要有人的存在与发展，就会有一定的人权。人权是人的生存与发展所需的必要条件。没有人权，就不可能有人的生存与发展。人权具有重要的人类价值意义。

二、人权是道德基本价值

道德是人们在社会实践过程中主体内心所认同并践行的规范总和。从本质上看，道德就是一种关于人的生存与发展的价值。人权就是从这些价值以及道德观念而引出的人的基本权利。它是要寻求为人的生命及其价值、尊严等做辩护，是最低程度的普遍道德权利。"严格意义上的人权，即包含在共同道德原则中的权利，正因为它包含在这些原理之中，所以，在其积极的方面，是普遍底线道德标准的一部分。任何拒绝将其中任何一项适用于人类的民族共同体，都存在道德上的缺陷。"①因此，道德对于人权具有重要意义。从道德价值论来看，人权是道德价值，而且是一种道德基本价值。

(一)道德对于人权所具有的重要意义

道德对于人权具有重要意义。它主要表现在两个方面：一是道德给予人权以尊严的含义，二是道德在人权冲突中具有智慧意义。

1. 道德给予人权以尊严的含义

人的尊严被赋予了人的神圣不可侵犯性。甚至有部分学者认为，不论

---

① [英]A. J. M. 米尔恩. 人的权利与人的多样性——人权哲学[M]. 夏勇，张志铭，译. 北京：中国大百科全书出版社，1996：163-164.

人在其胚胎状态，还是成为罪犯，都因为这种人的尊严而具有了基本权利。人的尊严有多种理解。从人的尊严这个概念的历史来看，斯多葛学派最早提出了这个概念。他们认为，人的尊严是一个伦理上的概念。人的尊严是人作为人类共同体中的一员而遵循理性认识所具有的平等权利。在中世纪时，基督教认为，人具有如同上帝的肖像，因而具有了神圣的尊严。当然，在历史的有些时期，人的血缘出身、家庭背景、社会地位、杰出成就，成为人的尊严的根据。

从道德的角度来看，大多数学者认为，道德给予了人权以尊严的内涵。康德认为，尊严超越于一切价值之上，没有等价物可代替。只有那种构成事物自在目的而存在的条件的东西，不但具有相对价值，而且具有尊严。康德指出："道德就是一个有理性东西能够作为自在目的而存在的唯一条件，因为只要通过道德，他才能成为目的王国的一个立法成员。于是，只有道德以及与道德相适应的人性，才是具有尊严的东西。"①也就是说，人权中人的尊严只有在道德的范围中才能够得到解释，才能具有普遍意义。

道德能够给予人权中人的尊严的主要原因在于：其一，人具有道德自主性，即道德自律。人具有尊严在于他能够运用自由意志，做出了理性判断，选择了善。我们尊重人的尊严，其实就是尊重人的意志自由。当然，人有行善的自由，也有作恶的自由。但道德促使人选择了行善的自由。采取刑讯逼供方法违反人权，亵渎了人的尊严，就在于它剥夺了人的道德自主性。国家可以剥夺一个罪犯的生命，但不能采取凶恶的暴力手段逼迫其意志自由，威胁人的精神自律。因此，康德认为："自律性就是人和任何理性本性的尊严的根据。"②如果我们仔细考察人的尊严，人的尊严可以分为自尊和互尊。相较而言，自尊是互尊的基础。它更体现了人的道德自主性。罗尔斯在《正义论》中，认为人的最为重要的基本善是自尊的善。"没有自尊，那就没有什么事情值得去做的，或者即便有些事值得去做，我们也缺乏追求它们的意志。"③他的这一观点是有道理的。正是由于道德中的自律赋予了人道德自主性，从而把人的尊严注入人权之中。其二，人本身即为目的。人是目的，而不是手段。人是目的，需要尊重，即使这样做并不会带来某种益处。贩卖人口是违反人权的，即使有人主动愿意把自己卖

---

① [德]康德. 道德形而上学原理[M]. 苗力田，译. 上海：上海世纪出版集团，2005：55.
② [德]康德. 道德形而上学原理[M]. 苗力田，译. 上海：上海世纪出版集团，2005：56.
③ [美]罗尔斯. 正义论[M]. 何怀宏，何包钢，廖申白，译. 北京：中国社会科学出版社，2001：442.

掉，也是违反人权的，因为人本身就是目的，需要无条件加以尊重，任何把人当做物品买卖的行为都是有损人的尊严的行为。从这种观点出发，即使他人歧视我，不尊重我，这都不能成为我不尊重其人权的理由。人本身即为目的，从道德上给予了人权中的尊严以绝对价值。

2. 道德在人权冲突中具有智慧意义

如果说道德给予人权以尊严的含义，是一种理论意义，那么道德在人权冲突中的意义，则是一种实践意义。道德是人的一种智慧生存方式，是人在社会实践活动中所设计的调节人与人之间各种冲突与矛盾的方式之一。人权是人们为了防止政府权力的滥用而倡导的一种超越了法律与政治手段的力量的概念。这种力量跨越了理论的边界，就必然进入实践领域。人权问题从很大程度上说是一个实践问题，常常表现为不同人权之间的冲突，道德在处理人权冲突中能够发挥其智慧意义。

道德在人权冲突中发挥的智慧，属于道德智慧。道德智慧是一种实践理性智慧，是人在生活实践中实现好生活的智慧。道德智慧不同于一般智慧满足于求真，而是与道德上的善恶有关，展现了鲜明的道德特性。它追求的是一种符合客观伦理方式的生活。作为一种实践理性智慧，道德智慧具有灵活性、合宜性的特性。面对人权冲突，道德智慧有助于人在各种思维困境中化解危机，找到合适的路径。它所提供的解决方案，不能说是百分之百的正确，能够达到最好的状况，但至少在当下的环境中能够避免最坏的情况，是明智的选择。比如生命权之间的冲突、个人隐私权之间的冲突等，道德智慧能够为人的生存与发展问题提供一种现实的合宜的解决方案。正如罗尔斯所说："人们自尊和互尊的那些条件似乎要求他们的共同计划合理而完备：它们要求人们运用其教育才能，在每一个人身上唤起一种主宰感，并且完全适合一项所有的人都会满意并引以为快的活动计划。"①尽管道德智慧未必能够为我们找到"完全适合一项所有的人都会满意并引以为快的活动计划"，但是，它确实能够为人的生存与发展提供一种值得关注的解答。这是道德在人权冲突中所给予我们的智慧意义。

（二）人权是道德基本价值

人权成为道德基本价值，其原因在于：人权包含道德本身所具有的基

---

① ［美］罗尔斯. 正义论［M］. 何怀宏，何包钢，廖申白，译. 北京：中国社会科学出版社，2001：443.

本价值，其他道德价值(除了秩序价值外)以道德的人权价值为基础。

1. 人权包含道德本身所具有的基本价值

社会是由人所构成的，人是社会的主体。实现人的自我完善，一直是人的内在精神追求。道德在形成之初，已有两大基本价值：一是为了组织社会，形成稳定的社会秩序；二是为了人自身的生存与发展。后者的道德价值是为了保障人自身的自我完善，体悟人的价值与尊严。在先秦时期，孟子把道德作为人安身立命之本。他认为，"仁，人之安宅也；义，人之正路也"(《孟子·离娄上》)，"仁，人心也；义，人路也"(《孟子·告子上》)。在孟子看来，人以德立，没有道德，人之安在？道德是人与动物之间的区别所在。如果没有了道德，人就形同禽兽。道德是人作为一种理性存在的精神规定。同时，道德本身意味着一种人的应然存在方式。它为人的自我完善与自我发展指明了方向。人在人类共同体中生活，既可能向善，也可能作恶。道德为人的生存与发展指明了向善的道路。个体的人，正是在道德的引导下，不断从自然的人转变为社会的人，即道德人，具有人应该有的特性。只有一个人符合了人类共同体中的道德要求，才能得到社会的认可，成为一个社会的人。人权是人的主体性权利，是人的自然属性和社会属性的统一，是人在其生存和发展中依其自然性和社会性所必不可少的权利。作为人的生存与发展中人所应该具有的基本权利，人权维护了人的尊严和基本权利。当然，这种基本权利中包含着道德权利。一些学者甚至认为人权就是道德权利，与政治等其他因素无关。因为，在远古时期，或一些仍然存在的原始部落中，尽管没有人权这个概念，但人们知道保护人的生存是非常重要的。借助图腾、禁忌、风俗与礼仪等早期的道德规范，人们没有正式的政治组织，也能一起生活。人权概念的提出，直接指明了在人类共同体中必须保护人的基本权利，维护人的尊严，才能维持人的生存与发展，展现了人的精神生活的自觉。从这个意义上看，人权具有道德本身所包含的基本价值，即保障人的基本生存与发展。由此，我们可以把人权视为道德基本价值。

2. 其他道德价值(除了秩序价值外)以道德的人权价值为基础

人权之所以成为道德基本价值，也是由道德的其他价值所决定的。道德价值主要有人权价值、秩序价值、幸福价值、公正价值、和谐价值、自由价值、人的全面发展价值等。人是社会中的人。社会与人本身是我们考虑道德价值的基本点。从社会的角度来看，社会秩序是道德的基本价值。

从人自身的角度来看，人权是道德的基本价值，其他价值都是以人权价值为基础。如果没有人权价值，公正价值、和谐价值、自由价值、人的全面发展价值等，都无法实现。人权直接涉及人的生存与发展的基本权利的保障。正如加拿大著名哲学家萨姆纳（L. W. Sumner）所言："基本权利只有在自身是确定的情况下，才能为派生权利提供确定的真实性验证。"①从人的生存与发展来看，后面的这些道德价值都是以人权价值的实现为前提。没有保障人的生存与发展的基本权利，公正价值、和谐价值、自由价值、人的全面发展价值等，都只能是无源之水、无本之木。尤其在当今现代民主社会中，人的基本权利如何得到有力的保护，越来越受到重视。如何构建一个切实保护人的基本权利的共同体，人权价值在其中发挥着越来越重要的作用。

努斯鲍姆认为："所有人都因为其作为人的特性而具有某些基本权利，社会有责任尊重和保障这些权利。"②按照美国启蒙思想家潘恩的观点，政府不过是社会的一个全国性组织。但它不是任何人或一群人为了自己的某种利益就有权利开设的店铺。政府的权利来自人们的赋予。人们可以赋予它权利，当然也可以收回权利。从这个角度来看，政府没有权利而只有义务来保障公民作为人的基本权利，这是政府或国家应尽的义务。由此来看，人们为了人自身的生存与发展，组成了社会，设置了国家的组织形式。人自身的生存与发展构成了社会与国家首要考虑的价值对象。从人权的正式概念的形成与发展来看，人权这种观念是人为了免除自身所可能受到的非人待遇而设置的。毕竟，每个人都有可能面对人生中出现的各种厄运。因此，人权是人自身面对可能出现的存在危机下的产物，属于人自身所设想的并非最好的安排，而是一种被迫的必要的安排。从道德价值来看人权，"道德作为保障和满足人类需求的行为规则，具有不同的表现形式：'关爱他人'（'行善'）是一种，'处事公正'也是一种，'尊重人权'当然更是一种重要的表现形式"③。将人权与关爱和公正相比，无论是从行为对象应得的受益程度，还是从行为主体应付出的努力程度来看，人权都是一种比关爱和公正更为基础性的道德价值，它是一种最低限度的人的权利。也就是说，人权价值是人类社会中，任何一个人不论处于何种境遇之

---

① [加]L. W. 萨姆纳. 权利的道德基础[M]. 李茂森，译. 北京：中国人民大学出版社，2011：113.

② Martha C. Nussbaum. Creating Capabilities：The Human Development Approach [M]. Washintong：the Delinaf Press of Harvard University Press，2000：62.

③ 甘绍平. 人权伦理学·序言[M]. 北京：中国发展出版社，2009.

中，都应享有的权利价值。因此，从这个角度来看，人权价值是最为基本的道德价值。

人权是道德基本价值。同时，它也意味着保障人权是基本的道德价值目标。但人的自我发展与完善并不会满足于这种最为基本的道德价值，需要能够发展出更为重要的道德价值。因此，仅仅满足于保障人权的基本价值是不够的，人类需要不断实现更高层次的道德价值，展现人之为人的更高道德境界与人的自由而全面的发展。

三、道德的人权价值的实现

道德对于人权具有重要意义，这种意义如果仅仅停留在理论层次是不够的。如何实现道德对于人权的意义，如何实现道德的人权价值是道德追求人权的非常重要的研究对象。要实现道德的人权价值，我们需要了解道德的人权价值实现的含义、道德人权价值实现的方式、道德人权价值实现的标准。

（一）道德的人权价值实现的含义

为了更好地理解道德的人权价值的实现，我们有必要进一步理解道德领域中的人权或道德人权。

道德人权是从道德角度所阐述的人作为人所应该具有的权利。从人权概念的产生来看，最初所谈论的人权是一种道德权利。它是人们以超越现实政治与法律制度的力量，为了防止政府的滥权而创造出来的人权概念。道德人权把人权视为一种超越了现实社会中的国籍、宗教、种族、性别、职业、社会地位、文化特性等各种区别，人作为整个人类中一员所具有的权利。它跨越了时空和地域的界限，具有最大的普遍性。《世界人权宣言》中的人权概念主要是从道德角度来阐述的。比如，它的第二条指出："人人有资格享有本宣言所载的一切权利和自由，不分种族、肤色、性别、语言、宗教、政治或其他见解、国籍或社会出身、财产、出生或其他身份等任何区别。并且不得因一人所属的国家或领土的政治的、行政的或者国际的地位之不同而有所区别，无论该领土是独立领土、托管领土、非自治领土还是处于其他任何主权受限制的情况之下。"它的第三条指出："人人有权享有生命、自由和人身安全。"当然，它也强调了法律人权的重要性，但它主要是涉及道德人权，突出了人权的普遍性与超越性，以便成为世界各国遵守的道德要求，成为世界各国根据其具体情况而立法的基础。

道德人权的形成和发展是人权保障得以形成和稳固的重要内容。从理论上看，道德人权的研究构成了众多学科研究人权的理论基础。从人权概念正式进入学界的话语体系后，道德人权的研究成为一个重要的研究领域。尤其当人类社会每次遇到重大人道主义灾难时，如第二次世界大战，人权的研究都会成为显学。从人权的相关研究学科来看，涉及宪法、国际法学、哲学、法哲学、政治学、人类学、社会学等众多领域。如何保障人权，维护人的尊严，成为众多学科研究的一个重要理论基础，诞生了许多边缘学科，如人权法学、人权伦理学、人权社会学，等等。从实践来看，道德人权成为反对暴政、捍卫人的尊严、维护全球正义的重要武器。正如英国学者文森特（R. J. Vincent）所说："坚持人权的永恒性和广泛性的用意不在于陈述所有关于人权的事实，而在于试图提供一个论坛，以便能以某种名义评论、批判某种现有的或偶然出现的事物，并使其影响超过这一论坛的时空范围，波及上下几代人。"①尽管他的观点有些绝对性，但从实践的角度看，这的确是道德人权的重要价值所在。

人权的形成和发展伴随整个人类社会发展的始终，尽管它刚开始并没有出现这样的专门术语。人权如同道德，伴随人类社会的始终，展现了一个从低级阶段向高级阶段的发展过程。就此而言，它们的这一过程永远不会完结。人权从产生之初，从一定意义上看，具有一定的道德韵味。人权是人的主体性权利，是人的自然属性和社会属性的统一，是人在其生存和发展中依其自然性和社会性所必不可少的权利。道德本身就是为了人的生存和发展而协调人与人之间的关系而出现的行为规范的总和。因此，道德常常被视为人之为人的社会属性之一。由此可见，人权与道德之间存在着天然的密切关系。道德人权是人权中的重要内容，人权有道德人权、法律人权等。从人类社会的历史发展来看，人权主要经历了从道德人权向法律人权的转换过程。从表面来看，随着法治原则在现代社会的贯彻，法律人权日渐发展，而道德人权逐渐衰落。其实，如果仔细考虑法律人权如何形成，为何会认同这种法律人权，都与道德人权有着不可分割的联系。而且，从法律人权的不断发展变化来看，道德人权观念的变化在其中发挥着不可替代的作用。从这个意义来看，法律人权是道德人权在法律领域的表现。就其根本性来说，法律人权是从道德人权的思想中引申出来的概念。

---

① [英]R. J. 文森特. 人权与国际关系[M]. 凌迪，等，译. 北京：知识出版社，1998：171.

如果没有相关的道德人权的概念与思想，法律人权难以成立。人们研究道德人权，其实，也是从理论上丰富了人们更好地认识法律人权得以成立的理论基础。法律人权是人权在人类社会的特定历史时期的产物，随着国家的出现与发展而产生与发展，它也会随着国家的消失而消失。但道德人权一直存在于人类社会之中。由此可见，道德人权与法律人权有着密切的联系，道德人权是法律人权的基础，伴随人类历史的发展而发展；法律人权是道德人权在特定历史时期的产物，展现了道德人权在一定时代中的本质内涵。

从 20 世纪 80 年代开始，中国学术界就开始探讨道德人权。直到今天，道德人权是法学、伦理学等学科探讨的重要话题之一。从人权发展史来看，任何国家与民族的发展史都是一部人权发展史。尽管在某个历史阶段，并没有提出人权这个概念，但都会涉及人权的思想与观念。1949 年后的相当长历史时期，学术界曾经非常避讳谈"人权"，认为这属于资产阶级的话语体系。当然，这并不意味着中国完全没有保护人的基本权利。20 世纪 80 年代伊始，随着思想的解放、经济的改革，道德人权逐渐成为一个值得探讨的学术话题。同时，与道德人权相关的法律人权也成为法学中探讨的重要话语。大量的法律出台，保护人的基本权利，如生命权、健康权、身体权与行动权，以及姓名权、名称权、肖像权、名誉权、隐私权等。这些人权的保护，不断扩大了人权的探讨范围。2004 年，中国人权事业取得全面进展。中国在宪法中明确写上了"国家尊重和保障人权"。因此，自 20 世纪 80 年代以来的中国社会的发展，就是人权价值不断获得正式认可与发展的历史，尤其是道德人权价值观念不断深入人心的历史。

道德人权价值需要从理论转为现实，这就涉及道德人权价值的实现。所谓道德人权价值的实现，是指在一定社会历史时期的道德实践活动中，道德有效地保护人权，有目的、有步骤地实现了道德所预定的人权目标，保障了人的生存和发展。从这个意义来说，道德人权价值的实现，体现了道德人权在一定社会中的形成、稳定与发展。

（二）道德人权价值实现的方式

道德人权价值实现的方式，从总体上看，是从道德角度进行社会控制的方式。道德社会控制中的"社会控制"一词源于社会学中的概念。从社会学的角度来看，任何社会都需要社会控制，才能保证人的生存与发展，保证社会的稳定与发展。社会控制是指人们依靠社会组织的力量，采取一定的社会规范以及相应的手段和方式，引导和约束社会成员的社会行为及价值观念，调节和制约社会中所存在的各类社会关系的过程。社会控制有很多种，如道德社会控制、法律社会控制、宗教社会控制，等等。社会控制，依据其手段的强弱，大体上可以分为硬性社会控制和柔性社会控制两种。硬性社会控制是运用强制性手段控制社会成员的社会行为，以及价值观念和各种社会关系。最为典型的硬性社会控制是法律。柔性社会控制是借助非强制性手段控制社会成员的社会行为，以及价值观念和各种社会关系。在柔性社会控制中，最典型的是道德。法律和道德是社会控制的最基本的两种手段。人们把法律和道德称为社会控制中的鸟之两翼、车之两轮，缺一不可。

道德社会控制是指人们依靠社会组织的力量，借助风俗习惯、内心信念和社会舆论等道德规范，引导与约束社会成员的社会行为及价值观念，调节和制约社会中所存在的各类社会关系的过程。从道德人权价值的实现方式来看，道德社会控制是人们依靠社会组织的力量，如国家、群体组织等，运用道德手段来保障人权。这种道德手段包括道德人权的责任与义务的认定、道德人权的善恶评价、道德人权的法律化等。无论从哪种意义来看，道德社会控制都是道德人权保障不可缺少的重要方式。当然，从保护人权的目标来看，道德社会控制只是其中一种力量，还需要法律、宗教、政治等多种力量的介入，才能发挥更好的作用。

道德人权价值，具体来说，主要通过两种方式来实现：一是道德人权价值的外化，二是道德人权价值的内化。

1. 道德人权价值的外化

道德人权价值的实现，需要道德人权价值在现实社会中得以外化，通过外在的表现形式，如某种规范、制度来保障人的基本权利。这种方式，可以称之为道德人权价值的外化。这种外化，从人类社会的历史发展来看，是人自身的公共理性不断凝聚与外向的表现。它是人类为了自身的生存与发展而共同具有某种道德思维取向的表现。道德人权是人在共同的公共社会生活空间中谋求生存与发展所需的基本权利。如果要实现道德人权价值，从一定意义上看，需要实现自身的价值公共化。从实现方式来看，它表现为个体的道德人权价值发展为群体的道德人权价值，单一国家的道德人权价值发展为全球范围的道德人权价值，单一性的道德人权价值发展为多样性的道德人权价值。而在这种普遍性的外化过程中，道德人权价值不断得到挖掘与发展。具体而言，道德人权价值可以通过发展经济来保障人的生存与发展，可以通过政治制度的完善来保障人的基本权利，也可以通过法律制度来保障人应有的尊严。因此，道德人权价值的外化体现为道德人权价值的经济化、政治化和法律化。

（1）道德人权价值的经济化，即道德人权价值可以通过发展经济来实现。

道德人权价值的实现，与经济的发展有着密切的联系。当人类社会的经济获得较快发展时，道德人权能够得到较大范围的实现。随着经济的发展，当封建社会取代奴隶社会，原有的奴隶与奴隶主之间的关系转化为农民与地主之间的关系，农民获得了人的资格，人权的范围扩大了，尽管他与地主之间仍然存在着一定的依附关系。当蒸汽机取代了人力、畜力、水力、风力，克服了自然力的不可预见性及难以控制性，资本主义社会给予了其社会成员比封建社会的人更多的自由、安全、言论、出版、信仰等基本权利。它展现了人权的更大普遍性。这是因为在资本主义经济的发展中，契约自由与金钱面前人人平等是经济发展的共同要求。正如恩格斯指出："一旦社会的经济进步，把摆脱封建桎梏和通过消除封建不平等来确立权利平等的要求提到日程上来，这种要求就必定迅速地获得更大的规模⋯⋯由于人们不再生活在像罗马帝国那样的世界帝国中，而是生活在那些相互平等地交往并且处在差不多相同的资产阶级发展阶段的独立国家所组成的体系中，所以这种要求就很自然地获得了普遍的、超出个别国家范围的性质，而自由和平等也很自然地被宣布为人权。"①经济的发展，为道德人权价值的外化奠定了坚实的物质基础。在任何时代，随着经济的发展，人权就能够得到更好的保障。从这个意义上说，道德人权价值能够通过经济的发展获得其自身的更大范围的实现。经济发展是道德人权价值实现的根本出发点。道德人权价值要想获得实现，就需要发展社会经济，同时，在经济发展过程中，促进道德人权的保障。

道德人权价值的生命力，根本在于人自身的存在与发展之中，在于与人的利益的密切联系之中。道德人权是人作为社会成员的权利，其内容都是由一定社会实践中特定的基本利益所决定。道德人权价值的实现是一定社会现实的反映，直接或间接地与人们的利益相联系。人权是建立在一定物质利益基础上维护人的生存与发展的产物。道德人权保护也是一定的物质利益和精神利益的保护。毕竟，权利"实际上是对一定社会经济条件下人们的一定行为及其方式的价值确认，它'表明人在社会中的地位'，体

---

① ［德］马克思，恩格斯. 马克思恩格斯选集（第 3 卷）［M］. 北京：人民出版社，1995：447.

现一定的价值观"①。道德人权价值的实现的重要方面之一在于人的物质利益，满足人的正当的物质需要，如人的吃饭、穿衣、住房、交通、就业等需要。这些物质利益和需要是道德人权价值在多大范围、多大程度上得以实现的重要前提。要满足人的吃饭、穿衣、住房、交通、就业等实际的正当需要，都不能够离开经济的发展。随着经济的不断发展，人的生存与发展的基本利益需要的不断满足，道德人权有了更大范围、更高程度的价值实现的可能。由此可见，道德人权价值的实现中所要面对的问题，关键还是在于经济的发展与人的基本利益的满足；解决现实社会中道德人权的一些思想上的不同认识问题，把道德人权价值的普遍性与特殊性结合，最终还是靠经济的发展与人的基本利益的满足。没有经济的发展，维护人的生存与发展的基本利益需要不可能实现，相应的道德人权自然无法得到保障。因此，道德人权价值的生命力，根本在于人自身的存在与发展之中，在于与人的利益的密切联系之中。

（2）道德人权价值的政治化，即道德人权价值可以通过完善政治制度来实现。

道德人权价值的实现，离不开道德人权的政治化。道德人权价值需要通过完善政治制度来实现。政治制度是指在存在统治者与被统治者的社会中，统治者运用组织政权来实现其政治统治的原则和方式的总和。从狭义上看，政治制度是指国家管理形式、机构设置、实际措施等方面的各种具体制度。从广义上看，政治制度是指在一定社会的政治领域中，各种政治实体遵行的各类标准、理念、规范等政治要求的总和。政治制度是随着人类社会出现政治现象而产生的，是为了人自身的生存与发展，维护人类共同体的安全与利益，针对各种政治关系所规定的一系列要求。从人权保障的历史发展来看，当社会政治制度完善，政治清明，政治秩序运转正常，道德人权就能够得到较大范围的实现。在一个政治制度完善的社会中，人的基本权利能够比政治制度混乱的社会更能得到有力的保障。比如，自近代以来，中国社会陷入被西方列强瓜分豆剖的四分五裂的状态，无法实现统一而完整的政治制度，中国人的生存权都难以保证，更不用说其他人权。中国人民在中国共产党的领导下经过艰苦努力，不断抗争，曾多次公开表明了要保护人权的立场。安源工人大罢工，曾提出了"从前做牛马，现在要做人"的口号；"二七"大罢工，曾直接提出"争人权"的口号；著名

---

① 袁贵仁. 价值观的理论与实践——价值观若干问题的思考[M]. 北京：北京师范大学出版集团，2013：189.

的"八一宣言"更是号召"为人权而战"。自 1949 年以后，随着中华人民共和国的成立，政治逐渐走向稳定，政治制度为人权的保护提供了重要前提。在这里，一个国家的完善而统一稳定的政治制度在保障道德人权中具有不可或缺的重要作用。正如唐纳利所说："从更广泛的意义上来讲，国家对于尊严的特定威胁体现在这样的事实中，即一切人权都是针对国家而被拥有的，这些国家既包含民主国家，也包含其他任何国家：如果一个人的政府不完全把他当人看待，那么，该政府如何取得权力就是无关紧要的了。"①建立在一定社会中的国家就是要运用政治制度保护人权，这是其存在与发展的基础。国家越是运用政治制度保障最广泛的人权，其政治基础也就越稳定。由此可见，道德人权与政治制度之间存在着密切的联系。

道德人权价值的政治化，即道德人权价值可以通过完善政治制度来实现，主要通过政治理念、政治程序和政治活动等方式呈现。

政治理念是指人类以自己的政治语言形式来诠释社会政治现象时所概括或总结的思想、观念、概念以及法则。政治理念是人们针对社会政治现象所做出的一种高度抽象的规律性的认识。从其产生来看，政治理念是人们在社会政治实践中经过人们的思考活动后，进行各种政治信息内容去粗取精、去伪存真的产物。人类的政治理念是人为了维护人的生存与发展，保证人类共同体的延续所提出的理念。道德人权是人的道德价值在社会中得到承认的价值理念，是人在道德上与其他物种相区别的标准。它是人作为人的权利、是使人成为有尊严的人的权利。从人权的历史发展来看，道德人权是最初的人权表现形式。在资产阶级反对封建专制的过程中，这种表现形式的人权总是具有一种政治理念形态的意义，表现出政治斗争的意义。也就是说，道德人权与政治理念之间存在密切联系。它展现了一种政治追求，如自由、平等等。关于最初的道德人权，马克思在《黑格尔法哲学批判》中指出，这种人权很大程度上是政治权利，是只有同别人一起才能行使的权利。这种权利的内容就是参加这个共同体，而且是参加政治共同体，参加国家。在马克思看来，这种最初的道德人权主要是政治权利的理念，一切政治压迫、经济剥削都是对人作为人的资格的否定。只有当资产阶级获取政权，道德人权才超越了政治理念，开始转向为一种外在化的政治程序和政治活动。

道德人权价值的实现需要从政治理念走向现实社会，必然要借助具有

---

① ［美］杰克·唐纳利. 普遍人权的理论与实践［M］. 王浦劬，等，译. 北京：中国社会科学出版社，2001：80.

可操作性的政治程序。政治程序是政治文明中的重要组成部分。政治程序是指政治运作过程中保障政治秩序而必须遵循的程序。这些程序包括规范、步骤以及由此形成的机制。美国学者博登海默(Edgar Bodenheimer)指出："凡是在人类建立了政治或社会组织单位的地方,他们都力图防止不可控制的混乱现象,也试图确立某种适于生存的秩序形式。"①有政治运作的地方,必然有政治程序。因为,政治程序把政治行为分解为不同的过程,每个过程又有进一步的细分,包括相应的具体步骤与环节,从而发挥其约束和监督功能。在政治程序中要遵循正义、效率等价值要求。从道德人权价值实现的历史发展来看,它遵循了从国际道德人权的保障到各个具体国家的道德人权的保障的过程。首先,国际社会以政治方案的形式来关注人权的实现问题。在这里,其中的道德人权只是实现道德价值的一种国际性政治约定。国际社会曾经出台了三大国际人权公约,即《经济、社会及文化权利国际公约》《公民权利和政治权利国际公约》和《公民权利和政治权利国际公约任择议定书》。这些人权公约是借助国际间的人权协议,通过公开声明表明人权价值及其保障措施在国际社会的合法化。其次,不同国家根据这些人权公约,借助各种宣传机构、舆论机构以及政治组织和社会组织的参政议政,在国内保障道德人权价值的实现。不难发现,政治程序意味着一种渠道,只有完善这些渠道,才能保证道德人权价值从理念转换为现实。从这个角度来看,没有政治程序,也就没有道德人权价值转换的渠道,道德人权价值的实现也就成为空中楼阁。

在道德人权价值可以通过完善政治制度来实现的过程中,最能体现道德价值的实现是政治活动。政治活动是人类所特有的政治生活中的活动,它是人类文明的重要表现。为了人类自身的生存与发展,人们在国家层次构建了政治生活的平台。政治国家本身就是在人们的公共理性基础上所构建的,肩负保障人们通过努力实现自身生存与发展价值的责任与义务。从理论上说,政治活动的基础在于道德人权。从实践上看,道德人权从政治理念通过不同政治程序向现实转化,政治活动是实现道德人权价值的最重要的实现方式。道德人权价值本身就是为了实现人之为人的基本权利的价值。这种基本权利的价值聚焦于个体的人的价值在社会生活中的实现。因此,在政治生活中,道德人权价值就是通过社会生活中的政治活动来实现的。从政治活动的本身追求的目标来看,政治活动是为实现道德人权价值

---

① [美]博登海默. 法理学:法律哲学与法律方法[M]. 邓正来,译. 北京:中国政法大学出版社,1999:220.

而服务的。随着人类文明历史的发展，这一点表现得越来越明显。尤其当人类社会进入现代社会中，现代政治活动都是非常明确地宣称要把实现道德人权价值作为最基本的价值目标。正是在政治活动中，体现道德人权价值的理念，如自由、平等等，构成了实现道德人权价值的政治动力之源。各种政治活动的开展，如选举活动、政府会议、政党集会等都能够从不同方面构成促进道德人权价值实现的手段。

(3)道德人权价值的法律化，即道德人权价值可以通过法律制度来实现。

法律制度是指一个国家或地区的各种法律规范和原则的总称。道德人权价值是一种公共理性价值，需要从应然转为实然，才能得到实现。人们在判断一个国家或地区的人权状况时，常常通过该国家或地区的法律制度来进行审视。如果法律制度能够切实地保护人权，说明该国家或地区的人权价值得到了有效的保证。因为，法律制度在保证道德人权的过程中十分重要。法律制度是一个社会中的显性规则，在各种社会关系中具有其他规范所不可比拟的作用。道德人权价值的法律化就是要用法律保护道德人权。没有法律制度的保障，道德人权在很大程度上只能停留在应然的层次上，无法转入实然的层次。道德人权价值的法律化就是把道德人权价值具体化、现实化、明确化、可操作化。从人权的历史发展来看，当法律制度无法保护人权时，人权状况就会陷入糟糕的状态中。比如，"文革"十年，是法律制度遭到抛弃的十年，人们的基本人权无法得到保护。当时，所谓"龙生龙，凤生凤，老鼠的儿子会打洞"的"血统论"甚嚣尘上。人们相信这种"生而不平等"的观点。人们无形之中被分成了"红""黑"两大类，每个人非"红"即"黑"。人的生命与尊严，在阶级斗争中变得毫无价值。因此，从一定社会现实意义上看，道德人权价值的法律化是指道德人权价值需要通过法律规定，就会从具有超越性的价值理想在现实生活中变为现实。法律是保障道德人权价值实现的重要方式。

在道德人权价值的法律化过程中，道德人权价值的宪法化是基础。宪法是国家的根本大法，也被称为国家法律体系之母，具有最高的法律效力。宪法并不是本来就有的，而是在资产阶级革命取得成功后的产物。任何宪法中都必然要规定公民的基本权利，这是宪法的核心。宪法是以保障公民的基本权利来展现自身的发展。最早的英国宪法的一系列文件，如《大宪章》《人身保护法》《权利法案》等，就是在资产阶级反对王权专制、限制王权、保障公民权利中出现的。美国的《独立宣言》、法国的《人权宣言》都明确地规定了公民所应该具有的生命权、自由权、财产权等基本权利。这些权利显然与道德人权的基本内容相重合。正如著名宪法学家蔡定剑先生所言:"制定宪法的目的主要在于保障公民的权利,说宪法是'人权保障书',是恰如其分的。"①道德人权价值的宪法化,就是从宪法的层面来规定道德人权价值,既能够从最高的法律效力的根本原则方面论证保护道德人权价值的合法性,每一个公民都享有道德人权,国家的权力要为道德人权价值服务;也以国家根本大法的形式规定国家的权力就是要实现道德人权价值,赋予实现道德人权价值正当性的最高法律依据。从世界各国的宪法来看,宪法都是要以保障人权价值的实现为目标,防止人的基本权利被侵犯。要运用法律保障道德人权价值的实现,必然需要宪法首先成为保障人权的宪法。一般而言,一部合格的宪法是一部保护人权的宪法。宪法尊重和保障社会中每一个人的生存与发展的基本权利。

道德人权价值的实现,除了需要在宪法中得到体现,还需要在具体的一般法律中得到进一步的展开。宪法是国家法律制度的核心。它规定了保护道德人权的基本要求,赋予了实现道德人权价值的最高法律效力。但是,宪法所规定的各种保护道德人权的基本要求还是处于比较抽象性的状态。道德人权价值的实现,需要在各种具体的法律中得到体现。毕竟,宪法所规定的各种保护道德人权的基本要求还需要进一步落实到具体的相关法律中,才能更为有效地为保障道德人权服务。比如,宪法规定要保护人的自由权。人的自由权包括言论、出版、集会、结社、游行、示威的自由;人身自由,如人身自由不受侵犯,人格尊严不受侵犯,住宅不受侵犯;通信自由;宗教信仰自由。但是,宪法无法把每一种可能出现的违反人的自由权的情况都一一具体列出,这就需要具体的法律来加以细化。刑法、民法、商法、行政法、社会法等都会将对人的自由权的保护进一步展开。从人权的历史发展来看,道德人权通过具体的各种法律制度来获得保障是一个发展趋势。由此可见,道德人权价值在一般法律中的展开是其法律化的具体表现,是道德人权价值实现的重要推进方式,也是保障和实现道德人权价值的时代要求。

从法律保障来看,道德人权价值的实现,更为重要的是落实在针对每个人的法律实践过程之中。法律保障每一个人的正当的基本权利。尽管在现实生活中不可能彻底实现,但它构成了法律所追求的一个理想目的。正如唐纳利所说:"人权在道德上先于和高于社会及国家,它们受个人的控制,个人拥有它们,并且在极端的情况下,运用它们来反对国家。这不仅体现一切个人的平等,而且体现他们的自主,体现他们拥有和追求不同于

---

① 蔡定剑. 宪法精解[M]. 北京:法律出版社,2006:236.

国家或者国家统治者的利益和目标的权利。在受人权保护的领域中，个人是'国王'——或者毋宁说，个人是有权得到同等关心和尊重的平等自主的人。事实上，这些价值和结果变化甚至今天也没有完全实现，自现代以来的大多数时期内，它们一直被限于一小部分人。尽管如此，理想已经确立，理想的实现也已经开始。"①如果法律没有切实地保护道德人权，而只是作为一种娓娓动听的语言放在法律条文上，它只能是一种无耻的欺骗。从道德人权价值法律化来看，道德人权只有落实到具体的每个人的法律实践中，道德人权价值才能切实得到保障。

2. 道德人权价值的内化

道德人权价值，从作为一种价值来看，需要其主体自身的认可，才能有效地实现。这就涉及道德人权价值的内化。"内化"一词，最早源于《庄子·知北游》："古之人，外化而内不化；今之人，内化而外不化。"庄子认为，人要保持个体的自由精神，追求"内不化"，因为"内化"就是改变人的内在的自然本性，如追慕权贵、曲意逢迎等。在庄子这里，人要保持内心的本真。"外化"是顺应外物。庄子主张"外化内不化"，即顺应外物而保持本性。西方最早明确提出"内化"概念的是法国学者杜尔凯姆（Émile Durkheim）。他在《道德教育》一书中指出，社会意识，超越个体意识，向个体意识内化，存在于个体意识之中。正是在内化中，外在的社会价值观念等转为个体的内在思想观念与行为。美国心理学家布鲁姆（Benjamin Bloom）认为："'内化'是把某些东西结合进心理或身体之中去：把另一些个人的或社会的观念、实际做法、标准或价值观，作为自己的观念、实际做法或价值观。"②尽管不同的思想家对"内化"这一概念各有不同的理解和认识，但其共同点还是很明显。所谓"内化"是指个体通过学习与实践，把外在的观念转变为自己内在观念的过程。就道德人权价值的内化而言，它是指一定社会的道德人权价值观转为个体的思想意识，成为其行为的习惯。

道德人权价值的实现，固然需要在现实社会中得以外化，但最终需要其内化才能表现于外。如果个体没有把它内化，从而认可道德人权价值，道德人权价值就很难外化。我们仔细分析"内化"，它是指在一定社会环

① ［美］杰克·唐纳利. 普遍人权的理论与实践［M］. 王浦劬，等，译. 北京：中国社会科学出版社，2001：77.
② ［美］布鲁姆. 教育目标分类学（第2册）［M］. 罗黎辉，丁证霖，译. 上海：华东师范大学出版社，1986：28.

境中接受教育而自我认同，并成为一种习惯。因此，这种内化是"教并使之习于所教"，其实就是教育。按照黑格尔的观点，教育就是人的心灵、精神从个别性向普遍性的提升。从实现方式来看，它主要有理论教育与实践教育两种方式。道德人权价值可以通过理论教育与实践教育的方式来使人们认识保障道德人权的重要意义和作用，并内化成为一种保护人权的行为习惯。

（1）理论教育是道德人权价值内化的前提。

道德人权价值的内化离不开理论教育。按照黑格尔的理解，"理论教育是在多种多样有兴趣的规定和对象上发展起来的，它不仅在于获得各种各样的观念和知识，而且在于使思想灵活敏捷，能从一个观念过渡到另一个观念，以及把握复杂和普遍的关系等"①。道德人权价值的内化是指将一定社会的道德人权价值观转为个体的思想意识，成为其行为的习惯。如果没有针对道德人权价值的一定理性认知，个体很难将道德人权作为一种个体的思想意识，更不可能将其转换为一种行为的习惯。由于道德人权价值是人权在人的生存与发展中所具有的道德具体价值和道德价值取向，这种人的生存与发展不仅是在一定社会环境的帮助之中，而且还是在自我的努力之中，因此，道德人权价值的内化不仅涉及社会、家庭、学校针对个体的教育，而且包括个体的自我教育。也就是说，理论教育包括社会理论教育和自我理论教育两种方式。

社会理论教育是指社会运用其资源针对个体展开的理论教育。这种教育包括学校课堂教育、社会主流舆论的教育等。任何社会中都有相应的社会教育。就道德人权价值的社会教育而言，个体正是在接受社会教育的过程中，认识了人权的重要意义与内容，以及人权与秩序、法治等观念的关系，从而增强对道德人权价值的理性认识。当然，在这种社会教育中，既有直接教育，也有间接教育。直接教育是直接针对道德人权的教育，比如学校教育，在相关的课堂教学中直接教育其对象应该理解和掌握相关的道德人权价值的思想与观念。"教育和学校制度必须包括人权。'你想要别人如何对你，你就如何对别人。'这是所有人权的基本伦理准则。如果学校的孩子们能够接受这一基本原则，那么，他们将会更愿意为人权在社会和政治中的实现和完善贡献自己的力量。"②应该说，个体在直接教育中接

---

①　[德]黑格尔. 法哲学原理[M]. 范扬，张企泰，译. 北京：商务印书馆，2010：209.

②　[瑞士]托马斯·弗莱纳. 人权是什么[M]. 谢鹏程，译. 北京：中国社会科学出版社，2000：89.

受道德人权的相关思想与观念，有助于提高道德人权价值观转变为个体内在思想观念的可能性。间接教育是间接影响个体的理论教育，比如社会主流舆论，报纸、杂志、影视作品中的观点，潜在地影响个体的道德人权观的形成与发展。从某种意义上看，这种隐形的教育更容易为个体所接受。因此，社会理论教育中的两种教育在道德人权价值的内化中都是不能忽视的。

自我理论教育是指个体自我所进行的理论教育。从价值论的角度来看，这种最具代表性的自我教育是价值澄清方式。美国学者拉思斯认为："我们并不想要表明每个人应该要谨慎地对待价值问题，或过一种更加完善的生活。相反，我们承认，许多人并没有为更加完善的生活而奔波，或许他们宁肯不过更加完善的生活，或许他们的环境使这种生活痛苦不堪。我们并不想说明一个人之所以有缺点，原因在于其生活仍处于混乱、前后矛盾或破碎之中。我们只希望能为那些更愿意改变、乐于按照某种价值观念来安排生活的人提供空间、时间、鼓励、支持和指导。"[①]在他看来，道德价值观需要的是自我认识和理性分析，从而在推理和认同基础上实现自我教育。这种自我教育充分突出了道德价值观的主体性的理性作用。但是，这种方式忽视了社会价值的引导，过分突出了自我澄清和自我确定。因此，我们在提倡自我教育的理性认知道德人权价值的过程中，仍然需要加强社会理论教育。当然，价值澄清方式中所提出的理性分析和自我澄清等观点在道德人权价值的内化过程中还有其积极意义。

（2）实践教育是道德人权价值内化的基础。

实践教育在道德人权价值内化中具有重要意义。按照黑格尔在《法哲学原理》中的解释，实践教育"首先在于使做事的需要和一般的勤劳习惯自然地产生；其次，在于限制人的劳动，即一方面使其活动适应物质的性质，另一方面，而且是主要的，使其能适应别人的任性；最后，在于通过这种训练而产生客观活动的习惯和普遍有效的技能的习惯"[②]。在这里，实践教育实际上就是人的社会适应性的劳动活动，是人的社会化活动。道德人权价值的内化是指一定社会的道德人权价值观转为个体的思想意识，成为其行为的习惯。就此而言，它也是人的社会化中的一个组成部分。实践教育是道德人权价值内化的必要环节和基础。个体正是在实践教育中认

---

① ［美］路易斯·拉思斯. 价值与教学［M］. 谭松贤，译. 杭州：浙江教育出版社，2003：2-3.
② ［德］黑格尔. 法哲学原理［M］. 范杨，张企泰，译. 北京：商务印书馆，2010：209.

识了道德人权价值在社会生活及人自身的存在与发展中的重大作用。如果没有实践教育，道德人权价值的内化也就失去了其形成的土壤。同时，理论教育不能脱离实践教育。正如黑格尔所说："理论的东西本质上包含于实践的东西之中。"①唯有通过实践教育，个体才能把曾经的外在的思想观念转为自己的内心思想观念。实践教育把主观与客观沟通了起来。道德人权价值的思想与观念，正是借助于实践教育才能内化为个体的主观思想中的组成部分。因此，实践教育在道德人权价值内化的过程中不是可有可无的，而是具有重要意义。

实践教育在道德人权价值内化的过程中具有多种多样的形式，是理论教育在社会现实生活中的必要延伸。人们需要把关于道德人权的相关理论，切实地在现实社会生活中加以落实。比如，从人权保障来看，要关心和尊重一个人，他首先必须被承认为一个道德上的人。这就要求人具有某种道德人权。但是，在现实社会生活中，道德人权常常可能会受到国家强制力的侵犯。例如，以人权状况良好而自我标榜的美国，其人权状况其实十分糟糕。根据中国政府 2015 年所发布的《美国的人权纪录》：2014 年，美国有 4670 万人处于贫困状态。每年至少有 4810 万人缺乏食物保障。2015 年有超过 56 万人无家可归。种族关系处于近 20 年来最差时期。61% 的美国人认为美国的种族关系糟糕。执法司法领域是种族歧视的重灾区。88% 的非洲裔美国人相信自己受到警察的不公正对待，68% 的非洲裔美国人认为刑事司法体系存在种族歧视。2015 年，美国黑人男青年弗雷迪·格雷，在巴尔的摩遭警方查问，遭到暴力执法，死于脊椎严重受伤。该事件导致民众上街抗议，引发整个城市陷入大骚乱，并蔓延到纽约、华盛顿等多个大城市。正如弗莱纳(T. Fleiner)所说："当人权走进日常生活的时候，实现和确认人权的机会增加。"②的确，在实践教育中，认识现实社会中所存在的各种人权问题，能够促使个体意识到如何关心与尊重一个人，切实地把一个人当做一个人来看待。

(三)道德人权价值实现的标准

道德人权价值的实现，是指在一定社会历史时期的道德实践活动中，道德有效地保护人权，有目的、有步骤地实现了道德所预定的人权目标，

---

① ［德］黑格尔. 法哲学原理［M］. 范杨，张企泰，译. 北京：商务印书馆，2010：13.
② ［瑞士］托马斯·弗莱纳. 人权是什么［M］. 谢鹏程，译. 北京：中国社会科学出版社，2000：90.

保障了人的生存与发展。从这个意义来说，道德人权价值的实现，是道德人权在一定社会中的形成、稳定与发展。如何看待道德人权价值是否实现，在多大程度上实现？这就需要有一些判断的标准。

1. 道德人权价值外化的程度

道德人权价值的实现，需要在现实社会中得以外化。我们可以把道德人权价值外化的程度作为评价的标准。

道德人权价值的外化主要包括道德人权价值的经济化、政治化和法律化。我们可以根据道德人权价值的经济化程度、政治化程度和法律化程度来具体评价道德人权价值的评价标准。道德人权价值的经济化程度高，意味着道德人权价值的实现具有坚实的物质基础，其实现范围随着经济的发展而扩展到更为广泛的人群，能够在更大的范围内得到实现。它还意味着在经济发展中，从道德为实现人权而调整利益的方式来看，道德能够有效地实现利益划分、利益分配和利益调整，保障道德人权价值的实现。道德人权价值的政治化程度高，意味着政治制度能够很好地实现权力制衡和约束，保障道德人权，能够有效地通过政治理念、政治程序和政治活动等维护道德人权价值。道德人权价值的法律化程度高，意味着法律制度能够融入道德人权思想观念，约束国家权力的滥用，很好地保护道德人权价值，能够在宪法、一般法律和法律实践活动中贯彻道德人权的不可侵犯性。道德人权价值的经济化、政治化和法律化程度越高，道德人权价值的外化程度越高，道德人权价值的实现程度越高。

2. 道德人权价值内化的程度

道德人权价值，从作为一种价值来看，需要其主体自身的认可，才能有效地实现。这就涉及道德人权价值的内化。我们可以把道德人权价值的内化程度作为道德人权价值实现的标准。

道德人权价值的实现，尽管需要在现实社会中得以外化，但归根结底还是需要其内化后才能表现于外。道德人权价值的外化中的道德人权价值的经济化、政治化和法律化，都是需要经过个体对道德人权价值的认可。如果没有个体的认可，道德人权价值就难以外化。个体越是能够把道德人权价值内化，内心越是认同道德人权价值的重要性，道德人权价值越是能够通过各种形式表现出来，其实现的可能性就越大。

从实现道德人权价值内化的方式来看，这涉及培养道德人权价值内化的理论教育和实践教育。理论教育越是有效，个体就越容易接受社会所主张的道德人权价值观念；实践教育越是成功，个体越是愿意在现实中贯彻道德人权价值观念。如果理论教育和实践教育无法有效地落实，或者说两种教育离得太远，一个高高在上，一个低低在下，个体就很难接受。只有将理论教育拓展到实践教育之中，实践教育体现于理论教育之内，道德人权价值观念才容易为人们所认同，从而有利于道德人权价值的实现。

四、道德的特定化人权

道德是人的道德，是尊重人的道德。自从道德出现以来，注重人的尊严可以说是道德价值的重要体现。人的尊严在道德中常常表现为特定化的人权，即生存权。从道德上认同和保障这种特定化的人权，即生存权，具有重要意义。因此，在认识了一般的道德人权价值问题之后，我们需要进一步探讨道德的这种特定化人权，从而深化这一问题的研究。

(一)道德认同和保障生存权

生存权是一种重要而特殊的道德人权。关于生存权的解释，可以从外延与内涵两个角度来加以归纳。从外延上看，生存权覆盖了三个层次。徐显明曾这样概括："对生存权的理解目前已形成三种意义。广义的生存权，是指包括生命在内的诸权利总称；中义的生存权，是指解决丰衣足食问题，即解决贫困人口的温饱问题；而狭义的生存权，系指社会弱者的请求权，即那些不能通过自己的劳动获得稳定生活来源而向政府提出物质请求，政府有义务来满足其请求从而保障其生存尊严的权利。"①这种概括如同金字塔，层层解释了生存权所涉及的领域。从内涵上看，生存权具有国家保障的性质。这种性质既有可能是消极的，也可能是积极的。从消极意义上看，生存权是国家所不能侵害的人的生存方面的权利。从积极意义上看，生存权是国家应该积极保护的人的生存方面的权利。就中国社会而言，生存权是中国人民长期争取的首要人权，目前主要包括生命权、温饱权和健康权。这是中国社会的历史发展特点所决定的，当然，随着中国社会的发展，生存权还会与时俱进，包括其他的内容。综合来看，生存权是指人权中人所具有的生存水准权，是国家不能任意侵犯而应该积极保护的权利，是在历史发展中不断丰富的人权概念。

---

① 徐显明. 人权研究(第 2 卷)[M]. 济南：山东人民出版社，2002：4.

　　道德是人们在社会道德实践过程中内心所认同并践行的规范总和。道德认同和保障生存权，主要表现在三个方面。

　　其一，道德认同和保障人所具有的生命权。

　　生命权是最基本的生存权，是所有其他权利的基础。没有了生命权，其他人权就无从谈起。17 世纪的法学家格劳秀斯认为，是上帝给予了人生命权，上帝赋予了人享有个体自由、人的尊严和自己支配自己行为的权利。洛克在《政府论》中指出，生命权是人之为人的自然权利，表明了人的生存的自然意义，这是天赋的人权。在这些思想家看来，生命权具有神圣性，是不容侵犯的最基本权利。只有人具有了生命权，人的价值才能得到体现，否则就会失去现实的意义。

　　道德是为了人能够更好地生存与发展所形成的基本要求。它自然认同和保障人所具有的生命权。道德是为了人的更好生存与发展而提出的。每个人都有对自己的生命所承担的责任。我们把保障自己的生命，发展和提高自己的生命水平，使它具有最基本的道德价值，作为自己的完全责任。人应该为自己的这种道德指向尽自己的责任。在康德那里，这是人所要无条件服从的自由规律。正是服从了自由的规律，而不是由于其他的原因，人才能具有道德。这是人与其他非理性存在物的本质区别。人不仅服从自然规律，如人的肉体，而且还服从自由规律，如人的精神。"人的一切都来自规律毋庸置疑的权威，来自对规律的无条件的尊重。"①自由赋予了人超越其他非理性存在物的独特地位。尊重一个有道德的人，就是尊重自由，尊重规律。人的尊严从中得到体现。在康德看来，人具有内在价值，并不需要借助外在价值。人本身只能是目的而不能是工具。人有意志自由，其选择善也就有了价值，有了实现至善的可能性。从而，他完成了人的存在价值的论证。

　　因此，人的生命存在具有内在价值，这是人的意志自由的体现。人人都只是目的而不仅仅是手段。人的生命权具有不可或缺的重要价值。一个遵守道德的人，也就是认同和捍卫生命权的人。人类所提出的道德为生命权找到了存在的价值和意义。从而，这也为人的生命权的价值奠定了不可侵犯的道德基础。

　　其二，道德认同和保障人所具有的基本物质生活条件。

　　生存权中人所具有的基本物质生活条件是指人们维持其基本的衣食住行以及健康的物质条件。有些学者把生存权中人所具有的基本物质生活条

---

　　① ［德］康德. 道德形而上学原理［M］. 苗力田，译. 上海：上海世纪出版集团，2005：45.

件的权利，称为社会权。比如徐显明认为，社会权是生存权在经历了生命权之后的另一种表现形式。它标志着古典的自然权思想在历史上的终结。社会权不同于生命权在于，其超越了直觉论证，表明任何人在其生存出现危机时都拥有接受维持其生存的基本物质生活条件的权利。

　　道德是人为了自身的生存与发展而提出的社会规范。人要生存与发展，就必然需要维持其生存的基本物质生活条件。因此，道德本身就认同和保障人所有的基本物质生活条件，比如人所需要的基本衣食住行条件，这些都是维持人的生存与发展的基本条件。从这个意义上看，这些属于社会保障的内容。以人需要住所为例，从社会保障意义上看，其重点在于"住"而不在于"房"，也就是说，维持人的基本物质生活条件并不是每个人都一定要有产权意义上的"房"，只要满足基本生活需要即可。如果个人无法获得相应的基本生活保障，社会或国家就需要提供相应的救济。《世界人权宣言》第 25 条指出："人人有权享受为维持他本人和家属的健康和福利所需的生活水准，包括食物、衣着、住房、医疗和必要的社会服务；在遭到失业、疾病、残疾、守寡、衰老或在其他不能控制的情况下丧失谋生能力时，有权享受保障。"从造成需要社会保障的原因来看，主要是社会的极端贫困和社会的阶层歧视。因此，要想彻底保护人的基本物质生活条件，必须消除极度的贫困和社会的阶层歧视。古典经济学的奠基人亚当·斯密从伦理学中构建出经济学，就是希望以一种道德的经济学，增加人们的财富，提高人们的道德情操。正如阿马蒂亚·森（Amartya Sen）所说："虽然从表面上看经济学的研究仅仅与人们对财富的追求有直接的关系，但在更深的层次上，经济学的研究还与人们对财富以外的其他目标的追求有关，包括对更基本目标的评价和增进。"[①]在这里，更基本的目标就是道德目标。在这些学者看来，道德有助于增加人的财富，丰富人的物质生活条件。当然，财富的增加，也能促进道德水平的提升。

　　总之，任何一个文明社会或国家都需要不断保障人的生存权，保障每个人都拥有获得食物、水、适宜的环境、教育、医疗和住所等权利。它们是文明社会或国家中众所周知的基本人权。它们符合道德要求，体现了道德所希望实现的目标，即个体善与社会善的可能性。

　　其三，道德认同和保障人所具有的人的尊严。

　　生命权和人所具有的基本物质生活条件，常常仅仅表明"活着"，其

---

① ［印度］阿马蒂亚·森. 伦理学与经济学［M］. 王宇，王文玉，译. 北京：商务印书馆，2003：9.

实，人的生存并不满足于"活着"。人的生存还涉及"怎么活着"，是否有尊严地活着，即人的尊严的问题。1977年，联合国大会通过《关于人权新概念决议》和《关于人权新概念的决议案》，把人的尊严问题写进了决议，明确地把促进人的尊严作为人权中必不可少的内容。人的尊严是人与人之间所需要的最基本的相互尊重的精神诉求。这种相互尊重的精神诉求既是为了保障自我的生存与发展，也是为了防止彼此之间的相互侮辱。

道德可以从积极方面保障人的尊严。道德，是人之为人的本质属性之一。只要作为人，就应该具有道德，就应该具有人的尊严。从这个意义上看，道德与人的尊严之间存在密切联系。道德与人的尊严表明了人与其他动物之间的区别。一方面，道德是人为了自身的生存与发展而形成的基本社会规范，它需要促进人的生存与发展，必然要满足人与人之间基本的相互尊重的精神需求。毕竟，人是脆弱的、易受伤害的。人不可能没有相互尊重的精神需求。道德作为人与人之间关系的调节器，能够满足人们之间的这种精神需求，从而保障人的尊严。另一方面，如果我们把道德理解为社会共同体的基本规范和要求，那么人本身是构成社会共同体的基本要素，人能够组织起来形成一个社会共同体就需要人都有人的尊严，否则，人与人之间相互侮辱，就会失去其凝聚力。从价值论角度来看，人都是以价值存在的形态。这种价值具有独特性，即具有人的尊严的价值。道德要保障人的生存与发展，促进社会的进步，必然要认同和保障人的尊严。因此，人的尊严可以说是一种道德价值。它是人所固有的价值形态。在现实社会中，我们需要把人始终作为目的，而不能把人仅仅作为一种工具或作为实现某种目的的手段。显然，道德是人的道德，我们要认可人自身的目的性，认同和保障人所具有的尊严与价值。在当今世界中，任何国家或组织、个人都不会公开地反对人的尊严。但是，在现实社会中，公然侵犯人的尊严的现象比比皆是，因此，发挥道德的作用，在捍卫人的尊严方面具有重要意义。

（二）道德落实和保障生存权

道德不仅在理论上认同和保障人的生存权，而且还会在实践上落实和保障人的生存权。道德落实和保障生存权主要表现在三个方面：一是运用道德教育和道德修养，增强人们捍卫生存权的意识；二是利用道德评价防止国家任意侵犯生存权，督促国家积极保护生存权；三是运用道德舆论，促进捍卫生存权的制度、规范的具体实施。

其一，运用道德教育和道德修养，增强人们捍卫生存权的意识。

道德教育是针对受教育者有目的、有计划地施以道德影响的活动。要落实和实现生存权，需要运用道德教育，增强人们捍卫生存权的意识。生存权是指人权中人所具有的生存水准权，是国家不能任意侵犯而应该积极保护的权利，是在历史发展中不断丰富的人权概念。在前面，我们已经阐述了道德认同和保障人的生存权，但如何增强人的生存权的意识呢？我们需要首先借助人们具有一定的保护人的生存权的道德认识。正如毛泽东所说："不论做什么事情，不懂得那件事的情形，它的性质，它和以外的事情的关联，就不知道如何去做，就不能做好那件事。"①道德教育在捍卫生存权中的运用，首先就是要促进人们准确把握生存权的含义，了解生存权中保障生命权的重要意义，知道人的尊严是人的生存权中不可或缺的组成部分，认识生存权的层次性和历史性。从道德教育来看，有了相应的生存权的认识，还需要陶冶相应的道德情感。没有捍卫人的生存权的道德情感，人就会缺乏行动的动力。良好的道德情感就是当看到保障人的生存权的现象时，你能够自然地给予赞扬；当看到侵害人的生存权的现象时，你能够自然地给予谴责。在正确的道德情感的基础上，还需要锻炼捍卫生存权的道德意志，逐渐树立捍卫人的生存权的道德信念。这样，人们在这种道德教育中，才能形成捍卫生存权的道德品质，养成捍卫生存权的道德习惯。

增强人们保障生存权的意识，道德教育固然重要，但道德修养更是不可忽视的。道德修养是个人自觉地根据一定社会的道德要求进行自我改造、自我陶冶、自我培养的功夫。要形成人们保障生存权的意识，道德教育只是外在条件，道德修养才是人的意识最终形成的内在根源。毕竟，"外因是变化的条件，内因是变化的根据，外因通过内因而起作用"②。在培养人们捍卫生存权的意识中，没有道德修养的实践过程是难以完成的。马克思把道德修养的实质概括为人的本性的不断改变。这种不断改变本性的道德修养是人的自我规范的实践过程。在这个过程中，自我的道德选择能力不断克服外在的阻力，自觉地认可人的生存权，把捍卫生存权作为自己的精神需要。当然，这个过程是艰难的，因为这是一个人的高度自觉自愿的活动。正如德谟克利特所说："和自己的心进行斗争是很艰难的，但这种斗争的胜利标志着你是深刻的人。"③在培养人们保障生存权的意识的

①　毛泽东：毛泽东选集(第1卷)[M]. 北京：人民出版社，1991：155.
②　毛泽东：毛泽东选集(第1卷)[M]. 北京：人民出版社，1991：277.
③　周辅成. 西方伦理学名著选辑(上卷)[M]. 北京：商务印书馆，1964：85.

过程中，道德修养是其形成具体行为习惯的重要环节。人们正是通过这种高度自觉自愿的活动，不断反省自身，增强保障人的生存权的意识。

其二，利用道德评价防止国家任意侵犯生存权，督促国家积极保护生存权。

从人权的历史发展来看，保护人权主要依靠国家。要保护人的生存权，需要国家或政府从中发挥重要作用。从国际人权公约来看，国家在生存权保障上应该平等地尊重、保护和实现每个人的生存权。就道德这种管理国家的手段而言，运用道德评价可以有效地防止国家任意侵犯生存权，督促国家积极保护生存权。

一方面，道德评价有利于防止国家任意侵犯人的生存权。道德评价是指人们在社会生活中根据一定的社会道德标准针对自己和他人的行为进行的善恶评价。它使得道德在社会实践生活中对于保障生存权的认知作用、调节作用和教育作用等通过评价的方式表现出来。国家毕竟受不同利益集体的制约，很有可能出台侵犯某些人群的政策与方针。例如在19世纪，美国为了发展资本主义的经济，建设横跨美洲大陆的铁路，挖掘在印第安人居住地发现的金矿，采取各种措施驱逐和限制印第安人的生存空间。1882年，美国国会通过"印第安人土地总分配法"，即道威斯法。该法完全取消了印第安人原有的土地社会所有的制度，把印第安人保留地的土地作为"份地"分配给印第安人，由联邦政府托管25年。在此期间，土地耕种者不许出售或转让自己的土地，同时，将保留地多余的土地出售给美国公民。自此得到的款项经国会批准用于印第安人的教育和使印第安人部落"文明化"，即"非部落化"。该法案直到1934年才被国会废止。推行道威斯法，美国政府剥夺了印第安人的土地。"在分配土地的50年中，印第安人失去了原有的138亿英亩土地的90%，而在剩下的土地中，有一半是荒地。"①同时，该法还严重摧毁了印第安人原有的文化。美国政府这些严重侵犯印第安人的生存权的丑恶行为，自"二战"结束以来，尤其自20世纪60年代后，随着美国民权运动的不断发展，遭到人们强烈的道德谴责，美国政府于1953年不得不承认印第安人具有美国公民所享有的一切权利，至少从文字上公开表明停止侵犯印第安人的生存权。实际情况却仍不乐观。1983年1月24日出版的《今日美国》中有一篇《恢复早期美国人的骄傲》一文，曾这样记录印第安人在保留地的生存状况：大多数印第安

---

① Wendell H. Oswalt. This Land Was Theirs：A Study of Native North Americans, USA［M］. Oxford：Oxford University Press, 1978：532.

人在保留地的生活如同地狱一般，失业人数高达 30% 以上，在有些保留地实际甚至高达 80%，住房条件往往低于正常标准。健康服务完全不能满足人们的需要。人们由于缺乏生存的机会而导致绝望，从而出现极高的自杀比例和酒精中毒比例。尽管情况不妙，但社会的道德评价有利于美国人在国内关注印第安人的生存权，停止早期明目张胆的侵犯人权行为。

另一方面，道德评价有利于督促国家积极保护人的生存权。道德评价能够监督和引导国家采取积极的措施保护人的生存权。正如弗莱纳所说："如果你想保护人权，你就必须限制那种凌驾于他人之上的权力，并且确保这种权力受到持续的监督。"①道德评价促使国家不能以不作为为借口，冷漠面对大量生命生存在饥饿、疾病、失业、失学、颠沛流离、生产安全隐患、缺乏应有的医疗保障体系之下，逃避一个国家应有的保护其成员的生存权的义务和责任。道德评价能够通过善恶评价，形成社会压力，引导国家采取社会保障措施，提供给人们基本物质生活条件，尊重人的尊严。例如，中国自 20 世纪 80 年代以来，在相当长时期内，一些地方的债权人剥夺债务人的所有应该返回财产，甚至包括维持其基本生活条件的财产。这种做法遭到广泛的道德谴责。在社会和政府的多方努力下，2004 年，中国最高人民法院颁布《关于人民法院民事执行中查封、扣押、冻结财产的规定》，得到了人们广泛的肯定性道德评价。该规定指出，自 2005 年 1 月 1 日起，被执行人的 8 种财产人民法院不得查封、扣押、冻结。其中主要是与公民基本生活有关的财产。这种解释表明，主张债权时，不能把债务人的生存希望一并剥夺。换而言之，生存权理当优先于债权。即使是社会生活中的失败者，也不能被剥夺基本生存权，而是仍有过一种独立而有尊严的生活的权利。这种生存权要高于债权，因为债权只是一种相对权，债权关系只有在不损害社会基本秩序的前提下才能得到保护。

因此，道德评价在保护人的生存权方面，注重国家所具有的两种义务，即消极义务和积极义务。所谓消极义务，就是道德评价保证国家不会侵犯人的生存权。所谓积极义务，就是道德评价促使国家积极保护人的生存权。从人权保障的历史来看，国家的这两种义务都是十分重要的。

其三，借助道德舆论，促进捍卫生存权的制度、规范的具体实施。

捍卫人的生存权，既有国家是否愿意保障的问题，也有具体落实的问题。即使国家愿意防止侵犯生存权，要积极保护生存权，制定了相关的制

---

① [瑞士]托马斯·弗莱纳. 人权是什么[M]. 谢鹏程，译. 北京：中国社会科学出版社，2000：87.

度、规范，但这还是不够的，还需要具体落实这些制度和规范。在落实这些制度和规范的过程中，道德舆论能够发挥重要的促进作用。

道德舆论是社会舆论的重要表现形式之一。道德舆论是指公众从道德方面针对社会的各种现象所表达的意见、态度和情绪的总和。它具有集体性、一致性、强烈性和延续性的特性。道德舆论中既包含一定的理性成分，也蕴含一定的情感成分。在捍卫生存权的过程中，道德舆论代表了公众的意见、态度和情绪，能够促进生存权的制度、规范的具体实施。

一方面，道德舆论促使一些机构、组织落实捍卫生存权的制度、规范。例如，20世纪末，大量小煤矿、小水泥企业、小加工厂等，不顾工人的生存环境，追求利润最大化，导致大量工人患上尘肺病。社会的报道，广泛的道德舆论关注，政府监管机构的介入，迫使那些小企业转产，或者不得不改革工艺，加强对工人的防护，定期检查工人的健康，设法消除粉尘危害。尽管道德舆论并不可能彻底消除这些小企业中工人的尘肺病，但的确能促使各种社会组织关注保护人的生存权的制度与规范。

另一方面，道德舆论促使个体遵守保障生存权的制度、规范。应该说，相比组织、机构的行为，个体的遵守更为重要。因为，组织、机构是由个人所构成，组织、机构的行为只能通过其成员实施才能体现出来。一些组织和机构的侵犯人的生存权的行为，常常来自其成员的恶意为之。例如，20世纪末美国监狱中发生虐待伊拉克囚徒的事件。道德舆论能够促使组织、机构调查有可能侵犯生存权的个人，从而维护保障生存权的制度、规范。按照国际人权组织的相关规定，这种调查方式主要是审查（vetting），即针对组织、机构的成员的操守（integrity）进行评估，以决定其是否适合从事组织或机构的工作。在这里，操守主要是指组织或机构人员遵守国际人权标准的情况和职业行为表现等。

道德舆论促进组织、机构或个体保障生存权的制度、规范，无论是从组织、机构到个体，还是从个体到组织、机构，都能发挥一定的积极作用。值得注意的是，这种作用构成了由上到下，或由下到上的双向运动、相互促进的过程。

五、社会改革中的道德人权

社会改革是社会内部根据一定目标进行变革的一系列社会变化。社会改革与道德人权之间有着紧密联系。社会改革，常常是一种社会权利的改革，而人权是一种人的基本社会权利。社会改革需要捍卫道德人权，不讲道德人权的社会改革是难以取得成功的。同样，道德人权的发展与保障，需要社会的不断改革与促进。就此而言，社会改革与道德人权之间关系密切，相互影响、相互重构。社会改革需要保障道德人权，道德人权的保障也需要社会改革。我们需要认真探讨两者之间的关系，才能在更大的范围内更好地理解道德人权价值。

(一)社会改革需要保障道德人权

道德人权突出了人权的道德属性，把人权置于一种道德上的要求的位置。社会改革需要保障道德人权，这主要体现在三个方面：一是社会改革需要保障道德人权，以论证改革的合理性；二是社会改革需要保障道德人权，以最大限度地求同存异，促进改革顺利进行；三是社会改革需要保障道德人权，以赢得个体的积极参与，减少改革阻力。

其一，社会改革需要保障道德人权，以论证改革的合理性。

任何社会改革都需要占据道义的制高点，而在改革中树立起保障道德人权的大旗，能够彰显改革的合理性。从人类历史上的社会改革来看，社会改革本质上是人的权利的变革。社会改革就是要改革不合理的权利结构，构建合理的权利结构。例如，20 世纪五六十年代的中国西藏改革，就是要改革西藏社会中农奴与贵族之间的权利分配问题，要赋予农奴基本的人权，剥夺贵族的特权。一般人们认为，社会改革中总是存在着改革派与保守派。当然，这样划分只是总体上的表面性的划分，因为在现实社会中，人们可能在某个问题上支持改革，在另一个问题上反对改革。因此，改革常常意味着会发生改还是不改的公共争论，甚至引发全民公决。然而，透视这些外在的激烈争论的表象，无论何等波澜壮阔，其现象背后真正的争论不过是涉及权利的合理性与否的争论。萨姆纳曾指出："在公共争论中没有不涉及权利的情况，至少一方涉及权利，而通常争论双方都涉及权利。"①在这种权利改革中，人权是一个重要的考虑对象。"在国际舞台上人权已经成为批评和维护国家经济、外交、文化、人道和军事政策的共同语言。"②改革者从人权的道德属性上宣称自己的改革保障了道德人权，无疑论证了社会改革具有道德上的合理性和政治上的公正性。

---

① [加]L. W. 萨姆纳. 权利的道德基础[M]. 李茂森，译. 北京：中国人民大学出版社，2011：1.

② [加]L. W. 萨姆纳. 权利的道德基础[M]. 李茂森，译. 北京：中国人民大学出版社，2011：3.

其二，社会改革需要保障道德人权，以最大限度地求同存异，促进改革顺利进行。

一般而言，社会改革的出现往往意味着社会经济、政治、文化等方面的利益需求的满足出现了冲突。如果这种冲突的利益需求无法得到有效解决，一场严重的社会动乱就难以避免。社会改革涉及社会的各种不同利益主体的各种需求，这些需求的满足与否，既可以成为改革的动力，也可以成为改革的阻力。在社会改革中，保障道德人权，客观上能够最大限度地求同存异，促进改革的顺利发展。人有许多需求，但需求存在一定的层次性，有较高层次的需求，也有较低层次的需求。保障道德人权，属于人的基本需求。任何阶层的人，都首先要有这种需求。道德人权是把人权首先作为一种道德上的权利，其中蕴含着道德价值。道德人权价值是人权在人的生存与发展中所具有的道德价值。这种价值是基本的道德价值。没有这种道德价值，其他更高的道德价值也就很难存在。社会改革捍卫道德人权，也就是捍卫其中的道德基本价值。在社会改革过程中，捍卫符合人的生存与发展的道德人权价值，符合不同人群的共同要求，能够最大限度地团结各个阶层的人群。从人权发展历史来看，没有什么团体或社会组织会因为自己的利益来反对人权，这样，借助捍卫道德人权能够增进改革的共识，保障改革顺利展开。例如，中国自 20 世纪 70 年代末开始的改革开放，在初期提出了增加人民的实惠、满足大众的基本利益需求等基本权利。这是重要的道德人权。在这一时期，人权是其中一个非常重要的理念。它最大限度地反映了中国社会各阶层的现实诉求，从而充分调动了改革的积极性。正如李泽厚所言："中国社会进入'苏醒的八十年代'的时候，多么必然也多么需要这种恢复人性尊严、重提人的价值的人的哲学啊！'自由''平等''博爱''人权''民主'……这些口号、观念充满着多么强烈的正义情感而符合人们的愿望、欲求和意向啊！"①与苏联的改革相比，苏联的社会改革虽然打着人道的社会主义旗帜，但主要试图在最艰难的政治体制上改革，在经济上推行休克疗法，幻想一夜之间改革成功。真正在满足普遍民众的基本利益诉求方面做得很少，其改革很快就陷入困境，社会矛盾激化，改革难以为继。

其三，社会改革需要保障道德人权，以赢得个体的积极参与，减少改革阻力。

道德人权是把人作为人而拥有的基本权利，具有普遍性的特征。每一

---

① 李泽厚. 中国现代思想史论[M]. 北京：生活·读书·新知三联书店，2015：214.

个人都应该享有这种人权。从这个意义上看，道德人权是一种个体上的权利。任何社会都是由个体所构成，个体的人权的保障是集体的人权的保障的重要目标。如果个体的人权没有得到保障，集体的人权的合理性就难以得到体现。社会改革需要保障道德人权，就是直接从道义上捍卫了个人的生命权、尊严等人权的正当性与合理性。作为个人而言，自然希望自己的基本权利能够得到有效的保障。就整个社会而言，广大社会成员自然支持保障自身基本权利的社会改革。因此，这种直接针对个体的改革，容易赢得个体的积极参与和支持，而且从整个社会来看，可以有效地减少改革的阻力。

我们认为，保障道德人权能够促进社会改革，但是，这并不意味着改革一定能成功，只能是构成取得改革成功的必要条件。在一个贫富两极分化严重的社会中，仅仅试图以保障道德人权来弥合对峙双方的冲突是困难的。从世界各国的社会改革的历史来看，一场成功的社会改革，一定是促进道德人权进步的改革。一般而言，社会改革中保障道德人权，在那些没有出现严重两极对立的社会中，容易发挥最大号召力，而在那些出现严重两极分化的社会中，常常显得力不从心。

（二）保障道德人权需要社会改革的不断推动

社会改革需要借助捍卫道德人权来实现自己的目标。但与此同时，社会改革的不断深化也会促进人们捍卫道德人权。社会改革促进道德人权的捍卫，主要通过优化捍卫道德人权的外部环境，为保障道德人权铺平道路；通过活跃社会观念，促使人们道德人权观念的形成。

其一，社会改革通过优化捍卫道德人权的外部环境，为保障道德人权铺平道路。

社会改革涉及政治、经济、文化等诸多领域。为了社会的良好发展前景，社会改革试图不断优化政治、经济、文化等领域的发展环境，道德人权的外部环境的优化，为道德人权在现实社会中的维护奠定了重要的基础。当政治环境得到优化时，有助于从政治上保障人权，比如通过符合人的基本需要的政治活动的选举，保障社会成员的合理政治利益不受侵犯。当经济环境得到优化时，人们能够获得合理的劳动权、财产权等，从而保证了社会成员的合理经济利益不会被剥夺。当文化环境得到优化时，人们能够获得广泛的文化知识，拥有正常的言论自由权、集会权等。因此，毋庸置疑，随着社会改革的良性发展，不断优化政治、经济、文化等领域的发展环境，促使道德人权建立在坚实的政治基础、经济基础、文化基础之上，从而为道德人权的捍卫铺平了道路。

其二，社会改革通过活跃社会观念，促使人们道德人权观念的形成。

任何一场社会改革，从表面上看是政治、经济、文化等方面的改革，从深层次来看，是人们思想观念的重大变化。社会改革在促进社会政治、经济、文化等方面的改革中，无形之中，潜移默化地改造了人们的思想观念。这种思想观念的改变源于社会改革中，各种思想观念的不断涌现，彼此的相互碰撞。例如中国的改革开放，从表面来看，似乎只是一场经济上的改革，其实不然，这次社会改革还涉及政治、文化等多个领域，并最终直接影响了人们的思想观念。从 20 世纪 80 年代以来，在中国社会的改革浪潮中，各种思想观念，无论是外来的还是本土的，都提出了自己的社会改革概念。这些思想观念包括自由主义、社群主义、新儒家等。这些思想观念既有正确的方面，也有其不足。我们要正确认识这些思想观念的积极意义与消极意义。毕竟，这些思想观念"代表了不同的社会群体从不同角度对当前社会变革的认识、要求和评价，能够帮助我们认识和把握社会发展的全局，及时发现存在的问题，从而完善对社会的治理。即使是一些错误的思潮的出现，也能够揭示我们在现代化和改革过程中的某些失误和问题。古往今来的一切社会变革，首先都是由最初处于隐形、潜伏、非主流的社会思潮演变而成的社会舆论引发的"①。这些思想观念与中国社会中占据主流的马克思主义共同构建了中国社会改革的思想观念大合唱。正是在马克思主义指导下，社会逐渐形成关于人权的共识。我们认为，人权是一定经济基础上的历史发展的产物。根据这一思想，生存权和发展权是第一位人权；既要保护集体人权，也要保护个体人权；国家主权在保护个体人权中具有重要意义；坚持人权的特殊性与普遍性，人权的保护要根据具体的国情来实施；要通过和平对话来处理人权争端；等等。人们正是在马克思主义指导下的这种不同人权观的相互碰撞中，逐渐趋向一种共识：人权具有一定的道德属性，不同的国家可以有不同的人权观，不应该把某些国家的人权观强加给另一些国家，而是应该采取对话与交流的方式促进人权的保护。这种在马克思主义指导下吸收各种人权思想优点的发展趋势，展现了人类认识人权的理性力量。显然，社会改革中的各种思想观念的激荡在一定条件下有利于人们道德人权观的形成与发展。

---

① 朱汉国，等，著. 当代中国社会思潮研究[M]. 北京：北京师范大学出版社，2012：29.

第二章 "维护秩序"的道德价值目标

维护秩序是实现社会的存在与发展中的最基本道德价值目标。维护秩序就是维护秩序价值。道德是人自身为了调节各种社会关系而构建社会良好秩序的产物。因此，秩序是道德基本价值。道德的秩序价值是被道德特定化了的社会秩序价值。道德的秩序价值的实现是道德价值实现中的重要任务。这种从道德角度出发所构建的秩序在人类社会的发展中具有不可或缺的重要意义。在现实社会中，社会改革中的道德秩序已经成为一个重要的研究对象。

一、秩序的人类价值意义

秩序是一切社会得以合理存在和不断向前良性发展的基本前提。毫不夸张地说，秩序是人类社会的第一需要。在任何社会中，良好的秩序不仅是个人渴望实现的重要目标之一，而且也是各个国家以及政府孜孜以求的重要目标之一。在当前，中国社会正在实现转型，秩序问题显得比任何时期都更为重要。因此，邓小平指出："中国的问题，压倒一切的是需要稳定。"①他所表达的正是这个意思。要探索维护秩序的道德价值目标，我们首先需要探讨秩序的人类价值意义。尽管人们在秩序的概念上存在一定的分歧，但有一点是达成共识的：任何社会都需要有最低程度的秩序底线。从这个意义上看，道德的秩序价值就在于能够有力地维护人类社会的这种最低程度的秩序底线。

(一)秩序的基本含义

秩序中的"秩"，《说文解字》说："秩，积也。从禾，失声。"在这里，

---

① 邓小平：邓小平文选(第3卷)[M].北京：人民出版社，1991：284.

"秩"，指堆积禾谷。字形采用"禾"作偏旁，"失"是声旁。其中的"禾"指五谷，后引申为官员的俸禄；"失"为"轶"省，"轶"意为"后车超前车"，后引申为车辆的动态排序。"秩"字把"禾"与"失"结合在一起，意味"官员俸禄的动态排序"。在古代，官员的俸禄并不是固定的，常常要根据年终考核来确定，考核优秀者俸禄增加，考核差等者俸禄减少甚至取消。这如同官员们的车队，有的官员的车可以超前，有的官员的车可能会落后，从而形成了一种动态排序。

关于"序"字，《说文解字》中说："序，东西墙也。从广，予声。"许慎认为，序是指堂屋前的东西两侧的门墙。字形采用"广"作偏旁，采用"予"作声旁。它的本意是走向正屋的不同方向的门廊。比如，《书·顾命》中有"西序东向"，《仪礼·燕礼》中有"宾升，立于序内，东方"，就是指这种含义。后来，它引申为规则中的先后顺序。比如，《诗·大雅·行苇》中的"序宾以贤"，《楚辞·离骚》中的"日月忽其不淹兮，春与秋其代序"，就是运用了引申义。

"秩"与"序"有着密切的联系。宋代编纂的《集韵》曰："秩，序也。""秩序"本意就有顺序、排列之意。人们在日常生活中，常常把秩序与次序相混用。如果仔细考察两者，还是有一些区别。它们虽然都有顺序、排列之意，但"次序"所强调的是排列的先后顺序。在《现代汉语词典》中，它被解释为事物在空间或时间上排列的先后。比如，按先后次序入场；文件已整理好，请不要弄乱次序；等等。"秩序"强调的是根据某种规则所形成的有条有理的状况。《现代汉语词典》认为秩序是有条理、不混乱的状况。《辞海》将秩序解释为："秩，常也；秩序，常度也，指人或事物所在的位置，含有整齐守规则之意。"这种解释与之相同。由于秩序之中本就有了先后顺序之意，还包括有条有理的状况之意，因此，秩序本意包含了次序，既有排列的先后顺序之意，也有有条理性的状况之意，而且突出后者之意。我们所说的经济秩序、法律秩序、道德秩序、工作秩序、交通秩序、教学秩序，等等，都是如此。在本书中，秩序是指人和事物根据某种规则在其存在和运作过程中有条理地、有组织地呈现出其本身和构成部分各得其所的良好状态。

秩序可以根据其内容、存在依据和性质划分为不同类别。认识自然秩序与社会秩序、静态秩序与动态秩序，有助于我们更好地把握秩序的基本含义。

从秩序所依据的规范来划分，秩序可以分为自然秩序和社会秩序。自然秩序是受自然规律支配所形成的秩序，如日出日落、月盈月亏、潮涨潮落等。它是事物及其构成成分在自然状态中所形成的相对稳定的结构、变化过程和状态。社会秩序是根据社会规则所形成的秩序，是人们在一定社会条件下彼此之间长期相互往来所形成的相互影响、相互作用的相对稳定的结构、变化过程和状态。这种社会秩序涉及人类社会中的诸多方面，如行为秩序、状态秩序、工作秩序、经济秩序、政治秩序、法律秩序、文化秩序、教学秩序、科研秩序、生产秩序、生活秩序，等等。显然，道德秩序属于社会秩序，而不是自然秩序，是人们在长期的社会生活的交往活动中所形成的相对稳定的秩序。因此，在本书中，如果没有特殊说明，提到秩序，它就是指社会秩序，而不是指自然秩序。从社会的历史发展来看，社会秩序还能够根据其在社会历史过程中的作用被分为进步的社会秩序和落后的社会秩序、新兴的社会秩序和守旧的社会秩序。各种社会秩序之所以能够存在，就在于它们蕴含着维护各种社会关系的内容和规则。比如经济秩序中包含着人们在生产、销售、消费等各个经济环节中的社会规则，政治秩序中包含着维护其存在的社会政治制度，否则这种秩序就无法存在。这些秩序中被社会所认可的规则发挥着重要的稳定作用。

从秩序本身的性质来看，秩序可以分为动态秩序和静态秩序。从秩序的本质上来看，秩序一定是不断变动的秩序，属于动态秩序。但秩序总能保持一定的相对稳定的状态，从而成为所谓的静态秩序。那种完全静止不动的秩序是不存在的。也就是说，秩序的动态性是绝对的，而其静态性是相对的。本书中所提到的秩序，主要是指社会秩序。社会秩序是人的社会秩序，是涉及人与人之间各种关系相互作用、相互影响的秩序。它可能是相对静止的，也可能是按照某种规则在不断发展变化着的。比如道德秩序，从表面来看，它随着时代的发展而不断发展变化，但我们可以发现，它实际上按照一定规则运行，从而形成相对稳定的秩序。当然，道德秩序在不同历史时期有不同样式，表明了它在不断运动变化，但这种变化有其内在规律。"道德运行过程是一个曲折的过程，但又有某一'中轴线'贯穿始终，而这一'中轴线'归根结底是与作为经济运行轴线的经济必然性相接近的，甚至是与经济必然性平行而行的。"①因此，理解社会秩序归根结底是动态的秩序，有助于我们从动态角度深刻地理解道德的秩序价值。

(二)秩序是人类社会存在与发展的必要条件

秩序是整个世界，包括人类社会所具有的基本性质。环顾我们所处的

---

① 罗国杰. 伦理学[M]. 北京：人民出版社，1999：98.

世界，我们就不难发现这个世界呈现出一种秩序性，表现为一种确定性、一致性的有序状态。比如，四季的变化、太阳的升落等，都有其自身的秩序。尽管在某些状况中存在着无序，但秩序在整个自然界中发挥了决定性作用。从宏观上看，整个宇宙的各个天体都有着自身的运动秩序，遵循广义相对论的规律。在实际观测中，人类能确实掌握的最远的天体是200亿光年以外的类星体天狼巨星，它也有其自身的运动秩序。从微观上看，分子、原子、基本粒子等同样有着自身的运动秩序，遵循着自身的物理和化学的规律。比如，水在一定温度下变成了水蒸气，又在一定温度下凝固为冰。在整个世界中，"秩序似乎压倒了无序，规则压倒了偏差，规律压倒了例外"①。

和自然界一样，秩序在人类社会生活中也发挥着重要作用。在社会生活中，人们都会根据其生活方式，以一种秩序来组织他们的活动空间。在社会公共生活中，一种公共的社会秩序是必不可少的。正是有了这样的秩序，人们才能从事各种商业、工业和其他各种社会活动。从这个意义上来看，为了维护有序的公共社会空间，也就有了各种关于秩序的制度、规定、规范。比如分工制度出现，人们才能很好地从事各种不同的工作，成为社会中的一员。各种商业中合同的制定及财产的取得、处置等，都离不开一定的秩序。秩序的确定，能够有效地防止社会混乱。关于这一点，荀子把社会秩序的确立理解为"礼"的等级制度的形成。他认为，社会的秩序就是"贵贱有等，长幼有差，贫富轻重皆有称者也"（《荀子·富国》）。所以，他说："礼者，人伦之极也。"（《荀子·礼论》）其实，不仅是社会公共生活需要秩序，在家庭生活中，秩序同样很重要。家庭成员有了所谓的家规，才能确保家庭的正常运转。如果没有规定好家务的安排、各种家庭收支的平衡，家庭生活就会陷入混乱之中。在现代社会中，秩序是社会成员的生活质量得以保障的重要条件。有了秩序，人们的生活质量也就有了基本的保障，人们才可能追求高品质的社会生活，形成良好的社会风气和合适的生活环境。博登海默认为，"随着社会进步、人口愈趋稠密、生活方式愈趋多样、问题愈趋复杂，规范性社会控制程度亦愈趋提高。在一个现代文明之国中，被制定来确保重大社会进程得以平稳有序地进行的官方与非官方的规定，其数量之大，可谓之浩如烟海"②。应当说，这是具

---

① ［美］博登海默. 法理学：法律哲学与法律方法［M］. 邓正来，译. 北京：中国政法大学出版社，1999：220.
② ［美］博登海默. 法理学：法律哲学与法律方法［M］. 邓正来，译. 北京：中国政法大学出版社，1999：221.

有历史依据的真知灼见。从历史上来看，人类社会越进步，分工以及相关研究也就越细致，管理越完善，各种秩序也就要求得越来越具体。

从人类起源来看，没有秩序，人类社会就不可能存在。人类社会能够存在的必要条件之一是物质资料的存在。借用李泽厚先生的形象的话说："即使有许多'尽管'，却仍然将迟早为'人活着''人要吃饭'（要生存和改善日常生活）的铁则冲破，这也就是所谓'经济决定论'和'历史规律性（必然性）'的主要意思。"①人要活着，人就要吃饭，这些就需要劳动。唯有在劳动中，人类才能获取所需的物质生活资料。在原始社会中，生产力低下，人类通过采集野果、捕猎、饲养动物来获取食物。这些活动都需要群体的力量才能完成。毕竟，个体在原始社会的极端恶劣的自然条件下无法生存。任何个体试图离群索居，逃避群体生活，只能是自取灭亡。即使在今天，在非洲原始森林中的一些原始部落中，惩罚一个部落成员的最严厉措施，就是把他从部落开除，任其在原始森林中自生自灭。群体活动能够发挥作用，必然需要人与人之间的合作，而这种人与人之间的合作，就需要调节人与人之间的利益差异和冲突的秩序。有了秩序，个体也就也有了劳动上的合作与安全。否则，这种内部所要实现的合作与安全就陷于混乱之中，群体性的劳动就无法实现。

另外，按照恩格斯的观点，人类要能生存下去，不仅需要物质资料的生产，而且还需要人类自身的生产，即人的自我繁衍。而这种两性的结合，同样需要一定的秩序。只有在一定的社会秩序中，人与人之间才能形成合适的人伦关系和血缘关系，才能维护氏族和部落的生存。关于这一点，恩格斯在《家庭、私有制和国家的起源》中分析了摩尔根的《古代社会》一书中的各种婚姻形式，提出了自己的观点，人类的两性结合始终"不以自然条件为基础，而以经济条件为基础"②。没有建立在经济基础上的一定的婚姻秩序，两性关系就无法成立，人类就无法繁衍。从这个角度出发，国家的出现也就是为了维护一定的社会秩序，防止社会混乱，确定一定范围内的秩序形式，从而保证了人类自身的生存。

从人类社会的发展来看，无论是物质资料的生产还是人自身的生产，秩序都是人类社会存在的重要前提。秩序不仅在维护人类社会的生存方面十分重要，而且在促进人类社会的发展过程中不可缺少。人类社会需要在具有一定秩序的状态中才能有所发展。在一个秩序混乱的社会中，人们自

---

① 李泽厚. 历史本体论·己卯五说[M]. 北京：生活·读书·新知三联书店，2013：32.

② [德]恩格斯. 家庭、私有制和国家的起源[M]. 北京：人民出版社，2009：65.

身的生存都会受到威胁，社会的发展也就无从谈起。从这个角度讲，总是在一定秩序中，人们才能获得应有的生存机会，社会才能够有所发展。

人类社会的历史经验反复证明：人类社会的发展离不开一定的秩序。它包含两重意思：一方面，只有在一个稳定有序的社会中，社会才能有所发展。一个繁荣昌盛的社会，总是一个稳定有序的社会。稳定有序是人类社会治理水平的重要体现。在这个社会中，其稳定有序本身就是指各种不同利益群体各得其所、和平相处。中国古代的"开元盛世""康乾盛世"等，都是在稳定有序的社会中实现的。我们把这种社会称为"盛世"，首先在于当朝者很好地调节了社会各个方面的利益，形成了良好的社会秩序。正是在这种良好的社会秩序中，社会的政治、经济等方面能够取得重大发展，形成了所谓盛世。另一方面，缺乏社会秩序，常常意味着社会各种利益群体彼此之间的利益关系无法有效调节，必然影响正常的物质生产活动，导致社会发展陷于停滞或倒退。比如，苏联土崩瓦解，社会秩序陷于极端混乱之中。2004 年 9 月，俄罗斯科学院远东所研究员弗·鲍罗季奇具体地描述了自苏联解体后俄罗斯社会的悲剧性变化：与 1990 年相比，20 世纪的国内生产总值下降了 52%。而在第二次世界大战中，苏联的国内生产总值在 1941—1945 年仅下降了 22%，说明内乱比外部侵略所带来的危害还要大。同一时期，工业生产减少 64.5%，农业生产减少 60.4%。卢布急剧贬值，消费价格上涨。我们很容易看到，社会的极端混乱无序给社会发展带来了严重后果。因此，社会的极端混乱无序必然导致社会发展出现历史性的大倒退。反过来说，秩序是人类社会发展的重要条件。

（三）无序在秩序形成中的必要性及适度

当然，人类在追求秩序的必然性中，常常会遭到各种试图逃脱秩序的无序状态的偶然性的打击。有时候，这种无序状态还会以一种极其严酷的现实展现出来。比如，两晋南北朝时期，政局紊乱，改朝换代十分频繁，人们朝不保夕，深感人生无常、福祸无定。在这种社会秩序混乱的时代，享乐主义盛行。《列子·杨朱》篇中公开地宣传，人生之唯一目标是"为美厚尔，为声色尔"，"万物齐生齐死，齐贤齐愚，齐贵齐贱。十年亦死，百年亦死。仁圣亦死，凶愚亦死。生则尧舜，死则腐骨；生则桀纣，死则腐骨。腐骨一矣，孰知其异？且趣当生，奚遑死后？"（《列子·杨朱》）这种赤裸裸地宣传的享乐主义，意味着道德秩序沦落，反映了人们缺乏社会安全感，得过且过的心理状态。为了感性享乐，他们可以彻底抛弃阻碍其享乐的一切社会规范。同时，佛教在这一时期大行其道。杜牧曾写过一首《江南春》："千里莺啼绿映红，水村山郭酒旗风。南朝四百八十寺，多少楼台烟雨中。"生动地描绘了当时佛教的盛况。固然，人们无法在现实中得到安全保障，只能到宗教中寻求慰藉。但是，佛教的兴盛，从另一个方面表现了人们渴望获得一种社会秩序的心愿。

不仅政局混乱会破坏社会秩序，即使在具有一定社会秩序的社会中，突破社会秩序的现象也时常出现。一方面，许多社会秩序的稳定性是相对于其现象的无序性而言的本质上的稳定。仅以道德秩序为例，如果把道德理解为一个系统，它的存在既有无序的一面，也有有序的一面。道德总是通过一系列的道德现象来表现自己的存在。作为一种道德现象，它普遍地存在于人类社会生活的方方面面，并没有固定的某种载体和特定领域，通过每个具体的社会成员的思想与行为表现自身。而这种具体的社会成员的思想与行为的表现是不可能完全统一的，而是千差万别的。从这个角度来看，道德当然表现为一种无序性。但是，如果我们深入道德现象之后，把握其本质，就会发现，外在的道德现象虽然看起来形形色色、毫无秩序，却有着本质上的稳定性、有序性。一切道德现象都是涉及人的道德活动，涉及人与人之间的利益关系和善恶价值，从这个意义上来看，道德有其固定的载体和范围，有其稳定的秩序价值。另一方面，从每个社会的内部成员来看，总是会有那种不拘一格的人，尤其是那些艺术家、思想家，厌恶一板一眼的生活状态，喜欢挑战稳定的社会秩序，把这作为人生的旨趣，促进了人的思想的发展。尼采曾引用爱默生的话说："当伟大的上帝让一个思想家来到我们的星球上时，你们要小心。那时候，万物都有危险了……迄今为止对于人们宝贵的和有价值的一切东西，现在只被看做出现在其精神视野中的一些观念，它们造就了现有的事物秩序，就像树结果实一样。顷刻之间，一种新的文化水准迫使整个人类追求系统发生了彻底变革。"[①]尼采力主以锤子讲哲学，敲碎那些所谓的神圣塑像，要在破坏中重建价值体系。

尽管无序与有序之间的对抗在不同历史时期的社会中有着程度上的区别，但从人类社会的历史来看，有序的生活方式要远远超过无序的生活方式。需要指出的是：无序并不是只会带来危害，很多时候社会中所客观存在的一定程度的无序反而提供了一种挑战，促进了社会的发展。汤因比在研究了人类文明的发展历史后曾指出，在各种文明的发展过程中，"挑战

---

① ［德］尼采. 作为教育家的叔本华［M］. 周国平，译. 南京：译林出版社，2012：30.

越强，刺激越大"①。在汤因比看来，一种文明没有无序的挑战，那种稳定的秩序难以维持，文明会因没有活力而走向衰落。要保持文明的活力，保持持续的秩序，必要的无序性挑战不可缺少。当然，这种无序向有序的挑战要在一定的适度情况下才最有效。强度不足，难以促进相应的发展；强度过大，则容易导致文明的灭亡。因此，可以这样说，适度的无序是促进秩序良性发展的一个必要环节。

总的来说，从整个人类文明的发展来看，只要人类社会存在与发展，就会有一定的秩序。秩序存在于人类活动的各个方面。没有秩序，就不可能有人类社会的存在与发展。秩序具有重要的人类价值意义。

二、秩序是道德基本价值

道德是从人类社会漫长生活中形成的习惯演化而来，具有一定的规范性约束力。因此，道德常常意味着规范或规则。道德本身就是为了维护某种秩序而出现的，内在地包含着秩序的含义。从这个角度来看，道德本身就是要追求一种秩序、捍卫稳定的秩序。正如罗尔斯所说："显而易见，稳定性是各种道德观念的一个值得向往的特点。如其他条件相同，处在原初状态的人们将接受更稳定的原则体系。"②应该说，维护社会的稳定秩序，是道德的一种基本价值。

（一）道德对于秩序所具有的重要意义

秩序是人类社会存在与发展的必要条件。如何构建一种良好的社会秩序，一直是人类社会不断要求实现的基本目标。就道德而言，道德中所蕴含的道德规范在形成人类社会的稳定秩序中具有重要意义。

人类社会的道德与人类本身一样十分古老。道德规范的产生本身就是为了维护一定的社会秩序。在人类社会早期，劳动实践不断地把人类从动物中提升出来，推动人类社会向前发展。原始的劳动从自然分工到社会分工，经历了漫长的历史过程。在这一过程中，人类社会自身日渐形成和完善了社会关系。人类在其群居社会中，人与人之间会形成一定的劳动关

① ［英］阿诺德·汤因比. 历史研究（上卷）［M］. 郭小凌，等，译. 上海：上海世纪出版集团，2014：137.
② ［美］罗尔斯. 正义论［M］. 何怀宏，何包钢，廖申白，译. 北京：中国社会科学出版社，2001：457.

系，并且这种关系随着分工的发展而不断扩张，个人的意识不断觉醒。其实，这种个人的意识的不断觉醒，也就是人的理性思维的发展。个人能够意识到自身与他者的区别，认识到人与人之间关系的存在，尤其是利益关系的存在。当群体之中出现各种利益矛盾时，就需要运用某种东西有效地调节这种矛盾，维护群体的稳定秩序。这样，一些风俗和禁忌出现了。道德规范就是在这些风俗和禁忌的基础上发展而来的。这些道德规范其实就是某个群体共同遵守的行为规范。

道德对于秩序具有重要意义。它主要表现在两个方面：一是道德为秩序指明了精神上的理想模式，二是道德为秩序提供了现实的规范性要求。

首先，道德为秩序指明了精神上的理想模式。道德，作为社会意识形态中的一种形式，在社会中其主流形态总是以统治者的意志体现。尽管在一个社会中存在着各种各样的道德，反映了不同社会阶层的利益诉求，但总有一种居于主流地位的样式。不论是具有主导地位的道德，还是处于次要地位的道德，道德总是以一定的规范展现自身的存在。在这些外在的规范的内部总是有着一定的精神与理念，这种精神与理念总是指向一种理想的目标。而外在的规范则为此目标服务，捍卫这种目标的秩序，从而表现了这种道德所渴望实现的一种理想的社会秩序模式。比如，孔子所倡导的儒家道德，提出了"忠""孝""悌"等道德规范，在这些道德规范之中，都是围绕"仁"的精神追求来展开。孟子把儒家的理想社会模式概括为"仁政"，即"以不忍人之心，行不忍人之政"（《孟子·公孙丑上》），而道德在其中就是要维护"五伦"的正常秩序，"父子有亲，君臣有义，夫妇有别，长幼有序，朋友有信"（《孟子·滕文公上》）。孟子所概括的"五伦"秩序中贯穿始终的是"仁"的精神，他认为，"仁"是儒家政治秩序和道德秩序的核心，也是人心得失的关键。得人心者得天下，失人心者失天下，得失天下的关键在于是否追求"仁"。实现"仁政"，必然需要维护由"仁"所引导出的"五伦"秩序。孟子正是围绕着"仁"来维护"五伦"的社会秩序。到了汉代，"三纲五常"也就是由此发展而来，表现得更为理论化、系统化。

其次，道德为秩序提供了现实的规范性要求。秩序是人们在社会生活中所形成的某种条理化和不混乱的状态。秩序依靠规范来保证和实现，如果没有规范，秩序也就难以存在。要保障某种秩序，就需要相应的规范性要求。有了规范性要求，才能保证某种秩序。秩序与规范之间关系密切、相互影响，其中，规范比起秩序具有逻辑上的优先性。当然，道德规范中的精神上的理想追求，又比规范本身具有逻辑上的优先性。

道德能够为秩序提供现实的规范性要求，其原因在于道德是在社会实践中逐渐形成而发展的，不断地满足社会的各种需要。任何一种道德的产生，都反映了某一些社会群体的内在需要。比如，道家的道德所展现的"无为"道德观，体现了当时"避世之士"的"来世不可待，往世不可追"的内在诉求。墨家的道德为了实现"兼爱"的目标，所倡导的"贵义""利天""利鬼""利人"等道德规范，体现了小私有劳动者和平民的现实需要。他们的道德要求源于现实，又为现实的社会秩序提供了一套规范性要求。另外，道德在现实社会中发挥其维护某种秩序的作用，是通过努力培养人们具有某种道德规范的意识来实现。人们形成了某种道德意识，从而具有了相应的道德规范意识。当他们努力践行某种道德规范，其实也就是在满足某些人的某种现实需要，维护某种社会秩序。从这个意义上来说，人们的内在精神需要才是道德能够为秩序提供规范性要求的重要原因之一。

任何国家或民族总是有自己本国家或民族的主流道德样式，并把这作为国家或民族的道德行为标准。道德，通过内在信念、传统风俗习惯、良知等指导人们的行为，告诉人们在什么样的情况下应该做什么，不应该做什么。从一般意义上看，道德就是一种规范，而规范就意味着秩序。家庭生活需要秩序，社会生活也需要秩序，职业生活也需要秩序，因此，道德渗透到人们生活的各个方面。它进入家庭生活，满足人们的需要，其目的是为了秩序；进入社会生活和职业生活，也是为了秩序。从这个意义上说，道德具有秩序价值，甚至有学者认为道德本身就是一种秩序。

社会倡导一种好的道德，人们也自觉遵守一种好的道德，就会形成一种优良秩序。孔子主张"为政以德"，以道德教化作为治国之道。他主政鲁国三年，鲁国大治。优良道德有利于形成优良秩序。但是，优良道德与优良秩序之间并不存在必然关系。在人类历史上，如果社会风气败坏，即使统治者试图以一种优良道德推而广之，教化民众，而当权者未必内心认可，这时这种优良道德反而被歪曲和异化，沦为人们的精神枷锁和思想桎梏。道德在形成一种社会秩序的过程中并不是万能的，而是作用有其限度。只有在政治清明、法治进步时，它的积极作用才能表现出来。我们固然可以把道德视为一种秩序的保证，甚至是秩序的化身，但秩序与道德毕竟属于两个不同的概念。一些学者把道德直接等同于秩序，显然未必准确，但道德的秩序价值是非常重要的基本价值。

（二）秩序是道德基本价值

道德总是为一定的社会秩序服务，试图构建一种社会秩序。在这个问题上，并不存在道德会不会为社会秩序服务的问题，而只有为哪一种社会秩序服务的问题。显然，维护秩序是道德价值目标，而且，还是道德基础价值目标之一。维护秩序就是维护秩序价值。秩序是社会存在与发展中的道德基本价值，其原因在于：秩序包含道德本身所具有的基本价值，其他道德价值(除了人权价值外)以秩序价值为基础。

首先，秩序包含道德本身所具有的基本价值。

社会是由人与人之间的关系所形成的整体。如何维护社会的稳定秩序，一直是社会的重要目标。道德在形成之初，已有两大基本价值：一是为了组织社会，形成稳定的社会秩序；二是为了人自身的生存与发展。道德能够通过调节社会中人与人之间的关系来稳定社会秩序。自古以来，在社会整体中，道德是调节人与人之间各种关系的不可缺少的重要手段。美国哲学家弗兰克纳在其所著的《伦理学》中提问：人为什么要有道德？人类已经有了法律和公约，为何还需要道德？他认为，这是因为道德发挥着其他社会调节方式所没有的作用。人们生活在一个共同体中，如果没有道德的调节，人们要么重新轮回到丛林时代，要么以暴力来维护正常的人与人之间的关系。"我们似可合乎逻辑地设想，人们开始意识到所在环境和同自己一样的其他人时就已发现，他们团结在一起比相互隔绝能做更多的事。通过深切地感受和思考，在取得许多经验之后，他们确定了'善''恶'之分，由此帮助他们共同生活得更成功、更有意义。"①其实，这种设想最早可以追溯到柏拉图。柏拉图在《普罗泰戈拉篇》中就曾有过这种观点。他从神的角度设想了人为何需要道德。宙斯为了城邦社会秩序的稳定，把正义与尊重分给了每个人，因为如果只分给少数人，城邦就不可能存在。在柏拉图看来，道德要掌握在大多数人手里，才能维护城邦的稳定与繁荣。福山在《大混乱(下)——人性与社会秩序重建》中，把人类维护社会秩序的原因没有归于神的安排，而是归于人类的本性。他说："我们人类天生注定能为我们自己创造道德规则和社会秩序。"②尽管这个观点比较激进，但强调了人猿揖别后，道德与社会秩序的关系密切。通过这些学者的研究，我们可以发现，秩序包含了道德本身所具有的基本价值。道德的基本价值在于能够调节社会生活中人们的利益和心理的需要，在于道德本身所具有的调节功能，在于道德自身所应具有的社会职能，质言之，在

---

① [美]雅克·蒂洛，基思·克拉斯曼. 伦理学与生活(第9版)[M]. 程立显，刘建，译. 北京：世界图书出版公司，2008：18.

② [美]福山. 大混乱(下)——人性与社会秩序重建[J]. 现代外国哲学社会科学文摘，1999(11).

于道德本身所具有的调节属性。秩序总是需要道德基本价值中的调节属性的积极发挥。秩序与道德之间存在内在的相通之处。从这个角度看，秩序是社会存在与发展中的道德基本价值。

其次，其他道德价值（除了人权价值外）以秩序价值为基础。

秩序之所以成为道德基本价值，也是由道德其他价值所决定的。道德价值主要有人权价值、秩序价值、幸福价值、公正价值、和谐价值、自由价值、人的全面发展价值等。除了人权价值外，其他价值都是以秩序价值为基础。如果没有秩序价值，公正价值、自由价值、人的全面发展价值等，都无法实现。后面的这些道德价值都是以秩序价值的实现为前提。正如美国学者拉塞尔·柯克（Russell Kirk）在评价一个良善社会中秩序、正义和自由三者何者更为重要时所说：“良善社会的特征是保有相当程度的秩序、正义和自由。在这三者之间，秩序居首，因为只有在合理的公民社会秩序中，正义才能实现；而且除非秩序能赋予我们法律，否则自由无非就等于暴力。”①的确如此，没有稳定的社会秩序，公正、自由、发展等，都只能是水中月、镜中花。尤其在当今现代民主社会中，人们越来越重视个体正当利益的维护。要构建一个共同体，社会秩序在其中发挥着越来越重要的作用。福山在《大分裂：人类本性与社会秩序重建》中提出人自身的生物特性的自然秩序难以必然导致社会秩序的形成，在民主社会中，要防止大分裂，就需要社会秩序。他认为，“现代信息时代的民主国家今天所面临的最大的一种挑战是，面对技术和经济方面的变革，它们能否维持住社会秩序”②。当人类社会迈入 21 世纪，各国的经济、政治安全和民生、文化核心都面临前所未有的、无章可循的挑战，当代美国著名学者托尼·朱特把 21 世纪称为“充满不确定性的世纪”。在这样的时代，任何国家或民族如果能够提供一种稳定的社会秩序，维护公民所具有的公正、自由、人的全面发展等价值目标，就能够脱颖而出。从道德价值论来看，在维护社会存在与发展过程中，道德的其他价值，都是以秩序价值为基础，有了秩序价值，也就有了实现其他道德价值的前提。

秩序是道德的基本价值，意味着缺乏秩序价值，也就难以存在其他道德价值。同时，它还意味着维护秩序是非常基本的道德价值目标，或者说属于非常低层次的价值目标，即最原始的首要的价值目标。在人类社会的

---

① ［美］拉塞尔·柯克. 美国秩序的根基［M］. 张大军，译. 南京：江苏凤凰文艺出版社，2018：5.

② ［美］福山. 大分裂：人类本性与社会秩序重建［M］. 刘榜离，等，译. 北京：中国社会科学出版社，2002：11.

历史发展中，道德固然要实现一种社会秩序的价值，但人类绝不会满足于社会秩序的价值，而是希望在此基础上实现更高层次的道德价值。道德价值具有层次性，其最高层次是人的全面发展的价值。而这一最高价值是建立在其他较低层次价值的基础上。没有秩序、公正、自由等价值的实现，人的全面发展的价值不可能实现。

三、道德的秩序价值的实现

道德对于秩序具有重要意义，这种意义如果仅仅停留在理论层次是不够的。如何实现道德对于秩序的意义，如何实现道德的秩序价值是道德追求秩序的非常重要的研究对象。要实现道德的秩序价值，我们需要了解道德秩序价值实现的含义、道德秩序价值实现的机制、道德秩序价值实现的标准。

(一) 道德秩序价值实现的含义

为了更好地理解道德秩序价值的实现，有必要进一步理解道德领域中的秩序或道德秩序。

道德秩序是从道德角度所阐述的社会秩序。道德秩序的形成和发展是社会秩序得以形成和稳固的重要内容。从一定意义上看，道德就意味着一种秩序。正如李建华所说："道德一经产生，即具有秩序理念。它作为一般的、普遍的社会调控手段，总是力图防止社会混乱，使社会永远处于连续性和稳定性的状态之中，以达到理想的社会'大治'。"①在现代社会中，除了人们所熟悉的经济秩序、政治秩序、法律秩序外，还有道德秩序。道德秩序业已成为与经济秩序、政治秩序、法律秩序并列的四大社会秩序之一。从人类社会的历史发展来看，人类的社会秩序经历了主要依靠道德秩序的建设到主要依靠法律秩序的建设的演化发展过程。有些时候，一些学者把这称为从传统社会向现代社会的转型。随着法律秩序的兴盛，道德秩序似乎正在衰落。然而，考察现代社会中法律秩序何以形成，人们内在的法律认同具有决定作用。而这种内在的法律认同与法律的道德化密不可分。法律秩序本身其实也是一种道德秩序。没有道德力量支撑的法律规范无法得到人们的认可，也无法有效地捍卫法律秩序的稳定。从这个意义上

---

① 李建华. 市场秩序、法律秩序、道德秩序[J]. 哲学动态，2005(04).

来看，道德秩序与法律秩序走的是同一条道路。正是两者的密切联系，法律上的他律，转换为道德上的自律，有助于构建稳定的社会秩序。

从20世纪90年代开始，中国学术界就初步探讨道德秩序的建设，其间有时候运用了伦理秩序一词。一直到今天，道德秩序或伦理秩序都是探讨的伦理学重要话题之一。学界探讨道德秩序主要从社会转型的背景中，在市场经济中研究道德秩序与经济秩序、法律秩序之间的关系，以及如何通过道德秩序的稳定促进市场经济的发展、法律秩序的完善，确保社会秩序的稳定性与连续性。这种研究进路与中国市场经济发展过程中所遭遇的道德失范问题有关。市场经济不断发展，而过去我们并没有与之相配套的道德文化根基。一些人误以为市场经济就是追求自我利益最大化的经济，是金钱至上的经济。在这种错误认识中，一些人甚至把"逃避崇高"作为新时代的座右铭，把遵守道德规范、无私奉献作为无能与愚蠢的表现。还有些人把损公肥私、贪污腐化、获得金钱作为有本事、有能力的表现。道德秩序在这个时代似乎被人们彻底解构，成为一种废品。提出重建道德秩序具有鲜明的时代意义。其实，自亚当·斯密创建古典经济学以来，经济学一直都是讲道德、讲法律的经济学。市场经济不能脱离正常的法律秩序与道德秩序而自行正常运行。它是在一定的法律秩序和道德秩序的范围内，充分肯定了人们追求物质经济利益的正当性，为人们提供了一个平等地相互竞争的平台。正如当代美国著名经济学家、诺贝尔经济学奖的获得者布坎南所说："如果没有包含作了明确规定的无论是受到尊重还是依靠强制实施的私人所有权，以及包含保证契约得以实施的程序的适当的法律和制度，市场将不会产生出一种价值极大化意义上的'有效率'的自然秩序"，"我们的时代思潮认为，对在市场交易中出现的'偏离正道'的追求个人利益行为进行内外约束，是自然的和必需的。诚实作为交易的属性，是一种我们承认应该通过内部合理的道德规范和外部强加的法律惩罚，来适当加以鼓励的品质"。①

道德秩序是一种在历史文化基础上发展起来的秩序。道德秩序与自然界的秩序相类似，也有其内在发展的规律性。与自然秩序服从自然规律不同，道德秩序是符合历史理性的发展规律的一种社会秩序，是人类在其历史生活经验中，不断总结和归纳而发现的道德生活应有的条理性的表现。不论曾有多少人反对历史理性的存在，但它在历史上曾发挥着作用。尼采

---

① ［美］布坎南. 自由、市场与国家［M］. 平新乔，莫扶民，译. 北京：生活·读书·新知三联书店，1993：127-128.

在《善恶的彼岸》中，认为没有所谓的道德秩序，没有现成的价值，也没有所谓的道德现象，只有关于道德现象的解释。他似乎想要说明所有一切批判并不是源于理性的沉思，而是非理性的权力意志的作用。当他宣告"上帝死了"，似乎一种围绕"超人"的激发人性尊严的新道德形成了。但是，这不过是以一种"超人"的道德秩序取代了传统的道德秩序。尼采的批判，从反面反而论证了道德秩序并不是不存在的，它是在历史文化中发展出来的秩序。任何时代的道德秩序总是以一种价值体系或规范体系来获得实现。从这个意义上看，"道德秩序（moral order）指一个群体或一个社会中社会行为的价值体系或规范体系"①。任何人的生活都不可能超越所处时代的道德秩序，尽管他的思想可以挑战这种道德秩序。准确地说，道德秩序总是存在，尽管它有好坏的性质之分，有强弱的程度之分。探讨道德秩序价值的实现，就是要发展适合社会良性发展的道德秩序，巩固适合社会进步的道德秩序。

道德秩序不仅是一种在历史文化基础上发展起来的秩序，而且还是一种相对稳定的动态秩序。从表面来看，道德秩序表现为一种稳定的道德规范体系在社会中各个方面的拓展。它在调整社会中人与人之间的关系中，通过各种原则、规则、规范等，发挥其调节人的道德行为的作用，具有范导的意义。同时，道德秩序也呈现为一种道德自我实现而达到某种近乎静止状态的结果。从社会管理和控制的角度来看，道德本身就是具有维护社会秩序的稳定的意义。道德秩序也就表现为道德价值的自我实现所表现的一种状态，保障了社会中各个层次的人员各得其所，既有其相应的权利，也承担了相应的义务。从这个意义上看，道德秩序是道德价值实现的结果。这样看来，道德秩序似乎是某种近乎静态的秩序。其实不然，道德秩序是一种相对稳定的动态秩序。"道德秩序之精神从更深层次上分析，它是人类利益关系的产物。利益是道德的基础，但利益问题如何表现为道德问题？利益关系的处理如何表现为一种道德秩序？就利的产生机制而言，利益产生于人的需要，人有什么需要，就会有什么样的利益；人有什么样的利益，就会有什么样的道德。"②显然，人的利益与需要都是不断发展变化的，在人类社会的历史发展中，总是具有与时俱进的特性。道德秩序必然也是一种动态的秩序，而不是静止的秩序。另外，道德在调节人与人之间的利益与需要时，也只是一种相对性协调，并非绝对性协调，把一

---

① 朱贻庭. 伦理学大辞典[M]. 上海：上海辞书出版社，2011：648.
② 李建华. 市场秩序、法律秩序、道德秩序[J]. 哲学动态，2005(04).

切都能协调好。比如，人与人之间所产生的根本利益冲突，无法运用道德来调整。因此，道德秩序是一种动态秩序，在一定历史条件下具有稳定性。

因此，道德秩序价值的实现，是指在一定社会历史时期的道德实践活动中，道德有效地调整社会秩序，有目的、有步骤地实现了道德所预定的秩序目标，保障了社会秩序的稳定和发展。从这个意义来说，道德秩序价值的实现，是道德秩序在一定社会中的形成、稳定与发展。

(二)道德秩序价值实现的机制

道德秩序价值，从总体上来讲，是道德运行机制的良性运行所实现的价值。在实现道德秩序价值的过程中，法律与习俗、国家经济及政治等政策方针等都能成为影响道德秩序的重要手段，它们能够调节与干预社会伦理生活，从而促使道德生活的有序化。在现代社会中，道德公共生活空间的有序化成为维护道德秩序的重要前提。亨廷顿甚至提出："对于现代化中的国家来说，首要的问题不是自由，而是创造一个合法的公共秩序。"①但是，我们不难发现，法律与习俗、国家经济及政治等政策方针的确能够促进道德秩序价值的实现，但它们主要还是要实现法律、经济以及政治方面的社会秩序价值。就道德秩序价值而言，它的实现是道德运行机制中道德自身以及与法律、经济、政治等各种要素综合作用所形成良性运行机制运行的结果。

道德运行机制是指在道德实践活动中，与道德相关的各种要素之间相互作用所形成的各种因果关系和运行状况。从道德主体来看，它分为个体道德运行机制和社会道德运行机制。个体道德运行机制是指在个体道德实践活动中个体道德行为中各种要素之间相互作用所形成的各种因果关系和运行状况。社会道德运行机制是指在社会道德实践活动中社会协调管理、舆论评价、教育培养和利益赏罚所形成的道德运行机制。道德运行机制的形成与良性运行，能够培养人的道德意识，优化道德氛围，促进社会秩序的稳定与发展。

1. 个体道德运行机制的良性运行有助于社会秩序的稳定与发展

个体道德运行机制包括个体道德意识发生机制、个体道德行为选择机制、个体道德行为评价机制和个体道德素质培养机制。

---

① ［美］亨廷顿. 变革社会中的政治秩序［M］. 李盛平，杨玉生，等，译. 北京：华夏出版
　　社，1988：8.

个体道德意识发生机制是指个体道德意识的产生与发展的机制。没有社会实践，个体道德意识是不可能形成的。正因如此，社会实践是个体道德意识发生的根本动力。个体在社会实践中，要完成社会的道德要求，就会出现相应的动力与愿望。个体道德意识的产生，从根本上来说源于个体自身根据社会的道德要求所进行的自我调控。社会的道德要求需要维护稳定的社会秩序，个体就会由此自我调节，出现捍卫社会秩序的可能性。但是，这只是构成了个体道德意识产生的外因。社会实践提供了个体进行自我道德调节的前提与基础。这里还存在个体道德意识产生的内因，即个体自身的道德需要。从心理学来看，需要是人意识到想要获得，但没有得到满足的状况。需要有正当需要、不正当需要之分。道德需要是一种正当需要。而且，在这种正当需要中，道德需要是一种人所具有的高级精神需要。道德需要具有鲜明的价值性特征，是人在长期的物质需要基础上所出现的更高层次的精神需要。它是通过个体主动承担了作为社会成员的义务，在某些方面的自我节制以及牺牲。从这个角度来看，道德需要是个体道德意识产生的直接动力。正是由于个体自身认识到社会秩序稳定性的重要性，自我自觉地捍卫社会秩序，才会产生相应的个体道德意识。道德需要具有累积效应，即需要越是得到满足，就越处于活跃状态，反之，就越处于不活跃状态。个体越是主动获得道德需要的满足，就越会产生强烈的道德意识，维护社会秩序。

个体道德行为选择机制是指个体选择道德行为的机制。在个体的道德实践活动中，个体的道德行为选择是个体的道德行为能够呈现的核心部分。毕竟，个体的道德行为其实是个体的行为选择过程。外在的社会道德要求，能否转换为个体的道德行为，就在于个体的自我选择。社会秩序的稳定与发展，需要个体做出相应的道德选择。个体在选择某种道德行为的过程中，有可能是主动选择，也有可能是被动选择；有可能是在各种正面道德价值中选择，也有可能是在各种负面价值中选择；有可能是在动机或结果中选择，也有可能是在目标或手段中选择。不论采取何种道德选择，它都是个体的自由意志的体现。人有多大的自由意志，人也就有了多大的选择范围。"道德自由是我们能够按照应该那样行使我们的意志力和避免在不应该的时候行使我们的意志力"，"它完全是在我们个人的控制范围之内。其他的人或有组织的社会都不能够给予我们这种自由，也不能从我们那剥夺这种自由"。①个体所具有的自由意志，在一定程度上也意味着一

---

① ［美］阿德勒. 六大观念［M］. 上海：上海人民出版社，1961：154.

定的道德责任。作为一种主体性的道德行为，个体的道德行为的选择机制的运行也就意味着个体在社会中承担了一定道德责任。这种自我选择，承担社会责任，在社会秩序价值的实现中，促使每个社会成员主动做自己应做的事情，尽到自己应尽的义务，做好自己的分内之事。

个体道德行为评价机制是指个体评价其道德行为的内在机制。这种内在机制在个体道德实践活动中是一个非常重要的环节。它是个体根据一定的社会道德要求进行的行为上的道德评价。在这种评价中，个体的道德良心发挥着至关重要的作用。许多时候，道德良心成为个体道德的替代词。一个人讲良心，就是讲道德。"良心从根源上说是风俗或客观道德在个人意识中的表现，它本质上是作为一种对偏离常规的特殊意志冲动的阻止物而活动的。"①从形式上看，良心是主观的，它是个体的直觉、情感或其他感觉经验的表现。但是，从内容上看，良心是客观的。它总是一定历史时期社会风俗或外在道德规范在个体道德意识中的理性认知的体现。从这个意义上来说，"良心是由人的全部知识和全部生活方式来决定的"②。个体的道德良心的养成，能够建立个体的"道德法庭"，自我评价其道德行为，促进个体道德品质的形成。当个体评价其道德行为时，道德良心能够发出康德所说的"绝对命令"，让个体体验何为荣誉、何为耻辱。良好的道德行为让个体感到欣喜与崇高，不良的道德行为让个体感到痛楚与愧疚。其实，道德良心贯穿个体道德行为的始终，在个体道德行为发生前，能够审视其动机；在个体道德行为发展中，能够时刻监督其过程；在个体道德行为发生后，能够进行自我评价。在实现道德秩序价值的过程中，道德良心能够促进个体道德行为评价机制的有效运行以维护社会秩序。

个体道德素质培养机制是指个体加强自我修养、提升道德素质的运行机制。人的发展与人的素质有着密切的关系。人的素质是综合素质，包括许多内容，如身体素质、文化素质、思想素质等。其中的道德素质是人的思想素质中的重要组成部分。它是人的道德水平发展程度的体现，是社会道德风尚的表现。个体的道德素质是个体认识和理解道德的程度，主要通过个体的道德反省能力展现。道德反省能力是道德心理中的复杂现象，涉及动机的审视、观点的判断、情感的升华、行为的矫正等多个环节。个体的道德反省是个体主动地把"应该"落实到"实然"之中，以理性来调控本

---

① ［德］弗里德里希·包尔生. 伦理学体系［M］. 何怀宏，廖申白，译. 北京：中国社会科学出版社，1988：315.

② ［德］马克思，恩格斯. 马克思恩格斯全集（第6卷）［M］. 北京：人民出版社，1972：152.

能。人作为动物，不可能摆脱其兽性，但作为理性的人，总是要追求精神上的自我人性的完善。按照恩格斯的说法："人来源于动物界这一事实已经决定人永远不能完全摆脱兽性，所以问题永远只能在于摆脱得多些或少些，在于兽性或人性的程度上的差异。"①西方的"灵与肉"的较量，中国传统文化中的"天理与人欲"的划分，都体现了这一点。道德反省能力强的个体能够积极地反省自我行为的动机、观念、情感和行为，把个体的言行纳入社会道德要求之中。其实，这就是一个人加强自我道德修养、提升道德素质的过程。在一个社会中，个体不断加强自我道德修养，提升道德素质，促进个体道德运行价值的良性运行，有助于形成稳定的社会秩序，促进社会发展。个体道德素质培养机制越是处于良性运行状态，个体道德自律能力越强，社会道德要求越得到个体的认同，社会秩序也就更加稳定。

2. 社会道德运行机制的良性运行有助于社会秩序的稳定与发展

社会道德运行机制包括社会道德协调管理机制、社会道德舆论评价机制、社会道德教育培养机制和社会道德利益赏罚机制。

社会道德协调管理机制是指社会道德机制运行中道德的协调与管理机制。社会道德是社会共同利益、要求的反映。如果社会道德机制要有序进行，维护社会共同利益和要求十分重要，这就需要加强社会的协调与管理。因此，社会道德协调管理机制分为社会道德协调机制和社会道德管理机制。社会道德协调机制是社会管理者协调道德建设中可能出现的矛盾与冲突的机制。社会道德在其发展过程中，并不是一成不变的，而是一个冲突与整合不断交替的过程。社会道德中的许多规范，涉及社会领域中的各个方面，在其实施的过程中，总会遇到各式各样的矛盾与冲突，必然需要管理者进行必要的协调，保证社会道德运行机制的正常运行。社会道德协调机制要求与社会道德相关的各个方面的管理者通过各种协调与沟通的方式和方法来整合各种矛盾与冲突，从而促进社会道德的有序运行，防止社会秩序的混乱。社会道德管理机制是社会管理者运用各种手段管理道德建设中各种问题的运行机制。在这种社会道德管理机制中，完善相关制度伦理显得十分重要。社会管理的有效性总是建立在一定的社会制度的基础上。社会制度完善与否，直接影响社会管理的效果。尽管制度伦理有许多

① [德]马克思，恩格斯. 马克思恩格斯选集(第3卷)[M]. 北京：人民出版社，1995：442.

不同的解释，但一般而言，制度伦理包含两个方面的内容，即"制度的伦理"和"伦理的制度"。一方面，道德为制度的实施提供价值保障。一种为人们所认可的制度，需要建立在正确的道德基础上。唯有如此，制度才能从外在的他律转化为内在的行动自觉，发挥其社会管理作用。另一方面，社会的道德要求转变为明确的社会制度，能够成为一种强制形式，落实到社会的各个方面。这种制度的强化，改软约束为硬约束，显然有助于社会道德的有效实施，促进社会道德机制的有序运行，维护社会秩序的稳定。

社会道德舆论评价机制是指社会道德机制运行中社会舆论评价的机制。在社会道德运行机制中，社会舆论评价能够针对个体或群体的道德行为、品质等做出善恶判断或表明褒贬态度。在这种评价中，社会舆论能够影响人们的道德认知，调节人们的道德情感与道德意志，制约个体或群体的道德行为，发挥着重要的引导作用。同时，由于社会道德舆论涉及社会生活中各个领域，因而社会道德舆论评价机制几乎可以达到无所不在的地步，能够渗透到社会有机体的各个微小细胞中。从这一点来看，社会道德舆论评价机制在维护社会秩序方面具有强烈的外在约束力和外在调控功能。社会道德舆论评价主要针对一定社会中的道德行为，而道德行为包括行为动机与行为后果。因此，社会道德舆论评价要根据社会发展的需要，透过后果看动机，也要结合动机看后果，防止陷入唯动机论或唯效果论的泥坑之中。社会道德舆论评价机制的运行是一个不断向上追溯道德根据的过程。最初的舆论评价可能只是源于一定的道德规范，接着可能要追寻道德规范背后的道德原则，再接着可能要上溯到道德原则背后的道德理念。比如，一个人尽孝，人们会问："为什么他的行为是道德行为？"因为它符合孝敬父母的道德规范。但人们会进一步问："为什么孝敬父母是道德规范？"义务论者会认为这符合绝对命令，功利主义者认为这符合最大多数人的最大幸福原则，等等。如果人们再问："为什么绝对命令或最大幸福原则等构成了道德原则？"这就涉及伦理理论中的道德理念。从马克思主义伦理学来看，无论何种理念都是社会实践的产物，属于社会实践的理念。由此可见，正是在这个过程中，社会舆论评价转化为自我道德评价，发挥社会道德他律的作用。社会道德舆论评价机制的良性运行就在于有效地获得了个体的认同，把社会舆论评价转化为自我道德评价，从而维护了社会秩序的稳定与发展。

社会道德教育培养机制是指社会针对社会成员的教育培养的机制。社会道德教育培养机制是社会秩序稳定的重要内容之一。在中国传统社会中，非常重视社会道德教育在社会调控、稳定社会秩序中的重要作用。孔子认为，"道之以政，齐之以刑，民免而无耻；道之以德，齐之以礼，有耻且格"（《论语·为政》）。推行社会道德教育，有助于提高民众明辨是非的能力。同时，它还能防止社会秩序的混乱。比如，历代统治者倡导"以孝治天下"。儒家认为："其为人也孝弟，而好犯上者，鲜矣；不好犯上而好作乱者，未之有也。君子务本，本立而道生。孝弟也者，其为仁之本与！"（《论语·学而》）因此，在传统社会中，社会道德教育上升到了治国、平天下的高度。在当今社会中，它仍然在维护社会秩序中发挥重要作用。按照列宁的说法："工人本来也不可能有社会民主主义的意识。这种意识只能从外部灌输进去，各国的历史都证明：工人阶级单靠自己本身的力量，只能形成工联主义的意识。"①也就是说，列宁认为社会主义的思想不可能自发产生，需要外来的教育。从这个角度来看，社会主义社会必须要大力加强社会道德教育，否则，无法完成稳定社会秩序的任务。社会道德教育培养机制主要包括社会道德教育的组织机制和社会道德教育的实施机制。社会道德教育需要社会管理者有效地进行理论上的建构和相关机构的建构。有了理论上的组织建构，社会道德教育才能形成一套能论述其道德合理性的系统教育内容。这样，相关机构的组织建构，才能根据系统的教育内容而形成。比如，在当代中国，已经形成了一套完整的社会主义道德体系。针对家庭道德教育、职业道德教育、社会公共道德教育，已经有了各自相应的机构。这些都有利于推进社会道德教育。社会道德教育的具体实施，是社会道德教育培养机制运行的关键环节。它需要相关制度的确立和社会道德教育的队伍的建设。相关制度的确立能够从制度上保障社会道德教育的顺利进行。社会道德教育的队伍的建设能够增加社会道德教育的广度，让更多的社会成员接受道德教育。只有当这些实施机制与组织机制有效运行，社会道德教育培养机制才能有效运行，从而把主流道德的规范与原则变为社会成员的自我要求，发挥出社会道德教育在维护社会秩序中的作用。

社会道德利益赏罚机制是指社会针对人们的道德行为或道德现象进行赏罚的一种机制。在这个运行机制中，社会根据其主流价值标准，采取物化、量化的形式进行物质利益或精神利益上的奖励或制裁。自有文字以来的历史中，社会道德利益赏罚总是体现了一定的道德价值倾向，并且也正是在这种利益赏罚中，强化了道德的利益基础，更能发挥其在社会秩序中的影响力度。从根本上来看，社会道德利益赏罚机制是一种利益上的赏罚

---

① [苏]列宁. 列宁选集(第 1 卷)[M]. 北京：人民出版社，1992：317.

机制。它展现了社会支持或否定某种社会价值追求，并且通过惩恶扬善营造一种社会所需要的道德氛围，从而发挥其调控社会秩序的重要作用。社会道德利益赏罚机制主要包括物质利益赏罚、精神利益赏罚以及两者的结合。

物质利益赏罚是社会直接给予或剥夺社会成员的物质利益。由于分配制度是最基本的、最常见的，也是最影响人们生活的制度，因此物质利益赏罚直接体现在社会分配制度中。比如，当代中国提出"按劳分配、多劳多得"的利益分配原则，这是中国主要的利益分配原则。这种原则直接否定了不劳而获这种有违公平的分配原则。"按贡献分配、多劳多得"，本身就蕴含着诚实劳动、忠于职守的价值取向。贯彻这种分配原则也就是坚持这种价值取向的一种奖励。欺骗、不信守承诺就要受到物质利益的制裁。在这里，公正在社会秩序的稳定中发挥着作用。建立健全物质利益赏罚制度，维护社会公平的分配制度，把物质利益赏罚与社会道德要求联系起来，这对保护人们的社会生活的有序性是不容忽视的。

精神利益赏罚是社会在精神上针对社会成员的道德行为或道德现象所进行的赏罚。在现实社会生活中，人与人之间总是发生各种交往联系。在这种交往中，人们总是希望与他人进行精神上的沟通，渴望得到他人的理解，获得社会的认可。从心理学上分析，如果一个人的行为为周围的人所享受与赞美，他就会感到精神上的满足与鼓励，从而形成一种荣誉感；反之，如果一个人的行为遭到同伴、亲友的唾弃与谴责，他就会感到精神上的失落与忧愁，从而形成一种羞耻感。精神利益赏罚是根据一定的社会道德标准，针对人们的道德行为或道德现象，运用社会群体的力量，从心理上向行为者表明一种社会所肯定或否定的态度。历史上，犹太教对于那些违背教义的人，最严厉的惩罚就是禁止任何人与之有任何交往，不得对他提供任何服务，不能和他共处一室，甚至不能和他并肩站在一起，彻底孤立他。精神利益赏罚在社会调控、维护社会道德秩序方面能够形成强大的社会压力，表明了社会针对社会成员的道德行为或道德现象的基本立场，促使社会成员在心理上产生荣誉感或羞耻感。因此，精神利益赏罚成为社会道德利益赏罚机制的必要组成部分。

在社会现实生活中，物质利益赏罚与精神利益赏罚常常被同时运用，以推动社会道德机制的良性运行，维护社会秩序的有序性。比如，运用行政赏罚措施，把职务的升降、任免与对个体道德状况的考核结合在一起。如果社会成员在道德行为上表现良好，可以通过升职、授予荣誉称号、给予物质奖励等，让其从中受益；如果道德行为低劣，则有可能被降职、开除，被剥夺其原有利益，遭到羞辱。道德行为优良者不仅获得物质利益，而且还获得精神利益，也就是名利双收。关于这一点，顾炎武认为，要把社会道德要求与社会成员的物质利益和精神利益紧密结合，实行"劝学奖廉"。他说："今日所以变化人心、荡涤污俗者，莫急于劝学、奖廉二事。天下之士，有能笃信好学，至老不倦，卓然可当方正有道之举者，官之以翰林、国子之秩，而听其出处，则人皆知向学，而不竞于科目矣。庶司之官，有能洁己爱民，以礼告老，而家无儋石之储者，赐之以五顷十顷之地，以为子孙世业，而除其租赋，复其丁徭，则人皆知自守，而不贪于货赂矣。"(《日知录卷十三·名教》)在这里，顾炎武认为能够通过授予官职、奖励土地、免除租赋等措施，使社会成员"皆知自守"，从而实现端正人心、敦风化俗、人心安定的目标。

社会道德运行机制是一个复杂的系统。在这个系统中，各个要素之间相互联系、相互影响、相互渗透，形成了社会道德运行的有机组成部分。因此，建立和完善社会道德运行机制，有助于发挥其整体功能，维护社会秩序的有序性。

(三)道德秩序价值实现的标准

道德秩序价值的实现，是指在一定社会历史时期的道德实践活动中，道德有效地调整社会秩序，有目的、有步骤地实现道德所预定的秩序目标，保障社会秩序的稳定与发展。如何看待道德秩序价值是否实现，在多大程度上实现？这就要有一些判断的标准。

其一，道德运行机制的运行状态。

由前述可知，道德秩序价值，从总体上来讲，是道德运行机制的良性运行所实现的。在实现道德秩序价值的过程中，道德运行机制的良性运行发挥了重要作用。我们可以把道德运行机制的运行状态作为道德秩序价值的实现标准。

个体道德运行机制和社会道德运行机制是否处于良性运行状态，意味着道德秩序价值能否得到实现。个体道德运行机制的良性运行表明社会成员能够追求合理的道德需要，选择应尽的社会义务，具有一定的社会责任，注重个体道德修养，维护社会秩序的有序性。个体道德运行机制越是处于良性运行状态，个体道德自律能力越强，社会道德要求越能得到个体的认同，社会秩序也就更加稳定，道德的秩序价值也就越能得以实现。社会道德运行机制的良性运行表明社会公共利益得到了有效管理和协调，社会道德舆论发挥其正面效应，社会成员的教育培养得到重视，社会道德评价发挥了应有的作用。社会道德运行机制越是能有效运行，主流道德的规范与原则就越会转变为社会成员的自我要求，社会秩序也就越处于稳定之中，道德秩序价值也就越是在更大程度上得以实现。

其二，道德解决社会矛盾的程度。

道德秩序价值的实现，意味着道德能够较好地解决社会矛盾。从前可知，在道德的众多价值中，秩序价值具有优先性，它可以被称为基本的价值。有了秩序，人类社会共同体的存在与发展才有可能。其实，秩序是社会生活中主客观条件内在统一的必然结果，是围绕解决社会矛盾而展现的结果。因此，我们可以把道德解决社会矛盾的程度，作为道德秩序价值实现的标准。

在人类历史的发展过程中，经济结构、建立在经济结构上的社会结构以及制度安排是社会生活的决定性力量。经济结构、社会结构、制度安排三者之间以及各自内部各种要素之间，既可以彼此适应，也可能相互冲突，从而构成一切社会矛盾产生和调节的基础。一般而言，社会秩序与社会矛盾相对，秩序表现为经济结构、社会结构、制度安排三者之间以及各自内部各种要素之间的有序活动，矛盾则表现为经济结构、社会结构、制度安排三者之间以及各自内部各种要素之间的无序和混乱。社会活动的秩序具有一致性、连续性、确定性等特征。它需要把社会矛盾控制在"秩序"的范围之内。任何社会的稳定与发展，都需要把社会矛盾控制在一定范围内，防止秩序的混乱，否则会导致社会共同体的崩溃。

道德能够调节一定范围内的社会矛盾。它所调节的主要是非根本利益对抗的社会矛盾，从而实现在一定程度上的社会活动的有序性。道德调节力度越有效，社会秩序越好，社会矛盾越少。反之，道德调节力度越衰落，社会秩序越乱，社会矛盾越多。道德在维护社会生活的有序性中的价值，主要是通过不断解决社会矛盾或减少社会矛盾来实现。我们通过道德解决社会矛盾的程度，即道德解决社会矛盾或减少社会矛盾的状况来评价道德秩序价值的实现状况。只有在道德能够有效地解决或减少社会矛盾的社会中，具有良好的社会秩序，我们才能说道德秩序价值得到了实现。

其三，道德调控不道德行为的效果。

实现道德秩序价值还意味着道德能够有效地防止不道德行为的出现概率。人类共同体能够存在与发展，本身也就表明存在着一定的社会规范维护社会生活的有序性，比如道德在其中发挥着重要的调控作用，以维护社会生活井然有序。毕竟，任何社会中总是存在着一些违反社会规范的行为。社会秩序是否得到维护，维护的效率如何，也体现在道德调控那些违反社会规范的不道德行为的效果上。因此，我们可以把道德调控不道德行为的效果作为衡量道德秩序价值实现的标准。

不道德行为是指直接或间接违背人们所广泛认可的社会道德规范的行为。这种行为会给人们带来各种危害，如直接或间接损害公众利益等。不道德行为与社会秩序是相对立的。要维护社会秩序，就需要运用道德调控，减少不道德行为。自古希腊开始，人们就发现人具有理性，但这种理性是有限度的理性，即有限理性。人不可能如同神一样，永远做道德上正确的事情。人也不可能如同那些缺乏理性的畜类，处于非理性的状态。人有自由意志，能够做出自己的道德选择，但人的道德认识能力和可利用的认知资源都是有限的，常常会出现一定的认识偏差，导致不道德行为的出现，容易影响社会生活的有序性。在一个道德有效发挥其调控功能的社会中，其实际效果构成了道德秩序价值得以实现的重要表现。在一个不道德行为层出不穷的社会中，道德无法或很难发挥其调控作用，社会秩序就必然难以得到维护。相反，一个能有效发挥道德调节作用的社会，其社会秩序必然十分稳定。

四、道德的特定化秩序

在人类社会的发展历程中，当统治者获取社会的统治地位，借助其政治和经济上的优势地位，在文化领域也居于优势地位，道德也就成为维护其统治的工具。道德的这方面的秩序价值，就表现为一定社会现实生活中统治秩序的价值。道德的特定化秩序是统治者针对被统治者的统治秩序。在探讨了道德的秩序价值的一般情况之后，非常有必要探讨道德的这种特定化秩序。

（一）道德认同和维护统治秩序

统治秩序是一种重要而特殊的社会秩序。道德认同和维护统治秩序是通过认同和维护统治者的统治地位而表现出来的。统治地位的获得是统治者形成的最终依据。在一个社会中，谁获得统治地位，谁就成为统治者。道德在认同和维护统治秩序中的意义是，以道德上的合理性确立统治者的统治地位，并作为一种捍卫其统治地位的重要策略。

统治者需要道德来认同和维护其统治秩序的根本原因在于：任何统治者在维护其统治秩序中都需要整合各种不同的思想，尤其是被统治者的思想。在这种思想整合中，道德认同上的统一性对于维护统治者的统治秩序是非常必要的，成为自古以来国家治理的重要手段之一。这种道德认同上的统一性是统治者维护其统治秩序的合法性的根本依据。因此，任何社会中的统治者都需要建构维护其统治地位的道德观念来整合其他不同道德观念，以保证统治秩序的长治久安。具体而言，统治者需要道德认同和维护统治秩序的根本原因表现在三个方面：

其一，道德是统治者获取其统治地位的特殊政治宣言。

任何时代的统治者在获得统治地位之后，都需要维护自己的统治秩序。为了自己统治的长治久安，统治者必然要论证自己统治的合理性与必要性。这种论证中既包括论证取代以往统治者的合理性与必要性，也包括论证自己当前统治的合理性与必要性。道德论证是论证其统治的合理性与必要性的重要方式。人们常常把这种道德论证称为特殊性的政治宣言。比如，西周取代了殷商，西周的统治者把这归结为"修德配命"的结果。商纣王信奉"我生不有命在天"（《尚书·西伯戡黎》），认为王权乃天所授，别人能耐我何。西周的统治者同样需要以天作为自己统治的合理依据。他们把殷商将天神与祖宗混而为一的做法做了改变，认为天神为天，与祖宗并不是合一的，谁修德，天就授命于谁，接受天命的条件是"德"。因此，《尚书·周书》中有："在昔殷先哲王，迪畏天，显小民，经德秉哲。"（《尚书·周书·酒诰》）"我不敢知曰，有殷受天命，惟有历年；我不敢知曰，不其延。惟不敬厥德，乃早坠厥命。"（《尚书·周书·召诰》）"克明德慎罚，不敢侮鳏寡，庸庸，祗祗，威威，显民，用肇造我区夏。"（《尚书·周书·康诰》）"惟我周王灵承于旅，克堪用德，惟典神天。天惟式教我用休，简畀殷命，尹尔多方。"（《尚书·周书·多方》）西周的统治者运用这种"修德配命"的思想，论证了获得统治地位的合理性，也宣告了取代殷商的必要性。因此，西周特别推崇德在稳定统治秩序中的重要性。

其二，道德是统治者治理国家的必要手段。

古人云："道德不倡，天下不宁。"统治者在治理国家的过程中，需要正人心，维护其统治秩序，道德就是其正人心的必要手段。在中国传统文化中，这种治理方式被称为"德治"。

中国传统文化中的"德治"主要是通过加强官员的品德修养，树立道德典范，达到正人心的目的。这与中华文明的起源有着密切的关系，因为中华文明是直接从部落转变为国家，部落首领转变为天子，部落长老转变为大臣，原有的部落首领、长老既是具体事物上的管理者，也是道德上的楷模，这就需要国家的领导者既是行政官员，也是道德典范。孔子曾这样解释其运行逻辑："政者，正也。子帅以正，孰敢不正"(《论语·颜渊》)，"其身正，不令而行；其身不正，虽令不从"(《论语·子路》)。因此，历代统治者都提倡"德治"，其中注重官员品德是非常重要的内容。也就是说，官员一定要有好的道德修养，这是治理好国家的重要手段。

在现代社会中，道德仍然是重要的治国手段。它常常作为一种理念融入社会政治制度、经济制度和法律制度之中，发挥着重要的作用。比如，正义是一种美德，现代社会需要建设相应的正义制度。正如罗尔斯所说："当正义制度不存在时，我们必须帮助建立正义制度，至少在对我们来说代价不很大就能做到这一点的时候要如此。因此，如果社会基本结构是正义的(或者具有在特定环境中可以合理期望的正义性)，那么每个人就都有一种去做要求他做的事情的自然义务。每个人都负有这种义务，不管他自愿与否、履行与否。"①罗尔斯把这种正义美德作为每个人应有的义务，认为只要社会基本结构是正义的，个体就要主动实现正义。

现代社会中的"德治"与古代的"德治"的最大区别在于，现代社会中的"德治"是建立在"法治"基础上的。按照罗国杰的诠释："第一，德治不但不是对法治的否定和削弱，而且是对法治的进一步肯定和强有力的支持……第二，德治不是超越法治，而是在社会主义法治国家框架内施行德治……第三，德治不是针对法治提出的另一个新的治国方略，而是对依法治国方略在道德上的重要补充，以使人们更加注重道德的作用，更加重视法律和道德的相辅相成、不可或缺的关系。"②这种现代社会中的"德治"能够有效地防止现代社会中的"制度偏执症"。提起现代社会，人们常常会认为，就是社会制度完备的社会。的确，制度在现代社会的发展中十分重要，但并不是万能的。推动制度创新与改革，并不意味着只要有了制度，就万事大吉、包治百病。制度毕竟需要人的执行才行，个人的道德状况，尤其是国家领导者、管理者的道德状况在其中发挥着关键性作用。否则，再完备的制度也只是一纸空文。从这个角度来看，现代社会中的"德治"是针对"制度偏执症"的最佳解毒剂。

其三，道德是统治者应对不同国家意识形态挑战的精神武器。

统治者在维护其统治秩序中，必须要面对来自那些敌对国家思想观念的挑战。不同国家由于受不同历史与文化的影响，形成了各种不同的意识

---

① [美]罗尔斯. 正义论[M]. 何怀宏，何包钢，廖申白，译. 北京：中国社会科学出版社，2001：324.

② 罗国杰，等. 德治新论[M]. 北京：研究出版社，2002：5.

形态。比如，20 世纪以来，自由主义、社群主义、马克思主义、托马斯主义等，在不同国家和地区得到官方认同与支持，甚至成为一个国家或地区的道德上的意识形态，不同的意识形态形成了不同国家或地区之间的彼此支持或对立的关系。任何一个国家的统治者要想维护本国的统治秩序，就需要防止敌对国家意识形态的攻击与挑战。道德成为统治者应对不同国家意识形态挑战的精神武器。

（二）道德实行和实现统治秩序

道德是一种相对独立的社会意识形态。统治者要实行和实现自己的统治秩序，必然要利用道德这个重要工具。道德实行和实现统治秩序具体表现在：巩固自己的经济基础，维护自己的经济制度；协调统治者内部的行动，解决内部矛盾；团结外部同盟者，实行道德文化统治。

其一，巩固自己的经济基础，维护自己的经济制度。

统治者对统治秩序的维护是建立在一定的经济基础和经济制度基础上的。道德这种意识形态，正是统治者用来实现统治秩序的重要工具之一。从社会历史的发展来看，是否能够巩固自己的经济基础，维护自己的经济制度，对统治者来说是很重要的。

不同时代不同的经济基础和经济制度维护不同的统治秩序。每当统治者发生变动，新的统治者取代了旧的统治者，经济基础也就发生变化，统治者就需要有与自己的经济基础、经济制度相一致的新道德，取代旧道德，以维护自己的统治秩序。因此，统治者所确定的新道德需要巩固自己的经济基础，维护自己的经济制度。

"马克思主义的精神实质不在于根据利益关系的分析而得出的某些理论结论，而在于对利益矛盾分析的本身，在于根据特定的经济关系，实证性地确认这种关系下特殊的经济利益矛盾以及矛盾运动的特殊趋势和发展结果。"[①]新的包括道德在内的上层建筑，总是维护新的统治者的经济基础，反对维护旧的经济基础的上层建筑，展现了两种不同上层建筑背后的经济利益之争。由于旧道德作为社会的风俗习惯和个人的内心信念而广泛存在，因而新道德需要广泛地深入社会实际生活中，转变为社会和个人的心理与习惯，才能彻底取而代之。所以，在相当长的时期内，尽管新的经济基础已经形成，但新旧道德之间的冲突不会很快结束，仍然长期存在。同时，即使新旧统治者的道德，从内容和形式上有其相通之处，但由于其

---

① 樊纲. 现代三大经济理论体系的比较与综合[M]. 上海：上海三联书店，2007：94.

背后的经济利益的矛盾，旧的统治者都会维护旧的经济基础，反对新的经济基础，所以，任何新道德都肩负改变旧的经济基础、巩固新的经济基础的历史责任。

经济制度是指国家经济活动中的制度总称。任何统治者都需要一定的经济制度来维护其统治秩序。基本经济制度是其中最为重要的组成部分。基本经济制度是指国家的统治者为了维护社会中占统治地位的生产关系的发展要求，建立和发展有利于其政治统治的社会经济活动的基本原则及人们在社会中普遍认可和共同遵守的行为规范。

道德在维护基本经济制度方面主要采取两种方式：直接的方式与间接的方式。

所谓直接的方式是指统治者直接运用道德来捍卫基本经济制度，把与基本经济制度一致的道德行为称为善，把与之背道而驰的道德行为称为恶。比如，社会主义和共产主义道德"破天荒第一次彻底表达劳动人民的利益和要求，自觉地使自己成为无产阶级的道德理论，从无产阶级的阶级利益出发，来概括共产主义道德的原则和规范，指导人们的道德实践"①。它"注重于促进社会生产力的发展，公有制经济关系的巩固与发展，社会主义的政治制度和社会秩序的稳定和完善"②。显然，这种道德公开地宣传要为巩固社会主义公有制来服务，宣扬按劳分配的道德合理性，把符合这些道德要求的行为称为善的行为，把不符合这些道德要求的行为称为恶的行为，以此捍卫社会主义基本经济制度。

所谓间接的方式是指统治者间接运用道德来捍卫基本经济制度。尽管它没有鲜明地指出自己支持基本经济制度，但从其所阐述的理论与思想中可以看到如何维护这种基本经济制度。比如，在古希腊时期，奴隶社会的道德捍卫奴隶主的生产资料所有制，维护奴隶对奴隶主的人身依附，等等。但是，古希腊政治家们宣称他们追求每个人的平等与自由。雅典著名政治家伯利克里在阵亡将士国葬典礼上的演说中说道："解决私人争执的时候，每个人在法律上都是平等的；让一个人负担公职优先于他人的时候，所考虑的不是某一个特殊阶级的成员，而是他们有真正的才能。任何人，只要他能够对国家有所贡献，绝对不会因为贫穷而在政治上默默无闻。正因为我们的政治生活是自由而公开的，我们彼此间的日常生活也是这样的。"这些话听起来娓娓动听。但不可忽视的是，他所讲的平等并不

---

① 罗国杰. 伦理学教程［M］. 北京：中国人民大学出版社，1985：45.
② 罗国杰. 伦理学教程［M］. 北京：中国人民大学出版社，1985：126.

适用于奴隶，他提到的贡献不过是为奴隶主所做出的贡献。从这个意义上说，他所捍卫的利益是奴隶主的基本利益，包括经济利益与政治利益。他所称赞的捍卫祖国、为祖国献身的英勇行为，其实就是保护奴隶制的行为。尽管他在演说中并没有直接阐述自己维护当时社会的基本经济制度，但我们通过他所使用的"自由""平等"等词，能够看到他在维护奴隶社会的基本经济制度与政治制度等。

当然，道德在一定时期内维护基本经济制度方面常常并非孤立地使用某一种方式，而是既有直接的方式，也有间接的方式。比如，当代西方社会的一些思想家、政治家直接从道德的角度捍卫资本主义社会的生产资料私有制的神圣性，认为私有财产神圣不可侵犯，维护私有财产以及相应的分配制度，就是道德的，否则，就是不道德的。另外，一些思想家、政治家并没有直接从道德角度来维护资本主义社会的基本经济制度的神圣性，而是采取一种较为隐蔽的方式来论证。比如，黑格尔的《法哲学原理》以抽象的方式阐述了其道德哲学思想。由于他所生活的时代属于"德国不幸的岁月"，这部书从表面上看显示出黑格尔极力维护和赞美普鲁士政府，但挖掘其文字背后的含义，其实既为"积极自由权利"做辩护，也为"消极自由权利"做辩护，捍卫了私人领域的不可侵犯性。自由及其实现是黑格尔的法哲学的思想灵魂。黑格尔指出："善就是被实现了的自由，是世界的绝对最终目的。"①黑格尔以晦涩的笔墨、思辨的语言，运用否定性辩证法，论证了资本主义社会基本经济制度的合理性。

从统治者要实行和实现自己的统治秩序来看，自古以来，在统治者与被统治者的斗争中，统治者一直运用道德来巩固其经济基础，维护自己的经济制度，从而通过经济地位的稳固，确立自己的统治地位。

其二，协调统治者内部的行动，解决内部矛盾。

统治者要想巩固自己的统治秩序，如何协调统治者内部的纷争十分重要。统治者内部是一个集团，因此每个人的利益需求、人格特征、心理状态等不可能完全统一。这就需要加强统治者内部的行动整合。道德有助于统治者协调其内部行动，解决内部矛盾。

矛盾是无处不在的。统治者内部存在矛盾是客观存在的事实。统治者维护其统治秩序的过程也就是一个不断面对矛盾、解决矛盾的过程。矛盾意味着冲突与较量，但矛盾的存在并不意味着一定会导致统治者内部的瓦解，也可能在矛盾的解决过程中，增加统治者内部的团结，稳定统治秩

---

① ［德］黑格尔. 法哲学原理［M］. 范杨，张企泰，译. 北京：商务印书馆，2010：132.

序。因此，细致地分析道德在解决这些矛盾中的意义是必要的。

统治者内部的矛盾有许多种类，从主体上分，可以分为群体与群体、个体与个体、群体与个体之间的矛盾。从组织性上分，可以分为有组织性矛盾与无组织性矛盾。从表现上分，可以分为隐性矛盾与显性矛盾。从原因上分，可以按照经济、政治、文化等原因分为经济矛盾、政治矛盾、文化矛盾。从矛盾的范围上分，可以由小到大地分为小规模矛盾、大规模矛盾。从矛盾的程度上分，可以由浅到深地分为竞争、斗争与战争。道德不同于法律，属于非强制性规范，其作用并不是万能的，不能解决统治者内部的全部矛盾，只能解决其中非根本利益冲突的矛盾，并且在那些非根本利益冲突的范围内，其化解矛盾的能量也是有强有弱。鉴于矛盾种类的多样性，在这里，从矛盾的程度上来加以展现与分析道德在解决统治者内部矛盾中的意义。

从矛盾的程度上分，统治者内部的矛盾可以由浅到深地分为竞争、斗争与战争。道德能够在一定程度上发挥其作用，解决内部矛盾。

竞争是个体或群体间力图胜过或压倒对方而相互较量的状态。它是社会中每个参与者为了一定的目标而试图超越对手的行为。竞争，这种社会矛盾，既有积极的作用，也有消极的作用。正如恩格斯所说："竞争是强有力的发条，它一再促使我们的日益陈旧而衰退的社会秩序，或者更正确地说，无秩序状况活动起来，但是，它每努力一次，也就消耗掉一部分日益衰败的力量。"[①]从积极作用来看，它有利于统治者内部维持相应的民主气氛，随时调整策略，做出符合实际的行动。其消极作用在于有可能造成统治者内部一定力量的损耗，破坏内部的团结与稳定。统治者为了维护统治者内部的团结与稳定，会制定相应的竞争制度，把可能出现的内耗控制在彼此接受的范围内。就道德对于竞争的意义而言，统治者常常把共同的道德理念融入竞争制度中，以保证竞争的公平与有效。由此，抽象的道德规范、道德目标就落实于具体的制度与行动要求之中，具有了较强的可操作性和合乎实际的现实性。它既有助于避免统治者内部的道德说教，克服道德口号、道德教化的空洞无力，也有助于消除统治者中个体道德实践在竞争中的不确定性和偶然性，从而以外化的制度的方式规范统治者内部的竞争，降低可能出现的内部分裂的风险，保证统治者内部的团结与稳定。

斗争是社会中个体或群体之间发生冲突，彼此相互反对和争斗的状态。它是社会中一方不管他方的反对而坚持自己的意志，力求战胜另一方

---

① ［德］马克思，恩格斯. 马克思恩格斯文集(第1卷)［M］. 北京：人民出版社，2009：84.

的行为。就统治者内部来说，斗争是比竞争要激烈的矛盾。统治者内部的斗争常常具有群体性的特征。统治者内部的各个派别为了获得各自派别的利益，就会形成相应的群体性斗争。统治者需要规范、限制、引导内部的各种斗争形式，除了要有法律和各种制度的规定，道德舆论上的宣传、引导，道义上的劝说、告诫同样是不可缺少的。如果能够制定相关法律，形成良好的道德舆论氛围，就能有效地规范斗争形式，限制可能出现的某些弊端较为严重的斗争形式。在现代社会中，推动实践新的斗争形式，发挥道德的引导作用十分重要。

战争是社会中群体之间相互使用暴力的武装战斗。它是社会矛盾双方为了实现各自的政治、经济等目的而发生激烈冲突的军事行为。因此，统治者为了维护自己的统治，稳定统治秩序，总是想方设法防止出现内部战争的情况。道德就是其中的方法之一。比如，中国古代的统治者借助儒家的大一统思想进行道德教化，以此凝聚人心，防止战争。在王朝建立之初，效果明显。然而，道德的作用是有限的。道德不可能调节统治者与被统治者之间根本利益的冲突，也难以调节统治者内部正在进行的战争，但是可以用它来预防战争，也可以用它来控制战争的暴虐程度，如交战双方不屠杀平民，照顾伤者，给予战俘人道待遇等。

其三，团结外部同盟者，实行道德文化统治。

统治者为了稳固自己的统治地位，维护自己的统治秩序，除了要协调统治者内部的行动，解决内部矛盾，还需要处理与统治者外部力量有关的问题与矛盾。这就需要借助道德团结一切可以团结的力量，巩固自己的统治基础；实行道德文化统治，化解社会矛盾。

外部的同盟者是统治者积极拉拢和团结的重要对象。统治者在获得其统治地位后，如何兼顾其外部同盟者的利益是维护其统治秩序的重要内容。既然是同盟者，也就意味着与统治者之间有共同的利益需要，但也存在一定的利益冲突。统治者常常需要给予同盟者一定的利益，以获得他们的支持，最大限度地孤立敌对者，削弱其可能的挑战。他们会借助道德舆论鼓吹两者之间的牢固关系，从道义上以及社会制度上给予同盟者较高的社会地位。比如，清军入主中原，为了巩固其统治地位，孤立汉人中可能出现的反对者，清廷极力拉拢蒙古贵族，采取了联姻等怀柔政策，从道德舆论上鼓吹满蒙亲如一家。因此，直到清朝退出历史舞台，社会上都流传着"满蒙不分家"的说法。清朝的这一做法，从历史上看，得到了蒙古贵族的大力支持，的确巩固了其统治地位，扩大了统治基础。

道德文化是文化中的一种。文化是人化，即人的文明化，展现了人类的精神创造力。道德文化是人在社会实践活动中所形成的处理各种社会关系的道德规范、原则及思想观点，是社会有序发展的精神力量。道德文化与整个文化相比，是整个文化的中枢，居于整个文化的核心位置。没有道德文化，整个文化将无法存在。一般而言，道德文化中的原则、规范等具有规范与导向作用，因此，道德文化具有社会治理功能。统治者把它视为一种重要的社会治理工具。它在统治者维护统治秩序的过程中具有不可替代的重要性。

统治者运用道德文化构建起支撑其统治地位的统治制度。道德文化是统治制度的价值基础。统治者要维护其统治秩序，需要一整套的统治制度。各种统治制度，从不同方面提出了社会成员必须要加以遵守的规范。从价值论的角度来看，这些规范展现的是一种价值，属于价值规定。尽管这些价值规定有其各种各样的价值依据，但最终依据是道德文化。美国新自然法学派代表人物学者富勒认为，一个真正的制度应当包含着自己的道德性，如果一个国家施行的制度没有能蕴含道德文化的价值取向，就会导致一个根本不宜称为制度的东西。他把道德文化理解为各种国家制度的内在价值规定，各种国家制度不过是道德文化价值的外化与表现。在中国古代，儒家道德文化成为国家的主流意识形态，统治者以此来构建相应的各种国家制度，如政治制度、法律制度等。

统治者还运用道德文化构筑了维护其统治秩序的心理防线。道德文化涉及人们生活的各个方面，通过人们的内在荣誉感与羞耻感来影响人们的所作所为，形成稳定统治秩序的心理防线。从心理学上看，统治者所规定的各种制度能否为人们所接受，取决于人们的道德心理。如果人们认为其具有道德合理性，并在心理上加以认同，其权威性将大大增强，反之，则会遭到削弱或抛弃。比如，中国古代的"忠孝节义"，得到人们的广泛认可，从而形成了维护封建等级制度的有效屏障。再如，中国在实施计划生育的国策的初期，该国策在农村地区与"多子多福"的道德文化价值观相抵触而难以执行。然而，当这一国策得到了广泛的舆论宣传之后，人们在道德心理上接受了这一观点，执行就变得顺利。因此，统治者在维护其统治地位的过程中，总是千方百计地把他们所认可的道德文化渗透到人们的日常生活之中，发挥其潜移默化的作用。这种潜移默化的作用，填补了国家制度管理中的缺陷，因为制度只是掌控人们的行为，无法控制行为的动因。道德文化正好可以既针对人的行为，也针对人的动机发挥其潜在的作用，促使人们自觉做出符合统治者要求的行为。

统治者实行道德文化统治也存在一定的局限性。道德文化在维护统治者的统治秩序时，只能依靠社会舆论、内心信念、风尚习惯等非强制性的方式去劝导人们弃恶从善。如果一个人属于从善者，很可能会接受这种劝导。如果一个人本身就是一个恶棍，一定会拒绝甚至很嘲笑这种劝导。关于这一点，孔子认为人可以分为"生而知之者""学而知之者""困而学之者""困而不学者"。在道德教育中，孔子曾说过"唯上智与下愚不移"。在孔子看来，"生而知之者"因为其天赋，不需要教育也能遵循道德要求；"困而不学者"因为其"愚"，不会接受道德要求。能够接受道德教育的人只是那些"中人"，即"学而知之者"和"困而学之者"。他们有向善之意，愿意学习，又有自身的缺陷，也愿意改变。从孔子的这种观点出发，董仲舒形成了他的"性三品观"，韩愈又在此基础上形成了他的"性三品说"。在古希腊，亚里士多德也有相似的观点，在《尼各马可伦理学》第 10 卷中，他提出城邦的统治者要把那些不接受道德教育的恶棍，要么用法律治理，要么驱离城邦，以维护城邦统治秩序的稳定。因此，道德文化在维护统治秩序方面并不是万能的，需要和法律等其他措施相结合。另外，在社会出现大规模秩序混乱的年代，如中国历史上的战国争雄、南北对峙、五胡乱华等年代，道德文化无法有效地迅速帮助统治者恢复统治秩序。因为，道德文化的形成与发展需要较长的时间，它需要政治、经济、法律等多种手段的配合才能发挥其作用。当一个社会的政治、经济或法律等方面出现混乱时，道德文化也难以独善其身。因此，在一个政府腐败、管理无力、社会无序的社会中，统治者认同的道德文化也会常常随之堕落。比如，曾经横跨亚非欧三洲的罗马帝国，在其末期，奢侈之风代替了节俭之风，贪污腐败代替了清正廉明，好逸恶劳代替了兢兢业业，道德文化已然堕落。

五、社会改革中的道德秩序

社会改革是社会内部根据一定目标进行变革的一系列社会变化。社会改革与道德秩序之间存在相互建构的关系。在社会改革中，社会改革与道德秩序之间相辅相成、相互影响。社会改革需要道德秩序，道德秩序的维护也需要社会改革。或者说，道德秩序的稳定有助于社会改革，社会改革促进道德秩序的自我维护与自我更新。

（一）社会改革需要道德秩序

社会改革需要道德秩序，这主要体现在两个方面：一是道德秩序能够为社会改革提供精神引导，二是道德秩序能够为防止社会改革中可能出现的局部混乱起到稳定人心的作用。

社会改革需要有其内在的动力。比如，社会经济、政治、文化等方面已经出现了问题，如果这些问题不加以处理，就有可能演变为一场严重的社会动乱。历史上的许多社会改革都是由于社会内部经济、政治、文化等方面的矛盾日益激化而造成的，最常见的是社会分配不公，贫富两极严重分化，社会内部需要一场改革，缓和这些矛盾，保持社会的正常运转。从这个意义上看，道德秩序追求的是社会秩序稳定、社会成员的行为符合社会公序良俗及社会基本道德规范，如做事讲究公平、良心等。社会矛盾变得激烈与尖锐后，追求一种道德秩序能够为社会改革提供精神上的引导作用。比如，在 20 世纪初，英国社会中富有者从海外获得巨额收益，而中下层民众的经济状况不断恶化，失业率持续上升，25%至30%的城镇人口生活在贫困线以下，而社会没有相关的社会保障，社会各阶层的对立与冲突愈演愈烈。英国新自由主义者赫伯特·亨利·阿斯奎斯（Herbert Henry Asquith）等人，认为个人不能具有无限自由，个人的自由要以大多数人的自由为目标，国家有权利维护社会公平，要追求一种应有的社会秩序。英国自由党在赢得大选后，决定进行社会改革。英国政府通过国家干预，先后出台养老金条例、国民保险法案、最低工资制等，缓解了社会矛盾，提高了抵抗社会风险的能力，增强了英国的国家竞争力。英国的社会改革看起来是经济方面的改革，其实也是一场捍卫应有的道德秩序的改革，要维护社会秩序的稳定，追求社会平稳发展，遏制人性的无尽贪婪。道德秩序在社会改革中发挥了重要的引导作用。

纵观历史上的社会改革，都需要国家权力的推动，不论这种内在推动力来自底层的呼吁，还是上层的自觉，体现时代呼声的道德秩序都能够有利于保证社会改革的方向，都能使社会改革不至于在改革道路上失去自我而陷入茫然无措的状态。因此，只要社会改革能够充分运用道德秩序勇敢地挑战社会中所存在的各种顽症，获得社会改革的成果，巩固取得的成绩，就能使社会改革坚持不懈地把握应有的社会发展方向，不断在新的基础上迈向新的价值目标。同时，道德秩序就能在社会改革的过程中自我更新和发展，社会改革也能在新的道德秩序的基础上取得更大的发展。

当然，社会改革并不是一帆风顺，也会存在挫折和失败。道德秩序能够为防止社会改革中可能出现的局部混乱起到稳定人心的作用。

社会改革，无论是激进的改革还是渐进的改革，都会或多或少触及社会成员的基本经济利益、政治利益等，激起那些利益受损者的不满，甚至引发社会的动荡或导致社会革命。比如，苏联的社会改革，导致社会矛盾凸显，社会大范围极度混乱，联盟瓦解，政权更迭。社会改革就好像一名医生，正准备治疗社会疾病。医生可能唤起病人新生，也可能成为催命鬼。道德秩序如同一种药物，尽管它不是还魂仙草，但具有一定疗效。当社会疾病还不是足以致命的恶疾时，道德秩序能够起到镇痛与安抚的效用。比如，中国社会改革中的价格改革，是经济体制改革中的重要环节。20世纪80年代，大规模价格放开后，多地消费者纷纷抢购商品，物价大幅上涨，通货膨胀率直线攀升，直接导致1988年价格改革"闯关"失败。但是，这并没有引起社会大范围的混乱，其重要原因之一在于每次价格改革之前，政府都会发动道德舆论宣传，促使人们理解政府的做法：改革有助于社会的整体利益，最终有助于个体利益的获得。正如邓小平在1988年指出："最近我们决定放开肉、蛋、菜、糖四种副食品的价格，先走一步……这次副食品价格一放开，就有人抢购，议论纷纷，不满意的话多得很，但是广大人民群众理解中央，这个决心应该下……我们讲实践是检验真理的唯一标准，放开物价、加速改革正确不正确，也要看实践。我们现在既有顺利的情况，又有风险的情况。好在这十年来中国有了可喜的发展，人民生活有所改善，对风险的承受能力有一定的增强……不要怕冒风险，胆子还要再大些。"①邓小平在这场价格改革中一直认为，要下定决心不断闯关，不要怕冒风险，胆子还要再大些，其底气来源于社会改革曾经给中国人带来的实惠，来源于人民对政府的道德信任，并最终取得价格改革成功。关于这一点，在中国的股市改革中也能看得到。中国股市改革可以称得上中国改革中反复折腾最多的领域，但无论股市如何风云变幻，社会仍然没有出现骚乱。正是道德秩序的稳定，人民的信任，加上改革实践的渐进性成功，使中国的社会改革取得了举世瞩目的成就。

在社会改革中，道德秩序能够成为一种重要的工具。在改革初期，道德秩序能够为社会改革提供精神动力；在改革中，道德秩序能够针对社会改革中的困境发挥稳定人心的作用。尽管道德秩序并不是解决社会改革中一切问题的唯一力量，但确实是不可缺少的一种力量。它表明了社会改革的合理性，表明了社会改革捍卫社会的公序良俗的决心，从道义上论证了改革的正当性和必要性，有利于凝聚人心，推动社会改革沿着正确的方向前进，促进社会改革的成功。

---

① 邓小平. 邓小平文选(第3卷)[M]. 北京：人民出版社，1991：262-263.

(二)社会改革促进道德秩序的自我维护与自我更新

社会改革需要借助道德秩序来实现自己的目标。但与此同时，社会改革也会促进道德秩序的自我维护与自我更新。一方面，在社会改革中，当道德秩序与社会改革的方向一致，顺应了时代的发展时，社会改革其实也就是调整与道德秩序不一致的各种社会不和谐因素。因此，社会改革也就会促进道德秩序的自我维护。比如，中国自 1978 年开始实施的改革开放政策，是社会主义制度的自我完善和发展。建立在社会主义经济基础上的社会主义道德体系所形成的道德秩序，与中国社会改革的方向一致，为维护社会主义制度服务。社会改革所带来的经济繁荣以及人们物质生活的富裕也就为道德秩序的自我维护奠定了物质基础，从而有力地捍卫了社会主义的道德秩序。

在社会改革中，道德秩序得到了自我更新。道德秩序的自我更新包括两个层次：一是道德秩序的量变，二是道德秩序的质变。所谓道德秩序的量变，是道德秩序的根本社会属性没有变化，其所维护的经济基础和经济制度没有发生改变，道德秩序的变化只是一些外在形式的变化。所谓道德秩序的质变，是道德秩序的根本属性发现了变化，其所维护的经济基础和经济制度发生了根本变化，道德秩序的变化是其内在的社会性质的变化。

无论道德秩序发生量变还是质变，道德秩序的自我更新都是在自我基础上发生的，是过去道德秩序的自我演化与发展。尽管有些时候，人们会认为存在所谓全新的道德秩序，其实，它仍然是在旧的道德秩序上发展而来的。正如日本学者新渡户稻造在评价武士道这种传统的封建道德时所说："有人预言，封建的日本道德体系会同其城郭一样崩溃下去，变成尘土，而新的道德将像不死鸟那样为引导新日本前进而建立起来，而这个预言已由过去半个世纪所发生的事情得到证实。这样预言的实现是值得高兴的，而且也是能够发生的，但不要忘记，不死鸟仅仅是从它本身的灰烬中复活起来，它并不是候鸟，再者，也不是假借别的鸟儿的翅膀飞翔……武士道作为一个独立的伦理的训条也许会消失，但是它的威力大概不会从人间消亡。它的武勇的以及文德的教诲作为体系也许会毁灭。但是它的光辉、它的光荣，将会越过这些废墟而永世长存。"[1]任何一个民族所谓的全新的道德秩序都是脱胎于原有的旧的道德秩序。当代日本的道德秩序还是从传统的武士道所坚守的某种道德秩序中发展而来。

---

[1] [日]新渡户稻造. 武士道[M]. 张俊彦，译. 北京：商务印书馆，2005：104-105.

　　一般而言，道德秩序的更新总是需要一定的外部力量的刺激。社会改革是这种外部力量之一。因为，社会改革必然涉及社会中政治、经济、文化等诸多方面的内容。历史经验反复证明，当社会中的政治、经济、文化等内容发生变化时，必然会导致道德发生一定的变化。仅从经济变化来看，按照马克思的观点，经济的变化意味着利益的变化，人们会根据自身对特殊利益的认识，在其道德体系中，增加一些新的内容，抛弃一些旧的部分，或者赋予旧的内容一些新的意义，改变其形式。比如，东汉时期的《白虎通德论·三纲六纪》中所提出的"君为臣纲，父为子纲，夫为妻纲"，突出了封建时代的君臣关系，改变了孟子"五伦"中把"父子有亲"置于"君臣有义"之前的做法，体现了封建时代生产关系在全国的确立。社会改革中的经济改革、政治改革、文化改革等都会促使道德发生一定的变化。从这个意义上看，社会改革也涉及道德改革，推动了道德秩序的自我更新与发展。同时，在改革中，道德秩序的自我更新与发展，符合了社会改革的需要，也就会促进社会改革的发展。

　　道德秩序的形成与自我更新总是要经历较长的时间的磨砺。这是因为道德秩序是一种由社会习惯与风俗等非强制力所形成的秩序，而社会习惯与风俗的形成都是要经历较长的时间。因此，道德秩序的自我更新并不是短暂时间所能完成的。这也就反映了道德秩序具有一定的稳定性。与政治、法律等秩序相比，它总是在国家主要意识形态的东西都发生变化后，才会逐渐发生变化。社会改革常常是在社会各种矛盾比较尖锐的时期发生，它意味着社会正在出现一系列的巨大变化。道德秩序正是依靠社会改革的推动而逐渐实现自我更新。所以，人们认为，社会改革是社会发展中促进道德自我更新的活跃性因素。

第三章 "增进幸福"的道德价值目标

增进幸福是在保障人权基础上较高层次的道德价值目标。幸福是人类自古以来一直追求和向往的美好愿望，它有时也被称为善、至善、好生活、好日子、生活得好、过得好、福祉等。自人猿揖别以来，幸福就一直是人类思想中不断加以探讨和研究的重要价值目标。可以毫不夸张地说，人类从其能够独立生活和思考之时，也就开始了实现幸福的征途。幸福是每个时代每个人都关心的话题。无论是思想家还是普通人都参与其中，乐此不疲。从一定意义上看，人类的整个历史可以概括为诠释幸福、追求幸福的历史。正如康德所指出，幸福"不仅是就使自己成为目的的个人的那些偏颇之见而言，甚至也是就把世上一般个人视为目的本身的某种无偏见的理性的判断而言的"①。因为人们可以否定某种幸福，认为它缺乏意义或毫无意义，但不可能不谈论幸福。幸福是衡量人生意义的尺度，而没有幸福的人生是没有意义的。幸福是一个充满了价值韵味的词汇。因此，当我们把人权作为人类发展中的道德基本价值加以论述后，非常有必要探讨道德的幸福价值。道德的幸福价值是被道德特定化了的幸福价值。幸福是人类在保证其基本权利基础之上所要追求的价值对象，是人类自我发展、自我完善的重要道德价值目标。

一、作为伦理学范畴的幸福

幸福是人类永恒的话题。它是人类矢志不渝的奋斗目标和坚持不懈的价值追求。无论是作为类的人还是作为个体的人，都把幸福作为自己的重要价值目标。追求幸福是人的本性，它主要是伦理学研究的重要内容。从伦理学史的研究来看，幸福的观念经历了许多显著的变化。正如康德所坦

---

① [德]康德. 实践理性批判[M]. 邓晓芒，译. 北京：人民出版社，2004：152.

言的："幸福是个很不确定的概念，虽然每个人都想要得到幸福，但他从来不能确定，并且前后一致地对自己说，他所希望的到底是什么。"①从伦理学的角度审视幸福这一观念的历史演变与发展，中西方曾经有过许多关于幸福的重要诠释。

（一）传统社会中对幸福的诠释

在中国传统文化中，幸福是由单独的"幸"与"福"组合而来的。"幸"，《说文解字》在夭部有："幸，吉而免凶也。从屰，从夭。夭，死之事，故死谓之不幸。"其中，"夭"，《说文解字》有："屈也。从大，象形。凡夭之属皆从夭。""屰"，《说文解字》有："屰，不顺也，从干下中，逆之也。"著名古文字学家罗振玉认为，"屰"为倒人形，与"逆"字意思相同。段玉裁在《说文解字注》中解释："吉而免凶也。吉者，善也。凶者，恶也。得免于恶事为幸。从屰从夭。屰者，不顺也。不顺从夭死之事会意。"从文字上分析，在中国古人看来，"幸"是指大而不折、长而不衰，由此引申为吉而无凶。"福"，《说文解字》在示部有："福，佑也。"段玉裁在《说文解字注》中把"佑"解释为："助也。从口又。又者手也。手不足。以口助之。故曰助也。"从结构上看，"福"左边从示，在古汉语中"示"就是"主"，实际上就是牌位，太庙里祖宗的牌位是立着的木板"丁"形，上面加盖，两边酹酒就成"示"。"福"右边为"畐"，《说文解字》解释为"满也"。考古学家们发现甲骨文中的"畐"比"酉"多了十字形。它表示酒器中盛满酒水的状况。由此，从"福"的结构上分析，它是指以酒祭祀祖先，酒满则获得祖先保佑。

把幸和福合二为一，其意就是长期得到祖先的保佑，实现自己的心愿。在中国传统社会中，古代先民把人的幸福与祖先或神的保佑放在一起，认为个人乃至种族或国家、民族的吉凶都是与祖先或神的保佑有关。因此，祭祀祖先或神灵是人们社会生活中的大事。早在商周之时，祭祀祖先或神灵已成为获得幸福的必由之路。郭沫若认为："殷时代是已经有至上神的观念的。起初称为帝，后来称为上帝。大约在殷周之际的时候又称为天。"②由此，古代先民具有了中国传统中的天命观。《尚书·汤誓》有："格尔众庶，悉听朕言，非台小子，敢行称乱！有夏多罪，天命殛之。""夏氏有罪，予畏上帝，不敢不正。"商汤以天命号召大家起兵灭夏。《尚

---

① [德]康德. 道德形而上学原理[M]. 苗力田，译. 上海：上海世纪出版集团，2005：36.
② 郭沫若. 郭沫若全集. 历史卷第1卷[M]. 北京：人民出版社，1982：324.

书·盘庚上》有："先王有服，恪谨天命，兹犹不常宁；不常厥邑，于今五邦。今不承于古，罔知天之断命，矧曰其克从先王之烈？若颠木之有由蘖，天其永我命于兹新邑，绍复先王之大业，底绥四方。"盘庚认为，迁都符合天命和祖先的命令，否则国家就无法复兴祖先的繁荣昌盛。《礼记·表记》有："殷人尊神，率民以事神，先鬼而后礼。"商人重视祭祀祖先与天神，认为通过祭祀能够获得祖先与天神的保佑。在商文化中，我们能够看到浓厚的巫术色彩。然而，弱小的周灭掉了强大的商。周人在反思中认为天命是以德性作为标准转换其保佑对象。周公说："我不敢知曰，有殷受天命，惟有历年；我不敢知曰，不其延。惟不敬厥德，乃早坠厥命。"（《尚书·召诰》）周公认为，商人不敬重德性而丧失了天命的护佑，终至于亡国。唯有"修德配天""敬德保民"，才能长久。《周易·既济》卦辞有："九五，东邻杀牛，不如西邻之禴祭，实受其福。"它表明西周人的天命观已经和商人不同，认为献祭多寡已经和福报的大小没有必然的关系。他们把德性作为获得幸福的重要标准之一，由此也出现了中国传统文化中德性幸福观的雏形。

儒家文化是中国传统文化的典范。儒家创始人孔子始终坚持德性至上的原则，从德性至上的基础上阐述幸福，构建了中国传统文化中的德性幸福观。孔子所言的幸福建立在德性之上。他欣赏颜回的"箪食瓢饮"之乐："一箪食，一瓢饮，在陋巷，人不堪其忧，回也不改其乐。贤哉，回也！"（《论语·雍也》）颜回列于孔门四科中"德行"科之首。颜回之乐是人自身追求内在人格提升的君子之乐，展现了颜回正确理解了君子的精神追求。人对德性精神品质的追求，并不会因为物质生活的不足而失去其道德价值上的光芒。因此，孔子盛赞颜回。孔子认为，"饭疏食，饮水，曲肱而枕之，乐亦在其中矣。不义而富且贵，于我如浮云"（《论语·述而》）。朱熹在《四书章句集注·论语集注》中引用了程子之言："非乐疏食饮水也，虽疏食饮水，不能改其乐也。不义之富贵，视之轻如浮云然。"又言："须知所乐者何事。"在孔子看来，如果一个人所忧的仅仅是"疏食饮水"的个人物质生活处境，其乐就不过是口舌的感觉之乐。物质生活上的忧与乐总是建立在外在的物质条件上，从道德价值上看，其内在价值缺乏。同时，他认为，即使一个人达到了所谓的大富大贵，如果缺乏德性，从道德价值上看，仍然处于低层次的价值追求中。因此，孔子与颜回的所"乐"是一种德性幸福。宋明理学家们把这种德性幸福称为"孔颜乐处"。从深层次来看，它所追求的是人格的自我完善。所以，柳诒徵认为："孔子以为人生最大之义务，在努力增进其人格，而不在外来之富贵利禄，即使境遇极穷，人莫我知，而我胸中浩然，自有坦坦荡荡之乐。""服其教者，力争人格，则不为经济势力所屈，此孔子之学之最有功于人类者也。"①

在中国传统文化中，孟子在孔子之后谈到了"君子三乐""君王之乐""民生之乐"，荀子划分了"君子之乐"与"小人之乐"等，把孔子的德性幸福观做了进一步发展。"乐"始终是儒家文化中的幸福的基本概念。尽管在中国传统文化中，道家提出了"道法自然"的幸福观，道教提出了"长生久视"的幸福观，佛教提出了"证得涅槃"的幸福观，等等，但这些关于幸福观的论述都没有构成中国传统文化中的主要价值导向。孔子所开创的德性幸福观一直是中国传统文化中的主流道德价值目标观念。儒家之"乐"展现了中国传统的主要幸福追求方向。

西方文明起源于古希腊文明。恩格斯指出："在希腊哲学的多种多样的形式中，差不多可以找到以后各种观点的胚胎、萌芽。"②"幸福"的希腊文是"eudaimonia"，从词源学来看是"神对人的赐福"③。在《荷马史诗》中，它最初是与好运相联系，而在古希腊时期人们认为运气总是受到神的制约。因此，一个人运气好，过得幸福，"eudaimonia"便具有神的赐福之意。在英语中，"eudaimonia"常常被翻译成"happiness"，但这可能会造成误会。因为"happiness"主要是表明一种快乐感或满足感，而"eudaimonia"中有"过得好和做得好"（living well and doing well）的含义，因此不能把它简单地等同于"happiness"，而可以把它理解为"好生活"（wellbeing）或"兴旺"（flourishing）。正如努斯鲍姆所言："因为用英语中的'幸福'来翻译希腊语的'eudaimonia'，而在这一点上变得迷糊。尤其是，既然我们在道德哲学中继承了康德和功利主义的遗产，既然在这两个主要的伦理理论中，'幸福'这个说法都是被用来指称一种满足感或一种快乐感，而且，使幸福成为最高的善的那种观点，按照定义，被假定就是最高的价值给予心理状态而不是给予活动的那种观点，那么这个译法就很令人误解了。对古希腊人来说，eudaimonia 大致意味着'过一种对个人来说是好的生活'，或者，就像一位近来的学者约翰·库珀所建议的那样，意味着'人的欣欣向荣'。"④因此，在古希腊时期，如果有人说一个人是幸福的，那就意味着

① 柳诒徵. 中国文化史（上）[M]. 北京：东方出版社，2008：229.
② [德]马克思，恩格斯. 马克思恩格斯选集（第4卷）[M]. 北京：人民出版社，1995：287.
③ W. F. R. Hardie. Aristotle's Ethical Theory[M]. Oxford：Clarendon Press, 1980：20.
④ [美]玛莎·努斯鲍姆. 善的脆弱性[M]. 徐向东，陆禾，译. 南京：译林出版社，2007：8.

他被认为活得好和做得好。它表明的是一种客观状态。关于这一点，学者余纪元曾把"幸福"的中文含义与古希腊传统进行比较。他认为："在中文中，'幸福'这个词也有一个方面是具有此种客观含义的。'幸'与'运'相连，即'幸运'。而'福'并不是一种主观感觉。比如我们中国人习惯在过年的时候在大门上贴'福'字，而且常常将其倒过来贴，取其谐音'福'到了。由此看来，我们中国人有关'幸福'的观念和看法与古希腊人相距不是太远。"①他的这种分析有其合理之处。

古希腊人所理解的幸福是人"过得好和做得好"，换而言之，是一种客观的实践活动，而不全是一种主观感觉。同时，在古希腊人看来，如果一个人能够在实践活动中做得好，那就意味着他有德性。在古希腊文本中，德性是arete。它源于"aristos"，即"agathos"的最高级形式。而agathos是指"好（good）"或"高尚（noble）"。因此，aristos是指"最好（best）"或"最高尚（noblest）"。我们可以发现，在古希腊，arete是指与人的实践活动有关的能力，能够帮助人通过实践活动最好地实现其幸福的目标。由此，古希腊形成了其传统的德性幸福观：一个幸福的人也就是一个有德性的人或一个卓越的人。

亚里士多德是古希腊德性幸福观的集大成者。亚里士多德认为，人生目标是至善，即幸福。他继承和发扬了古希腊时期的德性幸福观。他认为，任何事物都有其功能。一个事物的"好"和"不好"取决于自身功能或本质的发挥程度。一个好的事物就是把其功能或本质充分发挥的事物。人有人所特有的功能或本质。一个好人就是把人的功能或本质发挥得好的人。而把功能发挥得好，即为有德性，"每种德性都既使得它是其德性的那事物的状态好，又使得那事物的活动完成得好"②。人的德性能使人完美实现他的功能或本质活动，使他保持人所有的良好的状态。人的功能或本质活动与他的德性息息相关。亚里士多德继承了苏格拉底和柏拉图的理性观念，认为理性是人所特有的属性。在他看来，符合理性的实现活动就是人的功能或本质活动。他认为，"我们说人的活动是灵魂的一种合乎逻各斯的实现活动与实践，且一个好人的活动就是良好地、高尚地完善这种活动"③。由于人的理性有理论理性和实践理性，因此，人的德性就分别

① 余纪元. 亚里士多德伦理学[M]. 北京：中国人民大学出版社，2011：36.
② ［古希腊］亚里士多德. 尼各马可伦理学[M]. 廖申白，译. 北京：商务印书馆，2004：45.
③ ［古希腊］亚里士多德. 尼各马可伦理学[M]. 廖申白，译. 北京：商务印书馆，2004：20.

有理智德性和道德德性或伦理德性。道德德性是一种中道，即既不过度也不不及。他认为，人的幸福离不开德性。"人的善就是灵魂的合德性的实现活动，如果有不止于一种德性，就是合乎那种最好、最完善的德性的实现活动。"①因此，亚里士多德认为幸福是发挥了人的理性的活动，一种合乎德性的活动。幸福并不是拥有德性，而是实现德性。

亚里士多德还专门区分了幸福与快乐。他认为幸福包括了快乐，但快乐并不一定属于幸福。快乐的来源不同、性质不同，因此，快乐有正当和不正当、高尚与卑下、道德与不道德的区别。并不是能够给自己带来快乐的行为都是具有道德价值的。那种感官上的、生理意义上的快乐，并不是他所推崇的。在他看来，一些人之所以不愿意做好事就在于受到了感性欲望的支配而不是理性的引导。那种源于自我理性的快乐才是具有道德价值的快乐。他所提出的幸福生活就是这种处于理性本质的快乐，如同中国传统儒家所提出的"孔颜乐处"，十分注重人的自我抉择的精神上的快乐。

亚里士多德倡导人们要过一种理性的生活，一种具有德性的生活，即一种幸福生活。人虽然有情感、欲望等非理性因素，但要接受理性的引导。但是，他并没有抛弃外在的物质生活的快乐。他认为人的幸福包括财富、身体健康和德性。德性更为根本。德性展现了人的理性本质。人只有遵从理性而生活，进行"有为的实践"，充分发挥他作为人存在的目的与功能，才能做得好、生活得好，即幸福。尽管古希腊时期还有小苏格拉底派的纵欲主义的幸福观等，但德性幸福观始终占据社会主流。亚里士多德的德性幸福观深刻地影响了后来的斯多葛学派的幸福观，以及中世纪基督教的幸福观。虽然斯多葛学派的思想与亚里士多德的思想有很多区别，但都属于德性幸福观。他们都认为人必须依据理性而生活，控制自己的情感和欲望，才具有道德价值，才能过上幸福生活。斯多葛学派与亚里士多德的不同之处在于他们彻底地抛弃了人的物质快乐，提出了德性即幸福的价值指向。这种思想影响了中世纪基督教的幸福观。奥古斯丁、托马斯·阿奎那等宗教神学家引入了拯救人类的上帝，引导人们从世俗的幸福迈进来世的幸福，拓展了幸福的领域。现实的幸福异化为宗教的幸福。人们需要爱上帝、爱邻人，拥有信仰、希望和仁爱的神学德性，才能在死后进入天堂，获得真正的最高幸福。德性幸福观最终走向极端，在走向高尚与崇高的幸福的天国之路中，把快乐从幸福中开除，把人们引向了神秘主义和禁

---

① ［古希腊］亚里士多德. 尼各马可伦理学［M］. 廖申白，译. 北京：商务印书馆，2004：20.

欲主义的歧途。

(二)近代社会中对幸福的诠释

随着市场经济的出现与发展，传统社会逐渐进入近代社会。一方面，它充分肯定了个体利益最大化的合理性。市场经济的出现，拓展了人们思维的空间，使其摆脱了中世纪狭隘的眼界，开始把自己作为现实的人，重新以人的目光而不是神的目光来考察自身。文艺复兴、宗教改革、启蒙运动等精神上的变革，奠定了近代的人文精神，这是一个充分考虑人自身的时代。个人利益的最大化不仅被认为是合法的，而且是合乎道德的。另一方面，市场经济鼓励人们追求物质生活的享乐。市场经济是一种追求利润的经济，因此扩大消费是它的一个必然要求。唯有不断消费，才能不断扩大再生产，才能获得源源不断的最大化利润。因此，物质享乐并不是一种被贬斥的对象，反而是一种拉动经济增长的动力。从这个意义上说，市场经济的出现，导致西方人领悟了市场经济的魔力，把丰厚的物质财富与无尽的享乐作为一种追求的目标。人们相信，谁拥有最多的财富，谁就可以过上最幸福的生活。因此，西方近代社会中对幸福的诠释从传统的主流德性幸福观开始向功利幸福观转变。传统社会中原来的注重感官快乐的经验幸福观，从旁支末流逐渐变为主流的功利幸福观。它既吸收了传统社会中关于幸福的丰富的养分，也有了自己的长足发展。

边沁、密尔是功利幸福观中的代表人物。他们认为，中世纪所宣传的德性幸福观是一种禁欲主义幸福论，是一种并不引导人走向幸福的原理。边沁指出："禁欲主义原理最初像是某些轻率鲁莽的玄思者的幻觉，他们领悟或想象到在某些环境中获得的某些快乐从长远来看伴有比它们更大的痛苦，于是借此挑剔在快乐名下出现的每一件事情。走得如此之远并将自己的出发点忘得一干二净之后，他们执迷不悟，错上加错，竟至于认为热衷痛苦便是美德。"①在他们看来，中世纪的德性幸福观事实上对减少人的幸福的行为加以赞许，对增加人的幸福的行为加以非难。他们一改以前的传统，要从人的感官经验构建其功利幸福观。

边沁认为人的本性就是趋乐避苦。人的一切言行都是受到快乐与痛苦控制的。他公然宣称："自然把人类置于两位主公——快乐和痛苦——的主宰之下。只有它们才指示我们应当干什么，决定我们将要做什么。是否

---

① [英]边沁. 道德与立法原理导论[M]. 时殷弘，译. 北京：商务印书馆，2000：69.

标准，因果联系，俱由其定夺。"①他把快乐等同于幸福。他说："何谓幸福？我们已经知道幸福即是享有快乐，免受痛苦。"同时，他还非常明确地把感觉上的苦乐与道德上的善恶联系起来。"快乐本身就是善，撇开免却痛苦不谈，甚至是唯一的善。痛苦是恶，而且确实毫无例外。"②由此，快乐和痛苦成为道德上是非或善恶的评判标准。快乐是善，痛苦是恶；快乐是善的同义词，痛苦是恶的同义词。他还提出了功利这个概念，并以此取代了快乐、幸福。他指出："功利，是指任何客体的这么一种性质：由此，它倾向于给利益有关者带来实惠、好处、快乐、利益或幸福（所有这些，在此含义相同），或者倾向于防止利益有关者遭受损害、痛苦、祸患或不幸（这些也含义相同）。如果利益相关者是一般的共同体，那就是共同体的幸福，如果是一个具体的人，那就是这个人的幸福。"③他把所有能带来幸福和能防止不幸的东西都统称为功利，以功利概念取代了实惠、好处、快乐、利益或幸福等概念，从而使功利幸福观比快乐主义有了更大的解释力度，适应了近代以来市场经济的发展需要。

边沁提出了功利原理："功利原理是指这样的原理：它按照看来势必增大或减少利益有关者之幸福的倾向，亦即促进或妨碍此种幸福的倾向，来赞成或非难任何一项行动。"④他认为，在之前的快乐主义或幸福主义伦理学中，行为者都是追求自己的快乐或幸福，因而被人们批判为利己主义，只考虑自己，不考虑他人。因此，他力求把行为者的范围尽量扩大，从而克服以往学说中利己与利他之间的矛盾。他强调行为者是社会中最大多数人或全体社会成员。因此，他的功利原理，即指最大多数人的最大幸福原则或最大幸福原理。他在《政府片论》《义务论》等著作中常常把这两个词相互替代。相比较而言，他更为喜欢使用最大幸福原理。

边沁的功利幸福观提出之后，存在一些理论上的缺陷，密尔不断地加以完善。

当时，人们仍然把边沁的功利幸福观理解为一种快乐主义，认为它就是要追求粗鄙的感官快乐。密尔认为，如此理解功利幸福观是错误的。功利幸福观并不等同于快乐主义。他改变了边沁只承认快乐有量的大小而没有质的区别的观点，认为快乐既有量的大小，更有质的区别。他有效地避免了边沁的荒谬性：一只千年乌龟的生活要比莫扎特的生活更为值得。正

---

① ［英］边沁. 道德与立法原理导论［M］. 时殷弘，译. 北京：商务印书馆，2000：58.
② ［英］边沁. 道德与立法原理导论［M］. 时殷弘，译. 北京：商务印书馆，2000：151-152.
③ ［英］边沁. 道德与立法原理导论［M］. 时殷弘，译. 北京：商务印书馆，2000：59.
④ ［英］边沁. 道德与立法原理导论［M］. 时殷弘，译. 北京：商务印书馆，2000：59.

是将快乐的量与质进行区分，他对边沁所说的"最大幸福原理"做了这样的解释："功利主义的行为标准并不是行为者本人的最大幸福，而是全体相关人员的最大幸福：我们完全可以怀疑，一个高尚的人是否因其高尚而永远比别人幸福，但毫无疑问的是，一个高尚的人必定会使别人更加幸福，而整个世界也会因此而大大得益。"①在他看来，人有高级快乐和低级快乐。人生之中不能仅仅满足于低级快乐，应该借助快乐的质量的衡量，通过那些人生经历丰富的人进行判断，从而过上幸福的生活。所以，他认为："人生的终极目的，就是尽可能多地免除痛苦，并且在数量和质量两个方面尽可能多地享有快乐，而其他一切值得欲求的事物（无论我们是从我们自己的善出发还是从他人的善出发），则都是与这个终极目的有关，并且为了这个终极目的。"②

近代社会是市场经济出现、确立与开始发展的社会。整个社会的价值体系就是建立在市场经济的基础上，其道德价值体系的出发点与归宿都是利益。因此，功利幸福观随着市场经济的发展而成为近代社会中的主流幸福观。它鼓励人们追求个人的最大利益，把这作为一种幸福的归宿。这种幸福观促进了市场经济的确立，有助于资本主义社会的稳定与发展。

（三）现代社会中对幸福的诠释

随着市场经济的发展，科学技术水平不断提升，民主制度和现代法治日益完善，近代社会进入了现代社会。一般而言，现代社会以市场经济、科学技术、民主制度和现代法治四要素为其形成的特征。市场经济激发了人们创造物质财富的动力。在市场经济的高歌猛进中，人们发现了科学技术在现代社会中的巨大作用。它能够有效地提高人们生产活动的效率，极大地推动社会生产力的高速发展，促进社会经济结构和生活结构的日趋完善。如果说市场经济为现代社会奠定了物质基础，那么科学技术则为现代社会的发展插上了腾飞的翅膀。科学技术的日新月异，反过来又进一步增强了市场经济的活力。市场经济是一种多元经济，而且是一种主体化的多元经济，建立在它基础上的与之相应的政治结构就是民主制度与现代法治。现代社会确立了法律在政治生活和国家治理中的神圣地位。它明确了"法无禁止即可为"的现代法治理念。它也表明了现代社会中的幸福观需要在一定的法律范围内允许其自由表述和追求。

---

① ［英］穆勒. 功利主义［M］. 徐大建，译. 上海：上海世纪出版集团，2008：12.
② ［英］穆勒. 功利主义［M］. 徐大建，译. 上海：上海世纪出版集团，2008：12.

　　如果说，传统社会中的幸福观主要表现为德性幸福观，它展现了传统社会中物质财富的匮乏，幸福与节制欲望的德性有着密切的联系；而在近代社会中，市场经济的确立鼓励人们追求财富的最大化，功利幸福观由此居于主流地位；那么在现代社会中，市场经济的完善，物质财富的丰富，导致人们有更多的时间和精力从事自己的爱好与兴趣，因此，现代社会中的幸福观展现为多元幸福观。现代社会的多元幸福观与传统社会的德性幸福观、近代社会的功利幸福观的明显区别在于：以往的幸福观，无论是德性幸福观还是功利幸福观都试图构建一个形而上学的幸福体系，试图回答"幸福是什么"的问题。现代社会中的思想家们，认为这种纯粹的形而上学的理论建构不过是建构者自己一厢情愿的"独断论"。任何人的幸福都是建立在各自不同的认识基础上。由此，现代社会的幸福观出现了研究范式的转移。研究者们并不追求幸福是什么，而是探讨一个怎样的人才是幸福的。也就是说，他们并不准备给幸福下一个具体而明确的定义，而是针对一个幸福的人的各种特性进行一番准确的描述。因此，从这个意义上看，前现代的幸福观是定义性的，现代的幸福观是描述性的。

　　正是由于这种研究范式的变化，使现代社会中的幸福观研究越来越具有回归社会日常生活的特性。研究者们把研究的重心从形而上转向形而下。"所有概念、学说、系统，不管它们是怎样精致，怎样坚实，必须视为假设，就已够了。它们应该被看作验证行为的根据，而非现代的结局。"①他们重视人的日常生活的幸福。他们推崇人在日常生活中感到幸福的特征描述。运用日常生活的经验来展现人的幸福观，成为现代幸福观的特性之一。原有的功利幸福观等也得到进一步发展。不同的表述和理解，使得人们的幸福观呈现出众说纷纭的状态。这也表明了现代社会中民主政治的完善与法治建设的发展，已经能够从社会宏观治理中为个体的自由发展做出一定的保障。比如现代社会中有权利幸福观、能力幸福观等，从这个角度来看，现代多元幸福观的发展是人的自身自由发展的体现，具有重要的进步意义。同时，随着科学技术的进步和自然科学的发展，一些自然科学的研究方法也被引入对幸福观的研究中。实证科学的研究方法也被广泛地运用于人们对幸福观的研究中，比如提出国民幸福总值。这也是现代幸福观不同于前现代幸福观的特性之一。

　　综合而言，在现代社会中，无论是人文主义视野中的幸福观还是自然科学视野中的幸福观，都处于不断发展之中，各学派研究者们彼此之间以

_____

　　①　[美]杜威. 哲学的改造[M]. 许崇清，译. 北京：商务印书馆，1958：78.

及各自内部中都存在着不同的理解和相互批评。尤其是随着后现代的到来，出现了后现代幸福观。它不断解构他们称之为传统幸福观的各种理论。尽管如此，我们可以明确的是，这些关于幸福的观点的争论是不会停止的，都会形成各自独特而不断完善的理论。究竟在这种现代多元幸福论中哪种理论能够占据主流，只能有待于时间来决定。

二、作为道德价值的幸福

从历史上看，伦理思想家们探讨了幸福的不同含义。他们从德性、功利、快乐、权利、能力以及各种指标等多个方面进行了理解，展现了幸福在人类历史发展中的丰富多彩。从价值论的角度来看，任何对幸福的解释都是一种价值观的表现。它是人对于人类生活总体上感到满足的主观态度和价值认知。它表明人在其人生价值目标的理解中所持有的一种价值判断和价值选择。"从实质意义上看，善的追求总是内含着对幸福的向往；略去或疏离了幸福，存在的完善便不免流于抽象化和虚幻化。"①从这个意义上看，幸福就是一种价值，是一种善。幸福本身就隐含了人自身的精神价值追求。道德价值是人的精神价值的核心。在研究道德价值目标的过程中，我们需要从道德价值论的角度，探讨作为道德价值的幸福。显而易见，正确地理解作为道德价值的幸福，有助于形成正确的价值判断，构建正确的幸福价值观，从而享有幸福的人生境遇。

（一）作为道德价值的幸福的含义

作为道德价值的幸福，是人类众多幸福，如政治上的幸福、经济上的幸福、教育上的幸福等中的一种。它是从道德价值角度所探讨的幸福。从历史上看，它主要经历了从德性幸福观、功利幸福观到多元幸福观的发展过程。以往的幸福观在阐述幸福时，一部分思想家过分突出道德在幸福中的重要性，以致发展成道德本身就是幸福，模糊了道德与幸福之间的区别；一部分思想家过分突出幸福本身的重要性，以致最终把各种所谓幸福本身视为道德，道德沦落为幸福随意打扮的婢女。两种研究思路看似不同，但它们发展的最终归宿都是只看到了道德与幸福之间的统一，而没有关注两者之间的区别。因此，我们有必要回溯到研究者们论述的出发点，

---

① 杨国荣. 伦理与存在[M]. 上海：上海人民出版社，2002：256.

探讨他们最初的幸福观。我们可以发现，无论是亚里士多德还是边沁、密尔都把道德作为人生幸福中的一个必要组成部分。亚里士多德将人的本质在于理性作为起点，认为人的幸福是人的理性的充分发挥的实践活动，而德性则是人的理性充分发挥的状态。由此，他把德性作为幸福的构成部分。边沁与密尔则从人的感觉经验，即趋乐避苦的本性出发，认为幸福就是最大多数人的最大幸福，而这构成了道德的基础。他们的幸福观反映了根据对人的本质的不同的认识来论述幸福。由于他们各自固守人的本质的理性或感觉经验，因而形成不同的幸福理论，也构成以后不同幸福论的基础。他们忽视了幸福是人的生存与发展的双向过程目标，而仅仅从人的本质的某一方面立论。事实上，我们可以从人的存在论角度来认识幸福。幸福展现了人的生存与发展的双重善性。

幸福展现的人的生存与发展的双重善性是客观善性与主观善性。具体而言，幸福包括两个方面的内容：善的客观内容与主观内容。

任何幸福都包括一定的善的客观内容。如果说一个人过着幸福的生活，他就在其生存与发展中达到了一定的客观善性，比如，有必要的食物、健康的身体、适当的财富等。也就是说，他能够获得一定的适合其生存与发展的客观物质条件，个体的生存与发展的需要得到了外在的客观性的满足。关于这一点，亚里士多德曾经指出："一个幸福的人还需要身体的善、外在的善以及运气，这样，他的实现活动才不会由于缺乏而受到阻碍(有些人说，只要人好，在贫穷中和灾难中都幸福。这样的话，无论有意无意，说都等于没说)。"①或许，有些人认为一个人只要符合道德要求，即使身体残疾了，营养不良或缺衣少食，还属于幸福的人。这种说法事实上把幸福中所包含的客观内容删除了。亚里士多德肯定了幸福应该具有一定的外在条件的满足。显然，他的观点符合人的幸福生活的常识，更具有说服力。正如努斯鲍姆所评价的，外在的灾难虽然不可能妨碍人的德性，但的确会妨碍人追求幸福的行动，从而影响人的幸福。人的幸福离不开"按照美德来行动要求某些外在条件：身体条件、社会环境条件以及资源条件"。接着，她说："受到严酷折磨的人不可能公正地、慷慨地、适度地行动，他无法帮助他的朋友或者参与政治事务。那么，我们何以能认为他生活得好呢?"②

---

① [古希腊]亚里士多德. 尼各马可伦理学[M]. 廖申白，译. 北京：商务印书馆，2004：222.

② [美]玛莎·努斯鲍姆. 善的脆弱性[M]. 徐向东，陆禾，译. 南京：译林出版社，2007：448.

一个人受到了严酷的折磨，意味着他的生存与发展受到了严重的挫折和彻底的否定。人的生存与发展是人的幸福的前提。如果没有了生存条件，幸福就失去了存在基点。同样，没有了发展，幸福也就失去了存在空间和时间，一样无从谈起。幸福总是人在一定的实践活动中加以实现的，不能没有人的生存与发展的时空。蕴含道德价值的幸福需要一定的符合人的生存与发展的外在条件。人的生存与发展的外在条件是人的幸福得以存在的客观前提。按照马克思的观点，每个人幸福的首要客观外在条件是现实的社会关系。任何人来到一个时代的人类社会之中，都降落在一定的社会关系之网中。每个人都会在一定的家庭关系、职业关系、朋友关系等各种社会关系中生存与发展。一个人的幸福也就建立在这种无法摆脱的现实的社会关系中。一个人只有在他的社会现实关系之中，其生存与发展的条件获得了满足，他才有可能成为一个幸福的人。也就是说，人的生存与发展的条件需要在一定社会现实关系中得到一定程度的满足，才可以说人是幸福的。如果一个人的生存质量很差，连温饱都成问题，或是身体受到严重的伤害，尽管他自认为自己是幸福的，事实上也不是真正的幸福。人的生存与发展的外在条件是人的幸福的客观条件。缺乏这个客观条件，所谓的幸福只能是虚幻的。

就每个人的幸福的客观内容而言，总是与一定的生活境遇有关。拥有能够维持人的生存与发展的生活境遇，如个体的生活资料、维护个体发展的精神财富等，人才能过上幸福的生活。同时，推而广之，这种生活境遇还是一定历史条件下的生活境遇。正如卡尔·曼海姆（Karl Mannheim）所说："由于人首先是生活在历史和社会中的生灵，他四周的'存在'从来就不是'存在本身'，但却历来是一种社会存在的具体历史形式。"①人，作为社会中的具体存在物，如果我们所说的幸福缺乏一定历史条件中的生活境遇，幸福也就变成了高悬于人的现实生活之上的抽象物。从这个意义上说，幸福总是具有满足一定历史条件下人的生存与发展的具体的客观内容。脱离了每个人的生活境遇，个体的幸福就无法存在。

如果一个人具有了幸福的客观内容，如丰富的物质生活资源、维护个体发展的精神财富等，还并不能说他是幸福的。因为，在这里，还存在幸福的主观内容，即能够感受到幸福，也就是幸福感。人们常说："身在福中不知福。"一些人过上了许多人所羡慕的"幸福"生活，各种物质条件都

---

① ［德］卡尔·曼海姆. 意识形态与乌托邦［M］. 李步楼，等，译. 北京：商务印书馆，2017：236.

可以得到满足，但并不感到幸福。也就是说，他们缺乏幸福感。幸福与主体的感受存在密切联系。幸福感是主体对自己的好生活状态，即物质生活条件得到满足的一种愉悦感或满足感。它反映了一个人对自己好生活的感受的体验或满足。幸福感是幸福的主观内容，也是幸福必不可少的组成部分之一。

康德在《道德形而上学》中指出："幸福，亦即对自己的状态的满足。"①他认为，只要人们确信了这种幸福的存在，那么期望和追求这种幸福就是人的本性所不可避免的。在这里，康德所说的对自己的状态的满足，这个"对自己的状态"并不是一时一刻对自己的状态，而是对自己整个生活的状态，即对自己的生存与发展的整个状态。因此，幸福感是主体对自己的生存与发展的整个状态的满足。

幸福感中蕴含着价值属性。它不仅包含了一个人对自己的生存与发展的整个状态的认识，而且还包含了对自己的生存与发展的整体状态的价值分析、价值判断、价值评价。一个人在思考自己的生存与发展状态，或者生活际遇时，总是需要对这种状态或际遇进行分析和判断，即反思自己的状态。只有针对自己的生活际遇进行了肯定判断，才可能形成一个人的满足感、幸福之感，即幸福感。而判断自己的生活际遇的好坏，总是与自己的价值期望、价值理想有着密切的关系。人们总是把符合自己生活际遇的价值理想称为好的生活，从中体验到幸福感。在这里，主体的价值观念直接决定了主体的价值理想。主体正是在价值观念中认识自己生活际遇的价值意义，从而形成自己的价值理想，或者构建了实现自己价值理想的手段。这些价值理想、价值手段都隐含在对自己的生活际遇或生存与发展的整体状态的判断之中。就此而言，每个人的幸福感中都不可避免地包含了价值属性。正是因为这一点，康德提出了道德幸福的概念，把那种对自己的人格及其特有的道德行为的满足称为道德幸福。他把那种满足了自己物质生活方面需要的满足称为自然幸福。人的人格、道德行为以及物质生活方面的需要等都是我们要加以思考的人的整体性生存与发展的状态中的一部分。一般而言，人有物质需要和精神需要。两者才能构成一个人完整的生存与发展的状态。道德意识是人的精神需要中的重要组成部分之一。正如黑格尔所说："道德意识决不能放弃幸福，决不能把幸福这个环节从它

---

① ［德］康德. 道德形而上学(注释本)［M］. 张荣、李秋零，译. 北京：中国人民大学出版社，2013：172.

的绝对目的中排除掉。"①从道德价值论来看,我们需要从人的完整的生存与发展状态方面来谈论幸福,唯有这种完整的生存与发展状态才是我们所追求的目标。

如果我们把幸福作为一个多角度研究的整体,那么道德价值的幸福是我们从道德价值角度追求的幸福,展现了多角度探讨幸福的一个角度。它是从道德意义上理解的一种幸福,一种与感性相对应的理性的幸福。它展现了人对自己道德价值状态的理性满足。它与感性相对应,但并不是一种对立,表明道德价值是幸福中重要而必需的组成部分。在中国传统文化中,孔颜之乐就是带有这种理性色彩的道德价值的幸福。准确地说,它是一种理性的幸福感。在这里,孔颜之乐从更为深层的意义上指向幸福。它超越了人的吃、喝等自然生理需要的满足。那种自然生理上的快乐并不是传统儒家所要追求的价值目标。他们把超越了人的自然需要的精神追求,一种道德上的完美,作为自己的价值目标。正是在这种理性的升华中,一个人从中体验到了满足。当然,这种儒家的幸福观并不是要把人的感性痛苦刻意地视为幸福的组成部分之一。否则,这就有可能沦落至禁欲主义的泥坑。我们所要探讨的道德价值领域的幸福应该是一种奠基于一定物质需要满足基础上的精神愉悦,是理想的道德价值的幸福。我们由此也可以发现,幸福与快乐不同。幸福除了包括一定的物质满足之外,还总是展现了一种精神上的追求。因此,那种物质上获得满足的短暂快乐并不一定是幸福,充其量只能是幸福中的一部分。正如莱布尼茨所说:"幸福可以说是通过快乐的一条道路,而快乐只是走向幸福的一步和上升的一个梯级,是依照当前的印象所能走的最短的路,但并不始终是最好的路……人们想走最短的路就可能不是走在正路上。"②

(二)作为道德价值的幸福的特征

作为道德价值的幸福从人的生存与发展的总体状态加以考量,在注重人的总体状态的满足中,尤其注重把道德价值的满足作为其中的必要条件。它具有一些鲜明的特征。

其一,超越性。

作为道德价值的幸福,本身就是一种价值目标。它体现了人自身对外在世界和内在世界的价值认识。在自身的生活际遇中,为了实现幸福,我

---

① [德]黑格尔. 精神现象学(下卷)[M]. 贺麟,王玖兴,译. 北京:商务印书馆,2010:143.
② [德]莱布尼茨. 人类理智新论[M]. 陈修斋,译. 北京:商务印书馆,1982:188.

们需要获得哪些物质生活资料，享有哪些精神上的财富，哪些可以称为最有价值的，哪些价值较为低下，哪些完全没有价值或价值属于负价值……这些都是一个人一生中追求幸福时常常有意或无意加以思考的问题。从价值论来看，这些问题都属于价值问题。这些价值问题总是呈现为人需要经过自己的努力才能获得。幸福的内容，无论是主观内容还是客观内容，都是需要努力才行。在人的生存与发展的过程中，幸福总是一种超越性的对象，它总是被人们的价值观念所构建在现实的彼岸。没有一种超越性，人就在现实的习惯生活际遇中无法体验到它的存在。这时，一个人也就失去了幸福感。正如卢梭所说："如果使我们感到快乐的环境无止境地存在下去的话，则我们将因对它享受惯了，而领略不到它的趣味了。如果外界的事物一点都不改变，我们的心就会变：不是幸福离开了我们，而是我们离开了幸福。"①可以说，没有超越性就不可能拥有幸福。超越性意味着人生动力。它通向幸福之路。超越性越缺乏，人就会越丧失生活际遇中的想象力和创造力，人就会陷入碌碌无为、浑浑噩噩之中。从这个意义上看，超越性决定了人在生活际遇中能够摆脱麻木不仁，获得幸福生活的感受力。正是这种超越性，让主体把幸福的主观内容与客观内容统一起来。

人是介于神与兽之间的存在。人，作为万物之灵，由于分享了神性而成为人。这种神性就是一种超越性，它来源于人的精神的彼岸世界。正如努斯鲍姆所说："人，作为一种社会存在，被悬挂在神与兽之间，就在这种状态中生活，是面对这两种自足的被造物，用其开放、脆弱的本性，用其最基本关注的关系性特征来定义的。"②尽管人本性并不完美，但人自身所渴望的超越性高于人的现实性。它一方面和我们拉开了距离，另一方面也给予了我们强大的精神动力。人因追求具有道德价值的精神生活而感到幸福——倒不是其中没有痛苦，而在于无论如何痛苦，只要人在生存与发展中不断感到自我的完善，感到这种从潜能变为现实的幸福就会乐而为之。因此，在人的生存与发展中，我们不断地领悟幸福的内涵，不断地走向幸福。幸福的超越性如同一块磁石，吸引了人们不断地从现实迈向彼岸，从不完美无限地接近完美。就此而言，超越性是幸福本身所具有的重要特性。

其二，双向性。

---

①　[法]卢梭. 爱弥儿(下卷)[M]. 李平沤，译. 北京：商务印书馆，2016：751.

②　[美]玛莎·努斯鲍姆. 善的脆弱性[M]. 徐向东，陆禾，译. 南京：译林出版社，2007：584.

作为道德价值的幸福是一种双向性的幸福。它固然追求道德价值，但并不是把精神上的满足完全等同于幸福，把两者混而为一、彼此互换。康德认为："一个有理性的存在者对于不断伴随着他的整个存在的那种生命快意的意识，就是幸福，而使幸福成为规定任意的最高根据的那个原则，就是自爱的原则。"①他把幸福仅仅理解为一种对生活际遇的满足，从幸福感的角度理解幸福是不完整的。斯多葛学派把德性等同于幸福，认为一个具有德性的人就是一个幸福的人，同样是一种单向的观点。把幸福理解为一种感觉上的满足或理性之下的德性，都会导致幸福的片面化，导致人成为片面的存在。

但是，无论是康德还是斯多葛学派都注重道德在人的幸福生活中的重要性。康德认为，只有一个人拥有了道德品质，他才能够配享幸福。他说："幸福始终是这种东西，它虽然使占有它的人感到快适，但却并不单独就是绝对善的和从一切方面考虑都是善的，而是任何时候都以道德的合乎法则的行为作为前提条件的。"②的确，在人们的现实生活中，一些人把肉体快感作为幸福，沉迷于吃喝嫖赌。这种幸福观很可能导致幸福的异化。康德把道德作为追求感官快乐的前提，强调一个人追求感官快乐之前应该具有道德合理性，有助于防止幸福的这种异化。然而，这也可能造成陶醉在精神生活的高尚与物质生活的贫穷之中而自我麻痹，形成了幸福的另一种异化。从人的生存与发展来看，幸福展现了人的生存与发展的双重善性：客观善性与主观善性。具体而言，幸福包括两个方面的内容：善的客观内容与主观内容。作为道德价值的幸福是建立在一种人的完整的生活境遇之上。张载说："至当之谓德，百顺之谓福。德者福之基，福者德之致。"（张载《正蒙·至当》）作为道德价值的幸福与之相似，道德与幸福密切相关，人的道德价值追求是人生幸福的基本必要条件。它表明道德价值涉及人的生存与发展的核心，确认了人不同于动物的本质力量在于精神上的展开，同时也表明脱离了人的客观好生活只能是幸福的幻影，并非真实的幸福。

其三，丰富性。

作为道德价值的幸福具有丰富性的特征。它涉及人的主观上的幸福感。不同的人在生活际遇中会有不同的幸福感。比如，一个男人和一个女人由于社会角色的不同而有明显的不同，一个工程师和一个服装设计师所

---

① ［德］康德. 实践理性批判［M］. 邓晓芒，译. 北京：人民出版社，2004：26.
② ［德］康德. 实践理性批判［M］. 邓晓芒，译. 北京：人民出版社，2004：152.

感到的事业幸福感也显然不同。其实，即使同一个人在不同的年龄阶段也有不同的幸福感。比如，儿童时期会把获得漂亮的衣服、精美的玩具或可口的食品作为幸福的事情，成年时期会把做出一定的社会贡献作为幸福的事情，步入老年期会把平平安安、健健康康作为幸福的事情。在这种幸福的多样性中，从人可以分为个体和群体来看，幸福的多样性主要有个体的多样性和群体的多样性。

从人的生存与发展的存在形式来看，它总是个体的，展现为具体的个人的生存与发展。个体在其生存与发展的过程中所享有的幸福感明显存在着丰富性。关于这一点，康德有着非常透彻的理解。他在《实践理性批判》中指出，追求幸福是由每个人的本性所决定的。作为感觉经验上的幸福，每个人所认识的幸福和所感受的幸福各有不同。"这是因为，对这种幸福来说它的知识是基于纯粹的经验素材上的，加之这意见本身是极易变化的。"①尽管康德试图想以此表明从感觉经验的角度构建伦理学的基础并不可靠，但他的确说明了幸福中所具有的幸福感源于作为主体的个体的价值认识能力，不同的人可能存在明显的差异性。同时，他还发现幸福的个体性还在于幸福与每个人的爱好有关。"一切人对自身幸福的爱好，都是最大、最深的，因为正是在幸福的观念中，一切爱好集合为一个总体。"②他提出，幸福中存在各自不同的爱好，甚至还把每个人保证自己的幸福作为一种责任，认为至少是间接责任，因为自己处于生活际遇的困苦和忧患中往往导致一个人的不负责任。就此而言，康德的观点具有一定的合理性。但是，他过分突出了幸福中个体的多样性，忽视了人在生活际遇中所具有的幸福的相对统一性。不论哪一个人都不会认为生活无着落、困苦潦倒、身患恶疾和沿街乞讨是一种幸福。幸福具有一定的稳定性，存在每个人都认可的基本条件。因此，幸福的个体多样性是在一定程度的稳定性基础上的个体多样性。

从人的生存与发展的存在形式来看，它还是群体的，展现为群体的存在与发展。群体在其生存与发展的过程中所具有的幸福也存在着多样性。不同群体在不同社会的历史发展过程中，他们所理解的幸福各有不同。如果借用康德的观点，就是不同群体在其生活际遇中，由于其生存与发展的状态的不同而形成了不同的爱好。基督徒会把献身上帝的事业作为最大的幸福，伊斯兰教徒会把献身真主安拉的事业作为最大的幸福，佛教徒会把

---

① ［德］康德. 实践理性批判［M］. 邓晓芒，译. 北京：人民出版社，2004：48.
② ［德］康德. 道德形而上学原理［M］. 苗力田，译. 上海：上海世纪出版集团，2005：15.

献身佛陀的事业作为最大的幸福。不同的宗教的不同幸福观，展现了由于历史和文化等因素所形成的不同群体之间存在着幸福的群体多样性。这种多样性来自其本身的群体差异性。文化是群体能够聚集而成为一体的力量，道德文化是其精神核心。其中，道德文化的不同旨趣，渗透于不同民族群体的生活方式之中，容易形成不同的幸福群体，也构成了幸福群体多样性的不同核心。在道德价值整体主义文化中生活的人，会把整体的利益的实现作为自己的最大幸福；而在道德价值个体主义文化中生活的人，则把个体利益的实现作为自己的最大幸福。当然，尽管幸福存在群体的多样性，但并不意味着不同群体之间不存在相对稳定的方面。无论群体的生活际遇如何，不同群体之间在不同历史条件下仍然有着幸福生活的普遍维度。比如，健康的身体、高尚的精神品质、富有的财富、优秀的儿女等，构成了考虑幸福的一种普遍维度。因此，可以说幸福的群体多样性是在一定稳定性条件下的多样性。

其四，脆弱性。

幸福的超越性展现了它与人的现实生活之间存在一定的距离。试想，如此高于现实的价值目标，其中有各种有待完成的具体的内容，既包括客观的内容，也包括主观的内容。因此，要想实现幸福就意味着并不是一件容易的事情。人们在实现幸福的过程中，总是不可避免地存在一定的脆弱性。

努斯鲍姆在其名著《善的脆弱性》一书中专门从古希腊时期的戏剧和哲学文学中探讨了幸福的脆弱性。她之所以写出此书，源于她的一段生活经历。她在哈佛大学读书时，曾有一位各方面都非常优秀的同学，在她看来过着幸福的生活，但最终因情感问题而突然自杀。这一事件给她的内心造成很大的冲击。她发现人的幸福生活其实受到各种意想不到情况的侵害。人的幸福离不开健康的身体、必要的财富等外在善，也离不开美德等内在善。她指出："身体的标志就在于它脆弱且易受伤害，无论蛇蝎猛兽、电闪雷轰，甚至是情人的爱都可以刺伤它。"[①]至于外在的灾祸等，可能突然让你一夜之间千金散尽、迅速破产。在她看来，好的东西比坏的东西更容易受到威胁。她还指出："甚至就连美德的条件本身，也不是一种坚不可摧、无懈可击的东西。美德对世界采取了一种柔顺、开放的姿态，但正是因为这个缘故，它一方面就像花朵那样美丽，另一方面就像花朵那

---

① ［美］玛莎·努斯鲍姆. 善的脆弱性［M］. 徐向东，陆禾，译. 南京：译林出版社，2007：258.

样脆弱。"①大多数人的经验就是事情总是处在向坏的方向发展过程中，美德就包含了自己的灾难的种子。她从古希腊的历史文献中进行了详细的论证。

人生在世，世事难料。古往今来，无数的历史事实都告诉我们：幸福非常脆弱，很容易由于外在环境的恶化和自身的某种原因而烟消云散。尽管人类历史上不断有中外思想家们试图把幸福仅仅固守于道德精神领域，似乎这样就能够给予幸福一个稳定的基石，但是这不过是一种一厢情愿的关于幸福的神话。人不是生活在超现实的梦想中，人不仅具有肉体，而且精神上受制于各种外在环境的影响，而幸福与此有着密切关系，就不可能摆脱脆弱性。幸福的脆弱性也向我们昭示：人生的幸福正是因为这种难以预料的脆弱性而让人感到幸福生活的可贵和值得追求。如果我们生来就一直拥有财富、勇敢、智慧、公正等，并且世间一切都在掌控之中，那么这个世界必然是贫乏和无聊的。

（三）作为道德价值的幸福的基础

人们追求符合社会道德要求的幸福从未停止过。正如费尔巴哈所说："生活和幸福原理就是一个东西，一切追求，至少一切健全的追求都是对幸福的追求。"②所谓健全的追求必然包括符合某些道德价值的追求，否则它就不是健康的追求。但是，人们不禁要问，作为道德价值的幸福基于什么样的事实或价值基础才成为我们追求的健全目标？

其一，人权是幸福的必要客观基础。

幸福是人的幸福，这一点毋庸置疑。在现代社会中，如何保障人之为人的存在应该是我们思考幸福基础的理论前提。

人之为人的存在，从个体存在上来看，它是人的本质的体现。人与其他动物的不同在于他能够自由地思考，做出自己的抉择。人的自由和理性在其中发挥着决定性的作用。人的自由意味着人的自主和自决，人不会仅仅服从自然规律。人的精神因素就是从此生长。人的理性意味着人自身的自由思考，它要给予人超出人的感性的内在力量。人的理性展现了人的精神层次的整体性和深刻性。人能够运用理性意识到自我和他人的存在，能够做出自己的价值认识和评价，从而展现人的内在尺度。从人与人之间关

① ［美］玛莎·努斯鲍姆. 善的脆弱性［M］. 徐向东，陆禾，译. 南京：译林出版社，2007：471.
② ［德］费尔巴哈. 费尔巴哈哲学著作选集（上卷）［M］. 荣震华，李金山，等，译. 北京：商务印书馆，1984：543.

系的存在来看，它是自我与他人之间的关系的体现。人的存在体现在自我
与他人的关系之中，个体的存在才能得到彰显。由此，我们可以发现，保
障人之为人的存在就是保障人与人之间关系的存在。保障这种人与人之间
关系的存在也就是一种合理的存在，才能保证每个人都能自由而理性地进
行自我抉择。在这里，人权是保障人之为人的存在的理论前提，也构成了
幸福存在的基础。

　　人权是人的生存与发展的基本权利。人权，作为一种基本权利，其中
蕴含了责任的意思。"权利是一个关于责任的术语。权利是其所有者所应
享有的一些东西，因而是对他人所施加的一种限制。"①正是人权，把每一
个人都视为道德主体，保障了每个人都应有的基本权利，从而确定了每个
人都应该遵循的一种活动规范要求。从消极方面来说，它确立了人与人之
间避免相互伤害的可能。从积极意义上来说，它为人们追求自己认为的好
生活准备了必要的条件。只要一人的活动没有伤害到他人，即伤害他人的
生存与发展的权利，他就可以采取相应的活动，追求自己的幸福。没有人
权的保障，幸福只会是一朵不会结果的鲜花。

　　或许有人认为义务比权利更为重要，一个人只要尽到了自己的义务才
能谈到享有权利，才能说到追求幸福。这种讲法似乎很有道理，其实不
然。在中西方的传统社会中，义务常常被排在首位，劳动阶层终日劳动，
尽到了无数义务，很少享有权利。特权阶层在人类社会的漫长历史中一直
享有更多的权利，承担很少的义务。黄宗羲曾指出，特权阶层"荼毒天下
之肝脑，离散天下之子女，以博我一人之产业"，"敲剥天下之骨髓，离
散天下之子女，以奉我一人之淫乐"（《明夷待访录·原君》）。他们自以为
是天下之主，把天下老百姓作为囊中之物，让天下老百姓尽到他们的义
务，而自己并无须对天下老百姓承担相应的责任。义务，即应该如何，在
传统社会中可以说是一个专门针对非特权阶层而被特权阶层大力鼓吹的概
念。②特权阶层甚至设置了一种所谓的幸福模式作为唯一的幸福样板，比
如中世纪欧洲教廷所提出的天国的幸福。如果说义务是人类传统社会中的

---

①　[英]伦纳德·霍布豪斯. 社会正义要素[M]. 孔兆政，译. 长春：吉林人民出版社，
　　2006：19.
②　康德在道德领域中谈论过义务，而且是大谈义务，但似乎并不谈权利。究其原因，康德
　　突出了理性存在者按照理性的规律而行动，以此作为自己的义务。他潜在地把人视为自
　　由、平等的道德主体。也就是说，他已经确立了人所应有的基本生存与发展的权利，也
　　就是人权，才开始探讨义务，要求道德主体在其人权范围之内，尊重对方的权利。因
　　此，尽管康德专门探讨义务，提出"为义务而义务"，但这种义务并不是传统社会中所
　　吹嘘的非自由与平等条件下的义务。

重要概念，那么自人类社会进入近现代社会之中，权利成为越来越重要的概念。当代学者文森佐·费罗内（Vincenzo Ferrone）曾指出：现代社会就是要"尝试将个人权利付诸现实，给予那真正革命性的发现（即人的追求幸福的自然权利）以政治地位，使之成为一种新的普遍道德的伦理基础"①。它表现了人与人之间应有的自由与平等的关系，任何他者都不能随意地侵犯自己应有的基本生存与发展的权利。突出人权而不是责任，就要防止出现传统社会中义务与权利的不对称，过分强调义务而造成一部分人的基本生存与发展的权利都无法得到保障。唯有有效地保障每个人应有的人权，尊重每个人应有的尊严和基本权利，才可以有效地防止社会中位高权重者侵害无权无势者的尊严与基本权利，才可以稳定人与人之间的关系，每个社会成员才能更好地尽到自己的义务，才能更好地实现幸福。

　　人权中蕴含着人的基本义务。没有了人权，人们也就无法理解义务。在现代社会中，每个人都有其应有的作为人的基本权利，它体现在现代世界各国的宪法、法律以及相关政治制度之中。尽管世界各国在具体表述基本权利方面存在一定的区别，但都把人的生存与发展的基本权利作为其核心。它重视人作为人所享有的自由权、平等权以及尊严权。所有这些权利都是从抽象的层次上表明人作为人所应该具有的基本权利。它确立了人与人之间都因为拥有做人的资格而具有同样的权利。正如霍布豪斯所说："个人的权利是建立在人格之上的。权利是个人发展的条件。但是，人格本身也是共同善的一个要素，这是人格的各种权利有道德上的效力的原因。"②作为道德价值的幸福正是在这种基本权利得到了基本保障之后，才能发展出来的。如果没有人权，我们无法设想国家能够由此制定相关的法律规范、政治制度等具体要求来保障每个人的自由、尊严以及人与人之间的关系的平等。从这个意义上说，人权是构成保护幸福的外在客观条件的基础。尽管我们说幸福具有多样性的特性，但是在其基本权利方面还是存在一致之处。幸福的多样性是建立在人权保障基础上的。没有人权，幸福就失去了客观前提。

　　其二，人自身的精神追求构成幸福的主观基础。

　　幸福除了有客观的基础，还离不开主观的基础。一个幸福的人，是一个具有追求其生存与发展不断走向完美的内在动力的人。孟子曾经指出：

① ［意］文森佐·费罗内. 启蒙观念史·前言［M］. 马涛，曾允，译. 北京：商务印书馆，2018：6.

② ［英］伦纳德·霍布豪斯. 社会正义要素［M］. 孔兆政，译. 长春：吉林人民出版社，2006：22.

"人之所以异于禽兽者几希，庶民去之，君子存之。"（《孟子·离娄下》）君子是孟子所渴望追求的理想人格。儒家的德性幸福观就是追求成为一个品性高尚的君子。君子需要从普遍的人都具有的存在状态，通过自己的不懈努力，从而进入一种更好的生存状态。不懈努力是一个人形成理想人格的前提。尽管传统德性幸福观存在一定的理论缺陷，忽视了人的物质生活的必要性，但是，它也具有一定的积极意义，即实现幸福，意味着一个人从一种实然状态变成一种应然状态，从一种潜在的存在走向一种理想的存在，中间的媒介就是主体精神的不断努力。由此看来，幸福具有双重性。当一个人已经拥有了必要的客观物质生活条件，或者说具有了所谓的客观的外在物质好生活，只是具备了幸福的一个必要条件，还需要从精神上能够感受到它，即有幸福感。现代心理学的研究已经表明，人的幸福感是动态的，存在于让你永不满足、不断主动地实现其目标的行为过程中。没有一定的理想目标的实现，人是不可能拥有幸福感的。从人的生存与发展的维度来看，人具有多重维度，如身体、欲望、情感、意志、理性和精神等。一个人的幸福并不仅仅在于身体健康、欲望满足、情感丰富，还在于人的精神健康，自我意识到精神上的发展，从而体会到幸福。因此，幸福还存在一个主观基础。

获得幸福是一个人的生存与发展的价值不断得到实现的过程。人在生存与发展的过程中总是会遇到各种困难，因此，幸福存在于一个人的不断努力克服困难的过程中。如果一个人没有付出任何努力就获得了他所需要的成果，或满足了欲望，这样的成果和满足并不能让一个人感到幸福。人通过自己的努力，尤其是克服常人难以想象的困难，最终实现了自己的价值，才能从中感到幸福。正如包尔生所说："真正的幸福是所谓幸福和不幸的适当混合。如果一个人所有的欲望都总是能够得到充分的实现，这个人的命运并不是幸福的；但如果他在恰当的时候能够得到恰当的欢乐和悲伤、成功和失败、富有和匮乏、斗争和和平、工作和休息的话，他的命运是幸福的。正像植物为了繁茂地生长不能没有阳光和雨水一样，一个人的内心不经历欢乐和忧郁也不可能丰富和深刻。"[①]从这个意义上说，正是由于各种艰难困苦等条件的存在，才能展现主体从实然的存在向应然的存在、从潜能到实现的不断的努力，从而实现其自身的价值，获得幸福。各种艰难困苦，似乎是否定幸福的力量，其实也是人能体验和感受到幸福的

---

① ［德］弗里德里希·包尔生. 伦理学体系［M］. 何怀宏，廖申白，译. 北京：中国社会科学出版社，1988：351.

重要媒介。从价值论上看，艰难困苦并不能改变一个人的存在价值，只是增加了人实现幸福的难度。从人的理性角度看待艰难困苦，就能发现它们本身所具有的特殊价值。尽管它们可能带来痛苦，但也常常能够增加人的幸福感。

幸福不仅体现在主体克服困难的过程中，而且还展现在自我精神的完善中。人的精神上的完善正是在这种不断克服困难的过程中得以实现。"如果没有不幸和受苦，也不可能成就最高的道德完善。"①人是能够思考未来、创造未来的存在。当人把目光投向未来时，人的想象力才能得到前所未有的拓展，人的情感才能获得最大的发展，人的理性的力量才能展现其发展的超越性。就此而言，人正是在思考和创造未来的过程中不断地完善自身，从想象力、理性和情感等多维度不断丰富自己。人在思考和创造未来的过程中，固然有其物质上的追求，但更多的是一种精神上的扩展。因为，思考未来、创造未来，代表了一种人自身的超越了现实的针对未来的勾画，体现了一种价值理想。它是人针对社会现实和自我实然存在的超前认识和评价。现代心理学的研究表明："理想是符合客观规律并同奋斗目标相联系的想象。奋斗目标是人积极向往的对象。""对于这个奋斗目标，人既有生动的想象内容、明确的思想认识，又怀有喜爱、赞扬等肯定的情感体验，并且决心力求加以实现。"②一个不幸的人，常常就是一个心理消极的人，一个缺乏理想的人，一个丧失了追求未来好生活勇气的人。因此，追求未来的好生活就是人的自我完善，尤其是精神上自我完善的过程。针对作为道德价值的幸福而言，一个人在道德完善方面付出的越多，在其取得成功时就常常能够感到更为强烈的幸福感。

当然，幸福还有许多其他需要加以考虑的前提。"在现代社会，一个人没有起码的尊严，没有基本的人权保障，没有公平的发展机会，没有生活与人身的安全感，没有过体面生活所需的必要财富，没有和谐自由的生活环境，他就很难甚至不可能'乐'。"③毕竟，幸福所涉及的内容与人的生活中的各个方面都有一定的联系，如经济收入、科技水平、法治状况、个体的心理状态等。在这里，我们主要探讨了人权与人的主观努力，因为它们是与幸福有着直接的密切联系的两个要素。其他要素，有一定的联系，但都与之有一定的距离。比如，收入的增加，并不意味着一个人就一

①　[德]弗里德里希·包尔生. 伦理学体系[M]. 何怀宏，廖申白，译. 北京：中国社会科学出版社，1988：350.

②　黄希庭. 心理学导论[M]. 北京：人民教育出版社，2013：185.

③　王人博，程燎原. 法治论[M]. 桂林：广西师范大学出版社，2015：455.

定幸福，有可能出现人的收入越增加而离幸福越遥远的状况；自然科学的日新月异，也并不是一定导致人的幸福生活的来临，也有可能出现物欲横流、精神空虚、道德沦丧的状况；法制越完善，人所不得不接受的外在约束越多，有可能更加挤压个体的自由私密空间，人的精神压力和痛苦更为增加；等等。这些要素可能不仅没有促进人的幸福的出现，反而导致追求幸福道路上的收入幻觉、科技幻觉、法制幻觉等，呈现了幸福的异化。因此，没有专门加以论述。

(四)作为道德价值的幸福的主要类型

作为道德价值的幸福可以从不同角度划分不同的类型。一般而言，我们可以从其涉及的不同范围来划分，把它分为家庭生活中的幸福、职业生活中的幸福、社会公共生活中的幸福。这种划分比较符合人们在社会活动范围中的自我生存与发展的状态。社会生活是多方面的，任何人的生存与发展都不可能不涉及家庭生活、职业生活和社会公共生活。

在人们的社会生活中，家庭是人的生存与发展的前提。任何人都来自一个家庭，大部分人最终也会组建自己的家庭。家庭的发展与幸福，关乎每一个家庭成员的幸福，也关乎社会的稳定与发展。从家庭的形成与发展来看，家庭最早是以物质财产为基础的概念。中世纪时期，家庭逐渐发展成为共同居住的概念，注重共同居住在一起生活的人。在近代社会中，家庭成为一个注重血缘和婚姻关系的概念。在当今社会中，家庭是具有婚姻、血缘或收养关系的人共同居住的社会生活组织。作为道德价值的家庭幸福是建立在维持家庭好的物质生活条件基础上符合道德价值要求的幸福。如果我们从幸福的双向性上分析，它既要拥有好的物质生活，如好的衣食住行条件，还要拥有一定的精神追求和精神感受力，如家庭成员之间的和谐、关爱以及家庭幸福感受力强等。如果我们把家庭的幸福理解为一个阶梯形的发展过程，最初是维持家庭的基本功能和基本生活水准的阶段，较高的阶段则是家庭中不仅物质生活条件有了进一步改善，还拥有一定的精神生活的满足。作为道德价值的家庭幸福就是属于较高层次的家庭发展状态。它首先要求的是物质上的好生活，否则谈不上幸福，其次要求具有高尚精神生活，否则就不能形成具有道德价值的幸福。

人们常常说某人是一个家庭幸福的人，家庭幸福似乎是一种个体幸福，其实不然。家庭幸福是一种群体幸福，也就是家庭成员之间所构成的幸福。如果家庭成员中任何一个人夭折、患病或遇到了不幸，或在精神生活方面出现问题，家庭幸福就会受到影响。也就是说，家庭幸福，并不取决于家庭成员中某个成员的最大幸福，而是取决于某个成员的最不幸福的方面。一个家庭成员最不幸福的方面可以称为家庭幸福的短板。如果一个家庭中出现一个成员长期卧病在床而需要照顾，或因为非作歹而遭到世人谴责，尽管家庭的其他方面都很幸福，但从整体上说，家庭幸福的状态受到了很大的影响。从这个意义上说，家庭幸福不能由每一个家庭成员的个体幸福来相互替代，比如以一个成员的幸福来抵消另一个成员的不幸福。就此而言，家庭幸福具有整体性、相互性。

职业是现代社会中一个人维持自己存在与发展的手段。在大多数人的一生中，大约 1/3 的时间都在从事某种职业。因此，一个人幸福与否和职业幸福休戚相关。从职业的形成与发展来看，职业是人类分工及其发展的结果。在远古时代，氏族内部只有自然分工协作，无所谓职业。进入文明时代，出现了社会分工，不同的职业就出现了。而且，随着社会的发展，不仅分工越来越细，而且职业也变得更为专业。职业与每个人的价值追求、兴趣、爱好以及民族传统等社会要素之间有着密切的联系。从幸福的双向性方面来看，职业生活中的幸福既包括它所能够给个人提供的满足其所需要的物质生活的条件，还包括人的精神价值追求和职业幸福感。

首先，职业生活中的幸福是建立在一定的物质条件基础上。它不能脱离一定的物质上的满足。人首先是一种物质上的存在，只有获得了一定的物质需求才能生存与发展。从现代社会的发展现状来看，职业活动对于大多人来说，还是一种生存的手段。如果人们所从事的某种职业连获得生存的条件都没有保证，又何谈幸福。从职业的演变和发展来看，职业与人的需要有着密切联系，一种职业的衰落只能表明这种职业不适合人类社会的需要，已经需要新的职业取而代之。在职业生活中，物质生活条件的满足是职业幸福的必要条件。物质生活水平的提高，是一个人职业幸福的物质基础。当然，职业幸福需要物质条件，但职业幸福并不等同于在职业中所获得的物质利益。不少人收入不菲、衣食无忧，但郁郁寡欢。在这里就涉及职业幸福的主观内容。

其次，职业中的精神价值追求也是一个人获得职业幸福的重要内容。以高尚职业精神为核心所构筑的精神生活在职业幸福中所起的作用和所处的位置不容忽视。许多人愿意从事某些职业，常常正是由于要追求这种职业中所蕴含的精神价值。比如，袁隆平选择农学，很大程度上是因为提升粮食产量能够让人类远离饥饿。精神价值中的高尚性是人们选择职业和从事职业的重要依据之一。相比较而言，职业幸福中的主观内容，有些时候更为重要。除了精神价值的追求，人的主观偏好等也是职业幸福中的必要内容。在现代社会中，人们常说到"职业倦怠"。从现代心理学的角度来看，一个人的职业倦怠往往在于缺乏职业幸福感，无法从职业活动中体验到为社会、为他人做出贡献的使命感、责任感和成就感。因此，当一个人从自己的职业中发现了其蕴含的精神价值，爱上某种职业，从而尽职尽责，往往使人不断获得职业成功的力量源泉。职业幸福感就是一个人在职业中不断成功，感受到了自己在各种社会关系中的存在价值，尤其是感受到了精神价值的存在感，从中获得的精神满足感。

　　人们除了家庭生活、职业生活，还总是要参与一定的社会公共生活之中。公共生活是与私人生活相对应的概念。在现代社会中，私人生活是涉及个人隐私、财产、婚姻方面的个体自身的生活。公共生活，顾名思义，是大家共有的生活，是社会所有成员都可以参与的生活。它包括各种社会团体、社会政党等举办的各种活动。在人类文明初期，所有人都生活在一起，无所谓私人生活与公共生活。随着文明的发展，人们的生活开始出现了私人生活与公共生活的区别。而且，随着社会关系的发展和科学技术的不断进步，人们的公共生活不断拓展，在现代社会中已经从现实的公共生活迈入了虚拟的公共生活。无论是现实还是虚拟，公共生活都是需要法律、道德等维持的社会生活，它展现了人的社会性本质。因此，人的幸福总是与社会公共生活之间存在着密切联系。从幸福的双向性方面来看，社会公共生活的幸福首先要包括人在社会公共生活中能够获得相应的生命安全、财产安全、健康安全等方面的保障。社会中的各种制度安排能够捍卫个体的基本生存与发展的权利，才能为社会公共生活的幸福奠定基础。否则，一个人生活在没有基本安全保障的社会中，整日里为生存而发愁，即便他自认为幸福，人们也不会认可他真正享有社会公共生活的幸福。就此而言，社会公共生活的幸福有其客观内容。当然，它还具有主观内容。因为，在现实社会中，一些人尽管拥有了社会所安排的各种社会保障，但他们并不认为自己具有了社会公共生活的幸福。这就涉及社会公共生活幸福的主观内容：个体能够感受到社会生活中的精神价值追求，获得相应的幸福感。社会公共生活是指一定时期的人们能够聚集在一起的共同生活。其中，基本精神价值取向是人们能够愿意参与其中的重要因素。因此，愿意参与一定的社会公共生活，就是选择了一种精神价值取向的生活，表明了支持或反对一种价值观念。如果没有从这种精神价值取向的社会公共生活所提供的各种保障中体验到一种幸福感，社会公共幸福同样无法存在。

　　在这里，我们探讨了作为道德价值的幸福的主要类型，或者说常见的类型。事实上，我们还可以根据实现的时间把它分为短期的幸福、长期的幸福，根据群体与个体的关系把它分为个体幸福与群体幸福，根据是否符合一个国家意识形态的发展把它分为主流的幸福与非主流的幸福，根据实现幸福手段上的创新性把它分为创造性幸福与非创造性幸福，根据内在性价值的完善性状态把它分为完善性幸福与非完善性幸福，等等。在这些不同的类型中，我们能够进一步认识和理解作为道德价值的幸福所具有的含义、特性和基础。

三、道德对于幸福的价值意义

幸福包括人们社会生活中丰富的客观内容和主观内容。道德，作为主观内容中的重要组成部分之一，对于幸福具有不可忽视的价值意义。从根本上看，道德与人的幸福是一致的，它能够促进人的幸福。它在人的获得幸福的目标、必要条件、方法途径等方面具有重要的价值意义。具体而言，道德能够引导人的幸福方向，奠定人的幸福前提，保障幸福的实现。同时，我们应该看到道德在引导、保障人的幸福的过程中，存在幸福价值的滥用。

（一）道德引导人的幸福的方向

人，是具有丰富复杂性的高等动物。作为动物，人总是要不断地追求一定的物质生活。然而，伴随着文明的发展，人除了需要满足一定的物质生活，还需要追求一定的精神生活。自古希腊以来的思想家，把人视为具有理性的存在。康德说："幸福是现世中一个有理性的存在者的这种状态，对他来说在他的一生中一切都按照愿望和意志在发生，因而是基于自然与他的全部目的、同样也与他的意志的本质性的规定根据相一致之上的。"①人，作为自然的存在和理性的存在，不会仅仅流连于外在的丰富多彩的物质生活条件，更不应该只追求低层次的物质需要的满足。的确，人的生存与发展需要外在的物质生活条件。然而，不可否认的是，人还是具有精神性的理性存在者。如果只是满足于物质生活条件，他就会仅仅停留在动物性的层次，从而也就贬低了人的生存特性。张岱年先生曾指出："有些需要是人与禽兽共有的，有些需要是人类所特有的。人所特有的需要可以说是具有特异性的。特异性的需要高于非特异性的需要。因此，可

① ［德］康德. 实践理性批判［M］. 邓晓芒，译. 北京：人民出版社，2004：171.

以说精神需要高于物质生活需要。"①在他来看，人有各种需要是正常的，问题在于需要与需要之间有高低之分。借助孟子的观点："体有贵贱，有大小。无以小害大，无以贱害贵。养其小者为小人，养其大者为大人。"（《孟子·告子上》）人要成为"大人"，"大人"是指具有精神境界的人。他所说的君子不受嗟来之食，就表明一个人的精神需要高于物质需要。人，作为理性的存在，更为重要的是在面对物欲的诱惑时，能够以理性引导感性、以精神指导物欲，从而过上人之为人的幸福生活。道德是人的精神生活中的核心要素。缺乏它，人的生活就不是完整的，人有可能沦为畜类。道德，其内在价值作为人的精神生活的核心要素，具有衡量人的需要高低的意义，能够引导人的幸福的方向。

从人的幸福来看，道德为人们所渴望的幸福提出了精神追求的坐标。它告诉人们，作为人不能没有一定的精神生活的追求。每个人的物质生活都只是个体生存与发展的前提，也只是每个人生活的出发点，符合道德要求的精神生活才体现了人作为人的本质的生活目的与意义所在。真正的人的幸福生活，离不开高尚的具有道德价值的精神生活。唯有充实人的合乎道德价值的精神生活，人的幸福才变得完整。道德中所蕴含的价值具有强烈的目标导向，从而也会产生催人奋进的精神动力。正是随着人类的道德生活的完善，人类才建立了不断丰富和发展的精神世界。人类所提出的各种道德要求、规范等，都是人们为自己提出了一种精神上的追求目标。在现代社会中，人们的物质条件不断改善，为人们丰富自己的精神生活准备了物质条件。人们能够更为方便地接触展现人的精神生活的书籍、报刊等。但是，这并不意味着随着物质生活条件的提升，人们的精神生活就会自然提升。有时恰恰相反，物质生活条件的提升导致人的精神生活的颓废。在现代社会中，物质条件的改善，很多时候并没有带来人的幸福。西方的思想家曾如此批判资本主义工业社会中的精神幻灭现象："在现代的工业社会中，人或者被视为孤立的个体，或者被视为集结在一起的群众；而无论如何，个体性的一切美善都已消失。现代世界变成了精神的荒漠，生命所曾拥有的一切意义都已消失；认识迷失的灵魂，游荡于他们无法了解的世界。"②我们不难发现，在物质财富日益丰富的世界里，没有了道德精神的指引，人会沦为马尔库塞所说的"单面人"——生活舒服而精神空虚，人的存在与发展的精神意义日趋消失。因此，在现代社会中，为了避

① 张岱年. 张岱年全集(第7卷)[M]. 石家庄：河北人民出版社，1996：29.
② 于海. 西方社会思想史[M]. 上海：复旦大学出版社，1993：458.

免市场经济所带来的功利主义和享乐主义的弊端，道德精神生活的存在与发展，能够指引人们走向应有的好生活。

道德为人的幸福提供指导，指出了人的精神生活的必要性。同时，这种道德对幸福的指引还是通过具体的社会习俗、社会规范和要求来展现的。道德中所蕴含的社会习俗、社会规范和要求，是人们在长期的社会生活中为了更好地生活而逐渐形成的一种共识。如果没有形成一定的共识，它们是不可能成为社会习俗、社会规范和要求的。幸福的生活需要相应的这些社会习俗、社会规范和要求来维持。如果每个人都只考虑自己的欲望和自己的自由，缺乏道德上的这些社会习俗、社会规范和要求，人们所渴望的幸福就无法实现。正如法国社会学家埃米尔·涂尔干（Émile Durkheim）在评述社会管理方式时所说："被征服者虽然暂时屈从了强力统治，却没有认同这种统治，因此，这种状态肯定不会带来安宁祥和的气氛。由暴力达成的休战协议总是临时性的，它不能安抚任何一方。人们的欲望只能靠他们所遵从的道德来遏止。如果所有权威都丧失殆尽，那么剩下的只会是强者统治的法律，而战争，不管是潜在的还是突显的，都将是永远无法避免的病症。"①在涂尔干看来，社会长期的稳定离不开人们之间达成一种共识。道德中所具有的社会习俗、社会规范和要求等，能够为人们的日常生活提供有效的必要的指导。人们能够在这些社会习俗、社会规范和要求的指引下，获得稳定的生活，最终走向幸福的生活。否则，缺乏这些社会习俗、社会规范和要求的具体指导，人们所渴望的幸福只能是一厢情愿的幻想。

由此，我们可以发现，从人的双重存在性来看，人的理性决定了道德在人追求幸福中的方向性。幸福是一种合乎道德的幸福。我们选择一种幸福观念，其实也就是选择一种道德价值的追求方向。人们所形成的各种幸福观念本质上是一定世界观、人生观指导下的道德价值观在生活中的体现。正如前面中外思想家们曾论述的，幸福的各种观念的核心问题就是一个道德问题。一个人有什么样的道德，就有什么样的幸福。或者说，一个人选择了某种道德观念，也就选择了某种幸福观念。道德在人们选择幸福生活方面发挥着指引作用。道德引导人们不断从较低层次需要进入较高层次需要，努力追求人人所应有的幸福，从而使人从实然迈向应然的境界。

---

① ［法］涂尔干. 社会分工论［M］. 渠东，译. 北京：生活·读书·新知三联书店，2000：15.

(二)道德构成了幸福的必要内容

从人的生存与发展的历史来看，人的生存与发展的最基本条件，按照恩格斯的说法，既需要物质资料的再生产，也需要人自身的再生产。也就是说，人的存在与发展，首先需要有一定的物质条件，其次还需要人自身的繁衍。但这只是人的初期发展。随着人类文明的发展，为了实现更好的幸福生活，人还需要精神文明的再生产。在这种精神文明的发展中，道德是其中的必要的重要内容。道德在人不断追求更为幸福的生活中出现，并一直构成幸福的必要组成部分。

人类学的研究表明，最初的人类祖先是直立的智人，他们以群居的方式共同生活。西方一些进化论伦理学家们直接从人的生物学特征来论述道德的起源。他们认为，人同其他动物一样，为了自己种族的繁衍和发展，能够彼此相互团结，共同狩猎。比如，麦特·里德(Matt Ridley)在《美德的起源——人类本能与协作的进化》中举出了很多动物之间相互协作的例子。他认为道德就在于人的动物本能。他说："美德是人类与生俱来的，它根植于人类本性之中，像润滑油一样对人类社会不可或缺。"①这些伦理学家们把道德建立在人的动物性基础上，忽略了人与动物的不同之处。人与动物的不同之处在于道德是人的本质之一。人才具有道德上的情感与行为等，而动物的所谓道德行为不过是它们的本能，并非出于其意识的自觉性。现代心理学家的研究表明，唯有人类才有道德羞耻感，动物并没有人类意义上的道德羞耻感。一条狗不可能出现人的道德情感，如良心受到谴责而内疚的情感反应。从生物学来看，蜜蜂、蚂蚁、黄蜂等具有群体生活的动物，似乎比人更具有自我牺牲的精神。但与人类不同，它们不会具有内化的良心，不会传播流言蜚语；个体不会有面对群体的压力，也不会被愤怒的群体成员所惩罚。人类为了更好地生活，才在其群体生活中提出了道德要求，这是人类的意识自觉。人类在其群体活动中能够彼此之间进行交流，形成一种共同遵循的道德要求，没有做到的人会感到脸红，有意违反者会受到其他成员的惩罚。相较其他物种的群体选择，人类的群体选择行为是在更高的社会合作层次上运行。人在其生存与发展的过程中能够不断反思，认识到自己存在许多不足。"他的软弱无力不断地提醒他：没有他人的帮助，就无法得到幸福。他也知道，怀有与他同样希望的人是无

---

① [美]麦特·里德. 美德的起源——人类本能与协作的进化[M]. 刘琦，译. 北京：中央编译出版社，2004：64.

穷无尽的。他每时每刻都相信，他的幸福依赖别人的幸福，而行善是他当前的幸福首要和最可靠的手段。"①如果社会成员只考虑自己，不考虑他人，社会就会解体，个人的幸福也就无法存在。可以说，道德是人类为了争取更好的社会生活所提出的自我要求，是人的自我意识的觉醒。因此，我们不难发现，从人的生存与发展来看，道德本身就是人类幸福生活中的一个必要的组成部分。

道德从根本意义上看，就是为了人类拥有更好的生活质量而调节人与人之间的各种利益关系而提出的。承前所述，幸福具有双重内容。幸福的客观内容中包括了人的物质生活利益在内。那么，如何处理人与人之间的利益关系，也就成为实现人类幸福中的一个重要环节。幸福总是要涉及人与人之间的关系。如果人与人之间总是存在着利益的冲突而无法化解，人就无法获得幸福。因此，为了人类自己的幸福生活，和谐、公正、平等、勇敢等道德要求被提出来。人类早期的研究表明："当人类逐步开始了针对大型猎物的狩猎活动之后，如果有决定意义的平等主义原则暂时还没有确立的话，要想保证狩猎活动的成功，对那些无法适当地克制自己的自我膨胀倾向的阿尔法型个体——还有贪婪的小偷和骗子——进行真正严厉的惩罚就变得非常必要了。这些阿尔法型个体会被强有力的群体成员联盟所攻击，因为其他成员会联合起来控制这些非常有价值的作为'共同财产'的猎物的肉。根据常理不难推测，在公平公正地分享猎物的肉这件事情上，如果无法贯彻到底，那么就会导致非常严重的冲突。因此，从大约距今 25 万年那个时候开始，有效地分享猎物的肉的唯一可行的方法就是明确地、决定性地抑制阿尔法型个体的行为。"②不同民族的早期的各种神话、传说和史诗都展现了人类为了追求幸福而提出的各种道德要求。后羿射日、大禹治水、愚公移山，其最后目标就是通过勇敢、智慧与毅力过上幸福的生活。普罗米修斯的盗火，其最后目标则是为了人类的幸福生活而敢于牺牲个人的利益。在这些道德要求中，我们能够看到道德与幸福生活之间的密切关系。一个人的幸福不可能不包括道德在内。如果抹去了道德，幸福也就无法存在了。当然，随着社会的发展，为了人类的幸福，还会有更多的道德要求被提出来，或者某些道德范畴会被赋予更为深刻的含义。比如，公正的概念，从亚里士多德到罗尔斯，其内涵有了很大的

---

① ［法］摩莱里. 自然法典［M］. 黄建华，姜亚洲，译. 北京：商务印书馆，1982：90-91.
② ［美］克里斯托弗·博姆. 道德的起源——美德、利他、羞耻的演化［M］. 贾拥民，傅瑞蓉，译. 杭州：浙江大学出版社，2015：179.

发展。

因此，道德作为幸福中的必要组成部分之一，一直被大多数人所认可。无论在中国传统文化中，还是在西方传统文化中，道德都一直作为幸福中的一个必要内容。在中国传统文化中，一直有"五福"之说："一曰寿，二曰富，三曰康宁，四曰攸好德，五曰考终命。"(《尚书·洪范》)唐人孔颖达解释："五福者，谓人蒙福祐有五事也。"①其中，"攸"即"修"，"攸好德"，就是要修养美德。尽管中国古人们所理解的美德各有不同，但都是把道德作为幸福的必备内容。西方传统文化中长期存在两种幸福观，但都重视道德在幸福中的地位。理性主义幸福观非常重视道德在幸福中的作用，甚至把德性视为幸福本身。大部分感性主义幸福观虽然重视感官上的快乐，但也同样重视道德对快乐的节制。只有极少数人把赤裸裸的非道德的快乐作为幸福。从人的生存与发展来看，道德是人所创造的体现人的本质的价值指向，幸福需要把道德作为其必要的构成部分。这是人自身存在与发展的必然结果。

(三)道德能够保障幸福的实现

道德不仅能够引导幸福的发展方向、构成幸福的必要内容，而且还能够保障幸福的实现。也就是说，它不仅能够成为实现幸福的目标、内容，而且还能够成为实现幸福的保障条件。这种保障条件与前面所论述的目标、必要内容不同，目标只是构成了一种发展方向，必要内容只是构成了实现幸福的必要条件，这些并不保证实现幸福，只是提供了实现幸福的可能性，而保障条件是指在前者的基础上能够实现幸福，表明了实现幸福的可行性。这种保障条件主要包括道德构成了实现幸福的必要手段，也形成了促进幸福实现的动力之源。

首先，人们在社会现实生活中所提出的道德要求是人们实现幸福的必要手段。

一个人具备了自我约束的道德要求，也就具备了社会所提出的相应的作为社会成员的基本要求。一般而言，道德不仅要求一个人从外在行为上符合道德要求，而且还要求一个人能够自我认同这种道德要求。否则，只是符合外在道德要求的人，并非完全可以作为一个具有道德品质的人。因为，一个有道德的人是一个能够进行道德自律的人，他能够自我主动地在行为上符合道德要求。也就是说，他能够自觉自愿地按照社会要求来做。

---

① 阮元.十三经注疏·尚书正义[M].北京：中华书局，1980：93.

在一个正常的社会中，一个人如果拥有了健康的身体、足够的财富及基本的人权，我们可以说他已经具备了实现幸福的基本要素。然而，我们还应该充分认识到，在这时，他能否实现幸福，很大程度上取决于如何运用这些条件为自己的高质量的好生活服务，而道德要求就是运用这些条件为高质量的好生活服务，从而构成了实现幸福的必要手段。毕竟，道德与幸福所包括的各种利益之间关系紧密。正如罗尔斯所说："虽然我们通常把道德要求都看成是强加到我们身上的约束，但它们有时是为了我们的利益而审慎地自我给予的。这样，允诺就是一个抱有审慎地承担职责的公开意向而作出的行为，在适当的环境中这种职责的存在将促进一个人的目的。"①道德就是如此通过各种利益关系的调节来促进一个人的幸福目标的达成。

其实，一个人自觉地选择去遵守一个地区的道德要求，也就是自觉自愿地选择了一种在这个地区为社会所支持的实现幸福的方式。或者说，一个人选择了一种为社会所保障的获得幸福的方式。因为，这些道德要求是社会成员之间所达成的一种社会共识，为众人的意志所决定。古往今来，中外许多民族中都有无数广为流传的好人得好报、恶人得恶报的故事。在这里，善有善报、恶有恶报，是人们在生存与发展中通过社会的众人意志所决定的。善恶是对道德的评价和判断，使人的行为的善恶与行为主体的现实际遇之间建立起一种必然的因果联系。善恶的报应，意味着符合社会要求就可以得到实现幸福的保障，反之，就会得到社会的惩罚。正如康德所言："道德学说真正说来也不是我们如何使得自己幸福的学说，而是我们应当如何配得幸福的学说。"②在他看来，人们的行为举止如果不符合道德要求，就不应享有幸福。人们因其道德行为而享有幸福，道德是配享幸福的条件。我们不难发现，道德理论中所谓"德得相通"是从社会的制度安排上确立"德"与"得"之间应该相通和必然相通。从这个意义上看，道德是人实现其幸福的必要手段。或者说，幸福是合乎道德要求的幸福。在一个正常的社会中，即符合实现幸福的人权等基本要求的社会中，道德是一个人实现幸福的必要保障条件，一个人越从内心认同相应的道德要求，或者说具有比较高的道德境界，他就越容易成为一个幸福的人。社会成员的共同意志是道德作为实现个体幸福手段的坚强后盾。尽管在现实社会中，总是会出现好人没有得到好报、恶人逍遥法外的情况，但人们常常会

---

①　[美]罗尔斯. 正义论[M]. 何怀宏，何包钢，廖申白，译. 北京：中国社会科学出版社，2001：347.

②　[德]康德. 实践理性批判[M]. 邓晓芒，译. 北京：人民出版社，2004：177.

就此表达对这种社会状态的失望，正好反证了任何一个正常的社会都不会允许这种情况出现。因此，人们常常会说："善有善报，恶有恶报；不是不报，时候未到。"以此表明社会终究要捍卫合乎道德的幸福才能得到社会保障的坚定立场。

其次，道德能够保障幸福的实现，除了能够成为人们实现幸福的手段之外，还能够成为人们追求幸福的动力之源。

幸福总是存在于一个人不断追求的过程中，并不是一个终点和结果。如果它成为一个终点和结果，它也就失去了存在意义。不断地追求就是幸福存在的基本意义。在这里，幸福的存在有一个幸福的外在动力和内在动力的问题。一些人追求幸福，源于外在环境的恶化。他们处于痛苦的生活环境之中，需要加以改变。还有一些人追求幸福，源于内在的强大动力。他们渴望成就一番事业。也就是说，我们可以从外在因素和内在因素来分析他们的动因。其实，无论是从外在因素还是从内在因素来看，道德都是一个人追求幸福的动力之源。

从外在因素来看，外在环境恶劣，一个人生活在痛苦之中，常常构成了他改变环境的前提。他会渴望实现幸福，摆脱痛苦。的确，痛苦可能导致一个人远离幸福。但是，痛苦本身未必只具有负面价值。无数的生活经验和事例告诉我们：正是面对生活中的痛苦，迫使一个人战胜了这种痛苦，从而体验到一种从未有过的幸福。在现实生活中，如果一个人没有经历过失败与痛苦，幸福是很难产生的。包尔生曾指出："正像一个从未遇到失败的将军，将不会意识到他心灵中的所有潜力并发展它们一样，一个从未缺乏过任何东西，从未在任何事情上失败的人，也将不能发展他精神上的所有能力和意志。他将感到命运没有给他一些完善他的存在所必需的东西，他也许像波力克莱特一样，对他的'幸福'感到恐怖。"① 在外在的不利环境中，一个人凭什么改变其命运？除了主体自身的道德力量之外，如智慧、勇敢、坚毅、节制等，我们还能设想有其他的力量帮助他最终做出改变吗？如果仅仅只是感到痛苦，缺乏这些道德力量，一个人只会在痛苦中听命于命运的摆布，无法走向幸福。道德中所蕴含的力量是推动人走向好生活的正能量。智慧帮助他寻找解决问题的方法，勇敢帮助他直面现实的困难，坚毅帮助他不断坚持，节制帮助他不会想入非非、浪费精力。因此，道德能够帮助处于困境中的人一步步实现幸福。

---

① ［德］弗里德里希·包尔生. 伦理学体系［M］. 何怀宏，廖申白，译. 北京：中国社会科学出版社，1988：351.

从内在因素来看，我们不能否认，一些人并没有遇到生活中的挫折和痛苦，他们出于个人的爱好和兴趣，追求自己的目标，从中体会到幸福。这似乎与人的道德品质没有关系，其实不然。一个人不断地追求自己的幸福目标，试图超越自己，正好展现了一个人处在从实然到应然的希望之中。只要一个人的目标是符合人类本性的幸福目标，它就与人所创设的道德的内在精神相一致，可以作为人的道德内在精神的体现。因为，作为人的超越性精神的道德，本身就蕴含着一种希望，一种应然的希望。它是人内心深处的潜在的力量，渴望表现出人的本质中所具有的精神动力。它表明了人不会安于现状而是要有所创造和发展。就此而言，从最根本的意义上看，道德中所蕴含的对于超越性的精神需求的追求与满足，不论何时都不应放弃和遗忘。唯有如此，作为人的存在意义才能凸显，那种真正展现人心所向的幸福目标才会生成。另外，尽管没有外在环境的压力，一些人还是不断追求自己的幸福目标，比如科学家从事科学研究，总是需要勤奋、进取、创新、认真、坚守、诚实等道德品质的支撑。如果一个科学家懒惰、缺乏进取心、粗心、马虎，他就难以达到自己的幸福目标。就此而言，正是一个人的勤奋、进取、创新、认真、坚守、诚实等道德品质构成了幸福的动力之源。

因此，无论是从外在因素还是从内在因素来看，道德都是幸福的动力之源。一个拥有道德的人，能够正确地面对外在困境，不断努力，提升自己的能力，从而不断地从实然走向应然，不断实现幸福。

（四）道德领域幸福价值的滥用

在人类追求幸福的过程中，道德领域幸福价值的滥用不可忽视。所谓道德领域幸福价值的滥用是指人们在追求幸福的过程中脱离社会现实生活，片面地追求幸福中的物质要素或精神要素，形成了理想与现实的相互悬置。我们可以把专门谈论和鼓励追求幸福中的精神要素，称为精神生活中的滥用；把专门谈论和鼓励追求幸福中的物质要素，称为物质生活中的滥用。

其一，精神生活中的滥用。

精神生活中的滥用排除了幸福中应有的物质条件，把幸福简单地理解为道德本身。片面地突出道德的要求，把人所应有的物质要求摒弃。这种高高在上的精神追求，似乎具有崇高性，其实不过是脱离了人们现实生活的幻觉。我们可以把这种幸福称为虚幻的幸福。虚幻的幸福高悬于现实之上，构成了人们可望不可即的对象。这种虚幻的幸福若构成了人们所追求的幸福，其实不过是一种道德领域幸福价值的滥用，与真实的幸福南辕北辙。

毕竟，幸福是人的幸福。这种幸福不能把人的现实的物质条件弃之不顾。没有一定的物质条件，精神追求也就失去了依存的基础。道德领域中幸福价值的精神滥用所造成的结果是驱除了幸福中所需要的物质条件，人所追求的不过是幸福中应有的一个精神要素。一个人越追求它，其所能实现的幸福反而离人更为遥远。在这种追求过程中，幸福越来越成为痛苦和无奈。在某些封闭的传统社会中，统治者出于自己统治的需要，常常有意把幸福做单向的解读，鼓吹一些高远的精神幸福，把这作为人们的幸福，如中世纪的禁欲主义，宋明理学所提出的"存天理，灭人欲"。从统治者的角度来看，如此突出道德在幸福中的价值，意义深远。一方面，它能够为统治者管理被统治者提供"高大上"的治理依据，神化统治者自己的合法性和高尚性；另一方面，它还能够麻痹被统治者，让他们忧道不忧贫，沉迷于物质条件的贫困而甘之如饴。在这种情况下，人追求本身的幸福反而成为人自身的痛苦之源，人越来越不能成为一个真正幸福的人，他所追求的虚幻幸福与真实幸福的本来意义相悖。"追求幸福的意蕴就在于把人从各种非人的、不幸的（自在的或自为的、自然的或社会的）必然性的枷锁中解放出来，从那种压迫性或者束缚性的困境中解放出来，把人的世界和人的关系还给人自己，使人身上最神圣的、被遮蔽的、被否定的人性光辉得以彰显，本真的、道德的、完整的人得以重新阐扬和'出场'。"①那种排除了人应有的物质条件而只强调高远的精神境界的幸福只能让人处于片面的幸福之中，压抑了正常人性的自我解放，造成精神上自以为幸福而实际上处于并不幸福的状况。道德本来是帮助人实现幸福的力量，现在却成为否定幸福的帮凶。道德价值本身出现了滥用。

人的幸福中的物质条件被剔除，意味着人成为单向度的抽象概念。它扭曲了人的现实生活的实际状况，没有全面理解人的存在。人的存在具有双重性。一个人缺乏了物质条件下的幸福追求，必然会伤害其对的幸福的正常追求，具有极大的欺骗性和虚伪性。强制地要求一个人只是作为精神的追求者，置基本的物质生活条件而不顾，会给人带来无尽的苦难。一般而言，这种突出人的精神追求的社会常常是封闭的传统社会。因为，在传统社会中，社会生产力不足，人们无法创造足够的物质财富满足人的物质需要。因此，鼓吹精神追求，压制物质满足成为传统社会的一个重要选

① 种海峰. 马克思的幸福理论及其当代价值[J]. 马克思主义研究，2012(11).

择。在这种虚伪的幸福追逐中，道德中的规范与德性被视为人们唯一的目标，人们在自我麻痹中遗忘了幸福的全面内涵。道德上的自我欺骗，并不意味着人们的应有幸福，不过是自我精神的误入歧途。

其二，物质生活中的滥用。

与精神生活中的滥用正好相反，人们在追求幸福的过程中，还存在物质生活中的滥用。人们发现了精神生活中滥用的荒谬性，希望充分考虑人的物质追求。然而，他们矫枉过正，陷入物质生活中的滥用。物质生活中的滥用只讲幸福中应有的物质条件，不谈幸福中应有的精神条件，把幸福简单地理解为物质生活满足本身。片面地突出物质生活的满足，把人所应有的精神要求摒弃。这种实实在在的物质追求，似乎很务实和接地气，其实不过是陷入了人的动物性生活的满足。我们可以把这种幸福称为粗俗的幸福。它与精神生活滥用中的虚幻幸福不同。它固然把人从虚无缥缈的空间拉入人间，但只考虑人的物质生活条件的满足，把这等同于人的幸福生活本身。这种粗俗的幸福一旦构成了人们所追求的幸福，其实也不过是一种道德领域幸福价值的滥用，与真实的幸福大相径庭。

物质生活中的滥用意味着人把自己局限于人对物质生活的追求中。在西方文艺复兴时期，曾经出现了许多思想家专门鼓吹人的物质生活的满足，尤其是肉体上的快感。蒙台涅曾指出："让那些所谓的明智的人去追求纯粹的精神安宁吧，至于我，有着一颗灵魂，就得求助于肉体上的舒适。"①法国十八世纪的唯物主义思想家爱尔维修等人，赤裸裸地宣称人的幸福在于人的物质生活的满足和肉体上的快乐。在他们看来，追求一种物质生活的满足就是一种道德的生活。边沁直接把幸福与快乐挂钩，认为道德就是人们追求快乐的工具。我们应该看到这种把人的本质从人的物质生活条件来加以理解的思想的产生，有其特定的历史条件。这种思想在推动人类追求幸福生活的过程中曾经发挥过积极作用。它让人们认识到人的物质生活条件在人追求幸福的过程中同样是非常重要和不可忽视的，有助于我们完整地认识人的双重存在，有效地对抗精神生活滥用中的虚伪和欺骗。人，首先作为一种物质存在，总是需要各种物质生活上的满足。否则，人只能是一种抽象意义上的虚幻的存在。一个人总是需要通过一定的劳动、婚姻、休闲等满足自己的物质生活。一个人无法获得基本的生理满足，缺乏健康的身体，没有基本的生命安全，这种生活肯定不能说是幸福的。因此，物质生活方面的满足是人的幸福中的重要组成部分之一。然

---

① 郑振铎. 世界文明(第 10 册)[M]. 上海：上海生活书店，1936：4579.

而，人的物质生活的满足和肉体上的快感并不等同于人的幸福，只能说是人的幸福中的一部分。若把人的物质生活的满足等同于幸福，那道德不过仅仅是实现这种粗俗的幸福的工具。这是人所理解的道德价值领域中幸福的异化。从逻辑上看，一个人越是在物质生活中获得满足，而放弃其精神生活，尤其是道德品质的追求，只是增加了人的动物性欲望的满足，人越难成为一个人，离作为人的幸福越为遥远。一些人为了自己物质生活的满足，千方百计赚钱，不惜增加劳动强度，延长劳动时间，从而影响了正常的家庭生活和社会交往，根本无法体验丰富多彩的精神生活中的安宁与崇高。事实上，欲壑难填，人只会陷入其中而难以自拔，沦为欲望的奴隶而不是自己的主人。这与我们所说的作为道德价值的幸福不同，后者重视人作为自己欲望的主人。

一般而言，这种突出人的物质生活的满足的社会常常是近代社会。因为，在近代社会中，社会生产力有了传统社会所难以比较的巨大进步，人们摆脱了传统社会的各种束缚，有了满足自己物质生活需要的基础。因此，在社会成员中广泛地鼓吹享受物质生活，把这作为一种幸福，不仅有了可能性，而且还有了可行性。在对这种粗俗的幸福的追逐中，道德中的规范与德性退化为物质生活质量进步的手段，物质欲望的满足成为人的主人，幸福成为单方面的物质生活的幸福。

总之，道德是我们追求幸福的重要条件之一，但它并不等同于幸福本身。当然，如果仅仅只追求物质生活条件的满足，同样并不能说是幸福的。从完善的意义上讲，人既需要精神上的满足，也需要物质生活上的满足。否则，我们就会陷入幸福的误区，出现精神上的滥用和物质上的滥用。从人的肉体存在来说，人永远不可能摆脱一定的物质生活条件。但从人之为人的意义上说，我们不能不重视人的精神需要。幸福生活是合乎道德的高品质生活。因此，我们可以发现，人有双重需要，在不同历史的发展阶段有不同层次的需要和追求。在任何社会中人都会在实现较低层次的物质需要后，追求更高层次的精神需要。所谓高质量的生活，就是内在精神的充实与多样化物质需求满足的统一。尽管这是一种理想化的幸福状态，但作为独特的存在，人所要确立的道德价值的幸福就应当具有人所应该有的特质。尽管物质生活条件的需要不可缺少，但从更为根本的意义上说，人的精神上的满足任何时候都不可放弃。唯有如此，人作为人的意义才能存在，人的幸福才能存在，人才能过上幸福生活。

第四章 "捍卫公正"的道德价值目标

捍卫公正是在维护社会秩序基础上较高层次的道德价值目标。公正是人类社会自古以来非常重要的价值观念，它有时又被称为公平、公道、正义。自有人类社会以来，它就被不断作为研究和探讨的重要价值目标。罗尔斯曾指出："正义是社会制度的首要价值，正像真理是思想体系的首要价值一样。一种理论，无论它多么精致和简洁，只要它不真实，就必须加以拒绝或修正；同样，某些法律和制度，不管它们如何有效率和有条理，只要它们不正义，就必须加以改造或废除。"①的确如此，公正在社会健康发展中，在如何维护社会秩序、促进社会进步中具有重要的引导意义。因此，当我们把秩序作为社会发展中的道德基本价值加以阐述后，非常有必要探讨道德领域中的公正价值。捍卫公正是稳定社会秩序、推动社会进步的重要道德价值目标。

一、"公正"概念的历史发展

公正是自古以来社会进步与发展的目标以及个人具体行为的指导规范。在我们的日常生活之中，公正似乎是一个并不需要过多表述便能从直觉中加以把握的概念。一般而言，我们把公正、公平、公道、正义都统称为公正。事实上，公正是一个十分复杂的概念。正如博登海默指出："正义有一张普洛透斯似的脸，可随心所欲地呈现出极不相同的模样。当我们仔细辨认它并试图解开隐藏于其后的秘密时，往往会陷入迷惑。"②从历史上的公正概念的演变和发展来看，中西方曾经有过一些比较重要的对公正

---

① ［美］罗尔斯. 正义论［M］. 何怀宏，何包钢，廖申白，译. 北京：中国社会科学出版社，2001：3.
② ［美］埃德加·博登海默. 法理学——法哲学及其方法［M］. 邓正来，等，译. 北京：华夏出版社，1987：238.

的诠释。

(一)传统社会中对公正的诠释

在中国传统文化中，公正作为一个复合词，是从"公"与"正"逐渐发展而来的。"公"最初的意思是指西周时期五等爵位中的一种爵位称号。从春秋时期开始，"公"具有了《说文解字》中所说的"平分"之义，以及《礼记》中所说的"天下为后"的含义。班固曾指出："公者通也，公正无私之意也。"(《白虎通·爵》)就"正"而言，《说文解字》曾解释为："正，是也。从止，以一止。"在这里，"一"是标准，"正"就是要求人们在社会中要遵守标准，不得僭越标准。因此，从语义学上分析，"公正"合起来就是指一个人在社会中遵守标准、不得僭越标准。

朱熹曾明确指出："公者，心之平也；正者，理之得也。一言之中，体用备矣。"(《朱子语类》卷二十六)他把"公"视为"体"，"正"视为"用"。只有从内心的"公"，才能达到外在的"正"。唯有如此，才能视为"理之得也"。因此，他还专门提出："'公'是心里公，'正'是好恶得来当理。苟公而不正，则其好恶必不能皆当乎理；正而不公，则切切然于事物之间求其是，而心却不公。此两字不可少一。"(《朱子语类》卷二十六)朱熹的"公正"观点很能代表中国传统文化中"公正"的语义。

由于中国传统社会是从部落联盟直接发展成为国家，因而一直是家国同构的宗法等级社会。在这种社会中，执政者或统治者在社会生活中处于表率地位。因此，公正，作为一种品质，主要是一种执政者或统治者应该有的品质。例如，孔子曾说："子率以正，孰敢不正?"(《论语·颜渊》)"其身正，不令而行；其身不正，虽令不从。"(《论语·子路》)只要执政者具有公正的品质，其一言一行，就会具有很强的示范性和带动性。孟子也说过："君正，莫不正。"(《孟子·离娄》)在其他中国古代典籍中，这种观点居于主流，得到了众人的支持。《吕氏春秋·贵公》曰："昔先圣王之治天下也，必先公……有得天下者众矣，其得之以公，其失之必以偏。"它还引用《尚书·洪范》以明"公"义："无偏无党，王道荡荡；无偏无颇，遵王之义。"又如，韩非把"公正"解释为"公心不偏党也"(《韩非子·解老》)，公正就是没有私心，不偏袒。另外，《管子·桓公问》中有"毋以私好恶害公正"。从中国传统文化来看，国家的执政者或管理者需要像"阴阳之和，不长一类；甘露时雨，不私一物"那样"不阿一人"(《吕氏春秋·贵公》)。因此，中国传统文化中的公正主要是指国家的执政者或管理者应该具有的个人品质。

当然，公正也被中国古代思想家们从个人品质向社会制度加以拓展。比如，晋人傅玄曾明确指出：“夫有公心，必有公道；有公道，必有公制。”在他看来，要实现公平或公道，就需要“通天下之志”。他认为，“能通天下之志者，莫大乎至公”（《傅子·通志》）。傅玄所说的“通天下之志”，是指使天下之言路畅通，民情能够通达。国家的执政者需要广开言路，不能只顾一己之私。否则，“通者一而塞者万，则公道废而私道行矣，于是天下之志塞而不通”。他指出，这需要以“公心”立“公制”。他颇有远见地指出：“设诽谤之木，容狂狷之人，任公而去私，内恕而无忌，是谓公制也”（《傅子·通志》）。傅玄从个人的公正品德推出了公正的社会制度的构建，展现了中国传统文化中从个体品质来推论社会公正的思路。

其实，这种思路最早可以追溯到孔子。尽管他没有直接提出社会公正的概念，但他渴望通过个体德性的完善来构建有秩序的社会。孔子这种思路的发展，劳思光先生对其有过清晰的表述：“孔子生当周室衰微之际，其时周之礼制已经失去规范力；社会中各阶层的人，都随着自己的野心和欲望而行动。整个趋势可说是古文化崩溃的趋势。孔子幼年习礼，很早即自觉到人生必须有一‘秩序’，所谓文化的意义，在孔子看来，即在于秩序之建立及发展。因此，面对秩序之崩溃，孔子的基本意向即是要将生活秩序重建起来。这种秩序，具体地说，即是制度；抽象地说，则可以包含一切节度理分在内。”①

从西方传统文化的角度来看，公正在古希腊文中为“orthos”，最初源于“直线”“居中”的数学概念，其原意是指“表示置于直线上的东西”。以后，它被引申为“真实的、公正的和正义的东西”。在英语中，公正即“justice”，源于拉丁语 justitia，是从 jus 一词演化而来。在这里，jus 本身就具有正、平、直等含义。在古罗马，它是公正女神或正义女神禹斯提提亚（Justitia）的名字。她一手持天平，一手执宝剑，双眼蒙着布条。在法学家看来：“正义之神一手提天平，用它衡量法；另一只手握剑，用它维护法。剑如果不带着天平，就是赤裸裸的暴力；天平如果不带着剑，就意味着软弱无力。两者是相辅相成的，只有在正义之神操剑的力量和掌平的技巧并驾齐驱时，一种完满的法治状态才能占统治地位。”②从更为广泛的意义上看，剑代表权力，权力之剑的力量源于天平的公正，只有从公正出发，才能避免权力沦为暴力。女神蒙眼，表明克服视觉产生的迷惑，理性

---

① 劳思光. 中国文化要义新编[M]. 香港：香港中文大学出版社，2002：14.
② ［德］鲁道夫·冯·耶林. 权利斗争论[J]. 潘汉典，译. 法学译丛，1985(05).

地思考，对所有人一律平等相待。有时，在英语中，公正即 impartiality，有不偏不倚之意，或 right，有正当、合理之意。因此，在西方文明初期，公正在语义上具有公平、正当、合理、正义等多种意思。

当苏格拉底把人们从对大宇宙的关心转向人的小宇宙，初期的伦理学出现了。在伦理学的童年，公正是指一种个人的德性或内在品质。它是人的灵魂中的高尚品质。比如，柏拉图认为，公正代表了人的灵魂中的理智部分，能够统辖意志与情欲。一个人只有在理智的统辖之下，灵魂的各个部分各得其所，才能做出公正之事。在一个社会之中，每个人都各得其所，也就是一种公正。柏拉图看到了社会政治制度、法律等，如果没有人的灵魂中的高尚品质的指引，都会成为空中楼阁，无法实现公正。他在《理想国》中把单纯依靠"礼法"治理所形成的一定秩序的城邦称为"猪的城邦"。柏拉图非常重视公正。在他看来，公正是与智慧、勇敢、节制并列的四大枢德之首。没有公正的指引，智慧沦为个人的小算计，勇敢只会成为暴力，节制变为不健康的状态。一个人让灵魂中的理智、情欲与意志和谐相处，就有了高尚的灵魂——公正的灵魂。同样，作为共同生活的城邦，如果是一个好的城邦也需要高尚的灵魂——公正的灵魂的指引。为了这一目标，他认为，这就需要哲学王，即具有哲学智慧的执政者或统治者来管理城邦，让社会各个阶层各得其所，实现所谓公正。因此，在这里，公正不仅是指国家各阶层的分工与和谐，而且也是个体的道德要求。公正的本质不仅在于外在关系的和谐，更为重要的在于个体的精神品质。公正在于灵魂的各个部分的和谐。只要每个人都认识到自己的职责并坚持理性的要求追求善，城邦就会达到公正。也就是说，个人把公正融化在自己的品质之中，从而实现个体公正向城邦公正的转变。

与柏拉图一样，亚里士多德也认为公正是一种品质。"这种品质使一个人倾向于做正确的事，使他做事公正，并愿意做公正的事。"[①]他还把公正视为一切德性的总括。他认为公正是一种完美德性。他说："公正最为完全，因为它是交往行为上的总体的德性。它是完全的，因为具有公正德性的人不仅能对他自身运用其德性，而且还能对邻人运用其德性。"[②]在亚里士多德看来，公正的人不仅关心自己，而且还关心他人。毕竟，一些人能够关心自己，但很难关心和爱护他人。公正作为一种德性既具有德性的

---

① [古希腊]亚里士多德. 尼各马可伦理学[M]. 廖申白，译. 北京：商务印书馆，2004：126-127.

② [古希腊]亚里士多德. 尼各马可伦理学[M]. 廖申白，译. 北京：商务印书馆，2004：130.

自向性，也具有德性的他向性。同时，公正作为一种德性的总体，贯穿于一切与人有关的德性之中，构成了其他德性的基础。亚里士多德与柏拉图的不同之处在于，柏拉图重视的个体公正是人的灵魂内部各个部分之间的关系，是一种灵魂的和谐相处的状态，而亚里士多德把公正与守法相联系，认为公正要考虑社会全体成员的利益。同时，柏拉图的公正是一种建立在不同社会阶层基础上的公正，即不平等基础上的公正；而亚里士多德所讲的公正是建立在平等基础上的公正，无论他探讨的是分配公正还是矫正公正，都是以平等作为基础的。在亚里士多德的公正价值中，真正公正的人，出于其理性本质，必须考虑他人的利益，这是一个人"活得好"的必要组成部分。

显然，在西方传统社会中公正主要是指一种个人的公正德性或品质。当一个人具有了这种公正的品质，才能从个体的公正达到城邦或国家的公正。要想实现公正，我们就必须诉诸人的其他德性或品质。因此，在中西方传统社会对公正的诠释中，公正都是首先作为个体的品格或德性来加以理解的。

（二）近代社会中对公正的诠释

当传统社会进入近代社会，公正的主流诠释出现了从个体公正向社会公正的过渡。近代社会是以市场经济的不断发展作为其前提的。尽管把公正作为个体品质的思想还存在，但是，大多数思想家已经把公正理解为社会生活中的公共善或共同利益或大多数人对幸福的追求。他们跳出了个体的狭小视野，开始从一种社会制度层面来考虑公正问题。正如卢梭所说："在一切美德中，正义是最有助于人类的共同福利的"，"只要把自爱之心扩大到爱别人，我们就可以把自爱变为美德，这种美德在任何一个人的心中都是可以找到它的根柢的。我们所关心的对象同我们愈是没有直接的关系，则我们愈不害怕受个人利益的诱惑；我们愈是使这种利益普及于别人，它就愈是公正；所以，爱人类，在我们看来就是爱正义"。①也就是说，在这一时期，近代社会的思想家们发现要想构建一种理想的近代社会的秩序，仅仅依靠个体品质是不够的，任何个体品质都是一种自我的柔性管理，缺乏市场经济逐渐发展过程中所迫切需要的规范与制度的刚性约束。因此，近代的思想家们把对公正的诠释转向了社会中的自由、平等与权力，试图由此构建一套公正的社会规范与制度。这也就揭开了从古代个

---

① ［法］卢梭. 爱弥儿（上卷）［M］. 李平沤，译. 北京：商务印书馆，2016：302-303.

体公正向近代社会制度公正过渡的序幕。

在这一时期，对公正的诠释是一个"破"与"立"的双向运动。从文艺复兴开始，思想家们是社会变革的先锋。他们质疑或坚决反对中世纪封建、等级与专制的价值观念，描绘了各种不同的社会秩序良好的蓝图。比如，文艺复兴时期的米朗多拉在《论人的尊严》中反对封建神学的等级压制，憧憬了一个人的命运由人自己把握，展现人的价值与尊严的理想社会。空想社会主义者康帕内拉则在《太阳城》中勾画了没有私有制、人人平等劳动、和谐相处的乌托邦。最终，以自然法和社会契约论为前提，希望建立一种自由、平等、民主的理性的公正社会，成为西方社会的理想目标。

格劳秀斯(Hugo Grotius)作为"自然法之父"，认为世界上有两种法：意志法与自然法。意志法包括人类法与神的法，能够运用于全人类，但不是永恒不变的。自然法来源于人的理性，它是永恒不变的，适用于一切时代和一切民族。这种永恒不变的稳定性，即使上帝也不能加以改变。因为，上帝本身的能力尽管无限，还是有他达不到的地方。自然法赋予了人类永恒不变的自然权利，自然权利指引人们做出正当的行为。他指出："自然法既尊重严格的公正，也尊重其他德性，如节制、刚毅和审慎。"①在他看来，自然法体现了公正，每个人都应该遵守它以及根据它所制定的人类法。人类社会的公正在于自然法的维护。他的公正理论为社会或国家的公正性以及合法性提供了不同于中世纪的宗教依据。

霍布斯(Thomas Hobbes)进一步发展了格劳秀斯的自然法思想，引入了社会契约的观点来论述社会公正。他认为，人生来能力平等。"自然使人在身心两方面的能力都十分相等，以至于有时某人的体力虽然显得比另一人强，或是脑力比另一人敏捷；但这一切总加在一起，也不会使人与人之间的差别大到使这人能要求获得人家不能像他一样要求的任何利益。"②但是，由于人的利己天性，彼此之间发生利益冲突，就会出现"一切人反对一切人的战争"。为了避免出现战争状态，人们会根据自然法，即人的自爱和自保、寻求和平的理性要求，订立契约，转让自己的权利，由此结束自然状态，进入社会状态。社会公正就在于每个人都履行其所订立的契约，从而调整了人与人之间的利益关系，尤其是财产关系。霍布斯的公正

---

① Hugo Grotius. The Right of War and Peace[M]. New York and London：M. Walter Dunne, Publisher, 1901：19.

② [英]霍布斯. 利维坦[M]. 黎思复，黎廷弼，译. 北京：商务印书馆，1985：92.

思想为正在发展的市场经济中的自由与财产保护做了初期的道德上的合法性论证。同时，他把权利理解为"每个人都按照正确的理性去运用他的自然力量的自由"①。因此，在社会中实现这种权利也就意味着公正的实现。

洛克也以自然法与社会契约论为前提来阐述自己的公正理论。洛克认为的自然状态不同于霍布斯的，并不是人与人之间的相互伤害、相互毁灭的状态，而是一种充满了自由与平等的状态。在他看来，"在这种状态中，一切权利和管辖权都是相互的，没有一个人享有多于别人的权利"②。他认为，理性就是自然法，教导着人类不能伤害他人的生命、健康、自由以及财产。为了能够更为方便地生活，克制一些激情的冲动，人们会签订社会契约。契约并不是把自己的全部自然权利都转让给君王。人的生命权、自由权和财产权等基本自然权利是不可转让的。因此，洛克的"自然法"和"社会契约论"具有强烈的自由与民主倾向。为了避免社会管理者的专制态度，洛克还提出三权分立的理论，把国家的立法权、行政权和外交权区分开来，各由不同的管理者管理。洛克认为，政府或公众权威的合法性来源于民众的一致同意或大多数人的同意，否则就失去了其合法性。如果统治者不能遵守契约，不能保障人民的利益，人民有权利选出新的统治者。一个公正社会就是人们都拥有了自由、平等与民主、权利的共和制度的社会。

卢梭也在自然法和社会契约论的基础上构建其公正理论。他认为，人类社会经历了从自然状态到人类不平等的社会状态，再到平等的社会状态的过程。在自然状态下，人与人之间是平等的，人们具有其自然权利，即生命权和自由权。随着私有制的出现，人类进入社会状态，人与人之间变得不平等。卢梭认为，这就需要借助社会契约重建一个人人平等的公民社会。每个人在参与社会契约的过程中，把自己的所有权利都转让给整个集体。在这种社会契约的签订中，每个人都具有同样的权利，其结果是："只是一瞬间，这一结合行为就产生了一个道德的与集体的共同体，以代替每个订约者的个人；组成共同体的成员数目就等于大会中的所有的票数，而共同体就以这同一个行为获得了它的统一性、它的公共的大我、它的生命和它的意志。"③他提出了公共意志，即整个集体的公共善的意志。它具有针对个别意志的最高约束力，能够整合个别意志。他认为，"任何

---

①　[英]霍布斯. 论公民[M]. 应星，冯克利，译. 贵阳：贵州人民出版社，2003：7.

②　[英]洛克. 政府论(下册)[M]. 叶启芳，瞿菊农，译. 北京：商务印书馆，2017：2.

③　[法]卢梭. 社会契约论[M]. 何兆武，译. 北京：商务印书馆，2003：21.

人拒不服从公意的，全体就要迫使他服从公意。这恰好就是说，人们要迫使他自由"①。卢梭所说的公意就是以公共利益作为目标，从这个意义上看，公意就是他所追求的正义。显然，公意具有鲜明的道德属性。在这里，人与人之间订立契约，组成政府或国家，是个别意志最终形成了一种公共意志。它是个别意志的提升，试图表明公正并不是集体强迫所致，而是通过社会契约的制度引导而形成的。

（三）现代社会中对公正的诠释

传统社会中的公正概念，随着近代社会的到来，开始从传统的个体公正向社会公正过渡。随着现代社会的到来，尽管公正仍然是现代社会中思想家们不断探讨的热点，但其已经完成了从个体品质或德性的概念向社会公正的转变。现代社会是一个高度制度化和组织化的社会结构，因而公正以制度伦理或社会规范的特性而呈现。在现代社会中，公正首先被视为一种社会公正、一种社会制度或结构的普遍性公正。

在现代社会中从社会制度、结构的普遍性规范角度来探讨社会公正的思想家当首推罗尔斯。他发展了洛克、卢梭以及康德等人的社会契约论，并通过建构的方法具体地提出了解决社会基本制度如何体现公正的设计问题。他认为，社会制度或社会基本结构必须确保基本善的追求。在他看来，公正是社会制度或社会基本结构的首要价值。他把社会公正的道德基础建立在社会契约论的基础上。他相信，"在各种传统的观点中，正是这种契约论的观点最接近我们所考虑的正义判断，并构成一个民主社会的最恰当的道德基础"②。在近代社会中的契约论基础上，他创造性提出了一个公正的"原初状态"作为公正理论的前提条件。他认为，"原初状态（original position）是恰当的最初状态（initial situation），这种状态保证在其中达到的基本契约是公平的。这个事实引出了'作为公平的正义'这一名称"③。因为，这种原初状态并不是一种历史上真实存在的状态，而是他的一种理想化的理论假设。人类要建立社会，总是要有一个开端。在这个原初状态中，任何人都可以进入这个状态，并进行合理的推理，从而针对公正原则做出选择。

---

① ［法］卢梭. 社会契约论［M］. 何兆武，译. 北京：商务印书馆，2003：35.
② ［美］罗尔斯. 正义论·序言［M］. 何怀宏，何包钢，廖申白，译. 北京：中国社会科学出版社，2001：2.
③ ［美］罗尔斯. 正义论［M］. 何怀宏，何包钢，廖申白，译. 北京：中国社会科学出版社，2001：17.

罗尔斯认为，人们在原初状态中，处于"无知之幕"，能够运用最大的最小值规则，遵循根据"词典式序列"排列的两个公正原则。"第一个原则：每个人对与所有人所拥有的最广泛平等的基本自由体系相容的类似自由体系都应有一种平等的权利。第二个原则：社会和经济的不平等应这样安排，使它们：①在与正义的储存原则一致的情况下，适合于最少受惠者的最大利益；并且，②依系于在机会公平平等的条件下职务和地位向所有人开放。"①第一原则是平等原则。它规定和保障了公民的平等自由，调节权利和利益的分配。这些平等自由对于所有人都是平等的。第二原则是差别原则。它突出了在社会经济不平等条件下，必须要使得社会处境最不利的人们获得最大利益。罗尔斯还指出，第一原则优先于第二原则，也就是平等原则优先于差别原则。一个公正的社会首先要保证每个人的基本平等权利。这些基本平等权利是第一位的，必须无条件保证的。第二原则是在社会实际不平等条件下，为了社会的长远发展与稳定，必须针对不平等进行相应的调整，保护那些弱者的利益。罗尔斯把他的公正两原则与法国大革命中的自由、平等和博爱三原则相联系。公正的第一原则相当于自由与平等，公正的第二原则相当于博爱。因此，罗尔斯的公正理论是传统西方公正理论的进一步发展。他的社会公正理论就是要既能保证每个人都应具有的自由与平等，同时保护那些在社会上处于最不利地位的弱势群体，把社会不平等控制在人们可以容忍和接受的范围内。正是由于罗尔斯推崇公正中的平等，贝尔在《后工业社会的来临》中甚至做了如此评价："在罗尔斯那里，我们看到现代哲学最全面地努力支持一种社会主义的道德。"②

与罗尔斯一样，诺齐克也把公正作为社会制度的首要价值。但是，他反对罗尔斯的公正分配的原则。他认为："没有任何集中的分配，没有任何人或团体有权控制所有的资源，并总的决定怎样施舍它们。每个人得到的东西，是他从另一个人那里得到的，那个人给他这个东西是为了交换某个东西，或者作为礼物赠予。在一个自由社会里，广泛不同的人们控制着各种资源，新的持有来自人们的自愿交换和馈赠。正像在一个人们选择他们的配偶的社会中，并没有一种对配偶的分配一样，也没有一种对财产或份额的分配。总的结果是众多个人分别决定的产物，这些决定是各个当事

---

① ［美］罗尔斯. 正义论［M］. 何怀宏，何包钢，廖申白，译. 北京：中国社会科学出版社，2001：302.
② ［美］丹尼尔·贝尔. 后工业社会的来临［M］. 高铦，等，译. 北京：新华出版社，1997：486.

人有权做出的。"①因此，他不谈分配公正，而是谈论持有公正(justice of holdings)。他认为，公正的道德基础在于个人的权利。他把自己的公正理论称为权利理论(entitlement theory)。

诺齐克提出了持有公正的三原则，即"获取的公正原则"(the principle of justice in acquisition)、"转让的公正原则"(the transfer of holdings)和"矫正的公正原则"(the principle of justice in rectification)。"获取的公正原则"规定了持有物的最初获得，或对无主物的获得。它包括：无主物如何可能变为被持有的；它们通过哪个或哪些过程可以变成被持有的；那些可以由这些过程变成被持有的事物，它们是在什么范围内由一个特殊过程变为被持有的。"转让的公正原则"规定了一个人可以通过什么过程把自己的持有物转让给他人，他人怎么能从一个持有者那里获得一种持有物，这就涉及人们之间的自愿交换、馈赠等具体转移方式的问题。"矫正的公正原则"则规定了如何纠正持有中的不公正，特别是纠正过去由历史原因所造成的不公正的持有。由此，诺齐克认为，如果世界是公正的，下面的论述将涵盖持有公正的全部领域："1. 一个符合获取的公正原则获得一个持有物的人，对那个持有物是有权利的。2. 一个符合转让的公正原则，从别的对持有物拥有权利的人那里获得一个持有物的人，对这个持有物是有权利的。3. 除非是通过上述 1 与 2 的(重复)应用，无人对一个持有物拥有权利。"②显然，诺齐克的持有公正三原则认为，一个人只要其持有任何东西的来路正当(符合"获取的公正原则")，其转让正当(符合"转让的公正原则")，或对不公正进行矫正(符合"矫正的公正原则")，他的持有就是有其权利的，也就是公正的。

与罗尔斯的分配公正理论、诺齐克的持有公正理论不同，阿马蒂亚·森和努斯鲍姆提出了能力公正理论。如果说洛克、罗尔斯、诺齐克等人所提出的公正是一种先验理性的研究思路，那么，阿马蒂亚·森所提出的能力公正则是一种经验性的研究思路。他认为，他采取了关注现实的公正研究思路，"聚焦人们的现实行为，而不是假设所有人都遵循理想的行为模式"③。他在 1979 年题为"何为平等(Equality of What)"的斯坦福讲座中，

① [美]诺齐克. 无政府、国家与乌托邦[M]. 何怀宏，等，译. 北京：中国社会科学出版社，1991：155-156.
② [美]诺齐克. 无政府、国家与乌托邦[M]. 何怀宏，等，译. 北京：中国社会科学出版社，1991：157.
③ Amartya Sen. The Idea of Justice [M]. Massachusetts：The Belknap Press of Harvard University，2009：7.

提出平等就是基本能力的平等。基本能力就是满足人的最基本需要的能力。他认为，我们要从现实出发，保证人的基本能力，从而实现社会公正。因此，这种公正是一种从社会现实出发的底线公正。

努斯鲍姆在阿马蒂亚·森的基础上做了进一步的发展。她曾指出："我是运用可行能力这个概念，将其当作一个构件去建立一个社会正义的最低值理论。也就是说，存在一种最低的必要条件，它使得一个社会堪称一个基本上合乎正义的社会。"①一方面，她考察了能力，并做了分类。她提出，能力包括内在的可行能力和综合的可行能力。内在可行能力是一个人的内在特征，如性格特征、智力、情感能力、身体健康状态、感知和活动能力等。它并不是固定不变的，而是受到社会的政治环境、经济环境、教育环境等的影响而发生变化。综合的可行能力是在内在的可行能力基础上发展起来的。它离不开社会各种因素的影响，是一种综合因素影响下的产物。另一方面，她根据自己参与联合国救助穷苦者项目的实践经验，提出十种核心可行能力，包括生存能力，身体健康的能力，感觉、想象及思想的能力，情感的能力，实践理性的能力，依附他人和社会的能力，与其他物种共存并彼此关心的能力，控制个人环境的能力。②显然，努斯鲍姆所提出的这十种能力的表述如同保护十种重要的人权。因此，她也把自己的这种能力研究思路称为人权研究思路。她在其后来所著的各种著作中，反复提出这十种人类核心可行能力。她认为，这些能力是每个人都应该具有的，每个人都应该将其作为目的。在这些能力中，没有人可以被作为实现他人目的的纯粹手段。她还专门谈到了她如此设计的基本理念："就其中任何一种人类核心能力而言，都是不可缺少的。缺乏了任何一项，我们可以论证由此而出现的人类生活就是缺乏人类尊严的生活。"③在努斯鲍姆看来，人类的核心可行能力是人类所应该获得的基本权利，理所当然地应该被所有国家和政府尊重、重视和认真加以实施，并把它们作为尊重人性尊严的最基本条件。唯有尊重和实施这些基本人类可行能力，人类才能过上有尊严的生活。同时，她把这十种人类核心可行能力作为普世的要求，也作为一种开发性指南。也就是说，每个国家或地区能够根据自己所在区

① 谭安奎. 古今之间的哲学与政治——Martha C. Nussbaum 访谈录[J]. 开放时代, 2010 (11).

② Martha C. Nussbaum. Frontiers of Justice: Disability, Nationality, Species Membership[M]. Massachusetts: Harvard University Press, 2000: 76-78.

③ Martha C. Nussbaum. Frontiers of Justice: Disability, Nationality, Species Membership[M]. Massachusetts: Harvard University Press, 2000: 78.

域的实际情况，做出符合其需要的必要修改。

我们可以发现，无论是罗尔斯的分配公正理论、诺齐克的持有公正理论，还是阿马蒂亚·森、努斯鲍姆的能力公正理论，都存在着对于公正的不同理解与研究思路。他们在现代社会中针对公正问题的探索具有一定代表性和影响力。事实上，现代社会中的公正学说异彩纷呈，既有旧理论的发展，也有新观点的涌现。不管这些思想与观点之间有怎样的区别，他们的公正理论之间还是存在共通之处。他们都是从社会结构、社会制度、社会规范的角度来为现代社会的公正做出自己的解答。这反映了自古希腊以来对公正的解读的发展脉络，从个体的公正品质向社会规范与制度中的公正理念转变。

综上所述，公正有不同的历史解读，但是，公正作为个体公正与作为社会公正的双重含义的历史发展，并没有从根本上改变其内在的道德韵味。在传统社会向近代社会、现代社会的转化过程中，公正的历史发展揭示了它的道德韵味从个体向个体的总和或社会的发展过程。不可否认，在不同历史条件下，对公正内涵的不同探讨展现了公正总是一定时代下的历史发展的产物，也折射出对公正的诠释总是试图从更深的层次来谋求社会的良好秩序。在现代社会中，公正的价值是借助社会公正的要求，确保社会秩序的良好发展，从而形成人与人、人与群体、群体与群体之间彼此公正相待、井然有序的状态。

二、道德所追求的公正

从历史上看，公正经过了从个体公正向社会公正的转化过程。公正中孕育了浓厚的道德上所要追求的目标意蕴。从道德价值论来看，我们需要探讨道德追求的公正，即道德的公正。道德的公正是众多领域中的公正，如政治公正、经济公正、教育公正、法律公正、司法公正等中的一种，或称之为道德公正。它是从道德价值领域所要研究的公正。就当代社会中的道德公正而言，既有个体上的道德公正，也有社会层次的道德公正。道德的公正是人类社会道德生活实践中的合理平衡，是一种考虑了付出之后的应得，一种考虑了效率之后的平等，一种考虑了应尽义务之后的权利，也是一种考虑了自由之后的社会责任。具体而言，本研究中道德所追求的公正，即道德公正，主要表现在付出与应得之间的平衡、平等与效率之间的平衡、权利与义务之间的平衡、自由与责任之间的平衡。正是这些关系之间的平衡在维护社会秩序方面发挥了重要作用。

(一)付出与应得之间的平衡

彼彻姆在《哲学的伦理学》中曾这样论述公正的本性:"'公平'一词常被用来解释'正义',但是与'正义'一词的一般意义最为切近的词是'应得的赏罚'(desert)。一个人如果给了某人应得的或应有的东西,那么前者对后者的行为便是正义的行为,因为后者所得到的东西是他应该得到的东西。"①在这里,它提出了公正的一个重要表现:付出与应得之间平衡。当一个人在公司中兢兢业业地工作,以其业绩与能力获得了提升,那么这种提升属于其应得的部分,在其付出与应得之间实现了一种平衡,就此而言,公正就得到了体现。反之,如果一个人成绩平平而由于裙带关系得到了上级的提拔,则并不是其付出与应得之间的平衡,我们会认为,这是对公正的伤害。从这个意义上看,正如彼彻姆所说:"人们所应得到的或能够合法地要求的东西,以他们所具有的道德上相应的、特定的性质为基础。"②道德上的公正就是要考虑付出与应得之间的平衡。它是人们社会生活中所要求的一种善意回报。

在付出与应得之间实现平衡是道德的公正内在特性的一种经典表现。这种道德的公正与法律的公正明显不同。在道德的公正中,它意味着能够针对同一社会中的不同个体进行相互比较。比如,一个人在公司中认真工作,以其业绩与能力获得了提升。如果另一个人的行为与之相反而得到提升,就成为不公正现象。也就是说,这种道德的公正需要进行比较而呈现自己的存在。没有这种相互比较,道德公正也就失去了应有的标准。所以,法学家哈特(Herbert Lionel Adolphus Hart)认为:"正义与不正义,与好坏或正确和错误比较,是更具体的道德批评形式。"③就此而言,法律公正与之不同,法律公正并不需要这种比较关系而表明自己的存在。法律公正所关注的是运用法律根据一个人的行为所做出的处罚。它所蕴含的一个人行为的付出与应得,并不需要与他人行为进行比较而只是需要法律条文就可以得出。在法律公正中,法律条文构成了法律是否公正的判断标准。因此,符合法律公正的未必符合道德公正,符合道德公正的未必符合法律

① [美]彼彻姆. 哲学的伦理学[M]. 雷克勤,等,译. 北京:中国社会科学出版社,1992:327-328.
② [美]彼彻姆. 哲学的伦理学[M]. 雷克勤,等,译. 北京:中国社会科学出版社,1992:328.
③ [英]哈特. 法律的概念[M]. 张文显,译. 北京:中国大百科全书出版社,1996:156.

公正。

在付出与应得之间实现平衡之所以被称为道德公正的一种经典表现，在于它揭示了公正给该得到者应该得到的。当一个人做出了善的行为，他就应该得到善的结果；当一个人做出了恶的行为，他就应该得到恶的惩罚。在日常生活中，这就是人们所说的"善有善报，恶有恶报"。借用《圣经》中的话说："你给我穿靴，我就给你瘙痒"，"若要伤害，就要以命偿命，以眼还眼，以牙还牙，以手还手，以脚还脚，以烙还烙，以伤还伤，以打还打"。这是人类世界中人们最为广泛接受的公正的内涵。孟子曾经与他人探讨过这种道德上的公正：逢蒙学射于羿，尽羿之道，思天下惟羿为愈己，于是杀羿。孟子曰："是亦羿有罪焉。"公明仪曰："宜若无罪焉。"曰："薄乎云尔，恶得无罪？郑人使子濯孺子侵卫，卫使庾公之斯追之。子濯孺子曰：'今日我疾作，不可以执弓，吾死矣夫！'问其仆曰：'追我者谁也？'其仆曰：'庾公之斯也。'曰：'吾生矣。'其仆曰：'庾公之斯，卫之善射者也。夫子曰吾生，何谓也？'曰：'庾公之斯学射于尹公之他，尹公之他学射于我。夫尹公之他，端人也，其取友必端矣。'庾公之斯至，曰：'夫子何为不执弓？'曰：'今日我疾作，不可以执弓。'曰：'小人学射于尹公之他，尹公之他学射于夫子。我不忍以夫子之道反害夫子。虽然，今日之事，君事也，我不敢废。'抽矢扣轮，去其金，发乘矢而后反。"（《孟子·离娄下》）逢蒙艺成害师。在孟子看来，后羿教授学生，只培养技能而忽视了品性教育，没有教育学生公正的品质，培养了逢蒙这样的恶徒，才招来杀身之祸。因此，孟子认为，后羿对于自己的死负有一定责任。子濯孺子善于选择和教育学生，注重学生的公正的品质。他相信自己的学生尹公之他也和他一样选择和教育学生具有公正的品质。所以，他认为庾公之斯不会杀他。结果，也正如其所愿。庾公之斯不杀子濯孺子，放他而去，符合道德上的公正之道。但是，从国家立场来看，抓住敌人，才符合国家的公正。显然，这不符合现代社会中的法律的公正之道。

从社会制度与社会规范上看，确保付出与应得之间的平衡，意味着达到一种理性的适度，从而在社会伦理层次达到一种社会上的道德公正。马克思、恩格斯批判资本主义社会，就在于这种社会制度和相关社会规范是建立在资本家不劳而获、工人阶级劳而少获的基础上。"工人生产的财富越多，他的产品的力量和数量越大，他就越贫穷。工人创造的商品越多，他就越变成廉价的商品。物的世界的增值同人的世界的贬值成正比。"①劳

---

① ［德］马克思. 1844 年经济学哲学手稿［M］. 北京：人民出版社，2004：51.

动越多的人，付出越多，得到越少，并且不断被异化，男人不像男人，女人不像女人。同时，在这种社会制度和社会规范的安排下，劳动生产的不仅是商品，它还生产作为商品的劳动自身和工人，而且还生产资本家。工人与资本家的生产也是按它一般生产商品的比例生产的。在马克思看来，资本主义社会维持了资本统治下人与人之间付出与应得之间的不平衡，这个社会的分配制度是极其不公正的。恩格斯指出："我们就应当认真地和公正地处理社会问题，就应当尽一切努力使现代的奴隶得到与人相称的地位。"①他们构建一种按劳分配的以公有制为基础的理想社会，以确保每个人的付出与应得之间的平衡，从而实现符合人生产与发展的道德公正。从这个角度来看，马克思、恩格斯的理论也是一种社会的道德公正理论。

（二）平等与效率之间的平衡

道德的公平还表现为平等与效率之间的平衡。现代社会是一个具有双重社会制度的社会。为了稳定社会秩序，一方面，社会制度要维护每个公民的权利，宣称他们在政治、经济、文化等方面都具有平等的权利；另一方面，整个社会制度是建立在市场经济基础之上的，必然要追求效率，要在尽可能短的时间中创造尽可能多的社会财富。自由主义的市场经济的高效运转，其结果常常是贫富分化严重，富的越来越富，穷的越来越穷，人们所渴望的权利平等与实际上各种收入的不平等呈现出越来越激烈的对峙。社会需要在维护平等与追求效率之间做出自己的抉择。一个公正的社会既需要保护人们的权利平等，也需要社会能够具有进一步发展的动力。因此，道德的公正就是要在平等与效率之间维持一种适度的平衡。

如果我们追寻平等与效率之间的冲突的源头，可以发现平等与效率之间的冲突是政治原则与经济原则之间的冲突。现代社会是一个讲究民主的社会。在民主社会中，我们渴望建立一种平等的社会政治制度，把平等作为政治制度中的重要原则。同样，现代社会也是一个自由的社会。在自由社会中，我们每个人都有同样的参与经济活动的权利，并且正是这种敦促人们如何以最小的成本获得最大的收益。效率是现代社会经济制度中的重要原则。从理想的设置来看，人们平等相处，共同创造最大的经济效率。但是，从社会现实来看，经济活动中追求效率不可避免地威胁到政治活动

---

① ［德］马克思，恩格斯. 马克思恩格斯全集（第 2 卷）［M］. 北京：人民出版社，1957：625-626.

中的平等。

尽管在社会政治原则与经济原则之间存在不一致,但这并不是表明平等与效率之间仅仅只是一个此消彼长的关系。事实上,在平等与效率之间进行选择,并不意味着降低一方的要求,就一定会促进另一方的发展。比如,在一个社会中过分突出平等,从富人那里收取更多的税收,有可能破坏了应有的投资,从而导致穷人无法有效地就业。因此,这既损害了效率,也不利于平等。同样,平等的教育促进了工人的科学文化水平,提高了工作效率,也会反过来促进教育平等的广泛实施。在这里,平等与效率之间出现良性互动。平等、效率与公正之间存在着密切的关系。正如万俊人所说:"任何一种伦理学或道德哲学不可能改变经济的实际不平等的社会事实和历史事实,它所要求且所能要求的,与其说是经济的平等,倒不如说是人类经济社会的公正,即社会物质财富和实质性价值利益的尽可能公正的分配与安排。"①因此,谈到公正与效率、平等之间的关系,我们认为,平等与效率之间既有一致性,也有不一致性。一个有道德的社会,离不开稳定的社会秩序,而社会秩序离不开公正的引导。一个有道德的社会必然是一个公正的社会,在保证社会的政治制度与经济制度的稳定状态时,要妥善处理两者之间的关系。

如何处理平等与效率的关系,不同的思想家们给出了不同的理解。罗尔斯认为,在平等与效率之间要优先考虑平等。他提出了作为平等的公正。米尔顿·弗里德曼(Milton Friedman)认为,在平等与效率之间要优先考虑效率。他认为,唯有优先考虑效率,才能更好地促进社会公正。他力主以市场经济节制政治自由,构建市场经济基础上的小政府,必须"在最大可能的范围内排除这种集中的权力和分散任何不能排除掉的权力",实施一种"相互牵制与平衡的制度","使经济力量牵制政治力量,而不是加强政治力量"。②阿瑟·奥肯(Arthur Okun)认为平等与效率同等重要,不能忽视其中任何一方。平等与效率分别处于不同的领域。他认为,我们不应该以平等取代效率,也不应该以效率取代平等。当两者之间出现冲突时,我们要针对具体情况采取相应的对策,有时候可以偏向平等,有时候可以偏向效率,有时候又需要兼顾两者。在他看来,"如果平等和效率双方都有价值,而且其中一方对另一方没有绝对的优先权,那么在它们冲突

---

① 万俊人. 寻求普世价值[M]. 北京:商务印书馆,2001:503.
② [美]米尔顿·弗里德曼. 资本主义与自由[M]. 张瑞玉,译. 北京:商务印书馆,2006:20.

的方面，就应该达成妥协。这时，为了效率就要牺牲某些平等，并且为了平等就要牺牲某些效率。然而，作为更多地获得另一方的必要手段（或者是获得某些其他有价值的社会成果的可能性），无论哪一方的牺牲都必须是公正的。尤其是那些允许经济不平等的社会决策，必须是公正的，是促进经济效率的"①。

其实，无论是平等还是效率，都是捍卫社会公正秩序中非常重要的价值目标。从罗尔斯、弗里德曼到奥肯所提出的社会公正，都是在一定历史条件下，针对美国社会的政治、经济、文化等多种因素反复加以考量的反思结果。如果没有 20 世纪 50 年代到 60 年代美国发动的朝鲜战争等所导致的社会矛盾的激化和人们的广泛不满，我们很难想象罗尔斯能够提出作为平等的公正。如果没有 20 世纪 70 年代西方各国普遍实施凯恩斯主义所导致的经济滞胀，各国纷纷寻求新的研究范式，我们无法设想弗里德曼能够提出优先考虑效率以维护社会公正。同样，如果没有 20 世纪 70 年代末美国经济中贫富严重两极分化，决策者面临经济决策中失业和通货膨胀的两难抉择，我们也很难想象奥肯能够提出在平等与效率之间要做出一种平衡，维护社会公正。

社会公正需要我们考察政治制度中的权利平等，也需要考察经济制度中的效率问题。的确，我们无法在平等与效率之间算出精准的比例以维护社会公正。但是，我们应该明确的是，社会公正要在权利与效率之间保持一种动态的平衡。在现代社会中，没有每个社会成员的权利平等，社会公正就会失去根基。缺乏效率，社会公正就会失去内在的推动力量，退化为一种绝对的平均主义。从理论上讲，平等与效率在一定程度上能够统一于市场经济之中。从历史上看，西方国家如果没有自文艺复兴以来逐步形成的崇尚权利平等的道德传统，就无法构建当前发达的市场经济。崇尚权利平等、反对一切特权和机会不均，倡导平等竞争，是构建规范的市场经济的道德前提。因此，社会公正在某些情况下能够展现为平等与效率的统一。当两者不一致时，国家或政府需要根据社会的发展状况在一个平等的群体中提高效率，或在一个有效率的群体中增加平等，防止两者的过度分化。这才是展现了社会公正的价值。正如阿马蒂亚·森所说：国家或政府"实行旨在提供广泛就业机会的经济政策，也是一个社会应该负起的责任，人们的经济和社会生存严重地依赖于这些就业机会。但是，决定如何

---

① [美]阿瑟·奥肯. 平等与效率：重大抉择[M]. 王奔州，等，译. 北京：华夏出版社，1987：86-87.

运用这种就业机会以及选择哪一种工作，是个人的责任"①。国家或政府应该承担其责任，从宏观上提出相应的政策，保证社会公正。这是一个国家或政府针对其每个公民或社会成员应尽的义务。

从社会制度与社会规范上看，保证平等与效率之间的平衡，意味着达到一种适度的动态平衡，从而在社会伦理层次达到一种社会上的道德公正。从它们各自所代表的理论前提来看，效率认可了人与人之间的差异性，每个人在天赋、能力等方面有其差异。社会公正就是要合理地运用这些差异才能调动人们创造财富的积极性。平等承认了人与人之间的同一性，每个人都拥有基本的权利。社会公正需要保障一个人作为人所应该具有的尊严和基本权利。马克思和恩格斯批判资本主义社会，认为这个社会缺乏应有的道德公正，就在于它专注于资本的运行效率，严重威胁了人与人之间应有的平等权利。在他们看来，只有在社会主义制度下，实现生产资料公有制，处于被资本剥削的广大劳动人民才能摆脱被欺凌的悲惨命运，实现自己的彻底解放，才能把权利平等从虚幻转化为真实。如果说平等展现了人与人之间的求同特性，效率表现了人与人之间的求异特征，那么社会公正就是要充分考虑人与人之间的求同与求异之间的适度平衡，既要防止过度扩展平等的内容而导致人性的懒惰，也要克服过度拓展效率的范围而导致人性的贪婪。一个公正的社会就是要以人与人之间的差异性与同一性为理论前提，协调效率与平等的关系。一个社会需要保证效率与平等之间处于适当的动态平衡，才能称为一个公正的社会。

(三)权利与义务之间的平衡

道德的公平还表现为权利与义务之间的平衡。权利与义务是相互对应的概念。黑格尔在《法哲学原理》中指出："通过伦理学性的东西，个人负有多少义务，就享有多少权利，他享有多少权利，也就负有多少义务。在抽象法的领域，我有权利，另一个人则负有相应的义务；在道德的领域，对我自己的知识和意志的权利，以及我自己的福利的权利，还没有、但是都应当同义务一致起来，而成为客观的。"②在黑格尔看来，伦理是抽象法与道德的合题。伦理性的东西是主观与客观的统一、权利与义务的统一。一般而言，权利是一个人在社会中所应享有的利益，而义务则是一个人对他人、

① [印度]阿马蒂亚·森. 以自由看待发展[M]. 任赜，于真，译. 北京：中国人民大学出版社，2012：288.
② [德]黑格尔. 法哲学原理[M]. 范杨，张企泰，译. 北京：商务印书馆，2010：172-173.

集体和社会应尽的责任。在道德领域，社会公正要求社会维护个体权利与义务的平衡。也就是说，在一个公正的社会中，一个人所获得的社会权利与其所应该承担的社会责任之间是等量的。如果一个人承担的社会责任小于其所获得的社会权利，则意味着他成为社会中享有特权的人；反之，如果一个人承担的社会责任要大于所获得的社会权利，则表明他受到了不公正的待遇，沦为社会中被欺凌的对象。社会公正要维护权利与义务之间的平衡。

在道德领域，社会公正所涉及的权利、义务是道德上的权利与义务。所谓道德上的权利与义务是道德上所承认与赋予的权利与义务。具体而言，道德权利是人们在一定社会条件下为道德规范体系所承认和赋予的权利，比如个体所享有的在道德生活中的自由选择权、在道德关系中道德主体所具有的尊严和人权保障等，以及个体在其作出贡献后所应该获得的客观评价等。道德义务是指人们在一定社会条件下为道德规范体系所规定的应该对社会和他人所履行的道德责任。

道德的公正不同于法律的公正。道德的公正中的道德权利与道德义务之间的平衡不同于法律的公正中的法律权利与法律义务之间的平衡。

在法律领域中，其权利与义务之间存在一一对应的关系。有了相应的权利，也就有了相应的义务，或者说有了相应的义务，也就有了相应的权利。同时，这种一一对应的关系是一种确定性的关系。它是通过法律条文的形式加以规定，由于它需要诉诸在人们的行为判断之中，因而是明确的，以便执法人员作出判断。正是由于这种确定性的规定，法律条文针对某些侵害他人权利或没有尽到其义务的行为会有相应的惩罚规定，因此这种法律上的权利与义务的关系还具有强制性的特点。由此，我们也可以发现这种法律的公正只能在一定的范围内发挥其作用。毕竟，法律的公正对人们社会生活中某些有可能严重影响社会的行为从法律的角度作出了权利与义务的划分，从而只能在一定的范围内实现其公正。

在道德领域中，其权利与义务之间也存在一一对应的关系。①正如马克思指出："没有无义务的权利，也没有无权利的义务。"②公正总是表现

---

① 一般而言，权利与义务无论是在道德领域还是在法律领域，都是一一对应的。但是，从我们社会经验的角度而言，的确存在缺乏义务的权利、没有权利的义务。比如一个残疾人失去了独立生活的能力，无法维持其应尽的法律义务或道德义务，但并不能因此而剥夺其生存的权利。我们可以把这称为社会的必要非公正。准确地说，我们在这一方面应该主要从人权的角度来研究。从社会公正的角度来看，权利与义务的一一对应才能更好地体现公正的内涵。

② [德]马克思，恩格斯. 马克思恩格斯选集（第 2 卷）[M]. 北京：人民出版社，1995：610.

为权利与义务之间的一种平衡关系。正是存在这种道德权利与道德义务之间的一一对应关系，才展现了道德的公正。只是这种一一对应的关系并不是一种确定性的、强制性的关系。我们不能简单地否定道德权利与道德义务之间的一一对应关系的存在。这种否定其实也在无形之中否定了社会的道德公正的存在。从社会实践上看，传统社会中过度强调道德义务，忽视道德权利，或者以道德义务吞噬道德权利的内涵，导致道德权利的失落，有助于维护极权专制制度。在现代社会中，权利是社会构建中的重要理念。提倡道德权利与道德义务的一一对应关系，有助于社会形成公正的道德评价风气，促进民主与自由政体的稳定。当然，也有学者认为把在道德领域中道德权利与道德义务之间存在一一对应的关系称为非直接的关系，或复杂关系，仅仅想表明道德权利与道德义务之间不同于法律权利与法律义务之间的关系。我们认为，道德权利与道德义务之间存在着非确定性和非强制性的关系。

其一，道德权利与道德义务之间属于非确定性的关系。道德权利与道德义务之间的关系同法律权利与法律义务之间的关系不同。在法律领域，法律权利与法律义务以法律条文为基础，这些法律条文是由专业法律从业人员进行编写，具有确定性。道德权利与道德义务并不是如同法律条文那样清晰明确与确定。道德权利与道德义务常常涉及人们社会生活的方方面面，生活在同一个国家的不同地区的人们常常有其特定的一些道德风俗、习惯和一些禁忌。因此，道德权利与道德义务之间也就呈现为一种非确定性的复杂关系。

其二，道德权利与道德义务之间属于非强制性的关系。道德领域中的权利与义务不同于法律领域中的权利与义务。它们之间并没有那种强制性。法律权利与法律义务依靠国家机关，如警察局、法院、监狱、军队等刚性的权威力量进行维持。而道德权利与道德义务则主要依靠人们的内在信念、风俗习惯、社会舆论、劝诫等柔性力量加以维系。如果说法律权利与法律义务告诉人们必须如何，道德权利与道德义务则是告诉人们应该如何。它导致人们在是否坚持道德权利与道德义务的过程中，需要借助人们自己的自觉意识。道德之所以为道德，全在于行为者非常清楚地认识自己行为的道德价值意识的自觉。因此，这种道德权利与道德义务之间呈现为一种非强制性的关系。

社会道德承认与赋予了一定道德主体权利和义务。一个人自身承担了不同的道德义务，他也就享有了不同的道德权利。享有道德权利多的人，需要尽更多的道德义务；尽了更多道德义务的人，应该享有更多的道德权利。这就是道德公正。

博登海默指出："在道德价值的这一等级体系中，我们可以区分出两类要求和原则。第一类包括社会有序化的要求，它们对于有效地履行一个有组织的社会必须应付的任务来讲，被认为是必不可少的、必需的或十分合乎需要的。避免暴力和伤害、忠实地履行协议、调整家庭关系，也许还有对群体的某种程度的效忠，均属于这类基本要求。第二类道德规范包括那些大大有助于提高生活质量，增进人与人之间的紧密关系的原则，但是这些原则对人们提出的要求远远超过了那种被认为是维持社会生活的必要条件所必需的要求。慷慨、仁慈、博爱和无私等价值就属于第二类道德规范。"①在这里，他提出了两种道德要求和道德原则，一种是最为基本的要求，即维持社会稳定所需要的必不可少的要求；另一种则是较高层次的道德要求和道德原则，即有助于提高生活质量和增进人们紧密关系的要求。但是，这并不意味着道德权利与道德义务之间出现不对应的关系。如果一个人能够按照第一个要求去做，他就享有了较低层次的道德权利。而这种较低层次的道德权利常常与法律权利相一致。如果一个人能够按照第二个要求去做，它就享有了较高层次的道德权利，比如能够得到人们的尊重等。因此，我们发现了道德义务的层次性，并不能由此而否定道德权利不能与之对应，而是表明了道德权利也是具有一定的层次性。同时，这也表明道德权利与道德义务之间的关系构成了法律权利与法律义务之间关系的内在基础。道德公正是法律公正的理论基础。

在道德生活中，人们喜欢赞赏那种出于道德个体自觉而做出的高尚的道德行为以及那种并不索取权利的道德意识。这种偏重内在自觉的道德意识可被称为"非权利动机性"。的确，一个有道德的人出于一种道德义务而做出某种行为，他不以获取某种权利为目标，但这并不表明他不应当享有某种权利，更不表明他在尽了道德义务之后没有相应的道德权利。从道德的公正而言，社会需要维持道德权利与道德义务之间的合理的平衡状态，才能保证社会秩序的长期且有效的稳定。关于这一点，孔子很早也有过如此认识。"鲁国之法，鲁人为臣妾于诸侯，有能赎之者，取金于府。子贡赎鲁人于诸侯，来而让不取其金。孔子曰：'赐失之矣……取其金则无损于行，不取其金，则不复赎人矣。'子路拯溺者，其人拜之以牛，子路受之。孔子曰：'鲁人必拯溺者矣。'"（《吕氏春秋·察微篇》）子贡赎人

---

① [美]埃德加·博登海默. 法理学——法哲学及其方法[M]. 邓正来，等，译. 北京：华夏出版社，1987：361.

而不取其金，孔子认为其行为虽然高尚，但会导致以后没有人愿意去赎救鲁人了。而子路救人而受其牛，在孔子看来，这会鼓励更多的人愿意帮助溺水者。在这里，孔子向我们表明了社会维护和确保个体道德权利在社会生活中的积极意义。道德的公正就是要维护道德权利与道德义务之间的平衡关系，构建一个合理的道德生态环境。如果在一个社会中，道德权利与道德义务之间长期失衡，必然破坏合理的道德生态环境。比如，道德义务长期超越道德权利，导致一些小人变得更顽劣、更懒惰。"正义思想的最重要的意义，在于用来识别明显的非正义。"①因此，维护道德权利与道德义务的平衡是社会道德公正的重要表现之一。从某种意义上看，道德公正就是道德权利与道德义务之间形成了稳定而平衡的生态状态。

总的来说，在道德领域中，道德公正表现为道德权利与道德义务之间的平衡，或者说表现为道德权利与道德义务之间的正当合理分配。从道德发挥其作用的方式来看，很大程度上是为了形成一种道德评价与道德赏罚的公正性，让那些尽到自己道德义务的人得到社会应有的尊重和认可，表现为一种道德权利。这种权利与义务之间的对应有助于社会形成一种良性循环，促进社会秩序的稳定与发展，避免出现两者之间的二律背反。当然，在道德领域中，那些出于"非权利动机"的高尚道德行为必然应该得到赞赏。我们应该鼓励和引导人们不断提升自我的道德境界。它展现了人类自身追寻至善至美的梦想。与此同时，如果个体追求其正当个人利益而履行其道德义务，也应该享有道德权利，也仍然有重要的道德价值，需要得到公正的道德评价。因此，在社会现实生活中，道德的公正需要我们重视道德权利、道德义务之间的平衡关系。

（四）自由与责任之间的平衡

道德的公正还表现为自由与责任之间的平衡。自由与责任是权利与义务在道德哲学中的更为深层次的表现。正如万俊人所言："'自由'直接表示的是一种道德权利，即对于个人行动权利的要求，同时也是行动者主体意愿的反映。"②自由本身在道德领域中展现为一种权利，而责任则是人在运用其权利的过程中所应承担的义务。因此，道德的公平在更深层次中表现为自由与责任之间的平衡。

---

① ［印度］阿马蒂亚·森. 以自由看待发展［M］. 任赜，于真，译. 北京：中国人民大学出版社，2012：287.
② 万俊人. 寻求普世价值［M］. 北京：商务印书馆，2001：492.

在中国传统文化中，自由是个体的自我放任的权利，责任则是针对他人、家族或社会的义务。自由展现为不为世俗所困的放浪形骸，责任则表现为个体角色针对他人、家族或社会的相应要求的认命与服从。如此理解自由与责任，必然导致自由与责任的分离。自我在这种自由与责任之中常常难以获得一种稳定状态，而是处于冲突之中。由于传统社会中个体不得不依靠整体才能存在，因而要接受各种各样的必须接受的责任，责任是传统社会伦理中的核心，其结果是责任最终使自由窒息。个人无法走出自我的针对他人、家族或社会的责任重压而接受所谓天命的安排。这种针对自由与责任的理解，与起源于西方社会的现代自由与责任观念极为不同。

在现代社会中，自由是个体意志自主抉择、做出某种行为的权利。个体在一定社会条件下做出了抉择，他也就必须承担其抉择所带来的后果。这表明了个体因为其抉择而做出某种行为，就要承担其后果。从这个意义上看，自由是承担责任的前提。所谓承担责任就是对自己的行为负责。个体的责任就是个体对自我所承担的义务，即个体自己承担自己行为的后果。因此，自由与责任之间不可分割，它们之间存在着内在的逻辑性。一方面，社会是众多个体的自由意志相互协商的结果。另一方面，个体在相互协商中形成了展现他们共同意志的规则，每个参加者都要遵循其自我认定的规则。个体对社会的责任表现为服从规则，也表明了尊重自己的自由意志。在现代社会中，能够体现个体的自由意志所最终形成的社会普遍意志的规则，既有刚性的法律，也有柔性的道德。道德的公正就是要保障自由与责任之间的平衡：有自由就有责任，有责任就有自由。当个体自由越多，拥有做出决断或做出某种行为的权利越大，他所承担后果的责任越大。出现了问题就要受到更重的惩罚。诚如哈耶克所说："自由不仅意味着个人拥有选择的机会并承受选择的重负，而且还意味着他必须承担自己行为的后果，接受对其行为的赞扬和谴责。"①同时，个体责任重大，拥有做出决断或做出某种行为的权利也越大，自由越多，也要接受更多的权利。否则，如果个体承担的责任大而缺乏自由，出了问题，处罚这样的个体就缺乏道德的公正。

总之，公正是一种平衡，一种合理的安排。在道德领域中，它总是表现为一种付出与应得之间的平衡，一种平等与效率之间的平衡，一种权利与义务之间的平衡，一种自由与责任之间的平衡。或者说，它是一种考虑

---

① ［英］弗里德利希·冯·哈耶克. 自由秩序原理（上册）［M］. 邓正来，译. 北京：生活·读书·新知三联书店，1998：83.

了付出之后的应得，一种考虑了效率之后的平等，一种考虑了应尽义务之后的权利，也是一种考虑了自由之后的社会责任。

三、社会发展中的道德公正

公正是人类文化中最具有吸引力的价值观念之一，是社会稳定与发展的重要目标之一。作为一种社会价值观念和社会规范要求，公正在人类社会意识中流行，是十分广泛而深刻的价值理念。自从人类产生道德以来，有了善恶的是非价值观念，社会就有了公正的理念。我们探讨了道德领域中所追求的公正含义之后，有必要研究道德领域的公正，其价值指向何处，基础何在，有何类型，在这里，我们需要进一步深化道德的公正在社会发展中的价值思考。

(一)道德领域公正的价值指向

从道德价值论的角度来看，道德领域的公正是社会追求的重要价值目标。它有助于维护社会秩序的稳定，促进社会持续向前发展。

道德领域的公正能够维护社会秩序的稳定。人类社会的历史发展表明，社会冲突与斗争都是与政治、经济、法律、文化等方面的不公正有着密切的关系。道德领域的公正是其中不容忽视的内容之一。社会秩序能否达到一种稳定的良好状态，都或明或暗地与人们内在所认同的道德公正紧密联系。道德领域的公正就是要处理好付出与应得之间的平衡，平等与效率之间的平衡，权利与义务之间的平衡，自由与责任之间的平衡。从最为广泛的意义上，它就是要在处理付出与应得、平等与效率、权利与义务、自由与责任等各种关系的平衡中，满足人们正当合理的各种需要，从而减少或化解人们在社会中的各种冲突、矛盾与斗争，保持社会的稳定有序。从这个角度来看，道德上是否能够具有公正的感召力是维持社会公正、稳定社会秩序的重要力量。

社会秩序的混乱常常在于人心的混乱，而人心的混乱在于人们内在的不平。所谓内在的不平是人们在社会生活中所感受到的一种不公正对待。道德领域的公正能够从外与内两个方面来减少或化解社会的不公。社会的政治制度、经济制度和法律制度等都是建立在人们最为基本的付出与应得、平等与效率、权利与义务、自由与责任等关系的处理基础之上。道德领域的公正就是要保证这些关系处于一种正当合理的分配关系中。当社会的相关制度出现了某些关系的不合理状态，破坏了应有的正当平衡关系，人们就会在社会中感受到一种道德上的不公。比如，美国内战前所出现的《逃亡奴隶法》，让人们感受到极为不公，遭到大家的质疑。道德上的这种公正能够敦促人们通过立法修改不合理的法律制度，从而维护社会公正。正如恩格斯所说："如果群众的道德意识宣布这一经济事实，如当年的奴隶制或徭役制，是不公正的，这就证明这一经济事实本身已经过时，其他经济事实已经出现，因而原来的事实已经变得不能容忍和不能维持了。"①因此，道德领域的公正能够引导人们针对不合理的政治制度、经济制度、法律制度等进行适当调整。从个体的内在道德公正感来看，人们能够感受到社会制度是否做到了维护社会公正，否则就会出现道德义愤。正是这种内在的道德公正感迫使人们改革不公正的社会制度，构建稳定的社会秩序。另外，道德领域的公正，作为一种价值理念能够渗透到社会制度中，形成一种公正的社会制度来捍卫社会公正，表现为两个方面：一是运用社会惩罚制度来处理社会上的不公，避免因社会不同导致社会秩序出现混乱。二是运用社会保障制度、救济制度来捍卫社会公正，避免社会弱势群体流离失所，成为社会不稳定因素。就此而言，道德领域的公正有助于维护社会秩序的稳定。

同时，道德领域的公正还促进了社会的发展。道德领域的公正通过各种社会制度惩罚不公正的行为，弥补不公正行为所带来的伤害，形成一定稳定的社会秩序，也稳定了人心。人心的稳定是人们更好地为社会工作的前提。所以，罗尔斯指出："正义感产生出一种为建立公正的制度（或至少是不反对），以及当正义要求时为改革现存制度而工作的愿望。"②从社会心理上看，道德领域的公正在稳定社会秩序的过程中，不仅具有凝聚人心的作用，而且还具有激励人心的作用。它能够激发社会成员实现社会公正的热情，激活他们维护整个社会达到公正的信心。同时，它还能够从更大范围内得到一种道德价值观念的回应，进一步把社会成员关于社会公正的道德价值观统一起来，巩固彼此认可的共同道德价值观，促进社会发展。毕竟，社会发展最终依靠人的发展。而人的发展依靠人的发展愿望，也就是人的内在发展动力。这种个体的内在动力越大，为社会做贡献的意识越强，社会发展就越快。道德领域的公正，作为不偏不倚地处理社会关

---

① ［德］马克思，恩格斯. 马克思恩格斯全集（第21卷）［M］. 北京：人民出版社，1965：209.

② ［美］罗尔斯. 正义论·序言［M］. 何怀宏，何包钢，廖申白，译. 北京：中国社会科学出版社，2001：476-477.

系的一种态度和方式，构成了政治公正、经济公正、法律公正等各种社会公正的精神先导，是个体动力的重要力量之源。道德领域的公正妥善地处理了社会生活中最为基本的付出与应得、平等与效率、权利与义务、自由与责任之间的各种关系，有利于满足社会大多数成员正当合理的诉求，能够调动人们在社会生活中努力工作的积极性，从而能够激发其内在发展动力，有效地促进社会持续而稳定地向前发展。

(二)道德领域公正的价值基础

道德领域的公正之所以能够在维护社会秩序、促进社会发展中发挥作用，就在于它具有一定的价值基础。换而言之，公正，作为道德领域中的价值目标是建立在一定的经济基础、政治基础和文化基础之上的。它能够维护社会经济秩序、政治秩序、文化秩序，促进社会经济发展、政治发展和文化发展。道德领域的公正以一定的经济、政治、文化为其存在和发展的基础。

1. 道德领域的公正建立在一定的经济基础之上

道德领域的公正，作为社会的意识形态之一，是由一定时代的经济基础所决定的。经济基础是社会发展中决定社会意识形态的基础力量。有什么样的经济基础，在道德领域也就有什么样的公正。一定时代的经济基础决定了道德领域中公正的价值观念、具体内容和社会现实。比如经济所有制，有公有制与私有制的不同，建立在公有制基础上的公正与建立在私有制基础上的公正有着明显的区别。在私有制基础上被认为公正的现象，在公有制基础上可能就成为不公正的。同样，在公有制基础上被认为公正的现象，在私有制基础上也可能被认为不公正。经济体制，有计划经济体制与市场经济体制的区别，在计划经济体制中被认为公正的现象，在市场经济体制中未必会被认为是公正的。它们之间会存在很大的差异，甚至大相径庭。因此，我们在阐述道德领域的公正时，必然要考察其经济基础的存在样式。如果没有考察道德领域的公正的经济基础，我们很难准确地把握其价值观念，很难正确地概括其内在内容，很难有效地把握其社会现实中的状况。当然，我们也很难针对某一社会现象做出其道德领域的公正与否的评价。

一般而言，道德领域中的各种现象是否称为公正，就是要看它们是否适应一定历史条件下社会生产关系的要求，是否促进社会生产力的发展。按照马克思、恩格斯的说法："只要与生产方式相适应、相一致，就是正义的；只要与生产方式相矛盾，就是非正义的。"①我们的这种评价就是从经济基础的意义上来评价道德领域中的公正。任何一个具有道德领域公正的社会都不能以彻底牺牲社会生产力的发展来谋求公正。对道德领域的公正的判断是以是否促进经济发展为基本依据。它是马克思的历史唯物论在道德领域的公正的价值基础上的根本立场。

道德领域的公正建立在一定的经济基础之上。经济基础在道德领域的公正观念形成和发展的过程中具有基础意义。但是，这并不意味着把经济作为决定道德领域公正的唯一因素。恩格斯就曾反对把经济力量作为决定人类社会历史的唯一因素的观点，认为这种经济单一决定论是毫无意义的、抽象的荒谬之论。"如果说，整个生产方式赋予了唯物主义历史观以'经济'的色彩，那是由于必须进行生产而形成了生产方式，而不是由于认为这种经济动因可以支配一切其他动因。"②因此，在我们探讨道德领域的公正的价值基础时，要反对把经济作为道德领域公正的唯一根据，才能避免陷入粗俗的经济决定主义的误区。

2. 道德领域的公正建立在一定的政治基础之上

道德是政治存在、政治斗争等矛盾冲突的重要工具，必然以一定的政治力量作为自己的政治基础。道德领域的公正是一定的政治力量的公正观念在道德上的反映。不同政治力量的道德领域的公正观有着明显的不同。利益根本对立的政治力量，其道德领域的公正观念必然存在着根本的对立。在中世纪末期，西欧的封建贵族与基督教会所追求的特权，与普通民众所追求的平等，存在根本对立。他们所认可的道德领域的公正观念大相径庭。在封建贵族与基督教会看来，君权神授，上帝赋予了他们应有的特权就是公正的，符合道德要求；而在广大民众看来，主权在民，不劳而获，完全没有公正而言，根本不符合道德要求。在现代社会中，正如法国学者巴斯卡尔·博尼法斯(Pascal Boniface)所说："在道德领域，人们始终可以看到双重标准，以及选择性地使用普世原则的问题。在某些情况下接受的东西，在另一些情况下又予以谴责。"③

---

① ［德］马克思，恩格斯. 马克思恩格斯文集(第 7 卷)［M］. 北京：人民出版社，2009：379.

② ［美］罗伯特·L. 海尔布隆纳. 马克思主义：赞成与反对［M］. 马林梅，译. 北京：东方出版社，2016：38.

③ ［法］巴斯卡尔·博尼法斯. 造假的知识分子：谎言专家们的媒体胜利［M］. 河清，译. 北京：商务印书馆，2013：20.

不可否认，任何一种道德学说或伦理理论都不可能改变人类社会政治生活中的实际不平等的事实。它所能要求的与其说是政治上的公正，不如说是人类政治生活条件下的公正，也就是社会在政治制度安排上做到尽可能的公正。政治制度是由人制定的，并且是为了人的自由与发展而设计的。现代社会中的民主政治制度就是旨在从人本的角度实现人的自由与全面发展。人类社会中道德领域的公正不能脱离人的现实与现实的社会政治制度，否则就会成为脱离社会政治现实的无本之木、无源之水。罗尔斯认为："现代民主社会不仅具有一种完备性宗教学说、哲学学说和道德学说之多元化特征，而且还具有一种互不相容然而却合乎理性的诸完备性学说之多元化特征。这些学说中的任何一种都得不到公民的普遍认可。任何人都不应期待在可预见的将来，它们中的某一学说，或某些其他合理性的学说，将会得到全体公民或几乎所有公民的认可。"①于是，他超越了《正义论》中的主题，试图以政治领域的公正来为存在于现代社会中的道德领域的公正奠定基础。罗尔斯用《政治自由主义》一书中的三个基本命题充分阐述了这一思想。这三个命题是：①作为政治自由主义之核心的理念"作为公平的正义"是政治的，而不是形而上的或道德的；②民主政治及其实施者民主政府必须保持政治中立，即它的基本政治原则或政治理念必须超越于各种"完备的宗教学说、哲学学说和道德学说"之外，不可基于其中任何一种价值学说或道德理念而确立；③国家不是任何形式的伦理共同体，而是严格的政治组织，因而对于民主国家来说，具有首要重要性的是政治秩序或政治稳定性，而不是公民美德或个人美德，更不是历史的文化传统。因此，他认为，人之所以进入公民社会，其目的是为了善的生活。但善的生活已不再是人性优良的生活，而是便利的生活以及艰苦劳作后的报答。国家的神圣职责也不再是使公民善良以实现其尊贵的行为，而是在法律的效力之下，研究如何提供给他们好生活，使之获得自由而全面发展。在罗尔斯的公正观中，他特别突出个人权利（right）与权力（power）的优先性，强调普遍性规则的重要性，认为有了这种政治领域的公正，才能确保道德领域公正的实现。罗尔斯的观点进一步论证了政治能够制约和影响道德领域的公正，它是制约和影响道德领域的公正的重要力量。

在这里，我们认为，道德领域的公正的经济基础与政治基础并不构成矛盾。它们两者的目标基本一致。毕竟，在一定社会历史条件下的政治力量，是在一定社会生产关系中由其所处社会地位和所获得的生产资料的关

---

① ［美］罗尔斯. 政治自由主义［M］. 万俊人，译. 南京：译林出版社，2013：4.

系而形成的社会集团。这些社会集团都是以一定经济利益而形成的群体或阶层。他们有着自己的道德领域的公正观念。当然，道德领域的公正的价值基础并不能仅仅局限于经济基础与政治基础，还存在其他的一些因素。

3. 道德领域的公正建立在一定的文化基础之上

黑格尔曾指出："思想的活动，最初表现为历史的事实、过去的东西，并且好像是在我们的现实之外。但事实上，我们之所以是我们，乃是由于我们有历史。"①道德领域的公正概念是一个文化概念，具有浓厚的文化色彩。道德领域的公正能够在一种民族文化中长期存在、源远流长，呈现其民族的历史特质，除了经济基础、政治基础外，还具有这样的文化基础：它具有民族文化的积淀作为其存在和发展的根基。道德领域的公正所具有的文化基础包括这样两个方面的含义：一方面，各个民族在诠释道德领域的公正概念时会根据不同的文化基础进行诠释。它展现了各个不同民族背景中认可的道德领域的公正，呈现了道德领域的公正的民族特殊性。另一方面，不论在哪一个民族之中，侵犯个人基本权利和滥杀无辜，都不会被确认为是公正的行为，都不会被称为是符合道德要求的行为。世界各个民族都会针对这种非公正的行为采取毫不留情的打击。因为，侵犯个人基本权利和滥杀无辜，从道德领域来看，没有哪个民族在其文化发展中会把它作为符合道德要求的公正行为。这展现了世界各个民族在其道德文化中形成的道德共识。因此，道德领域的公正是建立在一定的文化基础上的，既有文化的特殊性，也有文化的共性。

道德领域的公正总是受到一定社会文化发展的影响。换而言之，一定社会文化的发展总是制约着道德领域的公正的发展状况。

从社会中的道德规范的发展来看，任何社会中的道德规范都是以一定的社会文化作为其存在前提。正如约翰·黑尔在评述西方文化对西方道德规范的影响时所说："西方文化中有一套传统的有神论的信仰和实践，道德以此为背景而具有意义。如果抛弃了有神论，那么道德就不能够再按以往的方式具有意义。"②毕竟，文化总是表现为一定社会中规范人们思想与行为的特定的生活方式，是一个民族在其漫长的历史过程中凝成的、在特定人群中占主导地位的生存方式。道德不可能脱离一定的历史文化背景而

① ［德］黑格尔. 哲学史讲演录（第 1 卷）［M］. 贺麟，王太庆，译. 北京：商务印书馆，1997：7-8.
② ［美］约翰·黑尔. 西方文化中的"道德缺口"［J］. 王晓朝，译. 学术月刊，2003(04).

存在。道德领域的公正总是存在于一定的具体的社会历史文化氛围中为其社会成员所认可。比如，在现代社会中，人们常常会赞扬"大义灭亲"的行为，把这作为一种公正，似乎并不违反现代道德中的个体权利价值的追求。但是，在中国古代社会，人们普遍相信"父为子隐，子为父隐"。如果儿子揭发父亲的罪行，即使情况属实，也要受到道德上的批评，绝非道德上的公正行为。司马迁在《史记》中记载：西汉衡山王刘赐谋反，其子太子爽上书告发。在传统儒家文化背景下，太子爽告发父亲，属于不孝，他最终被判处"弃市"之刑。在传统文化中，允许父亲大义灭子，不容忍子女大义灭父，即"大义灭亲，父可施之子，子不可施之父"①。因此，道德领域的公正也是一个历史范畴。它的原则与规范总是与具体的社会文化紧密结合在一起，受到社会文化的制约。由此，道德领域的公正在不同时代的不同社会文化中会有不同的理解与要求。

从人们的道德行为来看，它们都是在一定的文化背景中通过选择而做出的行为。人们在道德选择中总是要受到在社会生活中所形成的文化知识、能力等方面的影响。一般而言，人们的道德认识能力与道德知识直接影响了他们的行为。道德认识能力强、道德知识广博的人容易做出道德领域中公正的行为。他们在社会生活中能够较为准确地做出公正的道德判断。与之相反，一些人的认识能力不足，知识水平有限，无法把握社会现实生活中各种道德现象的内在本质，以致容易做出并非公正的道德价值判断。因此，是否能做出道德领域中的公正行为，与其说是一种行为的道德选择，还不如说是由人们自身道德文化水平的高低所决定。文化知识与能力的欠缺容易形成道德领域公正的误判，从而进行不公正的道德价值判断，做出不公正的行为。因此，道德领域的公正与文化上的理解和认识之间有着密切的联系。

因此，我们可以发现，无论是从社会道德规范的发展来看，还是从人们的道德行为的形成来看，文化都在道德领域公正的形成与发展中发挥着重要作用。文化是制约和影响社会中道德领域公正的重要因素之一，道德领域的公正以一定的文化为基础。

(三)道德领域公正的价值类型

道德领域公正的价值类型主要可以分为主流的公正、非主流的公正与

---

① 玄烨. 御制文集(景印文渊阁四库全书本). 第 1301 册[M]. 台北：台湾商务印书馆，1986：335.

普遍性公正。它们分别代表了社会中主流的意识形态、非主流的意识形态与全体民众所共有的价值意识在道德领域中公正的观念上的认识与理解。

道德领域中主流的公正是指在社会中处于统治地位的意识形态在道德领域中所认可、提倡和推广的公正。正如罗尔斯所说："正义的主要问题是社会的基本结构，或更准确地说，是社会主要制度分配基本权利和义务，决定由社会合作产生的利益之划分的方式。所谓主要制度，我的理解是政治结构与主要的经济和社会安排。"①道德领域的公正建立在一定的经济基础、政治基础和文化基础上。在一个社会中，在经济、政治和文化上居于统治地位的社会统治者或社会统治阶层必然有其道德领域中的主流公正。因为，他们在经济上、政治上和文化上占据主导地位，因而在道德领域中所提出的公正的价值观念也必然在社会中占据主流地位，从而形成我们所说的主流的公正。

统治者或统治阶层所认可的主流的公正主要通过对内与对外的道德价值评价表现出来。

从对内的道德价值评价来看，统治者或统治阶层所认可的主流的公正获得社会的大力提倡，并被运用于社会现实与历史的道德价值评价之中。一方面，它被运用于社会现实之中进行公正或不公正的评价。主流的公正得到了社会统治者或统治阶层的大力扶持，获得了所谓的思想上的正统性，能够广泛地渗透到社会生活的各个方面。在现代社会中，通过社会舆论、报纸、杂志、网络等传媒工具，主流的公正大行其道，影响社会中的大多数成员。在这样的社会中，如果每个人都接受，并明白其他人也接受着这种道德上的公正，社会就会形成一种稳定的社会秩序，更好地巩固现存的社会经济制度、政治制度和文化制度。另一方面，它还会被运用于社会历史领域中进行公正或不公正的评价。历史上的社会制度和重大事件，尽管已经没有很大的影响力，但它们作为历史现象是客观存在的。任何现实存在的社会都需要对其进行评价。在这些评价中，道德领域的公正性评价不会缺席。这种道德领域的公正性评价展现了现实社会中的主流价值观在历史领域的延伸。它往往从历史上抨击旧的社会制度的不公正性，以此论证新的社会制度的公正性，符合道德上的公正要求。或者以主流的公正价值观念评说历史上的重要事件，以此在人们的内心确立其正统地位。不论是对社会现实还是历史进行评价，作为社会的主流的公正，都发挥着重

---

① ［美］罗尔斯. 正义论·序言［M］. 何怀宏，何包钢，廖申白，译. 北京：中国社会科学出版社，2001：7.

要作用。

从对外的道德价值评价来看，世界各国都有其自身针对他国的道德领域进行公正评价的需要。这种需要来源于世界各国自身生存与发展的需要。一方面，各国能够通过这种评价，认识其他国家道德领域中的公正，进一步了解其他国家的社会经济制度、政治制度与文化制度，便于国家之间在经济、政治、文化等方面的相互往来。另一方面，更为重要的是，各国能够借鉴其他国家在道德领域中的公正，以此来作为发展本国道德领域公正的资源。比如，20世纪80年代，中国从西方国家借鉴了机会公平与效率公平的市场经济建设经验，逐渐构建了符合中国国情的公正，促进了中国市场经济条件下的道德公正的形成。人们放弃了那种绝对平均主义的公正。这种公正忽视了人与人之间存在正当的、合理的差别，造成共同贫穷。邓小平认为："从一九五八年到一九七八年这二十年的经验告诉我们：贫穷不是社会主义，社会主义要消灭贫穷。不发展生产力，不提高人民的生活水平，不能说是符合社会主义要求的。"①他还指出，不能搞平均主义，不能吃大锅饭，这些只能导致共同贫穷，改革就是要改革平均主义和吃大锅饭。他坚决主张社会成员之间的收入应当要有合理差距："农村、城市都要允许一部分人先富裕起来，勤劳致富是正当的。一部分人先富裕起来，一部分地区先富裕起来，是大家都拥护的新办法，新办法比老办法好。"②他在重视共同富裕中，强调机会公正，有效地改变了过去陈腐的旧观念，促进了当代中国在市场经济条件下新型公正观念的形成。

无论是对内还是对外的道德价值评价，主流的公正都在社会中居于统治地位，是社会成员用以衡量人们的道德行为、道德认识等道德现象公正与否的价值观念。不同的人，针对同一种道德现象有不同的公正观念，甚至出现相反的对公正观念的评价。因此，社会中主流的公正在引导社会公正评价方面具有重要的作用。它代表了社会主流道德价值观念，凭借其背后强大的经济制度、政治制度、文化制度等社会制度，直接指导并影响人们的道德行为、道德认识等。因此，在道德领域中，捍卫主流的公正是维护社会秩序的主导性道德价值目标。主流的公正是社会存在与发展的重要价值观念类型。

道德领域中非主流的公正是指在社会道德领域中处于非统治地位的公正。它主要是被统治者或统治阶层所认可的公正。尽管非主流的公正在道

①　邓小平：邓小平文选（第3卷）[M]. 北京：人民出版社，1991：116.
②　邓小平：邓小平文选（第3卷）[M]. 北京：人民出版社，1991：23.

德价值认识和评价中并不处于主导地位，但在人们的社会生活中仍然发挥着一定的社会作用。尤其在一个社会发生重要转型或更替的历史转折过程中，非主流的公正与主流的公正彼此之间会发生根本的对立，往往预示了社会阶层之间的矛盾已经无法调和。

非主流的公正也会指导和评价人们的道德行为以及以此引导人们认识社会现实中的道德现象。由于它处于非主流的地位，因而在社会中并不具有主导的意义。只有在社会矛盾极为尖锐和无法调和的状态下，处于被统治地位的阶层才可能运用自己的公正观念，挑战统治者或统治阶层的公正，认为自己的公正才是符合道德要求的。人类社会历史已经表明，社会的重大变革首先意味着被统治者运用非主流的公正发动一场针对主流的公正的道德战争，最终形成一场声势浩大的社会变革。由此，非主流的公正会取代旧的主流的公正，成为新的符合时代精神的主流的公正。也就是说，主流的公正并不是一成不变的，非主流的公正有可能取而代之。

道德领域中的普遍性公正是社会中得到社会成员普遍性认可的公正。在一个社会中，总是存在着这种不仅为统治阶层所认可，而且也为非统治阶层所认可的公正。正是从这个道德意义上看，它具有社会的普遍性，因而可以称为普遍性公正。

社会中存在的这种普遍性道德公正，究其原因，主要在于：无论是统治者还是被统治者，作为人，总是存在着内在思想观念的统一性以及维护自身存在与发展的基本利益。首先，作为人的存在，其社会地位、贫富和种族、性别存在着千差万别，但是人都具有人的公共理性、共同的情感、共通的意志等心理结构，必然会在是非善恶之中形成一定程度的共通性。在这种是非善恶的共通性之中，公正就是其中的一个重要价值观念。借用罗尔斯的观点，普遍性公正属于社会的基本善，即人们所普遍追求和向往的价值目标。它是人们在最基本道德方面所达成的一种重叠共识，尽管他们在其他较高层次的道德要求方面难以达成一致。其次，在面对共同的自然灾害和环境危机中，无论是统治者还是被统治者都处于同样的困境之中。他们在维护人类的生存与发展中具有共同面对外来威胁时的一致性。统治阶层与非统治阶层的成员都需要健康的水源、干净的空气，任何危害人类共同利益的行为都不可能是公正的行为，任何危害人类共同利益的思想观念都不可能被认可为公正的思想观念。毕竟，在人类社会中除了统治阶层与非统治阶层之间所存在的根本利益冲突之外，还存在着大量的社会成员需要共同维护的基本利益。否则，人类就会因为彼此之间的激烈内斗而失去存在的可能。

道德领域中的普遍性公正，是超越了社会等级与阶层以及不同文化传统的公正，它普遍地存在于社会成员的内心和社会舆论之中。正是由于道德领域中的普遍性公正采取这样的方式存在，因而普遍性公正并不像主流的公正与非主流的公正有其明确的诉求。因此，普遍性公正表现为超越性、模糊性。同时，道德领域中的普遍性公正代表了主流的公正、非主流的公正中能够把两者融合在一起的更基本的公正要求。在文明社会中，主流的公正占据了统治地位，引导着社会成员的主流公正价值观念，非主流的公正代表了被统治阶层的公正价值观念。主流的公正与非主流的公正之间可能出现冲突。要调和两者之间的冲突，普遍性公正构成了两种公正的统一、交流的共同基础。也正因为这种共同性，其适用范围更为广阔。因此，普遍性公正还表现为融通性和广阔性。

四、道德对于公正的价值意义

捍卫公正是人类社会所追求的重要价值目标之一。道德是人类社会形成与发展中的重要力量，在促进社会稳定与发展中发挥着重要作用。在社会生活中，我们难以想象如果失去了道德合理性的支撑，公正还能够存在。当代美国伦理学家迈克尔·舍默（Michael Shermer）在《道德之弧：科学和理性如何引导将人类引向真理、公正与自由》一书中认为道德所发出的光芒，即道德之弧，能够引导人类实现公正的目标。在这里，我们认为道德对于公正具有丰富的价值意义，主要包括道德维护社会的公正秩序，谴责不公正以保障公正的存在，丰富对公正的认识以促进公正的发展。同时，我们也应该看到，道德具有一定的主观性，因而存在公正价值的滥用。

（一）维护社会的公正秩序

任何社会都需要一定的社会秩序才能有存在与发展的可能。道德，作为人自己的立法，能够维护社会的公正秩序，发挥其保驾护航的作用。具体而言，道德能够维护付出与应得、平等与效率、权利与义务、自由与责任的平衡，从而维护公正的社会秩序。

社会的公正秩序，总是需要人们的付出与应得之间能维持一种平衡。这也是人们常说的善有善报、恶有恶报。道德能够通过维护付出与应得之间的平衡，维护公正的社会秩序。因为，在这里，"付出"是指人们在社会生活中从事一定的活动，属于如何做的"事实"陈述。"应得"是人们在社会生活中回应为何要"付出"的价值原因，属于为何做的"价值"规范。就此而言，"付出"与"应得"之间是一个从事实到价值的道德判断推演。付出与应得之间的平衡就是从好的事实出发获得好的评价，从恶的事实出发遭到恶的评价。显然，道德能够在两者之间发挥其积极进步的作用。它通过社会的道德规范来回应社会的道德事实，维护人们付出与应得之间的平衡，从而维护社会的公正秩序。

社会的公正秩序，常常需要维护平等与效率之间的平衡。换而言之，它需要确保人与人之间求同与求异之间的平衡。如果说平等所追求的是一种确保人人之间同等相待的"吃大锅饭"状态，那么效率所追求的是一种激发优胜劣汰的"先到先得"状态。追求平等有助于社会的稳定，但会容易导致社会缺乏活力，形成"干多干少一个样"的社会心理，出现社会发展的停滞。追求效率有助于克服社会的慵懒风气，鼓励能者优先，刺激社会的高速发展，但容易导致强者恒强、弱者恒弱，陷入贫富两极严重分化的状态，引发社会激烈冲突，甚至引发内乱。这就需要维持两者之间一种适度的合理动态平衡。就此而言，道德能够发挥其积极作用。因为，道德中的社会规范，既有维护社会平等的内容，也有鼓励社会效率的内容。道德中的同情、友爱等内容有助于社会关注弱势群体，保证社会平等。道德中的勇敢、智慧等内容则有助于激发社会活力，提高社会效率。因此，道德能够通过维护平等与效率之间的平衡，维护公正的社会秩序。

维持社会的公正秩序往往需要维护权利与义务之间的平衡。如果社会中能够尽可能地把每个社会主体的权利与义务做到平衡，确保权利与义务的正当合理分配，就可以有效地保证社会秩序的公正状态。人类社会的历史发展表明，自出现国家以来的社会中，道德与法律都是明确规划权利与义务如何正当合理分配的重要力量。法律通过法条的规定分配权利与义务，依靠国家强制力来实施，而道德则是依靠社会风俗、习惯等社会非强制力来确保权利与义务的正当合理分配。就道德而言，权利与义务是一种社会自然约定的产物。它是通过道德评价让尽到道德义务的社会主体享有社会应该给予的尊重与认同，即道德权利，达到权利与义务的平衡，即社会自然约定中两者的正当合理分配，从而促进社会公正秩序的形成。在一个社会中，各种社会道德规范其实都告诉了人们哪些是需要遵守的义务，尽到了哪些义务将会获得哪些权利，如果没有尽到义务就会受到何种处理。从历史经验来看，如果道德上所明确的权利与义务，能够与法律上所规定的权利与义务形成一种相互有效协同、互相支持的体系，就能够最大限度地达到社会秩序的公正状态。这也是为何世界各国在法律的制定与修改中常常需要考察其道德上的正当合理性的原因。由此，我们不难发现，道德是通过维护权利与义务之间的平衡来维护公正的社会秩序的重要力量。

社会的公正秩序也常常需要维护自由与责任之间的平衡。在一个公正的社会中，自由与责任是平衡的，有一定的自由才有一定的责任，有多大的自由承担多大的责任；或者说有一定的责任才有一定的自由，被赋予了多大的自由也就承担多大的责任。它表明在一个公正社会之中社会主体的自由与责任之间处于正当合理的状态，即针对其选择的自由承担其应有的责任。道德能够维护社会的公正秩序，正是在于它能发挥其作用。心理学的研究已经证明了人有自由意志。①道德中的社会规范都是建立在一定的自由意志的基础上的柔性规范，都是在社会中逐渐进化而来的。其中所孕育的道德正当合理性，借助李泽厚先生的话说，是历史积淀的产物。当一个社会主体选择一种道德行为，也就意味着做出了一种自由的选择，即康德自由意志的运用，从而也就要承担社会正当合理性所规定的相应责任。一个主体的自由行为度的大小与责任大小成正比。正是道德的这种特性，按照一定的正当合理性确保自由与责任之间的平衡，从而能够维护公正的社会秩序。

(二)谴责不公正以防止公正的缺位

道德对于公正的价值意义不仅在于维护社会公正的秩序，而且还在于能够谴责社会中的不公正现象，以防止公正的缺位。社会不公正现象的出现，从某种意义上说，就是社会公正的缺位。要保证公正的存在，当社会有可能出现不公正现象时，就需要社会中不断发出追求公正的道德谴责之声以防患未然。同时，当社会不公正现象已经出现时，更是需要道德上的谴责以确保矫正的公正。道德正是在这两个方面具有其重要的价值意义。

任何社会在维护付出与应得、平等与效率、权利与义务、自由与责任之间的平衡中都有可能失去应有的公正。毕竟，在人类社会发展的过程中总是有某些社会个体、群体试图采取不公正的方式以较少的付出获得其不应有的所得，以追求平等与效率之名破坏公正，或试图获得更多的权利而减少义务，或扩大自身的自由而缩小其责任。从心理上分析，它源于人的

---

① ［美］迈克尔·舍默. 道德之弧：科学和理性如何引导将人类引向真理、公正与自由［M］. 刘维龙，译. 北京：新华出版社，2016：313-323.

某些阴暗心理。陀思妥耶夫斯基指出，我们每个人都有除了对朋友诉说，而不对其他人讲的事情。有时候，我们头脑中还有一些重要的事情，即便是朋友，也不会透露，而只会自己偷偷地回忆或想象。甚至还有一些事情，人们都害怕告诉自己，并且每一个正派人士都有过许多这样的事情，只能在头脑中束之高阁。因此，在社会活动中总会有某些社会主体试图为了自己的利益侵害社会公正，在这种情况下道德力量具有十分重要的价值。道德是人的某些阴暗心理的解毒剂。社会中所存在的道德规范，总是追求社会的正当合理性，把个体的善置于社会的正当合理性之中。每个社会成员在社会教育中都会明白不公正的行为是错误的行为。个别人或少数群体为了自己不可告人的目的而试图采取的不公正行动都会受到道德舆论的强烈谴责。这种道德谴责直接赋予了不公正行为以恶的名称。从这个意义上说，道德能够直接揭示人的内在阴暗面，迫使不公正者不得不考虑有可能陷于社会舆论旋涡的严重后果。在预防可能出现的社会不公正现象的过程中，道德上的谴责无疑具有防患未然的重要价值。就此而言，它能够表明公正无处不在，可以减少不公正行为的出现。

一旦不公正行为出现，道德能够发挥其舆论谴责作用，追求矫正的公正。美国人权领袖马丁·路德·金认为，社会的最大悲剧不是坏人的嚣张气焰，而是好人的过度沉默。如果社会中出现了不公正现象，没有道德上的谴责，这种社会不公就会继续存在，直到它点燃人们心头更大的道德火焰。公正女神一手持天平，一手持剑。就道德价值论而言，这就暗示社会公正需要社会成员挥舞道德之剑，严厉谴责社会不公，呼唤矫正的公正。毕竟，公正是不分领域的，如果没有道德上对不公正的谴责，任何局部领域的不公迟早会如同瘟疫一样蔓延到政治、经济、法律、文化等更为广阔的社会领域之中，严重制约社会发展。同时，公正也是没有国界的，某个国家的不公正迟早会向其他国家蔓延。如果一个社会中总是存在不公正现象，受到不公正对待的被剥削者、被压迫者不断增加，他们被强制性地不断聚集于社会的对立面而又无权进行道德谴责或能进行道德谴责而社会管理者置若罔闻，没有在现实上进行任何改变，就会导致所谓的高风险的社会，即高度缺乏公正的社会——社会阶层出现严重对立而社会管理者还沉醉在自我虚构的太平盛世的幻觉中。法国大革命前夕的社会就是这种高风险的社会，托克维尔（Alexis de Tocqueville）曾如此描述："当穷人阶级和富人阶级断绝了关系，不再有利益瓜葛、感情共鸣，不再一起做事，这种原本就存在的沟壑变得更加深邃，两个阶级的人变得彻底没有关系。所以，大革命刚爆发的时候，上层和中层的人居然还觉得自己是最安全的，真是荒诞。甚至到了 1793 年跟前，人民在他们口中还是一群有道德、听话、快乐、无虑的子民，他们还在夸奖人民，真是可笑又可怕。"①在这种高风险的社会中，被剥削者、被压迫者不得不接受失望，但也只会是暂时的。愤怒的烈火迟早会在社会的被剥削者、被压迫者阶层燃烧，化为道德上的火山喷发和激烈的社会变革，一场大范围的社会性的矫正公正难以避免。出现大范围的社会性的矫正公正，固然是社会的一种历史进步，但是这种社会剧变会造成社会发展的急剧退步，给绝大多数社会成员带来痛苦和灾难。要想避免这种社会发展中的严重后果，任何一个稳定发展的社会都需要对不公正现象进行道德谴责，哪怕它才初露端倪。如果说，前面所说的预防性道德谴责只是一种威慑，那么此时的道德谴责是一种道德刑罚，针对的是那些已经出现的社会不公正现象，让那些社会不公正者受到道义上的惩罚，追求一种恢复性公正。

人类社会的历史经验表明，谴责不公正现象以防止公正的缺位，既需要预防性道德谴责，也需要惩罚性道德谴责。一般而言，惩罚性道德谴责比预防性道德谴责往往表现得更为激烈，因为它已经涉及社会冲突中的现实利益集团，而不是仅仅停留在某种设想的社会对立中。在追求社会公正的道路上，道德能够针对社会不公正现象进行某种警示或惩罚以确保公正的在场，发挥其价值引领作用。

（三）丰富对公正的认识以促进公正的发展

公正是一种价值理念，在人类历史的发展中不断发展，而道德则是推动公正不断发展的重要力量之一。正如韩水法先生所说："在相当长的时间里，正义一直被看作是道德的问题，正义判断被归为道德判断，并且在这样一种考虑之下得到措置。"②道德能够不断提升我们对公正原则与公正范式的认识与理解。

公正成为指导人们在现实生活中行为的价值目标，很大程度上是因为它构成了社会生活中的原则，从而对社会生活的各方面发挥其影响。从学理上说，公正在社会中具有一定程度的普遍性认可，也就是得到了社会中绝大多数人的认可，或者更为准确地说，它具有在这个社会中存在的正当合理性，从而成为人们社会中的"应当"。人们在社会生活中认可它并遵

①　[法]亚力克西·德·托克维尔. 旧制度与大革命[M]. 华小明，译. 北京：北京理工大学出版社，2013：107.

②　韩水法. 正义的视野——政治哲学与中国社会[M]. 北京：商务印书馆，2009：4.

守它。公正原则在社会生活领域中一直保持其"应当"的特性，而这正好成为道德能够在社会中推动形成公正原则的根本原因。道德是人们在社会生活中所广泛认可并约定俗成的重要力量，是引导人们"应当如何"的规范，从而构成了公正原则之所以成为公正原则的具有正当合理性的理由。换而言之，公正原则中的正当合理性源于道德上的正当合理性。如果没有道德上的正当合理性论证，公正原则本身就会遭到人们的质疑，必然丧失其普遍性，无法成为指导人们生活的"应当"。

如果我们从公正范式的演化来看待道德的推动力量，可以更为清楚地理解这一点。在前面我们论述了历史发展中对公正的诠释，在不同的历史条件下总是存在着各种不同的对公正的诠释，但也总是存在着内在不变的公正本性与演化范式。公正的本性就在于内在的维持付出与应得等关系中的"应当"，否则就不是公正。而在公正概念的发展中，我们可以发现，无论公正概念如何诠释，都遵循了确定公正原则→出现危机→确定新公正原则的范式演化规律。从传统社会中占据主流的个体公正向现代社会中占据主流的社会公正的转变，源于不同经济条件下个体德性向社会德性的转化。随着传统社会向现代社会的转变，原来传统社会中的自然经济逐渐解体，原有的建立在个体德性基础上的公正诠释出现了危机。那种生活在熟人社会中，通过个体德性来判断是否公正的做法显然已经无法在一个陌生人社会中加以运用。随着市场经济的发展，社会迫切需要符合大生产要求的人员自由流动的社会德性，即通过社会规范来约束陌生人的行为。于是，建立在社会德性基础上的公正诠释逐渐形成。我们不难发现，无论公正诠释的具体内容如何变化，贯穿在公正内部的维持付出与应得等关系中的"应当"并没有变化，道德推动公正原则不断发展的否定之否定的演化范式也没有变化。正是在不同的经济条件下，人们根据实践具体情况的道德变化对于公正原则做了符合社会发展的正当合理性的诠释，从而促进了公正的发展。

(四) 道德领域的公正价值的滥用

道德领域的公正价值并不是任何人在任何时候都能加以坚守。很多时候，人们在道德领域中有意或无意错误地使用了公正的价值指向。这就是公正价值的滥用。道德领域公正价值的滥用不仅是一种可能，而且是一种社会历史与现实的事实。从滥用的主观性角度来看，道德领域公正的滥用可以分为有意滥用与无意滥用。无论是有意滥用还是无意滥用，它们都导致了公正滑向非公正。

其一，有意滥用。

有意滥用道德领域的公正，在社会历史和现实中并不少见。在当今学术界，日本右翼势力自20世纪中期以来，一直把侵略亚洲各国的行为视为解放亚洲的符合道义的公正行为。他们把发动侵略战争的日本国打扮成为公正的化身。关于日俄战争，田中正明说：日俄战争是日本为了抵抗"侵略成性"的俄罗斯，解除它对"支那和朝鲜"的威胁的战争。①关于日本吞并韩国，中村粲说：日本"一是为了东方的稳定与和平，二是为了日本的安全即自卫"。②安村廉还公然叫嚣："如果不怕被误解，则可以说，日本对朝鲜半岛进行了有利的统治。"③关于珍珠港事件，总山孝雄认为，"大东亚战争并非日本人为了侵略而发动的，而是被逼得走投无路不得不奋起"。④在日本学术界，日本右翼势力滥用道德领域中的公正，极力美化日本在第二次世界大战中的"公正行为"，否定东京审判的公正性，试图为其侵略历史翻案。日本侵略亚洲各国，屠戮平民，居然成为有恩于亚洲各国人民的公正事业？这是属于颠倒黑白，刻意滥用道德领域的公正。

除了在当今社会现实中，存在这种道德领域公正的滥用外，在人类历史上的一些黑暗时代，统治者或统治阶层为了维护其统治秩序和利益，有意滥用道德领域的公正，把不公正打扮成公正。道德领域公正的滥用，有时的确出于滥用者的主观故意。那些别有用心的统治者或统治阶层为了稳定自己的统治，在道德上无不是极力自我标榜、自我美化。道德上的虚伪是这种道德的一个显著特性。其中，虚假的公正是他们自我美化的一个重要内容。比如，清朝的雍正为了显示自己"得国之正"，挖空心思写了《大义觉迷录》一书自我辩护，把自己刻画成"为社稷和百姓着想""有国无家""鞠躬尽瘁"的伟大统治者，而他的政敌都是一些阴险狡诈、贪图私利、误国误民的小人。他为了国家的大义而将这些人绳之以法，俨然是作为公正的化身彰显了公正的力量。然而，这本书编写得过于拙劣而欲盖弥彰，以致雍正一死，乾隆就把该书列为禁书。因此，从人类历史来看，道德领域的公正价值滥用是一种不容忽视的常见现象。把不公正打扮成公正，采取伪装的方法欺骗社会、欺骗民众，是历史上一些伪善的统治者或统治阶层惯用的伎俩。然而，道德领域的不公正不可能永远欺骗历史。人类的历史已经表明它不仅一次，而且一次又一次揭穿其虚伪的面纱。道德领域中

---

① ［日］田中正明. 虚构的"南京大屠杀".
② ［日］中村粲. 大东亚战争的起因.
③ ［日］安春廉. 社会党史观占上风将导致国家灭亡.
④ ［日］总山孝雄. 从弱肉强食到平等共存的时代.

滥用的公正终究会回归其本来面目。

其二，无意滥用。

道德领域的公正在社会生活中还存在无意之中被滥用的情况。一些人由于其知识水平有限、道德意识低下、道德认知能力不足等，错误地把不公正理解为公正，把本来的公正当作了不公正。尽管他们认为他们在追求公正，但实际上他们在推行不公正。道德领域中的公正，在这种状况中也就出现了滥用。这种滥用可以被称为道德领域的无意滥用。这种误判，并不是出于主观上的有意如此，刻意想要颠倒黑白，把不公正说成公正。但是，我们应该明确滥用就是滥用，不能因为是无意造成就否定其滥用的性质。无意滥用也构成了道德领域中公正滥用的一个重要方面。在人们的现实社会生活中，这种滥用也是经常能够见到的。因此，我们要防止出现这种由于理解与认识方面欠缺而造成的滥用，就需要社会或国家加强相关的教育与引导，提升社会成员的知识积累与认识水平，提高他们识别善恶的能力，减少由此而出现的误判。正如罗尔斯所说："人类必定具有一种道德本性，这当然不是一种完美无缺的本性，然而却是一种可以理解、可以依其行动并足以受一种合乎理性的正当与正义的政治观念驱动的道德本性，以支持其理想与原则指导的社会。"①唯有社会成员出于其道德本性对公正的正当性具有了普遍性的认同，道德领域的公正也就获得了避免被滥用的前提。

道德领域的公正的滥用，无论是有意滥用还是无意滥用，都属于道德领域的公正价值的异化。其区别在于前者是自觉自愿的异化，后者是不知不觉的异化。我们不可否认公正的价值在异化中能够使我们更为深刻地认识和把握其内在本质，但这并不意味着我们要放纵公正的异化。任何社会中放纵公正的异化，一旦为人们所洞察，发现自身被蒙蔽和欺骗，就容易导致社会公信力的丧失，引发社会秩序的混乱，甚至崩溃。

---

① [美]罗尔斯. 政治自由主义·导论[M]. 万俊人，译. 南京：译林出版社，2011：45.

第五章 "促进和谐"的道德价值目标

促进和谐是促进人的发展与社会的发展的关系中的道德价值目标。在数千年的人类文明史上，和谐一直是人类社会生活中追求的道德价值理念。它是人在参与社会实践活动中追求人的发展与社会的发展时所达到的各得其所、协调发展的价值理想。人是生活在由人、自然、社会三者所构成的系统之中。人的发展与社会的发展都和和谐有关。自古以来，追求和谐的关系，确保人与社会的发展，就是一个永恒的价值目标。道德，作为人的自我创造，就是要追求形成这样一种人的发展与社会的发展相得益彰的社会生态背景。实现和谐的道德理想是人类建设美好的生存家园所不懈追求的社会发展态势。因此，在探讨了人们所追求的幸福和社会所重视的公正之后，我们需要探讨和谐。道德和谐不同于政治和谐、法律和谐、文化和谐等和谐概念。它是以人的发展与社会的发展的两者关系为目标，从道德意义上追求人与社会各自发展的和谐一致。道德对于和谐的意义在于它能够从精神内涵和外在规范上引导人们处理好人的发展与社会的发展之间的关系以及人与人、人与自然之间的关系，形成自然、人、社会之间相互协调发展的状态。

一、和谐是道德价值目标

从和谐概念的历史发展来看，和谐一直都是伦理学中的重要目标。它充分体现了道德的本质。道德的本质，从其内在关系来看，是人类在自身发展过程中，协调各种社会关系中的矛盾冲突的产物。和谐在人的发展与社会的发展中具有重要价值。从道德价值论来看，道德有其特定的和谐内涵。

(一)中国传统文化中和谐概念的历史发展

人类始终以群体生活作为其生存与发展的前提。为了维护人与社会的实践活动，确保人的生存与发展以及社会的存在与发展，如何处理人与社会等各种关系的和谐观念，构成了人类社会中所要追求的价值目标。从人类思想史的发展来看，无论是在中国传统社会，还是在西方社会，古今思想家们一直都把和谐作为重要的研究对象。中西方在不同的历史文化背景中形成了既内在相通，又各有千秋的和谐概念。

在中国传统文化中，和谐是其特质之一。"和谐"由"和"与"谐"两个单字构成。"和"是一个非常古老的汉字，早在甲骨文中就已经出现。《周易·中孚》有："鸣鹤在阴，其子和之，我有好爵，吾与尔靡之。""和"是指随声附和，声音相随。《说文解字》诠释"和"为："相应也。从口，禾声。"它也是从声音相和来加以理解。在《尚书》中，"和"在《今文尚书》中出现26次，《古文尚书》中出现18次。在这里，"和"被引申为处理人与社会等各种不同关系的含义。"自作不和，尔惟和哉！尔室不睦，尔惟和哉！尔邑克明，尔惟克勤乃事。"（《尚书·周书·多方》）周公代表周成王告诫殷人和各方人士，如果你们之间不和睦，你们应该和好起来；如果你们之间家庭不和睦，你们家庭也应该和睦起来；如果你们能够忠于职守、做臣民的表率，你们邑内的臣民也会勤勉做事。显然，"和"具有处理好各种关系、多方和睦相处的含义。"谐"也是古老的汉字。《尚书·尧典》中有："八音克谐，无相夺伦，神人以和。"舜对掌管音乐的夔说，八类乐器的声音能彼此相和，不能混乱，要让神和人都感到快乐。《说文解字》中把"谐"解释为："合也。从言，皆声。""和"与"谐"被放在一起，可见于《左传·襄公十一年》："如乐之和，无所不谐。"由此，我们不难发现，在中国文化中，"和"与"谐"同义。"和，谐也。"（《广雅·释诂三》）"和"与"谐"本来都是与音乐有关，指不同声音相和，以后形成了"和谐"一词，引申为人与社会、自然等各种关系之间的相互宽容、协调发展，被广泛地运用于政治、经济、文化、宗教、伦理、医药，以及宇宙观、方法论等各个方面。

和谐，作为中国传统文化的核心范畴之一，有其形成和发展的历史过程，构成了独具特色的理论体系。和谐最初起源于巫术礼仪之中，追求一种"神人合一"的状态。远古的巫术礼仪总是伴随着原始的音乐来展开。这也就是为何和谐最初的含义总是与音乐有着密切的联系的原因。自先秦时期人们的理性思维确立后，"神人合一"逐渐转向了"天人合一"的思维模式，以此来追求人与人、人与自然、人与社会的和谐相处。从中国哲学的发展来看，历史上的各家各派，特别是中国哲学三大支柱儒、道、释，都曾不约而同地阐述了它们对于和谐的认识与理解，表明了和谐一直是中国人所追求的一种重要的价值目标。它们的思想各有特色、相得益彰，展现了中华文化在处理人与世界等各种关系时的精神特质和悠久传统。

儒家主要从人与人之间的关系来探讨和谐思想。尽管儒家也探讨了人与自然、人与社会之间的和谐，但其侧重点在于人与人之间的和谐。孟子认为，"天时不如地利，地利不如人和"（《孟子·公孙丑下》）。他很鲜明地把天、地、人"三才"最后归结在"人和"。也就是说，人和才是最为重要的。在探讨人与人之间的和谐中，儒家非常重视"和而不同"与"致中和"，追求天下为公的和谐社会。孔子认为，"君子和而不同，小人同而不和"（《论语·子路》）。儒家培养的是君子，君子与小人的不同之处在于"和"而不是"同"。在孔子看来，和谐并不是求同，而是承认差异和区别，保持彼此之间的个体独立性和特性，在此基础上获得一种整体性的发展。推广到人与社会的关系，儒家强调社会整体的重要性，个人服从社会才能生存与发展。和而不同在这里表现为"能群"。借助荀子的话说："人之生，不能无群"（《荀子·富国》）。所以，儒家一直鼓吹"君君、臣臣、父父、子子"的观念，认为据此可以构建温情脉脉的家国同构的社会生态图景。可以说，区分了"和"与"同"是儒家和谐思想的重要前提。儒家的和谐讲究的是各司其职、协调发展。由此，儒家倡导"致中和"。"喜怒哀乐之未发，谓之中；发而皆中节，谓之和。中也者，天下之大本也；和也者，天下之达道也。致中和，天地位焉，万物育焉。"（《礼记·中庸》）儒家从形而上的高度突出了和谐的价值。正因为如此，儒家讲究做人的"中庸之道"："君子中庸，小人反中庸。"（《礼记·中庸》）中，即不偏不倚，无过无不及；庸，即平常而不变。显然，儒家试图通过做人的"中庸之道"进一步阐述如何保障人与人之间的和谐相处。也正因为如此，儒家所追求的远景理想是一个如此和谐的社会，即"选贤与能，讲信修睦。故人不独亲其亲，不独子其子，使老有所终，壮有所用，幼有所长，矜、寡、孤、独、废疾者皆有所养"（《礼记·礼运》）。儒家还由此提出了"仁""义""礼""智"等做人的德性。王阳明说："明明德者，立其天地万物一体之体也；亲民者，达其天地万物一体之用也。"（《王文成公全书·大学问》）在儒家看来，从人与人的和谐能够推广到人与自然、人与社会的和谐。儒家希望通过培育人与人和谐相处的德性来构建理想的和谐社会，在中国历史上产生了深远的影响。

道家主要从人与自然之间的关系来探讨和谐思想。道家对于人与人之间的关系并不如儒家那样关心。老子向往"邻国相望，鸡犬之声相闻，民至老死不相往来"（《道德经》第80章），庄子则明确指出"相濡以沫，不如相忘于江湖"(《庄子·大宗师》)。道家之所以如此，在于他们认为和谐是以"道"为核心。"道"是道家的最高范畴，既万物之源，也是一切运动的内在规律。道家认为，人道要符合天道。老子指出："人法地，地法天，天法道，道法自然。"(《道德经》第 25 章)。在这里，道法自然，意味着自然无为，顺其自然，即所谓"天和"。庄子进一步直接提出，人为自然一部分。"天地与我并生，万物与我为一。"(《庄子·齐物论》)这是一种超然物外、物我为一的化境。道法自然，人应该任其自然。因此，道家提倡"无为""无欲""无争""知足""知止""去甚、去奢、去泰"等观点，追求顺其自然而无为的生活方式。在人与自然之间，道家强调顺应自然。人要自觉地尊重自然规律，保护自然，而不是破坏自然。道家反对片面地利用自然和征服自然的行为和想法，他们强调人与自然界的统一。老子还认为"道生之，德畜之，物形之，势成之"(《道德经》第 51 章)。显然，道家发现了整个世界是一个遵循道的生态系统。道生成万物，德养育万物。整个生态遵循道的规律运动，道使自然平衡。借助老子的话说："天之道，其犹张弓欤？高者抑之，下者举之；有余者损之，不足者与之。"(《道德经》第 77 章)美国著名学者卡普拉(Fritjof Capra)在探讨维护生态平衡的重要性时，非常欣赏道家的这种思想。他说："在伟大的诸传统中，据我看，道家提供了最深刻并且最完善的生态智慧，它强调在自然的循环过程中，个人和社会的一切现象以及两者潜在的一致。"①由此，道家还把这种和谐推广到社会之中，重视人的本真状态，注重人的自然本性向自然的回归，强调人的返璞归真，反对违反人的本真状态的一切社会状态，尤其是人为的自我扭曲状态。可见，道家希望通过遵循道法自然，达到一种人与自然、人与社会的和谐状态。

佛教主要是从身心关系来探讨其和谐思想。佛教东来，填补了中华原有本土传统文化的不足。"中国的学术文化包括儒学和其他学派都存在一个共同缺陷，都是对人们精神世界的关注不够。而佛教关注人的生、老、病、死等人生问题，描绘了一个西方极乐世界，为人们提供了一个心灵安放之处，具有强大的精神安顿作用，特别是对深陷苦难之中的普通民众有极大的吸引力。"②佛教认为，人生是苦，从而奠定了超越世俗的基本立场。它宣扬了一套帮助世人脱离苦海、大彻大悟的理论，因而特别重视

---

① ［美］弗·卡普拉. 转折点：科学、社会、兴起中的新文化［M］. 冯禹，等，译. 北京：中国人民大学出版社，1989：310.
② 高德步. 中国价值的革命［M］. 北京：人民出版社，2016：189-190.

"净心""治心",反观心源,自我觉悟,自我解脱。《维摩结经·佛国品》有:"若菩萨欲得净土,当净其心,随其心净,则佛土净。"禅宗的北宗典籍《观心论》认为,心是万物之本原,心是万法之根本。"心是众圣之源,心为万恶之主。涅槃常乐,由自心生,三界轮回,亦从心起。心为出世之门户,心是解脱之关津。"禅宗的南宗典籍《六祖坛经·决疑品》认为,修行就是修心,佛说一切法,为治一切心。"自心地上觉性如来,放大光明,外照六门清净,能破六欲诸天。"佛教,尤其是禅宗,突出了人的自我觉悟,彰显了人的内在世界的和谐与平衡。其中所蕴含的佛教的基本教理,正如圣严法师所说:"一切现象的幻现幻有,都是由于众生的业力所感化。因此,若能悟透了缘生性空的道理,便能不受一切幻境的诱逼;不做一切幻境的奴才,而得自由自在,那就是一种解脱生死的功夫。人,一旦不受外在的境界所转,他就可以不造生死之业而能解脱生死或自主生死了。"①佛教正是从静心修性出发,追求自我觉悟,借助内在世界中的心宁和谐来促进外在世界中人与人、人与自然、人与社会等各种关系的和谐。

由此可见,和谐价值观从原始巫术礼仪起源之后,在中国儒、道、释的思想发展中各有侧重。尽管三家的主旨和偏向有所不同,但都彰显了和而不同的和谐内涵,构成了注重人与人、人与自然、人与社会关系的中国和谐文化传统。中国和谐文化传统在维护中华文明的发展、整合中华民族的内部团结、提升民族凝聚力、促进中国社会发展和人的发展中发挥了重要的作用。

(二)西方文化中和谐概念的历史发展

在西方文化中,和谐是一个非常古老、重要的理念。自古希腊以来,西方各个学科领域中的思想家,从不同角度针对和谐问题进行了细致的研究,形成了源远流长的西方文化传统。和谐(harmony,concord)一词,在希腊语中为"harmonie",来自动词"harmozein",本意是指"适合一起"。后来,它被引申为针对宇宙万物之间存在状态的适当调和或协调。追求和谐是西方文化中普遍渴望实现的一种价值目标。它意味着人们在世界中面对各种思想与行为时会出现区别和差异,寻找彼此之间应有的共通性和一致性,保持一种相容状态,从而利于每个人自身的生存与发展。

古希腊是西方文化的摇篮,产生了西方最初的关于和谐的哲学思想。

---

① 圣严法师. 正信的佛教[M]. 北京:华文出版社,2015:23.

毕达哥拉斯认为，万物起源于数，世间万物的和谐源于数的和谐。在他看来，音乐之美在于音乐中音调与琴弦长度之间的数的比例关系。只有按照一定的数的比例关系，音符之间就会形成和谐之美。在自然界中，季节的变化也有和谐的特征。"在地球上光明的部分与黑暗的部分是相等的，冷与热、干与湿也是相等的。热占优势时就是夏天，冷占优势时就是冬天，干占优势时就是春天，湿占优势时就是多雾的秋天。最好的季节是这些元素均衡的季节。"①他还论述了社会中的和谐。他说："美德乃是一种和谐，正如健康、全善和神一样。所以一切都是和谐的。"②他从数的和谐推出万物的和谐，因而他也就把社会道德归结为和谐。古希腊时期阐述和谐思想的代表人物是柏拉图。柏拉图构建了一个理想的和谐社会，即理想国。他在《理想国》一书中论述了善与正义的和谐状态。在他看来，实现了善，也就是实现了正义。一个人的至善状态是其灵魂中"理智""意志"与"情欲"三者之间的功能的相互协调。柏拉图提出："管理得最好的国家最像各部分痛痒相关的一个有机体。"③与之相对应的是，一个国家的至善状态就是代表理智的管理者、代表意志的保卫者与代表情欲的生产者三者之间的劳动分工的相互协调。在柏拉图看来，个体的和谐是一个人的灵魂的三个部分各得其所、各负其责，社会的和谐是社会三个阶层的各就其位、各司其职。这种和谐既是一种善，也是一种正义。

随着古希腊文明的远去，欧洲进入中世纪。在漫长的一千多年里，基督教神学和谐观取代了古希腊的朴素和谐观。中世纪与古希腊的不同之处在于，基督教神学一枝独秀，占据欧洲社会的绝对统治地位，其他思想必须臣服于其脚下，或化身为基督教神学中的一个组成部分，才有存在的可能性。

《圣经》是基督教思想的绝对权威性经典，代表了上帝的声音。其中，它所阐述的和谐思想最能代表中世纪基督教神学的基本要义。首先，上帝是一切和谐的缔造者。其次，从人与人之间的关系来看，上帝认为人与人之间应该是和谐的。亚当与夏娃原来生活在和谐的伊甸园，但犯下原罪，导致世人失去和谐，人类社会也缺乏和谐。上帝遣其子，道成肉身，来到人间，拯救世人，构建和谐。再次，在人与社会的关系中，《圣经》强调

---

① 北京大学哲学系外国哲学史教育室. 古希腊罗马哲学[M]. 北京：生活·读书·新知三联书店，1961：34.

② 北京大学哲学系外国哲学史教育室. 古希腊罗马哲学[M]. 北京：生活·读书·新知三联书店，1961：36.

③ [古希腊]柏拉图. 理想国[M]. 郭斌和，张竹明，译. 北京：商务印书馆，2002：197.

人与社会之间应该和谐相处。《圣经》明确提出基督教徒要遵守各种社会制度是上帝的要求。人与自然万物都由上帝所创造，因而在上帝面前地位平等，都有其存在的价值。人应该尊重自然而不是破坏自然，否则，就是亵渎上帝。

在近代欧洲的历史发展中，和谐思想主要在哲学，尤其是德国古典哲学中展开。如果说古希腊时期的朴素和谐观主要是从客观世界来阐述和谐，那么近代的和谐观主要属于辩证和谐观，试图克服过去的不足与偏颇，突出主观精神与客观世界之间的关系，推进和谐思想的进一步发展。近代的思想家们，如笛卡尔、洛克、莱布尼茨、康德、黑格尔等人都曾经把和谐作为自己思想中的重要范畴。值得一提的是德国古典哲学家，不仅从和谐的外在形态上加以研究，而且从和谐的内在矛盾加以探讨。正如黑格尔所说，黄和蓝经过中和而在同一个统一体中展现出和谐，"是由于它们的鲜明的差异和对立已经消除掉了，因而在黄蓝差异本身就见出它们的协调一致。它们互相依存，因为它们所合成的颜色不是片面的，而是一种本质上的整体"①。在黑格尔看来，"在和谐里不能有某一差异面以它本身的资格片面地显出，这样就会破坏协调一致"②。所以，关于何为和谐，黑格尔指出："和谐是从质上见出的差异面的一种关系，而且是这些差异面的一种整体，它是在事物本质中找到它的根据的。和谐关系已越出了符合规律的范围，正如符合规律虽包含整齐一律那一方面而同时却超出了一致和重复。但是同时这些质的差异面却不只是表现为差异面及其对立和矛盾，而是表现为协调一致的统一，这种统一固然把凡是属于它的因素都表现出来，却仍把它们表现为一种本身一致的整体。各因素之中的这种协调一致就是和谐。和谐一方面表现出本质上的差异面的整体，另一方面也消除了这些差异面的纯然对立，因此它们的相互依存和内在联系就显现为它们的统一。"③具体而言，其一，和谐是包含了差异面或矛盾性的整体。在和谐之中存在不和谐的对立或矛盾，只不过这种对立或矛盾并不破坏其整体，而是存在于整体之中。其二，和谐是以消除截然对立为前提而存在。如果出现了截然的对立，这意味着统一体的破灭，对立面或矛盾方无法继续相互依存和相互联系。其三，从和谐中的对立与矛盾的发展来看，对立与矛盾是和谐的前提，和谐是对立与矛盾发展的一个结果。

---

① ［德］黑格尔. 美学(第1卷)［M］. 朱光潜，译. 北京：商务印书馆，1996：181.
② ［德］黑格尔. 美学(第1卷)［M］. 朱光潜，译. 北京：商务印书馆，1996：181.
③ ［德］黑格尔. 美学(第1卷)［M］. 朱光潜，译. 北京：商务印书馆，1996：180.

自 19 世纪 30 年代以来，现代西方哲学流派纷呈，出现了科学主义思潮、人本主义思潮、新托马斯主义思潮等。科学主义思潮主要从社会的和谐、结构的和谐来探究和谐。实证主义的鼻祖孔德（Auguste Comte）认为，人有利己和利他之心，利己冲动可以促进社会发展，利他品质能够促进社会合作。人本主义思潮主要从人自身的身心关系来探讨和谐。法国哲学家居友（Jean-Marie Guyau）认为人的生命包括无意识的生命和有意识的生命。无意识的生命才是行动的真正来源。人的行为分为有意识的行为和无意识的行为，人的大部分行为属于无意识行为。人与外在世界的和谐，其实也就是人内在的本能与意识之间的和谐。新托马斯主义思潮是中世纪托马斯主义在现代社会的进一步发展。它充分吸收了现代思想，利用了世俗理论的缺陷，重建并论证了基督教神学和谐观。

总之，和谐意味着人类在人与人、人与自然、人与社会的关系视野中所进行的一种反思和探索。中西方文化的和谐思想的发展线索之间存在着明显的差异。它表现了和谐思想在不同文化背景下的传承与发展，也揭示出和谐之中所蕴含的万物和谐、自然和谐与社会和谐中所具有的普遍的内在共性，引导人类从不同角度追求和谐价值目标，促进人自身的发展与社会的发展之间的稳定与和谐。

（三）和谐是道德重要价值

和谐与道德之间关系密切。从促进人的发展和社会的发展来看，道德总是以和谐作为自己的外在表现状态。人们说一个人的发展或某个社会的发展是健康的，常常称之为是一种和谐的发展。李泽厚在其伦理学中提出"和谐高于正义"的命题，赋予了和谐在道德价值中的重要地位。陈来立足中国传统文化的立场，把李泽厚的这一观点视为其后期伦理思想中最重要、最有价值的命题。他指出："和谐只能是普遍的绝对道德价值。"[①] 我们认为，和谐是道德重要价值，是人与社会发展中促进两者协调发展的重要目标。作为道德重要价值，其根据就在于道德是和谐的特别表述，道德是和谐发展的要求，和谐发展是道德的目标。

其一，道德是和谐的特别表述。

和谐是历史悠久的概念，具有丰富的内容。尽管我们不可能穷尽其所有的含义，但可以发现它所包含的基本含义，即在人的发展与社会的发展中，与冲突相对的协调与发展状态。和谐，主要包括人与人的和谐、人与

① 陈来. 儒学美德论[M]. 北京：生活·读书·新知三联书店，2019：253.

自然的和谐、人与社会的和谐等。道德与和谐的这些状态之间有着密切关系，并不意味着道德在这些和谐之间处于一种平行重要的状态，而是有着层次上的区别。从道德价值论来看，道德是和谐的特别表述，主要是指道德是人与社会之间和谐的特别表述。

不可否认，道德的产生和发展总是试图调节人与人之间的关系，把冲突转化为和谐。它似乎意味着人与人之间的和谐在和谐的几种样式中更为重要。其实不然，人与人之间的和谐本质上源于人与社会之间的和谐。每个人都有自己的追求和爱好，自我与他人之间总是会出现某种冲突或不和谐。从表面来看，它是个体与个体之间的冲突或不和谐。如果从深层次来看，它是个体在社会生活实践中个体的道德认识之间的冲突或不和谐。道德是依附于社会才可能出现的概念。作为隶属于社会的概念，道德本身就属于个体与社会之间的关系如何处理的问题。从这个角度来看，社会具有个体生存与发展的优先性。正如滕尼斯所说："任何社会的关系都表现着一个被置于它之前的、人为的个人的开端和可能性。"①在个体的道德认识中之所以容易出现冲突或不和谐，主要在于对社会整体利益的认识出现偏差。毕竟，我们每个人无时无刻不是生活在一定的社会之中，都有着与之相关的一连串的欲望、情感和倾向，没有什么完全独立的个人。脱离社会整体利益的认识，只会忽视人的社会性本质。如果每个人都能够充分认识社会整体利益在个体生活中的重要性，也就有了相应的化解人与人之间矛盾与冲突的必要依据。也就是说，人与社会之间的矛盾与冲突，相比于人与人之间以及人与自然之间的矛盾与冲突，属于更为根本性的矛盾与冲突。如何化解人与社会之间的矛盾与冲突，才是更为基础性的和谐。从人类伦理思想史的发展来看，尽管不同时代的人们对所认识的社会整体利益有着不同的表述，甚至同一时代的人们在这方面也有着不同的表述，但都不会影响人们在和谐层次上的逻辑认识，把人与社会的和谐作为更为重要的和谐样式。

既然人与社会之间的和谐更为基本或重要，那么人与自然、人与人之间的和谐与之存在着什么样的关系？首先，我们应该明确这些和谐样式之间并不是孤立的，而是相互联系的。人是生活在一定的社会关系网之中，既与他人、社会之间存在着一定的必然联系，也与自然之间存在着各种不可分割的关系。按照马克思的观点，人正是在实践活动中，把自身与他

---

① [德]费迪南·滕尼斯. 共同体与社会：纯粹社会学的基本概念[M]. 林荣远，译. 北京：商务印书馆，1999：255.

人、社会及自然之间联系起来。人与社会之间的和谐，总是同人与人之间的和谐、人与自然之间的和谐在人的实践活动中联系在一起。从横向来看，不同和谐之间构成了人的道德生活的丰富性和复杂性；从纵向来看，和谐的演变从人的各种关系的角度形成了人们道德生活的发展史。由于人与社会之间的和谐是人们道德生活中相比其他两种和谐更为重要的和谐样式，因此，在三种和谐之间，也就有了和谐的层次性。这也就有了关于三者关系的第二点，即人与社会之间的和谐是人与人之间、人与自然之间和谐的基础。或者说，人与人之间的和谐、人与自然之间的和谐可以从人与社会之间的和谐加以分析。社会是人所构成的整体，人与人之间的矛盾与冲突，可以归结为由于人在社会整体利益认识上的不同所造成的矛盾与冲突。自然是人从社会向社会之外的自然界所拓展的空间，人与自然之间的矛盾与冲突，同样也可归结到人与社会之间的矛盾与冲突，或者说人与自然之间的矛盾与冲突是人与社会之间的矛盾与冲突在自然领域中的延伸。

道德是和谐的特别表述，就是要从和谐的角度来探讨道德问题，关注不同的和谐，尤其是要把人与社会之间的和谐作为思考其他和谐的基点。由此，我们既需要认识到人与社会之间的和谐、人与人之间的和谐、人与自然之间的和谐，即三种和谐之间存在着联系，并不是彼此之间相互悬置，也需要认识到人与社会之间的和谐在三种和谐之中所具有的独特道德意义和价值。

其二，道德是和谐发展的要求。

人类社会的发展就是不断从不和谐走向和谐的循环往复的提升过程。道德是人类和谐发展过程中的必然要求。在人类社会不断走向和谐的过程中，道德是人类为了化解矛盾与冲突而自身所提出的要求。从这个意义上说，道德是和谐发展的重要手段。

马克思指出："各个人借以进行生产的社会关系，即社会生产关系，是随着物质生产资料、生产力的变化和发展而变化和改变的。生产关系总合起来就构成所谓社会关系，构成社会，并且是构成一个处于一定历史发展阶段上的社会，具有一定特征的社会。"①在马克思看来，生产力决定了生产关系，生产关系必须要适应生产力的状况。马克思主义者把这称为人类社会发展的基本规律，决定了不同社会类型的转变。人类社会发展的基本规律有两层含义：一方面，有什么样的生产力，就有什么样的生产关

---

① ［德］马克思，恩格斯. 马克思恩格斯选集（第 1 卷）［M］. 北京：人民出版社，1995：345.

系。另一方面，生产关系并不是消极被动地适应生产力，而是有其反作用。它与生产力之间有适应和不适应之分。当生产关系不适应生产力的发展时，就会阻碍生产力的发展；当生产关系适应生产力的发展时，就会促进生产力的发展。在这里，所谓适应就是一种和谐。如果生产力与生产关系之间能够保持一种和谐的关系，即生产关系适应生产力的发展，就会促进生产力的发展；如果生产关系不能适应生产力的发展，即两者之间不能确保一种和谐的关系，生产关系就会阻碍生产力的发展。人类社会的发展就是由于生产力已经向前发展，而旧的生产关系落后于生产力的发展，也就是两者之间无法保证一种和谐关系，从而促进了新的生产关系的出现，即出现一种新的和谐关系，从而形成一种新的社会类型取代旧的社会类型。马克思所阐述的五种社会类型，就是生产力与生产关系之间不断从不和谐走向和谐的过程。

为了维护一个社会的稳定与发展，就需要生产力与生产关系之间保持和谐。当生产力突破了原有的局限，生产关系必须适应其发展，保持一种彼此之间和谐的关系，否则，生产力与生产关系之间的矛盾，必然导致社会类型的变化。马克思认为，资本主义生产方式所衍生的资本主义占有方式，导致其生产力和生产关系之间无法确保和谐，即生产关系无法适应生产力的发展，必然会宣告社会类型的变化。所以，他在《资本论》中说："资本的垄断成了与这种垄断一起并在这种垄断之下繁盛起来的生产方式的桎梏。生产资料的集中和劳动的社会化，达到了同它们的资本主义外壳不能相容的地步。这个外壳就要炸毁了。资本主义私有制的丧钟就要响了。剥夺者就要被剥夺了。"①在这里，马克思所提出的生产力和生产关系之间需要确保一种和谐，应该是一种大致的和谐，而不可能是一种数学上的精准和谐。同时，和谐意味着两者之间既具有静态的特性，又具有动态的特性。从静态上看，生产关系总是要适应生产力；从动态上看，生产力和生产关系之间呈现出不断协调的自我变化。人类社会的发展过程就是生产力和生产关系之间从和谐到不和谐，再到和谐的不断向前的发展过程。

从表面来看，生产力与生产关系之间需要保持和谐，与人类道德没有什么关系，其实不然。道德是生产力和生产关系和谐相处的重要手段之一。首先，我们需要理解马克思的道德理论是实践道德理论，即历史主义道德理论。马克思站在人类社会的历史发展的高度阐述其道德理论。它不

---

① ［德］马克思，恩格斯. 马克思恩格斯选集（第 2 卷）［M］. 北京：人民出版社，1995：269.

同于康德的义务论，也不同于功利主义等道德理论。德国思想家伯恩斯坦（Eduard Bernstein）、瓦兰德（Karl Vorlander）等认为，马克思是康德主义者。显然，他们忽视了马克思总是历史地具体地谈论人类道德问题，毫不客气地批判抽象人性论和实践理性下的抽象道德原则。美国学者艾伦（Derek Allen）、布坎南（Buchanan Alan）等人认为马克思是功利主义者。艾伦是其中的代表人物，他说："支持他们的（马克思和恩格斯的）道德判断的论据是，除了名字之外的彻底的功利主义者。"①这种观点忽视了马克思对功利主义创始人边沁的嘲讽与批判，没有看到马克思一生之中将自由、人类共同体和自我实现作为最基本的道德价值的依据，而不是将感性的欲望和需要作为最基本的道德价值的依据。美国分析马克思主义者佩弗（R. G. Peffer）不同意前面的两种观点，他试图把马克思归纳为一种混合义务论者。他明确指出："他不属于任何一种后果主义，他的道德理论是一种混合的义务论，一种关注正当的行为或义务的理论。"②佩弗发现了马克思道德理论的复杂性，不是只关注非道德的善，也关注道德的善。相比前面的研究，他的确拓展了关于马克思道德理论的研究深度与广度。但是，他并没有抓住马克思道德理论的特质，即从人类的历史实践的高度来探讨道德问题。由于马克思把道德视为历史性的产物，认为其是在人类实践生活的历史中所形成的，因此，马克思的道德原则和规范是存在于人的物质生产方式所代表的社会生活之中，而不是某个抽象的先验目的之中。这就说明生产力和生产关系的和谐相处离不开道德的力量。或者说，生产力和生产关系的和谐需要道德成为一种必要的调节手段。生产力的各要素中最重要的是人，而人的道德性是人的基础性精神属性。生产力各要素的和谐正是通过道德，以人为中介，借助人的优秀道德素质促进生产力的发展。同时，生产关系需要道德加以调节。道德调节是人类社会生产关系中除了市场调节和政府调节之外的另一种重要调节。所以，厉以宁认为，道德是"在市场力量和政府力量达不到的领域内唯一起调节作用的调节方式"③。在这里，正是人的道德，把生产力和生产关系联系了起来。先进的生产力、生产关系总是与先进的道德要求相配套，落后的道德要求必然

① ［美］R. W. 米勒. 分析马克思——道德、权利和历史［M］. 张伟，译. 北京：高等教育出版社，2009：33.
② ［美］R. G. 佩弗. 马克思主义、道德与社会正义［M］. 吕梁山，李旸，周洪军，译. 北京：高等教育出版社，2010：86.
③ 厉以宁. 超越市场与超越政府——论道德力量在经济中的作用（修订版）［M］. 北京：经济科学出版社，2010：5.

干扰先进的生产力和生产关系的发展，这就需要用先进的道德要求取代落后的道德要求，促进生产关系适应生产力的发展，才能保证两者的和谐。生产力和生产关系的和谐与否，不可避免地与社会的道德原则和规范之间有着千丝万缕的联系。如果人类没有适当的社会道德，生产力和生产关系自身就会陷入困顿之中，更难以和谐发展。道德构成了生产力和生产关系和谐相处的一个重要因素或手段。

当然，道德在生产力和生产关系的和谐发展过程中有一定的作用，但不可由此认为它能发挥决定性作用。正如西方马克思主义者尼尔森（Kai Nielsen）所说："道德论证，无论多么合理，都不会是社会变迁的主要原因。"①但是，道德的确能够向我们表明哪些社会是值得我们维护和追求的，哪些则是需要改变，甚至加以颠覆的。尼尔森认为社会主义之所以要取代资本主义，在物质生产方式中有其道德上的依据。"马克思认为资本主义是在掠夺工人，并且认为，在很多情况下，比如他自己所处的以及我们必将身处的情况下，具备这种生产方式从而要求如此剥削的世界仍然为那种无须如此剥削的可行而替代生产方式留出了空间，使之成为一种历史的可能。这意味着，在此情况下，这样的剥削——在道德上——就不应该被接受为一种冷酷的必然。其实，如果考虑到具有历史可行性和替代性的社会主义生产方式，那么，在实现这种生产方式的社会中，就会因为该生产方式的本质而不可能出现这样的剥削。"②

道德是人类社会物质生产实践过程中的经验概括和总结。它是社会调整器，有了它，人们在调节生产力和生产关系和谐发展中的各种问题时就有了更多的手段。在人类社会从不和谐到和谐的循环往复的向前发展中，道德是人类自身所构建的积极的重要成果。不同历史时期的道德是人们自我认识和自我积累的产物。没有自我认识和自我积累，人类不会产生如此丰富的道德知识与道德文化。道德是人类追求社会和谐发展过程中的必然产物。

其三，和谐发展是道德的目标。

道德是人类在追求自身和谐发展中的产物。从道德自身发展来看，它以和谐作为自己的目标。正是在人类不断追求和谐的过程中，人类自己为自己立法，以道德要求自身，以此来实现和谐。和谐发展作为道德的目

---

① ［加］凯·尼尔森. 马克思主义与道德观念——道德、意识形态与历史唯物主义［M］. 李义天，译. 北京：人民出版社，2014：160.

② ［加］凯·尼尔森. 马克思主义与道德观念——道德、意识形态与历史唯物主义［M］. 李义天，译. 北京：人民出版社，2014：160.

标，表现为道德的本质随着和谐的发展而发展，道德的功能随着和谐的发展而发展，道德的历史是和谐发展的历史。

道德的本质随着和谐的发展而发展。道德，无论是个体道德还是社会道德，都是人自身在其社会生活实践中渴望实现某种和谐的产物。个体希望能够和周围的人、组织、社会构成一种和谐的状态，从而能够更好地生存与发展。由此，在个体道德中非常重视个体的德性与品质的提升。社会也希望构成一种和谐的社会制度维护每个人的正常生存与发展。由此，在社会道德中非常重视社会道德规范的自我更新与完善。从原始社会、奴隶社会、封建社会、资本主义社会发展到社会主义社会以及未来的共产主义社会，人类一直追求一种和谐的社会生活，人类的和谐空间不断扩展和发展。尤其自资本主义社会发展以来，科学技术飞速发展，人类已经从实体世界进入虚拟空间，人类的和谐空间被前所未有地打开了。信息时代的到来，为人类道德的内容、形式和思维方式的发展提供了广阔的前景。人，日渐成为数字化的存在，由此需要在道德上有新的自我要求和样式。传统伦理的近距离关系已经在时间和空间上得到了难以想象的延伸，也需要新的道德思维方式。正如汤因比在评价 20 世纪的民族主义时所说："现在人类居住的整个地区，在技术上已经统一为一个整体。因此在精神上也需要统一为一个整体。以前作为人类居住地区的局部地区，只向其居民和政府献身的政治热情，现在必须奉献给全人类和全世界，不，应该奉献给全宇宙。"①人类所追求的和谐空间的延伸，也必然带来道德思维方式的发展。

纵观人类社会的演变，道德，作为人类社会中重要的意识形态，随着人类社会的不断发展，其类型从原始社会道德、奴隶社会道德、封建社会道德、资本主义社会道德发展到社会主义道德。道德之所以随着人类不断追求和谐的步伐而发展，归根结底，在于生产力和生产关系的和谐发展，而道德总是依附于一定社会物质生活实践条件，受到生产力和生产关系和谐发展的制约，因而道德必然随着人类追求和谐的发展而发展。如果没有人类社会中生产力和生产关系的和谐发展，道德的发展也就成为幻影。

道德的功能随着和谐的发展而发展。道德，从它产生的那天开始，就是要促进人类社会自身的和谐。从宏观层面上看，道德的功能是通过道德规范发挥其力量。社会，作为人类生活的共同体，总是存在冲突与和谐两

---

① ［日]池田大作，［英]阿·汤因比. 展望 21 世纪——汤因比与池田大作对话录[M]. 荀春生，朱继征，陈国梁，译. 北京：国际文化出版公司，1999：220.

种状态。社会成员，有其不同的生活背景和利益诉求，因而持有不同的价值观念。如果社会成员之间能够彼此尊重、相互合作，社会就会走向和谐；如果社会成员之间缺乏信任、争斗不已，社会就会出现冲突。正如黑格尔所说："一切事物本身都自在地是矛盾的。"①社会，作为一个整体，其中就包含了和谐与冲突的因素。毕竟，"整体不是抽象的统一，而是作为一个差异的多样性的统一"②。我们不可能生活在一个毫无冲突的和谐社会中。我们所要做的就是不断化解冲突，增进和谐。道德，作为人类自己为自己设立的要求，就是帮助人们在社会生活实践中化解各种冲突，尽可能降低冲突的破坏性，增加和谐的社会风气。因此，古今中外，每个时代的社会之中总是有其相应的社会道德规范，以便能够化解冲突、增加和谐。毫不夸张地说，人类社会所渴望实现的和谐发展到哪个领域，道德的功能就会发展到哪里。道德的功能随着和谐的发展而发展。尽管道德并不是唯一的手段，但一直都是非常重要的力量。从微观层面上看，道德是通过个体德性的培育发挥其力量。个体德性是社会道德规范的内化。个体德性的提升，意味着个体提高了增加社会和谐的能力。因为，它能够引导、调节和规范人的行为，降低冲突的风险。社会由无数个体所构成，为了要实现社会和谐，世界上没有不重视个体德性培育的民族和国家。因此，随着社会不断追求和谐，个体德性也会随之不断丰富和完善，成为个体自身重要的精神追求对象。

当然，落后于社会需要的道德，会给和谐的发展带来困扰。这是由于道德所依附的生产关系，阻碍了生产力的发展。但是，随着生产力的发展，必然会出现适应生产力发展的道德。也就是说，道德能够随着和谐的发展而自我更新和自我发展。

道德的历史是和谐发展的历史。正是由于道德的本质随着和谐的发展而发展，道德的功能随着和谐的发展而发展，从历史发展来看，道德的历史也就是一部和谐发展的历史。它记录道德的本质和功能在不同历史条件下人类追求和谐时的具体表现。人类之所以需要道德，就在于人类很早就已经发现仅仅依靠人的本能无法化解社会冲突和矛盾，而是需要高于本能的理性力量。道德就是其中之一。从伦理思想史的发展来看，道德理论的发展过程就是人类不断提升自己的理性力量的历史，是通过道德化解社会冲突、追求和谐的历史。在人类的早期阶段，道德主要是调节原始部落中

---

① [德]黑格尔. 逻辑学(下卷)[M]. 杨一之，译. 北京：商务印书馆，2018：65.
② [德]黑格尔. 逻辑学(下卷)[M]. 杨一之，译. 北京：商务印书馆，2018：161.

的各种血缘关系。随着社会生产力的发展和国家的建立，道德调节更为广泛的人与人、人与社会、人与自然之间的各种关系。从社会发展的规律来看，根据马克思的观点，道德的历史就是借助人的道德要素渗透于生产力与生产关系之中，实现生产力与生产关系之间和谐发展的历史。道德正是在这种追求和谐的过程中呈现了自身的发展史。

(四) 道德和谐的内涵

和谐是一个涉及面非常广泛的概念，涉及不同学科有不同的理解。一般而言，和谐有政治和谐、经济和谐、法律和谐等，每一种和谐各有其内涵。和谐是针对关系存在的概念，没有关系存在就无所谓和谐，或者说，和谐存在于一定的关系之中。因此，政治和谐是处理政治关系的和谐，经济和谐是处理经济关系的和谐，法律和谐是处理法律关系的和谐。与其他和谐相比，道德和谐是一种特定化的和谐，处理的是道德关系。

道德和谐所关注的是特定的道德关系的和谐。道德关系是道德和谐的起点，合适的道德关系是道德和谐的归宿。在这里，我们需要把握道德关系的概念。"所谓道德关系，就是人们基于某种既定的社会道德意识，并遵循某种既定的社会道德准则，而以某种特有的活动方式发生的社会关系。"①这是国内关于道德关系流行很广的定义。不过，人们在应用这个定义时，常常忽略了这个定义的前提。这是在研究道德结构、专门论述社会道德的关系结构时所作出的定义。因此，在作出了这个定义之后，按照关系中的主体和客体之间的不同，可以把道德关系概括为个人与社会整体之间的道德关系，个人与个人之间的道德关系，社会整体与社会整体之间的道德关系。由于社会整体与社会整体之间的道德关系同个人与个人之间的道德关系可以相通，因此，最终把道德关系归为个人与社会整体之间的道德关系、个人与个人之间的道德关系。显然，我们在这里所探讨的道德关系并不局限于社会道德范围之内，而是从人的发展与社会的发展的双重过程中人与外部世界的更宏观的角度来探讨。它不仅涉及了人与人之间的道德关系，人与社会之间的道德关系，而且还包括人与自然之间的道德关系。因此，人们所认可的道德关系的定义与前面流行的定义有所不同。我们需要拓展其划定的范围，从人的社会领域延伸到外在自然领域。由此，我们认为，道德关系是人立足于一定的社会道德意识，并遵循某种既定的社会道德准则，而以某种特有的活动方式与外部世界所发生的价值关系。

---

① 罗国杰. 伦理学[M]. 北京：人民出版社，1999：62.

道德和谐就是以这种道德关系构成的和谐。因此，道德和谐是指人立足于一定的社会道德意识，并遵循某种既定的社会道德准则，而以某种特有的活动方式与外部世界所发生的道德关系之中的特定化的和谐。它主要包括人与人之间的和谐、人与社会之间的和谐、人与自然之间的和谐。道德和谐的本质表现在如下几个方面。

其一，道德和谐是一种与其他社会意识形态密切相关的特定化和谐。

道德和谐是人类所追求的和谐生活中的特定化和谐。其特定化在于，道德和谐并不是一种孤立的和谐，而是与其他的政治和谐、经济和谐、法律和谐之间存在着区别，也有着密切的联系。

道德和谐与政治和谐、经济和谐、法律和谐属于人类所追求的不同领域的和谐。相比其他和谐，道德和谐属于最为古老的和谐类型。早在人类构建国家之前，道德首先就作为一种调节人与人、人与社会、人与自然的关系的方式而存在。尽管它刚开始在原始部落中是以一种图腾或禁忌的形式表现出来，但展现的道德和谐价值已经出现。因此，道德能够首先被作为人之为人的一种特性而存在。至于政治和谐、经济和谐和法律和谐则是在国家建立之后，人的理性得到了进一步发展而构建的产物。政治和谐、经济和谐和法律和谐是人类自身在如何实现和谐目标的过程中，把和谐进行了进一步细化的结果。或者说，随着国家的形成与发展，从道德和谐的发展中，开始挖掘和发现了政治手段、经济手段和法律手段可以贯穿在实现和谐的过程中，从而出现了政治和谐、经济和谐和法律和谐。它们都具有国家强制性推行的特性，其背后是国家的政权机关的直接支持，而道德和谐是一种柔性的和谐，具有非强制性的特性，与国家的政权机关之间有一定的距离。道德和谐是诉诸人的内心自觉、社会风俗、公众舆论、大众教育来实现的和谐。从这个意义上看，道德和谐不属于强制性和谐，而是属于柔性和谐。

道德和谐尽管与政治和谐、经济和谐、法律和谐有所区别，但也密切相关。道德和谐是以经济和谐为基础，与政治和谐、法律和谐相互制约或相互影响。

道德和谐以经济和谐为基础。因为，道德和谐所要协调的道德关系总是以一定的经济关系为基础。一定社会类型中的经济关系决定了人们的生存和生产过程中的道德存在方式。在原始社会中，原始社会的道德以一种血缘道德来适应原始社会的经济关系。在奴隶社会中，奴隶社会的道德以一种等级道德来适应奴隶社会的经济关系。在封建社会中，封建社会的道德以一种宗法道德来适应封建社会的经济关系。在资本主义社会中，资本主义社会的道德以一种契约道德来适应资本主义社会的经济关系。在社会主义社会中，社会主义社会的道德以一种平等道德来适应社会主义社会的经济关系。可以说，有什么样的经济关系也就直接决定了有什么样的道德存在样式。道德总是需要适应经济的发展。或者说，经济和谐是道德和谐的历史前提。一定时代的道德和谐总是需要适应一定时代的经济和谐。从社会的发展来看，道德和谐中所调节的道德关系总是根据经济关系中的利益关系来展开。不同主体的利益关系是否和谐，可以说直接影响社会的稳定与发展。在人们的利益出现冲突时，道德以其"应该如何"来加以协调，力图保持人们彼此之间的和谐。就社会的整体而言，一种正确的道德上"应该如何"必然是符合一定的经济和谐的发展状态，按照一定的经济和谐来调整。一个经济上陷入矛盾重重的社会，总是充斥了各种尖锐的利益冲突与斗争，道德领域也会弥漫各种冲突与斗争。经济利益的激烈冲突直接导致人们生存的需要遭到威胁。"我们可以说，只有在保持和维护生命的那些需要得到满足后，人才可能转而努力满足更高层次的道德和伦理需要。"①一般而言，脱离一定的经济和谐发展规律的"应该如何"，在现实生活中难以达到和谐。从经济发展历史来看，和谐的经济必然是健康的、可持续发展的经济，能够处理好各种经济活动中的各种关系，既包括生产、交换、分配、消费之间的关系，也包括人与人之间的利益关系，以及人与自然之间的关系，等等。在这种和谐经济中，人们的道德生活容易实现和谐。因此，一定的道德和谐，是社会稳定与发展的需要，但总是需要以适应一定的经济和谐为基础，要在它的基础上实现自身目标。尽管有些时候，道德和谐可能会发挥其独特作用，反作用于经济和谐，但归根到底要受到经济和谐的制约。这就能解释道德的功能并非万能，尤其是面对经济利益进行调节时，有其局限性。

道德和谐与政治和谐、法律和谐联系密切、相互制约或相互影响。道德和谐所要调节的道德关系，总是与政治和谐中的政治关系、法律和谐中的法律关系之间存在着千丝万缕的联系。在奴隶社会和封建社会中，人们的生产生活受到血缘和宗法等级制度的影响，形成了人们在社会生活中地位的高低贵贱，直接影响人们生活实践中的各种道德关系。道德和谐与政治和谐、法律和谐相互依靠，共同构建了前资本主义社会的和谐。在中国传统社会中，道统、君统、宗统三者的合一，表明了三者和谐的一致性。

---

① [法]弗雷德里克·巴斯夏. 和谐经济论[M]. 许明龙，高德坤，张正中，等，译. 北京：中国社会科学出版社，1995：79.

在资本主义社会中，尽管已经摆脱了血缘和宗法等级制度的影响，但资本的统治导致财富的多寡直接决定了人们在社会地位中的高低贵贱，影响人与人之间的道德关系。资本主义社会的政治制度、法律制度也就是为这种资本统治来服务，从而也就维护与之相一致的道德要求。政治、法律都构成了维护这种道德和谐的手段。当然，道德和谐也服务于政治和谐和法律和谐。它们共同形成了维护资本主义社会经济关系或经济和谐的社会主导意识形态。从这个意义上看，理顺道德关系，构建道德和谐，有助于理顺政治关系、法律关系，构建政治和谐与法律和谐。同样，理顺政治关系、法律关系，构建政治和谐与法律和谐，也有助于理顺道德关系，构建道德和谐。它们之间关系密切、相互制约或相互影响。

其二，道德和谐是一种客观与主观相统一的和谐。

道德和谐中所面对的道德关系，不仅是客观关系，而且是主观关系。从这个角度来看，道德和谐是一种客观与主观相统一的和谐，是客观呈现于主观和主观见之于客观的和谐。道德和谐不仅是一种客观和谐，而且也是一种主观和谐，是两者的统一。

道德和谐是一种客观和谐。道德和谐中所面对的道德关系是一种客观存在的关系。一方面，道德关系是人们在一定社会道德意识的影响下，遵循某种既定的社会道德准则，而以某种特有的活动方式与外部世界所发生的价值关系。道德和谐是人们在一定社会道德意识的影响下，遵循某种既定的社会道德准则，而以某种特有的活动方式与外部世界所达成的和谐。它所处理的主要是人与人之间、人与社会之间、人与自然之间的道德关系。而这种人与人之间、人与社会之间、人与自然之间的道德关系在人们的社会生活实践中并不是空洞的，而是实际客观存在的。另一方面，道德和谐，作为人类所追求的和谐生活中的特定化和谐，其特定化在于，它并不是一种孤立的和谐，而是与其他的政治和谐、经济和谐、法律和谐之间存在着区别，也有着密切的联系。显然，这种与政治和谐、经济和谐、法律和谐之间的关系并不是臆想的构成，而是人们现实社会生活中的客观性存在。当然，道德和谐，作为一种客观存在，与社会物质世界中的客观存在不同，后者能够通过人的感官来加以把握，可触、可看。道德和谐则是作为一种道德因素渗透在人们的社会生活实践之中，只能通过人的理性来加以把握。道德和谐的客观存在，既体现了人类社会自身能够自我维持与发展的客观性，也体现了人自身能够自我生存与发展的客观性。

道德和谐也是一种主观和谐。道德和谐所面对的道德关系，内在地就具有一定的主观意识或思想意识。也就是说，道德关系不仅具有客观性而且还具有主观性。正是由于道德关系的这种特性，道德和谐就不仅是一种客观和谐，而且也是一种主观和谐。从社会的存在与发展来看，道德和谐，作为一种追求的价值目标，就是要协调人与人之间、人与社会之间、人与自然之间的各种利益关系。尽管这些利益关系是社会现实中客观存在的，但是，从人自身的存在与发展来看，道德和谐是人的主观意识或思想意识针对客观性存在的道德关系的一种必要的反映，体现了人自身在其生存与发展中如何处理各种关系的理解和把握。正如马克思所说："人不仅通过思维，而且以全部感觉在对象世界中肯定自己。"①道德和谐，就是人运用思维和感觉试图肯定自己的存在价值和意义。它内在地就拥有了人的主体性特征，是人的主观意识或思想意识在面对各种关系时所呈现的自我发展与扬弃。如果没有这些关系，尤其是利益关系的矛盾与冲突，人的主观意识就不会被激发而产生冲动，就不会试图从道德的角度来解决这些矛盾与冲突。毕竟，社会的发展与人的发展都是由自我内在各种矛盾的演变与发展所推动，道德和谐潜在地存在于各种矛盾之中。它是人类在面对社会现实中的矛盾与冲突时，人的自我精神意识的丰富与拓展。因此，道德和谐，作为一种主观和谐，是一种人的精神意识的自我开放性和不断发展的和谐。

道德和谐既是客观和谐也是主观和谐，它是客观和谐和主观和谐的统一。究其原因，道德和谐所要处理的道德关系，既是客观性的关系，也是主观性的关系。道德关系并不只是思想的关系，也是思想意识进入了社会现实生活中的客观关系。从社会发展中的客观关系来看，它是社会生活的全部，贯穿于人的家庭、职业和国家的每一个领域的演变过程之中。同时，道德关系所蕴含的关系总是以某种个别的状态出现在人们的思维中。当人们针对道德和谐需要考察道德关系的连续性过程时，它在人们的理性之刀的解剖中，不可避免地呈现出外与内、现象与本质、现实与思想之间的对立与统一。人们正是在这种理性分析中把握道德和谐的客观状态与主观意向，从而探讨其内在的客观规律性。如果我们只是认为道德和谐属于客观和谐，则会消融道德和谐中的主观性力量，似乎道德和谐成为可以脱离人的自身追求而自然而然就可以实现的目标。相反，如果我们只是认为道德和谐属于主观和谐，则会误以为道德和谐不过是人的主观臆想，缺乏内在的可靠依据。在人们的现实生活中，道德和谐中的客观性与主观性是不可分的。它既包括了客观和谐，也包括了主观和谐。一方面，道德和谐

---

① [德]马克思. 1844 年经济学哲学手稿[M]. 北京：人民出版社，2004：87.

是现实存在的和谐，是完全能够发挥其作用的客观的现实力量。另一方面，它并不是如同盲目的、头脑简单的某些人所能随意设想的那样，几乎成为一种纯粹空游无所依的无聊之物。在我们考察道德和谐的本质时，我们不能不把它放在现实生活中既关注其客观方面，也关注其主观方面，充分注意两者的统一。

其三，道德和谐是私域利己与公域利他之间的和谐。

人们在追求道德和谐的价值目标的过程中，其主体位置既有可能是处于私人领域，也有可能处于公共领域，或者处于两者相互叠加的状态中，由此而构成了道德和谐所需要处理的私域利己与公域利他之间的关系。从人的主体所处的不同领域的主客观状态来看，道德和谐是私域利己与公域利他之间的和谐。

在人类形成的初期，生存状态的恶劣与能力的严重缺乏，导致无所谓私人空间与公共空间。半人半猿的人类始祖，其私人空间与公共空间是合二为一的。一个远古时期的未开化的人，其公共空间的活动，与私人空间的活动，总体上属于同一种活动。即便原始个体考虑自己的某种特别偏好（比如私藏某种食物等）而试图营造个人空间，外在的严酷环境也会迫使他首先要考虑公共生活空间的利益，否则个体无法独立生存。然而，不可忽视的是，这种原始时代的私人空间与公共空间的统一之中已经暗含着两者之间分离的潜质。随着社会的发展，人们的生存状态好转和生存能力提升，个人拥有了越来越多的社会生活资料，从而逐渐把私人空间与公共空间的潜在分离变为现实，并不断扩大两者之间的距离。尤其自人类社会进入工业化时代后，私人空间与公共空间之间的区别达到了顶峰。

人为了自身能够生存与发展，其自然禀赋中总是趋于利己。思想家们常常把这称为人的自然属性。关于人的自然生物属性，达尔文在《人类的由来》一书中曾经做过客观分析："人体和其他哺乳动物的身体都是按照同样的同原格局构造而成的。在胚胎发育方面他也经历着同样的一些分期。"①人，作为一种生物，不可能摆脱这种属性，即人追求自己利益或利己的特性。对于利己有许多不同的理解。一般而言，我们从狭义来理解它，认为它是指追求你所需要或想得到的，满足你的某种欲望。这可以称之为自私的利己。当然，我们也可以从广义上理解利己，不仅考虑自己所想要的，而且还考虑帮助他人得到他所想要的。那么，后者显然就是一种符合道德要求的行为，在个人利益与他人利益之间达成一种和谐。后者常

---

① ［英］达尔文. 人类的由来［M］. 潘光旦，胡寿文，译. 北京：商务印书馆，2017：229.

常被称为合理的利己，亚里士多德就有相关的观点，认为我们由此可以获得幸福。道德和谐需要从这种合理的利己出发。追求个体幸福不能忽视他人的利益，如果危害他人利益，最终也会影响自己实现幸福。在这里，利己有其层次性。如果说人首先要维护其基本生存的需要，并以此作为利己，这种利己就是必须加以维护的，也是道德作为一种社会规范手段所需要加以维护的。如果说这种利己，既能够满足自己的需要，也不危害他人的需要，或者说不仅不危害他人的需要，而且还会满足他人的需要，这种利己也是符合道德要求的。当然，如果利己仅仅只是利己，但危害他人或社会，那么这种利己就属于应该加以谴责的。所以，针对利己需要加以具体分析。

如果我们仔细考察利己的层次性，我们就会发现人在私人领域的利己，总是与人在公共领域的利他之间有着密切的联系。公共领域的利他源于私人领域利己的需要。因为，公共领域正是更好地保障私人领域的前提。也就是说，我们需要一种公共领域，正是由于个体保护自身私人领域的需要。如果每个人没有特意贡献一定程度的利他，公共领域难以出现。培根把关注他人利益、奉献社会称为公善，即社会之善。利己中的层次性，已经说明了利己与利他之间能够在一定程度上达到一种和谐的状态。道德和谐就是要以道德为手段，既满足个体的利己需要，同时又满足社会的利他需要。当然，如果利己只是单纯利己，而侵害了社会公共领域的利他，两者之间就会出现矛盾。而那种只考虑自己而不顾他人的利己，显然在道德上为人们所指责，道德和谐就是要提倡社会之善而遏制有害的利己。

如果我们进一步考察私域利己与公域利他之间的关系，我们还可以发现能够把两者联系在一起的深层次原因在于人既是个体的人，又是群体的人。或者说，人既是个体的存在，又是社会的存在。按照马克思的说法："应该避免重新把'社会'当作抽象的东西同个体对立起来。个体是社会存在物。"①质言之，我们无法把个体的人从群体中彻底独立出来。人总是存在于私域和公域之中，而不是仅仅处于其中之一。作为个体的人，他有利己的需要；作为社会的人，他有利他的需要。尽管社会不断培育人的利他的第二本性，即维护社会存在与发展的社会属性，但利己是人作为个体生存的第一本性，即个体的自然本性，仍然是不可欠缺的。正如达尔文所发现："人，尽管有他的一切华贵的品质，有他高度的同情心，能怜悯到最

---

① ［德］马克思. 1844 年经济学哲学手稿［M］. 北京：人民出版社，2004：84.

为下贱的人，有他的慈爱，惠泽所及，不仅是其他的人，而且是最卑微的有生之物，有他的上帝一般的智慧，能探索奥秘，而窥测到太阳系的运行和组织——有他这一切一切的崇高本领，然而，在他的躯干上面仍然保留着他出身于卑微的永不磨灭的烙印。"①在这里，它表明了人的自然属性总是与人的社会属性密切联系在一起。人的双重属性是高度统一的，不可分割。人的自然属性决定了人在私域中具有一定程度利己的必要性，而人的社会属性则决定了人作为社会中的一个组成部分而道德上必然承担利他的责任或义务。为了人自身的发展和社会的发展，如何协调两种不同的属性成为道德家们所要探讨的重要内容。从人类道德的理论与实践发展来看，在道德生活中我们只能在维护合理的利己的过程中，培育人的利他之心，否则就会出现两者之间的尖锐对立。由此，道德和谐就是要把两者置于合乎理性的限度之中，达到私域利己和公域利他之间的和谐。它反映了人的双重属性在社会现实生活中应该如何处理。

总之，道德和谐是指人立足于一定社会道德意识，并遵循某种既定的社会道德准则，而以某种特有的活动方式与外部世界所发生的道德关系之中的特定化和谐。它主要包括人与人之间的和谐、人与社会之间的和谐、人与自然之间的和谐。道德和谐的本质，从它与政治和谐、经济和谐、法律和谐的区别来看，它是一种特定的柔性和谐；从其存在方式来看，它是客观与主观统一的和谐；从其存在的领域来看，它是私域利己与公域利他之间的和谐。

二、道德的和谐价值：人与人的和谐

和谐是人与人之间关系发展中所追求的重要价值目标之一。和谐的存在甚至被视为人类能够存在与发展的假设前提。新西兰伦理学家赫斯特豪斯（Rosalind Hursthouse）曾如此评价："作为一个物种，人类有能力既在自身内部又在彼此之间实现和谐。如果我们假设人类不能如此，那么整体实践也将崩溃。我们无法拒绝针对这一假设所提出的疑惑。可是，伦理思想的实践却仍然值得继续开展，对我们来说没有可行的备选项，因此，我们

---

① ［英］达尔文. 人类的由来［M］. 潘光旦，胡寿文，译. 北京：商务印书馆，2017：936.

不得不坚持采纳这种假设。"①正由于其重要性，古今中外的思想家们都曾积极地探索人与人之间如何和谐相处的问题。道德，作为人类自己为自己立法的重要内容之一，在追求人与人的和谐发展之中具有重要的价值意义。

（一）道德促进了人与人之间的相互尊重

相互尊重是人与人之间和谐相处过程中的重要内容。尊重意味着尊敬与重视。相互尊重即把对方作为自己所要尊敬与重视的对象，平等相待。尊重与道德关系密切。道德，作为人的本质属性之一，是人自己为自己的立法，是人的自我尊重的体现，也是尊重他人的必然要求。道德提升了人们相互尊重的精神需要。同时，它也展现了人们之间对基本权利的尊重。从这个意义上说，道德能够促进人与人之间的相互尊重，从而促进人与人之间的和谐。

道德之中本身就具有要求人与人之间相互尊重之意。因为，道德需要人把自我尊重，拓展到他人，而不是仅仅局限于自身的狭小空间。这种拓展其实也就是一种相互尊重，促进了人与人之间的和谐。孟子指出："仁者爱人，有礼者敬人。爱人者人恒爱之，敬人者人恒敬之。"（《孟子·离娄下》）在孟子看来，具有一定道德品质的人，总是能够在社会中点燃他人心中的善性，得到良好的道德回应，从而达成一种善与善之间的循环效应。尽管他的观点有些偏激，只考虑道德的正面回应，但解释了人类的道德要求为何总是不断传承，并不会因为少数人的违反而停滞。它表明了人追求善的主动能力始终处于人类发展的主流，是人的整体追求善的主动性体现。它揭示了道德具有鲜明的传承性。一个民族或社会能够得以延续，一定具有一定的道德，并作为这个民族或社会的心灵守护神，确保其内在关系的稳定与健康发展。不容忽视的是，人类的道德要求，总是需要每个人尽可能地理解他人、关心他人、爱护他人、帮助他人。在人们的生活实践中，一个理解、关心、爱护和帮助他人的人一定是具有高尚道德品质的人。正因为如此，尊重他人常常被一些民族或社会视为一种美德。或者说，道德之中已经蕴含了人与人之间的相互尊重。在世界各民族中，"己所不欲，勿施于人"一直被视为道德的金规则。其中，它就蕴含了人与人之间的平等相待和尊敬、重视之意。因此，道德能够促进人与人之间的相

---

① ［新西兰］罗莎琳德·赫斯特豪斯. 美德伦理学［M］. 李义天，译. 南京：译林出版社，2016：294.

互理解、相互关心、相互爱护、相互帮助，从而也就实现了一种人与人之间相互尊重的关系。

道德意味着人与人之间都渴望一种相互尊重的精神需要。心理学家马斯洛认为，人有相互尊重的精神需要。这是一种较高层次的需要。人与人之间的关系不同于动物之间的关系。动物之间所遵循的是丛林法则，讲究的是弱肉强食。达尔文把这称为物竞天择的生物进化。人与人之间的关系不可能脱离生物进化的规律，但是更会受到自身所开创的精神规律的制约。精神规律是建立在物质生活实践基础上形成的规律，是人的精神需要在自身发展规律上的体现。道德就是这种精神规律之一。它讲究的是人与人之间的相互尊重，既把自己当作人，也把他人当作人，而不是把人当作物。在中国传统文化中，道是万物之源，也是价值之源。人遵循了道而有了德。"有天地然后有万物，有万物然后有男女，有男女然后有夫妇，有夫妇然后有父子，有父子然后有君臣，有君臣然后有上下，有上下然后礼义有所错。"（《易传·序卦》）人与人之间的"礼义"都是从"天地"之道中推演出来的，是人的精神自觉。如果按照黑格尔的法哲学，道德源于绝对精神在精神阶段的演化，体现在人的精神之中，是人的必然需要。无论是传统文化还是黑格尔的观点，都表明人与人之间所应该遵循的各种道德要求，有其强大的神秘力量的支持，是人在其生活中必须尊重和重视的精神需要。在人类历史上，唯有马克思从物质生产实践揭示了人类社会发展的规律，指出了道德起源于人的物质生产实践活动。正是在实践活动中，道德指明了人与人之间离不开相互尊重的精神需要，从而不断推动社会精神文明的发展，促进社会走向和谐。

道德也展现了人们之间对基本权利的尊重。尊重蕴含于道德之中，是人的一种精神需要。从人与人之间的关系来看，尊重的主体是人，而所要尊重的客体也是人。相互尊重的对象是基本权利，即作为人所应该具有的基本权利。道德就是要尊重人作为人的基本权利，即人权。在现代社会中，没有尊重人的基本权利，就没有道德可言。人的基本权利是人的本质特征的体现。尊重人的基本权利，表明了人不仅意识到自身是人的存在，而且还意识到他人也是人的存在。根据马克思的观点，人的基本权利来源于社会关系，是社会成员在其生活实践中所认识和理解并最终在彼此之间达成的，是人的主体意识的自觉。人要实现自己的基本权利，就需要相互承认，其内在动力就是各自尊重对方的基本权利。从这个意义上看，道德，作为人自身所提出的要求，就是需要人与人之间相互尊重对方的基本权利。道德中所尊重的这种基本权利看不见、摸不着，但在现代社会中无处不在。当一个人在公共场所不大声喧哗，帮助一位盲人过马路，或进入他人办公室前先敲门，都是在尊重他人的基本权利，是对他人独立人格和价值的肯定。正是这种权利与权利之间的相互尊重，促成了人与人之间的和谐。

（二）道德促进了人与人之间的相互包容

包容意味着包涵、宽容、容忍、忍受以及承受和保护之意。相互包容是人与人之间的和谐相处能够得以成立的重要依据。任何和谐都离不开包容，包容是建立在人与人之间的差异的基础上。和谐就是多种差异并存的状态。相互包容就是要认可和理解人与人之间的差异。包容与道德之间关系密切。道德，要求社会成员能够包容他人的差异性存在。它提升了人与人之间相互包容的必要性，增加了人与人之间相互包容的可能性。同时，它也拓展了人与人之间相容包容的空间。从这个意义上说，道德能够促进人与人之间的相互包容，从而促进人与人之间的和谐。

道德提升了人与人之间相互包容的必要性。在道德世界中，道德确认了人与人之间相互包容在人们生活中的不可或缺性。世界文化是多元的，充满了各种不同的认识与理解。在不同的认知与理解中，人类社会中形成了不同的生活共同体，构建了不同的文化群体，锻造了丰富多彩的各具特色的民族。各个民族的存在本身就证明了世界的文化差异性。然而，多元的文化中的不同的发展方向，导致人与人之间有可能出现各种分歧甚至冲突。尽管道德不是解决人们之间分歧的唯一方法，但却是一种重要的方法。它为人们解决问题提供了一种不同于法律、政治等方法的自由思考的维度。孔子曾提出"和而不同"，指出了人与人之间的认识差异、理解差异、尊重差异。道德就是从道义上认可和理解不同的合理价值存在的必要性。"历史表明，哪里百花齐放、百家争鸣，哪里文明就繁荣兴盛；而不能容忍与自己意见相左的人，并不能与之合作，文明便衰落。"①道德，是人自身为了其生存与发展而提出的调节方式。道德作为一种真正在人类社会发展中有生命力的社会意识，需要化解人与人之间的矛盾与冲突，因而倡导人与人之间在一定范围内的相互包容。或许，它并不是解决人与人的之间矛盾与冲突的唯一方法，但却是人类社会中化解问题的不可缺少的方法。因此，古往今来，那些发挥其积极作用的道德都是化解人与人之间的

---

① ［意］L. L. 卡瓦利-斯福扎，F. 卡瓦利-斯福扎. 人类的大迁徙［M］. 乐俊河，译. 北京：科学出版社，1998：344.

矛盾与冲突、促进人与人之间相互包容的必要手段之一。

道德增加了人与人之间相互包容的可能性。道德之所以能够促进人与人之间的相互包容，就在于它能够以社会为中介强化一种相互包容的教育。一般而言，当人与人之间出现分歧的时候，社会常常通过两种方式来解决。一种是劝诫、说服和引导，即道德的方式；另一种则是通过强制的方法来加以改变，即法律的方式。从道德的方式来看，道德上的劝诫、说服和引导，常常借助学校教育、公共教育以及家庭教育的样式来展开。教育者通过讲道理的方式来化解分歧，促使受教育者转变其思想观念，接受社会所提倡的观点。如果受教育者能够接受，固然是促进了人与人之间的和谐。但是，也有可能出现受教育者不接受的状况。针对那些无法化解而又在社会可以容忍分歧的范围内的状况，就需要通过道德教育来加以包容，即道德上的包容。人类社会的发展表明，在社会的发展过程中必然要包容一些所能容忍的差异，不可能一切都做到整齐划一。正如张岱年所说："每一个时代，应有一个主导思想，在社会生活及学术研究中起主导作用，同时又允许不同的学术观点存在，有同有异，求同存异。"①从道德上说，一个道德人就是一个把他人当作人的人，承认每个人都是独一无二的，每个人都有其自身的独特性。道德上的相互包容，从表面来看是包容他人的思想观点、行为方式或某种标准，其实是包涵、宽容了他人作为人的存在。包容人的差异性，其实质是包容人作为人的基本权利，即人权。当然，道德只是增加了人与人之间相互包容的可能性。因为，在人类社会发展的某些阶段，如在无法调和的复仇战争中，人的有限理性沉迷在疯狂的杀戮中，道德无法发挥其促进人与人之间相互包容的作用。

道德拓展了人与人之间相容包容的空间。在人类道德生活中，如果说善与恶是两盏忽明忽暗的灯，那么人的自由意志，一种生活实践中的理性抉择力量，把善的灯光点得更为明亮，人类社会由此不断走向更为光明的未来。道德的本质是人的自由意志。在道德的世界中，道德的规范与各种要求总是人的自由意志的选择与体现。社会中的道德总是在无形之中发挥人的自由意志向善的选择力量。从这个意义上说，人类渴望构建一个道德的世界，也就是构建一个人与人之间能够自由交往的共同世界。由此，人类的历史就是一部道德史，一部不断追求能够获得更大自由交往空间的历史。人与人之间只有在这种自由交往的世界中，才能有更大的相互包容的空间。在传统社会中，道德通过宗法规范来维持一种血缘关系的等级制

度，为人与人之间提供了一种熟人之间相互包容的空间。这种空间无疑适应了传统社会的物质生产实践活动，但人们相互之间的包容还局限于熟人之间。在狭隘的民族共同体之中，人与人之间能够展现一种相互包容。一旦超过了狭隘的民族共同体，则往往会出现彼此的争斗，甚至战争。随着市场经济的发展，现代社会展现了一种全球化的人与人之间相互发展的经济往来。商品交换导致人们之间有了相互交换商品的需要，超过了由血缘或地缘所构成的单一性基础的传统社会的局限性。现代社会是以不同的个体利益或需要所构成的市场社会，也被称为异质性社会。在这种异质性社会中，经济的共同发展需要推动了全球伦理的出现，人与人之间的相互包容空间有了更大的发展。就此而言，道德拓展人与人之间相互包容的空间，其根据在于经济的发展，道德为这种经济发展提供了伦理支撑，在道义上论证了人与人之间的相互包容的现实合理性。道德拓展人与人之间相互包容的空间，就是在人类的物质生产实践活动中，尤其是在经济活动中，不断拓展人与人之间的自由交往的世界，不断把人们的有限现实空间伸向无限自由空间。

（三）道德规定了人与人之间的自我克制

道德，作为维护人、社会存在与发展的重要力量，规定了人与人之间的自我克制。人与动物不同，动物受到自我本能的驱使而行动，而人则是借助理性超越了动物性本能而行动，从而维护了人与人之间的和谐。包尔生指出："全部道德文化的主要目的是塑造和培养理性意志使之成为全部行动的调节原则。"①道德为了人自身的生存与发展和社会的存在与发展，在社会生活实践中秉承理性意志规定了人与人之间需要的自我克制，即人为自己立法。究其本质来看，道德所规定的人与人之间的自我克制就是确定其应尽的责任。

道德是人的精神的自我发展的杰作。任何道德之中总是蕴含着一定的针对人的具体规范要求。人总是生活在人与人的关系之中。道德规定了人与人的往来过程中应该具有的自我克制。在这里，道德的这种规定性意味着每个人在人与人的往来中总是承担着一定的责任。根据马克思主义伦理学，责任总是渗透在人与人的关系中，是社会关系的产物。人类历史的发展已经反复证明：人类的灾难和痛苦与人们自身的袖手旁观有着密切的联

---

① ［德］弗里德里希·包尔生. 伦理学体系［M］. 何怀宏，廖申白，译. 北京：中国社会科学出版社，1988：412.

系，而道德的自我克制的规定性正是要表明人与人之间有一定的责任。

道德规定的自我克制有积极的自我克制与消极的自我克制。积极的自我克制是指主体在人与人的关系中出于基本善的需要而积极主动地战胜各种不良的诱惑、恐惧。消极的自我克制是指主体在人与人的关系中面对各种不良的诱惑、恐惧有可能危害基本善时而坚守道德底线不逾矩。

道德规定的积极的自我克制揭示了道德所赋予的人在人与人的关系中具有的积极责任。从实现人与人之间的和谐目标来看，积极的道德责任是人们在人与人的关系中不仅维护人与人之间的和谐，而且还追求一种人与人之间和谐的目标，把这作为自身的历史使命。它要求每个人积极地投身于追求人与人之间和谐目标的历史过程中，把追求和谐的目标作为自己必须完成的任务并以此作为一种人生的荣耀。可以说，积极的道德责任是主体自身主动地承担相应的道德责任，从社会生活实践的理性出发的自我约束、自我管理和自我实现。它是人作为人的高贵性的集中体现。一个人的人格正是通过这种一连串的积极的自我克制与限制展现出来。因为，他的人格形象是借助主体运用自由意志，经过认同责任、接受责任、积极完成社会实践理性所赋予的责任等环节逐渐丰满完善的。具体而言，他的人格首先表现为根据责任进行了选择，要选择成为一个能够积极自我克制与约束的人，然后自觉自愿地承担一定的责任，不断锤炼自己的品质，不断超越曾经的自我。正如费舍（John Martin Fischer）和拉维扎（Mark Ravizza）所说："人与其他生物之间的一个重大区别在于，只有人才能对他们所做的事负起道德上的责任。"①一个人的人格正是在道德规定的积极的自我克制与限制中非常鲜明地表现出来的。由此可见，在实现人与人的和谐目标的过程中，一个肩负积极责任的人，能够主动地自我克制与限制，把外在的约束彻底加以内化，转变为一种自身内在的积极的道德力量，追求社会中人与人之间和谐的道德目标。

道德规定的消极的自我克制揭示了道德所赋予的人在人与人的关系中具有的消极责任。从实现人与人之间的和谐目标来看，消极的道德责任是指人们在人与人的关系中坚守道德底线的责任。它不像积极的道德责任，把道德责任作为一种远大的人生历史使命来追求，而是把道德责任作为一种近距离的基本规范来坚守。因此，它显得比积极的道德责任消极。但是，它同样是非常重要的道德责任之一。比如，在社会动荡中能积极地抵

---

① ［美］约翰·马丁·费舍，马克·拉维扎. 责任与控制：一种道德责任理论［M］. 杨邵刚，译. 华夏出版社，2002：1.

制和反对那些非人道的人与人之间的残酷斗争，固然是值得赞扬的，但并不是所有人都能够追求这种积极的道德责任。或许还有许多人能够选择承担消极的道德责任，即不做出违反自己道德底线的行为，不会为了高官厚禄而出卖自己的良心，也不会为了一时的春风得意而为虎作伥。也就是说，他们可以选择不作恶，在自己力所能及的范围内坚守自己的人格，不至于沦为畜类。承担消极的道德责任的人不同于冷漠的旁观者，他们仍然坚守了自己的人格，向往善而不作恶，尽管道德上的层次不高，但仍然展现了人的理性自觉。至于冷漠的旁观者，他们缺乏基本的道德感知力，感受不到何为善、何为恶，与动物无异，展现了人的自我理性的退化与堕落。

道德的自我克制与限制的规定性从两个方面揭示了道德所赋予的人在人与人的关系中的积极的道德责任与消极的道德责任。积极的道德责任与消极的道德责任构成了一幅道德责任的完整画卷。两种道德责任都是人们实现人与人之间的和谐目标所不可缺少的重要内容。积极的道德责任能够引导我们积极主动地实现和谐的目标，消极的道德责任则告诉我们坚守基本道德底线是实现和谐的基础。和谐也有一定的层次性。积极的道德责任向往高层次的和谐，消极的道德责任坚守基本的和谐。在人类社会中越来越多的人能够遵守道德的自我克制与限制的规定才能有助于实现和谐的目标。

（四）人与人之间的和谐滥用

追求人与人之间的和谐绝非一个理性主义的美妙幻想，也非一个浪漫主义的自我陶醉。它是一种人类社会物质生产实践基础上合乎人类社会发展规律的设想。它为我们指引了人际关系发展的正确方向。如果我们希望我们所生活的世界更加美好，我们就需要把它不断转变为现实的实践活动。然而，任何正确的道路上总是充满了引人入胜的崎岖小径，等待着人们误入歧途。在追求人与人之间和谐相处的道路上，和谐有可能出现滥用，走向不和谐。人与人之间的和谐滥用表现为和谐之中的纵容与禁欲。我们需要把握和谐的合理限度。

1. 人与人之间的和谐滥用表现为和谐之中的纵容

人与人之间需要和谐，常常误入歧途的表现形式就是一味地纵容。所谓一味地纵容是指在人与人之间提倡一种毫无底线的和谐，认同一切，只一味地对他人包容，似乎如此就能保持一种和谐的人际关系。这是一种糊涂的观点。这种为和谐而和谐的状况，违背了和谐之中应有的基本原则，看起来是和谐，其实不过是虚假的和谐。在人们的社会生活实践中，总是有一些人试图通过无限地关心他人，顺从他人，从而保证一种所谓的和谐关系。然而，它带来的未必就是和谐，因为这种和谐已经违背了它本身应该坚守的基本原则，走向了价值的滥用。正如包尔生指出："不分对象的施舍也许是导致恶而不是善。"①过度扩张了人与人之间某一方的道德要求，会带来道德方向的迷失，也会激发恶行的膨胀，最终导致善与恶的决斗，出现更为激烈的矛盾与冲突。

如果道德是一片森林，那么一味地纵容会导致人们在道德森林中的道德方向的迷失。在人类的道德教育中，为了实现人与人之间的和谐，常常鼓励关心他人，宽容他人，与他人友好相处，等等。从个人的角度来看，道德中的这种教育有助于培养一个有爱心、宽容的人。但是，从社会的角度来看，如果道德教育中，没有指出应有的道德底线，就会让个人迷失在道德森林中，无法沿着正确的方向前进。在任何时代里，都有那种邪恶之徒，道德的感化对其毫无意义。道德教育需要帮助社会成员分清哪些人值得我们关心、宽容，与之和谐相处。汉朝韩婴所著《韩诗外传》卷九的第七章中，有一段孔子和他的三个弟子探讨人与人之间如何为善的段落："子路曰：'人善我，我亦善之。人不善我，我不善之。'子贡曰：'人善我，我亦善之。人不善我，我则引之进退而已耳。'颜回曰：'人善我，我亦善之。人不善我，我亦善之。'三子所持各异，问于夫子。夫子曰：'由之所持，蛮貊之言也。赐之所持，朋友之言也。回之所持，亲属之言也。'"孔子认为，子路的观点适用于野蛮人，子贡的观点适用于朋友，颜回的观点适用于亲人。由此可知，正确认识和谐的对象是十分必要的。也就是说，针对不同的对象有不同的方法。其实，在针对不同对象的和谐中，和谐有其自己的原则，并不是无原则的纵容。在实现人与人的和谐的过程中，和谐原则中蕴含了丰富的道德价值，鼓励人们追求善的实现。它具有鲜明的道德方向性。和谐不同于纵容，也不是倡导纵容。和谐确定了向善的基本原则，但如一味地迁就他人，意味着正确方向的迷失。或许有人认为，无原则的迁就似乎是尊重他人，其实不然。尊重他人有其尊重的基础，即自己尊重自己。一个邪恶之徒不值得尊重，就在于他首先缺乏自尊。我们应当明确和谐的向善的方向，避免无原则地追求和谐，防止出现

---

① [德]弗里德里希·包尔生. 伦理学体系[M]. 何怀宏，廖申白，译. 北京：中国社会科学出版社，1988：556.

方向的偏差，甚至南辕北辙。

当一个社会中缺乏有原则的和谐，出现了一味地纵容，常常会导致恶行的膨胀。这种恶行的膨胀就是由于最初的恶行没有得到及时制止，反而得到所谓的包容。一般而言，尽其所有地帮助他人、关心他人，与他人友好往来，如果这个他人是回头的浪子，固然有其道德价值。但是，如果这个他人属于邪恶之徒，其结果只能是事与愿违，保护了邪恶之徒，使之有了进一步实施暴行的机会。也就是说，认同一切，包容一切，并不一定就会带来善，并不必然导致人与人的和谐。恶行正是在所谓的包容、信任、友爱等包装下的纵容之中得到扩张。一味地纵容不仅不能增进人与人之间的和谐，反而会破坏人与人之间的和谐，导致不和谐。它也揭示了避免人与人之间的冲突、维护和发展人与人之间的和谐，仅仅依靠道德是不够的。我们还需要借助法律的力量。由此可见，对恶行的一味纵容，就是一种对于惩恶的自觉放弃。如果我们自动放弃惩罚某种恶行，能够带来更多的善，固然可行。但是，如果不是这样，就是对未来善行的主动放弃，增大了未来恶行的进一步膨胀。

2. 人与人之间的和谐滥用表现为和谐之中的禁欲

人与人之间需要和谐，常常误入歧途的另一种表现形式就是单一地禁欲。所谓单一地禁欲是指在人与人之间倡导一种单一方向的欲望控制，从而形成一种和谐。如果说一味地纵容是针对和谐对象而言的，认同和宽恕对方的一切，那么，单一地禁欲则是针对自身所作出的严格要求，通过自身欲望的让渡来达成一种人与人之间的和谐。在中西方道德文化的发展中，禁欲主义都曾经风行一时。任何能够做到彻底禁欲的人都被视为具有一定道德价值的人。根据这种逻辑，自我禁欲能够通过控制主体的自我欲望，主要是对物质生活的欲望，从而在无形之中减少或缓解了人与人之间的争斗，因而能够达成一种人与人之间的和谐关系。在这种逻辑关系中，是通过控制一部分人的物质欲望，满足另一部分人的物质欲望，从而构建出一种和谐关系。正如包尔生指出："在一定的意义上，一些人的无节制直接为另一些人的极端节制所补偿。"①然而，在现代社会中，人与人之间是平等的关系，倡导某些人的禁欲，其实是对这些人基本权利的侵犯，由此所获得的和谐是一种虚假的和谐。道德上的禁欲并不能保证人与人之间

---

① ［德］弗里德里希·包尔生. 伦理学体系［M］. 何怀宏，廖申白，译. 北京：中国社会科学出版社，1988：417.

的真正的和谐，而极有可能出现和谐的滥用。单一地禁欲遏制了人的正常生活需要，不利于个人内在力量的发挥，容易激发社会的激烈对抗。

在单一方向要求某些人禁欲，把这作为一种美德，直接遏制了人的正常生活需要。任何人都有其精神生活和物质生活的双重需要。如果在一个社会中要求社会阶层中某些人禁欲，本身就是扼杀了他们对物质生活的欲求。包尔生在分析禁欲时指出："禁欲主义不能成为一种普遍的道德准则。这种道德准则会被生理和心理-审美的需要打破；假如没有它的反面的东西同时存在的话，这种伦理规则就既没有意义也没有优点可言。"①在这里，如果一个人既有可能过一种放纵的生活，也可以过一种节制的生活，他自己选择过一种节制的禁欲生活，这可以算得上为一种美德。但是，在人类社会的发展过程中，许多人，主要是一个社会阶层被强制性地要求过一种禁欲生活，这种禁欲就很难被称为美德。它无法确保人与人之间的和谐所需要的平等关系，因而并不能确保一种真正的和谐。

必须指出的是，这种禁欲严重制约了个人的内在的力量的发挥。它直接制约了人的物质生活欲求，否定了人的物质生活的发展方向。由此，人的内在力量成为一种纯粹的精神力量的追求。在一个禁欲主义盛行的时代，人的内在力量蜷缩在片面的单色精神世界中。由于这种禁欲源于外在的强制力所致，整个社会都处于封闭、严苛、偏狭的状态，人的自由空间受到了极大制约，即便是精神上的自由也不得不遵循外在的强制力的严格约束。中世纪的欧洲社会就是这种禁欲社会的典型表现。人的灵魂被牢牢地拴在教会的布道台上。"教会的独特标志在于，它们全都把'唯一'真神作为自身的一个组成部分。"②人的精神也在"唯一真神"的世界中受到严格约束，人们不能、不敢或不想去追求更为广阔的精神力量。因此，这间接地限制了人的精神世界的发展，造成人的精神世界的贫乏。这也是中世纪为何被称为黑暗的世纪的原因。它在物质生活和精神生活方面都制约了人的内在力量的发挥，仿佛一切都停滞在茫茫黑夜之中，等待一个黎明的到来。向内的自我禁欲，并不利于人的内在力量的发挥。

同时，禁欲的盛行是虚假和谐走向解体的前奏。虚假和谐试图固化社会中某些人需要绝对节制而某些人可以毫无节制的情况，其结果是这种和谐呈现出一个民族或国家出现了两个截然对立的阶层。不会有人天真地永

---

① [德]弗里德里希·包尔生. 伦理学体系[M]. 何怀宏，廖申白，译. 北京：中国社会科学出版社，1988：418.

② [英]阿诺德·汤因比. 历史研究(下卷)[M]. 郭小凌，等，译. 上海：上海世纪出版集团，2014：687.

远相信自己天生就应该禁欲，而另一些人就应该永远无节制。尤其当禁欲者的基本物质生活都受到严重制约时，基本的生理需求就会迫使他们反抗。在马克思所说的前资本主义社会，禁欲始终被作为一种美德而加以宣传，但其主要宣传对象不过是奴隶与农民，奴隶与农民受生活所迫就容易铤而走险，他们并不会因所谓的禁欲美德而准备坐以待毙，一场疾风暴雨的社会冲突也就不可避免，虚假和谐便走向解体，社会类型就会发生变化。人类的历史已经反复证明，一个社会中越来越多的人被迫禁欲，就意味着最初看起来的和谐已经难以维系。

3. 我们需要把握和谐的合理限度

追求道德的和谐价值，道德上的纵容与道德上的禁欲，看起来截然相反，其实错误都是一样的，没有把握好和谐的合理限度。把和谐理解为通过认同他人的一切、承认他人的一切，或严格自我禁欲、压抑自我发展来加以实现是错误的。和谐不可能没有一定的限度，无论是对待他人还是自己。它有其特性，也有其一以贯之的基本原则要加以坚持。

不可否认，和谐是以差异为前提的和谐。如果没有差异，和谐不能存在，只能称之为同一。然而，允许差异存在，坚持其一以贯之的基本原则，和谐才能真正存在。道德上的和谐是一种以善为核心的和谐。康德认为，道德上的善是人类一切自然科学能够有其价值的最终目的。尽管他的观点有些极端，但他指出了善在人类自身发展中的重要指引作用。和谐不能偏离了善的方向，这是它的基本原则。在这里，善的方向就是人与人之间良好合作的方向。人正是依靠良好合作成为万物之灵。"只有智人能够与无数陌生个体进行非常灵活的合作。正是这种实际具体的能力，决定了为何目前主宰地球的是人类，而不是什么永恒的灵魂或是独有的意识。"①这一基本原则符合人类社会历史的发展规律，也符合人类自身不断完善的事实。和谐中的"和"与"谐"不可能脱离了向善的特性而进行某种纵容或禁欲。正好相反，人与人的"和"与"谐"都是为了实现善，完善人自身，提升人的向善境界。我们只有明确了和谐中的向善基本原则才能为和谐找到存在的基本尺度。

我们认为，人与人之间的和谐所具有的向善性，就是要尊重人的基本权利，有助于社会中人际关系的良性发展。人与人之间能够达成一致性的

① ［以色列］尤瓦尔·赫拉利. 未来简史：从智人到智神［M］. 林俊宏，译. 中信出版集团，2017：119.

和谐统一，必然具有其内在的相通性，这种相通性就在于每个人的基本权利和社会的基本公共利益得到尊重和保障。正是这种相通性表明了和谐双方作为个人的平等性。以牺牲人的基本权利和社会的基本公共利益来探讨和谐并不是真正的和谐。如果容忍差异性的存在，侵犯了人的基本权利和社会的基本公共利益，这种容忍就属于不应该存在的容忍。我们只能在不侵犯他人的基本权利和保障社会的基本公共利益的基础上容忍差异性的存在。这是人与人和谐相处的基本前提。从此意义上看，道德上的纵容之所以错误在于无端扩大了纵容者所应该享有的社会基本公共利益而侵犯了其他人的利益，道德上的禁欲之所以错误在于它侵犯了禁欲者的基本物质生活需要的权利。

那么，在社会生活实践中人与人之间如何和谐相处？这就需要人与人之间保持合理的距离。道德的和谐价值并不是不讲原则，不谈是非，不论善恶。我们需要在人与人之间明确地设定基本边界，即尊重他人的基本权利，认清人与人之间在社会关系中的位置，维护社会的基本公共利益，认清社会的基本公共利益不容侵犯。如果基本边界模糊，很容易因过分包容他人而损害了社会的基本公共利益，或者因过分克制自我而牺牲了自我作为人的基本权利。在社会实践生活中，帮助他人或接受他人帮助都不能侵犯他人的基本权利和社会的基本公共利益。和谐有其合理限度。尊重人的基本权利和保障社会的基本公共利益是人与人相处中必须加以维护的底线。超越了这一底线就越过了合理的限度，所谓的和谐也就走向了反面。所以，我们只有把握好合理的限度，道德上所追求的人与人之间的和谐价值目标才能实现。

三、道德的和谐价值：人与社会的和谐

人与社会的关系问题是人类社会及其文明发展的重要问题。如何实现人与社会的和谐构成了人的发展与社会的发展的永恒主题。毕竟，人与社会的和谐是和谐之中的关键内容。因为，它直接涉及人的发展与社会的发展之间如何才能相互协调发展的问题。道德的生成与发展是推动人的发展的重要力量，也是促进社会的发展的不可或缺的力量，更是人的发展与社会的发展彼此之间能够相互协调的关键调节力量。从道德的和谐价值来看，道德在促进人与社会的和谐方面具有重要价值。

（一）道德能够加强人与社会之间的相互依赖关系

马克思指出："人是一个特殊的个体，并且正是他的特殊性使他成为一个个体，成为一个现实的、单个的社会存在物。同样，他也是总体，观念的总体，被思考和被感知的社会的自我的主体存在，正如他在现实中既作为对社会存在的直观和现实享受而存在，又作为人的生命表现的总体而存在一样。"①在马克思看来，人是社会的存在物，社会性是人的本质属性。同时，人所拥有的普遍性意识不过是在社会实践活动中的产物，而这种普遍性意识也影响了人与社会。因此，我们认为，人与社会之间存在着密切的联系，而道德正是把两者联系起来的精神力量。它能够加强人与社会之间的相互依赖关系。

1. 道德能够增进人对社会的依赖性

道德是人的道德，也是社会的道德。道德在人与社会之间能够成为两者和谐相处的桥梁。人的本质是其社会属性，人不能脱离社会而独存。就此而言，道德在促进人与社会和谐相处的过程中，能够增进人对社会的依赖性。所谓人对社会的依赖性是指人是社会中的人，究其基本特性而言，总是要依靠其社会本性而存在。人的这种对社会的依赖性是人自身的本质规定。它符合人的社会本质规定。道德，作为人自己所立的法，能够促进人的社会本质的体现，它能够增加人对社会的依靠，凸显人的社会性特征。

社会是人所能融入的最大组织，也是每个人所能确定的最高层次的身份。每个社会都有其漫长的历史，因而每个社会都有其独特的文化传统。道德也是社会文化中的重要内容之一。社会需要道德来维护自身的存在与发展。从人类社会的总体上来看，主流的道德总是捍卫社会的稳定与发展，不断地力图增进人对社会整体的依赖性，而不是相反。在人类社会的发展过程中，那种试图脱离社会而主张把个人原子化的道德主张一直存在，但它不可能成为主流的道德思想。究其原因，它违反了人的社会本质属性——正如爱因斯坦所抨击的，它属于人的畸形发展，是社会发展的最大罪恶。爱因斯坦曾指出："这个原因应当追究个人与社会的关系。个人虽然比以前更加意识到他对社会的依赖性，但他没有把这种依赖性作为一份宝贵的财富、组织纽带和一种保护性的力量，相反地他把社会视为对自身权利的威胁。更为甚者，个人在社会中过分以自我为中心，社会意识变

---

① ［德］马克思. 1844 年经济学哲学手稿［M］. 北京：人民出版社，2004：84.

得越来越淡薄。人类——不管他们在社会中处于何种地位——都在遭受这种非社会化倾向的痛苦，不知不觉地成为自我主义的囚徒。"①他认为，人对社会的依赖性是一个自然事实，社会越向前发展，个人越离不开社会的保护性约束。脱离论是对人与社会关系的错误认识，是理解人和社会整体关系的错误药方。人总是会希望从社会中获得一种必要的保护性约束。所以，他认为："一个人如果生下来就离群索居，那么他的思想和感情中所保留的原始性和兽性就会达到我们难以想象的程度。个人之所以成为个人，以及他的生存之所以有意义，与其说是靠着他个人的力量，不如说是由于他是伟大人类社会中的一个成员，从生到死，社会都支配着他的物质生活和精神生活。"②

2. 道德能够增进社会对人的依赖性

所谓社会对人的依赖性是指社会是人的社会，究其基本特性而言，社会总是依靠人的力量才能存在。社会对人的依赖性并不是外在的单纯依附性，而是由人自身的力量所决定的。道德，是人在社会中的道德，必然要遵循人自身的力量。道德能够增进社会对人的依赖性，彰显人的力量。

社会是人所构成的社会，总是离不开人的整体性力量的帮助。所谓人的整体性力量是指人所拥有的作为一个总体的社会生活实践的能力。它包括人的总体的生存与发展的各种能力。按照马克思的实践唯物主义，生产力是其中的重要能力之一。从人类发展的历史来看，随着生产力的提高，人的整体力量越来越强大，社会才能不断地从低级向高级发展。在这个过程中，道德，是人们在社会生活实践中为了更好地发挥其本质力量而使用的手段。它能够在一定程度上处理人与人之间的关系，促进人与人之间的合作，从而提高生产效率。从这个角度来看，道德总是通过调节人与人之间的利益关系来推动社会的合作，而人与人之间利益关系的稳定构成了社会得以稳定的重要资源。就此而言，道德能够提升和维护人的整体性力量，从而使社会获得稳定性支撑。因此，道德能够增进社会对人的依赖性。

(二)道德能够促进人与社会之间的良性互动

人与社会之间的良性互动是人与社会之间和谐形成的重要内容之一。

---

① [美]阿尔伯特·爱因斯坦. 爱因斯坦文集(第3卷)[M]. 许良英，赵中立，赵宣，译. 北京：商务印书馆，1979：276.
② [美]阿尔伯特·爱因斯坦. 爱因斯坦文集(第3卷)[M]. 许良英，赵中立，赵宣，译. 北京：商务印书馆，1979：38.

在一个道德状况良好的社会中，道德能够渗透进人的主观能动和社会规范之中促进人与社会之间的良性互动。如果说道德能增进人与社会之间的依赖关系只是道德的和谐价值的初步体现，那么它能促进人与社会之间的良性互动则是道德的深层次和谐价值的表现。

1. 道德能够通过人的主观能动性与社会规范性的相互协调来促进人与社会之间的良性互动

道德既是人的主观能动性的反映，也是社会规范性的体现。人类社会中的道德并不是一个随意发展起来的现象，也不是个别人头脑中的天才设想，而是源于人类实践活动之中，是人在社会实践中的主观能动性不断发展的结果。面对各种外在的恶劣环境，人为了更好地生存与发展，就需要发挥其主观能动性，提出相应的社会规范，把人们有效地组织在一起。可以说，道德是人在处理现实的各种利益矛盾与冲突中所逐渐形成和发展起来的，并且表现为一定的社会规范，如某些地区或群体的风俗、习惯等。人们在理解过去的那些社会道德规范时，总是将现在的社会道德规范作为立足点。正如马克思所提出的，人体解剖是猴体解剖的一把钥匙。每一个后来的社会道德规范，都是我们理解前一个社会道德规范的钥匙。每一个社会道德规范中所具有的内在价值，都能在以后的社会道德规范中得到更为深入的解释。在这种解释中，人的主观能动性同样发挥了重要的作用。需要认识主体能够根据在不同的实践生活中存在的状况加以必要调整和适应。正是借助这种人的主观能动性，人才能在具体的不同背景的实践活动中准确地理解不同时代的社会道德规范。就此而言，社会道德规范在人的主观能动性的推动下不断前进。

2. 道德能够通过道德模式的确立来促进人与社会之间的良性互动

道德模式是人的主观能动性和社会规范性在社会结构上的集中体现。任何时代中的道德总是有其存在与运行的模式。道德模式是日常道德的惯例、共同的道德理想和可预测的道德行为、已经形成的道德思维方式的有机统一。它在其形成与运行中对于社会与人都有着重要影响。道德能够通过道德模式的确立来促进人与社会之间的良性互动。

道德模式是人的主观能动性的集中体现。人们在不同历史条件下所进行的实践活动中总是有其不同的主观能动性或道德理性。在传统社会中，自然经济还有待发展，等级制度在社会中占据主导地位，人们在其道德实践中概括出了传统道德模式。人们根据传统等级道德价值观，提出相应的传统道德模式。比如，在中国古代，君君、臣臣、父父、子子就是一套既等级森严又温情脉脉的道德模式。然而，随着商品经济的逐渐发展，新型的资本主义生产关系出现了。人们逐渐认识到原有的自然经济已经无法适应新的社会经济发展的需要，那种试图把每个人都依据血缘关系加以固化的封建时代是愚昧和落后的，需要构建符合新时代的道德模式。因此，重视契约自由、尊重人的基本权利的现代道德模式逐渐取代了传统道德模式。也就是说，道德模式有其历史时代性，不同时代的道德模式都是不同时代人们的主观能动性或道德理性的实践产物。从这个意义上说，道德模式总是一定历史条件下人的主观能动性的集中体现。没有人的主观能动性，没有人的认识的积极投入，道德模式无法形成。不同时代、不同地区所形成的不同道德模式，体现了不同时代、不同地区的人所具有的不同主观能动性。

道德模式是社会规范性的集中体现。在这里，道德模式指的是道德上的社会规范性模式。社会成员都要尊重和服从这种模式，这是一种社会规范的体现。比如，在传统社会中，长期盛行女主内、男主外的家庭道德模式，这就是传统社会中人们的社会规范性的体现。在这种社会规范中，一般而言，男人的价值要高于女人的价值。人们会认为女人就是要生儿育女、相夫教子，从事一些次要的家庭活动，男人则是要追求事业成功，从事重要的社会性工作。因此，传统道德模式鼓励男人主外，女人应待在家中。它体现了男权社会的特征，女人缺乏应有的基本权利。随着现代社会的到来，市场经济高度发展，人人都享有平等的权利，人们生活在更加自由、民主的社会制度之中。传统家庭道德模式让位给现代家庭道德模式，女性能够与男性一样获得其应有的社会资源和基本权利。因此，道德模式从表面来看是一种道德要求的模式化，但从其内涵来看，是社会主流价值观在道德上的凝聚，是社会规范性的集中体现。

道德通过道德模式的确立，有效地把人与社会置于一个共同体中。道德模式之中倾注了人的主观能动性与社会规范性。一方面，道德通过道德模式凝聚了社会的规范性。人们在道德模式中需要按照它的要求生活。人们能够根据这些要求知道自己应该做什么、不应该做什么。任何试图突破道德模式的行为就是试图违反社会的规范性，必然要受到社会的谴责或惩罚。另一方面，道德通过人的主观能动性，能够克服道德模式中一些不适应时代发展的规范，融入那些符合时代发展的要求。由此，道德通过道德模式使人与社会之间形成了一种良性互动的关系。人以其主观能动性引领道德模式的发展，而道德模式又以其社会规范性要求来约束人的不合理行为，从而促进人与社会之间能够协调而和谐地发展。

在这里，人们或许会质疑人的主观能动性是否一定会引导人走向向善之路。难道人的主观能动性不会让人误入歧途吗？必须指出的是，我们所说的人的主观能动性是指人在物质生产实践中所形成的针对历史规律客观认识基础上的超越性。它不是单个人的主观能动性，而是人类作为一个整体的自我认识的实践能动性。单个人的主观能动性的确会有可能造成个体误入歧途，但作为整体的人的主观能动性不会如此。它是人的一种不断追求根本、渴望获得人自身发展的特性。它如同康德在《纯粹理性批判》中提出的理性，是一种以"自我意识"为核心的主观能动性。只不过，康德的这种理性是脱离了人的历史实践的空幻的主观能动性。我们是通过从实践的角度把康德的理性上升为道德理性来理解这种人的主观能动性。人的主观能动性是马克思所说的人的实践活动中的能动性。在马克思看来，唯有人的感性的实践活动才是人的"自我意识"的主观能动性的秘密发源地。康德的以"自我意识"为核心的主观能动性没有实践的现实活动作为基础，只能沦为空洞的梦呓。当然，马克思所说的实践能动性与康德的论述有着继承与发展的关系。按照齐良骥的观点，康德所说的"理性的能动作用，正好为呼之欲出的马克思主义的实践的能动的真理观，从消极方面，同时不能不承认也从积极方面做了准备"①。人的主观能动性不能在个体的人那里，只能在参与实践活动的整体的人那里得到完整的理解。它一边立足于人的感性的物质实践活动之中，另一边展现了人不断走向自我超越的特性，既不脱离实践活动，又超越了具体的个体的狭隘偏见与爱好，因而能够承担起引导人走向向善之路的历史重任。

(三)道德能够调整人与社会之间的相互冲突

人与社会之间的冲突总是存在的。问题的关键并不在于否认冲突的存在，而是在于如何认识和调整这些冲突。道德，作为人自身确立的精神力量，能够调整人与社会之间的相互冲突，在实现人与社会之间的和谐目标中具有不可或缺的价值。

1. 道德能够通过规定人与社会之间的责任来限制人与社会之间的冲突的可能性

责任意味着做应该做的事情，是任何时代人与社会之间都不可能缺乏

---

① 齐良骥. 康德的《纯粹理性批判》的启蒙思想[J]. 哲学研究，1981(03).

的精神纽带。它渗透在社会的制度或非制度性的规范之中。没有责任，人与社会之间的制度或非制度性的联系都无法存在。道德以一种非制度性的方式设定了人与社会之间应有的责任，并以此来约束人与社会之间可能出现的冲突。道德所设置的责任主要是通过对于人与社会两个方面的规定来加以约束，避免或缓解它们之间的对立与矛盾。

一方面，道德中蕴含着社会对人自身的责任。在任何一个社会中，每个人都对自己存在一定的责任。为了人们能够更好地生存与发展，社会总是从道德上设置了每个人对于自己的思想、行为所应该承担的责任。社会通过善恶的道德判断来肯定或否定每个人的存在价值。道德中人自身的责任包括两个部分：一是针对作为自然存在者的责任，二是针对作为精神存在者的责任。人，首先是一个自然存在者。他不可能摆脱作为一个自然存在者所需要的各种生理性需要。至于人的内部是否有灵魂或其他高贵的东西，在一个自然存在者的层面上是暂时被搁置的。同时，人还是一个精神存在者，他还有自身的精神追求。他不可能摆脱作为一个精神存在者所拥有的梦想。每个人都在社会实践中希望自己是一个人，而不是一个动物，也就是要有一定的超越性追求。道德中蕴含了社会对人自身作为超过自然存在者所应有的责任。这就是为何人在社会实践中追求荣誉、良知、诚实、自由等价值目标的原因。

另一方面，道德中蕴含着人对社会的责任。社会的稳定与发展是人自身存在与发展的前提，人，作为社会成员，必然需要维护社会的存在与发展。从这个意义上看，道德中所蕴含的人对社会的责任，主要包括人对社会稳定的责任和人对社会发展的责任。人，作为社会成员，首先就承担了维护社会稳定的责任。没有社会的稳定，人自身的存在就面临危机。由于社会稳定的问题，总是与社会秩序、社会公正等有着密切的关系，因此，中西方伦理思想家们总是探讨秩序与公正的话题。那些捍卫社会秩序、追求社会公正的人也就成为社会中的道德典范。这展现了人作为社会成员所应该承担的首要责任。但是，人对社会的责任并不仅仅只有维护社会的稳定，还有促进社会的发展。没有社会的发展，人自身也是难以发展的。因此，人作为社会成员还承担着促进社会发展的责任。社会的发展，总是与自由、民主等政治话题有关，因此，当代政治伦理中如何在道德实践中实现自由、民主等成为时髦话语。那些追求自由、民主等促进社会发展的代表人物成为时代精英，具有强大的道德感召力。究其原因，他们展现了社会成员所承担的人对社会发展的道德责任。

2. 道德能够借助社会分工来调整人与社会之间的相互冲突

马克思指出："分工提高劳动的生产力，增加社会的财富，促使社会精美完善。"①社会分工从表面来看，似乎只是指某些社会成员在社会中从事某个领域的工作，而另一些社会成员从事其他领域中的工作，社会成员在分工后，相互交换产品，从而提高了社会生产力，增加了财富，也促进社会完善。其实，这其中隐藏了人们所认可的道德价值的交换。因为不同领域的社会成员，既可能选择通过欺骗来获取利益，也可能选择公平交易来各得其所。在社会分工中，那些专业分工程度高、产品质量好、交易量大的领域，更重视公平交易，而专业分工程度低、产品质量差、交易量小的领域，更试图依靠坑蒙拐骗来求得生存。从这个角度来看，社会分工的程度是一个社会道德水平高低的象征。应该看到，随着人类社会的发展，社会分工越来越精细，也证明了人类社会道德水平是从低到高的且总体向上发展的。

道德借助社会分工渗透于人的内心世界发挥其调节作用。道德在社会分工中，给不同的社会成员所从事的工作规定了相应的责任，需要社会成员加以遵守。它是借助社会分工的方式，在人与社会之间构建了一个彼此之间相互联系的责任体系。只要社会成员从事社会中的某个工作，他就需要遵守相应的道德责任。社会分工不可能离开道德要求。从这个意义上看，社会分工本身就是道德的，而不是不道德的。因此，涂尔干指出："分工便产生了道德价值，个人再次意识到自身对社会的依赖，社会也产生了牵制和压制个人无法脱离自身限度的力量。总而言之，分工不仅变成了社会团结的主要源泉，同时也变成了道德秩序的基础。"②

从人类社会的历史发展来看，道德一直都在社会分工中发挥其协调人与社会之间的关系和避免冲突的作用。尤其在现代社会中，随着科学技术的发展，社会分工变得更为精细化，已经从现实社会分工走向了虚拟社会分工。它使得人与社会之间的关系变得更为紧密，而不是更为隔阂。道德的存在就是要让人们认识为了社会团结而限制某些所谓自由的作用。社会成员正是在这种道德自律中成就了某种品质或德性。正如涂尔干所说："假使没有道德不断限制我们自身的行为，我们怎么能养成习惯呢？假使

① ［德］马克思. 1844 年经济学哲学手稿［M］. 北京：人民出版社，2004：13.
② ［法］涂尔干. 社会分工论［M］. 渠东，译. 北京：生活·读书·新知三联书店，2000：359.

我们整天忙来忙去，除了考虑自己的利益之外没有其他规范可循，我们怎么能体会到利他主义、无私忘我以及自我牺牲的美德呢?"①从这个意义上看，道德的本质就是一种社会规制，是社会的一种善意的约束。人与社会之间的和谐发展离不开道德的社会规制和约束。在这个过程中，社会分工显得尤为重要。它是人与社会关系的纽带之一。道德，作为社会的思想意识，能够借助社会分工来规范人与社会之间的关系，促进它们之间的和谐，防止两者之间的断裂与冲突。

3. 道德能够通过角色扮演来调整人与社会之间的相互冲突

任何人都是生活在一定的社会之中，要扮演一定的社会角色。可以说，社会角色是人与社会之间的联系点之一。每个社会成员正是依靠角色扮演而成为社会中的一员。每个社会成员的角色都被赋予一定的道德责任。因此，道德借助社会之中每个成员的角色扮演来调节人与社会之间的关系，避免人与社会之间的冲突。如果说社会分工是从社会角度来调整人与社会之间的相互冲突，那么角色扮演是从人的角度来调整人与社会之间的相互冲突。

人与社会之间要想避免出现冲突，就需要达成一种稳定的关系。道德能够通过社会成员角色扮演的定位来实现人与社会之间的结构稳定。人们从最基本的社会、学校和家庭教育中很小就开始接受这种社会道德责任的定位教育。例如，在幼儿时期，父母或教师就会告诉你：这是妈妈应该做的，那是爸爸应该做的；这是老师应该做的，那是学生应该做的；等等。人们都是在这种学习中明白社会成员在社会中的定位，知道自己如果成为某个角色，就应该做什么。每个社会角色在社会之中都有相应的定位，在哪个位置上有其应尽的责任，从而有善恶的基本标准。正如美国社会学家乔纳森·特纳(Jonathan H. Turner)所说："人们经常根据他们对他人角色的解释调试他们的定位和角色执行。"②社会成员扮演好各自的社会角色，人与社会之间就能处于一种稳定和谐的状态中。在中国传统文化中，这种方法就是孔子所说的"正名"，给予社会成员一个应有的名分。孔子认为，社会的稳定与发展，就是通过以"君君、臣臣、父父、子子"来稳定不同社会成员在社会中的角色扮演的定位来实现。就此而言，道德通过社会成

① [法]涂尔干. 社会分工论[M]. 渠东，译. 北京：生活·读书·新知三联书店，2000：16.
② [美]乔纳森·特纳. 社会学理论的结构(下册)[M]. 邱泽奇，等，译. 北京：华夏出版社，2001：44.

员角色扮演的定位来实现人与社会之间的稳定是一种古已有之的方法。

社会中的每个人都会被要求扮演某个社会角色。"在所有社会的社会情境中，人们都试图寻求为自己建构一个角色，主要是通过向他人发出暗示，确认这一角色来实现。这样，互动就成了角色领会和角色扮演过程的连接点，使它们彼此受益。"①从社会学角度来看，这也是人的社会化的一个过程。社会成员根据道德要求学习自己的角色、塑造自己的角色，建立和发展自我与社会之间的道德关系，遵循相应的社会道德要求。可以说，这是社会成员具备人的社会性的体现之一。在这种角色扮演中，如果道德能够成功地通过角色扮演来调整人与社会之间的相互冲突，我们可以把这称为社会角色的有效整合。当然，某些社会成员在这个整合过程中很有可能出于个体或社会环境的原因而背离了应该遵循的角色扮演，并不愿意接受道德价值的社会性整合，我们可以称之为角色背离或角色失调。后者意味着某些社会成员在人与社会的关系中保持了自我的隔离，并不认同或接受人与社会之间的社会道德规范或准则的安排，有可能成为影响人与社会之间和谐的不稳定因素。这是人与社会之间和谐所需要的角色扮演意识的自我否定。就此而言，道德能够通过角色扮演来调整人与社会之间的相互冲突，但并不是一定能够化解人与社会之间的相互冲突。

（四）人与社会之间的和谐滥用

人与社会之间的和谐是道德的和谐价值目标中的基本内容。但是，在人与社会之间，为了两者的和谐而秉承一种极端个人主义或极端整体主义的价值观，则属于人与社会之间的和谐滥用。

极端个人主义专注于个体的人的存在与发展，它是个人主义的极端化发展。在个人主义看来，社会是由个体的人所构成，社会的存在与发展最终落实于个体的人的存在与发展，社会的价值最终要归于个体的人的价值。极端个人主义与个人主义的区别在于个人主义并不彻底否定社会整体的重要性，只是认为个人利益高于社会整体利益，而极端个人主义之所以极端就在于彻底否定社会整体的重要性，把社会与个人之间完全对立起来。从这个意义上说，极端个人主义也可以称为极端利己主义，可以为了个人的利益不惜危害他人或社会的利益。它完全否定了个人与社会之间的必要张力，听从于自身个体的生命本能和欲望的命令。在极端个人主义看

---

① ［美］乔纳森·特纳. 社会学理论的结构（下册）［M］. 邱泽奇，等，译. 北京：华夏出版社，2001：50.

来，人与社会的和谐就是个人的各种利益的满足，一切以自我利益的实现为目标，至于社会的利益与发展并不需要加以考量。极端个人主义是人与社会和谐发展中的错误观点，它会导致社会的解体、无政府主义的盛行。正如邓小平在中国20世纪80年代市场经济改革之初时所说："要分析当前的思想状况，有针对性地讲问题，进行教育和再教育。批评群众中的无政府主义、极端个人主义思想。"①他很鲜明地把无政府主义与极端个人主义联系在一起加以批判，因为这两者之间存在必然的联系。

与极端个人主义正好相反的观点是极端整体主义，它是整体主义的极端化发展。整体主义认为，社会整体优先，个体的人是社会整体中的个体，社会不能归结为个体的人的集合。个体的人要服从社会整体的需要，没有社会整体的需要，个体的人无所谓价值。个体的人的价值要以社会整体的价值为前提。极端整体主义把整体主义向前推进了一步，认为在个体的人与社会整体的对立中，一切以社会整体为标准，个体的人要随时为社会整体做出牺牲。极端整体主义所理解的人是社会整体中没有独立性的人，是完全依附于社会整体的人。在极端整体主义看来，人与社会的和谐就是要把人消融在社会整体之中，一切以社会整体利益为目标，至于个人的正当利益与发展并不需要加以考量。极端整体主义是有悖于人与社会和谐发展的错误观点。它片面强调社会整体的利益，只谈个体的人对于社会的责任和义务，不谈个体的人的权利；只讲个体的人对社会的服从，不讲个体的人的自由，必然导致社会中极权专制主义的横行。中国古代社会和欧洲中世纪社会就是属于极端整体主义的范本。就中国古代社会中极端整体主义所带来的极权专制主义的危害，梁漱溟有其深刻的论述："数千年以来使吾人不能从种种在上的威权解放出来而得自由，个性不得伸展。"②就西方中世纪社会而言，正像邓晓芒在评价中世纪社会的历史发展时所说："基督教占据西方正统地位的一千年的历史，几乎可以说就是它攻伐异教和迫害异端的历史。"③中世纪社会中形成了一种捍卫基督教的语言暴力，其思想专制和迫害行为专门针对异端人士，严重束缚了人的自由与发展。所以，他说："所谓中世纪的黑暗，所指的，正是这种严酷的语言霸权或思想专制，它压抑了人的自由，扼杀了人的创造性，因此严重阻碍了历史的进步和发展。"④

①　中共中央文献研究室.邓小平思想年谱[M].中央文献出版社，1998：131.
②　梁漱溟.东西文化及其哲学[M].北京：中华书局，2018：163.
③　邓晓芒.批判与启蒙[M].武汉：崇文书局，2019：158.
④　邓晓芒.批判与启蒙[M].武汉：崇文书局，2019：159.

社会是众人的社会，人是社会中的具体实践的人。因此，人不可能不依赖社会，社会也不能脱离人，社会与人之间不可能彼此悬置。正如马克思所说："应当避免重新把'社会'当作抽象的东西同个体对立起来。"①一方面，我们不能以抽象的社会来说明个人，另一方面也不能以抽象的个人来诠释社会。社会与人之间存在辩证统一的关系。社会在其发展过程中有其稳定的结构，人在社会之中有其自身的活动方式，两者之间有着内在的同构性。人总是具体的历史的，只能在社会关系中才能得到说明。同时，社会总是具体的历史的人的实践产物，是不同的人进行实践的合力所致。社会整体只能在具体实践的人的世界中才能得到解释。

历史唯物主义认为，社会存在决定社会意识，社会意识反作用于社会存在。这种论述的前提是具体实践的社会中的人，而不是虚幻的离群索居和固定不变状态中的人，是在一定历史条件下的具体的人。马克思把人与社会之间的关系置于历史的发展过程中来观察与分析，避免了双向解释中的循环。一切都在历史之中，既是历史的结果，也是历史的过程。在人与社会的关系中，主张人与社会的双向解释并不是进行两者之间的平衡游戏，而是要从人在社会实践中的历史发展来加以诠释。在这里，超越极端整体主义或极端个人主义的方法的根据在于人的社会历史的实践。"环境的改变和人的活动的一致，只能被看作是并合理地理解为变革的实践。"②个体的人在社会结构中受到了制约，同时，又有着内在的能动性的创造作用。从这个角度来看，人既是社会历史实践中的"剧中人"，又是社会历史实践中的"剧作者"。在社会历史中实践是我们走出极端整体主义和极端个人主义对立思维模式的唯一正确途径。

在这里，人的社会历史实践是我们考察人与社会之间关系的立足点。我们需要从社会与人的两个方面来考察，而不是单向的考察。人的道德实践总是在人的个人利益与社会利益之间做出选择。极端整体主义和极端个人主义在思想上存在严重的偏差。一方面，社会利益是个人利益能够得以存在的前提。为了个人利益而否定社会利益，就会导致和谐的"拔根"现象。捍卫社会利益是道德的底线问题，或者说属于道德的最低容忍度。突破社会利益的底线，迟早会威胁到个人利益的实现，破坏人与社会之间和谐的根基。另一方面，社会利益需要落实个人正当利益，否则社会利益就会流于形式而失去其真实性，道德的内在力量就会随之减弱。人的具体的道

① ［德］马克思. 1844 年经济学哲学手稿［M］. 北京：人民出版社，2004：84.
② ［德］马克思，恩格斯. 马克思恩格斯选集（第 1 卷）［M］. 北京：人民出版社，1995：59.

德实践，需要在它们之间做出合理的选择，才能确保道德的和谐价值的实现。

总之，"人类既非无私的蚂蚁群，也不是反社会的独眼巨人，而是一种'社会动物'。只有通过与他人交往，人类才能表现和发展自身的个性"①。人与社会之间总是需要一种必要的和谐关系。为了防范人与社会之间和谐的滥用，我们需要从人的社会历史的实践来考察人与社会之间的关系，抛弃极端整体主义和极端个人主义的单向思维模式，因为它们简单粗暴地忽略了人与社会之间相互依赖的客观事实。我们需要从历史的视野出发，从人与社会之间的关系出发，具体分析不同时代背景下两者之间的关系。毕竟，道德的和谐价值总是具体的、历史的，是处于一定社会实践之中的。诚如马克思指出："人不是抽象的蛰居于世界之外的存在物。人就是人的世界，就是国家、社会。"②唯有在具体的历史的视野中，采取实践的双向思维模式，把握道德在人与社会之间的和谐价值，才能避免出现和谐的滥用。

四、道德的和谐价值：人与自然的和谐

自人猿揖别，人不仅生活在社会之中，而且还生活在自然之中。人与自然之间的关系是人类社会的发展与人的发展过程中的重要关系之一。正如马克思和恩格斯所说："全部人类历史的第一个前提无疑是有生命的个人的存在。因此，第一个需要确认的事实就是这些个人的肉体组织以及由此产生的个人对其他自然的关系。"③构建人与自然之间的和谐关系一直是人类锲而不舍的目标。道德，作为人自身的精神力量，具有实现人与自然之间和谐的价值。

（一）道德能够促进人与自然之间和谐共生

自从200万到300万年前在地球上出现人，就开始了人和自然之间关系的发展。在人类社会的发展过程中，人在自然之中，总是要依靠自然，在物质生活实践中认识和改造自然。但是，这并不意味着人可以无限制地改造自然。自然有其自身的发展规律，有一定的承受力。人需要把原来处

---

① ［英］阿诺德·汤因比. 历史研究（下卷）［M］. 郭小凌，等，译. 上海：上海世纪出版集团，2014：665.

② ［德］马克思，恩格斯. 马克思恩格斯选集（第1卷）［M］. 北京：人民出版社，1995：1.

③ ［德］马克思，恩格斯. 马克思恩格斯选集（第1卷）［M］. 北京：人民出版社，1995：67.

理人与人、人与社会的关系的道德思维运用于人与自然之中，认识自然，尊重自然，要在自然的承受力范围内活动。否则，人就会破坏自然而失去生存的自然基础。因此，在人与自然之间，我们需要一种和谐共生的关系。道德在其中具有重要的精神价值。

1. 道德能够引导人认识自然

道德是人为改造自然而自己为自己立法的重要精神力量，能够引导人认识人与自然之间的应然关系。人是大自然的产物，大自然也制约着人的生存与发展。人与自然之间应该是和谐共生的。由于人拥有自由意志，所以他能够在实践活动中选择自己的实践方式。是仁慈地对待自然，还是疯狂地破坏自然，是准备考虑人之外的各方利益而成为自然的朋友，还是只准备满足人自身的利益而成为自然的敌人，这些就涉及人的道德问题。从这个意义上说，人对自然拥有一定的道德责任。道德能够引导人在实践活动中不断思考自己是否承担了应尽的道德责任。它表明了人具有不同于其他自然存在物的道德品质。所以，马克思指出："正是在改造对象世界中，人才真正地证明自己是类存在物。这种生产是人的能动的类生活。通过这种生产，自然界才表现为他的作品和他的现实。"①自然在人的道德实践中呈现其和谐中的宁静与美丽。试想，如果人在实践活动中没有展现自己的道德意识，人的道德特性就无法得以表现，人就无法成为一个道德上的人。借助马克思的语言来说："人不仅仅是自然的存在物，而且是人的自然存在物，就是说，是自为地存在着的存在物，因而是类存在物。他必须既在自己的存在中也在自己的知识中确证并表现自身。"②人的道德意识，能够引导人认识到人与自然之间应该是和谐共生的，人需要在两者之间的关系中承担道德责任。正是在道德力量的引导下，人的生命才表现为人的生命。

2. 道德能够引导人尊重自然

人从大自然中孕育而出，是自然的儿女，人具有其自然属性，同时人在其生存与发展中具有了自身的超越性，能够思考如何利用自然资源为自己服务。所谓道德能够引导人尊重自然，就是指道德能够引导人认识到自然有其自身的发展规律，人在实践活动中需要尊重自然规律，才能维护人

---

① ［德］马克思. 1844 年经济学哲学手稿［M］. 北京：人民出版社，2004：58.
② ［德］马克思. 1844 年经济学哲学手稿［M］. 北京：人民出版社，2004：107.

与自然之间的和谐共生。

自然有其自身的发展规律,这种发展规律是客观的、必然的,不以人自身的意志为转移。自然规律直接决定了人的生存与发展不能不尊重自然。人的社会实践活动自古以来就有两种生产方式。一种是掠夺性方式,是指为了更多地满足人的需要,把自然作为掠夺的对象,不断向自然无限索取。在人类文明的发展中,曾有许多文明,如玛雅文明、楼兰文明等都走向毁灭,其中一个重要原因就是没有尊重自然规律,过度的开发自然导致自然系统的崩溃。另一种是绿色生产方式。它要求在尊重自然规律、顺应自然规律的基础上谋求人的生存与发展。人类社会中的道德要求人采取绿色生产方式。因为,唯有这种方式才能保证人与自然之间的和谐共生,人才能有其自身的长远的可持续发展。否则,自然系统的崩溃将直接影响人的外在生存环境。就此而言,自然规律为人类提供了一种需要遵守的规范,道德规范就是人类从自然规律中所领悟的规范之一。如果我们藐视这些规范,就会危害人类自身。道德教育能够让人在自然面前学会谦虚,尊重自然而不是试图凌驾于自然之上恶意乱为,能够以平视的眼光关注自然存在与发展的应有权利。

当然,道德引导人尊重自然规律,并不是让我们抱着自然主义态度无所作为,听从自然规律任意为之,而是要求人在尊重自然规律的基础上正确地运用自然规律。自然规律本身并无意识,可能给人类带来善行,也可能带来危害。但是,人有自由意志,道德就是这种自由意志的产物。人能够进行自由选择,有实践的主体性。正如恩格斯在《自然辩证法》中所说:"我们每走一步都要记住:我们统治自然界,绝不像征服者统治异族人那样,绝不是像站在自然界之外的人似的——相反地,我们连同我们的血、肉和头脑都是属于自然界和存在于自然界之中;我们有自己的全部统治力量,就在于我们比其他一切生物强,能够认识和正确运用自然规律。"①自然孕育了生命,包括人的生命,道德是人的生命中最为精彩的精神乐章。从这个意义上说,道德是自然在自然发展之中的自我意识。正因为如此,自然又被称为自然母亲。人,作为自然之子,有在尊重自然的基础上自我发展,维护人与自然的和谐共生的道德责任。

3. 道德能够促进人保护自然

正是由于道德能够引导人认识自然和尊重自然,因此,从人的实践活

① [德]马克思,恩格斯. 马克思恩格斯选集(第4卷)[M]. 北京:人民出版社,1995:383-384.

动而言，道德能够促进人保护自然。

保护自然本质上是人从道德上对自己是什么的回答。这种回答内在地反映了人在人与自然的关系上的价值判断。从价值评价上看，人与自然之间的生态系统的失衡是由于人的极端个人主义、利己主义和拜金主义所造成。人为了自己的利益如金钱、财富等而破坏自然，人需要道德上的自我反思。人是自然的杰作，但并不是自然的唯一杰作。人在自然之中有其道德限制，即维护自然生态系统的平衡与完整。正如当代美国学者罗尔斯顿（Holmes Roloston）所说：“在地球生命系统的支撑下，人类显得最为荣耀，但地球生命系统不能只支撑人类，也不应该只支撑人类。最理想的世界不是一个完全为人类所消费的世界，而是给城市、乡村与荒野都留有适当的空间的世界。我们只有对生命的整体‘商业’都加以道德的关注，自己才有可能很好地生活。这种伦理是通过平衡资源的收支来捍卫人类的生命，但更进一步，它也捍卫一切生命在生态系统中的完整性。”①人应该把保护自然作为自己的道德责任，在自身的生存与发展中，应该以保护自然作为人的生存与发展的底线，是一切实践活动的基础。

（二）道德能够推进人与自然之间和谐发展

马克思指出：“人本身是自然界的产物，是在自己所处的环境中并且和这个环境一起发展起来的。”②人与自然之间并不仅仅只是和谐共生的关系，而且还是和谐发展的关系。

1. 道德能够通过环境伦理共识推进人与自然之间的良性互动

人与自然之间在漫长的历史发展中，是立体的双向影响过程。人对于自然的作用，和自然对于人的作用是双向的，既有可能有利，也可能有害。人与自然之间能否出现良性互动，关键在于人自身的价值观念，尤其是道德价值观念。在长期的实践活动中，为了人与自然之间的良性互动，人们逐渐形成了一定的环境伦理共识，以确保人获得更好的生存与发展，自然能够得到更好的保护。

（1）万物一体的共识。人与万物本来就是一体的，人并不是脱离了自然的物种。“物我，即自然生态的天地万物与人类自我在本根、本体上的

---

① ［美］霍尔姆斯·罗尔斯顿. 哲学走向荒野［M］. 刘耳，叶平，译. 长春：吉林人民出版社，2000：317.

② ［德］马克思，恩格斯. 马克思恩格斯选集（第3卷）［M］. 北京：人民出版社，1995：374-375.

一致性，便寻求人类的道德意识、道德心理应当以自然天地万物生命为胸怀，以参赞化育自然天地万物为己任。"①树立万物一体的共识，就是要人摆脱自以为超越自然而唯我独尊的陋习。人不能从自然之外考虑自然而应该从自然之内考虑自然。人生活在自然之内，自然中的万物之间的差异因为人的存在而得到了统一。人能够以一种整体性的意识认识和把握自然，在自身的存在与发展中，保持对自然的敬畏，从而形成人与自然的良性互动的基础。

（2）人文关心的共识。人文关心的共识是指人应该给予自然以人文关心，在获得自然资源的过程中保护自然而不是破坏自然，把自然视为活生生的对象而不是冷冰冰的无机物。最典型的是美国哲学家利奥波德（A. Leopold）提出的大地伦理学的观点。他认为人只是大地中的一员，人应该超越个人的私欲和物种偏见去关心自然。人文关心的共识实际上赋予了自然一种鲜活的生命，给予了自然与人一种平等的价值取向，要求人在自我的实践活动中尊重和保护自然。由此，出现了最低伤害的环境伦理共识和补偿性的环境伦理共识。最低伤害的环境伦理共识是指人在获取自然资源的过程中如果一定要造成伤害，就需要把伤害降到最低。这种共识在动物保护方面得到世界各国的普遍性尊重。与此相联系的是补偿性的环境伦理共识，即要求人在实践活动中谋求其自身的生存与发展时，如果给自然带来了负面影响，对自然造成了一定的伤害，就要进行相应的修补。现代社会中所构建的自然保护区就是这种补偿性共识的结果。显然，这一共识与最低伤害共识相一致，都是人在处理人与自然之间的关系时展现的人文关心的产物。

（3）面向未来的共识。人与自然之间所形成的道德关系并不是仅仅涉及现在的人，而且还涉及未来的人。人类应该对未来的人承担一定的道德责任。为了人类的未来，人类还需要在生产、消费等活动中充分考虑自然的承受力，以满足未来的人的发展的需要。自然不仅是现在的人、而且也是未来的人的生存与发展的基础。同时，人都是平等的，无论是现在的人还是未来的人。否则，这就是不公正的。正如罗尔斯顿所说："认为生存年代越在我们之后的人其价值越小，而其生存年代离我们最远的后代则毫无价值，这种想法只能是某种道德幻象的产物。"②从这个意义上看，现在

① 张立文. 和合学：21世纪文化战略的构想（下册）[M]. 北京：中国人民大学出版社，2006：575-576.
② [美]罗尔斯顿. 环境伦理学[M]. 杨通进，译. 北京：中国社会科学出版社，2000：378.

的人对于未来的人的生存与发展承担了一定的道德责任。现在的人不能只考虑自己这一代人的需要，而给未来的人带来危险。这种面向未来的共识无疑推动了当代人对自然的保护与自身的发展，也推动了人在未来的漫长历史发展过程中尊重自然、保护自然，追求人与自然和谐相处的绿色发展。

2. 道德能够通过转变经济增长方式推进人与自然之间的良性互动

人类社会的经济增长方式经历了两种：一种是数量型经济增长方式，依靠自然的投入来发展经济；另一种是质量型经济增长方式，主要依靠科技进步、节约自然资源来发展经济。由于后者注重资源保护，立足社会经济的长远发展，因此又被称为可持续经济增长方式。数量型经济增长方式是人类社会初期的经济发展模式。这种经济增长方式注重开发和利用自然，随着人口的不断增加，不得不竭力提升获取自然资源的速度以应对人口的膨胀，导致获取自然资源的速度远远高于自然资源的再生速度。因此，数量型经济增长方式具有不可持续的特性，不仅难以长远存在，而且还直接与人们的道德观念相悖，迫使人们突破伦理底线，一味只考虑人自己的私利，变得目光狭隘，缺乏伟大的道德情怀，无法切实地关爱人之外的动植物，真正地做到尊重生命，爱护自然景观。正如阿马蒂亚·森所说："不同类型的伦理思考在经济预测中的意义应该得到相应的研究。同时，陷入狭隘而不真实的绝对自利行为假设之中，可能会把我们引入一条有疑问的'捷径'，它的末端并不是我们所希望到达的地方。"①人的道德思考引导人们直接考量这样的问题：经济增长到底为了什么，其目标何在，难道只是为了获得人自身的物质利益，难道除此之外就没有其他的目标，人应该拥有什么样的道德权利，等等。它们为可持续增长方式的目标提供了伦理支撑。可持续增长方式是立足长远的经济发展方式，展现了人的道德情怀，关心人之外的生命存在，对自然充满了感激之情，以一种道德的目光审视自然。它能够缓解人们极端自私自利的狭隘之心的无限膨胀，把人从一己私利的精细算计和内斗中解放出来。同时，人的道德思考也引导人们思考这样的问题：可持续经济发展应该采取怎样的手段，是否应该采取尊重和保护自然而不是破坏自然的手段发展经济，究竟采取什么手段才能尽到人作为自然的道德代理人的责任，等等。它们为可持续增长

---

① ［印度］阿马蒂亚·森. 伦理学与经济学［M］. 王宇，王文玉，译. 北京：商务印书馆，2003：80.

方式的手段提供了伦理支撑。可持续增长方式是保护和尊重自然基础上的经济增长方式。一种合乎道德的手段是追求可持续发展目标的必然结果。为了长远的可持续经济发展，人应该拓展人的道德视野，真切地关怀自然的生态系统的平衡，还自然以青山绿水，展现人的"与天地合其德，与日月合其明，与四时合其序，与鬼神合其吉凶"的胸怀与气度，才能履行人在追求经济增长中的道德责任。它需要人们在可持续经济发展的过程中充分考虑社会、自然与经济之间的各种关系，采取科学合理手段开发自然，主动地在资源环境承载范围内发展自身，降低对自然生态系统的污染和破坏，促使自然生态系统与经济系统和谐统一。这样一来，有利于在追求可持续经济发展的过程中依靠科技进步等合理手段谋求人与自然的双向发展。

（三）道德能够调节人与自然之间的冲突

人与自然之间相互作用、相互影响，既有其统一的方面，也有其对立的方面。道德在人与自然的关系中，能调整人与自然之间的对立，化解或舒缓其中的矛盾。

1. 道德能够通过人的内在主体需要化解或舒缓人与自然之间的冲突

人与自然之间之所以出现冲突，很重要的原因在于人注意到了自然的工具价值，如经济价值、功利价值，而忽视了自然所给予人的精神价值，如美学价值、宗教价值。正是这种专注于自然的工具价值而把自然作为无限索取的对象，导致人在与自然的激烈冲突中不断自我物化，沦为物质的奴隶，从而加剧了人与自然的冲突。所以，马克思在谈到现代社会中的人时指出："随着人类愈益控制自然，个人却似乎愈益成为别人的奴隶或自身的卑劣行为的奴隶。甚至科学的纯洁的光辉仿佛也只能在愚昧无知的黑暗背景上闪耀。我们的一切发现和进步，似乎结果是物质具有理智生命，而人的生命则化为愚钝的物质力量。"[①]人在针对自然的掠夺中成为物化的自我，人的内在主体需要失去了应有的精神力量。道德，作为人的精神坐标，能够激发人的精神生活，促进人的精神追求，唤醒人的精神目标。人在道德生活中能够认识精神生活的重要性，意识到人不仅只是自然存在，而且还是精神存在，有自身的精神追求，有自身的精神目标。就此而言，人与自然之间不仅是物质关系，而且是价值关系、道德关系。人与自然之

---

① ［德］马克思，恩格斯. 马克思恩格斯全集（第 12 卷）［M］. 北京：人民出版社，1965：7.

间的关系折射出了人与社会之间的关系。在处理人与自然之间的关系时，人对自然的凝视有一种道德期望。它源于人在社会生活中的内在主体需要——人的精神愿景。人从自然中来，负有保护自然的道德责任。自然不仅是人的存在的物质资源，也是人的精神对象。道德的存在是人针对物欲的解蔽、消解。人能够在道德力量中重新找到自己存在的完整性。道德的召唤促进了人的精神生活的苏醒，人的精神世界得以发展而丰富，自然成为人的宗教对象、审美对象等内在精神对象，而不仅仅是实用对象。当人以一种审美意识、宗教意识等超越性意识来重新审视自然时，自然成为人的精神挚友。在这种关系中，自然能够得到人的全面认识，人也成为自然的展示者。自然通过人获得了从没有过的价值与意义。因此，在道德视野中人不仅拓展了自身的精神世界的发展，而且也保护了自然，从而化解或舒缓人与自然之间的冲突。

2. 道德能够以道德规范调节人与自然之间的冲突

一般而言，道德规范在调整人与自然之间的冲突时，主要是通过两个方面来约束人自身的行为：一是消极性的道德规范，即需要人自身不应该做什么；二是积极性的道德规范，即要求人自身应该做什么。从人与自然之间的关系来看，人与自然之间不可能不出现冲突，重要的是人要能区别自然的基本生态系统与非基本生态系统、人的基本利益与非基本利益。所谓自然的基本生态系统是指那些直接影响人的生存与发展的自然生态系统。自然的非基本生态系统则是指基本生态系统之外的自然生态系统，也就是影响人的生存与发展较少的自然生态系统。所谓人的基本利益是指人在基本生存权、平等、自由等人类共同的重要目标方面的利益。人的基本利益存在一定程度的一致性。人的非基本利益是指人的基本利益之外的利益，如个人的特别偏好目标等。人在非基本利益方面存在明显的差异性。理解了自然的基本生态系统与非基本生态系统、人的基本利益与非基本利益后，面对人与自然之间的冲突，我们可以明确应该做什么和不应该做什么。自然的基本生态系统直接影响人的基本利益。因此，人不应该破坏自然的基本生态系统，否则人自身必然遭到生存危机。至于自然的非基本生态系统，人为了自身的利益可以进行适当的开发。当人的非基本利益与自然的基本生态系统的保护相悖时，可以牺牲人的非基本利益。如果人不得不损害自然，人就应该进行相应的修复，把负面作用降到最低。

不可否认，由于人类生活的复杂性，判断哪些是自然的基本生态系统或非基本生态系统，哪些是人的基本利益或非基本利益，并不是容易的。

这由人的认识有限性所致。人似乎永远都无法摆脱自身能力的有限性。这或许是人的宿命，但这并不意味着人就要失去自己追求人与自然之间和谐的勇气。它反证了人的道德责任的高尚与可贵。人正是通过道德规范表明他意识到了人与自然之间存在着应然如此的道德关系。

　　3. 道德能够通过人的德性培育调节人与自然之间的冲突

　　德性是人的内在道德品质。它是人的道德意识在一定的社会共同体中长期发展而形成的，具有鲜明的主体性特征。人的德性培育无疑是针对人与自然疏离的内在意识的解毒剂。一般而言，关于环境的德性或环境德性，分为一般性环境德性和特殊性环境德性。一般性环境德性包括针对自然的良知、诚恳、勇敢、坚韧，以及对自然的仁慈、同情、关怀等。特殊性环境德性是与自己的善有关的特殊德性，如关注与自己的善有关的自然环境等。环境德性不是外在的强加于人的，而是人在社会共同体的实践活动中内心生活丰富而充实的自觉生成。如果自然生态环境遭到破坏，人的环境德性就会受到挑战。显然，这种环境德性本身能够很好地把自然与人之间的疏离缝合起来，从而化解人与自然之间的冲突。环境德性本身展现了人在自然之中的道德使命。在环境道德教育过程中，我们应该明确其最终目标。"环境道德教育的终极目标在于培养具有环境伦理道德的人，是具有正确的环境态度和价值观，并能做出理想的环境行为的人。"①一般而言，这种具有环境德性的人是在人与自然的和谐统一中追求自身德性价值的人。由于环境道德总是与绿色追求有关，因此我们可以把这种人称为具有绿色人格的人。绿色人格是指个人的环境德性的规定，是个人特定的关于自然环境的道德认识、道德情感、道德意志、道德信念和道德习惯的有机结合。它是一个人的环境德性特征在总体上的稳定而综合的表现。环境道德要培育具有绿色人格的人，就是在尊重自然和保护自然的合理要求基础上发展人自身。具有绿色人格的人越多，越有利于避免人与自然之间的冲突。

（四）人与自然之间的和谐滥用

　　道德在人与自然的和谐中具有重要价值。然而，如果道德专门突出人的重要性，或专门突出自然的重要性，很有可能形成人类中心主义或自然中心主义，从而把和谐导向不和谐，出现和谐价值的滥用。

---

　　①　曾建平. 试论环境道德教育的本质特征［J］. 伦理学研究，2003（05）.

1. 人与自然之间的和谐滥用表现为人类中心主义

人类中心主义在人与自然的关系中过分突出了人的重要性。它把人的优越性和独特性提炼出来，认为人才是自然的主宰。人类中心主义突出人的重要性，具有本体论、目的论和价值论的三重含义。从本体论上看，人是宇宙万物的最高存在；从目的论上看，人是宇宙万物的目的所在，自然是人的资源，是为人服务的，人的一切需要都是合理的；从价值论上看，人就是从自己的利益出发评价价值的大小与正负。人类中心主义认为道德只适用于人与人之间的关系，因而人能够为了自己的利益而不断地获取自然资源。

人类中心主义在处理人与自然之间的关系时坚持人是自然的主人，自然不过是人生存与发展的资源，人的生活圈子就是整个世界的中心，所有判断都应该以人的利益和价值出发。道德是人类社会中的产物，限于人类社会之中，专注于人的世界，而不是自然的世界。人类中心主义充分显现出人自身的傲慢与自以为是。正如霍尔巴赫所说："虚荣使人相信，人是宇宙的中心；人只是为自己才创造自己的世界和自己的上帝，他感到自己有权根据自己的愿望来改变自然规律。"①在人类中心主义看来，道德在人与自然之间的调节只是专注于人本身，自然成为道德之外的世界。自然本身只有工具价值，人在自己的活动中没有承担直接的道德责任的必要。人对自然的破坏有增无减，尤其是随着科学技术的发展，自然在人的贪欲中以前所未有的速度被破坏。伴随着人的贪欲的扩张与膨胀，自然资源逐渐匮乏、环境被污染、生态严重失衡。从这个角度来看，自以为是地突出人的中心地位，只会带来人与自然之间的冲突。

同时，人类中心主义看起来是鼓吹人的价值，其实贬低了人的价值。当人类中心主义把人的实践活动当作一种谋生工具时，这就实际上把人的实践方式等同于动物的生存方式。因为，动物生存的唯一目标就是生存，这实际上是一种生物逻辑。兔子以兔子为中心，老虎以老虎中心，狮子以狮子为中心，因此，人以人为中心不过是人自身价值的贬损。

另外，人类中心主义扭曲了人的道德本质，把道德作为维护人自身私利的工具，道德，并不是以提升人的精神境界为目标，而是为人的各种破坏自然行为提供合理的借口。随着人的生存与发展的能力的提升，人对于

---

① ［法］霍尔巴赫. 健全的思想——或与超自然观念对立的自然观念［M］. 王荫庭，译. 北京：商务印书馆，1985：97.

自己的应然的目标并没有同比例的提升，其反而有了进一步恶化的危险。正如赫拉利所指出："我们仍然对目标感到茫然，而且似乎也仍然总是感到不满。我们的交通工具已经从独木舟变成帆船、变成汽船、变成飞机、再变成航天飞机，但我们还是不知道自己该前往的目的地。我们拥有的力量比任何时候都更大，但几乎不知道该怎么使用这些力量。更糟糕的是，人类似乎也比以前任何时候更不负责。我们让自己变成了神，而唯一剩下的只有物理法则，我们也不用对任何人负责。正因如此，我们对周遭的动物和生态系统掀起一场灾难，只为了寻求自己的舒适和娱乐，但从来无法得到真正的满足。"①脱离了人的道德目标的指引，为满足人的私利，人为地拔高人作为物种的地位，拉低其他物种的地位，把人与自然对立起来，只突出人的地位而把自然视为人的奴仆，会给现在和将来都带来严重的自然灾难。

2. 人与自然之间的和谐滥用表现为自然中心主义

与人类中心主义相反，为了解决人类中心主义所带来的生态问题，自然中心主义应运而生。自然中心主义坚决反对人类中心主义中奉行的以人类为中心的观点，而是把以人类为中心倒置为以自然为中心。因此，自然中心主义也被称为非人类中心主义。他们在针对人与自然之间哪个更为重要的选择中，把中心从人转移到了自然，认为自然具有神圣的权利和内在价值，并不需要得到人的认可和批准。在自然中心主义看来，人只是自然物种中的普通成员，道德应该涉及整个自然，人应该尊重自然、敬畏自然。自然中心主义强烈反对人类中心主义的价值观念，把人类中心倒转为自然中心，在克服人类中心主义所带来的人与自然的冲突方面有一定积极意义。

然而，自然中心主义同样存在自身难以避免的困境，不能不遭到质疑和批判。一方面，它在理论上陷入困境。自然中心主义将以自然为中心取代了以人为中心，把人与自然之间的道德关系奠基在自然之上，赋予了自然天赋的权利和地位，从而也导致人的地位的自我失落而把自然变成了与人对立甚至凌驾于人之上的神圣存在。中世纪的泛灵论把上帝等同于自然，与基督教一样压制人的自由与正当欲望。因此，自然中心主义把自然视为外在于人的神圣力量，必然为了维护自然的所谓神圣性而奴役和宰制

① ［以色列］尤瓦尔·赫拉利. 人类简史：从动物到上帝［M］. 林俊宏，译. 北京：中信出版社，2018：392.

人自身。人在赋予了自然神圣地位的同时反而成为它的奴隶。另一方面，它在实践上不可行。自然构成了人的各种活动的客观现实。这种客观现实既有可能给人带来好的影响，也有可能带来坏的影响。人为地赋予其善的价值是有缺陷的。而且，自然中心主义存在主体缺位，如果没有人的活动的涉入，自然的价值难以存在。价值是主客体之间的关系的产物，既包括了客体的属性，也包括了人本身的主体性摄入。离开了人的主体性，价值无法存在。如果自然中心主义的观点成立，自然本身就有了独立价值，人也失去了在实践活动中价值追求的必要性，因而，人也就没有了实践活动的内在动力，人类的历史就会停止发展。显然，这是十分荒谬的。因此，我们不难发现，自然中心主义存在自身的困境。试图在人与自然的关系中突出自然的中心地位以追求两者的和谐同样存在难以解决的问题。

3. 我们需要从全域式社会实践的角度来理解和把握人与自然之间的和谐

道德是人在实践活动中的自我本质的确证之一，它使人与自然之间呈现出一种道德关系。人类中心主义和自然中心主义之所以陷入谬误，就在于单纯从人或自然的角度来探讨人与自然之间的和谐，缺乏一种相互联系的全域式思考，即人与自然之间相互渗透而相互印证，难以区分。因此，我们需要以一种全域式社会实践观来理解和把握人与自然之间的和谐。正是站在全域式的社会实践观的基础上，道德关系才能拓展于人与自然所涉及的一切领域之中。人要追求人的生存与发展，这是毫无疑义的。它体现了人在实践活动中的主动性。但是，人在追求自身的生存与发展中，需要考虑自然的承受力。人的发展要受到自然的制约，这是人的受动性。自然是人的生存与发展的前提条件。忽略人在自然中的受动性条件而恣意妄为，迟早会遭到自然的惩罚。人毁灭自然，最终也就是毁灭自己。当然，如果只考虑自然条件而无所作为，人也难有好的发展。"人控制自然，为的是减轻人的穷苦，减除人的痛苦，增加人的幸福，使人类的生活格外丰富，格外有意义。"①道德之所以存在，就在于告知了人们哪些行为是可行的，哪些行为是错误的，即哪些行为是善的，哪些行为是恶的。道德的出现就是要人在追求自身的生存与发展的过程中既克制人的主动性膨胀，也避免人的被动性退缩，从而获得人的自由而全面的发展。从这个角度来看，人与自然之间具有道德关系，归根结底就在于对人与自然关系的处理直接或间接地影响了人自身的生存与发展。全域式社会实践观就是人把自

---

① 胡适. 人生有何意义[M]. 北京：民主与建设出版社，2017：27.

己视为自然之中的人,从自然生态系统的整体视野来反思人的行为,追求人的生存与发展,在人与自然之间培育人对自然的道德意识,从而维护人与自然的和谐。

或许有人认为人追求自身的生存与发展也属于人类中心主义,其实不然。人类中心主义是只考虑自身的生存与发展,而不考虑其他自然存在物如其他生命体的利益。它把道德局限于人自身,从而能为某些人破坏自然制造借口。在这里,人追求自身的生存与发展源于马克思的人的解放的理论,是指立足人的现实,追求人的自由而全面的发展。人在全域式的社会实践中追求自身的解放,并不意味人只考虑自己而不考虑自然。人正是在全域式社会实践中认识到只顾及人的自身利益而破坏自然是无法实现人的自我解放的,因而人与人之间达成协议,道德要求便是其中之一,约束人自身的危害自然的行为。这正是道德得以形成和得以践行的原因之一。追求人的生存与发展是追求符合自然规律和社会规律的正当要求。因此,人追求自身的生存与发展不能等同于人类中心主义。从这个角度来看,人在追求自由而全面的发展即人自身的解放的过程中,自然也在人的发展中得到保护与尊重,从而也就实现了自然的解放。人的最终解放也是自然的最终解放。如何善待自然是人与自然双重解放中一个重要的道德要求。这种自我约束的道德在漫长的历史过程中无疑具有重要的价值。

总之,人类中心主义和自然中心主义是实现人与自然之间和谐的两个相互对立的错误观点。人与自然的关系只是主动和被动的关系。人在追求自我生存与发展的过程中确证自己的主动性,也在追求自我生存与发展的过程中认识到自己的受动性。道德是人的本质特征之一。人与自然之间的道德关系不过是人自我反思、自我认识和自我构建的产物。它体现了人在追求自身解放的过程中的一种全域式社会实践观。人要善待自己,善待自然,只有这样才能实现人自身的解放,也能实现自然的解放,从而达到人与自然的完美和谐。

第六章 "追求自由"的道德价值目标

追求自由是重要的道德价值目标。自由是人类社会中所追求的最为重要的道德价值理念之一。人类为什么要有道德？道德价值究竟如何存在？这些都与自由有关。自由贯穿于人的一切道德活动之中。从这个角度来说，自由既是人类一切道德活动的目标，也是一切道德活动的前提。从人与社会的发展来看，自由也贯穿于一切人与社会的发展之中。正如阿马蒂亚·森所说："自由不仅是发展的首要目标，也是发展的主要手段。"①作为人的道德活动的目标，它是人类不断追求和渴望实现的价值指向，是人的标志和人的尊严的展现。没有自由，人就无法成为人本身，人的尊严也就无法存在。作为人的道德活动的手段，自由是人类自身为了发展所必然需要拥有的前提条件。没有自由，人只能是自然的存在，永远无法摆脱自然的奴役和束缚，无法通过道德上的创造和物质上的实践以追求自己的价值目标。因此，自由一直贯穿在人类的精神活动和物质活动之中，构成了人类道德价值目标中的重要组成部分。

一、自由的历史发展及其意义

"自由"，作为一种价值理念，具有丰富内涵。英国学者阿克顿勋爵（Lord Acton）认为："自由是个具有两百种定义的概念。"②正是由于其含义丰富，自由常常被称为"自由之谜"。普列汉诺夫曾把自由问题比喻为斯芬克斯之谜，如果一个思想家无法解决它，其思想体系就会被它吞噬。为了破解自由之谜，人类在漫长的发展过程中，一直都没有停止过探讨自

---

① ［印度］阿马蒂亚·森. 以自由看待发展［M］. 任赜，于真，译. 北京：中国人民大学出版社，2012：7.
② ［英］阿克顿. 自由与权力——阿克顿勋爵论说文集［M］. 侯建，范亚峰，译. 北京：商务印书馆，2001：14.

由本质的步伐。不同学派和不同研究者在不同的历史阶段都有其不同的自由概念。无论是在东方社会还是在西方社会，人们在不断追求自由的本质的过程中，逐渐形成了自由思想的历史。自由思想的历史就是人类认识自由、实现自由的历史。它是人类自由观念的历史反映，其中蕴含了丰富的价值意义。我们需要追溯自由的历史发展，理解其价值意义，才能有助于我们认识道德价值的自由，把握其内在含义与价值。

(一) 自由的历史发展

自由，自古以来都在东西方社会中存在，一直是人类为之神往的目标。在西方社会中，英语 liberty 即自由，源于拉丁语 libertas，其最初含义是指从某种束缚中解放出来。因此，它与 liberation 即解放的含义相同。英国学者柏林(Isaiah Berlin)指出："自由的根本意义是挣脱枷锁、囚禁与他人奴役的自由。"①他认为，这是自由的基本含义，自由的其他意义都是从这个基本含义中逐渐发展出来的。自由就是要为了人类自己而消除障碍，抑制那些干涉、剥削、奴役。在东方社会中，自由意味着不受约束地活动或做出某种行为。胡适曾指出：自由在中文里是"由于自己，不由于外力，自己做主"之意，在欧洲则是含有"解放"之意，表明从某种外部强制力中解放出来。②因此，一般而言，自由是指人克服了外在困难而遵循自己意志的行为，是人作为主体摆脱各种制约、奴役和压迫而获得解放的一种价值目标和自为状态。古往今来的思想家们曾经作出了许多关于自由的精辟论述。

西方的自由思想源于古希腊。在古希腊时期，自由是一个与主奴关系相联系的政治概念。它是指当权者根据法律释放奴隶、囚徒等，解除他们的奴隶身份或囚禁状态。古希腊人所理解的自由就是公民在法律许可的范围内自主活动。从哲学思路来看，古希腊的哲学家从哲学角度追问自由的本质与根源。黑格尔曾指出："我们必须承认希腊哲学代表典型的自由思想。"③古希腊的思想家认为宇宙有其普遍性本质，即无处不在的"逻各斯"。一切都服从于这种普遍必然性。人只有服从普遍必然性，才能获得精神上安宁的自由。苏格拉底、柏拉图、亚里士多德、伊壁鸠鲁学派和斯多葛学派都提出了各自关于自由的观点。自由就是遵从理智行动，能够自

---

① [英]以赛亚·柏林. 自由论(修订版)[M]. 胡传胜, 译. 南京：译林出版社, 2011：48.
② 胡适. 胡适精品集(第14卷)[M]. 北京：光明日报出版社, 2000：68.
③ [德]黑格尔. 小逻辑[M]. 贺麟, 译. 北京：商务印书馆, 1980：100.

制就是自由。苏格拉底认为："凡不能自制的人就是没有自由的。""能够做最好的事情就是自由。"①古希腊的思想家认为，人有理性。人的理性使其拥有选择能力，能够控制人的欲望。正是由于这种选择与自制展现了人的自由。然而，在古希腊社会中，奴隶不过是会说话的牲口，因此，广大的奴隶被排除在人的世界之外。他们没有自由，但是他们所从事的劳动奠定了自由的物质基础。

中世纪时期，基督教一统天下。基督教的教义否定了奴隶制度，强调每个人包括奴隶都是上帝的子女，人人平等。每个人都可以得到基督的救赎，因此人人都有获得自由的权利。在神学家们看来，人的自由源于上帝。上帝是绝对自由的。人犯有原罪，只能通过上帝在人间的代言人——教会而获得自由。人不得不接受教会作为中介将自身的自由进行转化，接受上帝的预选。人创造了绝对自由的上帝，也使自己陷入了不自由的束缚之中。同时，他们把人的精神自由与肉体自由完全对立，人似乎要不断通过折磨自己的肉体来获得精神上的自由。在这里，自由就是摆脱各种欲望，把自己从肉体中解放出来。中世纪是自由的神学异化时代。进入中世纪晚期，随着文艺复兴的出现，爱拉斯谟、拉伯雷、蒙台涅等人道主义者，强烈批判禁欲主义，歌颂人的肉体自由。马丁·路德、加尔文等人推动宗教改革运动，则提出人的自由只需要借助信仰上帝而获得，并不需要借助教会为中介。他们的自由思想为突破欧洲封建社会的思想壁垒，建立一个开放的社会开辟了道路。

资本主义经济关系的产生和发展，为自由思想的发展构建了现实基础。如果说古希腊时期自由思想还只是初步萌芽与发展，那么，经过了中世纪的异化，西方自近代以来，其自由思想无论是在深度还是在广度方面都有了巨大发展。它突破了中世纪的神学自由异化观，确立了以捍卫资本运动自由为本质的自由精神。

在传统的自由思想理论中，霍布斯、洛克、孟德斯鸠、卢梭、黑格尔等人从不同向度推进了自由思想的发展。自由是资产阶级革命用于与封建专制相对立的口号。霍布斯最先概括了自由的政治含义。他认为，人生而自由，自由就是无所阻碍地做自己想要做的事情。人的自由既可以与恐怖并存，也可以与必然并存。自由是人的一种权利，一种能为或不能为的权利。人的本质是利己的。为了利己的自由，人与人之间处于战争状态。为了更好地生存，理性使人遵守自然法，国家和法律是自然法的实现形式。

---

① ［古希腊］色诺芬. 回忆苏格拉底［M］. 吴永泉，译. 北京：商务印书馆，1984：170.

国家和法律能够限制人与人之间的战争状态。个人为了生存必须把自由权利交给国家代管。他的自由思想体现了资产阶级建立政权的诉求。洛克在资产阶级政权的确立过程中，发现了国家与个人自由之间的矛盾。他修正了霍布斯的"人生而自由"的观点。"人的自由和依照他自己的意志来行动的自由，是以他具有理性为原基础的，理性能够教导他了解他用以支配自己行动的法律，并使他知道他自己的自由意志听从到什么程度。"①在他看来，自由不是为所欲为，而是根据理性法则行动。洛克认为，国家和法律的存在不是对自由的限制，而是对自由的保护。所以，他说："法律的目的不是废除或限制自由，而是保护和扩大自由……哪里没有法律，哪里就没有自由。"②

马克思、恩格斯在《新莱茵报》评述英国革命如何成功时指出，自由思想正是从英国输入法国的。洛克是这种自由思想的始祖。法国思想家们深化了洛克的思想。孟德斯鸠指出："自由仅仅是：一个人能够做他应该做的事情，而不被强迫去做他不应该做的事情。"③"政治自由的关键在于人人有安全，或是认为自己享有安全。"④他认为，政治自由只会存在于国家权力不会被滥用的国家。只有在这种国家，公民个人的政治自由不会被侵犯。卢梭则系统地揭示了国家与个人自由之间的矛盾。他认为，人的天赋自由与现实不自由之间存在尖锐冲突。所以，"人是生而自由的，但却无往不在枷锁之中"⑤。他认为人的自由应该建立在人与人之间的平等基础上。所以，他指出，自由不仅在于实现自己的意志，而尤其在于不使别人的意志屈服于我们的意志。他希望人们能够自由地支配自己，做自己的主人。

西方自近代以来的思想家们不仅探讨了政治自由，而且还探讨了哲学等其他方面的自由。从哲学所涉及的自由来看，英法的思想家们强调必然性。霍布斯认为，自由是人在做事时没有障碍，而障碍总是存在的，没有所谓的意志自由。洛克提出，自由总是和必然联系在一起。自由总是处于一定的能力范围之内，超过了一定的能力，人无法拥有自由。"我们如果受了必然性的支配，来恒常地追求这种幸福，则这种必然性愈大，那我们

---

① ［英］洛克. 政府论（下册）［M］. 叶启芳，瞿菊农，译. 北京：商务印书馆，2017：39.
② ［英］洛克. 政府论（下册）［M］. 叶启芳，瞿菊农，译. 北京：商务印书馆，2017：35.
③ ［法］孟德斯鸠. 论法的精神［M］. 叶启芳，瞿菊农，译. 北京：商务印书馆，1961：154.
④ ［法］孟德斯鸠. 论法的精神［M］. 叶启芳，瞿菊农，译. 北京：商务印书馆，1961：187.
⑤ ［法］卢梭. 社会契约论［M］. 何兆武，译. 北京：商务印书馆，2003：23.

便愈自由。"①英国经验论的自由思想得到了当时法国唯物主义者的进一步支持。18 世纪的法国唯物论，坚持认为人的自由是服从必然性的结果。霍尔巴赫就认为，人在他的一生中没有一刻是自由的。"凡是自认为自由的人，只不过是一只把自己设想成宇宙支配者的苍蝇，虽然苍蝇本身事实上完全服从于宇宙的规律，但它自己并不知道。"②他们重视必然性规律，尽管显得有些机械，但在反对封建神学的思想专制中具有重要意义。人们能够跳出神的意志而从人的意志来加以研究，这为近代自然科学的发展提供了理论基础。

与英法的思想家不同，德国古典哲学家康德等人，试图克服自由与必然之间的矛盾。康德认为，人作为自然存在，接受自然因果律的制约，不是自由的。但人作为理性存在，在其实践理性范围内拥有自由。费希特从康德思想中提炼出自由的主体，即自我。自我是一切实在的根源，是绝对的、无条件的，是自然界及其必然性的创造者。"我们如实意识到的心灵活动，叫做自由。"③谢林直接革新了哲学认识自然因果律过程的机械性。他把自然的发展理解为一个历史过程。自然界是精神的无意识发展，人类社会是精神的有意识发展。人类社会的发展有其规律，是以自由为目的的规律。人类历史是自由与必然的统一。人的行动是自由的，但这种行动最终"取决于一种必然性，这种必然性凌驾于人之上，甚至操纵着人的自由发展。"④他第一次从历史发展的角度，提出了自由与必然的统一。黑格尔是德国古典哲学中自由思想的集大成者。他全面阐释了自由的思想。他认为，自由是人的本质。因为，人类有思想。"只有人类才有思想，所以只有人类——而且就因它是一个有思想的动物——才有自由。"⑤他认为，自由是以必然为前提的，并且包含了必然在其自身之中。自由的主体就是绝对精神。自由实现的历史就是绝对精神自我实现的历史。他从哲学上回答了自由与必然之间是如何达到统一的。

中国的自由思想源远流长。从语义学来看，自由一词是"自"与"由"合成而成。"自"与"由"早在甲骨文中就已经出现。自由最早合成在一起是在《史记·货殖列传》中："言贫富自由，无予夺。"这里的自由是把

---

① [英]洛克. 人类理解论(上册)[M]. 关文运，译. 北京：商务印书馆，1983：236.
② [法]霍尔巴赫. 自然的体系(上卷)[M]. 管上滨，译. 北京：商务印书馆，1964：177.
③ [德]费希特. 人的使命[M]. 梁志学，沈真，译. 北京：商务印书馆，1983：49.
④ [德]谢林. 先验唯心主义体系[M]. 梁志学，石泉，译. 北京：商务印书馆，1976：245.
⑤ [德]黑格尔. 历史哲学[M]. 王造时，译. 上海：上海世纪出版集团，2001：111.

"自"与"由"作为单音节词联合在一起，指贫穷或富有都是自己的行为造成的。作为双音节词汇使用，它最早出现在《后汉书·安思阎皇后纪》中："于是景为卫尉，耀城门校尉，晏执金吾，兄弟权要，威福自由。"在这里，自由是指阎家兄弟利用权力作威作福、任意胡来。此时，自由已经具有了摆脱各种制度束缚，自己做自己想做的事情的含义。它与西方最初的自由含义有些接近。其实，尽管东汉之前的古典文献中并没有明确出现自由的字词，但还是存在各种阐述"自由"含义的思想，以及诸多相关词汇，比如"自然""无"等。先秦时期，老子提出了自然的概念。所谓自然就是最初的状态。老子提出"道法自然"，就是指一种单纯的最初状态，即自由状态。他认为，人类的灾难就在于违反"道法自然"而陷入不自由的状态。因此，严复曾在其《老子点评》《庄子点评》等书中，把老庄哲学解释为中国自由概念的源头。

在中国传统的封闭社会中，自由具有三种类型的理解：其一，褒义的自由，即值得肯定的正面自由。它常常表现为一种顺应社会制度、规范的自由。这种自由具有一定的积极的正面价值。在《三国志》中有："方今权宦群居，同恶如市，主上不自由，诏命出左右。如有至聪不察，机事不先，必婴后悔，亦无及矣。"（《魏书卷一〇·贾诩传》）东汉末年，权臣和宦官相互勾结、把持国政，皇帝无法自由地处理政事，而要听命于权臣和宦官。因此，在这种情况下，恢复皇权制度、维护皇帝的自由，在维护天下安定方面无疑具有积极价值和意义。在《三国志》中还有这样的记载："卿手下兵，宜将多少，自由意。"（《吴书卷四十九·太史慈传》）孙策非常信任太史慈，让其自己决定带兵的多寡。它反映了一种上级对下级自由意志的正面肯定。因此，尽管中国传统社会是一个封闭社会，并不支持个体具有充分的自由，但是在一定的社会历史背景下，自由仍能够得到维护。这种顺应性的自由具有积极的正面价值。

其二，贬义的自由，即否定意义上的自由。它常常是一种反抗社会制度、规范的自由。由于它不遵守或挑战社会习俗和礼教规范，因而被传统社会的舆论所批判。它常常被人们视为危害社会稳定的毒蛇猛兽。这种自由是个人的任性而为，置社会制度、规范和要求而不顾，由于其中包含一种放荡不羁的状态而受到谴责。《后汉书》记载："永寿三年七月，河东地裂。时，梁皇后兄冀秉政，桓帝欲自由，内患之。"（《后汉书卷一〇六·五行志四·地陷条》）汉恒帝想自己为所欲为而被人们所担忧。《三国志》有："而师遂意自由，不论封赏，权势自在，无所领录，其罪四也。"（《魏书卷二十八·毋丘俭传》）在这里，自由是指司马师大权在握，自以为是，随意处置，不听命于曹魏皇权。这种贬义的自由常常以一种特立独行的个性方式展现，如嵇康的"越名教而任自然"。严复评述韩退之的《伯夷颂》，认为其中所探讨的特立独行，虽天下非之不顾，"此亦可谓自繇之至者矣"①。这种为社会所贬斥的自由，我们还能够在其他许多古代典籍中读到。比如，《魏书·尔朱荣传》云："（尔朱世隆）既总朝政，生杀自由，公行淫佚，无复畏避，信任朝小，随其与夺。"（《魏书卷七十五·列传第六十三》）《晋书·刘琨传》有："若圣朝犹加隐忍，未明大体，则不逞之人袭匹磾之迹，杀生自由，好恶任意，陛下将何以诛之哉！"（《晋书卷六十二·列传第三十二》）《宋书·杨氏传》有："与其逆生，宁就清灭，文武同愤，制不自由。"（《宋书·氏胡传·略阳清水氏杨氏传》）它们都是从否定的意义上来论说自由。

其三，中性的自由，即谈不上肯定与否定的自由。它常常是一种个体自在、自得的心理状态，以及某种展现个体的悠闲自乐的生活状态。我们常常会在一些古典诗歌或通俗小说中读到这种意义上的自由。比如，白居易的《兰若寓居》有："行止辄自由，甚觉身潇洒。"《西游记》第五回有："那齐天府下二司仙吏，早晚伏侍，只知日食三餐，夜眠一榻，无事牵萦，自由自在。"《红楼梦》第七十九回有："我何曾不要来。如今你哥哥回来，那里比得先时自由自在的了。"这些都无所谓肯定或否定的意义，而只是表明一种自由自在的状态。孙中山曾把"日出而作，日入而息，凿井而饮，耕田而食，帝力于我何有哉"的《击壤歌》，称为"先民的自由歌"②。在这里，自由就是一种悠闲自得的生活状态。

中国传统意义上的自由，尽管有三种类型，但主要是从否定意义上来理解自由。自秦汉以后，"自由"概念不断限于贬义之中。贬义的自由逐渐成为社会中的一种主导理解范式。在中国漫长的君主专制社会中，自由的概念常常是与社会礼教或秩序稳定相对立的价值观念，不仅没有得到应有的重视和肯定，而且长期以来基本上获得的是负面评价。自由常常被人们理解为放浪形骸、纵欲散漫、为所欲为、自私冷漠、破坏秩序、无组织、无纪律等。因此，严复曾指出："自繇之义，始不过自主无碍者，乃今为放肆、为淫佚、为不法、为无礼"，"常含放诞、恣睢、无忌惮诸劣义"。③也正因为这个原因，严复把密尔的 On Liberty 一书翻译为《群己权

---

① 严复. 严复集（第 1 册）[M]. 北京：中华书局，1986：134.
② 孙中山. 孙中山全集（第 9 卷）[M]. 北京：中华书局，2006：280.
③ 严复. 严复集（第 1 册）[M]. 北京：中华书局，1986：132.

界论》，并用"自繇"取代"自由"，希望能够避免以中国传统中的贬义的自由来理解西方的自由概念。

在中国近代史中，黄遵宪、严复、谭嗣同、梁启超等思想家，翻译和介绍西方的自由观念，批判中国传统自由观念，逐渐形成了中国资产阶级的自由思想。1877年，黄遵宪被清政府任命为驻日参赞。他广泛接触日本知识分子，撰写了《日本国志》一书。他借用了日语词汇，如此定义"自由"："自由者，不为人所拘束之义也。其义谓人各有身，身各自由，为上者不能压抑之、束缚之也。"①他认为，自由是不受他人干涉的可能性，是每个人都有的权利。他的理解已经与西方的政治自由的概念相一致。他的自由解释是中国历史上第一次清晰地界定西方的自由概念。严复则是当时系统地介绍和阐述西方自由概念的学者。他先后翻译了《天演论》《原富》《群己权界论》等西方书籍，专门探讨了自由的思想。他在《群己权界论》中，把 liberty、freedom 译为"自繇"。"自繇云者，乃自繇于为善，非自繇于为恶。"②他还在《论世变之亟》一文中指出："彼西人之言曰：唯天生民，各具赋界，得自由者乃为全受。故人人各得自由，国国各得自由，第务令毋相侵损而已……中国理道与西法自由最相似者，曰恕，曰絜矩。然谓之相似则可，谓之真同则大不可也。何则？中国恕与絜矩，专以待人及物而言。而西人自由，则于及物之中，而实寓所以存我者也。"③严复认为，西人之"自由"是一种天赋权利，一种"存我"而又不得侵损他人的权利。他的这些思想已经很准确系统地阐述了西方的政治自由思想。自 19世纪 80 年代末伊始，具有新内涵的自由一词被广泛使用。我们能够在当时的《申报》和《学务纲要》中经常看到"自由、平等、共产"等新词。中国近代的革命党人正是接受了这些西方的自由思想，渴望建立一个民族自由、独立的资本主义共和国。孙中山提出了三民主义，可以视为这种西方自由观的代表。1912 年《中华民国临时约法》提出"人民有保有财产及营业之自由""人民有言论、著作、刊行及集会、结社之自由""人民有书信秘密之自由""人民有居住、迁徙之自由""人民有信教之自由"等。它展现了中国近代资产阶级思想家所理解的自由思想的集中表达，并在法律上得到了确认。

总的来说，虽然近代以来中国人的自由思想深受西方的影响，但这并

---

① 黄遵宪. 日本国志[M]. 上海：上海古籍出版社，2001：393.
② ［英］穆勒. 群己权界论[M]. 严复，译. 北京：商务印书馆，1981：198.
③ 严复. 严复集（第 1 册）[M]. 北京：中华书局，1986：133.

不意味中国古代社会完全没有自由思想。事实上，中国传统社会中的褒义的自由与西方社会所理解的自由有其共同之处，都重视在一定的社会规范或制度中采取行动。但是，它们各有其不同侧重点。"西方比较注重自愿原则，因此自由思想的发展比较有典型意义。在中国则轻自愿重自觉，就造成中国古代始终没能把自由这个词作为哲学范畴加以认真讨论，而是代之以天人之辩、名实之辩、知行之辩等贯穿于中国哲学史的大争论。这些争论考察的是人与天道的关系，研究的是人能否和如何把握道，如何培养理想人格，实际上就是探索取得自由的途径问题。"①中国传统社会中的自由思想更多的是强调自觉的义务，突出了一种自我束缚和克制，因而陷入专制之中。

（二）自由的价值意义

自由是人的本性的体现，是与人的尊严密切相关的观念。人的生存与发展和社会的存在与发展，都可以从自由概念中得到展现。自由的价值意义，既体现在个人之中，也体现在社会之中。也就是说，自由既具有个体价值，也具有社会价值。

自由是人的自由。自由对于人的价值意义首先体现在人的生存与发展之中。

其一，自由是人的存在的精神条件。

人之为人，就在于他并不是一个单纯的肉体构成，还是一个精神构成。作为一种精神构成，自由是其核心构成要素。精神上的自主思考和自我决策，是人能够作为一个所谓理性存在者不同于他物的重要依据。我们认可一个人是一个人，就在于承认了他作为一个人所具有的尊严。而这种尊严就体现在人的自由之中。在古希腊时期，奴隶没有被作为人来看待，就在于他们没有自由，没有人所应该具有的尊严，失去了作为人存在的精神条件。

任何人要想成为一个人，都会向往自由，因为这就意味着他要表明他不是物，不是随时接受外在的因果律制约的土偶木梗。关于这一点，正如卢梭指出，自由是人的本性的体现。在他看来，"在一切动物之中，区别人的主要特点的，与其说是人的悟性，不如说是人的自由主动者的资格。自然支配着一切动物，禽兽总是服从；人虽然也受到同样的支配，却认为自己有服从或反抗的自由。而人特别是因为他能意识到这种自由，因而才

①　张金华. 自由论［M］. 上海：上海人民出版社，1995：35-36.

显示出他的精神的灵性"①。因此，他在教育爱弥儿时说："在所有一切的财富中最为可贵的不是权威而是自由。真正自由的人，只想他能够得到的东西，只做他喜欢的事情。这就是我的第一个基本原理。"②自由对于人的重要性，在卢梭那里成为人生的第一基本原理。从这个意义上看，自由是公正、幸福等其他各种价值目标的源头，没有了它，其他的价值就会失去其人性的依据。正是人们意识到了自由是作为人的本性的体现，因此在资产阶级革命时期，许多人都把自由作为最重要的价值目标。甚至，他们提出了"不自由毋宁死"的口号，为了自由可以置生死于度外。

其二，自由是人的各种发展机会的现实化。

自由总是意味着一种人所进行选择的机会。人的一生就是在各种机会的选择中度过，因此，人拥有自由，也就表明他具有了一种在善恶、美丑、真假以及神圣与世俗之间进行选择的机会。一个自由的人在面对这些选择时，能够根据自己的人生经验和实际状况作出自己的选择，同时根据自己的选择而采取行动。从表面来看，这是个人的不断自我尝试错误的过程。其实，它是人的自我意识的现实化。在这里，自由展现了针对人而言的开放性，呈现了人在认识世界各种规律中所具有的本质特性。正如恩格斯所说："自由不在于在幻想中摆脱自然规律而独立，而在于认识这些规律，从而有计划地使自然规律为一定的目的服务。无论是对外部自然的规律，还是对支配人本身的肉体存在和精神存在的规律来说，都是一样。"③人正是在各种认识中，发现和选择了各种机会，并作出了自己的决断，从而展现了人的自由本质，把自我意识通过各种机会的选择加以现实化。

在人的各种发展机会的现实化过程中，如何理解和评价善恶、美丑、真假以及神圣与世俗，都是人自证其作为人的现实化。从人的历史发展来看，"它(自由——作者注)必然是历史发展的产物。最初，从动物界分离出来的人，在一切本质方面和动物一样是不自由的；但是文化上的每一个进步，都是迈向自由的一步。"④按照恩格斯的说法，人的历史越向前发展，自由所提供的机会就越多，也越能够展现人的本质特性。由此，一个人能否具有相应的选择机会，以及机会的多寡，构成了其是否自由、有多

---

① [法]卢梭. 论人类不平等的起源和基础[M]. 李常山，译. 北京：商务印书馆，1997：83.

② [法]卢梭. 爱弥儿(上卷)[M]. 李平沤，译. 北京：商务印书馆，2016：90.

③ [德]马克思，恩格斯. 马克思恩格斯选集(第3卷)[M]. 北京：人民出版社，1995：455.

④ [德]马克思，恩格斯. 马克思恩格斯选集(第3卷)[M]. 北京：人民出版社，1995：456.

大自由的标准。

其三，自由是人的各种潜在能力的外在化。

人总是具有一定的潜在能力。自由与人的潜在能力的发挥有着密切的联系。如果一个人的潜在能力受到各种束缚，缺乏应有的自由，就会难以表现出来。阿马蒂亚·森把人的潜在能力称为可行能力。他认为，在人的发展概念中，个人的自由与之有密切联系。"拥有更大自由去做一个人所珍视的事，（1）对那个人的全面自由本身就具有重要意义；（2）对促进那个人获得有价值的成果的机会也是重要的。"①他从人的全面自由和取得有价值的成果两个方面肯定人的可行能力的发挥。当一个人拥有了足够的自由，人的潜在能力才能得到有效的发挥，才能不断在现实社会中外在化。从这个角度来看，自由既是一个过程，也是一个结果。它伴随着人的潜在能力的外在化而发挥其作用。

在人的潜在能力的发挥过程中，人的自由意味着人的外在阻碍因素减弱，人有其充分的主观判断、分析和行动的能量。人所获得的自由越多，他的潜在能力就能更多地外在化。从一定意义上说，一个人的自由是其能力发展状态的显示器。作为人来说，每个人都渴望释放自己的潜在能力，它是人的内在需要。正因为如此，追求自由是人的天性。每个人都追求思想、意志和行为的最大自由。同时，人的潜在能力的外在化的程度也体现了人的自由程度。人总是会受到外在环境的制约，或者说人不可能彻底自由，人的基本生活状态就是处于一定的不自由之中。如果一个人能够在一定程度、一定范围内改变这种不自由状态，这也就体现了他作为人的本质力量和自由个性的发挥状态。

另外，自由总是存在于一定的社会之中。自由还具有社会价值，它体现在社会的存在与发展之中。

其一，自由是社会存在的前提条件。

社会是人类生活所构成的共同体。从古希腊时期开始，思想家们就认识到人需要一种群体的生活，而不是一种孤独的生活。完全与世隔绝的个人是无法存在的。在远古时代的原始部落中，针对个人最为严厉的惩罚就是把一个人赶出部落。人，无论如何进步，都无法摆脱彼此之间的相互联系。从社会的形成来看，人们为了能够更好地满足自己的生活需要而彼此之间联合起来，形成一个共同生活的空间。在这个共同生活的空间中，每

---

① ［印度］阿马蒂亚·森. 以自由看待发展［M］. 任赜，于真，译. 北京：中国人民大学出
版社，2012：13.

个人都要遵循一定的规范和要求，以保障每个人都能够更好地追求自己的幸福。而作为一定的规范和要求，无论是法律的，还是道德的，都以人的自由为前提。它们都是出于人的思想自由而产生，也是为了保护人的行为自由而存在。如果没有一定的规范和要求，人们彼此之间就会出现难以化解的冲突。社会在一定的规范和要求中形成，也就是借助了人的自由前提来构建。所以，黑格尔在谈到法时指出："自由就构成了法的实体和规定性。"①同时，它也保护了每个人自己在思想与行为中所应有的自由。否则，我们很难想象，缺乏了自由的介入，人类社会还能够得以存在。

从深层次分析，人类社会的形成与存在，并不是仅仅把每个人都联系为一个整体，取消了个体的独立性。其实相反，它反而借助通过自由所形成的各种社会规范和要求，把每个人都整合在一个社会公共空间之中，同时又保证了每个人都是分离的。也就是说，每个人也都是相互独立的，具有高度的自知、自治能力，具有其自由能动性。这种社会的既整合又分化的状态，正好体现了自由既构成了社会形成的前提，也表明自由还是社会发展的目标。它贯穿在人类社会的始终，没有自由也就没有人类社会。

其二，自由是社会进步的基本标准。

自由还可以作为社会进步的基本标准，它比我们通常所使用的功利标准更为全面。在现实社会生活中，人们都渴望社会的不断进步与发展。因为，社会的不断进步与发展总是或多或少能够为人们带来欲望的满足。因此，人们在评价社会是否进步时常常会使用功利性的评判标准。这种标准直接根据社会所带来的最终后果（常常是福利）来加以评价。带来的福利多，社会就更为进步。然而，这种标准容易出现偏差，它往往忽略了福利的分配的公正性。可能出现极少数人获得了社会所创造的90%以上的福利，而绝大多人只能分配剩下的10%的情况。运用功利标准难以避免地把人的基本权利等要素忽略了。如果采取自由标准，我们就可以审视社会是否促进了每个人的自由，每个人在政治、经济、文化等领域的自由权利是否得到了保证。这可以较好地防止功利标准所带来的偏差。

之所以能够把自由作为评价社会进步的基本标准，很重要的原因在于人们愿意构成一个共同生活的社会，就是要运用社会结构来保障和促进每个人的自由。自由是人们构成社会的根本依据。人类社会的历史就是不断走向自由的历史。所以，阿马蒂亚·森认为，要以自由看待发展。发展意味着什么？发展就是自由的发展。政治发展就是政治自由的发展，社会给

---

① [德]黑格尔. 法哲学原理[M]. 范扬，张启泰，译. 北京：商务印书馆，2010：10.

予了社会成员更多的政治权利；经济发展就是经济自由的增长，社会给予了社会成员更多的经济权利。他认为，自由在社会发展中具有建构性的特点。他把自由作为发展的首要目的。因此，自由可以作为评价社会进步的基本价值标准。从这个角度来看，一个更为自由的社会，其政治、经济、文化等领域都会有更大的发展。

其三，自由是社会进步的内在动因。

任何社会的进步都是在以往历史条件下的继续发展和创造。要想推动社会发展和创造，往往需要人们在新的历史条件下破旧立新、大胆突破、勇于创新。这就需要人们以与过去其他人不同的方式、不同的视角来开拓进取。而这种开拓进取的精神必然需要以个人自由为前提。个体越自由，越容易激发出促进社会进步创新的活力。比如，给予个人足够的政治自由，人们就会有更多的参与政治活动的内在动力。从经济自由来看，"经济交易的自由通常是经济增长的强大动力，这一事实已经得到了广泛承认"①。反过来看，如果剥夺公民应有的自由权利，则直接影响人们的创新动力与活力。在当今世界上，缺乏政治、经济、文化等领域自由活力的地方，往往也是社会进步缓慢的国家和地区。

自由在社会进步中的动力作用，意味着自由不仅能够作为社会进步的标尺或目标，而且还能够直接作为促进社会进步的手段或工具。我们可以把这种自由所产生的动力作用称为工具性作用。由于不同自由各有其不同的作用，能够产生推动社会进步的系统性工具合力。"政治自由（以言论民主和自由选举的形式）有助于促进经济保障，社会机会（以教育和医疗保健设施的形式）有利于经济参与，经济条件（以参与贸易和生产的机会的形式）可以帮助人们创造个人财富以及用于社会设施的公共资源。"②人类社会的历史已经反复证明，一个社会中社会成员广泛享有较多自由权利的民族，在世界竞争中能够具有更强的促进社会进步发展的动力。

二、作为道德价值的自由

自由在不同领域中有不同的理解。在哲学领域中，一个人能够在多大

---

① [印度]阿马蒂亚·森. 以自由看待发展[M]. 任赜, 于真, 译. 北京：中国人民大学出版社，2012：6.
② [印度]阿马蒂亚·森. 以自由看待发展[M]. 任赜, 于真, 译. 北京：中国人民大学出版社，2012：7.

范围内拥有自己认识外在世界的能力而不受到外在自然规律的制约，这种在一定必然性中所得到的认识自由属于哲学认识论中的自由。在法学领域中，由法治权利所保障，受到相应限制所获得的自由，属于法律意义上的自由。它在现代各国中表现为言论自由、集会自由等法律权利。在经济活动中，能够自由地签订契约、自由地进行交易、个人财产所有权不受侵犯、平等承担应该承受的风险等，这种自由属于经济自由。在这里，我们所要进一步探讨的是道德价值领域的自由，它有着漫长的历史传统。我们可以从西方道德文化和中国道德文化的发展中探讨其含义以及特性。正是在这种发展中，表明自由构成了当代道德的精神之维。

(一)西方道德文化中的自由概念

自由与道德关系密切。它作为一种价值，本身就隐含了浓厚的道德韵味。在伦理学研究中，自由是人的道德自由。它有时也被称为道德哲学自由、意志自由或伦理自由。道德自由是人的道德价值的精神追求，也是人类认识自身和把握外在世界的特殊的处理方式。它既是人类的道德自律的前提、道德行为选择的基础，也是人类所达成的道德规范及其内在主体道德精神的展现。

早在古希腊时期，人们就非常重视道德自由。亚里士多德认为，人有其意志，这种意志是自由的。它展现为人的理性经过慎思之后而在善恶之间进行选择的能力。他认为，"德性是在我们能力之内的。恶也是一样的。因为，当我们在能力范围内行动时，不行动也在我们的能力范围之内，反之亦然。所以，如果做某件事是高尚'高贵'的，不去做是卑贱的，那么若去做那件事是在我们的能力范围之内，不去做就同样是在我们的能力范围之内。如果不去做某件事是高尚(高贵)的，去做是卑贱的，那么若不去做那件事是在我们的能力范围之内，去做就同样是在我们的能力范围之内。既然做还是不做高尚(高贵)的行为，做还是不做卑贱的行为，都是我们的能力范围之内的事情，既然做或不做这些，如我们看到的，关系到一个人是善还是恶，那做一个好人还是坏人就是在我们的能力范围之内的事情"①。他反对苏格拉底把德性等同于知识的观点。他认为，人的德性与知识有关，但还与人的意志有关。一个人选择善性还是恶行，做不做道德行为，在于个体自己的选择。正是因为一个人有其自由选择的能

① [古希腊]亚里士多德. 尼各马可伦理学[M]. 廖申白，译. 北京：商务印书馆，2004：72.

力，那么，一个人做了错事就要承担其道德责任。亚里士多德把自由与道德责任相联系，开创了从自由与道德责任之间的关系来探讨意志自由的先河。在亚里士多德这里，意志自由是一种理智的意愿，既包括理性的自觉认知也包括意志上的自愿。在古希腊末期，伊壁鸠鲁认为世界由原子构成，原子有其偏斜运动。人也由原子构成，有其自由。他反对伦理学中的宿命论。他和亚里士多德一样，认为人有自由，要为其行为负责。"我们的行动是自由的，这种自由就形成了使我们承担褒贬的责任。"①

中世纪时伦理学从世俗的人与人之间的关系以及应该做什么的研究，转向为研究人与上帝之间的关系以及借助上帝来评价人的道德行为的性质。为了避免在意志自由与上帝的绝对必然性之间陷入理论冲突，奥古斯丁认为，上帝是绝对的善，恶是人滥用自己的自由意志，违背了上帝所致。"每个作恶的人，就是自己作恶的原因。"②意志自由是上帝所赐，只有上帝才能给人以自由选择的意志和能力去追求善。"人得救不是靠善行，也不是靠意志自决，而是靠信仰的恩典。"③在奥古斯丁看来，上帝是一切善的原因，人才是导致恶的原因。因此，奥古斯丁的意志自由论维护了上帝的权威性，但表明了人有作恶的自由，没有行善的自由。托马斯·阿奎纳认为，伦理行为是"人性行为"，是出于理性认知和意志自由的行为。他把意志理解为一种向善的"理智欲望"（rational appetite）。他显然受益于亚里士多德的意志自由的思想，但把上帝作为最终的善的目的。于是，他与奥古斯丁一样，把人的善行归因于上帝，而把人的恶行归因于人自身。"善就在一切事物中由同一个完美的根源产生出来，而恶则是由怪癖和个人的缺点中产生出来。"④由此，他还进一步指出，德性是上帝所赋予人的内心的善良品质。世俗的事物缺乏永久性，任何世俗的东西都无法完全满足人，唯有上帝才是永久的、具有永恒的魅力。因此，上帝所赋予的神学德性高于人在世俗社会中所习得的世俗德性。神学德性所带来的幸福才是最高的幸福。

西方近代以降，自由成为与平等、博爱并列的重要价值理念。在对道德自由的研究中，出现了一大批卓越的思想家。卢梭、康德、黑格尔是其

---

① 北京大学哲学系外国哲学史教育室. 古希腊罗马哲学[M]. 北京：生活·读书·新知三联书店，1961：369.

② [古罗马]奥古斯丁. 奥古斯丁选集[M]. 汤青，杨懋春，汤毅仁，译. 北京：宗教文化出版社，2010：159.

③ [古罗马]奥古斯丁. 奥古斯丁选集[M]. 汤青，杨懋春，汤毅仁，译. 北京：宗教文化出版社，2010：319.

④ [中世纪]阿奎纳. 阿奎纳政治著作选[M]. 马清槐，译. 北京：商务印书馆，1982：51.

中的杰出人物。卢梭认为，"唯有道德的自由才使人类真正成为自己的主人"①。人要过一种正确的生活而不是幸福的生活。他认为，幸福的生活并不一定是正确的生活。正确的生活就是一种道德的自由生活。根据其社会契约论，人在自然状态中享有自然自由，经过社会契约建立起国家后，人就享有了社会自由，其中就具有了前所未有的道德性。与自然自由相比，社会自由不是自然状态下的无拘无束，而是要服从法律的约束。他说："只有嗜欲的冲动便是奴隶状态，而唯有服从人们自己为自己所规定的法律，才是自由。"②法律体现了人民的意志，即所谓"公意"。在卢梭看来，代表人民意志的公意融合真理、美德与权力为一体。它具有不可分割、不可转让、不可代表、永远正确的特性。道德的自由就要服从这种公意。"任何人拒不服从公意的，全体就要迫使他服从公意。"③从中，我们也可以发现，卢梭提出的道德自由中充满了个体必然服从大多数人的强制性。

一般认为，康德的意志自由理论与卢梭一脉相承。但康德更为强调了道德自由中的道德特性。他把人的自由所遵循的法则设定为理性指导下的道德法则，而不是所谓法律上的公意。他充分肯定了人的自由在道德生活中的积极作用，也就是人为自己立法，即意志自律，而不是某种强制性的服从。

康德以意志自由理论诠释道德自由。他认为，道德自由存在于理性所决定的意志的活动中。自由意志和合乎道德的意志是同一的。自由是"道德律的条件"，"它现在就构成了纯粹理性的、甚至思辨理性的体系的整个大厦的拱顶石，而其他一切的、作为一些单纯理念在思辨理性中始终没有支撑的概念(上帝和不朽的概念)，现在就与这个概念相联结，同它一起并通过它而得到了持存及客观实在性"④。他还认为，道德自由有积极与消极之分。消极自由"不受感性冲突规定的那种独立性，这是它的自由的消极概念。积极的概念是：纯粹理性有能力自身就是实践的。但是，这只有通过使每一个行动的准则都服从它适合成为普遍法则这个条件才是可能的"⑤。同时，道德自由展现了人要承担其道德责任。"没有这种唯一是先

① [法]卢梭. 社会契约论[M]. 何兆武，译. 北京：商务印书馆，2003：26.
② [法]卢梭. 社会契约论[M]. 何兆武，译. 北京：商务印书馆，2003：26.
③ [法]卢梭. 社会契约论[M]. 何兆武，译. 北京：商务印书馆，2003：24.
④ [德]康德. 实践理性批判[M]. 邓晓芒，译. 北京：人民出版社，2004：2.
⑤ [德]康德. 道德形而上学(注释本)[M]. 张荣，李秋零，译. 北京：中国人民大学出版社，2013：12.

天实践性的(在最后这种真正意义上的)自由，任何道德律、任何根据道德律的责任追究都是不可能的。"①康德认为，"道德律是建立在他的意志的自律之上的，而他的意志乃是一个自由意志，他根据自己的普遍法则，必然能够同时与他应当服从的东西相一致"②。人正是在自由意志中遵守道德律，承担相应道德责任，并展现人的价值和尊严。康德认为，人的价值与尊严唯一地取决于其道德价值。另外，他还认为，道德责任不仅具有外在规定性，还具有内在规定性。在他看来，道德责任中的自律与自由密不可分。"作为一个有理性的、属于理智世界的东西，人只能从自由的观念来思考他自己意志的因果性。自由即是理性在任何时候都不为感觉世界的原因所决定。自律概念和自由概念不可分离地联系着，道德的普遍规律总是伴随着自律概念。"③作为理性存在者，主体必须要把外在道德责任内化为自己的责任，在自律中自由地加以内化，再外化为行为，才能实现意志自由。因此，在康德看来，人只有在道德理性的指导或绝对命令的引导下，才能享有道德自由。人正是在这种道德生活的自律中展现了道德自由、完善其自身。

康德把道德自由带入实践领域，把纯粹意志看作是道德自由的基础，但是他的道德自由思想带有明显的主客对立的特色，试图借助行为必然性认识来实现道德自由。黑格尔则借助思辨逻辑和实体的辩证发展，推进了康德的道德自由思想。黑格尔认为自由属于哲学研究的对象，意志自由属于伦理学研究的对象。他认为，自由是意志的同义语。在黑格尔这里，我们所研究的道德自由即意志自由，意志自由展现为一种自我实现的能力。

黑格尔在《法哲学原理》中专门探讨了意志自由的问题。他的"法"就是自由及其存在。黑格尔把意志自由作为法哲学的开端。他认为，"法的基地一般来说是精神的东西，它的确定的地位和出发点是意志。意志是自由的，所以自由就构成法的实体和规定性。至于法的体系是实现了的自由的王国，是从精神自身产生出来的、作为第二天性的那精神的世界"④。在其法哲学的三大环节抽象法、道德、伦理中，每个环节都展现了自由的不同发展状态。抽象法阶段的自由是直接的、抽象的、形式的，属于没有经过斗争的人人都有的自由。自由通过外物(财产)展现自身。所以，他把抽象法称为客观的法。道德阶段的自由是经过了抽象法阶段而发展出来

---

① ［德］康德. 实践理性批判［M］. 邓晓芒，译. 北京：人民出版社，2004：132.
② ［德］康德. 实践理性批判［M］. 邓晓芒，译. 北京：人民出版社，2004：180.
③ ［德］康德. 道德形而上学原理［M］. 苗力田，译. 上海：上海世纪出版集团，2005：77.
④ ［德］黑格尔. 法哲学原理［M］. 范扬，张启泰，译. 北京：商务印书馆，2010：10.

的自由，处于法的较高阶段。它体现在人的主观内心中。所以，他说："道德的观点就是自为地存在的自由。"①在他看来，道德意志是他人所不能过问的、由人自身所决定的。黑格尔把道德称为主观意志的法。伦理阶段的自由是既通过了外物，又通过了内心而得到了充分的现实性。它体现了主观与客观的统一。所以，黑格尔认为，"主观的善和客观的、自在自为地存在的善的统一就是伦理"②。如果说抽象法是自在的自由，道德是自为的自由，伦理则是自在自为的自由。作为自由的最高发展阶段，伦理表现为一种关系，首先是家庭，其次是社会，最高是国家。由此可见，自由是黑格尔法哲学的核心，贯穿其始终。因此，恩格斯指出，不了解自由，就无法真正理解黑格尔的道德和法。

黑格尔还在《法哲学原理》中把人类的历史理解为自由的发展史。"世界历史是理性各环节光从精神的自由的概念中引出的必然发展，从而也是精神的自我意识和自由的必然发展。这种发展就是普遍精神的解释和实现。"③在黑格尔看来，历史不是时间的概念，而是人的精神的成长概念。世界历史就是人类不断争取自由的精神追求活动。他把世界文明发展史理解为四个阶段：东方的、希腊的、罗马的、日耳曼的。他认为，东方文明属于家长制文明，有着严格的宗法等级制度，个别人格在整体中毫无权利，社会通过复杂而迷信的习俗礼仪来治理。希腊文明是有个别精神性而没有普遍性、有公民个人但无统一国家权力的文明类型。罗马文明是既有个体性又有统一国家权力，但两者有尖锐冲突的文明类型。日耳曼文明则是个别与普遍、主观与客观相统一的文明类型。黑格尔以否定性辩证法向我们展现了人类历史就是自由的精神发展史。

马克思、恩格斯批判地改造了黑格尔的历史辩证法，在历史唯物主义基础上阐述了其实践自由观。他们认为，自由是人的类本质。"人才是类存在物。或者说，正因为人是类存在物，他才是有意识的存在物，就是说，他自己的生活对他来说是对象。仅仅由于这一点，他的活动才是自由的活动。"④在他们看来，人在历史中是有意识地追求自己目的的存在物，使其自己的生命实践活动成为其意识的对象。正是在这种实践活动中展现了其实践自由的特性。而且，在马克思和恩格斯看来，在自由人联合体所构成的社会中，每个人的自由发展是一切人的自由发展的条件。从人与自

---

① ［德］黑格尔. 法哲学原理［M］. 范扬，张启泰，译. 北京：商务印书馆，2010：111.
② ［德］黑格尔. 法哲学原理［M］. 范扬，张启泰，译. 北京：商务印书馆，2010：162.
③ ［德］黑格尔. 法哲学原理［M］. 范扬，张启泰，译. 北京：商务印书馆，2010：352.
④ ［德］马克思. 1844 年经济学哲学手稿［M］. 北京：人民出版社，2004：57.

然的关系上看，人是具有社会属性、自主性和创造性的实践存在。从人与社会的关系上看，人是一切社会关系的总和。就其本质而言，人的自由是对自然与社会的超越和自身能力的提升。马克思在《评普鲁士最近的书报检查令》中指出"道德的基础是人类精神的自律"①。道德生活就体现在人类自我约束的能力提升中。他们认为，唯有理解了意志自由，人们才能很好地理解人的责任和能力等问题。从马克思、恩格斯的伦理思想总体上来看，他们的"关怀范围涉及整个人类，而且深入每一个人的灵魂，关心他作为人所具有的自由本质能否得到展现"②。我们可以发现，马克思、恩格斯的道德自由是人的精神本性，也是人的社会发展与精神发展的一种存在状态和重要目标。

(二)中国道德文化中的自由概念

在中国传统文化中，尽管没有道德自由、意志自由的具体词汇的明确表述，但并不能说明没有道德自由的思想。中国传统文化是一种伦理文化，伦理文化的存在前提就是道德自由。没有道德自由，以人伦关系为特征的传统道德文化是不可能存在的。否定传统文化中的道德自由，本身就是一种理论悖论。学界还存在一种针对传统道德文化中自由意志的观点：中国传统文化重视整体价值，忽视个体的自由意志。这种观点并不准确，中国传统文化的确重视整体价值，如家族、国家、民族的整体利益，忽视个体的价值，但是这并不意味在道德生活中忽视个体的自由意志。准确地说，只是在传统政治生活中缺乏现代意义上的政治自由和人权观念。

首先，中国传统文化中的道德自由表现为在道德生活中根据理性精神主动、自觉地选择与坚守。中国传统文化一直重视个人的精神操守或气节，仁人志士往往成为后世的道德楷模，正是在这种精神操守或气节中展现了人的道德自由。这主要表现在两个方面：一是把国家、民族利益作为自己尽忠的目标。《汉书·苏武传》记载：苏武被囚禁在匈奴十多年而坚贞不屈，坚持道德操守，忠于自己的国家与文化。他的忠诚品质和坚强意志，展现了传统文化中士大夫们为自己的国家、民族利益尽忠的自由意志。二是把不畏强权、坚守信仰作为目标。《史记·伯夷叔齐列传》记载：伯夷、叔齐宁可饿死而不食周粟。他们的行为展现了人的自由意志的选择

① [德]马克思，恩格斯. 马克思恩格斯全集(第 1 卷)[M]. 北京：人民出版社，1995：119.

② 安启念. 马克思恩格斯伦理思想研究[M]. 武汉：武汉大学出版社，2010：302.

与坚守。文天祥、史可法等被称为民族英雄，都是展现了人的自由意志的选择中所具有的一种气节。与史可法同时代的文学家钱谦益因意志薄弱而降清，至死都愧疚不已，为世人所鄙视，就在于其丧失了人的气节，自由意志出现了选择性错误。

其次，道德自由是一种精神境界的体现。在中国传统文化中，道德自由不仅是指人的一种行为选择自由，而且还指人的道德追求所达到的一种自由而圆满的精神境界。孔子说："吾十有五而志于学，三十而立，四十而不惑，五十而知天命，六十而耳顺，七十而从心所欲，不逾矩。"(《论语·为政》)他所说的"从心所欲"，就是心之所欲，听从自由意志的召唤，自觉地符合礼的道德要求。这表现了内在精神世界的高度自由的状态，因而其中不仅包含了意志自由，而且还表现了一种精神境界。孟子认为，人能够存心养性、反身内省，从而达到一种"诚"的精神境界。他说："诚者，天之道也；思诚者，人之道也。"(《孟子·离娄上》)因此，这展现了人主动追求善的自由意志所达到的极高精神状态。传统文化中的重要流派程朱理学一直注重人主动追求所要达到的精神境界。朱熹认为人要不断通过"居敬工夫"和"穷理工夫"，从而达到一种自由境界。关于这种境界，他说："而一旦豁然贯通焉，则众物之表里精粗无不到，而吾心之全体大用无不明矣。"(《大学章句·补格物传》)陆王心学认为"心即理"，也强调要积极运用自由意志来追求一种自由圆满的精神境界。王阳明认为格物即格心，唯有知行合一，不断致良知和"复其心体之同然"，就可以达到"心如明镜"，"自然感而遂通，自然发而中节，自然物来顺应"(《传习录上第二卷》)的道德境界。在中国传统文化中，精神境界都是指人的自由意志的主动选择和追求所达到的理想状态。

伯林在谈论其"两种自由"时，把自由分为"免于……"限制的消极自由和"去做……"的积极自由。他认为自由就是选择而不是被选择，积极自由中的"积极"是指"我希望我的生活决定于我自己，而不是取决于随便哪种外在的强制力。我希望成为我自己的而不是他人的意志活动的工具"。[①]因此，在中国传统文化中，人们积极追求一种精神境界，类似于他所说的积极自由。当然，中国传统文化中的自由只是一种道德自由，而不是现代意义上的政治自由。所以，伯林认为，古希腊人、古罗马人都缺乏这种现代意义上的个人政治自由，"这种说法似乎也同样适用于犹太、中

---

① [英]以赛亚·伯林. 自由论(修订版)[M]. 胡传胜，译. 南京：译林出版社，2011：
180.

国以及所有其他存在过的古代文明"①。

在中国传统文化中，道德自由还是天人合一思维方式的体现。天人合一是中国传统文化中的基本思维方式。"天人合一"的思想源于商代的占卜。《礼记·表记》中有："殷人尊神，率民以事神。"殷人把有意志的神视为天地万物的主宰，万事求卜于神。这种天人关系实际上是神人关系。只是到了西周时期，周公提出"以德配天"，天不再只是人格神，而是具有了道德属性，从而明确了"天人合一"的思想，道德问题与天之间有了密切联系。到了孔孟时代，尤其是董仲舒时代之后，天越来越具有道德必然性的特点。因此，中国传统的道德规范和伦理要求，以一种"人道"的方式，与宇宙观、认识论紧密联系在一起。所谓"天人合一"就是要从"天道"中引出"人道"，从而赋予"人道"以神圣性而要求大家必须遵守。在这种思维方式中，道德自由体现为人的一种自由意志的指向，主动而自觉地进行道德选择，根据天来做出最终的决定。

正是在这种思维方式中，中国古人特别重视道德修养，讲究道德选择，追求精神境界。因此，中国古人的道德自由是基于一定的针对"天道"的价值理性认识基础上的进行价值选择和追求精神境界的自由状态。它总是个体对社会整体的自觉服从，因而与西方重视个体权利的自由观存在明确区别。

(三)道德自由的理论诠释

从中外道德领域的自由概念的发展来看，道德自由是指主体在一定历史条件下克服外在障碍，根据其善的意愿所进行的心理活动、行为选择以及所达到的状态。它贯穿于人的整个道德活动过程，不仅涉及道德行为之前的心理活动，而且涉及道德行为选择和最终的应然状态。也就是说，道德自由至少包括这样一些内容：

其一，道德自由是一种意志自由。意志自由是人类道德的存在本质。没有意志自由，也就不存在人类道德，它是人类道德存在的前提。意志自由是人在善与恶之间进行判断与分析或选择的自由。正如徐向东所说："意志自由论者认为，在我们对自由意志的日常理解中有两个根本的要素：自我决定和可供取舍的可能性。"②道德自由首先就是一种意志自由，

---

① ［英］以赛亚·伯林. 自由论(修订版)［M］. 胡传胜，译. 南京：译林出版社，2011：177.

② 徐向东. 理解自由意志［M］. 北京：北京大学出版社，2008：18.

是人在道德活动中能够按照自己的意志自我决定和取舍的状态。一般而言，意志自由是指人在各种活动中所具有的心理上自我选择的自由。它是一种心理上的自由，自己能够给自己下命令，涉及人的生活的各个方面。从道德价值论方面来看，意志自由是指人在道德活动中进行自我决定和选择的自由。正确理解意志自由，有助于我们发现道德自由只是人的意志自由中的一种。人的意志自由既有可能导致道德行为，也有可能导致不道德行为。道德上的意志自由并不是胡思乱想、任意而为，而是在一定道德领域中符合一定道德规范或要求的自由。

意志自由是人的道德理性的展现，我们不能把它等同于道德约束。从一定意义上看，它是反对道德约束的。意志自由是人在社会道德活动中的主动、自觉的选择与决定的自由。从这个意义上看，它捍卫了人的尊严。人之为人就在于他能够按照其意志在一定的历史条件下进行自我选择与决定。意志自由使人摆脱了自然因果律的必然限制。人能够根据自己的愿望与目的为自己立法，即自律。同时，它也使人清楚地认识到人自身就是自为的存在，就是目的本身，拥有道德价值的最高价值。所以，人不同于物，人是有自由和尊严的。人越有自由，就越有人的尊严。另外，道德法则、规范等道德约束并不是永恒不变的，总是服从于人的意志自由，或者说为了更好地保护人的意志自由而被提炼出来。意志自由体现了人在道德活动中的自觉、自主。它也表明人有道德理性，能够按照道德理性做出正确的选择与决定。道德法则、规范等道德上的约束，并不是要压制人的意志自由，而是人的意志自由的体现，并在道德实践活动中随着人的道德理性的发展而不断发展。因此，作为意志自由的道德自由是人的道德理性的体现。

其二，道德自由是一种行为权利。道德自由总是在一定行为中的自由。也就是说，道德自由不能仅仅停留在道德意识之中，而要通过一定的行为在实践中表现出来。在道德生活中，道德的行为自由是通过人们在道德方面的行为权利表现出来。也正因为这个原因，道德自由也可以被理解为一种行为权利。

道德的行为权利在人们的道德生活中展现为一种现实的道德权利。它是人的意志自由在道德行为中的外化。道德的行为权利总是以人的意志自由为前提，而意志自由也就构成了人的道德行为权利的依据。道德的行为权利就是人们为了明确其道德行为所划定的存在范围。它是人们根据道德的自由性质而拥有的权利，表明了其行为在哪些方面体现了人的道德行为，哪些方面与人的道德行为无关，人能够拥有何种范围内的行为自主性和创造性。道德行为中的这种权利是人们在道德生活中所拥有的自由权，它不同于法律行为中的自由权。法律行为中的自由权是通过国家强制力来加以保护和实施的，有国家的明文规定和相应的暴力机构。道德行为中的权利主要是通过人们在道德评价、风俗习惯、社会舆论中所达成的一种道德价值共识来维持，并没有国家强制力的刚性要求，而是呈现为一种柔性要求。当然，从合法性论证来看，道德行为的权利合法性要比法律行为的权利合法性更为根本。因为，它具有更为深层次的重要性。它奠基于人们的生活方式与实践活动之中，直接与人们的物质利益需要密切相关，比法律具有更大的群体基础。没有道德行为的权利合法性，法律行为的权利合法性很难得到论证。一般而言，法律行为的权利合法性论证常常借助道德行为的权利合法性论证来实现。

道德的行为权利有积极和消极之分。积极的道德行为权利是指个体积极主动地按照社会所规定的道德要求进行活动所具有的权利。它展现了人自觉选择和表现某种道德行为的自由。积极的道德行为权利由于个体的积极程度不同而具有不同的层次性。消极的道德行为权利是指个体的非道德行为免于受道德评价的权利。它表明人的非道德行为由于处于与社会利益或他人利益无关的状态，或不具有道德意义，而没有必要进行一定的道德评价。在社会现实生活中，道德生活并不能涵盖个体的整个生活。个体的私人生活中的许多行为往往只是自己的生活的一部分，与社会利益或他人利益无关，比如个人在家中欣赏音乐、书法、绘画等。在这些非道德生活的状态中，个体有其相应行为的自由。

其三，道德自由是一种理想境界。人有意志自由，自觉地表现为一定的道德行为，总是会达到一定的道德水平。从这个意义上看，道德自由在人的道德实践活动中还表现为一种理想境界。它是人们在道德理性基础上，借助外在的道德教育，通过个体的道德修养，把外在的社会伦理规范和道德要求内化所达到的自由境界。

理想境界并不是自然产生的。即使个体拥有意志自由，但有可能不愿意追求一定的道德境界；或仅仅满足于较低层次的道德行为，很难达到一定水平的道德上的自由境界。在理想境界的形成过程中，外在的道德教育不可缺少。任何人的道德境界的提升都离不开外在的道德教育。即使在社会险恶的环境中，也总是存在一些品质高尚的人。他们的理想境界并不是天生的，而是一定道德教育的结果。良好的道德教育有助于提升个体的道德自觉性，从而推动道德理性认识能力的发展，促进个体对理想境界的向往。同时，我们也可以发现，个体的道德修养在理想境界中发挥着至关重要的作用。正是个体的道德修养不断地把外在的社会伦理规范和道德要求内化成为主体的存在要素，才可能把外在的原则、规范等转为个体的自觉的道德义务，达到自由的理想境界。就此而言，理想境界是个体在社会道德实践中不断借助外在的道德教育和内在的道德修养，提升道德知识的认知、重视道德情感的培养、巩固道德意志的坚毅等，才能实现的一定境界。从道德教育和道德修养的意义上看，道德自由就是一种理想境界。它并不是一成不变的，而是人的主体自觉的永无止境的追求目标，是人的道德素质在不断克服外在障碍中的自我完善。因此，理想境界是道德自由的一个重要方面，它是人的道德自由的理想状态。道德自由中所涉及的意志自由和行为权利都需要通过理想境界来进行自我呈现和自我审视。缺乏理想境界，我们所理解的道德自由就会缺乏完整性和目标性，变得片面化。

因此，我们可以如此理解道德自由：道德自由是指主体在一定历史条件下克服外在障碍，根据其善的意愿所进行的心理活动、行为选择以及所达到的状态。它表现为一种意志自由，一种行为权利，一种理想境界。意志自由是道德自由在人的道德实践中的心理活动的体现，道德行为权利是道德自由在人的道德行为选择中作为一种权利的实践外化，理想境界是道德自由在人自身的道德教育和道德修养中所达到的某种理想状态。它们从不同角度共同形成了道德自由的内涵。

根据道德自由的内涵，我们可以发现道德自由具有三种特性：道德自由总是针对道德必然性加以认识的主体自由，道德自由总是意味着一定的道德责任，道德自由体现了一个个人与社会的共同发展过程。

1. 道德自由是针对一定道德必然性加以认识的主体自由

道德自由的本质特性在于人按照其所拥有的道德必然性的认识而主动选择并展现为一种道德行为或达到某种境界。道德必然性是指反映社会道德历史发展的无条件性、不可违背性。道德必然性不同于自然必然性。自然必然性是与主体无关的必然性，无论主体是否承认它都是自然存在的，而道德必然性与人的主体性有着密切的关系。道德自由总是带有人的认识与理解及运用。它是人的道德理性的展现，也就是人在社会道德生活中自己为自己立法，从而形成所谓的社会伦理规范与道德准则等。从这个意义上说，道德自由就是在认识、把握道德必然性条件下的自由，而不是违反道德必然性的为所欲为。有些时候，人们受中国传统文化中自由的贬义的影响，把道德自由理解为突破各种道德要求的无拘无束的状态，显然，这是误解了道德自由。道德上的无拘无束、无所欲为，并不是人的自由，反而是人自身受到了欲望、情感等非理性条件的制约，成为欲望、情感等非理性条件的奴隶而不是自己理性的主人，因而是不自由的。道德自由只能是人的理性范围的自我限制，从而使人认识到在道德实践活动中的哪些方面自己是自由的。从这个意义上看，道德自由与自我限制同时存在，正是主体的理性认识发现了道德必然性条件下的限制，从而获得了在道德实践活动中的自由。

2. 道德自由总是意味着一定的道德责任

人有意志自由，他需要为他的意志自由承担一定的道德责任。道德责任不同于一般的因果责任。一般的因果责任可以是人造成的一定结果，也可以是非人的物所造成的结果。道德责任只能是人的自由意志的选择在道德生活中所造成的某种结果，需要人自身承担责任。从这个意义上说，只有人才有道德责任的问题。人是意志自由的存在。他能够根据其意志自由做出各种选择，既可以选择做出善的行为，也可以选择做出恶的行为。善恶之间的选择，从人的意志自由来看，都存在可能。选择善的行为，避免恶的行为，显示了人的道德理性在意志自由中的引导作用。它也展现了人的尊严。人与动物的不同之处在于人有其自由意志，彰显了人的主体性价值。正是这种主体性价值意味着人要对其个体的所作所为承担道德责任。在人们的道德生活中，一个人所拥有的意志自由越多，他承担的道德责任就越多。如果拥有的意志自由较少，甚至没有意志自由，他就承担较少的道德责任或不承担道德责任。比如，被人胁迫而不得不作恶，就比主动作恶承担较少的道德责任。

意志自由的意义存在于其主体性价值之中。正是主体承担了道德责任才展现了人的主体性价值和人的尊严。主体的选择，是根据其意志自由做出选择，而不是根据他人的意志自由。因此，他不能把责任推脱给他人——主体以此也表明自己是人而不是物。从这个意义上说，道德责任、意志自由、人的主体性、人的尊严都是一致的。道德责任源于人的意志自由，而人的意志自由体现了人的主体性，体现了人的尊严。或者说，人的尊严在于人的主体性，而人的主体性是人的意志自由的外化，人的意志自由决定了人的道德责任。如果一个人逃避道德责任，就是逃避意志自由，就是逃避人的主体性，或是说就是逃避作为人的尊严。

当然，承担道德责任并非消极意义上的，认为只要自己承担道德责任，就可以做任何不道德的事情。如果这样，道德责任就毫无意义。我们可以这样来理解：道德自由与道德责任的关系只是表明，道德自由与道德责任相互影响。道德责任对道德自由的影响，表明人的道德自由并不是为所欲为，而是要通过一定的道德责任来约束自己，即通过一定的道德原则和规范来实现自我的价值目标。道德自由对道德责任也有影响，表明在一定的道德原则和规范中，人并不是通过放弃道德自由来承担责任，而是要通过主动承担责任来展现自己的道德自由。道德自由意味着道德责任，道德责任体现了道德自由。因此，人的道德自由只能是承担一定道德责任的自由，人的道德责任只能是彰显了人的道德自由的责任。人正是在道德自由和道德责任中实现了人的尊严和价值。

3. 道德自由体现了一个个人与社会的共同发展过程

一方面，道德自由总是一定社会发展中的道德自由。在不同的社会发展中，因为社会的历史发展状态不同，道德自由有其不同的表现。毕竟，在不同的社会类型中，道德自由的经济基础、文化背景、民族构成等方面千差万别。从这个角度来看，道德自由总是一定社会历史发展条件下的自由。任何道德自由都不能超越其存在的社会历史阶段而彻底地单独发展。社会道德自由，就是从社会范围内指出其意义和运用方式，根据社会历史的发展，借助道德理性与意志自由提出、概括并传播社会道德价值标准和行为规范体系。另一方面，道德自由存在于每个人的发展过程之中。没有每个人的道德自由，也就没有所谓整体或群体的道德自由状态。道德自由还表现在每个人的道德生活之中，即展现为人的道德行为的前提，也体现为人的道德目标的完善。因此，它贯穿在每个人的整个道德发展过程，是每个人在一定社会历史条件下的自主选择与追求。个体道德自由，从个体角度点明了个体根据社会所提出的道德原则与规范进行道德选择、追求一定道德目标、承担一定道德责任的自由。因此，道德自由既是一个个人的发展过程，也是一个社会的发展过程。

在社会道德自由与个体道德自由之间，个体道德自由绝不完全是个体的事情。固然，个体道德自由取决于社会道德自由的尺度，个体道德自由把社会道德自由的发展状态作为自己的发展前提，但个体道德自由对社会道德自由有着重要的影响。

人类的历史发展已经证明，个体道德自由具有社会价值，必然会对社会群体和社会本身产生巨大影响。一方面，任何社会道德自由的发展都是从个体道德自由的发展开始。个体在道德必然性的认识中领悟了道德的发展规律，并加以提炼和阐释，从而得到了更多个体的响应和认可，最终成为一种社会道德自由的认识。没有个体道德自由的最先倡导，社会道德自由难以形成。从这个意义上说，个体道德自由是社会道德自由的先声。同时，在人类道德自由的发展中，社会道德自由中所提出的道德规范体系和价值标准有可能与道德必然性相一致，也有可能与道德必然性不一致。个体道德自由的存在能够发现其中的问题，避免自以为自己是自由的而实际并不是自由的。比如，在第二次世界大战中的德国，许多德国人自以为遵循了法西斯的道德规范体系而展现了符合道德必然性的自由。另一方面，社会道德自由最终要通过个体道德自由才能得以体现。社会道德自由，从社会范围内指出了在何种意义上和运用何种方式，根据社会历史的发展，借助道德理性与意志自由提出和概括并传播社会道德价值标准和行为规范体系。它最终还是需要个体的人运用其意志自由加以提出、概括和传播。没有个体道德自由，同样不会有社会道德自由。而且，个体道德自由体现了社会道德自由的发展状态。我们能够指出人类的道德自由是不断向前发展和不断向更为广阔的范围扩展，就在于个人道德自由处于不断拓展之中。因此，社会道德自由与个体道德自由关系密切，个体道德自由对于社会道德自由具有不可忽视的重要价值。

（四）自由构成了当代道德的精神之维

人类的道德发展是一部自由的历史。在前现代，这种自由表现得并不明显。随着农业革命和科技革命的发展，人们在道德生活中拥有了越来越宽广的自由。如果说在前现代是一种不自觉的自由，那么，在当代社会中，自由构成了当代道德发展的自觉追求，成为当代道德的精神之维。

所谓当代道德的精神之维是指贯穿当代道德实践活动始终的道德精神维度。它是道德在当代社会中所体现的价值取向。的确，在当代道德生活中，人们的道德价值取向呈现多元化的状态，但是，在这种多元化的状态中，自由贯穿了道德价值的始终，成为道德价值取向的最为重要的目标。自由，在当代，而且在未来，都是道德发展的精神之维。道德价值的最终目标是人的解放和人的全面发展。自由就是人类实现彻底解放和全面发展的过程中在道德领域的精神动力。没有自由的感召力，人类将缺乏自我解放和全面发展的内在驱动力。

从道德价值论来看，自由贯穿于道德生活。它是指主体在一定历史条件下克服外在障碍，根据其意愿所进行的心理活动、行为选择以及所达到的状态。它的基础在于人的精神的自由本性。按照马克思的观点，这种精神的自由本性来源于人的实践活动。它是主体的物质否定性活动，是自觉其目的的活动。"诚然，劳动尺度本身在这里是由外面提供的，是由必须达到的目的和为达到这个目的而必须由劳动来克服的那些障碍所提供的。但是克服这种障碍本身，就是自由的实现，而且进一步说，外在目的失掉了单纯外在必然性的外观，被看作个人自己自我提出的目的，因而被看作自我实现，主体的对象化，也就是实在的自由——而这种自由见之于活动就是劳动。"①在这里，马克思把自由理解为主体通过将意识物化到他的对象上面而实现自己。自由就是主体不断改造和创造外物的过程。它是一种现实的自由，既是对物的现实否定的过程，也是人的自由本质逐渐确立的过程。人在实践活动中总是渴望自由。没有人不希望自由，即使某些反对自由的人充其量也只是反对别人的自由。而那些所谓的自由反对者，在反对自由的同时也实现着自己的自由。所以，马克思指出："自由确实是人的本质，就连自由的反对者在反对自由的现实的同时也实现着自由；因此，他们想把曾被他们当作人类本性的装饰品而摒弃了的东西攫取过来，作为自己最珍贵的装饰品。没有一个人反对自由，如果有的话，最多也只是反对别人的自由。可见，各种自由向来就是存在的，不过有时表现为特殊的权利，有时表现为普遍的权利而已。"②马克思最后得出结论："对人说来，只有是自由的东西才是好的。"③人正是因为在实践活动中拥有了自由，才能按照自己的思维去思考、行动和创造，才能摆脱低级的动物的自在生存状态。自由表现在道德生活中，人才能从动物本能转向精神追求，渴望在社会生活中立言、立德、立功，渴望超越人的短暂的肉体生命，在有限的生命中创造永恒的价值，展现人的道德精神的力量，从而不断拓展道德精神的空间。

人在其实践活动中是自由的存在物。人能够实现从自在的存在向自为的存在的精神转变。在这种深刻的精神转变中，自由发挥了重要作用。因此，我们常常把自由又称为精神自由。道德自由就是精神自由的重要表现形式之一。人在道德生活中，通过其精神自由，遵循了自由规律而不是自然规律，从而展现了人与其他动物之间的区别。人也在道德生活中，不断彰显人对自由的追求和实现。尤其在当代道德生活中，自由越来越清晰地展现在人们的精神生活之中。从这个意义上看，自由构成了当代道德的精

---

① [德]马克思，恩格斯. 马克思恩格斯全集(第30卷)[M]. 北京：人民出版社，1998：615.

② [德]马克思，恩格斯. 马克思恩格斯全集(第1卷)[M]. 北京：人民出版社，1995：167.

③ [德]马克思，恩格斯. 马克思恩格斯全集(第1卷)[M]. 北京：人民出版社，1995：171.

神之维。它是实现道德价值的最终目标，即人的解放与全面发展的精神动力。

在当代中国，提出自由是道德生活的精神之维具有特别重要的意义。在中国传统文化中，道德教育和道德修养中都非常重视人的道德自觉、道德自主、道德自律等道德自由的精神，培养了中国传统社会中的许多圣人、君子等道德典范，推动了中国传统道德的发展。然而，这种道德自由重视人的道德自觉而忽视人的道德自愿，因而突出了人要根据神秘上天所规定的宗法等级制度，包含各种道德规范，来尽到自己的义务，要求个体安分守己、无条件地服从。它严重限制了道德自由应有的自愿之义。从历史上看，传统王朝为了其政权的稳定而采取集权专制制度，大力扶持传统儒家道德文化，把它作为统治地位的意识形态，有其内在依据。传统儒家道德文化把每个人都安排在一定的人伦关系中，消解了人的独立人格。每个人都受到各种道德规范的制约而必然被要求承担相应的道德义务，从而捍卫了宗法等级制度，导致人们常常失去了应有的自由。黑格尔认为："这道德包含有臣对君的义务，子对父、父对子的义务以及兄弟姐妹间的义务。这里面有很多优良的东西，但当中国人如此重视的义务得到实践时，这种义务的实践只是形式的，不是自由的内心的情感，不是主观的自由。"①因此，尽管儒家也谈论自由，追求内圣外王，但这种自由常常容易被扭曲为一种人为的精神奴役。鲁迅把传统的儒家道德文化称为"吃人"的礼教。从这个意义上看，儒家道德文化常常蜕变为维护专制政权的工具。正如冯契所说：儒家道德文化"注意的是意志的'专一'的品格，而对意志的'自愿'的品格，并没有做深入的考察。孔子哲学的最高原理是'天命'，他以为要'知天命''顺天命'，而后才能'从心所欲，不逾矩'。这样讲人的自由，实际上已陷入宿命论了"②。传统的正统儒家道德文化实际上容易沦落为替专制主义皇权辩护的文化。由于正统儒家思想中缺乏意志自由的自愿选择，衍生了中国人的内敛性的自我压制，从而催生了自觉奴性。所以，吴稚晖"要把线装书丢进茅厕里 30 年"。在近现代思想史中，奴性成为民族劣根性的代名词。要想实现传统道德文化的根本改变，在道德规范体系和相关制度建设中树立自由的道德理念十分必要。因此，提出自由是当代道德生活的精神之维，在当代道德建设中具有形成正确的

---

① ［德］黑格尔. 哲学史讲演录（第 1 卷）［M］. 贺麟，王太庆，译. 北京：商务印书馆，1997：125.
② 冯契. 中国古代哲学的逻辑发展（上册）上海：上海人民出版社，1983：50-51.

道德自由观和塑造新时代公民品格的重要意义。

中国传统社会长期以来都处于集权专制制度的统治之下，社会生活缺乏自由的理念。为了更好地实现社会管理，统治者常常采取了高压政策，构建了一整套的政治专制制度、法律专制制度和文化专制制度。文化专制中的道德专制是与这种集权专制相一致的配套设施。统治者出于集权专制的需要而强化道德专制，其结果是中国人自身独立人格的缺失。人们自动追随和尽到义务，而缺乏反思的权利，人们常常沦为精神上自我作践的奴隶。萧红把迂腐过时的传统道德比喻为吞噬一切的黑乎乎的"大泥坑"。明明可以把它填上，但当时的中国人缺乏自我救赎的、追求自由的主体意识，只愿充当看客。其实，自由本来是一种做人的基本权利，而在传统社会中，由于集权专制制度的统治，传统社会中的人常常无法感受和享有这种基本权利。19世纪在中国长期任外交官的美国人切斯特·何尔康比（Chester Holcombe）曾感叹："中国的民众拥有很少，或者根本就没有所谓的基本权利，而这正是在其他民族看来如此重要和不可剥夺的。说实话，他们也并没有得到那些权利的强烈渴望。"①因此，提出自由是当代道德生活中的精神之维，有助于我们从权利的角度，反思传统社会中的皇权专制与精神奴役，正确地树立自由应有的精神坐标。道德生活中的自由应该能够引导中国社会的自由精神健康地向前发展。

当前，中国正在从传统社会进入现代社会之中，现代社会是以市场经济为基础的社会。按照古典经济学家亚当·斯密的观点，市场经济既是自由的经济，也是道德的经济。他认为，促进国家财富的增加需要遵照自然秩序，而遵照自然秩序就必然实行经济自由的原则。他指出："良好经营，只靠自由和普遍的竞争，才得到普遍的确立。""一种事业若对社会有益，就应当任其自由，广其竞争。竞争愈自由，愈普遍，那事业愈有利于社会。"② 在他看来，人们在商业活动中需要道德要求，并会促进道德良性发展。"一旦商业在一个国家里兴盛起来，它便带来重诺言守时间的习惯。在未开化的国家里，根本不存在这种道德。""商人本来最怕失信用，他总是时刻小心翼翼地按照契约履行所承担的义务。"③他的这种观点也得

① ［美］切斯特·何尔康比. 中国人的德性：西方学者眼中的中国镜像［M］. 王剑，译. 西安：陕西师范大学出版社，2007：18.

② ［英］亚当·斯密. 国民财富的性质和原因的研究（上卷）［M］. 郭大力，王亚南，译. 北京：商务印书馆，1972：140，303.

③ ［英］坎南. 亚当·斯密关于法律、警察、岁入及军备的演讲［M］. 陈福生，陈振骅，译. 北京：商务印书馆，1962：260.

到了现代经济学家的广泛支持。市场经济的历史发展表明，在市场经济中，道德是市场秩序的健康运行不可缺失的条件之一。市场主体的平等而独立的人格，市场交易中的公平交易、信守契约，市场消费中的应尽的责任等都表明，市场道德是市场经济秩序存在和正常运行的客观要求。一旦缺乏市场道德的调节，市场秩序常常就会陷入混乱，导致市场经济难以为继。因此，道德是保证自由的市场经济健康发展的重要方式之一。

为了更好地发展市场经济，中国进行了一系列的社会改革措施。这种改革涉及政治、经济、文化等各个方面，是中国历史中最为深刻的历史变革。无论在哪些方面改革、如何改革，都是希望社会生产力能够得到最大限度的解放，中国人自身能够得到最为全面的发展。其中，使每个中国人都获得最大限度的自由始终是中国社会改革的重要目标。自由是人在精神上自我发展的本质要求，是人的精神不可缺乏的构成要素。它已经成为中国社会改革与发展中达成共识的核心价值之一。中国社会的改革并不是要压制自由，而是要拓展和不断实现每个中国人的自由。人类的历史就是一段自由发展的历史。唯有一个自由的社会，才是一个充满生机和活力的社会，才能始终居于世界历史发展的前列。把自由作为当代道德的精神之维，就是要表明中国道德建设的发展需要每个人在思想上和现实中获得更大的自由发展，自由与道德能够得到更为密切的相互呼应。唯有在每个人道德生活中获得越来越多的自由，中国社会的改革目标才能在道德领域中得到更为彻底的实现，也能促进其他领域的自由获得发展。

自由不仅是中国人道德生活的精神之维，而且是全人类道德生活的精神之维。2015年习近平总书记在联合国大会一般性辩论中，明确提出自由是全人类共同价值。我们认为，在人类道德生活领域，自由是道德生活中的重要组成部分，不仅是道德的前提，而且是道德的目标。质言之，自由是道德的灵魂之所在。任何扼杀、不当遏制自由的道德都是错误的。我们始终需要坚定不移地把自由作为当代道德生活的精神维度。

三、道德对于自由的价值意义

追求自由是人类所提出和不断追求的永恒价值目标之一。自由，作为人的一种主体性的积极生活状态和各种行为可能，在人类社会的发展中展现了前所未有的吸引力。道德，作为人类社会中重要的规范与要求之一，在人类实现自由的道路中具有非常重要的价值意义。从精神生活的角度来看，道德与自由都是人的自我本质特性的要求，都展现了人的精神属性和社会属性。道德对于自由具有丰富的价值意义，它主要包括：道德应该以自由作为自己的发展目标，道德能够确定人的自由范围，道德能够对自由进行调控，道德能够对自由进行限制。同时，我们也应该看到，道德没有对自由进行合理而适度的确定、调控和限制，就可能导致自由的滥用。

（一）道德应该以自由作为自己的发展目标

自由是道德的价值目标之一。人类能够存在与发展，就在于能够运用各种思想观念实现人类自身的社会化分工协作。在自然界中，人类在其自然演化中能够把我们与他们、自己与他人相互区别，认识到人类自身的整体利益，而其他群居性动物从来都不可能理解自己所属物种的整体利益。我们不会看到哪只猴子会在意整体猴子物种的利益，没有哪条蛇为了蛇类的整体利益而举行游行示威，也不会有哪头大象会公开喊出口号"全世界大象联合起来！"但是，人类能够运用思想观念把个体有效地整合在一起。因此，人类最终超越了其他动物，成为世界的主宰。当然，这种整合也许在某一些群体中发挥作用。道德便是这些思想观念中的重要内容之一。道德能够有效地把人们统一在一个整体框架内从事社会性的活动。道德意味着特定的规范，与法律等特定规范一起在人类社会生活中发挥作用。正如以色列学者尤瓦尔·赫拉利（Yuval Noah Harari）所说："人类几乎从出生到死亡都被种种虚构的故事和概念围绕，让他们以特定的方式思考，以特定的标准行事，想要特定的东西，也遵守特定的规范。"①他把"种种虚构的故事和概念"称为"文化"。在中国传统文化中，"天""天理"所引出的仁义礼智信等传统道德观念促使中国社会整合并绵延至今。在基督教文化中，对"上帝"的信、望、爱等道德价值概念也促进基督教文明的统合，能够一直延续到今天。道德之所以能够有效地整合人类成为一个统一体，在于它能够在一个相当大的范围内把人类活动有序化，避免人与人之间的激烈冲突。质言之，道德本身就保护了人的自由，至少是大多数人的生存自由。否则，人类必然会在彼此之间的斗争中走向自我毁灭。

具体而言，道德有两种：社会道德规范和个体德性。从道德的起源中，我们可以做进一步分析，追求自由既是社会道德规范的需要，也是个人德性的需要。

---

① ［以色列］尤瓦尔·赫拉利. 人类简史：从动物到上帝［M］. 林俊宏，译. 北京：中信出版集团，2018：155.

首先，追求自由是社会道德规范的需要。从社会道德规范来看，它应该把自由作为其目标。任何社会的社会成员都有其欲望，都渴望实现其欲望。毫无疑问，社会成员之间的欲望不可能不出现冲突。但是，就人的生物特性和社会属性而言，每个社会成员都有其实现各种欲望的自由。他们的欲望可能无害或有害，或有利于他人和社会。为了确保每个社会成员的自由，社会就需要从整体上提出或倡导社会道德规范以保护正当的自由、克制不正当的自由。可以说，人们正是为了获得自由，才设置了社会道德规范要求或倡导社会习俗等，要求社会成员遵循这些要求。有些时候，为了确保这种规范的威力，把道德规范上升为法律规范，依靠国家强制力来加以实施。这个道理被德国法学家耶林（Jelling）概括为一句广泛流传的名言："法是道德的最低限度。"从这个角度来看，社会道德规范就是为了保障社会成员的自由而构思出来的产物。社会所确定的各种道德规范，看起来是限制每个人的自由，其实也是为了保护每个人的自由。因此，社会道德规范，从其起源和目的来看，就在于社会本身的内在需要。

尽管这种理解或许会让人们曲解，但要确定的是，社会道德规范的目标不是废除或限制自由，而是为了保障和扩大自由。毕竟，自由就是要让人免于束缚和奴役。社会道德规范就是要以自由作为其目标来保护和发展社会成员的自由。不同历史条件下的社会类型有着不同的保障和发展自由的社会道德规范。在传统社会中，社会道德规范常常表现为一种义务道德，以一种义务的形式来保护人的自由。它要求社会成员坚守一种社会角色的义务要求以保障人的自由。在现代社会中，社会道德规范则常常表现为一种权利道德，以一种权利的形式来保护人的自由。也就是说，无论是道德义务还是道德权利，都以保障人的自由为目标。

从人类社会的发展来看，越是自由的国家和民族，越是以社会道德规范保障社会成员的自由，遏制强权、奴役和暴力欺凌。因此，社会道德规范是一种社会的事业，它是指导社会成员的基本要求。社会道德规范和自由之间不是相互抵触的。设立社会道德规范不是为了压制自由，而是为了保障和扩大自由。即使在某些历史阶段出现了一些强制要求的道德规范，其也是以保障某些人的自由为前提。如果人类社会设立道德规范不是为了自由，而是要违背个体的意愿而使其自我奴役，那么这只能是一场悲剧，还不如就此终结。

其次，追求自由也是个人德性的需要。从个体德性来看，它应把自由作为其目标。个体有个体生活的自由，没有人愿意生活在奴役的状态之中。尤其在现代社会中，正如阿马蒂亚·森所说："自由，包括这样的自由权，即成为一个有其作用的、说话有分量的公民，而不是像一个吃得饱、穿得暖，得到足够照料的仆人那样生活着。"①个人需要在社会中遵循社会道德规范，把外在规范内化为自己的内在品质，才能从中获得自由。个人德性的形成也就是外在社会道德规范的内化过程。它正好体现了个人不断渴望获得更多自由的愿望。其中，个人所渴望达到的道德境界也就是自由的一种状态。从深层次考量，个人德性并不是个人自己画地为牢，而是个人自己为自己立法，展现了个人自身的意志自由和选择以及决断。

如果说社会道德规范所追求的是人与人之间的外在自由，那么个体德性所追求的是个体自身的内在自由。从这个意义上说，哪里有道德，哪里就应有自由。因此，个体德性的追求就是个体自由的追求。如果没有了自由，个体德性就无法存在。个体德性就是以自由为其目标，不断地内化那些外在的社会道德规范，追求个体道德修养的道德境界。

总的来说，道德应该以自由作为自己的发展目标，这只是从应然意义上来阐述。这就意味着在实然意义上，可能存在大量与之相反的情况，能够真正以自由为目的的道德需要人们不断理解、追求和维护。不可否认，在人类社会的某些发展阶段，许多社会道德规范和个体德性从理论上分析似乎以自由为目的，但这种自由仅仅只是极少数人的自由，而不是绝大多数人的自由，更不用说是全体人的自由。

(二)道德能够确定人的自由范围

道德以自由为其目标，试图为人们提供自由的生存与发展的空间。从另一个角度来看，这种目标的确立，也表明了道德确定了自由在道德领域中的范围。如果我们把自由划分为道德自由与非道德自由，那么道德自由就是道德领域中的自由，即道德划分出来的自由的范围，其确定也有利于其他领域中自由的范围的确定。

道德确定人的自由范围，主要是两个层次上的确定：一是道德哲学层次上的确定，二是社会道德实践层次上的确定。

从道德哲学层次来看，道德自由是一种在一定必然性范围内的意志自由。任何道德主体都不可能超越一定的必然性。在伦理学史上，一直存在意志自由论与决定论。意志自由论认为，人的意志能够自由地决定人的道德行为。比如，萨特认为人是自由的，具有绝对的主观性特征。他曾写过

---

① ［印度］阿马蒂亚·森. 以自由看待发展［M］. 任赜，于真，译. 北京：中国人民大学出版社，2012：288.

一个剧本《魔鬼与上帝》。在这个剧本中，他构思了一个叫做格茨的主人公，能够随心所欲地周游于神与人之间，驰骋于爱与恨之间，的确自由极了。格茨就是萨特所要表达的自由意志的代言人。"我使格茨做到了我自己无法做到的事情。"①萨特认为，一个人即使在其行动中受到一定外在条件的制约，但在精神上不能放弃独立思考，也就是在精神上不受任何制约。一个人五音不全，没有成为一个音乐家的条件，但他可以想成为一个音乐家，这是自由的。这是一种自我选择的自由。在萨特看来，道德价值就体现在这种自我选择之中。决定论认为，所谓的意志自由是不存在的，意志不是自由的，而是受到了必然性的支配。斯宾诺莎、伏尔泰、叔本华等人都认为，人做出某种决定时，看起来是自由的，其实总是有其原因或决定其意志的内在根据。他们甚至认为，人做出某种道德行为不是意志自由的体现，而是人的必然性的体现。在这里，我们可以发现，意志自由论者把道德自由理解为一种绝对自由，而决定论者把人的道德行为理解为一种绝对原因下的产物，实际上取消了道德自由的存在。这两种观点看起来相互对立，其实都存在同一种错误，没有看到道德行为是在一定必然性条件下的道德自由所选择的结果。笔者生活在 21 世纪的中国，不可能崇拜2000 年前的巫术道德，或遵循公元 10 世纪的摩尼教的道德要求，笔者会在传统儒家道德、西方道德、马克思主义道德之间做出自己的选择。当然，如果笔者的家乡还广泛地流传和确信着某种民间信仰，笔者也许会遵循其中的道德要求。这是笔者的道德自由，笔者能够在自己生活的时空中加以选择。

一定历史必然性条件下的各种道德的存在为道德自由提供了存在可能性。道德自由是存在于一定的必然性范围内的意志自由。道德主体能够在一定的必然性范围内针对不同的可能性加以选择。这是一定的必然性所提供的自由。因此，道德自由可以视为道德主体针对一定必然性所做出的选择。从这个意义上看，一定的必然性条件下的道德为人们的自由划定了范围，提供了选择的可能性。任何人的道德自由都是一定必然性条件下所呈现的道德可能性的选择。

从社会道德实践层次来看，道德自由并不是社会成员在社会道德生活中喜欢如何就如何的自由。事实上，如果任何其他人都可以以其个人喜好来控制他人，自由是无法存在的。道德自由总是存在于一定的受约束的范围之中。人们的实际生活场景是每个人在社会生活中都有其个体的利益，

---

①　［法］萨特. 词语［M］. 潘培庆，译. 北京：生活·读书·新知三联书店，1992：252.

而社会作为人们共同体的存在，也有其共同的利益。社会道德规范为了共同利益，需要在个体与社会之间画出合理或不合理的存在范围。道德主体能够在一定的许可范围之内自由地做出自己的选择。在这个范围内，他能够不受其他人的意志的控制，自由地按照自己的意志来选择和行动。道德自由并不是道德上的任性，而是以一定的社会道德规范作为自己的标准。如果说人在一种自然状态中，拥有一种生物性本能的无意识的自由，即自然自由，那么，当人类社会出现后，自然自由就会转化为社会自由。道德自由就是社会自由中的一种。它要求人们摆脱自然自由，根据一定的社会道德规范确定其自由的存在范围。因此，自由并不是道德主体想干什么就干什么，不受任何道德的制约，凭借其意志为所欲为。任何社会总是有其提出或提倡的道德规范，是社会存在与发展中人们应该遵守的道德要求。人们的道德生活中的自由，应该以社会道德规范为基本依据，它是在一定的范围内才能享有的自由。

从深层次看，在社会道德实践中，道德所决定的自由范围，其实是赋予了人作为社会成员的一种"基本权利"。在这里，基本权利就是基本资格。生活在一定的社会或国家之中，遵守道德就是享有了一种他或她在道德生活中的权利，即他或她能够做什么的资格。这表明在一个有道德的社会中，道德自由意味着他或她能够做应该做的事情，而不是被支配着去做他或她所不应该做的事情。社会道德规范是一定社会中大多数社会成员在其长期道德实践中所概括的基本道德要求。它是人们在一定社会道德生活中共享价值的体现。"共享的价值能将关于人类道德基础的概念与诸如习俗、传统、法律、风俗、礼仪的概念区分开来。有了这些价值，所有这些广泛的社会历史、民族、地方差异与变化，便不再被视为奇怪或反常的、极端自我中心、不健全或根本不可取的，更不会被认为在哲学上是有问题的。"①正是构建在共享价值基础上的社会道德规范，赋予了社会成员在一定范围内拥有他们应该做某些事情的基本权利。如果社会成员做了与社会道德规范相悖的事情，这就意味着他在社会中跨越了应有的自由范围，进入了不自由的范围，会受到其他社会成员的谴责。因为，他伤害了社会的共享价值，在没有得到社会的同意的情况下独自扩张了个人的基本权利，从而也就侵犯了其他社会成员平等地拥有的基本权利，必然会受到社会的谴责。

当然，道德确定了人的自由范围，只是在相对意义上而言的。如果从

---

① ［英］以赛亚·伯林. 自由论(修订版)［M］. 胡传胜，译. 南京：译林出版社，2011：25.

根本意义上看，无论是自由还是道德，都是由一定社会的物质生活条件所决定的，都是由一定社会的经济基础所决定的。如果从上层建筑的角度来看，道德自由总是要借助道德本身的各种形式得以存在和表现，由道德确定其范围。

(三)道德能够对自由进行调控

自由是道德的目标，道德要成为实现自由的手段。换而言之，为了实现自由，道德可以确定自由、保护自由和促进自由。从理论上看，把自由与道德之间的关系理解为目标与手段的关系能够成立。但是，这都是从应然意义上来理解。也就是说，自由应该是道德的目标，道德应该为自由服务。从人类历史的发展来看，在人们的道德生活实践中，自由并非都是被道德所调控，道德只能在一定范围和程度上来调控；道德对自由有特殊的调控手段，要遵循其内在的调控规律。

首先，自由并非都是被道德所调控的，道德只能在一定范围和程度上来调控。

人类的自由涉及的内容广泛，并非都是道德所能加以调控的。在人类所追求的自由中，按照其存在领域来划分，有政治自由、经济自由、法律自由、道德自由等。在这些自由中，人类道德领域的自由离不开道德的调控。道德规范、原则等能够对人们的道德活动的自由进行相应的调控。如果说人的自由有思想和行为两个方面的内容，那么，道德能够从社会道德规范与个体德性修养两个方面有针对性地调控人的思想和行为。但是，道德调控只是一种柔性的调控，采取劝诫、说服和教育等方式展开调控，因而调控的力度有限，并不如法律调控所具有的强制力度大。因此，道德对自由的调控并非全方位、拥有无限力度的，而总是在一定范围内、一定程度上展开。

正是由于道德对自由的调控总是在一定范围内、一定程度上展开，因此道德对自由的调控需要在一种适度的状态中进行。所谓道德对自由的适度调控是指道德只能在自己的范围内、在一定程度上来进行调控。其一，道德对自由的调控要在道德所能发挥作用的范围内进行，属于道德调控范围的自由才能由道德来加以调控。其二，道德对自由的调控要在道德所能发挥作用的程度上进行，属于道德调控程度内的自由才能由道德来加以调控。如果道德在调控过程中没有注意适度，要么造成道德调控的越位，要么导致道德调控的缺位，这些都不利于保护人的自由，只会导致自由的悲剧。在中世纪，对上帝的信、望、爱三种美德成为人们不可动摇的道德信仰，任何在上帝面前的不符合要求的道德行为都会成为社会成员严厉惩罚的对象。它逐渐演化为一种近乎疯狂的病态要求，想当然地把某些人或某种行为视为恶魔的附体。从表面来看，这种拓展道德调控范围与强化调控程度的做法保护了人们信仰上帝的自由权利，但也严格束缚了人们日常生活中的正常自由活动，同时也侵犯了其他宗教人群信仰其他宗教的自由。一旦道德过度调控，人们所追求的自由就会在调控中变为不自由。道德对自由的调控，从最初的保护自由，发展成为遏制自由。在现代社会中，一些人把道德理解为个人的事情，造成了道德无法在社会中有效地调控。这种道德无法调控的状态同样不利于保护人们的自由，导致一些人为所欲为，侵害他人的基本权利。在人类历史上，这种道德调控的过度与缺位所导致的悲剧不断上演。

合理地确定道德的调控范围与调控程度并非易事。它与许多因素有关。正如阿马蒂亚·森所说："自由的一个特征是，它具有很多不同的层面，分别与各种各样的活动以及机构和制度有关。"①确定道德的调控范围与调控程度，并不能直接套用某种简单的公式，我们需要从尽可能多的方面来加以综合考量。就道德领域的自由而言，我们至少需要思考这样三个方面的影响：其一，所处社会的经济、政治、文化状态；其二，所处社会追求的自由的自身特点，以及与道德自由相关的政治自由、经济自由、法律自由等在社会中的具体实践情况与调节机制；其三，道德在所处社会中的现实调控力度。唯有多角度多层面地考察所处社会的实际情况、自由的具体状态和道德的实际调控力度，才能合理地调整调控的范围与程度，适度地进行调控，最大限度地保护每个人的自由。

另外，由于人们所处社会的经济、政治、文化状态都是不断发展变化的，所追求的自由的特点，与道德自由相关的经济自由、政治自由、法律自由等在社会中的具体实践情况与调节机制，道德的实际调控力度等也都并不是永恒不变的，因此，道德所要确立的调控范围与调控程度必然不断发展变化。在社会经济、政治、文化等情况稳定的时代，道德对自由的调控总是比较明确并且相对稳定的。从这个意义上看，道德对自由的调控并不是完全变化不定的，而是既有变化又有稳定，是变化与稳定的统一。

其次，道德对自由有特殊的调控手段，要遵循其内在的调控规律。

道德对自由的调控有其内在规律。它是人们在对自由进行道德调控中

---

①　[印度]阿马蒂亚·森. 以自由看待发展[M]. 任赜，于真，译. 北京：中国人民大学出版社，2012：295.

需要把握的基本要求。尽管合理地把握道德对自由的调控范围和调控程度并非易事，但如果我们把握了道德调控的内在规律，就能够适度地调控，最大限度地扩展人的自由。从历史上看，道德调控做得成功的时期都遵循了道德为自由服务的内在规律，即顺应社会发展趋势与适当地根据大多数社会成员的要求进行调控。道德要为自由服务，就需要把握社会的历史发展趋势，以自由作为发展的目标，适当地遵循社会大多数成员的要求，采取特殊的调控手段推进人们的自由度的提高。

自由的方向是社会发展的最终趋势和必然结果。以自由为目标必然需要道德顺应社会发展的趋势，根据社会发展趋势制定或提倡相应的道德要求。无论道德要求是积极地促进人们的自由，还是针对人们的自由进行相应的限制，都要把自由作为目标，根据社会发展趋势和大多数社会成员的要求做出选择。如此提出的道德要求才能顺应社会发展的趋势，才能保障大多数人的自由，才能是合理的道德要求。道德要以自由作为目的，顺应社会发展的趋势和大多数人的要求，才能有助于保障社会中存在合理的自由，避免自由被侵犯或自由的过度扩张。自由的被侵犯与自由的过度扩张都是自由没有得到合理适度的调控的结果。自由的被侵犯是个体的自由空间受到压制或剥夺，自由的正常边界被侵犯。而自由的过度扩张则是个体的自由空间过度膨胀，超过了社会所要求的限度。在一个社会之中，它们实际上是一个问题的两面。如果没有自由的过度扩张，就没有自由的被侵犯。一些人的自由被侵犯，正是由于另一些人的自由超过了正常的空间、侵犯了他人的自由所致。从这个意义上看，自由的过度扩张必然导致自由的被侵犯。自由的被侵犯是自由的过度扩张的必然结果。因此，顺应社会发展趋势和大多数社会成员的要求，以自由作为发展目标，构建符合社会发展规律的道德要求，就能在道德领域形成适当的自由空间，保护每个人的合理自由，避免自由的被侵犯或过度扩张。

要遵循道德调控的内在规律，道德对自由的调控手段不同于法律、政治等对自由的调控手段，主要是通过道德评价来展开。这种道德评价就是根据社会的发展趋势和大多数社会成员的要求来做出。如果能够促进社会历史的进步，符合大多数社会成员的诉求，就会得到肯定的评价，否则就会得到否定的评价。道德评价常常借助社会舆论、风俗习惯、劝诫、教育等方式发挥其社会调控作用。道德评价体现了思想的力量。正如雅斯贝斯所说："如果思想仅仅是思想，那就毫无价值。思想之所以有意义，完全是由于它具有阐明的、导致可能的作用，由于它具有内心行为的性质，由于它具有召唤现实的魔力。"①

具体而言，道德对自由的特殊调控手段主要有确定手段、保障手段和惩罚手段等。

确定手段，是道德对自由调控的关键手段。道德在一定的社会范围中得到人们的认可，其实也就是承认了人们所达成的一种共识，在道德生活领域的哪些方面有其自由活动的权利，超过了哪些方面将是社会所不允许的。更为重要的是确定手段展现了道德对自由予以同等认可、同等保障和对侵犯自由者予以同等惩罚的需要。每个人都渴望自由，人与人之间应当平等。然而，这种平等只是应然意义上的。在人们的现实生活中，每个人的自由都不是完全相同的。道德对自由的平等确认，意味着社会对人们在社会生活中的自由赋予了同等的意义诠释，它具有重要的目标的意义。尽管在社会现实的自由保障中，并不是每一个人的自由都能获得同等的保护，但是，道德中的确定手段为人们提供了一种道德上的价值引导，希望每个人的自由都能得到同等的保护。同样，侵犯他人的自由在人们的现实生活中经常出现，道德上的确认手段为惩罚这种行为提供了一个平等处理的前提。

因此，确定手段就为道德对自由的调控构建了一个前提，让社会成员知道哪些行为、思想意识在社会中符合道德要求，哪些不符合。从形式上看，确定手段是道德所展现出来的一种限制，但从另一个方面来看，也是为了让社会成员能够享有应有的自由。如果道德没有这种确定手段，也就无法确定自由，也就谈不上道德对自由的调控。质言之，道德对自由调控的确定手段，是为了划定道德领域中自由的存在空间，为后面的保障手段和惩罚手段做好铺垫。

保障手段，是道德对自由调控的积极手段。它是要保障社会成员的自由在道德领域能够存在。它表明道德是为了服务自由而不是片面地限制自由的目标。保障手段就是为了社会成员能够在道德领域中享有其自由的权利，社会在道德舆论等方面都会给予应有的支持和帮助，确保这种权利不受侵犯。可以说，道德对自由的调控主要就是为了保障人们的自由。即使道德调控手段有惩罚手段，这也是为了保障自由。从这个意义上说，道德对自由调控的保障手段是否有效、在多大程度上有效，能够反映社会的道德状况是否良好。在一个社会道德风气良好的社会中，道德的保障手段能够有效地在道德领域中保障人们的自由。它也能够与政治、法律等保障自

---

① [德]卡尔·雅斯贝斯. 生存哲学[M]. 王玖兴，译. 上海：上海译文出版社，2017：93.

由手段相互配合。一般而言，道德对自由的保障手段是政治、法律等保障自由手段的重要基础。因为，它体现了一定社会中大多数社会成员的道德呼声。如果道德上的保障手段无法直接发挥其作用，就常常会演变为法律等方面的手段，依靠国家强制力来保障人们的自由。

显然，作为道德对自由调控的积极手段，保障手段是非常重要的手段。它表明了道德需要以自由作为自己的目标，不仅具有应然意义，而且还具有实然意义。保障手段反映了一个社会的道德发展趋势和道德实然发展状态。

惩罚手段，是道德对自由调控的消极手段。在社会中，人总是以个体以及由个体构成的群体的形式而存在。每个个体之间、群体之间，以及个体与群体之间，都有其各自独立的利益要求，他们都会追求各自的利益。因此，不同的利益主体之间必然会存在或多或少的冲突。调控这种冲突有很多方法。其中，道德惩罚手段就是一种。它是指在道德领域中对侵害他人或社会自由的行为、思想等进行一种道德惩罚。道德惩罚有两种：一是直接进行道德批判，谴责那些侵害自由的言行等；二是间接地作用于侵害者的内心，让其内疚而悔恨。无论是直接还是间接的方式，道德惩罚都是为了警示社会成员，必须尊重和保障他人的自由。

因此，惩罚手段是人们拥有道德自由的重要保障。从这个意义上说，惩罚手段与保障手段是人们实现其自由的过程中不可忽略的两个方面。它们都是为自由服务，只不过一个是从肯定意义上着手，一个是否定意义上着手。

(四) 道德能够对自由进行限制

古往今来，人们充分认识到自由必须要有所限制。正如彼彻姆所说："即使那些最坚决的自由的辩护士，当他们看到有些人滥用自由从事肮脏堕落的活动时，连他们也会改变自己的观点。因此就产生了这样的问题：在什么情况下限制个人自由是可确证的。"[①]在人类社会的发展中，道德是限制自由的重要方式之一，能够确证在什么情况下进行限制。

在探讨道德在什么情况下限制自由之前，我们应该明确道德限制自由的目的并不是阻碍自由，而是为了保障自由、发展自由，让每个人都拥有合理的自由发展机会。社会成员应该在社会道德生活中遵循一定的道德要

---

① [美]彼彻姆. 哲学的伦理学[M]. 雷克勤，等，译. 北京：中国社会科学出版社，1992：387.

求，才能在各自的道德生活中获得自由。因此，仅仅把道德理解为一种社会规范性的约束，是不全面的。道德绝不仅仅是一种对自由的限制，而且还包括给予人自由，其目标是为了帮助每个人成为一个自由的人。在这里，自由是人的理性的自由，而不是出于本能等非理性的为所欲为。在正常的社会生活中，孩子缺乏足够的理性思维能力，常常由父母来帮助决定生活中的许多事情。唯有成熟后，人才具有相应的理性认识能力，才能理解社会，理解道德，才能成为一个自由的人。人从孩童成为成人，就是从幼稚的自然人经过教育等环节成为成熟的社会人，社会人身上包含道德因素。社会人的形成意味着他在道德生活中知道了社会道德所规定的限制，了解了自己的道德自由空间，从而拥有了自由，也成为一个自由的人。

道德需要限制自由，这是从应然意义上来理解。也就是说，道德应该以自由为目标，道德只是为了自由而限制自由。从实然意义上看，人类社会在其历史发展中有可能出现道德以自由为目标的情况，也可能出现没有以自由为目标的情况。在现代民主社会中，道德限制自由就是以自由为目标。然而，在传统的极权专制社会中，道德限制自由很可能只是为了钳制自由而不是为了自由本身。那么，在当代民主社会中，道德究竟是在什么情况下限制自由？或者说道德限制自由在哪种情况下得到确证？

我们认为，道德是针对那些不道德行为的自由进行限制。不道德行为意味着肉体或精神上的伤害。从不道德行为所伤害的主体来看，他既有可能是他人，也可能是自己，因此，道德所限制的自由主要是指伤害他人的不道德行为的自由、伤害自身的不道德行为的自由。

道德限制伤害他人的不道德行为的自由是能够得到确证的。在一个社会中，道德与法律等的制定都是为了保障人们有其必要的自由空间。伤害他人，给他人的肉体或精神上带来损害，都是对他人自由空间的侵犯，必须要受到限制。所以，密尔曾如此论述自由："唯一实称其名的自由，乃是按照我们自己的道路去追求我们自己的好处的自由，只要我们不试图剥夺他人的这种自由，不试图阻碍他们取得这种自由的努力。"[1]这种自由也被称为消极自由。道德限制伤害他人的不道德行为的自由，从保障自由的意义上看，就是捍卫一种消极自由，避免他人随意地侵入自己必要的自由空间。在一个弱肉强食的社会中，强权至上，吞噬一切。统治者会借助权力伤害他人，掠夺他人或社会的必要利益。限制伤害他人的自由，就是从道德上确立一种道德信仰，捍卫每个人应有的自由权利，限制统治者的

---

① [英]约翰·密尔. 论自由[M]. 许宝騤, 译. 北京：商务印书馆，2012：14.

强权。

密尔所提出的消极自由有其缺陷，他只认可了要限制对他人的伤害，而把对自己的伤害归结为每个人自己承担其责任，不需进行限制。他认为，只有涉及他人的伤害才需要限制。的确，一个人有权支配自己的身体和精神，我们需要尊重他们的个人权利。但是，个人行为其实在一个社会中很难成为一个孤立的个人行为。比如，一个人自己卖身为奴、赌博、吸毒、卖淫等，似乎只是伤害自己的不道德行为，其实也是影响其他社会成员道德生活的行为。另外，这些行为也挑战了人之为人的尊严，是人的精神的自我否定。因此，道德还需要限制伤害自身的不道德行为的自由。道德的积极介入，避免个人自己伤害自己的自由，可以称为积极的自由。一个人不伤害别人，却自己伤害自己，沉溺于吸毒、赌博等行为中，在当今世界的许多民主国家里，这些都属于不道德的行为，甚至在法律上受到严厉管制，如吸毒者会被强制收容戒毒。在这里，积极的自由就是要道德捍卫人之为人所具有的尊严和基本权利。

道德限制伤害自己的行为的自由，存在一定的风险。统治者可能会为了自己的私利而装扮成一切都为了大多数人或社会利益的良好形象，他们会以此作为维护威权主义制度的道德借口。在一个政教合一的专制国家中，任何可能冒犯国家宗教的行为都会遭到限制。统治者会广泛宣传，这种行为是个人在道德上的自我堕落，唯有国家出面才能加以拯救，因而推行意识形态上的奴隶制。在这里，我们就需要考虑道德限制伤害他人行为的自由。它就是要从道德上限制传统的专制国家依靠其权力任意侵犯个人的自由权利，倡导每个人都应该在一定的空间拥有其道德上的自由，即道德上的消极自由。由此，保护消极的自由在此时显得十分必要。因此，我们在谈到道德限制伤害行为的自由时，既要讲限制伤害自己行为的自由，也要讲限制伤害他人行为的自由。积极自由与消极自由是自由的两面，仅仅固守其中一面容易出现理论误区。道德限制伤害自身或他人的不道德行为的自由，就是要保障每个人既有积极自由也有消极自由，都是为了人的自由本身的目标。从这个角度来看，道德限制自由，还需要所限制的自由与自由之间的协调。马克思曾深刻地指出："自由的每一种形式都制约着另一种形式，正像身体的这一部分制约着另一部分一样。只要某一种自由成了问题，那么，整个自由都成问题。只要自由的某一种形式受到指责，那么，整个自由都受到指责，自由就只能形同虚设。"①因此，道德限制自

① ［德］马克思，恩格斯. 马克思恩格斯全集(第 1 卷)［M］. 北京：人民出版社，1995：201.

由中还隐含着协调的深意。如果道德所限制的自由中没有注意彼此之间的协调和配合，道德要实现自由的目标就可能会化为乌有。

当然，自由受到道德的限制，只是其受到各种限制力量中的一种，它还会受到其他很多方面的限制。从社会物质生活条件来看，自由还受到社会生产方式、地理条件、人口条件等方面的限制。社会物质生活条件是限制自由的客观因素。因为，任何人都是生活在一定的社会物质生活条件之下，不可能脱离它而存在。一般而言，如果人们的物质生活条件得到改善与发展，人们的自由也常常会得到一定的拓展，至少在物质生活上有了更多的选择机会。毕竟，人类精神是在人的物质实践活动中不断绽开的智慧花朵。道德的自由价值就在于道德在人类的物质生活实践中促进了人的精神自由本性。从社会精神生活条件来看，自由还受到法律、政治、文化等方面的限制。社会精神生活条件是限制自由的主观因素。每个人都会在精神生活中受到它们的影响，但也会从中有所保留。因此，作为限制自由的道德，并不是唯一的精神上的限制力量。道德对自由的限制，是一个重要的道德问题，但也是一个并非局限于道德之中的问题。道德对自由的限制展现了人在道德生活的精神空间中可以不断开拓、发展，人的精神自由可以不断实现和提升。

（五）道德领域中自由价值的滥用

道德应该为自由服务，但是，道德在确定、调控和限制自由的过程中，既有可能充分保障了人们的自由，也有可能伤害了人们的自由。当道德在确定、调控和限制自由的过程中伤害众人的自由时，就会导致道德所服务的自由误入歧途，人们无法享有其应有的自由，出现了道德领域中自由价值的滥用。质言之，道德领域中的自由价值并不是任何人在任何时候都能加以坚守。道德领域中自由价值的滥用是指人们在道德生活中误解、误用了道德领域的自由价值。正如罗素所言："自由的过少带来停滞，过多则导致混乱。"①因此，自由价值的滥用在道德领域中主要表现为自由的过度与自由的不足。

其一，自由的过度。

在现代社会中，自由成为当今时代最为激动人心的重要价值目标之一。在西方世界，以自由为主题的自由主义是一种弥漫于西方社会的主流思想，长期占据社会主流意识形态地位。它强调个人的自由、个体道德个

---

① ［英］罗素. 权威与个人［M］. 储智勇，译. 北京：商务印书馆，2020：38.

性的自由发展，把自由看作一种神圣不可侵犯的权利，反对任何形式的道德说教和道德权威。在学校的道德教育中，道德教育的目的是让学生在理解道德准则的基础上，发展自身的道德判断、道德选择和道德行为的能力，而不是强迫学生服从社会的规范和道德准则。为了捍卫个人的自由，自由主义坚持个人权利的优先性，限制国家道德的调控作用，甚至否定道德的教化意义。正如美国道德教育协会主席考纳（Lickona Thomas）所说："（自由主义坚持的）个人主义在世界范围内兴起，倡导人的价值、自律以及主体性，重视个体的权利和自由而不是责任。"①自由主义道德教育渴望给予个人更多的自由，赋予个人崇高的自由主体性，反而导致了道德相对主义和极端个人主义的流行。把道德生活理解为不受任何外在力量限制的结果是每个人都坚守自己的个体价值，膨胀了个体意识，淡化了人的群体意识，削弱了人的社会责任感。人行善的自由固然扩张了，但同时，人作恶的自由也扩张了。一切以个体的自我为核心，一切服从于个体的自我价值。个体的自由极度扩张，社会与他人意识变得遥不可及，社会的道德秩序变得不确定了。只重视自我的个体价值、漠视他者的存在常常导致侵犯他人的自由，也最终伤害自己的自由。男女关系的混乱、团队精神的瓦解、道德情感的冷漠、暴力行为的增加、网络色情的兴盛、麻醉品的滥用、相互关爱的匮乏，曾在西方社会广泛流行。这些都与个体的过度自由有着直接或间接的关系。由此，放纵自由带给人类的，是人类社会生活中的自我伤害和伤害他人。这让人们不得不反思，在追求人类自由的历程中过度的自由为何走向自己的反面，即不自由。

其二，自由的不足。

自由不足的状态曾在前现代社会中广泛存在。在前现代社会中，人们常常生活在道德严格控制人们自由的状态中。尤其在中世纪，人们生活在基督教道德的严厉控制中，缺乏合理的自由。其实，在现代社会中，自由的不足也时常以一种不容忽视的复古倾向表现出来。比如，在西方现代社会中，当自由主义道德观遭遇了一系列打击之时，保守主义道德观乘机上位。保守主义思潮中的要素主义、永恒主义、新托马斯主义、新品格教育运动在西方社会中此起彼伏、影响深远。在西方政治生活中，自由主义与保守主义相互联系、相互补充、共同发展。一般而言，保守主义通常与道德约束力量联系在一起，而自由主义则常常与个人放纵力量联系在一起。

---

① Lickona Thomas. The Return of Character Education [J]. Educational Leadership, 1993, 51 (11)：6.

保守主义者重视社群或共同体的价值传统。在他们看来，自由主义道德观一味地要求自我认同和个体权利，逐渐丧失了自身的社会身份和传统美德。他们认为，社会价值高于个体价值，反对个人主义的道德价值观。正是这种社群或共同体的价值精神，在一定程度上消解了个人主义的过度膨胀。保守主义者崇尚历史传统、经验和道德责任、道德权威，以此强调道德秩序的重要性。"是否承认超越的、客观的道德秩序是衡量保守主义者的基本准绳。只有承认存在着客观的道德秩序的人才是保守主义者。"①他们认为，在学校的道德教育中，道德教育的目的就是重视维护社会秩序、实现社会稳定。保守主义"以道德的社会约束性代替了道德的价值主体性和超越理想性特征，以道德的约束、规范性取代了它固有的引导性和创造性，以道德是人类对外部世界的一种特殊把握方式的认识，掩盖了它同时是一种人把握自身、提升自身的特有方式这一内在化特征"②。由于保守主义者过分沉迷于过去的传统，它呈现出反对革新、抱缺守残和故步自封的状态，强调国家控制教育，因而常常限制了人们的合理的自由。不可否认，在保守主义道德教育中，人们常常在道德生活中"不由自主"地服从传统社群价值要求。这种"不由自主"的服从也是一种最不自由的状态。原本出于保护人的应有自由的道德秩序反而严格限制了人的自由。而且，从长远来看，这种发展状态极易导致人们在社会生活中陷入国家主义、极权主义、专制主义的旋涡。生活在这种自由严格受限的社会中是一种灾难。正如包尔生所指出："在那些还不自由的国家里，人们却期望着宽厚、特权、恩宠、怜悯，那里到处盛行着的是行乞、小费制度、贿赂和腐化。"③

　　总之，无论是自由的过度还是自由的不足，都是道德的自由价值在现实社会中的滥用。它表明，从应然意义上看，道德应该为自由的实现发挥其积极作用。但是，从实然意义上看，人类追求道德自由，有可能出现自由的过度与不足。人类正是在自由的过度与不足之间，不断探索道德自由的价值意义，最大限制地保障和拓展人们合理的自由空间。从历史上看，人只有顺应历史的发展，才能在自我立法、自我规范的意义上打碎各种枷锁而获得自己应有的自由。

---

① 刘军宁. 保守主义·第二版序[M]. 天津：天津人民出版社，2007.
② 戚万学. 道德教育的实践目的论[J]. 山东师范大学学报（人文社会科学版），2001(01).
③ ［德］弗里德里希·包尔生. 伦理学体系[M]. 何怀宏，廖申白，译. 北京：中国社会科学出版社，1988：532.

第七章　道德价值终极目标：实现人的全面发展

实现人的全面发展是道德价值的终极目标。人的全面发展是人类永久的主题。社会是人的社会，人与人之间的复杂关系构成了社会。社会的发展最终要以人的全面发展为最终归宿。也就是说，人的全面发展是社会的发展和人的发展两个方向的目标的统一。道德，作为人类所构思的一种规范要求，归根结底是为了人自身服务，是以人的全面发展为终极目标。从人的全面发展的概念来看，人的全面发展的提出有其丰富的历史底蕴。在历史的追溯中，我们能够发现道德的发展与人的发展之间的密切关系，即道德的发展是人的发展的呈现，道德的发展服务于人的全面发展。同时，我们还能发现人的全面发展必然是道德的终极目标。除了人的全面发展外，其他的概念都无法承担这一重任。确定人的全面发展的终极目标，能够避免人的片面发展，在人的发展和社会的发展中具有重要的价值意义。

一、人的全面发展的历史追溯及含义

尽管学界把人的全面发展作为一个重要的研究对象，但其具体内容和作用随着人类历史的发展而不断变化，因此需要探讨不同社会的人的全面发展的观念与意义，才能全面而准确地理解和把握人的全面发展的含义。

(一) 人的全面发展的历史追溯

人的全面发展思想源于人的发展思想。这个问题可以一直追溯到古希腊时期。古希腊哲学是西方文化的源头，很早就已经开始探讨人这个概念，并对人的发展做了研究。

在古希腊神话中，人是由神所创造的。普罗米修斯用泥土和河水捏出了人形，于是，最初的人类出现了。人的发展是受神支配的。公元前 7 世纪后，脑力劳动与体力劳动的分工稳定下来，一部分人能够脱离体力劳动而专门从事精神创作，古希腊自然哲学应运而生。人们开始从哲学上思考人的发展。人是宇宙的一部分，宇宙如何变化发展，人就如何变化发展。赫拉克利特指出，人能成为一个优秀发展的人，就在于他领悟了宇宙中永恒的"逻各斯"。德谟克利特提出，万物由原子构成，一切都有其必然性。天赋好的人容易发展，天赋不好的人会受到很多限制。在他看来，人的发展与教育有关。"教育可以改变一个人，但这样做了它就创造了一种第二本性。"①同时，他还认为，一个人的发展离不开他的自我努力。他需要在生活中向周围的世界学习，才会得到发展。

智者学派是古希腊时期精神哲学的创建者。他们把自然哲学中的逻各斯主体化，彰显了一种丰富多彩的主体自由精神。他们认为，神是可疑的。人生短促，没有必要崇拜和依靠外在的神灵，而应在生活实践中发展自己。所以，普罗泰戈拉说"要想成为有教养的人，就应当应用自然的察赋和实践，此外还宜于从少年时就开始学习"②。

苏格拉底认为建立在感觉经验基础上的人是偶然的、不可靠的。他试图从理性的角度来理解人，把理性作为人的本质。他认为，德性即知识。一个人在德性方面或知识方面的发展，源于后天的教育与训练。"人们同样地天生彼此有差别，而由于训练便获得长进。"③ 柏拉图构建了一个理想国，希望通过教育培养理想的公民来实现这一政治理想。他把人划分为统治者、武士和劳动者。为了实现公正，统治者和武士都要接受严格的教育和训练。具体内容包括体育、音乐、道德教育、天文、算术、几何、辩证法等。尽管他提倡的教育所关注的只是统治者和武士的发展，但这种人的发展已不是单方面的发展，而是多方面的身心共同发展。从这个意义上看，他的思想中已经具有了人的全面发展的萌芽。

亚里士多德第一次从生命和人的灵魂角度进行了人的全面发展的合理性论证。他认为，作为一个完整的人，不仅需要理性，还需要非理性，否则人自身就是有缺陷的。他认为："在无逻各斯的部分，又有一个子部分是普遍享有的、植物性的。我指的是造成营养和生长的那个部分，我们必须假定灵魂的这种力量存在于从胚胎到发育充分的事物的所有生命物种

①　北京大学哲学系外国哲学史教育室. 古希腊罗马哲学［M］. 北京：生活·读书·新知三联书店，1961：108.
②　北京大学哲学系外国哲学史教育室. 古希腊罗马哲学［M］. 北京：生活·读书·新知三联书店，1961：138.
③　周辅成. 西方伦理学名著选辑（上卷）［M］. 北京：商务印书馆，1996：52.

中。"在这一观点后，他还专门指出："灵魂的无逻各斯的部分还有另一个因素，它虽然是无逻各斯的，却在某种意义上分有逻各斯。"①因为，情感与欲望能够接受理性的指引发挥其积极作用。他把三种灵魂联系在一起，他在谈论幸福目标时指出，人需要财富、健康和德性。也就是说人的幸福在于要全面发展自己。亚里士多德提出，教育唯有根据受教育者的自然本性，才能发展天性中的潜在能力。他的这一思想开创了后世"遵循自然"教育的先河。

古希腊时期所探讨的人的全面发展，无论是柏拉图还是亚里士多德所说的人都不是指所有的人或大多数人，而是少数人中的个体。在古希腊哲学中，人有着严格的界定。人是指那些具有选举权的自由公民，没有选举权的奴隶、异乡人都被排除在人的概念之外，当时的自由公民只有约 9 万人，而奴隶有近 37 万人。在雅典，事实上，即便是有选举权的下层自由民，也很难获得使其全面发展的教育。在亚里士多德看来，自由民所从事的体力劳动只会阻碍人的理性的发展，体力劳动是可耻的和下贱的。因此，苏联学者格里戈里扬指出："虽然以其学说吸引了雅典的纨绔青年，在有教养和有自由思想的人当中找到了支持，但他们的学说恰恰不能为平民所理解。"②

人类进入漫长的中世纪，基督教和教会控制了欧洲社会精神生活的各个方面，神成为人的中心。"人与上帝的关系，现在被规定为拯救和崇拜的关系。"③在基督教神学看来，人的发展程度需要借助神的意志才能得到表现，人在神面前黯然失色，无法把握自己的命运，一切要听从神的意志。于是，人的理性被信仰所控制，人的权利被神的权利所覆盖，人的发展为神的全知全能所扭曲。从这个意义上说，人的全面发展在基督教神学中受到了前所未有的压制和摧残。

经历了漫长而黑暗的中世纪，欧洲迎来了文艺复兴。文艺复兴时期的思想家们以人文主义精神抨击封建专制制度、等级制度，否定神的全知全能，充分肯定人在世间的地位和能力。他们高举人道主义的旗帜，破除了罗马教会至高无上的权威，提倡把人应该拥有的一切还给人自身。他们歌

---

① [古希腊]亚里士多德. 尼各马可伦理学[M]. 廖申白，译. 北京：商务印书馆，2004：33.

② [苏]格里戈里扬. 关于人的本质的哲学[M]. 汤侠声，等，译. 北京：生活·读书·新知三联书店，1984：28.

③ [德]黑格尔. 哲学史讲演录（第 3 卷）[M]. 贺麟，王太庆，译. 北京：商务印书馆，1997：161.

颂人自身的伟大，充分肯定人的价值和地位，尤其是人的精神能力，渴望个性解放和人的全面发展。但是，他们的思想具有明显的局限性，大多数采取文学和艺术的形式来展现人应该多方面发展，很少从哲学高度上针对人的特性、价值进行诠释，更不要说从理论上形成人的全面发展的明确概念。

18 世纪是启蒙的世纪。启蒙思想家们，尤其是法国启蒙思想家们继承和发展了文艺复兴时期人文主义者重视人的价值的优良传统。他们从哲学、政治等理论上提出了天赋人权的思想，强调人的自然权利和自由、平等、博爱等观念。他们明确提出要塑造不同于教会倡导的新型的人，要追求现实的幸福，而不是沉浸在虚幻精神生活中自我麻痹。法国启蒙思想家认为人性就是趋乐避苦，人的发展就是要建立在这种人性基础上，增加人的幸福，避免痛苦。爱尔维修指出："人是一台机器，为肉体的感受性所发动，必须做肉体的感受性所执行的一切事情。"①他还认为，这是自己作为人的自然权利，并称之为"自爱"。伏尔泰也强调自爱，认为人的理性强化了人的社会协作，能够促进社会发展。他提出了"健全理性的自由人"的人的发展目标。在他看来，人天生就是自由和平等的，追求幸福是人的基本权利。启蒙思想家关于人的自由、平等、发展等思想随着资本主义制度的确立而被写入了国家的法律之中，为空想社会主义者进一步丰富和发展人的解放和发展的思想奠定了基础。

相较其他历史时期的思想，空想社会主义关于人的全面发展的思想更为明确、全面而深刻。从人的全面发展的命题来看，空想社会主义才是真正进行了契合这一命题的细致研究与探讨。究其原因，随着资本主义制度的确立，尤其是近代工业革命的发展，启蒙思想家们所论证的以人的自由、平等等理念而构建的理想国，不过是有产者的天堂，而不是无产者的乐园，大多数人仍不得不遵循资本运行的模式，出卖自己的自由、平等、健康等，苟且偷生。人的畸形发展与社会分工同时并进，清晰地摆在人们的面前。空想社会主义者分析了人的畸形发展的根源、人的全面发展的含义和内容。

空想社会主义者认为，人的畸形发展的根源在于不合理的社会分工。傅里叶指出，社会分工是导致人与人发展不平等的重要原因。一些人专门从事体力活动，一些人专门从事脑力活动。它破坏了人的本性和体力智力

---

① 北京大学哲学系外国哲学史教研室. 西方哲学原著选读（下卷）[M]. 北京：商务印书馆，2004：180-181.

的全面发展。人的本性应该是完善而美好的，社会应该帮助人性的养成，展现其全部力量，而不是压制它、固化它。圣西门曾把这种社会分工中的人划分为"劳动者"与"游手好闲者"对立的两级。他认为，这种新的对立阶层已经取代了法国封建时期贵族和平民、无产者之间的对立。这种对立只会导致人的精神风貌的畸形发展。欧文则认为，人在机器大工业中只能从事其中一个局部的工作，人的发展受到了不合理分工的严重制约。同时，他发现在资本主义社会中，机器工业的发展导致了机器比人更为重要，人创造了机器而被当作了低等的机器。空想社会主义者正是由此提出了人的全面发展的思想。

圣西门是最早明确提出"人的全面发展"概念的空想社会主义者。他在考察了欧洲社会中人的历史发展过程后指出："15 世纪的欧洲人，不仅在物理学、数学、艺术和手工业方面有惊人的成就，他们同时还在人类理性可及的一些最重要和最广泛的部门十分热心地工作。他们是全面发展的人，而且是自古以来首次出现的全面发展的人。"①他认为，15 世纪的欧洲人，也就是文艺复兴时期的人文主义者是首次出现的全面发展的人，因为他们在物理学、数学等许多方面都有卓越的发展。在空想社会主义者看来，人的全面发展就是人在德智体等各个方面都得到发展。

空想社会主义明确地提出了人的全面发展的概念、内容，其研究达到了他们所处时代的巅峰。然而，他们所探讨的人始终是抽象的人。他们把人的发展分为全面发展与畸形发展，看到了社会分工在其中所起的作用，但以抽象人性论来分析和解释人的历史发展，没有把握到社会发展规律，也没有正确地认识个体发展与社会发展的关系，幻想通过劳动活动和加强社会教育来实现人的全面发展，无疑只能是空想。但是，不可忽视的是，他们的许多观点成为马克思主义关于人的全面发展思想的历史前提，也是我们正确理解人的全面发展含义的必备基础。

(二) 人的全面发展的含义

人的全面发展是人在一定社会历史条件下的实践活动中，认识自我的本质和发展规律，从而获得各个方面最大限度的自由的发展状态。

人的全面发展的理论是马克思、恩格斯在前人研究基础上发展起来的，贯穿于他们理论研究的始终。他们的理论研究经历了从不成熟到成熟的过程，人的全面发展最终被他们作为共产主义的基本原则。从这个角度

---

① ［法］圣西门. 圣西门选集(第 2 卷)［M］. 董果良，译. 北京：商务印书馆，1982：265.

来看，人的全面发展是马克思、恩格斯整个理论研究的主题与归宿。马克思早在《1844 年经济学哲学手稿》中就考察了资本主义制度下的异化劳动，批判了资本主义制度下人的发展的片面性，提出了只有经过共产主义运动，消灭资本主义制度，才能消除人的异化，解除人的发展中的畸形状态，最终解放人自身。在《关于费尔巴哈的提纲》中马克思从社会实践的角度认识人，跳出从人的异化与复归的角度来理解人的发展，而是把人的发展理解为社会实践的发展。接着，马克思、恩格斯在其合著的《德意志意识形态》中考察了人文主义思想家、乌托邦社会主义者和三大空想社会主义者对于人的发展的思想，从唯物史观的高度分析了社会分工的历史发展，论证了人的生产能力的发展是人的全面发展的重要内容，把生产力的发展作为人的全面发展的重要条件。1847 年，马克思在《哲学的贫困》中，针对前面的社会分工问题，明确了哪些分工是合理的，哪些分工是不合理的。同年，恩格斯在《共产主义原理》中把人的全面发展解释为人的各方面能力都得到了发展。1848 年，《共产党宣言》出版了，标志着科学共产主义学说的问世。马克思、恩格斯在书中指出，未来的共产主义社会的本质特征不是别的，就是个人的全面而自由的发展。在自由人联合体中，每个人的自由发展是一切人的自由发展的条件。随后，在《资本论》中，马克思分析和阐述了人的历史发展过程，充分肯定了人的自由个性，非常明确地把每个人的自由而全面的发展作为共产主义的基本原则。晚年的马克思和恩格斯还分别在他们所著的《哥达纲领批判》和《反杜林论》中进一步补充与完善了他们关于人的全面发展的思想。显然，人的全面发展是马克思、恩格斯整个理论中一以贯之的重要命题。马克思、恩格斯是从人类和社会发展的历史高度，从人自身的解放和发展的角度来阐述人的全面发展。他们从唯物史观的角度，克服了以往思想家们的各种局限性，针对人的全面发展做了科学的解释与论述。

人的全面发展是具有丰富内涵的思想。实现人的全面发展，是马克思、恩格斯不断追求的重要目标。我们可以从人的全面发展中的"人"与"全面发展"两个方面来理解其含义。

人的全面发展中的"人"是全面发展的主体。从人的存在方式来看，人有个体、群体和类这三种存在方式。按照马克思、恩格斯的观点，人的全面发展中的人是社会现实中的人。人可以分为作为个体的人、作为群体的人、作为类的人。也就是说，人既可以是单数形式的，也可以是复数的形式。人是个体、群体与类的三者统一。因此，人的全面发展既是作为个体的人的全面发展，也是作为群体的人或作为类的人的全面发展。

　　马克思、恩格斯认为，人是社会现实中的人。他们所理解的人不同于以往思想家理解的抽象的人或生物上的人，他们所提出的人是现实中人。作为现实中的人，是人的自然属性、社会属性以及精神属性的统一。这就是马克思所说的"完整的人"。作为自然的人，人是肉体的、感性的对象性的存在。人需要维持其生命存在的生理上的条件。如果没有满足其生理上的食物需要等维持其生存的物质条件，现实的人是无法存在的。作为社会中的人，人是社会现实中的存在。马克思在《关于费尔巴哈的提纲》中指出，人的本质在其现实性上是一切社会关系的总和。在马克思看来，人的社会性意味着人需要和他人往来、彼此相互合作或竞争。人就是在一定社会关系中发展和体现自己的存在。正是因为人的社会性，我们才能够把不同时代的人、同一时代的人进行有效的划分，我们才能理解社会现实中的人的具体性而不是陷入抽象人性论。人从社会属性中发展出精神意识属性。作为有意识的人，人是具有自我意识、情感等精神意识的存在。人有精神上的需要。如果仅仅只有生理上的满足和作为社会成员的满足，而没有精神上的各种追求，人只能成为被动的物质上的存在，难以为人。人能够称之为人，其精神生活的丰富性不容忽视。

　　无论是自然的人、社会的人，还是精神上的人，都统一于人的社会实践活动中。正是通过社会实践活动，人才从动物中脱离出来。它展现了人与动物之间的根本区别。没有实践活动，人不可能产生。人的自然属性、社会属性、精神属性都是在人的实践活动中发展起来的。人的发展就是人的实践活动的发展。人在实践活动中发展自身，也只有在实践活动中才能获得自己的发展。从这个意义上说，人是社会实践的存在。同时，马克思、恩格斯认为，在人的各种社会实践中，物质资料的生产最为重要。它构成了人的存在与发展的第一个历史前提。在他们看来，物质资料的生产是"现实的人"的本质规定和生存方式。

　　因此，马克思、恩格斯所说的"现实的人"是在一定社会物质条件中有生命的、有精神意识的实践存在。他既是人的社会历史的前提，也是社会历史的产物和结果。没有这种"现实的人"作为前提，没有立足现实的人的社会实践活动，人永远只能是难解的历史之谜。

　　马克思和恩格斯在探讨人的全面发展所涉及的人的概念中，发现在人类漫长的发展过程中，人类社会的发展是以牺牲个人的发展为代价的。比如，在封建社会中，它以牺牲农民的发展来谋求发展；在资本主义社会中，它以牺牲工人的发展来谋求发展。因此，马克思和恩格斯希望通过他们所揭示的人类社会发展规律，谋求个人与社会的共同发展，最终达到人的解放与社会的进步。在马克思看来，人的发展并不是单个人的发展，而是社会中每个人的发展。真正的社会的发展也应该是每个人的发展，而不是单个人或少数的人的发展而大多数人没有发展。

作为个体的人，有其特有的个人的知识、爱好、兴趣、能力等。马克思认为，每个人在社会生活实践中都应发展自身的才能。只是这种个体的人需要在社会实践活动的社会关系中才能得到确证。所以，他说："只有在共同体中，个人才能获得全面发展其才能的手段，也就是说，只有在共同体中才可能有个人自由。"①根据马克思、恩格斯的思想，个人之间在实践活动中相互往来、相互联系，形成了各种社会关系，又通过社会关系中的不同活动形成了民族、国家等群体，乃至人类社会。在这种相互影响的过程中，类与群体和每个人之间的关系是统一的。个体是全面发展的起点，在个体的发展过程中，必然会拓展到群体，再从群体拓展到整个人类的共同发展。而反过来而言，在整个人类的共同发展中，群体也得到发展，每个人的发展构成整个人类发展的基本特征。正如恩格斯所说："不言而喻，要不是每个人都得到解放，社会也不能得到解放。"②质言之，每个人的发展才能构成群体的发展，及至人类社会的发展。因此，从人作为类、群体与个体的三种存在方式来看，人的全面发展中的人是类、群体与个体的统一。人正是在这三种存在形式中向前发展。其中，个体既是全面发展的起点，也构成了人的全面发展的归宿。没有个体的发展，群体的发展、人类的发展就会沦为空话。

当然，作为类、群体或个体的人，彼此之间还是存在一定的差别。作为类的人、作为群体的人与作为个体的人，在发展中有明显的差异。有些个体、群体的发展可能快一些，也有些个体、群体的发展可能慢一些，他们彼此之间的发展水平呈现出一定的差异。甚至在某些情况下，个体的发展与群体的发展、类的发展出现矛盾与冲突。某些个体发展得好，群体就无法发展；某些个体的发展受到了抑制，反而促进了群体或类的发展。因此，我们认为人在其发展中存在三种方式，是一个统一体，但也应该看到他们在发展中的差异性和不同作用。

从人的全面发展中的"全面发展"的内容来看，它包括人的社会因素的发展、人的需要的发展、人的劳动能力的发展、人的社会关系的发展和

① ［德］马克思，恩格斯. 德意志意识形态［M］. 北京：人民出版社，2008：63.
② ［德］马克思，恩格斯. 马克思恩格斯选集（第3卷）［M］. 北京：人民出版社，1995：644.

人的自由个性的发展。其中，人的社会因素、需要、劳动能力的发展体现了人作为类的特性的发展，人的社会关系的发展体现了人作为群体的特性的发展，人的自由个性的发展体现了人作为个体的特性的发展。概括地看，人的全面发展是人的个体的特性、群体的特性与类的特性中所蕴含的各种内容的发展。

其一，人的全面发展是人的社会因素的发展。

人是社会的存在。人的生活中的方方面面都是在一定的社会实践生活中展开。马克思认为，人的本质属性在于其社会属性。人正是在其社会生活实践中成为其自身。没有社会的形成，人难以生存，更谈不上发展。因此，我们首先从人的社会因素方面来探讨人的全面发展。从人的本质属性来看，人的发展就是人的社会因素的不断丰富与发展。从历史上看，人的发展就是人的社会因素从单一到多样、从贫乏到丰富、从片面到全面的逐渐发展过程。人的全面发展就是人的全面社会化。

人的社会因素是指人在后天的社会环境中所形成的各种因素。它主要包括符号的使用、自我的心理意识和思维、精神素质等。符号是以一种事物标志另一种事物。在人类学的研究中，人是当今世界中唯一能够使用符号的动物。人在社会生活实践中越投入，就越能够发现符号使用的重要性。人使用符号是为了更好地进行交流，表明人已经能够超越肢体语言、面部表情来表达自己的观点。符号是人在社会实践中所形成的重要成果，其中最为重要的符号就是语言文字，它使得人类能够超越动物进行各种复杂的思想交流。另外，旗帜、十字架、新月等符号都是人类赋予了其意义，在人们的社会生活中发挥着重要作用。人的发展是人的这种社会因素的不断发展。同时，人的自我心理意识以及思维，也是人在社会生活实践中的产物。人的发展也是自我心理意识以及思维的发展。人类能够在认识自我的过程中，理解他者，自我控制，思考周围的一切事物。人类的历史发展也是人的自我心理意识以及思维的发展。同时，人还在社会实践中发展自己的精神素质，如思想文化、审美、宗教等。它是人类的自我心理意识和思维的丰富和完善。人的这些社会因素是人的本质力量的确证，是人的本质力量的展示，也是人从事各种物质活动或精神活动的必要前提。人们都希望不断提高自己的社会素质，从而改造客观世界，扩展社会生存与发展的空间，从而拓展人类的发展空间，展现人类自身的本质力量。因此，马克思曾如此评价工业的历史发展："工业的历史和工业的已经产生的对象性的存在，是一本打开了的关于人的本质力量的书，是感性地摆在我们面前的心理学。"①在马克思、恩格斯看来，人的历史使命、任务就是全面地发展自己的各种社会因素，展现人的本质力量。

因此，从人的本质属性来看，人的全面发展是人们在社会生活实践活动中社会因素的全面发展。也正是由于人的社会因素的发展，如符号的不断使用、自我心理意识和思维的发展、精神素质的提升，人类社会也获得了进一步的发展。人类社会的历史发展也表明，人的全面发展中包括了人的社会因素的发展。而且，人的社会因素的发展是一个不断丰富与发展的社会化过程，是人的本质力量的展示。

其二，人的全面发展是人的需要的发展。

人是有需要的人。人的生存与发展都与人的需要的满足有着密切联系。无论是人作为生物上的人，还是作为后天社会环境中的人，都有其需要。这些需要都要求人在生活实践中获得满足。人的实践活动的水平决定了人的需要的丰富程度和满足程度，也决定了人的发展程度。从这个角度来看，人的全面发展是人的需要的发展。

人的需要呈现出人的本质规定性，也是人的全部活动的内在动力。人的需要是人发现了自身的物质或精神上的匮乏所产生的针对外在世界和内心世界的各种欲望及要求。显然，人的需要和其他动物的需要有不同之处，属于社会性的需要，如精神上的需要。动物只需满足其生存上的物质需要。因此，人的需要能够呈现出人的特性或本质规定性。马克思就曾指出："他们的需要即他们的本性。"②人的需要中常常展现了人的那种精神上的超越性。它是人的自觉的需要，而不是如同动物那样被迫性地服从自然界。因此，人的需要中有其主体性、主动性、实践性和创造性。正是由于人的需要中有一种自觉追求的意识，它也被称为人的全部活动的内在动力。试想，如果人在发现自身物质或精神上的匮乏时而没有一种追求的欲望或想法，人就难以生存与发展。人的需要是人积极从事各种社会实践活动的强大动力，也是人不断发展的力量源泉。所以，马克思、恩格斯提出："任何人如果不同时为了自己的某种需要和为了这种需要的器官而做事，他就什么也不能做……这需要和它的器官就成为他的主人。"③我们可以发现，不论人的何种实践活动都离不开人的需要，正是由于人的需要推

---

① ［德］马克思. 1844 年经济学哲学手稿［M］. 北京：人民出版社，2004：88.

② ［德］马克思，恩格斯. 马克思恩格斯全集（第 3 卷）［M］. 北京：人民出版社，1995：514.

③ ［德］马克思，恩格斯. 马克思恩格斯全集（第 3 卷）［M］. 北京：人民出版社，1995：286.

动人进行各种实践活动，人才能展现出人的特性和人的发展轨迹。

同时，人的需要具有多样性、层次性和变化性。马克思、恩格斯认为，人的生存与发展既需要物质上的需要，也需要精神上的需要。人在现实社会中，既要有满足人的基本生存需要的吃、穿、住、行等自然生存需要，也要有满足其自然生存需要之上的社会需要，尤其是其中的精神需要。恩格斯曾把人的需要分为生存需要、享受需要和发展需要，这符合人的需要的发展规律。人的需要有从低到高的层次性。人只有在满足其生存需要后，才会产生享受需要和其他发展需要。如果从社会发展来看，社会实践活动水平的高低直接制约了人的需要的层次性。比如在原始社会中，生产力水平低下，人们只能在一个较低的层次上满足其生存需要；在资本主义社会中，生产力水平提高，人们对物质生活的需要水平得到了前所未有的提高。另外，人的需要的总体趋势在不同历史条件下总是不断变化的。比如，在奴隶社会和封建社会中，血缘亲情关系和权利的需要占据统治地位；在资本主义社会中，金钱的需要占据统治地位。马克思、恩格斯批判资本主义社会，很重要的原因之一就是人的发展呈现出片面性，人们过度地追求金钱，而缺乏精神追求，沉迷于拜物教的铜臭味中。他们认为，在资本主义社会中，人的真实需要得不到满足。不可否认，从历史发展来看，人的需要的内容总体来说是不断丰富而完善的。人需要全面发展，而不是片面发展。因此，人的全面发展的需要是人的发展需要的重要组成部分，是人的最终需要。只有进入更高层次的共产主义社会，生产力高度发展，人的物质需要和精神需要才能得到最大限度的满足，人才能获得全方位的发展，人的本质力量也会得到升华。"我们已经看到，在社会主义的前提下，人的需要的丰富性具有什么样的意义，从而使某种新的生产方式和某种新的生产对象具有什么样的意义。人的本质力量得到新的证明，人的本质得到新的充实。"①

由此看来，人的需要呈现出人的本质规定性，也是人的全部活动的内在动力。尽管人的发展中表现了人的需要的多样性、层次性，但都是在人的需要中才有如此变化。人的需要随着社会的历史发展而发展，呈现出一种总体上升的趋势。它是一个永无止境的发展过程，必然导致人的需要的不断丰富和完善。因此，人的发展可以视为人的需要的发展。人的需要的发展构成了人的发展的重要内容之一。

其三，人的全面发展是人的劳动能力的发展。

---

① ［德］马克思. 1844 年经济学哲学手稿［M］. 北京：人民出版社，2004：120.

马克思认为："自由的有意识的活动恰恰就是人的类特性。"①这种自由的有意识的活动就是劳动。马克思把劳动作为人与动物之间的本质区别所在。人的劳动与动物的自然的本能活动不同，它是超越了动物性本能的自由而自觉的活动。人的自由、有意识的活动源于人的劳动能力，源于人能够按照"任何物种的尺度"和"内在固有的尺度"以及"美的规律"来改造主观世界和客观世界。劳动能力是人在社会劳动实践活动中形成的能动力量，是人的各种综合素质的体现。人的劳动就是人的劳动能力形成与发展的过程。人类历史就是人的劳动能力自我生成与自我创造的历史。人有需要，渴望发展，促进了人在劳动中提升自己的劳动能力。从这个意义上说，人的全面发展就是人的劳动能力的发展。

人在一定的社会历史条件下总是从事多种多样的劳动，因而人的劳动能力也是多种多样的。与人的全面发展相联系，马克思主义经典作家探讨最多的是体力和智力。在他们看来，人的全面发展是人的劳动能力，即人的体力和智力的全面发展。马克思早在《1844 年经济学哲学手稿》中，在谈论劳动时专门指出了"劳动者自己的肉体和精神的能力"②。他后来在《资本论》中指出："我们把劳动力或劳动能力，理解为人的身体即活动的人体中存在的，每个人生产某种使用价值时运用的体力和智力的总和。"③

马克思认为，劳动是人的自由而自觉的活动，是一种富有创造性的实践活动，激发了人的潜力，丰富了人的物质生活和精神生活。但是，在资本主义社会，由于私有制的存在，劳动产品归资本家，工人生产的财富越多，他自己就越贫困。工人越是通过自己的劳动占有外部世界，他就越失去外部对象、生活资料。劳动本来应该是人的自由的外化，可是，有时却成为人自身的异化的力量。在资本主义社会中，工人在自己的劳动中不是肯定自己，而是否定自己；不是感到幸福，而是感到不幸；不是自由地发挥自己的体力和智力，而是使自己的肉体受折磨、精神遭摧残。工人只有在劳动之外才感到自在，而在劳动中则感到不自在；他在不劳动时觉得舒畅，而在劳动时就觉得不舒畅。因此，工人的劳动不是自愿的劳动，而是被迫的强制劳动。马克思把这种劳动称为异化劳动。

马克思认为，正是由于资本主义社会中私有制的存在，体力和智力的分离导致了这种分工，从而出现了人的本质力量的扭曲和人的片面发展。

---

①　[德]马克思. 1844 年经济学哲学手稿[M]. 北京：人民出版社，2004：57.
②　[德]马克思. 1844 年经济学哲学手稿[M]. 北京：人民出版社，2004：55.
③　[德]马克思，恩格斯. 马克思恩格斯选集(第 2 卷)[M]. 北京：人民出版社，1995：172.

只有消灭这种旧的分工，改变强制的、被迫的劳动，恢复劳动的自由、自觉的特性，才能使劳动真正成为人的本质力量，人才能在体力和智力方面获得全面发展。

人们或许认为，改变劳动的异化在于立刻彻底消灭私有制。马克思认为，这是一种粗陋的共产主义思想。这种粗陋的共产主义要求立刻否定私有财产，实行公有制，把公有制当作物质财富的平均分配。20 世纪中叶，中国搞社会主义建设，实现了"一大二公"，彻底消灭私有制，实际上也就是一种"吃大锅饭"的平均主义。在这种社会中，社会主义经济发展缓慢。马克思指出："共产主义绝不是人所创造的对象世界的消逝、舍弃和丧失，即绝不是人的采取对象形式的本质力量的消逝、舍弃和丧失，绝不是返回到非自然的、不发达的简单状态去的贫困。"①粗陋的共产主义的这种对私有制的否定并不能促进社会的发展和人的发展，其结果只能是物质生活和精神生活上的普遍贫穷。马克思认为，共产主义是一种客观历史运动。在这场客观历史运动中，共产主义是人自觉创造历史的现实过程。在这一过程中，私有制的消灭并不是立刻消灭它的形式。马克思指出："自我异化的扬弃同自我异化走的是一条道路。"②在马克思看来，私有制的扬弃并不是简单地彻底放弃私有制，而是在私有制的发展过程中消灭私有制。就此而言，我们所进行的有中国特色的社会主义，以公有制为主体，适当发展私有制经济，与马克思当年所提出的思想达到了某种呼应。

总之，人的劳动是人的自由自觉的创造性实践活动，人的劳动能力就是人作为人的自由自觉特性的本质力量，即展现了马克思所讲的人的类特性。正是在劳动中，人的劳动能力得到提高，人的体力和智力得到了全面发展，人的潜力得到了全方位的实现。人类的历史发展也证明，人的发展是人的本质力量的不断发展，是人的异化劳动的不断扬弃。人的劳动能力的发展是人的全面发展的重要内容之一。

其四，人的全面发展是人的社会关系的发展。

人是群体性的社会性存在，反映在现实生活中，总是处于一定的社会关系之中。马克思认为，人在其现实性上是一切社会关系的总和。从人的发展来看，人的发展与社会关系之间存在密切的联系。因为，人的发展直接或间接地受到他人的发展的影响。没有社会关系作为重要条件，人的社会因素、人的需要、人的劳动能力等都无法进一步解释，人的发展就会缺

①　[德]马克思. 1844 年经济学哲学手稿[M]. 北京：人民出版社，2004：112-113.
②　[德]马克思. 1844 年经济学哲学手稿[M]. 北京：人民出版社，2004：78.

少其存在的立脚点。毕竟，人的社会因素总是通过社会关系才能得到体现。人的需要总是要在一定的社会关系中才能表现，人的劳动能力也总是在一定的社会关系中才能形成与发展。因此，马克思指出："社会关系实际上决定着一个人能够发展到什么程度。"①也就是说，人的全面发展是人的社会关系的丰富与完善。

　　社会关系是人的实践活动关系，是人在实践活动中形成的人与人之间的相互关系。人的存在很大程度上就是社会关系的存在。人的现实发展就是社会关系的发展。马克思曾从人的社会关系发展的角度说明人的发展存在三个阶段："人的依赖关系（起初完全是自然发生的），是最初的社会形态，在这种形态下，人的生产能力只是在狭窄的范围内和孤立的地点上发展着。以物的依赖性为基础的人的独立性，是第二大形态，在这种形态下，才形成普遍的社会物质交换、全面的关系、多方面的需求以及全面的能力体系。建立在个人全面发展和他们共同的社会生产能力成为他们的社会财富这一基础上的自由个性，是第三个阶段。"②

　　在这里，由于生产力的高度发展，劳动已经发生了根本变化，不再是一种负担，而是人的发展目的的活动，是人的第一需要。人的全面发展是人的社会关系的发展，这一理念包含三层含义：一是人的全面发展是人的社会身份的多样性发展。人们摆脱了社会关系的身份的狭隘性与局限性。正如马克思所说："小农人数众多，他们的生活条件相同，但是彼此间并没有发生多种多样的关系。他们的生产方式不是使他们相互交往，而是使他们相互隔离。"③人的社会关系的丰富与完善就是要形成人的全面的社会关系，如经济关系、政治关系、文化关系、伦理关系等。人在社会生活实践中具有多种社会身份。二是人的全面发展是人的社会交往的普遍性发展。人们不是在一个狭隘的地区进行交往，而是在一个开放的世界中进行交往。人已经不是一个局部的人，而是一个世界公民。人们已经不是仅仅进行物质交往，而是涉及物质、精神等多方面的交往。人们的交往获得了普遍性的和谐发展。三是人的全面发展是人的社会往来的自由发展。人超越了以往两种社会的社会关系，人与人之间形成了一种共同关系。人能够

①　[德]马克思，恩格斯. 马克思恩格斯全集（第3卷）[M]. 北京：人民出版社，2002：295.

②　[德]马克思，恩格斯. 马克思恩格斯全集（第46卷）（上册）[M]. 北京：人民出版社，1979：104.

③　[德]马克思，恩格斯. 马克思恩格斯选集（第1卷）[M]. 北京：人民出版社，1995：677.

自己掌握和把控自身，能够在社会往来中自由发展，而不是像在资本主义社会中尽管有了一定的发展，但人不能自我安排、成为资本的奴隶。社会关系不再是一种异己的力量，而是为人所支配。

因此，人的社会关系的全面发展是人的社会身份的多样性发展，是人的社会交往的普遍性发展，是人的社会往来的自由发展。它是人的本质性的全面展开，要求人们突破单一的社会身份，破除狭隘的民族或地区局限，实现人的普遍性交往，在更为广泛的领域中全方位地成为自己的主人，能够自由地发展。

其五，人的全面发展是人的自由个性的发展。

人的自由个性的发展是人的全面发展中的重要组成部分。马克思认为："全部人类历史的第一个前提无疑是有生命的个体的存在。"①人不是抽象的，而是具体的从事实践活动的个体。因此，人的全面发展最终要落实到每个人的发展之中。正是随着人的社会因素的发展、人的需要的发展、人的劳动能力的发展、人的社会关系的发展，人的自由个性才能获得发展。因此，马克思在探讨人的发展的三个阶段中，把人的自由个性的形成作为人的全面发展的最高表现形式。

人的个性是人作为个体的特性，是人作为个体的个人倾向性、个人心理特征和个人的社会人格的统一体。它是个人的生理素质、心理素质和社会素质在社会实践活动中综合作用的结果。马克思所说的人的自由个性的发展主要表现在三个方面：人的个体性的发展、人的自主性的发展和人的独特性的发展。

人的自由个性的发展首先是人的个体性的发展。马克思在批判粗陋的共产主义时指出，这种共产主义否定了人的个体性，其实只不过是私有财产的彻底表现。马克思认为，人既是一个社会总体中的一员，也是一个特殊的个体。所以，他说："人是一个特殊的个体，并且正是他的特殊性使他成为一个个体，成为一个现实的、单个的社会存在物。"②不可忽视的是，马克思所说的个体是特指与社会关系相适应的"有个性的个人"。他曾把个人分为"有个性的个人"和"偶然的个人"。"偶然的个人"是在阶级社会中与社会关系不相适应的被奴役的个人。广大劳动者就属于这种意义上的个体。唯有进入共产主义社会，个人才能摆脱这种奴役地位，成为"有个性的个人"。由此可见，马克思所理解的人的自由个性的发展也是

---

① ［德］马克思，恩格斯. 德意志意识形态［M］. 北京：人民出版社，2008：11.
② ［德］马克思. 1844 年经济学哲学手稿［M］. 北京：人民出版社，2004：84.

人的个体性的发展。

人的自主性的发展是个人的自由个性的发展的最典型的特征。自主意味着个人能够在合理范围里自己支配自己的各种活动。自由是其前提，如果没有自由，个人无法做到自我支配。只有拥有了自我支配能力，人才能避免被奴役，人的个性才能形成。在这里，只有自主的人才可能成为真正的有个性的人。人唯有摆脱了外在的奴役的强制，才能自觉、积极地进行社会实践活动，展现其主观能动性。也就是说，人要成为自己的主人。人如果在社会实践中受到压制和束缚，无法切实感到自己是活动的主人，人就无法形成参与实践的热情，更谈不上积极关心活动的结果、迸发想象力和创造力。正是在这个意义上，马克思把人的个性称为自由个性。马克思在考察人类社会历史的发展中指出，在阶级社会中，政治自由属于极少数的统治者，而广大被统治者难以享有，因而也就难以获得自由个性的发展。从这个意义上看，人的发展就是人从"偶然的个人"逐步向"有个性的个人"的发展。唯有在未来自由人联合体中，人的自主性才能得到最大程度的发展。

人的自由个性的发展还是人的独特性的发展。正是由于能够支配自己的各种活动，拥有最大限度的自主性，个人才能突破个性的单调化、模式化，才能追求和形成自己的独特人格、理性、心理、爱好和能力，展现自己是一个独特的个体。它意味着个体的发展具有了唯一性、不可替代性。个体有其存在的独特价值。因此，在共产主义社会中，人的自由个性的发展具有极大的丰富性，人的自由性、实践性、创造性得到了全面发展。每个人都获得了个体的实践能力和适应能力等多方面能力的独特发展。

因此，人的全面发展包括人的自由个性的发展。人的自由个性发展程度是人的发展程度的重要标志。在人的自由个性的发展中，人的个体性的发展是社会发展的归宿。没有个体的发展，社会发展就失去了意义。人的自主性是人的自由的前提和保障。只有有了自主性，人才成为自己的主人，才能有主动性、创造性，才能不断增强自己的调控能力，社会因此而充满生机和活力。人的独特性的发展是人的自由个性的发展的重要表现。正是在丰富的个体独特性中，人的自由个性得到了展现。

从人类社会的历史发展来看，人的发展是一个漫长的实践过程。人是在社会实践中形成并不断发展的。人的发展在不同的社会历史发展时期有不同的内容，而且从整体上呈现为从低水平向高水平的发展、从片面向全面的发展。每一时期基本目标的实现，都是人在向最高目标迈进。人的发展的最终目标是实现人的全面发展。马克思认为，人的全面发展是"人以一种全面的方式，就是说，作为一个总体的人，占有自己的全面的本质"①。

二、道德发展与人的全面发展

道德发展与人的全面发展关系密切、相互影响，形成了一种互动的关系。人的全面发展包括道德发展，道德发展是人的全面发展的必要组成部分。在人的全面发展中，不可避免地展现了道德发展。也就是说，道德发展是人的全面发展的重要表现之一。另外，道德发展也会反作用于人的全面发展，促进人的全面发展。

(一)道德发展是人的全面发展的必要组成部分

人的全面发展是人在一定社会历史条件下的实践活动中，认识自我的本质和发展规律，从而获得各个方面最大限度的自由的发展状态。从人的全面发展的内容来看，它包括人的社会因素的发展、人的需要的发展、人的劳动能力的发展、人的社会关系的发展和人的自由个性的发展。"在终极意义上，道德价值必须是唯一要紧的价值。"②道德发展贯穿于人的发展的各个具体内容之中，成为人的全面发展的必要组成部分。

第一，道德发展贯穿于人的社会因素的发展之中。道德是人的一种重要的社会因素。它渗透在人们的社会生活实践之中，是维护社会稳定与发展的基本社会规范和要求。人成为一个人，常常被称为人的社会化过程。从道德发展来看，人的社会化过程可以说就是人的道德化过程。人从出生那一天开始，他就处于一定的社会道德风尚之中，无时无刻不接受这种社会道德风尚的影响，并会把它不断内化，变为自己的价值目标。随着时代环境的变化，社会化的表现也会不断变化，道德也会随之变化。总的来看，人的社会化呈现为不断地丰富与发展的趋势，这就意味着道德也在不断地丰富与发展。也就是说，人是社会的存在，也是道德的存在。道德是人的发展中的一种社会生存智慧。作为人在社会中的智慧因素，道德也是人的社会本质力量的表现形式之一。人类社会的历史发展已经证明，道德

---

① ［德］马克思. 1844 年经济学哲学手稿［M］. 北京：人民出版社，2004：85.
② ［英］B. 威廉斯. 伦理学与哲学的限度［M］. 陈嘉映，译. 北京：商务印书馆，2017：234.

规范的制定与运用、道德心理的形成、道德思维的发展、道德素质的提升等，都是在人的社会化过程中得以实现。因此，我们可以认为，人的道德发展贯穿于人的社会因素的发展之中，彰显了人的社会智慧力量的发展。

　　第二，道德发展贯穿于人的需要的发展之中。人不仅有物质需要，而且还有精神需要。道德是人的一种重要的精神需要。道德蕴含了人的精神追求和向往，表明了人作为精神存在的特质。人与其他动物的重要区别之一就在于人有道德属性。它能够给予人精神上的自我满足，它确证了人是不同于其他动物的高贵物种。人在精神上超越了其他物种，道德就是这种超越性精神的表现之一，它是人的自由自觉意识的完美体现。人不仅是自然界中的动物，而且是自然界中唯一有道德意识的动物。从人类历史发展来看，人的需要处在不断的发展之中，人的道德需要也就处在不断的发展之中。当一种道德需要获得满足后，人便会追求更好的道德需要，由此而形成了不同的道德境界。也就是说，随着人的需要的发展，道德发展呈现为人的不同道德境界的提升。因此，从人类历史发展来看，人的需要的发展史也是人的道德发展史。人在需要的发展中，不断明确自己的道德需要，提升自己的道德境界，不断确证自己作为人的高贵性和超越性。

　　第三，道德发展贯穿于人的劳动能力的发展之中。劳动能力是人在社会劳动实践活动中形成的能动力量，是人的各种综合素质的体现。劳动能力包括人的道德能力，即促进道德形成与发展的能力。道德发展总是以一定的道德能力作为支撑才能发展。这种道德能力总是在一定的道德实践活动之中才能发展起来。由于人的道德实践活动，归根结底是人的劳动实践，因此，劳动实践构成了人的道德发展的历史前提。道德实践活动的发展有其自然辩证法。人在道德实践活动中必然会从哲学上形成道德理论，再在实践中进行指导，从而形成一种从实践到理论再到实践的自然辩证法。人的道德能力就是在这种自然辩证法中不断得到提升和发展。也就是说，道德发展总是要在一定的劳动实践活动中，形成道德能力，从而推动自身的发展。从这个角度来看，道德发展具有实践发展的自然层次性，总是在一定的劳动能力的发展中获得一定的发展。过度地人为拔高道德要求，脱离了人的实践活动层次，并不会促进道德发展，反而会阻碍道德发展。因此，遵循人的实际状况来发展道德是必要的。道德发展要在一定的劳动实践中借助道德能力的提升来发展。就此而言，劳动能力是道德发展的必要条件。

　　第四，道德发展贯穿于人的社会关系的发展之中。社会关系是人的实践活动关系，是人在实践活动中形成的人与人之间的相互关系。人的存在很大程度上就是社会关系的存在。社会关系有政治关系、经济关系、文化关系、伦理关系等诸多关系。伦理关系是社会关系中的一种重要表现形式。一般而言，道德就是在社会的伦理关系中演变和发展的。从道德理论来看，道德的理论发展就在于人们不断地探讨各种伦理关系，如个体与他人、个人与社会、理性与本性、权利与义务、道德与利益、应有与实有等关系。正是在这些伦理关系的研究中，形成了各种各样的道德理论及思想，如利他主义、利己主义、功利主义、理性主义、经验主义、义务论、契约论等。道德理论得到了发展。与之同时，从道德实践来看，伦理关系渗透在各种社会实践活动之中，并有其特定的价值领域，不断指向善，告知人们如何做才是应该的。正是在这种善的指向中，人们不断地调节和完善各种社会关系，提升自身的道德理想和道德境界，道德实践得到了发展。因此，人类道德发展史是一部人的各种社会关系的自我完善与发展的历史。人们不断地追求和完善各种社会关系，拓展其理论研究范围，增强其实践力度。从道德发展来看，人类社会关系的发展史也可以称为人类的道德发展史。

第五，道德发展贯穿于人的自由个性的发展之中。自由是道德存在的依据。如果只有外在的强制性规定，而不是出于个体的自由，道德就不能称之为道德。道德需要从他律进入自律。仅有他律的道德是不完整的，唯有进入自律阶段，即出于自由的道德，才是真正完整的道德。因此，道德发展必然要贯彻于个体的自由发展之中。马克思所说的人的自由个性的发展主要表现在三个方面：人的个体性的发展、人的自主性的发展和人的独特性的发展。在这里，人的个体性的发展中不可能不包括人的道德发展。甚至可以说，道德发展是个体发展中不可缺少的重要内容。在个体的发展中，人作为人在其实践活动中必然要进行各种自主的选择，其中必然包括道德实践活动中的道德选择和判断。人的道德能力就是在这种人的自主性的发展中不断发展和提升。另外，每个人所形成的独特性人格也包含了人的独特性的道德风格。比如，同样是关爱的德性，个体常常展现了不同的道德风格。有的人热情地关心他人，有的人则是默默地提供帮助。这种个体独特的道德风格源于个体在不同道德生活实践中的不同的自由个性的发展。因此，从个体的道德发展来看，个体的道德发展总是贯穿于个人的自由个性的发展之中。没有人的自由个性，也就谈不上个体的道德发展。

（二）道德发展是人的全面发展的重要表现

道德发展是人的全面发展的重要组成部分，道德发展与人的发展关系密切，相互影响，形成了一种互动关系。这种互动关系是一种内源性的部分与整体之间的相互影响。人的发展之中蕴含了道德发展，从一定意义上看，道德发展是人的发展的一种重要表现。道德发展是一个产生、演变和自我否定的过程。因此，它包括三个方面：道德的产生是人的发展的历史觉醒，道德的演变是人的发展的历史演进，道德的流变是人的发展的自我扬弃。

其一，道德的产生是人的发展的历史觉醒。

康德在一篇《重提这个问题：人类是在不断朝着改善前进吗?》的论文中指出："它就表明了人类全体的一种特性以及同时（由于无私性）他们至少在禀赋上的一种道德性；那使人不仅可以希望朝着改善前进，而且就他们的能量目前已够充分而言，其本身已经是一种朝着改善前进了。"①在康德看来，人类出现的道德本身就表明了人已经向好的方向发展。它是人的发展的表现。当然，也有人持相反的观点，认为道德的产生是人的发展的倒退，甚至是人的发展遇到严重挫折的结果。比如，老子认为："大道废，有仁义；智慧出，有大伪；六亲不和，有孝慈；国家昏乱，有忠臣。"（《道德经》第18章）王弼如此解释："甚美之名生于大恶……若六亲自和，国家自治，则孝慈、忠臣不知其所在矣。鱼相忘于江湖之道，则相濡之德生也。"（《老子道德经注》）在王弼的注释中，道德的产生源于人的发展中的"大恶"，孝慈等道德要求都是在人的发展困境中才出现的。王弼的观点看起来与康德的观点相反，其实有一致的地方，那就是都认为道德的产生是人的发展过程中自我意识的觉醒，人要朝着好的方向发展。只不过康德认为人的理性会引导人的发展，必然有道德的发展；王弼则从人的发展中所遇到的问题，提出了道德产生的原因。两者分别从人的发展的正反两个方面指明了道德的产生是人的发展的历史觉醒。

道德的产生是人的发展的历史觉醒，这一点至少可以从如下几个方面得到诠释。

道德的产生是人的发展中自我意识的觉醒。人是具有自我意识的存在。正如马克思所说："通过实践创造对象世界，即改造无机界，证明了人是有意识的类存在物。"②按照马克思的观点，人在物质生产和自我生产的实践活动中获得了大脑的进化与发展，人的意识出现了。人的意识的觉醒意味着人有了超越其他动物的特性，其他动物能听、能看，但不能如同

①　[德]康德. 历史理性批判文集[M]. 何兆武，译. 北京：商务印书馆，2017：156-157.
②　[德]马克思. 1844年经济学哲学手稿[M]. 北京：人民出版社，2004：57.

人一样能够意识到自己在听、在看。它们缺乏"我"在听、在看。所以，马克思认为，人使自己的生命活动本身变成自己的意志和意识的对象。他的生命活动是有意识的。有意识的生命活动把人的生命与动物的生命区分开来。人的自我意识是人的意识的重要特征。道德作为人的实践活动的产物，必然需要这种自我意识。正是在人的发展中出现了人的自我意识，人才能具有道德产生的主观创造性。如果没有人的自我意识的发展，道德的主观创造性难以出现。人在实践活动中，不仅要认识客观世界，而且要认识自己的主观世界。也就是说，人在实践活动中，不仅要认识外在的客体，还要认识内在的自我。人在实践活动中把自己从外在世界中抽离出来，从而发现了自我与他者之间的关系，意识到了自我的所思所想。因此，人开启了从生物本能向自由自主的历史发展进程。道德就是人的这种发展的重要成果。由于人的自我意识开辟了自我与他者的关系，也开创了人的自我判断、自我控制、自我完善的可能性，因此，道德作为人的自我完善的产物，被用来调节自我与他者之间的各种关系。尽管我们可以把道德的产生的根源，归于人类社会中社会生产力、经济基础的发展，但不能否定人的发展中自我意识觉醒的重要意义。

道德的产生是人的发展中社会意识的觉醒。人在自我意识觉醒的过程中，逐渐具有了对社会的认识。所谓"社会的"，在最基本的层面，是指人需要与他人合作来维持自己的生存。人在实践活动中逐渐意识到自己的生存与他人的活动不可分离，人与人之间需要相互合作。根据考古学家在北京猿人化石方面的研究，北京猿人生活在非常狭小的群体中，群体之间并没有往来。他们内部有着十分简单的分工，依靠其合群的本能来相互帮助，属于正在形成中的"原始人"。随着人的实践活动的发展，人能够学会采集、狩猎、捕捞、畜牧等。这些都需要有意识地学习，需要有意识地获得他人的帮助以及彼此合作。这意味着人的社会意识的觉醒。考古学中把这种具有社会意识的人称为"古人"。古人的出现，表明人已经有意识地认识到与他人的合作中社会、集体的重要性。道德正是在人的这种发展中产生的，它如同胶水一般把人们黏合起来，促进了人们之间的合作。当今的人与古人都利用道德促进人们之间的合作，其不同在于，我们能够借助道德的方式让更多的陌生人合作。古人捕鱼只需要与几个亲人和朋友合作；当今的人捕鱼则需要工厂造出渔船，学校培养出船长、船员，背后是无数陌生人的相互帮助与协作。道德就是把这些人团结起来的一种方式。只不过这种道德比起原始道德更为精致、更具有说服力和凝聚力。从道德的产生来看，道德需要这种人的发展中所出现的社会意识，如果没有社会意识的觉醒，道德无法形成。毕竟，道德是社会中的道德。人在实践活动中的发展，促进了人的社会意识的觉醒。道德的形成过程就是人的社会意识的形成和发展的过程。在社会意识发展到一定阶段时，道德也就形成了。

道德的产生是人的发展中规范意识的觉醒。人类学的研究表明，人的发展是建立在一定的文化基础上的。人是文化的存在，具有一定的文化特性。大多数动物都是出于自身的生存本能而聚居在一起，天性让它们在一起共同生活。而人在实践活动中发展出了独特的文化，如图腾、禁忌、礼仪、巫术等。我们不会看到猴群或狼群拥有自己的某种图腾加以崇拜，或相互提示注意某种禁忌。唯有人，才会设想出它们。文化中的图腾、禁忌等蕴含了一定的规范性，甚至也就是某种规范本身，表明了人在一定的情况下应该如何生活，而不是被动地遵照动物性来生活。它们能够让人们彼此之间共同遵守一定的要求，保持氏族活动的统一性，有效地保护个体的生存与发展。考古学的研究已经表明，自古人形成后，尤其从古人发展到新人后，氏族内部禁止通婚成为一条许多部落都会遵守的普遍性的禁忌。同时，原始人能够有目的地把部落成员按照辈分、年龄、性别等规则进行分工。也就是说，人在其发展中已经出现了某些促进社会的存在和发展的规范意识。尽管在人类的童年，原始人的规范只是一些原始的图腾、禁忌、礼仪、巫术等，但是，这些规范都是人为了调节自身的各种关系而有意识地维护社会稳定与发展的手段。道德就是一种人为设计出来的指导如何生活的规范。从这个意义上说，原始的禁忌等可以被称为最初的道德。它们在维护原始部落的生存与发展中发挥着重要的调节作用。正是人在实践活动中不断发展，大脑中出现了规范意识，道德作为一种社会规范才能够被确定下来。它表明人已经超越了动物性本能而能调节自身的各种社会关系，谋求自身的好生活。离开了人的发展中规范意识的觉醒，我们无法理解人类会构建非强制性的、借助人的内心信念来发挥自我规范与约束作用的道德。

总之，道德的产生是人的发展中自我意识、社会意识和规范意识的觉醒。人是自我意识的存在、社会意识的存在和规范意识的存在。人在其实践活动中形成了自我意识、社会意识和规范意识，从而推动了道德的产生。显然，道德的出现是人的发展的一种重要表现。

其二，道德的演变是人的发展的历史演进。

道德的演变是人的发展的历史演进。马克思曾把人的历史发展按照从低到高的水平划分为"人的依赖关系""以物的依赖性为基础的人的依赖性"和"个人全面发展"三个发展阶段。由此，我们可以认为人的历史发展经过了从依赖性的人逐渐向个性自由的人的发展，道德的演变也就与之相应地经过了从依赖性道德逐渐向个性自由的道德的历史演进。道德的演变史就是一部人不断摆脱外在的物的束缚走向个体自由的发展史。

从人的历史发展来看，人是逐渐开始摆脱其依赖性。最初的人可以称之为依赖性的人。所谓依赖性的人是主体性受到严重束缚的人，其在人的发展中分别表现为自然人、身份人和经济人。道德也就是一种依赖性道德，它在道德的发展中分别表现为自然道德、身份道德和市民道德。

自然人是人猿揖别后出现的最初的人。远古时期，自然人生活在极端封闭落后的自然环境中。人的生产活动只是为了在自然界维系自身最简单的生存。作为个体的人在自然界面前是脆弱而无力的。由于个体在群体中只能维持人与自然之间基本的物质转换活动，因此他必须依靠群体(氏族、部落)的力量才能生存。氏族与部落对于个体而言意义重大。氏族和部落这样的群体维持了个体之间的关系，是个体都能存在的前提。在这个时期，"自然界起初是作为一种完全异己的、有无限威力的和不可制服的力量与人们对立的，人们同自然界的关系完全像动物同自然界的关系一样，人们就像牲畜一样慑服于自然界"①。面对外在的强大的自然环境，个体无法成为独立的个体，只能根据在群体中的地位、作用并按照血缘关系联合起来。因此，道德上必然要维护群体的整体利益，要求每个个体都无条件地服从群体的要求。我们可以把这种被外在自然环境严格制约所形成的道德称为自然道德。它表明了自然人依附氏族、部落的无选择性。

身份人是前资本主义社会中的人。随着生产力的发展、私有制的出现和国家的建立，自然人发展成为身份人。在这一时期，生产力虽然有一定的发展，但总体上仍然落后，人的自然依附关系仍然存在，同时社会关系深深地烙上了阶级的烙印。人在两种关系中都具有特定的身份，因而可以被称为身份人。身份人生活在自然依附关系与社会奴役关系的双重身份的阴影中。一方面，自然血缘关系如同无形之网，笼罩了社会的每一个角落，每个人都不得不依附于这张无形之网。个体成为血缘家族中的基本构成单位，而家族则构成了社会的更大生活空间。自然血缘关系奠定了一种以家族为本位的伦理文化。身份人的精神意向局限于家族之中，并以一种血缘关系理解社会关系。个体在这种家族本位的伦理文化中，只能无条件

---

① ［德］马克思，恩格斯. 马克思恩格斯选集(第1卷)［M］. 北京：人民出版社，1995：81-82.

地扮演某个家族角色，沦为家族利益的附庸。中国传统文化中的父为子纲、夫为妻纲，长兄如长父、长嫂如长母等观念，就是家族中个体之间道德地位不平等的典型表现。另一方面，在血缘家族关系基础上形成了一整套的社会政治法律制度及组织设施。在中国传统文化中，它就是宗法等级制度，表现为家(宗)与国(法)的统一、"亲亲"与"尊尊"的统一。这种社会政治法律制度及组织设施，构成了强大的社会奴役关系。原有的自然依附关系提升为国家意志的统治关系。人与人之间的自然不平等演化为森严的社会等级制度，个体还需要扮演这个国的一个角色。由此可见，身份人以其身份，受制于家族或以家族所构建的国(一种更大的家族)，个体的主体意识的自觉性、个体能力的发展和主体地位的提升，都受到家族或以家族所构建的国的严重束缚。身份人既要受到家族的制约，也要受到国家的管束。身份人必须遵守个体在家族和国家中的双重身份的道德要求。因此，身份人所遵循的道德可以称之为身份道德。陈独秀曾如此批判中国传统文化中的宗法等级制度带来的恶果："宗法制度之恶，盖有四焉：一曰损坏个人独立自尊之人格，一曰窒碍个人意志之自由，一曰剥夺个人法律上平等之权利(如尊长卑幼、同罪异罚之类)，一曰养成依赖性，戕贼个人之生命力。"①显然，在这种社会制度中，人的主体独立精神难以成立。当然，我们也要看到，随着人的认知能力的发展，人的道德知识、道德能力、道德情感相比于远古社会还是有了很大的提升。同时，这个时期的道德反映了人与人之间的真实关系，遵循了人的基本人伦价值逻辑，在一定程度上展现了人的淳朴道德情感。

　　经济人是资本主义社会中不断追求其经济利益最大化的人。随着生产力的进一步发展，资本主义市场经济得以确立，身份人发展成为经济人。经济人是市场经济中的人，遵守市场经济中的道德要求，因此，这种道德可以称之为市民道德。由于人们改造和利用自然的能力获得前所未有的提高，人逐步从自然的依附中获得独立，成为自然的主人。人的主体独立性有了很大的发展。市场经济的蓬勃发展，促进了人与人之间的平等主体性和自由发展，从而破除了传统的家族自然血缘关系的依附性锁链。国家为了保证市场经济的发展制定了政治制度以及相关设施，鼓励个体追求最大的经济利益，认为这种个体的追求利益最大化最终有利于国家的整体实力的发展，其结果是个体的自由与平等的权利获得了国家的保护。因此，经济人遵守自由、平等等市民道德。传统的自然依附关系与社会依附关系所

---

①　陈独秀. 陈独秀选集[M]. 天津：天津人民出版社，1990：29.

形成的双重束缚虽被彻底改变，但也不过是以金钱交换关系的奴役与束缚所取代。恰如马克思所指出："资产阶级在它已经取得了统治的地方把一切封建的、宗法的和田园诗般的关系都破坏了。它无情地斩断了把人们束缚于天然尊长的形形色色的封建羁绊，它使人和人之间除了赤裸裸的利害关系，除了冷酷无情的'现金交易'，就再也没有别的联系了。"①的确，一方面，商品在市场经济中是天生的平等派。商品交换要求排除特殊的社会身份和地位，如等级、职务和权力的差别，商品交换者只能进行公平、等价的交换，同时还要实行贸易自由。因此，市场经济的发展，培养了经济人在道德实践活动中的自由与平等意识。但另一方面，随着生产力的发展，人的劳动日益形成了针对科技、机器以及资本的依赖，具有了鲜明的"物的依赖性"特征，即物化状态。因此，马克思认为，资本主义商品经济最不人道之处，就在于把劳动者即商品的创造者本身变成一种商品。每个经济人成为赚钱的工具，而不是一个真正意义上的人。在金钱的巨大力量面前，人被物化。人创造了自己的物质财富却被它所压制，沦为它的附庸。人的力量被物的力量吞噬或遮蔽。经济人的主体独立性尽管有了一定的发展，但难以摆脱金钱关系的束缚。人的发展中的依赖性导致道德发展也处于一种依赖性状态。市民道德只能是资本运作和制约下的道德。人与人、人与自然之间的各种关系都被笼罩在金钱关系中。经济人在追求金钱以及各种物质生活的快感的过程中，其市民道德难以摆脱功利的算计，道德的精神本质不断遭到异化。因此，这种市民道德还是一种依赖性道德。毕竟，在人的道德精神本质的物化中，道德的形而上的品质被抛弃了。道德沦落到人自己的身体感觉的基础上，品质的道德难以存在。

个性自由的人是未来自由人联合体中的人。马克思认为，共产主义社会之前的社会历史，是人类的"前史"，唯有进入共产主义社会，人才成为真正的人。尽管这个社会还是一种设想，但表明了人追求自己美好生活方式的强大心愿，代表了人的发展趋势。未来的道德也就相应地表现为个性自由的道德。按照马克思的设想："只有在这个阶段上，自主活动才同物质生活一致起来，而这又是同各个人向完全的个人的发展以及一切自发性的消除相适应的。同样，劳动向自主活动的转化，同过去受制约的交往向个人本身的交往的转化，也是相互适应的。"②在马克思看来，随着生产力的高度发展，人在这个阶段才能获得了全面而自由的发展，扬弃了资本

---

① [德]马克思，恩格斯. 共产党宣言[M]. 北京：人民出版社，2009：30.
② [德]马克思，恩格斯. 德意志意识形态[M]. 北京：人民出版社，2008：74.

主义社会中盲目追求资本增值、以资本奴役人的不道德状况，实现了符合人的个性自由发展的道德。

因此，从人的发展来看，人已经从自然人、身份人发展到经济人，道德也因此从自然道德、身份道德发展成为市民道德。道德的演变是人的发展的历史演进。按照这种历史发展趋势，人会从依赖性的人逐渐发展成为个性自由的人，道德也就从市民道德发展成为个性自由的道德。历史已经证明，并揭示了其发展趋势，道德发展是人的发展的重要表现。

其三，道德的流变是人的发展的自我扬弃。

从道德的历史发展趋势来看，道德的演进总体上是不断前进的，尽管在局部可能出现倒退。究其内在规律，道德的流变都是人的自身发展的自我否定。道德的流变包括质变和量变，也包括继承和变革。它们都是人的自身发展的辩证否定的表现。

道德的流变包括质变和量变。道德的质变是不同社会的道德性质上的变化。毕竟，道德在本质上属于经济基础之上的一种社会上层建筑，它直接为社会的经济基础所规定。任何社会形态，都是经济基础和上层建筑的有机统一体。其中，经济基础起着决定作用。经济基础发生变化，作为社会上层建筑的道德也就会随之发生变化。从自然道德到身份道德、从身份道德到市民道德，都是不同社会性质的道德变化。道德的每一次变化都是道德的一次质变。这意味着在一个社会的经济基础向另一个社会的经济基础的转化中，人也从一个较低层次社会的人发展成为另一个较高层次社会的人，其道德的主旨也就具有了与前一个社会不同的含义。经济基础的变化导致了人的自我否定与发展。从这个意义上看，道德的质变是人的发展的产物，是人的发展的自我否定。同时它也为人的发展以及自我否定提供了新的历史条件和时代背景。人能够在新的历史条件和时代背景中继续前进。道德的量变是在一定社会性质不变的条件下道德自身所发生的变化。比如，从两汉经学到魏晋玄学，从程朱理学到阳明心学，都是农耕时代的儒家学说，属于同一社会性质中的量变。道德的量变也是道德不断自我否定和向前发展的表现，是人的发展以及自我否定的体现。当然，道德也会在不断的量变中促进人的发展和自我否定。

道德的流变还包括继承和变革。道德的继承是指新道德从旧道德中借鉴与吸收。其中，新道德对旧道德的借鉴与吸收，其结果可能与旧道德不同，属于不同社会性质的道德，也可能与旧道德一样，属于同一社会性质的道德。也就是说，道德的继承中的新旧道德的转化有可能是质变，也有可能是量变。无论是质变还是量变，它们都是在一定历史条件和社会背景下的产物，新道德是旧道德的一种延续，是旧道德的自我否定。它也是人的发展中的自我否定的延续，是人从旧时代的人到新时代的人的演变的表现。道德的继承把传统道德与现代道德联系起来。道德的变革是道德演变的重要方式。当社会发展出现重大变化，历史出现重要转折，伴随着这种社会变革，就会出现道德变革。道德变革是人自身需要变革的表现，是人自身从道德上论证其变革的合理性。因此，道德变革是人的自我否定与发展的重要表现。在人类历史发展的许多重要时期，道德变革甚至是社会变革的前奏。它表明了人自身需要进入一次新的自我解放与发展，道德上的呼吁展现了人们渴望一场重大的社会变革。显然，道德上的继承和变革常常表现在人自身的自我否定与发展中。

从一定的时空来看，道德的质变、量变以及继承、变革，都是人在一定时代和民族中自我否定、自我发展的结果。因此，道德的流变具有时代性和民族性。这两种特性源于人的自我否定的时代性和民族性。人的发展是人在不同时代中的发展，具有浓郁的时代色彩。我们常说古人、近代人、现代人，就是指人的发展中的自我否定的时代性特征。因此，古人有古人的道德要求，近代人有近代人的道德要求，现代人有现代人的道德要求。道德的流变的时代性源于人的不同时代的自我否定的发展。如果从人所属的民族来考察，道德的流变还具有民族性。每个民族都有其生存空间。特定的生存空间有其特有的生产方式和生活方式，从而也就形成了特定的民族道德。这种特定的民族道德也是人在特定民族中的自我否定的结果。也就是说，道德的流变的民族性源于不同民族的人的自我否定的发展。毕竟，民族道德所依存的生产方式和生活方式在人的发展的长河中，总会或早或迟、或多或少地发生变化，即自我否定，因此，人的自我否定及其发展必然导致民族道德的演变。

从道德的流变的规律来看，道德的流变是人的自身发展的自我否定。道德的流变中的质变和量变、继承和变革都是人的自身发展的辩证否定的表现，是人在一定时代和民族中自我否定与发展的结果。人类的道德发展史，是人从野蛮走向文明、从自然走向自由、从伦理的自然状态走向伦理的自为状态的过程。道德的流变的这些规律，表明了道德发展的历史逻辑，也表明了人的发展的历史轨迹。总体来看，道德的发展与人的发展密切相关。

(三)道德的发展服务于人的全面发展

首先，道德的发展服务于人的全面发展有一个重要的理论前提，即道德是人的工具而不是人的目的。

道德是人的工具还是目的，一直存在争议。由此，在伦理思想史上形成了道德工具论和道德目的论。道德工具论和道德目的论反映了人们在道德的本质、功能和作用上的不同认识。

道德工具论认为，道德是一种工具。道德是人为了达到某个目的的工具或手段。作为工具或手段，为了达到人的某个目的，人可以利用它，当然如果有更好的方法，就可以弃之不用。道德只是具有手段价值或外在价值。道德工具论认为，为了实现一个目的，固然可以讲道德，但也可以不讲道德，体现了一种实用主义的态度和相对主义的韵味。在中国传统社会中，道德一直被统治者作为管理国家事务的工具或手段，由此形成的德治思想在中国传统社会中源远流长。文武周公等圣王都是积极推行德治的君主，他们认为，国家的长治久安离不开道德，国家治理需遵循道德教化。因此，"自天子以至于庶人，壹是皆以修身为本"（《大学》）。在西方社会中，边沁、密尔是最典型的道德工具论者。"功利主义学说主张，幸福是值得欲求的目的，而且是唯一值得欲求的目的，其他事物如果说也值得欲求，那仅仅是因为它们刻意作为达到幸福的手段。"①他们认为，道德就是实现最大多数人最大幸福的工具。把道德仅仅作为一种工具来理解，存在严重的偏颇之处。道德失去了其内在的尊严和权威性。若把道德理解为某种非道德性的需要的产物，则道德的合理性和价值就在于这些非道德性的需要的实现。如果这些非道德性的需要的目的无法得到实现，道德就成为一种可以抛弃的废物。究其原因，道德工具论只承认了道德的外在价值或手段价值。从这种观点出发，外在的功名利禄就可能成为高于道德的价值目标，如果人们沉迷于过度的对物质化、功利化的追求中，就会败坏道德风尚。

道德目的论认为，道德本身就是目的。人作为道德的存在，就需要追求道德。作为目的的道德，本身就是目的，这种目的并不需要借助道德之外的目的来诠释。它意味着为道德而道德，道德拥有其内在价值或目的价值。为了纯化道德目的，人们需要端正道德的追求态度。道德目的论展现了一种道德上的理想主义和绝对主义的倾向。在西方伦理学中，康德是典型的道德目的论者。康德认为："道德作为我们应该据以行动的无条件的命令法则的总体，其本身在客观意义上已经就是一种实践。"②人遵守道

---

① ［英］穆勒. 功利主义［M］. 徐大建，译. 上海：上海世纪出版集团，2008：35.

② ［德］康德. 历史理性批判文集［M］. 何兆武，译. 北京：商务印书馆，2017：133.

德，并不是道德弘扬人，而是人弘扬道德。道德才是人的目的。人应该为了道德而道德，即为义务而义务。道德目的论告诉我们，道德的合理性并不在道德之外而在道德本身。它突出了道德的内在价值，确立了道德的尊严和神圣性。把道德本身作为人的目的，有助于净化人的内在道德世界，防止功名利禄等非道德因素可能带来的伤害和冲击。但是，道德目的论束缚了人的道德存在价值的空间。人没有道德，固然难以称之为人，但仅仅只有道德的生活并不是完整的人的生活。片面地强调道德目的，极有可能把道德与人的正常的对幸福生活的追求对立起来，从而在道德上画地为牢，扼杀人的个性和阻碍其他非道德方面的正常发展。毕竟，"道德作为相对独立的系统具有整体性。但是，作为整个社会生活的一部分，它又仅仅是社会大系统中的子系统，甚至是更低级次的系统……在某种意义上说，道德运行目标的确定，主要不是由其内部机制所决定的，而主要是由其外部机制所决定的"①。道德，从人的全面发展来看，只能是服务于人的一种工具或手段。道德是人在其实践活动中的产物，它应该服务于人，而不是从为人服务的工具变为压制人的目标。否则，道德就出现了异化，走向了人当初创造它的反面。

一般而言，道德既包括内在价值(目的价值)也包括外在价值(手段价值)，是内在价值和外在价值的统一。也就是说，道德既是目的，也是手段或工具。当我们在谈论道德的目的或手段时，关键要明确其主体，是相对于谁而言的目的或手段。否则，就会出现错误认识，不仅危害道德的发展，也危害人自身的发展。

人类学和考古学的研究已经证明，道德是人在实践活动中为了自身的生存与发展所构建的产物。伦理学的历史发展也表明，道德就是人为了自我完善所不断提出的理论。从根本意义上说，人才是道德的目的。没有人的需要，道德不可能出现。道德必然为人服务。道德的产生、演进及其自我否定都是以人的需要为目的。

道德的产生是人的发展的历史觉醒。这种历史觉醒是以人的需要为目的来展开。从一般意义上说，人的需要是人的生存与发展的客观需求。人的需要有自然需要和社会需要。自然需要是人作为一种生物在维持其肉体的生存与发展中的需要。没有一定的衣食住行的需要，人的肉体难以维持其生命的存在。社会需要是人在社会实践活动中产生的需要。从某种意义上说，人在实践生活中的自然需要也常常带有社会性的痕迹而成为一种社

---

① 罗国杰. 伦理学[M]. 北京：人民出版社，1999：88-89.

会需要。人的社会需要是人超越了人的动物性需要的标志，是人的本质需要。一个人有什么样的社会需要，他就是什么样的人，而不是他是什么样的人，他才想有什么样的社会需要。人的社会需要是人在历史发展中形成的。正如马克思所说："需要是同满足需要的手段一同发展的，并且是依靠这些手段发展的。"①我们考察人的需要，在一定意义上是考察满足人的需要的手段。道德就是一种人为了满足自己的社会需要的产物。随着人的发展，社会关系尤其是其中的经济关系日益复杂，需要一种社会规范进行调节，保障个体的正常生活，维持个体与社会、个体与个体之间的必要关系。如果没有这种社会规范，人与人之间的关系就难以得到维系，彼此之间的社会分工和协作就会被瓦解，社会的内在凝聚力就无法得到维护，人的发展必然陷入困境。道德正是在这种社会条件下，为了满足人的需要、推进人的进一步发展而出现的。

道德的演进是人的发展的历史进程。这种历史进程也是围绕人的需要来展开的。人的发展意味着人的需要并不是固定不变的，而是一个不断发展的过程。在人的发展过程中，人满足了一个需要后，就会产生一个新的需要，而新的需要又会推动道德的进一步发展。因此，在道德的演进中，借助人的需要的中介，人的发展与道德的发展之间是一个相互作用、相互促进的关系。通过人的需要，人的发展不断演进，道德的发展也不断推进。就此而言，道德的演进也是为了满足人的需要和促进人的发展而展开。

道德的自我否定是人的发展的自我否定。这种人的发展的自我否定也是通过人的需要的自我否定来展开。人的新需要取代旧需要，就是人的需要的自我否定。作为满足人的需要的手段之一，道德在人的需要的自我否定中也展现了一种自我否定和自我发展的过程。新的道德不断取代旧的道德。质言之，不断满足人的需要所构建的道德要求也就是在人的需要的自我否定中不断发展。没有人的发展的自我否定，必然不会有道德的自我否定。道德作为人的创造物，总是以人的需要、人的发展作为自己的目的。

正如美国道德哲学家弗兰克纳所说："道德是为了人而产生，但不能说人是为了体现道德而生存。"②充分肯定道德的产生、演进以及自我否定都是以人的需要为目的，都是为人的发展服务，就是肯定了道德是人的工

---

① [德]马克思，恩格斯. 马克思恩格斯选集(第 1 卷)[M]. 北京：人民出版社，1995：218.

② [美]威廉·K. 弗兰克纳. 善的求索：道德哲学导论[M]. 黄伟合，包连宗，马莉，译. 沈阳：辽宁人民出版社，1987：247.

具而不是目的，人才是道德的目的，也就是充分肯定了人作为道德价值主体的地位。

其次，道德服务于人的全面发展要从总体和具体的状况两个方面加以理解。

从系统论的角度，即从总体上把握道德的发展与人的全面发展的关系，显而易见，道德的发展是人的全面发展中的一部分，道德必然要服务于人的全面发展。没有道德的发展，人的全面发展就会成为一句空话。从社会系统的总体构成上说，道德总是服务于人的全面发展。然而，一旦进入具体的某个历史时期，道德有可能服务于人的全面发展，也有可能不仅没有为人的全面发展服务，而且还阻碍了人的全面发展。

固然，我们可以把道德的发展理解为不断服务于人的全面发展的总体过程，道德的发展与人的发展都展现为一种不断螺旋上升的趋势。但是，就每个人所处的时代而言，人的发展和道德的发展总是具体的、历史的。由于道德较人的发展具有一定的滞后性，因此两者的发展之间可能出现不一致。我们需要具体地分析在一定历史条件下道德是否服务于人的全面发展，在哪些方面服务于人的全面发展，在哪些方面没有服务于人的全面发展，甚至阻碍了人的全面发展。在不同的历史条件下，有些道德为人的全面发展服务；有些道德服务于人的某些发展，但并不是服务于人的全面发展；有些道德甚至不利于人的发展。一般而言，在人类的正常发展阶段，道德都在一定程度上服务于人的发展，因为在一般情况下道德都是人为了自身的发展而构建的。然而，由于不同时代的际遇，人的发展要求各有不同，当人的发展需要新的道德取代旧的道德时，而旧的道德本身还有一定的生存空间，甚至力量足够强大，迟迟没有退出社会生活领域，就会阻止新道德的成长，从而遏制人的发展，更不要说促进人的全面发展。在人类历史上，一些腐朽落后的政治力量曾经占据了社会的统治地位，为了捍卫自己的特殊利益，必然需要借助旧的道德为自己服务，有意识地把新的道德视为异端。这种旧的道德基本上失去了为人的发展所应该具有的积极意义，沦为恶的代言者。它对于人的发展谈不上服务而是一种阻碍或破坏。在这种情况下，一场社会变革不可避免。正如托克维尔在《旧制度与大革命》中评价法国大革命时所说："大革命先后摧毁了政治机构和民事机构，然后又自上而下地变革了法律、风尚、习俗和语言等。"①社会变革改变了

① [法]亚力克西·德·托克维尔. 旧制度与大革命[M]. 华小明，译. 北京：北京理工大学出版社，2013：3.

社会的统治力量，从而让新的道德重新为人的发展来服务。

我们理解道德服务于人的全面发展，还需要从具体的历史的角度来分析和认识。所谓具体的历史的角度来分析和认识就是把道德置于一定的历史发展过程中来理解。有些道德，从现在的角度来看，可能并不能服务于人的全面发展，甚至有害于人的全面发展。但是，在当时的历史条件下，它可能是具有进步意义的，能够促进人的全面发展。比如，文艺复兴时期的思想家极力鼓吹人的感性欲望的满足，以此来反对教会的神学压制。尽管在当今来看，这种观点并不准确，甚至陷入了某种追求过度的肉体感受性的泥潭而鼓吹极端自我放纵，缺乏高尚的精神追求，但在以宗教信仰牢牢禁锢人的情感与思想的中世纪，无疑具有破除封建神学的重大意义。因此，我们要具体地历史地考察和分析道德如何服务于人的全面发展，才能更为准确地评价以往的道德，充分地肯定其积极意义，高效地探索科学的道德，促进人的全面发展。毕竟，道德发展具有连续性，以往的道德并不一定都起消极作用，需要我们从中加以挖掘、借鉴和运用，赋予其一定的历史价值，才能把历史财富变为促进人的全面发展的当代精神财富。具体的历史地分析和认识，有助于我们发现以往的道德在促进人的发展中具有的重要借鉴价值。

总体来说，道德应该服务于人的全面发展。在现实社会中，历史上的道德大多数时间是在一定程度上服务于人的发展。那种彻底阻碍人的发展的道德在人类社会的历史中并不多见，否则人类的历史就无法前进了。虽然世界上存在各种不同的道德，但正如康德所说："尽管有各式各样的不信仰者，但在最严谨的理论上仍然可以成立的命题是：人类一直是在朝着改善的方向前进并且将继续前进。"①从总体上看，人类朝着改善的方向前进。道德的产生、演进以及自我发展都是为了人的发展来服务。如果缺乏道德因素，人的发展不仅立刻失去了存在的意义，而且也无法发展到现在。我们所要思考的是如何运用道德推进人的发展，推进人的全面发展。

三、人的全面发展是道德价值的终极目标

自从有道德以来，道德价值的终极目标一直是研究者和实践者争论的话题。由于道德概念的多样性、复杂性，围绕着道德的理解，对道德价值

---

① ［德］康德. 历史理性批判文集［M］. 何兆武，译. 北京：商务印书馆，2017：161.

终极目标的确定，始终没有形成统一的共识。我们可以先从道德价值的终极目标的含义和基本特性来理解。

（一）道德价值的终极目标的含义和基本特性

终极目标是指最终的目标。在这里，所谓终极是指最高的、最根本的、最后的，没有其他的能够与之相比。正如康德所说："终极目的是这样一个目的，它不需要任何别的东西作为它的可能性的条件。"①作为终极目标，它是只能追溯到它本身作为目的，而不能再向它之上进行追溯。如果说在一个目标之后还有一个更为高层次的目标，那么这个目标就不能称为终极目标。道德价值的终极目标是指道德价值所要达到的最终的目标，或最高的、最根本的、最后的目标。道德价值的终极目标是道德哲学中的一个根本性问题。它直接影响着道德的价值取向，影响着道德的深层价值的理解。

道德是人的道德。作为人的一种精神上的追求对象，道德价值的终极目标是引导人的生活不断向前发展的重要精神力量。它是从人的生活实践中产生和发展而来的。人的生活实践是道德价值的终极目标的根。正是由于人的生活实践，人们才明确了道德价值的终极目标中的基本特性。

其一，道德价值的终极目标具有现实性。

人的生活实践具有现实性。道德价值的终极目标，从根本意义上看，来自人的生活实践，必然具有客观现实性。人的生活是人自己所创造的，这就意味着人的生活、人的世界并不是由上帝或真主、佛陀等超自然的神灵所创造。人是生活实践中的现实的人。道德价值的终极目标不能因为其最高的、最根本的、最后的性质而演化为不食人间烟火的虚幻目标。

正如恩格斯所说，人的头脑、血液、肌肉都是属于自然界的。人也是自然界的一部分，属于自然存在者。人正是在自然界中发展而来。人在自然界中的发展源于人自身的实践。人在其生活实践中的活动，是道德价值的终极目标得以形成的根本原因。指明道德价值的终极目标的现实性，就是要明确终极目标的存在前提是现实的而不是虚幻的。马克思、恩格斯曾指出："我们不是从人们所说的、所设想的、所想象的东西出发，也不是从只存在于口头说的、思考出来的、设想出来的、想象出来的人出发，去理解有血有肉的人。我们的出发点是从事实际活动的人。"②在马克思、恩

---

① ［德］康德. 判断力批判［M］. 邓晓芒，译. 北京：人民出版社，2005：290.
② ［德］马克思，恩格斯. 德意志意识形态［M］. 北京：人民出版社，2008：17.

格斯看来，一切人文学科不仅是以人作为其研究对象，而且是以现实中的人作为研究对象。在哲学历史的演变中，大多数哲学家都认可人是哲学研究的对象，很少有哲学家反对把人作为其研究的出发点。马克思、恩格斯与他们的区别在于，认为这个人是现实的人。从伦理学上来讲，道德是作为现实的从事实际活动的人的道德。道德价值的终极目标只能是通过现实的人的活动来考察，而不是通过头脑中虚构的东西来考察。人唯有在生活实践中形成其道德价值的终极目标。

其二，道德价值的终极目标具有统合性。

人的生活实践是一个错综复杂的系统。它涉及自然、社会和思想等多个领域，其具体内容是丰富多彩、多种多样的。从道德生活实践来看，人们在生活中形成了各种道德价值目标。所形成的各种道德价值目标构成了如同数学中的集合。在这个集合中的各种道德价值目标都会趋向一个终点，即道德价值的终极目标。究其原因，道德价值的终极目标是道德价值的根本意义所在，统领了其他道德价值目标的意义。质言之，道德价值的终极目标具有统合性，能够在精神上统合所有道德价值目标，展现道德价值的最高境界。

人们在道德生活实践中都有自己的道德价值目标，如成为一个幸福的人、关爱他人的人，或有尊严的人，等等。幸福、关爱、尊严等就是人们的道德价值目标。同时，在一定的社会历史条件下，人们还会结成不同的集团、阶层、民族或国家等群体组织形式。这些不同的群体组织也会有自己在道德价值上的目标，如人们成立追求公正的消费协会、爱好自由的学术团体，等等。公正、自由等就是这些群体的道德价值目标。在社会道德实践活动中，这些不同的个体和群体所追求的道德价值目标，有可能出现冲突。如果人们的道德生活中缺乏一个统合性的目标，人们的生活就会变得支离破碎。从这个意义上说，道德价值的终极目标，应该是一种最为广泛的统合性的道德价值目标。无论是个体、社会群体还是整个人类，都应该有一个统合性的目标。这个目标应该能够贯穿于所有的道德价值目标之中，成为一种统合各种目标的目标。

其三，道德价值的终极目标具有普遍性。

道德价值的终极目标在人类道德形成之时，应该就已经存在，只是在道德形成初期，人类的认识能力有限，还无法清醒地意识到这个问题。随着人类的道德生活的领域的扩大、人类的认识能力的提升，人类开始有意识地思考这个问题。道德价值的终极目标的确立，意味着人们意识到它能够拓展到整个道德生活领域，具有普遍性的指导意义。

人们在社会生活实践中，其生活本身总是存在一定的欠缺或不足。这种生活本身中的欠缺或不足并不是意味着人们所确定的目标也是残缺不全的。正好相反，人们在生活实践中的欠缺或不足不断地激励人们要追求自己生活的完善。由此，在道德生活中，人们常常不会仅仅停留在某个具体的道德价值目标上，而是要寻找道德价值的终极目标。人们需要有一种普遍性的道德价值的终极目标的引导，追求更为完善的道德生活。在这里，道德价值的终极目标的普遍性具有两重含义：一方面，道德价值的终极目标超越了地域、种族、文化以及时空的限制，适用于人类的整个道德领域，而不是仅仅适用于某个方面的道德领域。它适用于所有的人，而不是某些人或大多数人，它能够给整个人类带来益处。它是人们在道德生活中长期努力和永远追求的目标，而不是短期的和暂时追求的目标。它是永恒的、无限的，它不会随着时空的变化而改变，也不会随着某些人情况的改变而改变。另一方面，道德价值的终极目标具有道德生活的最为普遍的价值和意义，在人们的道德生活中得到了最为广泛的认同。如果失去了它，其他价值和意义顿时失去了其原有的色彩，甚至变得毫无意义和价值。相反，即使其他道德价值目标的价值和意义不复存在，只要它存在，人的道德生活仍有其价值和意义。因为，道德价值的终极目标已经渗透到其他价值中，具有普遍性的价值和意义。只要没有失去它，人们还能够把握道德的最为基本的价值和意义，还能够沿着正确的方向行进。

其四，道德价值的终极目标具有可行性。

人的生活实践是人在精神与身体上的不断发展的实践过程。表面上看，道德价值的终极目标似乎是人的生活实践中一个遥不可及的目标，其实不然。道德价值的终极目标是人的现实生活中的产物，因此，它不可能不具有可行性。否则，它就只能是毫无实际意义的空洞议论和无聊说教。

人的生活实践的现实性表明人的道德价值的终极目标不管多么高远，都是落实在人的现实生活之中，能够在人的道德生活实践中发挥积极的引导作用和评价作用。道德价值的终极目标的可行性意味着两层含义：一方面，这种可行性表明了道德价值的终极目标一直是引导人的生活实践的重要精神力量。它不能落在人的生活实践之后，而是在人的生活实践之前，如同大海中的灯塔会对黑暗中航行的船只起着引导的作用。如果它落在人的生活实践之后，人的生活实践也就失去了目标，陷入茫然失措之中。另一方面，这种可行性表明了道德价值的终极目标还具有现实的评价作用。它如同道德法庭上的法官能够针对人的生活进行评价，告诉人们哪种生活是值得追求的，哪种生活是不值得过的。任何人只要生活在社会之中，总会感受到道德价值的终极目标的引导和评价。毕竟，终极目标处于人的生活实践之中，又对人的生活实践进行引导和评价，推进人的生活实践不断进入新的阶段。

总之，道德价值的终极目标源于人的生活实践。正是由于人的生活实践的现实性、复杂性、欠缺性和发展性，道德价值的终极目标也就具有了现实性、统合性、普遍性和可行性。其中，终极目标的现实性表明道德价值的终极目标并不是超现实的虚幻的目标，而是人在自身实践活动中提出的目标；统合性表明道德价值的终极目标在各种道德活动和具体目标之间出现矛盾和冲突时能够进行统一和整合；普遍性表明道德价值的终极目标渗透到人的道德生活的各个方面，对于每个人都具有普遍性的意义和作用；可行性表明道德价值的终极目标不仅是人们进行道德活动时应该遵循的根本原则，而且是我们评价各种具体道德价值目标的根本尺度。

(二)历史上对道德价值的终极目标的探索

道德价值的终极目标在历史上存在着许多不同的界定。明确了道德价值的终极目标的含义和基本特性，有助于我们正确地认识历史上人们所提出的道德价值的终极目标，从而从理论上确定道德价值的终极目标是人的全面发展。

从历史上看，人们所提出的道德价值的终极目标，存在不同的理解和认识，大致归纳主要有以下几种。

其一，天国、天堂或彼岸世界是道德价值的终极目标。

在中西方思想史中，道德价值的终极目标大体上可以分为尘世的道德价值终极目标和来世的道德价值终极目标。世界上的宗教广泛性地存在，而来世是宗教的一个重要特征，每一个宗教都会给人们鼓吹相信者最终能够进入一个无比美好的彼岸世界，如天国、天堂、极乐世界等。正如何光沪在评价基督教的上帝对人的引导时所说："正是上帝对人的目的的实现（人性的全部可能性将在其中实现），构成了'天堂'。"①彼岸世界的提出是宗教给予人的一种期待和最后的归宿。它们甚至由此而构建了"地狱"的概念，如果有人不信本宗教，就会被打入万劫不复的"地狱"。在任何宗教教义中，宗教都有自己的一整套宗教道德。道德作为宗教中的一个重要内容，其最终目的也就是帮助宗教传播，吸引更多善男信女。于是，这

---

① 何光沪. 多元化的上帝观：20 世纪宗教哲学概览[M]. 北京：中国人民大学出版社，2010：208.

种美轮美奂的彼岸世界也就成为道德上的终极目的。

在宗教信仰者看来，天国、天堂或彼岸世界的确是他们的道德价值的终极目标。但是，从道德价值的终极目标的含义和基本特性出发，我们不能把天国、天堂或彼岸世界作为道德价值的终极目标。一方面，道德价值的终极目标具有现实性，它来源人的生活实践之中，是人自身所赋予的。人才是道德价值的源泉。"从人的视角来看待世界，这对人来说并无荒唐之处。"①把道德价值的终极目标归结于某个神的产物，是人自身的尊严和信心的失落。人为自己构建了一个非现实的世界。人在生活实践中虚构了万能的神，却把自己降低为它的臣民。道德价值的终极目标变为一种并非现实的存在，它直接背离了道德价值的终极目标的现实性。另一方面，在世界上还是存在许多并不信仰宗教的人，或者不信仰某种宗教的人，仅仅以某种宗教的彼岸世界作为道德价值的终极目标，无疑缺乏道德价值的终极目标的统合性和普遍性。因此，我们不能把天国、天堂或彼岸世界作为道德价值的终极目标。

其二，财富是道德价值的终极目标。

自古以来，许多人认为，道德就是为人服务的，人的生活实践中最为重要的是获得尽可能多的财富。"德"同"得"相通，讲道德就是为了获得更多的财富，否则，讲道德还有什么价值。因此，财富才是道德价值的终极目标。

其实不然。尽管财富是人的生活实践中的重要目标，没有财富的人，其生活实践会遇到很大困难，但是，财富并非终极目标。人获得了财富，往往是为了获得更多的物质享受或精神享受。也就是说，财富应是通往更高价值目标的桥梁，但人不可能只是居住在桥上。同时，在人的生活实践中，人们也会发现财富既可能带来益处，也有可能带来灾难，它本身缺乏引领的价值和意义。或者说，财富本身并不涉及道德上能够给人带来的普遍性益处。如果说财富能够成为道德价值的一个目标，也只能属于道德价值的终极目标下属的一个目标，甚至是一个目标的从属性目标。另外，财富也缺乏道德价值的终极目标的统合性。它不能成为其他各种道德价值目标的核心。如果我们把财富作为了道德价值的终极目标，人们为了获得财富就会变得无所不用其极。因为，其他的道德价值目标，如和谐、公正等都成为手段，道德本身的价值和意义就难以存在，人必然沦落为丛林中的

① ［英］B. 威廉斯. 伦理学与哲学的限度［M］. 陈嘉映，译. 北京：商务印书馆，2017：144.

自然存在物。也就是说，财富不可能贯穿于其他道德价值目标，成为道德价值的终极目标，统率其他道德价值目标。

与之类似，金钱、名誉、权力、智慧、地位等都不能作为道德价值的终极目标。它们都缺乏终极目标的终极性、统合性和普遍性。把这些作为终极目标不会给人类带来好的结果，只会带来无穷的灾难。金钱、名誉、权力、智慧、地位等只有在人的正确的道德价值终极目标的引导下才能具有正面的价值和意义。

其三，公正是道德价值的终极目标。

早在古希腊时期，人们曾经把公正作为重要的道德价值目标。一直到当代伦理思想的发展中，公正也是道德价值的重要目标。那么，我们是否可以把公正作为道德价值的终极目标？同样，我们通过考察道德价值的终极目标的含义和基本特性来加以判断。

公正，作为道德价值的目标的确很重要，但是无法成为道德价值的终极目标。一方面，公正缺乏终极目标的终极性特征。在公正的目标之上还有其他的目标，而且还有与之同样重要的目标。比如，幸福就是一个并不比公正要低一个层次的目标。在人们的现实生活中，没有人会认为成为一个公正的人就意味着成为一个幸福的人。另一方面，公正只能作为目标的一个方面，而无法统合其他所有的价值目标。在人们的现实生活中，一个公正但缺乏友爱的社会不会是一个最为理想的社会。人们在社会生活实践中不仅需要公正，而且还要把友爱、和谐等作为道德价值的目标。公正缺乏道德价值的终极目标的统合性。因此，我们不能把公正作为道德价值的终极目标。

与之类似，友爱、和谐等都不能作为道德价值的终极目标。它们缺乏道德价值的终极目标的终极性、统合性等特性。把这些作为道德价值的终极目标，不会引导人的全面发展，反而会带来人在其生活实践中发展的异化。友爱、和谐等只有在正确的道德价值终极目标的引导下才能切实地发挥其积极意义，它们只能作为道德价值终极目标的手段，而不能作为道德价值终极目标本身。

其四，自由是道德价值的终极目标。

"自由的思想如此深入人心，以至于我们在很长的时间里简直不敢怀疑人们对它的最崇高敬意和认可仅仅停留在口头上这一事实。"①不可否认

---

① ［德］路德维希·冯·米瑟斯. 自由与繁荣的国度［M］. 韩光明，潘琪昌，李百吉，等，译. 北京：中国社会科学出版社，2017：60.

这一事实，自由始终是人类致以最崇高敬意的价值目标。西方自由主义思潮一直认为，自由是道德所能达到的最高境界。道德就是要让人具有合理的最大限度的自由，能够自由选择和自由确证。自由对于道德而言的重要性不言而喻，没有自由也就没有真正意义上的道德。道德以自由为其存在的前提。那么，我们能否把自由作为道德价值的终极目标，的确是一个值得深思的问题。

尽管自由是人的道德存在的前提，在人们的道德生活实践中十分重要，但是，自由不可能成为道德价值的终极目标。首先，自由自身缺乏统合性，无法给人们的生活实践提供指导。自由是一个非常抽象的概念，人们拥有自由，并不意味着知道应该如何行动，容易陷入自由的滥用中。正如威廉斯（Bernard Williams）所说："作为理性行为者，我们想要我笼统地称作自由的东西，虽然它不是指无限自由。这必定让我们认为我们的自由是一种益品，认为我们是自由的是件好事吗？导向这个结论的一条路径是说：一个行为者想要形形色色的特殊结果，这时，他必定认为这些形形色色的结果都是好的。于是他注定认为他有自由是件好事，因为自由有助于保障他得到这些结果。"①他的这个观点揭示了把自由作为终极目标的荒谬性。在一个自由主义者看来，人有了自由就会做好事，但在现实生活中情况并非如此，人很有可能拥有了自由而作恶，或者无所适从。20世纪中期，美国学校中的自由主义道德教育由兴盛走向衰败，最终被保守主义道德教育所取代，就已经证明了这一点。从这个意义上说，自由缺乏道德价值的终极目标的可行性，难以在人们的生活实践中发挥其实际的引领作用。

当然，尽管自由不能作为道德价值的终极目标，但是自由的确能够成为道德价值的终极目标的一个组成部分，或者是必要条件。毕竟，没有自由，也就没有道德。自由，作为道德价值目标之一，贯穿于其他各个道德价值目标，自然也渗透在终极目标之中。因此，不论我们把道德价值的终极目标在人的生活实践中如何归纳或归纳成什么，都不可能不包括自由在其中。

其五，幸福是道德价值的终极目标。

在伦理思想史上，把幸福作为道德价值的终极目标长期占据着重要的地位。即使在当代社会中，许多思想家仍然把幸福作为道德价值的终极目标。在前面把幸福作为道德价值目标时，我们就从古代幸福、近代幸福到

---

① ［英］B. 威廉斯. 伦理学与哲学的限度［M］. 陈嘉映，译. 北京：商务印书馆，2017：71.

现代幸福做了系统的追溯，主要包括德性幸福观、功利幸福观、多元幸福观等。不断变化和发展的幸福概念，表明了尽管人们把幸福作为道德价值的终极目标，但在如何理解幸福概念的问题上无法达成共识。

我们是否可以把幸福作为道德价值的终极目标，这需要先了解幸福符合终极目标的含义和基本特性。从主要的幸福观来看，德性幸福观突出了德性在幸福中的重要地位，功利幸福观突出了功利在幸福中的重要地位，而权利幸福观和能力幸福观等多元幸福观分别从权利、能力等方面谈论人的幸福。这些众说纷纭的幸福观中的德性、功利、权利、能力等都是彼此之间难以相互沟通的善，从这个角度来看，幸福这个概念如同善这个概念一样，尽管有着统一的名称，但如何解说这个名词存在严重分歧。只要我们确立一种幸福观，就必然要否定另一种幸福观，或需要修改另一种幸福观。也就是说，幸福，缺乏终极目标应有的统合性，其内涵中存在多种无法沟通的善。同时，由此出发，幸福缺乏终极目标的普遍性。正如格奥尔格·西美尔（Georg Simmel）所说："幸福通常都是一种十分温柔、难以解释的东西，一种依附于少量联想的宠儿……我更加强烈地感到幸福是某种特殊的、个别的甚至可以说是偶然的东西。"①尽管人们使用了同一个词汇，但在现实生活实践中人们所理解的幸福在彼此之间无法有效地推而广之。在一个德性幸福论者看来，功利幸福论者的幸福观是错误的或有缺陷的；反之，功利幸福论者眼中的德性幸福观同样存在严重问题，需要重新认定。正是由于幸福这个概念中缺乏普遍性，它的可行性也就值得推敲。亚里士多德早在古希腊时期就发现，不同的人所理解的幸福明显不同，一心从政者会把获取最高的权力，作为实现幸福的标志；专心从商者会把获得最多的金钱作为实现幸福的标志。由此看来，幸福缺乏作为道德价值的终极目标所应该有的统合性、普遍性和可行性。借助威廉斯的话语来说，幸福概念是一个非常厚重的伦理概念，包裹着各种不同的善呈现在世人的面前。它不可避免地在人们的生活中成为一个多样性的幸福概念。因此，幸福可以作为单一个体的特殊性终极目标，但无法作为普遍性个体在生活实践中的终极目标。

（三）人的全面发展作为道德价值的终极目标的确定

能够成为道德价值的终极目标的只能是人的全面发展。人的全面发展

---

① ［德］格奥尔格·西美尔. 生命直观：形而上学四论［M］. 刁承俊，译. 北京：北京师范大学出版社，2017：190.

是人在一定社会历史条件下的实践活动中，认识自我的本质和发展规律，从而获得各个方面最大限度的自由的发展状态。人的全面发展中的"人"是个体、群体与类的三者统一。人的全面发展既是作为个体的人的全面发展，也是作为群体的人或作为类的人的全面发展。人的全面发展中的"全面发展"的内容包括人的社会因素的发展、人的需要的发展、人的劳动能力的发展、人的社会关系的发展和人的自由个性的发展。其中，人的社会因素、需要、劳动能力的发展体现了人作为类的特性的发展，人的社会关系的发展体现了人作为群体的特性的发展，人的自由个性的发展体现了人作为个体的特性的发展。概括地看，人的全面发展是人的个体的特性、群体的特性与类的特性中所蕴含的各种内容的发展。人的全面发展符合道德价值的终极目标的含义和基本特性。

首先，人的全面发展具有道德价值的终极目标的含义。人的全面发展是道德价值的最终、最高或最后的目标。

道德是人的道德，是为人的发展服务的。人的全面发展是指人的社会因素的发展、人的需要的发展、人的劳动能力的发展、人的社会关系的发展和人的自由个性的发展。马克思把人的自由而全面的发展作为理想社会的最高目标。由于我们所讲的自由是渗透于人的全面发展之中，因此，我们只用了人的全面发展作为道德价值的终极目标。其实，还有许多思想家把人的全面发展作为人或社会的最高或最后的目标。比如，德国著名学者洪堡（Wihelm von Humboldt）就曾指出："每一个人的最高和最后的目的就是对其力量的个性特点进行最高的和最均匀的培育。"①道德，为人服务，也就是为了人的全面发展，把这作为终极目标。人的全面发展是人类道德以及人类自身发展所能达到的最高目标——使人成为自由而各个方面都得到充分发展的人。这是道德价值的终极目标的内涵和核心。道德就是要促进人的精神力量的发展，从而促进人的全面发展。人的全面发展与追求财富、自由、公正、幸福等道德价值目标不同，是唯一的最终的道德价值目标，而不是仅仅作为手段。它不能被别的道德价值目标所替代，而它可以成为其他道德价值目标的更高层次目标。因此，人的全面发展是人的道德存在的终极意义，是道德价值的最终目的。我们也正是从这一意义出发，认为道德是一种工具而不是目的。

从人类历史发展来看，自人类诞生至今，不同时代有不同的道德价值

---

① ［德］威廉·冯·洪堡. 论国家的作用［M］. 林荣远，冯兴元，译. 北京：中国社会科学出版社，2016：30.

目标。它们在人类的历史长河中形成了丰富多彩的道德价值目标集合。但是，这些道德价值目标都不是道德价值的终极目标，只有人的全面发展才是道德价值的终极目标。人的全面发展作为道德价值的终极目标，是随着人的历史发展而不断地清晰地呈现出来的。它在人的社会实践之中为人所理解和认识。有了人类，就有了道德，也就有了人的全面发展的希冀。否则，没有人类，也就没有道德，也就谈不上道德价值的终极目标。

其次，人的全面发展符合道德价值的终极目标的基本特性。它符合道德价值的终极目标的现实性、统合性、普遍性和可行性。

其一，人的全面发展符合道德价值的终极目标的现实性。

人的全面发展是指人在现实生活实践中各方面的发展。它符合终极目标的现实性。人的道德最终就是为了帮助人更好地在生活实践中谋求自己的发展。当马克思提出"德国理论是从积极废除宗教出发的，对宗教的批判最后归结为人是人的最高本质这样的一个学说，从而也归结为这样的绝对命令：必须推翻那些使人成为被侮辱、被奴役、被遗弃和被蔑视的东西的一切关系"①时，说明他已经开始从人的角度来考虑一切。当今一些西方哲学家也继承了马克思的这一观点："我们的论证必定以人的视角为据，它由以出发的视角不可能是无人具有的视角。"②在人的全面发展中的人是生活在现实实践中的人。人的发展是在人的生活实践基础上的发展，而不是源于某种非现实的空想。就此而言，人的全面发展中本身就蕴含了道德价值的终极目标中的现实性。

或许有人会认为，人的全面发展属于一个理想社会中的基本特征，离我们非常遥远，缺乏现实性。其实不然。马克思所提出的共产主义社会是从资本主义社会的现实基础上所提出的，并不是源于一个虚幻的想象。它有着坚实的社会基础和理论基础。马克思发现了人类社会的演变规律，从经济学上论证了资本主义社会的内在深刻矛盾必然导致其走向崩溃。人在资本主义社会中片面发展，人创造了机器，又被机器所奴役。但是，随着社会生产力的不断发展，人自身能够在实践中进行改造，消灭束缚生产力发展的剥削关系，从而实现人的全面发展。马克思、恩格斯在其著作中所进行的资本主义批判，就包括道德上的谴责。比如，恩格斯在《英国工人阶级状况》一书中使用最多的词汇是"义愤"。他们的社会道德理想或者说

① ［德］马克思，恩格斯. 马克思恩格斯选集（第1卷）［M］. 北京：人民出版社，1995：9-10.

② ［英］B. 威廉斯. 伦理学与哲学的限度［M］. 陈嘉映，译. 北京：商务印书馆，2017：145.

道德价值的终极目标就是构建共产主义社会——一个人人都获得全面发展的社会。马克思、恩格斯的道德价值的终极目标——人的全面发展就是来自他们对资本主义社会现实的科学理解和深刻认识。正是通过对资本主义社会现实的批判与考察，他们认为"一旦社会占有了生产资料，商品生产就将被消除，而产品对生产者的统治也将随之消除。社会生产内部的无政府状态将被有计划的自觉的组织代替。个体生存斗争停止了。于是，人在一定意义上才最终脱离了动物界，从动物的生存条件进入真正人的生存条件"①，"代替那存在着阶级和阶级对立的资产阶级旧社会的，将是这样一个联合体，在那里，每个人的自由发展是一切人的自由发展的条件"②。也就是说，道德价值的终极目标只能是在人的社会现实中得到。

其二，人的全面发展符合道德价值的终极目标的统合性。

人的全面发展能够统合各种不同的道德价值目标。它是统合了各种道德价值目标的目标。人的全面发展并不是单向的发展，而是全面的发展。它既是个体，也是群体，甚至是人类的全面发展。人的全面发展中的"全面发展"是人以一种全面的方式，展现了人作为一个完整的人，占有自己的全面的本质的发展，其具体的内容包括人的社会因素的发展、人的需要的发展、人的劳动能力的发展、人的社会关系的发展和人的自由个性的发展。人们在现实社会实践中的各种道德目标都只是人的全面发展中的一个部分。比如，秩序体现了人的社会因素的发展。没有了秩序，社会难以保证个人的安全和发展。人权体现了人的生存与发展的需要，是人在社会实践中发现和需要加以确认的。不讲人权，人的生存与发展就会受到严重影响。和谐体现了人与社会的关系的协调发展。自由则是贯穿于人的社会因素的发展、人的需要的发展、人的劳动能力的发展，尤其是人的自由个性的发展之中。没有自由，人的社会性和精神性就会出现缺失，人就会沦为畜类。人的自由度越高，人的劳动能力越强，人的个体独立性越强，也就拥有了越多的自由个性的发展。秩序、人权、自由等道德价值目标都可以被人的全面发展统合，构成其中一个或几个部分的具体内容。

或许有人认为，人的全面发展不是如同前面所讲的幸福一样，它内在地包含了各种不同的善，为何人的全面发展能够统合各种不同的善，而幸福就不能够统合？究其原因，幸福只要已经确定，就意味着要么把德性、

---

① ［德］马克思，恩格斯. 马克思恩格斯选集（第 3 卷）［M］. 北京：人民出版社，1995：757.

② ［德］马克思，恩格斯. 共产党宣言［M］. 北京：人民出版社，2009：50.

要么把功利或权利等作为其中的核心，从而形成不同目标之间的冲突，无法达成一致性。而人的全面发展则不同，它能够有效地把人的不同发展与人的各种目标整合在一幅整体的画卷中。当然，如果我们把幸福解释为人的全面发展，追求幸福也即是追求人的全面发展，也能够把其他的各种善有效地整合在一起，构成一种终极目标的完美呈现。从这个角度来看，尽管这种解释有其力度，但也可以发现人的全面发展是一个比幸福更高层次的目标。

把各种善统合在人的全面发展中，并不意味着各种善在其中不会产生冲突，而是不会有根本冲突，毕竟有一个统合性概念的指引，能够让人以是否促进人的全面发展进行选择和判断。马克思所提出的人的全面发展之所以有如此解释力度，主要是建立在唯物史观的基础上，社会生产力高度发展，消灭了剥削，消除了人压迫人的现象。人真正成为自己的主人，人与人之间没有了根本的冲突。在一个阶级社会中，道德价值目标的根本冲突在于剥削阶级为了维护自己的统治地位而剥削和压制被剥削阶级。由于生产力发展的有限性，在总体资源的有限范围内，剥削者为了自己的发展，常常就会损害其他人的发展。由于人自身在一定历史条件下的这种分裂，体现人的各种发展的道德价值目标之间就在根本上难以保证一致性。

其三，人的全面发展符合道德价值的终极目标的普遍性。

人的全面发展作为道德价值的终极目标，具有普遍性。它不是属于某一个专门的道德领域，而是属于人类的一切道德活动的目标。它可能并没有在各个道德价值目标中明确表述，但蕴含在其他各个道德价值目标之中。

一方面，人的全面发展能够拓展到整个道德生活领域。任何人都渴望追求自己的全面发展，都不会违背自己的某种个性或信仰而放弃自己的追求与发展。人的全面发展给予不同地域、种族、文化中的人以同等的尊重和自由。它超越了人的地域、种族和文化的局限性，是普遍性的善，具有最为普遍性的特征。同时，它来源于人的社会实践，符合人的不断发展的本性，是人自身所渴望的永恒目标，展现了内在的无限性。也就是说，它超越了时空的限制，只要人类存在，它就存在。

另一方面，人的全面发展具有道德生活中的最为普遍的价值指导作用。正是由于人的全面发展能够普遍性地适用于人类的一切道德活动，人们就能够将它作为自己价值判断的普遍性原则，指导自己的道德理论与实践活动。它渗透于人的各种道德活动之中，尽管有些时候并没有获得明确的阐述。如果没有了人的全面发展作为根本性的普遍价值原则，其他道德价值目标就失去意义。试想如果所提出的某个道德价值目标，不能促进人的全面发展，反而导致人的自我堕落，那么这个道德价值目标就是很可疑的。同时，当我们发现道德价值目标之间出现某种不一致甚至冲突时，我们可以通过人的全面发展来加以判断。它能够保证人们的道德活动沿着正确的道路前进。人的全面发展作为道德价值的终极目标，可以引导其他道德价值目标的发展。其他道德价值目标越接近人的全面发展方向，越有利于道德价值的终极目标的实现，越有利于人的全面发展。因此，人的全面发展具有人们道德活动的最为普遍的价值指导作用。

其四，人的全面发展符合道德价值的终极目标的可行性。

人的全面发展是人的精神与身体在社会实践中的全面发展。人的全面发展符合道德价值的终极目标的现实性、统合性和普遍性，人的各个方面的发展是一个在社会现实中不断提升、不断发展的实践过程。由此看来，人的全面发展没有绝对的终点，始终处于要实现和追求的过程之中。它是一个理想与现实相统一、绝对与相对相统一的过程。它能够引导和评价人的道德生活实践，必然具有终极目标的可行性。

需要指出的是，人的全面发展是马克思、恩格斯所提出的共产主义社会的基本特征。但是，这并不意味着只有到了共产主义社会才需要把人的全面发展作为道德价值的终极目标。按照马克思、恩格斯的观点，共产主义是一场现实的社会运动。"共产主义对我们来说不是应当确立的状况，不是现实应当与之相适应的理想。我们所称为共产主义的是那种消灭现存状况的现实运动。"①在马克思、恩格斯看来，"共产主义是用实际手段来追求实际目的的最实际的运动"②。在这里，实际目的就包含了人的全面发展的终极目标的追求。人的全面发展不可能被超越，总是在途中，是切实可行的。因此，那种认为人的全面发展是理想社会的基本特征而缺乏可行性的观点是错误地理解了共产主义，只是抓住了共产主义的理想性而丢掉了它的现实性，尤其是可行性。

综上所述，能够成为道德价值的终极目标的只能是人的全面发展。因为只有它符合道德价值的终极目标的含义和基本特性。唯有人的全面发展是最高的道德目标，别的目标都只有从它出发才真正具有了价值和意义，它决定了其他道德目标的价值所在和价值大小。唯有人的全面发展从社会实践出发，把道德生活实践的各个方面统合起来，能够普遍性地贯穿于道

① ［德］马克思，恩格斯. 德意志意识形态［M］. 北京：人民出版社，2008：31.
② ［德］马克思，恩格斯. 德意志意识形态［M］. 北京：人民出版社，2008：91.

德生活实践之中，能够引导和评价人的道德生活实践。由此，我们在道德生活实践中需要充分运用自己的智慧，开发自己的潜能，最大限度地发展自己和完善自己。正是人的全面发展符合了道德价值的终极目标的含义和基本特性，决定了它是道德价值的终极目标。

四、人的全面发展的道德价值终极目标的意义

人与社会的发展是人类社会中的两个方面的发展，确立了人的全面发展的道德价值终极目标在人的道德生活实践中具有重要的社会意义和个人意义。

(一) 确立人的全面发展的道德价值终极目标的社会意义

道德具有秩序价值、人权价值、公正价值、自由价值、幸福价值等多种价值目标。确定了道德终极价值，把人的全面发展作为最高目标，明确了道德在人类社会中的最终服务对象是人的全面发展。它具有重要的社会意义。

首先，我们能够从社会发展的根本意义上理解道德价值的终极目标是人的全面发展。从历史上看，终极目标有天国、天堂、财富、自由、公正、幸福等，人们所理解的终极目标无法形成共识。明确了人的全面发展作为道德价值的终极目标，意味着道德价值并不能只是为了追求所谓的彼岸世界，沉迷于人的宗教情感之中，或者追求世俗的财富、自由、公正、幸福之类的目标。这些目标都是人在其生活中自我发展的一部分，而不是一个整体的对象。提出人的全面发展作为终极目标，有助于我们全景地看待道德所要服务的主体，而不是孤立地只看到其中的某一个方面。从哲学思维上说，片面地只用一种思路或资源来论证道德生活中人的全面发展属于哲学上的单向思维。正如维特根斯坦所说："哲学病的一个主要原因——偏食：只用一类例子来滋养思想。"①因此，我们可以把这种做法称为哲学偏食症。确立人的全面发展作为终极目标，是治疗哲学偏食症的良方。如此做法的好处是，一旦我们理解了这一思维，我们就不会顽固地固守某种道德生活中传统价值的权威性。我们所需要的是从人的全面发展的

---

① [英]路德维希·维特根斯坦. 哲学研究[M]. 陈嘉映，译. 上海：上海人民出版社，2015：185.

角度来认识传统社会中的道德价值。基于这种思维，传统的道德价值给予我们的只是一场对话、一次辩论而我们别无选择，有助于我们理解和认识传统思维中的各种道德价值的立场。

其次，它让我们能够更为明确地认识到道德在现代社会中进行国家治理的服务对象究竟是什么。在现代社会的国家治理中，政府常常从政治、经济、文化、科技等多个方面设定社会的发展目标，并且在这些目标之下又会设定一些具体的发展目标。这些政治、经济、文化、科技等多方面的社会发展目标，似乎都只是冰冷的社会客观对象，其实不然。这些社会发展目标都是要求实现人在政治、经济、文化、科技等方面的发展，其实质就是追求人的全面发展。换而言之，现代社会中所提出的政治、经济、文化等方面的发展是一个为了实现人的全面发展而设置的长远目标与短期目标相结合的目标集合。如果不是为了人的全面发展，把这些目标提出来只是一件荒谬的事情。

另外，它也为我们如何判断一个社会的发展状况提供了可能。我们能够较为容易地依据人的全面发展状况来判断一个社会的发展状况究竟是有所发展、停滞还是倒退，以及这个社会在哪些方面有所发展，哪些方面有所停滞，哪些方面有所倒退。如果一个社会与过去相比，社会成员能够拥有多方面的发展机会，能自由地发表自己的观点，自由地往来，生活在一个有着良好秩序的环境中，能够享有公正的社会资源，等等，那么这个社会的发展状况就是有所进步。相反，这个社会的发展状况就是倒退。同样，如果我们把一个社会与另一个社会进行横向比较，我们也能够判断出这个社会的发展状况。

不容忽视的是，社会发展中把人的全面发展作为道德价值的终极目标，能够有效地防止我们仅仅把追求道德的秩序价值、人权价值、公正价值、自由价值、幸福价值等作为社会发展的唯一最高目标。追求道德的秩序价值、人权价值、公正价值、自由价值、幸福价值等都是非常重要的道德价值目标，但是它们都只是服务于人的全面发展中的一个方面。在现实社会中，某些国家，坚守千年传统，把维护社会秩序作为其社会发展的标准，由此压制道德的公正价值、自由价值等。还有某些国家，自认为实力强大，专门把自由价值作为衡量一个国家的人的发展状况的标准，批评其他没有注重自由价值的国家，甚至不惜以武力或经济遏制来颠覆他们所认为的邪恶国家。这些做法都是把人的某个方面发展作为了道德价值的终极目标，都属于犯了"哲学偏食症"。

(二)确立人的全面发展的道德价值终极目标的个人意义

确立人的全面发展的道德价值终极目标不仅具有社会意义，而且还具有个人意义。这种个人意义体现在人的道德生活的本真意义的理解、选择与判断中。康德认为人是目的，那么，究竟人的哪些内容才属于目的？我们可以把人的全面发展作为人的目的，即人的道德生活的本真意义。人的道德生活就是最终面向人的全面发展的生活。

在人们的日常道德生活中，如果直接来问道德生活的本真意义，这会是一个很难回答和很难以捉摸的问题。在人的生活实践中道德有很多的意义，我们可以出于自我的各种认识来做出个人的解答。个人会把它们归于财富、自由、幸福等，这些固然不能为错。但是，在这些意义中哪些才是道德生活的本真意义，则是需要在多种意义中进行深刻的反思才行。尤其是当我们在道德生活实践中遇到了命运艰难的时候，面对各种不同的道德选择，我们就会处于茫然无措的状态中。如果确立了人的全面发展作为道德价值的终极目标，也就有了回答这个问题的依据。人们在现实社会实践中能够通过道德实践活动是否促进人的全面发展来进行选择与判断。正是人的全面发展才构成了道德生活的本真意义。一个人的生活是不是道德生活或在多大程度上符合道德生活的本真意义，就要看这种生活是否促进人的全面发展或在多大程度上促进人的全面发展。

个人在道德生活实践中也容易出现"哲学偏食症"，专门把道德价值的某一种目标作为自己的追求目的。人权主义者把人权作为道德价值的终极目标，认为道德就是围绕着人权来实现其存在的价值。自由主义者把自由作为道德价值的终极目标，认为道德出于自由，自由既是道德的出发点，也是道德的最终归宿。不同学派、思潮所提出的道德价值的终极目标，是把道德价值目标中的一个作为最终目标，从而导致其他各个道德价值目标之间相互冲突。确立了人的全面发展的最终道德目标，能够帮助个人统合自由、人权等各个道德价值目标，以人的全面发展来协调它们之间的关系，至少为协调各个道德价值目标之间的关系奠定了理论前提。同时，这也表明在终极目标之外的非终极目标都是服务于终极目标。只要一种目标在与其他各种目标相处的关系中能够服务于终极目标，就可以发挥其积极价值，避免潜在的滥用危险。

确立道德价值的终极目标能够帮助人在道德生活实践中不会迷失前进的根本价值方向。我们应该明确，道德是人的创造物，人的全面发展是道德价值的终极目标。但是在社会现实中，许多道德实践活动偏离了终极目标。特别是在市场经济席卷全球的过程中，人们做出一个符合道德要求的行为，其目的并不是为了追求人的全面发展，甚至不是为了表明自己作为一个人而应然如此，而是为了获得某种荣誉、金钱或财富，或其他经济利益。"人的道德能力倘若不是通过决心的力量在与强大的相反偏好的冲突中产生，它就会不是德性了。"①许多企业或公司的成功人士明确地把遵守道德要求理解为是为了获得更好的名誉，增加个人成功的砝码，吸引社会更多的关注，从而最终获得最大的财富效应而不是个人全面发展的精神需要。如果不能带来那些实实在在的好处，他们似乎完全不需要把道德作为一种自我要求。人为了自己的全面发展而创造了道德，反而在现实生活中离开了最终目标，结果与之相去甚远。正如培里所说："以前的价值理论意味着对善的寻求，对那个可获得的和可靠的善的寻求。而当今的价值理论则起源于财富带来的尴尬。人应如何在被提供给他的东西中作出选择？如何减少或消除冲突？换言之，关键在于要确立一种选择的原则和调和的方法，以便在混乱的价值观念中求得秩序与和谐。"②确认人的全面发展的道德价值的终极目标就可以作为我们的一种选择的原则和调和的方法。它具有这种选择和调和作用，有助于人们在道德生活实践中回归道德的本真目标。

　　总之，把人的全面发展作为道德价值的终极目标，能够在社会发展和个体发展中从一个系统而整体的背景来审视道德价值目标以及彼此之间的关系，明确道德生活实践的根本价值指向，而不会由于某种个体的道德价值的偏好而误入歧途。

---

①　[德]康德. 道德形而上学[M]. 张荣，李秋零，译. 北京：中国人民大学出版社，2013：251.

②　[美]培里. 需要一个一般价值理论[M]//冯平. 现代西方价值哲学经典：经验主义路向（下册）. 北京：北京师范大学出版集团，2009：408.

第八章　道德价值目标体系及其历史 演变与当代构建

由于道德价值目标众多，它们彼此之间形成了一个道德价值目标系统。我们可以把这种系统称为道德价值目标体系。道德价值目标体系是道德价值的目标化。在道德价值目标体系中，道德价值目标彼此之间大体上存在哪些关系，道德价值目标能否构成一个等级森严的体系，等等之类的问题是我们需要加以厘清的。为了更好地理解道德价值目标之间的关系，我们还需要追溯以往的道德价值目标体系，从而探讨一种更为合理的道德价值目标体系的构建。

一、道德价值目标体系释义

道德价值有其目标指向，我们探讨了"保障人权"的道德价值目标、"维护秩序"的道德价值目标、"增加幸福"的道德价值目标、"捍卫公正"的道德价值目标，等等。它们构成了一个道德价值目标体系。因此，我们有必要探讨道德价值目标体系是什么，研究其有何意义。

（一）道德价值目标体系的含义

道德价值目标体系，作为一个概念，其中有"目标""体系"和"目标体系"三个关键词，因此，理解道德价值目标体系的含义，不仅需要从整体上把握"道德价值目标体系"的理论内涵，而且还需要理解"目标""体系"和"目标体系"的内涵。在这里，本书将从"目标"和"体系"的内涵，概括出"目标体系"的内涵，从而揭示"道德价值目标体系"的含义。

从词源学上来分析，"目标"是由"目"与"标"两个字构成。"目"早在甲骨文中就已经存在。它主要有两种词性上的含义：一是名词意义，二是动词意义。从名词意义来看，"目"主要是指人的眼睛。因为，它是象形字，如眼睛形，外边轮廓像眼眶，里面像瞳孔。《说文解字·目部》中如此诠释："人眼。象形。"这是从名词意义上来解释。从动词意义上来看，"目"主要指用眼睛看。《广雅·释诂一》解释："目，视也。"这是从动词意义上来解释。"标"，本意是指树梢，在《说文解字》中有："标，木杪末也。"它后来被引申为事物的枝节或表面，如记号、榜样、旗帜、奖品等。综合"目"与"标"的含义，从词源学来看，"目标"可解释为目之所视的对象，即眼睛所看到的东西。因为，眼睛和所视之对象之间存在一定的距离，行为者要想接触所视之对象就需要采取积极的行动，所以，"目标"的引申意义是指行为者在工作、生活以及学习等各种实践活动中所要达到的标准或结果。由此可见，实现目标的过程是行为者与行为对象目标之间距离不断缩小的过程。

　　"体系"是由"体"与"系"两个字构成。"体"属于形声字。我们也可以从词源学上加以分析。从目前的研究材料来看，它最早出现在战国的文献中，曾有"體""骵"与"躰"等多种写法，后统一为"體"，今为"体"。"体"主要有两种含义：一是名词含义，二是动词含义。从名词含义来看，"体"的本意是指身体，即全身的总称。《说文解字》如此解释"体"："总十二属也。"段玉裁注释："十二属者：顶、面、颐，首属三；肩、脊、臀，身属三；肱、臂、手，手属三；股、胫、足，足属三也。"也就是说，"体"的本意是身体外部可以看见的各个部位的总称，包括头部、躯干和四肢的十二个部分。以后，"体"就被引申为全部、整体，或某些无形、抽象事物的外在总体表现形式等。从动词含义来看，"体"主要是指长成形体。《诗经·大雅·行苇》中有："方苞方体，维叶泥泥。"郑玄曾释："体，成形也。"在这里，"体"即为长成形体之意。"系"，为会意字。甲骨文的字形是上面为"爪"，下面为"丝"，丝悬于掌中而垂下，因而其本意是悬、挂之义。《说文解字·糸部》中有："系，悬也。"后来，它逐渐从动词变为名词，指系物的带、绳，引申为有一定联属关系的东西。综合"体"与"系"的考察，从词源学来看，"体系"可解释为在一定的工作、生活以及学习等各种实践活动中的事物或思想意识相互联系而形成的一个整体。

　　那么，作为目标所构成的体系，即目标体系究竟指的是什么？毕竟，在人类社会的现实生活中，其目标体系都是具体的，如法律目标体系、管理目标体系、质量目标体系、教育目标体系等。不同学科有其不同的研究范围和重点，常常给出了不同的目标体系的定义。一般而言，目标体系是由各种不同目标所构成的具有一定内在联系的整体。在这里，目标体系中的目标，总是由于其彼此之间的内在联系而结合成为一个整体。也就是说，目标体系所强调的是各个目标相互联系、相互作用的整体价值。

由此，我们可以把目标体系的表述加以精确化：如果目标集合满足了两个条件：其一，该集合中至少有两个不同的目标；其二，目标之间通过一定的方式而相互联系形成一个整体；则该集合为一个目标体系。也就是说，两个或两个以上的目标由于其相互之间的内在联系所形成的整体，即为目标体系。

从道德价值论来看，道德价值目标体系是指这样一个目标集合：如果由道德价值目标所构成的集合满足了两个条件：其一，该目标集合中至少有两个不同的道德价值目标；其二，道德价值目标之间通过一定的方式而相互联系形成一个整体；则这种道德价值目标所形成的集合可被称为道德价值目标体系。或者说，两个或两个以上的道德价值目标由于其相互之间的内在联系所形成的整体，即为道德价值目标体系。

根据这种表述，我们可以发现在一个道德价值目标体系之中，总是存在至少两种道德价值目标。如果道德价值目标体系只由两个目标构成，我们可以称之为二元道德价值目标体系。一个道德价值体系由两个以上的多个道德价值目标构成，即为多元道德价值目标体系。从思想实验来推而广之，我们把道德价值目标无限拓展，使之具有无数道德价值目标，即为无限道德价值目标体系。一般而言，为了更好地从社会实践中进行把握和研究，我们把那些关键性的道德价值目标组合在一起而使之形成一个道德价值目标体系。无论是二元道德价值目标体系、多元道德价值目标体系，还是无限道德价值目标体系，都由一定数量的不同道德价值目标所构成。也就是说，一个道德价值目标体系一定是多元化的道德价值目标体系。

在道德价值目标体系中，不同道德价值目标之间存在一定的联系。尽管在一个道德价值目标体系中存在不同的道德价值目标，但是，这些道德价值目标之间并不是彼此完全疏离、毫不相干的，而是彼此之间存在一定的联系。"道德价值目标之间通过一定的方式而相互联系"就是指各个道德价值目标之间存在某种确定性的联系。之所以要称之为道德价值目标体系就在于这些道德价值目标在某些方面形成了内在的确定性联系，而不是彼此无关或可有可无的关系。如果没有内在的确定性联系，道德价值目标体系的研究也就失去了意义。从这个角度来看，一个道德价值目标体系一定是各个目标之间能够构成确定性联系的道德价值目标体系。

另外，各种不同道德价值目标之间形成了体系的整体性。正是由于一个道德价值目标体系，既是多元化的，各个目标之间也是能够构成确定性联系的，因此，各种不同道德价值目标之间形成了体系的整体性。道德价值目标体系，作为一个整体，总是有其整体的构架、范围，从而为人们探讨这一研究领域提供了研究前提。当我们从整体上研究某个道德价值目标时，能够从一个更为广泛的空间，在与其他道德价值目标的比较中，拓展和深化我们原有的研究。而这正是我们使之体系化的研究优势所在。

(二)研究道德价值目标体系的意义

研究道德价值目标体系具有重要的意义。道德价值目标体系的问题是一个事关人的发展与社会的发展的发展方向和发展道路的全局性、长远性以及根本性的问题。探讨道德价值目标体系，在人的发展与社会的发展中具有深远的意义。所谓深远的意义，是指它具有统领性、全面性和前瞻性，能够长期影响和左右人的发展与社会的发展的各个领域。如果我们所处的时代需要一种全新的、赋予我们生活的意义的哲学，一种能够不断引领我们每个人和所处的社会不断自我解放、自我发展的哲学，那么我们可以说：道德价值目标体系一定是整个哲学中的中心内容。什么是我们值得追求的道德价值目标体系？这一问题的深远意义，必将决定我们对人自身的整体理解和对我们周边世界的系统看法。哈特曼认为："人的悲剧在于：一个饥肠辘辘的人坐在摆满佳肴的餐桌前，却无法伸出他的手，因为他看不见他的面前有什么。"[①]道德价值目标体系的提出就是要为人们提供一双洞察自己与社会的眼睛，发现我们的生活世界充满了价值，整个世界富丽堂皇，从而更好地推动人自身的发展和社会的发展。我们可以从它对人的发展和对社会发展这两个方面来探讨其深远意义。

其一，道德价值目标体系对于人的发展具有重要意义。

人的发展是一个漫长的过程。人类自认为自己创造了历史，但人类的历史其实是在各种不同的道德价值目标中展开的。单个的人类个体的基本能力和结构，从遥远的旧石器时代开始一直到今天并没有什么很大的变化，如果一定要说有什么变化，很可能在身体等某些方面甚至出现了退化。但人的精神方面，尤其是道德价值目标的提出与延展方面一直在增强，正是这些精神力量推动了历史，促进了人的发展，让我们从石器时代进入了电与光的时代。道德价值目标体系对于人的发展的意义在于它能协调人的发展、引导人的发展，满足人的精神需要。

---

① [德]哈特曼.《伦理学》导论[M]//冯平. 现代西方价值哲学经典：先验主义路向(下册). 北京：北京师范大学出版集团, 2009：662.

　　毕竟，道德价值目标体系是人为了协调各种关系谋求自身发展所构建的精神目标体系。它能够促使人们彼此之间有效地协作，避免相互伤害，提高生产实践的效率，协调人的发展中的各种关系。不同时代有着不同的道德价值目标体系。早在一两万年前的农业社会中，神是整个道德价值目标体系的核心。神的形象尽管在尼罗河流域、黄河流域各不相同，但都是非常强大的实体，当时已经出现在各种建筑物和人们的服饰上。随着文字和货币的出现，神的形象和力量逐渐落实在各种浩瀚的经典文献中，深入人们的日常生活交往之中。神赋予了世俗统治者道德合法性，构成了神圣道德价值目标体系的核心。埃及法老，并非只是生物上的肉体的形象，而是具有了神的力量，这种力量正是借助了道德的神圣性，通过一种人们内心的想象力而能够把控整个埃及。在中华文明的发展中也是如此。西汉董仲舒的思想很有代表性。"道之大原出于天，天不变，道亦不变。"（《举贤良对策》）"是故仁义制度之数，尽取之天。"（《春秋繁露·基义》）天赋予了统治者的道德正统性。在中国传统社会中，统治者以"天子"自居，承接了神的合法性和道义性。显然，传统社会中的道德价值目标体系，借助了神的力量，形成了一张庞大而绵密的网，把所有的人笼罩其中。出于对神（或天）的"敬""畏"，传统的道德价值目标体系具有至高无上的地位，能够有效地协调人的发展。它能够促使人们彼此之间有效地协作，避免相互伤害，提高生产实践的效率，协调人的发展中的各种关系。因此，在中国传统文化中，人们追求"为天地立心，为生民立命，为往圣继绝学，为万世开太平"，正是秉承了这一思想。传统的道德价值目标体系，由于其认可了人的先天不平等，因而总是以一定的等级关系展现道德价值目标体系。因此，在传统社会中贵族始终居于主导地位，不同等级的人常常有不同的道德价值目标。总的来说，传统的道德价值目标，在协调人的发展过程中，既有好的方面，也有不好的方面。从好的方面来看，把每个人都置于一定的群体之中，每个人都不是孤立无援的，出现困难时必定有人可以伸出援手。从不好的方面来看，人的发展总是处于他人的严密监视之中，每个人都无法逃脱相互的监督和约束。

　　道德价值目标体系不仅能够协调人的发展，而且还能引导人的发展。道德价值目标体系出现在社会实践生活之中，不仅出现在文字上，而且出现在现实中，更为重要的是它深入人的生存和发展的意识之中。它来自社会实践，又高于社会实践，属于应然的层次，以一种鲜明的态度告诉人们追求什么才是值得的，必然具有引领人的发展的重要意义。尽管道德价值目标体系具有一定的抽象性，常常以一种文字的形式出现在书本中，随着文字的流传而发挥其力量，但它影响人的发展的力量不可小觑。因为，它所涉及的是人自以为骄傲的人之为人的道德属性的价值目标。正如赫拉利所说："我们可能觉得书面文字只是用来温和地描述现实，但它却逐渐变得威力无穷。因为它能够重塑现实。"①许多时候，道德价值目标体系和现实社会生活实际之间出现裂痕，甚至冲突，但人们为了高尚的道德价值目标的实现，不得不改变社会现实。而这正好体现了道德价值目标体系在引领人的发展中的重要意义。比如，自近代以来，自由、公正成为道德价值目标的重要指向。世界各国都会把自由、公正作为道德世界中的重要价值指标。任何阻碍人的自由、公正的行为都会受到人们的质疑、批评。南非的种族隔离、肯尼亚部落的女性割礼等都已经成为被改变的社会现实。自由、公正等道德价值目标引导了针对人的发展的认识。在现代社会中，没有人会认为，干涉他人自由、歧视女性属于符合人的发展的道德行为。

另外，道德价值目标体系能够满足人的精神需要。什么是现代人的生活？"答案很简单，只要问问自己'它是否会痛苦'就行了。"②一切都存在于感觉之中。现代社会的最大悲剧之一就是由于沉迷于感觉之中，人的价值洞察力变得迟钝了。"现代人不仅焦躁不安、行色匆匆、迟钝厌腻，而且任何东西都不能激励、触及、占据他最内在的存在。最后他只能以反讽和疲倦来笑对一切。甚至，最终他把自己的道德堕落当成美德。他把无动于衷，无能感觉奇迹、惊讶、热忱和敬重，拔高为有计划的生活习惯，铁石心肠、轻飘飘地掠过一切事情是一种舒适的生活方式。他对自己很满意，摆出来一副优越的架势，借以掩饰自己内在的空虚和匮乏。"③道德价值目标体系的提出是摆脱现代人悲剧命运的最有效的手段之一。它能满足人应有的精神需要。或许在科学教条主义者看来，灵魂、意识等只不过是人的一种神经元的刺激反应，但是人的精神需要意味着人有着不同于其他动物的发现道德价值目标的能力，能够在社会生活中唤醒人自身应该如何生存和发展的价值意识。人的精神需要是人摆脱了人的自然本源的实然状态的标志。其实，人类拥有一双价值之眼，能编织人的生存意义和发展意义。道德价值目标体系是人的一个重要的目光所及之处。人的精神力量正

---

① ［以色列］尤瓦尔·赫拉利. 未来简史：从智人到智神［M］. 林俊宏，译. 北京：中信出版集团，2017：147.
② ［以色列］尤瓦尔·赫拉利. 未来简史：从智人到智神［M］. 林俊宏，译. 北京：中信出版集团，2017：156.
③ ［德］哈特曼《伦理学》导论［M］//冯平. 现代西方价值哲学经典：先验主义路向（下册）. 北京：北京师范大学出版集团，2009：666-667.

是依靠一双"价值之眼"而登堂入室，成为人之为人的象征。不管我们愿意与否，道德价值目标体系都赋予和提升了我们作为人的精神追求，而不是自甘堕落、沦为与畜类为伍。正如德国学者瓦各特·施瓦德勒（Walter Schweidler）所说："我们穿过行动伦理评定的支架，某种意义上像是穿过一双眼睛，从而发现了一种朝向那将我们作为人与所有非人的生物区分开来，并且也将我们和其他所有生物相互连接起来的东西的目光。在好与坏的区分中，在通过这一区分而派给我们的任务中，我们看见了我们的尊严。"①

其二，道德价值目标体系对于社会发展具有重要意义。

道德价值目标体系是人类社会历史发展过程中经验的概括与积淀，同时也是人类社会未来发展的道德价值目标前景的展望。道德价值目标体系是社会发展中的必然产物，也是社会发展的具体呈现。马克思认为，在一个社会的发展中，占统治地位的将是越来越抽象的思想，也就是越来越具有普遍性形式的思想。道德价值目标体系能够向前发展，在社会发展中就是朝着这个趋势发展。真正在一定社会中占据主导地位的道德价值目标体系一定是为社会大众广泛认同、能够对人们的思想观念发展产生重要影响、并对社会发展的走向发挥影响的思想体系。也就是说，道德价值目标体系在社会发展中具有重要意义。它对于社会发展的重要意义主要表现为协调社会发展、引导社会发展、增强社会的凝聚力。

毕竟，在社会发展过程中需要一个宏观指导微观、微观服务宏观的"协调器"，以全面而系统的方式来反映社会发展中不同领域、不同层次的基本诉求。道德价值目标体系根植于人类社会的实践生活，能够充分体现社会发展的道德要求和规范，发挥社会群体的道德主体作用，把应然性与实然性相结合，协调社会发展中不同领域、不同层次的基本诉求。一方面，它能够为社会发展中不同领域、不同层次的基本诉求提供一个协调的平台，实现最大限度的道德价值目标上的共识。道德价值目标体系的生命力，很大意义上并不在于其本身，而在于它考察了各种道德价值目标之间的不同，从中揭示了一定程度的共识。尽管道德价值目标体系在协调社会发展中不同领域、不同层次的基本诉求方面存在一定的限度，不可能实现完全的同一，但它能够在道德价值目标理念上发现协调社会不同领域、不同层次的最大公约数，从而为合理的社会制度的构建提供理论前提。另一

---

① ［德］瓦各特·施瓦德勒. 论人的尊严——人格的本源与生命的文化［M］. 贺念，译. 北京：人民出版社，2017：82.

方面，道德价值目标体系是社会价值目标体系中的核心部分，符合时代精神的道德价值目标体系的提出，能够把社会发展中不同领域、不同层次的基本诉求，整合在一个拥有共同理念的社会制度之中。毕竟，在任何社会中，唯有好的社会价值理念，才能形成好的社会制度设计。道德价值目标体系是社会中所要追求的好的社会价值理念。它能够通过社会制度把协调的作用渗透在社会生活与社会发展的具体的微观方面，从而实现宏观指导微观、微观服务宏观的双向协调意义。

道德价值目标体系能够引导社会发展。道德价值目标体系的本质内核是上层建筑稳定和发展的内在需要。马克思认为，任何社会的发展都是在一定经济基础上的发展，都需要与之配套的上层建筑加以巩固。道德价值目标体系总是需要与一定的社会发展相适应。从这个意义上看，道德价值目标体系是一个社会发展的风向标。由于道德价值目标体系在社会意识形态中表明了它所追求的社会发展是一个怎样的理想发展状态，把哪种社会发展视为善，把哪种社会发展视为恶，因此它意味着对社会发展前景的一种展望，能够引领社会的发展。在中国传统社会中，儒家道德价值目标体系所倡导的"仁""忠""孝"等，体现了传统社会中以天道推出人道、以人道捍卫家国同构的社会秩序，从而促进和引导传统社会的发展。在西方中世纪，天主教道德价值目标体系以上帝为核心所构成的"爱""信""望"等，呈现了试图构建一个永恒的世界性的神的强国的梦想，在促进西欧社会的稳定与发展中发挥了重要作用。自近现代以来，不同的国家、政党都在各自不同的民族文化背景条件下提出各自不同的社会理想，建立了各有特色的经济制度、政治制度，都有其不同的道德价值目标体系，但是，我们可以发现它们都要保证社会的稳定与发展。道德价值目标体系是从善恶的评价方面来引领社会发展的。它是一种价值展望，表明了道德价值目标体系毕竟是从社会现实中发展而来，同时要高于现实，因而要遵循从历史到现实、从现实到未来的指向，它必然要引领社会的发展。可以说，任何社会类型将出现更替都是必然在道德价值目标体系上出现重大变化。没有道德价值目标体系的变化，不可能出现社会类型的转化。唯有出现了道德价值目标体系的变化，才能在新的道德价值目标体系中构建一个新的社会制度。作为社会基本结构的道德价值目标体系，总是先行于这个社会的现实之前。也就是说，一个新的社会类型的出现总是一种从道德价值目标理念、制度到现实的过程。从这个意义上看，道德价值目标体系总是带有引导社会发展的应然特征，更多的是提供了一种社会发展的价值预期。

另外，道德价值目标体系能够增强社会的凝聚力。道德价值目标体系是源于社会现实生活的实践中所达成的某种共识。它体现了人们能够把各种不同的道德价值目标在一定的社会现实生活的实践中加以整合，在不同的价值观念中求同存异，获得尽可能大的范围内的认同，从而增强了社会的凝聚力。一般而言，道德价值目标体系并不局限于个体的发展，而常常着眼于社会发展的整体改善。正如曼海姆所说："如果我们把我们的观察局限于个体发生的精神过程，并且认为这种个体才是意识形态的唯一可能的承担者，那么我们就绝不可能从意识形态的总体上把握在一个既定的历史情境中属于一个社会群体的理智世界的结构。"①毕竟，道德价值目标体系是源于社会现实生活的实践中所达成的某种共识。尽管在一个社会中存在各种各样的甚至对立的道德价值目标，但是其在数量上并不是无限的，也不可能仅仅是个体独断意识的体现，而是在一定具体的社会实践环境中形成并相互补充的。因此，人们能够把各种不同的观点在自己的社会现实生活实践中加以整合。我们可以从历史上发现，符合时代精神的道德价值目标体系总是经历了分化与整合，能够在不同的价值观念中求同存异，获得尽可能大的范围内的认同，从而能够凝聚社会共识。否则，它不可能协调社会发展，也不可能引领社会发展。究其原因，道德价值目标体系在社会发展中属于一种被整合的具有一定广泛性和包容性的目标体系。当然，这种整合不可能是一劳永逸的静态整合，而必然是一种适当的动态整合，不断地从社会实践出发重复诠释那些社会发展中的重要性问题，从而能够获得最大限度的道德价值目标共识，具有了社会凝聚力，促进社会发展。

其实，从当今世界各种意识形态的体系来看，虽然道德价值目标体系只是道德价值方面的一个非常一般的体系，但它可以通过不同的方式加以进一步的具体化。我们可以把道德价值目标体系作为一种考察人的发展与社会发展的指标体系加以运用，人类的发展目标也就可以作为一种标准应用在所有国家中，按照其不同的发展状态进行排序和比较。当然，这需要结合其他学科和国家的实际情况，把道德价值目标体系具体化才行。因此，道德价值目标体系在人的发展和社会发展中具有深远意义，尤其在结合不同学科和具体国家、社会的实际情况时，其意义还可以进一步拓展。

（三）道德价值目标与道德价值目标体系的关系

道德价值目标体系是由至少两个不同的道德价值目标所构成的体系。

---

① ［德］卡尔·曼海姆. 意识形态与乌托邦［M］. 李步楼，等，译. 北京：商务印书馆，2017：87.

道德价值目标与道德价值目标体系之间关系密切。道德价值目标是道德价值目标体系的基础，道德价值目标体系是道德价值目标的布局。道德价值目标体系在很大程度上体现了道德价值论的哲学基础、基本理论以及与之相关的创新。由于道德价值目标是道德价值目标体系的基本构成部分，因此，理解道德价值目标与道德价值目标体系的关系是我们整体上把握道德价值目标体系构建的前提，有助于我们理解道德价值目标如何发展成为道德价值目标体系以及如何提出一套优良的道德价值目标体系。

其一，从内在结构来看，两者之间存在单一性与完备性的关系。

道德价值目标是道德价值目标体系的构成要素，或者说是道德价值目标体系的基本单元。道德价值目标体系由不同的道德价值目标所构成。一般而言，道德价值目标之间所形成的一切联系方式，即道德价值目标体系的内部结构。不同的联系方式在构建道德价值目标体系方面有着或强或弱的影响，我们并不需要考察所有的联系方式，而是要考察那些具有稳定内在联系的方式。从道德价值目标体系的内部结构来看，道德价值目标与道德价值目标体系之间存在单一性与完备性的关系。

道德价值目标体系是一个包含多个目标的复杂体系。在这个存在多种道德价值目标的复杂体系中，不同道德价值目标之间总是按照一定的联系方式组合在一起，但是，每个道德价值目标在这个体系中都具有单一性，即一种个体目标的完整性，有其自身的存在必要性。同时，各个不同的道德价值目标的总和构成了道德价值目标体系，也就是其总和等同于体系本身，形成了一个完备的体系。单一性与完备性是从同一标准来描述道德价值目标与道德价值目标体系之间的关系。如果没有同一标准，道德价值目标的单一性不可能形成体系的完备性。在这种情况下，不同道德价值目标之间很可能出现相互包含的情况。

由此，我们可以发现，道德价值目标体系是由一个个具有单一独立性的目标所形成的完整结构，其内部的不同道德价值目标之间存在必要的逻辑联系。因此，一个良好的道德价值目标体系总是完整的而不是残缺的，具有一定稳定性而不是随时变化的非稳定性体系。

鉴于道德价值目标体系内部结构的不同，道德价值目标体系就有了不同的种类。

从空间结构来看，不同地区有不同的道德价值目标体系，如中国道德价值目标体系、西方道德价值目标体系、印度道德价值目标体系、阿拉伯地区道德价值目标体系，等等。

从时间结构来看，不同历史时期有不同的道德价值目标体系，如古代道德价值目标体系、近代道德价值目标体系、现代道德价值目标体系，等等。

从层次结构来看，层次存在高低之分，道德价值目标体系也有不同层次之分，如高层次道德价值目标体系和低层次道德价值目标体系。

其二，从存在环境来看，两者之间存在封闭性与开放性的关系。

道德价值目标体系总是处于一定的外部环境之中，而其内部的道德价值目标则处于整个体系的内部环境之中。不同的道德价值目标总是存在于一定的道德价值目标体系之中，因而其环境具有一定的封闭性。而作为由各个不同的道德价值目标所构成的体系，由于存在于一个更大的与之相关的环境之中，因而其环境具有相对而言的开放性。从道德价值目标体系的存在环境来看，道德价值目标与道德价值目标体系之间存在封闭性与开放性的关系。

环境既有其恒定性，也有其变化性。有些道德价值目标体系在相当长的时间内都基本不变，这主要是因为其存在的外在环境基本不变。比如传统社会中的道德价值目标体系，由于其基本生产环境与发展能力没有什么变化，因而能够在很长时间内保持不变。但是，彻底不变的环境不可能存在，道德价值目标体系总是会多多少少有些变化。有些道德价值目标体系处于显著的变化之中。比如社会类型出现更替，从传统社会进入近代社会，或从近代社会进入现代社会，处于这种社会类型更替的背景下的道德价值目标体系呈现出多变的特性。应该看到，环境的恒定性与变化性，或者说确定性与不确定性，在道德价值目标体系的构建中既是有利因素，也是不利因素。它既使得符合时代发展的道德价值目标体系成为一种可能，实现了道德价值目标体系自我的发展，也使得如何构建符合时代发展的道德价值目标体系成为一项艰巨的历史任务，形成形形色色的道德价值目标体系的纷争。

另外，环境也提示了道德价值目标和道德价值目标体系各自的边界。处于一定封闭环境中的道德价值目标之间各有其独立的边界，因而各自构成了一个个研究对象，而它们之间又有着相同的环境，因而也就呈现出一定的趋同性。就整体体系而言，环境表明了整体体系自身所需要研究与探讨的范围属于道德价值目标所形成的领域，而内部的不同目标之间的趋同性恰恰体现了彼此之间的必要联系，需要从整体上加以研究。

因此，我们可以发现，道德价值目标体系是随着历史环境条件的发展而发展的，在这个发展中，既有其历史继承而来的稳定的内容，也有需要加以变革的非稳定的内容。一个好的道德价值目标体系是时代性的而非一成不变的，有一定继承性而非突发奇想的体系。它是社会历史环境中生成出来的而不是停滞不前的体系。

鉴于环境因素的重要影响力，道德价值目标体系可以分为封闭性道德价值目标体系与开放性道德价值目标体系。道德价值目标体系在一定的社会历史环境之中，总是与之发展相互影响、相互作用。如果说道德价值目标体系能够主动与社会历史环境之间相互影响和相互作用，那么，这种道德价值目标体系属于开放性道德价值目标体系。当然，也有可能这种道德价值目标体系拒绝与之相互影响和相互作用，只愿意保持原有的体系不变，那么这种道德价值目标体系属于封闭性道德价值目标体系。从历史上看，当一个道德价值目标体系具有生命力时，常常是开放性的，而一旦故步自封，失去其存在合理性时，常常是封闭性的。因此，把道德价值目标体系划分为开放性与封闭性的两种体系是我们判断道德价值目标体系自身存在的合理性依据之一。

其三，从形成的功能来看，两者之间存在独特性与多样性的关系。

无论是具体的道德价值目标，还是由此构成的道德价值目标体系，都是有其各自的功能，也就是它们能够引起其周边环境中的事物发生一定的变化。每种具体的道德价值目标都有其独特的功能。而由多种不同道德价值目标所构成的体系则在此基础上能够综合多种功能，从而呈现出多样性功能。因此，从形成的功能来看，道德价值目标与道德价值目标体系之间存在独特性与多样性的关系。

道德价值目标与道德价值目标体系的功能关系，与其结构和环境有关。一方面，道德价值目标与道德价值目标体系的结构直接决定了它们各自的功能。这似乎告诉我们结构决定了功能。其实，这很容易形成误解，似乎只要把道德价值目标组合起来，就可以产生其相应的功能。在人类道德生活实践中，道德价值目标之间的结构需要是合理的，才能产生相应的正面功能，否则很可能相互抵消，甚至形成负面功能。另一方面，道德价值目标与道德价值目标体系的环境也对它们的功能产生影响。如果环境对其功能的发挥有利，其功能就容易发挥，否则会不利于功能的发挥。因此，道德价值目标与道德价值目标体系的功能关系也同其存在的环境有着密切的关系。

因此，在道德价值目标体系的构建中不能不细致考虑内在结构与外在环境。如何根据外在环境来提出不同的具体的道德价值目标，把各种道德价值目标组合成一个体系，是其功能得到发挥的重要因素。根据社会历史发展的实际情况，提出不同的道德价值目标，试图把各种目标恰当组合成为体系，并指导道德生活实践，发挥其功能，既是价值目标的预设过程，也是价值目标的生成过程。从这个角度来看，一个优良的道德价值目标体系不仅具有前瞻性，而且还具有现实性。它是预先所提出的，但并不是仅仅停留在头脑中的依靠想象而存在的乌托邦，而是来源于现实并存在于现实中，指导人们的社会现实生活。如果没有这种前瞻性的预设，没有现实性的作用，道德价值目标体系也就难以真正发挥其功能。就此而言，一个优良的道德价值目标体系是一个不断构建、发展和完善的体系，力求前瞻性与现实性有机结合。

综合上述，关于道德价值目标与道德价值目标体系关系的观点，道德价值目标与道德价值目标体系之间存在内在结构的单一性和完备性、存在环境的封闭性与开放性、存在功能上的独特性与多样性。由此，一个优良的道德价值目标体系需要结构上的完整性、稳定性，环境上的时代性、继承性，功能上的前瞻性、现实性。

二、道德价值目标体系的历史演变

道德价值的根基深深地扎根在历史的土壤之中。对道德价值各种活动的理解与认识总是随着时代的发展而发展。正如马克思指出，任何哲学概念，"充其量不过是从对人类历史发展的考察中抽象出来的最一般的结果的概括。这些抽象本身离开了现实的历史就没有任何价值"①。道德价值活动中的目标与人们的道德价值的社会实践活动有着密切的关系。不同时代不同社会的道德价值的目标指向总是有其不同的内涵。从这个意义上看，道德价值目标体系是一个历史范畴。它所包含的各个具体目标的内容是随着历史的演进而不断丰富和发展的。因此，要探讨当代道德价值目标体系的构建需要理解和掌握以往的中西方道德价值目标体系，在把握其发展规律的基础上才能理解我们如何构建当代道德价值目标体系。

（一）中国传统道德价值目标体系的内涵

中国是一个有五千年历史的国家，道德价值文化源远流长。中国道德价值目标所形成的体系与其自身的社会环境、自然环境有着密切的关系。

---

① ［德］马克思，恩格斯. 马克思恩格斯文集（第 1 卷）［M］. 北京：人民出版社，2009：
526.

中国社会的政治制度、经济制度以及文化状态构成了中国自身的社会环境。而这种环境又是在中国特有的自然环境中演变发展而来的。随着社会环境的发展与变化，中国道德价值目标体系经历了从传统道德价值目标体系到当代道德价值目标体系构建的转变。

尽管中国古代没有价值一词，但有着丰富的道德价值目标的思想内容。中华民族从夏朝开始进入文明时代，经历了商、周时期，逐渐形成了自身的道德价值观念，其中就包括道德价值目标。在这一时期，"上帝""帝""天""天命""天意""神"等观念占据统治地位。春秋战国时期是中国历史上的社会大变革时期，土地私有制取代了井田制，周王朝力量衰微而诸侯相争，即所谓"天下无道""礼崩乐坏"。在这一时期，由于思想文化没有禁锢而出现了"百家争鸣"的空前繁荣的局面。儒墨道法等诸子百家各自提出了自己的道德价值目标。先秦的百家争鸣几乎把中国传统道德价值论中的主要范畴都提炼了出来，形成了自成特色的道德价值目标体系。这一时期可以被称为多元道德价值目标体系的时代。这一时期思想上的争鸣是形成思想繁荣的一个重要原因。正如柳诒徵所说："故诸子之学，固皆角力不相下，然综合而观之，适可为学术演进之证。其所因于他人者，有正有反，正者固已穷极其归宿，反者乃益搜集其剩余，而其为进步，乃正相等也。"①先秦诸子在道德价值目标方面的思想深刻地影响了中国传统道德价值目标体系的发展。

自秦汉以后，随着自然经济、家族宗法等级制度和中央集权政治的确立，中国的封建社会得以巩固与发展。儒家思想适应了封建社会的社会结构和生产方式，或者说符合了统治者的长治久安的需要，从而成为统治阶级的正统思想。自汉武帝决定"罢黜百家，独尊儒术"，把儒家思想定于独尊后，尽管儒家在其历史发展过程中不断受到来自道、佛等思想的挑战，但始终保持其正统地位。同时，也正是由于道、佛等思想的外部挑战，促使儒家思想不断发展和完善，形成了一整套完整的思想体系。因此，儒家思想成为中国传统文化思想的主轴。儒家道德价值观是儒家思想中的重要内容，有其自身的道德价值目标体系。作为正统的意识形态的儒家道德价值观，与原始儒家思想相比有了很大的发展。这种发展是随着时代的发展而不断自我更新的结果。儒家的道德价值目标主要包括以下几个方面，并形成了一个维护"君统"和"宗统"的道统价值体系。

其一，捍卫天理是最为基本的道德价值目标。

---

① 柳诒徵. 中国文化史(上)[M]. 北京：东方出版社，2008：275.

天在中国传统文化中不仅是自然之天，而且更为重要的是义理之天或道德之天。天是宇宙万物之间一切的主宰，是神圣的道德权威，人的所作所为都要符合天，即所谓天人合一。儒家道德来源于天，并服务于天。西汉董仲舒借助天人感应和阴阳五行的理论，把孔子的"君君臣臣父父子子"发展成为"三纲"，即"君为臣纲、父为子纲、夫为妻纲"；还提出了"五常之道"，即"仁、义、礼、智、信"。他认为，"王道之三纲，可求于天"（《春秋繁露·基义》），"五常之道"是"王者所当修饬也"（《举贤良对策一》）。在他看来，天子受命于天，违反"三纲五常"就是逆天而行。宋代"二程"把《礼记·乐记》中的"天理"发展成为宇宙万物的本源，认为"三纲五常"是"天下之定理，无所逃于天地之间"（《遗书》卷五）。之后，朱熹的"理学"和王阳明的"心学"，援佛入儒，从天理出发，分别从客观唯心主义和主观唯心主义，以更为精细的思辨方式论证了君权的至高无上及其专制统治（君统）的神圣性和永恒性。遵守"三纲五常"等道德要求，就是顺应天或天理，否则就是大逆不道，应接受惩罚。

其二，崇尚公义是重要的道德价值目标。

公义是中国传统文化中重要的道德价值。儒家认为之所以出现社会混乱，就在于公私不清、义利不明的邪说横行。社会中，一些人的私欲战胜了公理，见利忘义，因而社会出现混乱。因此，儒家力主公私之辨、义利之辨。在公私之辨中，主张"立公去私""至公无私"，认为"天理"就是"公心"，"人欲"就是"私心"，要"存天理，灭人欲"。在义利之辨中，认为"出义则入利，出利则入义"（《遗书》卷十一），要"去利怀义""见利思义""贵义贱利"。由于个体直接与私、利有关，而群体直接与公、义有关，因此，在群己关系中，儒家重视群体价值，轻视个体价值。儒家积极追求一种整体性的道德价值目标。

其三，维护等级是重要的道德价值目标。

中国传统社会中注重等级划分。早在《左传·昭公七年》中就有："天有十日，人有十等。下所以事上，上所以共神也。故王臣公，公臣大夫，大夫臣士，士臣皂，皂臣舆，舆臣隶，隶臣僚，僚臣仆，仆臣台。"在这里，王、公、大夫、士、皂、舆、隶、僚、仆、台是明确的等级划分。等级是中国传统文化中道德的重要价值理念。中华文明是从家到国而进入文明社会的。家国相通，家是缩小的国，国是放大的家。因此，中国传统社会形成了以宗法血缘关系为特色的等级制度（宗统）。随着封建时代的出现，原有的氏族宗法体制解体，取而代之的是家族宗法等级体制。在漫长的封建社会中，家庭成为社会基本单位。家庭依附于家族，是劳动力的重要来源，维持国家的稳定与发展。因此，国家必然认同家族宗法等级制度。从儒家的"三纲五常"来看，儒家传统道德"列君臣父子之礼，序夫妇长幼之别"，强调个体服从家族的义务，维护了宗法等级制度，因而得到统治者的大力支持。从封建时代流行的各种家训、家规，如《颜氏家训》《朱子家训》等来看，其中所宣传的儒家道德都或多或少直接为宗法等级制度服务。等级在中国传统道德中具有重大价值。由此，我们也能明白为何儒家道德得到封建统治者的大力扶持。毕竟，儒家道德能够深入社会的基本细胞组织——家庭之中，通过家庭稳定家族，再通过家族稳定国家。借助《大学》中的用语而言，即"天下之本在国，国之本在家"，"家齐而后国治"，"修身、齐家、治国、平天下"。

其四，推行教化也是重要的道德价值目标之一。

教化在中国传统道德文化中具有重要价值。为了更好地稳定社会，儒家道德价值目标中的一个重要内容就是实施教化，通过道德教育与道德修养，培养人的自我认同能力和自我坚守能力。因此，中国传统儒家道德有着丰富的教化资源。教化主要包括"教"与"化"两个方面，即通过社会和国家的"教"，把道德观念传授给社会成员，同时让社会成员自觉地接受，"化"为一种自觉的义务。教化是道统捍卫君统与宗统的重要价值体现。推行教化主要通过忠、孝等道德理念的"教"与"化"来实施，把家与国有效地整合，从而更好地实现社会的长治久安。

其五，追求至善是最高道德价值目标。

儒家道德价值的终极目标是追求至善。至善属于儒家最高道德价值。儒家所重视的仁、礼等道德要求，都是一种善，或至善的一部分。荀子在《礼论》中阐述了要把善作为应该追求的道德价值目标。他说："故古者圣人以人之性恶，以为偏险而不正，悖乱而不治，故为之立君上之执以临之，明礼义以化之，起法正以治之，重刑罚以禁之，使天下皆出于治、合于善也。"在荀子看来，推行礼义等要"合于善"。儒家典籍《大学》在诠释大学之目标时明确指出："大学之道，在明明德，在亲民，在止于至善。"朱熹在《四书章句集注·大学章句》中解释："止者，必至于是而不迁之意。至善，则事理当然之极也。"显然，如果没有至善这个终极目标，儒家道德价值目标无法构成一个整体，无法完成道统、君统、宗统的三者统一。由此可见，关于至善所构成的道德价值目标体系，从形而上来看，就是要论证符合天或天理；从形而下来看，就是要崇尚公义、捍卫宗法等级、实现相应的教化，为道统君统、宗统服务。

中国传统儒家道德价值目标体系，上承两汉，下至明清，以追求至善为最高目标，辐射于立国、治国、人的发展等多个方面，从道统与君统、宗统的关系中全方位地维护封建社会的整体利益。然而，随着封建社会的逐渐衰落，维护其利益的道德价值目标越来越不适应时代精神的发展，逐渐成为束缚社会发展和人自身发展的枷锁。自明代中叶之后，它不断遭到李贽、黄宗羲、顾炎武等启蒙思想家的批判。李贽反对"以孔子之是非为是非"（《藏书》卷一），揭露道学的虚伪性。黄宗羲提出"天下为主，君为客"（《明夷待访录·原君》），直接批判君主专制制度。顾炎武则呼吁"以天下之权，寄天下之人"（《日知录·守令》），体现了早期的民主启蒙思想。自近代以来，西方的"坚船利炮"打开了中国的国门，中国社会呈现"数千年未有之大变局"，即传统社会逐渐向现代社会转变。随着封建生产关系向近现代生产关系、封建制度向民主共和制度的转变，西方的"人权""平等""功利""自由""民主"等思想涌入中国社会中，传统道德价值目标体系不断被反思和解构，追求"个性解放"和"个性自由"成为中国近现代社会中价值变革的主旋律。如何建构符合时代发展的道德价值目标体系成为一个时代主题。

（二）西方道德价值目标体系的历史考察

西方道德价值文化源远流长，一直可以追溯到古希腊时期。古希腊是西方文化的摇篮。正如恩格斯所说："在希腊哲学的多种多样的形式中，几乎可以发现以后的所有看法的胚胎、萌芽。"①尽管 18 世纪时休谟才明确地首先把价值与事实相区别开来，19 世纪时洛采才把价值作为哲学中加以专门研究的重要内容，但这并不意味着西方道德价值文化只能从 18、19 世纪开始。古希腊作为西方文化的发源地，蕴含了丰富的道德价值文化资源，并直接影响了以后西方道德价值目标体系的发展趋势。

古希腊时期没有价值这样的具体词汇，但价值、道德价值的意识已然存在。大约公元前 8 世纪，古希腊已经在农业技术、手工业技术和城邦工商阶级兴起的基础上确立了城邦制。当时流传在城邦中的《荷马史诗》已经开始以神话的形式思考人生的命运以及是否值得的问题。苏格拉底完成了自然哲学向人生哲学的转变，把哲学从天上拉回人间，第一次让人们关注人自身的价值生活。他提出，未经审查的生活是不值得过的。他把善作为自然与自我统一的基础。道德价值的首要目标就是追求善的生活。苏格

---

① ［德］马克思，恩格斯. 马克思恩格斯文集（第 9 卷）［M］. 北京：人民出版社，2009：439.

拉底还认为，追求善的生活就是要获得善的知识。无知的人不可能过上幸福的生活。他提出"美德就是知识"。柏拉图把苏格拉底的道德价值学说从人生推广到整个宇宙，构建了一个以善的理念为核心的目的论理论体系。柏拉图认为，善的理念是一切理念中的最上层的理念，即最高的善或至善。作为理念世界中的道德的理念，其目标首先就是至善。亚里士多德是古希腊各派道德价值思想的总结者与概括者。他认为，万物都有其目标，都要实现一定的目标，由此形成了一个目标体系。最高的目标是实现至善。道德的最高价值目标就是达到至善，或者被他称为幸福。他理解的幸福不同于柏拉图，不仅包括高尚精神上的追求，而且还包括健康的身体与必要的财富。亚里士多德认为追求自由是道德价值目标。道德的价值目标在于人的意志自由的选择与实践，没有自由就没有道德。在他看来，做出一个道德行为，也就是做出一个自由选择的行为，展现了人的自由目标取向。亚里士多德还认为，公正是一种涉及人与人之间关系的美德，是城邦管理中的善。亚里士多德的道德价值目标体系思想是以往古希腊道德价值思想的继承与发展，显得更为合理、深刻，在西方道德价值目标体系的建构中占据重要地位。

如果说，古希腊时期的道德价值目标体系主要是追求现实社会中的目标，那么，随着中世纪的到来，西方道德价值目标体系开始了追逐神圣社会中各种目标的征程。基督教神学道德是基督教神学中的重要组成部分，其道德价值目标体系的构建有神圣性的特征。基督教神学道德的首要价值目标是皈依上帝或神。神学道德的主要价值目标就是为上帝服务、为上帝增添荣耀。在中世纪，即西方封建社会中，以上帝为轴心、以天国为指向、维护等级秩序的神学道德价值目标体系一直在西方社会道德价值观念中占据主导地位。

自文艺复兴和资产阶级革命之后，随着市场经济、民主政治制度的确立，欧洲进入近现代社会，即资本主义社会。西方近现代道德价值目标体系是在传统社会道德价值目标体系的基础上发展而来的。它适应了资本主义社会的社会结构和生产方式，或者说符合了这一时期统治者自身利益的需要，从而成为社会的主导思想。从表面来看，西方近现代社会道德价值目标体系是对中世纪神学道德价值目标体系的颠覆，是对古希腊追求现实幸福的道德价值目标体系的回归。其实不然，西方近现代道德价值目标体系是建立在市场经济与民主政治制度的基础上的，中世纪神学道德价值目标体系与古希腊追求现实幸福的道德价值目标体系尽管有所不同，但都是建立在自然经济基础上的产物，都属于传统社会中的道德价值目标体系。

近现代道德价值观念经过了数百年的积累，已经成为一座重要的思想宝库，其中流派众多、异彩纷呈，其道德价值目标主要包括以下几个方面，并形成了一个追逐个体利益的世俗化道德价值目标体系。

其一，捍卫个人权利。

西方道德的重要价值目标之一就是捍卫个人权利。个人权利在西方道德文化中具有重要价值。西方近现代道德价值观源于市场经济的兴起与发展。市场经济的基本形态就是追求利润最大化的多元主体之间的商品生产与交换。在这种社会化的商品生产与交换中，需要市场主体自我决策、自我经营和自我负责。也就是说市场经济的顺利运行需要个体的自愿选择、平等相待、契约议价、私有财产不受侵害等个体权利的存在。资本主义之所以要颠覆封建社会就在于封建社会的等级制度严重束缚了经济的发展。并不是封建社会中不讲个人权利，而是他们所讲的个人权利来自国王的应允，或者说来自统治者特权的许可，并不是普遍性平等的个人权利。近现代社会中的个人权利，来源于自然法。近代自然法学家们提出了"天赋人权"说或"自然权利"说。洛克指出："自然法是所有的人、立法者以及其他人的永恒的规范。他们所制定的用来规范其他人的行动的法则，以及他们自己和其他人的行动，都必须符合于自然法，即上帝的意志，而自然法也就是上帝的意志的一种宣告，并且，既然基本的自然法是为了保护人类，那凡是与它相违背的人类的制裁都不会是正确的或有效的。"①在他来看，合不合于道德规范就在于是否遵循自然法，道德的价值就在于保护人的基本权利。在现代社会中，保护个人的基本权利已经被写入世界各国宪法之中。比如，美国《宪法》的十条修正案，专门规定了公民个人的言论自由，出版自由，人身、住宅、文件和财产等不受侵犯的权利。在近现代社会中，道德的重要价值目标之一就是为保护个人权利而进行善恶判断，赞扬保护个人权利的行为，谴责侵犯个人权利的行为。一个有道德的人在近现代社会中就是一个能够认识到自己与他人一样具有同等的生存权、尊严权、人格权等个人权利的社会成员。道德从道义上对这些个人权利进行保护，认可了它们的存在价值，实际上论证了近现代国家构建的正当性。

其二，追求个人自由。

个人自由可以说是一种个人权利，而且是一种非常重要的个人权利，但不能把它仅仅局限于个人权利，比如意志自由，属于个人自己所能控制的范围，任何人或社会都不可能给予或取消这种个人自由。自由是一个非

---

① ［英］洛克. 政府论（下册）［M］. 叶启芳，瞿菊农，译. 北京：商务印书馆，2017：85.

常广泛的概念。究其近现代以来的基本含义而言，法国《人权与公民权利宣言》曾如此表述："自由就是指有权从事一切无害于他人的行为。"①它赋予个人在一定领域按照自己的意愿行动的权利。不同的领域，就有不同的自由。近现代社会中所探讨的个人自由主要是政治自由和经济自由。个人的政治自由和经济自由既是颠覆中世纪封建等级社会的要求，也是资本主义社会构建的基础。尽管不同学派在阐述个人自由时有所不同，但都将其作为理论的主旨，只是论述角度不同。自由主义者把个人自由作为其理论的前提，认为个人具有相对于社会的先在性；社群主义者把个人自由作为共同体自由之中的自由，认为共同体具有相对于个体的先在性。自由主义者的个人自由的确立，意味着个体自由具有不可剥夺的优先性。社群主义者的共同体自由的确立，意味着共同体的善具有优先性，个体自由只是共同体自由的构成部分。社群主义的关于个人自由的思想并不是反对个人自由。正如龚群教授所说："纵观西方近代以来的社群主义思想家，没有一个不强调自由、不追求自由。但是，自由应当怎样实现？自由实现的社会哲学基础在哪里？以洛克为代表的自由主义者和以卢梭、黑格尔为代表的社群主义者有着相当不同的回答。强调共同体至上，同时使个人自由必然在其中实现，黑格尔给出了这一派别的最好的回答。"②道德是以个体的自律为前提，自律是人的自由的一种表现。道德价值一定以个体自由为前提。它展现了人在道德行为选择上为何这样做而不那样做的价值之所在。从这个意义上说，道德价值目标之一是追求个人自由，自由具有重要的道德价值。尤其在近现代社会中，西方道德文化一直强调个体权利的价值，要求保护和捍卫个体权利。个人自由是个体权利中的重要内容。因此，道德价值目标体系中必然包括捍卫个体自由。个体自由是近现代社会的道德价值目标体系中的重要组成部分。

其三，崇尚个性解放。

崇尚个性解放是西方道德价值目标。毕竟，个性解放是西方近代以来的重要道德价值之一。个性解放就是一切诉诸人性，让个人不可剥夺的基本权利，如个人自由、个人尊严、个人幸福等得到充分解放。个性解放具有鲜明的解放人性的道德价值。它是资产阶级反对封建等级专制时期所提出的口号，一直贯穿于近现代资本主义社会的发展历程。它是人类进入文

---

① ［德］格奥尔格·耶里内克.《人权与公民权利宣言》——现代宪法史论［M］. 李锦辉，译. 北京：商务印书馆，2013：60.
② 龚群. 自由主义与社群主义比较研究［M］. 北京：人民出版社，2014：89.

明社会后，在一定社会阶段中必然会发生的社会现象。从人性论出发，必然要在个人主义基础上追求自我的个性解放。个性解放彻底否定了中世纪神学和封建专制对人性的压抑，体现了个人获得政治利益、经济利益以及思想独立的强烈愿望。它在促进人的自我解放和人的自由方面发挥了重要作用。可以说，没有个性解放，就没有近现代资本主义社会的产生与发展。个性解放所解放的是被束缚的人性，展现了人要过符合人性的生活。道德价值基础之一就是人性论，其目标就是要追求符合人性的生活。唯有符合人性的幸福生活才是值得追求的幸福生活。自近代以来，以康德、黑格尔为代表的理性主义伦理学家们从人的理性角度探讨人的幸福生活，而以边沁、密尔为代表的经验主义伦理学家们从人的趋乐避苦的感性角度探讨人的幸福生活。无论是理性主义还是经验主义，都是把符合人性的生活作为幸福生活的基础。从现代社会来看，个性解放很大程度上表现为追求个人的享乐，其结果是享乐主义盛行，成为西方现代人的共同追求。人们普遍追求旅游、休假与娱乐，"四 S 模式"，即 Sea 海水、Sun 阳光、Sand 沙滩、Sex 美女，成为一种时髦的生活方式。正如丹尼尔·贝尔（Daniel Bell）所说："现代社会的真正革命在 20 年代便降临了。当时的大规模生产和高消费开始改造中产阶级的生活。实际上，讲究实惠的享乐主义代替了作为社会现实和中产阶级生活方式的新伦理观，心理学的幸福说代替了清教精神。"①追求符合人性的道德价值观念，从挣脱压抑的人性开始，最终，人性中感性自我极度膨胀，酗酒、自杀、毒品成瘾、高离婚率等成为严重威胁西方社会稳定与发展的社会问题。道德上所肯定的人性解放的目标，最终从正面价值转向了自己的反面。作为近现代社会中道德价值目标的个性解放，重要的在于解放个性中的什么、如何解放，否则就有可能误入歧途。如果说个性解放促进了西方社会中民权运动、女性主义的进步与发展，有其正面价值，那么个性解放中感性自我的过度膨胀所带来的享乐主义则带来了必须加以解决的社会问题。尽管如此，追求个性解放一直是西方近现代社会中道德价值目标体系中的重要内容。

其四，谋求资本增值。

谋求资本增值是西方道德价值目标之一。资本增值在西方道德文化中含有道德价值。西方近现代社会是建立在市场经济基础上的资本主义社会，即被资本统治的社会。谋求资本增值是整个社会得以发展的重要力量

---

① ［美］丹尼尔·贝尔. 资本主义文化矛盾［M］. 赵一凡，蒲隆，任晓晋，译. 北京：生活·读书·新知三联书店，1989：122.

源泉。就个体而言，任何社会中的人都追求自己的利益，这属于一个客观事实，西方近现代社会不同于传统社会的地方在于它从不把利己、赚钱视为邪恶的、不道德的，而是把利己、赚钱作为一种具有道德价值的行为或观念，认为人人都应该如此。这也是资本主义社会唯利是图、道德生活日益衰败的原因之一。在传统社会中，利己、赚钱被认为会降低人的道德品质，从而受到批评甚至抨击。然而在近现代社会中，利己、赚钱不仅为社会所认可，而且还被大力提倡，成为一种道德行为。道德的价值目标之一就是帮助你获得最大个人利益、赚取更多的金钱，实现资本增值的最大化。如果你没有实现资本增值，那就是没有实现道德的价值目标，缺乏道德价值，属于一件道德上可耻的事情。马克斯·韦伯认为，在资本主义社会中，合理合法地利己、赚钱是人的责任。他把这种责任称为资本主义精神，把这归结为新教伦理的影响。新教的主要教义是："上帝应许的唯一生存方式，不是要人们以苦修的禁欲主义超越世俗道德，而是要人完成个人在现世里所处地位赋予他的责任和义务。这是人的天职。"①上帝已经为每个人安排好了自己的工作。合理合法地努力获得最大个人利益，赚更多的钱，是在为上帝尽自己的责任。在资本主义社会中，资本主义社会的经济制度和新教伦理都要求把资本增值作为道德价值目标。资本越增值，越符合上帝的要求，越具有道德价值。或者说，最具有道德价值的行为，就是最符合上帝要求的行为、最能实现资本增值的行为。在资本主义社会中，人们将利己、赚钱视为一种道德价值目标，也视为一种道德责任。如果社会的道德规范要求不能为资本增值摇旗呐喊，就失去了应有的存在价值。

其五，追求民主与法治。

追求民主与法治是西方道德价值目标。如果说追求个人权利、个人自由、个性解放等，都是个体道德的价值目标，那么追求民主与法治则是社会道德的价值目标。近现代西方社会脱胎于中世纪封建等级制社会，反对贵族专制与特权，因而其道德价值目标转向追求民主与法治。尽管早在古希腊时期已经有了关于民主与法治的萌芽，但唯有到了近现代西方社会才有了关于民主与法治的较为完备的样式。资本主义社会的民主把古希腊的直接民主发展成为代议制民主，进行政治统治，让人民按其意志来协调各方利益，避免社会内部斗争而出现崩溃。其法治突出了法律的独立性，贯

---

① ［德］马克斯·韦伯. 新教伦理与资本主义精神［M］. 于晓，陈维纲，译. 北京：生活·读书·新知三联书店，1987：59.

彻立法、司法、行政三权分立、相互制约，确立了法律面前人人平等的观念。由于资本主义社会的民主与法治是以私有制为基础的民主与法治，难以摆脱理想与现实之间的矛盾，容易导致民主与法治的服务对象偏向于少数有产者，因而遭到马克思、恩格斯的批判。尽管如此，资本主义社会的民主与法治相对于传统社会而言，能够维护社会的稳定与发展，究其原因，就在于社会成员认可了民主与法治，并把这作为构建一个组织秩序良好的社会的重要手段。也就是说，社会成员的素质是其存在的重要条件。威尔·金里卡（Will Kymlicka）、罗伯特·普特南等把这称为公民资格理论，认为公民有了相应的民主、法治素质，即所谓公民资格，才能实现社会的民主。在他们所谈论的素质中，道德素质，就是公民资格中一种不可缺少的关键要素。"公民品德与公民身份对于民主政治是重要而独立的要素。"①正是公民品德与公民身份使他们不是封建时代的"臣民"，能够支撑起民主与法治的目标。的确，如果公民或社会成员缺乏近现代社会中的友爱、同情、信任、正义感、勇敢、守法、尊重他人等道德素质，那民主选举的正常进行只会是空话，民主与法治的目标难以实现。在近现代社会中，道德价值体现在维护民主与法治的目标。它是通过社会成员的道德素质来捍卫社会秩序以及渗透于社会政治制度和法律制度之中，以此来实现其目标。

总的来说，西方道德价值目标体系的历史发展与中国传统道德价值目标体系一样源远流长。道德价值目标在不同时代有不同的侧重点。它并不是仅仅局限于某个具体生活领域之中，而是渗透于人类的各种生活实践领域之中。在此，只能大致探讨中西方道德价值目标体系中的主要的具有代表性的内容。

（三）中西方道德价值目标体系的反思

中西方道德价值目标体系都经过了一个漫长的历史发展过程。它们在各自社会发展与人的发展中发挥了重要作用。在这一历史演变过程中，中西方道德价值目标体系存在明显的差异。当然，其中也存在着相同或相通之处。考察和分析中西方道德价值目标体系的异同，有助于推进当代道德价值目标体系的构建。鉴于中国道德价值目标体系的历史发展主要涉及中国传统道德价值目标体系，因此，在这里主要比较中国传统道德价值目标

---

① ［加拿大］威尔·金里卡. 当代政治哲学（下册）［M］. 刘莘，译. 上海：上海三联书店，2005：286.

体系与西方道德价值目标体系的异同。

中国传统道德价值目标体系与西方道德价值目标体系之间的差异主要表现在如下几个方面：

其一，从道德价值目标体系的主轴来看，中国传统道德价值目标体系强调整体价值目标，西方道德价值目标体系强调个人价值目标。

中国传统社会经历了数千年的发展，始终把社会整体作为道德价值目标的主轴。所谓社会整体是指社稷、国家，即所谓"公"。罗国杰把这种追求社会整体的道德价值取向称为重整体精神，"代表了中国传统文化和民族心理的最高价值，一切价值目标都以是否能与其相一致为唯一标准"①。中华文化采取了家国同构的模式，因而在"亲亲尊尊"中注重社会整体的需要，把社会整体作为价值主体，道德最为重要的价值目标就是要捍卫这种社会整体的利益。从这个角度来看，社会整体具有形而上的意义，传统的道德价值目标都只能以此为圭臬，只有在它的基础上才有存在的价值和意义。因此，在中国传统文化中，维护国家、社会的利益占据最高的地位。由于君主或皇帝是国家的代表，因而忠于国家、维护社会整体利益就演变为忠于君主。个体只有在尊重和服务于社会整体的需要中才有其价值所在。中国传统道德价值目标体系重视社会整体的存在和发展，培育了中华民族的爱国主义精神，对民族的整体发展具有重要的价值引领作用。但是，个人在这种道德价值目标体系中无法成为一个独立的价值主体，没有独立的评价道德价值所处的地位。正如梁漱溟所说："假若你以'个人主义'这句话向旧日中国人去说，可能说了半天，他还是瞠目结舌、索解无从。因为他的生活经验上原无此问题在，意识上自难以构想。"②在这种道德价值目标体系中，与社会整体的利益相比，个体的自由、尊严与价值等微不足道。同时，这也带来了以社会整体需要来压制个体正当需要的极权专制制度的发展，为现代中国社会中道德的民主价值的实现带来了严重阻碍。

与中国传统社会不同，西方社会的道德价值目标体系强调个人价值。尽管有少数西方思想家重视社会整体价值目标，但从总体上说，西方社会的道德价值目标体系是以个人本位为基础的。道德的价值基础在于个体的快乐、幸福或功利等方面的需要。他们从个体的人的角度出发考察社会问题。在古希腊时期，且不说智者学派提出"人是万物的尺度"，柏拉图、

---

① 罗国杰. 中国伦理思想史(上卷)[M]. 北京：中国人民大学出版社，2008：18.
② 梁漱溟. 中国文化要义[M]. 上海：上海人民出版社，2008：58.

亚里士多德等人都是把德性的目标的实现归结为个体本性或功能的实现。中世纪时的道德价值目标体系以上帝为轴心、以天国为指向、维护等级秩序所构建的，其最终还是以个人进入天国、获得神学幸福为最终目的。文艺复兴时期的道德价值目标更是以个人主义作为张扬个性、反对封建神学的旗帜。自近代以来，思想家们倡导个人权利、个人自由、个性解放等道德价值目标，形成了追求个人利益的道德价值目标体系。在这种追求个人价值目标的西方传统中，个体的人是中心，是目的，具有最高价值。正如托克维尔所说："个人主义是一种只顾自己而又心安理得的情感，它使每个公民同其同胞大众隔离，同亲属和朋友疏远。因此，当每个公民各自建立了自己的小社会后，他们就不管大社会而任其自行发展了。"①个人主义的最高理想，是个人为他自己而发育成长。个人主义者的道德价值观表明，如果道德不能提供个人自身价值实现的指向，就缺乏道德价值。在西方现代社会中，自由主义者毫不掩饰地坚持个人价值观。即使西方社群主义者认为个人应"服从"社群，但仍然把个人的自由意志或个体性作为第一前提，其实仍然是个人价值立场。因此，在西方道德价值目标体系中，社会不过是实现个人目的的手段，个人价值才是社会整体价值的基础。西方道德价值目标体系重视个体价值目标，充分肯定个人的主体性，激发了个人的创造性和积极性，无疑在历史上和现实中都具有十分重要的意义。但过度的个体自我的膨胀也带来了个体与社会的尖锐对立和极端利己主义的流弊。个人至上，个人本身就是目的，漠视社会整体的利益，已经成为西方道德生活实践中迫切需要解决的问题。

其二，从道德价值目标体系的方向来看，中国传统道德价值目标体系强调精神和道义价值目标，西方道德价值目标体系强调物质和功利价值目标。

中国传统文化认为，人与动物的根本不同在于人的道德性。这一点不同于西方文化。在西方文化中，主要把人视为理性的动物，认为人有理性而动物缺乏理性。因此，西方文化被视为一种知性文化。正是由于中国传统文化把人的道德性作为人与动物的根本区别，因而中国传统文化被视为一种道德文化。在中国传统社会的漫长发展历史中，重视人的道德性，追求人的精神境界，注重人应该承担的道义或责任，一直贯穿于中国传统儒家道德价值目标体系之中，成为中国传统社会道德价值目标体系发展的主

_____

① ［法］托克维尔. 论美国的民主（下卷）［M］. 董果良，译. 北京：商务印书馆，1991：625.

流。传统儒家文化中的精神和道义以社会整体目标为基础，从而有助于增强民族的凝聚力，维护传统社会的统治秩序，符合统治者长治久安的需要。同时，由于重视精神和道义价值目标，因而在义（精神和道义）利（物质和功利）之辨中，重义轻利。面对物质和功利目标的诱惑，中国传统道德文化，明确要求"见利思义""以义制利"，防止"利令智昏""因利害义"。历代的主流传统道德文化还把精神和道义价值目标分成不同的层次，鼓励人们拾级而上，追求一种天人合一的境界，达到一种听从"天"或"天理"的内在超越。古往今来，追求崇高的精神和道义价值目标，为中华民族培育了一大批杰出的仁人志士，成为中华民族源远流长的重要精神资源。然而，强调精神和道义价值目标，过分强调其中的整体性价值目标，严重束缚了人的个性发展；过分贬低物质和功利价值目标，不利于个体获得物质利益的权利意识的形成。正如邓晓芒所说："中国人数千年的伦理价值体系已显示出了自身致命的缺陷：人们在还没有意识到自己是'人'的时候，就先意识到自己是父亲和儿子、妻子和丈夫，是臣民和'父母官'。"①只谈尽个人义务、不讲个人权利，强化了个体对家族、国家或君主的绝对盲从意识，淡化了个体的主体意识和权利意识，虽符合以血缘关系为基础的宗法等级制和君主专制相结合的传统社会的发展，却严重制约了中国社会从传统向现代的转化。

相比较而言，西方道德价值目标体系强调物质和功利价值目标。在西方文化中，尽管有些思想家注重道德价值目标体系中的精神和道义价值目标，但相当多的思想家们并不如同中国传统伦理学家那样排斥物质和功利价值目标。他们认为在人性之中，除了理性，还有感性，缺乏了人的感性要求，人是不完整的。因此，他们中的大多数人并不反对追求物质和功利价值目标。在古希腊时期，雅典的政治家们把如何满足公民的物质利益或幸福要求作为自己安邦治国的施政纲领。德谟克利特提倡快乐的道德，认为道德的价值在于满足个人的快乐。亚里士多德认为，德性是幸福的必要条件，但物质财富同样不可缺少，只不过德性更为重要而已。近代的法国唯物主义者、英国的古典功利主义者以及当代的行为功利主义者和规则功利主义者，都是把道德的价值基础建立在趋乐避苦的人性基础上，认为道德的价值目标是追求幸福或功利，道德不过是实现幸福或获得功利的手段。他们在义利之辨中，明显地更为重视人的功利目标。西方道德价值目标体系重视功利目标，揭示了人的道德发展离不开人对物质利益和功利目

---

①　邓晓芒. 灵之舞——中西人格的表演性[M]. 上海：上海文艺出版社，2009：122.

标的追求，道德的价值目标必然会指向功利。物质利益和功利目标是人们生活中的必备要素之一。显然，如果没有物质利益和功利目标，人和人类社会都无法存在，更谈不上发展。毕竟，精神和道义价值目标不过是人的生活实践中的一个方面，并不是人的生活的全部。单纯追求精神和道义价值目标是有缺陷的。同样，人的物质利益和功利目标也只是人的生活的一个方面。如果把功利价值目标推至极端，则有可能阻碍人对精神和道义价值目标的追求，陷入享乐主义，甚至非道德主义。

其三，从道德价值体系的实现手段来看，中国传统道德价值目标体系强调人治目标，西方道德价值目标体系强调法治目标。

中国传统道德价值目标体系以社会整体目标为主轴，偏向精神和道义的方向，但是从具体的实现手段来看，它重视人治目标，即依靠个体的人自身的自我管理。在中国传统思想家看来，只要每个人都能管理好自己，自觉地维护社会整体目标，追求精神境界和道义要求，社会与国家必然会稳定而快速地发展。也就是说，中国传统道德价值目标体系不是不重视个体价值，只是与西方不同，而是从另一个角度来突出个体价值的重要性。它所突出的是个体的人自身的道德修养，追求修身、齐家、治国、平天下。修身，无论是统治者还是被统治者，都以此为基本要求，以此来完善自我，实现个体价值目标。与西方道德价值目标体系相比，中国传统道德价值目标体系中充斥了非常丰富的道德修养的目标。正是因为这一点，性善论始终占据中国传统文化中人性论的主流地位。大多数中国传统思想家都相信人生来善良，具有分辨善恶的"良知""良能"的形而上特性，从而能够发掘善性，克制恶性，加强自我修身，自觉认同三纲五常的宗法等级制度的合法性。因此，中国传统道德价值目标体系强调人治目标，即重视个体价值目标。同时，还特别强调了个体在道德价值目标追求上的主观性与能动性。正如梁漱溟所说："儒家盖认为人生的意义价值，在不断自觉地向上实践他所看到的理。"[①]显然，这是中国传统道德价值目标体系建构中的一个优点。但是，它讲究个体的自觉而缺乏个体的自由，因而追求自我意识的认同而缺乏批判性，容易导致个体的人在其道德价值目标的实现中，自我蒙蔽，自我欺骗，沦为统治者维护其统治的奴仆、帮凶。另外，它很容易导致个体的人只是理解了个体应有的义务，只讲应尽的义务，误以为加强自我修养就可以天下太平，忽视了社会政治、法律制度的革故鼎新。

---

① 梁漱溟. 中国文化要义[M]. 上海：上海人民出版社，2008：157.

　　比较而言，西方道德价值目标体系是以个体价值目标为主轴，偏向功利的方向，但是从具体的实现手段来看，它重视法治的目标，即依靠社会法律制度进行管理。在西方主流文化中，思想家们认为个体的人才是真实的、具体的，社会就是要服务个体才有其价值所在。因此，在西方主流文化中并不是不讲社会价值，只不过是从道德价值目标体系的实现手段上来讲社会价值。简单地认为西方主流文化中不讲社会价值是过于武断的。他们认为，社会的法律制度、政治制度等能够在道德价值目标的实现中发挥重要作用。因此，在西方主流文化中充满了关于社会法律、政治、经济等制度构建方面的丰富资源，它们特别重视社会民主、公正、平等等。也正因为这一点，西方主流文化不同于中国传统文化，在理解人性问题时，既不主张人性善，也不主张人性恶，而是认为人性自由。康德曾说："恶的根据不可能存在于任何通过偏好来规定的任性的客体中，不可能存在于任何自然冲突中，而是只能存在于任性为了运用自己的自由而为自己制定的规则中。"①也就是说，人性中最为关键的是自由，既可能为善，也可能作恶，因此，西方主流文化认为，人性之中存在一个幽深莫测的黑洞，通向社会和人的各个方面，有可能吞噬一切。个体的价值的实现，不能完全指望个体的自我觉悟的提升和自我修养的加强，唯有采取相应的社会制度的完善，才能保证社会的稳定与发展。西方主流文化对社会法律等制度方面的重视总体上贯穿于西方文明的发展过程，远到古希腊，近到当代的社会发展，都是如此。道德价值目标体系重视法治等社会价值目标，它特别强调了法治等社会制度在道德价值目标追求上的保障性。毋庸讳言，这是西方社会道德价值目标体系构建的优势。然而，如果这种法治缺乏个体道德上的认可和坚守，其价值就会大受影响。尤其在存在财产私有制和不同阶层之间激烈斗争的社会中，无论如何构建，都无法彻底解决社会中的贫富分化、不公平等问题，法治等社会价值目标难以实现。

　　毋庸讳言，以上所探讨的中西方道德价值目标体系的区别，只是总体上的一些主要区别，这些区别并不是绝对的，而是相对而言的。中国传统道德价值目标体系强调整体价值目标，西方道德价值目标体系强调个体价值目标。这并不是说，西方道德价值目标体系中就没有追求整体价值的思想，也不是说中国传统道德价值目标体系中就没有重视个体价值目标的思想。尽管中西方道德价值目标体系存在很多区别，但从其历史发展来看，

---

① ［德］康德. 单纯理性限度内的宗教［M］. 李秋零，译. 北京：中国人民大学出版社，2003：15.

两者之间还是存在一些重要的相同或相通之处。

其一，社会生活实践是道德价值目标体系形成与发展的基础。

人总是生活在一定的社会实践之中。"物质生活的生产方式制约着整个社会生活、政治生活和精神生活的过程。不是人们的意识决定人们的存在，相反，是人们的社会存在决定人们的意识。"①尽管中国传统道德价值目标体系与西方道德价值目标体系之间存在着许多差异，但是，它们都是在人们的社会生活实践之中形成并发展起来的。其中，中西方社会的物质生活的生产方式在其形成与发展中发挥着基础性作用。

中华文明发源于黄河流域，后流传到长江流域，又拓展到珠江流域。从其起源来看，由于黄河的泛滥特性，生活在黄河流域的早期炎黄子孙只能勤奋而不断地开拓才能维持其生存与发展，由此逐渐形成了一个农业社会。正如陈青之所说："自西周时代农业发展以后，中国社会即稳定于农业经济基础之上；虽土地的分配，田赋的征收，历代小有差异而已，农业经济构成社会之基础，则丝毫不受影响。"②漫长的中国传统社会始终处于农业社会的经济基础上，形成了一整套的成熟的道德价值目标体系，能够很好地实现自我调控，抵御外来者入侵。农业经济是建立在广泛的单个农户的土地耕种基础之上的。没有土地的耕种，社会的存在与发展难以为继。而土地都是掌握在各个大的家族之中。家族正是由许多的家庭所构成，家庭是家族的细胞。卢作孚认为，家庭生活是中国人头等重要的社会生活。梁漱溟认为他的观点"深切善巧"，曾引用他的话："人每责备中国人只知有家庭，不知有社会，实则中国人除了家庭，没有社会。就农业言，一个农业经营是一个家庭。就商业言，外面是商店，里面就是家庭。就工业言，一个家庭里安了几部织机，便是工厂。就教育言，旧时教散馆是在自己家庭里，教导馆是在人家家庭里。就政治言，一个衙门技校就是一个家庭；一个官吏来了，就是一个家长来了。"③重视家庭生活，因而也重视家族血缘关系。中华文明中传统的国家不过是家族的扩大而形成的，即所谓家国同构，还有了所谓家天下的说法。由此，血缘关系、家族关系与国家组织之间形成了一整套维护家族的宗法等级制度。在这种家族或放大了的家即国之中，个体正是在家族或国家的社会整体目标之中才有其存在的价值。中国传统道德的价值就是要维护社会整体利益。因此，中国传

---

① ［德］马克思，恩格斯. 马克思恩格斯文集（第 2 卷）［M］. 北京：人民出版社，2009：591.

② 陈青之. 中国教育史［M］. 北京：东方出版社，2008：70.

③ 梁漱溟. 中国文化要义［M］. 上海：上海人民出版社，2008：22.

统道德价值目标体系是以维护社会整体价值目标为主轴。

地中海沿岸得天独厚的地理位置和气候孕育了西方文明。不同地区之间的商业活动和航海活动，把地中海各地沟通起来。人们不会采取农业社会中的生产方式，必须受制于土地的束缚，而是能够随意地外出经商。商业文化的快速发展，促使人们外出赚钱，从而冲淡了地区中的血缘亲情。毕竟，个体离开故土而外出经商，常常会遇到意想不到的各种情况，在陌生社会中，无法得到故土亲人的帮助。他们唯有依靠自己的努力、当地的风俗与制度以及渴望某种不可知的命运的帮助。在这种商业化的生产经营方式中，个体需要自由和平等的个体，个人财产归个人所有，交易需要公平，否则商品交易难以完成。同时，所经商地区能够有相应的良好道德风尚与相关制度，确保经商个体的自由与平等不会受到侵犯。另外，商业活动难以把握的命运，迫使人们相信命运背后的把控者，即超自然的力量，如神。它会赋予个体应有的道德价值。显然，经商的商业活动需要道德上充分肯定个体的自由、平等以及获得公平对待的价值，即培养了个体的价值指向。一般而言，古希腊各个民族的发展都经历了从氏族到国家的过程。其中，个体私有制冲破了氏族组织中的血缘关系。最终，国家代替了氏族，并且氏族制度变为了城邦民主制度。除了中世纪之外，自近现代以来，随着市场经济的发展，道德上充分肯定个体价值的个人主义始终占据主流地位。究其根本原因，道德价值目标体系受到了市场经济中商业活动的影响，必然要充分肯定个体的价值目标。换而言之，西方社会中经济基础上的生活实践方式直接决定了其道德价值目标体系主要是以个体价值目标为主轴。

其二，道德价值目标体系的构建都是人类自身沿着道德价值之路追求现实世界的完善。

无论是中国传统道德价值目标体系还是西方道德价值目标体系，都是人类自身在现实的道德生活实践中，面对现实中的种种缺陷与不足，提出的自身针对现实世界的未来道德价值目标。正如曼海姆所说："未来借以向我们展现自己的唯一形式就是可能性的形式，而那种命令，那种'应当'，则告诉我们应该选择其中的哪一种可能性。"①道德价值目标体系中蕴含了人类自身从现实的"事实"出发，追求"应该"的完美价值的召唤。

从中国传统道德价值目标体系的历史发展来看，不同时期的道德价值

---

① ［德］卡尔·曼海姆. 意识形态与乌托邦［M］. 李步楼，等，译. 北京：商务印书馆，2017：306.

目标体系的构建都是为了追求现实世界的完善。西周时期的道德价值目标体系的构建就是在审视商朝灭亡的现实中，提出了一系列的德治目标，如讲究"受命于天""敬德保民"等，最终是为了追求"至世"，一个完善的奴隶制社会。先秦时期的儒墨道法等诸子百家构建了多元主义道德价值目标体系，也是在天下大乱的社会现实中，从不同角度来设立一个未来的理想目标，如儒家的"大同小康"、道家的"自然乐园"、墨家的"兼爱王国"、齐法家的"法治之世"。自秦汉以后，随着自然经济、家族宗法等级制度和中央集权政治的确立，中国进入漫长的封建社会。儒家思想适应了封建社会的社会结构和生产方式，成为统治阶级的正统思想。儒家道德价值观是儒家思想中的重要内容，有其自身的道德价值目标体系。作为正统的意识形态的道德价值目标主要包括顺应天或天理，维护宗法等级制度，加强道德教化，追求至善，形成了一个维护"君统"和"宗统"的道统价值目标体系。中国传统儒家道德价值目标体系，上承两汉，下至明清，都是立足农业社会的现实，以至善为最高目标，辐射于立国、治国、人的发展等多个方面。尽管不同时期的儒家所诠释的至善有所不同，但都是从道统与君统、宗统的关系中全方位地维护封建社会的整体利益，追求一个"亲亲尊尊"的等级森严又温情脉脉的理想社会。

从西方道德价值目标体系的历史发展来看，不同时期的道德价值目标体系也都是追求现实世界的完善。在古希腊时期，柏拉图不满雅典的社会现实，在他构思的道德价值目标体系中，追求实现一个以斯巴达为蓝本的理想国。亚里士多德在继承与发展其他道德价值思想的基础上，提出了目的论的道德价值思想体系。针对雅典社会现实中的日益严重的贫富分化现象，他认为，道德的最高价值目标就是追求至善，或者被他称为幸福。在中世纪时期，基督教神学道德是基督教神学中的重要组成部分，其道德价值目标体系的建构有神圣性的特征。在中世纪，以上帝为轴心、以天国为指向、维护等级秩序的神学道德价值目标体系一直在西方社会道德价值观念中占据主导地位。它表明沿着道德价值之路追求现实世界的完善，不仅是世俗世界的道德价值指向，而且也是神圣世界的道德价值指向。不可否认，神圣世界的道德价值阐述中出现了人与神之间的关系，但其目标体系仍然建构在现实世界的基础上，是对现实世界的不满与缺陷所展开的一种高悬在上的价值探索。其实，就道德现实性而言，它最终所渴望的还是借助道德价值之路祈求现实世界的完善。自近现代社会以来，资本主义社会的道德价值目标体系是在资本主义社会的社会结构和生产方式的条件下形成的，符合其社会的现实需要，从而成为社会的主导思想。近现代道德价值观念经过了数百年的积累，已经成为一座重要的思想宝库，其中流派众多，其道德价值目标主要包括追求个人权利、个人自由、个体解放、民主与法治等方面，形成了追逐个体利益的道德价值目标体系。显然，资本主义社会的道德价值目标体系基于资本主义社会的现实，从而勾画了一个自由、民主的完美世界。

其三，同一道德价值目标体系中各个目标之间构成了一个有层次的完备系统。

从中国传统道德价值目标体系来看，长期占据主流地位的儒家道德价值目标体系包括捍卫天或天理、崇尚公义、维护宗法等级制度、推行教化、追求至善等目标。这些目标之间有层次性，构成了一个完备的系统。天或天理是整个理论体系的哲学根据，赋予了道德价值目标体系权威性。中国传统文化讲究天人合一，天赋予万物之理，人生于天地之间，在形体和精神上都是天地一体的。人必然要遵循天命，才能具有其存在的道德价值追求，否则即便有价值，也只能是负价值。逆天而行，被中国传统文化视为大逆不道。正是从天或天理出发，把崇尚公义和维护宗法等级制度作为道德价值的重要目标。"二程"曾说："父子君臣，天下之定理，无所逃于天地之间。"（《河南程氏粹言》卷一）"为君尽君道，为臣尽臣道，过此则无理。"（《河南程氏粹言》卷五）也正是从天或天理出发，讲究道德教化。道德教化是从遵从天或天理而言，提升个体自身的道德修养，增强个人道德价值的自觉认同感，认为万事万物顺应天或天理是一种美好的精神状态。捍卫天或天理、崇尚公义、维护宗法等级制度、推行教化都是为了一个至善的目标，维护封建时代的社会整体利益。从中我们不难发现，传统儒家道德价值目标体系是一个有层次的完备系统。

从西方道德价值目标体系来看，不同历史时期的道德价值目标体系有所不同，但每一个道德价值目标体系都是一个有层次的完备系统。以西方近现代道德价值目标体系为例，尽管近现代以来的学界流派众多，但其道德价值目标主要包括捍卫个人权利、追求个人自由、崇尚个体解放、追求资本增值、维护民主等，形成了追逐个体利益的目标体系。它们大多有其哲学基础，即认为人生来是自由而平等的。因此，道德的价值目标在于保护个人不可剥夺的权利，保护个人的基本自由不受侵害，追求个体的解放，谋求合理的个人利益的最大化。如果道德不能作为其理论支撑，就没有其存在的价值。同时，强调了社会民主在保证个人利益方面的作用，其最终目标还是个体利益。托克维尔曾以美国为蓝本描绘了一份个人主义的美好前景："身处在这些制度和权利之中，公民每时每刻都意识到服务他人不仅是自己的义务，也是个人利益所在。每个公民都没有理由仇恨他人，每个人既非他人的奴隶，亦非他人的主人，因此，每个人都自然对他人友好相待。"①在这份托克维尔版的个人主义蓝图中，个体对他人友好相待，最终还是源于自己的义务，且认为这到底还是自身个体利益所在。在近现代资本主义社会中，追求个人价值目标是其道德价值目标体系中的最高目标。由此可见，西方近现代道德价值目标体系是一个有层次的完备系统。

其四，不同道德价值目标体系之间的矛盾促进了道德价值目标体系的自我完善。

在任何时代的社会中，总是有各种各样的道德价值观念。其中，有些道德价值观念处于主要地位，也有些处于非主要地位。也就是说，道德价值目标体系既有占据统治地位的道德价值目标体系，也有处于非统治地位的道德价值目标体系。它们共同处于一个社会之中。前面我们主要论述了中西方占据统治地位的道德价值目标体系。这些道德价值目标体系与其他非主流道德价值目标体系之间存在着许多矛盾，正是源于非主流道德价值目标体系的挑战，反而促进了主流道德价值目标体系的自我完善。同样，主流道德价值目标体系对非主流道德价值目标体系的批判，也会促进非主流道德价值目标体系的完善。

从中国传统道德价值目标体系来看，儒家道德价值目标体系长期占据社会的主导地位。但是，与之相伴，还有佛教道德价值目标体系、道家道德价值目标体系等。它们对于儒家道德价值目标体系的发展与自我完善有着重要的作用。它们可以补充儒家道德价值目标体系中的一些缺陷与不足。当然，它们自身在被儒家道德价值目标体系的批判中也得到了完善。以佛教与儒家的关系为例，中国佛教各派认为众生本性是清净的、觉悟的，佛与凡人之间的区别在于是否觉悟。本性为妄念所遮蔽，是为众生。去除妄念，回归本性则为佛。这种佛教的自我修养在中国传统文化中是没有的。它直接影响了儒家道德价值目标中的教化方法，出现了心性修养说。另外，张载、"二程"、朱熹等理学家深受佛教的影响，把性分为"天命之性"与"气质之性"，把心分为"义理之心"与"物欲之心"，提出了天理与人欲的对立。他们所讲的"天命之性""义理之心"与佛教的本性、佛性相通，"气质之性""物欲之心"与佛教的妄念、情欲相似。显然，宋明理学的发展受到了佛教的影响。如果没有佛教的外来影响，宋明理学难以在其道德价值目标体系上形成更为圆融的系统化。同时，儒家道德价值目标体系对佛教的批判，

---

① ［法］托克维尔. 论美国的民主［M］. 曹冬雪，译. 南京：译林出版社，2012：186.

促进了佛教道德价值目标体系的发展。从印度传到中原的原始佛教，受到儒家忠孝道德价值观念的影响，提出以戒为孝、戒即孝。宋代名僧契嵩说："夫不杀，仁也；不盗，义也；不邪淫，礼也；不饮酒，智也；不妄言，信也。"(《孝论·戒孝章第七》)他把佛教"五戒"比作儒家"五常"，直接接受了儒家道德价值目标体系中的一些内容。这些都彻底改造了原始佛教道德价值目标体系中的范畴诠释，最终把它变为了中国佛教。

从西方道德价值目标体系的发展来看，同样存在不同道德价值目标体系之间的矛盾。宾克莱在《理想的冲突：西方社会中变化着的价值观念》中论述了 20 世纪不同的道德价值方面的思潮可谓风云变幻、相互较量、共同发展。尽管有些流派消失，但其研究思路或方法往往演变进入另一流派之中。而且，在当今西方日益陷入所谓的道德价值相对主义时代时，表现得更为明显。那些占据社会主流的道德价值目标体系总是受到其他道德价值目标体系的挑战。在这种彼此之间的相互批判与交流中，不同的道德价值目标体系得到进一步发展或完善。这表明了学术研究中相互交流与自身的传承同样重要，外在的挑战是促进学术进步的重要因素之一。

三、当代道德价值目标体系的构建

考察道德价值目标体系的历史演变是为了更好地构建当代道德价值目标体系。当代道德价值目标体系的构建是在当代特定历史条件下，立足中国社会的道德实践而展开进行的。中国道德价值目标体系的构建将会在自由主义、中国传统文化和马克思主义这三种相互影响的思想资源的推动下进行。其中，马克思主义是当代中国社会中主导道德价值目标体系的理论基础与核心。由于马克思主义经典作家并没有考虑在社会主义市场经济条件下如何构建道德价值目标体系，因此构建符合当代中国社会所需要的道德价值目标体系需要回答这样三个问题：第一，当代中国需要构建怎样的道德价值目标体系？第二，构建当代中国道德价值目标体系的过程中有何困惑或问题？第三，在应该与事实之间，当代中国道德价值目标体系到底需要怎样的具体内容，才能把两者沟通起来，架起从此岸到彼岸的桥梁？

（一）当代中国需要构建怎样的道德价值目标体系

经过近代中国道德价值观念与西方道德价值观念的对峙与碰撞，以及1949 年后社会主义中国的计划经济时期的短暂过渡，市场经济体制在中国得以确立，它给中国社会带来了高速的经济增长和巨量的物质财富。在当今中国学术界，人们已经不会执迷于市场经济到底是属于资本主义性质还是社会主义性质的争论。但是，这并不意味着市场经济所带来的经济增长、物质财富的增加能够自动地解决曾经发生的激烈争论，而是意味着在新的市场经济条件下出现了新的问题。从道德价值论的角度来看，改革开放之初，关于市场经济究竟属于资本主义还是社会主义的讨论，关于市场经济中蕴含的道德"爬坡论"与"滑坡论"，实际上是想追问市场经济制度是否能够与社会主义道德价值目标相容而不是相互排斥的争论。从当代中国的目前发展情况来看，这个问题已经转化为"社会主义市场经济条件下应当如何构建符合自己发展的道德价值目标体系"。正是在这个新问题的引导下，当代中国社会中的各种思想力量，纷纷借助中外各种不同的理论资源而登场，由此形成了关于中国道德价值目标体系构建的理论争论。从当今中国的三大思想力量来看，除了占据主导地位的马克思主义的国家意识形态，还有从西方传入的以自由主义为代表的思潮和中国本土的传统文化，它们在当代道德价值目标体系的构建中发挥着重要的作用。

自秦汉以来，中国社会一直是农业社会结构。直到 1978 年，中国农民的人数还占全国人口的 82.1%。中国从农业社会向工业社会的转变始于改革开放的历史时期。中国学界把这称为社会转型。中国的社会转型是从传统农业社会转型为现代工业社会，其主要推动力量是市场经济的建立，以市场作为调节资源配置和经济运行的方式，极大地提高了人们从事经济活动的积极性和创造性，增加了社会和个体的财富。市场经济来自西方社会的经济实践，与西方自由主义的道德价值观念之间存在着密切的联系。西方道德价值目标体系中所追求的个人权利、个人自由等内容，是西方市场经济得以形成与发展的重要原因之一。这种以个体价值目标为主轴的西方道德价值目标体系在促进市场经济的成熟中发挥了重要作用。"不难看出价值观念转变对于社会转型的决定性意义，完全有理由说，没有个体主义的价值观念的产生和形成，就不会有西方现代化的产生和形成，没有从极端利己主义到合理利己主义、从合理利己主义到功利主义、再从功利主义到后来的正义理论等思想观念的转变、更新、重构，就不会有今天的西方社会。完全有理由说，没有价值观念的现代化，就不会有西方社会的现代化。"①因此，随着中国市场经济的建立，追求个人权利、个人自由等西方道德价值目标非常自然地也渗透到中国道德价值目标体系的构建

---

① 戴茂堂，江畅. 传统价值观念与现代中国[M]. 武汉：湖北人民出版社，2001：345.

中，成为影响中国道德价值目标体系构建的重要思想资源，极大地影响了中国社会转型的进程和方向。

近现代西方道德价值目标体系是一个追求个体利益的世俗化体系，讲究个人权利、个人自由、个性解放，注重资本增值，重视民主与法治。这些内容对当代中国道德价值目标体系的构建具有双重影响。一方面，它们注重个人权利、个人自由的基本诉求，捍卫了市场经济得以运行的基本条件；追求个性解放，有助于市场经济的创新性发展；注重资本和财富的增值，为市场经济中追求正当的利益正名，鼓励中国人摆脱以逐利为耻的传统落后观念，有助于人们树立正确的义利观；重视民主与法治，为市场经济的构建与长远发展奠定了重要的制度保障。西方道德价值目标体系属于"向前看"的价值取向。从这个意义上说，西方道德价值目标体系随着市场经济的构建而在中国的传播与发展，有助于当代中国构建符合市场经济发展需要的道德价值目标体系。这种外来的道德价值目标体系对人们更新道德价值观念、挣脱腐朽落后观念的束缚有着非常重要的思想解放的作用。另一方面，西方道德价值目标体系是建立在西方自由主义文化背景基础上的体系。西方自由主义一贯坚持自由化、私有化和市场化的经济发展模式。因此，在当代中国市场经济的发展过程中，西方道德价值目标体系中的各种观念，不可避免地试图以西方模式来改造中国社会，必然与中国社会的主流意识形态之间产生冲突。这种冲突导致西方道德价值目标体系对于当代中国道德价值目标体系的构建的影响表现出复杂的特性。在中国现代化进程中，如何理性地看待西方道德价值目标体系的影响是一个非常突出的问题。毕竟，现代社会是以市场经济为基础，而市场经济又是从西方经济发展中演化而来，总是遵循市场与资本的逻辑和规律。在中国社会的市场经济不断走向成熟的历史进程中，拒绝西方道德价值目标体系的影响是不现实的，也是无益的。或许，最好的选择是：清醒地面对西方道德价值目标体系在中国社会转型中的双重影响，既广泛地吸收其中的合理因素，发挥其积极作用；同时，又时刻关注其背后所隐藏的西方社会的意识形态，防范其中不合理因素的破坏作用。

以儒家为主轴的中国传统文化中所孕育的道德价值目标体系，是以社会整体价值目标为指向所构建的体系。它讲究整体利益，突出表现人与人之间伦理关系的远近亲疏，把天作为其形而上的依据。由于根植于中国本土的历史文化和风土人情，它与中国民众之间有着自然的亲近感。在中国社会从传统社会转向现代社会的历史发展过程中，它属于"向后看"的价值取向，能够有效地遏制追求个体价值目标的西方道德价值目标体系的无限扩张，在中国道德价值目标体系的构建中具有不可忽视的作用。然而，如果需要发挥其积极作用，就要对其进行创造性转换与创新性发展。否则，这种脱胎于农业社会的道德价值目标体系，很可能不利于中国社会转型成功。以家族为本位，维护家族的整体利益，不利于个体正当权利的保护；重视精神修养而轻视物质利益，不利于提升市场经济主体参与经济活动的积极性与创造性；过分突出人治和集权性专制管理，严重制约了民主与法治的建设，不利于维护市场经济运行的政治制度、法律制度的建设。因此，在市场经济为基础的现代社会中，需要针对传统道德价值目标体系进行一系列的创造性转换与创新性发展，使之符合现代社会的发展需要。毕竟，中国传统道德价值目标体系与现代社会之间存在时空差距。也有学者把中国社会转型称为时空压缩，把不同时代的道德价值目标体系压缩在同一个时间段之中。就中国传统道德价值目标体系而言，它所依据的是古代的历史文化，而不是现实中国的发展实际。唯有针对传统道德目标体系进行时代性转换，才能把它变为遏制西方道德价值目标体系中一味追求个体价值目标的无限扩张的重要力量。

任何社会道德价值目标体系的构建都离不开社会主导性的意识形态的影响。毋庸置疑，占据统治地位的马克思主义的国家意识形态在当代中国道德价值目标体系的构建中发挥着决定性的主导作用。马克思主义来自西方社会，与自由主义一样都是启蒙时代的产物。但它是在批判西方资本主义社会的市场与资本的逻辑中成长起来，同时为人类提供了一个美好的社会理想，并指出了实践的辩证发展道路。"以人的具体的历史的社会实践为基础，从实际活动着的人及其主体尺度出发，反省和批判人的生成过程和对世界的历史性改变，特别是通过哲学的反思与批判，通过哲学对现实世界的治疗和'变革'，将社会变革得更美好，提升和创造人自身，使人更加'成为人'，这才应该是马克思哲学的真谛所在。"①赵敦华在《马克思哲学要义》中，把马克思哲学分为启蒙哲学、批判哲学、政治哲学、实践哲学和辩证哲学五个部分，他从哲学类型的角度点明了马克思主义作为"一整块钢"的主要内容。这有助于我们从整体上把握和理解马克思主义，避免出现片面的认识；有助于把马克思主义理解成一种批判的开放的哲学思想，注重其关注实践的精神实质。由于马克思主义源于西方，同时又批判西方社会中道德价值观念的谬误，因此，在中国道德价值目标体系的构建中，需要在中国社会转型的背景下借助马克思主义来分析西方道德价值

---

①　孙伟平. 大变革时代的哲学［M］. 南宁：广西人民出版社，2017：117.

目标体系之中的合理因素与不合理因素。同时，当代中国道德价值目标体系的构建是立足于中国传统文化的民族土壤之中。如何分析和借鉴中国传统道德价值目标体系中的精华，同样需要借助马克思主义来加以选择与判断。也就是说，无论是中国传统道德价值目标体系所拥有的内容，还是西方道德价值目标体系所拥有的内容，都需要在中国社会的现实背景下，运用马克思主义的国家意识形态来加以取舍。

总之，当代中国道德价值目标体系的构建是在社会主义市场经济的条件下所进行的构建。它不可能是西方道德价值目标体系的盲目照搬，也不可能是中国传统道德价值目标体系的简单继承。它只能是在中国社会实际情况下运用马克思主义的国家意识形态所构建的理论体系。它是在批判地借鉴西方道德价值目标体系和创造性地继承中国传统道德价值目标体系的基础上的产物。

(二) 当代中国道德价值目标体系构建过程中的问题

当代中国道德价值目标体系构建中的问题是在社会主义市场经济条件下产生的道德价值目标体系的构建问题，同时，也是中国从传统社会向现代社会转型过程中出现的问题。它突出地表现在两个方面：

其一，个体价值目标与整体价值目标的取舍。

在中国社会从传统社会向现代社会的转型过程中，尽管传统道德价值目标体系已经由于其赖以生存的宗法等级制度的消失而从整体上崩溃，但并没有因此而销声匿迹，而是以一种碎片化的状态在民间仍然存在，并且发挥其作用，甚至得到部分学者的力挺与宣扬。重视整体价值目标是中国传统道德价值目标体系的一个明显特征。而随着市场经济的建立与发展，追求个人权利、个人自由、个性解放等西方道德价值目标体系所强调的个人价值目标，逐渐在社会中普及开来。西化派认为，中国的现代化就是西方化或美国化，或者说是走西方所开辟的道路。他们认为，中国道德价值目标体系应该以个体价值目标为主导。在他们看来，这符合市场经济的发展要求，个人权利、个人自由、个性解放等能够培养符合市场经济的主体。过去，他们把这称为西体中用，现在则把这称为与世界接轨。与西化派不同，传统派认为，"西方列强没有通过武力亡中国，中国现在已站起来成为世界大国，但西方却通过强大的文化影响铺天盖地地席卷中国，力图使中国成为西方文化的殖民地！"[1]他们认为，中国传统文化重视整体价值目标，其内涵博大精深，是儒家大一统思想在今天的传承与发展，是中

---

① 蒋庆. 政治儒学——当代儒学的转向、特质与发展 [M]. 北京：生活・读书・新知三联书店，2003：2.

华民族的立身之本。过去，我们依靠追求整体价值目标的道德价值目标体系同化万方，今天同样能够以此实现民族复兴。传统派重拾传统的仁、义、礼、智、信、忠、恕等目标，力图重构一个儒家整体价值目标导向的道德价值目标体系。那些强化了个体对家族、国家绝对盲从的意识，在传统派那里似乎也获得了新的论证与解读。

其二，道义价值目标与功利价值目标的抉择。

在中国传统文化中，道德价值目标体系强调精神和道义价值目标。无论是儒家、道家还是佛教，都具有极强的精神追求。这种道德文化传统直接影响了近现代中国社会的道德价值目标的设置。即便是在改革开放之前的计划经济时代，彻底的无神论和唯物主义已经占据了社会主流价值的统治地位，追求某种具有神圣性的精神目标或道德价值目标始终是道德价值目标体系中的主角。只不过它的形式和表述与之前有了很大的不同，如革命的崇高道德理想、广大人民群众的伟大事业，甚至还有伟大领袖指引的方向，等等。然而，自从改革开放以来，随着中国社会的市场经济逐渐确立和成熟，由此也就开始了人们把功利价值作为道德价值的主要目标的历程。毕竟，在市场经济条件下，现代经济的生产方式和生活条件为功利价值目标的盛行奠定了历史性和经济性的基础。市场经济的最大动力就在于鼓励人们追求资本和物质财富的增值。它凸显了物质利益在现代社会生活中的重要价值。在市场经济的运行中，功利价值目标总是要试图超越到道义价值目标之上。由此，人们常常把功利作为自己生活中最为实惠的价值目标，甚至把它作为决定其他道德价值目标是否存在的最为关键性和根本性的价值目标。如果说改革开放之前，道义价值目标是衡量一个人是否有革命理想、有革命价值的根本标尺，那么随着改革开放而来的西方文化，借助市场经济体制直接把追求功利价值目标作为道德价值目标的核心要素。不可否认，的确还有一些人仍然追求精神和道义价值目标，但有更多的人已经开始毫不避讳地追求功利价值目标，他们"鄙视崇高、向往堕落"，高喊"千万不要把我当人"。他们在市场经济的大潮中，借此撕开被道义或崇高精神曾经重重包裹的世界。"它使最聪明、最深刻、最有个性的中国人都面临一种'看穿了却无路可走'的绝境，而且只要稍微松懈一下自己独立个性的执着，一个人就会不由自主甚至高高兴兴地加入这种群体的堕落中去。"①在这些人看来，如果讲道德不能带来功利价值，道德也就成为一种无聊的废话，或者不过是一种华而不实的慰藉。不可否认，精

①　邓晓芒. 灵魂之旅：中国当代文学的生存意境[M]. 北京：作家出版社，2018：56.

神和道义价值目标在当代中国社会中不可缺少。那么，那些曾经激励中国仁人志士的精神和道义价值目标与市场经济中的功利价值目标之间究竟该如何取舍，的确导致人们在道德价值目标的选择与追求过程中陷入迷茫与困惑。当代中国道德价值目标体系的构建需要在道义价值目标与功利价值目标做出一种抉择。

道德价值目标体系构建中问题的产生，归根结底，主要原因是在市场经济条件下，马克思主义的国家意识形态没有充分发挥其引领作用，导致主导价值与主流价值的分裂，任由其价值的多元化发展，而缺乏一元化的有力引导。任何社会或国家都有其主导价值，它是社会或国家稳定与发展的思想基础，或称之为社会或国家的主导意识形态。在研究者看来，社会或国家的主导价值是社会或国家的官方意识形态。它直接或间接地影响其他价值观念的发展。主流价值与主导价值不同，是社会或国家中大多数社会成员所接受与信奉的价值观念。非主流价值则是社会或国家中较少数人员所接受与信奉的价值观念。一个社会或国家所倡导的主导价值并不一定为社会或国家中的大多数人所接受，如果接受则可以称之为主流价值，否则只能称之为非主流价值。自中国改革开放的市场经济建设过程中，相关的实证研究已经反复指出，主导价值与主流价值之间存在一定的距离。由宣兆凯主持的"中国社会价值观现状的调查研究"在全国范围内的调查表明："理想目标与现实存在着相当大的差距"，在道德价值观念方面，呈现出多元、多层次的特性。①其实，任何社会或国家的主导价值与主流价值之间总是存在一定的距离，这是不可避免的，但是把握好两者之间差距的度十分重要。如果两者之间差距过大，容易导致社会价值观念激烈的对抗与冲突，社会就无法稳定与健康发展。

纵观改革开放以来的道德价值目标的演变与发展，尽管社会主导价值目标并没有太大变化，仍然追求高尚的精神价值目标等内容，但随着市场经济的发展，人们的主流价值目标已经发生了很大变化。在社会整体价值目标与个体价值目标之间，许多人开始转向个体价值目标。在道义价值目标与功利价值目标之间，许多人意识到功利价值目标的重要性。在市场经济发展过程中，人们对道德价值目标的不同选择呈现出多样性。尽管社会主义核心价值体系和社会主义核心价值观已经提出，但它们与道德价值目标之间有何联系，如何具体地引导道德价值目标体系的构建，是一些亟待解决的问题。我们需要借助马克思主义的国家意识形态，立足中国市场经

---

① 宣兆凯. 中国社会价值观现状及演变趋势[M]. 北京：人民出版社，2011：52.

济的现实，发挥其引领作用，充分而具体地考察道德价值目标体系的构建。一方面，认清道德价值目标的变动有符合历史发展的方面，社会主义市场经济是当代中国健康发展的历史推动力，构建道德价值目标体系需要顺应历史的发展，及时地调整和更新具体内容，使它符合中国社会的历史存在方式。另一方面，要认识社会主义市场经济中所隐藏的道德价值目标问题，发挥马克思主义意识形态的国家调控力量，积极地引导，避免有可能出现的负面影响。

(三) 当代中国道德价值目标体系的构建方案

道德价值目标是一个历史范畴，在不同时代有其不同的体系。在计划经济时代，国家是一切社会资源的垄断者。它掌握了道德价值目标体系的设定与传播的方式。国家—单位—个人之间的严格纵向结构，导致一种严格意义上的单一道德价值目标体系的形成。它并不需要考察个体的实际状况，任何人都依附于单位之中，除了服从之外没有选择。当代中国的市场经济的发展，把国家、单位、个人之间的关系变为一种较为松散的结构，与之前有了很大的不同。当代中国道德价值目标体系的构建，是市场经济条件下一项关于道德价值理论的建设性研究，也是一项关于道德价值实践的基础性重要任务。在当代中国，传统道德价值目标、西方道德价值目标与马克思主义道德价值目标之间存在错综复杂的关系，构建当代中国道德价值目标体系具有重要的引导性价值与指向性价值。

尽管市场经济与计划经济在资源配置方面有着很大区别，但计划经济时代与市场经济时代的中国都有一个不变的基础条件，即马克思主义的国家意识形态的存在。它在道德价值目标体系的构建中具有举足轻重的作用。正如美国著名分析马克思主义学者米勒 (Richard W. Miller) 指出："对马克思的解释最好是要既准确又实用。它应当为当前的研究、争论、改进描述出一个理论框架。"①在当代中国，这种针对道德价值目标体系的研究更应如此。在这里，我们需要运用马克思主义的观点与方法，提出当代中国道德价值目标体系的构建方案，即确立道德价值目标体系的构建原则与具体内容。这也是回应本书第二编为何如此设置道德价值目标的根据所在。

市场经济在配置资源中有其明确优势。它通过不同经济主体之间的自主选择与竞争，实现资源的合理配置，从而提高了资源的利用效率。它把

---

① [美] R. W. 米勒. 分析马克思——道德、权力和历史[M]. 张伟, 译. 北京：高等教育出版社, 2009: 313.

追求自由、平等，资本增值等作为符合道德价值的重要目标。显然，市场经济对当代中国道德价值目标体系的构建有巨大的积极作用。但从整个社会的发展来看，它也带来了一些严重的社会问题。极端个人主义、无限追逐物质享乐、拜金主义、见死不救等现象泛滥。在许多人眼里，道德的价值在于它能够带来个人利益、带来金钱财富，否则将毫无价值。这表明，仅仅运行市场机制，没有其他社会机制的配合并受到其他社会机制的制约，市场经济有可能会给中国社会的发展与人的发展带来严重后果，并不会自动带来当代中国道德价值目标体系的完善。

在当代中国，制约和调节市场机制的最重要力量就是国家的干预。市场经济的历史发展也告诉我们市场的"无形之手"还需要国家的"有形之手"的帮助，国家在市场经济的运行中始终具有重要的调节作用。在当代中国，传统道德文化中的道德价值目标有其深厚的民族基础。或许，有人认为，可以借助国家强制力，直接利用传统道德文化中的道德价值目标遏制市场经济条件下的西方道德文化中的道德价值目标。其实不然。传统道德文化属于前现代的农业社会的产物，而西方道德文化处于现代工业社会的产物。盲目借助传统道德文化遏制西方道德文化可能暂时有效，但也可能带来更多问题，不利于市场经济的健康发展。毕竟，两者属于不同文化背景下的产物，它们所维护的生产方式完全不同。在这里，我们需要把控国家在道德价值目标体系构建中发挥作用的限度。也就是说，马克思主义的国家意识形态，在当代中国道德价值目标体系的构建中有其必然作用和必要限度。当代中国的道德价值目标体系，既要促进社会的发展，不能破坏市场经济，又要促进人的发展，不能冲击人的发展中的基本道德目标，实现社会发展的价值目标与人自身发展的价值目标的统一。从当代中国的现实出发，结合前面所论述的道德价值目标与道德价值目标体系的关系，由此提出构建道德价值目标体系的三个原则。

其一，坚持道德价值目标多元性与一元性的统一。

道德价值目标多元性与一元性是道德价值目标体系构建的核心问题之一。所谓道德价值目标多元性是指个人、群体或社会等价值主体根据其道德价值观念或道德价值评价标准所作出的道德价值目标指向的多样性。"事实上，所有文明社会的价值取向都是多样的，只不过在不同社会历史阶段上，其多样性的程度有所区别罢了。这是由社会关系的多样性、社会生活领域的广泛性所决定的。"①在当代中国社会中，多样化的社会生产生

---

① 唐凯麟. 伦理学 [M]. 北京：高等教育出版社，2001：507.

活方式，决定道德价值目标追求的多元态势。尤其在市场经济条件下，鼓励人们从事各种不同的社会分工，不同利益主体在经济活动中的多样性追求得到了充分确认。因此，在道德价值目标体系的构建中，无论我们所提出的道德价值目标如何确定，都必须要正视社会现实中的多元性道德价值目标。道德价值目标的确立，需要有所不同，有所侧重，不能强求整齐划一。

在尊重多元性道德价值目标的同时，道德价值的一元性导向十分必要。尽管需要尊重多元性道德价值目标，但在一个社会中总是需要一种主导性的道德价值目标。所谓道德价值目标的一元性是指一定社会中构建在一定社会经济基础之上的关于道德价值指向的总体性指向。"自进入文明社会以来，任何社会都有自己的价值取向，都致力于建立起一元的价值导向体系。"①如果没有道德价值的一元性导向，只有多元性道德价值目标，只会导致道德价值目标的混乱。人类社会的形成就在于它保障人与人之间能够避免出现混乱。确立道德价值目标的一元性导向是任何社会都必然重视的内容。从当代中国社会的发展来看，马克思主义和社会主义核心价值观是道德价值目标的确认与构建的指导性方向。我们需要运用马克思主义和社会主义核心价值观来引申和确立道德价值目标。

在当代中国社会的发展中，既要尊重多元性的道德价值目标，又要加强一元性导向的道德价值目标的构建。多元性道德价值目标往往呈现出分散性、随机性和短期性的特征，无法反映整体社会的长期的总体要求。一元性道德价值目标则具有集中性、稳定性和长期性的特征。构建道德价值目标体系需要坚持一元性与多元性的统一，才能把长远目标与短期目标结合起来，避免道德价值目标体系与人们的日常生活的脱节。比如，在道德生活领域中确立精神上高尚的目标，固然重要，但如果缺乏功利目标，就容易形成道德价值目标体系的自我断裂。正如邓小平所说："不重视物质利益，对少数先进分子可以，对广大群众不幸；一段时间可以，长期不行。革命精神是非常宝贵的，没有革命精神就没有革命行动。但是，革命是在物质利益基础上产生的，如果只讲牺牲精神，不讲物质利益，那就是唯心论。"②因此，坚持一元性导向与多元性兼顾是道德价值目标体系构建中的重要原则之一。

---

① 唐凯麟. 伦理学［M］. 北京：高等教育出版社，2001：508.
② 邓小平. 邓小平文选(第2卷)［M］. 北京：人民出版社，1994：146.

其二，坚持道德价值目标社会性与个体性的统一。

道德价值目标有社会性道德价值目标与个体性道德价值目标。社会性道德价值目标关注那些促进社会稳定与发展的整体性目标。个体性道德价值目标则关注那些维护个体生存与发展的个体性目标。没有社会的稳定与发展，个体的生存与发展必然受到限制。同样，忽略个体的生存与发展，只关注社会整体的发展，社会发展将会缺乏内在动力。鉴于个体与社会之间的相互关系，道德价值目标体系的构建需要坚持道德价值目标社会性与个体性的统一。

从当代中国的实际来看，道德价值目标体系的构建既要尊重传统道德文化的民族基础，也要考量市场经济条件下的现代性实际。中国传统道德价值目标体系始终遵循一种追求社会性道德价值目标的整体主义价值取向。它的基本特点是在个体与社会整体的关系中，强调社会整体是本位，具有至高无上的地位。在中国传统道德价值目标体系中，个体价值目标只能是社会整体价值目标的组成部分，必须无条件地服从于社会整体价值目标。伴随着市场经济而来的西方道德价值目标体系，遵循一种追求个体价值目标的个人主义价值取向。尽管在西方社会中，不同时代在阐述个人主义时侧重点有所不同，但基本含义没有变化，在个体与社会整体的关系中，强调个体是本位，突出个人权利、个人自由、个性解放。个体的自由意志是道德价值的起点，追求个体价值目标才是最为重要的。国家或社会的基本任务就是要保障个人的权利、自由等。正如梁漱溟所说："个人与群体之间关系如何问题。社会或云群体为一方，社会的组成成员或云个人为一方，在此两方关系上有一个应该孰居重要的问题：以群体为重乎，抑以个人为重乎？这实在是社会生活规制上的极大问题。"①当前，解决这一"极大问题"的关键在于坚持马克思主义的国家意识形态的立场，扬弃传统道德价值目标体系中的整体主义价值取向与西方道德价值目标体系中的个人主义价值取向。从改革开放前后的历史发展来看，单纯追求社会的整体价值目标，计划经济时代的历史已经证明，它不会促进中国社会的经济建设、政治建设、文化建设充满生机与活力地向前发展。同样，单纯追求个体价值目标，任由其自行发展，改革开放初期的历史经验已经表明，缺乏国家意识形态的引导，只会给中国社会的经济建设、政治建设、文化建设带来混乱与挫折。因此，在马克思主义的国家意识形态的基础上，坚持道德价值目标社会性与个体性的统一，是道德价值目标体系构建的原则

①　梁漱溟. 人心与人生[M]. 上海：上海人民出版社，2018：199.

之一。

其三，坚持道德价值目标不变性与可变性的统一。

考察中西方道德价值目标体系的历史演进，我们能够很清楚地认识到，道德价值目标体系具有"不变"与"变"两个方面。道德价值目标体系所"不变"者是培养和发展"人"这个目的。道德价值目标体系所"变"者是为了培养和发展"人"这一目的在不同时代条件下不同社会所提出的具体目的的差异性。在当代中国，构建道德价值目标体系需要坚持道德价值目标可变性与不变性的统一。它符合马克思主义的国家意识形态在道德建设方面的要求，是马克思主义国家意识形态在道德价值目标体系构建原则上的具体化。

人是道德价值的主体。没有人的主体性参与，道德价值无所谓产生与发展。无论是中国传统道德价值目标体系的构建，还是西方道德价值目标体系的构建，尽管可能会强调社会或个体的重要性，但都是为了人自身的生存与发展。马克思认为，全部人类历史的第一个前提是有生命的个人的存在。历史不过是追求自己目的的人的活动而已。西方马克思主义者尼尔森指出，马克思关注所有人的生命及其自由全面发展。他如此诠释："我们需要意识到，每个人的生活都很重要，并且每个人的生活都同样重要。"①人的自由与全面发展是马克思思想的最高境界与最终逻辑归宿。从道德价值论来看，道德，作为人自身的创造物，其价值源于为人服务，促进人的生存与发展。否则，其价值即使有，也只会是负价值。坚持道德价值目标的人本精神，把这作为道德价值目标体系构建中的不变要素，就是坚持马克思主义在道德价值取向上的一元性引导，为人们提供道德价值世界的向导与灯塔。它能够克服在市场经济条件下道德价值目标中过度的工具价值取向，以及针对人文价值的冷漠与侵蚀，需要把人作为道德价值的起点与归宿。

另外，在关注道德价值目标体系中的不变因素的同时，还需要关注道德价值目标体系中的可变因素。任何道德价值目标体系都是适应一定社会历史条件的产物。道德如何更好地服务于人，才能具有更大的价值，总是要通过一定的具体化才能得以实现。随着社会历史条件的变化，为了道德能够发挥出服务于人的价值，需要不断地调整一些道德价值目标。中国传统社会是以农业为主的社会，家庭是最基本的生产、生活单元。从家庭拓

---

① ［加拿大］凯·尼尔森. 马克思主义与道德观念——道德、意识形态与历史唯物主义［M］. 李义天，译. 北京：人民出版社，2014：220.

展到国家，形成了独特的家国同构的模式。在这种模式中，构建维护君统、宗统的道统，追求大一统的目标，符合农业社会的生产方式。然而，随着西方现代性的影响，中国进入了社会转型，加入了现代化的历史进程。传统的维护等级制度等目标就必然要在市场经济的发展中加以淘汰，取而代之的是在马克思主义国家意识形态指导下的人权、自由、公正等道德价值目标。学界常常把这称为"传统价值的超越与重构"。也有学者从构建方法上把这称为"敢于借鉴一切人类优秀文化成果"。在此，我们应当充分运用马克思主义的指导作用。正如恩格斯所说："马克思的整个世界观不是教义，而是方法。它提供的不是现成的教条，而是进一步研究的出发点和供这种研究使用的方法。"①唯有运用马克思主义指导思想，在当代中国才能实现"传统价值的超越与重构"，才能在全球化时代"敢于借鉴一切人类优秀文化成果"，构建出既符合中国特色、又符合人类文明发展的道德价值目标体系。

马克思主义认为，人的本质在于实践。人的实践活动具有能动性，即一种思维与行动的目标性。在人的社会实践活动中，目标指明了实践的方向、意图和希望实现的目的。从道德价值论来看，道德价值目标指明了道德价值实践活动的方向、意图与希望实现的目的。根据前面所确立的道德价值目标体系的原则，从人的发展与社会的发展的角度，把道德价值目标分为基本目标、中间目标和终极目标，从而形成从低到高的道德价值目标体系。

其一，基本目标是道德价值目标体系的基础性目标。

道德价值的基本目标，就是道德价值目标体系中的基础性目标，或者称为底线目标。它是道德价值所需要达到的基本的方向、意图与实现目的。一方面，从人的发展来看，人权，是人之为人的基本权利，保障人权是道德价值的基本目标之一。人权是人作为人而无关财富、种族或其他某种社会地位以及父母关系而拥有的权利。它是不可转让的，也是个人不能放弃的。只要一个人活着，他作为人的本性就足以让他拥有相应的所有人权。在现代社会中，人权具有道德的基本价值。当代世界各国都把保障人权作为宪法的基础。"一个国家的法律体系在道德上应尽可能有效地认可和实现基本人权，以保护那些受此法律体系管辖的个人免受侵权所带来的严重伤害。在理想情况下，大多数国家都应该有一套确立了多项基本人权

---

① ［德］马克思，恩格斯. 马克思恩格斯选集（第 4 卷）［M］. 北京：人民出版社，1995：742-743.

的成文宪法。"①另一方面，从社会的发展来看，维护秩序是道德价值的另一个基本目标。从道德的产生和发展来看，它一直都为了社会的存在与发展而维护一种必要的秩序。秩序在维护社会的存在与发展中具有基本道德的基本价值。没有了它，社会将陷入混乱之中。正如美国学者拉塞尔·柯克论述美国社会根基时所说："秩序的重要性必须居于首位。"②人权和秩序在人的生存与发展、社会的生存与发展中具有道德的基本价值。因此，道德价值目标体系把保障人权和维护秩序作为道德价值的基本目标。

其二，中间目标是介于道德价值基本目标与道德价值终极目标之间的目标。

道德价值的中间目标，高于基本目标而又低于终极目标，是道德价值目标体系中的重要构成部分。它也是整体道德价值目标体系中内容最为庞大的部分。从人的发展来看，增进幸福是一种重要的道德价值目标。幸福在人的生存与发展中具有重要道德价值。人在获得其基本权利的基础上总是向往过一种幸福的生活。幸福是传统伦理学以至当代一些规范伦理学中的主题。道德的重要价值之一就在于帮助人们发现幸福、获得幸福。按照英国空想社会主义者约翰·格雷（John Gray）的说法："他还没有学会理解自己的天性并且按照自己的天性来行事，他没有学会在能找到幸福的地方去寻找自己的幸福；他的一切才能都被带入错误的轨道。"③从社会的发展来看，捍卫公正是一种重要的道德价值目标。公正在社会的存在与发展中具有重要的道德价值。社会在具有了一定的秩序后，人们总是希望这种秩序是公正的，才能长治久安，维护每个人的生存与发展。罗尔斯指出："一个组织良好的社会是一个涉及来发展他的成员们的善并由一个公开的正义观念有效调节的社会。"④所以，古往今来的无数伦理学家们，在谈论一种理想社会的构建时，总是把道德的价值指向公正。从人与社会以及其他方面的发展来看，促进和谐是一种重要的道德价值目标。和谐在处理人、自然、社会三者的关系中具有重要的道德价值。为了维护人的发展与社会的发展，以及其他方面的发展，道德的重要价值之一是促进和谐，保证各种发展之间和谐相处。从人类伦理思想史的发展来看，和谐一直都是

①　[美]卡尔·威尔曼. 人权的道德维度[M]. 肖君拥，译. 北京：商务印书馆，2018：176.
②　[美]拉塞尔·柯克. 美国秩序的根基[M]. 张大军，译. 南京：江苏凤凰文艺出版社，2018：457.
③　[英]约翰·格雷. 人类幸福论[M]. 张草纫，译. 北京：商务印书馆，1984：9.
④　[美]罗尔斯. 正义论[M]. 何怀宏，何包钢，廖申白，译. 北京：中国社会科学出版社，2001：455.

道德的重要价值指向。

当然，介于基本目标与终极目标之间，除了幸福、公正、和谐外，还可能有其他目标，如追求功利、效益、平等、民主、法治等，其中蕴含着道德的功利价值、效益价值、民主价值、法治价值等。我们所考虑的道德价值主要是内在价值，兼顾外在价值。幸福、公正、和谐等属于道德应有的内在价值，也有其一定的外在价值，而功利等则主要涉及道德的外在价值。因此，本书在此省去了后者的论述。

其三，终极目标是道德价值目标体系的归宿性目标。

道德价值目标体系是一个层层提升的构建模式，即基础目标→中间目标→终极目标。终极目标是道德价值目标体系的归宿性目标。按照康德的说法："终极目的无非是人类的全部使命，而有关这种使命的哲学就是道德学。"①毕竟，无论是中国还是西方，从道德的起源来看，都认为道德的价值在于人能够更好地生存与发展。另外，从最为广泛的意义上来说，古往今来的思想家都不会否认人的发展是人类的最终目标。它应该高于其他方面的发展或目标，应该具有绝对优先地位。从终极意义上说，人的发展不可能不优先于其他的发展。理所当然，作为人类道德实践活动，道德价值的目标是为了人而不是物，如果把人换成或当作物显然是有违道德目的的。而片面地培育人的某一个方面，只会培养出片面发展的"单面人"。在此，我们提出把实现人的全面发展作为道德价值终极目标。它也是马克思的人的全面发展思想在道德价值理论中的体现。马克思认为，人的根本就是人本身。人的道德实践活动正是由于它是人的活动，是为了人的全面发展的活动，从而才有了道德价值。否认实现人的全面发展作为终极目标，或者把道德活动本身作为终极目标，实际上是对人的道德活动应有含义的否定。由于自由是一种特殊的道德价值目标，贯穿于人的道德实践活动的始终，因此，我们也可以说实现人的自由全面发展是道德价值终极目标。道德的终极价值是人的自由而全面发展。

从道德价值论来看，实现人的全面发展是道德价值终极目标还在于其他道德价值目标都是围绕这个终极目标而展开的。道德实践活动中所追求的人权、秩序、幸福、公正、和谐等，如果没有把实现人的全面发展作为终极目标，立刻就会变得模糊，失去其应有的存在价值。人的发展有可能成为一种片面的发展。实现人的全面发展展现了它在道德价值目标体系中的绝对超越性的特性，其他道德价值目标都低于它。它具有价值引领性和

---

① ［德］康德. 纯粹理性批判［M］. 邓晓芒，译. 北京：人民出版社，2004：634.

先导性。保障人权、维护秩序是道德价值的两大基本目标。或者说实现人的全面发展就是建立在保障人权、维护秩序的客观现实基础上。至于追求幸福、公正、和谐等也都是为了人自身的全面发展，否则就可能失去应有的方向，走向偏执，产生人的自我异化，走向道德价值的对立面。人的全面发展集中展现了道德价值的最高内在宗旨。尽管各种道德价值目标之间存在明显的差异，但每个道德价值目标都是为了实现人的全面发展而存在的。当然，道德终极价值并不意味着道德全部价值，只是代表最高的价值地位。因为，每一种道德价值都有其自身的独立性，有其自身的价值规定性，在道德价值体系中占据不同的价值地位。

必须要指出的是，道德价值目标体系并不是一套数学公式，而是一套人文理论。它追求的是人文学科的逻辑而不是自然科学的那种精准性。人文理论是具有某种复杂性特征。道德价值的主体具有其思想上的复杂性。主体所生活的社会环境也是极为复杂的。就道德价值论而言，道德的价值指向并不会如同数学或物理学学科那样能够简单地抽象为公式中的数字来加以计算和判断，它是复杂而多变的。因此，把道德价值目标体系分为基本目标、中间目标和终极目标三个层次，并不是为了把道德价值目标指向简单化，或者准备牺牲某一种目标而实现另一种目标，而只是为了从不同层次更好地理解道德价值追求的目标。应该说，每一种道德价值目标都有其存在的独特性，并不意味着以一种道德价值目标能代替另一种道德价值目标。如果两种道德价值目标之间无法兼顾，只能是一种悲剧，需要从更为全面的角度来加以综合考量。

道德价值目标体系是主要由核心道德价值目标所构成的体系。人们的道德价值观念或目标包罗万象，其内容十分丰富，人们总是无时无刻不在进行着道德价值的选择与判断。在这里，我们所提出的道德价值目标，主要是指在人与社会的生存与发展中需要加以密切关注的道德价值目标。从这个意义上说，它属于一个核心道德价值目标体系。我们不可能把古往今来所有道德的价值指向的观念都囊括进来，进行一种全方位的无所不包的超级道德价值体系的论述。这既不可能，也不符合实际。事实上，人类社会在其发展和演变过程中，总是会根据自己时代的特征，选择那些本时代所应该需要而又欠缺的目标首先加以重点考虑。因为正是这种缺乏表明它们在这个时代中处于亟须重视的核心地位而成为道德价值目标体系中的一个组成部分。

同时，在这里，当代中国道德价值目标体系主要是一种中国社会转型的历史视野里，经过批判性规范论证所得到的产物。它是一个相对稳定的道德价值目标体系。在这个体系中，各个道德价值目标之间存在着密切的联系，常常相互影响和渗透。也就是说，道德价值目标体系并不是固定不变的僵化教条，而是可以通过审慎的变革而不断自我更新的思想。一方面，它总是需要接受各种外在的评判、辩论与交锋。不同的人可以从不同角度加以思考，如果认为它具有说服力，就可以接受它。另一方面，这也表明它是一套开放的体系，随时接受各种外在的检验，随时准备根据中国社会现实的变化加以修正与反思。这既符合马克思主义意识形态的稳定性与开放性的统一，也符合人们对社会现实生活中的丰富性与完善性的渴望。毕竟，人们总是愿意生活在一个丰富多彩的价值世界中，而不愿意生活在一个价值贫乏的孤岛上。它表明人是道德价值目标体系的构建者，道德价值目标体系服务于人，而不是相反。从这个意义上看，道德价值目标体系是动态的，它不是静止的道德价值目标的总和，而是被反思的思想者所呈现，是时代之渠中道德价值目标思想不断的汇聚与奔涌。

总的来说，对道德价值目标体系的研究揭示了我们应该在当代中国追求哪些道德价值，或者说，哪些道德价值应该成为我们追求的目标。"从整个中国现代化进程来看，价值观念总是具有根本性、先导性和决定性的意义，中国现代化进程中的每一次进步，无论是大的还是小的，都是思想解放、观念更新的结果。"[1]就此而言，对道德价值目标体系的研究，既体现了当代中国的现代化进程，也指引着中国现代化发展的方向。

---

① 戴茂堂，江畅. 传统价值观念与现代中国[M]. 武汉：湖北人民出版社，2001：347.

第三编　道德价值实现论

道德价值实现，是道德价值研究的重要内容。正如康德在阐述道德理论与实践的关系时所说："首先要把道德哲学放在形而上学的基础上，等它站稳了脚跟之后，再通过大众化把它普及开来。"①我们在确立了道德价值的本质论和目标论之后，有必要探讨道德价值的实现。道德价值唯有进入实践领域才能得到全面展开。由此，我们在前面阐述了道德价值的本质，论述了道德领域的人权价值、秩序价值、幸福价值、公正价值、和谐价值、自由价值、人的全面发展价值等，还需要进一步探讨其实现的问题。毕竟，道德价值论的研究最终要实现道德价值，因此，我们需要探讨道德价值实现的含义、动力、方式、过程，研究道德价值实现的障碍、条件，以及如何处理道德价值之间的冲突、如何评价道德价值的实现。

---

① ［德］康德. 道德形而上学原理［M］. 苗力田，译. 上海：上海世纪出版集团，2005：27.

第一章 "道德价值实现"的概述

道德价值是人类社会的历史实践基础上产生的人与道德之间关系的精神价值，是道德对于人的意义，是人对于道德的超越性指向。要想实现道德价值，我们首先需要把握道德价值实现的含义、动力、方式、过程，才能进一步地深入认识和了解道德价值的实现。

一、"道德价值实现"的含义

道德价值实现所涉及的是如何把道德价值呈现出来的问题。显然，道德价值和道德价值实现是两个不同的概念。如果我们把道德价值写出来，那只是一种符号。"符号自身似乎都是死的。是什么给了它生命？它在使用中有了生命。"①因此，我们不能混淆道德价值和道德价值实现两个概念。从道德价值论角度来看，研究道德价值实现的意义重大。我们只有弄清道德价值实现的概念，才能由此建立一个逻辑支点论述道德价值实现的相关理论。

从道德价值的基础来看，道德价值要得以实现一定要借助社会实践活动，发挥人的理性因素与非理性因素，才能变为现实。它涉及在道德价值的选择与评价过程中，道德价值客体与道德价值主体之间的双向运动的关系，即道德价值客体的主体化与道德价值主体的客体化。由此，我们可以从人类的实践活动、道德价值的选择与评价、道德价值客体的主体化与道德价值主体的客体化的双向运动几个方面来把握道德价值实现。

首先，道德价值实现是道德价值在人类社会实践活动中的实现。

道德价值内容丰富，包括人权价值、秩序价值、幸福价值、公正价

---

① ［英］路德维希·维特根斯坦. 哲学研究［M］. 陈嘉映，译. 上海：上海人民出版社，2015：150.

值、和谐价值、自由价值、人的全面发展价值等。这些道德价值都是人类在其漫长的道德生活实践活动中总结和概括出来的思想结晶。它们是人在其社会化的过程中所形成的，构成了人的内在的追求目标。尽管我们可以从层次上大致区分有些道德价值属于基础价值，如人权价值与秩序价值等，有些属于较高层次的道德价值，如幸福价值、公正价值等，但是，这些道德价值都是人们在社会道德生活实践中所得出的重要价值，这些道德价值都是不可缺少的。值得注意的是：第一，道德价值实现总是一定社会条件下的实现。道德价值不是人们主观任意的发现，而是一定社会发展过程中的产物。在生产力十分落后的社会中，衣食住行都无法得到基本的保障，在某些原始部落中甚至长期存在人吃人的现象。在这种社会中，人权价值、秩序价值是其追求的重要道德价值。道德价值实现主要是这些基本价值的实现。从一定意义上看，道德价值实现是在一定条件下的实现。也就是说，道德价值实现具有条件性。第二，道德价值实现总是一定程度上的实现。人权价值、秩序价值、幸福价值、公正价值、和谐价值、自由价值、人的全面发展价值等道德价值都具有一定的超越性。人们在实现这些道德价值的过程中，总是不断地接近，实现一定程度上的道德价值。从这个意义上看，道德价值实现是道德价值在一定程度上的实现。也就是说，道德价值实现具有绝对性与相对性的特性。

其次，道德价值实现是道德价值的选择与评价的结果。

道德价值的选择与评价是道德价值实现的重要组成部分。道德价值的选择是道德价值主体在不同道德价值之间的抉择，体现了人的本质力量的自觉与自主。在存在多种道德价值的情况下，道德价值主体需要自觉、自主地进行选择，主动地认知道德价值，才有可能做出选择，进而才可能实现道德价值。道德价值选择是道德价值实现中的一个重要的中间环节。一般而言，道德价值的实现应该包括道德价值观念产生与形成后，根据主体的需要进行道德价值的选择，在实践中落实。就道德价值的选择而言，道德价值概念的形成离不开道德价值选择。毕竟，道德价值概念是道德价值主体在长期的社会道德实践中所形成的观点与看法。道德价值观念依附于道德价值选择，是道德价值选择的结果。此外，没有相应的道德价值选择，也就没有了道德价值主体的积极参与，道德价值主体的自觉与自主的本质力量也就无法表现。从这个意义上看，道德价值选择构成了道德价值实现的逻辑前提。其实，道德价值选择的结果与道德价值的实现密不可分。因此，道德价值实现必然需要进行道德价值选择，可以说是道德价值选择的结果。

道德价值的评价是道德价值主体针对某种道德现象中所包含的道德价值做出的评价。某种道德现象中具有何种道德价值、具有多大的道德价值等，要通过道德价值评价才能为道德主体所把握。道德价值的实现离不开道德价值评价。因为，道德价值评价直接指向道德实践活动，直接展现了道德实践活动中的观念，直接告诉我们道德价值的实现状况，还需要如何努力。就此而言，道德价值评价是一种直接的目标明确的活动，是道德价值主体意在赞扬或批判某种道德现象的活动。也就是说，道德价值评价具有鲜明的目的性，就是要为道德价值的实现来服务。正因为道德价值主体进行评价时具有赞扬或批判的论述，因而道德价值评价给予我们关于道德价值实现状况的认知，同时把这种认知反映在道德价值实现的结果中。由此看来，道德价值实现需要道德价值评价，道德价值评价构成了道德价值实现的一个必要组成部分。

再次，道德价值实现是道德价值客体的主体化与道德价值主体的客体化的双向运动的结果。

一方面，道德价值实现是道德价值客体的主体化的结果。所谓道德价值客体的主体化的结果，是指道德价值客体作用于道德价值主体，把道德价值转化为道德价值主体的内在品质的结果。

道德价值客体的主体化涉及道德价值的内化。道德价值客体是道德。作为道德价值客体的道德包括三个方面：一是以观念形态存在的道德，如某种道德观念、道德思想等；二是制度层面的道德，包括作为制度的道德、作为道德的制度；三是以社会状态存在的道德，包括道德行为和其他道德现象。道德之所以成为道德价值的客体，就是因为道德能够满足人的精神需要，如对人权、秩序、自由、公正、法治等的追求。道德具有培养道德对象即人的各种精神价值的作用。人需要道德，是道德存在的根据。道德价值实现，就道德自身来说，就是发挥了满足人的各种精神需要的作用。从道德价值客体的主体化来看，道德价值实现就是把道德中人所需要的精神价值，如人权、秩序、自由、公正等理念，转化为人的内在品质。在内化过程中，存在着各种制约内化的因素，人需要克服这些因素才能完成内化。没有道德价值的内化，道德价值，如人权价值、秩序价值、自由价值、公正价值等就不能够被认可，也无法实现。因此，我们认为，道德价值实现，必然包括道德价值客体的主体化，即道德价值的内化。道德价值实现意味着培育人的道德价值的精神需要的实现。

另一方面，道德价值实现是道德价值主体的客体化的结果。所谓道德价值主体的客体化的结果，是指道德价值主体作用于道德价值客体，把道德价值从内在转为外在，实现了主体所期望的某种道德意义的外化。

道德价值实现中的道德价值主体的客体化，涉及道德价值的外化。也就是说道德价值实现最终还是需要通过道德价值的客体化表现出来。人包括个体和群体，而群体包括作为整体的人类群体，作为一定历史条件下的人类群体，作为一定历史条件下不同地区的人类群体。那些由人所内化的道德价值，还是需要在道德生活实践中外化，表现为道德规范、道德行为或道德制度等。道德价值实现是一个主体根据道德需要而选择、认同或接受，并不断外化的结果。如果我们仅仅把道德价值实现理解为主体的认可，显然是不全面的。认可只意味着主体接受了道德价值，选择了道德价值，在认知层次上实现了道德价值。但是，这种主体接受并不意味着外化。接受与外化之间还有着很长的距离。毕竟，道德意志与道德情感等还横亘在接受与外化之间。如果主体缺乏道德意志或道德情感，很可能无法实现外化。道德价值的外化需要一定的主观条件、客观条件等，受到各种复杂因素的制约，并不是在主体接受了道德价值之后，就一定能够外化。道德价值的外化是道德价值实现的必然结果。

因此，我们可以这样来理解道德价值实现。道德价值实现就是道德价值在人类社会实践活动中的实现，是道德价值的选择与评价的结果，是道德价值客体的主体化与道德价值主体的客体化的双向运动的结果。

目前，研究道德价值实现具有重要意义。从当前的研究来看，一些关于道德价值的研究主要还局限于理论上关于道德价值的目标、原则等问题的研究，而很少涉及道德价值实现。毕竟，研究道德价值并不是仅仅了解什么是道德价值，包括哪些内容，其最终还是为了实现道德价值。具体而言，道德价值实现的研究具有三个明显的意义：

第一，丰富和完善道德价值理论。道德价值理论是道德价值的理性认识，是理论化、系统化的道德价值观。道德价值论的主要研究内容有道德价值的本质、道德价值的基础、道德价值的类别、道德价值的实现、道德价值的评价，以及道德价值同其他价值的关系等。可以说，道德价值理论的研究是一个复杂的系统工程，涉及道德价值的产生与发展的整个过程。其中，道德价值的实现是一个必不可少的重要组成部分。我们需要从理论上探讨道德价值实现的含义、动力、方式等，研究实现道德价值的过程中可能遇到的主观不利因素和客观不利因素以及其中的关键问题，还需要认识道德价值实现的各种条件。在道德价值实现中，道德价值之间必然存在价值冲突的问题，这涉及如何认识道德价值冲突的表现形式，其表现形式背后的原因，如何化解道德价值冲突，如何把握化解道德价值冲突的方式，等等。另外，道德价值实现的评价标准也是研究道德价值实现的重要内容之一。所有这些关于道德价值实现的研究，都是道德价值理论研究中需要加以探讨的问题。我们很难想象，没有这些关于道德价值实现的理论研究，道德价值理论还能否成为一个完整的理论。因此，从这个角度来看，研究道德价值实现具有丰富和完善道德价值理论的重要意义。

第二，推进和深化道德价值理论的实践作用。道德价值的研究不仅是一个理论上复杂的系统工程，而且还是一个需要不断推进和深化的实践工程。在相当长的时期内，价值研究似乎是价值理论的研究，唯有价值理论的研究才能体现出研究的力度和高深。的确，价值本质、价值目标等的研究，是价值研究中的重要对象。但是，我们应该清楚我们为何要研究价值本质、价值目标等问题，这里有个研究归属的问题。其实，价值实践的研究更为重要。它直接表明我们研究的归宿与愿景。在理论与实践的研究关系上，康德曾指出："在纯粹思辨理性与纯粹实践理性结合为一种知识时，后者具有优先地位……因为一切兴趣最后都是实践的，而且甚至思辨理性的兴趣也只是有条件的，唯有在实践的运用中才是完整的。"①康德认为，实践理性高于思辨理性，思辨理性只有落实在实践中才是完整的。其实，从道德价值的研究来看，道德价值实现在道德价值的研究中，不是一个可有可无的问题，而是一个必须要加以认真研究的问题。人们研究道德价值的目的，并不是一种理论上的自娱自乐，而是展现了人们的道德价值追求。比如，最基本的道德价值有人权价值、秩序价值等，较高层次的道德价值有幸福价值、公正价值、和谐价值等，最高层次的道德价值是人的全面发展价值。这些道德价值展现了人的自我精神境界的不同层次性。这些不同层次的道德价值并不是仅仅作为一种理论摆设，而是要在现实中得以实现。如果我们的研究仅仅停留在理论角度的论述，而没有实践研究，那整个理论研究也就丧失了根本方向。因此，我们不能局限于道德价值的本质、内容等理论问题研究，而是要进一步拓展研究空间，探讨道德价值的实现。道德价值实现问题的研究，是道德价值理论研究的必然发展与延伸。它表明了我们研究道德价值的本质、内容等问题的根本目的，就是为了落实道德价值的实现。就此而言，道德价值实现的研究具有推进和深化道德价值理论的实践作用。

第三，回应时代呼声和促进不同道德文化之间的交流与繁荣。道德价值问题是当今时代的一个热点问题。随着经济全球化的发展，交往工具的

---

① [德]康德. 实践理性批判[M]. 邓晓芒，译. 北京：人民出版社，2004：140-141.

日新月异，人们的社会交往越来越超越了地域的界限，展现了全球性交往的特征。在这种日益密切的全球化交往过程中，人们就好像生活在一个"地球村"中，能够深刻地感受到丰富多彩、认识各异的道德价值观。在这种背景下，不同地区、不同民族原有的道德价值之间既有一定的道德价值方面的共识，也必然存在一定程度的碰撞与交流。如何实现道德价值，是当今世界中一个时代的呼声。探讨道德价值实现的问题，也就是要探讨如何处理道德价值冲突的问题。这是一个时代呼声的回应。在这种回应中，研究道德价值实现的问题，能够促进不同道德文化之间的交流与繁荣。对地域性的、民族性的、传统的、现代的各种道德价值的不同解读，它们基本的向善的价值取向是相同的，但如何实现善的价值取向却有其各自的表述。如果不具体研究道德价值实现的深层次根源，很难促进彼此的理解，更难促进彼此的不同道德文化的交流与繁荣。毕竟，从价值论的角度来看，"意义与价值的探究从来不是单向的，而是最广泛意义上的交谈或对话"①。研究道德价值实现的问题，有助于我们从广泛意义上进行道德价值方面的交流与对话，不仅回应了时代呼声，而且还能够促进不同道德文化之间的彼此了解和共同发展。

二、道德价值实现的动力

实现道德价值需要有一定的动力。前面我们讲了许多类别的道德价值，人们是否会实现这些道德价值？就关涉到知与行的区别的问题。比如，有人认识了道德的人权价值与秩序价值，但自己未必准备要去实现。王阳明提出了知行合一，但是，知与行毕竟还是不同。从理论上看，其有一个从知到行的动力问题，实现道德价值必须有一定的动力，这个动力所构成的机制是如何运作的，是需要加以研究的。我们可以设想，如果没有动力来源，实现道德价值就成为一件遥不可及的事情。

从历史上来看，探讨道德价值实现的动力，不同伦理学学派有不同的看法。比如，功利主义者认为，要实现某种道德价值，就在于道德中所蕴含的功利。如果没有了功利或幸福，道德价值就失去了需要加以实现的动力。从功利主义者的角度来看，追求功利，实现最大多数人的最大幸福是人们努力实现道德价值的本源性动力所在。再如，康德主义者认为，人是

---

① 陈嘉映. 何为良好生活：行之于途而应于心[M]. 上海：上海文艺出版社，2015：76.

理性的存在者。康德在其著作中，直接以理性的存在者取代了人。理性是人的本质特征。人要实现道德价值就在于道德价值本身，而不是在于外在的功利、幸福等。在康德主义者看来，道德价值本身所具有的理性价值就是人们追求它的本源性动力。情感主义者认为，道德价值实现的动力在于情感的推动。没有情感，人们就没有实现道德价值的驱动力。情感本身就成为道德价值实现的本源性动力。宗教伦理学则直接把人们实现道德价值的动力归结为神。道德价值源于神，如上帝、真主、佛陀等，正是出于对神的敬畏或为了给神增添荣耀，人们才有了实现道德价值的动力。如果我们仔细分析这些道德价值实现的动力，可以发现道德价值实现的动力主要分为两类：一是把道德价值实现的动力归为主体自身的内在驱动力，如理性、情感等；二是把道德价值实现的动力归为主体之外的外在驱动力，如功利、幸福、上帝、真主、佛陀等。

（一）道德价值实现的内在驱动力

道德价值实现的内在驱动力是道德价值实现的内因。它主要来自三个方面：一是人们在社会关系中的理性选择能力，二是人们惩恶扬善的道德需求，三是人们追求的道德价值理想所具有的激励动能。

其一，人们在社会关系中的理性选择能力。

道德价值中包含了人与人、人与自然、人与社会之间的社会关系。实现道德价值就体现在人们主动地运用理性来处理人与人、人与自然、人与社会之间的关系上。道德价值实现的动力，首先表现在道德价值主体在人与人、人与自然、人与社会之间的多种关系中进行理性选择的能力上。当然，如果我们要追问，人们为何要在人与人、人与自然、人与社会之间的关系中进行理性选择？答案是源于人的生存与发展的需要。人在其生存与发展中始终是以群居的方式存在，这决定了人为了生存与发展需要处理好人与人、人与自然、人与社会之间的关系。就此而言，人正是在其生存与发展中，通过处理好各种关系来考量道德价值。那些越是在各种关系中有助于人的生存与发展的道德要求，其存在的价值就越大。人的全面发展是人在各种关系中获得的人自身的全面发展。因此，我们把人的全面发展的价值，作为人的最终道德价值。人权和秩序是人在处理各种关系中谋求自身发展的基本要求。因此，我们把人权价值与秩序价值，作为道德的基本价值。要想实现这些道德价值，就需要理性地处理好各种人与人、人与自然、人与社会之间的关系。换而言之，人要生存与发展得好，需要在人与人、人与自然、人与社会的关系中进行理性选择。它构成了道德价值实现的内在驱动力之一。人在社会关系中的理性选择能力越强，越容易实现道德价值。

其二，人们惩恶扬善的道德需求。

人类社会的历史，是一部惩恶扬善的人的自我发展的历史。善与恶是道德价值的两级。在相当长的时间内，人们似乎偏向于探讨善，其实，探讨恶或许更有助于我们认识社会中的惩恶扬善的道德需求。从善恶中的一方——恶来看，人类似乎永远不可能摆脱邪恶，它总是存在于人类社会的某个地方。什么是恶？《辞源》中诠释：①罪过，与"善"相对。《易经·大有》中有"君子以遏恶扬善，顺天休命"。②凶暴、凶险。《墨子·七患》中有"故时年岁善，则民仁且良；时年岁凶，则民吝且恶"。③劣，与美好相对。④坏人。⑤病痛。在中国文化中，恶总是与恶行、坏处、痛苦等相联系。它的对立面是善。目前，不同学科所看到的恶各有不同。从法学来看，恶意味着犯罪；从社会学来看，恶是一种社会性越轨；从宗教学来看，恶是信仰的背叛。如果从道德价值论来看，恶是一种道德价值的负面形态。人类社会的发展总是展现了人类遏制恶的道德价值导向。从这个意义上说，道德本身就具有惩恶扬善的重要价值。人们一直希望运用道德克制邪恶，实现人权、秩序、公正、自由等价值。这些价值符合人们惩恶扬善的道德需求。正是由于人们认识了善与恶之间的对立关系，渴望战胜恶、追求善，从而构成了实现人权、秩序、公正、自由等价值的内在动力。

孔子曾说："吾未见好德如好色者也。"（《论语·子罕》）他认为，难以看到好德如同好色的人。好色是人的自然天性，而好德需要压制人的某些不好的自然本能。或许孔子希望人们能够好德如好色，成为人的某种自然本能，但实际情况并非一蹴而就，两者之间距离遥远。人作恶要比行善容易。正如《国语·周语下》所说："谚曰：'从善如登，从恶如崩。'昔孔甲乱夏，四世而陨；玄王勤商，十有四世而兴；帝甲乱之，七世而陨；后稷勤周，十有五世而兴。幽王乱之十有四世矣。"在现实社会生活中，人们向善难如登山，而堕落邪恶之中易似山崩。人容易作恶，但这是人的自然本能的可能性。如果人要没有善的引导与追求，恶就容易在社会中蔓延。从这个角度来看，向善的愿望是人内在的与恶对峙的重要力量，是人能够超越自然本能而成为人的内在动因。人作为理性的存在，其理性告诉自己，人应该过一种有秩序、自由、公正的幸福生活，实现人的全面发展。但是，人自身的邪恶因素可能诱使人自我堕落，因此，如何制约人自身的邪恶就成为人的理性要求。道德正是在这样的情况下应运而生。道德从它出现的那一天开始，就被赋予了追求善的生活的使命。因此，宋明时期，无论是朱熹的理学还是王阳明的心学，尽管在道德本体论上存在分歧，但都提倡"存天理，灭人欲"，试图克制人的自然本能，实现理性的抉择。正如孔子所说："非礼勿视，非礼勿听，非礼勿言，非礼勿动。"（《论语·颜渊》）礼以一套制度，展现了人的理性的社会规定性。不符合礼制规定的，不能看、不能听、不能说，不能动。这是人的人文精神的体现。所有这些都展现了人渴望克制恶行、追求善行的共同心愿。从人的总体的意义上看，人们都希望有一个美好的未来。道德就是为了这一目标而形成的。道德价值中所包括的人权、秩序、公正、自由等价值目标都展现了人们要追求的美好生活。面对邪恶，理性选择能够指导人们彰显道德的力量，实现道德中的人权、秩序、公正、自由等价值，克制人性中的邪恶。这种人们惩恶扬善的道德需求构成了人们实现道德价值的重要的内在驱动力。

其三，人们追求的道德价值理想所具有的激励动能。

道德价值不仅具有有用性，而且具有超越性。这种超越性以一种理想而表现出来。人权、秩序、公正、自由等既是现实社会中要加以维护的道德价值，也是一种超越性的价值理想。理想是人的动力之源，体现了人对现实的不满足和对发展的追求。这种渗透在道德价值中的理想，突出地表现在人的社会实践中的各种对象性活动以及人自身的自我完善与发展中，构成了人展现其各种本质力量的内在驱动力。

道德价值中的理想，具有激励动能。激励动能的基本含义是，在对道德价值本身的解读中，能够激励道德价值主体树立符合社会发展所需要的奋斗目标，把它作为人生的生活意义之所在。目标在一个人的人生中具有重要的动力作用。心理学认为，成功与目标有着密切的联系，目标越明确越具体，越具有吸引力，人走向成功的可能性越大。奋斗目标是一个人不断努力的方向与希望。如果一个人没有了目标，也就失去了方向与希望。从我们前面所说的理性选择来看，目标的明确与选择正是一个人的理性本质的表现。人以其理性认识目标、选择目标，才可能把目标从理想转换为现实。可以毫不夸张地说，人类社会所取得的一切成果都是人的奋斗目标的不断实现的结果。正是有了这种奋斗目标，人才有了方向与希望，才具有了内在动力。道德价值中的人权、秩序、公正、自由等价值目标，都向人们展现为超越性的奋斗目标。它们向人们展现了其中所具有的意义，为人们树立了奋斗方向，为人们的人生提供了不懈动能。人有了动能才能发展。道德价值中的理想，为人们实现道德价值奠定了重要的激励动能。

每个人的一生都是有限的，不能永远活在这个世界中。这种自我存在的有限性使人们在实现其道德价值理想时具有一种紧迫性。如果说人永远不死，那道德价值理想尽管十分美好，人却可以把实现这一目标的时间无限拖后，因为今天不做，还有明天。但是，每个人生命的有限性迫使人们随着生命不断走向终点的脚步，意识到不能随意挥霍自己的生命潜能，而是要在有限的时间内实现自己的道德价值理想。从这个角度看，生命的有限性升华了人生的意义。没有生命的有限性，人生的意义会失去重要性，人们实现道德价值的动力也会随之失去重要的支撑。

人类历史经验告诉我们：一个人只有认识所追求对象的价值，了解其价值和意义，才会更加努力地去追求它、实现它。社会会因个人充满理想而充满活力。道德价值理想从社会实践中来，又直接影响着社会和人的发展方向与速度。人权、秩序、公正、自由等道德价值理想，指引着社会和人的发展方向，激发着社会和人不断发展的内在动能。道德价值以对社会和人的共同道德价值观念的论证，凝聚了人的行为动能的内在规定性，展现了人的精神世界在社会实践活动中的超越性。道德价值理想所具有的激励动能是通过社会和人的发展目标来激励人的发展意识，鼓励人们自己树立奋斗目标来发展和完善自己与社会。从这个意义上说，它是激发人们实现道德价值的发展动力，是一种内在动能的激励。

（二）道德价值实现的外在驱动力

道德价值实现的外在驱动力是道德价值实现的外因。它主要来自社会或他人的推动作用。道德价值实现的外在驱动力主要包括三个方面：一是外在的道德评价的驱动，二是道德典范的引导，三是道德惩罚的推动。

其一，外在的道德评价的驱动。

外在的道德评价是道德价值实现的外在驱动力之一。道德价值中的人权价值、秩序价值、公正价值、自由价值等，都离不开外在的道德评价活动。外在的道德评价是通过道德判断来发挥其影响。无论这种道德判断是一种赞扬还是一种谴责，都能够影响他人，或者引发共鸣，或者引人反思。这种道德判断既可能来自一种理性的分析结果，也可能是一种非理性的情感共鸣下的产物。各种道德判断彼此相互调整和整合，容易形成一种道德评价的社会性伦理方向的影响力量。也就是说，这种社会性道德评价展现了一种实现道德价值的力量。这种力量由个体影响到其他个体，由个体影响到集团，或者由集团影响到个体，不同道德判断之间相互影响，从而构成了道德价值实现的外在驱动力。按照马克思的观点，这种最终的外在驱动力在于社会的共同利益。毕竟，道德价值是建立在物质利益基础之上的产物。唯有真正代表社会共同利益的道德评价，才能充分地展现出社会绝大多数人的力量。而道德价值中的人权价值、秩序价值、公正价值、自由价值等，正是由于展现了社会的共同利益之所在，因此，社会的道德评价就能够成为实现道德价值的外在驱动力。在人类社会生活中，外在的道德评价能够成为道德价值实现的推动力量，除了隐藏在道德评价下的共同利益外，还在于人的荣誉感。人总是希望在社会中赢得荣誉，而不是受到羞辱。外在的道德评价正是要给予人们某种荣誉，或者加以羞辱。在许多时候，人们的社会地位随之而发生变化，那些赢得荣誉者获得更好的社会地位，而那些声名狼藉者成为千夫所指的对象，从而从外部促使人们愿意追求道德价值的实现。

其二，道德典范的引导。

道德典范是一定社会道德实践活动中涌现出来的、具有一定道德境界、值得人们学习和效仿的人格范式。它又常常被称为道德榜样、道德楷模。那些捍卫和追求道德价值的典范人物，在社会中提供了实现道德价值的榜样效应。孔子说"见贤思齐焉，见不贤而内自省也"（《论语·里仁》），"择其善者而从之"（《论语·述而》），就是论述了这种榜样效应。道德典范的引导构成了实现道德价值的外在动力之一。

道德典范的引导能够构成实现道德价值的外在动力，其理论依据在于人的社会模仿特性。这一点在社会学和心理学的实证研究中得到确证。法国社会学家塔尔德（Jean Gabriel Tarde）在其《模仿的定律》《社会逻辑》《社会规律》等著作中，提出了"社会模仿论"，即社会就是模仿。在他看来，一切社会过程都是个体之间的互动。每一种人的行动都在重复某种东西，是一种模仿。他认为，模仿是最基本的社会关系，社会就是由互相模仿的个人组成的群体。实际上，社会通过模仿而传播和交流个人情感与观念。人们由于社会中存在着各种不同的可模仿的模式，而出现不可避免的矛盾与冲突。其结果是对立各方相互调整、相互适应，从而达到一种社会均衡。美国著名心理学家和社会学习理论的创始人班杜拉（Albert Bandura）认为，在很多社会学习中，学习者可以通过观察，以他人为榜样来获取学习信息。他把这称为示范性学习。他指出："大部分的人类行动是通过对榜样的观察而习得，即一个人通过观察他人知道了新的行动应该怎样做。"[1]他认为，示范模式能够具有外在动力的教育效应。

---

[1] ［美］班杜拉. 社会学习心理学［M］. 郭占基，等，译. 长春：吉林教育出版社，1988：22.

　　从道德典范的引导作用来看，道德典范以生动鲜明的形象，展现了其内在的道德价值，富有直观性、感染性、激励性，容易成为人们模仿的对象。从心理学来看，道德典范为社会大众所提供的是一种现实的凝聚道德价值的真实人格，而非理论上的抽象人格。它直接展现了具有公正、自由等道德价值的个人所具有的表象。这种表象是从认识到实践的催化剂，能够为实现道德价值发挥动力作用。正如洛克在谈到道德典范的动力作用时所说："最简明、最容易的而又最有效的办法是把他们应该做或是应该避免的事情的榜样放在他们的眼前；一旦你把他们熟知的人的榜样指给他们看了，同时说明了它们为什么漂亮或丑恶，那种吸引力或阻止他们去模仿的力量，是比任何能够给予他们的说教都大的。用口头上的开导去使他们明白何谓德行，何谓邪恶，决不如使他们看看别人的行动。"①道德典范是一种实现道德价值的无声力量，如同一面镜子让人时刻对照，调整自己的行为。从深层次来看，道德典范本身就是一种道德价值的载体。各种不同的道德典范本身就是不同的道德价值的载体。一位公正的法官就是道德价值中公正的体现，一位捍卫自由的斗士就是道德价值中自由的化身。这些道德典范代表了理性的应然，体现了道德价值的精神本质。道德典范的引导能够构成实现道德价值的外在动力，就在于它含有道德价值的有用性与超越性。在道德典范的引导过程中，既能够针对学习者产生一定的有用性，比如能够促进人与人之间更好地相处，带来一定的社会声望或物质利益等，也能够让学习者对道德典范的行为产生敬重与尊重之情，渴望过一种具有道德价值的生活。

　　当然，道德典范的引导所构成的实现道德价值的外在动力，有可能导致邯郸学步似的负面效应。学习者如果没有理解道德典范的行为上的精神实质，而只是外在地简单模仿，就有可能误入歧途。因此，彼彻姆指出："学习'模范人物'经常会妨碍自己批判性地思考和独立地实施自己的判断。"②这是有一定道理的。道德典范的引导要避免人们如同东施效颦那样盲目地模仿。学习者要把握道德典范的精神实质，理解道德典范的性格以及其行为所隐含的意义。也就是说，道德典范的引导，更为重要的在于引导学习者在道德精神上的感悟。这样，道德典范的引导所构成的实现道德价值的外在动力，才能发挥出正面效应。

---

① ［英］约翰·洛克. 教育漫话［M］. 傅任敢，译. 北京：教育科学出版社，2018：55.
② ［美］彼彻姆. 哲学的伦理学［M］. 雷克勤，等，译. 北京：中国社会科学出版社，1992：260.

其三，道德惩罚的推动。

道德惩罚是指在一定社会道德实践活动中，具有理性判断能力和是非观念的主体，针对那些不道德行为或品质的主体所进行的物质上与精神上的谴责和制裁。道德惩罚，不同于法律惩罚，是一种以社会道德观念作基础的非强制性的惩罚。实现道德价值离不开道德惩罚的推动。道德惩罚通过物质上与精神上的谴责和制裁，保障道德价值的实现。

道德惩罚能够成为实现道德价值的外在推动力，其理论依据在于实现道德价值的自律精神不是一蹴而就的，而是需要他律的帮助。人具有意志自由，但这种意志自由并不能绝对保证人会向善。大多数人首先考虑的是如何满足个体的衣食住行的生存需要，才会考虑更高层次的发展需要。人们所要实现的道德价值，都是在社会中形成的。道德惩罚是促进人们实现道德价值的必要环节。它通过惩罚那些缺乏实现道德价值的自觉意识的人，促使其正确认识道德价值，主动去实现道德价值。皮亚杰在研究儿童道德发展中，通过实证证明，儿童道德价值观念的形成，最初来源于外在权威人士的严格要求。比如，父母或教师，要求儿童严格遵守相关的道德要求，逐渐为儿童自身所认同和接受。道德惩罚在其中发挥着重要作用，否则权威人士的权威无法树立。事实上，实现道德价值与人们的年龄之间没有必然的因果关系，它和人们的利益关系有着密切的关系。利益关系，尤其是经济利益关系是人们做出或不做出某种行为的动因。"一个忽视经济条件的道德体系只能是一个遥远空洞的道德体系。"①道德惩罚迫使行为主体因其不道德行为或品质受到社会、集体的惩罚，无法得到一定的利益，或经济利益受损，从而形成一种强大的外在压力，使得行为主体不得不慎重考虑道德实践活动中的道德价值问题。实践证明，针对破坏道德价值的人进行惩罚，让其恶有恶报，受到损失，有助于道德价值在全社会实现。假如恶人、恶行逃脱了应有的惩罚，无形之中就助长了作恶者的嚣张气焰，会导致恶的泛滥。功利主义的代表人物边沁曾经专门研究了道德惩罚问题。他认为："惩罚的作用不可能超过心里想到的关于惩罚以及罪罚的观念。假如想不到惩罚观念，那么它就完全不可能起作用，因而惩罚本身必定无效。要想到惩罚观念，就必须记得它，而要记得它，就必须了解它。"②边沁的这个观点很有启发性。在道德价值实现的过程中，惩罚那些

---

① [美]约翰·杜威. 确定性的寻求——关于知行关系的研究[M]. 傅统先，译. 上海：华东师范大学出版社，2019：266.

② [英]边沁. 道德与立法原理导论[M]. 时殷弘，译. 北京：商务印书馆，2000：238.

破坏道德价值的人、行为，重要的是必须针对他们破坏道德价值的思想观念，而并非仅仅停留在外在的某种现象上。唯有让人们明白惩罚的精神意义，才能真正发挥出实现道德价值的力量的有效性。因此，道德价值实现离不开针对破坏道德价值的道德惩罚。道德惩罚能够成为实现道德价值的外在动力。

当然，道德价值实现的外在驱动力是道德价值实现的外因，还是需要发挥人们的内在动力。无论是外在的道德评价的驱动、道德典范的引导，还是道德惩罚的推动，都离不开人们自己的良心的认可。在这里，它展现了道德价值的道德特性。"不是对上级而是对自己良心的负责，不是用强力所威逼出来的责任心，这种决定在个人所重视的事物中应该为他人牺牲哪些事物的必要性，以及对自己所做决定的后果负责——这些才是任何名副其实的道德的实质。"①道德价值实现的动力，归根结底，要通过人们自己的良心的认可才能表现出来。良心是人的知识和全部生活方式所决定的自觉意识。这种社会自觉意识是人的社会本质属性的表现，是个体受所处社会地位以及其性格、气质和受教育程度等社会因素影响的产物。社会的共同利益之所在，构成了一个社会在一定程度上的良心共识，从而形成了实现道德价值的共同内在动力基础。

三、道德价值实现的方式

道德价值实现是道德价值在人类社会实践活动中不断地实现。它涉及在道德价值的选择与评价过程中，道德价值主体与道德价值客体之间的双向运动的关系，即道德价值主体的客体化与道德价值客体的主体化。道德价值主体化，即普遍性价值观念形成；道德价值客体化，即落实于各种具体组织形式和人们的日常生活之中。也就是说，这种实现是通过普遍性价值观念、具体的组织形式与人们日常生活来展开。从道德价值实现的方式来看，主要有普遍方式、具体方式与混合方式三种类型。

（一）道德价值实现的普遍方式

道德价值实现的普遍方式是指道德价值作为价值而言，得以实现的普

---

① ［英］弗里德里希·奥古斯特·冯·哈耶克. 通向奴役之路［M］. 王明毅，冯兴元，等，译. 北京：中国社会科学出版社，2012：201.

遍性方式。道德价值作为一种价值的实现总是既需要展现为一定社会或国家中的价值引导，也需要相应的主体的积极回应，遵循价值的引导去实现道德价值。因此，道德价值实现的普遍方式主要包括价值引导、价值遵循。

价值引导是指社会或国家提供一定的道德价值方向和目标，引导道德价值主体认识道德价值的相关要求，从而实现道德价值。在这里，价值引导中的"引导"意味着：一是道德价值实现有一定的方向和目标；二是道德价值的实现体现了一定的社会或国家的意志，也体现了被引导者的价值目标和追求；三是道德价值实现表明了社会或国家在一定历史时期针对道德价值主体所提出的社会或国家责任；四是道德价值主体具有自己的道德自由，有自己的人格尊严与选择权，否则，这就不是引导，而是强迫。

作为道德价值实现的普遍方式，价值引导既表明它是社会或国家的一种责任，也表明它是道德价值主体自身的价值选择。从人类历史中道德价值的实现来看，价值引导是一种普遍性的实现方式。许多道德价值都是通过这种价值引导来实现。人是一种理性的存在，受到自己理性的指引。在其社会化的过程中，人需要价值引导，才能完成社会化的过程。在任何社会中，人都需要经历这种价值引导的过程。在价值引导过程中，从一个自然人转变为一个社会人，即接受社会道德规范的要求，成为社会中的一员。就道德价值论而言，价值引导就是通过道德价值的目标设定引导人们实现道德价值。

当然，从道德价值实现的历史发展来看，但凡成功的价值引导都是建立在洞察人类历史发展轨迹后，深刻认识"一般的人性"和"变化了的人性"的基础上，密切关注道德价值主体的成长潜能，并期望他们把握其内心世界，才能真正地指引道德价值主体走向道德价值实现，才能真正有可能形成实现道德价值的主体性人格。

道德价值实现的另一种普遍方式是价值遵循。

所谓价值遵循是道德价值主体根据社会或国家提供的一定道德价值方向与目标，自主地建构其道德精神世界，自觉地调整其行为，实现道德价值。在这里，价值遵循中的"遵循"意味着：一是道德价值主体的精神世界是自主地、能动地生成，并非仅仅被外在力量所决定；二是道德价值主体能够主动地根据其认识形成自己的道德判断，从而自觉地调整其行为；三是道德价值实现是在道德价值主体的自我约束和调整中进行的，既包括主体运用了以往所了解的道德价值方向与目标的知识，也包括针对相应的情况做出了新的适当运用。

从心理学来分析价值遵循，它是一种主体与外在世界之间相互作用的结果。心理学家皮亚杰在研究儿童认识时发现，儿童的认识不是一个简单的"因变量"，而是一个"独立的变量"。他提出了发生认识论的两个重要观点："相互作用论"和"建构论"，即知识不是外界客体的简单摹本，而由主体与外部世界不断相互作用而逐步建构的结果。从这个角度来分析价值遵循，道德价值实现是在道德价值主体与外在世界之间的相互作用的实践活动中展开，是道德价值主体自觉地不断建构的结果。道德价值实现是人的自律与他律的统一、强制与非强制的统一、理想与现实的统一、人的个性化与社会化的统一。也就是说，道德价值实现中的价值遵循是一个积极的相互作用和双向建构的活动，主体要通过约束自己的活动，不断构建社会或国家所提供的价值方向与目标，实现道德价值。

价值引导和价值遵循，作为价值实现的普遍方式，表明了道德价值实现离不开社会或国家提供的一定道德价值方向与目标，也离不开道德价值主体的精神苏醒和潜能的彰显。价值引导和价值遵循，是道德价值实现中的相互联系、相互作用的两种方式。如果没有价值引导，就会消解社会或国家的责任，道德价值主体陷入矛盾与困惑；如果没有价值遵循，就没有道德价值主体的积极参与和认同，道德价值实现也就成为一种幻影。从道德价值的实现结果来看，不考虑价值主体的遵循的可行性，价值引导有可能蜕变为社会或国家的暴力灌输与硬性强制，把道德价值主体当作风神的口袋，随意乱装。而放弃价值引导，价值遵循可能会导致道德价值主体的自以为是，脱离了社会的正当要求和善的指引，如同野草般相互缠斗。因此，道德价值的普遍实现方式，既需要价值引导，也需要价值遵循。

(二)道德价值实现的具体方式

道德价值实现的具体方式是指道德价值作为特殊的价值而言，在现实世界中得以实现的具体性方式。道德价值实现的具体方式主要包括社会舆论，社会习惯，社会交往，体现道德价值的相关制度、规范以及组织机构。

社会舆论是社会中大多数人在一定范围内由于其一定需要和利益所公开表达的意见、观点、态度与要求。一般而言，社会舆论是指众人的意见，是社会中大多数人对于某一现象、事件或问题的公共意见。它表现为人们由于其利益上的相同或相近而所持的某种大体一致的议论。社会舆论是道德价值实现的一种具体方式。道德价值实现所涉及的是如何把道德价值呈现出来，而社会舆论能够有效地把道德价值呈现出来。因为，社会舆论是社会心理的再现与外化，而社会心理包括道德心理，道德心理中蕴含着人们的道德价值取向。在某一现象、事件或问题中，人们的内在道德价值取向转为积极的公开的意见、观点、态度与要求。当这种公开的社会信息变得足够强大时，就会影响更多的人，与更多人的价值观念、心理状态产生共鸣，激发公众更为强烈的议论与情感。此时，社会舆论把其中孕育的道德价值，呈现在社会或国家的意识之中，从而达成道德价值的实现。

作为具体的道德价值的实现方式，社会舆论，并不是人们意见的简单相加，而是人们在道德实践活动中充分交流与辩论所达成的一种基本一致的意见。从某种意义上看，它是在一定范围内大多数人基于一定的需要和利益，通过言语或非言语形式所公开表达的意见、观点、态度与要求，是人们在相互交流、碰撞中整合而成的，是人们道德价值的自我凝聚与发展，是具有强烈实践意向的表层集合意识。它是社会中大多数人，就某一现象、事件或问题中的道德价值取向的外化。

从当前社会网络技术的高速发展来看，社会舆论的形成与发展在道德价值实现的过程中发挥着越来越重要的作用。网络技术为社会舆论的形成与发展提供了一个庞大的信息交流平台，而人们在网络中的匿名性，导致人们能够自由地根据其自身所理解的道德价值进行交流，无形之中拓展了传统社会中的社会舆论空间。准确地说，这是一把双刃剑，既有可能促进道德价值实现的正常发展，也有可能成为道德价值实现的障碍。这就需要发挥其实现道德价值的积极作用，克制其消极作用。但无论如何，社会舆论都是道德价值实现的重要方式之一。

社会习惯是在一定社会中经过长期的传统生活方式和共同价值观的相互影响而形成的、为社会大多数人所经常重复的行为方式。社会习惯有时也被称为社会风俗。社会习惯并不是道德规范，但在任何社会中的社会习惯都蕴含着这个社会的道德价值取向。它构成了道德价值实现的方式之一。社会习惯可以分为村落习惯、行业习惯、民族习惯等样式。社会习惯在道德价值实现中，具有三个明显的特征。

第一，群体无意识。社会习惯在呈现人们的道德价值和实现这种道德价值时，好像是人们的自然而然的一种自动反应。正如德国著名社会学家诺贝特·埃利亚斯（Norbert Elias）所说："一些我们认为理所当然的风俗习惯——这是因为我们从小就适应了现时社会的水准，并对它形成了条件反射的缘故——整个社会必须逐步地、费力地学会并使之固定下来。无论是像叉子这样很小的、微不足道的东西，还是更大一些、更重要一些的行为方式都是如此。"①人们在无形之中接受了某种价值取向，并在生活中努力实践。它表明了人的群体归属性。人们在无形之中接受这种道德价值取向的社会风俗，也就自我确认了自己成为这个群体中的一员。

第二，无形之法。尽管社会习惯并不是一种成文的法律，但伴随这种群体无意识所构成的是一种无形之法，具有实现道德价值的强大力量。卢梭认为，社会习惯"既不是铭刻在大理石上，也不是铭刻在铜表上，而是铭刻在公民们的内心里，它形成了国家的真正宪法"②。在人类社会的许多历史时期，社会习惯以其强大的历史惯性，在道德价值的维护中发挥着不可低估的作用。有时候，当现实社会的法律由于战乱、饥荒等原因而无法发挥作用时，社会习惯就会取代法律来维护人与人、人与社会之间的正常关系。正是因为这一点，思想家们喜欢探讨社会习惯中的积极的具有进步意义的内容，并把这作为一个民族的"公序良俗"，许多国家的法律中常常把维护社会的"公序良俗"作为一个重要内容。

第三，差别之性。"千里不同风，百里不同俗。"社会习惯，因为人们的空间地域和生存方式的不同而具有千差万别的特性。空间地域的不同导致人们在不同地域形成了为不同人所普遍认可的社会习惯。比如，不同地区生活的不同民族，就有其各自不同的社会习惯。生存方式的不同会导致人们在文化与信仰方面的不同。靠水生存的民族崇拜水神，靠山生存的民族崇拜山神，等等。尽管有着这些千差万别的丰富性，但在社会习惯中向往美好的道德价值方面还是具有一定的同一性。因此，借助社会习惯实现道德价值的方式，需要采取一种开放的、宽容的精神，不断加强交流与进行多边对话，有助于生活在不同地区和民族的人们认识到各自社会习惯中存在的差别性，从而到达真理的彼岸，更为充分地实现道德价值。

值得一提的是，作为具体的道德价值的实现方式，社会习惯，有可能是一种历史的陈规陋习，体现了一定道德价值的错误表现形式，如中国古代社会中的缠足。当时的社会崇尚女人缠足，认为一个好女人就应该是缠足的女人，她能够得到人们的尊重。把尊重一个女人与其脚的大小相联系，是一种道德价值的错误表现形式。毕竟，社会习惯，既有公序良俗，也有陈规陋习，需要人们加以鉴别。荀子认为："乐者，圣人之所乐也，而可以善民心，其感人深，其移风易俗，故先王导之以礼乐而民和睦。"

---

① ［德］诺贝特·埃利亚斯. 文明的进程：文明的社会起源和心理起源的研究(卷一)［M］. 王佩莉，译. 北京：生活·读书·新知三联书店，1998：142.

② ［法］卢梭. 社会契约论［M］. 何兆武，译. 北京：商务印书馆，2003：70.

（《荀子·乐论》）荀子是中国最早提出移风易俗观点的思想家，其思想具有积极意义。在现代社会中，我们可以把"礼乐"理解为一种公共理性，以此来移风易俗，形成良好的社会习惯，更好地实现道德价值。

社会交往是人们在一定历史条件下相互来往、相互交流的社会活动。社会交往又常常被称为"社交"，它包括物质交往活动和精神交往活动。在西方社会学理论中，社会交往是一个涉及人们之间有目的的相互影响的概括性概念。社会学家通过人们之间的相互影响来研究人的社会行为。从道德价值论的角度来看，社会交往是道德价值得以实现的重要方式之一。道德价值是在社会交往活动中产生与形成的，也是在社会交往中发展的。社会交往，作为专门的道德价值的实现方式，是通过调节人与人之间的关系来实现道德价值的。关于这一点，孔子很早就发现了道德价值的实现存在于人与人之间的关系之中。他提出了"仁"的思想。孟子把人与人之间的关系概括为君臣、父子、兄弟、夫妇、朋友五种人伦关系，即"五伦"。他认为，"父子有亲，君臣有义，夫妇有别，长幼有序，朋友有信"（《孟子·滕文公上》）。"亲""义""别""序""信"的道德价值是在"父子""君臣""夫妇""长幼""朋友"等关系中实现的。从现代社会的发展来看，人与人之间关系的复杂程度远远超过了传统社会。人与人之间的家庭关系、职业关系和社会关系，尤其随着网络信息技术的发展，更为细致而复杂。比如，朋友关系在现代社会中有网友、各种协会的会友等，这些都是传统社会所难以想象的。在现代社会中，人与人之间的关系突破了传统社会中以血缘关系为主的亲密交往关系，大多呈现出非亲密的一般交往关系。道德价值主要在社会公共关系之中表现出来。

不论是传统社会还是现代社会，社会交往在道德价值实现中的意义不容低估。社会所确认的道德价值，正是在社会交往中确立的。没有社会交往，就没有道德价值。社会确立道德价值，不仅是一个确立的过程，而且也是道德价值在社会中不断实现的过程，它们两者走的是同一条道路。人们在探讨道德价值的问题时，其实也就是在探讨道德价值的实现。人们在道德价值解释中的各种不同选择、争议，实际上是对各种道德价值实现状况的选择、争议。因此，道德价值在社会交往中确立，也在社会交往中实现。

体现道德价值的相关制度、规范以及组织机构也是道德价值实现的具体方式。体现道德价值的相关制度、规范以及组织机构为人们社会活动中的道德价值的实现提供了一个稳定的框架结构和一个开放性的调整方式。

道德价值的实现无法离开体现道德价值的相关制度、规范。任何社会中都需要有一定的制度与规范。美国学者亨廷顿认为，"所谓制度，是指稳定的、受到珍重的和周期性发生的行为模式"①。在这里，他把制度作为一种文化意义上的行为模式来理解，认为制度能够提供一种标准或规范。罗尔斯曾如此定义制度："我要把制度理解为一种公开的规范体系，这一体系确定职务和地位及它们的权利、义务、豁免，等等。这些规范指定某些行为类型为被允许的，另一些则为被禁止的，并在违反出现时，给出某些惩罚和保护措施。"②罗尔斯认为，任何一种制度都可以从两个方面考虑："首先是作为一种抽象目标，即由一个规范体系表示的一种可能的行为形式；其次是这些规范指定的行动在某个时间和地点，在某些人的思想和行为中的实现。"③在这种抽象目标中，他探讨了正义制度。毋庸置疑，道德价值的实现需要相关制度、规范的帮助。毕竟，制度、规范是一种社会规则，是人们为了自身发展而设定的一种约束与规矩。这种约束与规矩不仅涉及法律价值，而且还涉及道德价值。因此，任何社会的制度与规范都包括一定道德价值的制度、规范。体现道德价值的相关制度、规范构成了道德价值实现的具体方式之一。

为了落实体现道德价值的相关制度、规范，还需要相关组织机构。这些组织机构在其活动中也就成为道德价值实现的具体方式。各种社会组织机构，无论是属于社会的政府性组织机构，还是属于非政府性组织机构，在它们处理各种问题的过程中，都能做出相应的处理措施，无形之中也就是在彰显其道德价值取向，实现其道德价值。尤其是随着一些非政府性组织机构在现代社会中的不断发展壮大，如各种非官方的协会等，其在处理一些社会问题时所采取的道德价值判断，有些时候比政府性组织机构的道德价值判断所发挥的作用还要大。因为，政府性组织机构需要恪守政府的相关规定，才能做出自己的价值判断，其中所包括的道德价值判断是蕴含在相关规定之中。而非政府性组织机构，完全可以直接从道德价值的角度进行道德价值判断。比如，动物保护协会捍卫人与自然之间的和谐价值，反对虐待动物，其保护对象不仅包括法律上要保护的濒危动物，而且还包括一些常见的动物，如猫、狗之类。从这个角度来看，非政府性组织机构

---

① ［美］塞缪尔·P. 亨廷顿. 变化社会中的政治秩序［M］. 王冠华，刘为，等，译. 北京：生活·读书·新知三联书店，1989：12.

② ［美］罗尔斯. 正义论［M］. 何怀宏，何包钢，廖申白，译. 北京：中国社会科学出版社，2001：54.

③ ［美］罗尔斯. 正义论［M］. 何怀宏，何包钢，廖申白，译. 北京：中国社会科学出版社，2001：55.

在捍卫道德价值的实现过程中具有更大的自由度，更能体现出道德价值的本身特性。

(三)道德价值实现的混合方式

在人们的社会现实生活中，道德价值实现的方式常常是普遍方式与具体方式的结合，即混合方式。道德价值实现的混合方式是指道德价值实现的普遍方式与具体方式的统一。混合方式更为接近人的现实生活。毕竟，人的生活是在一个复杂的生存环境中展开，实现道德价值的方式很难人为地截然划分成普遍方式或某个具体方式。从这个意义上看，道德价值实现的混合方式是人的生活方式。

道德价值的提出与发展都源于人的生活世界。没有人的生活世界就不可能有所谓的道德价值。然而，在历史的发展过程中，道德价值理论越来越成为一种脱离生活世界的抽象化、完美化、封闭化的书斋式理论。概念、判断、规则等不断分解生活世界，人们反而忽略了究竟为何需要道德价值这一基本问题，遗忘了道德价值服务于人的生活这一根本出发点。自近代以来，许多学者都认识到脱离生活世界的抽象理论概括所带来的危害性。20世纪德国现象学大师胡塞尔首先提出了生活世界的概念，认为近代欧洲已经陷入科学危机和人性的沉沦，需要回归生活世界。"探问整个人生有无意义，这些对于整个人类来说是普遍的和必然的问题难道不需要从理性的观点出发加以全面地思考和回答吗？这些问题归根结底涉及人在与人和非人的周围世界的相处中能否自由地自我决定的问题，涉及人能否自由地在他们的众多可能性中理性地塑造自己和周围世界的问题。"[①]海德格尔则从本体论上提出："我们不可能直接地真正把握在者的在，既不可能在在者身上，也不可能在在者之中，还根本不可能在其他什么地方。"[②]也就是说，存在的本质只能是存在的意义，即从存在者的存在方式或者说生活方式的体验来理解存在。就道德价值而言，道德价值的实现也需要回归生活世界。马克思、恩格斯在《德意志意识形态》中提出，意识只能是被意识到了的存在，而人们的存在就是他们在社会实践中的现实生活过程。按照马克思、恩格斯的观点，我们作为有意识的存在者总是生存于生活世界中。人的生活世界是人的意识的本源世界，也是人的道德生活的意

---

① [德]埃德蒙德·胡塞尔. 欧洲科学危机和超越现象学[M]. 张庆熊，译. 上海：上海译文出版社，1988：6.
② [德]海德格尔. 形而上学导论[M]. 熊伟，王庆节，译. 北京：商务印书馆，1996：33.

义与价值的策源地。道德价值的实现只能建立在现实的生活世界中才能体现出来。从本源上看，道德价值的实现方式就是人在生活世界中的生活方式。

生活方式是人作为实践存在者在社会中所具有的生活模式和特征的总和。它是主体的应然性与外在客观环境的实然性的有机统一。由此，生活方式有主动与被动之分。一方面，生活方式中总是蕴含一定的道德价值观念。主体选择一种生活方式就是选择了一种道德价值观念，意味着他要实现某种道德价值。一个具有高尚的道德价值观念的人，其道德价值的实现方式正是通过高尚的生活方式得以体现。陶渊明辞官归隐，选择一种田园生活方式，展现了他道德上追求自由、向往光明、洁身自好的价值取向。李白选择一种纵酒放歌、放情山水、寻仙访道的生活方式，正是他厌恶官场黑暗，痛恨摧眉折腰、伺候权贵的生活的体现，表明了他渴望保持自身品质高洁、实现自由与幸福的价值目标。范仲淹秉公直言，不惧贬斥，发起"庆历新政"，选择一种积极入世的生活方式，体现了他道德上"先天下之忧而忧，后天下之乐而乐"的价值理念。如果没有这种道德上追求至善的理念和渴望天下人过上幸福生活的目标，我们难以想象范仲淹会选择这种生活方式。与之相反，一个道德价值取向低俗的人，其道德价值的实现方式是通过低俗的生活方式得以展现的。比如清末的八旗子弟的庸俗生活方式正体现了他们消极而低俗的道德价值取向。其实，即便是那些看破红尘、遁入空门的佛门弟子，选择清心寡欲、与青灯古佛相伴终生的生活方式，似乎与常人不同，但也体现了他们的宗教价值观念，他们通过道德上的不断修行，希望实现成佛的价值目标。

另外，生活方式也是主体被动地选择一种道德价值观念的结果。任何主体来到这个世界上，就不得不陷入充满各种道德价值观念的生活世界中。从这个意义上说，主体选择某种生活方式，是一种客观环境下的必然产物。他只能在一定的客观环境下选择一定的道德价值观念，选择一种生活方式。其实，即使他不选，也是选择一种不选的生活方式。换而言之，在生活世界中，任何主体无处可逃，只能从中选择一种道德价值观念，选择一种生活方式，从而选择一种道德价值的实现方式。显然，在这种被动选择中，也体现了主体的主动性。从这个意义上说，人接受某种道德价值观念是人对道德价值观念的主动选择与被动选择的统一。生活方式是人在生活世界中的主动与被动的两种力量相互作用的产物。道德价值实现的方式正是在生活方式的这种不断选择、确定与实践中得以形成。

从本源上看，人类把道德价值与生活联系在一起。只有人才有道德价值的生活，人的生活也在本质上表现为道德价值的生活。离开了道德价值的生活就没有人，离开了人也就谈不上道德价值的生活。道德价值的生活就是人的现实或现实的人的生活。因此，道德价值的实现方式是人在生活世界中的生活方式。生活方式体现了道德价值的生活与生活的道德价值的统一。就道德价值而言，它来源于人的生活，也服务于人的生活。我们也要明确道德价值就是为了人的生活服务，追求人的全面发展。因此，道德价值的实现方式必然是生活方式。只有最终落实在人的生活中才能真正地谈得上是道德价值的实现。

需要指出的是重视人的生活并不是回归实然的生活而是追求应然指导下更高层次的生活。混合方式是普遍方式与具体方式在人的现实生活中的统一，是从道德价值实现的源头上探讨其存在方式。从本源上把道德价值的实现方式理解为生活方式，就是要回归人的现实的生活，从人的实际生活中发现道德价值、提出道德价值，以道德价值引领和规制自己的生活，借助社会舆论，社会习惯，社会交往，体现道德价值的相关制度、规范以及组织机构等方式，超越实然的生活，过人之为人的应然生活。

四、道德价值实现的过程

从道德价值的实现来看，它就是一个过程，是一个不断从潜能到实现的过程。从时间上看，道德价值实现的过程是一个连续不断的过程。只要人类社会还存在，这个过程就不会停止。从各种不同的道德价值本身来看，道德价值实现的过程是各种道德价值彼此相互作用、相互影响的过程。没有一种道德价值能够完全孤立地存在。道德价值实现的过程可以大致分为三个阶段：自在阶段、自为阶段、实践阶段。

（一）自在阶段

自在阶段是指道德价值的潜能状态。亚里士多德曾解释"潜能"，认为"潜能"是"能力"与"可能"两种含义的综合。这种解释有助于我们理解道德价值的潜能状态，即具备了转变为现实价值的能力，但还没有得到充分认识和利用的状态。道德价值在这一阶段表现为道德的潜在价值。道德的潜在价值是道德的深层次的价值。这种道德价值是深藏在道德规范与要求之下的价值，是没有为人们所开发利用的价值，是具有潜在可能性的价值。这种价值具有未然性和潜在性。因此，按照人们发现和开发潜在价的状态，道德的潜在价值主要包括三种：一是有待发现的价值，二是暂时被埋没的价值，三是有待拓展的价值。

所谓有待发现的价值是指没有被人们所发现的道德价值，它们更谈不上被认可和实现。也就是说，道德价值在一定历史条件下还处于有待于发现的状态。在人类历史上，有些道德价值很早就被人们所发现，如公正。早在古希腊时期，柏拉图、亚里士多德等人就深入地探讨了这个问题。亚里士多德关于公正的分类，如算术公正、比率公正等论述，至今还影响着人们在这个领域里的研究。但是，有些道德价值是在历史某个时期才逐渐为人们所发现、认可，如人权价值。在古希腊时期，奴隶和女人都没有人权，因此，他们都没有做人的基本权利，妇女不能投票表达政治意愿，奴隶可以作为货物一样被交易和买卖。人权价值在古希腊时期就属于有待发现的价值。从历史的角度来看，人类社会在任何时期总是存在着许多有待发现的道德价值，而正是这种有待发现的道德价值促使人们不断思考，推动了道德价值认知的自我完善与发展。

所谓暂时被埋没的价值是指那些曾经存在而现在暂时没有被认可和挖掘的道德价值。暂时被埋没的价值与有待发现的价值不同，属于曾经出现过的价值，但失去了现实意义，成为人们暂时不关注的价值。比如，在中国古代，长期存在的宗法等级制度中的尊卑贵贱秩序价值，贯穿了整个古代中国历史。在当时的社会中，社会秩序构成了一座金字塔。天子处于塔尖，拥有最高权力和绝对权威。在天子之下，由高到低又分为不同等级，由此形成了天子、诸侯、卿大夫、士、庶民的结构。而且，官员还分成九品。在这种社会中，"溥天之下，莫非王土；率土之滨，莫非王臣"。天子拥有所有的财富，具有绝对的特权。任何人都不得僭越其权力。这种封建等级制度的尊卑贵贱形成了一套完整的秩序价值体系，维护着社会的稳定与发展。但是，在现代社会中，随着民主与权利价值观的普及，这种道德的秩序价值成为遥远的遗迹。当然，在一些深埋地下的文物古迹和典籍中，或许存在着许多目前未知的凝聚道德价值精神的产物，其内容也属于暂时被埋没的价值。尽管没有被发现，但不能由此否定其存在的可能性。毕竟，在人类社会的发展中，总有许多珍贵的文物典籍为人们所不断发现和认识。在暂时被埋没的道德价值中，既有具有一定积极意义的内容，也不排除有一些与时代不合拍的产物。

所谓有待拓展的价值是指那些现在仍然存在而有待拓展的道德价值，如中国传统儒家所推崇的道德的和谐价值。孟子提出，"亲亲而仁民，仁民而爱物"（《孟子·尽心上》）。孟子认为，君子爱亲人，因而爱百姓；爱百姓，因而爱惜万物。朱熹在《四书章句集注·孟子集注》中注释："物，谓禽兽草木；爱，谓取之有时，用之有节。"朱熹还引用了程子的话："仁，推己及人，如老吾老以及人之老，于民则可。"在这里，孟子提出了人与自然、人与人之间的和谐共存的思想，得到了宋明理学家的认可与发展。在宋明理学家看来，"天地万物与吾一体之仁"。张载进一步提出了"民胞物与"的思想："乾称父，坤称母；予兹藐焉，乃混然中处。故天地之塞，吾其体；天地之帅，吾其性。民，吾同胞；物，吾与也。"（《正蒙·乾称上》）在张载看来，人与天地万物之间都是平等的，应和谐相处。古人的这些关于和谐价值的论述在现代社会生活中显然还有其积极意义，但也应该看到，这些思想都是他们在其狭隘的实践范围内的产物，在现代社会人与自然、人与人之间的关系日益高度分化与复杂的发展过程中，如何处理彼此的关系已有了很大的不同。因此，中国传统儒家中论述的道德的和谐价值还需要在日益复杂的现代社会中进一步地发展与完善才能实现其价值。

无论是有待发现的价值、暂时被埋没的价值，还是有待拓展的价值，作为处于自在阶段的道德价值，都属于道德的潜在价值。道德的潜在价值是相对于现实价值而言的，两者之间存在着统一对立的关系。

道德的潜在价值是指处于"静止"或"休眠"状态时的道德价值形态。它们如同埋在地下的文物，以潜在的形式存在。道德的价值尚未发挥出来，呈现出道德价值的隐含性。道德价值不能说是虚无的，而是客观存在的，但它又缺乏具体性的指向。道德的潜在价值是现实价值的基础。没有道德的潜在价值，就不会有道德的现实价值，它为道德价值的实现提供了可能性。道德价值中的潜在价值的存在，是道德价值实现的内在依据。尽管如此，道德的潜在价值不能等同于道德价值实现或现实价值，它需要通过人们的认识与发现才能外显，即转化为现实价值。

（二）自为阶段

自为阶段是指道德价值从潜能转为现实的中介状态。要把处在自在状态的潜在价值变为现实价值，就需要认识和发现道德的潜在价值。只有认识和发现道德的潜在价值，才能把潜在价值变为现实价值。从这个意义上说，自为阶段的道德价值是道德价值实现的前期和基础。自为阶段的道德价值把潜在价值与现实价值沟通了起来，成为两者的中介。如果缺乏自为阶段的道德价值，道德的潜在价值就无法转换为现实价值。

在道德价值的实现过程中，自为阶段是道德价值实现的不可缺少的中介环节。其中，道德价值的主体发挥着重要作用。

第一，道德的潜在价值需要主体的介入才有可能得到实现。正如司马云杰所说："当价值实现脱离价值主体的时候，任何价值实现都是空话。"①如果没有人——这个道德价值主体的介入，任何道德的潜在价值都不能被认识和发现，也就谈不上发展和最终实现。道德价值的实现，就是从道德的潜在价值转化为道德的现实价值。这种转化的中介和条件是必须有主体——人的介入。主体在相关的道德实践活动中提高了认识，发现了道德的潜在价值，才可能实现道德价值。其实，这种道德实践活动就是主体的生活的需要。如果没有主体针对道德的实践需要，道德的潜在价值如同埋藏在沙石中的金子一样，无法显耀其金色光芒，其价值也就无法得到实现。

第二，道德价值的实现需要主体把理论与实践相结合。道德的潜在价值是我们从理论上认识的，道德的现实价值是我们从实践角度衡量的。在理论与实践之间，如果没有道德价值的主体的中介作用，社会生活的实践需要和理论认识上的挖掘就不可能成为一个整体。正是由于有了人——这个道德价值主体的介入，认识了有待发现的价值、暂时被埋没的价值，以及有待拓展的价值，才能实现道德的潜在价值向现实价值的转化。因此，人，作为道德价值的主体，在这个环节中十分重要。

第三，道德价值的实现程度与主体的认识程度之间密切相关。从人类社会中各种道德价值的实现程度来看，主体在道德价值方面的认识越深刻，越容易实现道德价值。一般来说，主体的知识结构合理、知识渊博、综合素质较高，道德价值实现的程度就高。否则，道德价值实现的程度就低。主体的认识状态直接影响了道德价值实现的程度和水平。

在道德价值的实现过程中，根据道德价值主体的具体作用，自为阶段包括两个阶段：发现和确立道德价值目标，设计和实现道德价值方案。

在道德价值实现的自为阶段中，第一个阶段是发现和确立道德价值目标。

在实现道德价值的过程中，道德价值主体首先要发现和确立社会生活实践的道德价值目标。一方面，这需要道德价值主体根据社会生活实践认识道德价值客体在社会生活实践中所起的效用和内涵的超越性指向，发现各种道德价值目标。其中，作为处于自在阶段的道德价值，如有待发现的价值、暂时被埋没的价值、有待拓展的价值等道德的潜在价值，都是道德

---

① 司马云杰. 价值实现论：关于人的文化主体性及其价值实现的研究[M]. 西安：陕西人民出版社，2003：2.

价值主体认识的重要对象。道德价值主体在一定的社会历史条件下，从这些潜在价值中加以研究，如同在地质探矿中，认识各种潜在的矿石，从中发现人的发展和社会的发展中所需的物质。另一方面，在发现了各种道德价值的基础上，确立所需实现的道德价值目标。道德价值主体根据社会生活的实践，发现了各种道德价值目标，为进一步确立道德价值目标奠定了基础。在对道德价值客体所能为人的发展和社会的发展带来的各种可能性进行多方面研究的基础上，也就是在一定的道德价值认识、道德价值评价的基础上，选择出最能体现人的发展与社会的发展的目标。可以说，道德价值目标的确立是道德价值认识与发现的必然结果。正是道德价值主体在针对自在阶段的道德价值的研究中，道德价值才能进入自为的阶段。道德价值目标的确立是一个重要标志。它在道德价值实现的过程中是非常重要的、最基本的环节。确立了道德价值目标，意味着道德价值主体有了行动的目标，意味着道德价值实现的方向已经形成。

在道德价值实现的自为阶段中，第二个阶段是设计和实现道德价值方案。

设计和实现道德价值方案是前一个阶段的具体化。方案就是具体的计划。它源于确立的道德价值目标，是道德价值目标的逻辑延续，其目的就是把实现道德价值的思路与内容清晰地、准确地表现出来，并指导实现道德价值目标的行动。

设计和实现道德价值方案主要包括实现道德价值的具体的行动思路与内容。行动思路包括行动方略、原则、主要路径等，行动内容包括主要措施、具体步骤等。这些方略、原则、路径、措施、步骤等都是实现道德价值目标的具体计划，是实现道德价值目标的基础保证。设计和实现道德价值方案具有整体性与预设性的特点。所谓整体性是指设计和实现道德价值方案是一种整体上的考量，并不是仅仅局限于某个局部。即使方案是针对某一种道德价值，也是从整个道德价值系统的基础上来加以设计。所谓预设性是指设计和实现道德价值方案只是一种预设的实现方案，并不意味着以后不会随着现实情况的变化而进行修改。也就是说，设计和实现道德价值方案具有一定的弹性。以罗尔斯所写的《正义论》为例，罗尔斯所探讨的正义问题是基于美国20世纪50年代以来社会正义问题的基础上发展而来。"罗尔斯《正义论》中所探讨的平等自由、公正机会、分配份额、差别原则等问题，恰以一种虚拟或抽象的方式提出了一些解决问题的建议或希望。"①

---

① 何怀宏. 正义论·译者前言[M]. 北京：中国社会科学出版社，2001：3.

他的各种关于正义的观点既具有整体性，也具有预设性。

设计和实现道德价值方案如同建设一座桥梁，把现实与目标，或者说此岸与彼岸联系了起来。细致、周密地设计和实现道德价值方案，能够为通往实现道德价值的大门铺就一条大道，也能为把潜在价值变为现实价值奠定坚实基础。

(三)实践阶段

道德价值经过了自在阶段和自为阶段，进入实践阶段才真正进入现实价值的阶段。道德价值的实现在这一阶段包括道德价值方案的实施与反馈，新的道德价值的形成与进一步发展。

在道德价值实现的实践阶段中，第一阶段是道德价值方案的实施与反馈。

这一阶段是道德价值实现的主要阶段，其主要内容就是根据设计的方案或计划等实现道德价值的具体活动过程。不难发现，实践的具体活动过程是一个循环反复的不断深入的认识过程。在实现道德价值的活动中，既有可能顺利实施，也有可能遇到各种各样的问题与挑战，这就需要道德价值主体根据实践活动进行必要的反馈，不断调整方案或计划，以应对不同情况。

道德价值方案的实施与反馈具有可接受性、挑战性与反馈性的特点。所谓可接受性是指道德价值方案在其实施过程中，在一定程度上具有为人们所接受的特质。这种特质是前一阶段中主体认知的体现。这种道德价值的可接受程度取决于主体一定能力内的价值满意度，即在多大程度上符合人们一定能力内的期望值。越是能够符合人们在一定能力内期望值的道德价值，其可接受度越高。可接受性包括理想的可接受性和现实的可接受性。在这里，道德价值实现的可接受性主要是指现实的可接受性。因此，一定的能力是一个限定条件。如果一种道德价值的实现要求超过了人们实现这种道德价值的实际能力，即使符合人们的期望，也无法具有可接受性。所谓挑战性是指道德价值方案在其实施过程中，人们难以避免地遇到一些困难与困惑。这种困难与困惑所带来的挑战性，无形之中构成了实现道德价值的挑战性。这种挑战性与可接受性构成了道德价值方案实施过程中的对立统一的关系，由此产生了道德价值方案实施过程中的反馈性，即道德价值主体根据道德价值实现中的障碍、条件等及时进行分析，调整道德价值方案。从这个角度来看，道德价值主体的能动作用是道德价值方案有效实施的重要保证。道德价值主体理性而准确的认知、炽热而永恒的情感、坚韧而顽强的意志等，构成了道德价值实现的内在驱动力。

在道德价值实现的实践阶段中，第二个阶段是新的道德价值的形成与进一步发展。

道德价值实现的过程，是以形成一定的新的道德价值为目的。这种新的道德价值是在人们的日常生活实践的交往行为中逐渐形成的。正如哈贝马斯所说："生活世界当中潜在的资源有一部分进入了交往行为，使得人们熟悉语境，它们构成了交往实践知识的主干。经过分析，这些知识逐渐凝聚下来，成为传统解释模式；在社会群体的互动网络中，它们则凝固成为价值和规范；经过社会化过程，它们则成为立场、资质、感觉方式以及认同。"①就道德价值实现而言，新价值的形成是整个道德价值实现过程的直接目标。当然，这种新的道德价值是在旧的道德价值基础上发展而来的。比如，现代社会所探讨的正义价值源于传统社会的正义价值。尽管都是在探讨正义价值，但后者是在前者的基础上发展而来的。从人类道德价值的历史发展来看，许多道德价值都是不断形成而进一步发展的。毕竟，许多道德价值并不是形成后而寂然不动，而是将来可能还有进一步发展的空间。

分析道德价值实现的三个阶段，我们可以发现在道德价值从潜能到实现的过程中，具有这样四个特征。

其一，道德价值实现的过程是主体的道德价值自觉的历史过程。

道德价值实现的过程是主体介入实现道德价值的历史过程。在道德价值经过自在阶段、自为阶段和实践阶段的发展过程中，人们把道德价值从自在的价值逐渐转变为自为的价值，把理想的价值转变为现实的价值。这个过程由于道德价值主体的积极参与而呈现为一种价值自觉的历史过程，当然也是一个伴随人类社会与人的自身发展的历史过程。人们发现、认识和实现道德价值总是在一定历史进程中的发现、认识和实现。人们不可能超越他们所属的历史阶段。因为，任何道德价值主体总是一定历史阶段中的人，存在着自身的发现、认识和实现道德价值的有限性。这是人自身的发展能力所决定的，同时也是人自身的历史需要所决定的。生活在古希腊的人能够设想奴隶制度下的公正价值，而无法设想工业文明时代的公正价值。按照马克思的观点，由生产力水平所决定的社会发展水平最终决定了人自身所属的历史阶段，没有人能够脱离其所属的历史阶段。因此，道德

---

① ［德］于尔根·哈贝马斯. 后形而上学思想［M］. 曹卫东，付德根，译. 南京：译林出版社，2004：82.

价值实现的过程总是道德价值主体在一定历史条件下的道德价值自觉的历史过程。

其二，道德价值实现的过程是潜能与现实之间不断转换的过程。

道德价值实现的过程在三个阶段中展现为从潜能到现实的转变。道德价值中的潜在价值，隐也，即为无形的、抽象的。因此，道德的潜在价值必须借助某种具体的价值形态来表现自己，展现出自己的现实价值。这种从潜能到现实之间转换的过程是一个不断转换的过程。道德的潜在价值，无论是有待发现的价值、暂时被埋没的价值，还是有待拓展的价值，都呈现为一种潜在的价值状态。这种潜在的价值状态是不稳定的。因为，在不同的历史时期或不同的历史环境中，不同的道德价值主体，可能发现了某种相同的道德价值；在同一历史时期或相同的历史环境中，不同的道德价值主体，可能发现了不同的道德价值。当道德价值以一种价值形态来表现自己，在现实中实现自身，从而能相对稳定地表现出来。当然，在这种稳定的表现中，显示了道德价值主体的层次性。不同的道德价值主体由于其职业、年龄等的不同而所稳定展现的道德价值属性的外在形式会有所不同。但是，这种道德价值从潜能到现实只是现实中某一方面的一次转换。随着多方面的从潜能到现实的反复转化，彰显了道德价值实现的丰富性。

其三，道德价值实现的过程是从低级到高级的不断前进的过程。

道德价值实现的过程不仅是从潜能到现实之间不断转换的过程，而且还是道德价值从低级到高级的不断前进的过程。在人类社会的历史实践中，道德价值不断在道德价值主体的认知与反思中获得新的提炼与发展。正如黑格尔在论述艺术内部运动规律时指出，艺术中的审美价值是一个多层次发展的统一体，处于从低级到高级的不断前进发展的、上升的过程的艺术发展形态中。其实，道德价值也是如此，人们在道德生活交往实践中，促进了道德价值不断从低级向高级的发展。比如，道德的自由价值，展现了从与责任相联系的选择自由到自己立法、自己守法的自律的自由，再到与个人的权利和社会的权利相联系的社会自由的发展。道德价值从低级到高级的不断前进的过程，表明了人类道德意识符合自我完善的内在逻辑进程。

其四，道德价值实现的过程是主体客体化和客体主体化的过程。

道德价值实现的过程离不开主体客体化和客体主体化。一方面，道德价值实现的过程是主体客体化的过程。它是道德价值主体的本质力量不断对象化的过程，也是道德价值主体根据道德发展的规律和主体的需要，创造出完善主体自身的精神产品的过程。从道德价值的实现来看，道德价值主体客体化的过程就是道德价值不断外化为外在的社会制度、规范与要求的过程。从实践逻辑上看，它是道德生活交往实践中的主体的逻辑外化为社会交往的逻辑的过程。另一方面，道德价值实现的过程还是客体主体化的过程。它是外在的道德价值要求不断转为道德价值主体自身的要求，凝聚成为主体自身的内在品质的过程。从道德价值的实现来看，在道德价值的实现过程中，道德价值中所蕴含的内在义理、内在逻辑，反复作用于主体，导致道德价值主体一方面具有了原有的道德知识、道德能力和道德素质，另一方面也会在此基础上出现相应的变化，逐步具有了新知识、新能力和新品质，从而改变了道德价值主体，展现了客体主体化的过程。显而易见，这种在实践中改变主体的客体主体化过程，是道德生活交往实践中的逻辑内化为主体的逻辑的过程。

在道德价值实现的过程中，主体客体化和客体主体化是同时并存的。它常常不仅是主体客体化的过程，而且还是客体主体化的过程。毕竟，道德价值主体在不断形成精神产品的同时，也在无形之中改变着自身。在道德对象化的实践活动中，道德价值主体形成新的观念、新的品质，从而使自身得到进一步提高。因此，主体客体化与客体主体化是道德价值实现过程中必不可少的两个方面。

第二章 道德价值实现的障碍

道德价值实现是指道德价值在人类社会实践活动中的实现，是道德价值的选择与评价的结果，是道德价值主体的客体化与道德价值客体的主体化的双向运动的结果。从历史上看，道德价值的实现并不是一帆风顺的，不可避免地存在某些障碍。探讨这些障碍有助于道德价值的实现。我们需要探讨道德价值实现的客观障碍、主观障碍以及其中的重要问题。

一、"道德价值实现的障碍"的内涵

在道德价值实现的具体实践中，总是会出现各种各样的障碍，这些障碍尽管有着不同的表现形式，但还是有一些内在的相通之处，值得加以研究。探讨道德价值实现的障碍无疑有助于我们更为清楚而全面地了解道德价值的实现。它为我们探讨道德价值的实现展现了一条重要的研究途径。毕竟，分析道德价值实现的阻碍因素，找到制约道德价值实现的瓶颈，在探讨解决道德价值的实现过程中所存在的各种问题方面具有有的放矢的重要意义。它使道德价值的实现更具有针对性。因此，要想促进道德价值全面而充分的实现，就必须从理论上关注和研究阻挡道德价值实现的各种障碍。

如何从理论上看待道德价值实现障碍的内涵？简单地说，它是指道德价值的实现过程中所遇到的障碍。如果从深层次来理解，它包括两层含义：一是道德价值的实现过程中的必然产物，二是其大小与道德价值的实现程度正相关。

其一，道德价值实现的障碍是道德价值的实现过程中的必然产物。任何道德价值都需要克服各种障碍才能实现。这些障碍是道德价值的形成过程中必然存在的。每一种道德价值都是人们在一定社会发展或人的发展的不利因素中发现而提出来的。如果没有这些阻碍社会发展或人的发展的不利因素，人们或许很难发现道德在这一方面的价值。在道德生活实践中，没有秩序，社会发展就会混乱；没有人权，人的发展就会受挫。人们在道德生活的交往实践中，见证了没有秩序所带来的社会混乱，看到了没有人权所带来的人性沦丧。正是因为道德生活实践中秩序价值和人权价值的匮乏，人们便提出了道德的秩序价值和人权价值。从某种意义上说，正是由于有了这些阻碍道德价值实现的因素，才激发了人们发现道德价值，并渴望克服障碍去实现道德价值的信心。道德价值存在于社会实践之中，人们正是在社会实践中发现它、实现它。道德价值实现的障碍是人们在道德生活实践中实现道德价值所必然要遭遇的现象。正是这种必然性展现了道德价值所具有的超越性特征。

其二，道德价值实现的障碍的大小与道德价值的实现程度正相关。道德价值实现的障碍与实现道德价值之间存在着密切的相互联系。道德价值在其产生之初就意味着已经具有了阻碍其实现的因素。实现道德价值就是要克服这些阻碍的因素，道德价值内部唯有肯定因素战胜否定因素才能把它从潜能状态变为现实状态。正如黑格尔所说："道德世界观因而事实上不是别的，只不过是这个基本矛盾向自己的各个不同方面的充分发展。"①道德价值的实现是自身内在矛盾发展的结果。道德价值能不能冲破那些阻碍因素，意味着道德价值能否实现。道德价值在多大程度上突破那些阻碍因素，意味着道德价值在多大程度上获得实现。如果道德价值能够彻底清除那些阻碍因素，就表明道德价值能彻底实现。不难发现，道德价值的彻底实现是人类道德世界中的理想目标。道德价值伴随着人类历史发展的整个过程，成为人的价值世界中人之为人的重要标识之一。因此，道德价值的实现总是在一定程度上的实现。也就是说，道德价值实现的障碍不可能被完全消除，只能在一定程度上被消解。否则，道德价值自身也将不复存在。因此，道德价值与那些阻碍因素总是同时存在的，表明了道德价值在人的精神世界中总是不断自我发展。要实现道德价值，就必然需要消除道德价值障碍。两者之间存在着实现程度上的正相关。

道德价值实现的障碍可以根据不同情况划分为不同的种类。根据主体的层次来分，可以划分为个人的障碍、群体的障碍、人类的障碍；根据客体的性质，可以划分为必然性障碍和偶然性障碍；根据时间来分，可以划分为短期障碍和长期障碍；根据具体内容来分，可以划分为政治障碍、法

---

① ［德］黑格尔. 精神现象学（下卷）［M］. 贺麟，王玖兴，译. 北京：商务印书馆，2010：154.

律障碍、宗教障碍等；根据主客体关系的性质来分，可以划分为客观障碍和主观障碍。我们现在根据主客体关系性质的划分来进一步阐释。

二、道德价值实现的客观障碍

道德价值实现的客观障碍是道德价值主体在实现道德价值的过程中所遇到的客观障碍。这种客观障碍表现了道德价值的实现总是在一定的社会环境中，不可避免地遇到一些客观存在的障碍。这些障碍包括社会客观要求的缺乏、社会制度上的障碍、社会现实中的障碍等。客观障碍表明道德价值的实现不是主观的随意而为，而是有一定的客观基础。

（一）道德价值实现所需的社会客观要求的缺乏

道德价值的实现是道德价值在人类社会一定物质生活实践活动中的实现。任何人类的物质生活实践都是特定的、具体的、历史的，在一定的社会共同体中展开。道德价值需要符合一定的物质要求和精神要求才能实现。

根据恩格斯的说法："每一历史时代的经济生产以及必然由此产生的社会结构，是该时代政治的和精神的历史的基础。"①从这个意义上看，道德价值的实现需要符合一定的物质要求。如果没有符合一定的物质要求，道德价值不可能存在，道德价值的实现也就无从谈起。比如，道德的自由价值是现代性道德系统中的重要价值。如果没有达到一定的物质要求，社会成员的生活极端艰苦，其自由就会受到极大的限制。道德系统中所向往的具有丰富内涵的自由也就只能成为文字上的自由。道德价值的实现总是建立在一定的物质要求上。关于这一点，孟子很早就认识到。他说："仰不足以事父母，俯不足以畜妻子；乐岁终身苦，凶年不免于死亡。此惟救死而恐不赡，奚暇治礼义哉？"（《孟子·梁惠王上》）老百姓如果没有基本的物质生活保障，任何道德价值都是难以实现的。道德价值唯有在一定的物质基础上才能有实现的可能。一定的物质要求的缺乏构成了道德价值实现的障碍。

道德价值的实现不仅需要符合一定社会的物质要求，而且还需要符合一定社会的精神要求。一定社会的精神要求是由社会中上一代向下一代所

---

①　[德]恩格斯. 共产党宣言·1883年德文版序言[M]. 北京：人民出版社，2009：7.

传播或同代之间所形成的关于如何生活、如何判断对错的各种文化观念所构成。这些由文化观念展现的精神要求是人类社会发展中的重要成就。英国学者佩佩尔指出："文明文化的可调节社会，是新时代的一个社会发明。它是人类进化史上的一个新的社会物种。它就是理智的社会，它有希望在其生物圈的竞争中代替所有其他社会形式，正如能自我调节的人可以通过其目的性行为排除生物圈内所有其他有机体形式的有力竞争一样。"①精神文化的内容非常丰富，涉及社会成员所生活的各个方面。在道德价值的实现过程中，一定社会的精神要求，与物质要求一样，同样是必不可少的。甚至可以说，它更为重要一些，因为一定的基本物质生活保障在人类历史的大多数时候都能得到满足。在一个精神上信奉丛林法则、贯彻弱肉强食精神的社会中，人与人、人与自然、人与社会之间总是会产生激烈的冲突。在这样的社会中，道德的和谐价值是难以实现的。在一个精神上崇尚特权、追逐官位的社会中，一切社会宣传中的所谓公正只能是自欺欺人的谎言。在这样的社会中，道德的公正价值是难以实现的。因此，社会上缺乏道德价值实现所需要的客观存在的精神要件，就不利于道德价值的实现。

作为道德价值实现的客观要件，无论是物质的还是精神的，都是不可或缺的。物质要件的缺乏，或精神要件的偏差，都有可能构成道德价值实现的障碍。要实现道德价值，需要不断地充实物质要件，不断地完善精神要件，才能为道德价值的实现奠定坚实的物质基础和精神基础。

（二）社会制度上价值实现的障碍

20 世纪以来，美国学者库利（Charles Horton Cooley）和戴维斯（Kingsley Davis）认为，社会制度是社会中大量规范的复合体，是社会为了适应其存在与发展的需要用合法形式构建出来的。他们的关于社会制度的观点，为社会学家所普遍接受。一般而言，社会制度是人类为了维护自身的发展与社会的稳定而在一定历史条件下所构建的具有稳定性的社会规范体系。价值观念是社会规范体系形成的内在依据。道德价值实现的客观障碍首先表现在社会制度上价值实现的障碍。这种道德价值实现的障碍主要包括社会制度设置上的障碍因素、社会制度转变中的障碍因素。

1. 社会制度设置上的障碍因素

社会制度总是包含了社会各种价值理念，是各种价值理念在社会制度

---

① ［英］佩佩尔. 选择系统的规制标准与价值领域的最终划界［M］//冯平. 现代西方价值哲学经典：经验主义路向（下册）. 北京：北京师范大学出版集团，2009：847.

上的外化。道德价值是社会价值理念中非常重要的价值理念，居于各种社会价值理念的核心地位。它表现了社会的价值取向与发展方向。在社会制度的设置中，道德价值发挥着重要作用。毕竟，社会中的道德价值是很难统一的。道德价值本身就是一种道德意识，而道德意识属于思想意识范畴。道德价值具有鲜明的主观性特征。它总是存在于一定的道德体系、道德原则和道德规范以及道德概念中，道德体系的构建、发展、变化，道德原则和道德规范的形成、演变、发展，都是人类在一定历史条件下的思想观念的反映，展现了人类自身的道德认识水平。在不同的历史条件下，人们对道德价值的认识各有不同。即使生活在同一历史条件下，由于人们各自所处的社会地位、经济状况、受教育程度等的不同，其对道德价值的认识和理解也不同。每当探讨道德价值时，总是存在各种不同观点。因此，如何设置社会制度，其实也就是各种道德价值相互较量的过程。从深层次来看，这个过程也是各方利益相互博弈、相互妥协的过程。如果说社会制度设置得比较成功，就意味着各方利益的相互妥协比较成功，道德价值在一定程度上形成一定的共识。否则，各种道德价值无法达到一定程度的共识，而是相互对立地存在于同一种社会道德体系中。内在的道德价值的对立，就会外化为社会制度、社会规范之间的矛盾与冲突。从社会制度设置的角度来看，构成道德价值实现阻碍的因素主要有社会制度内容上的矛盾与冲突、道德价值在社会制度中的表述失误。

其一，社会制度内容上的矛盾与冲突。

社会制度中的相关内容有时会出现相互矛盾与冲突，从而构成道德价值实现的障碍。一个国家的法律制度是社会制度中的重要内容，如果在内容上出现矛盾与冲突，必然影响道德价值的实现。印度自建国起，其就在宪法序言中庄严宣布：确保一切公民在社会、经济与政治方面享有公正；拥有思想、表达、信念信仰与崇拜的自由；人人在地位与机会方面平等；提倡人与人之间的友爱，维护个人尊严，等等。然而，在 2005 年以前，印度财产法和继承法规定，女人在家庭财产分割时不能平等地继承土地。在印度，女性社会地位很低，男女比例严重失调，大量女婴失踪。即使女孩长大成人，也过着远比男性生活质量更低的生活。社会制度中各种相互抵触的规定，构成了道德上实现人权、自由、平等、和谐、公正等价值的障碍。在社会制度发达的国家，社会制度中相互矛盾的内容也会影响道德价值的实现。美国宪法标榜自己是人人生而平等的国家，保障公民人权。然而，美国的同性恋歧视问题十分严重。在相当长的时间内，美国食品和药物管理局禁止同性恋者献血；美国军方禁止同性恋者在军队服役；一些州禁止同性恋者担任公职；同性恋被许多美国人视为一种可恶的病态而遭到唾弃，甚至出现同性恋者被殴致死的恶性案件。人们似乎认为，严格管束同性恋者才能保护正常人的权利。这些彼此相互矛盾的社会制度的规定，构成了美国在较长时间内实现道德的人权价值的阻碍。

其二，道德价值在社会制度中的表述失误。

道德价值在外化为社会制度时还有个准确表述的问题。正如摩尔在谈到为何要进行伦理学的语言分析时所说："在我看来，和所有其他的哲学研究一样，伦理学研究的困难和分歧充满其整个历史。困难和分歧的存在可主要归于一个非常简单的原因：人们总是试图回答一些问题，但是却没有能够首先确切地弄清楚回答的到底是什么问题。"①这种如何清楚地表述所要研究的对象也同样存在于道德价值的论述中。如果在社会制度的表述中，道德价值存在各种歧义，直接或多或少地影响道德价值在社会制度中的实现，容易成为道德价值实现的障碍。

道德价值在社会制度表述上的问题，在一些发展中国家是经常存在的。这些国家的社会制度往往都不完善和有一定的缺陷。社会制度是否很好地表述了道德价值应有的内容，对于道德价值的实现存在着很大的影响。比如，在发展中国家中唯 GDP 论曾经盛行一时。为了快速地改变物质贫困、社会落后的面貌，许多发展中国家坚信要加快经济发展，制定了吸引外资、推动 GDP 增长的各种政策，其结果是外资的投资收益为国内少数精英所获得，贫富严重两极分化，大量自然资源被掠夺，形成了人与人、人与社会、人与自然之间的严重对立，构成了道德的和谐价值实现的障碍。如果制定社会制度时，能够把发展理解为和谐发展，不仅包括经济发展，而且包括保护环境，就可在一定程度上避免这种情况。

其实，即使在社会制度发达的国家，道德价值在制度中的表述失误问题也时常出现。美国曾出台了《残疾人教育法》，力图保护残疾人，尤其是帮助那些具有普遍性认知障碍的人能够接受一定的教育。然而，在如何界定残疾人时，没有充分考虑那些有特殊学习障碍的人与患上精神疾病的人之间的区别，通过学科成绩把那些有特殊学习障碍的儿童也当作残疾人来处理。因此，该法律似乎很关注和爱护有学习障碍的儿童，其实是对这些儿童的道德歧视。同时，把某些所谓的问题儿童从正常学校教育中驱逐出去也是不公平的。在这里，社会制度没有很准确地表述残疾人的含义，反而出现了对他人的歧视和不公，实际上是对人权和社会公正的侵犯，其

① ［英］G. E. 摩尔. 伦理学原理［M］. 陈中德，译. 北京：商务印书馆，2018：1.

内容成为实现道德的人权价值和公正价值的障碍。

总的来说，道德价值在社会制度中能否得到准确的表述，在道德价值的实现中有着不可低估的重要影响。社会制度，作为一种社会价值体系的外化产物，无论是其表述技术还是相关文件与要求的准确性，都直接制约着道德价值的实现。因此，如果一个社会的法律制度、经济制度、政治制度、文化制度，不能准确而有效地展现正确的道德价值取向，必然会给道德价值的实现带来阻碍。人权、秩序、平等、公正、自由等价值，唯有依靠相应的社会制度的正确支撑，才有实现的可能性。

2. 社会制度转变中的障碍因素

社会制度的转变，是指社会经济、政治、文化制度上的深刻变化。社会制度的转变既包括程度上的变化，也包括性质上的变化。理解这一点，有助于我们正确把握社会制度变化中所形成的针对道德价值实现的障碍。

其一，社会制度的重大量变对道德价值实现的障碍。

所谓社会制度的重大量变是指社会制度的根本性质没有变化而具体的体制、规范发生了一系列的变化。在这种社会制度的转变中，尽管基本的政治制度、经济制度、文化制度没有发生变化，但具体的体制、规范等可能出现了前后不一致，其结果构成了道德价值实现的障碍。

自中国改革开放以来，其政治制度、经济制度、文化制度等的社会主义性质并没有发生变化，但它们的体制发生了或多或少的重大变化。中国的改革从经济体制改革开始。改革前，中国一直坚持计划经济体制；改革后，确立实行社会主义市场经济体制。伴随着社会主义市场经济的不断发展，中国经济取得了举世瞩目的成就。原有的单一所有制发展成为多种经济所有制，人们的物质生活得到了前所未有的改善。但同样不可否认的是伴随着经济改革的深入，出现了官员腐败和国有资产的流失等问题，民众的发财致富热情空前高涨而精神世界不断萎缩。一些人错误地认为，如果一件东西不能被消费，不能变成金钱，它就没有任何价值，当然包括道德价值。正如廖小平所说："现代以来西方发达社会最充分地表现在消费主义和物质主义之中的世俗价值观，与市场经济对中国社会的全面渗透相结合，对中国社会人们的理想追求和精神生活造成了极大冲击，神圣价值观和精神价值观日显衰颓，而世俗价值观和物质价值观显然已占上风。"①道

---

① 廖小平. 价值观变迁与核心价值体系的解构和建构[M]. 北京：中国社会科学出版社，2013：170.

德价值是一种精神价值。它不仅具有有用性，而且还具有更为鲜明的超越性。当一个民族沉迷于市场的消费文化，追求新奇、刺激、欲望满足的目标时，那些超越性的道德价值就显得太过于高远而难以奢求了。

社会制度的重大量变对道德价值实现的障碍还表现在两个方面：

一方面，在社会制度转变前作为倡导和保留的道德规范变得不重要，甚至受到了鄙视。中国社会改革开放之前，为人民服务是重要的道德核心，得到绝大多数人的认可。但是，在当代中国公民道德状况的大规模调查中，情况不容乐观。只有 11.27% 的共青团员选择"领导干部应该坚持为人民服务"，19.25% 的中共党员选择"领导干部应该坚持为人民服务"。[①] 这一调查说明，为人民服务曾经是一项专门针对党员尤其是领导干部提出的要求，如今已经在共青团员和党员中失去了吸引力。究其原因，他们在新的社会环境中成长，有着自己的思维方式，已不再处于过去那种只接受一种思想的政治教育环境中。其实，人们在日常生活中都能感受到这种道德规范的变化。诚实，在改革开放前，是非常重要的道德要求。如今，许多人认为，老实人吃亏、不划算。节俭，在过去，是值得人们推崇道德要求。现在，许多人认为，会赚钱才会花钱，节俭已经落伍了。一位学者曾这样调侃："虽然我们的教育部门还表面上把苏赫姆林斯基列为伟大的教育家，但大多数学生和教师根本没有热情读读他的著作。苏联不是垮掉了吗？所以苏联的一切都是错误的。现在流行的是哈佛女孩剑桥小子什么的，快乐教育素质教育，等等。不能讲鲁提辖拳打镇关西了，因为那是赤裸裸地弘扬暴力，一个基层警官公然殴打优秀的民营企业家，破坏了招商引资的大好局面。不能讲武松打虎了，因为他是虐杀珍稀保护动物，造成景阳冈地区环境严重污染的罪魁祸首……有些学校连王愿坚的《七根火柴》也讲不下去，因为学生们质疑道，红军过草地，明知道没有人烟，为什么不带上方便面？起码的野外生存常识都没有。《白毛女》也讲不下去了，因为学生们认为那完全是瞎编：喜儿为什么不嫁给黄世仁？杨白劳欠债不还钱，这是公然破坏法制，畏罪自杀，死有余辜。喜儿一旦嫁给黄总，就会过上民主自由的幸福生活，怎么会头发都变白了。"[②]这些固然有调侃的味道，但不难发现，社会制度的变化导致了不同的主体认识，直接影响了道德教育中人权、公正等价值的实现。

因此，市场经济取代计划经济，促使一些本应该发扬光大的道德规范

---

① 吴潜涛，等. 当代中国公民道德状况调查[M]. 北京：人民出版社，2010：34.

② 孔庆东. 千夫所指[M]. 重庆：重庆出版社，2008：40-41.

的重要性失去了曾经的光环，也在无形之中构成了这些规范中蕴含的道德价值实现的障碍。

另一方面，社会制度的转变导致一些社会所需要的道德规范凸显出来，甚至受到人们的追捧，但还没有真正得以确立。比如，公平在市场经济中成为一项非常重要的道德规范。在一次全国范围的道德调查中，"认为我们社会没有或不存在不公平现象的，只占7.5%，认为有，但很少或比较少的，也只占13.0%，有78.0%的人认为'比较多'或'很多'"①。在改革开放之前，由于采取计划经济体制，中国社会采取的是平均主义，公平似乎得到了彻底的实现。在改革开放之后，市场经济鼓励每个人才能的充分发挥，贫富分化越来越明显。因此，如何分配社会资源和享有经济成果，导致公平问题十分突出。不难发现，在新的制度下，与效率、创新等观念有关的道德规范变得越来越重要。这也使得潜藏在这些规范之后的道德价值备受关注。然而，不容忽视的是，人们并不一定真正认可这些道德规范。以公正为例，在关于如何实现公正、消除不公正现象的调查中，5.4%的人认为"完全消除不了"，31.1%的人认为只能消除"少部分"，回答"一般"的人为19.6%，三项之和高达56.1%。②可见，人们对实现公正的态度十分悲观。而且，关于不公正的原因，60%的人认为"有关制度不合理"。③这反映出社会制度的量变是一个逐渐推进的过程，并不是一步到位，因而社会制度虽然朝着公正的价值方向前进，但还存在一些问题有待解决。因此，在这种社会制度的量变中，道德的公正价值实现还有很长的路要走。

可见，正是在社会制度的量变转换中，道德规范的重要性有所变化，从道德价值论来看，容易导致某些社会原来希望继续倡导的道德价值被忽视，而所希望加入的道德价值虽然提出了但没有得到进一步的巩固，因此，从社会制度的量变转向来看，社会制度的重大量变在某些方面会成为社会中一些道德价值实现的障碍。

其二，社会制度的根本性质的变化对道德价值实现的障碍。

所谓社会制度的根本性质的变化是指社会从一种形态转变为另一种形态。从价值论角度来看，它发生于社会价值文化的大变革时期。按照社会学中的结构功能主义学派的观点，社会制度的根本性质的变化必然导致价

---

①　李萍. 中国道德调查[M]. 北京：民主与建设出版社，2005：58.
②　李萍. 中国道德调查[M]. 北京：民主与建设出版社，2005：68.
③　李萍. 中国道德调查[M]. 北京：民主与建设出版社，2005：65.

值文化的变化。他们把社会制度结构的变化最终归结到社会价值文化的变化，并认为这是观察社会制度的根本变化的最佳观测点。"我们把一个社会制度结构的依次变迁定义为其规范文化的变迁。当我们观察社会制度的最高层次的话，就会涉及整体社会价值体系的变化。"①在这种社会制度的巨大变化中，作为价值文化中的核心，道德价值的实现不可避免地遭遇了新旧两种道德规范体系的不同价值评判标准的相互影响所造成的阻碍。

中国的春秋战国时期，是一个奴隶社会向封建社会的转变时期。在这场历史大变革中，王道衰微，周天子成了名义上的天下之主。曾经的"公田"逐渐为"私田"所取代；"礼乐征伐自天子出"，逐渐变成了"礼乐征伐自诸侯出"。天下大乱，儒墨道法等诸子百家蜂拥而出。西周单一的政治、经济与文化格局消失了，没有了统一的价值观念的评价标准，道德价值的实现陷入混乱。《国语·晋语一》记载：晋献公听信了骊姬的谗言，想废掉太子申生，改立骊姬之子奚齐。大夫荀息认为，君王之命不可违："吾闻事君者，竭力以役事，不闻违命。君立臣从，何贰之有？"后来，他听从献公遗命，忠心辅佐奚齐。丕郑反对，说："吾闻事君者，从其义，不阿其惑。惑则误民，民误失德，是弃民也。民之有君，以治义也。义以生利，利以丰民，若之何其民之与处而弃之也？必立太子。"大夫里克认为自己才能有限，无法判断，只能保持沉默。太子申生认为："吾闻之羊舌大夫曰：'事君以敬，事父以孝。'受命不迁为敬，敬顺所安为孝。弃命不敬，作令不孝，又何图焉？且夫间父之爱而嘉其贶，有不忠焉；废人以自成，有不贞焉。孝、敬、忠、贞，君父之所安也。弃安而图，远于孝矣，吾其止也。"申生恪守旧道德的"孝、敬、忠、贞"，认为坚定不移接受君命是恭敬，按照父亲的意愿去行动是孝顺。违抗君命是不敬，擅自行动是不孝，最终自杀而亡。在这里，大夫荀息和太子申生都坚守旧道德的要求，丕郑的观点体现了当时社会现实中君臣常常易位之后人们的新的道德认识。而大夫里克则反映了当时人们已经对"孝、敬、忠、贞"的绝对性产生了动摇，陷于茫然无措中。

如果说社会制度的重大量变所造成的道德价值实现的障碍属于一定道德原则之下的道德规范的莫衷一是，那么社会制度的根本性质的变化所造成的道德价值实现的障碍则是不同性质的道德规范体系之间的混乱。毕竟，任何一个社会中的道德规范体系在任何时候都是占优势的统治集团认

---

① ［德］沃尔夫冈·蔡普夫. 现代化与社会转型［M］. 陈洪成，陈黎，译. 北京：社会科学文献出版社，1998：4.

为对于社会有益的行为在意识形态上的表现。从这个意义上看，所有道德价值和道德规范都是相对的，难以达到绝对的标准。因此，社会制度的根本性质的变化意味着不同以往的某个新兴社会阶层掌握了社会政治、经济等方面的主动权，在社会政治、经济等方面发生变化后，必然要用符合自己发展的道德规范体系改变原有的道德规范体系。在这种新旧交替之间，必然会推动陈旧的道德价值退出历史舞台，新近的道德价值要获得实现。在这种矛盾与冲突中，那种引领时代发展的道德价值的实现必然要克服陈旧道德价值的阻碍。

无论是在社会制度的重大量变中，还是在社会制度的根本性质的变化中，旧道德与新道德杂然相处，让人们常常会陷入手足无措的窘境。在这里，道德价值实现的障碍在于新社会制度已经出现而旧道德还没有退出、新道德还有待成长，因此，社会制度的变化导致所希望实现的道德价值需要一定的时间才能完成，而陈旧的道德价值构成了新的道德价值得以实现的阻碍因素。

（三）社会现实中价值实现的障碍

价值与事实是价值论中的一对重要关系。道德价值的实现与它所处的事实或现实之间存在着一个批判性的超越性出发点。在社会现实中，存在着许多阻碍道德价值实现的因素，如一定的社会现实中的不道德行为的冲击，经济、法律与宗教等价值观念的负面影响等。

其一，不道德行为的冲击。

社会现实中不道德行为的广泛存在构成了对道德价值实现的直接性障碍。黑格尔曾如此定义道德行为："意志作为主观的或道德的意志表现于外时，就是行为。行为包含着上述各种规定，即（甲）但其表现于外时我意识到这是我的行为，（乙）它与作为应然的概念有本质上的联系，（丙）又与他人的意志有本质上的联系。"①换而言之，道德行为是出于自觉的、符合社会应然的，并与他人意志有着本质联系的行为。如果我们抛开黑格尔的唯心主义意志观，那么他深刻地揭示了道德行为是符合社会应然要求的、有利于他人的自觉性行为。因此，我们也可以发现不道德行为就是不符合社会应然要求的、危害他人的故意为之的行为。

从人类社会的发展来看，人总是生活在一定的社会关系之中，而社会关系的本质就是利益关系。马克思认为，人们所奋斗的一切都是同他们的

---

① ［德］黑格尔. 法哲学原理［M］. 范扬，张启泰，译. 北京：商务印书馆，2010：116.

利益有关。利益不仅构成了道德的基础，而且也构成了不道德的基础。"利益在后面推动着所有种类的德行和恶行。"①人存在于各种利益关系中。这些利益关系形成了一张难以逃脱的利益网，每个人都生活在这张网之中，不断地进行着自我的选择。

应该看到，人们所生活的世界中的利益之网总是存在着各种利益冲突。个人利益和社会利益之间的冲突是利益冲突中最为根本的冲突。这种利益冲突具有一定的社会普遍性。只要社会存在，就必然存在利益冲突。这就需要加以调整。道德就是其中的一种调整方式。社会的发展和人自身的发展需要我们每个人充分考虑在维护社会利益的基础上追求个人利益。然而，道德调节总是柔性的、劝诫性的，因而总是有限的，并非万能的。道德调节的有限性表现在道德教育的有限性，总是有人接受，也总是有人不接受。在利益冲突中，有些人会遵循道德要求，做出有利于社会或他人的行为；也有些人会出于个人利益，而做出有害于社会或他人的行为。就此而言，哪里有利益冲突，哪里就可能有道德行为或不道德行为。不道德行为总是在一定的程度上挑战社会的道德教育，试图冲破道德构建的社会调控网，从而在不同程度上威胁道德价值的实现。正是这种社会中普遍的客观存在的不道德行为构成了道德价值实现的直接障碍。

其二，经济价值观念影响道德价值实现。

社会现实中的经济价值观念是社会经济发展的重要价值观念。然而，我们在社会现实中会发现，经济价值观念有时候会成为道德价值实现的障碍，影响道德价值的实现。

经济领域注重经济行为的价值，追求金钱的最大化。这种追逐金钱的过度发展就可能造成道德价值的淡化。正如马克思所说："价格形式不仅可能引起价值量和价格之间即价值量与它的货币表现之间的量的不一致，而且能够包藏着一个质的矛盾，以致货币虽然只是商品的价值形式，但价格可以完全不是价值的表现。有些东西本身并不是商品，如良心、名誉等，但是也可以被它们的所有者出卖以换取金钱，并通过它们的价格，取得商品的形式。因此，没有价值的东西在形式上可以具有价格。在这里，价格表现是虚幻的，就像数学中的某些数量一样。"②在崇尚金钱的价值追求中，本来不能用货币衡量的道德价值也货币化了，良心、名誉等失去应

---

① [法]拉罗什福柯. 道德箴言录[M]. 何怀宏，译. 北京：生活·读书·新知三联书店，1987：54.

② [德]马克思，恩格斯. 马克思恩格斯选集(第 2 卷)[M]. 北京：人民出版社，1995：149.

有的光芒。发达资本主义社会的精神发展历程表明，追求金钱的最大化，最大限度地沉溺于纸醉金迷的物质享乐生活之中，带来的并不是精神的愉悦，而是精神的疾患。市场经济的发展历史反复证明：在片面追求经济价值的世界里，道德价值已不是到了黄昏时分，而是彻底被黑暗所掩盖。

其三，法律价值观念影响道德价值实现。

法律是国家在社会生活中规范人们行为的指南，也是评价是非曲直的准绳。法律规范中也有其自身的价值追求。与道德相比，这种价值追求具有鲜明的强迫性，即，必须如此。道德则显得相对温和，即，应该如此。法律价值观念会影响道德价值实现。

从深层次来看，法律的首要基本价值观念所倡导的是公正，要求"奉公去私"，就如韩非子所说："夫立法令者，以废私也。法令行而私道废矣。"（《韩非子·诡使》）在认真贯彻法律的公正价值观念的人来看，只要法律规范能够公正地实施，就能收到"民安而国治"（《韩非子·有度》）的效果。借用慎子的话说："法者，所以齐天下之动，至公大定之制也。故智者不得越法而肆谋，辩者不得越法而肆议；士不得背法而有名，臣不得背法而有功。我喜可抑，我忿可窒，我法不可离也。骨肉可刑，亲戚可灭，至法不可阙也。"（《慎子·逸文》）这种行为有可能成为大义灭亲的经典，比如石碏为国除害，杀了逆子，但是，倡导这种不容私情的所谓公正的法律价值观念，容易形成法律的僵硬与冷酷的外貌，影响道德价值实现。

在追求这种符合法律条款的"大义灭亲"的公正价值观念的过程中，道德上的人权、和谐等价值完全有可能被彻底颠覆。究其原因，法律价值并不同于道德价值。《论语·子路》记载："叶公语孔子曰：'吾党有直躬者，其父攘羊，而子证之。'孔子曰：'吾党之直者异于是。父为子隐，子为父隐，直在其中矣。'"叶公所说的公正是符合法律要求的公正，而孔子所说的公正是符合道德要求的公正。在现代社会中，道德公正突出的是道德权利与道德义务之间的关系，而法律公正则突出的是法律权利与法律义务之间的关系。道德权利与道德义务之间并不是一种严格的一一对应的关系，而法律权利与法律义务之间是一种严格的一一对应的关系。另外，道德公正是一种社会习俗的、非强制性的公正，而法律公正是一种法典上的具有国家强制力的公正。尽管两者有相同的部分，但还是存在一定的区别。一位妻子容留他人吸毒违法，丈夫将其告发。丈夫的"大义灭妻"，符合法律上的公正，但破坏了道德上的公正，因为它颠覆了夫妻和谐相处、彼此关爱的道德价值。弟弟为了筹集哥哥上大学的费用，偷窃室友钱财。在警方的动员下，哥哥骗出弟弟，埋伏的警察一举抓获弟弟。哥哥的"大义灭弟"在法律上很公正，但破坏了兄弟之间的亲情，在道德上必然会受到一些人的强烈谴责。

在社会发展中，法律规范的价值诉求与道德的价值诉求有可能一致，甚至相互促进，良性发展。但当两者不一致时，容易构成道德价值实现的阻碍。在这里，主要探讨的是不一致时的情况。如果一个国家在执法过程中只考虑法律规范的价值诉求，忽略了道德价值的目标，就会造成法律价值与道德价值的分裂，甚至严重对立。长此以往，它就成为道德价值实现的严重障碍，必然会动摇人们实现道德价值的信心。而实现道德价值的信心出现动摇，常常也会最终影响法律自身的长远发展。

其四，宗教价值观念影响道德价值实现。

宗教是人们关于神的信仰的一种社会意识。神是超越人和自然的力量，可以是上帝、真主或佛陀等。在宗教的发展中，任何宗教都是依靠一套程序化的教规和教令来展现人们对神的信仰。这种教规和教令在很大程度上就是宗教道德规范。也就是说，任何宗教都有一定的道德规范。苏联著名宗教学家约阿克隆维列夫认为，道德规范是宗教的一个不可缺少的要素，与教会组织、特殊的宗教仪式、宗教信仰和宗教观念、特殊的情感体验一起共同构成了宗教的最基本的五个要素。宗教与宗教道德之间存在着密切的联系。比如，基督教的价值观念深刻地影响了基督教道德。基督教道德要求反对偶像崇拜(包括对金钱、性欲、知识的崇拜)，因为要爱上帝，上帝是唯一的神，凡是崇拜偶像者都要受罚。基督教道德要求在"主日"敬拜神，因为要纪念基督复活与救赎。基督教道德要求不可奸淫、不可偷盗等，因为这是上帝的要求。人要培养公正的美德，因为公正就是使每一个人"尽其天职"。这种天职就是："要使肉体归顺于灵魂，灵魂归顺于上帝。"子女给予父亲的爱要多于给予母亲的爱，因为父亲比母亲更接近上帝。因此，我们可以发现，在基督教道德中，其主要内容都与上帝有着密切的联系，被彻底宗教化了。在同一种宗教内部，宗教教义与宗教道德之间是彼此相互支持的，很少出现负面影响。即使出现一些问题，他们也能在内部加以调整。但是，在不同宗教之间，宗教价值观念与道德价值之间容易出现很大的差异，一个宗教价值观念必然构成与之异质的宗教道德实现的障碍。一般而言，人们考虑更多的是宗教价值观念与世俗道德之间的差异。宗教价值观念在一定程度上能够构成世俗道德价值实现的障碍。

从深层次原因来看，宗教价值观念在一定程度上能够构成世俗道德价值实现的障碍在于宗教价值不同于道德价值：一是思维方式不同。宗教价值依靠的主要是信仰，坚信神的力量，一点也不怀疑。道德价值所依靠的主要是理性，认为人依靠理性能够发现人自身的道德力量，可以怀疑一切没有理性论证的价值。二是追求目标不同。宗教价值所追求的是荣耀神，以神为本，遵循神为人立法。道德价值所追求的是人自身的完善与发展，以人为本，遵循人为自身立法。三是奠定基础不同。宗教价值所面对的是超自然来生来世，让人们渴望在神的指引下进入理想的乐园、天国或天堂。道德价值所面对的是现实的生活，希望借助人的理性实现现实的目标。因此，在马克思看来，宗教是人民的鸦片，为人民提供虚幻的幸福。宗教价值是"一种颠倒的世界意识"的价值。它会给面对现实的道德价值带来梦想的虚幻和自我的麻痹。正因为两者之间存在如此不同，宗教价值在一定程度上能够影响道德价值实现。当然，宗教价值在某些方面也会有助于道德价值实现。比如，宗教所常常提倡的忍让、超脱名利、追求心灵纯洁等，能够成为道德价值实现的有利资源。但是，总的来看，宗教价值观念存在着多多少少的虚幻性与欺骗性，这在一定程度上常常构成世俗道德价值实现的障碍。

宗教价值观念在一定程度上能够构成世俗道德价值实现的障碍主要表现在：一是构成本质上的障碍。宗教价值是以信仰神为核心所构建的价值，任何具体价值都是通过神来诠释。这种做法与世俗道德价值有着本质的区别，从而构成了本质上的障碍。比如，同样是讲和谐的价值，宗教价值强调的是神与人之间的和谐，要求人为神增添荣耀，而道德价值强调的是人与人之间的和谐，神并不是主要考虑的对象。二是构成一定程度上的实现障碍。正是从宗教对道德价值实现的本质障碍出发，构成了社会现实中道德价值一定程度上的实现障碍。这种程度上的大小取决于宗教价值与社会现实中道德价值的冲突程度的大小。宗教价值中凡是与道德价值冲突较多的，就会形成比较大的障碍；如果冲突较少，就会形成比较小的障碍。当然，这和一个社会的性质有着一定的关系。在政教分离的社会中，道德价值与宗教价值构成了两套平等的价值体系，在势均力敌的情况下，两者之间容易发生难以调和的冲突。在政教合一的社会中，由于道德价值与宗教价值彼此相互重叠，难分彼此，发生冲突的可能性很小。在宗教情感比较薄弱的社会，由于宗教价值发挥的作用和范围有限，很难与道德价值之间发生冲突，因而构成道德价值实现的障碍也就较小。

在人类社会中只要宗教价值观念存在，总是会或多或少地扭曲社会与人的现实发展的本真状态，把人转向神的奴仆，即非人，从而阻碍人对现实的道德价值的追求。因此，马克思指出："对宗教的批判是其他一切批判的前提。"①"对宗教的批判最后归结为人是人的最高本质这样一个学说，从而也归结为这样的绝对命令：必须推翻那些使人成为被侮辱、被奴役、被遗弃和被蔑视的东西的一切关系。"②在马克思看来，宗教是一种锁链，是一种虚幻的花朵。它固然能够提供一种安慰，但也牢牢束缚了人的真实发展。毕竟，人是生活在现实世界处于各种关系中的人，虚幻的世界终究是虚幻的世界，人不能总是依靠逃避现实和沉迷幻想来生活。尽管宗教能够如同鸦片一样帮助受苦者摆脱一时的痛苦，但无法在现实世界中彻底地拯救他们。人类社会的历史发展表明：宗教价值观念借助想象中的上帝、真主、佛陀等救世主，无意或有意地把众多的受苦者置于被侮辱、被奴役、被遗弃和被蔑视的境地且仍自我麻痹、不知自救。人首先要敢于直面现实的世界，才有可能实现各种道德价值。人也只有抛弃宗教价值观念带来的自我欺骗，在现实的社会关系中不断实践才能获得人的最高本质，实现人的道德价值，成为自由而全面发展的人。

三、道德价值实现的主观障碍

道德价值的实现是道德价值主体的积极的正确的活动的结果。没有道德价值主体的积极活动，或者活动朝向了错误的方向，道德价值都难以实现。道德价值实现的主观障碍是指道德价值主体在实现道德价值的过程中所遇到的主观障碍。这种主体的主观障碍表明道德价值的实现总是需要主体在一定的社会环境中克服自身所存在的那些障碍。这些障碍包括主体认识道德价值的失误、主体实践能力的缺乏、主体人生观的偏差等。主观障碍表明道德价值的实现与主体的正确认识、理解程度、实践能力等方面有着密切的联系，错误的认识、理解以及实践能力的不足等构成了道德价值实现的主观障碍。道德价值实现的主观障碍，与客观障碍一样都是需要加以认真探讨的，唯有克服这些主观障碍才能够更好地实现道德价值。

(一)主体认识道德价值的失误

任何价值的实现都离不开主体的正确认识。道德价值的实现同样需要

---

① ［德］马克思，恩格斯. 马克思恩格斯选集(第1卷)［M］. 北京：人民出版社，1995：1.
② ［德］马克思，恩格斯. 马克思恩格斯选集(第1卷)［M］. 北京：人民出版社，1995：9-10.

主体的正确认识。"只有在能够明确地表达规范的非实体性和描述性内容并使主体之间互相理解时，才能高度精确可靠地理解一种意愿的意义与内容。"①如果主体没有准确地认识道德价值，不论是产生误解，还是出现刻意的偏执，都是道德价值实现的主观障碍。在这里，误解是指主体自以为认识而实际上处于错误的理解中，偏执则是指主体顽固地坚持其错误的理解。从误解到偏执体现了主体认识道德价值的错误之中的严重程度不同。

其一，主体对道德价值的误解。

主体对道德价值的误解，是十分普遍的。自古以来，这种主体的误解总是难以避免，有些构成了个体的人生遗憾，有些则形成了社会性的悲剧。历史与现实都反复证明，主体对道德价值的误解构成了道德价值实现的主观障碍。

道德价值展现的是人之为人的价值所在。它不仅具有现实性，而且还具有理想性。如果说道德价值的现实性是一种重在社会实践的有用性，那么道德价值的理想性是一种高于有用性的超越性。正是后者的超越性表明了人在万事万物中的独特性，体现了人在宇宙中的崇高位置。道德价值具有超越性，是它作为价值的应然性的表现。一些人看待道德价值，过度重视道德所带来的现实利益，忽视了道德中的超越性品质，而后者却是道德价值中不可缺少的特性。超越性是有用性获得其正当性的前提。道德本身能够给人们带来利益，但要符合超越性的道义，这种利益应该是一种正当的合法的利益，而不能侵犯他人或社会的正当利益。做假账，满足了公司的利益，却伤害了社会上更多人的本来应该获得的正当利益。

如果说，一个人对道德价值产生误解，只会在其个人道德方面发生影响，那么如果整个社会在某些方面产生了道德价值的误解，其危害对象就是整个社会的道德状况。比如，中世纪的女巫审判，从 15 世纪延续到 18 世纪，席卷欧洲 300 年。无数的无辜女性被当作女巫被处死。当时传教士甄别女巫的通常做法是：如果被告过着不道德的生活，那么这当然证明她同魔鬼有来往；如果她虔诚而举止端庄，那么她显然是在伪装，以便用自己的虔诚来转移人们对她与魔鬼来往和晚上参加巫魔会的怀疑。如果她在审问时显得害怕，那么她显然是有罪的，良心使她露出马脚；如果她相信自己无罪，保持镇静，那么她无疑是有罪的：因为女巫们惯于恬不知耻地撒谎。如果一个不幸的妇女在受刑时因痛苦不堪而骨碌碌地转眼睛，这意

---

① ［德］米歇尔·鲍曼. 道德的市场［M］. 肖君，黄承业，译. 北京：中国社会科学出版社，2017：54.

味着她正用眼睛来寻找她的魔鬼；如果她眼神呆滞、木然不动，这意味着她看见了自己的魔鬼，并正看着他。如果她有力量挺得住酷刑，这意味着魔鬼使她支撑得住，因此必须更严厉地折磨她；如果她忍受不住，在刑罚下断了气，则意味着魔鬼让她死去，以使她不泄露秘密。因此，在这个迫害"女巫"的过程中，任何一个女人如果被视为"女巫"，就难逃一死。在疯狂迫害女性的恶潮中，人们认为这是为了维护上帝的崇高性与神圣性，如果要禁止任何可能的亵渎上帝的行为，就要严厉惩罚受到撒旦引诱的"女巫"，这是展现向善——热爱上帝的举动。在一场如此声势浩大的"向善"运动中，无数令人发指的酷刑被发明，似乎越残酷，道德价值越崇高。其实，人的生命与尊严的价值，在审判中被践踏和蹂躏殆尽。因此，一位 18 世纪的法国启蒙主义思想家总结：上帝生性是大慈大悲的，但非常重要的是，人们不知不觉地使他变得比魔鬼还凶狠。

人们对于道德价值产生误解，主要有两个方面的原因：一是源于他们的无知。他们不理解道德，也不理解道德价值之所在。因此，在社会生活中，他们只会依附于其他人的理解，而一旦他人理解有误，很可能形成群体的盲动，如中世纪的女巫审判。其实，在政治运动中，那种把人道主义理解为"对敌狠，对己和"的情况，与之相似。很多人并不了解何为人道主义，只知道盲从他人。很多人自以为在从事一场具有空前伟大的人类道德价值的实践运动，其结果却是一场人类道德价值的空前浩劫。如果人们具有一定的批判性反思能力，即使有那些错误的思想，也不会产生群体暴力，出现那么多的人间悲剧。二是人们以自己的政治观念、宗教观念或习惯观念代替道德价值观念。在社会现实生活中，除了道德价值观念，还有许多其他的思想观念。在这种情况下，人们在有意无意之间会用自己知道的其他观念来理解道德价值观念，以其他规范来理解道德规范，从而形成了道德价值认识上的谬误。比如，在特殊年代，实行政治挂帅。一切工作以政治为中心来展开。因此，人们以政治观念来取代道德观念，以政治上的取向来评价道德上的正确与错误。凡在政治上不能紧跟主流意识形态走向的道德观念都是错误的，凡是与当时主流意识形态相一致的道德观念就是正确的。道德就是为政治斗争服务的工具。从这种观点出发，道德在解决政治、经济、文化等领域中问题的价值，就被消解于政治这个单一的目的之中。究其原因，这是由于当时人们以政治观念取消了道德观念所造成的。

其二，主体对道德价值的偏执。

主体对道德价值的偏执是指人们顽固坚守对道德价值的错误理解。一些人明显知道自己已经错误地理解了道德价值，但仍然坚持错误立场和观点，从而形成了一种偏执。主体对道德价值的偏执与对于道德价值的误解不同。后者的出现并不是由于主体的故意为之，而是自身的错误理解。如果他知道理解有误，会主动进行调整。主体对于道德价值的偏执，是人们顽固坚持错误认识所致。作为道德价值偏执的主体，明明了解自身的认识错误，但由于某种不可告人的原因，不仅故意坚持错误的道德价值，而且还运用错误的道德价值指导自己以及他人的社会实践活动。正是由于一些人对于道德价值的偏执认识，才常常导致他们做出不道德的行为，甚至造成严重的社会影响，构成了道德价值实现的主观障碍。

在中世纪的女巫审判中，固然有些人理解道德价值有误，但不排除还有些人明知理解道德价值有误，还故意为之。这种故意为之来源于人的原始兽性，一种阴暗的心理。只要有利于自己，一切皆可以利用，无所谓善恶。有利于别人，哪怕只是一点点，即使和自己无关，都感到痛苦。就如昆德拉在《为了告别的聚会》中借助主人公的话所说：所有人都暗暗希望他人死，如果世界上每个人都有力量从远处进行暗杀，人类在几分钟内就会迅速灭亡。这种源于原始兽性的本能一旦开启而又由于某种原因没有被有效关闭，一个人就会轻易地释放仇恨而毫无顾忌，或者认为这是一个满足其个人私欲的绝好机会。因此，我们在反映这一时期的各种文学作品中都能够看到个体道德价值的缺位，以及别有用心的阴谋家，借助错误的价值观达到自己不可告人的目的。

在社会整体陷于混乱，个人兽性的扩展容易形成道德价值的偏执时，一些群体也会出现同样的问题。比如，20 世纪末中国实行改革开放政策，中国正处于从传统社会进入现代社会的转型期。经受了十年寒窗的中国知识分子显然明知什么是道德上的崇高，什么是道德上的堕落。但是，一些知识分子已经开始故意逃避崇高，渴望堕落。正如王力雄所说："全神贯注于经济的当今社会完全无意建立对'无用书生'的保护，面对弱肉强食的现实，一向缺乏行为能力的知识分子有强烈的不安全感，有些人因此会由生存能力的自卑而生出对痞子'混世'能力的羡慕与佩服，使其在精神的痞子化之外，言谈举止也会对痞子有意加以模仿，以增加自信心和'威慑力'。这一点目前在文艺界最为突出。再通过文艺的塑造与传播，让痞子形象也堂而皇之地登上大雅之堂，并成为时髦。这是当今中国文艺日益卑俗的原因之一。"①这些知识分子明明知道做人应该追求高尚的人格，应

① 王力雄. 渴望堕落——谈知识分子的痞子化倾向[M]//刘智峰. 道德中国：当代中国道德伦理的深重忧思. 北京：中国社会科学出版社，2004：140.

该洁身自好，但偏偏要为了个体的私欲而丧失人格，厚颜无耻，出卖原则，亵渎神圣，蔑视理想，这些内容被奉为他们的"厚黑学"，视为"识时务的价值学"。尽管他们还写着冠冕堂皇的道德文章，进行着高深的学术研究，但还需面对自己内心中曾经存在的道德良心。于是，他们需要为自己的道德价值认识的偏执找到一种合理性。他们利用自己的社会职能，运用自己所了解的知识与文化，为自己的堕落提供依据，并让自己为之"说服"与"改造"。为了个人的功名利禄、荣华富贵……出卖灵魂是勇敢，投机取巧是智慧，厚颜无耻是节制，相互歌颂是公正……这种知识分子对道德价值的偏执所造成的道德危机的影响是难以估量的。因为，这些原本应该做出符合社会良心的行为的人，自身对待道德价值心知肚明，却公然摧毁社会的道德价值体系，动摇了道德价值在社会大众中的公信力。其实，知识分子自身在道德上的堕落并非仅限于这种社会转型期，那些自甘堕落的知识分子在《儒林外史》《围城》中就有着生动的表现。只不过在社会转型期，人们看得更加清楚。那些渴望爬得高的人，其肮脏因为在过去处于众人之中而难以让人关注，如今高高在上，众人看得分明。就如李鸥梵所写："我尊重学术，却又觉得在学院里研究学术的人不值得我尊敬"①他曾感叹，那些不值得尊敬的人，常常又是理论界的所谓大师，私生活都是一塌糊涂，人与"文"相较之下，更显得学院生涯的空洞和虚夸。

（二）主体实践能力的缺乏

道德价值的实现，并不仅仅局限于理论认识上的探讨，而是要运用于实践之中才能落实。"如果有了正确的理论，只是把它空谈一阵，束之高阁，并不实行，那末，这种理论再好也是没有意义的。认识从实践始，经过实践得到了理论的认识，还须再回到实践去。"②在人们的现实生活中，一些人有了正确的道德价值认识，但并没有准备加以实践。在中国古代，这常常被称为"知而不行"，属于知行问题。其实，这涉及主体的两个方面的问题：一个是实践，另一个是能力。道德价值的实现离不开主体的实践。如果主体只是夸夸其谈，而不是真抓实干，道德价值是永远不会实现的。同样，主体真抓实干，但不知道如何真抓实干，也是难以实现道德价值的。道德价值是人的道德价值。因此，主体自身的积极主动而有效的努力是道德价值实现中的关键。在这里，就涉及道德主体的实践能力的问

---

① 李鸥梵. 狐狸洞话语[M]. 北京：人民文学出版社，2010：11.
② 毛泽东：毛泽东选集(第1卷)[M]. 北京：人民出版社，1991：292.

题。毕竟，推进道德价值实现，让道德价值为人们所理解，最终还是需要人们能够把它实践外化，转化为改造世界的物质力量，道德价值主体自身的实践能力在其中有着十分重要的作用，甚至可以被称为道德价值实现的根本途径。如果主体自身缺乏相应的实践能力，必然影响道德价值的实现。从这个角度来看，主体的实践能力是道德价值实现中"落地生根"的关键要素之一。主体实践能力的缺乏构成了道德价值实现的主观障碍，值得深入探讨。

关于实践能力的内涵，国内外的研究者从哲学、心理学、教育学等多角度做了不同的诠释。比如，从马克思主义哲学上看，实践能力是指主体在有目的地改造客观世界的实践过程中所表现出来的能力。美国当代心理学家斯腾伯格（Robert Jeffrey Sternberg）首次从心理学上指出，实践能力是一种心理行为，人的社会行为是心理行为的外化。当代中国教育家傅维利认为，实践能力是保证个体顺利运用已有知识、技能去解决实际问题所必须具备的那些生理特征和心理特征。一般而言，实践能力的内涵和实践、能力两个概念有着密切关系。实践能力是一种综合了智力、心理或体力的应用能力。在这里，实践能力是指主体的道德价值的实践能力。实践能力中的实践意味着主体要主动地参与道德活动中，实践能力意味着主体具有实现道德价值的素质。因此，从道德价值论来看，实践能力是指主体主动地参与道德活动中所具有的实现道德价值的素质。

主体的实践能力，可以分为实践动机、一般实践能力、道德实践能力和情境实践能力。所谓实践动机是指主体想要做出某事而在心理上形成的思维途径。一般实践能力是指主体在一般情况下所具有的能力，如理解、判断、推理的能力。道德实践能力是指在道德实践活动中所具有的在道德方面的特殊实践能力。情境实践能力是指主体在特定情境下所具有的解决问题的能力。实践动机是实践的开端。从一般实践能力，到道德实践能力，再到情境实践能力是一个从普遍性逐渐到具体性的过程。主体实践能力的缺乏也就是指其中某种或几种构成要素的缺乏，从而导致道德价值实现出现了障碍。

其一，主体实践动机的缺乏。

任何实践活动的开始都需要实践动机。没有实践动机，实践活动就失去了最初的启动力量。一般而言，人为什么要参与实践活动，主要是生理和社会两大原因。比如人饿了需要食物，这会构成人获取食物的活动的生理动机。相比而言，人参与实践活动主要是源于社会动机，如为了获得荣誉、地位、权利等。从道德价值论的角度来看，主体愿意参加道德实践活动，主要是源于社会动机，如道德上的理性认知、移情、成就感等。由此可见，简单地说，主体的实践动机就是主体做出或不做出某种道德行为的理由。关于这一点，道德价值实现的动力中有了详尽的分析与论述。

从表面来看，主体在道德实践活动中的动机只是瞬间完成，就要开始实施，其实不然。从道德心理学来看，道德实践的动机产生是一个极其复杂的过程，看起来好像很快产生，但仔细分析，它有外在环境的某种力量反复发挥作用，才逐渐从倾向到欲望，一步步逐渐形成的。其中，它有着从不自觉到自觉、从不稳定到稳定的发展过程。当然，这个过程看起来很短暂，但作用的因素很多。只不过在那一刻，过去所形成的各种力量的综合作用导致了主体的动机的形成。这有点儿像人们做乘法题时大量运用乘法口诀，很快得出答案。但那些口诀本身还是在各种因素的作用下为人所掌握。否则，你会把这简单地看成人的直觉。因此，道德心理学中常常把能够引导、激发、维持、调节人们启动并致力于道德实践活动的内在心理素质或者内部力量统称为实践动机。

实践动机具有一定的稳定性与挑战性。因为，它是主体在开始从事实践活动时形成的一种比较稳定、持久的心理倾向。同时，这种动机中还具有一定的挑战性，因为主体希望能够表现他的道德倾向性，认同了某种道德价值，并准备要践行。显然，主体实践动机不同于主体对道德价值的认识，后者只是认为正不正确，而不涉及自己要不要践行。因此，如果没有实践动机，道德价值还是不能实现。主体实践动机的缺乏是主体实践能力的缺乏的首要原因。

其二，主体一般实践能力的不足。

道德价值是人们所需要实践的一种价值，但在其实现中，需要一般实践能力才能完成。这种一般实践能力是主体实现道德价值的一种共同性能力基础。20世纪中叶，美国学者费什曼（E. A. Fleishman）等人提出，任何实践的成功都需要一些共同的最基本能力。道德价值的实现同样需要这些与之相关的最基本的实践能力：情境感知能力、知识推演能力、信息交流能力、人际沟通能力和机体运动能力等。情境感知能力是指主体准确感知所处环境，从而做出反应的能力。这是一种生活中积累而成的感知能力。在实践活动中，主体能否积极地感知其行为的能力，直接决定了他能否正确地参与实践活动之中。任何成功的实践都需要有那些特别的敏感，确保主体能够不断地实践下去。知识推演能力是主体能够根据其以往经验或所学理论进行符合逻辑的推理的能力。实践活动离不开这种知识的推演能力，否则，实践主体很可能难以成功。这种能力是主体在不断学习的过程中所领悟，不断拓展自己的知识的力量。主体的知识推演能力越强，实践成功的可能性越大。信息交流能力是指主体能够及时、准确地理解、认同各种语言符合、影像符号等媒介符号的能力。这种能力在现代社会中越来越重要。它是实践活动中人与物之间交流的重要能力。尤其自人类进入互联网时代后，各种符号充斥于网络中，如果一个人毫不理解，势必影响实践活动的进程。人际沟通能力也是主体的一般实践能力。它是主体与他人之间能够相互交流的能力。任何实践活动都需要人与人之间的相互沟通。没有彼此之间有效的沟通，实践活动无法进行下去。机体运动能力是指主体自我控制和支配自己机体的能力。这种能力需要主体有着良好的神经系统、消化系统等生理系统。任何实践活动都需要人的机体的参与，否则实践活动无法顺利进行。主体的任何实践观念都是依靠机体的活动来完成，才可能改变实践对象的物质、能量或信息存在状态。

情境感知能力、知识推演能力、信息交流能力、人际沟通能力、机体运动能力等，看起来似乎与道德价值实现之间没有直接的联系，其实还是有着必然的联系。道德价值在实现过程中不可能与这些能力完全脱节。主体越是具有这些一般实践能力，越能够取得成功。反之，如果主体缺乏其中的一项或几项能力，必然影响道德价值的实现。比如，如果缺乏人际沟通能力，主体就无法清晰地理解人与人之间的交往法则，也就很难正确处理人与人之间的关系，影响和谐价值的实现。因此，主体的一般实践能力不足，就会构成实现道德价值的主观障碍。

其三，主体道德实践能力的不足。

主体道德实践能力是指主体在道德生活实践中的自律和践行能力，是其道德认知、判断与推理具体转化为道德行为的能力。道德实践能力是人的实践能力中的一种，或者说，它是人的实践活动中的具体领域的实践能力。按照认知心理学家的分析，人的实践总是存在一定的认知结构。每个人解决实践问题总是在某个具体领域中解决具体的问题。主体实践能力的高低并不在于其一般实践能力，而在于具体领域的特定实践能力。从道德价值论来看，道德价值的实现取决于主体的道德实践能力。它是主体道德实践活动中不可缺少的必要素质。如果主体道德实践能力欠缺，势必影响道德价值的实现。

主体道德实践能力的不足主要涉及两个方面：一是主体在道德生活实践中的知识与经验缺乏，二是主体自律与转化能力的匮乏。

从主体在道德生活实践中的知识与经验来看，如果主体的道德知识与道德经验不足，必然影响道德价值的实现。主体的道德知识与道德经验是主体在道德生活中逐渐积累起来的。任何社会成员在其社会生活中都会接受一定的道德知识与道德经验。道德知识是道德生活领域中关于道德的基本常识、基本原理、基本原则、基本规范以及基本方法等，直接涉及道德价值活动中的 3 个 w 和 1 个 h，即 what（什么是道德价值），where（道德价值体现在哪里），why（为什么具有道德价值），how（如何行动才能实现道德价值）。道德经验是主体在道德生活实践中所获得的各种感受与启示或感悟。道德心理学家发现，当主体拥有了足够的道德知识和道德经验，就能够非常清楚地理解关于道德的相关基本规则与方法，具有很好的道德感知力，知道该如何做。道德知识与道德经验的获得常常需要一定的时间，因此，一个能够很好地实现道德价值的人，常常是具有一定生活阅历的人。一个生活阅历深的人，比生活阅历浅的人，更容易理解道德价值的实践目标、方法，因为，丰富的生活经历使之具有了一定的认知图示和行动图示。而一个生活阅历浅的人显然在这方面有所缺乏。

此外，即使主体的道德知识与道德经验丰富，如果主体缺乏自律与转化能力，道德价值仍然难以实现。在社会生活中，人们常常看到有些人具有丰富的道德知识，也有了一定的人生阅历，说起道德问题，讲得娓娓动听、头头是道，但从来都没有准备行动。他仍然无法实现道德价值。这就涉及主体的自律与转化能力。毕竟，道德实践活动所涉及的是道德践行问题。解决道德践行问题需要的是解决问题的逻辑，而不是建构道德知识的学科构建逻辑。在这里，需要的是主体的自律，即明确道德价值的实现只有自己做才行。同时，还需要主体的转化能力，即把以往的道德知识与道德经验转为行动的能力。如果说道德知识与道德经验为主体解决道德问题提供了必要的思路，为主体构建了具体的解决方案，那么，自律与转化能力帮助主体构建了从知到行的桥梁。而且，正是由于主体的积极践行，其道德知识与道德经验能够帮助主体不断优化道德价值实现的方案，省去了大量的试错环节与无效活动，避免了各种无关因素的干扰，从而推进了主体实现道德价值的进程。反之，主体自身缺乏践行的积极性，仅仅停留于"口头禅"的状态，道德价值将难以实现。

其四，主体情境实践能力的匮乏。

所谓主体情境实践能力是指主体在道德价值实现过程中的适当应变的能力。道德价值实现的社会环境总是千差万别、不断变化的，如果仅仅具有一般的实践能力和道德领域的实践能力，缺乏根据具体情况随机应变的能力，同样难以实现道德价值。因此，情境实践能力是主体在道德价值实现的具体情境中的重要能力，甚至直接决定了主体的道德价值实践活动的水平。

作为适当应变的能力，主体情境实践能力的匮乏可以分为两个方面：一是缺乏能够客观、准确地分析问题情境的能力，二是缺乏正确认识和评价自我力量的能力。

认知心理学家在其社会调查研究中发现，实践活动的成败与主体对具体问题的分析能力、自我认知能力之间有着密切的关系。从道德价值论来看，主体面临具体的道德实践情境，要实现道德价值，不仅需要强有力的实践动机形成持之以恒的力量，还需要借助一定的道德知识与转化应用的能力，但这些还不够，因为具体的道德实践情境有它自身的特殊性。因此，就需要主体能够根据实践情境客观、准确地分析问题情境。美国学者布鲁姆（Benjamin Bloom）在科学研究中发现，先对问题进行分析的人要比不作分析的人在问题解决中更易成功。

同时，主体的道德情境实践能力还需要主体自身具有自知之明，知道自己能够发挥多大的力量才能实现道德价值。在这里，自知之明与分析情境的能力是同样重要的。缺少任何一个，都会构成主体情境实践能力的不足，难以实现道德价值。缺乏自知之明，表现为过于夸大自己的能力或低估自己的能力。比如，东汉末年，宦官专权，政治腐败，社会矛盾激烈。陈蕃、李膺、李云等人所形成的清流派正确意识到了当时所存在的社会危机。为了缓和社会矛盾，他们坚决主张把宦官赶出政治舞台，选拔清贤奉公之人。他们以忧国忧民之心，冒死直谏，怒斥奸邪，其勇气和气节可嘉，但他们缺乏自我认知的能力，试图以社会舆论来实现社会中道德上的公正价值与和谐价值。正如司马光在《资治通鉴》中所评论："天下有道，君子扬于王庭，以正小人之罪，而莫敢不服；天下无道，君子囊括不言，以避小人之祸，而犹或不免。党人生昏乱之世，不在其位，四海横流，而欲以口舌救之，臧否人物，激浊扬清，撩虺蛇之头，践虎狼之属，以至身被淫刑，祸及朋友，士类歼灭而国随以亡，不亦悲乎！"清流派的失败在于缺乏对自我能力的正确认知，高估了自己的能力，自以为替天行道，胜券在握。当然，如果低估了自己的能力，同样不利于道德价值的实现。我们很难相信一个自暴自弃、缺乏自信心的人，能够在道德生活实践中实现价值。

从道德价值论来看，能够客观、准确地分析问题情境的能力，正确认识和评价自我力量的能力是促使主体在具体道德情境中随机应变的重要能力，缺少它们，也就缺乏情境实践能力，导致道德价值实现的主观障碍。

(三)主体人生观的偏差

无论是主体认识道德价值的失误，还是主体实践能力的缺乏，从深层次来看，还常常与主体的人生观之间有着密切关系。如果主体的人生观出现偏差，必然导致主体在道德价值认识上的错误，有意不拓展其相应的实践能力。

人生观是人们在人生目的、人生态度和人生价值等人生问题上的根本观点与看法。道德价值是人们在其一生的道德实践活动中所必然面对的价值。两者关系密切。人生观属于人生哲学的研究范畴，道德价值属于价值论的研究范畴。人生哲学与价值论之间常常相互包容。从这个角度来看，人生观与道德价值之间关系密切。正确理解人生观，尤其是其中的人生价值问题，有助于研究道德价值的产生与发展。从人生目的来看，道德价值追求的是人生的自我完善；从人生态度来看，道德价值倡导的是人生的积极进取；从人生价值来看，道德价值奉行的是人生的创造与发展。

人生观本身是十分复杂的，在不同的时代有不同的人生观。包尔生在《伦理学体系》的第一卷中专门谈论西方人生观与道德哲学的历史发展，把人生观分为古希腊的朴素自然主义人生观、基督教的超自然主义人生观、近现代的复杂的人生观。在同一个时代，人们也有不同的人生观。罗国杰曾在其主编的《伦理学》中把人生观分为唯心主义人生观、机械唯物主义人生观、辩证唯物主义人生观。各种各样的人生观自有其正确与错误的内容，或者包含的进步成分多，或者包含的退步要素多。主体的人生观出现偏差就意味着主体在人生目的、人生态度、人生价值等方面出现了错误认识。

《列子·杨朱篇》记载："则人之生也奚为哉？奚乐哉？为美厚尔，为声色尔。"这是享乐主义人生观，把物质享受与感性快乐作为人生目的。享乐主义者认为，在世的人都追求享乐，一切享乐都是平等的。没有一种快乐比另一种快乐更高尚，也没有一种快乐比另一种快乐更粗俗。精神的满足并不比口腹的满足更重要。享乐因其自身存在而有价值，并不因其允许什么、因其超越自身而有价值。从这种人生观出发，道德如不能服务于满足人的享乐，就失去了价值。显然，道德中的各种超越性价值都失去了存在的意义。固然，享乐主义赋予肉体以哲学的尊严，认为肉体不受羞辱，不受鄙视，思想的活动是通过肉体展开。这是具有积极意义的。但是，它把人彻底理解为一个绝对的感觉主义者，不仅否定了人的精神属性，而且否定了人的道德价值。

主体的人生观对于主体道德价值的实现有重要影响。主体具有了正确的人生目的、人生态度和人生价值等，才能充分认识道德价值，才能在道德生活实践中培养践行能力，进而实现道德价值。错误的人生观，导致主体无法正确地认识人生目的、人生态度和人生价值等，容易形成道德价值的误解与偏执。一个具有错误人生观的人，是不可能正确地积极投入社会实践活动之中创造人生价值的，也是难以实现道德价值的。

四、道德价值实现的重要障碍

从人类历史发展来看，我们已经处于一个价值多元的时代。价值多元构成了我们这个时代的重要特征。从道德价值的发展来看，道德价值的发展历程是一种不断绵延而流动的精神现象。这种精神现象是人所特有的主体性的扩展。正如黑格尔所指出："凡是在自然界里发生的变化，无论它们怎样的种类庞杂，永远只是表现了一种周而复始的循环。在自然界里真是'太阳下面没有新的东西'，而它的种种现象的五光十色也不过徒然使人感觉无聊。只有在'精神'领域里的那些变化之中，才有新的东西发生。精神世界的这种现象表明了，人类的使命和单纯的自然事物的使命是全然不同的——在人类的使命中，我们无时不发现那统一的稳定性特性，而一切变化都归于这个特性。这便是，一种真正的变化的能力，而且是一种达到更完善的能力———一种达到'尽善尽美'的冲动。"①人的"尽善尽美"的冲动，在精神世界中的不断探索，构成了道德价值研究不断发展的内在动力，形成了道德价值的丰富多彩，而这种丰富多彩中所蕴含的道德价值多元，随着人们的交往的日益增长，其中的多样性以及矛盾与对峙，难以避免地从一个方面构成了道德价值实现的重要障碍。

在探讨了道德价值实现的客观障碍和主观障碍后，我们需要研究价值多元在道德上的表现，其内在依据何在，它在道德价值实现中构成了哪些重要的障碍。

（一）道德价值多元的概述

当代英国著名学者乔治·克劳德（George Crowder），系统分析与梳理了西方自由主义思想，认为价值多元论是指："基本的人类价值是不可还原的、多元的和'不可公度的'，它们会而且常常会彼此冲突，使我们面

---

① [德]黑格尔. 历史哲学[M]. 王造时，译. 上海：上海世纪出版集团，2001：54.

临艰难的选择。这种观念具有四个主要成分：普遍性、多元性、不可公度性和冲突性。"①这一分析和论述得到了大多数学者的认同。价值多元意味着人类社会中的基本价值是多元的，不可用一个替代另一个，而且彼此之间存在一定的冲突。②

从道德价值论来看，价值多元必然会在道德领域有所表现。由于道德价值是价值中非常重要的核心价值形式，因此，价值多元在道德中的表现特别明显。一般而言，道德价值多元主要表现在：第一，道德价值本身具有各种不同的价值样式。从道德价值客体对于道德价值主体的意义来看，道德在人的生存与发展中所起的价值，可以表现为道德的规范价值、道德的教育价值、道德的认识价值、道德的整合价值，等等。从道德价值主体对于道德价值客体的超越性指向来看，人对于道德的超越性价值主要包括道德的人权价值、道德的秩序价值、道德的幸福价值、道德的公正价值、道德的自由价值、道德的全面发展的价值，等等。在这些道德价值中，我们不可能用一种替代另一种，它们之间具有不可公度性，它们都是非常重要的。第二，不同道德价值主体对道德价值观念的理解呈现了多元状态。在社会道德生活实践中，不同道德价值主体对于道德价值的理解存在很大不同，甚至尖锐的对立。从学术上看，在西方，自由主义者、社群主义者等由于其基本立场的不同而在道德价值的解释中难以达成一致。在中国，新儒家、新自由主义者等对一些基本道德价值的理解也处于争执不休的状态。有时候，不同社会地位的社会成员，由于其社会角色的不同而在道德价值的理解中也存在很大的分歧。第三，同一道德价值主体在不同时空条件下所理解的同一道德价值客体发生了多样性变化。在社会道德生活实践中，主体的社会地位不可能永远保持一致。当他们在社会中的各种利益格局发生变化时，他们对道德价值的理解也常常发生相应的变化。从这个角

---

① [英]乔治·克劳德. 自由主义与价值多元论[M]. 应奇等，译. 南京：江苏人民出版社，2006：2.

② 在这里，我们认为，多元价值概念之间的不可公度性并不一定必然具有实践的约束力。这种不可公度性常常表现为学术上的争论。但是，这种不可公度性并不意味着在社会实践中的完全不可解决性。从人类历史发展来看，任何时代最终会在多种价值冲突中达成一定程度上的主流价值一致性。不论是一种价值取代另一种价值，还是彼此融合成为一种新的价值，在社会生活实践中所形成的公共理性、政治、经济文化等方面的竞争、交流、对话等方式，都是解决问题的手段，至少是在某个历史时期的某个社会中暂时解决了主流价值不可公度性的重要手段。正如马俊峰先生所说："在严格意义上，不可化约的东西就是不可比较的。但是在实际生活中，不同质的东西也是可以进行比较的。这是一种定性的大致的比较。"（马俊峰. 马克思主义价值理论研究[M]. 北京：北京师范大学出版集团，2012：146.）关于这些问题，后面谈论道德价值冲突时会进一步详细论述。

度来看，道德价值多元并不意味着道德价值增多，增多的只是主体针对道德价值的各种各样的甚至相互对峙的解释方式。

道德价值多元并不仅仅是一个停留在价值判断与推理上的产物，而且还是一个事实判断与客观存在的产物，因而我们需要探讨其存在的客观依据。道德价值属于人的思想观念所呈现的价值，其多元性的特征是客观存在的事实。道德价值多元化与人们的社会道德生活的多元化相关。人们正是在各种社会道德生活中，由于其职业的多元化、社群的多元化、文化的多元化以及性别、年龄等方面的多元化，而形成了丰富多彩的道德价值。

毕竟，从整体上看，道德价值的多元性源于社会道德生活的多元性。首先，不同时代的不同社会道德生活实践都有其一定的特色。农耕时代的社会道德生活不同于工业化时代的社会道德生活，工业化时代的社会道德生活也不同于信息化时代的社会道德生活。贯彻民主制度的社会道德生活明显不同于实施极权专制的社会道德生活，实行法治的社会道德生活显然不同于热衷人治的社会道德生活。不同时代的道德生活直接影响了道德价值的多元性。不同时代都有那个时代所理解的独特道德价值，不可避免地存在一定的差异性，甚至大相径庭。我们可以根据不同时代的发展，探讨其道德价值的演变与发展。正是在道德价值的时代多样性的转换中，过去的道德价值受到冷落，新生的道德价值受到追捧。维护过去的道德价值的人们会发出"世风日下，人心不古"的感叹。在社会转型期，道德价值的多元性表现得尤其鲜明。此外，同一时代的不同地区的人们的道德生活实践各有不同，从而形成了自身的特殊性道德价值。西方世界由于其历史的发展而形成了自身的道德价值传统，这种道德价值不会等同于东方社会传统中所演变而来的道德价值。因此，世界各国都在加强不同地区人们的道德与文化的对话和交流，甚至试图寻找一种普遍性的伦理价值。这正好证实了即使在同一个时代，道德价值的多元性的事实存在。

从个体上看，个体总是处在一定时代一定社会的道德生活之中。其自身的职业、所属社群、所属文化，以及性别与年龄的多元性，都带来了其道德价值的多元性。在现代社会中，职业的种类远远超过了文明社会之初的畜牧、手工业、种植等基本行业，展现出越来越细致的特征。在不同的职业中，所寻找的职业道德价值有其自身的明显特征。一个人生活在现代社会中，总是属于某个社群，无论是某个企业、公司，还是某个协会、团体等。人们在道德价值上的认识总是各有其特点。随着经济全球化的深入，一个人在其社会道德生活中，不能不面对多种文化的包围，如主流文化、非主流文化，传统文化、现代文化，西方文化、东方文化，乡村文化、都市文化，等等。这些文化相互包含、相互影响。在这种文化的影响下，其内在的道德价值不可能不影响个体自身的道德发展。文化的千姿百态塑造了个体的道德价值的多元化。另外，个体的年龄与性别的不同，也在无形之中构成了所谓的"代沟"——"代沟"在很大程度上就包括道德价值上的明显差异。

因此，道德价值多元性是道德价值存在的本来逻辑状态。它是一个自古以来的客观存在的事实。人类正是在道德价值多元性中不断深化道德价值认识、推动道德价值研究的发展。从人的历史实践主体性来说，道德价值多元性是一种可以构思、可以感受的价值。同时，它是人作为一种社会存在的多元性本身的体现。任何人、任何集团和力量都无法改变它。从这个意义上看，道德价值的多元性既非仅仅是一个实践问题，也非单纯的人自身的问题，而是因为其实在的本性就是多元的。

任何时代，面对价值多元，面对道德价值多元，总有人渴望价值一元，渴望道德价值一元，从而，众多的所谓价值一元论，所谓的道德价值一元，都化为了多元中的一元。从人类历史来看，彻底的绝对的价值一元从来没有出现过。所谓表面的价值一元的时代不过是主导价值的一元，是多元中的一元。而那种倡导价值一元、消灭价值多元的时代，只有在极权专制的社会中，才会产生价值一元的绝对要求。那不过是社会不发达、人的理性有待发展的时代产物。不论我们是否喜欢价值多元、道德价值多元，都可以肯定价值多元包括道德价值多元，是不可回避的客观事实。当然，在现代社会中，在价值多元、道德价值多元的客观事实中，我们需要主导价值一元，从而构成稳定的价值体系、道德价值体系。这个主导性的道德价值体系是符合时代发展的基于人类公共理性的正确的关于善恶的体系。它符合人类的发展的使命。正如黑格尔所说："人类绝对的和崇高的使命，就在于他知道什么是善和什么是恶，他的使命便是他的鉴别善恶的能力。总而言之，人类对于道德要负责，不但对恶负责，也要对善负责；不仅仅对于一个特殊事物负责，更要对于一切事物负责，而且对于附属于他的个人自由的善和恶也要负责。"①因此，从这个角度来看，"相对的道德价值一元"在人的发展与社会的发展中还是十分必要的。

（二）道德价值多元在社会层次上的道德价值实现中的障碍

从社会发展的角度来看，道德价值多元是社会开放与进步的象征。在

---

① ［德］黑格尔. 历史哲学［M］. 王造时，译. 上海：上海世纪出版集团，2001：34.

一个社会中，道德价值越是多元化，社会越是开放与进步。从这个意义上说，道德价值多元体现了历史的进步和精神的解放。它标志着人类在自主、自由和自觉的道路上不断发展。但是，道德价值多元所带来的问题不容忽视，它内在地隐含社会中不同群体的利益诉求及其社会地位、权利的矛盾与斗争，因而引发的价值冲突愈演愈烈，甚至撕裂社会群体、破坏社会秩序。因此，在看到道德价值多元所带来的社会进步的同时，必须认识道德价值多元在社会层次上的道德价值实现中可能引发的各种障碍。这主要体现在以下几个方面。

其一，道德价值体系的混乱。

人类社会的发展既是物质生产活动的发展与演化，也是其精神生产活动的发展与演化。正是在人类的物质生产活动中，人类的精神生产活动获得发展。道德价值体系是人类的精神生活中关于道德价值的理性意识的产物，是体现了人的社会本质的精神现象。道德价值多元容易带来道德价值体系的混乱。

任何社会都存在支撑该社会存在的道德价值体系。在传统社会中，社会还不够发达，地区与地区之间的联系还不够密切，各地所形成的道德价值体系之间的区别与矛盾还不够明显。只有在不同民族发生战争时，这种道德价值体系的变化就比较明显。在世界史中，一场民族战争过后，胜利者常常把自己的道德价值体系强加于战败者。当然，也有胜利者自己的道德价值体系为失败者所同化。比如，在中国的南北朝、元朝、清朝时期，就出现过这种情况。究其原因，是因为失败者的道德价值体系符合当时的物质生产方式，有助于社会的稳定与发展，而战胜者出于维护其民族利益、促进其民族发展的客观要求，愿意做出改变。

当前，随着经济全球化的深入，世界各地的人员往来日益频繁，东西方文化之间的交流与碰撞日渐紧密。亨廷顿甚至认为文明的冲突不可避免。在这种情况下，原来和平时代还不明显的道德价值多元现象一下子凸显出来。在一种道德价值体系曾经占主流的社会中，面对汹涌而来的其他道德价值体系，它们之间的矛盾与冲突不可避免，其结果是道德价值体系的混乱。曾经占据主流的道德价值体系有可能失去其主流地位，而新的道德价值体系也有可能在竞争中与之平分秋色。就社会的稳定与发展而言，如果主流道德价值体系发生变化，那么，曾经具有很大分量的道德价值很可能失去统治地位，而不重要的道德价值的社会地位获得提升。这种道德价值体系的变化，常常伴随着社会秩序的混乱。比如，在苏联，随着戈尔巴乔夫的改革政策的实施，社会矛盾激化，代表各种不同利益的道德价值体系相互竞争。当资本主义生产方式得以确立，原有的主流道德价值体系失去了统治地位，曾经边缘化的东正教道德价值体系逐渐居于主流地位。

因此，道德价值多元意味着容易带来道德价值体系的混乱。面对多元的道德价值体系，当一个社会的主流道德价值体系失去了赖以生存的物质生产实践的基础，就必然要发生变化。道德价值体系的混乱直接影响道德价值教育，影响道德价值基础的稳定，不利于道德价值的实现。

其二，道德价值教育的茫然。

道德价值多元所带来的道德价值体系的混乱，其直接后果是道德价值教育的茫然。道德价值教育在不同的道德价值体系中必然要面对"究竟选择哪一种道德价值体系？""其内在依据何在？"的问题从哲学上看，这是一个极为复杂的问题，因而在实践中更是难以解决而使道德价值教育无所适从。

以美国为例，美国社会中存在着多种道德价值体系，而在这些不同的道德价值体系中，存在不同的甚至相互冲突的道德价值观念。而这些道德价值体系以及观念都是受到美国宪法承认和平等尊重的。因此，在美国的学校教育中，如果在公立学校中只传授某种道德价值体系以及观念的知识，就必然受到社会的怀疑和质问。正如美国学者拉思斯所说："在这充满困惑和不确定的事物的时期，学校开始因提出单一的宗教价值而受到人们的批评。学校曾经庆祝基督教节日、圣诞节和复活节。其他宗教团体和非宗教团体对这一惯常做法提出异议，认为学校不该只代表一种宗教而排除其他宗教。结果，学校改变了有关庆祝宗教节日的惯例。学校过去极为重视每天的祈祷，但联邦最高法院的裁决规定，学校不应该要求所有学生每天进行祈祷。与宗教问题一样，人们也深深关注其他问题。假如有人指出一件事，别人就会起来反对。为了避免争议，有些学校开始对任何事情都不予支持。"①正因为如此，美国及其他西方国家从 20 世纪 60 年代开始，在道德价值教育中，采取了价值中立的立场。即使在今天的一些西方国家中，这种价值中立的做法，即避免任何道德价值观教育的做法，仍然不同程度地存在，尤其在那些民族众多、文化多元、宗教复杂的国家中十分明显。但是，这种做法很快导致了道德价值的真空。1979 年 7 月，当时的美国总统卡特(James Earl Carter)把这称为"美国道德精神危机"。他认为："这是信仰危机，这种危机触及我们民族意志的内心、灵魂和精

---

① [美]路易斯·拉思斯. 价值与教学[M]. 谭松贤，译. 杭州：浙江教育出版社，2003：18-19.

神。我们能够看到这种危机在增加着对我们的生活含义的怀疑，并且损害着我们人民的目标的同一。"①

如果我们仔细分析这种道德价值教育的茫然，我们可以发现，美国及其他西方国家也需要"相对的道德价值一元"。事实上，自 20 世纪 90 年代以来，西方学者着重研究如何帮助学生在多元的道德价值中发现共享价值或普遍价值。应该说，道德价值教育在价值多元化时代面临这种严重的挑战，但这不会导致人们否认在一定范围内达成某种共享价值或普遍价值。而这正在成为一种重要的解决途径。

其三，道德价值基础的崩溃。

道德价值实现必须要有坚实的基础，即社会基础。社会基础是道德价值存在与发展的前提。这种社会基础主要是三个方面的内容：一是社会对于道德价值的共识，二是社会对于道德价值的信心，三是在此基础上对于道德价值的热爱与追求。而道德价值多元所带来的道德价值体系的混乱和道德价值教育的茫然极易摧毁道德价值的社会基础。

在一个稳定与不断发展的社会中，必要的道德价值共识十分重要。只有达成了一定的道德价值共识，社会才能最大限度地体现公众的利益，有效地避免社会群体的四分五裂、各自为政。正是在这种社会的道德价值共识中，一种最符合社会发展和社会成员自身发展的道德价值才能被找到，才可能谈到如何实现的问题。因此，没有一定的道德价值共识，只有少数人自我陶醉在自我发现的道德价值之中，这种道德价值只能是短命的。毕竟，任何引领社会前进的道德价值，必然是展现了优良的道德价值目标、体现了社会大多数人利益的某种价值共识。即使这种道德价值共识在其初期有着某种不足，但也会在其实现的过程中逐渐得到弥补与完善。而道德价值多元所带来的道德价值体系的混乱和道德价值教育的茫然，直接增加了达成社会共识的难度，直接影响了社会能否确定一个优良的道德价值目标。因此，这就可能摧毁社会中形成一定道德价值共识的可能性。从这个意义上说，若社会任其道德价值多元情况盲目发展，道德价值实现只能是一个遥不可及的幻觉。

道德价值的实现也离不开社会所赋予人们的信心，即相信道德价值的社会正面功能与作用的决心。道德价值具有有用性与超越性。后者常常高于社会的现实要求。因此，人们常说道德价值非不可得，不过难得而已，

---

① ［美］艾伦·布鲁姆. 走向封闭的美国精神［M］. 缪青，宋丽娜，等，译. 北京：中国社会科学出版社，1994：47.

需要克服各种主客观障碍。也就是说道德价值的实现需要人们的信心，相信自己能够克服主客观障碍，能够做到实现道德价值。然而，道德价值多元所带来的道德价值体系的混乱和道德价值教育的茫然，直接动摇了人们的信心。如果失去了实现道德价值的信心，就难以具有实现道德价值的可能性。

另外，道德价值的实现离不开在前面两种基础上社会对于道德价值的追求。道德价值寄寓了人类社会所向往的各种道德理想，如人权、秩序、公正、平等、民主、自由等。在道德价值多元的背景下，这些美好的道德理想由于社会中相互对峙的攻击与质疑，容易导致应有的道德价值共识的缺乏，导致社会成员丧失应有的信心，其结果是道德价值的追求成为可笑的弃物。在这种情况下，道德价值的自觉只能寄希望于社会的集体启蒙，以摆脱人们自身的不成熟状态。而这种社会的集体启蒙需要漫长的时间才能完成，因此，如果能够具有对于道德价值的热爱与追求，将有利于道德价值实现。反之，则构成了道德价值实现的障碍。

(三) 道德价值多元在个体层次上的道德价值实现中的障碍

从个体发展的角度来看，多元道德价值的出现，为个体发展展现了丰富多彩的发展空间。个人面对道德价值多元化的状态，能够感受到不同的道德价值标准、不同的道德价值理解以及不同的道德价值选择。因此，个体能够有效避免把某种道德价值神圣化，从而能够避免陷入思想僵化和难以自拔的境地。但是，道德价值多元给个体所带来的负面影响同样巨大，容易形成个体在实现道德价值中的障碍，不能不引起我们的高度重视。这主要表现在以下几个方面。

其一，道德价值标准的差异。

道德价值标准是人们衡量道德价值正确与否的尺度。当社会处于稳定发展时期，各种道德价值体系的标准中只有一种主导价值体系。这种主导价值体系成为一种权威，何为正确、何为错误十分清楚。个体自身所应该遵循的道德价值标准也是十分清楚的。大部分社会成员能够根据主流道德价值做出自己的正确行为。如果有部分人出现了道德上的不轨行为，就会受到大多数人的指责，从而迫使这些人回到正确的轨道上来。尽管其他道德价值体系存在，但其所提供的道德价值标准不会构成对主导价值体系的严重威胁。从这个意义上看，当社会处于稳定发展时期，道德价值多元化能够导致一定范围内道德价值标准的差异，但并不构成个体的道德价值实现的严重障碍。

但是，当社会处于转型或激烈变革时期，主导道德价值体系受到了挑战，无法成为人们日常生活的道德权威。正统的道德价值失去了其应有的话语权，各种道德价值体系中的道德价值标准相互竞争。曾经边缘的道德价值体系要登堂入室，想要成为社会的新主人。在这种社会大变革中，个体的道德价值标准变得越来越模糊，似乎每个人都有自己的所谓真正的价值标准。个体似乎也无法判断哪些是符合道德价值的行为，哪些属于越轨行为。道德价值多元导致人们失去了统一的衡量标准，个体的内在价值尺度出现了彷徨与游离。本应具有道德谴责作用的力量瓦解在各种道德价值标准的争吵中。于是，道德的力量显得苍白无力。个体常常陷入随心所欲的状态中。因此，在社会大变革时代，放浪形骸、纵情声色常常成为该时代的标志。道德成为一种虚伪的东西，其价值何存？

道德价值多元化引发了道德价值标准的差异，其最重要的影响还是道德的秩序价值的丧失。在道德价值标准的"诸神论战"之中，个体之间各自为政。正如《庄子·齐物论》中说："既使我与若辩矣，若胜我，我不若胜，若果是也？我果非也邪？我胜若，若不吾胜，我果是也？而果非也邪？其或是也？其或非也邪？其俱是也？其俱非也邪？我与若不能相知也。则人固受其黯暗，吾谁使正之？使同乎若者正之，既与若同矣，恶能正之？使同乎我者正之，既同乎我矣，恶能正之？使异乎我与若者正之，既异乎我与若矣，恶能正之？使同乎我与若者正之，既同乎我与若矣，恶能正之？然则我与若与人俱不能相知也，而待彼也邪？"在这种情况下，谁也说服不了谁，社会秩序无法稳定。因为，在一个秩序价值良好的社会中，个体能够根据主导道德价值标准，知道在这个社会中什么是应该做的，什么是不应该做的，什么是值得赞扬的，什么是值得羞耻的。标准的混乱直接导致个体是非曲直的混乱，本来合理的变得不合理了，建立在一定道德价值标准基础上的社会秩序必然出现严重危机。

其二，道德价值理解的分歧。

道德价值理解是人们评判道德是否有价值、有何种价值以及价值大小的重要方法。从道德价值理解的角度来看，道德价值多元化是在道德价值领域中不同道德价值观念之间的不同理解与内在分歧。每个道德价值观念都有其自身的阐释，而且都不愿意放弃其阐释权利，于是，不同道德价值之间就会发生直接的冲突，构成了道德价值理解的分歧。

从一定的时空来看，不同时空条件下存在着道德价值理解的分歧。这一点比较容易理解，比如，即使是一脉相承的儒家文化中的道德价值权威——孔子，在不同历史条件下展现了不同理解上的分歧。正如顾颉刚先生所说："春秋时的孔子是君子，战国时的孔子是圣人，西汉时的孔子是教主，东汉后的孔子又成了圣人，到现在又快要成君子了。"①这表明了道德价值的理解存在着自己绵延发展的内在逻辑性。在稳定的社会中，由于主流道德价值的稳定性，尽管存在一定程度上的道德价值多元化状态，但并不会构成个体理解道德价值的困难。但是，在社会转型或大变革时代，多元化的道德价值不断崛起，主流道德价值日渐衰微，个体由于其自身的社会利益、社会地位以及受教育程度等的不同而做出了各自不同的对道德价值的理解。最终人们在道德价值理解上的分歧会变得越来越大，难以达成一致。

从分歧的程度来看，不同道德价值观念在同一个诠释领域中直接对立，其道德价值理解的分歧最大。比如，在中国的"五四"运动中，在婚姻家庭领域，西方道德价值观极力鼓吹自由，认为爱情自由、婚姻自由，自主组建家庭才具有道德价值。而传统道德价值观反对新式婚恋价值观，认为没有"父母之命、媒妁之言"的婚姻没有道德价值。这两种道德价值观念在婚姻家庭领域中相遇，其道德价值理解的分歧最大。毕竟，每个人都是生活在不同的小圈子中。正如恩斯特·卡西尔所说："人总是倾向于把他生活的小圈子看成世界的中心，并且把他的特殊的个人生活作为宇宙的中心。"②也正是在这种同一个诠释的领域中，不同道德价值观念的分歧程度最为严重。

其三，道德价值选择的困境。

道德价值选择是个体在不同道德价值之间做出选择。不可否认，道德价值多元化意味着个体能够在丰富多彩的道德价值之间做出选择。道德价值多元化为个体的道德价值选择提供了丰富的内容和多种可能性。然而，在人们的道德生活实践中，面对多种多样的道德价值，个体由于其可选择对象的丰富性反而容易陷入抉择的困难。毕竟，道德价值之间常常会出现相互冲突的状态，个体选择了某个道德价值，就无法选择其他的道德价值。如果个体面对相互冲突的道德价值而都不想放弃，就难以避免地陷入了道德价值选择的困境。尤其在主导道德价值失去了权威性后，各种道德价值相互竞争，这种选择的困境更为突出。

在道德价值选择中，各种道德价值观念刚开始是外来的，在经过个体的理解之后才进入其思维意识之中。因此，个体在道德生活实践中受到各

---

① 顾颉刚. 顾颉刚选集[M]. 天津：天津人民出版社，1988：130.
② [德]恩斯特·卡西尔. 人论[M]. 甘阳，译. 上海：上海译文出版社，2004：20.

种道德价值的影响与制约。道德价值选择的困境是个体在吸收了多种道德价值观念之后，认识了其中所隐含的矛盾与冲突，难以做出抉择。选择的困境在于个体内在的多种道德价值的对峙与较量。从深层次来看，这种道德价值的矛盾与冲突并不是单纯的观念与意识的冲突，而是不同的人群之间、不同的个体之间的人与人之间的冲突。人与人之间的冲突只不过是通过道德价值观念表现出来。当然，在这种无所适从的抉择中，个体陷入左右为难的境地，无法稳定地把握道德价值是什么，表现在哪里，也就难以实现道德价值。

应该说，道德价值选择的困境、道德价值理解的分歧与道德价值标准的差异之间有着密切的关系。我们不难发现，个体评价标准的分歧源于人们对评价标准的理解上的分歧，而道德价值理解的分歧常常导致道德价值选择的困境。同时，个体选择上的困惑与不同的理解密切相关，而不同的道德价值理解又容易强化不同的道德价值标准。因此，在道德价值多元化竞争的时代，传统道德价值、现代道德价值以及后现代道德价值在不同地区和文化中蓬勃发展，意味着道德价值标准的差异、道德价值理解的分歧、道德价值选择的困境之间存在着相互影响的关系。

总之，道德价值多元化导致个体不得不面对各种不同道德价值观念的差异性，甚至要面对其迸发的激烈冲突。个体在道德价值标准上的差异、在道德价值理解上的分歧，以及在道德价值选择上所面临的困境，构成了个体实现道德价值的障碍。但是，我们也应该看到，道德价值多元化是一个客观事实。道德价值正是在差异与矛盾中体现了自身的存在。具有不同道德价值认识的争论者正是在争论中促进了道德价值理论的发展，个体容易在道德价值多元化中摒弃偏见。当然，如果个体之间争论不断，无法达成某种程度上的道德价值共识，其负面作用就会凸显出来。因此，在探讨道德价值多元化在道德价值实现中的作用时，既要认识其消极作用，也要认识其积极作用。也就是说，我们在认识道德价值实现的障碍时，也应注意其积极的一面。

第三章　道德价值实现的条件

道德价值的实现具有一定的条件。一般而言，道德价值实现的条件是道德价值实现的重要构成部分。道德价值的实现是借助一定的道德要求经过实施而转化为社会现实的结果。道德价值实现的结果是要在一定的条件下才能得到。从道德价值论来看，道德价值阐述得再合理，如果没有落实在一定条件下的现实中，其社会意义就会十分有限。因此，道德价值实现条件的研究在道德价值的实现中具有十分重要的意义，甚至可以视为道德价值得以实现的前提所在。道德价值实现的条件既涉及社会现实中道德价值实现的外在条件，也涉及道德价值实现的内在条件，尤其要涉及道德价值实现的关键条件。因此，为了道德价值的实现，需要探讨道德价值实现的外在条件、内在条件和关键条件。

一、道德价值实现的外在条件

道德价值的实现总是要在一定社会条件中才能完成。也就是说，道德价值的实现需要在道德领域所涉及的社会条件中，即道德价值实现的外在条件中才能完成。质言之，道德价值实现的外在条件是指道德价值主体在一切道德实践活动中实现其道德价值所需要的各种社会条件的总和。道德价值实现的外在条件不仅是道德价值实现的现实根据和基础，而且还会影响道德价值主体的内在心理状态、价值活动效率以及创造活力。正如马克思所说："人们自己创造自己的历史，但是他们并不是随心所欲地创造，并不是在他们自己选定的条件下创造，而是在直接碰到的、既定的、从过去继承下来的条件下创造。"①从道德价值论来看，道德价值实现并不是通

---

① [德]马克思，恩格斯. 马克思恩格斯选集（第 1 卷）[M]. 北京：人民出版社，1995：585.

过主体自身随心所欲地构想而完成的，而是需要一定的具体的条件。这里所说的"直接碰到的、既定的、从过去继承下来的条件"就是道德价值主体在其实现道德价值的过程中所必然需要的外在条件。具体来说，道德价值实现的外在条件可以分为社会制度、道德舆论和道德教育三个方面的条件。

（一）影响道德价值实现的社会制度条件

道德价值实现总是在一定社会制度下的实现。社会制度，从政治学来看，具有规范政治行为的含义，从经济学来看，具有规范经济行为的含义。尽管从不同学科角度，社会制度具有不同的特定意义，但还是具有基本的共同含义，即超出了个人狭小关系的规范性的社会要求。汤因比曾指出："人类的社会关系是超出了个人可能接触的最大范围内的关系，这种非个人的关系是通过被称作'制度'的社会机制来加以保持的。没有各种制度，社会就不可能存在。社会本身实际上就是最高级的制度，研究社会和研究社会制度之间的关系不过是同一回事。"①因此，社会制度实际上是一个具有社会规范意义的范畴。

社会制度在道德价值实现中具有举足轻重的重要作用。爱因斯坦认为，人类社会中唯一有真正价值的东西是制度。社会制度本身就表明了一种道德价值取向。它通过各种社会规范和要求表现了一种社会性的价值肯定与否定。因为，社会制度是通过各种权利与义务的规范要求体现自身的存在。当它决定了人在什么情况下具有何等权利以及应尽各种义务，其实也就是表明了哪些行为是社会所支持的，哪些行为是社会所反对的。当这些权利和义务，与道德价值之间存在着各种关系时，社会制度也就直接或间接地影响了道德价值的实现。道德价值的实现需要一定的体现其自身的社会制度的支持。否则，它是难以实现的。社会制度主要包括经济制度、政治制度、法律制度等。道德价值的实现需要相应的经济制度、政治制度和法律制度的支持。

其一，经济制度条件。

恩格斯指出："人们自己创造着自己的历史，但他们是在既定的、制约着他们的环境中，在现有的现实关系的基础上进行创造的，在这些现实关系中，经济关系不管受到其他关系——政治的和意识形态的——多大影

---

① ［英］阿诺德·汤因比. 历史研究（上卷）［M］. 郭小凌，等，译. 上海：上海世纪出版集团，2014：49.

响，归根结底还是具有决定意义的。"①经济制度是各种经济关系的规范性体现，在社会各种制度中具有核心地位。道德价值的实现需要经济制度的支撑，才能有效地落到实处。所谓经济制度设置的条件是指道德价值的实现需要在经济制度中具有良好道德价值的设定。它表现为道德价值应该在经济制度中正确确定，道德价值应该在经济制度中明确表述，道德价值应该在经济制度中一以贯之。

道德价值应该在经济制度中正确确定。确定何种经济制度，需要有一定的道德价值来指导。唯有在良好的道德价值的指导下，才能确定出好的经济制度，实现道德价值，促进人的全面发展和社会的进步。如果没有良好的道德价值的指导，很可能出台错误的经济制度，阻碍道德价值的实现，不利于人的发展和社会的发展。经济制度的出台需要制度的制定者具有正确的道德价值取向。在一个极权主义社会中，所有的权力集中于少数几个人或某一个人手中。出于少数人或某个人自身的经济利益，他们会偏好某些道德价值，如道德的秩序价值，甚至以此作为价值核心，由此来制定各种稳固其统治的高度集中的经济制度。这种为少数人或某个人服务的经济制度，必然会导致道德的公平价值的丧失，激化社会矛盾，阻碍人的全面发展和社会的进步。

道德价值应该在经济制度中明确表述。有了正确的道德价值指导，如果不能把这种道德价值明确无误地在经济制度中表述，仍然难以实现道德价值。经济制度直接与人们的经济利益相关。正确的道德价值需要在经济制度中得到明确的表述，才能有效地防止错误的理解或者一些别有用心的曲解，避免误解了原有的价值内涵。比如，在当代中国社会中，把集体主义作为道德原则，作为符合当代中国社会中道德的和谐价值取向，能确保人与社会之间的和谐相处。它需要重视社会整体利益，在确保社会整体利益的基础上保障个人正当利益。但是，这种道德价值取向需要在经济制度中明确表述，因为当代中国社会实行的是市场经济。一些人认为市场经济只能和个人主义相配套，而不能与集体主义相一致。因此，需要在经济制度中做出明确表述，即中国社会实行的是社会主义市场经济，其根本目的是为了解放和发展生产力，不断提高广大人民的生活水平，逐步实现共同进步，推动社会全面进步，促进人的全面发展。社会主义市场经济与集体主义原则是密切契合的，坚持集体主义原则是人与社会之间的道德和谐价

---

① ［德］马克思，恩格斯. 马克思恩格斯选集（第4卷）［M］. 北京：人民出版社，1995：732.

值的体现，能够引导市场经济向着有利于广大人民群众的共同富裕的方向前进。如果没有这样的明确表述，集体主义的道德价值取向就很容易受到曲解，也就谈不上实现。

道德价值应该在经济制度中一以贯之。比如，苏联所确立的高度集中的计划经济体制，其道德价值定位于集体利益，但是在其社会发展后期，原有的本来真实的集体利益越来越被虚幻的集体利益所取代。公民的个人正当利益完全被这种虚幻的集体利益所压制。集体主义的道德价值没有在其经济制度中贯彻始终。当然，这和苏联自身的政治、法律等其他方面的因素也有着密切关系。但是，在经济制度中，没有把真实的集体利益贯彻始终，是其经济难以发展、道德价值难以实现的重要原因之一。

其二，政治制度条件。

政治制度是各种政治关系的规范的总和。在不同的政治制度下，道德价值各有其不同实现的状态。道德价值的实现需要一定的政治制度的支撑。政治制度设置的条件是指道德价值的实现需要在政治制度中具有良好道德价值的设定。它表现为道德价值应该在政治制度中正确确定，道德价值应该在政治制度中明确表述，道德价值应该在政治制度中一以贯之。

道德价值应该在政治制度中正确确定。如果道德价值能够在政治制度中得到正确的确定，就能够让政治制度促进道德价值的实现。比如，在西周社会中，周人构建了一套宗法等级制度，即"天子建国，诸侯立家，卿置侧室，大夫有贰宗，士有隶弟子，庶人工商各有分亲，皆有等衰"（《左传·桓公二年》）。按照王国维在《殷周制度论》一文中的观点，"其旨则在纳上下于道德"，"实皆为道德而设"。周人所追求的道德价值在于亲亲、尊尊的血缘关系的和谐。周人建国的政治宗法制度，可以说是一定历史条件与客观环境相结合的产物，渗透了他们从殷商灭亡中所领悟的"修德配天"的思想，认为殷商的灭亡在于缺少德性，故没有上天的帮助，周要想长远统治四方，就需要修德，才能得到上天的眷顾。由于周的经济形态是一种原始性农业经济形态，周人共居共财，就自然形成以父系家长制为基础的血缘关系和组织。正是在其发展过程中，形成了所谓的宗法，有利于其社会成员的繁衍和团结。因此，周人灭殷后，为了能够快速而有效地管理广大民众，巩固其统治地位，确立了在旧有习惯法规中，如何分族立宗，区分血缘上的亲疏尊卑，以及权力的继承分配，等等，从而建立了以宗法为本的等级制度。这就是其政治制度。在这种政治制度中，道德价值上所追求的亲亲、尊尊的血缘关系的和谐得到了充分的体现，从而实现了宗统与君统、族权与政权的合一。在层层相叠的等级隶属关系中，构成其独特的政治制度，有力地促进了其道德价值的实现。

道德价值应该在政治制度中明确表述。有了一定的政治制度，还需要把道德价值在这种政治制度中明确地表达清楚，避免出现误解。道德价值在政治制度中越是清楚明白地被具体化，越有利于道德价值的实现。比如，在西周社会中，周人所确立的道德价值在于亲亲、尊尊的血缘关系的和谐。这种道德价值在其宗法等级制度中得到了非常明确的规定，这就是所谓的"周礼"。王国维在《殷周制度论》中曾指出："周人制度之大异于商者：一曰立子立嫡之制，由是而生宗法及丧服之制，并由是而有封建子弟之制、君天子臣诸侯之制。二曰庙数之制。三曰同姓不婚之制。此数者，皆周之所以纲纪天下。其旨则在纳上下于道德，而合天子、诸侯、卿、大夫、士、庶民以成一道德之团体。周公制作之本意，实在于此。"①周人按照宗法建立了以血统为纽带的一整套具体的礼制，使得各种相互隶属关系巩固，明确了血统中的嫡庶、亲疏、长幼，确立了各个社会成员之间的尊卑贵贱身份，表明了社会成员各自的爵位、权利、义务和他们各自身份相称。从考古学以及相关文献来看，周礼通过各种车服器物等的不同礼数表现出来。由此，在其政治制度中非常具体而明确地表明了亲亲、尊尊的道德价值目标。周礼在西周的封建体制中，定上下之分，通上下之情，以亲亲精神为其纽带，渗透到政治制度的具体要求之中，发挥了重要的价值保障作用。由此，自天子以至庶民都有其明确的社会制度规范要求，既等级森严，又亲亲相处，展现出水乳交融的和谐状态。因此，孔子评价："周鉴于二代，郁郁乎文哉！吾从周。"（《论语·八佾》）周礼把道德价值在其政治制度中明确化、具体化，展现了周人巧妙的道德智慧和成熟的政治智慧。

道德价值应该在政治制度中一以贯之。道德价值的实现需要体现其存在的政治制度能够一以贯之地支持。如果政治制度无法继续提供有力的支持，而是出现了衰退，也就直接影响道德价值的实现。比如，在春秋时期，西周政治制度中的层层分封制度的缺陷日渐明显。天子分封诸侯，诸侯分封卿大夫等，都具有很大的灵活性。其结果是，诸侯未必听命于天子，卿大夫未必听命于诸侯，他们都各自为政，原有的血缘情分难以维系君臣之间的上下等级关系。于是，原有的政治制度难以维系，出现了父子相篡、兄弟相残的情况，以至于君臣易位，"周之子孙日失其序"（《春秋左传·鲁隐公十一年》）。所以，孔子说："天下有道，则礼乐征伐自天子

---

① 王国维. 观堂集林·卷十[M]. 石家庄：河北教育出版社，2003：232.

出；天下无道，则礼乐征伐自诸侯出。自诸侯出，盖十世希不失矣；自大夫出，五世希不失矣；陪臣执国命，三世希不失矣。天下有道，则政不在大夫；天下有道，则庶人不议。"(《论语·季氏》)西周政治制度的崩溃，直接表现为"礼崩乐坏"。原有的亲亲、尊尊的道德价值在春秋时代已经无法实现。

其三，法律制度条件。

法律制度是关于法律的各种规范的统称。要实现道德价值，还需要一定的法律制度的支持。从道德与法律的起源来看，它们都是维护社会存在与发展的重要手段，两者之间存在密切的联系。道德价值的实现与法律制度的设置有着不可分割的关系。许多法律制度都来源于道德上的需要，法律制度能够为道德价值的实现发挥重要作用。在这里，法律制度设置的条件是指道德价值的实现需要在法律制度中具有良好道德价值的设定。它表现为道德价值应该在法律制度中正确确定，道德价值应该在法律制度中明确表述，道德价值应该在法律制度中一以贯之。

道德价值应该在法律制度中正确确定。如果能够在法律制度中正确地确定道德价值，就能有效地促进道德价值的实现。否则，很有可能导致在道德价值的实现方面误入歧途。比如，在第二次世界大战中，德国法西斯曾经出台了许多法律制度，但是，这些法律制度中所确定的道德价值，定位于如何实现雅利安人的幸福生活，如何扩展其生存空间，从而为其征服和奴役其他国家和民族大开方便之门。因此，道德价值在这些法律制度中没有得到正确的确定，而是恰恰相反，其中充斥着野蛮、凶残和血腥。遵循其法律制度，在一个德国党卫军军人的眼中，疯狂地消灭所谓劣等民族，就是为自己的民族拓展生存空间；在一个纳粹科学家的世界里，残忍地拿活人进行试验，就是为了让雅利安人过上健康的生活。在他们看来，如此行为都是"爱国主义"的表现，都是为了复兴德意志民族的"伟大事业"，都具有符合其民族需要的道德价值，都是值得大力提倡的。他们在其残暴的杀戮中，自认为无愧于德意志民族，正在践行实现"国家强盛""人民幸福"的使命，自认为在这些行动中自身的情操得到了升华，自己的生命获得了新的意义。尽管我们不能把德国法西斯的暴行都归结于道德价值目标的偏差，但是两者之间的确存在一定的关系。德国法西斯出台的法律制度中所渗透的错误的道德价值观，造成了其法律制度的疯狂，不仅给其他国家和民族带来了灾难性后果，也给自身带来了巨大的损失。纳粹统治下的德国，尽管只存在了 4500 多天，但由此造成了德意志民族付出800 多万无辜的生命。也就是说，在纳粹德国的统治下，平均每分钟至少就会有一个德国人在战火中丧生。

　　道德价值应该在法律制度中明确表述。如果在确立法律制度时，其道德价值如果没有明确表述，就会导致执法者对法律制度产生误解，从而偏离设定法律制度的道德基础，无法实现法律制度中所蕴含的道德价值。如何把道德价值明确地体现在法律制度之中，是一件十分重要的工作。一方面，它需要法律制度的设计者具有一定的道德意识水平。任何立法者在制定某种法律制度时，都具有一定的道德价值目标。这种道德价值目标常常并不能直接借用语言文字来表现，往往需要借助具体的法律规定来展现。即便立法者试图直接在法律制度上表述，也只能在大致原则上做出一些法律上的规定。如果立法者缺乏一定的道德意识水平，就无法把握所要确立的法律制度中的道德价值指向，也无法通过相应的法律规范来实现道德价值目标。从这个意义上看，那些缺乏道德价值指向的法律制度常常是由于立法者自身道德意识水平有限所致。另一方面，它需要法律制度的设计者具有一定的语言文字水平。高水平的立法者能够根据道德价值目标，把道德价值的精神渗透到具体的法律原则、规范以及程序之中。当然，如果立法者在语言文字方面存在不足，就会导致道德价值的精神不能明确地在具体的法律原则、规范以及程序中体现，甚至出现事与愿违的状况，其结果自然不利于道德价值的实现。

　　道德价值应该在法律制度中一以贯之。法律制度中蕴含的道德价值不能随便改变，否则就会影响道德价值的实现。在法律实践活动中，一些法律制度的具体规定，需要保持始终如一的道德价值取向。一方面，法律制度中要避免那种表面支持、实际否定，原则上支持、细节上反对的状况。比如，美国社会在道德价值方面一直标榜追求自由、平等、博爱。但是，1955 年 12 月 1 日，阿拉巴马州蒙哥马利市的罗莎·帕克斯女士因为拒绝遵守该市所规定的法律，未给一个白人乘客让座而遭到逮捕，由此引发了一场持续一年之久的抵制公车运动，也揭开了持续十年之久的美国民众追求个体基本权利的民权运动的序幕。美国学者埃里克·方纳认为这一事件表明了"美国的宣传语言与国内种族关系现实之间的差距成为一个令人尴尬的国际耻辱"①。其实，在美国社会中，至今还存在着严重的种族问题，尽管他们在自由、平等、博爱的价值追求方面做出了很大成绩。在当今世界，许多国家都鼓吹自己已经进入现代国家的行列，宪法和法律等法律制度都写得娓娓动听，但在具体执行和细节规定中，要么由于疏漏，要么由

---

① 　[美]埃里克·方纳. 美国自由的故事[M]. 王希，译. 北京：商务印书馆，2002：275.

于某种偏执，出现了道德价值的追求与法律制度的贯彻之间的偏差。另一方面，法律制度中要避免那种道德价值之间的冲突。美国宪法第二条修正案指出："人民持有和携带武器的权利不可侵犯。"但是，美国法律制度还保护个体的生命安全和人身安全。其冲突在于携带武器者为了自己的生命安全和人身安全可能威胁其他人的生命安全和人身安全。于是，允许公民持枪和禁止公民持枪成为美国社会中一场旷日持久的争论的焦点。应该看到，法律制度设置中的道德价值矛盾是客观存在的。改变这种情况的唯一方法就是从系统论角度采取综合衡量，根据实际情况，确保立法原则中既定的道德价值目标能够一以贯之。

(二)影响道德价值实现的道德舆论条件

道德舆论是指公众针对社会的各种道德现象所表达的意见、态度和情绪的总和。它具有集体性、一致性、强烈性和延续性的特性。道德舆论中既包含一定的理性成分，也蕴含一定的情感成分。在前面探讨人权价值的过程中，已经指出了道德舆论是社会舆论中的一种，能够促进和捍卫生存权的制度、规范的具体实施。其实，道德舆论是影响道德价值实现的重要条件之一。在道德价值实现的过程中，道德舆论代表了公众的意见、态度和情绪，也能够促进道德价值的实现。如果说社会制度设置的条件是一种强制性的外在条件，那么道德舆论则是一种柔性的外在条件。仅仅依靠外在强制性制度，需要付出很大的管理成本，涉及的领域终究是有限的。如果充分利用道德舆论，就能较为容易地扩展道德价值的实现空间。道德舆论是道德价值实现的外在前提之一。道德舆论是否受到良好的道德价值的引领，直接决定了道德价值能否顺利实现。道德舆论应该是具体的、理性的。但是，在人们的道德实践活动中，经常会出现因为非理性的道德舆论的错误而导致道德价值无法实现的情况。道德舆论在道德价值的实现中具有双向性、警示性与促进性，并由此构成了以下相应的三个条件。

其一，道德舆论的双向条件。

道德舆论是指社会舆论中针对道德现象所展现的思想倾向，是生活在特定社会环境中的群体在道德关系中所出现的思想产物，体现了人们在一定道德生活中的意愿。道德舆论直接影响道德价值的实现，它既有可能成为道德价值实现的有利条件，也有可能成为道德价值实现的不利条件。当道德价值正确地引导道德舆论时，道德舆论就能成为道德价值实现的有利条件，否则就会成为不利条件。

道德舆论中既有理性成分，也有情感成分。道德舆论在理性的支配下，能够接受道德价值的正确引导，道德舆论就能够成为理性的道德舆论，成为道德价值实现的有利条件。这种道德舆论，能够通过评价道德现象，宣扬正确的道德思维方式，引导社会成员在内心初步形成合理的道德观念，在非强制性的社会环境中接受一定的道德认识。在这里，道德舆论中的道德价值逐渐渗透到社会成员的内心世界。毕竟，道德舆论发挥作用的工具，既有大众传播工具，如报纸、杂志、电视、手机等，也有人们的口头相传，引导社会成员知道什么是具有道德价值的行为，什么是没有道德价值的行为，应该赞扬哪些道德行为，应该反对哪些道德行为。从人类的道德实践生活来看，正确的道德舆论，有着正确的道德价值的支撑，是理性思维在道德现象上的反映与体现，能够引导道德舆论的非理性因素，比如激情，沿着正确的轨道前进，发挥其积极作用。在欧洲的中世纪时期，人的理性在信仰的压制下处于沉睡之中。正如英国学者亚·沃尔夫（Abraham Wolf）所说："中世纪对自然现象缺乏兴趣，漠视个人主张，其根源在于一种超自然的观点，一种向往来世的思想占据支配地位。与天国相比，尘世是微不足道的，今生充其量不过是对来世的准备。教会对天恩灵光所启示的真理拥有绝对权威，与之相比，理性之光则黯然失色。"①思想家们从古希腊文化、古罗马文化与文学的血脉中复活了"理性的人"，还复活了"自然的人"，这种"理性"不是在信仰压制下昏睡的理性，而是理性的觉醒。在他们看来，道德价值在于符合人性，而不是压制人性。正是由于这种道德价值的内在支撑，展现了人的理性思维，也引导反对禁欲的激情沿着保障人的基本权利的道路前进，构成了人权价值实现的有利条件。

当道德舆论中的激情支配了理性，无法接受正确的道德价值的引导，就会导致道德舆论成为实现正确的道德价值的不利条件。道德情感的过分渲染在某种条件下可能成为错误的道德价值的诱因。当正确的道德价值无法实现时，错误的道德价值就会趁机出现。有时候，它会成为一个民族一个时代的悲哀。在第二次世界大战中，日本本土大肆鼓吹爱国主义的道德价值目标。日军在东南亚一带疯狂地杀戮，比如南京大屠杀中杀人竞赛的新闻，不仅没有引起日本国民对战争暴行的震惊，反而出现一片赞美之声。那些遵守武士道精神而凶残歹毒的日本军人成为所谓的爱国表率。陷入爱国主义狂潮中的日本女性，积极为侵略战争打气鼓劲，不仅积极生产

---

① ［英］亚·沃尔夫. 十六、十七世纪科学、技术和哲学史（上卷）［M］. 周昌忠，等，译. 北京：商务印书馆，1991：6.

各种杀人武器，而且甘当慰安妇，或鼓励丈夫、孩子充当炮灰。她们认为，这是为大和民族、为天皇尽自己的义务。在这里，人权、公正、和谐等道德价值追求荡然无存，有的只是在伪爱国主义包装下的杀戮、抢劫等暴力罪行。正如日本学者新渡户稻造所说："大和魂并不是柔弱的人工培养的植物，而是意味着自然的野生物。"①这种为了大和民族发展的整体主义道德价值观是扭曲的、错误的。

因此，道德舆论所提供的条件是双方面的。它既可能成为道德价值实现的有利条件，也可能成为道德价值实现的不利条件。道德舆论如同道德价值实现的外在空气，似乎看不见，但又发挥着不可忽视的作用。正确的道德舆论能够为社会成员提供价值保障，成为实现道德价值的有利条件。

其二，道德舆论的警示条件。

道德舆论是一种社会范围内道德领域中的公共舆论。这种公共舆论的形成有两种方式：一是社会中统治阶层的刻意宣传和号召，得到民众响应，形成了道德舆论；二是社会中自发形成而非统治阶层的号召所形成的道德舆论。前者由于统治阶层的各种宣传工具的广泛运用，如电台、报纸、杂志等，具有组织严密、系统性强、理论性强的特性，能够在其所控制的范围内广泛传播。后者主要是通过非官方渠道，通过熟人向陌生人辐射，同样可以在相当大的范围内传播。无论是哪种方式，道德舆论都是一种社会性的警示，表明社会的道德价值中哪些是值得赞扬的，哪些是要加以批判的。这种针对道德价值的警示，主要通过心理暗示来促进其所认可的道德价值得以实现。

道德舆论的产生是公众针对社会道德现象所做出的反应。具体而言，实际上，它是由不同的个体根据一定道德需要所表现出来的意见和言论。个体是其发挥警示作用的关键。如果没有个体的参加，实现道德价值仍然只是空中楼阁。从心理学上看，根据弗洛伊德的论证，现实的个人，即"自我"，始终在两种不同性质的追求中：一是追求善，即"超我"对"自我"的要求；二是压抑追求和满足于快乐的欲望，即"本我"对"自我"的要求。在弗洛伊德看来，"自我"常常以无意识的形式接受着"本我"或"超我"的引导。其中，"本我"作为一种道德追求是较为明显的、时下的，容易被唤起；而"超我"作为一种道德追求并不迫切，不易被察觉。但后者是一种相对高级的道德追求，会使个人道德达到一种较高的道德境界。如果个体能够达到后者的状态，就能够获得一种稳定而长久的道德状态。道

① ［日］新渡户稻造. 武士道［M］. 张俊彦，译. 北京：商务印书馆，2005：92.

德舆论所点燃的常常是前者，暗示自己必须追求符合社会需要的道德要求。我们可以把道德舆论针对个体的这种暗示作用，称为"情感威逼"。有时，个体的理智和道德舆论的要求背道而驰。尽管个体感到了压抑，但是由于强大的道德舆论，个体自知忍受不了社会和群体带来的压力，不敢对抗，于是不得不屈服从于"情感威逼"。应该说，这有助于道德舆论中所蕴含的道德价值得以实现。

由此，在认识道德舆论影响道德价值实现的警示条件时，我们可以发现，道德舆论的确能够促进道德价值的实现，但具有一定的局限性。因为，从心理学分析，它所发挥的作用主要停留在"自我"的道德抑制要求中，即个体本身处于一种自我的他律压制状态。同时，按照瑞士学者荣格（Carl Gustav Jung）的人格心理学分析，那些道德舆论所引发的效果是有限的。因为，每个人在社会生活中都会想方设法为了把自己塑造成合乎社会需要的人，而戴上了"人格面具"。这样一来，那些被社会所禁止的需要，即不符合道德要求的需要成为潜伏在人格中的"阴影"。在道德舆论中，比如，人们看到虐待老人、喜新厌旧、见死不救等报道时，激发了道德谴责。于是，这种阴影就投射到外部对象上，使压抑得到转移和平衡。人们会下意识地觉得自己比这些人的道德水准要高一些，回避了应有的道德逻辑的推演，乐于充当一个与情境疏离的道德旁观者。这也就能解释，为何一些道德舆论声势浩大，却并不一定就能提高整体的道德水平，尽管它可能有助于道德水平的提高。就此而言，依靠道德舆论，运用"情感威逼"，能够迫使一些人不敢背离道德价值的目标，但真正所需要做的，还是来自个体自身自觉、自愿地认同道德价值，才能长久而稳定地实现道德价值。

其三，道德舆论的促进条件。

道德舆论是社会群体的道德意识现象。它是人们在道德生活实践中，通过社会心理的感染与模仿，不断传播、拓展和增进某些具有共鸣性的道德观点而形成的。如果说道德舆论影响的警示条件，借助个体的心理暗示来保障道德价值的实现，那么道德舆论影响的促进条件，则是利用社会群体的集合意识来促进道德价值的实现。道德舆论影响道德价值实现的促进条件主要通过社会性鼓动和社会性调控来达到目的。

道德舆论的社会性鼓动作用是促进道德价值实现的重要条件。道德舆论形成的主要因素是一定的空间范围中人们个体道德意识之间的互动与共识。如果仅仅只有个体道德意识，而没有达到一定范围的互动与共识，只能产生一定的道德意见，而不能形成具有集合性的道德舆论。当具有集合性的道德舆论形成时，其中就蕴含了不可忽视的社会性鼓动力量。个体道德意识凝聚的强度越大，其辐射的范围越广，形成的社会性鼓动力量越强。因为，在这里，道德舆论代表了社会群体在道德观点上的某种倾向性和一致性。无形之中，道德舆论也就具有了一种在社会大范围内的精神鼓动力量。实际上，它就是在鼓动那些还没有做出选择的人们立刻选择道德立场，做出相应行动。如果有人试图逆道德舆论而行，立刻就会感到这种社会动员力量所给予的精神上的羞耻感。魏源曾在《默觚下·治篇十四》里说："十履而一跣，则跣者耻；十跣而一履，则履者耻。"这很能说明道德舆论的社会性鼓动力量针对某些人的精神上的高压态势。因此，成语中有"众口铄金""人言可畏""众怒难犯"的说法。从当代中国改革来看，中国社会中由上而下所激发的道德舆论，表明了一种从传统社会向现代社会转型的趋势。自由、平等、公正、法治等核心价值观中所蕴含的道德观念，显然不同于传统社会中的基于血缘关系基础上的忠、孝等道德观念。因此，这种由上而下的道德舆论，有助于形成一种内在的推动力。借助道德舆论的社会动员，形成社会声势，不断促进社会成员形成现代社会中的道德价值观，促进道德价值的实现。

伴随着道德舆论的社会性鼓动作用的是道德舆论的社会性调控作用。正是有了社会性鼓动作用，道德舆论无形之中也就具有了一种社会性调控作用。它能够通过针对那些不响应道德舆论的社会成员，给予一种道德上的谴责；或者针对那些积极响应道德舆论的社会成员，给予一种道德上的鼓励，引导人们把主动地实现道德价值者视为权威。当然，这种社会性调控作用，是一种非强制性的力量。它通过道德舆论的不断渗透，逐渐让人们在道德舆论的影响中认同、接受和践行其中所蕴含的道德价值。

总的来说，无论是道德舆论中的社会性鼓动作用，还是社会性调控作用，都能促进道德舆论中所蕴含的道德价值不断实现。从社会的发展和人的发展来看，要引导道德舆论发挥其正面的积极作用，以正确的道德价值培养道德舆论是必要前提。否则，它有可能导致一种难以逆转的破坏作用。

(三)影响道德价值实现的道德教育条件

道德价值总是体现为一定的道德精神。秉承这种道德精神的人越多，道德价值实现的可能性越大。就此而言，为了在社会群体中塑造一种以道德价值为生命的精神，道德教育是不可缺少的。道德价值的实现固然与社会制度、道德舆论有着密切关系，构成了其自身重要的外在条件，但道德教育在促进道德价值实现的过程中发挥着塑造与传承的重要作用。广而言之，每一种道德价值的实现都是一定道德教育的结果。不论这种教育是直接地还是间接地来自某个社会群体或个人的影响，主体都是把这种道德价值观念接受而表现出来。具体而言，道德价值的实现是在社会一定的教育环境的影响下逐渐展开的。现代社会中的各级学校教育构成了这种道德价值实现的契机。只有当越来越多的主体在道德教育中接受并认同，才会在社会生活中找到各种实现道德价值的可能性。道德价值也才会在人们的主体性道德行为中放射出耀眼的光芒。

其一，道德教育的深度条件。

道德教育的深度条件是指其培养目标不仅重视主体尊重外在规范，而且要求能够进一步理解道德中所蕴含的道理，培养出在此两者基础上有道德的人。它并不是刻意要求仅仅重视服从外在的道德规范，而是要转变道德教育的培养目标，要从培养"守道德的人""懂道德的人"转变为"有道德的人"，展现道德教育的深度要求。

"守道德的人"是人们常说的守规矩的人。他们按照社会所提出的道德规范来做。同时，其中还有些人能够把外在的道德规范内化为自己的品质，即德性或美德。从心理学上看，这是一种尊重道德规范的内在的稳定道德倾向与意图。但是，他们严格遵守道德规范和坚持道德品质，常常是在道德生活实践中逐渐完成的。许多人这么做，常常出于一种无意识或习惯使然，甚至仅仅出于某种外在的社会压力。应该说，在道德教育的初期，这种仅仅注重遵守道德的培养是必要的。正如康德所说："为了把一个或是还未受到教养或是粗野化了的内心首次带到道德——善的轨道上来，需要一些准备性的指导，即通过他自己的利益来对此加以引诱，或是通过损害来恐吓。"①当然，当这种培养守道德的状态发展到一定阶段，就需要培养他们不仅遵守规范，而且还知道其中的道理。

"懂道德的人"是指那些懂得了一些关于道德本质和作用等理论知识的人。他们由于理论上的学习或研究，在各种道德理论和知识方面有了一定的认识。应该说，这些人的道德理论知识十分丰富，能够就某些道德现象进行细致的分析。但是，他们有时因为缺乏实践智慧而在道德生活实践中显得笨拙而无能为力。比如，一些刚从学校毕业的学生学习了很多道德方面的知识，考试时能够写得天花乱坠，但他们在遇到现实生活中的道德问题时常常手足无措，其原因在于缺乏实践智慧。还有些人则是因为知行分离，把道德理论研究作为一门学问来研究，并不是准备自己去做。比

---

① ［德］康德. 实践理性批判［M］. 邓晓芒，译. 北京：人民出版社，2004：206.

如，叔本华在伦理学方面具有独特的见解。他认为人生要摆脱痛苦，就要禁欲、戒色，但他锦衣玉食，经常出入音乐厅、剧院和咖啡馆，一生和几个女人纠缠不清。他认为，一个圣者不必一定是哲学家，同时一个哲学家也不必一定是圣者；这和一个透顶俊美的人不必是伟大的雕刻家，伟大的雕刻家不必是一个俊美的人，是同一个道理。要求一个道德宣教者除了他自己所有的美德之外就不再推荐别的美德，这完全是一种稀奇的要求。这种观点很能说明其知行脱节的状态。因此，"懂道德的人"还需要在实际道德生活中接受培养，才能不仅发现道德价值而且实现道德价值。

"有道德的人"是既能遵守道德要求，又能懂得道德理论知识，并能加以实践的人。毕竟，"要合乎道德地行动，光靠遵守纪律和效忠群体是不够的，不再是足够的了"，"我们还必须对我们行为的理由有所了解，尽可能清晰完整地明了这些理由"。①主体只有懂得了道德理论知识，才能发现道德价值，只有在实践中行动，才能实现道德价值。因此，道德教育的深度条件就在于揭示了道德教育需要培养既"守道德的人"，又"懂道德的人"，才能培养出能够发现道德价值、实现道德价值的"有道德的人"。

其二，道德教育的广度条件。

道德教育的广度条件是指道德教育要从直接道德教育、间接道德教育向综合道德教育的方向发展，拓展道德教育的宽度。道德教育既需要直接道德教育，也需要间接道德教育，是两者的合题。唯有如此，才能有效地推进道德教育，促进人们在道德实践生活中发现道德价值、实现道德价值。

直接道德教育是指采取授课的方式的系统化的学校道德教育。学校道德教育是学校教学中的重要内容。涂尔干在谈到儿童的学校道德教育时曾指出："道德教学在我们的学校中占有一席之地。因为教授道德既不是布道，也不是灌输，而是解释。如果我们拒绝把所有这类解释提供给儿童，如果我们不尝试帮助他们理解他们应该遵守的那些规范的理由，我们就会贬低他们，使他们陷于一种不完备的、低下的道德。"②直接道德教育通过专门的课程设置来展开道德教育，有助于直接向学生讲授与道德价值相关的各种思想与观点，确保了传授道德教育的课时，突出了道德教育的课程内容。但是，这种直接道德教育方式也受到了越来越多的质疑。一是针对道德教育内容上的质疑。道德教育领域十分宽泛而复杂，设定的有限的教

---

① ［法］涂尔干. 道德教育［M］. 陈光金，等，译. 上海：上海人民出版社，2006：89-90.

② ［法］涂尔干. 道德教育［M］. 陈光金，等，译. 上海：上海人民出版社；2006：89.

育内容无法统摄。而且，道德教育中的价值问题并不能等同于科学知识，而是有着众多的派别和观点，设置单一的道德教育学科，有可能沦为宗教布道一样的强制灌输。而且，它在无形之中把道德教育内容知识化，具有脱离实践的危险。二是针对道德教育中教师资格的质疑。一位数学教师可以因为其数学知识的丰富而拥有上数学课的资格，一位化学教师可以因为其化学知识的丰富而拥有上化学课的资格。但是，一位从事道德教育的教师，能够仅仅因为具有丰富的道德教育知识而拥有上道德教育课的资格？谁能决定一个人道德上具有良好的道德品质，并且能够为别人提供一种必要的道德训练？事实上，在日常生活中，我们不难发现，一个教师未必比一个品德高尚的清洁工更有资格上好道德教育课程。三是针对一些教学效果的实证调查的质疑。上了道德教育课程的学生未必一定要比没有上道德教育课程的学生在品质上更好。从 1925 年到 1930 年，美国哥伦比亚师范学院教授宋（Hugh Hartshorne）和梅（Mark A. May）专门进行了儿童在诚实、说谎和盗窃等方面的品性的试验。他们发现，道德品德教育课和宗教教育课对道德行为没有什么显著影响，这些课程并没有培养出所希望的道德品质或良心。[①]因此，仅仅依靠直接道德教育是存在一定局限性的。

间接道德教育是指渗透到受教育者内心中的非授课性道德教育。这种道德教育是通过一种隐形的方式来针对受教育者进行道德方面的教育。其优势在于：一是消除了时空的限制，能够在较大的范围内随时随地地影响受教育者；二是突出了社会环境的影响力，能够避免强制性灌输，消除受教育者内在的抵触情绪，潜移默化地发挥作用。比如，影视作品、文学书籍、网络媒体等，都可以在无形之中影响人们的道德价值认知。这种方法似乎能够弥补直接道德教育的不足，但其缺陷也非常明显。这种道德教育过分突出了环境的影响力，好像大家都在进行道德教育，实际上也就变成了谁都没有承担道德教育的专门责任，其提升人们道德价值认识的美好愿望也就时常落空。

为了更好地加强道德教育，我们需要既重视直接道德教育，也重视间接道德教育，注意发挥两者的优势，克服其各自的劣势。比如，在学校道德教育中，既开设道德教育课程，又积极开展社会实践活动。在社会道德教育中，既注重社会环境的外在影响力，也不忽视道德教育的一些大众化讲座。这就有助于两种道德教育方式取长补短，促进道德价值的认识与实现。也就是说，在这种道德教育的过程中，道德价值的讲授与实践必不可

---

① 张家祥，王佩雄. 教育哲学研究［M］. 上海：复旦大学出版社，1989：310-311.

少。正如美国著名教育家、哈佛大学前校长德里克·博克（Derek Bok）在评点美国道德教育缺陷时所说："美国大学长期以来热衷于纯学术的教育和研究，在课程中忽视道德教育的价值。今天，在美国的大学生中，已经开始在课程方面注意引导学生考虑一些重要问题"。①我们需要在两种道德教育方式中，既强调道德价值知识的讲授，也重视道德价值的实践，帮助人们树立正确的道德价值观念，促进道德价值的发现与实现。

二、道德价值实现的内在条件

　　道德价值的实现是人在其自身的道德实践生活中实现了人的道德价值。它不仅与外在条件有关，而且与主体的内在条件有关。同样处于同等的外在条件之中，有些道德价值得以实现，有些道德价值难以实现，这就说明道德价值的实现还有一个主体的内在条件的发挥的问题。关于这一点，孔子在谈论仁的价值实现时指出："克己复礼为仁。一日克己复礼，天下归仁焉。为仁由己，而由人乎哉？"（《论语·颜渊》）仁的价值实现在于人自身的内在要求。孔子的学生冉有多才多艺，为"孔门十哲"之一，但他在实践仁的价值方面并不积极。他曾对孔子说："非不说子之道，力不足也。"孔子认为，"力不足者，中道而废，今女画"（《论语·雍也》）。在孔子看来，"求也艺，于从政乎何有"（《论语·雍也》），所谓"力不足"只不过自己为自己找借口，就是不敢大胆去做。在道德生活实践中，实现道德价值的内在条件与道德价值的实现有着密切的关系。在道德生活实践中，实现道德价值的内在条件与人们自身的崇高的道德意识、良好的道德修养和正确的道德选择有着密切的关系。我们可以从三个方面来探讨。

（一）影响道德价值实现的道德意识条件

　　一般而言，崇高的道德意识有助于道德价值的实现。道德意识条件就是指在道德价值实现的过程中，主体能否形成所需要的崇高的道德意识的条件。

　　人的道德意识既有可能是理性的，也有可能是非理性的。道德意识，作为社会意识的一种特殊形态，是人们道德关系在精神上的反映和表现。它体现着主体的内在尺度和需要。崇高的道德意识是道德价值实现的重要

---

① 张琦. 当代国外大学德育的侧重点[J]. 外国教育研究，1987(01).

条件。在道德意识中，道德意识可以分为理性的道德意识和非理性的道德意识。它们构成了崇高的道德意识的重要组成部分，展现了崇高的道德意识是一种向善意识和责任意识。

其一，理性道德意识条件。

理性道德意识是具有鲜明逻辑性的道德意识。自古希腊以来，理性一直是人区别于动物的本质性特征。它揭示了人之为人的存在意义。在这里，理性表现为鲜明的逻辑性，即一种认识论意义上的理性。它突出了人的本质力量得以确证的伦理意义。从道德价值论来看，理性道德意识可以分为相应的知识、观念、智慧与理想的要素，是主体关于道德价值知识、观念、智慧与理想的总和。

道德价值知识是主体所获得的关于"道德价值是什么""道德价值在哪里"等方面的知识。"道德价值是什么"是主体所获得的关于道德价值的概念、特性等方面的知识。比如，从道德价值论来看，自由、平等、公正、和谐等都是特定的道德价值概念。"道德价值在哪里"是主体所获得的关于道德价值存在的理由、种类等方面的知识。比如，自由、平等、公正、和谐等特定道德价值存在的原因等，是人们进一步所要认识的道德价值知识。前面所说的这些道德价值知识都是主体具有崇高的道德价值的必备条件之一，其是理性道德价值意识具有一定的认识穿透力和本质性认知的基础。

道德价值观念是道德价值知识在主体内心形成了自身所认可的稳定的思想观念。它是主体通过逻辑关系不断加工道德价值知识，在其道德生活实践中形成的道德价值知识自我确认的产物。主体面对各种道德价值知识，并不是一个被动的接受过程，而是具有主动性的接受过程。在接受中，主体能够借助各种逻辑分析和综合整理，根据其自身一定的社会生活实践经验，从中得出自己所认为合适的各种道德价值认识，并不断地通过主动性认知把这些道德价值认识稳定化，从而形成了道德价值观念。

同时，主体在形成一定道德价值观念的过程中，由于不断深入道德实践活动，就会形成正确地解决道德价值问题的能力。这种正确地解决道德价值问题的能力就是道德价值智慧。道德价值智慧是主体在拥有道德价值知识基础上，能够正确地解决道德价值各种问题的能力。它是主体的理性道德价值意识的最为明确的表现。道德价值智慧的形成表明了道德价值主体已经能够融合各种道德价值知识，能够在道德实践生活中具有独立而自由的自我思考能力。由于主体在不同时期所形成的道德价值智慧不同，所形成的道德价值观念就会构成高低不同的层次性。

当主体拥有了一定的道德价值智慧，在社会道德生活中所形成的最高层次的道德价值观念，就是道德价值理想。它是理性在主体中所能达到的最高道德水平。因此，黑格尔说："我们用到'理想'这个名词，我们是指'理性'的理想、'善'的理想、'真'的理想。"①就此而言，崇高的道德意识就是一种正确的高层次的道德价值观念。

其二，非理性道德意识条件。

非理性道德意识是非逻辑性的道德意识。在这里，这种非理性并不是不要理性，而是要运用一种不同于理性的方式，突出欲望、情感、意志等非逻辑性的认识样式。因此，在道德价值论中，非理性道德意识是主体与道德价值相关的欲望、情感、意志和价值直觉的总和。

道德价值的欲望是主体想要实现什么道德价值的强烈追求。当道德价值的欲望得以实现，或者受到挫折，主体就会出现快乐或痛苦的道德价值情感。道德价值情感非常好地表现了其中所渗透的非理性的道德价值特性。维特根斯坦认为伦理学就是研究道德价值问题的，而且是超验的。他曾说："在我看来，我们任何时候都不能思考或说出应该有这种东西。我们无法写一部科学的著作，它的对象可能是内在崇高的，且超越所有其他对象之上。我只能通过比喻来描述我的感情，如果一个人能够写出一部确实是关于伦理学的著作，这部著作就会用曝光毁灭世界上所有其他著作。"②在他看来，伦理学本身就是一种借助比喻等方式来表达的情感。尽管他的观点有些激进，但认为情感在道德价值实现中居于重要地位还是十分正确的。

道德价值的意志是主体决定实现道德价值的心理上坚持的状态。在道德价值的实现过程中，主体决定实现某种道德价值或不准备采取某种行动，常常取决于道德价值的意志。道德价值的意志实际上是一种精神决断力。它所突出的仅仅是下定决心而行动，并不与理性的论证有关。因此，它也是一种非理性的道德价值意识。道德价值的意志是一种特殊的、针对实现道德价值的行为活动方面的不断坚持的状态。它所展现的是主体实现道德价值的不达目的不罢休的毅力和坚持精神。道德价值的意志是否执着而有韧性，对于崇高的道德价值的实现具有重要作用。道德的和谐价值、自由价值、平等价值等，都需要主体的意志的支撑。

---

① [德]黑格尔. 历史哲学[M]. 王造时，译. 上海：上海世纪出版集团，2001：36.
② [英]维特根斯坦. 伦理学讲演[M]//万俊人. 现代西方伦理学史(上卷). 北京：北京大学出版社，1995：383.

主体认识和认同某种道德价值，常常还会运用直觉来把握，这就是道德价值的直觉。它越过了逻辑论证而直接把握，因而也是非理性的。道德价值的直觉十分重要。我们在认识一些道德价值时，有些时候正是借助了直觉来进行把握。正如黑格尔谈到意志自由时所说，意志自由作为第一前提，而对于这第一前提的证明就是直觉。因此，我们在培养崇高的道德价值意识的过程中，离不开直觉的作用。

在相当长的时期内，一些哲学家认为非理性的欲望、情感等属于要用理性严加看管的对象。其实，与道德价值相关的欲望、情感、意志和价值直觉在帮助主体形成崇高的道德意识、帮助主体实现道德价值的过程中能够发挥积极作用。正如黑格尔所说："我们对历史最初一瞥，便使我们深信人类的行动都发生于他们的需要、他们的热情、他们的兴趣、他们的个性和才能。当然，这类的需要、热情和兴趣，便是一切行动的唯一的源泉。"①黑格尔把这种非理性要素作为一切行动的唯一源泉，是有一定道理的。

其三，理性道德意识与非理性道德意识的合力条件。

列宁曾指出："要真正地认识事物，就必须把握住、研究清楚它的一切方面、一切联系和'中介'。我们永远也不会完全做到这一点，但是，全面性这一要求可以使我们防止犯错误和防止僵化。"②道德意识包括理性道德意识和非理性道德意识。它们两者之间很难分开，各有其存在的人性意义。如果只讲道德价值实现所需要的理性道德意识，有可能导致见理不见情的偏颇状态；而只谈非理性道德意识，则有可能导致无所适从而想入非非的茫然状态。就此而言，崇高的道德意识寓于人的理性与非理性之中，既是一种理性分析的结果，也是一种非理性推动的产物。具体而言，它在理性与非理性的相互作用下，既表现为一种向善的意识，也表现为一种责任的意识。道德价值的实现条件中的道德意识既需要理性道德意识，也需要非理性道德意识，是两者的合题。

首先，崇高的道德意识是一种向善的意识。"每种技艺与研究，同样地，人的每种实践与选择，都以某种善为目的。"③道德意识是人在其道德实践生活中所产生的价值追求意识。这种意识既来自人的自我理性的逻辑分析，也来自情感、直觉等非理性的推动。它是个体渴望展现的最为优秀

---

① ［德］黑格尔. 历史哲学［M］. 王造时，译. 上海：上海世纪出版集团，2001：20.

② ［苏联］列宁. 列宁选集（第4卷）. 人民出版社，1992：419.

③ ［古希腊］亚里士多德. 尼各马可伦理学［M］. 廖申白，译. 北京：商务印书馆，2004：3.

的人之为人的禀赋。康德把这种禀赋称为"人格性禀赋"——"一种易于接受对道德法则的尊重……的素质"①。按照孟子、塞涅卡、罗尔斯的说法，这是人天生的关于追求善的能力的展现。尽管针对这种意识的来源有着不同的说法，但都肯定其向善的特性却是一致的。也就是说，道德价值的实现需要主体具有知"善"、爱"善"、行"善"的内在意识。

其次，崇高的道德意识是一种责任意识。它是主体在道德生活实践中所认识到的自身的一种应尽的责任。生活在一定社会条件下的主体总是存在于一定的社会共同体之中，成为其中的一个成员，也就在无形之中承担了相应的道德责任。从伦理学史的发展来看，无论是理性主义者把理性作为道德价值中的最基本性要素，还是情感主义者把情感作为道德价值中的最基本性要素，都没有否定个体在社会中应尽的责任。他们分别从理性和情感两个角度向我们表明崇高的道德意识中蕴含了一种责任意识。这表明这种责任意识既源于理性的求索，也源于情感等非理性因素的驱动。换而言之，道德价值的实现需要主体能够认识到自身的责任，并愿意实现这种责任。

总之，实现道德价值离不开崇高的道德意识。若主体缺乏崇高的道德意识，受限于较低的道德意识，由于没有足够的道德认识能力，即理性能力，主体就无法准确地理解道德价值应有的内涵，也就谈不上道德价值的实现。有些时候，主体缺乏崇高的道德意识，在于从个体经验出发，凭着个体的情感和直觉，局限于个体所在地区的传统、习俗等因素的影响，错误地把握道德价值，这也同样不利于道德价值的实现。正如皮亚杰所说："情感的发展和智力机能的发展是紧密吻合的"②，是"平行一致的"③。道德价值的实现需要通过理性道德意识与非理性道德意识的共同作用，形成崇高的道德意识，促进道德价值实现。

（二）影响道德价值实现的道德修养条件

道德价值主体在道德价值的实现中发挥着重要的支配作用。而主体自身的道德修养构成了实现道德价值的必要条件。修养是人在某一活动或技艺中所进行努力学习的功夫。道德价值主体是道德价值实现的执行者，其自身在道德价值方面的自我认识、自我提升、自我陶冶和自我锻炼的功夫

---

① ［德］康德. 单纯理性限度内的宗教［M］. 李秋零，译. 北京：中国人民大学出版社，2003：11.
② ［瑞士］让·皮亚杰. 儿童的心理发展［M］. 傅统先，译. 济南：山东教育出版社，1982：55.
③ ［瑞士］让·皮亚杰. 儿童的心理发展［M］. 傅统先，译. 济南：山东教育出版社，1982：34.

在道德价值的实现中必不可少。正如马克思所说："为了要达到自己的最终胜利，他们首先必须自己努力。"①良好的道德修养是主体自己实现道德价值的重要的内在条件之一。主体的道德修养越高，越有助于道德价值的实现。从主体的道德修养的特性来看，主体的道德修养具有自觉性、目的性和实践性，从而构成了培养主体良好道德修养的三个条件。

其一，道德修养的自觉条件。

我们探讨了道德教育在道德价值实现中的作用。但是，道德教育再重要，还是需要道德修养从中发挥作用。毕竟，道德教育属于外在的条件，它能否发挥作用，还需要得到主体自身的回应。人和动物的不同，在于人的自觉能动性。这种自觉能动性决定了主体在面对外在的道德教育时并不是全面接受，而是从中有所取舍、有所改造。从这个角度来看，道德教育所能够起到的作用，取决于主体自身的接受与认可。这就涉及道德修养的自觉条件。

道德修养的自觉性体现在自觉自学、自觉反省、自觉自控方面。道德修养促使主体在道德生活实践中能够积极主动地自我学习与道德价值相关的道德知识，能够不断地进行自我反省，能够做到道德自律，从而内化道德价值要求，自觉地追求道德价值的实现。

自觉自学是形成良好道德修养的必要前提。一些人缺乏道德修养的观念，道德价值观念不强，没有实践道德价值的内在动力。虽然他们的各种表现有所不同，但主要是不能够积极主动地加强自我学习。加强相应的道德价值理论知识的学习，是人们提高道德修养的前提条件。孟子说："求则得之，舍则失之，是求有益于得也，求在我者也。"（《孟子·尽心上》）道德修养重在自我不断修身与养性，而这需要主体不断加强相关的道德价值知识的学习。如果缺乏相关的道德价值知识的学习，主体很难切实实现道德价值。正如孔子所说："好仁不好学，其蔽也愚；好知不好学，其蔽也荡；好信不好学，其蔽也贼；好直不好学，其蔽也绞；好勇不好学，其蔽也乱；好刚不好学，其蔽也狂。"（《论语·阳货》）孔子欣赏其弟子颜渊，就在于其好学。他还自认为，"十室之邑，必有忠信如丘者焉，不如丘之好学也"（《论语·公冶长》）。

自觉反省体现了道德修养主体的自我能动性。提高道德修养需要主体不断在自我反思中能够尽可能准确地把外在所学的道德价值知识变为自己

① ［德］马克思，恩格斯. 马克思恩格斯文集（第 2 卷）［M］. 北京：人民出版社，2009：199.

的内在知识。苏格拉底认为，其最大的智慧就是承认自己无知，因而需要不断自我反省。自觉反省就是确立自我修养的方向，避免误入歧途。传统儒学中的"见贤思齐焉，见不贤而内自省也"，就是这个意思。自觉反省是主体不断自我剖析、自我向善的行为。正是在自觉反省的过程中，主体能够确立其道德价值观念，以一定的道德价值认知作为自己前进的动力。因此，在形成良好的道德修养的过程中，每个主体都需要以一定的道德价值标准来自我对照，能够以此标准勇于自我思考、自我完善，敢于触及自我思想的灵魂深处，勇于自我修正，敢于自我改变，形成良好的道德自觉性。自觉反省反映在道德修养中，就是主体能够自重、自省、自警、自励、自我监督、自我解剖、自我批评。如果主体能够对自己的言行经常进行检查、剖析和反思，就能保证提升道德修养水平，实现道德价值。

自觉自控展现了主体在道德修养中的自律性。提高主体的道德修养，不仅需要自觉自学、自觉反省，而且还要靠主体自身的自觉自控。自觉自控是一种自律，即一种道德价值追求中的"慎独"。《礼记·中庸》中有"故君子慎其独也"，东汉人郑玄曾注解说："慎独者，慎其闲居之所为。小人于隐者，动作言语自以为不见睹、不见闻，则必肆尽其情也。"①主体在道德实践活动中的自觉自控，是一种高度自觉性、自律性。一个道德修养比较好的人，即使无人监督，也能够自我控制，不做坏事。无疑，这意味着主体能够自主地实现道德价值，而不是被动地践行。

因此，面对社会上纷繁复杂的观念与诱惑，主体拥有良好的道德修养，就能够自觉地学习道德价值知识，自觉地反省各种潜在地危害道德价值实现的行为，自觉地控制自己符合道德价值的追求，做到面对诱惑不动心。从道德价值实现的内在条件来看，这种良好的道德修养，有助于道德价值的实现。

其二，道德修养的目的条件。

道德修养具有一定的目的性。从世界的万事万物来看，它们本身并没有什么目的。唯有人类才具有目的。正是因为这种目的的引导，人才能实现各种欲望。从道德价值论来看，在道德修养中，主体的目的与主体自身的道德修养和最终实现的道德价值有着密切联系。道德修养的目的性表现为一定的层次性、递进性。所追求和向往的道德修养的目的，其层次越高，主体的进步越快，越容易提升道德价值修养，促进道德价值实现。

道德修养的目的具有一定的层次性。这种层次性是指主体在道德生活

---

① 孔颖达. 礼记正义[M]. 北京：中华书局，1980：397.

实践中所要达到的一定的道德修养的水平。道德修养的目的的层次性从不同角度理解，有很多不同的划分和认识。比如，孔子根据人所追求的德性价值目标，把人分为小人、君子、仁者、圣人四个层次。"小人喻于利"，常只求个体利益而"下达"，胸襟狭窄而"长戚戚"；"君子喻于义"，即常追求道义，"修身以敬"而"上达"，胸襟开阔而"坦荡荡"，其道德层次高于小人；"仁者，己欲立而立人，己欲达而达人"，能够"修己以安人"，其道德层次又高于君子；"圣人""博施于民而能济众"，能够"修己以安百姓"，显然其道德水平要高于仁者。墨子曾根据人是否具有兼爱的道德价值，把人分为别士、兼士和贤士。别士是只顾自己而不管亲友的人，兼士是能够关爱他人的人，贤士则是能够救世利民的国家栋梁。20 世纪 80 年代以来的中国的主流伦理学，即马克思主义伦理学，把这种道德修养的目的的层次性观点称为道德境界。它从公私关系的角度，把道德境界由低到高分为极端自私自利的境界、追求个人正当利益的道德境界、先公后私的社会主义道德境界以及大公无私的共产主义道德境界。①这些划分的方法各有其依据，为划分道德修养的目的的层次提供了借鉴意义。

从道德价值论来看，道德修养的目的的层次可以大致划分为三个层次，即不愿意实现道德价值的层次、部分愿意实现道德价值的层次和完全愿意实现道德价值的层次。不愿意实现道德价值的层次属于只愿意追求个体的利益，而不愿意把道德价值作为其行为考察范围的层次。部分愿意实现道德价值的层次属于在一定条件下实现某些道德价值的层次。完全愿意实现道德价值的层次属于为了实现道德价值而不惜放弃其他各种利益的层次。主体所处的道德修养的层次不同，其实现道德价值的内在动力也不同。从这个角度来看，完全愿意实现道德价值的层次是最为理想的道德状态，最有利于道德价值的实现；部分愿意实现道德价值的层次是较有利于道德价值实现的状态；而不愿意实现道德价值的层次是最需要改进的状态。

道德修养的目的具有一定的递进性，展现了三个不同层次。但是，这三个层次并不是固定不变的，而是具有一定的递进性。这种递进性包括正面递进性与反面递进性。所谓正面递进性是指较高的道德修养层次需要从较低的道德修养层次发展而来，展现了道德修养的不断上升。这是道德修养不断自我完善的过程。比如，一个人属于不愿意实现道德价值的层次，逐渐认识了道德价值的意义，可能进入部分愿意实现道德价值的层次，甚

---

① 罗国杰. 伦理学［M］. 北京：人民出版社，1999：468.

至进入完全愿意实现道德价值的层次。《晋书·周处列传》记载："周处，字子隐，义兴阳羡人也。父鲂，吴郡阳太守。处少孤，未弱冠，膂力绝人，好驰骋田猎，不修细行，纵情肆欲，州曲患之。处自知为人所恶，乃慨然有改励之志，谓父老曰：'今时和岁丰，何苦而不乐耶?'父老叹曰：'三害未除，何乐之有?'处曰：'何谓也?'答曰：'南山白额猛兽，长桥下蛟，并子为三矣。'处曰：'若此为患，吾能除之。'父老曰：'子若除之，则一郡之大庆，非徒去害而已。'处乃入山射杀猛兽，因投水搏蛟，蛟或沈或浮，行数十里，而处与之俱，经三日三夜，人谓死，皆相庆贺。处果杀蛟而反，闻乡里相庆，始知人患己之甚，乃入吴寻二陆。时机不在，见云，具以情告，曰：'欲自修而年已蹉跎，恐将无及。'云曰：'古人贵朝闻夕改，君前途尚可，且患志之不立，何忧名之不彰!'处遂励志好学，有文思，志存义烈，言必忠信克己。"周处从"纵情肆欲，州曲患之"，到"自知为人所恶，乃慨然有改励之志"，再到"励志好学，有文思，志存义烈，言必忠信克己"，展现了道德修养的层次的不断递进。当然，如果主体忽视了道德修养，就有可能出现反面递进性，即从较高的道德修养的层次逐渐堕落到较低的道德修养的层次。这是道德修养中必须要加以关注的一个方面。从主体的道德修养来看，其层次常有所变化，重要的在于能够在总体上不断呈现正面递进性，才能从总体上提高道德修养，实现道德价值。

由上可知，从道德修养的目的条件来看，如何提升道德修养的目的的层次性，促进道德修养的正面递进性，是道德修养中的重要内容。只要能够有效地促使主体关注其道德修养层次，愿意提升其道德修养水平，就能够使主体形成良好的道德修养，有助于道德价值的实现。

其三，道德修养的实践条件。

道德修养的提高需要主体在其道德生活中不断实践。如果说道德修养的自觉条件指明了主体道德修养的自我约束的内涵，道德修养的目的条件指明了主体道德修养的目标，那么道德修养的实践条件指明了道德修养的提高离不开主体的积极实践。唯有在实践之中，主体的道德修养的水平才能切实提高，才能促进道德价值的实现。任何脱离了实践的道德修养都是空洞的饶舌，无法落实道德修养。主体越是不断地投身于道德修养的实践活动中，越能够影响道德价值的实现。实践活动能够提高人的道德修养，究其原因，主要在于其中所蕴含的知行合一和自我实现的特性。

道德修养的实践条件具有知行合一的价值指向。"知"，是一种针对道德价值的认知，是实现道德价值的意向。"行"是一种针对道德价值的行为，是实现道德价值的行动。"知"与"行"的统一，是一个从道德价值规范到道德价值行为的动态实践过程，是一个由"知"到"行"，又由"行"到"知"的双向融合过程，是主体道德价值认识不断深化和践行的过程。在这里，"知行合一"不是王阳明所说的"知就是行"，而是知与行的一致，彼此无冲突；"知行合一"不是朱熹所认为的理论上的"合一"，而是实践上的"合一"，彼此相互统一；"知行合一"也不是以"行"吞并"知"或以"知"吞并"行"，而是两者在实践中的相互转换。知行合一解释了在道德修养的实践中，主体从认知到行动的实践过程。其中，认知道德价值的需求性，在主体采取的行动中发挥着重要作用。所认知的道德价值的需求性越强烈，自身利益的满足程度越高，主体就越容易积极实践。反之，主体并不愿意实践。认知道德价值的需求性是基于主体自身的道德经验所做出的判断，而这正与道德价值主体自身的修养相关。从人们的日常生活经验来看，一些道德价值主体不愿意采取行动，就在于缺乏相应的正面的、积极的道德经验。道德修养的实践活动能给予主体一定的认知中的自身经验，当然，这种自身经验是正面的、积极的，才能有助于主体的意向转变为正确行动。

道德修养的实践条件还具有自我实现的价值指向。人们在其社会生活中，不仅要活着，而且要有尊严地活着。道德生活是一种有尊严的社会生活。人的社会道德生活过程就是一个主体不断发现道德意义、生成道德意义、实现道德意义的过程。所谓道德意义问题就是主体在社会道德生活中的道德价值问题。从这个意义上说，人的道德生活是一种具有超越性意义的生活。主体在这种生活中展现了人的自我实现，是一种高于实然生活的超越。道德修养为此而不断向主体注入追求道德价值的动力。道德价值不仅构成了道德生活意义的解释系统，而且还构成了道德生活意义的实践系统。道德修养的实践条件，在这里，就是指主体在道德实践活动中总是体现为一种人之为人的自我实现的生活方式。它赋予了主体道德生活的意义。

因此，从道德修养的实践条件来看，如何增加道德修养的正面的、积极的经验，如何明确主体的自我实现的价值指向，是道德修养中的重要内容。只要能够有效地促使主体不断地做到知行合一，敢于自我实现，就能够在实践中不断提升主体的道德修养水平，实现道德价值。

（三）影响道德价值实现的道德选择条件

道德价值的实现离不开主体的道德选择。"必须承认，最有用的价值判断是那些涉及我们极有可能去做出选择的判断。"①在道德价值的实现过程中，主体经常可能面对多个可以选择的价值目标。不同的选择，其结果不同，甚至有可能出现完全相反的结果。道德价值主体需要在多个价值目标中进行选择。主体的道德选择能力在其中具有非常重要的意义。一般而言，主体的道德选择能力是道德价值实现的必要条件之一。道德选择条件就是指在道德价值的实现过程中，主体能够做出道德选择去实现道德价值的条件。

其一，道德选择的内容条件。

道德选择的内容条件是指主体在两个或多个道德价值中的选择，是一种意志自由的抉择条件。面对多种道德价值之间如何抉择，主体必须具有一定条件下进行选择的意志自由。道德选择其实就是主体的意志自由的体现。也正因为主体的自由选择，才谈得上主体的道德责任。

意志自由是伦理学中的重要概念。按照徐向东的研究，从个体尊严和个人关系来分析，意志自由是人的生活中涉及各种关系的概念。它不仅与道德责任相联系，而且还与思想的真正原创性、自主性、个体性、独特性、爱情和友谊之类的人际关系、我们对"开放的未来"和"生活的希望"的看法，以及自我概念有着密切的联系。②没有意志自由，所有研究都难以存在。道德选择所需要的意志自由是指主体能够按照自己的意志采取行动或不行动的能力。这种能力直接受到主体的认知能力和意志力的影响。主体的认知能力越强，认知的范围越广，人的意志自由的选择空间越大。反之，则相反。同样，主体的意志力越强，越敢于行动，其采取的行动就会越多，说明其能力越强。当然，其道德选择的范围越广。

道德选择中的意志自由是一定社会条件下的自由。一方面，它不是无拘无束的任意性自由。任何主体都是一定社会条件下的主体，其意志不可能完全不受外物的影响而只接受自我的意愿。萨特认为人是自由的，具有绝对的主观性特征。他曾写过一个剧本《魔鬼与上帝》。在这个剧本中，他构思了一个叫做格茨的主人公，能够随心所欲地周游于神与人之间，驰骋于爱与恨之间，的确自由极了。格茨就是萨特所要表达的意志自由的代言人。"我使格茨做到了我自己无法做到的事情。"③萨特认为，一个人即使在其行动中受到一定外在条件的制约，但在精神上不能放弃独立思考，

①　[英]理查德·麦尔文·黑尔. 道德语言[M]. 万俊人，译. 北京：商务印书馆，2005：122.

②　徐向东. 理解自由意志[M]. 北京：北京大学出版社，2008：13-15.

③　[法]萨特. 词语[M]. 潘培庆，译. 北京：生活·读书·新知三联书店，1992：252.

也就是在精神上不受任何制约。一个人五音不全，没有成为一个音乐家的条件，但他可以想成为一个音乐家，这是自由的。这是一种自我选择的自由。但是，在现实社会中，自我总是和他人并存。萨特就需要处理自我和他人的关系问题。他还是要回答在一定社会条件下如何抉择的问题。另一方面，有了一定条件下的限制并不意味着取消自由。斯宾诺莎等人认为，根据意志所做的任何事情都是有原因的，意志决定人的行为，就体现了必然而不是自由。人的选择都是必然链条上的一个环节。但是，这种观点只能解释人做某件事都是有原因的，但不能解释人在可以做的诸多事情中只选择这件事而不是那件事，而这才是人的意志的展现。不同的人可能选择不同，这正是人的意志自由的展现，先有自由，才有了根据因果关系而出现的选择。所以，在这里，意志自由是一定条件下的自由。如果只是仅仅关注了"自由"而忽略了"一定条件"，就会夸大人的能动性；如果只是关注了"一定条件"而忽视了"自由"，就会夸大因果关系。

道德选择的内容就是人的意志自由在道德价值选择上的各种可能性。实现道德价值，其实就是人的意志自由在道德生活实践中的实现。人的意志自由是人和他物的重要区别之一。人因为其意志自由而需要承担道德责任。与之相对应的是因果责任。物与物之间存在着因果联系才会构成彼此的因果责任。只有当人具有了意志自由而选择去做一件事情时才可能要承担一定的道德责任。比如，一条狗碰倒了瓷瓶，一个人恶意打碎瓷瓶，我们会认为狗只是负有因果责任，而不会认为其要承担道德责任，而对于后者，我们会认为他要承担道德责任。因为，后者属于人的意志自由选择的结果，他完全可以选择不打碎。从道德价值论来看，道德价值选择就是人根据意志自由选择了某种道德价值，是人的意志自由的表现。若实现了人权、秩序、公平等道德价值，其实也就是实现了人的意志自由的价值，展现了人的自由本质。

其二，道德选择的形式条件。

从道德价值论来看，道德选择在于道德价值有多个不同的理解和规定。从历史上来看，道德选择有着各种不同的形式，认识和理解这些不同的道德选择的形式，有助于道德价值的实现。道德选择的形式条件就是指道德选择中各种不同的表现形式构成的道德价值实现的条件。主体越了解这些不同形式，越有助于道德价值的实现。

在人们的道德选择中，事实上人们存在理性道德选择和感性道德选择两种选择方式。一般而言，人们的道德选择既有可能受到理性因素的影响，也有可能受到感性因素的影响。我们很难在两者之间做出绝对的区分。两种方式都可能存在道德主体的选择。

理性道德选择方式是主体在道德价值领域借助逻辑思维，在明确的理性思维活动的支配下根据某种普遍性原则而开展的选择方式。这种方式是指主体运用其知识和经验反复进行逻辑思考，通过判断、推理、证明而进行的选择。由于根据某种普遍性原则而开展选择，这种方式常常依靠某种道德的理论模式来展开。而理论模式常常有着不同的样式，其道德选择也就有着不同的方式。比如，伦理学中有义务论和功利论，它们各自有其道德价值观。康德，作为义务论的代表，认为一个人只有为义务而义务才具有道德价值。义务是一种符合道德理性的行为。一个人要尽到四类责任：①对自己的完全责任；②对自己的不完全责任；③对他人的完全责任；④对他人的不完全责任。在康德看来，尽到这些责任，就必然遵循"可普遍化原则"，即要按照你同时认为也能成为普遍规律的准则去行动才符合道德要求。他提出了绝对命令，以此进行道德价值的选择。功利论认为，要以最大多数人的最大利益作为标准进行道德价值的选择。哪种选择最能符合最大多数人的最大利益，就应该选择谁。理性道德价值选择方式是一种比较严谨的理性探讨方式，能够在主体面临重大道德价值选择时发挥其主导作用。尤其在主体面临比较复杂的道德价值选择时，运用理性细致分析、判断、推理、综合等，能够从中得出比较合理的结论。这种理性道德价值选择方式常常为思想家们所津津乐道，成为他们宣传自己道德哲学思想的重要武器。当然，在其准确全面的背后，容易耗费主体大量的时间和精力。同时，它也容易导致一种冰冷的理性算计，缺乏道德价值内在的生机与活力。

相对于在理性思维活动中展开的理性道德选择，感性道德选择是指在道德价值领域中建立在感性认识基础之上，即感性意识活动支配下所进行的选择。这种方式是一种在模糊的、跨越了逻辑思维层面的直指人心的感性意识活动支配下所展开的选择。它主要包括直觉性道德选择、情感性道德选择和习俗性道德选择等。直觉性道德选择是主体直接运用直觉来进行的道德价值选择。这种选择是一种快速反应的选择，是在主体需要立刻做出回应时十分重要的方式。但是，它往往没有细致全面地针对道德价值进行必要的分析，容易出现考虑不周的情况。当然，有些时候，它也可能是长期理性分析后所形成的直觉性顿悟。情感性道德选择是主体根据其情感所做出的道德价值选择。当面临各种道德价值时，主体内在的同情、怜悯、荣誉、羞耻、仁爱、亲情、热情、敬仰等情感都会发挥其作用。在道德领域，主体常常会在某种情感的支配下做出自己的道德价值选择。由于这种方式是在情感的支配下进行的选择，因而具有强大的激励作用。其缺陷在于情感的多变性，不仅容易缺乏正确性的保障，主体容易因情所困，而且它终究是一时的、短暂的，一旦情感衰竭，主体就有可能不再做出选择。习俗性道德选择是主体根据某地的习俗所进行的道德价值选择。这是一种直接根据地方风俗或地方个体道德权威而进行的依附性选择。其优势在于主体容易融入当地生活之中，不需要做出细致分析和独立判断，只要根据大众的习俗就可以了。其缺陷在于服从的盲目性，缺乏道德选择的独创性理解，容易陷入狭隘和保守的泥坑之中。感性道德选择是主体进行道德价值选择的另一种基本方式。它主要受到个体的亲身经历或可以亲身感受的经验事实的影响。在道德价值选择中，这也是一种重要的选择方式。它要求我们要用道德实践的事实来教育人们，以生动形象的方式唤起众人的道德价值情感，触动众人的心弦，引导众人主动地接受正确的道德价值，注意道德价值表达方式的形象性、具体性、情感性，促进道德价值的实现。从社会成员的具体道德价值生活实践来看，大多数人都会运用感性道德选择的方式，它比理性道德选择更具有基础性。

我们认为，理性道德选择和感性道德选择是主体进行道德价值选择的两种基本方式。道德价值的实现既离不开主体的理性道德选择，也离不开主体的感性道德选择。在实现道德价值的过程中，主体的理性道德选择和感性道德选择都有着各自的重大作用，但也有着各自难以摆脱的局限性。如果主体单纯夸大任何一种道德选择方式而放弃其他的道德选择方式都是不明智的，也是不现实的。就此而言，必须将两者结合起来，缺一不可。在这两种选择方式中，理性道德选择是主导，感性道德选择是主流。理性道德选择不能代替感性道德选择；同样，感性道德选择也不能代替理性道德选择。它们各有其适应范围。离开主体的理性道德选择，道德价值选择就会失去主导方向，必将陷于茫然无措的状态；离开主体的感性道德选择，道德价值选择就会缺乏主流阵地，也就容易失去具体的现实意义。

三、道德价值实现的关键条件

道德价值的实现需要一定的外在条件和内在条件。其实，无论是外在条件还是内在条件发挥其积极作用，都需要主体的内心认同。在这里，主体不仅包括个体，而且更主要包括社会大众。没有主体，尤其是没有社会大众的内心认同，道德价值无法实现。能否实现社会大众的普遍性道德价值认同是道德价值实现的关键条件。道德价值只有为社会大众所普遍认同，转换为社会大众的价值信仰和精神目标，才能在社会现实的生活中得以实现。外在条件只是为道德价值的实现构建了外在的可能性背景。毕竟，道德价值的实现还需要足够的内在说服力。如果没有社会成员的价值认同，再有利的外在条件，都无法让社会成员实现道德价值，把它转变为现实。内在条件所涉及的崇高的道德意识、良好的道德修养、正确的道德选择都表明，社会成员的价值认同是贯彻于其中的一条主线，正是它把三者有机联系在一起。崇高的道德意识需要得到社会成员的普遍性认同，否则就会因为其高远而被悬置起来；良好的道德修养需要社会成员能够从内心加以普遍性认同，否则实现道德价值就像闭门造车一样；选择正确的道德价值则是为了社会成员能够沿着所认同的正确道路前进，否则社会成员就会偏离轨道而误入歧途。就此而言，崇高的道德意识、良好的道德修养和正确的道德选择都是需要社会成员从内心深处加以认同。因此，我们需要细致地分析社会成员的普遍性价值认同，把它作为道德价值实现的关键条件专门研究。

既然道德价值认同是道德价值实现的关键条件，那么道德价值认同的含义、类型、影响因素、与其他社会认同之间的关系、发展过程等就值得我们加以研究。

（一）道德价值认同的含义

道德价值认同是个体或社会共同体（国家、民族等）在各自的交往活动中在道德价值观念中所形成的某种共同认可和共同享有。道德价值认同具有两个不同层次的含义。从个体层次来看，道德价值认同是个体对道德价值的理性确认。美国心理学家爱利克·埃里克森（Erik H. Erikson）认为，人的心理的发展划分为八个阶段，每一阶段都有特殊社会心理任务。人在每一阶段都要解决一个特殊矛盾，才能获得人格健康发展。一个成熟的心理认同是以人所属的团体来渐进发展，从而获得个体身份意识、形成统一性的个体的社会价值目标。他所探讨的个体的社会价值目标的形成就属于个体对道德价值的理性确认。这种个体对道德价值的理性确认是一个人与一个时代的道德价值指向的同一感。它表现了个体在自己与一定时代下道德价值之间所悟出的精神一致性。从社会层次来看，道德价值认同是不同的社会共同体成员对道德价值的共同认可或分享。涂尔干认为，认同是一种"集体意识"或"共同意识"，是将一个共同体中不同的个体团结起来的内在凝聚力。他指出："社会成员平均具有的信仰和感情的总和，构成了他们自身明确的生活体系，我们可以称之为集体意识或共同意识。"①
显然，他所理解的认同涉及各种信仰和感情，以及生活体系，必然包括了
道德价值认同，属于从社会角度来理解的道德价值认同。这种道德价值认
同在巩固共同体的精神一致性方面十分必要。

在这里，我们所探讨的道德价值认同既包括个体的道德价值认同，也
包括社会的道德价值认同。它是人们在道德生活实践中所形成的关于道德
的价值定位和定向，意味着共同道德价值观念的形成。它是一切个体的道
德价值认同和社会的道德价值认同的基础。道德价值认同与一般的价值认
同一样，都是要经过主体内在的潜移默化的过程。主体的道德价值认同在
道德价值实现中十分重要。正是由于有了道德价值认同，人们在追求道德
价值的过程中才获得了心理上的支撑，才会形成社会大众的道德价值共
识，才会形成社会大众的共同道德价值的遵守，才会形成社会大众的共同
道德价值的信仰，促进道德价值的实现。道德价值认同也是人们主动实现
道德价值的前提。没有道德价值认同，主体或许也会遵循某种道德价值的
要求，接受道德价值的引导，但有可能只是出于某种外在环境或形势的威
压而不得不如此。唯有经过了道德价值认同，主体才会自觉地支持和追求
道德价值。

（二）道德价值认同的类型

关于道德价值认同的类型，从不同角度有不同的划分。我们可以从道
德价值认同的程度、性质、范围、主体自觉性、途径等方面来划分。

从道德价值认同的程度来分，可以分为自发性认同、约束性认同、理
智性认同。自发性认同是道德价值认同中程度最低的认同。它是与人的生
存的物质环境、文化环境、种族环境、地理环境等各个方面相关的自然性
的认同，是人的这些天然要素所产生的亲和力、凝聚力。约束性认同是在
社会外在约束力下所产生的价值认同，是人们在国家、民族等要素的作用
下受约束性影响所形成的价值认同。这种认同显然要高于自发性认同，因
为其中已经蕴含着社会道德的影响，但形成的稳定性有待发展。理智性认
同是出自自觉自愿的理性认识后的认同，显然又要高于约束性认同。它是
人的理性认同的结果，展现了人的意志自由，是具有高度稳定性的价值
认同。

---

① ［法］涂尔干. 社会分工论[M]. 渠东，译. 北京：生活·读书·新知三联书店，2000：
42.

从道德价值认同的性质来分，可以分为根本性认同、非根本性认同。根本性认同是各个主体在道德价值领域中最为基本方面的认同。非根本性认同是各个主体在道德价值领域中一些非基本方面的认同。

从道德价值认同的范围来看，可以分为部分认同、完全认同。部分认同是人们在价值判断后所达到的一种局部性认同。完全认同是人们在一定的指导性条件下所形成的一种普遍性的认同。

从道德价值认同的主体自觉性来看，可以分为澄清性认同、引导性认同。澄清性认同是主体通过价值澄清所形成的认同。这种认同是主体自觉性的高度呈现。引导性认同是主体在外在环境或他人的引导下所形成的认同。这种认同是主体自觉性在外界的刺激和诱导下所表现出来的认同，也是主体自觉性的一种重要表现。澄清性认同是一种主体自觉性最高的道德价值认同。但是，如果没有引导性认同作为基础，主体很难达到澄清性认同。

从道德价值认同的途径来看，可以分为情感认同、教育认同、直觉认同、信仰认同。情感认同是主体在社会道德生活中出于情感所产生的道德价值认同。这种情感常常是由主体所处的道德文化氛围而产生的一种非常朴素的情感。尽管它不是纯粹理性的，但是在主体的道德价值认同中发挥着重要的动力作用，具有一种最为直接的、潜意识的促进力量。教育认同是主体通过教育所产生的道德价值认同。这种认同常常借助理性来进行，具有其内在的根据和理由，因而可以称之为理性认同。但是，它不仅借助理性，也会运用经验事实来进行理性分析。它体现了社会的教育作用。主体往往就是在各种学习、宣传等教育中形成了一定的道德价值认同。它往往具有充分的理由和根据，并以经验事实和逻辑分析为前提。这种认同有可能与情感是矛盾的，但基于理性的考虑，主体会依据这种认同做出自己的判断，形成道德价值认同。情感认同和教育认同，可能一致，也可能不一致。两者一致，主体能够很快地形成稳固的道德价值认同；两者不一致，两者之间就会相互干扰，影响道德价值认同。一般而言，在这种情况下，教育认同应该取代情感认同。毕竟，教育认同中孕育着理性认知，能够正确地认识道德价值，而仅仅凭着情感容易误入歧途。在教育认同中有可能出现一种更高级的情感，即在理性认知后所形成的情感。个体能够凭着直觉来形成道德价值认同，这就是直觉认同。直觉认同是在情感认同和教育认同的基础上借助直觉所形成的道德价值认同。它看起来和情感认同一样，但却是经过了理性教育后的非理性认同，是高级的非理性认同。另外，在道德价值认同的途径中，信仰认同是主体根据自己的信仰所形成的道德价值认同，如基督教徒在共同的基督信仰中所认可的宗教道德价值。

当然，在现实社会道德生活中，各种道德价值认同之间都存在一种交融关系。有些时候，我们很难把它们简单地归为一种类型。比如，主体在社会教育中所形成的道德价值认同，既可以称之为教育认同，也可以称之为理智性认同、引导性认同等。

(三)影响道德价值认同的因素

结合前面所述的道德价值实现的外在条件与内在条件，影响道德价值认同的因素尽管很多，但也可以从这两个方面来加以分析。

从外在条件来看，影响道德价值认同的因素有社会制度、道德舆论、道德教育等。首先，社会制度是国家的国体和政体在具体社会构架上的制度体系。社会制度中不同的制度的本质规定直接影响了主体的道德价值认同。比如不同社会性质的制度中所指向的道德价值，总是通过社会强制力来维护，支持那些维护其制度的道德价值，瓦解那些不利于其制度的道德价值。同样是追求道德的公正价值，在古希腊城邦制度中所倡导的是维护奴隶制城邦稳定的公正价值，在现代西方社会制度中所倡导的是市场经济中的公正价值。尽管在不同时代道德的公正价值的表述有所不同，但都是通过制度的强制力，引导社会确立其所认可的道德价值，来左右人们的道德价值认同。其次，道德舆论常常通过形成一种道德文化环境，直接影响人们的道德价值认同。毕竟，人们总是生活在一定的道德文化领域，必然要接触道德舆论，或多或少地认同某些道德价值，从而主体的道德价值在一定的社会道德文化环境中达成一种共识，即道德价值认同。再次，道德教育也能够发挥其积极作用。在人的一生中，从小学、中学到大学，从家庭教育、学校教育到社会教育，人都会在一定程度上自觉或不自觉地接受或认同某种道德价值。道德价值认同的外在条件是客观存在的，不容忽视。它总是发挥着重要的由外到内的价值渗透作用，尽管有些复杂。因此，可以毫不夸张地说，道德价值认同总是受到各种各样的外在的影响。

从内在条件来看，影响道德价值认同的因素有人们自身的道德意识、道德修养和道德选择等。如果主体能够形成崇高的道德意识、良好的道德修养和正确的道德选择，就能够主动地认同道德价值，这些都与主体的人生经历和人生体验有着密切的关系。在社会现实生活中，每个人的人生轨迹并不相同，甚至大相径庭。不同的主体的人生道德境遇，在每个主体内心都会形成不同的道德体验，从而构成崇高的道德意识、良好的道德修养和正确的道德选择的重要认同前提。正是这些不同的人生阅历和经验迫使主体在其道德价值方面，在一定程度上达成共识或存在异议。显然，达成共识，意味着形成了道德价值认同，反之，则意味着离道德价值认同还有距离。由此可见，主体不同的道德境遇和人生体验，都会通过道德意识、道德修养和道德选择等影响道德价值认同。

在这里，道德价值认同既是外在条件作用的结果，也是内在条件作用的结果。正如美国学者曼纽尔·卡斯特（Manuel Castells）所说："认同的建构所运用的材料来自历史、地理、生物，来自生产和再生产的制度，来自集体记忆和个人幻想，也来自权力机器和宗教启示。也正是个人、社会团体和各个社会，才根据扎根于他们的社会结构和时空框架的社会要素和文化规则，处理了所有这些材料，并重新安排了它们的意义。"①主体的道德价值认同既与社会制度、道德舆论、道德教育等有着密切关系，也和人们自身的道德意识、道德修养和道德选择等密不可分。正是在两者合力的作用下，才形成了主体的某种道德价值认同。在社会中所形成的道德价值认同越普遍，意味着社会大众越是认同道德价值，就越有助于道德价值的实现。

(四) 道德价值认同与其他认同的关系

认同是一个从社会学中发展出来的概念，它包括丰富的内容，道德价值认同是社会认同中的一种。研究者们所探讨的认同除了道德价值认同外，常常还涉及文化价值认同、政治价值认同等。道德价值认同和文化价值认同、政治价值认同等社会认同之间存在着密切联系。

文化价值认同是体现民族特质和文化底蕴的价值认同。它通过民族疆界和民族语言等来展现人的文化归属。比如，中华民族文化价值认同是指体现中华民族价值内涵的民族特质和文化底蕴，凸显了中华精神气质，如语言、民族特性等方面的价值认同。从文化的发展来看，文化价值认同通过道德价值认同来实现。个体在社会生活实践中所形成的文化观念、思维方式、规范要求等都包含着某种道德价值观念。毕竟，道德价值观念渗透在社会生活的各个方面。这种道德价值观念融入群体之中，就会在群体深层结构中汇聚成为群体的行为规范与判断是非曲直的标准，从而最终成为一种普遍化的文化价值认同。文化价值认同的成立在于道德价值认同。道德价值是文化价值的核心。就此而言，一个人的文化价值认同主要在于道

---

① ［美］曼纽尔·卡斯特. 认同的力量(第 2 版)［M］. 曹荣湘，译. 北京：社会科学文献出版社，2006：6.

德价值认同。道德价值认同是一种文化价值认同，展现了文化价值中民族的道德价值特色与精神传承基因。因此，任何一个社会群体，都有属于自己的文化价值追求，都有群体成员共同拥有的道德价值观念。文化价值认同的核心是个体对于道德价值观的认可与共享。通过文化价值认同，有助于实现道德价值认同；而倡导道德价值认同，也直接影响文化价值认同。它们都是个体在整合性的实践中，在自身文化和道德特殊性的基础上保持同社会文化和道德相一致的心理过程。

政治价值认同是指上层建筑领域中各种社会主体维护自身利益的认同行为以及由此结成的特定价值认同关系。它是指一个人在某些重要的主观意识上自我认同属于什么政治团体，如国家、民族、党派等。政治价值认同内在地具有一种为某个政治团体效忠的动力。任何国家或民族，为了自身的稳定与发展，都需要增强社会成员的政治价值认同。它成为国家各种政治活动的目标归属。在政治价值认同中，社会不仅进行着行政资源的政治整合，而且进行着社会心理和价值观念的文化整合。道德价值认同与政治价值认同在社会的稳定与发展中具有同样重要的作用。它们分别从道德与政治两个不同维度展现了主体认同与归宿在国家社会生活中的重要性。政治价值认同表现为主体对政治客体价值的认可与赞同，道德价值认同则表现为主体对道德客体价值的认可与赞同。政治价值认同主要包括合法性认同和意识形态认同。合法性认同"涉及该制度产生并保持现存政治机构最符合社会需要的这种信念的能力"①，其理论前提是合道德性。唯有合道德性的政治，才谈得上合法性。任何不合道德价值的政治，都是有缺陷的政治，不可能具有真正的合法性。在现代社会中，合法性危机常常就是合道德性危机。"只有那些共享的价值观、象征符号以及彼此接受的法律—政治秩序，才能提供必要的、广泛流行的合法性；顶层的一致协议和国际上的承认，都不足以构建或确认一个国家。"②另外，意识形态认同也是政治价值认同中的一项重要内容。政治价值认同在一个国家的社会生活中，常常表现为意识形态认同。而在这种意识形态认同中，道德价值认同也是不容忽视的重要内容。因此，政治价值认同与道德价值认同之间关系密切。

其实，无论是道德价值认同，还是文化价值认同、政治价值认同等，

①　[美]西摩·马丁·利普塞特. 政治人：政治的社会基础[M]. 刘钢敏，聂蓉，等，译. 北京：商务印书馆，1993：53.

②　[俄]瓦列里·季什科夫. 苏联及其解体后的族性、民族主义及冲突：炽热的头脑[M]. 姜德顺，译. 北京：中央民族大学出版社，2009：465-466.

归根结底都是一种利益认同基础上的思想认同。道德价值认同、文化价值认同、政治价值认同等，不过是价值认同的不同的外在表现形式，其内容和实质是利益认同。马克思曾指出："发展着自己的物质生产和物质交往的人们，在改变自己的这个现实的同时也改变着自己的思维和思维的产物。"①也就是说，道德价值认同、文化价值认同、政治价值认同等都在不同物质生产实践中产生思想认同。思想认同从形式上看，都是通过道德、文化以及政治方面的宣传与教育而形成，其实从内容上看，都是针对主体需要的客观对象的认同，都是针对与主体相关的物质利益的认同。不同的主体选择不同的道德价值、文化价值、政治价值，这种不同的认同是由于不同的内在利益所决定的。因此，增强道德价值认同、文化价值认同、政治价值认同等，还是需要形成与增强共同利益。

（五）道德价值认同的过程

道德价值认同的过程是道德价值认同研究中的重要内容之一。荷兰社会学家伯特·克兰德曼斯（Bert Klandermans）认为，认同的过程研究在社会心理学研究中"处于核心地位"②。从道德价值论来看，道德价值的实现离不开道德价值认同，而任何道德价值认同都存在一个从局部到整体、从现象到本质、从外部到内部的过程。道德价值认同的过程，就是主体能够把外在的道德价值要求，转化为自己的内在要求，实现道德价值从他律到自律的根本性变化的过程。而这直接影响着道德价值认同能否成立。因此，研究道德价值认同的过程十分重要。

道德价值认同的过程是一个主体所认知的道德价值从他律到自律的根本性变化的过程。在认同之前，道德价值外在于主体，主体并不为道德价值所动。主体在道德生活和社会实践中，逐渐开始认识道德价值，理解道德的公正、自由、平等、和谐等价值的部分含义，但还有待深入理解。同时，在社会道德生活中，主体意识到这些道德价值的重要性，认识到如果自己不遵守道德价值所提出的要求，就会受到别人的质疑。因为顾忌他人的批评，主体不得不注意道德价值所提出的要求。在这里，道德价值处于"他人之眼"的状态，主体对待道德价值还是处于他律阶段。随着理解的深入，主体认可了道德价值，自觉地运用道德价值观念进行自我道德价值

---

① ［德］马克思，恩格斯. 马克思恩格斯文集（第 1 卷）［M］. 北京：人民出版社，2009：533.

② ［荷兰］伯特·克兰德曼斯. 认同政治与政治化认同：认同过程及其抗争的动力［J］. 阙天舒，译. 国外理论动态，2016（02）.

评价和社会道德价值评价，把道德价值作为自己的一种道德意识。在这里，道德价值处于"自己之心"的状态，表明主体已经进入道德价值自律阶段，形成了道德价值认同。

道德价值认同的过程具有渐进性、求同存异性和特殊流动性的特征。

道德价值认同的过程具有渐进性。它是指道德价值的认同过程是一个潜移默化的渐进过程。道德价值是对未来道德理想和目标的一种盼望和追求。主体渴望和追求道德价值，就是在多种道德价值之间不断选择，而这种道德价值选择的过程显然是长期的、复杂的，并不是一次能够完成的。主体需要在其道德生活实践中不断地进行自我的努力和突破，而这个过程充满了主体在道德价值意识中自我的反复确认和提升。同时，各种道德价值主体各有其不同的道德价值方面的理解。他们所考虑的道德价值各有其特点。比如个体道德价值主体考虑的主要是私人领域，群体道德价值和社会道德价值的主体考虑的主要是公共领域。这种道德价值主体所面对问题的多样性和复杂性，直接影响了道德价值的认同进程。因此，道德价值认同的过程不会是一帆风顺的，而是充满了艰巨性。就此而言，它具有渐进性。

道德价值认同的过程具有求同存异性。它是指道德价值认同的过程是一个不断求同存异的过程。道德价值认同以道德价值的异质为存在前提。道德价值认同的存在就在于存在各种各样的道德价值差异。要获得道德价值认同就必然要在各种差异中求得道德价值共识。从道德价值认同的性质上看，道德价值认同分为根本性认同、非根本性认同。根本性认同是各个主体在道德价值领域中最为基本方面的认同。非根本性认同是各个主体在道德价值领域中一些非基本方面的认同。求同存异就是要找到那些根本性认同中的一致性。从人类社会的发展来看，道德价值由于其时代与传统的不同，而形成了各种各样的形式。在经济全球化中，当不同的道德价值彼此相遇，既有其相互冲突的方面，也有其相互一致的地方。尽管有着很多冲突，但国家与国家、民族与民族之间还是存在着密切的联系。各种共同的人类利益以及相关问题构成了道德价值认同的基础，比如在人的生存与发展过程中都需要面对的环境问题、公共卫生健康问题等。正如习近平总书记在博鳌亚洲论坛上所说："人类只有一个地球，各国共处一个世界。共同发展是持续发展的重要基础，符合各国人民长远利益和根本利益。我们生活在同一个地球村，应该牢固树立命运共同体意识，顺应时代潮流，把握正确方向，坚持同舟共济。"①就道德价值而言，在某些人类根本利益

---

① 习近平：习近平谈治国理政［M］. 北京：外文出版社，2014：330.

和追求方面，道德价值认同是存在的。主体要获得道德价值认同就必然要求同存异。道德价值认同的过程就是一个不断求同存异的过程。

道德价值认同的过程具有特殊流动性。它是指道德价值认同的过程是一个不断特殊流动化的过程。从道德价值认同的发展过程来看，每个道德价值主体，无论是群体还是个体，都有其不同的内在心理与外在特质，从事着各种各样的社会实践活动。固然，他们的道德价值认同都是一个求同存异的过程，但是，这些不同道德价值主体在走向道德价值认同的过程中也是一个从各自不同的内心心理与外在特质在各种社会实践活动中逐渐走向认同，因而都有其特殊性的认同过程。比如，一个工人认同道德的人权价值，可能是在工业生产活动中认识到自己的基本权利应该得到保护，而一个警察可能是在保护他人的警务活动中逐渐认识到保护每个人人权的道德价值。同时，由于时代发展的节奏不断加快，这种特殊性的过程越来越展现为一种流动性。各个道德价值主体都处于一种不断变化的社会生活之中。正是在这种不断变化的社会生活中，本来所形成的道德价值认同，随着时代的变化，不可能总是保持原有的长期固定不动的特性，其继承与更新的速度不断加快，从而不断丰富和发展原有的各种道德价值的内涵。比如，在现代社会中，人们所认同的道德的和谐价值，过去可能只是认可道德在人与社会、人与人之间的和谐价值，现在也会认同道德在人与自然之间的和谐价值。就此而言，道德价值认同的过程是一个不断流动的、特殊化的过程。

道德价值认同是道德价值实现的关键条件。如果道德价值认同出现问题或偏差，必然导致道德价值实现出现问题或偏差，因此，关注道德价值存在的类型，分析影响道德价值认同的因素，注意道德价值认同与政治认同、文化认同等社会认同之间的关系，注重道德价值认同的过程，有助于深入了解道德价值实现的条件。

第四章 道德价值冲突及其解决

道德价值冲突是道德价值研究中最为重要的论题之一。同时，它也是人类道德生活实践中最为常见的问题之一。毕竟，"大多数重要的冲突都是在现在使人满意或已经使人满意的事物之间的冲突，而不是善与恶之间的冲突"①。道德价值冲突的解决是道德价值研究中的重要目标。我们探讨道德价值问题，很大程度上就是为了解决道德价值冲突。如何解决道德价值冲突，或者说，如何高效、有益地解决道德价值冲突是道德价值实现论研究中极为重要的问题。从这个角度来看，我们探讨道德价值实现的障碍、道德价值实现的条件，正是为了更好地解决道德价值冲突。道德价值冲突解决得好，就可以以最小的道德成本获得最佳的道德效益；道德价值冲突解决得不好，就可能出现不必要的成本浪费，得不偿失，甚至有失无得。因此，我们需要仔细研究道德价值冲突及其解决办法，这就涉及认识和了解道德价值冲突的表现、原因和解决方式。

一、道德价值冲突的表现

在人类社会中，道德价值冲突总是存在的。人们所理解和认同的道德价值不同，导致了道德价值的多样性，不可避免地会出现道德价值的分化，其最终的可能性就是道德价值冲突。道德价值冲突是道德价值实现中所要研究的重要内容。因为，道德价值冲突隐含着社会基本价值观或共同信念的分化与对立。正如社会冲突理论的著名学者科塞所说："权利、地位和资源分配方面的冲突与直接涉及基本价值观或共同价值信念的冲突相

---

① ［美］约翰·杜威. 确定性的寻求——关于知行关系的研究［M］. 傅统先，译. 上海：华东师范大学出版社，2019：251.

比较，后者对社会具有破坏性，甚至会造成整个社会系统的混乱、瓦解和重组。"①从某种意义上看，道德价值的实现就是化解道德价值冲突，形成道德价值共识，从而形成社会凝聚力，促进人的发展与社会的进步。

那么，道德价值冲突指的是什么？我们认为，道德价值冲突是指人们在道德价值的认识、理解等方面所形成的对立与矛盾。

从道德价值论的角度来看，人们在道德生活实践中，如果只存在各种单一的道德价值，只需要主体遵循一定的道德价值规范的要求即可。这就不存在道德价值冲突的问题。但是，真正值得认真研究的是主体在各种道德价值之间陷入茫然与苦闷中，无法做出抉择。道德价值冲突在人们的道德生活实践中有着各种表现。我们可以通过认识道德价值冲突的表现，进而探讨道德价值冲突的原因、解决方式等。

道德价值冲突各有所不同表现，其表现的种类、性质与结构是多种多样的。道德价值总是属于一个多元且多层次的复杂道德价值体系之中，在道德价值体系中，总是存在着标志其发展方向的价值目标以及一些价值观念。因此，我们由此分析道德价值冲突的种类，把道德价值冲突分为道德价值目标的冲突和道德价值观念的冲突。在此基础上，我们可以进一步从道德价值的性质和结构方面来探讨道德价值冲突的表现。也就是说，道德价值冲突不仅表现在种类上，而且还表现在道德价值的性质和结构上。我们以此来分析道德价值冲突的表现就比较完整。

(一)道德价值冲突的种类

1. 道德价值目标的冲突

道德价值目标是道德价值所要实现的目标。在所要实现的各种道德价值目标中，它们彼此之间难以避免地会产生矛盾。道德价值目标中含有人权价值、秩序价值、自由价值、公正价值等。道德价值目标之间常常出现难以避免的冲突。在这里，我们主要探讨人权与秩序的冲突、自由与秩序的冲突、公正与秩序的冲突。

（1）人权与秩序的冲突。人权是人的主体性权利，是人的自然属性和社会属性的统一，是人作为人在其生存和发展中依其自然性和社会性所必不可少的权利。秩序是指人和事物根据某种规则在其存在和运作过程中有条理地、有组织地呈现出其本身和构成部分各得其所的良好状态。一般情

---

① [美]L. 科赛. 社会冲突的功能[M]. 孙立平，译. 北京：华夏出版社，1989：73.

况下，人权与秩序之间是统一的。人权的维护能够有力地促进社会秩序的稳定，而社会秩序的稳定也能够有助于维护人权。但是，在有些情况下，人权与秩序之间出现冲突。人权突出的是人作为人在社会中所具有的权利，秩序凸显的是社会的良好状态。由于人是社会的组成部分，社会是人的社会，因此，人权与秩序之间存在着密切的联系。但是，它们所持有的价值取向的角度并不相同。人权指向人的权利，秩序指向社会的稳定。在这里，人权与秩序之间不可能完全一致，其内在的人与社会之间的矛盾一直存在。这一点决定了人权与秩序之间必然会出现冲突。比如，一个恐怖分子团伙准备在某城市发动恐怖袭击，扰乱社会秩序。现在警察局已经抓获其中一个恐怖分子，只有采取严刑逼供手段才可能让他交出同伙，把其他恐怖分子一网打尽，避免全城陷入社会混乱。在这里，该城市的警察局就需要在人权与秩序之间做出选择。如果为了维护社会秩序，针对恐怖分子施以酷刑，就侵犯了他的人权；如果要保障恐怖分子的人权，就会导致其他恐怖分子扰乱社会秩序。人权与秩序的冲突体现了道德在人的生存与发展、社会的生存与发展中的两个角度。道德既要维护人权价值，也要保护秩序价值。当两者无法兼得时，人权与秩序的冲突就难以避免了。

（2）自由与秩序的冲突。社会离不开秩序，道德本身就是防止社会的无序与混乱的重要手段之一。从这个角度来看，道德与秩序之间关系密切。道德是实现社会秩序价值的重要途径。然而，从某种意义上看，社会的秩序总是带有一定的压制自由、追求稳定的特性。而自由意味着倡导人的主体性的觉醒，难免有时会破坏社会原有的某种秩序。因此，自由与秩序之间会出现冲突。比如，在20世纪50年代，美国社会的公众普遍地同情无家可归的穷人。但是，随着流浪乞讨人员所带来的一系列难以解决的社会治安问题的出现，公众的同情逐渐消失。甚至在自由主义最为流行的加州，居民普遍要求政府采取严厉措施整治街道秩序。目前，大约有40个美国城市禁止无家可归者在公共场所露宿。许多城市还明确表示不欢迎流浪乞讨人员光临本市，禁止其在地铁、火车站或某些繁华街区乞讨，防止扰乱社会治安或有损市容的行为。在这里，如果完全尊重无家可归者的自由，社会秩序就难以得到保障；如果要保证社会秩序，就要限制他们的自由。因此，地方政府在自由与秩序之间难以取舍。人是自由的存在物，也是遵循秩序的存在物。自由与秩序的价值需求都来自人类本性。人的个体性彰显为自由，人的社会性体现为秩序。道德是人的优良生活的重要构成要素，也是人类社会发展的重要手段。道德的价值目标包括自由与秩序。一方面，自由高于秩序。人的道德是为了人的自由而设定的，秩序也是为了满足人的自由而规定的。自由是人的最为重要的价值目标。为了大多数人的自由，可以不要秩序或放弃那种限制自由的道德。另一方面，秩序高于自由。道德是秩序的化身。道德与秩序是通过限制某些人的过度自由来保障大多数人的自由。在道德确定了自由与秩序的适当位置后，当某些个体的自由要突破社会秩序时，秩序要高于自由，不能为了迁就那些人的自由而牺牲秩序。尽管两者之间常常存在冲突，但它们都有利于人的自身的发展，具有其内在一致的方面。"自由只有通过社会秩序或在社会秩序中才能存在，而且只有当社会秩序得到健康的发展时，自由才可能增长。"①因此，道德的自由价值与秩序价值是对立统一的关系。它们各自难以在静态中达到平衡。从这个意义上看，道德的实质就是要寻求自由与秩序的动态平衡。美国地方政府采取在某些区域限制无家可归人员的做法，就是试图要平衡两者之间的关系。当然，当两者无法达成平衡时，自由与秩序的冲突就难以避免了。

（3）公正与秩序的冲突。作为道德价值目标，公正与秩序在一般情况下可以相互支持。然而，有些时候，为了实现公正，不得不牺牲秩序；有些时候，为了秩序，不得不牺牲公正。也就是说，公正与秩序之间有可能出现冲突。这种冲突主要表现在三个方面：一是秩序价值损害了公正价值。某些做法维护了社会秩序的稳定，但严重损害了社会应有的公正。二是公正价值损害了秩序价值。比如，东欧剧变前期，社会特权阶层为所欲为，占有各种各样的权利，普通民众处于社会底层，承担了无尽的义务。在这样不公的社会中，改革者所推行的改革路线有助于公正价值的实现，但也带来了社会秩序的混乱。三是秩序价值与公正价值的对峙。人们在道德生活实践中，在秩序与公正之间难以做出选择。毕竟，社会秩序是脆弱的，需要不断维护。但为了秩序而牺牲公正，有可能导致国家权利公信力的丧失。因此，在两者之间如何取舍就成为一个非常艰难的决定。无论是公正还是秩序都是人们在社会道德生活中不可缺少的重要价值，人们常常会陷入两难境地，努力寻找尽可能兼顾两者的解决方法。在公正与秩序之间，追求的公正应是有秩序的公正，倡导的秩序应是具有公正的秩序。但是，在实现公正价值与秩序价值的实践活动中，人们不得不面对它们之间的冲突。

---

①　[美]查尔斯·霍顿·库利. 人类本性和社会秩序[M]. 包凡一，王湲，译. 北京：华夏出版社，1999：278.

2. 道德价值观念的冲突

从道德价值观念来看，道德价值冲突表现为同一主体自身的道德价值观冲突与不同主体之间相互的道德价值观冲突。

一方面，同一主体自身由于前后的认识不同，导致其道德价值观冲突，即同一主体自身的道德价值观冲突。

同一主体自身的道德价值观冲突是指同一主体自身的多重道德价值认识及实现的相互矛盾所带来的冲突。在这里，同一主体，既有可能指同一个体，也有可能指同一群体。主体在社会中总是具有一定的道德价值认识和道德价值实现的渴望。在主体的道德价值认识和道德价值实现的渴望中，由于其自身所处的复杂的社会背景，在不同的境遇中就会出现不同的道德价值认识和道德价值期求，从而形成各种不同的道德价值之间的冲突。主体自身的道德价值观冲突主要有以下几种表现形式。

（1）主体自身道德价值观与社会所提倡的道德价值观之间的冲突。主体总是生活在一定的社会环境中直面各种道德价值观。任何社会为了自身的发展与稳定，总是要提出其相应的道德价值取向，如自由、人权、和谐、秩序等。这些道德价值的目标，具有丰富的抽象内涵。以自由为例，关于自由的定义与解释有两百多种。任何社会都会从中选出自己所需要的主流道德价值观。每一个生活在社会中的主体都不仅生活在自然的空气中，而且还生活在精神的空气中，不可避免地接触社会主流道德价值观。但是，由于主体的生活环境、家庭背景、教育环境等各方面的区别，其既有可能认同这种道德价值观，也有可能心中有所保留，甚至完全否定。在后面两种情况下，主体自身的道德价值观与社会所提出的道德价值观之间就会出现尖锐的对立。

（2）主体自身同一道德价值观认识变化所带来的冲突。生活在一定社会环境中的主体，其社会地位、经济状况、生活环境等总是不断发生变化。当他们的社会地位、经济状况、生活环境等发生变化时，主体自身常常会面临新旧道德价值观的冲突。原先非常看重的道德价值可能会变得并不十分重要，而原先并不看重的道德价值可能变得格外重要。比如，一个普通工作人员成为单位的管理者。过去他把道德的自由价值看得很重，不太喜欢道德秩序价值，但随着在工作中成为管理者，他就会发现道德的秩序价值更为重要，而怀疑过去曾经重视的自由价值。由此，主体会陷入道德价值观认识的冲突与较量中。一个历经沧桑的人常常会感叹自我道德价值观的这种冲突所带来的迷茫。"回首当年，洒尽志士仁人的头颅鲜血，难道是为浸透肮脏的全球资本在中国生根发展，开辟道路？今日白发苍苍行走不便的老干部，当白天面对豪华旅店林立、酒色狂欢，夜晚想起当年陕北窑洞、太行土屋中的艰苦情境，会不会感慨历史而竟如此？"①曾经"高大上"的道德价值，如自由、公正、幸福……到底是谁的自由，谁的公正，谁的幸福？在历史镜像中变得模糊而纠结。道德价值还是那些价值，其含义有了如此大的变化。

另一方面，不同主体之间出现道德价值观冲突，可以分为以下几种情况。

（1）个体与个体之间的道德价值观冲突。从理论上说，个体与个体都是独立的主体，主体之间应该相互理解、沟通，相互尊重、宽容，加强对话以及合作，形成某种道德价值的共识。但是，在社会现实生活中，每个个体的生活阅历、所处社会地位、经济状况等都千差万别。正是这种个体的千差万别，才显示了个体的独特性。正如卡西尔在《人论》中所说："哲学不可能放弃它对这个理想世界的基本统一性的探索，但并不把这种统一性与单一性混淆起来，并不忽视在人的这些不同力量之间存在的张力与摩擦、强烈的对立和深刻的冲突。这些力量不可能被归结为一个公分母。它们趋向于不同的方向，遵循着不同的原则。但是这种多样性和相异性并不意味着不一致或不和谐。所有这些功能都是相辅相成的。每一种功能都开启了一条新的地平线并且向我们展示了人性的一个新方面。"②个体的这种独特性导致他们在道德生活实践中可能形成各种不同的道德价值观念，甚至是彼此对立的道德价值观念。从道德价值观冲突来说，个体与个体之间总是会存在各种不同道德价值观的冲突。

（2）个体与群体之间的道德价值观冲突。它主要包括个体与其所属群体的道德价值观冲突、群体与其群体之外个体的道德价值观冲突。

①个体与其所属群体的道德价值观冲突。群体是在不同个体基础上所构建而形成的组织，是人们在社会生活实践中基于共同的思想方式、行为方式、价值追求等所构建的某种形式的共同体。群体包括三种：作为整体的人类群体，作为一定历史条件下的人类群体，作为一定历史条件下不同地区的人类群体。因此，具体而言，群体的范围很广，比如社区、企业、军队、政府机构、政治党派，以及阶级、党派、国家、民族等，都可以视

---

① 李泽厚. 历史本体论·己卯五说[M]. 北京：生活·读书·新知三联出版社，2013：223.
② ［德］恩斯特·卡西尔. 人论[M]. 甘阳，译. 上海：上海译文出版社，2004：288.

为群体。个体是构成群体的要素，没有个体就没有群体。群体是个体的集合，没有群体的庇护，个体也不可能存在。正如哈贝马斯所说："'自我'是在与'他人'的相互关系中凸显出来的，这个词的核心意义是主体间性，即与他人的社会关联。唯有在这种社会关联中，单独的人才能成为与众不同的个体而存在。离开了社会群体，所谓自我和主体都无从谈起。"①个体与群体是相互依存的关系。一般来说，一定群体中的个体与群体的道德价值观是一致的，否则不会共处一个群体之中。从这个意义上说，个体道德价值观是群体道德价值观的个别，群体道德价值观是个体道德价值观的一般。但是，个别与一般之间不可能完全同一，它们之间还是存在差异。因此，个体与群体之间的道德价值观必然存在区别，甚至博弈。

②群体与其群体之外个体的道德价值观冲突。既然个体与其所属群体的道德价值观会存在冲突，那么，处于群体之外的个体和这个群体之间在道德价值观上的差异和对峙就会更多，也会更为激烈。因此，这种道德价值观的冲突表现得更为普遍。比如，一个中国人到美国，或一个美国人到中国，都会感受到道德价值观的冲突。

(3)群体与群体之间的道德价值观冲突。在任何社会中，总是存在各种各样的群体。群体是基于共同的思想方式、行为方式、价值追求等所构建的某种形式的共同体。各种群体在社会中总是基于一定的利益而构成。这种利益既有可能是物质层面的，也有可能是精神层面的。这些形形色色的利益差别就决定了群体之间在道德价值观上存在各种区别与差异，甚至直接构成了冲突。从这个角度来看，群体间利益的区别与差异是群体间道德价值观冲突的客观基础。从人类社会的历史与现实的状况来看，各种各样群体之间的冲突从来没有停止过，从社团冲突、单位冲突、党派冲突，到阶层冲突、种族冲突，乃至民族冲突、国家冲突。在这些各式各样的冲突中，道德价值观冲突都在其中占有重要位置。在民族冲突、国家冲突中，道德价值观冲突是其中一个重要的战场。在中国古代，改朝换代总是需要师出有名，即占据道德制高点。谁提出更为合适的道德价值观念，谁就具有更大的道德感召力。即使在当今世界，各种群体的政治斗争、经济斗争都渗透着道德价值观的冲突与较量。因此，群体与群体之间的道德价值观冲突是道德价值冲突的重要表现形式之一。

总之，在社会现实生活中，每个个体的生活阅历、所处社会地位、经

---

① [德]尤尔根·哈贝马斯. 重建历史唯物主义[M]. 郭官义，译. 北京：社会科学文献出版社，2000：53.

济状况等都千差万别。正是这种个体的千差万别，导致他们在道德生活实践中可能形成各种不同的道德价值观念，甚至是彼此对立的道德价值观念，即个体与个体之间的道德价值观冲突。群体是在不同个体基础上所构建而成的组织。个体有可能认同群体道德价值，也可能否定。这就会出现个体与群体之间的道德价值观冲突。在不同群体之间，由于其认同的道德价值不同，又会出现群体与群体之间的道德价值观冲突。

（二）道德价值冲突的性质

要全面而深入地把握道德价值冲突的表现，还必须进一步分析它的性质。从道德价值冲突的性质来看，道德价值冲突主要表现为建设性冲突与破坏性冲突、客观性冲突与主观性冲突、一般性冲突与特殊性冲突。

1. 建设性冲突与破坏性冲突

道德价值冲突的性质既具有建设性，也可能具有破坏性。在道德价值冲突性质的认识过程中，一些学者认为道德价值冲突只会是破坏性的，也就是说，仅仅具有消极意义。要实现道德价值就要努力防止道德价值冲突。然而，随着研究的深入，人们逐渐发现道德价值冲突难以避免，道德价值冲突的确会带来破坏性，但不容忽视的是它还有可能具有建设性。正是在道德价值冲突中，人们更为深入地理解了道德价值，从而有助于道德价值的实现。

所谓建设性道德价值冲突是指道德价值冲突导致主体为了更好地实现道德价值而采取积极的方法与措施，促进了道德价值的认识与实现。比如，自由与公正都是人们道德生活实践中的重要价值。但有些时候，自由与公正之间会出现冲突。正是在研究中，人们能够发现自由与公正既有重叠的地方，也有相互分离的地方。自由理念中所渴望的每个人的自主、自觉都得到尊重，和公正的要求在道德上有相一致的地方。如果自由理念中所贯彻的自主、自觉与社会公正的具体要求，在一定的具体措施中得到了统一，化解了两者的冲突，这种研究就是富有建设性的。它反而促进了道德价值的认识与实现。从道德价值的实现来看，建设性道德价值冲突的存在，有利于促进道德价值的研究，最大限度地实现各种道德价值。

所谓破坏性道德价值冲突是指道德价值冲突导致道德价值实现受阻。破坏性道德价值冲突在于人们各执一词，仅仅只考虑了道德价值中的某一个方面，而忽视了本不应该忽视的方面。比如，自由和秩序都是道德的价值目标、价值追求和价值理想。任何道德都要追求一定的秩序，倡导一种社会的有序状态。同时，任何道德也能捍卫一定的自由。从某种意义上看，社会的秩序总是带有一定的压制自由、追求稳定的特性。而自由意味着倡导人的主体性的觉醒，难免有时会破坏社会原有的某种秩序。自由和秩序的价值需求都来自人类本性。人的个体性彰显为自由，人的社会性体现为秩序。道德是人的优良生活的重要构成要素，也是人类社会发展的重要手段。如果我们不能处理好自由和秩序的冲突，它们就会成为破坏性道德价值冲突，阻碍自由价值和秩序价值的实现。

2. 客观性冲突与主观性冲突

道德价值冲突的性质还表现为客观性与主观性。道德价值冲突有些时候是在人们的道德生活实践中客观存在的，而并非在主观设想中存在。这样的道德价值冲突，可以被称为客观性道德价值冲突。还有些道德价值冲突并不在人们的道德生活实践中客观存在，而仅仅是存在于主观设想的状态中。这种道德价值冲突，可以被称为主观性道德价值冲突。

道德价值的客观性冲突与主观性冲突的关键点在于道德价值冲突是否实际存在。在这里，这种实际存在体现在客观性冲突是现实地存在于人们的道德生活实践中，而主观存在则是主观性地存在于人们的并非实际的世界中。主观性道德价值冲突又可以称为仿真性道德价值冲突。比如，在图书、电影、电视剧等媒体所构思的非实际存在的情节中，道德价值冲突就是主观性道德价值冲突。随着数字媒体世界的空前扩张，主观性道德价值冲突或仿真性道德价值冲突逐渐成为道德价值冲突中的重要研究内容。网络虚拟世界的发展，仿真文化的盛行，让许多仿真的人与事被相互组合，经过艺术加工形成一个又一个形象。它们构成了一个又一个可能性的道德生活世界。这种逼真的世界与实际道德生活世界一样，也存在着道德生活中的各种价值冲突。由于仿真的道德生活世界是客观存在的现实世界的构想与发展，具有高度凝练的特性，因而其中所蕴含的道德价值冲突更为集中、更为强烈，也更为复杂，往往在一个非现实的情节中构成了复杂的冲突。从这个角度来看，这种仿真的道德生活世界发展迅猛，在无意之中挤压了人们的现实道德生活空间。由此造成的结果是，仿真的道德生活世界在学术研究的理论意义上远远优越于现实的道德生活世界。

其实，主观性道德价值冲突还是来源于客观现实世界中的道德价值冲突。因此，无论是道德价值的客观性冲突还是道德价值的主观性冲突，都得到了主体内在的承认。就此而言，道德价值冲突并没有什么客观性与主观性之分。它们都是真实存在的，都是主体所认可的。由此，在探讨道德价值实现的过程中，如何解决道德价值冲突，对于两种道德价值冲突都是适用的。只要这种方式能够有效地解决冲突，促进道德价值的实现，刻意地区别道德价值冲突的客观性和主观性并没有太大的意义。显然，主体不可能彻底地把客观性的道德价值冲突与反映这种冲突的主观性道德价值冲突相区别。毕竟，它们都是主体在现实与思维两个世界中不可回避的活生生的现实内容。

3. 一般性冲突与特殊性冲突

道德价值冲突也可以表现为一般性冲突与特殊性冲突。它们是道德价值中理论性与实践性在冲突中的外化。一般性道德价值冲突与特殊性道德价值冲突是两种常见的道德价值冲突。

所谓一般性道德价值冲突是指道德价值冲突有些时候是理论意义上的冲突，即从理论意义上看，属于一般性的永久性的道德价值冲突。我们也可以把它称为理论性冲突。比如，当人们从理论意义上来探讨人权与秩序、自由与秩序、公正与秩序等冲突时，采取了逻辑思辨的推理论证，超越了经验性的具体历史条件，而且并不涉及现实社会中的特定问题，表现为一般的纯理念的冲突样式，这种道德价值冲突就属于一般性道德价值冲突。例如，从道德哲学角度，运用分析哲学的方法，探讨道德价值冲突，常常属于这种一般性道德价值冲突。

所谓特殊性道德价值冲突是指道德价值冲突有些时候是实践意义上的冲突，即从实践意义上看，属于具体而特定的道德价值冲突。我们也可以把它称为实践性冲突。人们在具体的道德生活实践中，经常会遇到这种特殊性道德价值冲突。比如，在居住小区里，安装摄像头的位置需要慎重考虑，既要保护人们的隐私权，又要有助于维护社会秩序。这就可能涉及人权与秩序的冲突。在公共场合如何管理乞讨流浪人员，这就涉及自由与秩序的冲突。在现实的道德生活中，存在许许多多的特殊性道德价值冲突，这些冲突直接在人们的现实社会生活中表现出来。毕竟，人们在现实世界中所遇到的道德价值冲突总是特殊的实际的道德价值冲突。就此而言，如何解决特殊性道德价值冲突具有重要的现实意义。

当然，一般性道德价值冲突与特殊性道德价值冲突并不是相互割裂，而是有着密切的联系。一般性道德价值冲突是特殊性道德价值冲突的理论化，特殊性道德价值冲突是一般性道德价值冲突的实践化。一般性道德价值冲突与特殊性道德价值冲突之间相互影响。在人们的研究中，不可能完全把两者割开。只是在道德价值研究中，一般性道德价值冲突倾向于理论论证，特殊性道德价值冲突倾向于实际案例分析。因此，深化一般性道德价值冲突的研究能为化解特殊性道德价值冲突发挥指导性作用。细致剖析特殊性道德价值冲突有助于从学理上丰富与完善化解一般性道德价值冲突的内容。一般性道德价值冲突与特殊性道德价值冲突都是道德价值冲突研究中的重要内容。在道德价值冲突研究中，我们需要把握好道德价值冲突的一般性和特殊性，才能有力地促进道德价值实现。

除了以上三组冲突性质外，道德价值冲突的性质还可以从形式性与实质性、感知性与实际性等方面加以论述，从而把道德价值冲突划分为形式性冲突与实质性冲突、感知性冲突与实际性冲突等。形式性冲突是道德价值在外在形式上的相互冲突，实质性冲突是道德价值在其实际内容上的相互冲突。感知性冲突是道德价值在个体感受上所获得的冲突，实际性冲突是道德价值在实际生活中所形成的冲突。显然，前面这些从不同道德价值冲突的性质探讨的各种冲突并不是相互分割的，而是相互渗透、相互影响、互为前提的。我们对这些不同的道德价值冲突性质的认识，有助于我们从不同的角度和层次来分析道德价值冲突，探讨道德价值产生的原因，找到化解道德价值冲突的途径。

（三）道德价值冲突的结构

从道德价值冲突的表现来看，道德价值冲突的结构是指道德价值冲突的形式构造。道德价值冲突总是存在于一个可能性的构造空间之中。它是行为主体所采取的各种可能的行为方式的冲突性集合。无论是个体还是群体，都是存在于一定的社会空间之中。道德价值冲突就是他们在社会空间之中所面临的各种冲突的集合。这种道德价值冲突的形式构造，根据其冲突的规模与复杂程度，可以分为简单道德价值冲突结构和复杂道德价值冲突结构。

1. 简单道德价值冲突结构

所谓简单道德价值冲突结构是指最为基本的道德价值冲突结构。既然是冲突，就必然存在对立的最为基本的二元元素。也就是说，道德价值冲突的构成元素至少是二元的，如前面所探讨的人权与秩序、自由与秩序、公正与秩序的冲突。二元的道德价值冲突是一种二者必居其一的冲突。它主要包括两种：第一种是排斥性冲突，即有此无彼，只能选择其中一个。这就好像在生与死之间只能有一个选择的结果。正如柏林发现价值冲突中的非此即彼："在伟大的善当中，有一些完全无法共存。这是一个概念性的真理。我们注定要选择，而每一种选择都可能蕴含着一种无法弥补的损失。"①在这里，"注定"意味着选择的严峻，即牺牲我们所珍视的某种价值。第二种是排列性冲突，即在两种价值之间显示出何者为主要价值、何者为从属价值的冲突，即需要在两种价值之间做出一定的排列。排斥性冲突与排列性冲突是简单道德价值冲突结构中常常出现的两种冲突，但这两种冲突本身并不意味着是彼此割裂的，而是相互联系，在一定条件下能够相互转换。比如，人权与自由既有重叠的地方，也有相互分离的地方。人权要求保障每个人的基本权利，自由重视人的自主、自觉。在一定的范围内，两者是一致的。但当自由的要求超过了人权的要求后，就会出现冲突。两者之间必选其一就构成了排斥性冲突。如果在某种社会条件下，我们发现人权更为重要，这时就构成了排列性冲突。在一般情况下，就排列性冲突而言，如果两种道德价值中只确认其中一个主要的，这样排列性冲突也就可以看作排斥性冲突。就排斥性冲突而言，选择的那个道德价值无疑居于主要地位，另一个无疑处于次要地位，这样排斥性冲突也就成为排列性冲突。

2. 复杂道德价值冲突结构

所谓复杂道德价值冲突结构是指由两个以上简单道德价值冲突所构成的结构。毕竟，除了简单道德价值的二元冲突，在人们的道德生活实践中，道德价值冲突也有可能是多元的。也就是说，道德价值冲突的构成元素是多元的。比如，人权、秩序、自由之间所构成的冲突包括三个要素，三个要素之间会在一定程度上构成冲突。人权、秩序、自由、公正之间所构成的冲突包括四个要素，四个要素之间会在一定程度上构成冲突。这种多个要素所形成的道德价值冲突，显然要比二元的道德价值冲突更为复杂。复杂道德价值冲突更为符合社会现实中的实际情况。因为，在人们的现实生活中，道德价值冲突并非一个简单的二元冲突，而是包含了复杂的多种冲突的可能性。我们仔细分析这些多元道德价值冲突，它们具有两个特点：一是复杂道德价值冲突由多个简单道德价值冲突构成。比如，人权、秩序与自由之间的道德价值冲突由人权与秩序、人权与自由、秩序与自由这三对冲突所构成。从这个角度看，复杂道德价值冲突可以转换为多个简单道德价值冲突来研究。二是在这些两两相对的冲突中，实际上存在

---

①　Isaiah Berlin. The Crooked Timber of Humanity：Chapters in the History of Ideas［M］. New Jersey：Priceton University Press，2013：13.

着排列性冲突，即多个简单冲突之中有主有次。比如，在人权、秩序、自由之间的复杂冲突中，人权与秩序的冲突更为基本，属于主要的道德价值冲突；而秩序与自由、人权与自由的冲突则属于次要的道德价值冲突。把握复杂道德价值冲突中的主要冲突与次要冲突有助于人们抓住主要矛盾、找到化解道德价值冲突的关键手段。

社会学的研究表明，社会群体规模越大，个体的专门性任务越细致，各种冲突的可能性空间越大。人们在道德实践活动中，其道德活动涉及范围越广，个体承担的道德责任越多，其中所蕴含的道德价值冲突的空间就越大。人们道德实践空间的不断扩张，决定了道德价值冲突越来越复杂。道德价值冲突的形式构造，表现为简单道德价值冲突和复杂道德价值冲突。简单道德价值冲突是研究复杂道德价值冲突的基础。复杂道德价值冲突是简单道德价值冲突的复合性表现。探讨道德价值冲突的结构表现，有助于深入分析道德价值冲突之间的前因后果，从而化解冲突，实现道德价值。

二、道德价值冲突的原因

道德价值冲突各有不同，其形成原因多种多样。人类在其生存与发展的过程中，不可能仅仅依靠个体的一己之力实现其道德价值。他总是要超越自我意识，不断地获取自我生命延续中人与人、人与自然所构成的社会力量。在这里，主体与其所构成的社会之间总是存在着各种各样的矛盾与冲突。道德价值冲突是其中一个不可回避的重要问题。价值主体在这种主体与社会之间的多重矛盾与冲突中，不断克服各种矛盾、冲突，实现道德价值，促进道德价值理论的发展。从这个意义上来看，道德价值冲突的原因主要涉及三个维度：主体的维度、社会的维度以及主体与社会之间的关系的维度。我们可以从主体、社会以及主体与社会之间的关系三个方面来探讨道德价值冲突的原因。

（一）道德价值冲突的主体原因

道德价值是道德对于人所具有的意义，是以人的主体尺度作为重要尺度的。主体性是道德价值的重要属性之一。道德价值的具体内容与主体之间有着密切的联系。道德由于人的主体性而被赋予了价值的内涵。主体的丰富多元性和每个主体不断形成的独特生活经验、阅历、利益诉求等，构成了主体道德生活的千差万别。就此而言，道德价值冲突在很大程度上属于道德价值主体的冲突。道德价值冲突的主体原因主要包括价值主体的多元性、价值主体的多样性和价值主体的动态性。

1. 价值主体的多元性

道德价值主体在历史和现实中具有多元性。主体的多元性表明了主体的多层次和多类型的特征。道德价值主体可以划分为两个不同的层次：群体与个人。群体包括作为整体的人类群体，作为一定历史条件下的人类群体，作为一定历史条件下不同地区的人类群体。个人是具有一定社会属性的个体。主体所包含的内容非常广泛，包括人类社会、民族、国家、宗教、阶级、阶层、地区、企业、个人，等等。从主体道德属性来看，以人类社会为主体的价值具有人类道德的普遍性，以民族为主体的价值具有本民族的道德属性，以国家为主体的价值具有国家道德的意识形态特征，以宗教为主体的价值具有宗教的道德属性，以阶级或阶层或地区为主体的价值具有某个阶级或阶层或地区的道德属性，以企业为主体的价值具有企业的道德属性，以个体为主体的价值具有个体性道德特征。这些不同的道德价值主体的特性表明了各种价值观念不可能完全同一，必然存在各种各样的分歧，导致道德价值冲突难以避免。在这里，我们可以从两个方面来理解价值主体的多元性所带来的道德价值冲突。

（1）主体道德价值实现方法的不同所导致的道德价值冲突。

主体要实现道德价值必然有一定的方法，它展现了主体的多元性。从群体角度来看，不同群体在实现道德价值的过程中，由于方法不同就会导致道德价值冲突。比如，为了实现道德的自由价值，社群主义者认为，唯有在一定的社群中保障社会秩序，才能保证每个人的自由；而自由主义者认为，要维护社会公正才能切实保护每个人的自由。秩序与公正在一定的条件下会产生价值冲突，这是由于主体的道德价值实现方法不同而导致了价值冲突。从个体的角度来看，主体实现道德价值的方法不同所导致的道德价值冲突，体现了个体实现道德价值中"因人而异"的特征。每个个体的价值具有其鲜明的个性。正如马克思所指出："人是一个特殊的个体，并且正是他的特殊性使他成为一个个体，成为一个现实的、单个的社会存在物。"①个体实现道德价值具有自身的独特性。比如，要维护道德的秩序价值，有人认为人与人之间的和谐相处，是最为重要的；也会有人认为人

---

① ［德］马克思. 1844 年经济学哲学手稿［M］. 北京：人民出版社，2004：84.

与人之间的公正相待，是最为迫切的。当人与人之间的和谐与人与人之间的公正相待无法达成统一时，道德的和谐价值与公正价值之间就会出现冲突。从群体与个体的角度来看，群体与个体在实现道德价值时的方法的不同也会导致道德价值冲突。比如，要实现道德的自由价值，社群主义者认为社群的秩序优先于个体的自由；而自由主义者则会认为个体的自由更为重要，社群的秩序就是要为个体的自由服务。于是，群体的秩序价值与个体的自由价值之间就出现了冲突。

（2）主体在同一道德价值方面的不同理解所导致的道德价值冲突。

主体有各种不同的种类，在理解同一道德价值时，他们之间会出现各种各样的理解。以群体而言，不同的民族、国家、宗教、阶级、阶层、地区、企业等，都有针对道德价值的理解。道德的自由价值，在基督教民族文化群体中，是上帝所赋予人的产物。没有上帝，人就没有行善的自由。而在伊斯兰教民族文化群体中，道德的自由价值是真主所赋予人的产物。在一个极权专制国家中，按照奥威尔在《一九八四》中的观点，自由即"奴役"，强迫灌输各种思想到人的大脑中被理解为真正的符合道德意义上的自由。而在一个民主国家中，道德的自由是每个人在不影响他人合法利益或他人合理要求的情况下的基本权利。同样是自由，不同的群体有着不同的理解。在不同宗教、不同政体中，道德的自由价值难以统一，不可避免地会陷入冲突。从个体角度来看，不同个体由于其生活经验、受教育程度、性别、年龄、健康状态等不同，他们所理解的同一种道德价值也千差万别，常常相互冲突。一个无政府主义者所欣赏的完全不受约束的自由，不可能被一个新自由主义者接受，并认为这是符合社会道德要求的。同样，一个新自由主义者所认可的积极自由与消极自由，也难以被无政府主义者接受。无论是群体还是个体，从经验层次上来看，我们能够找到许多案例，表明不同主体在同一道德价值方面的不同理解容易形成道德价值冲突。毕竟，在人们的道德生活实践中，那些有主见的人，那些标新立异的人，那些有棱有角的人，那些胆大妄为的人，总是有着自己的道德价值标准，不愿意接受长辈、领导、专家、权威的谆谆教诲而宁愿自行其是，因此与之发生激烈的道德价值冲突。

2. 价值主体的多样性

价值主体的多样性是指每一个主体自身具有多种蕴含冲突的特性。这种导致道德价值冲突的特性源于人自身的内在矛盾冲突性。究其主体自身的深层次原因：一是主体的自然性与社会性的冲突，二是主体的个体性与群体性的冲突。

（1）主体的自然性与社会性的冲突。

主体的自然性与社会性的冲突是指主体中的自然性与社会性构成的主体实现道德价值过程中的冲突。也就是说，道德价值冲突与主体的这两种特性之间有着密切的关系。从主体的自然性来看，每一个主体都有其基本的自然生理需要，如吃、喝、睡等。无论何时何地，主体在追求道德价值的过程中不可能离开这些自然生理需要的获取。换而言之，主体的自然性意味着主体首先是一种物质性存在，他需要获得各种与人的自然欲望相关的物质材料，如生存条件、安全保护等。从这个角度来看，主体是一种物质性的存在物。同时，主体总是生活在一定社会中的主体，具有社会性的需要。道德是人在社会的生存与发展中所需要的一种精神上的重要力量。人作为一个自为的存在者，也是一种精神上的存在物。他需要超越其自身的物质性存在而获取精神上的需要。他需要在道德生活中体验人的尊严，感受人自身的道德完善。从这个角度来看，主体是一种抽象的意识的精神产物。然而，自然性的物质需求与精神上的自我完善，在人的有限理性之中，无法达成一种彻底的统一，无法掩盖两者之间内在的冲突。道德价值既有其现实的效用价值，同时也有超越现实的自由价值、公正价值等。因此，在道德生活实践中，这种主体的自然性与社会性的冲突就展现为道德价值的有用性与超越性的冲突。

当然，当我们探讨人的道德价值追求中的自然属性时，主体的自然性并不是彻底的与社会无关的自然性，应该说是体现了人的社会性的自然性。从道德价值论的角度来看，道德价值中孕育着主体的自然性与社会性的冲突。这种冲突在人的有限理性中是难以化解的，但也因为这种不断外化的冲突促进了道德价值理论的发展。

（2）主体的个体性与群体性的冲突。

主体的个体性与群体性的冲突是指主体中的个体性与群体性构成的主体实现道德价值过程中的冲突。这种冲突是一种独特的个体行为，也展现了主体实现道德价值是一种符合社会要求的群体行为，两者之间无法得到彻底的统一，总是存在一定的冲突。从主体的个体性来看，道德价值的实现不可能把主体排斥在道德价值之外。在道德价值实现的活动中，任何主体实现道德价值的自我意识和行为与个体的自我意识和行为有着密切的关系。道德价值的实现最终可以视为个体的自我意识和行为。但是，当我们把主体放在社会道德生活中做进一步的抽象，就会演化为主体的群体性。主体的群体性是主体在群体性的道德生活中由外在性的社会道德要求所内化而成，是社会的群体意识在个体上的体现。主体在社会道德生活中，个体的自我意识不可避免地受到群体意识的限制，正是由于这种制约导致道德有助于社会秩序的稳定与和谐，否则，社会就会陷入混乱与冲突。但是，主体的自我意识与群体意识之间并不是同一的。如果主体的自我意识不合理而突破了群体意识的制约，或者说，群体意识的不合理而压抑了自我意识的发展，都会导致主体在社会道德生活中的自我意识与社会意识之间的冲突，从而导致道德价值冲突。主体的个体性与群体性之间的矛盾是主体自身难以回避的潜在性冲突。

当然，当我们谈到主体的个体性时，并不是意味着主体的自我意识完全可以脱离他人与群体。它们是互为条件而存在的。群体意识是自我意识的发展，影响着自我意识。一旦群体意识构成了自我意识的桎梏，自我意识就有可能超越群体意识，促进群体意识的进一步发展。两者在相互影响和促进中不断发展，推动了道德价值理论的发展。

3. 价值主体的动态性

价值主体的动态性是指主体自身是不断发展变化的，而不是静态不动的。这种动态性导致主体在道德实践生活中的价值观念并不是固定不变的，而是呈现出变化的特点，因此，主体的道德价值观必然出现或多或少的冲突。价值主体的动态性具有两个特点：一是价值主体的动态性是自我意识的自我否定与发展。无论是主体的个体性与群体性，还是主体的自然性与社会性，都是主体的意识的动态发展。如果没有主体的自我意识的动态发展，也就没有人的自我生存，人类社会的发展就会停止。正是在这种自我意识的不断自我否定与发展中，同一主体的新旧道德价值之间不可避免地出现冲突，从而促进道德价值理论的不断发展。二是价值主体的动态性是一定历史条件下的动态性。任何主体总是处于一定的历史条件之中，受到一定历史条件的制约，但主体总是要追求一定道德价值的实现。正如黑格尔在《历史哲学》中所发现的，只有当主体把某种具有价值的东西当作追求目标时，价值才能出现。从道德价值论来看，主体的这种追求是人的道德价值特征的体现。主体要实现道德价值必然要面对外在的历史条件的制约，这时，历史所赋予主体的道德价值与主体自身所追求的道德价值之间就会出现不一致的情况，从而导致道德价值冲突。波兰学者米沃什曾经感叹历史环境变化如何深刻地改造了一个人的各种价值观念："没有任何一个机构，没有任何一种习俗和习惯是一成不变的，人们生活中经历的一切，都是他们所置身的历史形态的产物。流动性和不断变化就是许多现象的特点。"①因此，从这两个特点可以这样概括主体的动态性，它是自我意识在一定条件下的自我否定与发展。主体在其漫长的社会道德生活中必然会出现道德价值观念上的矛盾与冲突。

总之，价值主体的多元性、多样性、动态性，展现了主体的本性、目标、情感、能力，揭示了道德价值冲突的主体原因。由于主体的多元性、多样性与动态性，道德价值之间不可能保持高度统一，必然存在各种各样、不同程度的矛盾与冲突。同时，它也表明了主体在道德价值实现中居于非常重要的位置。从这个意义上看，道德价值的实现不是人接近物，而是物接近人。

(二)道德价值冲突的社会原因

道德价值冲突的形成除了主体原因，还有非常重要的原因，即社会原因。任何道德价值冲突都是在一定社会条件下的冲突。道德价值冲突不可能脱离一定社会原因。从社会原因来看，社会生活、民族文化、伦理学派等构成了道德价值冲突的重要内容。具体而言，社会生活的层次性与多变性、民族文化的多元性与多样性、伦理学派的多元性与多样性是道德价值冲突形成的重要原因。

1. 社会生活的层次性与多变性

道德价值是一定社会生活实践中道德领域的价值。它与社会生活之间有着密切联系。道德价值总是一定社会中的道德价值，是一定社会生活实践的产物。道德价值冲突往往是社会生活复杂性的表现。社会需求与社会利益是社会生活中极为复杂的对象。在社会生活中，充斥着各种社会需求冲突与社会利益冲突，这些冲突在道德生活领域中的表现就展现了各种道德价值冲突。我们可以从社会需求的层次性与多变性、社会利益的层次性与多变性来理解道德价值冲突的社会原因。

(1)社会需求的层次性与多变性。

社会生活是充满了人的社会需求的生活。各种不同的人构成了社会。一方面，社会需求具有层次性。按照马斯洛的需要层次来分析，人的需求具有最基本的五个层次：人的生理需要、安全需要、归属和爱的需要、自尊的需要、自我实现的需要。他认为人的需要具有由低到高的依次上升的

---

① ［波兰］切斯瓦夫·米沃什. 被禁锢的头脑［M］. 乌兰，易丽君，译. 桂林：广西师范大学出版社，2014：36.

特性。这种人的基本需要是人在社会中的先天与后天综合作用的结果，也就是说，人通过自己的努力，能够提升自己的需求层次。每一个人在社会中自我努力的方向和程度不同，展现了社会需求的层次性。换而言之，人在社会需求上存在层次上的差别。另一方面，社会需求又具有多变性。在社会生活中，同一个人在不同时间、地点，由于某种特殊原因，有着各种不同的需求。另外，不同的人有着各种不同的需求。如果我们把人分为个体和群体，那么个体和群体又可以分成各种各样的个体和形形色色的群体。不同的个体和不同的群体都有自己的需求，正是由于各种不同的需求，展现了个体和群体自身的独特性。

道德价值观念受制于人的需求的影响。有什么样的社会需求，就有什么样的道德价值观念。人的需求的层次性与多变性，导致人的道德价值观念也会有相应的层次性与多变性。因此，人们在道德价值实现的自在、自为和实践的阶段中就会出现各种不同层次的具有复杂性的道德价值冲突。

（2）社会利益的层次性与多变性。

社会生活是充斥了人的社会利益的生活。各种不同的人有着自己不同的社会利益。一方面，社会利益具有层次性。人既是一个物质存在者，也是一个精神存在者。因此，人既有自己物质上的利益，也有自己精神上的利益。一般而言，精神上的利益要高于物质上的利益。人在两种利益之间总是存在着选择上的矛盾与困惑。另一方面，社会利益具有多变性。人的社会利益并不是一成不变的，而是随着社会生活的发展而不断变化。毕竟，如果把人划分为个体与群体，人的利益就有个体利益、群体利益。如果细致地划分个体利益与群体利益，其中又蕴含着政治、经济、文化等多种利益色彩，从而形成了丰富多彩、各种各样的社会利益。

社会利益的层次性与多变性构成了道德价值冲突的重要前提。道德价值观念受制于人的社会利益。人的道德价值观念一旦脱离了社会利益，就会使自己出丑。各种道德价值观念常常是人们的社会利益在道德生活中的体现。社会利益的层次性与多变性直接影响道德价值观念的层次性与多变性。从一个社会整体来说，形形色色的社会利益，形成了不同层次、多种多样的对道德价值的认识、要求与设想。当然，在这些道德价值的认识、要求与设想中，不可避免地存在着道德价值上的冲突。

2. 民族文化的多元性与多样性

从文化角度来看，人类社会就是一个由数百种民族组成的大家庭。文化是人的特征，是一个民族的重要基因。正如卡西尔所说："文化形式都是符号形式。因此，我们应当把人定义为符号的动物来取代把人定义为理性的动物。只有这样，我们才能证明人的独特之处，也才能理解对人开放的新路——通向文化之路。"①可以说，人以文化而构成一个民族，有多种民族就有多少种文化。当然，同一种文化内部又有着各种不同的价值取向，因此，民族文化呈现出多元性与多样性的特征。正是这种民族文化的多元性与多样性构成了道德价值冲突的又一社会原因。

（1）不同民族文化之间的价值冲突。

不同民族文化之间存在着冲突。20世纪初，汤因比在《历史研究》中指出，世界文化是多元的。他研究了文明的演化，认为任何文明如同生物有机体一样，有着自己的成长道路，从起源、发展、衰落到解体。文明的演化过程并不是外在的原因所致，而是地理环境、经济、政治等内部原因所致。不同文明意味着不同的文化。他探讨了西方文明与东正教、印度世界、伊斯兰世界、犹太人、远东文明、美洲土著文明之间的文化价值冲突。他从文明角度阐释了不同民族文化之间的价值冲突。20世纪末，亨廷顿在《文明的冲突》中，进一步肯定了文明之间的冲突，并更为明确地直接指出全球政治未来的发展是文化冲突，而不是经济、政治等方面的冲突。文化冲突成为一个决定性因素。这是他不同于汤因比的地方。他认为，未来的人类冲突就是不同民族文化之间的冲突，并把不同文化之间的冲突看作一个民族兴衰的重要根源。我们可以发现，尽管对于文化冲突的重要性的认知有所不同，但这些观点都承认了不同民族文化之间存在冲突。

不同民族文化之间的冲突导致道德价值冲突。在民族文化中，道德文化是其中一个重要内容，甚至被认为是具有决定性作用的要素。民族文化的冲突必然表现为道德文化中的价值冲突。比如，在当今世界中，在欧美和中国的强调男女平等的文化中，一夫多妻制是违反道德的，也是违反法律的。但是，在阿拉伯地区，他们并不认为一夫多妻制是不道德的。他们从法律上肯定了一夫多妻制的存在。这是阿拉伯地区的民族文化所决定的，他们信仰伊斯兰教。显然，在不同民族文化的冲突中，孕育了道德价值冲突。

（2）同一民族文化不同价值取向之间的冲突。

同一民族文化之中包含了不同的价值取向，这些不同的价值取向之间存在着冲突。比如，美利坚民族中有一种熔炉文化。美国学者德克雷弗柯

---

① ［德］恩斯特·卡西尔. 人论［M］. 甘阳，译. 上海：上海译文出版社，2004：20.

在《一个美国农人的信札》中指出："人的生长同植物一样受制于周围的环境；美利坚特殊的气候、政治制度、宗教和工作环境会将来自世界不同国家的移民熔成具有同样品质和理想的人。"在他来看："这些具有同样品质和理想的人是这样一些美国人，他们抛弃了一切陈见与旧的习性，从他们所拥抱的新的生活方式中、他们所服从的新的政府中，以及他们所获得的新的地位中吸收全新的观念。他们是在新的原则指导下的一个新人……在这里，来自不同国家的人们融合成一个新的民族。"①亨廷顿把美国民主文化的原则概括为自由、平等、民主、民权、无歧视和法治。但在这个大熔炉中，各种价值取向之间存在着差异与矛盾、冲突，成为美国学者们探讨的重要话题之一。纳特汉·葛来泽（Nathan Glazser）认为，美国民族的多元性文化已经构成了一场美国的"文化战争"。"'文化战争'反映了许多事情，但当它导致黑人和其他人分裂的时候，它却反映了一个谁都不想看到的严重现实，虽然所有人都希望看到它消失，但没有谁知道该如何去克服它。"②这种文化中的价值取向的冲突也直接反映在道德文化生活之中，一些精英人士与普通民众、白人与黑人以及亚裔、宗教人士与世俗人士等，他们所理解的公正、和谐等都有着明显的差异，存在着难以化解的道德价值冲突。一些精英人士认为，道德的自由价值最为重要，在道德生活中要遵循自由的价值观。在他们看来，美国的强大在于自由价值在各个领域的彰显，一个人通过经济上的自由竞争而成为大富大贵者符合道德的公正要求。而普通民众则认为道德的公正价值最为重要，每个人生来平等，让一个富人更为富有，让一个本来就贫穷的人在自由竞争中处于更为恶劣的环境之中是不道德的，违背了公正的要求。自由与公正之间的道德价值冲突难以避免。

3. 伦理学派的多元性与多样性

从伦理学派的角度来看，伦理学的发展就是社会中各种伦理学派不断演变与发展的历史。在一定社会历史条件下，不同伦理学派之间、同一伦理学派内部的价值原则之间都存在一定程度的道德价值冲突。因此，从道德价值论来看，伦理学派的多元性与多样性展现了社会中不同的道德价值冲突与发展的历史。正如戚万学所说："各种理论和实践偏于一隅，不计

---

① ［美］肯尼思·W. 汤普森. 宪法的政治理论［M］. 张志铭，译. 北京：生活·读书·新知三联书店，1997：123.

② Nathan Glazser. We are Multicutureist Now［M］. Massachusetts：Harvard University Press，1997：160-161.

其余的缺陷，也不能不说是其中的一个重要原因。"①就此而言，正是在一定社会中的伦理学派的多元性与多样性构成了道德价值冲突的又一社会原因。

（1）不同伦理学派之间的价值冲突。

不同伦理学派之间有着自己所认同的道德价值。他们都在试图诠释自己所认同的道德价值更为合理、更为重要。比如，在是否允许离婚和堕胎问题上，不同的伦理学派给出了自己的解答。基督教伦理学认为，耶稣曾在《圣经》中教诲众人：人要离开父母，与妻子结合，二人成为一体。婚姻是一种契约，结婚双方在上帝面前，出于自愿而建立了盟约，发誓要终身信守盟约。离婚就是破坏了人与神之间和谐的神圣盟约，是不道德的。至于堕胎，更是为道德所不容。基督教伦理学认为，胎儿也是具有生命的，他人没有权利剥夺胎儿的生存权利。堕胎属于杀人行为，触犯了神"不可杀人"的诫命。也就是说，离婚和堕胎违反了基督教伦理学所认可的道德的秩序价值、人权价值。但是，从功利论或义务论来看，离婚和堕胎是一个人自己应有的权利。一个人可以根据个体的功利或义务来选择离婚或堕胎。只要符合功利或义务的原则，就是符合道德要求的。在功利论或义务论看来，限制个体的权利不利于道德的幸福价值。在这里，基督教伦理学和功利论或义务论之间关于离婚、堕胎是否符合道德做出了各自相互冲突的价值诠释。其实，从当今社会发展状况来看，在安乐死、克隆人、试管婴儿、酷刑、色情用品等许多问题上，不同伦理学派都有自己的解答。无论他们支持还是反对，都有自己所认为要实现的道德价值依据。而这些道德价值依据之间常常存在着相互冲突的状态。毕竟，每个人在道德价值冲突中常常只能从中选择自己所认可的某种道德价值，而不可能兼顾冲突各方。

（2）同一伦理学派不同价值原则之间的冲突。

同一伦理学派中有着不同的价值原则，彼此之间也会构成冲突。比如，在义务论中存在着多种不同的义务的价值原则，这些价值原则之间构成了难以化解的冲突。在义务论中所存在的价值原则之间导致的道德价值冲突是非常明显的。中国自古以来就有"忠孝不能两全"的说法。为国尽忠和为父母尽孝在同一个时间点出现，行为者就会陷入道德上的"忠"与"孝"两种价值之间的冲突。关于这一点，美国学者托马斯·内格尔（Thomas Nagel）指出："存在对其他人或某些机构的特殊义务：对病人的

① 戚万学. 现代西方道德教育理论研究（下卷）[M]. 北京：人民教育出版社，2020：708.

义务，对家庭的义务，对某人工作所在医院或大学的义务，对社区或国家的义务，这些义务必定是由一种慎重的承诺引起，或由与有关的人或机构的某种特殊关系引起。在这两种情况下，义务的存在都取决于主体与他人的关系，尽管这种关系并不一定是自愿的（虽然小孩不能自由选择他们的父母或监护人，但家长的照料会产生某种将来互相关心的义务）。"①内格尔把这作为一种基本价值冲突的类型。如果仔细考虑各种义务，我们可以发现其中所蕴含的道德价值上的冲突。对病人的义务，是要照顾好病人，意味着尊重人权中的生命价值；对家庭的义务，是关爱家人，意味着要珍惜家庭中人与人之间的和谐价值；对某人工作所在的医院或大学的义务，对社区或国家的义务，意味着人在社会中要遵守人与社会之间的和谐价值。因此，不同义务原则之间的冲突，其实蕴含着道德价值之间的冲突。

（三）道德价值冲突的主体与社会之间关系的原因

道德价值冲突并不仅仅涉及主体原因和社会原因，而且还涉及主体与社会之间相互作用的结果。无论是主体还是客体，都在制约对方的过程中受到制约，不断形成价值冲突，并使自身在价值冲突的转化中对象化，从而在价值冲突的历史发展中展现出一定的历史轨迹。在这里，从主体与社会之间的关系来分析，道德价值冲突主要包括主体实现价值的方法与社会现实之间所构成的冲突，主体所理解的道德价值与社会现实之间的冲突。

1. 主体实现价值的方法与社会现实之间所构成的冲突

一般而言，主体实现道德价值的方法是通过构建一套体现了一定道德价值的规范，让人们遵守这套规范，从而实现道德价值。主体构建道德规范的方法主要有两种：一种是外推的方法，一种是内生的方法。但是，这两种方法都可能出现与社会现实之间的冲突。

所谓外推的方法就是推己及人。比如，孔子曾说过："己所不欲，勿施于人"，"己欲立而立人，己欲达而达人"，分别从消极和积极的意义上说明了推己及人的方法。借用孟子的话说，"仁者以其所爱及其所不爱"（《孟子·尽心下》），"老吾老以及人之老，幼吾幼以及人之幼"（《孟子·梁惠王上》）。在西方，《圣经》中说："无论何事，你们愿意人怎样待你，你们也要怎样待人。"（《新约·马太福音》第7章）由此，洛克认为，"己所不欲，勿施于人"是一切道德规范的社会基础。但是，这种通过主体自身

---

① ［美］托马斯·内格尔. 人的问题［M］. 万以，译. 上海：上海译文出版社，2000：139.

的内心来认识和发现体现道德价值的规范，并准备把它推而广之，有可能出现与社会现实所需要的道德价值之间的冲突。这里的问题是哪个主体，如何发现道德价值，如何由此推出道德规范。如果每个人都可以来发现道德价值，推出道德规范，必然是存在着众多的相对立的规范。如果只有少数人来完成这一任务，则很难保证符合大多数人在社会现实中的实践需要。古代圣人们所提出的建立在某种道德价值上的规范，只是指明了一种实现道德价值的理想，属于应然的范畴，并不是实然的状态。它与社会现实之间还存在着巨大差异和冲突。

针对外推的方法的缺陷，李德顺提出了内生的方法，即道德规范不是来自某个主体，而是由人们的共同活动和相互关系来产生。这种方法把主体的个体扩大成为群体，把个体的生活逻辑推广为群体共同的生活逻辑。他认为，这种内生的方法可以避免外推方法中忽略了主体间的多元性，以及暗含的个别主体霸权的可能性。这种内生的方法如同罗尔斯所提出的实现正义的"重叠共识"，听起来很好。但是，如何在现实中实现，其具体的措施何在，都与社会现实之间有一定距离。显然，这种方法具有理论上的诠释优势，缺乏现实性。与之相比，推己及人的外推的方法倒是具有一定的现实性，只是难以保障是否切实符合社会现实的道德价值的需要。

由此，我们可以设想，通过一种合理的群体性的外推性的方法，克服个体的外推性缺陷与群体性的内生型的空洞性，避免与社会现实之间的冲突。毕竟，人是一种社会存在者，其本性具有社会性。正如马克思所说："人是类存在物，不仅因为人在实践上和理论上都把类——他自身的类以及其他物的类——当作自己的对象，而且因为——这只是同一事物的另一种说法——人把自身当作现有的、有生命的类来对待，因为人把自身当作普遍的因而也是自由的存在物来对待。"①在这种人的社会发展中，主体彼此之间进行合理的换位思考，有助于形成道德价值共识。

2. 主体所理解的道德价值与社会现实之间的冲突

主体所理解的道德价值是一种意识。这种意识有可能正确地反映了社会现实，也可能歪曲了社会现实，构成了两者之间的内在冲突。在道德生活实践中，这种矛盾展现为道德价值的主观性与客观性之争。

道德价值既具有主观性，也具有客观性。从伦理思想的演变来看，有些学者认为，道德价值仅具有主观性。比如，古希腊时期的伊壁鸠鲁认

① ［德］马克思. 1844年经济学哲学手稿［M］. 北京：人民出版社，2004：56.

为，道德和法律一样都是人们借助契约而构建的，不同民族、不同地区都有其各种不同的道德和法律。道德价值随着种族、人群、个体的不同而发生变化。但有些学者认为，道德价值具有客观性。这种客观性并不是说它存在于某个具体的地方，而是指它具有普遍性。比如，康德认为道德价值具有普遍性意义。而在黑格尔看来，道德价值的客观性就是其普遍性，或者说普遍适用性，即不会因为某个个体而变化的绝对性。从道德价值的主观性与客观性之争，又发展出了道德价值的相对主义和绝对主义的论战。应该说，道德价值既具有普遍性，也具有一定的相对性，即特殊性。如果片面地夸大某一个特性，就会陷入相对主义的泥坑或绝对主义的教条。

主体所理解的道德价值是一种意识，而且是一种社会意识。"意识一开始就是社会的产物，而且只要人们存在着，它就仍然是这种产物。"①这种社会意识是主体在其实践活动中形成的。毕竟，"发展着自己的物质生产和物质交往的人们，在改变自己的这个现实的同时也改变着自己的思维和思维的产物"②。从主体自身的意识来看，道德价值是人的一种理想价值目标。各种不同的主体，不可能具有同一种道德价值目标，而是多种多样的，其内在矛盾是经常存在的。正如恩格斯所说："人们所期望的东西很少如愿以偿，许多预期的目的在大多数场合都相互干扰，彼此冲突，或者这些目的本身一开始就是实现不了的，或者是缺乏实现的手段。这样，无数的单个愿望和单个行动的冲突，在历史领域内造成了一种同没有意识的自然界中占统治地位的状况完全相似的状况。行动的目的是预期的，但是行动实际产生的结果并不是预期的，或者这种结果起初似乎还和预期的目的相符合，而到了最后却完全不是预期的结果。"③在这里，道德价值与社会现实之间的冲突是多种多样的，既有可能是单个主体的道德价值与社会现实中所应有的道德价值之间的冲突，也有可能是群体主体的道德价值与社会现实中所应有的道德价值之间的冲突，还有可能是单个主体前后期所理解的道德价值与社会现实中所应有的道德价值之间的冲突。

道德价值冲突的主体与社会现实之间产生冲突的原因源于主体自身的复杂性和社会的复杂性。价值主体的多元性、多样性、动态性，展现了主

---

① [德]马克思，恩格斯. 马克思恩格斯文集(第1卷)[M]. 北京：人民出版社，2009：533.

② [德]马克思，恩格斯. 马克思恩格斯文集(第1卷)[M]. 北京：人民出版社，2009：525.

③ [德]马克思，恩格斯. 马克思恩格斯文集(第4卷)[M]. 北京：人民出版社，2009：302.

体的本性、目标、情感、能力的丰富多彩。社会生活的层次性与多变性、民族文化的多元性与多样性、伦理学派的多元性与多样性展现了道德价值冲突所具有的绚丽多姿。当两者相遇，这更是增加了道德价值冲突的复杂性。正如内格尔所说："不同类型的理由之间形式上的差别反映了它们来源上的根本性差别，并由此排除了解决这些类型之间的冲突的某种方法。人类要接受道德和其他动机引起的完全不同性质的要求。这是因为人类是复杂的生物，能从许多视角(个体的、相关的、客观的、理想的等)出发看待这个世界，而且从每一个视角都能提出一系列不同的要求。冲突可能存在于其中某一系列的要求之内，它可能是很难解决的。当冲突出现于不同系列的要求之间，问题就更难解决了。个人要求与非个人的要求之间的冲突无处不在。"①从内格尔的观点出发，它表明任何道德价值冲突都是在一定社会条件下主体在实现道德价值的过程中充满了复杂性的冲突。

如果我们细致分析道德价值冲突的主体原因和社会原因以及两者的关系，会发现主体实现道德价值的冲动与社会现实中应有的道德价值之间容易形成矛盾，归根结底，在于人类认识的有限性与社会道德生活的复杂性。试想，如果主体认识无限，尽管社会道德生活非常复杂，主体仍然能够轻而易举地实现道德价值。实际的情况是，任何主体都是有限理性的存在者，受着社会生活的严重制约，探讨出的道德价值总是有限的真理，需要在道德实践生活中进一步发展和完善，这是一个永无止境的演化过程。

三、道德价值冲突的解决

我们探讨了道德价值冲突的表现，分析了其中的原因，现在需要探讨如何解决道德价值冲突。化解道德价值冲突，不仅具有重要的理论意义，而且在人们的道德实践生活中具有重要的现实意义。如何化解道德价值冲突，这涉及解决方式、解决原则等问题。从以往的研究来看，面对道德价值冲突，不同的学者提出了自己的不同回答。在这里，我们主要探讨道德价值冲突的解决意义，道德价值冲突的解决方式，道德价值冲突的传统解决原则、现代社会的解决原则，以及道德价值冲突所导致的价值混乱等。

---

① [美]托马斯·内格尔. 人的问题[M]. 万以，译. 上海：上海译文出版社，2000：144.

(一)道德价值冲突的解决意义

如何解决道德价值冲突是道德价值冲突研究中的重要内容。道德价值冲突不仅涉及理论上的问题，更是直接涉及人们在现实社会中的道德生活如何的问题。道德价值冲突的解决在道德价值研究中具有重要的理论意义和现实意义。

1. 解决道德价值冲突，是认识和研究道德价值冲突的归属

道德价值冲突是道德价值研究的重要内容之一，因为它直接与道德价值是否实现和如何实现密切相关。而我们探讨道德价值冲突的表现，挖掘道德价值冲突的原因，并不是为研究而研究，而是为了解决道德价值冲突。从某种意义上说，道德价值冲突解决的过程也就是道德价值实现的过程，解决道德价值冲突就是认识和研究道德价值冲突的归属。

由于主体、社会自身的复杂性，以及主体与社会之间的关系的复杂性，导致道德价值冲突在道德社会中是普遍存在的。道德价值冲突渗透在每个社会群体和社会个体的社会生活中，不论是以意识形态的方式，还是以其他方式进行。任何人在其道德生活中，都必然要面对这些纷至沓来的各种各样的道德价值冲突。或许，它最初表现为道德价值的困惑，让主体在多种多样的道德价值中无所适从，继而逐渐演化为道德价值的激烈冲突。在一个纷繁复杂的社会中，主体的生存与发展总是伴随着寻求一个能够自我把握和确定的世界。"人生活在危险的世界之中，便不得不寻求安全。"①从其所环绕的道德价值冲突中寻求一个确定的有序的道德价值状况，是人自身的不懈的精神追求。道德价值冲突直接促使人自身不断在精神痛楚中挣扎，又不断地向前探索。解决道德价值冲突的方式、原则究竟有哪些，其在哪些方面具有多大的效力，一直是主体自身不断试图回答的问题。唯有不断化解道德价值冲突，才意味着道德价值冲突的研究意义得到了实现。否则，我们很难想象缺乏化解道德价值冲突的研究，道德价值研究还能有多大的研究意义。

2. 解决道德价值冲突，是人类道德意识的进步与发展

从道德价值论来看，解决道德价值冲突，是人类道德意识的进步与发

---

① [美]约翰·杜威. 确定性的寻求——关于知行关系的研究[M]. 傅统先，译. 上海：华东师范大学出版社，2019：1.

展。道德价值冲突展现了人类自我道德价值意识的进一步发展。它记录了人类道德实践活动中理性成分的增加。如何在各种道德价值之间做出合理的选择，需要人类对道德意识有着更为深刻的认识。在道德实践活动中，主体将会遇到无数的道德价值冲突。人类的道德意识在不断地解决道德价值冲突的过程中向前发展。如果不能很好地解决不断涌现的道德价值冲突，将直接影响人类道德意识的顺利发展。

从道德价值论来看，道德价值目标中含有人权价值、秩序价值、自由价值、公正价值等。这些道德价值的冲突常常表现为人权与秩序的冲突、自由与秩序的冲突、公正与秩序的冲突，等等。人类的道德意识是一种以理性为主导的意识。主体在解决这些道德价值冲突时，需要运用理性厘清各种道德价值之间的区别与联系。这种理性的作用，表明了主体在其认识过程中找到选择某种道德价值的内在根据。有些时候，主体在探讨道德价值时，似乎认为道德价值难以在实践中加以检验，其实不然。道德价值的检验也常常会是一种论证，即给予充分的内在理由。它不同于自然科学的观察与实验，它是通过理性地思考给予充分的理由。正是借助这种理性的作用，道德价值冲突有助于主体不断发展这种理性思考所给予充分理由的能力，从而促进人类道德意识的进一步自我完善。

3. 解决道德价值冲突，是道德教育与道德修养的升华

在任何社会发展形态中，总是存在社会所需要的道德教育和所倡导的道德修养。无论是道德教育还是道德修养都能使人自身的道德素质在一定社会中得到提升，其区别在于道德教育需要由外界的帮助来实现，而道德修养则来自主体的自我改造和自我完善。人是一种社会性存在。在社会道德生活中，人借助社会的道德教育和自身的道德修养来提升自身的道德素质。其中，解决道德价值冲突在提升道德素质、促进道德教育和提高道德修养的过程中发挥了重要作用。

在社会道德生活中，主体受到各种道德价值的影响，不可避免地要在多种道德价值之间进行选择。道德教育和道德修养，从本质上说，就是要让主体具备一种选择能力，使主体能在社会所实际需要的道德价值与受教育者或者说有修养者自身所认可的道德价值之间进行选择。在这里，主体所认可的道德价值具有主观性的特征，而社会所实际需要的道德价值具有客观性的特征。受教育者或有修养者能够根据社会所需要的道德价值来调整自己所认可的道德价值，从而完成社会发展所内在需要的道德教育或道德修养的任务。当然，受教育者或有修养者有可能受到个体的家庭背景、

教育背景等多种因素的影响，形成自己的道德价值观念，并不认可社会意识中所倡导的道德价值，从而构成道德价值之间的冲突，阻碍了道德教育或道德修养的任务的完成。从这个意义上说，解决道德价值冲突，意味着主体理顺了道德价值之间的各种关系，促进了道德教育和道德修养的升华。

(二)道德价值冲突的解决方式

任何冲突都有各种最终的解决方式。从哲学来看，冲突的解决要么是一方解决了另一方，要么是相互综合，要么是共同消亡。从道德价值论来看，道德价值冲突的原因主要涉及三个维度：主体的维度、社会的维度、主体与社会之间的关系的维度。我们探讨道德价值冲突，也可以分别从主体、社会、主体与社会之间的关系三个方面展开。由此，道德价值冲突的解决方式分为主体的解决方式、社会的解决方式、主体与社会之间关系的解决方式。

1. 主体的解决方式

所谓主体的解决方式是指道德价值主体在解决道德价值冲突中所采取的方式。它是主体之间形成一定程度的道德共识的方式。这种主体的解决方式是道德价值冲突常见的解决方式。主体的解决方式有多种样式，如罗尔斯所说的重叠共识。这是一种理性的主体之间的解决方式。主体根据各自理性的思维形成各自所认同的道德价值的重叠部分，从而形成了一定程度上的共识。当然，也有可能出现一种主体的非理性的解决方式，即主体的盲从。另外，道德价值冲突的解决方式有时符合社会的法律要求，也有时未必符合。在这里，具体而言，主体的解决方式有说服的方式、压制的方式、合法的方式、非法的方式等。

说服的方式是以说服作为主要手段来解决道德价值冲突。采取说服的方式贯穿解决道德价值冲突的各个环节，能够充分发挥主体的价值意识自觉，让主体能够在各自理解和认识道德价值的异同中，在一定宽容的气氛中彼此交流、对话，努力形成某种整体性的道德价值共识或形成大多数人所认可的道德价值共识。主体的本性在于以人为中心，但人具有多样性、多元性、动态性等特征，展现了主体的本性、目标、情感、能力的丰富多彩。道德价值由于这种主体的多元性、多样性与动态性，不可能保持绝对的高度统一，必然存在各种各样、不同程度的矛盾与冲突。说服的方式正好运用其矛盾与冲突，探索潜在道德价值的最大公约数。一个社会共同体内部各个成员之所以能够构成一个共同体，在某些方面会存在一定的相通之处，让各个成员发表其意见，表达心愿，参与道德价值的共建。说服的方式是一个比较好的解决道德价值冲突的方式。但是，说服的方式需要在民主社会中才能发挥其作用。只有在一个民主的社会中，大多数主体才能真正地参与道德价值的讨论，促进人们发现道德价值的共识。从人类社会的发展来看，这是历史发展的趋势。在现代社会中，说服的方式越来越发挥其重要作用，在具体的道德实践活动中采取这种方式能够加强道德价值冲突后的对话和交流，减少出现错误的可能性，增加解决道德价值冲突的可能性。

压制的方式是借助主体在权力、权威等社会地位方面的强势来强制性解决道德价值冲突的方式。主体在社会生活实践中所处的社会地位有着各种差距，因此，处于强势地位的主体可能运用其强势地位来处理道德价值冲突。压制的方式就是强制性取消了某些主体的资格。比如，政府官员、学校教师、父母等，在和自己的下属、学生、孩子之间发生了道德价值冲突时，能够把自己所认为合理的道德价值作为标准强加给他们，或者说"帮助"他们做出选择。当然，压制的方式在特定社会中有其一定的作用。正如罗尔斯所说："权威的道德在基本的社会安排中只有一种有限的作用，仅当眼前罕见的实践要求使得给予一些个人以领导和命令的特权这一点具有极端重要性时，它才是正当的。"①在现代社会中，压制的方式危害巨大，容易侵犯每个主体的最基本的人权价值，威胁人类社会的文明发展，导致人类精神生活的倒退。它与说服的方式的最大区别在于，说服的方式假定了社会中存在一定数量的分歧与争议，而压制的方式反对和惩罚大多数的公开分歧，追求一种确定的统一性外观，其结果是质疑者如果不公开地表达支持压制者的道德价值取向就可能招致严厉的惩罚。于是，依附性的演戏出现了。"假如一个人明知自己在演戏并长时间进行这种有意识的表演，他的性格就逐渐变成他所扮演的角色，而且越演越起劲。这就像一个拥有健全双腿的人，经过跑步训练之后，得以成为跑步健将一样。人在经过长时间与自己所扮演的角色的磨合之后，就会与该角色紧密地融为一体，以至于后来他本人都很难区分哪个是他真正的自己，哪个是他所扮演的角色。"②随着主体资格的丧失，出现自我欺骗和自我麻痹，人的独

①　[美]罗尔斯. 正义论[M]. 何怀宏，何包钢，廖申白，译. 北京：中国社会科学出版社，2001：469.
②　[波兰]切斯瓦夫·米沃什. 被禁锢的头脑[M]. 乌兰，易丽君，译. 桂林：广西师范大学出版社，2014：64-65.

立精神和思想自由在这种压制的方式中彻底消失。

除了说服的方式和压制的方式，主体的解决方式还包括合法的方式和非法的方式。所谓合法的方式是指道德价值主体采取符合法律要求的方式来化解道德价值冲突。非法的方式是指道德价值主体采取违反法律要求的方式来化解道德价值冲突。日本学者池田大作认为，鱼有鱼之道，人有人之道。万事万物都有其存在之道。纵然道德价值冲突看起来有所不同，但都有其内在的规律之道。法治是当今人类社会存在与发展所需遵守的内在规律之道。现代社会是法治社会，合法的方式是解决道德价值冲突的合理方式，符合现代社会中的法治要求。因此，在现代社会中，解决道德价值冲突都需要在法律的范围内进行。如果超越了法律的框架，必然破坏法治。在这种情况下，合法的方式就被非法的方式所取代。在传统的专制社会中，所有价值的评判标准，包括道德价值的评判标准，都由最高集权者所掌控。他掌握了一切的话语权，他就是真理的化身。道德价值冲突都是以其意志和愿望来解决。从世界历史的发展来看，人类社会就是从专制走向民主的过程，是从人治走向法治的过程。从道德价值论的发展来看，人类社会就是从道德价值的任意走向道德价值的自觉的过程，是从道德价值的主体专制走向道德价值的主体民主的过程，也是从道德价值的主体缺位走向道德价值的主体到场的过程。

当然，随着过度高扬人的主体性，片面强调道德价值的主体在场，主体的解决方式隐藏的一些缺点也暴露出来了。它主要依靠主体的主观思想来寻找化解之道，因而容易导致主体只考虑自己的思想，而没有认清是否符合社会的客观环境，脱离了客观现实而陷入主体的盲动之中，或者自说自话、相互指责，反而不利于道德价值冲突的解决。

2. 社会的解决方式

社会的解决方式是指通过积极地改善社会条件而消解道德价值冲突的构成要素，导致道德价值冲突的化解。

许多道德价值冲突源于社会条件的缺位，由于社会资源的欠缺、社会制度的不合理设置等，导致道德价值不可避免地处于冲突状态。比如，在美国，大约有 40 个美国城市规定禁止无家可归者在公共场所露宿。甚至有些城市明确表示不欢迎流浪乞讨人员光临本市，禁止在地铁、火车站或某些繁华街区乞讨，防止扰乱社会治安或有损市容的行为，以恢复城市的安全和吸引力。在这里，如果完全尊重无家可归者的自由，社会秩序就难以得到保障。如果要保证社会秩序，就要限制他们的自由。道德的秩序价值与自由价值之间的冲突，在于社会资源的有限性。试想，如果社会资源足够充足，地方政府能够妥善地安置流浪乞讨人员，就可以消解这种道德价值冲突。

社会的解决方式就是社会能够做出一些改变，比如增加社会资源的总量、促进社会政策的合理性等，就可以化解许多道德价值冲突。社会如果能够有效地增加社会资源的总量，保护人们的人身安全、财产安全等，就可以避免一些由于资源不足或意外所导致的道德价值冲突。社会如果能够做出尽可能合理的制度安排，就可以化解由此所引发的道德价值冲突。

其实，社会的解决方式还能处理一些由于严酷的自然环境所导致的道德价值冲突。比如，一个生活在恶劣的自然环境中的人，由于生活所迫，不得不为了生存而砍伐森林，从而破坏了人与自然之间的和谐。这种人权价值与和谐价值之间的道德冲突，在于个体的改造自然能力的不足。如果社会能够帮助这些人过上基本的符合人的尊严的生活，这种道德价值冲突就可以避免。

当然，社会的解决方式并不是万能的。它可以改善一些造成道德价值冲突的外部条件，从而消解道德价值冲突的可能性。但是，它容易导致主体把道德价值冲突的解决寄希望于外在环境的改变上，从而降低主体自身思想的改变的可能性。社会中一些人会坐等社会的改变而不是自己的主观努力。同时，它无法解决那些主体刻意追求的某些道德价值目标之间的冲突。一个把自由视为最高道德价值目标的人，他宁愿选择四处漂泊，也不愿意接受社会所提供的居住地，其中所蕴含的自由价值和秩序价值的冲突就无法化解。另外，社会资源不可能是无穷无尽的，社会制度也不可能是尽善尽美的，每个人在社会道德生活中，不可避免地还是会遇到各种道德价值冲突。

3. 主体与社会之间关系的解决方式

主体与社会之间关系的解决方式是通过协调主体与社会之间的关系来化解道德价值冲突的方式。

长期以来，传统的价值思维是一种单向的思维方式，认为解决道德价值冲突可以从主体或社会的角度来进行。其实，道德价值，作为一种价值是处于一定的关系之中，或者说处于人与社会的关系之中，没有人或社会，道德价值就不成为价值。正如维特根斯坦所说："如果有一个具有价值的价值，则它必定在一切所发生的事情之外，必定在实在之外。"①它向

---

① [英]维特根斯坦. 逻辑哲学论[M]. 郭英，译. 北京：商务印书馆，1985：95.

我们表明，道德价值处于关系之中，并不是可以孤立看待的实体。理解了这一点，就可以认识到道德价值的基础是实践，实践本身就是作为一种关系而存在。道德价值冲突的解决需要在主体与社会之间的关系中来把握，也就是在社会实践中，即社会道德生活的实践中来化解。道德价值冲突就是主体的道德价值观念在社会道德生活实践中，由于主体与社会之间的各种复杂的关系所形成的。主体与社会之间，无论是主体的社会化，还是社会的主体化，在道德生活实践中都呈现出丰富多彩的特性，因而不可避免地出现冲突。解决道德价值冲突还是要在社会道德生活实践中，正确地协调主体与社会之间的关系。

任何关系都是具体的、历史的。主体与社会之间关系的解决方式就是要在具体的、历史的条件中通过正确地协调主体与社会之间的关系来化解道德价值冲突。在任何时代，人类所追求的道德价值是多元的、多样的、动态的，不同民族、不同伦理学学派的各种道德价值准则之间出现冲突，是正常的。我们不能完全指望依靠主体自身，通过自觉认同来实现道德价值共识。显然，这是难以做到的。这就需要社会采取一定的外在强制力防止社会秩序的崩溃。从这个意义上看，社会的外在强制力是保障道德价值在一定程度上达成共识的关键。否则，社会就不会存在，也难以发展。而在主体的认识与社会的强制力之间保持一种张力，是难以脱离一定具体的、历史条件下的背景状况的。事实上，许多国家、民族在道德价值冲突中就是根据社会的实际情况，做出了符合其具体情况的历史选择。

如果说主体的解决方式是从人的主观思想方面来解决冲突，社会的解决方式是从人的客观环境方面来解决冲突，那么主体与社会之间关系的解决方式则是要在两者的关系中探讨解决冲突的方式。主体的解决方式是主体自己的主观思想的运用，因而难免会误解事实，忽略客观环境。它从反面论证了社会的解决方式存在的必要性，但社会的解决方式突出了解决冲突的外在客观环境的重要性，而容易导致主体把希望只是寄托于外在环境的变化上，而缺乏应有的主观能动性。因此，强调主体与社会之间关系的解决方式显得十分必要。它能够在考虑社会客观环境的条件下把主体的主观思想变为客观思想，化解道德价值冲突。

（三）道德价值冲突的传统解决原则

古往今来，中外学者们在探讨道德价值冲突的过程中，不可能提出非常具体的措施，只能提出一般性的解决原则。这就如同学习游泳，教练只能告诉你一些基本的动作要领，至于在实际的河流和湖泊中应该如何做，很大程度上取决于个人的理解和能力。毕竟，实际的河流和湖泊中总是存在各种各样的复杂情况，这些都是教练不可能一一告知的。亚里士多德把这种处理具体实际情况的能力称为实践智慧。就此而言，实践智慧不可教，只能靠实践者自己在道德生活实践中理解和培养。因此，历代伦理学家们不可能提出解决各种道德价值冲突的具体措施和方法，只能提出一些解决道德价值冲突的原则。其中，主要有终极价值原则、利害权衡原则、等级排序原则、中心构建原则和词义澄清原则。

1. 终极价值原则

所谓终极价值原则是指在众多的道德价值中存在最终的道德价值的归属，人们以此作为解决道德价值冲突的原则。在这里，这种道德价值是所有道德价值的最终指向。简而言之，终极价值是最后的价值，或者说是最高的价值、最根本的价值指向。在伦理学中，人们常常把它称为"至善"。

运用终极价值原则能够解决一些道德价值冲突。比如，美国一些地方政府在处理流浪乞讨人员问题时所面对的是自由价值与秩序价值之间的冲突。如果说，肯定流浪乞讨人员的自由，是为了人的全面发展而尊重他们的人权，而主张限制其自由也是为了更多人的全面发展，也可以防止流浪人员误入歧途，那么，把人的全面发展作为道德的最终价值，看似对立的道德价值之间就出现了最终的统一。当存在冲突的道德价值之中都存在一个共同的最终的道德价值时，就具有解决这些冲突的道德价值的基础。至少，人们能够从这个终极价值之中找到道德价值冲突的平衡点，防止某种极端做法的错误。因此，只要没有终极价值上的冲突，就具有解决道德价值冲突的可能性。就此而言，终极价值原则的运用在道德价值冲突中具有一定的积极作用。

但是，如果道德价值冲突本身就是终极价值的冲突，该原则就无法运用。比如，还是前面的问题，如果主张自由价值的一方，把道德的自由价值作为自己的终极价值，而主张秩序价值的一方，把道德的秩序价值作为自己的终极价值，那么这种道德价值冲突就难以运用此原则来解决。另外，在人们的道德生活实践中，主体的终极价值各有不同，也制约了这个原则的运用。比如，基督教、伊斯兰教、佛教等宗教把来生来世作为其道德追求的终极价值，中国先秦时期的杨朱理学把个体生命的保全作为其道德价值追求的终极价值，古希腊的昔勒尼学派把个体的肉体享乐作为其道德追求的终极价值，中国的墨家学派把"兴天下之利，除天下之害"作为其道德追求的至善，西方启蒙时代以来的自由主义者把个人自由作为其道德追求的终极价值，英国的功利主义者把最大多数人的最大幸福作为其道德追求的终极价值。在这里，这些不同的终极价值，如果构成了他们所认可的某种道德价值的基础，那么这些道德价值之间所形成的冲突就难以解决。

2. 利害权衡原则

所谓利害权衡原则就是指在道德价值冲突中衡量道德价值所带来的利害各有多大，以此来决定道德价值的取舍。面对道德价值冲突，如果能给冲突双方都带来利益，就选择利益最大的；如果都带来伤害，就选择带来最小伤害的；如果有利有害，就选择能够带来利益的。简单地说，它就是"利中取大，害中取小"。

人所生活的世界中，必然存在各种利害关系。考察道德价值中所具有的利害关系，是人们在道德生活实践中经常使用的原则。这种原则可以说是人们在长期的生活实践中的经验总结和概括。分析并采取了某种道德价值后，根据其所带来的利害，得出所要做出的决定。应该说，它包含了人性的某种特点，即趋利避害的特点。从心理学上看，趋利避害是人做出某种决定的重要心理依据。这种原则的运用十分简洁高效，从而构成了人们在其生活中，包括道德生活中的重要原则。但是，这种原则的缺陷也十分明显：第一，过于简单化。在道德生活实践中，道德价值冲突的问题常常是复杂多变的问题，都是需要进一步推敲的。如果简化处理，很容易做出错误的判断。第二，过于片面化。从这种原则出发，道德价值的大小似乎可以单纯地还原为利害问题。事实上，并非如此，许多时候，恰巧在于牺牲了所谓的利益，才显示出了道德价值的深邃性。第三，过于经验化。人们运用此原则，常常会从个体经验的角度分析利害关系。事实上，利害关系并不能仅仅依靠个体经验来做出判断，还需要进行理性的推演。

3. 等级排序原则

所谓等级排序原则是指把道德价值进行排序，构成一种等级序列，以此来处理道德价值冲突。当两种道德价值发生冲突时，根据道德价值所处的等级序列，优先选择高一级的道德价值。等级排序原则可以分为严格的等级排序原则和宽松的等级排序原则。前者认为道德价值之间能够形成一种高度量化的、可以精准衡量的等级序列。后者认为道德价值之间只可大致排成一个等级序列。

等级排序原则把道德价值按照一定的重要性来排出先后的位次。如果这种做法能够彻底实现，当人们遇到道德价值冲突时，只需要根据道德价值等级序列表，就可以轻松地解决道德价值冲突。从理论上来说，道德价值之间在重要性上的确有一定的区别，否则人们就完全无法取舍。哈特曼曾经试图把道德价值从质和量的角度进行细致的分类，认为道德价值可以分为限定内容的道德价值、基本的道德价值、特殊的道德价值。限定内容的道德价值又分为作为主体价值基础的价值、作为价值的善物；基本的道德价值是与人的自由直接联系的价值，如善或善性、高尚性、包容性、纯洁；特殊的道德价值包括三组，即①公正、智慧、勇敢、自我控制，②兄弟般的爱、诚实与正直、信赖与忠诚、信任与信仰、谦逊，③遥远的爱、发散性美德、人格。尽管他做出了这样详尽的划分，但他还是认为："我们现在只是站在研究的起点上，尚未做任何严格意义上的特别研究。因此不要期望立刻得到确定的结果。所有能够表明的只是，存在着一些或多或少明显相关的价值类型，它们形成那些支配性的、基本的价值组合，但这些价值彼此相对而形成的位置，绝对不可能永远都是如此这般。像这样的价值类型确实是非常清楚的，但我们无法从它那里推出一个统一的价值原则，更不要说得出一个可以用来弥补这些价值组合之间的差距的原则了。"①毕竟，那种不容置疑的、稳定的、统一等级的道德价值显然只是偶然的，在不同学者那里有着不同的排列，也就是受到了人们的态度和暂时性的偏好所影响。至今为止，并不存在一张世界各国学者都共同承认的道德价值等级清单。因此，那种严格的等级排序原则，难以成立。而那种宽松的等级排序原则具有一定的积极作用。在道德实践活动中，人们能够根据实际情况大致排出道德价值的等级从而做出选择。

当然，否认那种高度量化的、可以精准衡量的道德价值等级序列，并非意味着不能建立一种值得我们进一步研究的大致的道德价值等级体系。事实上，很多道德价值的研究就在于为我们提供了一种研究的视角，尽管这种视角未必是全面的。我们可以从一种非量化的、抽象的角度，构建一种有助于针对道德价值进行观察与评价等活动的道德价值体系。这种做法无疑有助于道德价值冲突的解决。

4. 中心构建原则

所谓中心构建原则是指以某个道德价值为中心来处理道德价值冲突。

---

① ［德］哈特曼. 价值等级［M］//冯平. 现代西方价值哲学经典：先验主义路向（下册）. 北京：北京师范大学出版集团，2009：744.

在一些研究者看来，道德价值中的某个道德价值是最为关键的，其他道德价值都是围绕这个道德价值而展开，因此，可以利用这个道德价值为中心来解决道德价值冲突。

中心构建原则与终极价值原则比较相像，其区别在于终极价值原则试图通过一种终极价值的归纳来解决道德价值冲突，而中心构建原则则试图通过突出一个中心来解决道德价值冲突。后者的优点在于认可某种道德价值为中心，就能够进行交流与探讨，从而有可能解决道德价值冲突。但是，它也会遇到与终极价值原则一样的困难。如果两种道德价值都属于对立两方所认可的中心，这种道德价值冲突就无法解决。同时，中心构建原则容易导致非中心道德价值的受损。在道德实践生活中，不同的主体有不同的道德价值中心，有些以自由为中心，有些以人权为中心，有些以公正为中心，有些以和谐为中心，等等。我们能够看到不同时代的思想家们所构建的自由论、人权论、正义论、和合论等。这些不同的道德价值中心论，就其所论述的某个道德价值而言，的确具有积极意义，但可能潜在地损害了其他道德价值。比如，人权论，认为道德价值应该以人权为核心，这种思想无疑有助于人的基本权利的保障，能够促进人的良性发展，但有可能导致自由等价值的丧失。再如，自由论，认为道德价值应该以自由为核心，这种思想显然有助于人的自身的解放与全面发展，但有可能导致公正等价值的丧失。因此，中心构建原则本身就容易造成内在的理论障碍。另外，中心构建原则容易导致某些与中心无关的道德价值被搁置。也就是说，与中心有关的道德价值的冲突得到了相应的解决，而那些与中心无关的道德价值，其冲突仍然无法解决。比如，以人权为中心，与人权有关的道德价值的冲突能够得到讨论，而与人权无关的和谐价值和自由价值之间的冲突仍然存在。以人权为中心似乎与解决这对道德价值的冲突没有什么关系。

5. 词义澄清原则

所谓词义澄清原则就是指针对道德价值冲突各方的本来应有的词义进行研究，通过准确地确定道德价值的内在含义，以此来化解道德价值冲突。

词义澄清原则就是针对道德价值本身所具有的含义进行语义上的概念清理。这种概念清理是一种打地基的工作。在人们的道德实践活动中，所谓的道德价值冲突在许多时候是由于各自的词义的混淆所造成。也就是说，这种道德价值冲突未必是一种真正的道德价值冲突，而是由于各自所认可的道德价值的不同含义所致。其实，从培根到洛克、莱布尼茨等人都发现了理论讨论中道德概念必须清晰的重要性。一些元伦理学家甚至提出借助某种数理逻辑符号来进行推算，从而避免语义上的歧义。就此而言，如果能够针对道德价值应有的词义进行认知细致的分析，就可能有效地化解这种道德价值冲突。当然，这并不是一件容易做到的事情。另外，词义澄清原则在道德价值冲突中能够有效地促使人们注意各自语言的准确表述，注意思想表达的严谨性。显然，这些都是词义澄清原则从语义学角度来化解道德价值冲突的积极意义。但是，由此我们也可以发现词义澄清原则的缺陷，即它不能有效地解决那些已经能够准确表达的道德价值之间的冲突。因此，词义澄清原则可以作为道德价值冲突解决的一种辅助方式，在一定范围内发挥作用。

(四) 系统衡量原则

在探讨道德价值冲突的过程中，把系统论运用于道德价值冲突的解决是比较合适的。因为，道德价值本身是一个庞大的体系。或者说，它就是一个大的系统。孤立地考察道德价值冲突并不符合实际情况。把道德价值冲突置于一个系统中来考察，有助于避免做出偏颇的解读和选择。同时，"道德价值'自身'要求实现其完整性及完美性。任何对道德完整性及完美性要求的降低都会被看作道德残缺和道德缺陷"①。因此，采取系统衡量的原则比较适合解决道德价值冲突。从道德价值的层次来看，大抵可以分为基本价值与非基本价值，因此，需要进行基本价值与非基本价值的考量；从道德价值的作用来看，总是需要付出一定的成本与获取一定的收益，因此，需要进行适当成本与最佳效益的测评；从道德价值的发展来看，总是存在长远发展与短期内的损失的问题，因此，需要进行长远发展与相互补偿的平衡。

1. 基本价值与非基本价值的考量

所谓基本价值与非基本价值的考量就是指在解决道德价值冲突的过程中，需要结合道德的基本价值与非基本价值来综合分析。

道德价值中存在基本价值与非基本价值。道德是人之为人的属性，也是维护社会发展的重要手段。由此来看，道德具有两种最为基本的价值：人权价值和秩序价值。在探讨道德价值的各种类别时，道德价值还包括道

---

① [德]米歇尔·鲍曼. 道德的市场[M]. 肖君，黄承业，译. 北京：中国社会科学出版社，2017：281.

德的幸福价值、道德的公正价值、道德的和谐价值、道德的自由价值、道德的全面发展的价值，等等。我们把道德价值划分为两个层次，道德价值既有基本价值，也有非基本价值。基本价值主要是人权价值、秩序价值。非基本价值主要有幸福价值、公正价值、和谐价值、自由价值、全面发展价值等。

在分析道德价值冲突时，我们需要结合基本价值与非基本价值来进行考量。要充分考虑基本价值。道德价值中的人权价值、秩序价值是最基本的价值，任何道德价值冲突中都或多或少地与之有着密切的关系。我们在探讨道德价值冲突时，要结合人权价值与秩序价值，以及幸福价值、公正价值等，做一个全面而系统的分析。如果我们选择了某一个道德价值，而放弃人权与秩序等基本价值，这本身就很让人质疑。人们在社会生活中构想了道德，就是希望以此来维护个体的基本权利，保证社会的平稳发展。就此而言，道德的最基本价值是道德其他价值都必须遵从的价值。如果没有它，其他价值就难以构成。因此，我们可以把道德的最基本价值作为认识道德其他价值的基础，道德价值中除了最基本价值之外的其他价值都必须遵从它、服从它。人权价值与秩序价值是道德价值中必不可少的基本价值。人权是人的生存与发展的基础，秩序是社会存在与发展的基础。没有人权和秩序，道德价值就失去了存在的前提。当我们衡量各种道德价值冲突，试图从中做出选择时，我们需要坚持道德的最基本价值。它是我们解决道德价值冲突时必须坚守的基本点。

坚持基本价值与非基本价值的考量，就是要坚持道德的最基本价值，具体地而不是彻底抽象地考察道德价值冲突，把道德价值冲突置于两个维度的分析框架之中，从而做出一个比较全面的判断。

2. 适当成本与最佳效益的测评

所谓适当成本与最佳效益的测评就是指在解决道德价值冲突的过程中，要考虑选择某种道德价值时所付出的成本与所获得的最佳效益。

在道德价值冲突中总是存在着不可避免的成本与效益的关系问题。价值问题总是和一定的效益有关。有了效益，也就意味着存在一定的成本支出。面对道德价值冲突，主体选择某种道德价值，实际上也就是在各种可能出现的成本与效益之间做出一定的预估。如果说付出的成本过大，就会消解有可能实现的最佳效益。在贯彻适当成本与最佳效益的原则中，一方面，需要测评成本的适当性。所谓成本的适当性就是指与所获取的效益相比，成本是否适当。一般而言，主体所承受的成本总是有一定的限度的，主体不可能承担无限成本。同时，成本与效益之间也并不是一种固定的正比例关系。投入大量成本并不意味着一定会有大量效益。因此，当我们决定付出某种成本时，需要测评在道德价值冲突中，主体是否能够承担得起成本，所付出的成本是否因不足而浪费，或因过度而浪费。把握好付出成本的适当性是十分必要的。另一方面，需要测评最佳效益。所谓最佳效益是指在处理道德价值冲突中的最佳投入产出比。一般而言，最佳效益来自道德价值运行的最佳方式与道德价值自身结构的最佳构成。正是由于运行的最佳方式能够有效克服道德价值实现的主客观障碍，从而提高道德价值的最佳效率。而道德价值结构的最佳构成能够最大限度地增强该道德价值的力量，形成该道德价值自身的系统效益，发挥最佳作用。最佳效益是我们在解决道德价值冲突时必须要加以考虑的。

因此，面对道德价值冲突，我们可以分别测评对立的道德价值各自的成本状况和可能的潜在最佳效益。只有把握了主体所能负担的适当成本，充分挖掘潜在的最佳效益，才能在道德冲突的解决中做出合理的选择。当然，在运用适当成本与最佳效益的测评原则时，如何进行道德价值取舍，还需要借助其他的原则来加以解决。这样，我们才能以系统的角度，从整体上来把握道德价值冲突。但不管如何，从成本与收益的角度来认识和把握道德价值冲突是解决道德价值冲突的一条重要途径。

3. 长远发展与相互补偿的平衡

所谓长远发展与相互补偿的平衡是指在解决道德价值冲突时，要注意以长远发展的目光来考察道德价值，并关注道德价值中的相互补偿问题，避免孤立地做出道德决断。

道德价值的选择需要关注其长远发展。如果从时间角度来看，把人权价值和秩序价值作为道德的基本价值，在于它们代表了人与社会发展过程中最为长远的两种价值。人的生存与发展是长远的，并不是短期的；社会的生存与发展也是长远的，并不是短期的。人会从长远发展的角度来自我创造，构建了各种社会规范或要求，试图改善个体，改善社会。道德就是其中最为重要的一种创造。"道德主体'我'，通过自我意识，把人我、物我既区分又联系，通过自我的自作主宰的有目的的行动，既给人施加影响，又接受他人施于影响，以及自我对其行为意义的了解，对人我、物我交往活动的反省，使围绕着所发生的关系，依照所体认的道德关系维持下去。"①

---

① 张立文. 和合学：21 世纪文化战略的构想（下册）[M]. 北京：中国人民大学出版社，2006：564.

因此，我们在面对道德价值冲突时，需要从长远发展的角度来考量各个道德价值之间的关系。既需要考察基本价值，也需要考察那些非基本价值在促进基本价值中的重要意义。这样才能确保我们始终在一个大的人与社会发展的系统中来考察道德价值冲突。

道德价值的选择也需要考虑相互补偿。面对道德价值冲突，具体而言，还需要考察一个道德价值之间的相互补偿的问题。任何道德价值冲突中的选择，都必然涉及某些道德价值的损失，以及另一些道德价值的获得。这时，我们需要考察这些道德价值之间的相互补偿的问题。也就是说，我们选取某种道德价值，并不是仅仅涉及这种道德价值自身的适当成本与最佳效益的问题，更是涉及诸多道德价值之间可能出现的相互补偿的问题。如果说整体上道德价值并不能补偿所付出的损失，我们很难说这种道德价值的选择是有利的。唯有整体上道德价值能够有效地补偿所付出的损失，这种道德价值之间冲突的处理才是真正有利的。

总的来说，道德价值冲突的解决既需要从系统论的角度注重基本价值与非基本价值的考量，也需要注重适当成本与最佳效益的测评，以及长远发展与相互补偿的平衡。如果没有用一种系统的视野来分析和试图解决道德价值冲突，人们就很难把握基本价值与非基本价值的关系，分析适当成本和最佳收益之间的关系，理解长远发展与相互补偿之间的平衡。唯有从系统论的角度才能系统地化解道德价值冲突。

（五）道德价值失序与无序

如果不能有效地解决道德价值冲突，其结果将是道德价值失序与无序。道德价值失序是指道德价值在一定范围内出现了紊乱。或许在有些人看来，失序就是无序，其实不然。无序是指道德价值彻底陷入了整体混乱之中，而失序是指在某一范围内的混乱。失序是无序的前提，无序是失序的最后结果。

在任何社会中都会出现道德价值冲突，或者说道德价值冲突是社会发展中的必然产物。人们是不可能摆脱道德价值冲突的。但是，如何解决道德价值冲突是人们道德实践生活中的重要内容。当我们无法有效地解决现实社会中所出现的道德价值冲突时，道德价值冲突的各方就会导致道德价值在某些方面的混乱，也就是道德价值失序。比如秩序与自由的价值冲突，道德本可以维护秩序价值，也可以注重自由价值。但是，在具体的道德实践生活中，人们无法解决秩序价值与自由价值之间的冲突，其结果是道德的秩序价值与自由价值无法获得应有的解释，人们在两种道德价值之间无所适从，从而导致以后在秩序价值、自由价值之间有可能出现混乱。随着这种混乱的进一步扩散，更多的人无法在这两种道德价值之间做出合适的解释与选择。从社会角度来看，社会有其所倡导的道德价值，而这种道德价值会受到挑战，因为冲突已然出现。就此而言，道德价值失序意味着社会为了稳定所设定的道德价值目标与现实中实际所要达到的道德价值目标之间出现了不一致。道德价值的提出本来是为了社会的稳定和人的全面发展，但是，道德价值冲突试图挑战社会的道德价值规定。如果这种冲突发生在个体身上，常常意味着个体在道德价值上的失序；如果这种冲突发生在社会群体之中，就表现为群体在道德价值上的失序。当这种失序无法被有效地处理时，其结果就是个体的道德价值的无序和群体的道德价值的无序。这种道德价值的无序很可能意味着人类沦落到丛林社会中，人与人之间的关系陷入一场人与人之间的战争中。

因此，面对道德价值冲突，人们需要积极应对。唯有解决道德价值冲突，才能避免人们陷入道德价值失序与无序的状态。道德价值冲突体现了人们在道德实践生活中所具有的道德价值取向。对于其主要原因，我们都分别加以了研究，道德价值冲突的解决是道德价值论研究的重要内容之一。就此而言，道德价值重建也就成为一个重要话题。

第五章 道德价值实现的评价与历史发展

我们已探讨了道德价值实现的含义、动力、方式、过程、阻碍因素和实现条件，以及道德价值之间冲突的问题，现在需要探讨道德价值实现的评价，即如何看待道德价值的实现。这涉及如何理解道德价值实现的评价、道德价值实现的评价与道德价值认知的关系、道德价值实现的评价标准，以及道德价值实现与促进社会历史发展和人的发展等方面的内容。

一、"道德价值实现的评价"释义

道德价值实现的评价是道德价值实现中的一种重要活动。我们需要理解道德价值评价的含义和特点。同时，道德价值评价与道德价值认知之间密切联系。没有相关的道德价值认知，道德价值是否实现、在多大程度上实现都难以判断。正确地认识道德价值的实现，需要科学地理解道德价值实现的评价以及其与道德价值实现的认知之间的关系，从而更好地理解道德价值实现的评价。

(一)道德价值实现的评价及其特点

所谓道德价值实现的评价是指主体针对在社会道德生活领域中所涉及的道德价值的分析、认知与判断，并根据一定的道德价值评价标准，评价有无道德价值以及道德价值大小的活动。

在道德价值实现的评价中，评价是一个关键词，长期以来关于评价的含义，一直存在两种对立的观点。一种观点认为评价就是一种价值认知活动，是主体借助感觉、知觉，运用理性推理不断处理各种感性材料，从而形成价值有无及其大小多少的各种判断的过程。这种观点突出了主体的理性认知能力，因而被称为价值认知主义。另一种观点认为评价是一种个体情感的表达过程，或者是借助情感赋予某种对象以一定价值的过程。这种观点突出了主体的情感，把评价视为一种情感表达，因而被称为价值情感主义。这两种观点是主体在理性与非理性两种研究范式中彼此对立的表现。从现代社会的相关研究来看，评价是一种认知活动，也是一种情感活动。从道德价值论来看，道德价值实现的评价是一种道德价值认知活动，也是一种道德价值情感活动。

道德价值实现的评价是主体针对社会道德生活领域中所涉及的道德价值的分析、认知与判断。首先，主体在道德生活中，如何来评价道德价值的实现，从本质上看，的确就是一种认知活动。它是人判断道德价值是否实现，以及在多大程度上实现的一种主体性认知活动。但是，道德价值实现的评价并不能等同于道德价值实现的认知，毕竟评价和认知还是有一定区别。评价重在评，认知重在知。但无论如何，道德价值实现的评价是一种认知活动。其次，道德价值实现的评价也是一种情感活动。主体总是具有一定情感的，而且在评价过程中不可能不带有情感。"人皆是由情绪造就。我们总是带着某种情绪生存着：欢乐或沉闷，充满期待的喜悦或阴郁、无聊，乃至烦躁。人的情绪千姿百态，我们在情绪中感觉到自己，对于我们，这是最确定无疑的。"①尽管道德价值实现的评价中的内容具有一定的客观性，但仍属于主体的一定范围内的价值表述。主体在进行其价值表述中，总是有意或无意地借助可能的内容而形成了自己的情感性认知，并把这种情感性认知带到评价之中。主体的所谓评价实际上是带有一定情感性的评价。这也就是西方一些道德哲学家如舍勒等人，把道德价值实现的评价等同于情感活动的原因。尽管这些元伦理学家的观点比较激进，但还是包含了一些正确的成分。道德价值实现的评价中总是包括了与自己有关的情感要素。因此，道德价值实现的评价也可以看作具有一定情感性的认知活动。

道德价值实现的评价还是根据一定的道德价值评价标准，评价有无道德价值以及道德价值大小的活动。在这里，道德价值实现的评价，总是具有一定的道德价值评价标准，才能促使主体能够进行相关的评价。从这个角度来看，道德价值实现的评价包括评价者、被评价对象、评价标准三个基本要素。缺乏其中任何一个，都无法完成道德价值实现的评价。就此而言，道德价值实现的评价是评价者根据一定的评价标准针对被评价者进行的评价。评价标准在道德价值实现的过程中具有连接评价者与被评价者之

---

① [瑞士] H. 奥特. 不可言说的言说[M]. 林克，赵勇，译. 北京：生活·读书·新知三联书店，1994：76.

间道德价值关系的作用。主体在评价活动中，把所体悟的世界的意义赋予了在社会生活中实现道德价值的对象。

为了更好地把握道德价值实现的评价的含义，我们还可以发现道德价值实现的评价具有以下特点。

1. 观念性

道德价值实现的评价是一种针对道德价值的这种特殊精神现象的特殊反映，属于观念性活动。道德价值实现的评价具有观念性特征，是一种观念性的精神活动。这种道德价值的观念活动既是个体对道德价值实现中的意义和重要性的总体评价，也是社会群体意识中所承载的社会道德价值意识的传承和反映。

在人类的社会发展和个体发展中，主体的道德价值实现呈现出丰富性和多样性的特征，作为道德价值观念的评价，也是一种多元的观念性评价状态。也就是说，这种观念性不仅是一种主体所表达的价值观念，还是一种主体所表明的评价观念。心理学家弗洛伊德认为，意识的存在状态分为潜意识、前意识和意识，与之相对应的是本我、自我和超我。本我是潜意识下的欲望，永远都是无意识的，遵循享乐原则，追求与生俱来的心理需要。自我中的一部分可以意识，一部分不可意识，遵循现实原则，在心理需要与社会期待之间，获得最大限度的心理需要。超我是完全进入意识，遵循完美原则，彻底符合社会期待。如果道德价值实现的评价只是价值观念，从弗洛伊德心理学来看，还处于界定了本我与自我边界的前意识状态，意识不到价值观念的作用，意识到的是在特定价值观念下得出的结果。唯有作为一种评价观念，它进入界定自我与超我边界的意识状态，即处于一种意识到价值观念作用的状态，能够在心理需要和社会环境中进行价值观念的评价。因此，道德价值实现的评价的这种观念性，重在观念的评价。

具体而言，评价道德价值实现的观念性可以分为社会评价的观念性和个体评价的观念性。

社会评价的观念性是指道德价值实现的评价中具有社会群体意识中所承载的社会道德价值意识的观念性。这种评价的观念性是从社会角度来考察和评价道德价值的观念性。它表现了社会中某一阶层、组织或群体或公众在道德价值实现上的认识与评价。因此，社会评价的观念性具体可以分为阶层评价的观念性、组织评价的观念性、公众评价的观念性。阶层评价的观念性是指某一阶层在观念上根据其某种共同的利益或需要而进行道德价值是否实现、在多大程度上实现的评价。它代表了社会中一个阶层的道德价值意识。由于阶层代表了社会中相当多的一部分人的共同利益，因此，这种观念具有极大的影响力。当各个社会阶层针对道德价值实现的评价达成一致，有助于道德价值的实现，否则就需要相互的妥协与宽容。组织评价的观念性是指特定的社会组织针对道德价值所进行的评价。由于社会组织在社会中常常被赋予了一定的社会权力，因此，这种评价的观念具有一定的社会权威性，容易直接影响社会道德价值实现的评价的走向。在一个正常的稳定的社会中，组织评价常常能够根据社会的实际情况，引导社会进行正确的道德价值实现的评价。公众评价的观念性是指社会公众就道德价值的实现所做出的评价。由于社会公众是社会的普通众人的集合，因此，这种评价的观念具有最大的广泛性，代表了最广泛的关于道德价值实现的评价。另外，在传统社会中，它常常是一些街谈巷议而已。在现代社会中，它常常是借助报刊、电视、网络等大众传媒来表达自己的观念。因此，它还具有多重评价的复杂性，需要社会的正确引导，否则容易出现错误的道德价值实现的评价，造成社会道德价值观念的无序与混乱。

个体评价的观念性是指个体针对道德价值是否实现、在多大程度上实现所做出评价的观念性。这种评价的观念性是从个体角度来判定和评价道德价值实现的观念性。一般而言，根据社会中不同个体的影响力，个体可以分为权威人物和一般个体。因此，个体评价的观念性可以分为权威人物评价的观念性和一般个体评价的观念性。权威人物是社会中具有影响力的人物。他们关于道德价值实现的评价，在公众中具有重大的舆论影响力。人们都会非常看重权威人物的评价。当权威人物的评价与某个个体的评价一致时，能促进道德价值的进一步实现与完善。当权威人物的评价与某个个体的评价不同时，人们常常会倾向于从权威人物的评价来理解道德价值实现与否以及实现的程度。他们会从该个体的反面意图来理解权威人物的观念，并加以认可。其优点在于有助于统一在某些方面存在异议的道德价值认识，但也可能造成个体的盲从或口是心非。一般个体评价的观念性，是零散的、不成系统的，表现为个性化的特点。它所呈现的是社会中关于道德价值实现的感性的、直观的评价。由于社会中道德价值实现的直接效果在于一般个体的支持与反对，而且，这种一般个体具有数量上的绝对优势，因此，它是最直接的、最有说服力的感性证明材料，是评价道德价值实现与否和程度大小的最基本资料来源。

2. 规范性

评价是道德价值实现的一种规范性的社会实践。主体在进行道德价值实现的评价时，总是有意或无意地运用了某种标准进行判定或评估。主体需要某种标准，知道道德价值究竟指的是什么，其与非道德价值的区别何在，道德价值在人们的社会生活中实现了没有，在多大程度上实现了，还有哪些没有做到或有不足，如何做出进一步完善，等等。否则，那就难以称得上道德价值实现的评价。不难发现，这个标准其实就是一种规范性要求。规范性是评价道德价值实现的核心特征。道德价值的含义、实现与否、程度大小等，都内在地与主体的规范性认识和理解有关。它意味着评价道德价值实现，在某种意义上是非任意性的，而且还是义务性的。从所探讨的道德价值的特点来看，评价道德价值实现中的规范性的特征，体现了道德价值中的客观性，即道德价值主体可以根据自己的意志进行主观的道德价值认识与评价，但这种道德价值的认识与评价并不是随意的，而是有一定的客观基础。评价道德价值实现的规范性是主体根据社会的客观内容，借助了一定的形式来展现的。也就是说，它既有其客观的内容，也有其一定的形式。

具体而言，根据规范的形式与内容，评价道德价值实现的规范性可以分为形式规范性与内容规范性。

形式规范性是指道德价值实现的评价总是具有一定的形式。在这里，形式规范性并不是指评价道德价值实现中存在一种放之四海而皆准的固定不变的模式，而是指存在某种大致的形式上的规范性。正如莱尔德所说："当然，不存在着一个适合所有调整的模式——一种针对任何事情的一般警戒或准备——虽然这曾被提出过。恰恰相反，倒是存在着许许多多的范型，它们是自我流动和自我更改的，虽然在特定的时间内是较为确定的。"①评价道德价值实现的形式规范性是指评价并不是随意的，而是存在一定的范型或图示。

借用美国科学哲学家托马斯·库恩（Thomas Samuel Kuhn）在《科学革命的结构》中提出的范式（paradigm），即利用常规科学所赖以运作的理论基础和实践规范，评价道德价值的实现，也是存在一种评价上的范式。它是主体在道德价值实现的评价中的世界观、人生观、价值观的体现。某些人或群体、组织，具有某种共同的世界观、人生观、价值观和思维方式，就以此为基础，遵循一系列基本规范，为道德价值实现的评价提供方法论支持和理论框架，于是构成了相应的范式。比如，一些社会学家，常常进

① ［美］R. B. 培里，等. 价值和评价［M］. 刘继，译. 北京：中国人民大学出版社，1989：39.

行社会调查，以此作为道德价值实现的评价范式；一些哲学家，常常进行理论分析，以此作为道德价值实现的评价范式，等等。

评价范式有许多种。根据评价范式的方法，道德价值实现的评价范式可以分为实证性评价范式和人文性评价范式。实证性评价范式是以实证主义为基础，采取"可证实化"的操作主义和行为主义，主张科学的概念可以测量，针对道德价值的实现进行观察、计量、分析与比较的技术方法。这种评价范式具有固定的程序与要求，评价结果比较准确、可信，但评价中缺乏主客体之间的交流，比较适合单一道德价值实现的评价。人文性评价范式是以人本主义为基础，采取一种主体与客体之间道德价值实现的整体性评价，探究道德价值的本真内涵，针对道德价值的实现进行对话、交流、理性思考与诠释的人文方法。这种评价范式具有人文理论的价值评判色彩，能够从整体上把握道德价值实现的状态，但评价中有过于抽象和主观化的倾向。由于评价的目的和作用不同，道德价值实现的评价范式还可以分为形成性评价范式和总结性评价范式。形成性评价范式是主体在道德价值的实现过程中所采取的范式，其目的是为了更好地实现道德价值，发挥其评价的引导作用。总结性评价范式是主体在道德价值实现的一定阶段后所做出评价的范式，其目的是为了进行总结和概括，为以后的发展起到监督作用。当然，这些评价范式之间存在着范式转移。不同主体会运用不同的范式。主体出于研究的现实需要，会根据不同的范式进行必要的选择。

内容规范性是指道德价值实现的评价总是具有一定的内容。这种内容就是道德价值中的应该如此，或者称之为应当。主体进行道德价值实现的评价总是展现了这种道德价值中的应当。它体现了道德价值实现的评价中所具有的价值特性，即应当或应该如此。这种道德价值评价中所具有的应当，不同于法律中的应当，后者有可能是一种强制性要求，让行为者出于害怕而不得不如此。主体进行道德价值实现的评价所蕴含的应当，是一种道德上的义务。从表面来看，它似乎是一种强制，其实是一种出于意志自由的自我决定。这种自我决定包括两个意向：一是预设性意向。自我理解其决定的预设性的结果。二是理由性意向。自我从中能够了解其中所渗透的应当如此的理由。尽管评价者从中领会到的理由各有不同，但自我正是从这种预设性意向与理由性意向中，体悟了不得不如此的义务。正如密尔所说："义务这一概念总是包含着，我们可以正当地强迫一个人去履行它。义务这种东西是可以强行索要的，就像债务可以强行索要一样。"①主

---

① ［英］约翰·穆勒. 功利主义［M］. 徐大建，译. 上海：上海世纪出版集团，2012：49.

体在进行道德价值实现的评价中，就是从道德价值实现的应当如此中，把道德价值实现与其他价值实现相互区别。

评价内容中的"应当去做某事"，可以从不同的角度来认识。从载体上看，这种评价内容中的"应当去做某事"，即可以是个体对群体、民族、国家的要求，也可以是群体、民族、国家对于个体的要求。在传统社会中，这种相互的义务关系可能是不对等的。有权势者把自己打扮成为民族、国家的代表，他们拥有更多的别人对他的义务，而享有特权。弱势群体尽管拥有所谓的基本权利，但这些权利也难以得到保障，因而他们只能承担更多的针对有权势者的义务。而在现代社会中，两者之间存在着对等的关系。不论是个体与群体、民族、国家之间，还是人与人之间都承担着相互的义务。从性质上看，这种评价内容中的"应当去做某事"，存在积极与消极之分。在社会生活中，不杀人属于消极意义上的"应当"，而在危难关头勇于救助生命属于积极意义上的"应当"。一般而言，绝大多数人能够做到消极意义上的"应当"。至于在危难时刻，敢于挺身而出绝不是每一个人都能做到的，因此，积极意义上的"应当"是比较难做到的。

道德价值实现的评价，作为一种规范性的社会实践，既有形式上的规范性，也有内容上的规范性。形式上的规范性表明了评价道德价值的实现总是具有一定的范型，而内容上的规范性表明了评价道德价值的实现总是展现了价值层面的应当性内容。因此，道德价值实现的评价是借助一定范型体现道德上应当性内容的规范性社会实践。

3. 灵活性

道德价值实现的评价还具有灵活性。尽管道德价值实现的评价具有规范性，即主体在进行道德价值实现的评价中，总是有意或无意地运用了某种标准进行判定或评估，但是其中还是具有一定的灵活性，并非刻板不变的。评价道德价值实现的规范性可以分为形式规范性与内容规范性，道德价值实现的灵活性也可以从形式与内容两个角度来加以阐述。

形式灵活性是指评价道德价值实现的形式具有相当大的不确定性。尽管道德价值实现的评价总是具有一定的形式规范性，但这并不意味着评价道德价值的实现中存在一种放之四海而皆准的固定不变的模式，因而存在着多种多样的评价范式。道德价值渗透在社会生活的各个方面，从政治、经济、文化到人们的日常生活，几乎无处不在。评价道德价值实现的形式多种多样，难以绝对固化而定于一尊，尽管存在某种大致的形式上的规范性。另外，道德价值实现的评价主体由于其立场差异、价值偏好甚至信息的掌握程度不一致等，因此会选择了不同的评价范式。就此而言，形式灵活性是客观存在的。

　　内容灵活性是指评价道德价值实现的内容具有明显的随机性。尽管道德价值实现的评价总是具有一定的内容规范性，即道德价值中的应该如此，或者称之为应当，但是这种应当在具体内容上却是随机的。主体进行道德价值实现的评价总是在一定的具体内容上展现这种道德价值中的应当。而涉及道德价值的具体内容非常广泛，增加了评价内容的灵活性。同时，主体在进行评价时并没有时间、地点的限定，甚至可以说是在任何时间、地点都可能进行相关的道德价值实现的评价，它也体现了道德价值实现的评价中所具有的价值特性，即应当。就此而言，内容灵活性也是客观存在的。

　　道德价值实现的灵活性与规范性同时存在。毕竟，道德价值渗透到了社会生活的方方面面。面对道德价值是否实现、多大程度上实现的问题，无论是针对评价主体还是评价客体而言，无疑都是一个复杂的问题。这种评价的主体既可能是个体、群体或社会组织，也可能是官方的或非官方的，其对象可能涉及社会生活中的许多领域，如政治、经济、文化等。主体在进行道德价值实现的评价中，存在着各种各样的评价。因此，道德价值实现的评价不可能只有规范性而缺乏灵活性。

（二）道德价值实现的认知与道德价值实现的评价之间的关系

　　从道德价值实现的评价来看，在道德价值实现的评价活动中，认知与评价密切相关，时刻出现在道德价值实现的评价之中，构成了道德价值实践活动中进行价值评价的重要组成部分。正如牧口常三郎所说："在我们反省我们的精神生活时，我们能发现两种本质不同的思想方式，即认知和评价。"①

　　在道德价值实现的评价中，认知与评价常常是难以做出区分而混合在一起。为了更好地理解道德价值评价，有必要把认知与评价相互区别。道德价值实现的认知，是以道德活动和道德现象为对象，以道德价值实现的目标为导向，在道德价值实现的过程中所进行的认识活动。它是道德价值主体收集和分析道德价值实现的各种现实特性和现象的活动。其重要的特征在于识别道德价值的思想方式。道德价值实现的评价，是道德价值主体

---

①　[日]牧口常三郎. 价值哲学[M]. 马俊峰，江畅，译. 北京：中国人民大学出版社，1989：21-22.

根据自身的需要所抽象凝结而成的道德价值评价标准，针对道德客体的道德价值进行判断和评定的道德活动。它是道德价值主体运用自身所认可的道德价值观念判断和评价道德价值实现的活动。道德价值实现的认知与评价属于两种不同性质的活动。认知是主体针对道德价值而在内心所获得的一种认识和了解。评价是主体针对道德价值实现所进行的判断与评定。它们体现了道德价值实现过程中主体的不同表现。认知意味着主体注意到了道德价值，在精神中获取了相应的概念，展现了主体对道德价值的一种理解。评价则意味着主体在道德价值实现中做出了积极的回应和衡量。

那么，作为道德价值评价的认知与评价有何内在联系？可以从如下几个方面理解。

1. 认知是评价的基础

道德价值实现的评价，需要以一定的认知为基础。没有一定的关于道德价值实现的认知，就不会有关于道德价值实现与否、实现程度的评价。从这个角度而言，道德价值实现的认知是进行道德价值实现的评价的基础。它包含两层含义。

一方面，从其逻辑上看，认知先于评价。在人们实现道德价值的过程中，如何评价道德价值的实现，从逻辑顺序上看，认知先于评价。从一个完整的道德价值的实现过程来看，认知、评价、实践总是循环出现，不断上升到一个更高的阶段。从整个人类社会的发展来看，认知、评价、实践都是人类社会中实现道德价值不可分割的重要构成部分。这三个要素都是密切联系、不可分割的。在人类社会早期，三者都是整合为一的，在实践中得以体现。在人类社会的不断发展中，三者之间逐渐出现了各自的分化，展现了人类自身的思维水平的提升。从个体的道德价值实践活动来看，首先需要一定的认知，理解和认知道德价值的相关知识，才能进行相关的评价。如果主体没有理解道德的人权价值、秩序价值、公正价值、和谐价值、自由价值等，就难以进行相应的评价，难以提出哪些道德价值得到了实现，在多大程度上得到了实现，如何进一步完善。在这里，认知与评价之间存在一个逻辑上的先后关系。否则，这就无法解释评价如何出现。因此，就此而言，认知在逻辑上总是先于评价。

另一方面，从其形成来看，认知是评价的前提。道德价值实现的认知，主要意味着认识与知道。如果认知是认识和知道道德价值的相关知识，那么评价则是在此基础上知道如何去做，才能算得上是评价。现代英国学者吉尔伯特·赖尔（Gilbert Ryle）在《心的概念》中这样区分"知道怎样做"和"知道那个事实"："知道怎样做和知道那个事实二者之间存在着某些类似，也存在着某些差异。我们可以说知道怎样弹奏一种乐器，也可以说知道某件事是事实……可以说忘了怎样打一个缩帆结，也可以说忘了'小刀'在德语中叫做 messer。"①按照赖尔的观点，知道那个事实只是一种认知，但认知并不代表评价。评价在于在"知道那个事实"之后，还能"知道怎样做"。在这里，"知道怎样做"就是表明了主体的一种评价，是在"知道那个事实"上的进一步发展。道德价值实现的评价是主体的一种反思的结果。这种"知道怎样做"就是在"知道那个事实"之后所进行反思活动的结果。正是经过这种反思活动，构成了道德价值实现的评价之前提。面对各种道德价值的实现，如何评价其实就是一种如何进行不断反思的问题。反思的结果越深刻，就表明越准确地认知了道德价值实现的现象，从而把握了道德价值实现的本质。否则，反思的结果很肤浅，就表明了认知的肤浅，从而陷入了评价的武断。麦金太尔曾把我们所生活的世界称为一个充斥了道德假象的世界。有无数的人为假象所迷惑，无法正确反思，从而陷入道德价值实现的评价混乱之中。从这个意义上说，认知道德价值实现的真相，构成了正确评价道德价值实现的前提。

如果进一步思考，从认知道德价值实现的真相，到正确评价道德价值的实现，其中还有一个关键条件：道德价值实现的认同。在前面，我们探讨道德价值实现的关键条件时指出，道德价值认同是个体或社会共同体（国家、民族等）于各自的交往活动中在道德价值观念方面所形成的某种共同认可和共同享有等。道德价值认同具有两个不同层次的含义。从个体层面来看，道德价值认同是个体对道德价值的理性确认。从社会层面来看，道德价值认同是不同的社会共同体成员对道德价值的共同认可或分享。道德价值实现的认同与道德价值认同相关联，又有内涵上的不同。道德价值实现的认同是针对道德价值是否实现以及在何种程度上实现的认同。正是道德价值实现的认同，构成了认知道德价值实现的真相，到正确评价道德价值实现的桥梁。一般而言，认同与认知是有必然联系的，认同的内容必须是认知的。没有经过认知的内容是不可能被认同的。如果把认知理解为认识和知道，主体可以认识和知道关于道德价值的某些知识，但内心不一定认同，也未必进行评价，很可能只是作为某种知识加以了解。但是，认知的确是评价的开始和前提。主体正确评价道德价值的实现，在于道德价值实现的正确认同。正是由于主体在正确地认知道德价值实现的

---

①　[英]吉尔伯特·赖尔. 心的概念[M]. 徐大建，译. 北京：商务印书馆，2005：25.

真相基础上，借助了理性与经验的分析，进行了一番反思活动，形成了道德价值实现的认同，才会进行相应的评价。就此而言，反思活动是提升认知、形成认同和进行评价的推动力。在认知、认同和评价的三者关系中，尽管认同并不是认知，但比认知更进了一步，是认知向评价前进的关键条件。认知并不针对道德价值的实现做出非常严格的分析，仅仅在于认识与知道。但是，认同却有着比较严格的要求。没有一定的分析，主体不会轻易认同。而一旦认同，主体就会进行评价。因此，道德价值实现的认同，是从认知道德价值实现的真相，到正确评价道德价值实现的关键条件。

2. 评价是认知的深化

道德价值实现的评价是主体针对道德价值在人们的社会生活中的实现状况所进行的评价。道德价值在人类社会生活中广泛存在，贯穿于社会发展和人的发展的始终，人类自身的各种行为都无法摆脱道德价值实现的认知与评价。人们总是不断地进行有意或无意的道德价值实现的认知与评价。从道德价值的实现来看，道德价值实现的认知是其评价的基础，但从另一方面来看，道德价值实现的评价也是其认知的深化。道德价值实现的评价中所展现的认知的深化主要体现在两个方面。

一方面，从其本质来看，评价是认知凝结的结果。道德价值的存在与发展总是为了满足一定社会的政治、经济、文化等发展的需要，而这构成了道德价值评价的一个重要基础。显然，道德价值实现的评价就是考察和评价道德价值满足一定社会的政治、经济、文化等发展的需要的程度与状态。从本质上看，道德价值实现的评价就是一种道德价值判断活动。它就是要以一定的道德价值的实现作为评价对象，通过道德价值判断来评判道德价值是否得以实现、实现程度如何。其中，道德价值判断是道德价值实现的认知的结果，也是主体根据一定社会中其在政治、经济、文化等方面发展的需要，衡量作为价值客体的道德或道德现象是否满足一定主体需要以及在多大程度上满足一定主体需要的一种判断。其中，主体的衡量就是一种权衡上的认知，而这个一定的认知主体既有可能是评价主体本身，也有可能不是评价主体。同时，这种道德价值判断以应然作为结论的基点，所关心的是道德价值实现中的应当是怎样的，以及现实的道德与应然的道德有何差异，现实的道德在怎样的程度上实现了应然的道德价值。在这里，应然是认知上的应然，所关心的应当也是认知上的应当。一定的主体所得出的关于在道德价值实现中所存在的各种应然与实然的差异等，都不过是认知后的结果。也就是说，这些评价就是一定认知凝结后的产物。

　　另一方面，从其发展来看，评价推动认知的发展。在社会发展和人的发展中，主体对于道德价值实现的评价，这种评价本身，并不是人类社会发展和人的发展的终极目的。主体评价道德价值实现的目的在于准确把握和驾驭道德价值，使人类自己在其发展中所创造的这一独特的产品，能够更好地服务于人类自身。道德价值实现的评价体现了主体自身针对道德价值服务于人类自身的一种判断与评定。它能够影响人们以后的认知。比如，亚里士多德所提出的分配公正和矫正公正，从某种意义上，是古希腊时期政治体制中道德的公正价值的评价的概括与总结。这一评价直接影响了以后人们关于公正的认知。因此，没有道德价值实现的评价，道德价值实现的认知在一定程度上就丧失了进一步发展的意义。当然，如果只有道德价值实现的认知，没有相应的评价，也无法判断这种认知的正确与错误。正如陈嘉映所说："自认为对地球有正确认识的葡萄牙人拒绝了哥伦布的计划，哥伦布在认识'有误'的西班牙人的支持下'发现'了美洲。布鲁诺正确，被盲目的老媪投薪烧死了。盲目并错误的'出身论者'好一代天骄，清醒而正确的遇罗克却惨遭杀害。读读政治斗争史，看看身边的成功人士，难免要重新思考真、正确、精明、真诚，重新思考爱真理和'人生成败'究竟是什么关系。"①因此，道德价值实现的评价是必要的，能够促使道德价值实现的认知朝着正确的方向前进。只有将道德价值实现的评价与认知结合起来，人类对于道德价值实现的认知才可能全面并具有不断发展的应有意义。

　　如果我们仔细思考道德价值实现的评价推动认知发展的原因，这就涉及评价能够突破认知的局限性。所谓认知的局限性是指主体的认知使其只能看到道德价值实现中的一个侧面、一个过程和一个阶段。一方面，这是由于主体的认知总是主体在一定道德价值实践基础上的认知。从个体角度上看，它是个体在接受道德价值知识的基础上，融合个体自身的理解而成的，具有高度的个性化特征。这就不可能不出现个体认知的局限性。从社会角度上看，它是社会在一定条件下针对道德价值知识的认知。而社会中总是存在传统与现代、本土与外来之间的道德价值知识的冲突。这就必然导致社会中的群体在接受道德价值知识时，存在认知道德价值实现的困惑与迷茫。另一方面，主体的道德价值的思维定式，也容易束缚其道德价值实现的认知。个体的道德价值的思维定式导致个体习惯于从某个方面进行认知，社会的道德价值的思维定式导致一种本土或本民族的独特的习惯性

---

　　① 陈嘉映. 价值的理由[M]. 北京：中信出版社，2012：196-197.

道德价值认知。这些都构成了认知的局限性。道德价值实现的评价，则是在认知基础上的发展，展现了一种具有针对性的判断与评定，从而容易激发个体或社会或者认可，或者反对，而无论赞同或者反对，都会突破原有的个体或社会的认知局限性，促进认知的向前发展。

3. 认知与评价的统一

在道德价值实现的认知与评价中，认知与评价是有区别的，但两者之间还是存在着内在的统一，从而构成了密切的联系。主体的认知与评价贯穿于道德价值实现的整个过程中，都要经过经验与理性的发展阶段，你中有我，我中有你，从而相互促进，共同发展。因此，认知与评价的统一体现在两个方面，即经验阶段的统一与理性阶段的统一。

一方面，认知与评价在经验阶段是统一的。道德价值的实现总是在一定的经验阶段中展开，呈现在主体面前。在这一阶段中，认知具有感性的特征，对于道德价值实现的本质还处于一种并不清晰的状态，所认知的内容还是一种具体的、直观的形象。主体只是通过以往的主观感受和想法，借助感觉、知觉和表象，形成一种朦胧的感性认识。与之相一致，在这一阶段，评价处于较低水平，大多具有无意识或情绪性的特征。这种评价主要通过主体的满足与否、好恶倾向的情绪或情感来表达，也没有准确地反映出道德价值实现的本质。主体的评价还局限于道德价值实现的表面。在这一阶段中，主体的认知与评价都处于较低的水平，其原因在于主体的认知与评价都处于一种主观性的偏执中，仅仅停留在道德价值实现的外在层面，没有深入道德价值实现的内在层面，无法深刻地把握道德价值实现的本身性质。正是有了这种经验阶段的认知，也就有了相应的评价。两者之间存在着内在的统一。从道德价值论的角度来看，那些持有主观情感价值论的思想家，把善恶的价值简单地理解为一种主观情感的表达，排除其中所蕴含的一定的认知成分，就在于没有看到这种评价中还是具有相应的认知——与经验阶段的评价相对应。他们只看到了主观情感的评价，而忽略了正是在这种经验阶段的认知基础上，出现了这种情绪或情感的评价。

另一方面，认知与评价在理性阶段也是统一的。道德价值的实现既需要一个在经验阶段展开，也需要在理性阶段提升和发展。在理性阶段中，道德价值实现的认知，具有抽象性特征。它超越了感觉、知觉和表象所形成的表面层次，区分了道德价值实现的外部表现与内在本质，从各种外在表现中把握道德价值实现的本质，形成了一种清晰的理性认识。与之相一致，评价超越了低级阶段的无意识或盲目性，具有了意识性和自觉性，能够借助理性，主动地判断和评定道德价值在社会和人的发展中的重要意义。可以根据道德价值在现实社会中所带来的利益、目的等，进行肯定或否定的评价。如果说在经验阶段，评价还只是依靠受刺激所诱发的动机，即刺激性动机来推动，那么在理性阶段，评价就是依靠目的性动机来推动。这种目的性动机就是主体自觉地洞察了刺激性动机的盲目性，进入了一种评价的自觉性状态。由此，在道德价值实现的理性阶段中，认知与评价是内在统一的。当然，把道德价值实现中进行评价的主要动机归结于认知与评价中的目的性动机，把它作为道德价值实现的主要推动力，并不意味着情绪、情感不能发挥作用。情绪、情感仍然在人们进行道德价值实现的评价中发挥着动机作用。只不过，这种动机作用并非主要动机作用，而是发挥着重要的辅助作用。

因此，道德价值实现的认知与评价是统一的，同时存在于经验阶段和理性阶段。我们可以发现，认知与评价主要在理性范围内才能切实地展现。仅仅只是在一种经验世界中，单纯依靠感觉和情绪或情感难以形成正确的认知和进行正确的评价。认知与评价只有经过了理性阶段，感觉、情绪或情感等才能发挥其积极的作用。

二、道德价值实现的评价标准

我们已经探讨了理性在道德价值实现的评价中的重要作用。从道德价值实现的评价标准来看，它有助于主体找到道德价值实现的评价标准，根据道德价值实现的评价标准做出评价。正如康德所说："理性必然一手执着自己的原则，另一手执着它按照这些原则设想出来的实验，而走向自然，虽然是为了受教于她，但不是以小学生的身份复述老师想要提供的一切教诲，而是以一个受命的法官的身份迫使证人们回答他向他们提出的问题。"①从道德价值论来看，道德价值实现的评价标准是指主体评价道德价值实现的尺度、依据或准则，是评价活动得以成立的逻辑前提。主体根据一定标准针对在道德社会生活领域中所涉及的道德价值的分析、认知与判断，评价道德实践活动中有无道德价值以及道德价值大小。

在道德价值实现的评价中，主体总是有意或无意地运用了一定的评价标准，且道德价值实现的评价总是随着主体的变化而变化，似乎它只能是

---

① ［德］康德. 纯粹理性批判·第二版序［M］. 邓晓芒，译. 北京：人民出版社，2004：13.

相对的。一方面，人作为道德价值实现的评价主体，是个体的、多变的。另一方面，道德价值的实现总是相对的。由此，道德价值实现的评价中所蕴含的相对性难以避免。但是，人所实现的道德价值还有其绝对性的一面，它总是展现了道德价值的超越性价值指向。从总体上讲，道德价值的实现是一个无限的过程，但就具体的社会现实而言，总是阶段性的。因此，评价道德价值的实现，虽然不可能如同自然科学那样能够精准地计量，但还是存在一定的标准。准确地把握道德价值实现的评价标准，在道德价值实现的评价中无疑十分重要。

（一）评价标准的特征

道德价值实现的评价标准，在西方不同学派看来，其标准各不相同。直觉主义者认为，评价的标准是内在的善；自然主义者认为，评价的标准是兴趣、欲望等主观感受；功利主义者认为，评价的标准是功利（幸福或快乐）；非认识主义者认为，道德价值不过是主体的情感表达，并无评价可言，如果要认为有评价，存在某种标准，那也就是情感。当代中国的一些学者，把道德价值实现的评价标准，归结为主体需要、情感、偏好等，或构建了一种多层面的评价标准的系统。不同学派和相关的研究者，从不同角度，提出关于道德价值实现的评价标准。它呈现出一种复杂的演变和发展的过程。这些研究有助于探讨道德价值实现的评价标准的特征，从而为道德价值实现的内容奠定基础。

道德价值实现的评价标准是主体在一定社会道德生活实践中所得出的评价道德价值实现的尺度、依据或准则，是主体根据一定的理由所作出的评价尺度，是带有主体价值情感的评价尺度、依据或准则。就此而言，针对道德价值实现的评价标准必须进行全面分析，不可固守在主体或道德价值客体的某一个方面。否则，就容易出现片面化的标准。从评价标准的特征来分析，道德价值实现的评价标准总是涉及道德生活实践、一定的理由和情感，因此，道德价值实现的评价标准具有三个特征：实践性，合理性，情感性。

1. 实践性

道德价值实现的评价标准是主体在一定社会道德生活实践中评价道德价值实现状态的总结与概括。实践在道德价值的实现与评价中发挥着重要作用。道德价值实现的评价标准具有鲜明的实践性特征，这种实践性特征体现在道德价值实现的评价过程之中。

首先，实践是评价标准形成的基础。马克思在《关于费尔巴哈的提纲》中指出："人的思维是否具有客观的真理性，这不是一个理论的问题，而是一个实践的问题。人应该在实践中证明自己思维的真理性，即自己思维的现实性和力量，自己思维的此岸性。关于思维——离开实践的思维——的现实性或非现实性的争论，是一个纯粹经院哲学的问题。"①在这里，马克思指出了实践在检验人的思维的客观真理性方面的作用。从人的道德价值思维来看，马克思实际上也指出了实践在主体进行道德价值实现的评价中的作用。道德价值实现的评价是一种针对道德价值的这种特殊精神现象的特殊反映，属于观念性活动。这种观念性活动是通过一定的标准来展开的，而这种标准也是从实践中得来。具体而言，道德价值实现的评价是人的评价。评价的主体能够不断地在社会实践中形成具有一定普遍意义的评价依据。同时，正是在道德生活的实践活动中，道德价值成为实践活动的对象，建立了主客体之间的实现道德价值的互动关系。道德价值能够在实践中更为清晰地展现在主体面前。因此，主体能够以其自觉的能动性活动，形成道德价值实现的评价标准，从而指导主体更好地评价道德价值是否实现了主体的需要、实现了多大程度的需要等。

其次，实践是评价标准发展的动力。从道德价值论的发展来看，道德价值的实现是一个无限的过程，道德价值实现的评价也是一个不断完善的过程。道德价值实现的评价标准受到三方面因素的影响：一是道德价值实现的主客体之间的关系的深度与广度，二是评价主体把握道德价值的知识、理解能力的水平，三是当时社会条件下评价工具、方法与手段的发达程度。在道德价值实现的评价过程中，主客体之间关系的深度与广度大，评价主体具有深厚的道德价值的知识与理解能力，评价时社会所能够提供的工具、方法与手段都很丰富、充分，道德价值实现的评价就更为准确有力。而这三个方面的影响要素，都受到社会实践的制约。在不发达的社会中，道德价值实现的主体、客体之间的关系有可能缺乏深度与广度。在一个文化水平较低的社会中，评价主体的相关知识匮乏、能力有限，社会所能提供的评价工具等并不先进。在这种社会条件下，评价主体只能以一些经验性的对比或个体感受作为评价标准来评价道德价值的实现，也就会直接影响评价的准确性。从社会的历史发展来看，随着社会实践的发展，道德价值关系不断丰富，主体的知识、能力不断增强，评价手段等不断提升，道德价值实现的评价标准就会从模糊走向清晰，从感性走向理性。因

①　[德]马克思，恩格斯. 马克思恩格斯选集(第 1 卷)[M]. 北京：人民出版社，1995：55.

此，正是由于实践促进了道德价值实现的标准不断完善，就构成了评价标准不断发展的动力。

再次，实践帮助主体进行价值评价。实践不仅是评价标准形成的基础，不仅是评价标准发展的动力，而且它还帮助主体进行价值评价。道德的人权价值、秩序价值、公正价值、自由价值等，都需要主体进行相应的价值评价。离开了主体，也就没有相应的价值评价。正是通过实践活动，在人们的道德生活实践中凝聚了这些道德价值，推动了主体认识、提炼这些道德价值，并加以评价。因此，就此而言，实践还帮助主体进行价值评价，突出了道德价值实现过程中价值评价的主体性。

在这里，值得注意的是，实践是道德价值实现的评价标准的特性，而不是评价标准本身。一些学者常常会把实践作为道德价值实现的评价标准，其实不然。实践本质上是一种活动或过程，也就是人们常说的实践活动或实践过程。道德价值实现的评价标准，自有其内在规定性。这就如同一把尺子，尺子的标准就是它的内在规定性，即刻度。当一把尺子出现，自然就具有了自身的内在规定性，否则就不能称之为尺子。在日常生活中，你如果用尺子量绳子，再用绳子量其他的物体，结果就会出现误差。其原因是绳子的刻度不是自身所固有，而是尺子所赋予。因此，绳子不能发挥标准的作用。在道德价值实现的过程中，评价道德价值实现需要其自身的标准，主体通过道德价值的内在规定性判断道德价值的性质、实现程度等。就此而言，实践在道德价值实现的评价过程中，充其量是手段与方式，而不是标准。因此，可以把实践作为道德价值实现的评价中的特性，但不能把它作为具体的评价标准。实践，作为活动或过程，只是展现道德价值实现的全景，至于道德价值实现与否、程度大小等，只有通过道德价值的内在规定性来决定。

2. 合理性

道德价值实现的评价标准离不开合理性的特征。合理性是指合乎理性，理性是其起点。合理性按照德国科学哲学家冈斯·兰科在《科学合理性批判》一书的代序言《合理性的类型和语义》中所列举的含义，一共有21种。合理性有概念的合理性、方法论的合理性、认识论的合理性、本体论的合理性、实践的合理性等。德国科学哲学家许布纳则把合理性划分为4类，即逻辑合理性、经验合理性、行为合理性和标准合理性。①由此可见，

---

① ［俄］盖坚科. 20 世纪末的合理性问题[J]. 哲学译丛，1992(04).

合理性有着多种解释。美国学者拉里·劳丹（Larry Laudan）认为："20世纪哲学最棘手的问题之一，是合理性问题。"①在这里，合理性是指道德价值实现的评价标准的合理性，它属于一种评价的合理性。从道德价值实现的评价标准来看，合理性的问题就是要回答我们是否有充分的理由证明道德价值得到了实现，或没有得到实现，得到了多大程度上的实现。

关于道德价值实现的评价标准的合理性问题，20世纪以前的伦理学家们大多坚信存在一种具有合理性的普遍性评价标准，能够指导主体针对道德价值的实现进行评价。然而，自近代以来，尼采提出了"重估一切价值"。20世纪后的伦理学家们不断反思是否存在这样一种具有合理性的普遍性评价标准。英国逻辑实证主义哲学家艾耶尔在其《语言、真理与逻辑》一书中对价值判断的合理性做出了明确的否定回答。按照这种观点，评价道德价值实现的标准不存在所谓合理性，也就是没有充分的理由进行道德价值实现的评价。在现代社会中，随着交往的扩大与深入，相对主义思潮甚嚣尘上。持这种思想的人在评价道德价值实现的标准中，看到了主体评价的多样性，认为探讨道德价值实现的评价标准的合理性是自欺欺人的。其实，主体评价的多样性只能说明道德价值实现的评价标准十分复杂，但不能否定评价标准的确定性。评价标准似乎是因人而异，各有不同，但就每个人而言还是确定的。评价标准的合理性，不仅有绝对的合理性，而且还有相对的合理性。绝对的合理性是人类追求善、摒弃恶的总体性理由，但这种绝对合理性是通过各种个体的相对合理性表现出来。个体的相对合理性包含了绝对合理性特质，是在一定历史条件下的包含具体内容的合理性。相对合理性包含了具体的不同的内容，因而是具有一定限度的合理性。超过了一定限度，相对合理性就有可能走向自己的反面。同时，正是由于道德价值实现的评价标准复杂，从而突出了其合理性问题的重要性。

道德价值实现的评价标准的合理性贯穿了整个道德价值实现的评价过程，通过不同的评价环节而表现出来。

首先，合理性体现在评价前。在正确地进行道德价值实现的评价之前，主体就需要具备一定的道德价值实现的评价标准，也就是要具有评价道德价值实现的充分理由，或者称之为内在根据。这种内在根据是指主体要把握所要评价的道德价值的内涵、范围、构成等，也就是主体对道德价

① ［美］拉里·劳丹. 进步及其问题：科学增长理论刍议［M］. 方在庆，译. 上海：上海译文出版社，1991：125.

值的内在规定性进行认识和理解。主体能够理性地认识和理解道德价值的内在规定性，进行相应的反思，就能有助于做出正确的道德价值实现的评价。比如针对道德的人权价值，主体关于人权价值的内涵、结构等认识得越深刻，就越能做出关于人权价值实现的合理的评价。如果主体缺乏这种评价之前的相关认识和理解，也就会缺乏评价道德价值实现的内在根据，很难做出合理的评价。由此可见，合理性在主体的道德价值实现的评价之前就已经存在。

其次，合理性体现在评价中。在主体进行道德价值实现的评价之中，就要运用其评价标准针对道德价值的实现进行评价。这就需要主体运用合乎理性的目光，审视道德价值所发挥的作用是否有利于人自身的生存、发展与完善，是否有助于社会进步。主体能够做出合乎理性的评价，一方面需要认知道德价值在社会发展与人的发展中所发生的实际作用，另一方面还需要具有相应的关于道德价值内在规定性的知识。也就是说，在评价过程中，主体所依据的信息不仅需要符合实际情况，而且其还需要采取合理的评价依据，借助理性把两者有效地整合，才能做出合理的道德价值实现的评价。比如，主体评价道德的人权价值的实现，不仅要有涉及道德的人权价值实现的社会现象，而且还需要关于道德的人权价值的相关认识和理解，能够合理地把两者进行整合，才能做出合理的人权价值实现的评价。显然，合理性体现在评价之中。

再次，合理性体现在评价后。在主体进行道德价值实现的评价之后，主体做出了关于道德价值实现的评价结论。这种结论是否符合人们的道德生活实践的客观事实，得到他者的共鸣和支持，具有其内在合理性，这就需要主体所做出的结论具有逻辑上的自洽，符合人与社会的发展要求。具体而言，这种评价结论是主体在选择道德价值实现的评价标准时，找到了充足的理由而得出的，其逻辑上能够自洽，符合人与社会不断进步的内在要求。也就是说，主体在评价道德价值实现的结论中，体现了理性的力量，是根据道德价值实现中的客观道德事实，做出了相应的道德价值判断，符合逻辑要求，展现了逻辑的严谨性，能够促进道德价值的实现。就此而言，合理性也体现在道德价值实现的评价之后。正是由于这个原因，评价之后的合理性能够促进道德价值在人们的社会道德生活实践中的进一步完善与发展。

3. 情感性

道德价值实现的评价标准还具有情感性的特征。从理性角度来看，主体在寻找某种合理性的内在依据。但是，如果从情感角度来看，主体所运用的评价标准还具有情感的动能作用。正如康德在《伦理学演讲》中所指出："道德上的情感就是一种道德判断所施加影响的能力。我的知性可以判断一个对象在道德上是好的，但那并不一定表示我将履行我判断是道德上好的那个行动：从知性到行为还有一阵很遥远的喊叫声。如果这个判断激发我采取了那个行为，它就会是道德上的情感发挥了作用；但是，心灵竟然具有一种能够判断的动机力量，却是一件难以思议的事情。显然，知性能够做出判断，但情感能够把一种强制性的力量给予知性判断，使之能够成为激发意志采取行动的一个诱因，这可称之为点石成金。"①评价标准的情感特性是评价标准中所隐含的情感趋向，具有一种促进价值评价实现的点石成金的特性。情感有激励的肯定意义上的情感，也有约束的否定意义上的情感。从这个意义上看，情感是在道德价值实现的评价标准中，同这种评价标准的一致或者冲突的意识所发生的那种快乐或者不快的感受。因此，评价标准的情感特性是通过情感的激励趋向与约束趋向表现出来。

首先，评价标准的情感特性通过情感的激励趋向表现出来。情感的激励趋向具有肯定的价值意义。从道德价值论来看，道德价值中的情感是每个人作为道德的存在者所本源地具有的。它展现了人做出某种道德行为判断的原始倾向。主体借助评价标准来评价道德价值实现与否以及实现程度的大小。当他进行评价时，固然需要一定的合理性依据。但是，他同样需要他所认同的评价标准的情感倾向。当道德价值的实现符合其评价标准时，主体内心就会出现一种赞同的情感体验和情绪感知，形成一种情感互动，或者称之为情感的相互沟通。这就是情感的激励趋向。主体在评价道德价值的实现时，之所以进行正面的积极评价，就在于主体不仅运用了其理性所认同的客观抽象标准，还融入了情感认同。毕竟，主体进行道德价值实现的评价，并不是将一个机械的理性标准简单地套用。它不仅涉及抽象的标准，更为重要的是涉及评价者自身处境的知觉，以及所感觉到的具有他所向往的道德世界。在这里，与主体内心所认可的道德价值实现的评价标准方向一致，主体的知觉和道德世界中充满了仁爱、同情、关怀、尊重和感激等道德上的情感。这些看起来似乎自然出现的情感表达了一种道德上值得赞赏的激励态度。它直接回应了主体所认可的道德价值实现的评价标准，是评价标准的一种情感回应。由此，不难发现，情感不仅来自理

---

① Kant. Lectures on Ethics［M］. translated by Lewis Infield. Indianapolis：Hackett Publishing Company, 1963：44-45.

性评价标准，也来自个体的经验世界。正是情感把理性评价标准与个体的经验世界有机融合，构成了一种评价道德价值实现的自然反应。这种情感的激励趋向直指人所追求的道德价值的实现，从而进一步强化了人的道德价值意识。

其次，评价标准的情感特性也通过情感的约束趋向表现出来。情感的约束趋向具有否定的价值意义。当主体运用道德价值实现的评价标准进行评价时，如果道德价值的实现有悖其评价标准，主体内心就会出现一种否定的情感体验和情绪感知，直接构成一种否定性价值评价的动力。这就是情感的约束趋向。它体现了主体在道德价值实现的过程中努力捍卫自己的评价标准，以此来约束那些违反标准的现象，否定其存在的道德价值。它是主体在评价道德价值的实现时，捍卫其评价标准的情感反映。毕竟，主体进行道德价值实现的评价，并不是简单地阐述和运用自己所认同的理性标准，更为重要的是融入了评价者自身的知觉和所追求的理想道德世界。他会批驳和否定那些与自己的认知相悖的现象，形成一种否定性情感。在这里，外在的某种道德行为或事件遭到了主体内心所认可的道德价值实现的评价标准的否定，主体的知觉和道德世界中就会充满了愤怒、敌视、蔑视、倦怠和厌恶等情感。这些看起来似乎自然出现的情感表达了一种道德上加以谴责的否定态度。因此，它也是直接回应了主体所认可的道德价值实现的评价标准，不过是从反面进行了评价标准的情感回应。

当然，在社会道德生活中，评价标准的情感特性常常既通过情感的激励趋向表现出来，也通过情感的约束趋向表现出来。当主体借助评价标准进行道德价值实现的评价时，常常既有其肯定的方面，也有其否定的方面，其情感就呈现出复杂的特点，需要加以具体分析。但从整体上看，在道德价值实现的评价标准中，总是带有主要的情感趋向，或者是激励趋向，或者是约束趋向。也正因为如此，道德价值实现的评价中总是呈现肯定性或否定性。它表明了评价标准的情感特性是一种根植于人的理性本质的情感反应。

（二）评价标准的内容

由前述可知，道德价值实现的评价标准是指主体评价道德价值实现的尺度、依据或准则。主体根据一定标准针对社会道德生活领域中所涉及的道德价值的分析、认知与判断，评价道德实践活动中有无道德价值以及道德价值大小。道德价值实现的评价标准具有实践性、合理性与情感性的特征。在这里，我们需要具体地指出道德价值实现的评价标准的内容。

　　如何确定道德价值实现的评价标准的内容？从道德价值论来看，道德价值实现是道德价值在人类社会实践活动中不断实现的结果。它涉及在道德价值的选择与评价中，道德价值主体与道德价值客体之间的双向运动的关系，即道德价值主体的客体化与道德价值客体的主体化。从道德价值实现的评价角度来看，运用评价标准就是要判断道德价值在人类社会实践活动中的实现状态或程度，关于这一状态或程度的评价既涉及道德价值在多大程度上为主体所认同，也涉及道德价值在多大程度上外化，实现主体的目标。因此，道德价值实现的评价标准是主体评价道德价值实现的尺度，是衡量道德价值的客体化与道德价值的主体化的标准。这个标准是从道德价值的内在规定性中发展而来的，是道德价值内在规定性的主体化、客体化以及满意度。道德价值的本质决定了道德价值实现的评价标准。因此，能够从这样三个方面确立评价标准的具体内容。具体而言，它包括道德价值实现的主体化、道德价值实现的客体化和道德价值实现的满足度。

1. 道德价值实现的主体化

　　道德价值实现是主体积极参与社会道德生活的实践活动的表现。正是主体参与了一定的道德生活实践活动，道德价值才具有了主体上的存在意义。从道德价值的本质来看，主体性是道德价值的根本特性。如果道德价值仅仅作为一种客观的存在而出现，没有主体的介入，或者说主体没有有效地介入，就意味着这是一种缺乏主体性的实践。这种道德价值难以称之为真正的道德价值，或者说，只能称之为思想实验中假设的道德价值。就此而言，道德价值实现的评价必然有主体的参与。道德价值，作为来自主体而独立于主体的精神存在，其实现是一种主体化的呈现。另外，从其实现方式来看，道德价值实现的主体化是道德价值主体运用其体验、感知、认识，时刻把握道德价值的实现状态，不断进行内在的效验，根据自身的理解进行必要的调整。一方面，主体借助体验、感知、认识来理解道德价值，审视道德价值实现的各个阶段的状态，并提出自己的建议和设想。从这个角度来看，道德价值实现离不开主体的体验、感知、认识。主体正是通过体验、感知、认识来内化道德价值，把它变为自己的思想的一部分，才有可能实现道德价值。另一方面，主体借助体验、感知、认识，不断将道德价值实现的应然要求与实然状况进行对比，从而把道德价值实现作为自身参与社会道德实践生活的组成部分，并做出自己的评价。不难发现，道德价值实现的评价标准是主体针对道德价值实现的体验、感知、认识的标准。如果在道德价值实现中出现主体的缺位，或主体的错位，道德价值实现的评价就无从谈起。因此，道德价值实现的评价标准，必然是一种主体化的标准。

在这里，所谓道德价值实现的主体化，就是赋予道德价值实现以人类这一实践、认识主体的种种特性，以对人的研究为中心而展开道德价值实现的评价。道德价值实现的主体化标准，就是评价道德价值是否为主体所有，在多大程度上融于主体之中的标准。具体而言，道德价值实现的标准，作为一种主体化的标准，它包括三个方面：主体是否正确认知了道德价值，具有理性道德意识；主体是否产生了实现道德价值的内在动力，具有非理性道德意识；主体是否形成了统觉上的向善意识、责任意识。

首先，道德价值实现的主体化就是考察主体是否正确认知了道德价值，具有理性道德意识。任何价值的实现都离不开主体的认知，道德价值的实现同样离不开主体的认知。这种认知首先是一种理性认知，唯有主体具有了这种理性认知，才能够全面而有效地认知道德价值的内在规定性，把握其涉及的范围，才能形成正确的道德意识。如果主体缺乏理性道德意识，没有准确地认知道德价值，就会产生误解，甚至出现刻意的偏执。这些就会构成道德价值实现的主观障碍，不利于道德价值实现。在这里，道德价值实现的主体化标准就是审视主体是否正确认知道德价值，具有理性的道德意识。这是道德价值实现中的主体化的重要内容。值得注意的是，这种主体认知主要以一种个体的形式展开。尽管主体包括群体与个人，群体又包括作为整体的人类群体，作为一定历史条件下的人类群体，作为一定历史条件下不同地区的人类群体，但从道德价值实现的评价来看，这种评价首先是个体的评价，展现了个体生命的独特性。群体的评价建立在个体的独特性基础之上。人，首先是一个特殊的个体，并且正是其独特性而使他成为一个个体，成为一个现实的、单个的社会存在物。没有个体评价的独特性，群体评价的划分也就失去了存在意义。因此，道德价值实现的评价标准，从其主体化来看，主要是看个体是否实现了道德价值认知的内化。

其次，道德价值实现的主体化就是考察主体是否产生了实现道德价值的内在动力，具有非理性道德意识。非理性道德意识就是非逻辑性的道德意识。这种非理性并不是否定理性，而是强调在主体实现道德价值的理性认知之外，还有实现道德价值的内在动力，如欲望、情感、意志、直觉等。它们在道德价值实现的过程中仍然十分重要。道德意识的欲望表现了主体想要实现什么道德价值的强烈追求。道德意识的情感展现了主体试图实现道德价值的强烈倾向。道德意识的意志表明了主体决定实现道德价值而在心理上不断坚持的精神状态。道德意识的直觉则展现了主体以直接超越理性的逻辑论证把握道德价值的目标指向。因此，道德价值实现离不开非理性道德意识的帮助。道德价值实现的主体化不仅是理性道德意识在主体的内化，而且也是非理性道德意识在主体的内化。因此，在道德价值实现的评价中，需要考察主体是否形成了非理性道德意识，是否形成了内在的实现道德价值的动力。当然，这种非理性道德意识需要在理性道德意识的引导下，才能发挥其作用，否则就有可能误入歧途。

再次，道德价值实现的主体化就是考察主体是否形成了统觉上的向善意识、责任意识。无论是主体正确认知了道德价值，具有理性道德意识，还是主体产生了实现道德价值的内在动力，具有非理性道德意识，都需要一种统觉上的向善意识、责任意识把它们整合起来。从主体的内在心理状态来看，理性道德意识和非理性道德意识难以完全隔离，常常紧密联系在一起。当主体具有了深刻而有力的理性道德意识，往往也会由此而伴随着强烈的非理性道德意识。渴望实现人权价值的马丁·路德·金，其强烈的情感正好彰显了他在道德的人权价值方面的深刻认知。在这里，两者的有效联系是通过一种统觉上的向善意识、责任意识。正是向善意识，表明了道德价值目标的追求方向，把各种道德价值的内在规定有效整合，表明了非理性道德意识沿着理性道德意识的方向前行；正是责任意识，展现了道德价值实现的主体的义务要求，把主体的理想与现实、认知与评价有效整合，展现了理性道德意识保障了非理性道德意识的正确方向。

道德价值实现的主体化标准，即道德价值是否为主体所有，融于主体之中的标准。它包括了主体是否正确认知了道德价值，具有理性道德意识；主体是否产生了实现道德价值的内在动力，具有非理性道德意识；主体是否形成了统觉上的向善意识、责任意识。总的来看，主体在道德意识的内化过程中，确立了其主导地位，展现了主体在道德生活实践中的生存与发展的意义。它反映了主体意识到了自我对道德价值实现的使命，也反映了主体渴望超越自我让其他主体能够从中意识到自我对道德价值实现的使命。在这里，是否主体化及其程度是道德价值实现的评价中的一个重要标准。

2. 道德价值实现的客体化

如果说道德价值实现的主体化突出了道德价值的主体性，可以把它作为道德价值实现的主体化标准，那么道德价值实现的客体化突出了道德价值的客体性，也可以把它作为道德价值实现的客体化标准。从当代中国社会的发展来看，相较于西方社会的道德价值论，在中国道德价值实现的客体化标准更为重要。梁漱溟曾指出："中国文化最大之偏失，就在个人永不被发现这一点上。一个人简直没有站在自己立场说话的机会，多少感情要求被压抑，被抹杀。"①从传统文化来看，中国文化似乎长时期缺乏主体性。但是，自改革开放以来，改革的范围越广，深度越深，涉及的利益分配越复杂，利益表达的意愿就越强烈，中国人表达自己思想观念的想法就越强烈。同时，伴随中国人在历史上曾经饱受压抑的言论阴霾的减少，各种随着改革开放而出现的道德价值观念在各种日新月异的新兴媒体中找到了前所未有的突破口，释放着震惊世界的主体性。因此，在这种历史条件下，道德价值实现的客体化标准无疑是一副最及时、最有效的清醒剂。

在这里，所谓道德价值实现的客体化，是指道德价值作为客体目标得以实现的现实化状态。作为道德价值实现的客体化标准，就是针对道德价值的内在规定性是否外化为现实，在多大程度上外化为现实。

具体而言，道德价值实现的客体化，是指道德价值必须要外化为社会现实，才能构成主体的评价对象，才能最终构成道德价值实现的结果。道德价值，作为一种客体化的价值目标，存在于三个层面：道德制度层面、道德舆论层面、道德行为层面。因此，道德价值实现的客体化就是考察道德制度上的实现、道德舆论上的实现、道德行为上的实现。

首先，道德价值实现的客体化就是要考察道德价值在相关社会制度上的实现。社会制度是蕴含了一定道德价值的社会制度。从这个意义上看，社会制度是一定道德价值的外化。道德价值实现的客体化的一个重要方面就是使道德价值融入各项社会制度之中。比如，在社会的政治制度、经济制度、法律制度等制度中，道德价值从一定精神上的存在，转换为具体的各种制度要求和规范。以道德的人权价值为例，其客体化就是人权价值融入社会的政治制度、经济制度、法律制度等制度中。当今许多国家，在政治上捍卫每个人作为人所拥有的政治权利，在经济上保护每个人应有的劳动权利、获得报酬的权利，在法律上保障每一个人作为人所应有的法律权利。人权价值，作为一种道德上的思想观念，融入了社会的政治制度、经济制度、法律制度等社会制度中，也就意味着道德价值在社会制度上客体化的实现。道德价值，作为社会价值中一种非常重要的价值，始终居于各种社会价值的核心地位。它的实现，从客体化的角度来看，贯彻于社会各项制度之中，才能说明道德价值的目标在社会中实现。具体而言，这种社

---

① 梁漱溟. 中国文化要义［M］. 上海：上海人民出版社，2005：221.

会制度上的客体化是否成功，需要考察道德价值是否充分有效地熔铸于社会制度中，或者说，社会制度是否真正地体现了道德价值，是否能够切实有效地保障道德价值落到实处。如果道德价值不能有效地融入社会制度中，或者说两者之间出现矛盾与冲突，必然导致社会道德价值实现遇到障碍，不利于道德价值实现。反之，道德价值有效地融入社会制度中，就会促进道德价值实现。

其次，道德价值实现的客体化就是要考察道德价值在社会舆论上的实现。社会舆论中有政治舆论、经济舆论等，而道德舆论是其中一种重要的舆论。道德舆论是社会公众针对社会的各种道德现象所表达的意见、态度和情绪的总和。道德舆论中既包含一定的理性成分，也蕴含一定的情感成分。道德价值实现的客体化，从道德舆论来看，就是道德价值通过社会舆论表现出来。道德舆论常常融入政治舆论、经济舆论等社会舆论之中，具有集体性、一致性、强烈性和延续性等特性。道德价值实现的客体化就是要考察道德价值是否融入了社会舆论之中，展现出了一种道德舆论的样式。比如，道德的秩序价值，需要融入社会舆论之中，成为一种道德上的呼吁，发挥道德的调节、规范等功能，切实保障社会的秩序。秩序价值的实现，从道德舆论角度来看，也就是道德的秩序价值融入了社会舆论之中，构成了保护社会秩序的舆论力量。毕竟，道德舆论代表了公众的意见、态度和情绪，其形成与发展展现了道德价值的实现。如果说道德价值的社会制度化是一种强制性的道德价值外化，那么道德价值的社会舆论化则是一种柔性的道德价值外化。从社会发展与人的发展来看，道德价值的客体化，不仅需要强制性的道德价值外化，还需要柔性的道德价值外化，才能产生系统合力，实现道德价值的客体化。因此，道德价值实现的客体化标准，既包括考察道德价值的社会制度的外化，也包括考察道德价值的社会舆论的外化。

再次，道德价值实现的客体化还要考察道德价值在道德行为上的实现。道德价值毕竟是一种精神存在，要实现客体化，道德价值需要外化在一定的道德行为中。道德价值的实现在很大程度上体现于主体道德行为的呈现。道德行为是人的众多种行为之一。它体现了人的道德价值的选择的主观能动性。主体在这种行为中，理解自己行为的道德价值的性质、意义，能够自觉自愿地选择自认为符合最大道德价值的行动，而不是迫不得已的行动。同时，道德行为是一种主体的应然与实然之间相互作用的行为。主体所理解的道德价值，是一种应然的目标，构成了一种理想的价值指向。但这种价值指向还需要进一步地发展，才能转化为外在的行为的实然状态。如果主体能够有效地实现这个转化，道德价值就从潜在状态变为实现状态。否则，道德价值只不过处于有待于进一步实现的阶段。当然，道德价值在道德行为上的实现，并不是简单的一次性完成。毕竟，道德价值的内在规定性具有丰富的内涵，在人类社会的发展中不断向前发展。道德价值与道德行为构成了道德的一体两面，两者相互促进，相互发展，展现了应然与实然的相互转化。因此，道德价值在道德行为上的实现是一个无限发展的过程。就此而言，道德价值实现的客体化也是一个无限发展的过程。

总之，不论道德价值在道德制度层面、道德舆论层面还是道德行为层面上实现，都展现了道德价值实现的客体化。评价道德价值实现的客体化标准，就是要考察道德价值是否实现了道德制度、道德舆论和道德行为上的外化，在多大程度上实现了外化。只有道德价值充分地实现了在制度、舆论、行为等方面的外化，才可能充分实现道德价值。

3. 道德价值实现的满足度

道德价值实现的主体化标准，是评价道德价值内化程度的标准。道德价值实现的客体化标准，是评价道德价值外化程度的标准。在道德价值实现的过程中，既存在道德价值实现的主体化，也存在道德价值实现的客体化。但是，道德价值实现的最终评价标准在于道德价值满足主体的需要程度。也就是说，需要以道德价值实现的满足度来评价道德价值实现。

道德价值是主客体之间的关系范畴。满足人类自身的需要，是人类设置道德价值目标的主体依据或内在原因。道德价值实现的最终目标还是为了满足主体的需要。道德价值内化于主体，外化于道德制度、道德舆论和道德行为之中，最终的评价标准还是在于道德价值实现的满足度。道德价值越是满足主体的需要，也就越是实现了道德价值。只有主体的需要获得了满足，道德价值才能算得上最终实现。质言之，主体在道德价值实现中所做出的一切努力，最终要满足主体的需要，才获得了切实的意义，才能说道德价值获得了实现。

主体有个体和群体之分，道德价值满足主体的需要的程度，包括满足个体的需要的程度和满足社会群体的需要的程度。那么，道德价值实现的满足度，究竟以个体的需要的满足度为准，还是以群体的需要的满足度为准？不同个体由于其主观认识的不同，而在评价同一道德价值实现的现状时，有不同的满足度。因此，面对同一道德价值实现的状况，有人会认为道德价值获得了实现，有人会认为道德价值还没有实现，也有人认为道德价值获得了部分实现。他们所获得的满足度各有不同，差异巨大。尽管存在这种差异性，必须要肯定的是他们都是以道德价值实现的满足度来进行评价的。在这里，社会群体的满足度是最为根本的评价标准。毕竟，人的属性是社会属性。道德价值实现的满足度要以是否满足或促进社会群体的发展为标准。道德价值实现的满足度，在社会群体中是不以个体的情感、意志为转移的，具有客观实在性。借助胡塞尔的"主体间性"的概念，社会群体的满足度是主体间性的表现。主体间性，是指不同主体之间通过平等自由的交往、对话等所形成的理解性、共识性与和谐共处性。它超越了个体的唯我性，展现了人的公共理性。①正如哈贝马斯所说："任何人都不可能单独自由存在；没有与他人的联系，任何人都不可能过有意义的生活，甚至一种属于自己的生活；没有人能成为仅属于自身的主体。现代性的规范内涵只有在主体间性的标志下才能被解读。"②因此，在社会群体之中，才能充分地体现主体间性，克服主观唯我性。正是因为社会群体中所具有的客观实在性与主体间性，道德价值实现的评价最终要以社会群体的满足度为依据，既可以克服评价中个体之间争论不休的问题，也可以强化评价的可操作性，排除个体情感的自以为是的干扰，保障评价的客观性。

三、道德价值实现与社会历史发展

从人类社会的发展来看，道德价值实现是一个社会历史发展过程。道德价值包括道德的人权价值、秩序价值、公正价值、自由价值等。这些道德价值并不是从天上掉下来的，都是人类在其漫长的道德生活实践活动中在一定历史条件下总结和概括出来的。人类并不是为了实现道德价值才构思了这些道德价值。恰恰相反，道德价值是人类在其社会化的过程中所形成的，能够为社会历史发展产生重大的推动作用，才构建了人类不懈追求的精神目标。没有重大的推动作用，人类也就不会追求和实现道德价值。因此，道德价值实现能够推动社会历史发展，构成社会历史发展的动因。

---

① 公共理性在这里的作用十分重要。如果没有理性的引导，社会群体有可能缺乏主体间性，无法形成一种评价道德价值实现的重叠共识。社会群体要么在内部争论不休，要么沦为偏听偏信的乌合之众。公共理性能够保证社会群体形成一种符合社会主流的价值评价。它在道德价值实现的评价中不可缺少。

② ［德］得特勒夫·霍尔斯特. 哈贝马斯传［M］. 章国锋，译. 上海：东方出版中心，2000：94.

同时，道德价值实现总是一定社会历史发展中的实现。从这个意义上看，社会历史发展也影响或制约道德价值实现。

（一）道德价值实现推动了社会历史发展

人类社会历史的发展，既是社会物质生产历史的发展，也是社会精神生产历史的发展。道德价值在人类道德生活实践中的实现，不仅推动了社会物质生产历史的发展，而且推动了社会精神生产历史的发展，构成了社会历史发展的不可缺失的动因之一。

1. 道德价值实现推动了社会物质生产历史的发展

人类社会历史的发展首先是物质生产历史的发展。人类社会是在物质生产实践中发展起来的。人最基本的需要就是在物质生产中从自然界获取物质生活资料。人类社会的历史就是人为满足自身需要，而且首先是物质生活需要的发展过程。马克思、恩格斯曾指出，人为了生活，首先就需要衣、食、住以及其他东西。因此第一个历史活动就是生产满足这些需要的资料，即生产物质生活本身。没有物质生产，人类社会就无法存在。人类社会的物质生产是由多种合力要素所推动，有经济要素、政治要素、法律要素等。道德价值在人类道德生活实践中的实现，也是其中一种重要的力量。

从价值论来看，社会物质生产历史的发展，是一个物质价值的不断实现的过程。从道德价值论来看，物质生产与道德价值之间关系密切。物质生产是一个经济学的概念，它是指生产者运用一定的劳动工具创造物质财富的过程。人们不难发现在物质生产这个概念中，由于涉及生产过程，因而具有一定的社会关系的内涵，其与道德价值之间构成了必要的联系。人类社会物质生产过程包括生产、交换、分配、消费四个过程。道德价值在其实现过程中构成了针对生产、交换、分配、消费的重要推动作用。

第一，道德价值实现具有针对生产环节的重要推动作用。一是提升生产者的道德境界。生产者是生产环节中的主体。没有生产者的参与，生产不可能完成。认知和把握道德素质是生产者所需要具备的重要社会素质之一。道德价值在生产者中的实现，也就是促使生产者端正生产的目的，运用符合道德价值要求的手段，追求合乎道德价值的利润。因此，道德价值实现落实到生产之中，直接提升了生产者的道德境界。二是增加产品的无形价值。生产的最终结果是产品，产品要符合社会的需要，才能转变为利润。道德价值实现落实到生产之中，也就把道德的血液输入了产品，从而增加了产品的无形价值。当今世界中的许多知名品牌，其实也属于道德产品。

第二，道德价值实现具有针对交换环节的重要推动作用。交换是人类社会物质生产活动中的重要环节之一。道德价值在交换环节的实现，体现在良好信誉的形成。信誉是社会交换各方能够存在与发展的基础。信誉的形成，从道德价值实现的角度来看，源于交换双方的信任与诚实，展现了人与人之间和谐相处的道德价值。道德的这种和谐价值的实现，很大程度上由于交换的利益相关者具有了一定的道德责任意识，认识了交换环节中道德价值渗透其中的促进作用，持续不断地做出符合道德价值的行为而完成。正如理查德·T. 德·乔治(Richard T. De George)所说："信誉是持续道德行为的结果，也是一种伦理的企业文化的结果。"① 1982 年，强生制药公司连续出现产品质量问题，最终决定在政府作出处理之前自己撤销产品，为此付出了 1 亿美元的损失。强生制药公司以坦诚的心态成功地向公众传达了企业的道德价值追求，得到了消费者的认可。许多世界知名品牌都很注重品牌的道德价值，以培养信誉。正是道德价值在交换环节的渗透与实现，保证了信誉，促进了交换的正常运行。

第三，道德价值实现具有针对分配环节的重要推动作用。分配也是社会物质生产活动中的重要环节之一。它直接涉及利益分配，尤其是收入分配的问题。道德价值，作为一种道德上的价值，能够在人类的分配环节中发挥利益调节作用。道德价值在分配环节的实现，体现了道德的效益价值、公正价值和人权价值。从现代社会的市场经济的发展来看，首先依靠市场进行第一次分配。它展现了道德的效益价值。那种不讲道德的市场调节，并不是一个正常的现代社会所需要的调节。道德能够提高社会效益。关于这一点，阿马蒂亚·森把放逐了道德的经济学称为"贫困化的经济学"。市场经济与伦理学之间关系密切。市场经济的运行需要以道德作为基础。市场调节需要借助道德价值来实现。因此，我们不能把道德从市场的第一次分配中驱逐出去。其次，政府制定相关政策进行第二次分配。它展现了道德的公正价值。政府出于维护社会稳定与发展的需要，推崇道德的公正价值。比如，政府通过税收政策进行收入分配，保障社会弱势群体所需的物质生活。那种把政府的调节仅仅作为一种行政调节的观点，显然忽略了其中所蕴含的道德价值底蕴。在这两种调节之外，还有一种超越市

---

① ［美］理查德·T. 德·乔治. 国际商务中的诚信竞争[M]. 翁绍军，马迅，译. 上海：上海社会科学院出版社，2001：9.

场与政府的调节，即社会公众及其组织的调节，通过捐款、募捐等方式，进行第三次分配，以帮助社会贫穷者获得基本的物质生活条件。它展现了道德的人权价值。因此，道德价值在社会物质生产的分配环节中具有重要的推动作用。

第四，道德价值实现具有针对消费环节的重要推动作用。消费，作为需要，是生产中的一个要素。从社会物质生产活动的过程来看，生产是起点，消费是终点，交换与分配则是中间环节。社会物质生产活动最终要满足人自身的消费需要。如果没有消费，生产也就没有意义。随着社会物质生产能力的快速提高，人类越来越进入一个消费社会。浪费成为这个社会的特征。在这个社会中，正如法国学者波德里亚（Jean Baudrillard）所说："相信这种事物内在的道德规则则是使用价值和使用期限，以及随着地位和时尚的变化而乱扔财富的个人，一直到全国和国家范围的浪费，甚至到全球性的浪费，人类在一般经济和自然资源的开发中是做得出来的。正因为这样，所有的道德家与资源的浪费和侵吞展开了积极的斗争。"①道德价值在消费环节的实现是遏制过度的不正常消费，即损害社会与人的正常发展的浪费。古往今来，节俭成为一种美德。比如，《左传·庄公二十四年》中有："俭，德之共也；奢，恶之大也。"但也有学者反对，比如，主张重商主义的曼德维尔（Bernard Mandeville）认为，节俭有助于个体的财富积累，但不利于整个社会财富的增加。如果社会节俭之风彻底压倒了奢侈之风，社会反而走向衰落，因为手工业者不再有订单，艺术家、木工、雕石工全都因为没有工作而身无分文。但是，曼德维尔的观点是错误的。他忽视了正常消费与浪费之间的界限。过度的消费，不仅导致物质财富的浪费，而且导致投入生产的资本的减少，不利于社会的整体发展。"古代国家灭亡的标志不是生产过剩，而是达到骇人听闻和荒诞无稽的程度的消费过度和疯狂的消费。"②浪费，属于消费的异化。道德价值在消费环节的实现，就是要确保正常的消费，促进社会物质生产的顺利进行。

2. 道德价值实现推动了社会精神生产历史的发展

人类社会历史的发展不仅是物质生产历史的发展，而且是精神生产历史的发展。道德价值的实现不仅能够推动社会物质生产历史的发展，而且

---

① [法]波德里亚. 消费社会[M]. 刘成富，全志刚，译. 南京：南京大学出版社，2000：24.

② [德]马克思，恩格斯. 马克思恩格斯全集（第46卷）（上）[M]. 北京：人民出版社，1979：434.

还能推动社会精神生产历史的发展。物质生产主要是指人和自然之间发生的物质变换过程，而精神生产是一种主观的各种观念形态的精神加工过程。"精神"这个词，源于《庄子·刻意》："精神四达并流，无所不极，上际于天，下蟠于地，化育万物，不可为象。"庄子认为，精神能够通达四方，没有什么地方不可到达，上接近苍天，下遍及大地，化育万物，却又不可能捕捉到它的踪迹。这种含义表明了精神是一种主观的意识活动。精神生产，作为社会生产中的形式之一，总是受到物质生产的制约。正如马克思指出："从物质生产的一定形式产生一定的社会结构以及人对自然的一定关系。人们的国家制度和人们的精神方式由这两者决定，因而人们的精神生产的性质也由这两者决定。"①因此，社会精神生产是人们借助一定的物质条件，运用其理性思维能力，从事哲学、艺术、宗教、道德、科学等精神意识的活动，形成一定形式的精神产品的社会生产活动。

从精神生产的起源来看，它是物质生产发展到一定历史阶段的产物。精神生产属于人的意识活动，但它是人的意识活动的高级表现形式。在人类社会早期，社会生产力水平很低，人的意识活动还处于未分化的混沌状态。人的意识活动处于低级表现形式，如零散的原始艺术、自发的自然宗教等。正如英国科学家贝尔纳（John Desmond Bernal）所说："人类同自然界最早的接触几乎谈不上什么科学性质"，"在这个阶段，逻辑和科学思想不仅是不可想象的，而且也是毫无用处的"。②在这种蒙昧状态中，成熟的意识活动，即精神生产活动还无法从物质生产活动中脱离出来。随着社会生产力的发展，剩余产品的增多，一部分人开始摆脱了单纯的物质生产活动，能够专门从事精神生产活动的人出现了。按照马克思的说法："分工只是从物质劳动和精神劳动分离的时候起才开始成为真实的分工。从这时候起意识才能真实地这样想象。它是与对现存实践的意识不同的某种其他东西，它不想象某种真实的东西而能够真实地想象某种东西。从这时候起，意识才能摆脱世界而去构造'纯粹的'理论、科学、哲学、道德等。"③显然，作为成熟的人的意识的高级表现形式，精神生产是从物质生产中分化而来，具有自身的独立性。它的主体是脑力劳动者，其对象是人所处的物质实践活动，其成果是观念形态的产物，如艺术、宗教、道德、科学、哲学等。从一定意义上看，道德价值观念是精神生产的产品，但

---

① [德]马克思，恩格斯. 马克思恩格斯全集(第26卷第1分册)[M]. 北京：人民出版社，1995：296.
② [英]J. D. 贝尔纳. 科学的社会功能[M]. 陈体芳，译. 北京：商务印书馆，1982：49.
③ [德]马克思，恩格斯. 马克思恩格斯全集(第3卷)[M]. 北京：人民出版社，1960：35.

是，这种产品本身一旦出现，也对精神生产产生巨大作用。毕竟，从精神生产的内涵来看，道德价值观念是人的精神生产中的指导性观念，具有明辨善恶的重要意义。在人的精神生产中，道德价值观念的形成与丰富，不断推动精神生产向前发展，展现人的精神的自我超越。因此，道德价值实现，作为道德价值论中道德价值得以完成的一个不可分割的环节，在促进精神生产方面无疑具有重要的推动作用。

第一，道德价值实现为精神生产的发展方向提供了价值保障。价值是主客体相互作用的产物。人们在认识和改造客观世界、实现道德价值的过程中，会形成一定的道德价值认识。道德价值实现就是人们基于什么是道德价值而实现道德价值的过程。因此，道德价值实现中既蕴含了人们精神生产的价值取向、价值追求或价值目标，又包括人们从事精神生产的价值评价的标准或尺度。道德价值实现，集中反映了一定社会中人们的经济、政治、文化思想中道德价值的实现，其系统十分复杂。"从宏观的角度说，价值观念是社会文化体系的核心。从微观的角度说，价值观念是人的世界观的组成部分。从根源上的角度说，它同主体的需要、理想联系在一起，它受制于人的经济地位、社会地位。在阶级社会中，它受制于人的阶级地位，特别是受制于人的政治思想意识。由于不同阶级的经济地位、社会地位、阶级地位不同，特别是政治思想意识、理想不同，因而他们的价值观念也不同。从功能上说，它为人们的正当行为提供充分的理由。"①尽管这段话主要谈论价值，其实也适用于道德价值的实现。毕竟，道德价值渗透于社会精神生产所形成的经济、政治、文化思想等各个方面，与人们的理想、信念、经济地位、社会地位等有密切的联系。在社会精神生产的发展过程中，实现了某种道德价值，也就为社会精神生产的发展方向明确了什么样的道德价值值得追求，鼓励人们认识和追求具有这种道德价值的精神生产活动，从而为人类的精神生产提供一种价值保障。从历史上看，旧的社会的解体常常首先表现为这个社会的原有道德价值体系的瓦解，新的社会的形成又常常首先表现为一种新型的社会道德价值的实现。因此，任何社会的稳固与发展都需要重视符合其自身的道德价值实现。

第二，道德价值实现为精神生产的成果提供了价值评判。精神生产的产品具体表现为科学、艺术、哲学、政治、法律等精神活动的成果以及各种相应机构和设施等。精神生产的产品，既有积极的成果，也有消极的产物。在众多的精神成果中，道德价值是它们是否具有积极的精神传承性的

---

① 袁贵仁. 价值观的理论和实践[M]. 北京：北京师范大学出版社，2006：130.

关键。一般而言，那些能够广泛流传的精神成果，都具有向善的道德价值。有些成果是直接体现了这种向善的道德价值。比如，一些诗歌、散文直接歌颂美好的事物。还有些成果是间接地体现了这种向善的道德价值。比如，当代作家奥威尔所写的《一九八四》所描绘的集权专制，是通过把毁灭善的价值的过程与后果呈现给人们，从而激发人们珍惜善的价值。道德价值在精神生产的产品中，常常是间接地隐含于其中，彰显其力量。这种隐含的程度有些时候看起来很丰富，有些时候看起来很单薄。毕竟，道德价值常常表现为社会生活中的某种道德规范或规则，在这些精神成果中，"一条规则就像一部幽默指南，既做了太少的事情，又做了太多的事情：做了太少的事情，因为实际上有价值的大多数东西，都处于对具体情景的回应中，而规则却忽略了这些东西；做了太多的事情，因为规则意味着它本身就规定了回应（正如一部幽默指南会要求你让你的才智适应于它所包含的公式），因此就过分侵犯了好的实践的灵活性"①。当然，那些优秀的精神成果常常具有丰富而强大的向善力量。它们常常把道德价值弥漫于具体内容之中，起着润物无声的作用。从这个意义上看，道德价值的实现是精神成果的价值之所在。它是精神生产的产品的价值评价者。没有道德价值的实现，精神生产的产品也就失去了应然性的高尚品质，充其量只是人们消遣娱乐的临时消费品，难以成为流传千古的精神成果。

因此，在一定意义上，道德价值实现是促进精神产品良性发展的重要条件。精神生产的发展要以物质生产的发展为前提和基础。然而，精神生产的产品能否具有向善的品质，直接依赖精神生产中道德价值的实现状况。只有确保道德价值实现，才能为哲学、宗教、艺术、政治、法律等方面的精神生产的产品提供正确的发展条件，促进精神生产的产品朝着人类精神意识的繁荣与进步的方向迈进。

第三，道德价值实现为精神生产的主体提供了开拓意识。精神生产的发展离不开主体的不懈努力。精神生产的主体主要是脑力劳动者，既包括个体，也包括行业群体。一方面，道德价值的实现能够促进个体精神生产者的自觉开发。一般而言，精神生产的形成与发展并非自发的过程，而是自觉的过程。个体精神生产者的形成与发展具有其内在的规律性。它总是表现为一个由浅入深、循序渐进的过程。从精神生产者的内在结构来看，这不仅涉及个体的智慧与意志，而且直接与个体的理想、信念和价值观有

① ［美］玛莎·努斯鲍姆. 善的脆弱性［M］. 徐向东，陆禾，译. 南京：译林出版社，2007：417.

关。后者属于精神动力。从心理学上看，一个人取得成功离不开精神动力，精神动力越强大，越容易取得成功。个体内在道德价值的实现，是个体内在的道德价值发挥其作用，并且不断向外呈现的过程。道德价值实现引导个体精神生产者不断走向自觉地开拓，拓展和深化其研究范围。另一方面，道德价值的实现能够促进群体精神生产者的开拓意识。从精神生产的层次来看，精神生产的繁荣总是通过个体精神生产，向群体精神生产发展而呈现。没有行业群体精神生产者的投入，难以实现精神生产的整体繁荣。道德价值的实现能够促进个体精神生产逐渐汇合成一股精神生产的洪流，从而从个体生产者的自觉开发转变为群体的探索与拓展。

(二)社会历史发展制约道德价值实现

1. 道德价值的实现是一个社会历史过程

道德价值的实现是在一定社会历史发展过程中不断发展而逐渐完成的。它不可避免地受到了一定社会历史发展条件的限制。如果离开了一定社会历史条件，道德价值本身及其实现就会变得难以确定。从这个角度来看，道德价值的实现是一个历史的过程。

在最早的原始社会中，生产力低下，人们认识和征服自然的能力不足。人们为了获得自身生存所需的各种食物、抵御自然环境的各种威胁而结成群体。他们共同占有生产资料，共同劳动，共同消费，平均分配。这决定了部落的各个成员之间都是平等的，即便是部落首领也和其他人完全平等。正如恩格斯在《家庭、私有制和国家起源》中借助摩尔根考察易洛魁人的氏族时所说的话："酋长在氏族内部的权力，是父亲般的，纯道德性质的；他手里没有强制的手段。"① 在这种社会中，人与人之间没有贫富差异、高低贵贱。如果他们捕获一头野猪，全村的人都会到准备食用的地方，大家一起享用。如果有人得到一块布毯，要分成若干条来平均分配。他们不需要现代社会的法律来管理。也就是说，人与人之间依靠单纯的道德关系来维系。道德的自由与公正的价值在这样的社会中是十分明显的。但是，由于原始部落的活动范围非常狭小，部落之间的交往活动极为欠缺，因此，各种道德价值实现的范围和方式都十分有限。

奴隶社会是在原始社会解体后所发展起来的第一个阶级社会。在奴隶社会中，生产力比原始社会有了一些发展，但还是比较落后。人们所从事

① ［德］马克思，恩格斯. 马克思恩格斯选集(第4卷)［M］. 北京：商务印书馆，1995：84.

的生产方式主要有狩猎、游牧，以及初级的农业。社会组织主要还是以部落为主，部分地区有了一定的族群。从世界各地的奴隶社会的发展状态来看，社会成员大致可以分为三种人：最上层的人是统治者，奴隶是最下层的人，平民居于中间。在这种社会中，统治者和平民是自由的，享有各种权利，而奴隶则常常是战争中被俘获的战俘或其他地区的被抓的居民，属于"会说话的工具"，完全没有人的基本权利，也谈不上自由与人权等。他们常常如同牛马一样被驱使，作为商品一样被买卖。正如列宁所说："基本的事实是不把奴隶当人看待，奴隶不仅不算作公民，而且不算是人。罗马法典把奴隶看作是一种物品。"①尽管在这种社会中，道德与法律已经有了分野，但道德价值实现的范围与方式还处于非常狭窄的状态，因此，各种道德价值实现还有很大的提升空间。

在封建社会，其生产关系，相对于原始社会和奴隶社会，在一定程度上有了很大的发展。一般而言，封建社会主要是一种农业社会。在这个社会中，随着奴隶成为农民，他们不会如同奴隶那样被随意处置，因而具有了一定程度上的自由。他们的生产积极性得到了提高。当时，人们的主要生产方式是耕作和养殖，大片的土地被开垦，相应的各种配套工程，如水利、道路交通等都得到了较大的发展。人们的群居规模有了进一步的发展。部落发展为城邦，城邦发展为国家，较小的国家发展为较大的国家。因此，生产力的发展，使得人们的道德价值创造活动的规模有了一定的扩展，为人们的道德价值实现方式的多样化和道德价值实现程度的提高奠定了基础。但是，在这种农业社会中，人们主要生活在自产自足的自然经济中，商品经济还未能充分发展起来。人们之间的交往仍然很不发达。封建社会讲究"封邦建国"，其中的等级制度仍然成为道德价值实现的重大障碍。中国古代典籍《礼记·王制》中记载："王者之制禄爵，公侯伯子男，凡五等……天子之田方千里，公侯田方百里，伯七十里，子男五十里。"西方的中世纪，也存在严格的等级制度。等级制度必然导致人与人之间具有血缘上的高低贵贱的关系。而且，这种人分五等的制度，还配有世袭制度，以保障天子、国王或贵族的血统特权。因此，在封建社会中，道德的自由价值、公正价值等，都是难以真实存在的。显然，前面所探讨的各种道德价值不可能在非常大的范围里得到实现。

当人类社会进入资本主义社会，生产力获得了空前的提高。资本主义建立在追求经济利益最大化的发展模式上。它通过资本的运作发展经济，

①　[苏]列宁. 列宁选集(第4卷)[M]. 北京：人民出版社，1992：49.

它充分肯定个人获取财富的合理性。在这种社会中，越能赚钱，越能为上帝增添荣耀，越能成为上帝的选民。因此，人们追逐财富的热情空前高涨。按照马克思的说法，资本主义社会在不到一百年的时间内创造的生产力比人类过去所有时代所创造的总和还要多、还要大。随着商品经济的充分发展，人们为获得最大的经济收益而奔波各地，不同地区的人们都因此而建立起联系，世界变得相对狭小。其结果是道德价值实现的范围与规模远远超过了以往的社会。出于做生意的需要，社会提倡和推崇自由、平等的契约精神。它彻底地否决了人身依附关系，否定了封建等级制度和世袭制度，充分肯定了个人的自由、个人的基本权利的保障。道德的自由价值、人权价值的实现有了现实的基础。同时，为了保障自由竞争的商品经济能够顺利进行，公平正义是资本主义社会中公民的首要美德。因此，道德的公正价值在一定范围内能够得到实现。另外，为了保障竞争中的失败者和残疾人的生存条件，避免他们沦为社会的潜在威胁，保障人权的观念在社会得到认可，因此，道德的人权价值在一定范围内得以实现。然而，尽管许多道德价值在资本主义社会中在实现范围和方式等方面达到了以前社会的前所未有的水平，但是资本主义社会采取的是资本统治方式，人为物役，道德价值的实现总是优先维护有产者的利益，带有一系列的明显的负面效应。在道德价值不断实现的过程中，带来了明显的负价值，即走向了一个完美社会的对立面。这种在道德价值实现中的负面效应或负价值，也为道德价值在社会主义社会和共产主义社会中的进一步发展指明了方向。

社会主义社会是对资本主义社会的扬弃。在社会主义社会中，社会公有制的经济基础为道德价值实现奠定了坚实的基础，道德的人权价值、秩序价值、公正价值、幸福价值等的实现进入一个新的发展阶段。当然，社会主义社会中的社会生产力还有继续发展的空间，从而也为未来更为美好的社会展现了光明前景，也为道德价值实现提供了前所未有的发展机遇。道德价值实现受制于一定社会历史发展条件，也为进一步发展提出了要求。

2. 道德价值的异化与回归

异化现象从原始社会末期就已经存在。异化的概念属于历史悠久的概念，在不同历史条件下具有不同的内涵。异化一词最早出现在《圣经·旧约》中，亚当、夏娃没有听从上帝的劝告，被蛇所引诱，偷吃了禁果，被逐出了伊甸园，从上帝的神性中异化。这种原罪和救赎的观念就表达了异化的思想。也就是说，最初的异化概念是指偏离了高层次的神性而为低级的肉体的人性所困。它表现了从高层次的应然的价值目标，趋向一种实然的自然存在。1982年，《不列颠百科全书》指出异化具有六种含义：①无能力决定自身命运；②无意义，没有生活目的；③无准则；④对文明教化的疏远；⑤社会孤立；⑥自我疏远。孙伯鍨先生曾经这样总结："异化……作为普通名词主要有两个含义，一个是指疏远，另一个是指转让。后来用到哲学中来，当作哲学术语就有了'异己化''自我否定'和'反制'这类略有区别的意思。"①一般而言，异化是一个过程，在主体和客体相互作用的过程中，两者的从属关系发生了颠倒，即"主客易位"，主体变为客体，客体成为主体，并控制或束缚主体，成为一种压制主体的力量。

道德价值的异化是指在道德价值的实现过程中出现了自我否定，即在人类实现道德价值活动时道德价值反作用于人，成为一种独立的并对人限制、制约的力量。如果说人类道德价值的实现走的是一条羊肠小道，那么道德价值的异化就是这条小道旁边的沼泽、陷阱和歧路。道德价值的异化概念深刻地揭示了道德价值的实现所应该带来的与道德价值所实际带来的正好相反的负面效应。比如，道德的公正价值，在某些自诩为最为公正的独裁专制政体中，尽管被独裁者吹嘘为彻底得到了实现，群众也被欺骗或自以为是生活在最为公正的国家，但实际上走向了异化，沦为集权专制的帮凶。在奥威尔的小说《一九八四》中，老大哥所管理的"大洋国"有"真理部""和平部""友爱部""富裕部"四大部门，但这四大部门所从事的实际工作却不是如标榜的那样。四大部门各占据一座300米高的金字塔式建筑。建筑外墙上有醒目的建党三大原则："战争即和平，自由即奴役，无知即力量。"道德的自由、和谐、人权、秩序、幸福等价值彻底沦为了自己的异己力量。道德价值没有得到应有的发挥，失去了它本来的样子，走向了它的反面。

道德价值的异化形式有两种：一种是道德价值的客观异化，一种是道德价值的主观异化。道德价值的客观异化是一种道德价值在社会发展层次上的异化，属于一种违反了道德价值应该的本来状态的社会发展的异化。道德价值的主观异化是一种道德价值在个体发展层次上的异化，属于个体在道德价值认知和理解方面对自我、他人和社会相互疏离的不应有的态度或状态。在两种道德价值的异化形式中，客观异化是主要的，主观异化是在客观异化的基础上出现的，它以客观异化为前提。比如，在一个社会中

---

① 孙伯鍨. 探索者道路的探索[M]. 南京：南京大学出版社，2002：78.

经常出现个体的和谐价值的异化，社会、他人和自然的毫无顾忌地掠夺与自私，恰恰体现出整个社会中相关价值的整体异化。在许多时候，道德价值的这两种形式很难截然分开。正如司马云杰先生在评价个体价值与社会价值的关系时所说："在社会生活中，每一个人的价值都反映着群体的价值，都表现为一般的价值；反过来说，任何社会群体的价值都体现着无数个体的价值，都包含着个体的价值。"①道德价值的客观异化与主观异化也常常是联系在一起的。比如，道德的公正价值的异化，既是一种客观异化的表现，也是个体主观异化的呈现。社会集权专制的强力控制和个体的自我认同，都在其中发挥作用。

　　如果我们仔细分析道德价值的异化，不难发现它有这样一些特点：第一，背离性。道德价值的异化背离了人与社会应有的发展状态。一般而言，道德价值实现的真正目的是要让人成为真正的人，具有人的美好道德品格。"只有当我们有了品格以后，我们才有道德价值。塑造在道德意义下的性格，是我们的责任。"②道德价值实现的内在真谛就是培养人、发展人、成就人，把人变为最崇高、最完善、最美好的生物。同时，人组成社会，就是要让社会帮助人实现这种目标。然而，在道德价值实现的异化过程中，人被禁锢在自己所创造的价值囚笼中，社会成为人自身的应有的道德品行发展的桎梏，人变得情感冷漠，精神颓废，缺乏应有的自我存在感和自我认同感；社会变得冷血而残酷，如同退回自然丛林之中。道德价值被敌对的力量所异化，陷入一种危难的旋涡之中。第二，层次性。道德价值的异化具有异化程度和范围上的差异性。道德价值属于社会价值体系中的一个分支系统，深受政治价值、经济价值、文化价值的影响，与它们一起构成一个宏大的集合系统。道德价值与社会价值中的其他子系统相比，既有其独特性与特殊性，也有其宏观与微观的不同特征。道德价值的异化总是一定社会条件下的产物。社会，作为一定时空背景下的历史形态的存在，常常会催化社会中的子系统，如政治、经济、文化的发展或变异。比如，统治者为了维护其统治而颁布一系列的道德规范以及其他道德教化政策。这些规范、政策只是出于统治者自身的需要而颁布的，很有可能部分符合或在很大程度上脱离了道德价值的本质，从而构成了道德价值异化在社会的局部或大部分范围弥漫的潜在胚体。同时，在道德价值实现的微观

---

① 司马云杰. 价值实现论：关于人的文化主体性及其价值实现的研究[M]. 西安：陕西人民出版社，2003：173.
② [美]曼弗雷德·库恩. 康德传[M]. 黄添盛，译. 上海：上海人民出版社，2008：181.

层面，个体的受教育程度低、家庭背景的恶劣影响等成为道德价值异化的个体条件。因此，道德价值异化还具有异化程度和范围上的差异性。第三，相互性。道德价值的异化常常体现了不同道德价值异化的相互影响。道德价值的异化，既有客观异化，也有主观异化。具体而言，道德价值异化的种类很多，并且相互影响。比如，道德的自由价值的异化与道德的幸福价值的异化常常相伴而行，道德的和谐价值的异化与道德的公正价值的异化有着密切的联系。因此，道德价值的异化具有相互性的特点。

在探讨资本主义社会异化的根源时，不同学者给予了不同解释。比如，马尔库塞认为，科学技术是造成异化的重要根源。马尔库塞甚至提出了一个著名的公式："技术进步＝社会财富的增长（社会生产总值的增长）＝奴役的加强"①弗洛姆则把异化的主要原因归结为资本主义制度，认为正是资本主义制度导致各种危机，形成了人的异化。人无法体验自己的价值，只能成为自己所创造的经济制度的附庸。萨特则认为匮乏是异化的根源。人的实践活动是为了克服匮乏，结果在劳动实践中把人还原为无机的物。马克思认为私有制和社会分工是造成异化的直接原因。也可以说，异化的出现，最重要的原因在于人的本质和实践活动。在马克思看来，人的本质是自由的，人的实践是人的一种特有的自由的存在方式。人本来按照应然的价值尺度来进行其实践活动，但由于其实践能力和水平的不足而导致了实践出现消极方面。正是这种实践的消极方面导致了异化。比如，瓦特发明了蒸汽机，揭示了机器价值，但也带来了无法预知的环境污染，导致了人自身的生存价值受到威胁。他的这一观点对于我们探讨道德价值的异化具有重要的启示意义。

为何道德价值会出现异化，道德价值的客体会沦为反对主体的力量？我们可以从价值论的角度，结合马克思的观点来加以阐述。从根本上看，道德价值的异化源于主体实现价值的实践过程中所普遍存在的价值悖论，即价值客体的诸功能价值之间的内在冲突。正是这种价值悖论，导致了道德价值异化。

价值悖论是指主体在实现价值的实践过程中并非仅仅只是实现了一种价值，而是常常实现了多种价值。在多种价值之中，也会包含彼此相反的功能价值。质言之，道德价值的客体中内在地包含着否定主体的因素。具体而言，道德价值不可能孤立地存在于现实之中，总是要负载在一定的客

---

① 上海社会科学院哲学研究所哲学研究室. 法兰克福学派论著选辑[M]. 北京：商务印书馆，1998：604.

体上。因此，主体在实现道德价值时，总是要依靠一种客体，通过这个客体来实现。但客体一旦出现，就成为一种独立的实体。这种实体具有多种功能价值，并非只具有主体所希望实现的一种价值。显然，主体在实现某种道德价值时，不可能完全预计可能出现的各种价值，包括负价值。也就是说，在主体实现某种道德价值的过程中，会产生主体所希望的价值，也会产生主体所不需要的价值或负价值。比如，为了实现道德的自由价值、秩序价值，人类采取了国家这种形式，但当国家出现之时，其中又蕴含了压制自由的功能价值。为了实现道德的幸福价值，人类想到了运用科学技术来获得自己的利益，但科技的发展在实现人的幸福价值的过程中，又带来了各种弊端，土地变成了房地产，森林变成了木材，河流变成了养鱼场，海洋变成了污水池，生态危机凸显，人成为难以摆脱的科技的控制对象。马克思曾精辟地指出："人不能真正地控制他所制造的这个世界上的任何东西，恰恰相反，这个人所创造的世界却成了人的主宰者。在它面前，人俯首帖耳。他竭尽全力地安抚它，巴结它。他用自己的双手创造的成果反过来成了他的上帝。"①另外，从社会历史的发展来看，价值悖论也会不断发展，有时旧的悖论消失，产生新的悖论。也就是说，在道德价值的实现过程中，否定性因素一直难以消除，随时会出现。从这个角度来看，道德价值的异化是实现道德价值的过程中难以回避的事实。我们甚至不可能排除这种可能性：主体在实现道德价值的过程中，随着时间的推移，所追求的道德的本真价值，即正价值不断衰减，而负价值不断攀升，最终彻底瓦解。比如，苏联的出现，本是为了实现道德的自由价值、公正价值、和谐价值、幸福价值等，把广大群众从资本主义的异化中解救出来，但极权主义造成了个体的软弱和无力，个体不得不把力量投入领袖身上，形成了严重的个人崇拜现象，以致个体的自由、理性和个性的丧失。苏联在极端主义的道路上越走越远，不断走向所追求的道德价值的反面，最终土崩瓦解。

我们揭示道德价值的异化现象及其内在原因，绝不是为了认同异化，而是为了探寻扬弃异化之道，实现道德价值本真状态的回归。

从价值论来看，道德价值的异化在于价值悖论。价值悖论是价值客体的诸功能价值之间的内在冲突。要实现道德价值，主体还是需要借助客体。尽管我们不可能通过绕过客体来防止异化，但可以通过适当改变客体来规避和消解异化。

---

①　[德]马克思. 资本论(第 1 卷)[M]. 北京：人民出版社，1973：202.

首先，我们可以采取直接改变客体的方式来规避和消解异化。既然客体已经产生了越来越多的负面价值，我们可以通过直接修改客体的某些条件来达到目的。比如，为了实现道德的诚信价值，我们在一些地区采取了树立道德榜样的方法，选出道德榜样，并给予一定的物质利益，同时鼓励人们向这些道德榜样学习，但一些人为了获取成为道德榜样的物质利益，而不惜造假，走向了实现诚信价值的反面。我们可以改变直接给予道德榜样物质利益的方法，而提供某种物质利益手段上的帮助，这也是一种可行的方式。另外，有些时候，直接以新的客体取代旧的客体，也是一种比较好的方法。比如，20 世纪 50 年代，为了实现道德的和谐价值，中国采取了计划经济制度，这种制度在促进社会的和谐稳定方面发挥了巨大的作用。但是，随着时间的推移，其缺陷日益明显，导致经济效益低下，越来越有限的经济利益反而激发了更多你争我夺的不稳定、不和谐因素。自 20 世纪 80 年代开始，中国逐步抛弃了计划经济制度，采取了市场经济制度，就是直接以新的客体取代旧的客体，从而消解了计划经济所带来的异化，借助一个新的客体来实现道德的和谐价值。当然，市场经济制度在实行多年后，也带来了贫富分化等不和谐因素，而中国采取的财政二次分配方式，则是又通过直接修改客体的某些条件的方法来保证实现道德的和谐价值。

其次，我们可以采取间接的方式改变客体来规避和消解异化。所谓间接的方式就是通过设置一种新的客体来减轻原来的客体的异化。比如，前面提到，为了实现道德的自由价值与秩序价值，人类创建了国家这一客体，但从国家出现的那一天起，它也就存在压制自由的特征。我们可以把这称为国家的异化。面对这一异化，我们通过增加一些民主制度和机构，有效地减轻国家的异化。

从道德价值的发展的角度来看，道德价值的异化展现了道德价值从正价值向负价值的转换。或者说，道德价值本身就蕴含着从正价值转向负价值的可能性。中国传统文化很早就认识到这一点。"祸兮，福之所倚；福兮，祸之所伏。孰知其极？其无正也。正复为奇，善复为妖。人之迷，其日固久。"（《道德经》第 58 章）尽管老子的这一思想中有着相对主义色彩，但它揭示了事物本身发展的两面性。道德价值也是如此。我们实现道德价值，既有可能出现正价值，也可能出现负价值。即便出现了负价值，我们也可以采取措施实现从负价值向正价值的转换。在中国传统文化中，这就是阴阳之道。"中国文化和哲学的大道本体，作为价值法则，作为形而上学的存在，或本体论的存在，并不是宇宙万物法则秩序一般的价值思维肯定形式与抽象形式，而是它的纯粹思维形式，是察天地之变，洞万物之原，抽象、提高、升腾出来的一阴一阳之道德纯法则、纯知识、纯理念、纯精神的存在。"①从价值论来看，中国传统文化的阴阳之道，有助于我们认识道德价值的正负转换，也为我们规避和消解异化指明了方向。道德价值的异化是一种社会历史现象，也可以说是一种随时出现的现象。重要的在于我们不断地保证道德价值的本真状态，即正价值，或防止、消解可能出现的负价值，即道德价值的异化。这才是我们研究它的重要意义所在。

四、道德价值实现与人的历史发展

道德价值的实现是人在道德文化世界中的主体实现，是人依靠其道德意识在其历史发展中的实现。道德价值的实现不仅是一个历史的过程，而且是一个连续不断的历史发展过程。毕竟，道德价值的实现是人的道德价值的实现。人的道德的精神价值的实现是人的自我道德意识的丰富与完善。道德价值的实现与人的发展有着密切的关系。它意味着人的历史发展贯穿于道德价值的实现中。一方面，历史不过是追求着自己目的的人的活动而已。人的历史发展是人实现自己的价值目标的过程，当然这也包括人实现自己的道德价值目标的过程。因此，道德价值的实现在人的历史发展中起着引导作用，能够推动人的历史发展。另一方面，正如马克思所说："任何人类历史的第一个前提无疑是有生命的个人的存在。"②在人的历史发展过程中，人才能够不断地实现自身的道德价值。道德价值的实现是以人的历史发展为前提和条件的。

(一)道德价值实现是人的历史发展的动力

发展是人的实践活动的基本取向，是贯穿了每一个人的一生的主旋律。从一定意义上看，人的历史发展，是人的生存需要和生命价值追求，是现实的人的社会存在方式在不同时空的表现。人为何在其历史中追求其发展，其动力何在？思想家从不同方面做出了各种解释。概括起来，推动人的历史发展的动力，既有外在动力，如人与其他物种的竞争、人与人的

---

① 司马云杰. 价值实现论：关于人的文化主体性及其价值实现的研究[M]. 西安：陕西人民出版社，2003：319.

② [德]马克思，恩格斯. 马克思恩格斯选集(第1卷)[M]. 北京：人民出版社，1995：67.

竞争等，也有内在动力，如人的不断膨胀的欲望、精神品质的追求等。在其内在动力中，道德价值实现是不可忽视的人的历史发展的动力之一。

1. 道德价值实现促进了人的本质的历史发展

人生在世，成人是人的第一位要求，成人就是具有人的本质。人的本质是人之为人的内在属性，道德是人们所认为的人的本质之一。《诗经·大雅·烝民》有："天生烝民，有物有则。民之秉彝，好是懿德。"它指出了人的道德本质规定性。当一个人把自己的位置拔高于现实之上，为了道德的美好目标而追求、而苦恼或受难时，他就成为一个真正的人。在人们的日常生活中，一个人缺德，也就被认为失去了做人的资格。道德价值实现就是人的道德本质的实现。如果没有道德价值实现，人就无法体现其道德本质。

在传统中华文化中，道德价值实现正是人的道德修养的自我完善与自我发展。道德价值实现的程度展现了人的道德修养的程度。"养其小者为小人，养其大者为大人。"（《孟子·告子上》）人只有在道德价值的实现中，才展现了人的本质发展。唯有"先立乎其大者，则其小者弗能夺也"（《孟子·告子上》），才能成为道德价值的伟大实现者。可以说，道德价值都是人来实现的，都是人为了自己而实现的，都是人针对外在世界道德价值思维的肯定形式，或者说都是人的道德价值抽象思维化、客观化的产物。

道德价值作为价值思维的肯定形式，不仅使外在世界变成了道德思维的存在，变成了人的对象世界，变成了具有道德意义的世界，也使人的道德本质变成了人所意识的道德价值需要，人成为道德对象世界的主体，成为意识到的自我道德存在。因此，道德价值实现既是人的道德价值实现，也是人的本质的实现。它既实现了一个客观的具有道德意义的价值世界，也实现了人的本质。人就是随着实现有道德意义的价值世界而实现了自己的本质。从这个意义上说，道德价值实现就促进了人的本质的发展。

2. 道德价值实现引导人的自我完善的历史发展

道德价值实现除了能够促进人的本质的历史发展外，还能够引导人的自我完善的历史发展。人在其自身的发展中，总是渴望实现自身的完善。人的历史发展即是一部自我完善的历史。考察道德价值实现，我们能够发现，它总是一定的道德价值的实现。这种道德价值的实现引导人的自我完善的发展。

从道德价值论来看，道德价值包括道德的人权价值、秩序价值、公正价值、自由价值等。这些道德价值的实现是人针对人生的道德意义的理解和追求，体现了人的自我完善的发展方向，也是一个人在一定道德生活中的自我选择。一个人选择了这些道德价值，就意味着他渴望实现道德的人权、秩序、功利、民主、法治、幸福、公正等价值目标，也意味着他有了自我完善的发展方向。一个人一旦自己选择了某个道德价值目标，其实就展现了道德价值追求的自觉、自愿。借助康德的话说，他实现了人的内在自由，"在一个给定的情况下控制自己（把握自己的灵魂）和做自己的主人"，"驯服自己的激情，驾驭自己的情欲"。①他把这作为高尚的追求。这是一个人在道德生活中的生命力量和价值追求的体现。没有道德价值的实现，也就没有道德价值的引导，是根本谈不上人的自我完善的发展的。一个人只有意识到道德的价值和意义，才会产生实现道德价值的主动性和创造性。从这个意义上看，道德价值的实现，归根结底就是人的道德价值目标的实现，是人为自己的道德价值设置目标而加以实现的。实现它，就是人的自我完善的要求。因此，道德价值的实现，从历史发展来看，尽管总是不同背景的人，根据其实际状况，设定了不同的具体的道德价值方向，但最终是他们渴望追求自我完善的一个方面。所以，这些一个个具体的道德价值的实现，其实也是一步步引导人的不断自我完善，向前发展。

3. 道德价值实现推动了人的精神的历史发展

道德价值的实现除了能够促进人的本质和自我完善的历史发展外，还能够推动人的精神的历史发展。人的存在，既具有生物属性，还具有精神属性。道德价值是人的精神属性中的重要内容。它的实现能够推动人的精神属性的历史发展。

人，作为一种生物，其生活的一部分，与其他生物相同。从生理结构上看，他是一个由头部、躯干和四肢构成肉体的生物体。人的生活必然要以一定的生物的生活为前提。也就是说，人首先是一个生物，具有生物属性。当然，人，是一种高级生物。他是物质进化的高级产物，甚至可以毫不夸张地说，是物质进化的最高级产物。他具有一个充分发育的大脑。生物体在其发展过程中，也有高低进化之分。人在其演化之中，出现了精神意识。正是这种不断发展的精神意识，使人超越了其他一切生物。尽管人的这种精神属性必然要依靠人的生物属性才能存在，但这种精神属性确实

---

① ［德］康德. 道德形而上学（注释本）［M］. 张荣，李秋零，译. 北京：中国人民大学出版社，2013：190.

是人类发展的重要内容。准确地说，人是建立在生物属性之上的精神实体。研究人的发展，意味着既要把人作为一个生物实体来研究，又要把他作为一个精神实体来研究。按照科学家的分析，人的生物体，自从形成现代智人的肉体之后，即大约四五万年前，至今基本上没有什么变化。也就是说，在正常情况下，人的生物体的发展相当缓慢。但是，人，作为一个精神实体，却在其成为现代智人之后发生了很多次的重大飞跃。人类在其发展中构建了日益庞大的精神文明，如科学、艺术、道德、宗教、政治、法律等。我们考察人的发展，其实主要是考察人的精神实体的历史发展。

人，作为生物体，总是要追求一定的物质需要。这种物质需要的追求，与人在精神上所追求的生命的价值与意义相比，在一定程度上构成了实现人的精神价值的手段。人具有生物属性和精神属性，表明了人除了有衣食住行等生物属性的需求外，还有实现自身精神目标的强烈愿望。亚当·斯密曾经在《道德情操论》开篇就指出：人固然会追求自己的一些私利，但在其内心还会存在一些关心他人的愿望，并且把帮助实现别人的幸福作为自己的生活之所需。当他看到别人受苦受难，他会感同身受，悲他人之所痛。这就是怜悯和同情。他认为，这是显而易见的事实，无须证明。无论什么人，总是有一定的精神上的追求。一般而言，精神上的追求比肉体上的追求更为吸引人的关注。正如亚当·斯密所说："人们一般都会认为，一个人失去了一条腿比失去了一个情人是更实在的不幸。可是，以失去一条腿为结局的悲剧却是可笑的。失去了一个情人的不幸，不管看起来是多么无关紧要，但却引出了许多优秀的悲剧作品。"①失去了情人是一种精神上的痛苦，因而在许多人的思维中，被认为是更为重要的。古往今来，鼓吹精神追求的思想家数不胜数，留下了大量的人生格言警句。在这些精神目标中，道德价值是一个重要内容。当一个人不满足于肉体的物质需要，而是渴望实现道德的公正、和谐、自由等价值目标时，它就表现了一个人的精神价值指向。这种崇高的道德境界和美好情操，值得人们为之倾慕，构成了人的精神发展中的靓丽风景。古往今来，无数仁人志士、英雄人物，正是依靠这种道德价值的追求而被后人所铭记，也奠定了人的精神不断发展的阶梯，构成了人的精神发展的动力和方向。

同时，道德价值的实现总是在一定时代中推动人的精神的历史发展。道德价值的实现是人的精神生命的呈现和发展。不同个体、群体的道德价值的实现，构成了一个时代中人的精神生命的大合唱，雄浑而壮观。在任

---

① ［英］亚当·斯密. 道德情操论［M］. 余涌，译. 北京：中国社会科学出版社，2003：28.

何一个时代中，道德价值的实现越像一种合唱，就越是具有推动人的精神的重大力量。以中国人的精神发展来看，当中国人的道德价值的追求得以实现，往往就会使中国人的精神不断绵延与发展。反之，则是中国人的精神追求的失落与衰败。牟宗三认为，中国自清代出现之后的三百年是中华民族最没出息的年代。究其原因，"由于清朝统治者的高压，学者被迫研究没有生命没有血肉的考据学。民族的慧命窒息了，文化的生命随之衰竭了，两千年的学统亦亡了"①。他的分析有一定道理。在十六、十七世纪，西方的人权运动、宗教改革等导致他们在道德文化方面的发展突飞猛进，道德的民主价值、人权价值等在西方广为传播，日渐成为人们所追求的价值目标，并逐渐在西方社会中得到实现。反观当时的中国社会，道德的人权、自由等价值都还处于昏睡之中，学者们在考据学中畸形发展，人的精神生命被扭曲了。如果明朝未亡，依靠顾炎武、黄宗羲等人的思想，实现道德的自由价值、人权价值、公正价值等也未可知。一个时代总是需要一个时代的道德价值的实现，才能推动这个时代的人的精神的发展。当然，牟宗三简单地把清朝统治者的高压作为中国道德文化中缺乏民主等要素，从而在与西方文明的竞争中处于劣势的原因，还是显得有些武断。关于这个问题，我们还需要考察人所处的历史发展阶段在哪些方面如何制约了人的道德价值的实现。

(二)人的历史发展影响道德价值实现

从道德价值论来看，人的历史发展是人在其实践活动中不断实现道德价值的过程。人的历史发展水平制约了道德价值实现的范围和程度。按照马克思的观点："整个所谓世界历史不外是人通过人的劳动而诞生的过程，是自然界对人来说的生成过程。"②在他看来，要理解历史发展水平的制约状况，就需要理解人在这种状况中劳动实践活动的历史发展规律。关于人的历史发展规律，马克思认为，我们需要认识"他们的活动和他们的物质条件"，也就是物质生产方式及其规律。从生产力的角度来说，马克思"把社会关系归结于生产关系，把生产关系归结于生产力"③，由此指出人类社会大致经历"古代共同体""货币共同体"和"自由人联合体"三个发展阶段。从人的角度来说，他把整个历史看作是人的本质力量通过劳动实

---

① 牟宗三. 中国哲学的特质[M]. 长春：吉林出版集团有限责任公司，2010：96.
② [德]马克思. 1844年经济学哲学手稿[M]. 北京：人民出版社，2004：92.
③ [苏]列宁. 列宁选集(第1卷)[M]. 北京：人民出版社，1992：8.

践而不断得以完善的前进过程。由此他指出，人的历史发展经历了"人的依赖关系""以物的依赖性为基础的人的依赖性"和"个人全面发展"的三个发展阶段。因此，人的历史发展与人的生产力的发展相一致，受到了生产力的制约。从根本上说，人在不同的历史阶段，其道德价值的实现也受到了该历史阶段中生产力的影响，因而有着不同的表现。

1. "古代共同体"中人的发展影响道德价值的实现

古代共同体是前资本主义社会形态，是社会和人的发展的第一个阶段。该阶段人的历史发展呈现为"人的依赖关系"的特征。在人的发展的这一阶段中，人的对象化水平很低，生产力水平有待发展，每个人都受制于自然，人的交往活动受制于血缘和地域。人的生产能力只是在狭窄的范围内和孤立的地点上发展着。生产的产品主要用来供自己消费，而不是为了交换。在这种自然经济条件下，人的发展不得不处于依赖状态，个人的发展缺乏独立性。

人的依赖关系表现在两个方面。一方面，从人与自然的关系来看，由于生产力水平低下，自然因素在人的实践活动中占有优势，人在自然的重压下艰难地匍匐前行。人在很大程度上不得不依附于自然。人的依赖关系表现为人对自然的动物般依赖。"自然作为生活资料的富源展现在人们面前，人们对它采取被动的宽容态度而行动。"①另一方面，从人与人之间的关系来看，由于自然力量十分强大，人必须采取群体的形态才能存在，只有成为共同体中的一个部分，成为共同体的成员，才能采取集体方式谋求生存。在这种古代共同体中，个人局限于特定的社会角色中，个人与共同体之间是一种从属关系。人的依赖关系表现为个人对共同体的依赖。所以，"我们越往前追溯历史，个人，从而也是进行生产的个人，就越表现为不独立，从属于一个较大的整体；最初还是十分自然地在家庭和扩大为氏族的家庭中；后来是在由氏族间的冲突和融合而产生的各种形式的公社中"②。显然，在这一整体中，个人不得不服从整体而存在，依赖于整体的决定。

人的依赖关系的存在，也注定了人的发展缺乏独立性。这种人的独立性的缺乏，主要表现在两个方面。一方面，个体缺乏独立的自我意识。个

---

① ［德］施密特. 马克思的自然概念［M］. 欧力同，等，译. 北京：商务印书馆，1988：128.

② ［德］马克思，恩格斯. 马克思恩格斯全集（第46卷上）［M］. 北京：人民出版社，1979：21.

体依赖共同体而存在，而这种古代的共同体并不是由具有独立个体性的人所组成的，它具有无限权威，是决定个体一切的集体力量。个体在这个共同体中，所具有的只是整体意识。他基本失去了独立的自我意识，代之以一种整体意识。在这里，"自我"失去了独立存在的价值。在古代共同体中，中央集权的国家常常依靠强大的控制力，把国家意识渗透到共同体生活的各个方面。正如黑格尔所说："个别人格在这庄严的整体中毫无权利，默默无闻。"①个体只是作为一个国家、民族、家族或社群中的一员，借助某些角色范畴，才能意识到自己的存在。另一方面，个体缺乏必要的自愿性、主动性。古代共同体，无论是氏族、部落还是国家，个人都不过是共同体的附属物。正如马克思所说："虽然个人之间的关系表现为较明显的人的关系，但是他们只是作为具有某种（社会）规定性的个人而互相交往，如封建主和臣仆、地主和农奴等，或作为种姓成员等，或属于某个等级等。"②在这个共同体中，每个人都在预先的社会规定性中支配自己的生活，不断自我再生产，表现为人的生活的高度趋同性。马克思把这种高度趋同性的个体所构成的整体比喻为一袋马铃薯。这些人人数众多，相互隔离，是"由一些同名数相加形成的，好像一袋马铃薯是由袋中的一个个马铃薯所集成的那样"③。同时，个人在这种趋同性中，还不得不生活在严格的宗法等级制度中，也就是说，个体要生活在强大的宗法等级同一性中，不能不体验到巨大的压抑性。正是在这种趋同性和压抑性中，个体缺乏必要的自愿性和主动性，完全受制于共同体本身，无法发展其独立性的自我意识。前现代国家采取宗法等级制度，没有个人与个人意志，没有平等的基本自由权利，只有等级身份以及人身依附。道德的人权价值、自由价值、人的全面发展价值等都无从谈起，牟宗三简单地把清朝统治者的高压作为中国道德文化中缺乏民主等要素的原因，而没有从人的发展的社会条件来考察，就显得过于武断了。因此，即便没有清朝统治者的高压，由于缺乏人的独立的自我意识，孔子的仁爱原则也发展不出人道主义，孟子的民本思想也发展不出民主精神。只要在这种以家族本位为主的等级秩序森严的共同体中，人的自由意志就难以受到尊重，人只能在道德宿命论中徘徊，沦为实现整体道德价值的工具。

总之，在古代共同体中，人的历史发展呈现为"人的依赖关系"的特

---

① [德]黑格尔. 法哲学原理[M]. 范扬，张启泰，译. 北京：商务印书馆，2010：357.

② [德]马克思，恩格斯. 马克思恩格斯全集（第46卷）（上）[M]. 北京：人民出版社，1979：110.

③ [德]马克思. 路易·波拿巴的雾月十八日[M]. 北京：人民出版社，2001：105.

征，道德价值的实现主要就是实现和完成各种古代共同体所赋予的社会规定性角色和使命。在中国传统道德文化中，这种道德价值所确定的社会规定性角色和使命主要是三纲五常。在西方的中世纪，这种道德价值所确定的社会规定性角色和使命主要是信、望、爱。人有实现这些角色和使命的义务，而没有实现道德价值的自由。共同体的道德价值高于个体的道德价值，个体只是实现共同体道德价值的手段和工具。

2. "货币共同体"中人的发展影响道德价值的实现

货币共同体是资本主义社会形态，是社会和人的发展的第二个阶段。该阶段人的历史发展呈现为"以物的依赖性为基础的人的独立性"的特征。在人的发展的这一阶段中，机器的发明和使用取代了人力和动物力，生产内部的分工更加精细，生产力水平空前提高，人的物质交换空间扩大，人的交往活动不再受制于血缘和地域。生产的产品不仅用来供自己消费，而且还为了交换。生产实践的发展导致商品经济出现，古代共同体变为货币共同体。在这种商品经济条件下，人的发展由人的依赖状态，转变为以物的依赖性为基础的人的独立性状态。

所谓"以物的依赖性为基础的人的独立性"是指人在商品经济条件下，获得了一定的发展，但又受到商品关系的支配。这主要表现为三个方面：人的发展的形式上的独立性，人的社会关系的物化，独立与物役的性质。

人类进入商品经济时代，人的能力在提升，人的素质在发展。人获得了其发展中的形式上的独立性。人在自然经济时代，在自然的重压下艰难地匍匐前行，缺乏自己的独立性。然而，进入商品经济时代后，机器工业取代了工场手工业，人的活动能力获得了极大发展。人彻底打破了对自然的敬畏之心，摆脱了对自然的依附与屈从。正是在这种商品经济时代，人至少具有了形式上的独立性。商品经济把人变成了人格化的商品，他可以自由地选择雇主、自由地买卖劳动力。同时，商品经济的发展，"使一切国家的生产和消费都成为世界性的了……过去那种地方的和民族的自给自足和闭关自守状态，被各民族的各方面的相互往来和各方面的相互依赖所代替"①。作为商品交换中的主体，人摆脱了自然经济条件下对共同体的依附关系，摆脱了宗法等级制度，具有了独立人格，能够根据自己的意愿进行商品交换活动。人能够不再根据预先的社会规定性来支配自己的生

---

① [德]马克思，恩格斯. 马克思恩格斯选集(第 1 卷)[M]. 北京：人民出版社，1995：276.

活，而是在社会交往活动中找到自己的社会规定性。显然，人在这一阶段获得了更多的自我选择的机会和发展方式。当然，尽管从法律上看，人具有其完全的独立性，但从实际情况来看，人的发展又受到商品关系的支配。另外，随着机器大工业的发展，分工越来越细，越来越形成固定化的专业，人只能成为整个社会职能中的一个部分而存在。人的发展呈现为片面的发展。社会的发展以这种人的片面发展为基础。因此，这种人的发展具有形式上的独立性。

随着商品经济的发展，人的社会关系呈现出物化的特性。商品经济使得个人之间能够自由往来，相互交换商品，突破了自然经济时代人与人之间交往时狭隘的血缘和地域界限。人与人之间的社会联系变得更为普遍和全面。古代共同体转变为货币共同体。此时，人与人之间的社会联系是以货币作为中介。"货币就像中央车站一样，所有事物都流经货币而相互关联。"①货币成为一切价值的公分母，成为财富的最鲜明的符号。谁能充分地获得它，谁就成为世界财富的主人。"货币在它作为财富的物质代表的规定上，使抽象的享受欲望得到实现……货币欲望或致富欲望必然导致古代共同体的没落……货币本身就是共同体，它不能容忍任何其他共同体凌驾于它之上。"②在商品经济中，货币把人与人之间联系了起来，从交换价值的角度，把人的社会关系转化为物的社会关系。物的社会关系表现为商品之间的关系，商品代替了人。"商人和企业家的职业价值、这一类人赖以成功并搞商业的禀性价值，被抬高为普遍有效的道德价值，甚至被抬高为这些价值中的'最高价值'。"③如同地球围绕太阳旋转，价值空间的道德价值受到商品、货币的强大吸引力的影响而旋转，根据它们做出诠释。谁不有利于商品生产、货币增值，谁就"应该"灭亡。在这个货币共同体中，社会关系体现为商品货币的物化形式，人与人之间借助物与物之间的联系而发生关系。物质财富或货币如同看不见的手掌控一切，导致人们对它们盲目崇拜。"钱是从人异化出来的人的劳动和存在的本质；这个外在的本质却统治了人，人却向它膜拜。"④货币拜物教、资本拜物教以及商品拜物教盛行。

---

① [德]西美尔. 货币哲学[M]. 陈戎女，耿开君，文聘元，译. 北京：华夏出版社，2020：409.
② [德]马克思，恩格斯. 马克思恩格斯全集(第30卷)[M]. 北京：人民出版社，1997：175.
③ [德]舍勒. 爱的秩序[M]//冯平. 现代西方价值哲学经典：心灵主义路向. 北京：北京师范大学出版集团，2009：389.
④ [德]马克思，恩格斯. 马克思恩格斯全集(第1卷)[M]. 北京：人民出版社，1995：148.

　　人的发展的形式上的独立性和人的社会关系的物化，导致人的发展具有独立性与物役性。一方面，商品经济意味着人从天然的血缘关系和宗法关系等人的依赖关系中解放出来，个人成为独立的经济主体，具有了经济主体的自主地位和独立利益。为了获得最大经济利益，个体遵循平等与自由的原则，维护交易公平。这表明个体之间处于平等地位，没有等级限制。人在发展与创造方面获得了空前的积极性与主动性。另一方面，人从对人的依赖转变为对物的依赖，从自然经济时代的对部落酋长、奴隶主、地主等的依赖转变为对货币或金钱的依赖。在人的发展中出现了新的控制方式——人为物役。人的主体性的发展，总是在商品货币关系的笼罩之下的特殊规定性的发展，总是沿着被资本扭曲了的、片面化的方向前行。而且，为了获得最大经济利益，生产过程的机械化、自动化程度不断提高，人在劳动中逐渐陷入机械体系中，成为机器的附属物，成为工业系统的工具，要依靠机器和工业系统才能存在。因此，在商品经济时代，人的个性既具有独立性，又具有物役性。

　　通过前面的分析，我们不难发现，在货币共同体中，人的历史发展呈现为"以物的依赖性为基础的人的独立性"的特征。道德价值实现的主体，在形式上具有独立性。道德的人权价值、自由价值、公正价值等，至少在法律上得到了肯定。道德价值实现的手段和方式，也超过了以往的任何时代。在报刊、影视作品、集会、辩论、教育中，都无形或有形地渗透了道德价值的内在精神。但是，道德价值的实现还受到了金钱、权力、机器、技术等外在力量的侵蚀，自私、贪婪、伪善等内在欲望的引诱，拜金主义、享乐主义、权力主义、极端个人主义等思潮的推波助澜，使人的道德价值的实现难免出现偏差。

3. "自由人联合体"中人的发展影响道德价值的实现

　　自由人联合体是未来共产主义社会形态，是社会和人的发展的最高阶段。该阶段人的历史发展呈现为"人的自由个性——自我实现"的特征。在人的发展的这一阶段中，生产力的自由的、无阻碍的、不断进步的和全面的发展，推动了人与社会的发展。商品经济让位于产品经济，自由人联合体取代了货币共同体，人获得全面发展。这是为未来所设想的人的理想发展状态。

　　由于产品经济取代了商品经济，旧有的商品生产和交换不复存在，人与人之间的物化的社会关系消失了，人对物的依赖关系不复存在。人与社会之间出现了内在统一，人成为社会的主人，能够自由地、全面地发展，从而形成了自由人联合体。同时，在这个自由人联合体中，每个人都是世界历史性的存在，都直接或间接地同整个世界的生产发生联系，于是，个体超越了职业、地域、种族的局限。人与人之间形成普遍的社会交往和社会关系。个人之间的关系是平等地实现和发展自身自由的关系。同时，自然经济与商品经济的消亡，意味着人与自然之间对立关系的结束。人的劳动不再主要是为了谋生。正如恩格斯在《反杜林论》中所说："在这个组织中，一方面，任何个人都不能把自己在生产劳动这个人类生存的自然条件中所应参加的部分推到别人身上；另一方面，生产劳动给每一个人提供全面发展和表现自己全部的即体力的和脑力的能力的机会，这样，生产劳动就不再是奴役人的手段，而成了解放人的手段，因此，生产劳动就从一种负担变成了一种快乐。"①这就是说，在产品经济中，人的谋生劳动转换为自由劳动，人与自然之间的物质交换成为人自身展现其自由意志的创造过程。因此，人与自然之间的关系统一了。

正是由于人与人、人与社会、人与自然之间的统一，人的自由个性得到了自我实现，人真正实现了自己的独立性。"人以一种全面的方式，就是说，作为一个总体的人，占有自己的全面的本质。"②随着生产力的高度发展，人的自由时间增加，物质的或精神的生产的时间增多。一个人可以是一个猎人、渔夫、牧人或批判者，上午打猎，下午捕鱼，傍晚放牧，晚饭后从事批判活动。这并不是说一个人会无所不知、无所不能，而是指他可以有条件自由地选择自己的实践活动，自由地发展自己的能力。一个人可以在文学、艺术、科学等方面得到全面发展。每个人都具有自由的独立性，并把别人的发展当作自身发展的前提，所以，在自由人联合体中，每个人的自由发展是一切人自由发展的条件。之前的统治者无法理解这一点，即剥夺了被统治者的发展权利，其实也限制了自己的发展，只能片面地发展。人，在自由人联合体中，最终成为自己的主人，实现自己的自由个性。人的道德价值才真正地彻底得到实现。只有从这时起，人才彻底摆脱了动物界，告别了人的前史，自觉地开始了人自身的历史，从必然王国进入自由王国。只有进入了自由人联合体，人才能在自由王国里自由翱翔。

总之，人的道德价值的实现是一个不断自我完善和发展的历史过程，

---

① ［德］马克思，恩格斯. 马克思恩格斯选集（第 3 卷）［M］. 北京：人民出版社，1995：644.

② ［德］马克思. 1844 年经济学哲学手稿［M］. 北京：人民出版社，2004：85.

在这一漫长的历史过程中，它展现了与人的发展和社会发展的相一致。"当人类实现从旧石器时代早期到旧石器时代晚期的技术进步，人就成为地球上的'万物之灵'，也就是说，从那时起，不论是无生命的自然界，还是人类之外的任何生物，都不可能导致人类的灭绝，甚至无法阻挠人类的进步。从那以后，除了一个例外，地球上再没有什么东西能够阻碍人类的发展或是毁灭人类。但是，那个例外却是一个可怕的例外，即人类自身。"①道德价值的实现正是防止人类自我毁灭，不断向善发展。只要不断促进人与社会的良性发展，就为道德价值的实现提供了更为广阔的空间和有利的条件。

---

① ［英］阿诺德·汤因比. 历史研究(下卷)［M］. 郭小凌，等，译. 上海：上海世纪出版集团，2014：907.

参考文献

[1] [德]马克思，恩格斯. 马克思恩格斯全集(第 1 、3、26、30 卷)[M].
北京：人民出版社，1995，1997.

[2] [德]马克思，恩格斯. 马克思恩格斯文集(第 1、3、4、7、9 卷)
[M]. 北京：人民出版社，2009.

[3] [德]马克思，恩格斯. 马克思恩格斯选集(第 1-4 卷)[M]. 北京：人
民出版社，1995.

[4] [德]马克思. 1844 年经济学哲学手稿[M]. 北京：人民出版社，2004.

[5] [德]马克思. 路易·波拿巴的雾月十八日[M]. 北京：人民出版社，
2001.

[6] [德]马克思，恩格斯. 共产党宣言[M]. 北京：人民出版社，2009.

[7] [德]马克思、恩格斯. 德意志意识形态[M]. 北京：人民出版社，
2008.

[8] [德]马克思. 资本论(第 1 卷)[M]. 北京：人民出版社，1973.

[9] [德]恩格斯. 家庭·私有制和国家的起源[M]. 北京：人民出版社，
2009.

[10] [苏]列宁. 列宁选集(第 1-4 卷)[M]. 北京：人民出版社，1992.

[11] [苏]列宁. 列宁全集(第 18、25 卷)[M]. 北京：人民出版社，1988.

[12] 毛泽东. 毛泽东选集(第 1-4 卷)[M]. 北京：人民出版社，1991.

[13] 邓小平. 邓小平文选(第 1-3 卷)[M]. 北京：人民出版社，1993.

[14] 江泽民. 江泽民文选(第 1-3 卷)[M]. 北京：人民出版社，2006.

[15] 胡锦涛. 胡锦涛文选(第 1-3 卷)[M]. 北京：人民出版社，2016.

[16] 习近平. 习近平谈治国理政(第 1-4 卷)[M]. 北京：外文出版社，
2014，2017，2020，2022.

[17] 习近平总书记重要讲话文章选编[M]. 北京：党建读物出版社，
2017.

[18] 习近平. 在庆祝中国共产党成立 100 周年大会上的讲话[N]. 人民日

报，2021-07-02.

[19]中共中央宣传部. 习近平新时代中国特色社会主义思想学习纲要[M]. 北京：学习出版社，2019.

[20]李连科. 哲学价值论[M]. 北京：中国人民大学出版社，1985.

[21]万俊人. 20世纪西方伦理学经典（Ⅱ）——伦理学主题：价值与人生[M]. 北京：中国人民大学出版社，2004.

[22]万俊人. 寻求普世价值[M]. 北京：商务印书馆，2001.

[23]万俊人. 现代西方伦理学史（上、下卷）[M]. 北京：北京大学出版社，1997.

[24]冯平. 评价论[M]. 北京：东方出版社，1995.

[25]冯平. 现代西方价值哲学经典：经验主义路向（上、下册）[M]. 北京：北京师范大学出版集团，2009.

[26]冯平. 现代西方价值哲学经典：先验主义路向（上、下册）[M]. 北京：北京师范大学出版集团，2009.

[27]冯平. 现代西方价值哲学经典：语言分析路向（上、下册）[M]. 北京：北京师范大学出版集团，2009.

[28]冯平. 现代西方价值哲学经典：心灵主义路向[M]. 北京：北京师范大学出版集团，2009.

[29]冯平，翟振明. 价值之思[M]. 广州：中山大学出版社，2003.

[30]商戈令. 价值与道德价值[J]. 探索与争鸣，1986(05).

[31]商戈令. 道德价值的结构系统[J]. 哲学研究，1986(05).

[32]商戈令. 道德价值伦[M]. 杭州：浙江人民出版社，1988.

[33]竹立家. 道德价值论[M]. 北京：中国人民大学出版社，1998.

[34]李德顺，孙伟平. 道德价值论[M]. 昆明：云南人民出版社，2005.

[35]李德顺. 价值论：一种主体性的研究[M]. 第3版. 北京：中国人民大学出版社，2013.

[36]孙伟平. 事实与价值：休谟问题及其解决尝试[M]. 北京：中国社会科学出版社，2000.

[37]孙伟平. 价值哲学方法论[M]. 北京：中国社会科学出版社，2008.

[38]孙伟平. 价值论转向——现代哲学的困境与出路[M]. 合肥：安徽人民出版社，2008.

[39]王海明. 伦理学方法[M]. 北京：商务印书馆，2004.

[40]王海明. 公正与人道[M]. 北京：商务印书馆，2010.

[41]孙英. 幸福论[M]. 北京：人民出版社，2004.

[42]高尔泰. 美是自由的象征[M]. 北京：人民文学出版社，1986.

[43]王玉樑. 价值哲学[M]. 西安：陕西人民出版社，1989.

[44]王玉樑. 价值哲学新探[M]. 西安：陕西人民出版社，1993.

[45]王玉樑. 价值与价值观[M]. 西安：陕西师范大学出版社，1988.

[46]王玉樑. 21世纪价值哲学：从自发到自觉[M]. 北京：人民出版社，
2006.

[47]王玉樑. 从理论价值哲学到实践价值哲学[M]. 北京：人民出版社，
2013.

[48]袁贵仁. 价值学引领[M]. 北京：北京师范大学出版社，1991.

[49]袁贵仁. 价值观的理论与实践——价值观若干问题的思考[M]. 北
京：北京师范大学出版集团，2013.

[50]袁贵仁. 马克思主义人学理论研究[M]. 北京：北京师范大学出版集
团，2012.

[51]陈新汉. 社会评价论[M]. 上海：上海社会科学院出版社，1997.

[52]陈新汉，刘冰，邱仁富，等. 社会转型期的中国价值论研究[M]. 上
海：上海大学出版社，2014.

[53]黄凯锋. 价值论及其部类研究[M]. 上海：学林出版社，2005.

[54]胡华辉. 合理性问题[M]. 广州：广东人民出版社，2000.

[55]熊晓红，王国银，等. 价值自觉与人的价值[M]. 北京：人民出版
社，2007.

[56]兰久富. 全球化过程中的价值多样性[M]. 北京：北京师范大学出版
集团，2010.

[57]王伦光. 和谐社会的价值追求研究[M]. 北京：人民出版社，2011.

[58]刘永富. 价值哲学的新视野[M]. 北京：中国社会科学出版社，2002.

[59]黄凯锋. 当代中国价值观研究新取向[M]. 上海：学林出版社，2007.

[60]徐桂权. 当代中国社会建设与发展的价值哲学审视[M]. 长春：吉林
大学出版社，2006.

[61]韩东屏. 实然·可然·应然——关于休谟问题的一种新思考[J]. 江
汉论坛，2003(11).

[62]韩东屏. 人本价值哲学[M]. 武汉：华中科技大学出版社，2013.

[63]龚群. 道德乌托邦的重构[M]. 北京：商务印书馆，2003.

[64]龚群. 论事实与价值的联系[J]. 复旦学报(社会科学版)，2015(06).

[65]龚群. 关于道德价值的概念及其层次[J]. 哲学动态，1998(01).

[66]龚群，胡业平. 德性伦理与现代社会[M]. 北京：中国人民大学出版

社，2014.

[67] 刘继. 价值与评价——现代英美价值论集萃[M]. 北京：中国人民大学出版社，1989.

[68] 张书琛. 西方价值哲学思想简史[M]. 北京：当代中国出版社，1998.

[69] 彭漪涟. 事实论[M]. 桂林：广西师范大学出版社，2015.

[70] 杨国荣. 伦理与存在[M]. 北京：北京大学出版社，2011.

[71] 杨国荣. 心学之思——王阳明哲学的阐释[M]. 北京：中国人民大学出版社，2012.

[72] 胡军良. 哈贝马斯对话伦理学研究[M]. 北京：中国社会科学出版社，2010.

[73] 刘小枫. 现代性社会理论绪论——现代性与现代中国[M]. 上海：上海三联书店，1998.

[74] 李泽厚. 中国现代思想史论[M]. 北京：生活·读书·新知三联书店，2015.

[75] 李泽厚. 伦理学纲要[M]. 北京：人民日报出版社，2010.

[76] 李泽厚. 论语今读[M]. 北京：生活·读书·新知三联书店，2008.

[77] 李泽厚. 历史本体论[M]. 北京：生活·读书·新知三联出版社，2013.

[78] 罗国杰. 伦理学教程[M]. 北京：中国人民大学出版社，1985.

[79] 罗国杰. 伦理学[M]. 北京：人民出版社，1999.

[80] 罗国杰，等. 德治新论[M]. 北京：研究出版社，2002.

[81] 罗国杰. 马克思主义价值观研究[M]. 北京：人民出版社，2013.

[82] 罗国杰. 中国伦理思想史(上、下卷)[M]. 北京：中国人民大学出版社，2008.

[83] 陈英. 中国伦理思想史[M]. 贵阳：贵州人民出版社，1985.

[84] 朱贻庭. 中国传统伦理思想史(增订版)[M]. 上海：华东师范大学出版社，2003.

[85] 沈善洪，王凤贤. 中国伦理思想史(上、下卷)[M]. 杭州：浙江人民出版社，1985.

[86] 卓泽渊. 法的价值论[M]. 第三版. 北京：法律出版社，2018.

[87] 王德刚. 民俗价值论——中国当代民俗学者民俗价值观研究[M]. 北京：人民出版社，2019.

[88] 孟繁华. 众神狂欢：世纪之交的中国文化现象[M]. 北京：中国人民大学出版社，2012.

[89] 郑大华. 文化与社会的进程——影响人类社会的 81 次文化活动 [M]. 北京：中国青年出版社，1994.

[90] 张传友. 伦理学引论 [M]. 北京：人民出版社，2006.

[91] 王国维. 观堂集林·史林二（卷十）[M]. 北京：中华书局，1959.

[92] 安启念. 马克思恩格斯伦理思想研究 [M]. 武汉：武汉大学出版社，2010.

[93] 匡萃坚. 当代西方政治思潮 [M]. 北京：社会科学文献出版社，2005.

[94] 应奇，刘训练. 共和的黄昏——自由主义、社群主义和共和主义 [M]. 长春：吉林出版集团有限责任公司，2007.

[95] 辞海编撰组. 辞海 [M]. 上海：上海辞书出版社，1980.

[96] 中国社会科学院语言研究所词典编辑室. 现代汉语词典 [M]. 北京：商务印书馆，2002.

[97] 赵汀阳. 论可能生活 [M]. 北京：中国人民大学出版社，2005.

[98] 陈澔. 礼记集说 [M]//四书五经. 北京：北京古籍出版社，1995.

[99] 中国大百科全书出版社. 简明不列颠百科全书（第 4 卷）[M]. 北京：中国大百科全书出版社，1986.

[100] 王宏维. 社会价值：统摄与驱动 [M]. 北京：人民出版社，1995.

[101] 孙正聿. 哲学通论（修订版）[M]. 上海：复旦大学出版社，2005.

[102] 孙正聿. 理论思维的前提批判 [M]. 北京：中国人民大学出版社，2010.

[103] 魏英敏. 新伦理学教程 [M]. 北京：北京大学出版社，1993.

[104] 李耀宗，等. 伦理学知识手册 [M]. 哈尔滨：黑龙江人民出版社，1984.

[105] 李权时，章海山. 经济人与道德人——市场经济与道德建设 [M]. 北京：人民出版社，1995.

[106] 刘云林. 论道德自由对道德价值之意义 [J]. 江海学刊，1997（01）.

[107] 葛晨虹. 价值与道德价值 [J]. 北京行政学院学报，2001（03）.

[108] 张岱年. 中国伦理思想研究 [M]. 上海：上海人民出版社，1989.

[109] 陈独秀. 陈独秀著作选（第 1 卷）[M]. 上海：上海人民出版社，1993.

[110] 李伯黍，燕国材. 教育心理学 [M]. 第 3 版. 上海：华东师范大学出版社，2012.

[111] 黄希庭，张进辅，李红，等. 当代青年价值观与教育 [M]. 成都：四川教育出版社，1994.

[112]江畅. 现代西方价值理论研究[M]. 西安：陕西师范大学，1992.

[113]江畅. 理论伦理学[M]. 武汉：湖北人民出版社，2000.

[114]江畅. 幸福与和谐[M]. 北京：人民出版社，2005.

[115]江畅. 比照与融通：当代中西价值哲学比较研究[M]. 武汉：湖北人民出版社，2010.

[116]江畅. 西方德性思想史（现代卷上、下册）[M]. 北京：人民出版社，2016.

[117]江畅. 论价值观与价值文化[M]. 北京：科学出版社，2019.

[118]王小锡，华桂宏，郭建新，等. 道德资本论[M]. 北京：人民出版社，2005.

[119]高兆明. 伦理学理论与方法[M]. 北京：人民出版社，2005.

[120]李建华. 趋善避恶论：道德价值的逆向研究[M]. 北京：北京大学出版社，2013.

[121]李建华. 市场秩序、法律秩序、道德秩序[J]. 哲学动态，2005（04）.

[122]唐凯麟. 伦理学[M]. 北京：高等教育出版社，2001.

[123]张浩. 思维发生学——从动物思维到人的思维[M]. 北京：中国社会科学出版社，1994.

[124]周辅成. 西方伦理学名著选辑（上、下卷）[M]. 北京：商务印书馆，1996.

[125]郭庆光. 传播学教程[M]. 北京：中国人民大学出版社，1999.

[126]倪梁康. 现象学及其效应：胡塞尔与当代德国哲学[M]. 北京：商务印书馆，2014.

[127]陈嘉映. 价值的理由[M]. 北京：中信出版社，2012.

[128]陈嘉映. 何为良好生活：行之于途而应于心[M]. 上海：上海文艺出版社，2015.

[129]江怡. 论实践推理中的非理性悖论[J]. 厦门大学学报（哲学社会科学版），2005（06）.

[130]张华夏. 现代科学与伦理世界[M]. 北京：中国人民大学出版社，2010.

[131]萧前，杨耕，等. 唯物主义的现代形态[M]. 北京：中国人民大学出版社，2012.

[132]钱穆. 孔子与论语[M]. 台北：联经出版社，1974.

[133]张志林. 因果观念与休谟问题[M]. 北京：中国人民大学出版社，

2010.

[134]高清海. 哲学与主体自我意识[M]. 北京：中国人民大学出版社，
　　　2010.

[135]朱贻庭. 伦理学大辞典[M]. 上海：上海辞书出版社，2011.

[136]徐显明. 人权研究（第2卷）[M]. 济南：山东人民出版社，2002.

[137]徐显明. 生存权[J]. 中国社会科学，1992(05).

[138]矫波. 可持续发展与生存权[J]. 政法论丛，2002(03).

[139]韩乔生. 道德价值共识论[M]. 北京：人民出版社，2015.

[140]李艳芳. 论环境权及其与生存权和发展权的关系[J]. 中国人民大学
　　　学报，2000(05).

[141]蔡定剑. 宪法精解[M]. 北京：法律出版社，2006.

[142]蔡定剑. 民主是一种现代生活[M]. 北京：社会科学文献出版社，
　　　2011.

[143]甘绍平. 人权伦理学[M]. 北京：中国发展出版社，2009.

[144]甘绍平. 伦理学的当代建构[M]. 北京：中国发展出版社，2015.

[145]余纪元. 亚里士多德伦理学[M]. 北京：中国人民大学出版社，
　　　2011.

[146]郭沫若. 郭沫若全集（第1卷）[M]. 北京：人民出版社，1982.

[147]阮元. 十三经注疏·尚书正义[M]. 北京：中华书局，1980.

[148]玄烨. 御制文集（景印文渊阁四库全书本）（第1301册）[M]. 台北：
　　　台湾商务印书馆，1986.

[149]胡适. 胡适精品集（第14卷）[M]. 北京：光明日报出版社，2000.

[150]刘军宁. 保守主义[M]. 天津：天津人民出版社，2007.

[151]杨国荣. 伦理与存在[M]. 上海：上海人民出版社，2002.

[152]戚万学. 现代西方道德教育理论研究（上、下卷）[M]. 北京：人民
　　　教育出版社，2020.

[153]戚万学. 道德教育的实践目的论[J]. 山东师范大学学报（人文社会
　　　科学版），2001(01).

[154]陈独秀. 陈独秀选集[M]. 天津：天津人民出版社，1990.

[155]北京大学哲学系外国哲学史教研室. 古希腊罗马哲学[M]. 北京：
　　　生活·读书·新知三联书店，1961.

[156]北京大学哲学系外国哲学史教研室. 西方哲学原著选读[M]. 北京：
　　　商务印书馆，2004.

[157]严复. 严复集（第1册）[M]. 北京：中华书局，1986.

[158]孙中山. 孙中山全集(第9卷)[M]. 北京：中华书局，2006.

[159]黄遵宪. 日本国志[M]. 上海：上海古籍出版社，2001.

[160]张金华. 自由论[M]. 上海：上海人民出版社，1995.

[161]种海峰. 马克思的幸福理论及其当代价值[J]. 马克思主义研究，2012(11).

[162]郑振铎. 世界文明(第10册)[M]. 上海：上海生活书店，1936.

[163]徐向东. 理解自由意志[M]. 北京：北京大学出版社，2008.

[164]冯契. 中国古代哲学的逻辑发展(上册)[M]. 上海：上海人民出版社，1983.

[165]劳思光. 中国文化要义新编[M]. 香港：香港中文大学出版社，2002.

[166]谭安奎. 古今之间的哲学与政治——Martha C. Nussbaum 访谈录[J]. 开放时代，2010(11).

[167]黄希庭. 心理学导论[M]. 北京：人民教育出版社，2013.

[168]王人博，程燎原. 法治论[M]. 桂林：广西师范大学出版社，2015.

[169]程燎原，王人博. 权利论[M]. 桂林：广西师范大学出版社，2015.

[170]张岱年. 张岱年全集(第7卷)[M]. 石家庄：河北人民出版社，1996.

[171]于海. 西方社会思想史[M]. 上海：复旦大学出版社，1993.

[172]樊纲. 现代三大经济理论体系的比较与综合[M]. 上海：上海三联出版社，2007.

[173]杨向奎. 大一统与儒家思想[M]. 北京：北京出版社，2011.

[174]柳诒徵. 中国文化史(上、下)[M]. 北京：东方出版社，2008.

[175]朱汉国，等. 当代中国社会思潮研究[M]. 北京：北京师范大学出版社，2012.

[176]孔庆东. 千夫所指[M]. 重庆：重庆出版社，2008.

[177]廖小平. 价值观变迁与核心价值体系的解构和建构[M]. 北京：中国社会科学出版社，2013.

[178]吴潜涛，等. 当代中国公民道德状况调查[M]. 北京：人民出版社，2010.

[179]李萍. 中国道德调查[M]. 北京：民主与建设出版社，2005.

[180]刘智峰. 道德中国：当代中国道德伦理的深重忧思[M]. 北京：中国社会科学出版社，2004.

[181]李鸥梵. 狐狸洞话语[M]. 北京：人民文学出版社，2010.

[182]孔颖达. 札记正义[M]//阮元. 十三经注疏(影印本). 北京：中华书局，1980.

[183]朱熹. 四书章句集注[M]. 北京：中华书局，2016.

[184]王阳明. 传习录[M]. 南昌：江西人民出版社，2016.

[185]方立天. 中国佛教与传统文化[M]. 北京：中国人民大学，2011.

[186]张家祥，王佩雄. 教育哲学研究[M]. 上海：复旦大学出版社，1989.

[187]张琦. 当代国外大学德育的侧重点[J]. 外国教育研究，1987(01).

[188]王国维. 观堂集林[M]. 石家庄：河北教育出版社，2003.

[189]何光沪. 多元化的上帝观：20世纪宗教哲学概览[M]. 北京：中国人民大学出版社，2010.

[190]顾颉刚. 顾颉刚选集[M]. 天津：天津人民出版社，1988.

[191]孙伯鍨. 探索者道路的探索[M]. 南京：南京大学出版社，2002.

[192]司马云杰. 文化价值论：关于文化建构价值意识的学说[M]. 西安：陕西人民出版社，2003.

[193]司马云杰. 文化悖论：关于文化价值悖谬及其超越的理论研究[M]. 西安：陕西人民出版社，2003.

[194]司马云杰. 价值实现论：关于人的文化主体性及其价值实现的研究[M]. 西安：陕西人民出版社，2003.

[195]上海社会科学院哲学研究所哲学研究室. 法兰克福学派论著选辑[M]. 北京：商务印书馆，1998.

[196]牟宗三. 中国哲学的特质[M]. 长春：吉林出版集团有限责任公司，2010.

[197]梁漱溟. 中国文化要义[M]. 上海：上海人民出版社，2005.

[198]许倬云. 中国文化的精神[M]. 北京：九州出版社，2018.

[199]方东美. 中国人生哲学[M]. 北京：中华书局，2012.

[200]张立文. 和合学：21世纪文化战略的构想[M]. 北京：中国人民大学出版社，2006.

[201]陈来. 儒学美德论[M]. 北京：生活·读书·新知三联书店，2019.

[202][古希腊]色诺芬. 回忆苏格拉底[M]. 吴永泉，译. 北京：商务印书馆，1984.

[203][古希腊]柏拉图. 柏拉图文艺对话集[M]. 朱光潜，译. 北京：人民文学出版社，1963.

[204][古希腊]柏拉图. 理想国[M]. 郭斌和，张竹明，译. 北京：商务

印书馆，2002.

[205]［古希腊］亚里士多德. 尼各马可伦理学［M］. 苗力田，译. 北京：中国人民大学出版社，2003.

[206]［古希腊］亚里士多德. 亚里士多德选集（伦理学卷）［M］. 苗力田，译. 北京：中国人民大学出版社，1999.

[207]［古希腊］亚里士多德. 尼各马可伦理学［M］. 廖申白，译. 北京：商务印书馆，2004.

[208]［古希腊］亚里士多德. 政治学［M］. 颜一，秦典华，译. 北京：中国人民大学出版社，2005.

[209]［古希腊］修昔底德. 伯罗奔尼撒战争史［M］. 谢德风，译. 北京：商务印书馆，1985.

[210]［古罗马］奥古斯丁. 奥古斯丁选集［M］. 汤青，杨懋春，汤毅仁，译. 北京：宗教文化出版社，2010.

[211]［古罗马］奥古斯丁. 忏悔录［M］. 周士良，译. 北京：商务印书馆，1996.

[212]［古罗马］西塞罗. 西塞罗文集（政治学卷）［M］. 王焕生，译. 北京：中央编译出版社，2010.

[213]［古罗马］玛克斯·奥勒留. 沉思录［M］. 梁实秋，译. 南京：译林出版社，2012.

[214]［古罗马］塞涅卡. 道德和政治论文集［M］. 袁瑜琤，译. 北京：北京大学出版，2010.

[215]［意］阿奎那. 阿奎那政治著作选［M］. 马清槐，译. 北京：商务印书馆，1982.

[216]［德］斯威布. 希腊的神话和传说（上册）［M］. 楚图南，译. 北京：人民出版社，1978.

[217]［德］卡尔·雅斯贝斯. 历史的起源与目标［M］. 魏楚雄，俞新天，译. 北京：华夏出版社，1989.

[218]［德］卡尔·雅斯贝斯. 生存哲学［M］. 王玖兴，译. 上海：上海译文出版社，2017.

[219]［德］恩斯特·卡西尔. 人论［M］. 甘阳，译. 上海：上海译文出版社，2004.

[220]［德］文德尔班. 哲学史教程［M］. 罗达仁，译. 北京：商务印书馆，1997.

[221]［德］H. 赖欣巴赫. 科学哲学的兴起［M］. 伯尼，译. 北京：商务印

书馆，1983.

[222] [德]汉斯·昆. 世界伦理构想[M]. 周艺，译. 北京：生活·读书·新知三联书店，2002.

[223] [德]亨利希·海涅. 论德国宗教和哲学的历史[M]. 海安，译. 北京：商务印书馆，1974.

[224] [德]尼采. 作为教育家的叔本华[M]. 周国平，译. 南京：译林出版社，2012.

[225] [德]歌德. 浮士德[M]. 董问樵，译. 上海：复旦大学出版社，1983.

[226] [德]鲁道夫·冯·耶林. 权利斗争论[J]. 潘汉典，译. 法学译丛，1985(05).

[227] [德]费尔巴哈. 费尔巴哈哲学著作选集(上卷)[M]. 荣震华，李金山，等，译. 北京：商务印书馆，1984.

[228] [德]伽达默尔. 伽达默尔集[M]. 邓安庆，译. 上海：上海远东出版社，1997.

[229] [德]马丁·摩根史特恩，罗伯特·齐摩尔. 哲学史思路：穿越两千年的欧洲思想史[M]. 唐陈，译. 北京：中国人民大学出版社，2006.

[230] [德]莱布尼茨. 人类理智新论[M]. 陈修斋，译. 北京：商务印书馆，1982.

[231] [德]路德维希·冯·米瑟斯. 自由与繁荣的国度[M]. 韩光明，等，译. 北京：中国社会科学出版社，2017.

[232] [德]威廉·冯·洪堡. 论国家的作用[M]. 林荣远，冯兴元，译. 北京：中国社会科学出版社，2016.

[233] [德]马克斯·韦伯. 学术与政治[M]. 冯克利，译. 北京：商务印书馆，2018.

[234] [德]马克斯·韦伯. 社会学的基本概念[M]. 胡景北，译. 上海：上海人民出版社，2020.

[235] [德]鲁道夫·奥伊肯. 生活的意义与价值[M]. 万以，译. 上海：上海译文出版社，1997.

[236] [德]哈贝马斯. 交往与社会进化[M]. 张博树，译. 重庆：重庆出版社，1989.

[237] [德]哈贝马斯. 后形而上学思想[M]. 曹卫东，付德根，译. 南京：译林出版社，2001.

[238][德]哈贝马斯. 重建历史唯物主义[M]. 郭官义，译. 北京：社会科学文献出版社，2000.

[239][德]得特勒夫·霍尔斯特. 哈贝马斯传[M]. 章国锋，译. 上海：东方出版中心，2000.

[240][德]舍勒. 伦理学中的形式主义与质料的价值伦理学[M]. 倪梁康，译. 北京：商务印书馆，2018.

[241][德]舍勒. 人在宇宙中的地位[M]. 李伯杰，译. 贵阳：贵州人民出版社，1989.

[242][德]舍勒. 价值的覆灭[M]. 罗悌伦，等，译. 北京：生活·读书·新知三联出版社，1997.

[243][德]康德. 纯粹理性批判[M]. 邓晓芒，译. 北京：人民出版社，2004.

[244][德]康德. 实践理性批判[M]. 邓晓芒，译. 北京：人民出版社，2004.

[245][德]康德. 判断力批判[M]. 邓晓芒，译. 北京：人民出版社，2005.

[246][德]康德. 道德形而上学原理[M]. 苗力田，译. 上海：上海世纪出版集团，2005.

[247][德]康德. 道德形而上学(注释本)[M]. 张荣，李秋零，译. 北京：中国人民大学出版社，2013.

[248][德]康德. 单纯理性限度内的宗教[M]. 李秋零，译. 北京：中国人民大学出版社，2003.

[249][德]康德. 历史理性批判文集[M]. 何兆武，译. 北京：商务印书馆，2017.

[250][德]费希特. 人的使命[M]. 梁志学，沈真，译. 北京：商务印书馆，1983.

[251][德]谢林. 先验唯心主义体系[M]. 梁志学，石泉，译. 北京：商务印书馆，1976.

[252][德]黑格尔. 黑格尔早期神学著作[M]. 贺麟，译. 北京：商务印书馆，1988.

[253][德]黑格尔. 哲学史讲演录(第1—4卷)[M]. 贺麟，王太庆，译. 北京：商务印书馆，1997.

[254][德]黑格尔. 历史哲学[M]. 王造时，译. 上海：上海世纪出版集团，1999.

［255］［德］黑格尔. 小逻辑［M］. 贺麟，译. 北京：商务印书馆，1980.

［256］［德］黑格尔. 法哲学原理［M］. 范杨，张企泰，译. 北京：商务印
　　　书馆，2010.

［257］［德］黑格尔. 精神现象学（上、下卷）［M］. 贺麟，王玖兴，译. 北
　　　京：商务印书馆，2010.

［258］［德］费迪南·滕尼斯. 共同体与社会：纯粹社会学的基本概念［M］.
　　　林荣远，译. 北京：商务印书馆，1999.

［259］［德］弗里德里希·包尔生. 伦理学体系［M］. 何怀宏，廖申白，译.
　　　北京：中国社会科学出版社，1988.

［260］［德］施密特. 马克思的自然概念［M］. 欧力同，等，译. 北京：商
　　　务印书馆，1988.

［261］［德］沃尔夫冈·察普夫. 现代化与社会转型［M］. 陈洪成，陈黎，
　　　译. 北京：社会科学文献出版社，1998.

［262］［德］卡尔·曼海姆. 意识形态与乌托邦［M］. 李步楼，等，译. 北
　　　京：商务印书馆，2017.

［263］［德］西美尔. 货币哲学［M］. 陈戎女，耿开君，文聘元，译. 北京：
　　　华夏出版社，2020.

［264］［德］诺贝特·埃利亚斯. 文明的进程：文明的社会起源和心理起源
　　　的研究［M］. 王佩莉，译. 北京：生活·读书·新知三联书店，
　　　1998.

［265］［德］米歇尔·鲍曼. 道德的市场［M］. 肖君，黄承业，译. 北京：
　　　中国社会科学出版社，2017.

［266］［英］吉登斯. 现代性的后果［M］. 田禾，译. 南京：译林出版社，
　　　2000.

［267］［英］吉登斯. 现代性与自我认同［M］. 赵旭东，方文，译. 北京：
　　　生活·读书·新知三联书店，1991.

［268］［英］休谟. 道德原则研究［M］. 曾晓平，译. 北京：商务印书馆，
　　　2017.

［269］［英］休谟. 人类理解研究［M］. 关文运，译. 北京：商务印书馆，
　　　1972.

［270］［英］休谟. 人性论（上、下册）［M］. 关文运，译. 北京：商务印书
　　　馆，2005.

［271］［英］R. J. 文森特. 人权与国际关系［M］. 凌迪，等，译. 北京：知
　　　识出版社，1998.

[272] [英]A. J. M. 米尔恩. 人的权利与人的多样性：人权哲学[M]. 夏勇，译. 北京：中国大百科全书出版社，1995.

[273] [英]阿诺德·汤因比. 历史研究(上、下卷)[M]. 郭小凌，等，译. 上海：上海世纪出版集团，2014.

[274] [英]边沁. 道德与立法原理导论[M]. 时殷弘，译. 北京：商务印书馆，2000.

[275] [英]穆勒. 群己权界论[M]. 严复，译. 北京：商务印书馆，1981.

[276] [英]穆勒. 功利主义[M]. 徐大建，译. 上海：上海世纪出版集团，2012.

[277] [英]密尔. 代议制政府[M]. 王瑄，译. 北京：商务印书馆，1982.

[278] [英]密尔. 论自由[M]. 许宝骙，译. 北京：商务印书馆，2012.

[279] [英]伦纳德·霍布豪斯. 社会正义要素[M]. 孔兆政，译. 长春：吉林人民出版社，2006.

[280] [英]霍布斯. 利维坦[M]. 黎思复，黎廷弼，译. 北京：商务印书馆，1985.

[281] [英]霍布斯. 论公民[M]. 应星，冯克利，译. 贵阳：贵州人民出版社，2003.

[282] [英]哈特. 法律的概念[M]. 张文显，译. 北京：中国大百科全书出版社，1996.

[283] [英]哈耶克. 自由秩序原理(上、下册)[M]. 邓正来，译. 北京：生活·读书·新知三联书店，1998.

[284] [英]哈耶克. 通往奴役之路[M]. 王明毅，冯兴元，译. 北京：中国社会科学出版社，2012.

[285] [英]阿克顿. 自由与权力——阿克顿勋爵论说文集[M]. 侯建，范亚峰，译. 北京：商务印书馆，2001.

[286] [英]以赛亚·柏林. 自由论(修订版)[M]. 胡传胜，译. 南京：译林出版社，2011.

[287] [英]约翰·洛克. 教育漫话[M]. 傅任敢，译. 北京：教育科学出版社，2018.

[288] [英]约翰·洛克. 政府论(上、下册)[M]. 叶启芳，瞿菊农，译. 北京：商务印书馆，2017.

[289] [英]约翰·洛克. 人类理解论(上、下册)[M]. 关文运，译. 北京：商务印书馆，1983.

[290] [英]亚当·斯密. 国民财富的性质和原因的研究(上卷)[M]. 郭大

力，王亚南，译. 北京：商务印书馆，1972.

[291][英]亚当·斯密. 道德情操论[M]. 余涌，译. 北京：中国社会科学出版社，2003.

[292][英]坎南. 亚当·斯密关于法律、警察、岁入及军备的演讲[M]. 陈福生，陈振骅，译. 北京：商务印书馆，1962.

[293][英]欧文. 欧文选集(第2卷)[M]. 柯象峰，何光来，秦果显，译. 北京：商务印书馆，1984.

[294][英]B. 威廉斯. 伦理学与哲学的限度[M]. 陈嘉映，译. 北京：商务印书馆，2017.

[295][英]路德维希·维特根斯坦. 哲学研究[M]. 陈嘉映，译. 上海：上海人民出版社，2015.

[296][英]乔治·克劳德. 自由主义与价值多元论[M]. 应奇，等，译. 南京：江苏人民出版社，2006.

[297][英]吉尔伯特·赖尔. 心的概念[M]. 徐大建，译. 北京：商务印书馆，2005.

[298][英]J. D. 贝尔纳. 科学的社会功能[M]. 陈体芳，译. 北京：商务印书馆，1982.

[299][英]亚·沃尔夫. 十六、十七世纪科学、技术和哲学史(上卷)[M]. 周昌忠，等，译. 北京：商务印书馆，1984.

[300][英]迈克尔·莱斯诺夫. 二十世纪的政治学家[M]. 冯克利，译. 北京：商务印书馆，2001.

[301][英]罗素. 宗教与科学[M]. 徐芙蓉，林国夫，译. 北京：商务印书馆，1982.

[302][英]罗素. 权威与个人[M]. 储智勇，译. 北京：商务印书馆，2020.

[303][英]埃德蒙·伯克. 法国革命论[M]. 何兆武，徐振州，彭刚，译. 北京：商务印书馆，1999.

[304][英]佩里·安德森. 尤根·哈贝马斯：规范事实. 袁银传，李孟一，译[M]//武汉大学马克思主义哲学研究所. 马克思主义哲学研究. 武汉：湖北人民出版社，2009.

[305][美]R. B. 培里，等. 价值和评价[M]. 刘继，译. 北京：中国人民大学出版社，1989.

[306][美]罗尔斯. 正义论[M]. 何怀宏，何包钢，廖申白，译. 北京：中国社会科学出版社，2001.

[307] [美]罗尔斯. 政治自由主义[M]. 万俊人, 译. 南京: 译林出版社, 2013.

[308] [美]彼彻姆. 哲学的伦理学[M]. 雷克勤, 等, 译. 北京: 中国社会科学出版社, 1992.

[309] [美]J. P. 蒂洛. 哲学理论与实践[M]. 古平, 肖峰, 等, 译. 北京: 中国人民大学出版社, 1989.

[310] [美] W. V. 奎因. 论道德价值的本质[J]. 姚新中, 夏伟东, 译. 哲学译丛, 1988(06).

[311] [美]L. J. 宾克莱. 理想的冲突: 西方社会中变化着的价值观念[M]. 马元德, 等, 译. 北京: 商务印书馆, 1984.

[312] [美]马尔库塞. 单向度的人[M]. 刘继, 译. 上海: 上海译文出版社, 2006.

[313] [美]托尼·朱特. 重估价值: 反思被遗忘的 20 世纪[M]. 林骧华, 译. 北京: 商务印书馆, 2014.

[314] [美]瓦托夫斯基. 科学思想的概念基础——科学哲学导论[M]. 范岱年, 译. 北京: 求实出版社, 1982.

[315] [美]霍尔姆斯·罗尔斯顿. 环境伦理学[M]. 杨通进, 译. 北京: 中国社会科学出版社, 2000.

[316] [美]霍尔姆斯·罗尔斯顿. 哲学走向荒野[M]. 刘耳, 叶平, 译. 长春: 吉林人民出版社, 2000.

[317] [美]梯利. 西方哲学史[M]. 葛力, 译. 北京: 商务印书馆, 1982.

[318] [美]赫伯特·西蒙. 人类的认知——思维的信息加工理论[M]. 荆其诚, 张厚粲, 译. 北京: 科学出版社, 1986.

[319] [美]玛莎·努斯鲍姆. 善的脆弱性[M]. 徐向东, 陆禾, 译. 南京: 译林出版社, 2007.

[320] [美]玛莎·努斯鲍姆. 诗性正义[M]. 丁晓东, 译. 北京: 北京大学出版社, 2010.

[321] [美]杜威. 哲学的改造[M]. 许崇清, 译. 北京: 商务印书馆, 1989.

[322] [美]杜威. 经验与自然[M]. 傅统先, 译. 北京: 商务印书馆, 1960.

[323] [美]约翰·杜威. 确定性的寻求[M]. 傅统先, 译. 上海: 华东师范大学出版社, 2019.

[324] [美]希拉里·普特南. 事实与价值二分法的崩溃[M]. 应奇, 译.

北京：东方出版社，2006.

[325] [美]希拉里·普特南. 理性、真理与历史[M]. 童世骏，李光程，译. 上海：上海译文出版社，1997.

[326] [美]斯金纳. 超越自由与尊严[M]. 林方，译. 贵阳：贵州人民出版社，1987.

[327] [美]马斯洛. 人性能达到的境界[M]. 林方，译. 昆明：云南人民出版社，1987.

[328] [美]阿尔伯特·爱因斯坦. 爱因斯坦文集(第1、3卷)[M]. 许良英，等，译. 北京：商务印书馆，1979.

[329] [美]潘恩. 潘恩选集[M]. 吴运楠，武友任，译. 北京：商务印书馆，2019.

[330] [美]约翰·凯克斯. 反对自由主义[M]. 应奇，译. 南京：江苏人民出版社，2005.

[331] [美]理查德·T. 德·乔治. 国际商务中的诚信竞争[M]. 翁绍军，马迅，译. 上海：上海社会科学院出版社，2001.

[332] [美]理查德·T. 德·乔治. 经济伦理学[M]. 第五版. 李布，译. 北京：北京大学出版社，2002.

[333] [美]杰克·唐纳利. 普遍人权的理论与实践[M]. 王浦劬，等，译. 北京：中国社会科学出版社，2001.

[334] [美]弗兰克·G. 戈布尔. 第三思潮——马斯洛心理学[M]. 吕明，陈红雯，译. 上海：上海译文出版社，2006.

[335] [美]博登海默. 法理学：法律哲学与法律方法[M]. 邓正来，译. 北京：中国政法大学出版社，1999.

[336] [美]布鲁姆. 教育目标分类学(第2册)[M]. 施良方，张云高，译. 上海：华东师范大学，1986.

[337] [美]路易斯·拉思斯. 价值与教学[M]. 谭颂贤，译. 杭州：浙江教育出版社，2003.

[338] [美]米尔顿·弗里德曼. 资本主义与自由[M]. 张瑞玉，译. 北京：商务印书馆，2006.

[339] [美]雅克·帝诺，基思·克拉斯曼. 伦理学与生活[M]. 第9版. 程立显，刘建，译. 北京：世界图书出版公司，2008.

[340] [美]福山. 大混乱(下)——人性与社会秩序重建[J]. 现代外国哲学社会科学文摘，1999(11).

[341] [美]福山. 大分裂：人类本性与社会秩序重建[M]. 刘榜离，等，

译. 北京：中国社会科学出版社，2002.

[342]［美］福山. 历史的终结［M］. 呼和浩特：远方出版社，1998.

[343]［美］拉塞尔·柯克. 美国秩序的根基［M］. 张大军，译. 南京：江苏凤凰文艺出版社，2018.

[344]［美］布坎南. 自由、市场与国家［M］. 平新乔，莫扶民，译. 北京：生活·读书·新知三联书店，1993.

[345]［美］亨廷顿. 变革社会中的政治秩序［M］. 李胜平，杨玉生，译. 北京：华夏出版社，1988.

[346]［美］阿德勒. 六大观念［M］. 郗庆华，薛金，译. 上海：上海人民出版社，1961.

[347]［美］阿瑟·奥肯. 平等与效率：重大抉择［M］. 王奔州，等，译. 北京：华夏出版社，1987.

[348]［美］罗伯特·L. 海尔布隆纳. 马克思主义：赞成与反对［M］. 马林梅，译. 北京：东方出版社，2016.

[349]［美］约翰·黑尔. 西方文化中的"道德缺口"［J］. 王晓朝，译. 学术月刊，2003（04）.

[350]［美］迈克尔·舍默. 道德之弧：科学和理性如何将人类引向真理、公正与自由［M］. 刘维龙，译. 北京：新华出版社，2016.

[351]［美］弗·卡普拉. 转折点：科学、社会、兴起中的新文化［M］. 冯禹，等，译. 北京：中国人民大学出版社，1989.

[352]［美］R. W. 米勒. 分析马克思——道德、权力和历史［M］. 张伟，译. 北京：高等教育出版社，2009.

[353]［美］R. G. 佩弗. 马克思主义、道德与社会正义［M］. 吕梁山，李旸，周洪军，译. 北京：高等教育出版社，2010.

[354]［美］内尔·诺丁斯. 学会关心：教育的另一种模式［M］. 于天龙，译. 北京：教育科学出版社，2003.

[355]［美］约翰·马丁·费舍，马克·拉维扎. 责任与控制：一种道德责任理论［M］. 杨邵刚，译. 北京：华夏出版社，2002.

[356]［美］莱茵霍尔德·尼布尔. 道德的人与不道德的社会［M］. 蒋庆，等，译. 贵阳：贵州人民出版社，1998.

[357]［美］乔纳森·特纳. 社会学理论的结构（下册）［M］. 邱泽奇，等，译. 北京：华夏出版社，2001.

[358]［美］埃里希·弗洛姆. 自为的人——伦理学的心理探究［M］. 万俊人，译. 北京：国际文化出版公司，1988.

［359］［美］切斯特·何尔康比. 中国人的德性：西方学者眼中的中国镜像［M］. 王剑，译. 西安：陕西师范大学出版社，2007.

［360］［美］威廉·K. 弗兰克纳. 善的求索：道德哲学导论［M］. 黄伟合，包连宗，马莉，译. 沈阳：辽宁人民出版社，1987.

［361］［美］罗纳德·德沃金. 至上的美德——平等的理论与实践［M］. 冯克利，译. 南京：江苏人民出版社，2003.

［362］［美］科恩. 论民主［M］. 聂崇信，朱秀贤，译. 北京：商务印书馆，1988.

［363］［美］丹尼尔·贝尔. 资本主义文化矛盾［M］. 赵一凡，蒲隆，任晓晋，译. 北京：生活·读书·新知三联书店，1989.

［364］［美］卡尔·威尔曼. 人权的道德维度［M］. 肖君拥，译. 北京：商务印书馆，2018.

［365］［美］班杜拉. 社会学习心理学［M］. 郭占基，等，译. 长春：吉林教育出版社，1988.

［366］［美］麦特·里德. 美德的起源——人类本能与协作的进化［M］. 刘琦，译. 北京：中央编译出版社，2004.

［367］［美］克里斯托弗·博姆. 道德的起源——美德、利他、羞耻的演化［M］. 贾拥民，傅瑞蓉，译. 杭州：浙江大学出版社，2015.

［368］［美］罗伯特·纳什. 德性的探询：关于品德教育的道德对话［M］. 李菲，译. 北京：教育科学出版社，2007.

［369］［美］柯尔伯格. 道德教育的哲学［M］. 魏贤超，等，译. 杭州：浙江教育出版社，2000.

［370］［美］曼纽尔·卡斯特. 认同的力量［M］. 第 2 版. 曹荣湘，译. 北京：社会科学文献出版社，2006.

［371］［美］西摩·马丁·利普塞特. 政治人：政治的社会基础［M］. 刘钢敏，聂蓉，等，译. 北京：商务印书馆，1993.

［372］［美］查尔斯·霍顿·库利. 人类本性和社会秩序［M］. 包凡一，王湲，译. 北京：华夏出版社，1999.

［373］［美］肯尼思·W. 汤普森. 宪法的政治理论［M］. 张志铭，译. 北京：生活·读书·新知三联书店，1997.

［374］［美］托马斯·内格尔. 人的问题［M］. 万以，译. 上海：上海译文出版社，2000.

［375］［美］拉里·劳丹. 进步及其问题：科学增长理论刍议［M］. 方在庆，译. 上海：上海译文出版社，1991.

[376] [美] 曼弗雷德·库恩. 康德传 [M]. 黄添盛, 译. 上海：上海人民出版社, 2008.

[377] [美] 亨利·基辛格. 世界秩序 [M]. 胡丽平, 何华, 黄爱菊, 译. 北京：中信出版集团, 2020.

[378] [法] 卢梭. 爱弥儿（上、下卷）[M]. 李平沤, 译. 北京：商务印书馆, 2016.

[379] [法] 卢梭. 社会契约论 [M]. 何兆武, 译. 北京：商务印书馆, 2003.

[380] [法] 卢梭. 论人类不平等的起源和基础 [M]. 李常山, 译. 北京：商务印书馆, 1997.

[381] [法] 卢梭. 论科学与艺术 [M]. 何兆武, 译. 上海：上海人民出版社, 2007.

[382] [法] 摩莱里. 自然法典 [M]. 黄建华, 姜亚洲, 译. 北京：商务印书馆, 1982.

[383] [法] 傅里叶. 傅里叶选集（第 4 卷）[M]. 冀甫, 译. 北京：商务印书馆, 1960.

[384] [法] 圣西门. 圣西门选集（第 2 卷）[M]. 董果良, 译. 北京：商务印书馆, 1982.

[385] [法] 圣西门. 圣西门选集（第 3 卷）[M]. 董果良, 杜鸣远, 译. 北京：商务印书馆, 1985.

[386] [法] 涂尔干. 社会分工论 [M]. 渠东, 译. 北京：生活·读书·新知三联书店, 2000.

[387] [法] 涂尔干. 道德教育 [M]. 陈光金, 等, 译. 上海：上海人民出版社, 2006.

[388] [法] 涂尔干. 职业伦理与公民道德 [M]. 渠敬东, 译. 北京：商务印书馆, 2017.

[389] [法] 巴斯卡尔·博尼法斯. 造假的知识分子：谎言专家们的媒体胜利 [M]. 河清, 译. 北京：商务印书馆, 2013.

[390] [法] 孟德斯鸠. 论法的精神 [M]. 叶启芳, 瞿菊农, 译. 北京：商务印书馆, 1961.

[391] [法] 弗朗索瓦·拉伯雷. 巨人传（上、下册）[M]. 成钰亭, 译. 上海：上海译文出版社, 1981.

[392] [法] 伏尔泰. 哲学通信 [M]. 高达观, 等, 译. 上海：上海人民出版社, 1961.

［393］［法］托克维尔. 旧制度与大革命［M］. 华小明，译. 北京：北京理工大学出版社，2013.

［394］［法］托克维尔. 论美国的民主［M］. 曹冬雪，译. 南京：译林出版社，2012.

［395］［法］萨特. 词语［M］. 潘培庆，译. 北京：生活·读书·新知三联书店，1992.

［396］［法］萨特. 辩证理论批判（上卷）［M］. 林骧华，等，译. 合肥：安徽文艺出版社，1998.

［397］［法］萨特. 存在主义是一种人道主义［M］. 周煦良，汤永宽，译. 上海：上海译文出版社，1988.

［398］［法］萨特. 存在与虚无［M］. 陈宣良，等，译. 北京：生活·读书·新知三联书店，1987.

［399］［法］波德里亚. 消费社会［M］. 刘成富，全志刚，译. 南京：南京大学出版社，2000.

［400］［法］热罗姆·班德. 价值的未来［M］. 周云帆，译. 北京：社会科学文献出版社，2006.

［401］［法］杜尔凯姆. 社会学方法的准则［M］. 狄玉明，译. 北京：商务印书馆，1999.

［402］［法］列维-斯特劳斯. 忧郁的热带［M］. 王志明，译. 北京：生活·读书·新知三联书店，2005.

［403］［法］科耶夫. 黑格尔导读［M］. 姜志辉，译. 南京：译林出版社，2005.

［404］［法］拉罗什·福科. 道德箴言录［M］. 何怀宏，译. 北京：生活·读书·新知三联书店，1987.

［405］［法］霍尔巴赫. 自然的体系（上、下卷）［M］. 管上滨，译. 北京：商务印书馆，1964.

［406］［日］牧口常三郎. 价值哲学［M］. 马俊峰，江畅，译. 北京：中国人民大学出版社，1989.

［407］［日］大沼保昭. 人权、国家与文明：从普遍主义的人权观到文明相容的人权观［M］. 王志安，译. 北京：生活·读书·新知三联书店，2015.

［408］［日］西田几多郎. 善的研究［M］. 何倩，译. 北京：商务印书馆，1997.

［409］［日］新渡户稻造. 武士道［M］. 张俊彦，译. 北京：商务印书馆，

2005.

[410][日]福泽谕吉. 劝学篇[M]. 群力, 译. 北京：商务印书馆, 2016.

[411][日]福泽谕吉. 文明论概略[M]. 北京编译社, 译. 北京：商务印书馆, 2018.

[412][日]小仓志祥. 伦理学概论[M]. 吴潜涛, 译. 北京：中国社会科学出版社, 1992.

[413][俄]巴甫诺夫. 巴甫诺夫全集(第5卷)[M]. 张纫华, 等, 译. 北京：人民卫生出版社, 1959.

[414][俄]瓦列里·季什科夫. 苏联及其解体后的族性、民族主义及冲突：炽热的头脑[M]. 姜德顺, 译. 北京：中央民族大学出版社, 2009.

[415][俄]陀思妥耶夫斯基. 卡拉马佐夫兄弟(上、下卷)[M]. 耿济之, 译. 北京：人民文学出版社, 1981.

[416][苏]瓦西列夫. 情爱论[M]. 赵永穆, 范国恩, 陈行慧, 译. 北京：生活·读书·新知三联书店, 1985.

[417][苏]康斯坦丁诺夫. 苏联哲学百科全书(第10卷)[M]. 上海：上海译文出版社, 1984.

[418][苏]А. Н. 季塔连科. 马克思主义伦理学[M]. 黄其才, 等, 译. 北京：中国人民大学出版社, 1984.

[419][苏]图加林诺夫. 马克思主义中的价值论[M]. 齐友, 等, 译. 北京：中国人民大学出版社, 1989.

[420][苏]格里戈里扬. 关于人的本质的哲学[M]. 汤侠声, 等, 译. 北京：生活·读书·新知三联书店, 1984.

[421][苏]А. М. 奥马罗夫. 社会管理[M]. 王思凯, 等, 译. 杭州：浙江人民出版社, 1986.

[422][加]L. W. 萨姆纳. 权利的道德基础[M]. 李茂森, 译. 北京：中国人民大学出版社, 2011.

[423][加]查尔斯·泰勒. 现代性的隐忧[M]. 程炼, 译. 北京：中央编译出版社, 2001.

[424][阿根廷]方迪启. 价值是什么——价值哲学导论[M]. 黄藿, 译. 台北：联经出版事业公司, 1986.

[425][荷兰]斯宾诺莎. 伦理学[M]. 贺麟, 译. 北京：商务印书馆, 1991.

[426][荷兰]伯特·克兰德曼斯. 认同政治与政治化认同：认同过程及其

抗争的动力[J]. 阙天舒, 译. 国外理论动态, 2016(02).

[427][瑞士]托马斯·弗莱纳. 人权是什么[M]. 谢鹏程, 译. 北京: 中国社会科学出版社, 2000.

[428][瑞士] H. 奥特. 不可言说的言说[M]. 林克, 赵勇, 译. 北京: 生活·读书·新知三联书店, 1994.

[429][印度]阿马蒂亚·森. 伦理学与经济学[M]. 王宇, 王文玉, 译. 北京: 商务印书馆, 2003.

[430][印度]阿马蒂亚·森. 以自由看待发展[M]. 任赜, 于真, 译. 北京: 中国人民大学出版社, 2012.

[431][印度]阿马蒂亚·森, [美]玛莎·努斯鲍姆. 生活质量[M]. 龚群, 译. 北京: 中国社会科学文献出版社, 2008.

[432][意]文森佐·费罗内. 启蒙观念史[M]. 马涛, 曾允, 译. 北京: 商务印书馆, 2018.

[433][以色列]尤瓦尔·赫拉利. 人类简史: 从动物到上帝[M]. 林俊宏, 译. 北京: 中信出版集团, 2018.

[434][澳]J. J. C. 斯马特, [英]B. 威廉斯. 功利主义: 赞成与反对[M]. 牟斌, 译. 北京: 中国社会科学出版社, 1992.

[435][波兰]切斯瓦夫·米沃什. 被禁锢的头脑[M]. 易丽君, 译. 桂林: 广西师范大学出版社, 2014.

[436]Bent Flyvbjerb. "Aristotle, Foucault and Progressive Phronesis: Outline of an Applied Ethics for Sustainable Development", in Applied Ethics: A Reader, Earl R. Winkler and Jerrold R. Coombs ed[M]. London: Blackwell Publishers, 1993.

[437]Nicolai Hartman. Ethics(3)[M]. translatied by Stanton Coit. N. J: Humanities, 1975.

[438]Donald M. Borchert. Encyclopedia of Philosophy[M]. 2nd. Volume 3. New York: Thomson Gale, 2006.

[439] Robert Audi. The Cambridge Dictionary of Philosophy [M]. 2nd. Cambridge: Cambridge University Press, 1999.

[440]Max Black. Margins of Precision: Essays in Logic and Language[M]. Ithaca: Cornell University Press, 1970.

[441]Habermas. Truth and Justification[M]. translated by Barbara Fultner. Cambridge: The MIT Press, 2003.

[442]Habermas. Moral Consciousness and Communicative Action [M].

translated by Christian Lenhardt and Shierry. Cambridge: The MIT Press, 1995.

[443] Alastair C. MacIntyre. After Virtue [M]. South Bend: University of Notre Dame Press, 2007.

[444] Philippa Foot. Virtues and Vices and Others Essays in Moral Philosophy [M]. Oxford: Basil Blackwell, 1981.

[445] H. L. A. Hart. Essay on Bentham: Jurisprudence and Political Philosophy[M]. Oxford: Oxford University Press, 1982.

[446] B. S. Turner, Outline of a Theory of Human Rights [J]. Sociology, 1993, 27(03).

[447] Martha C. Nussbaum. Frontiers of Justice: Disability, Nationality, Species Membership[M]. Cambridge: Harvard University Press, 2000.

[448] Martha C. Nussbaum. Creating Capabilities: the Human development Approach[M]. Washington: The Delinaf Press of Harvard University Press, 2000.

[449] Wendell H. Oswalt. This Land Was Theirs: A Study of Native North Americans[M]. Oxford: Oxford University Press, 1978.

[450] W. F. R. Hardie. Aristotle's Ethical Theory [M]. Oxford: Clarendon Press, 1980.

[451] L. W. Sumner. Welfare, Happiness & Ethics [M]. Oxford: Oxford University Press, 1996.

[452] Amartya Sen. The Idea of Justice[M]. Cambridge: The Belknap Press of Harvard University Press, 2009.

[453] Hugo Grotius. The Right of War and Peace[M]. New York and London: M. Walter Dunne, Publisher, 1901.

[454] Lickona Thomas. The Return of Character Education [J]. Educational Leadership, 1993, 51(11).

[455] Anthony J. Langlois. Human Rights without Democracy? A Critique of the Separationist Thesis[J]. Human Rights Quarterly, 2003(25).

[456] Akwasi Aidoo. Africa: Democracy without Human Rights? [J]. Human Rights Quarterly, 1993(12).

[457] Robert Nozick. Anarchy, State and Utopia [M]. New York: Basic Books, Inc, 1974.

[458] Isaiah Berlin. The Crooked Timber of Humanity: Chapters in the History

of Ideas[M]. Princeton: Princeton University, 2013.

[459]Nathan Glazser. We are Multicutureist Now[M]. Cambridge: Harvard University Press, 1997.

[460]Kant. Lectures on Ethics[M]. translated by Lewis Infield. Indianapolis: Hackett Publishing Company, 1963.

后　记

　　我们每个人都有自己所喜欢探讨的对象。我喜欢追问人生问题，尤其是人生的伦理问题。人生即伦理，伦理即人生。莫言说，人生如一本厚重的书，有些书是没有主角的，因为我们忽视了自我；有些书是没有线索的，因为我们迷失了自我；有些书是没有内容的，因为我们埋没了自我……我希望在我的人生之书中，还有一个自我——一个喜欢追问人生问题的自我。有了自我，我才没有虚度人生。

　　哲学让我看见了许多看不见的东西。毕竟，人来到这个世界上，就进入了纷繁复杂的道德之网中。不同民族有各种不同的道德规范，不同的道德规范内又存在内在共性。这些道德方面的差异与共性如何存在，有何意义？一个人是听从外在的道德规范的约束，还是认同自己道德良心的呼声？普遍性的道德要求如何实现？等等。这些问题曾一直萦绕在内心。在哲学的视野里，我一直坚持认为，道德问题其实就是一个价值问题。如果从价值角度来探讨道德问题，这就为我们提供了一个有力的支撑点。最终，我把我所关心的问题归结到道德价值之中，即三个问题：人所构建的道德价值究竟是什么，其价值目标何在，如何把它们变为现实。

　　马克思认为，一切发展中的事物都是不完整的，而发展只有在死亡时才结束。虽然我的不断追问有了自己的一些回答，但也只不过是回答了自己的一些好奇而已，这些问题必然还值得我们进一步探讨。由此，遥想多年前，我有了许多关于这些道德价值方面的思考，就想要写一本关于道德价值的书，记录下自己的所思所想。不知不觉中，我专门思考这些问题，已经走过了 6 年时间。6 年前，我无法想象我会把我的许多想法最终变成体系如此宏大的一本书。当时，我只是想写写我的一些观点。写着写着，就收不住了，仿佛有无穷无尽的话要表述。同样，6 年后，我也没有想到当初的想法会如此具有诱惑性，让人欲罢不能。尤其在我身体状态不好的时候，仿佛不再多写一些，就会没有机会了。

　　或许，我只是想找到我自己好奇的问题的答案，并没有承担什么专门的任务。因此，在整个构思和写作之中，没有太多的外在限制，也没有过多的内在要求，我只是想在前人研究的基础上记下自己的一些思索，尽可能把它们整理成为具有一定的逻辑顺序的论述。如果我自己的这些整理与思考能够帮助他人，那么这是我所期待之外的成果。毕竟，作为一个追问者，我只是想把一个人的内在想法忠实地记录，让人们知道这些问题曾经被思考过，尽管它们不过是一个普通灵魂所留下的思想标记。

在此，我要感谢那些帮助我完成此书的老师、朋友、亲人。第一次接触道德价值问题是在中国人民大学攻读博士期间，在人民大学图书馆的资料室，我第一次拜读了商戈令、竹立家两位学兄分别完成的著作《道德价值论》，尽管这两部著作相隔10年，但正是它们为我打开了一个值得耕耘的广阔空间。2005年，李德顺、孙伟平两位学者合著的《道德价值论》及其相关丛书，为我的道德价值研究方面提供了新的养料。卓泽渊教授所写的《法的价值论》极大地拓展了我所认识的道德价值研究空间。冯平教授所组织编写的"现代西方价值哲学经典"丛书为我融合中西方的相关研究奠定了基础。袁贵仁、罗国杰、李连科、王玉樑、马俊峰、韩东屏、江畅、甘绍平等众多专家学者的研究成果也让人受益匪浅。尤其要感谢我的导师龚群教授，他所撰写的道德价值方面的论文为我的研究提供了指南。还有许多专家学者的相关研究，无法一一列出，在此一并感谢。没有这些前辈的研究成果，完成这本书是难以想象的。在此，还要感谢国家社科基金后期资助项目评审专家对本书初稿所提出的宝贵的修改意见。本书正是在他们的意见基础上反复修改而成的。另外，还要感谢武汉大学出版社杨欢编辑为本书所付出的艰辛努力，没有她的认真、细致的工作，本书的疏漏之处会有很多。同时，我要感谢我的女儿晓宇与妻子汉荣。她们为了这本书的完成，给予了我精神上的鼓励与支持。她们是我不断努力的动力与源泉。

如果说有什么担心，那就是我所论述的是否对得起我为此而付出的一切。已经记不清多少次夜里，会忽然醒来，反复思考书中的问题。也无法忘却那些疲惫的日子，我必须克服身体上偷懒的欲望而不懈努力。其间，我赴美访学1年，趁此良机写作，并搜集了许多外文资料，却因健康状况恶化而险些只能魂归故土。记得努力撑到能够回国的前夜，我还在担心能否平安地熬过。一直到现在，许多次梦里似乎依旧坐在美国大学或国会图书馆里，恍惚之间如若隔世。

一切都已过去，唯有记忆仍然存在。结局如何，还是让时间来裁决吧！

杨豹

2022年12月于武汉